国家科学技术学术著作出版基金资助出版

长江中下游河槽物理过程

程和琴 姜月华 等 著

科学出版社

北京

内 容 简 介

本书以流域这一缩微版地球系统为对象，采用岸基、船基和天基等多模态传感器的现场测量与历史资料、数值模型相结合方法，系统分析气候变化和海平面上升与人类活动叠加作用下长江中下游河槽潮流与径流、推移质、微地貌、河势演变等基本物理过程及其对边坡稳定性和桥墩冲刷的影响。

本书可供地球系统科学、河流治理、防灾减灾的研究与管理人员参考，也可作为高等院校相关专业研究生和高年级本科生的参考书。

图书在版编目(CIP)数据

长江中下游河槽物理过程/ 程和琴等著. —北京：科学出版社，2021.6
ISBN 978-7-03-068241-3

Ⅰ.①长… Ⅱ.①程… Ⅲ.①长江中下游–河床–物理过程
Ⅳ.①P931.1

中国版本图书馆 CIP 数据核字(2021)第 040980 号

责任编辑：李秋艳　张力群 / 责任校对：何艳萍
责任印制：吴兆东 / 封面设计：蓝正设计

科学出版社 出版
北京东黄城根北街 16 号
邮政编码：100717
http://www.sciencep.com
北京建宏印刷有限公司 印刷
科学出版社发行　各地新华书店经销
*
2021 年 6 月第 一 版　开本：787×1092　1/16
2021 年 6 月第一次印刷　印张：44 3/4
字数：1060 000
定价：398.00 元
(如有印装质量问题，我社负责调换)

序

长江是我国第一大河，在我国区域和国家发展总体格局中具有重要战略地位。自20世纪60年代以来，一系列大型工程在流域得到兴建，包括大规模围垦、深水航道、跨江大桥和毗连的洋山深水港等重大工程。这些工程不可避免地对长江中下游干流河槽产生影响，其影响程度如何以及如何应对应该得到公众的关注和科学上系统的梳理。程和琴教授等多年来在此方面做了大量、深入的研究，经过对已有资料和成果进行深入分析、总结和理论研究，撰写的专著《长江中下游河槽物理过程》很有必要，也很及时。

该专著体系较为科学，从地球系统科学角度，将流域-河口-海洋作为一个连续的水动力、沉积、地貌系统，界定了该系统基本物理过程主要研究内容，资料丰富，分析深刻，机理阐述清楚，特别强调观测技术和理论上的概括。该书有不少进展和创新，有很多内容涉及流域系统河槽物理过程研究的前沿，特别表现在以下几个方面。第一，在长江中下游流域侵蚀基准面方面，对于长江口相对海平面上升幅度及其驱动要素方面和贡献率进行了深入研究，得到了一系列成果，并且已用到河口城市海堤工程规划标准和排涝工程规划标准、城市地面沉降控制标准以及供水安全标准的制定和实施。第二，对长江潮区界、典型河槽潮动力变化特征、推移质运动规律、河床阻力变化特征等方面的科学研究，是作者长期工作的积累和总结，该书有助于丰富和发展河流地貌学、沉积动力学、工程地貌学等理论和实践。第三，采用多波束测深系统、侧扫声呐、浅地层剖面仪、双频多普勒声学剖面仪、实时动态差分测量仪、三维激光扫描仪和 TM 光学遥感等多模态传感器系统，对长江宜昌-上海干流近 2000km 的河槽水深、水动力、沉积、陆上与水下地形地貌开展了综合同步、准同步测量以及历史数据的收集与对比分析，取得创新性成果，具有重要的学术价值和应用价值。第四，对长江中下游河床推移质运动和河床阻力做了专门论述，从观测和理论上证明了随着流域来沙减少，河床底形尺度增大，发育链状沙波与伴生凹坑构成的韵律性链珠状沙波，其为流域重大水利工程后河床自适应调整产生的韵律底形；提出了以弗劳德数、沙粒雷诺数和希尔兹数三个无量纲数推导出床面形态分界面方程，获得床面形态判别函数，并进行了验证，可应用于河床低流速区床面形态的预测。第五，对中下游干流沿程岸坡滩槽接合处和过江桥墩局部冲刷坑进行了高分辨率地形地貌、浅层沉积结构和同步、准同步水动力观测，在观测技术上进行了创新和探索，提出了基于推移质起动流速的桥墩局部冲刷深度计算公式的改进公式，对流域大型工程与气候变化叠加作用下的岸坡与桥墩失稳机制和稳定性评估等在理论上有进展和新的内容。

综上所述，《长江中下游河槽物理过程》内容颇为新颖、全面，理论概括水平较高，已使长江中下游河槽物理过程的观测和研究向多元、综合发展。书中有一些探索，对促进学术研究、引导后续工作有一定价值。总之，这是一部很好的长江中下游河槽演变趋势方面的专著，对我国目前正在开展的长江经济带建设和长江大保护的研究与规划，尤其是对沿程生态保护、防洪除涝、航运和粮食、污染治理、过江大桥和线缆等众多国计民生重大基础设施安全将有很大意义。

对该书的出版，我由衷地表示高兴和祝贺。

中国科学院院士

2021 年 4 月

前　言

　　长江是我国第一大河，也是货运量位居全球内河第一的黄金水道，在区域和国家发展总体格局中具有重要战略地位。自 20 世纪 60 年代以来，长江流域兴建了以三峡大坝为核心的一系列拦、蓄、引、调大型工程，入海河口建设了大规模围垦、深水航道、造船基地、跨江大桥和毗连的洋山深水港等重大工程。这些工程不可避免地对长江中下游干流河槽产生影响，其影响程度如何以及如何应对是目前学界及公众关注的焦点科学问题。

　　为此，华东师范大学河口海岸学国家重点实验室受中国地质调查局南京地质调查中心"长江经济带地质环境综合调查工程"委托，成立了"重大水利工程对长江中下游地质环境影响调查评估(2015～2021)"专题研究项目组。该项目组在 20 多年研究基础上，自 2015 年始，在工程项目首席科学家姜月华研究员的领导和全程参与策划下，采用多波束测深系统、浅地层剖面仪、双频多普勒声学剖面仪、实时动态差分测量仪、三维激光扫描仪等多模态传感器系统，多人次对长江宜昌-上海入海河口干流约近 2000km 长的河槽水深、水动力、沉积、陆上与水下地形地貌开展了综合同步、准同步测量以及历史数据的收集与对比分析，发现长江中下游潮区界、相对海平面、河槽冲淤演变、河床沉积物和阻力及微地貌发生了显著变化，水下岸坡变陡，河岸稳定性变差，崩岸增强，跨江大桥主桥墩冲刷加剧，对沿岸防洪抗旱、水陆运输乃至生态环境产生了不利影响。

　　第一，受上游重大水利工程影响，长江径流和输沙时空过程大幅改变，影响潮波向上传播，最新研究发现长江洪季潮区界与 2005 年相比上移 82km，枯季上移约 220km，潮区界显著上移。

　　潮区界是标志河流水位受潮动力作用与否的关键界面。安徽大通一直是长江河口潮区界位置。近年来，重大水利工程大幅改变了流域径流和输沙时空分布，尤其以三峡工程的调蓄作用使长江中下游流量过程变得平缓，加之海平面上升影响潮波上溯，引起潮区界位置改变。研究发现长江洪季潮区界与 2005 年相比上移 82km，枯季上移约 220km。特大枯水时期，九江站流量 8440m³/s 时，潮区界在九江附近，特大洪水时期，九江站流量 66700m³/s 时，潮区界在九江与池口之间。潮区界变动范围随流量增大而增大，随潮差减小而增大。在流域与河口工程建设和气候变暖及海平面上升的持续叠加影响下，未来潮区界或将进一步上移。潮区界的显著上移导致下泄洪峰顶托上移，安徽安庆至湖北鄂州、黄冈河段两岸城乡洪涝风险增大；变动河段由长期动力条件形成的地貌发生变化，形成稳态转换，变动段冲刷显著，鄱阳湖、青弋江等支流流域局部侵蚀基准下降 2～3m，枯季旱灾风险增大。

第二，上游大型工程与河口大型工程和气候变暖叠加，导致长江河口区相对海平面上升 **0.15～0.43m，潮动力增强，涝灾趋重。**

平均海平面是大地水准面和流域侵蚀基准面，更是一切国计民生工程的最基本工程设计安全参数，也与江、河、湖、海及平原地区的环境容量直接相关。近年来，项目组在原有长期积累工作基础上，进一步评估了流域和河口重大水利工程对河口地区相对海平面上升（贡献值为 3～6mm/a）和由气候变暖引起的长江口海平面上升（贡献值为 2mm/a），两者叠加，导致长江入海河口地区相对海平面上升 0.15～0.43m，致使上述潮区界上移，安徽大通至上海大戢山河段潮差增大，尤其是枯季潮差显著增大，潮汐变形系数增大，非线性特征增强，整体潮动力增强，河口最大浑浊带河槽淤泥质床面 2013 年发育了此前从未出现的沙波，洪水位抬升，长江中下游地区涝灾趋重。

第三，宜昌以下干流河槽冲刷强烈，坡度大于 **20°的水下高陡边坡占比高达 22%以上，窝崩、条崩多达 30 余处，防洪与航运安全堪忧。**

河槽冲淤演变事关岸线资源开发与利用以及两岸地区的人民生命财产安全。流域大型水利工程建设使长江宜昌以下至上海吴淞口干流河槽整体冲刷强烈，最大冲刷深度 5～10m，但芜湖至马鞍山河段和江阴至张家港河段发生淤积 1～4m。其中，汉口至湖口、湖口至大通以及大通至吴淞口等河段–10～–5m 河槽、–5～0m 河槽和–10m 以深河槽的冲刷贡献率分别占相应河槽总冲刷量的 60.2%、44.9%和 49.1%。局部河槽强烈冲淤由涉水工程所致，下游河槽缩窄显著。典型汇流河段大部分横断面呈强烈冲刷状态，主槽大幅摆动，河槽下切刷深，呈左冲右淤、槽冲滩淤，0m 浅滩多数侵蚀后退；–3m、–5m 以深面积显著增加，冲刷幅度洞庭湖口大于鄱阳湖口。

另外，在 ArcGIS 10.3 中根据多波束测深记录计算宜昌至湖口干流水下岸坡坡度，据此将稳定性分为 5 个等级，即稳定（坡度 0～10°）、较稳定（10°～20°）、较不稳定（20°～30°）、不稳定（30°～40°）、很不稳定（>40°）等 5 个等级，后三者为水下高陡边坡。坡度大于 20°、40°和 60°的水下高陡边坡占比高达 22%、2.5%和 0.8%以上；坡脚发育深约 10m、长约几千米的冲刷槽，易发生崩岸，如龙潭、太阳洲、螺山、砖桥等水道边坡有窝崩，煤炭洲和蕲春等水道边坡有条崩，窝崩、条崩总计多达 30 余处。不稳定岸段长度多在 1km 以上，武穴市、武汉市、尺八镇和新厂镇不稳定岸段长度达 2km 以上。总体上武穴市和黄冈市稳定性较差。

上述干流河槽整体冲刷幅度超过三峡大坝论证预估和三峡大坝工程前期调研结果，也与最新发表的"河槽冲刷虽然逐渐向下游过渡，但未来几十年里三峡大坝引起的河槽冲刷有可能在汉口附近停止"成果显著不同，更为项目组测量获得中下游干流沿程崩岸增多的结果所验证。

第四，河槽沉积物粗化，河床阻力下降，侵蚀型沙波发育且尺度增大，桥墩局部冲刷深达 **10～19m，水上与陆桥交通安全风险增大。**

河槽表层沉积物及微地貌是河流水动力条件、沉积物、河槽边界与比降等因素相互作用的结果，事关堤岸、航运及港口安全。三峡大坝截流以前，长江中下游河槽表层沉积物从上游向下游基本上呈现波动变细的趋势，平均粒径从细砂(0.3mm)波动下降至极细砂(0.1mm)，徐六泾以下河段基本小于0.1mm。2003年三峡大坝截流以来，虽然大坝下游沉积物发生严重侵蚀和粗化，但粒度自上游向下游呈波动变细的特征尚未改变，汉口至吴淞口大部分表层沉积物为细砂-粗砂(0.63～0.5mm)。同时，河床沙粒阻力下降80%，相同水位下过境流量增大。而且，发育侵蚀型链珠状沙波，即沙波波谷中有规律地发育了椭圆形凹坑。九江至湖口、湖口至大通、大通至徐六泾、徐六泾至吴淞口等河段河槽床面沙波地形分别约占河段的80.3%、62.1%、64.3%和27.5%，沙波尺度比三峡修建之前有明显增大，称为巨型沙波。

此外，项目组对九江-上海干流7座跨江大桥主墩的多波束测量，发现桥墩局部冲刷深度10～19m，且在河槽浅滩分布有深约3～5m、直径达10～30m的盗采砂坑，以及这些侵蚀型沙波、巨型沙波、采砂坑和桥墩冲刷增加了水上航行和桥梁通行的风险。

本书第1章由程和琴撰写；第2章由程和琴、陈吉余、陈祖军、阮仁良等撰写；第3章由石盛玉、程和琴、玄小娜、胡方西、姜月华等撰写；第4章由袁小婷、程和琴撰写；第5章由刘高伟、程和琴等撰写；第6章由乔远英、程和琴等撰写；第7章由程和琴等撰写；第8章由陈刚、程和琴等撰写；第9章由吴帅虎、程和琴、郭兴杰、徐文晓等撰写；第10章由程和琴、石盛玉、郭兴杰、徐文晓等撰写；第11章由郑树伟、程和琴、姜月华等撰写；第12章由王淑萍、程和琴、姜月华等撰写；第13章由张家豪、程和琴等撰写；第14章由陆雪骏、程和琴等撰写。全书由程和琴统稿。

本书获得2019年度国家科学技术学术著作出版基金的资助，还得到了国家自然科学基金委(NSFC)与荷兰科学研究组织(NWO)和英国研究理事会(ESPRC)联合资助项目"长江河口最大浑浊带沉积动力过程对大型工程的自适应机理研究"(51761135023)、国家自然科学基金专项基金项目"长江河口河槽演变过程对大型工程的响应"(41340044)、面上项目基金项目"长江河口河槽沉积物捕集对河口大型工程的响应"(41476075)、"长江流域大型工程对河口沙波特征的影响研究"(40776056)及"长江流域大型工程对河口沙波特征及稳定域的影响研究"(40576048)、上海市教委IV类高峰学科"岛屿大气与生态"(ECNU-IEC-202001)的支持，在此一并致以诚挚感谢！

需要特别致谢的是已故河口海岸学创始人、中国工程院院士陈吉余教授对我自始至终的关怀、指导和帮助！同时，诚挚地感谢与陈院士共同创业的王宝灿教授、胡方西教授、李九发教授、恽才兴教授、虞志英教授、董永发教授等华东师范大学河口海岸学科创业一代人的多方面的指导、帮助和提携，甚至是生活上无微不至的关心和照顾。同时也要感谢对给予我默默支持和帮助的中国科学院院士张经教授，还要感谢我们华东师范大学河口海岸学国家重点实验室的一代代大家庭成员。

谨以此书献给我逝去的丈夫江金荣先生，他在有生之年给予我无数的鼓励、支持和帮助！

程和琴

于华东师范大学河口海岸学国家重点实验室

2020年7月6日

目　　录

序

前言

第1章　绪论 ··· 1

　1.1　研究长江中下游河槽物理过程在生产实践中的重要意义 ······················· 1

　1.2　地貌概况 ··· 1

　1.3　径流输沙概况 ··· 3

　1.4　流域与河口工程简介 ·· 5

　1.5　本书编写的构思和布局 ··· 7

　1.6　河槽物理过程的研究现状 ·· 8

　　1.6.1　流域侵蚀基准面 ·· 8

　　1.6.2　潮区界 ·· 9

　　1.6.3　潮动力 ·· 11

　　1.6.4　河口河槽悬沙运动与观测 ·· 13

　　1.6.5　河口河槽水动力信息的定量采集与分析 ······································· 14

　　1.6.6　推移质运动观测与研究 ··· 19

　　1.6.7　河床阻力 ··· 21

　　1.6.8　河口河槽冲淤演变与微地貌对人类活动的自适应行为 ····················· 28

　　1.6.9　长江中下游干流河槽河势演变 ·· 33

　　1.6.10　江湖汇流河段河槽演变分析 ··· 39

　　1.6.11　河槽边坡稳定性分析 ··· 40

　　1.6.12　感潮河段桥墩冲刷研究 ··· 45

第2章　长江河口三角洲系统海平面上升 ······································· 50

　2.1　海平面上升 ·· 50

　2.2　上海沿岸海平面上升原因 ·· 51

　2.3　理论海平面上升 ·· 52

　2.4　城市地面沉降 ··· 53

　2.5　局域海平面上升 ·· 54

　2.6　局域海平面下降 ·· 56

　2.7　海平面上升预测值 ··· 57

　2.8　地区深度基准抬升 ··· 57

第3章　河口潮区界 ·· 59

　3.1　研究方法 ·· 59

　　3.1.1　水文数据收集与预处理 ··· 59

　　3.1.2　水位频谱分析 ··· 60

3.2 近年潮区界变化范围 ···61
   3.2.1 极端流量 ··61
   3.2.2 潮区界上界 ··61
   3.2.3 潮区界下界 ··62
   3.2.4 潮区界变动特征 ··63
   3.2.5 流量、潮差与潮区界关系 ··66
   3.2.6 影响潮区界变化的影响因素 ······································68
   3.2.7 潮区界变动的影响因素 ··70

第4章 长江河口潮动力变化 ···73
4.1 研究区域和分析技术路线 ··74
   4.1.1 长江大通至南京河段 ··74
   4.1.2 长江河口段 ··74
4.2 研究方法 ··75
   4.2.1 水文数据的收集与预处理 ··75
   4.2.2 水下地形数据收集与处理 ··77
   4.2.3 水文年分级 ··77
   4.2.4 水位序列分析方法 ··78
   4.2.5 潮汐特征系数计算 ··80
4.3 长江河口潮汐动力变化特征 ··80
   4.3.1 近口段(大通至南京河段)潮汐动力变化特征 ······················80
   4.3.2 河口段潮汐动力变化特征 ··86
4.4 长江河口潮汐动力特征影响因素 ··97
   4.4.1 近口段(大通至南京河段)潮汐动力特征对径流变化的响应 ··········97
   4.4.2 河口段潮汐动力特征对地形变化的响应 ···························109
   4.4.3 河口潮汐动力特征对气候变化及海平面上升的响应 ·················116
4.5 结语 ··118

第5章 长江河口段典型河槽悬移质变化 ·····································121
5.1 资料与方法 ··121
   5.1.1 历史资料收集 ··121
   5.1.2 现场测量 ··124
   5.1.3 水样采集及悬沙浓度分析 ··125
   5.1.4 调和分析 ··126
   5.1.5 数据同化处理 ··126
   5.1.6 优势流、优势沙计算 ··126
5.2 潮汐变化特征 ··127
   5.2.1 北港上段潮汐变化特征 ··127
   5.2.2 北槽中上段潮汐变化特征 ··128
   5.2.3 南汇南滩水域潮汐变化特征 ······································130
5.3 潮流变化特征 ··131
   5.3.1 北港上段潮流变化特征 ··131
   5.3.2 北槽中段潮流变化特征 ··131
   5.3.3 南汇南滩水域潮流变化特征 ······································132

5.4　悬沙浓度变化特征·······133
5.4.1　北港上段悬沙浓度变化特征·······133
5.4.2　北槽中段悬沙浓度变化特征·······133
5.4.3　南汇南滩水域悬沙浓度变化特征·······134
5.5　河口河槽悬移质输运机制·······135
5.5.1　研究方法·······136
5.5.2　潮流特性·······137
5.5.3　泥沙动力特性·······140
5.5.4　水体纵向输运机制·······142
5.6　重大工程对长江口典型河槽水沙特征的影响·······146
第6章　基于光学遥感的河口最大浑浊带水动力信息分析·······148
6.1　资料来源·······148
6.1.1　TM/ETM数据·······148
6.1.2　潮位数据·······149
6.1.3　方法概述·······150
6.2　遥感影像预处理和流态信息增强·······152
6.2.1　遥感影像预处理·······152
6.2.2　流态信息增强·······153
6.2.3　表层悬沙浓度反演·······154
6.3　基于遥感TM/ETM影像纹理特征的流态信息定量化·······156
6.3.1　纹理分析方法·······156
6.3.2　流态信息定量化·······158
6.3.3　流态信息定量化结果的验证·······163
6.3.4　流态信息遥感解译方法的时序特征·······166
6.4　长江口及邻近水域流态特征分析·······169
6.4.1　南槽、北槽水域的流态特征·······170
6.4.2　南汇嘴水域的流态特征·······173
6.4.3　东海大桥水域的流态特征·······174
6.5　基于光学遥感的河口最大浑浊带水动力信息分析有效性·······176
第7章　长江中下游河槽推移质运动观测与研究·······178
7.1　长江河口非均匀细颗粒泥沙起动流速的估算·······178
7.1.1　数据的采集·······178
7.1.2　均匀细颗粒泥沙起动流速公式推导·······179
7.1.3　长江口南槽非均匀细颗粒泥沙起动流速·······180
7.1.4　基于原位观测的长江河口非均匀细颗粒泥沙起动流速估算有效性·······181
7.2　长江河口非均匀细颗粒泥沙扬动流速·······181
7.2.1　数据采集·······182
7.2.2　数据分析·······183
7.2.3　底沙扬动流速公式·······183
7.2.4　扬动流速公式检验·······184
7.2.5　基于原位观测的长江河口非均匀细颗粒泥沙扬动流速估算有效性·······184

7.3　基于 ADCP 的长江口推移质运动 ·······························185
　　7.3.1　基于 ADCP 的长江口北港推移质运动遥测技术研究 ··············185
　　7.3.2　基于 ADCP 的长江口推移质运动特性 ·······················192
　　7.3.3　基于 ADCP 测量的长江口推移质运动速度研究 ················201
7.4　1998 年长江全流域特大洪水期河口区床面泥沙运动特征 ···········206
　　7.4.1　研究区概况 ·······································207
　　7.4.2　方法 ···208
　　7.4.3　床沙组成 ·······································208
　　7.4.4　床面形态特征 ····································209
　　7.4.5　水面以下 1m 处流速变化特征 ·······················211
　　7.4.6　床沙再悬浮和底形运动 ······························212
　　7.4.7　沙波移动速率的精度 ······························213
　　7.4.8　长江流域特大洪水期间河口河槽床面泥沙主要运动的观测与特征 ··214
7.5　长江口沙波运动高分辨率探测研究 ··························214
　　7.5.1　研究区域和研究方法 ······························214
　　7.5.2　水下微地貌运动特征 ······························215
　　7.5.3　大河口区细颗粒底沙大尺度底形输移模式 ················218
　　7.5.4　沙波空间尺度变化影响因素 ·························220
　　7.5.5　沙波运动速率的精度 ······························220
7.6　近期长江河口沙波发育规律研究 ··························220
　　7.6.1　现场观测和数据处理 ······························221
　　7.6.2　近口段至河口段沙波统计特征及沙波发育的主要影响因素 ······224
　　7.6.3　2013 年河口段沙波输移规律和发育影响因素 ··············229
7.7　长江口南支-南港沙波的稳定域 ···························235
　　7.7.1　研究方法 ·······································236
　　7.7.2　长江口沙波相图参数 ······························238
7.8　利用沙波运动估算长江口南港推移质输沙率 ··················241
　　7.8.1　研究方法 ·······································241
　　7.8.2　推移质输沙率 ····································244
7.9　水下沙波分布区安全航行水深的计算方法 ··················246
　　7.9.1　航道底床顺平情况下安全航行水深的计算(海港总平面设计规范) ··246
　　7.9.2　粉砂质与淤泥质底质水域安全航行水深的确定 ·············248
　　7.9.3　沙波分布区对安全航行水深的计算探讨 ················249
7.10　长江口沙波分布区底沙再悬浮对重金属迁移的影响 ············250
　　7.10.1　研究方法 ······································251
　　7.10.2　潮周期内表层流速流向变化 ························252
　　7.10.3　潮周期内含沙量的变化 ···························252
　　7.10.4　底沙再悬浮对重金属迁移的影响 ·····················252
第 8 章　长江下游河床阻力变化特征 ·····························257
8.1　研究方法与数据来源 ···································258
　　8.1.1　粒度采样、分析 ··································258
　　8.1.2　水力坡降计算 ····································258

8.1.3　水深、流速测量及摩阻流速计算·······259
8.1.4　沙粒阻力计算·······260
8.1.5　床面形态的现场测量与数据处理及沙波阻力的计算·······260
8.1.6　水下地形数据的收集与处理·······262

8.2　基于多参数的床面形态判别方法·······262
8.2.1　床面形态测量和分类及分界参数的判别标准·······263
8.2.2　床面形态分界线、分界面确定方法·······263
8.2.3　九江-长江口段水流及泥沙参数统计·······264
8.2.4　床面形态分界函数·······265

8.3　近15年长江下游河床阻力变化特征及影响因素·······269
8.3.1　河床阻力分布变化特征·······269
8.3.2　河床阻力与宽深比的关系·······270
8.3.3　河床阻力与粒度的关系·······271
8.3.4　河床阻力与流速的关系·······274

8.4　基于河床阻力的南京河段洪水流量预测·······276
8.4.1　Delft3D 模型建模·······276
8.4.2　模型的率定及验证·······277
8.4.3　南京河段洪水数值模拟·······277

第9章　长江河口段河槽冲淤和微地貌演变对人类活动的响应·······282
9.1　资料来源与研究方法·······282
9.1.1　水深、流量和输沙量数据收集·······282
9.1.2　河槽地貌及其演变测量·······283
9.1.3　数据分析·······284
9.1.4　沙波特征的确定和统计分析·······285
9.1.5　长江河口大型工程·······286

9.2　近期长江河口段河槽演变规律·······286
9.2.1　三峡工程实施之前的长江河口河槽演变过程·······286
9.2.2　三峡工程影响下的长江河口段河槽演变特征·······294

9.3　长江河口段河槽表层沉积物分布及变化特征·······309
9.3.1　河槽表层沉积物的类型和分布特征·······309
9.3.2　河槽表层沉积物中值粒径变化特征·······312

9.4　长江河口段河槽微地貌分布与特征·······314
9.4.1　微地貌类型及其几何特征·······314
9.4.2　微地貌空间分布特征·······316

9.5　长江河口段河槽演变的影响因素分析·······318
9.5.1　流域来水来沙变化·······318
9.5.2　河口工程的影响·······319
9.5.3　河槽演变对盐水入侵的影响·······322
9.5.4　沉积物分布和变化的影响因素·······323
9.5.5　长江河口微地貌形成和分布的影响因素·······324

9.6　河口段河槽冲淤、沉积和微地貌对人类活动的响应特征·······325

第10章 长江河口典型河槽河势演变 327

10.1 长江潮区界变动河段河床演变特征 327

10.1.1 平面形态变化 327

10.1.2 河槽断面形态变化 334

10.1.3 冲淤特征分析 346

10.1.4 典型冲淤区域床面微地貌特征 348

10.1.5 近期潮区界变动河段冲刷环境 352

10.2 长江口典型二级分汊河槽(北港)河势演变 354

10.2.1 长江口北港演变研究现状 354

10.2.2 研究区域概况 357

10.2.3 资料来源与研究方法 362

10.2.4 北港近期演变特征 364

10.2.5 大型工程对长江口北港河势演变的影响 377

10.2.6 基于尖点突变的长江口北港稳定性评价 386

10.2.7 重大水利工程对长江口二级分汊北港河势演变的影响及对策建议 397

10.3 河口段典型四级分汊(北港北汊)河势演变及动力沉积特征 398

10.3.1 研究区域概况、资料来源及研究方法 399

10.3.2 长江口北港北汊河势变化特征及演变趋势 403

10.3.3 长江口北港北汊动力沉积特征 414

10.3.4 长江口北港北汊河势演变影响因素探讨 421

第11章 汉口-吴淞口河槽冲淤与微地貌演变对人类活动的自适应行为 432

11.1 研究区域概况 432

11.1.1 地貌概况 432

11.1.2 动力分区与研究区域选择 433

11.2 研究方法 434

11.2.1 数据采集 434

11.2.2 分析方法 436

11.3 干流河槽冲淤演变特征 439

11.3.1 汉口-湖口干流河槽冲淤演变特征 440

11.3.2 湖口-大通干流河槽冲淤演变特征 442

11.3.3 大通-吴淞口干流河槽冲淤演变特征 446

11.3.4 不同河段河槽演变共性与差异性 450

11.3.5 长江汉口-吴淞口河段河槽冲刷量与误差分析 451

11.3.6 长江干流汉口-吴淞口河段河槽主要冲淤演变特征 452

11.4 干流河槽表层沉积物特征 452

11.4.1 汉口-湖口干流河槽沉积物特征 453

11.4.2 湖口-大通干流河槽沉积物特征 454

11.4.3 大通-吴淞口干流河槽沉积物特征 454

11.4.4 汉口-吴淞口干流河槽主要表层沉积物特征 457

11.5 干流河槽沙波空间分布特征 457

11.5.1 长江九江-吴淞口干流河槽沙波统计 457

11.5.2 长江九江-吴淞口干流河槽沙波空间分布特征 457

11.5.3 河槽沙波空间分布的共性与差异性 ····················466
11.5.4 长江干流汉口-吴淞口沙波主要空间分布特征 ····················466
11.6 干流河槽冲淤与微地貌对人类活动的自适应行为分析 ····················466
11.6.1 河槽沉积物粒度变化对人类活动的自适应行为分析 ····················467
11.6.2 河槽整体冲淤对人类活动的自适应行为分析 ····················468
11.6.3 局部河槽强烈冲淤对人类活动的自适应行为分析 ····················472
11.6.4 河槽床面沙波对人类活动的自适应行为分析 ····················482
11.7 长江汉口-吴淞口干流河槽冲淤和微地貌对人类活动自适应行为 ····················495
第12章 长江典型江湖汇流河段河床演变及微地貌特征 ····················497
12.1 研究区域概况 ····················497
12.1.1 水文泥沙特征 ····················497
12.1.2 洞庭湖与鄱阳湖区采砂现状 ····················502
12.1.3 河床边界条件 ····················504
12.1.4 重点研究区域 ····················504
12.2 研究方法 ····················505
12.2.1 历史水下地形数据分析 ····················505
12.2.2 表层沉积物样品采集与粒度分析 ····················506
12.2.3 河床微地貌的现场测量与数据处理 ····················506
12.2.4 床面微地貌统计 ····················507
12.2.5 流速数据获取 ····················507
12.2.6 床面剪应力与临界河床剪应力计算方法 ····················507
12.3 长江与洞庭湖汇流河段河床演变与微地貌特征 ····················508
12.3.1 平面形态变化特征 ····················508
12.3.2 河槽断面形态变化特征 ····················512
12.3.3 冲淤变化特征 ····················518
12.3.4 河槽表层沉积物特征 ····················519
12.3.5 微地貌分布与特征 ····················519
12.3.6 河槽冲淤演变的影响因素 ····················524
12.3.7 微地貌发育与河床演变的关系 ····················525
12.4 长江与鄱阳湖汇流河段河床演变与微地貌特征 ····················527
12.4.1 平面形态变化特征 ····················528
12.4.2 河槽断面形态变化特征 ····················531
12.4.3 冲淤变化特征 ····················535
12.4.4 河槽表层沉积物特征 ····················537
12.4.5 微地貌类型与特征 ····················537
12.4.6 河槽冲淤演变的影响因素 ····················541
12.4.7 微地貌发育与河床演变的关系 ····················543
12.5 江湖汇流河段冲淤变化及微地貌特征对比 ····················545
12.5.1 冲淤变化对比 ····················545
12.5.2 微地貌特征对比 ····················546
12.6 长江中游江湖汇流河段冲淤演变和微地貌特征对人类活动响应 ····················549

第 13 章　长江中下游典型河槽边坡稳定性分析 ··551

　13.1　研究区域及测区布设 ···551

　　13.1.1　典型工程岸段河槽边坡 ···551

　　13.1.2　典型河漫滩岸段边坡 ···553

　　13.1.3　典型弯道段河槽边坡 ···555

　　13.1.4　典型顺直岸段河槽边坡 ···557

　　13.1.5　典型支流交汇段河槽边坡 ···558

　13.2　研究方法 ···559

　　13.2.1　多模态传感器系统的构建 ···559

　　13.2.2　水陆一体化地貌模型的构建 ···561

　　13.2.3　水动力特征的处理分析 ···565

　　13.2.4　沉积特征的采集与处理 ···565

　　13.2.5　典型河段海图数字化与冲淤变化分析 ···566

　　13.2.6　基于 BSTEM 模型的边坡稳定性计算 ···566

　13.3　研究河段冲淤及断面演变特征 ···567

　　13.3.1　长江九江-宜昌干流典型岸段稳定性分级 ··567

　　13.3.2　窝崩边坡岸段 ···569

　　13.3.3　河漫滩边坡岸段 ···571

　　13.3.4　条崩边坡岸段 ···574

　　13.3.5　支流汇流段崩岸边坡岸段 ···575

　　13.3.6　石首水道护岸坍塌边坡岸段 ···577

　13.4　典型河槽边坡稳定性分析 ···577

　　13.4.1　窝崩边坡 ···577

　　13.4.2　河漫滩边坡 ···591

　　13.4.3　条崩边坡 ···600

　　13.4.4　支流汇流段崩岸边坡 ···606

　　13.4.5　石首水道护岸坍塌边坡 ···612

　13.5　基于多模态传感器系统的长江中下游典型河槽边坡稳定性 ·····································614

第 14 章　长江感潮河段桥墩冲刷研究 ···616

　14.1　研究区域概况与桥梁介绍 ···616

　　14.1.1　铜陵长江大桥 ···616

　　14.1.2　芜湖长江大桥 ···617

　　14.1.3　大胜关长江大桥 ···617

　　14.1.4　南京长江大桥 ···618

　　14.1.5　南京长江第二大桥(南汊) ···618

　　14.1.6　南京长江第四大桥 ···618

　　14.1.7　上海长江大桥 ···618

　14.2　数据获取与处理 ···619

　　14.2.1　数据获取 ···619

　　14.2.2　数据处理 ···620

　14.3　桥墩冲刷实测结果与分析 ···621

　　14.3.1　径流作用下桥墩冲刷 ···621

  14.3.2 潮流作用下桥墩冲刷 ··· 629
  14.3.3 长江感潮河段桥墩冲刷特征分析 ································· 634
14.4 桥墩局部冲刷深度计算与分析 ··· 635
  14.4.1 桥墩局部冲刷深度计算方法 ·· 635
  14.4.2 径流作用下桥墩局部冲刷计算与分析 ··························· 637
  14.4.3 潮流作用下桥墩局部冲刷深度计算与分析 ····················· 639
  14.4.4 基于推移质起动流速的桥墩局部冲刷深度计算公式改进公式 ··· 640
14.5 重大水利工程对长江感潮河段桥墩冲刷的影响分析 ··············· 640
  14.5.1 铜陵长江大桥 ··· 640
  14.5.2 芜湖长江大桥 ··· 642
  14.5.3 大胜关长江大桥 ·· 645
  14.5.4 南京长江大桥 ··· 647
  14.5.5 南京长江第二大桥(南汊) ··· 649
  14.5.6 南京长江第四大桥 ··· 651
  14.5.7 上海长江大桥所在河段断面变化特征 ···························· 653
14.6 大型工程与气候变化叠加作用下长江感潮河槽桥墩冲刷深度 ····· 654
参考文献 ··· 656

第1章 绪 论

1.1 研究长江中下游河槽物理过程在生产实践中的重要意义

长江发源于青藏高原唐古拉山脉各拉丹冬峰西南侧,横贯中国东西 11 个省份(青海、西藏、四川、云南、重庆、湖北、湖南、江西、安徽、江苏、上海),于上海注入东海,干流全长 6397km,总落差约 5400m(杨达源, 2006),流域面积达 180 万 km²,是我国第一大河,在世界大河中列居第三,其长度仅次于尼罗河和亚马孙河。

长江中下游地区包括湖南、湖北、江西、安徽、浙江、江苏和上海六省一市,面积达 88.58 万 km²,占全国总面积的 9.23%,2010 年第六次全国人口普查七省市人口总数 3.83 亿,占我国总人口的 28.59%,2013 年区域 GDP 总量达到 20.05 万亿元,占全国的 35.81%,是我国人口分布密集、经济发达地区。长江中下游河流密布,河流两岸自古以来为人类繁衍生息之地,河流对人类活动的影响深远。河流有水利的一面,也有水害的一面,如何变水害为水利,是人类和大自然做斗争的主要内容之一。因此,自 20 世纪 50 年代以来,长江干流及其支流建造了超过 50000 座大坝和水库(Yang et al., 2011),与此同时,中下游地区有一系列拦蓄引调水利工程和水土保持工程、大规模采砂、过江大桥、滩涂围垦、滩涂和江心沙水库、深水航道及其上延工程、码头与港口扩建工程。这些工程建设,在有效治理水灾和经济发展、资源保障的同时,也改变了河流天然的水沙过程、边界条件和相对平衡,引起了河床的再造床过程和下游河道的冲刷和滩地的坍塌。即使是一些局部性的引水、裁弯和桥渡工程,也会引起当地河道的而改变。对于这些改变,过去钱宁等(1987)在其《河床演变学》中提到,如果事先不能做出预测、预报、预警和及时采取措施,不但会带来新的困难,甚至还会使工程失效。因此,这是目前国家战略之一的长江大保护和长江经济带建设亟须开展长江中下游河槽物理过程这一基础科学研究工作。

1.2 地 貌 概 况

根据河流地形、地质条件和气候差异等因素,以湖北宜昌、江西湖口为分界点将长江分为上游、中游和下游。其中,长江源头至宜昌为长江上游,长约 4500km,流域面积约 100 万 km²。在上游距宜昌约 43km 处,建有三峡大坝。宜昌至湖口为长江中游,长约 955km,流域面积约 68 万 km²。其中,从湖北省枝城到湖南省城陵矶长约 420km 的河段称为荆江,以藕池口为界又分为上荆江(枝城-藕池口)与下荆江(藕池口-城陵矶),河道蜿蜒曲折。湖口以下为长江下游,长约 930km,流域面积约 12 万 km²(董耀华和汪秀丽, 2017)。

长江支流水系发达,集水面积超过 1000km^2 的支流有 437 条;集水面积超过 1.0 万 km^2 的支流有 22 条(余文畴,2005);超过 80 万 km^2 的支流有 8 条,分别为雅砻江、岷江、嘉陵江、乌江、沅江、湘江、汉江和赣江。长江流域的湖泊面积约 1.5 万 km^2,约为全国湖泊面积的五分之一,拥有我国最大的通江淡水湖泊——鄱阳湖。流域内湖泊星罗棋布,往往呈群出现,形成广阔低洼的湖区,其中,我国五大淡水湖泊中有四个分布在长江流域(周兴志和赵建功,2004)。

宜昌市以下河段为长江中下游,全长约 1750km(图 1-1)。整体上,宜昌至枝城河段为峡谷河段向平原河段过渡区,沿江两岸有多级阶地发育;城陵矶至鄱阳湖湖口两岸多山矶、节点;湖口以下为广阔的河流冲积平原,河流南岸有多处节点控制;大通以下受到东海潮汐影响,属于感潮河段(濮培民,1994;石盛玉等,2017)。而且,长江中下游位于扬子准地台,受新构造运动的影响,以沉降作用为主;南北两岸的大地构造单元也不同,右岸相对抬升,左岸下沉。大通至河口河段由于淮扬地盾与江南古陆的构造运动的原因,流域内发生了强烈褶皱或断裂运动,形成了一系列断裂的破碎带(屈贵贤,2014)。

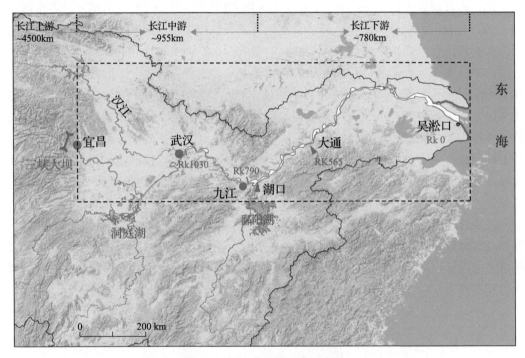

图 1-1　长江中下游干流示意图

长江入海河口三角洲地区是长江经济带发展的重心和我国人口最密集的区域之一,河口河槽及三角洲演变对我国经济发展、航运事业以及港口安全至关重要。1970 年以前,长江水下三角洲体系的面积约 2 万 km^2(Milliman et al., 2008; Yang et al., 2015),然而,在过去的几十年里,长江干流及其支流建造的超过 5 万座大坝和水库,已致长江中下游至河口三角洲地貌体系发生了不同程度的自适应调整现象(张晓鹤,2016; Lai et al., 2017; Luo et al., 2017);三峡大坝下游河槽剧烈冲刷(Chen et al., 2007; Xia et al., 2016; Zheng et al., 2018a, 2018b; Shi et al., 2018)、河口三角洲区域性侵蚀后退(Luo et al., 2017)、通江湖泊特征水位与面积显著变化(Zhou et al., 2016)等。与此同时，长江河口大量工程建设与相对海平面上升叠加导致潮区界变动段上移(石盛玉等，2017；2018)，长江河口区潮位上升，动力条件也将发生变化，河口河槽冲刷加剧等一系列问题对长江中下游河槽演变的影响不容忽视(程和琴等，2015；程和琴和陈吉余，2016; Cheng and Chen, 2017; Cheng et al., 2018)。

因此，长江中下游河槽冲淤与微地貌演变如何自适应流域与河口人类活动的强干扰亟须进一步探讨，对预测长江河口三角洲演变、河流两岸城市防洪安全以及岸线资源的开发与利用具有重要的现实和科学意义。

1.3　径流输沙概况

长江水量丰富，入海口年均径流量达 9156 亿 m³(根据 1950～2003 年水利部发布的"中国河流泥沙公报"计算)，约占全国河流径流总量的 36%，在世界上仅次于亚马孙河和刚果河。长江流域年均降水量 1067mm，但降水年内分配很不均匀，每年冬季(12 月至翌年 2 月)降水量最少，从春季开始(3～5 月)降水量逐月增加，到夏季(6～8 月)长江中下游月降水量可超过 200mm，秋季(9～11 月)再逐渐回落，其中长江下游连续最大 4 个月降水量可占全年总量的 50%～60%(长江水利委员会水文局，2010)。

长江流域多年平均降水量达 1100mm，但时空分布不均(余文畴，2005)。如四川盆地四周山地和高原高程为 1500～3000m，形成了冬、夏季节气温变化小的封闭式气候；而金沙江流域由于西北高(高程 3000～4000m)、东南低的地貌特征(高程仅约 2000m)，形成了局部的立体气候，干湿气候特征明显，年降水量为 600～1000mm，每年 5～10 月进入湿润季节，降水量为 500～900mm；11 月至翌年 4 月进入干季，降水量不足 100mm(周兴志和赵建功，2004)。

长江径流主要由降水补给(戴明龙和张明波，2013)，径流的地区分布与降水分布基本一致(长江水利委员会水文局，2010)，总体特征是南岸大于北岸，下游大于上游(水利部长江水利委员会，1992)。统计资料显示(图 1-2)，汉口水文站多年平均径流量(1954～

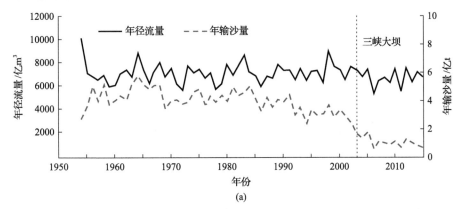

(a)

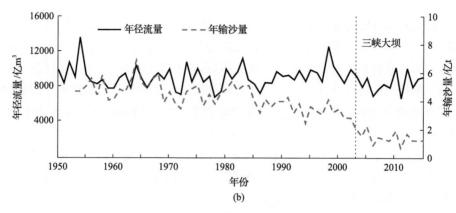

图 1-2　1953～2013 年汉口水文站和大通水文站年径流量和年输沙量

(a)汉口站；(b)大通站

2015 年)为 7040 亿 m³，多年平均输沙量为 3.37 亿 t。近十年(2006～2015 年)汉口站平均年输沙量仅为 0.90 亿 t；大通水文站 1951～2002 年以来，多年平均输沙量约 4.27 亿 t，近十年来大通平均年输沙量迅速减少至 1.40 亿 t，仅为以前输沙量的 1/3。

　　位于安徽池州的大通水文站是长江干流入海前最后一个具有长期观测资料的水文站，始建于 1922 年，距口门约 624km，由于其下游河段汇入流量仅占 3%～5%，可以较好地代表长江流域的径流情况，常被用作长江河口径流量的控制站。自运行以来，实测最大流量为 9.26 万 m³/s(1954 年)，实测多年平均流量为 2.93 万 m³/s，最大年平均流量为 4.13 万 m³/s(1954 年)，最小年平均流量为 2.2 万 m³/s(1972 年)，最高月平均流量为 8.42 万 m³/s(1954 年 8 月)，最低月平均流量为 6730m³/s(1963 年 2 月)(恽才兴，2004)。年径流总量为 9240 亿 m³，为珠江的 2.6 倍，黄河的 17.5 倍(陈吉余等，1988)。径流量随季节变化明显，洪季出现在 5～10 月，占全年径流总量的 71.7%，主要集中于 7 月；枯季在 11 月至翌年 4 月，占全年径流量的 28.3%，其中以 2 月最小。大通站实测最大年平均输沙量约为 6.78 亿 t(1964 年)，最小年平均输沙量为 0.848 亿 t(2006 年)，实测多年(1956～2009)平均输沙量约为 3.88 亿 t(Jiang et al., 2012)。输沙量也有明显的季节变化，在年内的分配比水量更集中，洪季 6 个月的输沙量约占全年输沙量的 87%，以 7 月最高，约占全年的 21%，枯季 6 个月的输沙量仅占全年的 13%，以 2 月最小，输沙量不足全年的 0.7%，月平均最大与最小输沙量之比为 35.6(陈吉余等，1988)。据估计每年约有 40%的悬沙沉积在长江河口(Zhu et al., 2015)。

　　大通水文站近 60 年来水沙观测资料如图 1-2(b)所示，1950～2011 年年平均径流量为 8944 亿 m³，1953～2011 年年平均输沙量为 3.63 亿 t(余雯等，2015)，1951～2010 年年平均悬沙浓度为 0.437kg/m³(中华人民共和国水利部，2006)。其中，最大年径流量(1998 年)为 12500 亿 m³，最小年输沙量(2011 年)为 0.718 亿 t。20 世纪 90 年代以前，径流量与输沙量的变化趋势基本相同，90 年代以后，径流量继续保持相对稳定，但输沙量逐渐减少，年均减少 0.08 亿 t。尤其在 2003 年三峡水库的建成运行，一部分泥沙被拦截，输沙量迅速减少，直到近十年才小幅回升并逐渐稳定在 1.3 亿 t 左右(水利部长江水利委员会，

2000，2011，2012，2013，2014）。

长江中下游河道泥沙主要来自宜昌以上，前人研究表明，河床表层沉积物从上游向下游逐渐细化，如宜昌-枝城河段河床表沉积中值粒径约 0.23mm，至长江口南槽口外则为 12.10μm（李茂田，2005；刘红等，2007）。

长江河口的河槽表层沉积物主要由细砂、粉砂和黏土组成（Liu et al.，2010）。长江河口位于副热带季风气候区，风向季节性变化较为明显，SE-ESE 为其常风向，NW-NNW 为其强风向，夏季盛行偏南风，冬季盛行偏北风，春季偏北气流逐渐减弱，偏南气流逐渐增强，东南风盛行在 4 月份，秋季情况正好相反，偏北气流逐渐增强，偏南气流逐渐减弱，偏北风盛行在 10 月份（Yang et al.，2015）。河槽表层沉积物的中值粒径（D_{50}）和 D_{90} 分别是 0.178 和 0.218mm（Wu et al.，2016）。河槽近底层（1m 左右）的流速为 0.63m/s（郑树伟等，2016；Zheng et al.，2016）。

1.4　流域与河口工程简介

长江中下游至长江三角洲是我国经济较发达的地区，治理与开发长江对我国经济发展具有重要的战略意义。水利部长江水利委员会于 1990 年通过的《长江流域综合利用规划简要报告》（1990 年修订）制定了长江流域综合利用与规划的主要任务。其内容包括水资源开发与利用、防洪、水力发电、灌溉、航运、长江中下游干流河道整治、南水北调、长江沿岸城市发展规划布局意见、城市供水等。其中，在长江水系航道规划中提出了长江中下游通过疏浚与整治工程，稳定河势，固定岸线等形成水系航道网的要求。近年来，长江中下游流域进行也实施了航道渠化、岸滩整治、疏浚等工程（表 1-1）。

一般而言，河槽作为河流地貌单位，其演变对气候变化和人类活动具有一定的自适应调整能力，这一过程主要通过泥沙的起动、搬运和堆积实现，在河槽地貌上表现为河槽冲刷、动态平衡和淤积现象（Lamberth et al.，2009; Park et al.，2011; 陈吉余等，2008; 钱宁等，1983; 张晓鹤等，2015），具体涵盖了侵蚀基准面、径流、潮流、悬沙质、推移质、河床阻力、冲淤、河势演变、岸坡稳定性等微宏观物理过程。其中，宏观的河槽冲淤演变过程对岸线资源开发与利用（Kondolf，1997; 王传胜和王开章，2002; Huang et al.，2011），以及两岸地区的人民生命财产安全意义重大（Blum and Roberts，2009; Luo et al.，2017）。因此，研究河流河槽物理过程对人类活动的自适应调整行为，可为岸线资源利用与开发尤其是长江生态保护具有重要现实意义（李九发等，2007，2003; Wang et al.，2009）。

而且，由于河流不断地向河口、近海与海洋输送淡水与泥沙（Walling，2006; Viers et al.，2009; Milliman and Farnsworth，2011），由上述一系列工程（表 1-1）导致这一自然过程的改变必将对河口三角洲乃至近海陆架的地貌和生态环境产生巨大影响。如河口三角洲快速侵蚀后退（李鹏等，2007; 高抒，2010; Yang et al.，2011; Luo et al.，2017）、沿海地区海水入侵（Werner et al.，2013）、三角洲平原盐渍化以及鱼群群落变化等（Kotb et al.，

2000; Stanley and Warne, 1993)。近几十年来，人类活动的强烈干扰改变了河流原有的自然输沙过程、输沙量和径流的年内分配。因此，研究河流干流河槽物理过程对人类活动的自适应行为对预测河口三角洲的演变具有重要的科学意义(Bohannon, 2010; Latrubesse et al., 2017; Wu et al., 2016; 黎兵等, 2015)。

表 1-1 近 70 年来长江中下游水利工程一览表

工程名称	修建时间	位置或距吴淞口距离/km	补充
北支围垦	1997～	北支	面积 102.80km²
崇明东滩	1998～	崇明岛	面积 84.07km²
横沙东滩	2000～	横沙东滩、中央沙	面积 130km²
深水航道工程	1998～2010	北槽	—
九段沙	1998～2005	江亚南沙、九段沙	—
南汇边滩	1994～2002	南汇	面积 151.64km²
陈行水库	1990～1992	东部长江江堤外侧	面积 1.35km²
青草沙水库	2007～2010	北港青草沙沙洲	面积 70km²
东风西沙水库	2011～2014	东风西沙与崇明岛夹泓	—
南港、北港分汊口	2007～2009	0	新浏河沙护滩及南沙头通道潜堤工程
白茆沙整治工程	2012～2014	50	头部潜堤、南堤、北堤、南侧丁坝和北侧护堤坝
通州沙、通西和双涧沙整治建筑物	2012～2013	80～130	—
口岸直水道航道治理	2010～2013	210～235	鳗鱼沙心滩头部与落成洲守护工程-
江心洲至乌江河段航道整治一期工程	2009～2011	390～420	牛屯河护滩带，彭兴洲洲头及左缘护岸、江心洲洲头及左缘护岸
黑沙洲水道航道整治工程	2007～2010	480	天然洲洲头护滩带、心滩水下护滩带等
东流水道航道整治	2013～2017	685	护滩带、鱼骨坝、老虎滩头鱼骨坝、天心洲护滩带
马当河段航道整治一期工程	2009～2011	710～720	棉外洲护滩带、潜坝、瓜子号洲头及右缘护岸和护滩带等
张家洲南港水道航道整治工程	2002～2006	770	官洲尾护岸、梅家洲护滩带、张南丁坝等
新洲至九江港河段航道整治工程	2011～2014	810～820	鳊鱼滩滩头梳齿坝与洲头及右缘和蔡家渡护岸、徐家湾护滩带等
武穴航道整治工程	2006～2012	830	—
牯牛沙水道航道整治二期工程	2013～2015	900	—
戴家洲河段航道整治工程	2008～2012	920～935	戴家洲洲尾护底带、戴家洲洲头护滩带等
湖广至罗湖洲河段航道整治工程	2013～2014	970～990	—
天兴洲河段航道整治工程	2013～2014	1030	—

续表

工程名称	修建时间	位置或距吴淞口距离/km	补充
三峡大坝工程	1994~2009	湖北省宜昌市	坝高 185m, 长 3335m
葛洲坝工程	1971~1994	湖北省宜昌市	坝高 47m, 库容 15.80 亿 m³
丹江口水库工程	1958~1974	湖北省、河南省	坝高 162m, 长 2494m
荆江分洪工程	1952	湖北省公安县	—
南水北调东线工程	2002~	三江口枢纽	干流长 1156km
南水北调中线	2003~	丹江口水库	干流长 1432km
引江济淮工程	2016~	安徽省、河南省	—
引江济太工程	2002~2019	江苏省	—

注：— 表示数据缺失

1.5 本书编写的构思和布局

本书主要是为研究、管理及工程技术人员编写的，着重考虑短期人类活动对流域径流过程和局域地形边界条件的快速改变后，中下游河槽物理过程发生了哪些自适应调整？现状如何？这些物理过程是在一个连接从流域注入东海的连续的水动力系统内，在径流、潮流等两个相反方向的两种自然动力作用下，河槽水位、水流、悬沙与床沙的变化过程。

因此，本书以流域这一缩微版地球系统为对象，采用岸基、船基和天基等多模态传感器的现场测量与历史资料、数值模型相结合方法，系统分析了气候变化和海平面上升与人类活动叠加作用下长江中下游河槽潮流与径流、推移质、微地貌、河势演变等基本物理过程及其对边坡稳定性和桥墩冲刷的影响。本书力图把各种过程的物理图形阐述清楚，为此引用了大量多模态传感器的实测资料，包括图表和照片。全书分为三大部分 (图 1-3)。

第一部分是流域侵蚀基准面。正是长江河口三角洲地区的海平面决定了中下游河槽水动力、悬移质与推移质、河床演变等基本物理过程。

第二部分，我们以十章的篇幅详细地介绍了径/潮流界面、潮动力、推移质、河床阻力、河床演变与微地貌等五种基本物理过程在人类活动后的具体变化。在内容的安排上，既考虑河槽所处地理位置的特点，又考虑不同传感器在物理过程研究中的差异。

第三部分，我们根据第二部分所提供的丰富多彩的物理现象，试图通过河流物理过程对人类活动的自动调整作用进行边坡稳定性的计算和桥墩冲刷深度的计算，并进行稳定性分析。这在治河工程的规划和设计中，往往是不可缺少的。

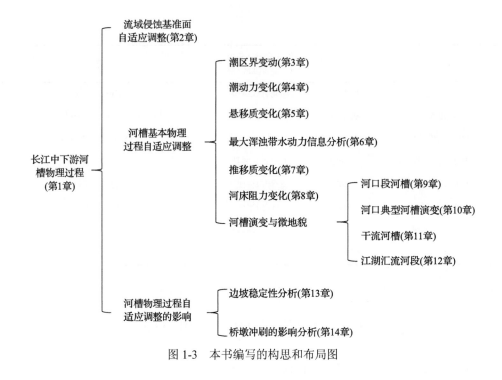

图 1-3　本书编写的构思和布局图

1.6　河槽物理过程的研究现状

1.6.1　流域侵蚀基准面

　　河流侵蚀基准面的概念最初由 Powell 于 1875 提出并完善，他对侵蚀基准面的定义主要包括以下三个方面：①地表发生侵蚀的最低界限；②与岩石性质有关的当地或暂时性基准面；③反映河流坡度的向海倾斜的斜面，即河流平衡纵剖面。但是这一定义将侵蚀基准面与河流平衡剖面相混淆，造成了后续相关研究的许多混乱。Davis(1902)认为侵蚀基准面反映地表侵蚀的最低界限。巨江(1990)认为侵蚀基准面作为河床演变的重要边界条件之一，直接影响着河床形状和冲刷强度的发展过程。Schumm(1993)明确指出流域侵蚀基准面即海平面。李江涛等(2005)认为侵蚀基准面不是某一单纯的物理界面，而是一个由陆地到海洋盆地的抽象势能面，但在某种具体的条件下可以找到合适、具体的物理面作为理想的替代物。李昌志等(2007)认为侵蚀基准面是动力学界面，处于不断的变化之中，它控制着河流的下切程度，当河流下切接近该基准面后便不再向下侵蚀。

　　本书作者采用 Shumm(1993)关于流域侵蚀基准面为海平面的观点。流域侵蚀基准面或平均海平面是一切国计民生工程设计和安全参数，也与江、河、湖、海及平原地区的环境容量和农业灌溉面积直接相关(Flick et al., 2013; Houston, 2013; Pachauri, 2016; 吴绍洪等, 2016; 程和琴等, 2015; 程和琴和陈吉余, 2016; Cheng et al., 2018)。自 20 世纪 80 年代以来，尤其是自进入 21 世纪以来，全球变暖加速，海平面上升速度和幅度增加(Hay et al., 2015; Haigh et al., 2014; Rye et al., 2014; Wahl et al., 2014; Meehl et al., 2005;

Church and White, 2006）。最近气候变化研究发现人类活动将导致气温上升 1.5～2℃，海平面 2100 年将比现在高 1.9m，2300 年比现在高 4.8m（Levermann et al., 2013; Shaeffer et al., 2012）。因此，制定适应性行动计划和指南是世界各国政府和科学界的重要议题（Syvitski et al., 2009; Kabat et al., 2009; Roos et al., 2011; Katsman et al., 2011; Nicholls and Cazenave 2012; Woodruff et al., 2013; Smajgl et al., 2015; Klijn et al., 2015; Pachauri, 2016; Cheng and Chen, 2017），这是因为世界上百万人口以上的大城市 80% 位于河口三角洲地区。

但是，就政策制定者、流域与海岸带管理和规划人员而言，制定气候变化和海平面上升适应行动计划和指南的困难在于海平面上升的原因、幅度和出现时间的不确定性，尤其是这些不确定性随着河口海岸系统中大气、海洋和陆地等的复杂性及其随不同时空尺度上的相互作用而增加。而且，由气候变化导致的海平面上升与人为地貌改变的叠加放大了这种复杂性和不确定性（Jevrejeva et al., 2009; Stevens and Kiem, 2014; Leonard et al., 2014; Slangen et al., 2014, 2016; Hamlington et al., 2014; Bentley et al., 2016），还有构造运动和城市地面沉降的叠加影响也加剧了这种不确定性。更为重要的是气候海平面上升与流域侵蚀基准面的影响关联研究还没有确切研究报道。

魏合龙等（1995）认为尽管海平面为河流最基本的侵蚀基准面，但在许多情况下，当地及暂时性的基准面，即局部侵蚀基准面仍然起一定作用。郑珊等（2015）认为侵蚀基准面包括永久侵蚀基准面和局部侵蚀基准面。对于河口来沙量较少或造陆速率较慢的河流而言，河道的永久侵蚀基准面可看作相对固定的海平面。因此，局部侵蚀基准面对流域来水来沙的响应直接、敏感，进而对流域地质、环境乃至灌溉面积等产生重要或灾害性影响。本书第 2 章将从海平面上升角度阐述长江中下游侵蚀基准面抬升。

1.6.2　潮区界

萨莫伊洛夫（1958）最早指出："河口区上界为水位变化受潮汐或增水影响刚好消失的断面"，这个断面就是潮区界。因此，潮水自河口上溯，其影响沿程减弱，完全消失于潮区界。作为感潮河段上界，潮区界是标志水位受潮动力作用与否的关键界面。潮区界位置在径流、潮汐、河道比降等因素的综合影响下变动频繁。国内外往往采用历史极端水情、实测资料分析手段对潮区界位置进行研究。黎子浩（1985）建立了珠江下游水文站水位与河口潮位站潮位的相关曲线，根据其斜率大小分析各站水位变化受潮汐影响的程度。刘智力和任海青（2002）比较了不同控制断面的同步水位观测资料，认为自水位变化过程与上游相似的断面开始，潮汐影响完全消失。数值模拟在研究潮波传播过程中也起到了重要的作用。Friedrichs 和 Aubrey（1994）分析了潮波在泰晤士河与特拉华河的传播过程，认为水道的动力地貌对潮波衰减有重要影响。Godin（1999）则认为潮波衰减速度与潮差大小成正相关。Unnikrishnan 等（1997）用一维数学模型模拟了潮波在河口内的传播过程，认为上部河道断面面积剧减以及下段河道压强梯度力与摩擦力相平衡是导致 Mandovi-Zuari 河口潮差衰减速度上大下小的原因。沈焕庭等（2008）建立了理想河口的平面二维数值模型，分析认为潮区界与径流和潮差之间并非线性关系。路川藤（2009）通过建立长江口概化模型，分析潮波传播过程与影响因素，结果显示径流变化对潮波变形影响很大。

前人对长江潮区界位置业已做了不少研究，陈吉余等学者根据历史资料记载，发现晋朝时潮区界在江西九江附近，后来枯季潮区界下移到安徽大通附近，并认为江面束狭、沙洲并岸、边滩伸展等河槽边界条件的变化影响了河口潮波传播，进而导致潮区界下移(陈吉余等, 1979; 黄胜, 1986)。徐沛初和刘开平(1993)结合大通流量和江阴潮差资料，建立了二者与潮区界的相互关系，推算出多年平均潮区界位于大通下游50km处。部分研究认为21世纪初长江潮区界位于安徽铜陵与芜湖之间(恽才兴, 2004; 徐汉兴等, 2012)。杨云平等(2012)分析了江阴潮差和大通流量之比与潮区界、潮流界位置的关系，认为水库调蓄会导致潮区界上溯，枯季、洪季以及多年平均潮区界位置已经分别移至长江口50#浮标以上728km、617km和673km处。徐汉兴等(2012)通过分析长时间序列水位资料结合数值模拟进行分析，得出近40年内长江潮区界上界曾到达安庆以上。Shen等(2008)建立2-D模型模拟长江河口潮波的上溯，认为当流量低于12400m³/s时，潮区界可能在安庆以上。李健庸(2007)对长江下游安庆-徐六泾段建立二维水流数学模型，认为枯季大潮时潮区界位于安庆以上，洪季小潮时潮区界位于澄通河段六干河附近。侯成程(2013)建立三峡至口外大陆架的三维网格进行数值模拟，得出洪季69765m³/s时，潮区界在芜湖水文站附近，枯季7850m³/s时，潮区界在彭泽骨牌洲附近。

尽管如此，安徽大通仍是最为广泛接受的潮区界位置。但近年来一系列重大水利工程大幅改变了流域径流时空分布，尤其三峡工程的调蓄作用使长江中下游流量过程变得平缓(蔡文君等, 2012; Guo et al., 2015)，机械能向电能的转化降低了径流总能量，加之海平面上升影响潮波上溯(王冬梅等, 2011)，必然引起潮区界位置改变，新形势下长江潮区界问题备受关注。又恰逢2016年由强厄尔尼诺现象导致的特大洪水，潮差造成的水位抬高对防汛抗洪的重要性突显。潮区界下游河段径流受阻、水位壅高，复杂的水流特性对河势演变与岸坡稳定具有重要影响。因此，潮区界在不同水文情势下的位置变动对港航安全与区域防洪意义重大。

潮区界对自然条件改变以及重大工程建设的响应引起了学界的广泛关注，前人研究也取得了一些成果。张垂虎(2005)对整治后的广东北江下游航道河势进行分析，认为河床下切使潮区界向上推进了36km。贾良文等(2006)通过广东东江下游的河床演变和潮汐动力分析，指出大量挖沙导致潮区界明显上移。李健庸等(2003)基于大通流量与江阴潮差对潮区界进行分析，认为南水北调东线工程抽江调水可能导致枯季大潮时潮区界上移约3km。李佳(2004)在理想河口基础上进行了水动力数值模拟，指出三峡工程使平水年1月潮区界平均下移5km左右，10月平均上移28km。

然而，长江感潮河段长达数百千米，其间支汊众多、地貌复杂，沿程水位过程一致性难以保持，仅靠历史资料分析的方法大多在判断是否有潮差时具有主观性，航道中开展断面同步测量代价高昂，且水位数值模拟结果大多缺乏对近期实测资料的深入验证。这都给真实、全面了解长江潮区界及其在人类活动加剧背景下的变动特征带来了一定难度。频谱分析可以反映不太明显的周期性变化，这契合了潮区界附近潮差微弱的特点，能较好地判断水位过程中是否出现潮差变化，但将频谱分析应用于长江潮区界的研究尚未开展。本书将就此向读者报告研究成果。

而且，潮区界研究往往针对历史水情资料(徐汉兴等, 2012)、下游水位与口门潮位相关性(黎子浩, 1985)、多断面同步观测一致性(刘智力等, 2002)等方面对水位过程进行分析。潮区界对工程的响应则主要通过经验曲线拟合(杨云平等, 2012)与数值模拟(Friedrichs and Aubrey, 1994; Unnikrishnan et al., 1997; Godin, 1999; 李佳, 2004; Shen et al., 2008; 沈焕庭等, 2008; 路川藤, 2009; 李键庸, 2007; 侯成程, 2013)得到。作者与学生石盛玉选取长江中下游干流水文站自 2007 年以来实测水位资料进行频谱分析,考虑到潮区界主要受径流控制,重点研究极端流量过程,获得潮区界最新位置及其对水文情势的响应,探讨可能的影响因素,为全球气候变化、水利工程密集建设大背景下的河口海岸科学研究与区域发展整体规划提供指导。

1.6.3 潮动力

河口区处于河流、海洋、陆地相互作用的交汇区域,河口河槽是陆地水流进入海洋的必经之路,其潮动力特性及其驱动的悬沙浓度变化过程是理解河口水文、泥沙过程的重要内容,也是研究河口发育和演变的根本,同时又是评价河口海岸重大工程完成后对河口影响的基础性内容(翟晓鸣等, 2007)。因此,河口河槽潮包括潮汐性质、潮流等水动力变化过程研究是国内外水利和海洋工程、自然地理学、河口海岸学工作者研究的重大课题之一。

长江口属中等强度潮汐河口,潮波主要为外海传播来的谐振动。长江口同时受到黄海的旋转潮波系统和东海前进潮波系统影响,其中东海前进潮波系统影响更为明显。长江河口主要受到东海前进波潮波系统的影响(源出于西南太平洋),其主要半日分潮 M2 在南支口门附近的传播方向约为 305°。口门以外(以拦门沙为界),由于海域开阔、水深较大,潮波不易变形,属于正规半日潮。潮波进入口内后,由于岸滩、沙洲众多且水深变浅,潮波在传播过程中随地形等河槽边界条件的改变而发生变形,具有显著的浅水分潮特征,潮汐属于非正规半日浅海潮。从各个分潮的振幅来看,长江口潮汐以太阴半日分潮 M2 占主导优势,自东向西递增;其次是太阴-太阳赤纬半日分潮 K2 和太阳半日分潮 S2(沈焕庭和李九发, 2011)。

由于科氏力等因素的影响,北岸潮差要大于南岸,如南港北岸潮差一般要大于南岸 0.4~0.5m。潮流按其运动形式可以分为旋转流和往复流两种形式,口内的潮流为往复流,一般落潮流速要大于涨潮流速,出口门后逐渐过渡为旋转流,方向多为顺时针向,口门附近潮流流速约为 1m/s(Milliman et al., 1985),往复流与旋转流的分界线大致在 122°E 附近。整个长江河口的落潮流历时均大于涨潮流历时,且涨落潮历时随洪枯季、大小潮的变化而变化,一般在口内涨潮流历时枯季大于洪季,大潮要大于小潮,而落潮流历时刚好相反。在南支、南港、北港和南槽、北槽河段的主槽中,涨急一般发生在高潮前 1~1.5h,落急一般发生在低潮前 1~2h。

潮汐进入河口后,受径流阻力和河床摩擦阻力作用,潮差逐渐减小。口门附近的中浚站多年平均潮差为 2.66m,最大潮差为 4.62m,至南支河段七丫口附近,平均潮差和最大潮差分别为 2.28m 和 4.2m,潮量巨大,进潮总量达 32.5 亿 m^3,大潮时可达 45 亿 m^3(陈吉余等, 1988)。一般来说,口内落潮历时大于涨潮历时,口外落潮历时小于涨潮历时(胡方西和谷国传, 1989),月均潮差以北港口门最大,约 2.48m;南支崇明南门最小,约 2.35m(陆雪骏, 2016)。涨潮历时同样由口门向内沿程递减,南汇芦潮港潮位站平均涨潮历时约 5.43h，落潮历时约 7.00h；北槽横沙潮位站平均涨潮历时约 5.17h，落潮历时约为 7.25h；北港南堡镇潮位站平均涨潮历时约 4.38h，落潮历时约 8.02h（李身铎等，2013；刘高伟，2015）。

探究河口潮动力的技术方法主要有现场实测数据分析、物理模型试验和数值模型分析等。基于现场实测资料，沈焕庭和潘定安（1979）对长江口潮流的性质、运动形式、涨落潮历时、流速、流向、流场分布和潮流与潮位的关系做了较为详细的介绍。研究结果表明：长江河口区在口外为正规半日潮，口内为非正规半日浅海潮，潮流、潮汐性质基本相同；以拦门沙为界，向里基本以往复流为主，向外逐渐转变为旋转流；涨潮流向左岸（北岸）偏，落潮流向右岸（南岸）偏；潮流流速由口外向里先是变大，于水下三角洲前缘处增加比较明显，过拦门沙向外海又逐步变小。王康墡和苏纪兰（1987）对长江口南港河槽的横向、垂向环流结构及水体输运情况进行了分析，并对环流的影响因素进行了探讨。杨许侯等（1999）利用 1996 年在长江口南港河槽洪季和枯季两次从大潮至小潮各 26h 的全潮现场水文测验数据，分析了涨、落潮流不等现象，并讨论了潮流的特征、类型、垂线变化及余流和分潮对其影响。于东生等（2004）利用在长江口基于 ADCP 现场观测的断面潮流数据，研究了长江口潮流断面运动随时间发生改变的具体状况。结果表明，涨、落潮流发生了分离，落潮流偏向于南岸，涨潮流偏向于北岸，流速大小相差较大，在低平潮和高平潮前后 1h，断面上出现了三个不同方向的环流。左书华（2006）根据现场实测资料，分析了长江河口典型河段河槽潮动力特性及其变化特征。翟晓鸣（2007）利用 2003 年洪季和枯季长江口河槽实测数据对潮流分布特征进行了对比分析。Chernetsky 等（2010）对不同动力因子引起的河口垂向环流结构进行了研究。

基于物理模型，雷诺（Reynolds）早在 1885 年首次将物理模型应用到英国的 Mersey 河口，并对其潮流特征进行了分析研究。陈志昌等（1999）为了探究长江河口深水航道工程在建设中可能会遇到的某些重要技术性问题，利用交通部建设的长江河口大型潮汐物理模型，根据长江口外宽敞水域的旋转流为要点，让相关水域的潮汐流场尽量与原型达到较高的相似，为工程技术问题的探究提供了重要理论基础。刘杰和乐嘉钻（2000）介绍了如何利用物理模型采集潮位、潮流等试验数据，并对处理数据方法进行了分析总结。吴华林等（2006）、陈志昌和罗小峰（2006）对利用长江口深水航道治理工程物理模型进行试验得出的研究成果作了总结归纳。

基于数学模型，林秉南等（1980）根据特征理论推算出的特征差分格式，利用没有忽略非线性加速度项的二维潮汐水动力方程，把杭州湾水域作为实例进行模拟，计算结果与现场测量结果较为相符。为进一步熟知二维潮流方程，赵士清（1985）运用基本相似的固定分层法，算出一种简单的有限差分格式，并对长江口南槽潮流进行了数值模拟，模拟计算出来的结果与利用实测数据计算出来的结果基本吻合。为了研究河口潮流的特征及输运，Sheng（1987）创建了常规曲线坐标下的 3-D 水动力模型。曹德明和方国洪（1988）基于有限差分法，利用潮波联合数值计算对杭州湾选用二维模型、钱塘江选用一维模型进行模拟，计算出全日（O1+K1/2）、半日（M2）和浅水（M4）分潮的调和常数，模拟结果比仅仅只有二维模型时更为与实际相符。根据由方国洪和朱耀华（1993）共同创建的一种三

维非线性 σ 坐标系,曹德明等(1992)和李身铎和顾思美(1993)模拟计算出了杭州湾的潮波运动情况。Pritchard 等(2002)基于数值模型对研究了潮流对河槽演变过程的影响。Lettmann 等(2009)将水动力模型(GETM)、GETM 悬沙模块的模型和第三代波浪模型(SWXN)相互结合,对河口河槽悬沙通量和动力进行了数值模拟。

因此,基于以上因素,在前人的研究基础之上,本书第 4 章以长江河口北港中上段、北槽中上段,南汇南滩水域为研究对象,利用近年来在长江河口现场实测潮流、悬沙数据及相关潮位站潮位资料,研究长江河口河槽水动力变化过程。其有助于深入了解近期河口河槽的动力沉积地貌演变过程,为合理开发利用河口和近海资源提供理论基础,为河口工程维护、航道疏浚及河槽治理提供参考依据。

1.6.4 河口河槽悬沙运动与观测

河口河槽潮动力驱动的悬沙分布输运演变特征一直都是广大国内外河口海岸学者探讨的重中之重,即将潮动力与悬沙浓度相结合的大量研究,主要包括悬沙浓度分布变化、悬沙输运等。就长江河口而言,研究区域主要在潮区界(大通水文站)以下,大多数研究侧重于徐六泾以下,探究的重点范围在拦门沙区域(或最大浑浊带)。

1. 悬沙分布特征

河口河槽悬沙分布主要包括时间分布、平面分布和垂向分布,即为悬沙的时空分布。Kirby 和 Parker(1983)第一次利用"泥跃层"这一词语来形容河口黏性细颗粒泥沙在垂向上呈现的显著差异,随后在大量高浑浊的河口和海湾附近均发现普遍存在着泥跃层和近底高含沙量层的现象。后来,泥跃层以及近底高含沙层的运动输移特征在 Ross 等(1989)、Smith 等(1989)和 Wolanski 等(1989)的探究下建立了对应的数值模型。沈焕庭等(1986)基于现场测量数据探究了长江河口来水来沙量的变化、河口含沙量的分布及其变化规律。Wolanski(1996)利用巴布亚新几内亚 Fly 河口三个河槽的现场测量水沙资料来研究其水沙分布特征及浑浊带的水动力成因。Fettweis(1998)利用在比利时的 Scheldt 河口河槽持续一整年的现场测量资料,对悬沙浓度在时间尺度上的变化进行了研究。时钟等(2000)根据长江口北槽口外和口内大、小潮潮流、悬沙浓度垂向分布数据,结合 Rouse 公式对细颗粒泥沙的沉降速度公式进行拟合计算,结果所得沉降速度值比实际偏大。

为了验证通过现场实测资料分析计算获得的英国 Tamar 河口悬沙垂向分布特征,Tattersall 等(2003)建立了二维潮流模型和悬沙输运模型。左书华等 (2006)基于现场实测数据运用数理统计、水文学等研究方法对长江口悬沙浓度的时空分布变化特征进行了分析,结果表明:徐六泾至江阴处悬沙浓度基本保持稳定;悬沙浓度存在着较为显著的潮周期性和季节性变化;尽管长江河口南槽、北槽拦门沙最大浑浊带区域的泥沙再悬浮过程相对于别的河槽来说变化较为复杂,但也有一定的规律性和周期性可循。Zhang 等(2012)为了解决长江口的潮波传播问题,将改进 Savenije 等(2005, 2008)的 1-D 解析模型应用到长江河口河槽。杨云平等(2013)对长江口最大浑浊带内的悬沙浓度未来分布变化如何及成因进行了研究。

2. 悬沙输运特性

关于河口水动力和悬沙浓度分布、输运等问题的研究一直是国内外学者探究的重中之重。长江河口"三级分汊，四口入海"，是全球较为典型的分汊河口，并且其悬沙输运特征历年来都备受国内外河口海岸学家的高度重视。对于这些研究大多数都是基于现场实测资料数据和理论相结合来进行分析的。Bryce 等(1998)对 Normanby 河口进行了相关研究，研究结果表明在上游输沙与潮流输沙的相互影响下洪季和枯季水沙分别出现相应的演变特征。Herman 等(2000)以 Ems-Dollard 河口的潮滩和潮滩周围的深槽为研究对象，探讨不同潮流和波浪条件下悬沙浓度的分布情况，并分析了河床地貌和水动力条件是如何影响 Ems-Dollard 河口悬沙输运的。Hossain 等(2001)以澳大利亚的 Richmond 河口河槽为研究对象，对比分析了洪季和枯季泥沙输运的情况，同时运用数值模型讨论了不同的水流状态是怎样影响悬沙输运的。Uncles(2002)不但系统地总结了河口区每一项输水输沙过程的动力机制，还归纳了近期河口区的研究进展情况。

李九发(1994)利用现场实测数据对长江河口最大浑浊带区域的泥沙输运规律进行了探讨研究，其主要内容包括悬沙特性及其输运模式等。沈健等(1995)根据大量现场观测数据，利用机制分解法研究了长江口最大浑浊带中各输沙项的作用。结果表明，不同河段各输沙项在净输沙中的贡献取决于径流和潮汐潮流的相对强弱。王初等(2003)从水动力方面着手，同时结合悬浮泥沙对重金属和营养元素的吸附，总结了长江口潮滩悬浮泥沙的输运规律。王崇浩等(2008)利用 MIKE21 数值模型对黄河口的潮流及泥沙输运过程进行了研究，他们发现渤海湾是黄河口涨潮流的主要来源；同时，在新、旧黄河口附近水域有 3 个流速较大的区域；且黄河口水域的输沙主要是沿岸流输沙。李伯昌等 (2011)不但研究了长江口北支水流的泥沙输运，还研究了其含盐度的变化特性。结果表明：由于进入北支的径流量较少，目前主要受潮流控制；北支下段的缩窄围垦工程对盐水的上溯有明显抑制作用，且对水流泥沙输运存在一定的影响。

近年来，随着长江流域大型工程的建设，如水土保持工程、三峡工程和南水北调工程等(吴稳, 2010)，这些工程的兴建必将会使流域来水来沙及其季节分配发生明显变化。长江口大规模促淤围垦、深水航道、南汇人工半岛、大型水库、跨江和跨海桥梁等工程的建设也会改变河槽的边界条件，从而使各汊道的分流比发生改变，进而会改变潮流流速的大小和方向、悬沙的时空分布、输运及沉降，继而导致河槽地貌发生变化，河槽地貌的改变又会影响到潮汐性质的改变。当潮动力和悬沙浓度发生变化后，又会对河槽边界的稳定性及河口大型工程的安全性产生一定的影响，直接关系到河口工程、航道运输以及沿岸人民的生命财产安全问题。

综上所述，需要解决的关键问题可以概括为如何通过历史实测资料与最新现场测量资料相结合，本书第 5 章将从潮汐和潮流、悬沙浓度着手，甄别重大水利工程对长江河口河槽潮动力和悬浮泥沙输运过程的影响。

1.6.5　河口河槽水动力信息的定量采集与分析

作为我国最大的潮汐河口，长江口在国际河口与海岸区域中具有重要的地位。每年长江径流携带大量的泥沙堆积于河口滨岸地区，形成了大片宽阔的淤泥质潮滩，为城市空间拓展提供了丰富的后备土地资源(左书华，2006)。随着长江三角洲地区经济和社会的快速发展，长江口资源开发力度的不断加大，众多的河口工程也陆续展开。围涂、丁坝及航道等人类工程的设计和实施要受河口潮汐水流动力条件的制约和影响，反过来也会影响改变水动力条件和沉积物输移状况。因此，研究中长时间尺度上的河口潮流运动和沉积物输移特征及其变化趋势，能够综合反映河口系统对于人类活动和环境变化的响应，具有较高的研究价值。

长江河口属于中等强度的潮汐河口，口外为正规半日潮，口内为非正规半日浅海潮，潮流强、潮差大，并受径流、潮流、风、波浪、科氏力和复杂地形等因子的影响(陈吉余等，1988，2008)，动力条件多变，泥沙输运复杂。对水动力过程的常规定点、走航实地观测周期长，作业环境艰苦，却也只能获取在时空分布上较为离散的少量数据。而空间遥感技术具有大尺度、快速、同步、高频、动态甚至适时观测、历史追溯和节省投资等突出优势，为宏观定期观测河口海岸及近海资源和环境变化提供了有效途径(李贵东，2007；韩震和恽才兴，2011)。如利用多时相卫星遥感图像反演的区域流态信息，就可从宏观上揭示长江河口潮涨潮落的流路(恽才兴，2010)，不仅可以从空间上了解河口的水沙分布、揭示河口水沙的输移规律，而且可以从时间上通观河口地貌演变和流态特征的年际变化，为研究河口沿岸及近海水域的水沙特征及其动态演变提供了便捷高效的手段，对于海堤的整治，航道、港口的疏浚及维护都具有重要的现实意义。

但目前基于光学遥感影像的流态研究还停留在定性的层面，未深入到定量和半定量的研究。本书拟利用长江口和杭州湾北部的光学遥感影像数据和典型潮位站的潮位资料，尝试着用遥感影像的纹理特征和 Gabor 滤波图像来表征和解译流态信息，深入探讨和努力实现河口流态从定性描述到定量、半定量的过程。这样就可以更加形象地表征出河口流态的时空特征，深入细致地分析近年来长江河口及邻近水域的流态变化特征，并揭示该变化对河口大型航道和港口工程的响应，为今后河口流态和水沙特性的科学研究以及港口航道工程的建设提供参考意见。

有关对流态信息的量化，即表征水流的流速流向的方法很多。一般情况下，河口地区流态信息的量化以现场实测和数值模拟的方法居多，前者主要通过多种仪器(如 ADCP)进行现场测量，后者借助数学或物理模型来表征表层流场。还有通过悬沙浓度和流速之间的经验关系的建立(Pavelsky and Smith, 2009)确定流速的大小，利用海洋动力卫星雷达直接进行流速的测量，利用粒子图像测速技术 PIV，以此来表征流场特征的不可见信息等等。高速摄影技术和激光干涉技术来精确测定流速等海洋水文参数的方法因数据和设备获取的限制，相比较而言不是很普遍。

1. 现场实测方法

现场实测方法一般可以通过直读式海流计、声学多普勒海流剖面仪(ADCP, acoustic Doppler current profiler)等仪器实地测量获得。其中，海流计因存在较大的仪器摩擦阻力影响测量精度；只能进行单点测量；且流速较大时取样困难并危险等缺点逐步得到淘汰。自 20 世纪 70 年代末以来，ADCP 被很多人用来对河流、河口及上层海流的流量进行测量(Reichel and Nachtnebel, 1994; Lane et al., 1997; Alvarez and Jones, 2002)。其采用多普勒定律,对流速进行遥测,单次测量即可获取整个水深断面的流速信息;其亦可以用于走航测量,估算河流断面流量;此外,其水平方向的流速误差一般小于 10mm/s(Teledyne, 2007)。因此, ADCP 测流已经发展为目前最有效的现场水文测量方式(Admiraal and Demissie, 1996; Wewetzer et al., 1999; Best et al., 2001; Kostaschuk et al., 2004)。李正最等(2005)比较了 ADCP 与转子式流速仪测量所得水文数据,验证了 ADCP 测流的精度和优势。杨成浩等(2013)应用 ADCP 获得的水深断面流速信息研究了吕宋海峡流速剖面结构,证实 ADCP 测流的精度以及 ADCP 单次测量获取整个水深断面流速信息的有效性。

2. 流场数值模拟方法

流场的数值计算模型是从水沙运动遵循的物理规律出发,建立表达各个物理过程的偏微分方程组,用数值离散求近似解的方法来实现模拟。有关长江河口的短时间尺度实时计算模型在水动力计算方面已比较成熟,如朱建荣等(2003)、吴辉等(2007)及 Wu 和 Zhu(2010)对 ECOM 进行改进的模式已成功应用于长江口、杭州湾的潮动力研究以及长江口和珠江口的盐水入侵问题,而且精度和准确率较高。在沉积物输运和床变模块的研究中,丁平兴等(2003)以及窦希萍等(1999)对河口的波-流共同作用以及风暴潮引起的沉积物输运的研究,特别是对长江口全沙数值模拟的研究有较大进展。Pritchard 等(2002)等利用数值模拟的方法研究了潮流作用下潮滩的演变过程,得出潮滩地形演变形态与潮汐作用的范围及沉积物供给之间的定量关系。宋泽坤等(2012)利用 MIKE21_FM 构建长江口-杭州湾二维垂向平均潮流数学模型,并用实测数据对模型进行验证的基础上,对北支大规模围垦前后的潮流场进行了模拟分析。倪勇强等(2003)采用迎流显式有限元数学模型,模拟了杭州湾冬夏季流场,分析了杭州湾的潮流场特性。

3. 粒子图像测速方法

PIV 技术源于固体应变位移测量的散斑技术,1993 年 Adrain 第一次将这种技术引入流场测量。PIV 技术的基础是流动显示,在强光照射下,利用流体散播过程中跟随性好的示踪粒子,从图像记录装置中获得含有粒子运动信息的图像,经过图像处理得到粒子的速度信息,粒子的速度信息即反映了对应流体质点的运动信息(陈红,2005)。粒子图像测速一般包含示踪粒子、光源产生系统、图像记录系统以及图像后处理系统 4 个部分。这种速度测量方法综合了多种最新计算机技术,将图像的处理技术与流场的图像显示结合起来,具有测量快,精度高、适用范围广等特点(许联锋,2003)。因此,近年来 PIV 技术发展很快,开始广泛应用于水动力学、空气动力学等流场测试领域,在测量全流场复杂的瞬态流速(如气场、流场)应用方面取得了好的效果(喻恒,2011)。早在 1996 年,唐洪武(1996)就应用图像处理技术对河工模型中快速自航船模船尾流场及航道断面流场进行实时测量,并得到较好的效果。王兴奎等(1996)将研制开发的图像处理系统应用于三峡坝区泥沙模型试验的流场量测,在流场中施放示踪颗粒,采用摄、录像的方法记录颗粒的运动轨迹,经过图像处理得出全试验段的表面流速和流态。罗小峰等(2003)将 PIV 技术应用到潮汐河口河工模型试验中,并开发了操作简便的 PIV 数据处理分析系统。

4. 卫星 SAR 探测方法

20 世纪 80 年代以来，卫星遥感技术提取海表流场得到日益广泛的重视，可大面积同步、高重复频率地获取海表流场数据。合成孔径雷达(SAR)具有全天候全天时获取数据的优势，可对海洋表层流场进行准确可靠的探测和监测，是一种有效的测量海面流场的技术手段(任永政, 2009)。因此吸引了一批国际知名的 SAR 专家及其研究组从事这方面的基础研究和新技术研究。20 世纪 90 年代后，Young 等(1985)、Neito(2000)、Senet(2001)等通过提取回波多普勒频移来提取海表流场，并 X-band SAR 反演的结果与 Doppler Wave Radar 和 GPS 漂流浮标的结果做了比较。Hughes 和 Brink(2002)等利用 ALMAZ-l/SAR，ERS-l/SAR 和 Radars/ScanSAR 原始数据，通过多普勒频移计算海表流场，反演结果与现场实验具有一致性。Romeiser 等(2001)提出一个利用观测 SAR 图像和模拟 SAR 图像迭代校正，以及第一猜测模式流场的方法反演海表流，但该方法受制于一些非线性问题和风场等环境因素。干涉合成孔径雷达(ATI 技术)图像反演海表流场是近年发展起来的可以直接测量海表流场的技术。1987~1989 年，美国 JPL Goldstein 等在 Nature 和 Science 杂志上发表重要文章，首次提出 ATI 测量海面流场。基本原理是以相同几何方式获取同一海面元、时间滞后 t 的两幅 SAR 图像，当 t 足够短，这两幅 SAR 图像可以产生干涉并获得干涉复数图像，从中反演视线方向海表流场分量。2000~2007 年，Romeiser 和 Thompson 对海表流场的沿轨干涉 SAR 成像机制进行了数值模拟研究，并和 ADCP 现场实测数据对比，用以证明机载或星载 ATI 技术测量海表流场的可行性，预测的海表流场反演精度已可达 0.1m/s。

5. 基于光学遥感影像光谱信息的流态定性分析

基于特定的光学遥感影像也可以探测海表流场，但该方法受限于连续时间序列的短周期卫星可见光图像，利用特征跟踪或模式识别方法提取海表流场，类似于 PIV 方法。如 Emery 等(1986)提出不依赖于人眼的客观的自动特征跟踪方法，即最大互相关法(MCC)，利用二幅时间序列卫星海表温度图像估算英吉利海峡的海表流速。Yan 和 Breaker(1993)发展了一种模式匹配方法(MSSM)，利用卫星 SST 图像计算海表流场，它与 MCC 方法的不同在于利用图像间特征点匹配。Li 等(2001)在前两者的基础上，提出一种基于数据同化概念的最大互相关法(AMCC)，利用数值模式海流产品作为第一海表流场，通过迭代方法进行卫星图像特征的模式匹配，最终得到改进的卫星海表流场。

上述方法需要较短时间间隔的连续序列的图像作为基础数据，来进行较小目标地物的特征跟踪和模式识别，不适用于大范围、中长访问周期的卫星光学图像，如 Landsat TM 影像。因而大部分利用光学遥感影像来表征河口水流表层流态的研究还多停留在定性的层面，没有深入到流态信息的定量半定量化研究。如罗健等(1997)通过多时相陆地卫星、NOAA 卫星影像资料的处理与信息提取，描述了九龙江口及厦门湾地区在不同时相、不同径流和不同潮流时刻的水流形态和泥沙输移状况；丁晓英和许祥向(2007)利用多年卫星影像资料结合遥感流态解译技术以及悬沙信息定量提取技术，分析了韩江河口流势、流态和水沙输移特征；林桂兰等(2004)利用厦门同安湾的多时相遥感图像和不同时期的海图，判释了海水表层流场特征和浑水带分布扩散特征，对同安湾泥沙供应现状和运移规律以及浅滩演变趋势进行了分析研究；恽才兴（2010）则应用美国陆地卫星遥感影像全面揭示了长江河口的复杂格局，并分别选择涨落潮时的影像来描述长江河口口门地区的表层流态，分析了各潮流对入海表层悬浮泥沙的输移扩散作用。因而就需要根据光学遥感图像的特点，通过分析处理将其中所包含的地物信息提取出来，做到定性到定量、半定量化的转变。

6. 基于光学遥感影像纹理特征的流态定量分析

目前光学遥感影像的处理主要以光谱信息为依据进行，而忽视了影像所包含的空间信息。尤其是随着遥感影像的空间分辨率越来越高，其蕴含的纹理信息也越来越丰富，如果仍然只利用光谱信息而忽略这些纹理信息势必造成遥感影像资源的极大浪费（王成哲，2007）。近年来，纹理分析技术在计算机视觉、图像处理、图像分析、图像检索等领域研究较为活跃。如李俊杰等（2006）、王静和高俊峰（2008）利用灰度共生矩阵分析影像纹理信息，选择纹理特征统计量为量化指标来确定最佳阈值，并以决策树分类方法从自然湖泊水面中提取湖泊围网养殖区；万保峰等（2009）探讨了基于纹理分析的滑坡遥感图像识别方法，并对 2004 年云阳镇拍摄的 QuickBird 卫星影像进行了识别；陈杉和秦其明（2003）利用小波变换获取纹理结构子图像能量参数，并用这些参数进行高分辨率图像纹理结构分类；黄春龙（2009）利用 ALOS 影像通过各种纹理分析方法对水系进行提取研究，用以地质背景环境分区。

纹理信息提取方法有很多，按技术原理分为统计法、结构法、模型法和变换域特征法（基于数学变换的方法）（马莉，2009）。其中统计法的典型代表是一种称为灰度共生矩阵的纹理特征分析方法，通过此矩阵可获得灰度共生矩阵的四个关键特征：能量、惯量、熵和相关性，用以表征图像灰度的空间分布。在变换域特征法中，与人眼的生物作用相仿的 Gabor 变换可以在频域不同尺度、不同方向上提取相关的特征，这使得 Gabor 滤波在图像处理中的特征提取等方面有许多应用，并取得了较好的效果。如在实时指纹识别系统中，Gabor 滤波器可以通过指纹图像局部方向和局部频率参数的设置，对指纹图像进行增强处理（林喜荣等，2003）；在带钢表面曲线检测系统中，同样利用其频率选择和方向选择的特性，Gabor 滤波器可以去除噪声、并把缺陷的纹理特征完整地保留下来（丛家慧等，2010）；应用最广泛的还是在文字、人脸和虹膜识别等方面（张莹和王耀南，2008）。

含沙水体在遥感影像中有着比较明显的流路迹象，这种显示流体运动方向的流路可以理解为遥感图像中有着类似线状结构的纹理特征，其也称为流态的示踪剂，但其需经过信息增强和分析解译才能提取，该线状特征可表示为流线。有鉴于此，本书第 6 章拟通过 Gabor 滤波器和纹理熵计算的方法，从长江河口及其邻近杭州湾北岸水域遥感 TM 影像中实现流向和流速等流态信息的定量提取。

因此，需要解决两个关键科学问题。一为如何从含沙水体的遥感 TM 影像中有效获取空间纹理信息；二为如何从含沙水体的遥感 TM 影像空间纹理信息中找到表征流态强弱的纹理特征值，并如何实现纹理特征的自动提取及结果验证等。

1.6.6 推移质运动观测与研究

推移质运动是河流、河口和近岸海域泥沙运动的普遍形式之一，一直也是泥沙运动力学中最复杂的课题之一(Bagnold，1963，1973；Rijn and Leo，1984；van den Berg，1987；秦荣昱和王崇浩，1996)。其对地貌演变有重要影响，所以对实际生产有着重要的理论指导意义。由于推移质运动处于床面附近，以往受限于观测方法和仪器条件，观测难度较大、耗资巨大，成为人类工程建设的一个技术难点。传统推移质观测由于采样器的阻水作用，改变了床面运行的推移泥沙的水力条件，造成偏差(张瑞瑾等，1998)，随着测量技术的发展，利用新型的测量仪器尝试观测推移质运动成为可能。

21 世纪发展起来的利用 ADCP 测量河床推移质运动是一种推移质运动遥测的新方法，该方法采用非侵入式手段，不干扰现场水流结构，且测量过程较传统方法安全(Rennie et al.，2002；Kostaschuk et al.，2004；Rennie and Villard，2004；Gaeuman and Jacobson，2006，2007；Yorozuya，2010)。前人研究多致力于建立粗砂和砾石河床条件下，该方法测得的推移质运动速度(apparent bedload velocity，Va)(Rennie et al.，2002；Rennie and Villard，2004)与传统推移质采样器测得的推移质输沙率(g_b)之间的相关关系。然而，推移质输移通常是床沙间歇性地输移，与砾石质河床相比，砂质河床因为组分颗粒小、分选性好，其推移质输移相对更有规律，因此，利用ADCP 声学方法探测砂质河床推移质运动更加适用(Gaeuman and Jacobson，2006；Yorozuya，2010)。

Rennie 等(2002)首先利用声学多普勒流速剖面仪的底跟踪(bottom track)功能观测河床推移质视速度(v_a)，发现与传统采样器测的推移质输沙率有高度相关性，确认 ADCP 观测推移质运动的可行性；吴中等(2002)建立 ADCP 的底跟踪和 GPS 信号的联系，证实了利用 ADCP 底跟踪与 GPS 定位差距分析底沙运动的理论正确、方法可行。ADCP 观测推移质方法优于传统采砂器测量方法，采用非侵入式手段，不破坏现场水流结构。在实际测量应用中，把 ADCP 测得推移质运动视速度近似看作推移质运动速度(Kostaschuk，2005)，对了解和掌握长江口推移质运动规律有重要意义。

同时，推移质输沙率的确定一直也是泥沙研究长期以来的难点(Duck et al.，2001)。野外直接测量方法非常困难(van den Berg，1987；程和琴等，1998)，人工示踪沙实验方法(高抒，2000)在沙波分布区应用成功的记录很少。迄今大部分研究和工程只能依靠半经验或经验公式(Simons et al.，1965；Engel et al.，1980，1981；Kostaschuk et al.，1989；Kostaschuk and Villard，1996；黄才安，2000；钱宁和万兆惠，2003)计算，但各家公式都有较大的误差，原因在于牛顿力学在描述颗粒态物质运动时存在局限性，推移质输沙率的最终解决有待于物理学方法的进一步发展(高抒，2000)。

沙波是推移质集合运动的形式，是河流、河口和浅海环境中的一种常见底形(Best，1996)。沙波形态及其运动参数、判别是推移质研究的重要研究内容，国际上有一个重要的专门学术系列会议，即河流海洋底形动力学国际系列会议(Marine and River Dune Dynamics Conference I-VI)，现在已经到了连续六届国际学术会议，其专门汇集了国际河流和海洋底形动力学观测、物理实验和数学模拟及其在环境、水利、石油天然气等行业应用等领域研究和从业人员，为此做出了很大努力。

水下沙波普遍发育在河流、河口以及近海陆架的床面上(Ashley, 1990; Pedocchi, 2009; Szupiany et al., 2012),其形成原因至今仍存在争议(钱宁和万兆惠, 2003)。河槽沙波的发育与演化研究能够揭示大尺度河槽冲淤演变趋势(吴帅虎, 2017; 庄振业等, 2008),同时,沙波形态与运动变化能够快速的响应水沙环境与边界条件改变(程和琴等, 2001, 2000; 程和琴和李茂田, 2002),一直受到国内外科研工作者的高度关注(Amos et al., 1988; Bennett and Best, 1996; Best and Kostaschuk, 2002; Carling et al., 2000)。

前人对沙波运动和发育环境做了诸多研究。如 Barker(1901)讨论了潮流环境中沙波的迁移与发育,Allen(1980)对沙波的内部结构与沙波表面的水流结构进行了阐述,认为沙波的内部结构取决于水流的不对称强度以及潮流强度,沙波的不对称性(如沙波背流面坡度相对迎流面坡度陡峭)是由不对称潮流造成。

有关水下沙波的命名与分类方法众多,也是沙波研究的基础与重点。如根据沙波波长(L)与波高(H)关系式,即 $H=0.0677L^{0.8098}$,也可分为小型沙波、中型沙波、大型沙波和巨型沙波(Flemming, 1988);根据沙波形成时期可分为残留沙波和现代沙波(Daniel and Hughes, 2007);根据沙波形态可分为新月形、直脊状等(刘振夏和夏东兴, 2004);根据沙波运动速度可分为强运动型、弱运动型、不运动型和埋藏沙波(栾锡武等, 2010);Ashley(1990)也曾提出根据沙波发育的尺寸大小可将波长介于0.60~5m的沙波命名为小型沙波,而波长介于5~10m时命名为中型沙波,波长介于10~100m时命名为大型沙波,波长>100m时命名为巨型沙波。Ashley 认为沙波的形态特征在沙波分类与命名中也是必不可少的,如2D形态或3D形态;当有些沙波发育次级沙波时,可命名为复合沙波。此外,关于沙波的更加详细的分类方式,单红仙等(2017)进行了综述。

随着计算机技术的发展,沙波发育演变与运动的模型预测逐渐成为沙波研究的又一重要方向。如 Hulscher 和 Brink(2001)对比了模型预测的沙波与野外实测沙波之间的差别,认为模型预测是沙波研究的一种有效方法。Nemeth 等(2002)针对浅海大陆架地区沙波的波脊和波谷会随时间变化,提出沙波一般会沿着余流方向迁移,并假设了沙波演化是自由不确定的,那么,一个描述沙波形态的模型可以根据水流方向和底床可变性建立,根据这个模型推算,结果与观测值相近。Knaapen 和 Hulscher(2002)还对采砂之后沙波形态与尺度的恢复进行了研究。有关学者还发现,细颗粒组分百分比含量的增多能够减小沙波尺度,而同等水动力条件下,粗颗粒组分百分比含量增多能够塑造更大尺度的沙波(Traykovski et al., 2015)。

野外观测依然是沙波研究中的重点之一,随着野外观测仪器向高精度定位与高分辨率扫测发展,沙波的精细结构与运动也逐渐被定量化。如 Guerrero 等(2012)利用声速剖面仪对床面泥沙输运以底床形态变化等进行了测定。Parsons 等(2005)利用高分辨率多波束测深系统调查了沙波三维精细结构,提高了沙波几何参数的统计精度。

我国学者对沙波研究也做出了重要贡献(钱宁, 2003; 叶银灿等, 2004; 左书华等, 2015)。如詹小勇(1984)对天然河道沙波进行了研究,提出沙波是冲积河流中水动力与河床边界相互作用产生的,并认为二级沙波都可以发育在一级沙波上,二级沙波的发育与消亡直接关系到一级沙波的演变。段文忠(1988)对水槽实验以及河槽实测沙波的资料进行了分析，提出沙波波高、移动速率的计算公式。黄进(1989)对现有的沙波推移率公式进行了改进，并对改进的公式进行了验证。冯文科等(1994)对南海北部海底沙波的动态过程进行了研究，王尚毅和李大鸣(1994)对南海珠江口陆架斜坡以及大陆坡上的沙波运动进行了分析，笔者课题组对长江河口沙波发育以及运动过程进行了一系列的系统研究(程和琴和李茂田，2002；程和琴和王宝灿，1996；郭兴杰等，2015；吴帅虎等，2016a，2016b，2016c)。余威等(2015)对台湾浅滩海底沙波的精细结构以及分类等进行了详细研究，马小川(2013)对海南岛西南海域海底沙波的演化及其对该海域工程的影响做出了详细的分析。钟亮等(2013)从沙波分形表征的角度对沙波阻力进行了定床实验研究。李近元等(2011)对莱州湾东部沙波地貌的分布以及演化过程进行了观测与研究。林缅等利用网格嵌套技术模拟了海底沙波的运动等(江文滨等，2013；林缅等，2008，2009)。

然而，对于长江中下游河槽沙波的观测研究主要集中于长江河口(程和琴等，2000，2001，2002；郭兴杰等，2015；李九发等，2003，1995；王永红等，2011；杨世伦等，1999；左书华等，2015)。针对广布于长江中下游河槽上的沙波分布规律较少。虽然王哲等(2007)于 2003 年 8 月利用流速仪(ADP)、浅地层剖面记录仪和旁侧声呐系统对武汉至河口主航道的沙波进行了观测，并且其按照沙波波高将长江汉口至河口沙波分为四种类型，分别为：I-大型，波高介于 4~8m；II-沙垄，波高介于 2~4m；III-小型沙垄，波高介于 0.50~2m；IV-沙纹(王哲等，2007a，2007b)。但是，该研究主要是对三峡大坝修建之前河槽沙波的观测，目前尚缺乏长江中下游河槽沙波的高分辨率数据库，且在三峡大坝截流以后河槽冲刷量远超预估的情况下(许全喜，2013)，河槽微地貌作何响应有待进一步研究。20 世纪 90 年代以来，笔者团队一直致力于也一直相关研究，本书第 7 章和第 9 章将作详细介绍。

1.6.7 河床阻力

河流在历史演变中不断地改变自己的宏微观形态，会在水流和河流边界的相互作用下达到一种暂时相互适应的状态，其调整过程就是河流平衡状态破坏后经自动调整又达到新的相对平衡的过程。床面形态、上游来水来沙情况等因素的微小变化都会打破原本的平衡状态使得河流状态向某一个方向发展，同时，这种调整对其他因素的影响又会反过来减少这种方向的调整，最终达到一种相互的适应。

尤其自 20 世纪以来，以三峡水电站为代表的诸多大型水利工程深刻改变长江中下游水动力、沉积、地貌过程(Wu et al., 2016; Anthony et al., 2014; Harmar et al., 2005; Smith and Winkley, 1996)，近年来长江流域来沙量急剧减少，根据大通水文站实测水沙资料统计，1950~2003 年大通水文站多年平均径流量为 9056 亿 m^3，2003~2019 年多年平均径流量为 8236m^3(根据水利部发布"中国河流泥沙公报"计算)，年输沙量自 1965 年开始呈显著下降趋势，从 1964 年的 6.78 亿 t 锐减至 2011 年的 0.713 亿 t(余雯等，2015)，导致下游河床形态变化、冲刷幅度、冲刷范围、粗化程度、冲刷机理等处于不断地调整以至达到新的平衡，而河床阻力作为以上因素综合作用下的重要力学指标，不仅对我们认识下游河床的变化具有重要意义，还能为该河段的航道整治，航运安全及防洪提供理论指导。

影响河床阻力的因素有河床的糙率、形状、水力半径和水深、水流流态等，由于天然河流现场实测条件的限制，河床阻力系数往往基于影响河床阻力的一个或部分因素，再利用经验公式推求所得。因此，在天然河流中，多种先进仪器的联合测量对于获取准确的河床阻力参数至关重要。

1. 河床阻力

冲积河流河床阻力是泥沙运动力学的基本问题。与一般的定床明渠水流阻力有所区别，它是由很多部分组成的，包括沙粒阻力、沙波阻力、边壁阻力及河槽形态阻力(钱宁，2003)。其中沙粒阻力和沙波阻力统称为河床阻力，在宽深比较大的天然河流中，河床阻力又是冲积河流阻力最为重要的组成部分(钟亮，2011)。冲积河流的泄流能力和挟沙能力都与河床阻力息息相关，而且众多学者已认识到河床阻力对水流强度、河床形态演变及水位也有重要影响(钱宁等，1959)。与此同时，水沙环境和地貌的变化也势必引起河床阻力的适应调整。

Simons 和 Richardson(1962)通过现场实测和水槽实验，发现河床从低流速区过渡至高流速区时，床沙输移系数有增大的趋势，然而河床摩擦系数有减小的趋势。Alam 等(1965)利用河床地形的几何关系、水深、流速和等效剪切力的数据，基于无量纲的三维分析方法对河床地形粗糙度进行预测，预测结果与现场实测数据吻合度良好。Vanoni 和 Hwang(1967)通过冲积河流的现场实测和实验室研究表明，当河床底质组分为中等或较细的砂，流速略大于床沙开始移动的临界值时，床面会形成沙纹，此后流速继续增大，泥沙输运量增大，沙纹变化更加明显。

Yalin(1985)利用实验室构建二维明渠水流模型，并基于实验结果预测沙纹的波长和波高。结果表明，与沙纹几何特征有函数关系的是两个无量纲变量，其中一个必须是反映输沙水流强度无量纲参数，另外一个必须涉及流体和床沙底质组合的无量纲参数。Vincent 等(1991)利用声学后散射观测仪在海滨地区对一个风暴时期前后的悬沙浓度进行观测，测量发现最初悬沙浓度逐渐增大，之后随着波浪能量的增加，悬沙浓度有迅速降低。研究结果表明，河床床层粗糙度是影响悬沙浓度的主要因素，由床层剪应力过大引起的沙波坡度降低最终导致悬沙浓度减小。Rijn 和 Leo(1982)基于水槽和现场实测资料发现床面当量粗糙度约为粒径级数 D_{90} 的 1～10 倍，并建立了床面当量粗糙度与沙波几何特征的函数关系。Abrahams 和 Gary(2015)基于水槽实验室的测量发现在挟沙水流中，近底流速较小，底质输沙量约占河流输沙能力的 87%，由底质输沙引起的河床阻力约占河流阻力的 28%以及底质输沙引起的粗糙度约占河床粗糙度的 89.7%。

Koll 等(2004)通过河床粗糙度和水流条件表达流速的垂向分布，并通过水槽实验证实这种方法的有效性。Madej(2001)通过野外观测发现河床地形明显受大量粗颗粒来沙的影响，最开始河床水深、高度以及沙波间距有明显的降低，之后随着河床粗糙度的继续增加，又会有明显的沙波形成。Faria 等(1998)在移动平台上使用声波测高计测量近岸的海底粗糙度，研究结果发现河床剪应力系数与河床糙率呈正线性相关，相关系数为 0.6，如果河床剪应力中在减去河床表面摩擦力，两者的差值与河床糙率的相关系数达 0.8。

Nunes 和 Pawlak(2008)通过船载声学系统对夏威夷瓦胡岛进行海床床面粗糙度的测量，测量结果表明粗糙度的大小和分布在波浪消能机理中起着重要作用。Clifford 等(1992)利用土耳其河测量数据发现河床阻力、河床沉积物以及泥沙输运是一个动态的整体，并且随着河床阻力的增大，泥沙输运能力也相应降低。Smart 等(2010)利用激光扫描技术开发了床面精确数字高程模型，当水深相对较低时，粗糙度过高导致部分流动区阻塞，阻塞高度与河床沙波波高的标准差有关。

Aberle 等(2010)在德国易北河进行床面形态和水动力观测并建立了二维床面的随机动力场模型，最终基于实测数据证明河床几何形态的统计参数可用于河床粗糙度的预测和研究。Paarlberg 等(2010)提出了一种在水力模型中应用河床粗糙系数确定实时沙丘演变的方法，模拟结果清楚显示了沙波波高随流量变化的特征，当洪水时期流量变化较小时，沙波波高逐渐变高，用这种新方法计算的床面粗糙度比基于校准的粗糙系数高出10%，当流量较小时误差会更大，新方法有助于减少流动模型床糙率系数的不确定性，新方法有助于减少流动模型床糙率系数的不确定性，特别是在流量随时间变化较大的河流系统。

Bergeron 和 Carbonneau(2015)在水槽试验中保持水流条件不变并增加沙粒含量，探讨了河床表面粗糙度对泥沙浓度的影响，结果发现低含沙量时，水流的近床部分含沙量随着沙粒的不断注入，增长最为明显，与此同时，平均流速减小，剪切力和粗糙度增加；高含沙量时，河床表面粗糙度影响水流流速的分布场，尤其在近河床区域，影响最为明显。

Chen 和 Chiew(2003)使用二维声学多普勒测速仪和激光多普勒测速仪，对实验室水槽不同的位置的流速、湍流强度和雷诺兹应力进行测量，此外，还利用电容式波高计测量水面变化，结果表明如果河床表面粗糙度突然变大，河床的等效床面粗糙度、床面切应力、湍流度和雷诺兹应力会缓慢而且循序渐进的增大。Warmink 等(2013)通过二维水动力模型量化由床面形态和植被粗糙度引起的水位变化，量化结果表明设计水位的 95%可信区间为 0.4965m。Ibrahim(2014)结合水槽实验和数值模式研究了河床糙率对水流特性的影响，估算六种不同材料河床的曼宁系数(砂石、水泥、棉布、草、塑料和植被)，模型证明对于给定的河床床面材料，曼宁系数和流量成反比。

Guan 等(2010)基于 Baishatan-Sanchahekou 河段河床糙率变化特征分析发现在中等或者小型洪水时，河床粗糙率随水位的增加而减小；此后，当洪水变强时，随着河床水位超过 130.4m 之后，河床糙率持续增加。Bertin 等(2011)通过喀尔巴阡山区河流的实测数据发现河床中较大的粗糙度影响了现有的河床演变过程，并改变了河床的流态、河床的连续性和河床的面积、水深、河床坡度等地貌条件。加大河床粗糙度(如巨石)也经常被用来改善当地鱼类栖息地和水流条件(速度大小、水流方向)。

2. 沙粒阻力计算方法

河床床面形态、底质沉积物级配、水位以及河势演变都与河床阻力的大小息息相关。这些水文地貌参数的准确预测离不开河床阻力系数的确定。河床阻力是水力学及泥沙运动力学中最为重要的课题之一。为此,国内外众多学者进行了广泛的研究,提出了各种各样的阻力计算方法。1895 年,Kennedy 研究定床明渠中平均流速与水深之间的经验关系被视为阻力计算研究的开始,至今已有一百多年的历史。特别是 Einstein 和 Barbarossa (1952)提出动床阻力分割的思路后,冲积河流河床阻力的研究在近 60 年取得了令人瞩目的发展。对河床阻力计算的研究,大致可以分为两类:①直接计算总阻力,如钱宁-麦乔威、吉川秀夫、李昌华-刘建民等,该方法计算简单且应用方便,然而较少考虑河道阻力的形成机理(钱宁等,1959;钟亮和徐光祥,2011)。②按不同的阻力单元分别计算其阻力,然后进行叠加求和,该方法考虑了影响河床阻力的各种因素,在机理上比较明确。笔者对河床阻力研究成果的阐述将围绕不同的阻力单元展开。

沙粒阻力是指不受边壁影响的二维水流在床面保持平整时所承受的阻力,也称床面摩擦力,它对推移质运动及输沙率等问题具有重要意义。一般均采用清水定床时的水流阻力计算公式(钱宁,2003)。有两种形式的公式,一是 Kuelegan 对数公式,即

$$\tau' = \frac{u}{u_*} = 5.75 \log\left(12.27 \frac{R_b \chi}{k_{sl}} \right) \tag{1-1}$$

式中, u 为断面平均流速; u_* 为摩阻流速; R_b 为床面水力半径,一般取水深值; k_{sl} 为沙粒当量粗糙度; χ 为流态校正系数。

另一种是 Manning-Strickler 指数公式(钱宁,1983),即

$$\tau' = \frac{u}{u_*} = 7.68\left(\frac{R_b \chi}{k_{sl}} \right)^{1.6} \tag{1-2}$$

其中,式(1-1)适用于紊流光滑区、过渡区及粗糙区的阻力计算,式(1-2)仅适用粗糙区紊流。

还有一种是利用实测动床面资料反求沙粒阻力,如 Lovera 等(1969)、Rijn(1982)、Wilson 等(1989),其中 Lovera 等(1969)建立的沙粒阻力公式较为典型,即

$$f'b = f\left(\frac{R_b U}{\nu}, \frac{R_b}{k_{sl}} \right) \tag{1-3}$$

式中, ν 为动黏滞系数。沙粒阻力计算的关键在于上述各式中,沙粒粗糙度 k_{sl} 的选取。目前在 k_{sl} 的选取上,还有不同的认识,结果也相差很大,但一般都可用: $k_{sl} = m d_r$ 来表示,其中 d_r 表示某一床沙代表粒径。如 Einstein(1950)取 $m=1$, $r=65$;Engelund(1972)取 $m=2.5$, $r=50$;Ackers-White(1973)取 $m=1.25$, $r=35$;Kamphuis(1989)取 $m=2.5$, $r=90$;Rijn 等(1995)取 $m=3$, $r=90$ 等。

另外不同的阻力分割方法,计算得到的沙粒阻力会有所不同。若采用 Manning-Strickler 公式计算沙粒切应力,可分别得到基于能坡分割法及基于水力半径分割法的沙粒切应力。

$$\tau_1' = \gamma R_b J' \tag{1-4}$$

$$\tau_2' = \gamma R_b J \tag{1-5}$$

式中，τ_1'、τ_2' 分别为基于能坡分割法及基于水力半径分割法的沙粒切应力，γ 为容重。显然两者是不一致的。

由于动床沙粒阻力规律与定床不完全一样，有些研究者如 Lovera-Kennedy 则避开定床阻力公式，直接将动床沙粒阻力与水流泥沙因子联系起来，虽然其结论仍有商榷之处，但其研究方法很有启发性。

综上可知，河床粗糙不平是形成沙粒阻力的本质所在，目前河流动力学的普遍做法是寻求一个具有代表性的凸起高度作为当量粗糙度 k_{s1} 来描述床面的粗糙形态，这为河流动力学中动床阻力、垂线流速分布等研究做出了巨大贡献，但美中不足的是因不同研究者试验条件的不同，使得当量粗糙度 k_{s1} 研究成果众多、差异极大且尚未统一，实际应用中难以准确选取。

3. 沙波阻力计算方法

目前对沙波阻力的研究主要有两类方法：①直接建立沙波阻力系数与沙波几何形态之间的关系式；②直接建立沙波阻力系数与水流泥沙条件之间的关系式，现分别介绍基于这 2 种方法的代表性成果。

1) 基于沙波几何形态的方法

国内外部分学者直接建立了沙波阻力系数 f_b'' 与沙波波高 Δ 波长 λ 或沙波陡度 $\Psi(=\Delta/\lambda)$ 等沙波形态参数之间的关系，如 Vanoni 等(1967)、Chang(1970)、Shen 等(1990)、郭俊克和惠遇甲等(1990)、段国红等(1994)。

A. Vanoni 等方法

Vanoni 等(1967)从沙波(沙垄)阻力的能量损耗着手，认为决定沙波阻力系数 f_b'' 的主要参数是沙波波高 Δ、沙波陡度 $\Psi(=\Delta/\lambda)$ 及水深 h，它们之间存在如下关系：

$$\frac{1}{\sqrt{f_b''}} = 3.3\log\frac{h}{\Delta\Psi} - 2.3 \tag{1-6}$$

B. Chang 方法

Chang(1970)将沙波阻力损失看成是明渠水流局部突然扩大损失的一种，通过试验得到 $\Delta/h > 0.1$ 时，沙波所造成的突然扩大损失系数 $f_e = 1.9(\Delta/\lambda)^{1.8}$，从而沙波阻力系数 f_b'' 可表达为

$$f_b'' = 7.6\Psi\left(\frac{\Delta}{h}\right)^{0.8} \tag{1-7}$$

C. Shen 方法

Shen 等(1990)采用概化沙波模型进行试验，在分析他们的实测沙波阻力资料与 Raudkivi(1963)、Vanoni 等(1967)、Rifai 等(1971)以及 Wang 等(1984)的试验资料后，

建立了沙波阻力系数 f_b'' 的计算公式：

$$f_b'' = \begin{cases} \dfrac{16}{9}\varPsi\dfrac{\varDelta^{3/8}}{h} & \dfrac{\varDelta}{h} \leqslant 0.35 \\[3mm] 6\varPsi\dfrac{\varDelta^{3/2}}{h} & \dfrac{\varDelta}{h} \geqslant 0.35 \end{cases} \tag{1-8}$$

D. 郭俊克等方法

郭俊克和惠遇甲(1990)认为，沙垄上的水流流动属于一种绕流流动，根据边界层理论，绕流阻力由摩擦阻力和漩涡阻力2部分组成。摩擦阻力是与沙垄表面相切的剪切力的主矢量在水流方向的投影，称为沙粒阻力；漩涡阻力是沙垄表面成法向的动水压力的主矢量在水流方向的投影，称为沙波阻力。通过对边界层的分析，导出了沙粒阻力系数 C_f、沙波阻力系数 C_p 以及床面总阻力系数 C_t 的表达式为

$$C_f = 0.047\left(1 - \frac{l_{\bar{\varpi}}}{\lambda}\right)^{3/4}\left(1 - \frac{d}{\lambda}\right)^{1/4} \tag{1-9}$$

E. 段国红等方法

段国红和王桂仙(1994)采用白色塑料沙、磺化塑料沙及电木粉三种轻质沙进行动床水槽试验，通过分析动床水槽实验资料，认为沙波阻力系数 f_b'' 与沙波的相对高度 $\varDelta/\lambda$ 及沙波背水面的坡角 β 成正比，并有

$$f_b'' = \frac{4\varDelta\tan\beta}{h} \tag{1-10}$$

此外，还有一部分学者(Rijn，1986，1987；秦荣昱等，1996)建立了沙波床面阻力(含沙粒阻力在内)与沙波当量粗糙度 k_{sl} 之间关系，而在沙波当量粗糙度 k_{sl} 的表达式中就包含了 $\varDelta$、λ 等沙波形态参数。

2) 基于水流泥沙条件的方法

一部分学者从阻力系数入手，研究沙波阻力系数与水流泥沙条件间的关系，如Einstein 和 Barbarossa(1952)在这方面建立的第一个关系为 $f'' = f(\varTheta')$；随后 Shen 等(1990)对他们的关系进行了修正，认为沙波阻力系数还应与沙粒雷诺数有关，关系式为 $f'' = f(\varTheta', \omega dv)$；Alam 等(1992)所选用的水流泥沙参数则有所不同，他们的关系为 $f'' = f\left(\dfrac{v}{(gR)^{0.5}}, R/d\right)$；乐培九和李献忠(1989)、喻国良和郑丙辉(1999)则选择了多个无因次水流泥沙物理量与沙波阻力系数 f'' 进行回归；另外若将泥沙起动阻力系数认为近似等于沙粒阻力系数，则 Raudkivi(1997)以曲线表示的关系，可转化为 $f'' = f(\varTheta)$，与Einstein-Barbarossa 的关系区别仅在于前者选用总切应力，而后者选用有效切应力。而Rijn(1987)等则从床面粗糙度入手，研究沙波当量粗糙度 k_{sl} 与水流条件间的关系，Rijn选用的水流参数类似于 $\varTheta'$。

还有一部分学者，则倾向于将无因次沙波阻力 Θ'' 与无因次沙粒阻力 Θ' 联系起来，Engelund 在这一方面进行了开创性的工作，他的关系式为 $\Theta = \Theta' + \Theta'' = f(\Theta')$；Yalin (1972)在分析了前人的一些试验资料后，提出在沙浪阶段 Engelund 的关系还应与相对粗糙度有关，即 $\Theta = f(\Theta', h/d)$；而 White 等(黄才安和严恺，2002)利用实测资料，也对 Engelund 的关系提出了修正，即 $\Theta = f(\Theta', D_*)$；王士强(1988)利用实测资料进一步分析后，认为包含各种床面形态的阻力关系应为 $\Theta = f(\Theta', D_*, h/d)$；范宝山(1995)也对 Engelund 的 Θ 与 Θ'' 关系提出了修正，只不过其中引入了更多参数。

动床阻力问题是泥沙运动力学基础理论研究的重要内容，其理论框架在 20 世纪 50 年代已基本形成，而且在 70 年代以前已经发展得比较成熟，在最近的 20 年内，除一些零星的重大成果外，理论上并无突破性进展(钟亮，2011)。

国内外学者提出的冲积河流阻力计算方法，各家理论及公式各有所长。目前泥沙研究已经发展到从百家争鸣向成熟转变的阶段。利用大量的野外和实验资料对各家理论和计算公式进行检验和对比，筛选和推荐适用范围大，精度高，且结构合理的理论和公式，将推动泥沙理论在工程上的应用。如钱宁和万兆惠(2003)对推移质公式的比较，虽然其比较仅限于无沙波的平整床面情况，但其比较结果还是大大加深了对推移质理论的认识。同样对于冲积河流阻力问题，也应通过分析评价各家理论，开发专用计算机软件对各家公式进行验证和对比，将使泥沙运动理论获得质的提高。

4. 床面形态判别

床面形态在不同的发展阶段形成机理有所不同。在低流速区，床面形态发展处于平整—沙纹—沙垄阶段。希尔兹首次对低流速区床面形态分区进行研究，提出影响床形态的主要水流参数是沙粒雷诺数和希尔兹数，并在同一张图中标出床面形态与希尔兹数及沙粒雷诺数的关系(钱宁和万兆惠，2003)。法国夏都实验室依此方法又把平整床面细分为有泥沙运动和无泥沙运动，进而对床面形态进行更为详细的判别。刘心宽将摩阻流速取代希尔兹数，结合沙粒雷诺数对沙纹的形成条件进行判别(Liu, 1957)。艾伯森等将刘心宽的研究方法应用到沙纹-沙垄和沙垄-沙浪的过渡阶段，提出了范围更广的床面形态判别方法(钱宁和万兆惠，2003)。希尔将希尔兹数简化为无量纲参数 gD^3/v^2，结合沙粒雷诺数，进行床面形态形成条件的判别(钱宁和万兆惠，2003)。以往的研究中低流速区床面形态的主要判别参数是沙粒雷诺数和希尔兹数，其他的许多表达形式都是据此转化而来。

Yalin(1973)和 Parker(1991)曾将水流弗劳德数应用到高流速区床面形态的判别。Karahan 和 Peterson(1980)等也在水槽实验中发现水流弗劳德数与低流速区沙垄的形态参数有明显的函数关系。近年来，很多学者研究发现，仅使用两个水流泥沙参数对床面形态进行判别的效果往往不甚理想，黄才安和王进(2002)、张慧等(2004)分别基于三个水流泥沙参数的人工神经网络和概率神经网络模型对床面形态进行判别，其准确率有了显著的提高。鉴于此，本书尝试同时利用沙粒雷诺数、弗劳德数和希尔兹数三个参数表征低流速区床面形态，对长江下游河道河床形态进行判别，旨在为航道整治及快速对床面形态判别提供重要的参考价值。

5. 长江河道河床阻力

前人对长江河道河床阻力也做了不少研究,惠遇甲和陈稚聪(1982,1990,1996)结合实测资料对三峡奉节至香溪河段在各级流量下沿程各段的综合糙率系数进行了计算与分析,指出峡谷河段 n 值多为 0.05~0.10,宽谷与峡口滩河段枯水期 n 值约为 0.02~0.05,随着流量的增加,n 值逐渐接近峡谷段的数值。具有局部形态阻力的河段糙率一般都较大,n 值多在 0.05 以上,有时可达 0.10。

王士强(1988)通过分析国内外大量床面形态及阻力资料,提出了床面阻力的计算公式,认为该式可用于计算不同水沙条件下三峡库区淤积河段的床面阻力。唐存本(1983)分析了南津关至太平溪河段的糙率,认为在各综合糙率的计算式中以洛特公式为佳,并计算发现相当长的河段内河底糙率 n_b 保持为一定值,而综合糙率 n 却是沿程变化的。叶守泽采用水文水力学相结合的方法,首先通过分析一般河道型水库洪水期水流规律对三峡建库后库区断面流速分布、断面水位——流量关系以及断面水力要素最大值出现的次序等水流特性,进行了预测(叶守泽,1984),由于缺乏实测资料,该方法的可靠性值得商榷。刘炳衡和陈治谏(1987,1988)提出了一种河道糙率洪水期变化过程的计算模型。并结合河道地形资料和洪水资料对长江寸滩—宜昌河段的糙率进行了推算和初步分析。钱圣等(2015)结合实测资料,利用 MIKE11 水动力学模块建立了各库段一维水动力学模型,通过试算率定得到了库区干流各库段的糙率,结果发现三峡水库蓄水后,库区糙率为 0.043~0.085,在各级流量下,沿程各河段的糙率 n 值表现出以下变化特点:近坝段受大坝影响明显一般糙率变化较大;巴东以上河段,糙率有向上游逐渐减小的趋势;各河段糙率都有逐年减小的趋势。

综上所述目前对长江干流河道河床阻力的研究取得了一定的成果。然而,从众多学者研究成果中不难发现目前各家研究对象主要局限于某个局部河段,而且研究也是在特定的水力条件开展的,针对不同河段和不同水位下河道阻力的变化规律及其成因的研究探讨较少涉及。而且前人研究的资料多是 2003 年围堰蓄水前的,资料陈旧不足以体现三峡枢纽蓄水后长江干流河道的阻力变化情况。总之,目前长江干流河道阻力的研究成果还是很有限的,对长江下游河道阻力的研究更是尚未开展,亟待进一步深入研究,本书第 8 章意属此意。

1.6.8　河口河槽冲淤演变与微地貌对人类活动的自适应行为

1. 河槽冲淤演变

近几十年来,人类活动(如修建大型水利工程)对河槽自然冲淤的干扰日益显著。关于河槽冲淤演变的研究,早期阿拉伯与意大利有关学者指出河流具有侵蚀能力,并携带泥沙堆积于山谷中,并指出河流三角洲的形态发育的沉积物来源就是河流。十八世纪中叶,地貌学内、外营力概念的提出,迅速推动了河槽演变研究的发展。吉柏特(G. K. Gilbert)认为河流刻蚀地表形成河谷,并提出河流过程具有一定的自动调整能力,运用均衡理论解释河流的平衡状态。戴维斯提出侵蚀循环学说，该学说对后世河槽冲淤演变研究的影响甚大。

大禹治水是我国较早的有关人类治理河流的传说(黄春长等, 2011)。而大运河、都江堰等是我国古代标志性的水利工程。北宋时期沈括在《梦溪笔谈》中撰写了有关河流侵蚀、搬运和堆积的论述。明末清初的徐霞客也撰写了 60 万字的地理名著《徐霞客游记》，其中有多篇涉及对河流水道演变的认识，如长江干流、湘江支流。然而，至清末我国关于河流演变研究依然偏重河谷发育，并且受到戴维斯(W. M. Davis)理论的深刻影响(沈玉昌, 1986)。直到 1958 年中国科学院地理研究所、北京大学、北京师范大学、中山大学等单位对长江河谷地貌展开了综合调查，并得出三峡地区自第四纪以来一直处于间歇上升过程中，我国对河流冲淤演变与地貌的综合研究才全面开展(沈玉昌, 1965)。

此后，我国关于河槽冲淤的研究呈爆发式增长。如钱宁和万兆惠(1983)对河槽水流中跃移质、悬移质和推移质进行了详细解释，指出组成河槽泥沙的各部分可以互相转换，从泥沙运动学的角度阐述了河槽的冲淤机理；谢鉴衡(2004)编纂了《江河演变与治理研究》，对我国黄河与长江河槽自然冲淤演变的机理进行了详细阐述。如该书研究了长江太子叽水道凸岸切滩现象，指出长江右汊道拦江矶挑流作用是该河段河槽冲淤的根本原因；沈玉昌(1986)在《河流地貌学概论》一书提出，河槽冲淤演变基本上取决于水流、泥沙和河槽组成物质的相互作用，但河槽冲淤演变过程复杂。其复杂性主要表现在：①水流与泥沙输运的动态变化，即侵蚀-沉积过程，因而导致河槽冲淤不断发生变化；②气候与地理环境的不断变化也导致河槽冲淤地貌的不断改变；③河槽冲淤过程强度的不均匀性；④部分河槽冲淤演变与局部水流结构的相互作用；⑤河槽床面地貌的影响，如沙波的不断移动。

关联流域大型工程与河槽冲淤的研究也是河槽冲淤演变中的重点之一。例如，韩其为和何明民(1997)在三峡大坝论证阶段认为，三峡运行的前 1~10 年里进入洞庭湖的沙量会大量减少；荆江段干流河槽因为分流比增大，河槽会冲刷；城陵矶以下干流河槽也会冲刷；部分河段床沙发生交换粗化等现象。李茂田(2005)利用实测的水沙资料，分析了三峡大坝截流之前长江中下游分汊河槽动力地貌演变规律，其发现 1972~2002 年长江武汉至江阴河段分为淤积-冲刷-淤积-冲刷-微淤积五段，其中，武汉至黄石淤积总量达 1.04 亿 t，蕲春至九江冲刷约 1.20 亿 t，九江至大通淤积约 3.15 亿 t，铜陵至仪征冲刷约 6.62 亿 t，镇江至江阴微淤积，约 0.18 亿 t(李茂田, 2005)。

此外，屈贵贤(2014)对比了大通至江阴河段三峡修建之前(1969~2003 年)和修建之后(2003~2008 年)的河槽冲淤过程，认为三峡大坝截流以后，大通至江阴河段的上段由小幅度的河槽冲淤转变为冲刷为主；中段由冲刷转为淤积；下段由于涨落潮流的影响发生了剧烈冲刷。黎兵等(2015)对长江口水下地形与大通水文站输沙量进行了相关性分析，其认为三峡大坝的修建对长江口水下地形的冲淤格局具有控制作用，尤其是 2007 年以后，长江三角洲冲刷量与三峡水库出库泥沙量和大通水文站年输沙量具有判别系数在 0.99 以上的线性正相关。张晓鹤(2016)根据长江河口长时间尺度的地形数据和多年实测水沙资料分析了长江河口河槽冲淤演变及自适应行为，其发现由于流域与河口大型涉水工程的建设，长江河口河槽演变由自然因素为主逐渐转变为人类活动和自然的综合作用。

其中，河口局部工程引起长江河口局部水域的强冲强淤现象；上游与近海再悬浮泥沙多寡引起拦门沙外移速度减慢；流域来沙量急剧减少引起河口中上游河槽持续冲刷。吴帅虎(2017)也认为，大型工程引起了长江口河槽的自适应行为，比如拦门沙体系的衰退。

也有学者指出三峡大坝截流之后的10年里，长江中游河段河槽冲淤规律由季节性冲淤向常年冲刷转变，河槽冲刷引起表层沉积物粒度粗化；河槽冲刷虽然逐渐向下游过渡，但在未来的几十年里，三峡大坝引起的河槽冲刷是否有可能在汉口附近停止(Lai et al., 2017)？因而，长江汉口至吴淞口河段河槽冲淤演变对流域与河口工程的响应规律仍需探讨。

2. 河槽表层沉积物

河槽表层沉积物特征是河流水动力条件、泥沙、河槽边界与比降等因素相互作用的结果，主要来源于流域基岩的风化(罗向欣, 2013; 钱宁和万兆惠, 2003)。其理化性质记录了当地的动力沉积环境，是研究河槽地貌最基本的要素之一(罗向欣, 2013)。河槽沉积物从上游向下游呈"沿程细化"趋势(Church and Kellerhals, 1978)，但在现实河流中，受支流物质汇入、河槽形态变化、两岸阶地和人类活动等干扰，河槽沉积物在"沿程细化"过程中，往往存在阶段式粗化现象(Ichim and Radoane, 2010; Rice, 1998; Surian, 2002; 王张峤, 2006)。其中，人类活动对河槽沉积物粒度变化的影响日益引起人们的关注(Yang et al., 2014; 徐晓君等, 2010)，尤其是大坝下游往往发生河槽表层沉积物粗化现象[①]。

近期长江流域的人类活动已经改变了长江中下游河槽沉积物的输运过程，尤其是2003年三峡大坝截流以来，约70%的上游来沙被拦截在三峡大坝库区，大坝下游泥沙发生严重侵蚀和粗化(Yang et al., 2007)。三峡大坝截流以前，长江中下游河槽表层沉积物从上游向下游基本上呈现波动变细的趋势，平均粒径从300μm波动下降至100μm，徐六泾以下河段基本小于100μm(王张峤, 2006)。赵怡文和陈中原(2003)发现，三峡大坝截流之前长江汉口至河口河槽表层沉积物从上游向下游呈"粗-细-粗-细"四段式变化；该时期影响河槽表层沉积物变化的主要原因是自然因素，如河道形态(顺直微弯分汊、鹅头型分汊)。

然而，三峡大坝截流之后长江汉口至河口段河槽表层沉积物粒度特征发生了急剧变化，如河口地区河槽表层沉积物粒度粗化，其影响因素由自然因素为主向人类活动和自然综合影响的方向过渡(李九发等, 1995; 张晓鹤等; 2015; 吴帅虎等, 2016)。徐晓君等(2010)研究也发现，长江中游部分河槽表层沉积物粒度也发生了粗化现象，如三峡蓄水后的5年内，三峡大坝下游400km的干流河槽表层沉积物出现全程粗化现象，且粗化程度与距离三峡大坝远近有关，其认为河槽表层沉积物粗化现象与河槽强烈冲刷密切相关；同时，距离三峡大坝400~1600km的干流河槽表层沉积物粒度的变化规律基本一致。罗向欣(2013)也发现，三峡大坝截流之后的5年内，三峡大坝下游输沙量急剧减少，其下游100km河槽出现表层沉积物由砾石向砂质转变迅速的突变带；同时还发现三峡大坝下游约200km的河槽侵蚀还在继续，沉积物有进一步粗化趋势。与此同时，张晓鹤等

---

① Williams G P, Wolman M G. 1984. Downstream effect of dams on alluvial rivers. USGS Professional Paper, 1286.

(2015)、吴帅虎等(2016a, 2016b, 2016c)也发现的河口河槽在河口围垦及深水航道工程后，河槽沉积物有粗化现象，因此，有必要进一步研究汉口至吴淞口河段河槽沉积物对流域与河口工程综合影响的自适应行为。

3. 河槽微地貌特征研究

水下微地貌是指规模比较微小的地形，普遍发育在河流、河口和浅海区域的床面上(Allen, 1982; Salvatierra et al., 2015)，其形成原因可能和近底层流动与不规则底床的交互作用有关(Simarro et al., 2015)。水下微地貌形态的变化一般会伴随着水下地形的改变，已被广泛地用来探讨水下岸坡、海床的稳定性(王伟伟等，2007；曹立华等，2006)。水下微地貌是研究海岸带动力地貌过程的常用指标，在一定程度上可以反映水动力和泥沙条件的变化(Wu et al., 2009; 陈卫民等，1993)，其存在和发育可能影响航运、水下管道和水下电缆的安全(Besio et al., 2008)，预测其几何特性对于估测河流洪水期间的水位尤为重要(Karim，1999)。观测水下微地貌可以进一步揭示宏观地形的形成过程(赵宝成，2011)。因此，各种各样的水下微地貌形态被鉴别出来，包括平滑床底、沙丘、沙波、冲沟和凹坑等。Allen(1982)以底沙模型实验的形态动力学机制为基础，创建了一个综合的微地貌相位图，而这相位图表明泥沙输运对微地貌的形成和分布起着至关重要的作用，这假设一直被应用在流体地貌学的研究中(Best, 2005)。

国内学者已经对部分河口的微地貌特征进行了一定程度的研究。赵宝成(2011)发现杭州湾北岸水下岸坡主要分布冲沟、凹坑、沙波和光滑床底四种微地貌形态，其中冲沟、凹坑和沙波代表的水流方向与涨潮流方向一致，指示强劲的潮流对海床的侵蚀和改造作用。陈卫民和 Prior(1992)发现黄河口水下底坡上主要发育着平滑床底、凹坑与洼地、冲沟、残留岗丘和扰动复合海底等微地貌形态。陈卫民等(1993)发现长江河口水下底坡上发育有平坦海底、沙波、巨型沙波、气穴、沉积物斑块和冲刷斑痕等微地貌形态。

在众多类型微地貌中，沙波已成为国内外学者研究的焦点。它们主要形成在床面沉积物由中沙至砾石组成的环境下(Kostaschuk, 2000)，是一种韵律微地貌形态。沙波的形成和演化反映沉积物在对应的动力条件下的运移情况，其产生的形状阻力降低了水流对沉积物的输运能力(杜晓琴等，2008)。沙波的几何性是流速、水深和描述沉积物的其他物理参数一起组成的函数关系(Baas, 1994)。由两个连续的波峰之间的距离测得的波长一般近似于沙波高度的 10 倍，而波高为水深的 10%～30%(Rijin, 1984)。沙波可以显著影响层流和湍流结构，对泥沙的起动、输运和沉积有非常重要的影响(Parsons et al., 2005)，其大小和运动条件可以用来估算推移质输运率(钱宁和万兆慧，2003)，其迁移和尺度的增加有可能减少航道的深度，导致疏浚量的增多(Besio et al., 2008)，同时对环境和工程科学家治理河流也有着至关重要的作用(ASCE Task Force, 2002)。因此，沙波的发育、形态和演变已经成为国内外学者研究的焦点(Mclean et al., 1994; Amsler and Garcia, 1997; Nelson and Wolfe, 1993)。

国外学者对各大河流的沙波均展开了大量研究。加拿大弗雷泽河沙波波峰与高泥沙运输速率相关，长而低的背流坡倾角与悬沙在沙波脊线处的沉积有关(Kostaschuk and Villard, 1993，1996)；而拥有高角度的背流坡倾角的沙波不存在分流(Best and Kostaschuk,

2002）；而且，沙波波峰受到侵蚀的强度在落潮时随着流速增加，导致波高减小，且落潮发生时随着流速的增强，波长处于不均衡状态，而波高处于均衡状态（Kostaschuk and Best，2005）。

阿根廷巴拉那河洪水期间形成的沙波波高越小，悬沙/推移质泥沙比值越高（Amsler and Schreider，1999）。1983 年大洪水期间有巨型沙波形成，波高达到 6.5m，波长达到 320m，由于这种巨型沙波的迁移导致 1968 年建设在该河底的隧道出露，严重威胁了隧道的安全性（Best，2005）。而且，马鞍形脊线的沙波比直线型脊线的沙波拥有更大的、更结构性的垂向流速分流区域（Parsons et al.，2005）。

哥伦比亚河发育的沙波流动分离与其形成方式密切相关，悬沙落淤为主形成的沙波不易发生流动分离，而底沙推移为主形成的沙波易发生流动分离（Smith and Mclean，1977）。孟加拉国海岸侵蚀和河槽淤积均与沙波的增长有关，可能导致大规模的人口迁移、基础设施和农业用地的损失，麋鹿角河、密苏里河、奈厄布拉勒河和格兰德河发生洪水期间，沙波尺度随着流动强度的增加而快速增大，床面受到冲刷以后，会经历一个由平床状态发育成沙波的不稳定的过渡阶段（Ashworth et al.，2000；Naqshband et al.，2014a，2014b）。托里奇河口沙波当流速较大时不存在分流，而流速较小时存在间歇的分流（Soulsby et al.，1991）。

国内学者对沙波的研究起步较晚，但是也已经取得了不少的重要成果。任明达和王乃梁（1985）认为沙波在成因上可以分为流成、风成和浪成三种。其中对流成沙波的研究主要集中在单向恒定流特点的水槽或天然河道中进行（钱宁和万兆慧，2003）。马殿光等（2015）研究发现相对水深越浅，沙波地形对迎流面的水流作用越显著，导致上游流速减小而底部流速增大，且这种现象越靠近沙波波峰越明显。杨世伦等（1999）在 90 年代末对长江河口涨落潮双向流环境下的沙波进行了一定程度的研究，结果发现波高和波长之间具有明显的正相关关系，单一沙波占多数，沙波指数随着沙波的增大而增大，大部分沙波（波高＜1m）是对称性的，但波高＞1m 的沙波一般向海倾斜，沙波现场水流费劳德数 Fr 低于 0.2，符合某些理论结果，但与部分水槽实验结果相冲突。沙波在大潮和寻常潮一个涨（落）潮过程期间来回迁移的距离约在 1～5m，在小潮期间几乎不迁移，而涨潮期间的迁移距离一般小于落潮。

4. 河槽冲淤与微地貌对人为活动的自适应行为

河槽冲淤与微地貌演变具有自适应特性，即河槽形态受到一定的自然或人类干扰后会向一定的相对均衡状态发展（郑珊等，2014）。伴随上游河段径流与来沙量的改变，河流的自适应行为包括河型、坡降、横断面形态、纵剖面形态等的调整变化（钱宁等，1981）。

河槽自适应过程具有平衡趋向性和体系内部能量消耗以及再分配等特点。平衡趋向性是指自适应调整的最终结果使得上游来水量与来沙量通过河段下泄，而河流断面形态、坡降等能够保持一定的相对平衡；而体系内部的能量消耗及其再分配则主要是指河流自适应调整的最终结果不仅满足河流断面形态、坡降等几何特征的相对平衡，同时还要达到体系内部能量趋向于规律性分配。目前提出的能量规律性分配理论有能量的沿程均匀分配、最小功原理、最小方差理论等（钱宁等，1987；邓彩云等，2015）。

同时，冲积河流的自适应过程具有较长期和短期之分(钱宁等, 1987)。较长期的适应过程是指冲积河流经过较长期的适应调整，其水流挟沙能力能够适应上游河段的来水来沙条件；而短期的适应过程是指河流能够迅速通过调整河槽冲淤幅度应对极端事件，如洪水事件(钱宁等, 1987)。总而言之，不论是短期适应过程或是长期的适应过程，河流是通过水流作用对泥沙的侵蚀、搬运和堆积来实现的。

近期由于强烈的人类活动干扰，长江流域中下游至河口的自适应过程已由原有的自然演变向人为驱动下的综合作用为主的复杂过程转变(张晓鹤, 2016)，即流域降水变化、流域大坝水库群运行、局部涉水工程运行、流域水土保持、人工采砂、围垦等人类活动造成流域输沙量减少与河槽边界条件改变，以及相对海平面上升导致的河口至九江河段水动力条件变化，也将导致河槽自适应行为发生改变(Lai et al., 2017; Yang et al., 2011b; 石盛玉等, 2017a; 吴帅虎, 2017; Cheng and Chen, 2017; Cheng et al., 2018)。

高志松(2008)研究了长江口北支河槽对近百年来滩涂围垦的自适应行为，指出滩涂围垦是引起长江口北支河槽自适应调整的主要原因，河槽自适应行为主要有：潮位上升、宽深比下降，河槽平面形态由游荡型向分汊型、再向顺直型演变；河槽横断面由"W"形向"U"形，进而向"V"形演变；河槽总体缩窄，间或发生拓宽冲深现象。因此，在流域与河口工程等人类活动的综合影响下，长江中上游乃至河口河槽有哪些自适应行为亟待回答，第9章进行了一些尝试。

1.6.9 长江中下游干流河槽河势演变

河势演变是重要的河流地表过程，主要取决于水流及其挟带泥沙和河床沉积物的相互作用(沈玉昌和龚国元, 1986)。当水动力增强时，水流挟沙力增加，泥沙起动频繁，河床易发生冲刷；水动力减弱时，水流挟沙力下降，泥沙落淤，河床易发生淤积。通过总结河床演变特征及规律，有助于剖析河道演变机理，预测河势演变趋势，为工程设计、航运安全、防洪规划提供科学参考。

20 世纪以来，人类活动对河流和河口系统干扰日益增强，其中大型水利工程、河道整治工程、采砂等对河道演变和河口地貌演变影响显著(Smith and Winkley, 1996; Harmar et al., 2005; Anthony et al., 2014)。密西西比河也是一个大型的冲积河流，同样经历了众多的工程运作，如洪水控制、航道和港口建设等，而且在过去的 100 年，该流域也建造了超过 50000 个大坝(Syvitski and Milliman, 2007)。19 世纪 50 年代早期，由于水库拦沙，水土保持和护岸工程等人类活动的影响，密西西比河的来沙量已经减少了超过 50% (Meade and Moody, 2010)。随着来沙量的减少，密西西比河口河槽已经经历了人工较直和堤坝的建设(Kesel, 2003; Hudson et al., 2008; Meade and Moody, 2010)，而"Old River Control Structure(ORCS)"工程的实施，显著影响了密西西比河口的水动力条件，尤其影响了密西西比河口的河槽形态(吴帅虎等, 2016)。

国内针对长江、黄河两大江河广泛开展了基于冲淤演变(师长兴等, 2013; 吴帅虎等, 2016)、河道平面形态(屈贵贤, 2014)、断面形态(许炯心和孙季, 2003; 冉立山等, 2009; 石盛玉等, 2017)、纵剖面形态(尹国康, 1999)及洲滩冲淤(钱宁等, 1987)的相关研究，以总结河床演变特征及规律。国外如密西西比河的河床演变研究集中于河床冲淤及水沙量变化带来的影响(Nittrouer et al., 2011; Knox et al., 2016; Remo et al., 2018),关于尼罗河的河床演变研究也多集中于河床冲淤、岸线变迁和河流比降调整等方面(Saad, 2002; 张燕青等, 2010; Fahmy and Ahmed, 2014)。

1. 长江中下游干流河槽河势演变

长江中下游河道属于相对稳定的分汊型河道(Pritchard, 1952, 1967),平面形态变化能较好地反映河床演变特征(Seminara et al., 2001; Frascati and Lanzoni, 2009; Luchi et al., 2010a, 2010b)。刘娟等(2003)、林木松等(2006)、刘小斌等(2011)通过对长江下游镇扬河段近百年的演变过程研究,发现世业洲洲头崩退、六圩弯道凹岸崩退、征润洲边滩淤涨、和畅洲汊道平面变形较大,认为河床演变最显著的特点是江心洲自身的合并和并岸。而不同的平面形态本身也影响着河床的冲淤过程。张强等(2007)通过对长江中游马口-田家镇河段的冲淤变化研究,发现顺直或宽浅河段冲淤较平缓,而弯曲或窄深河段冲淤相对剧烈,卡口的上、下段以淤积为主,直接受水流顶冲的卡口弯道段以冲刷为主。

长江中下游河道纵剖面呈阶梯形(中国科学院地理研究所, 1985),河床的自适应调整使冲淤状态和强度在纵向上均具有明显差异。李茂田(2005)对长江下游各河段的冲淤计算发现,河床演变沿程差异明显。陈立等(2011)分析了三峡大坝下游不同类型分汊河段演变特点后发现,三峡水库运行以来,下游河道普遍冲刷,但各段冲刷特征又有所不同。戴仕宝等(2005)对比了泥沙输移与冲淤量后认为,宜昌-监利河段冲刷量沿程减小,监利-螺山河段整体淤积,螺山-大通河段冲刷量沿程增大。屈贵贤(2014)利用 GIS 技术分析了大通至江阴河段水下地形冲淤变化,揭示了该段 1959~2008 年自上而下"冲-淤-冲"的总体特征。

由于不同深度河槽的流速流向、悬沙浓度、床沙粒径、河床糙率等分布不均(中国科学院地理研究所, 1985),河床垂向冲淤也存在差异,这反映了滩槽演变的状态及强度。许全喜等(2011)分析了水沙特性与地形资料后指出,三峡工程蓄水后,河床冲刷加剧,由蓄水前的"槽冲滩淤"变为"滩槽均冲",部分河床冲刷下切明显,滩槽交替频繁。

陈吉余和恽才兴(1959)从现代河槽的发育条件与演变特征等方面系统地阐述了长江口河槽的演变过程。卢金友等(2011)对三峡工程蓄水运行后的长江中下游河道进行研究,认为湖口-大通河段河势总体稳定,河床总体呈"槽淤滩冲",大通-江阴河段岸线相对稳定,但弯道、汊道河床冲淤变化较大。白世彪等(2007)通过 GIS 技术对长江江苏段河道冲淤变化及其空间分布进行研究,发现 1995 年之前该河段深槽以冲刷为主,1995 年后为以淤积为主。黎兵等(2015)利用长江口全区实测水下地形数据,进行水深-累积面积曲线构建和冲淤通量计算及与三峡水库和大通站输沙量的对比,说明 2007 年后三峡蓄水对长江口区域演化具有控制性作用。以上研究较好地回答了长江潮区界附近特定河段的具体问题,但将 GIS 与野外现场观测资料结合,针对潮区界变动河段的河床演变特征以及该河段高分辨率地貌演变的综合研究尚未见报道。

2. 河口河槽河势演变

河口河槽河势演变与水动力、泥沙沉积过程有很大的关系,水动力、泥沙运动沉积和地貌演变是一个相互适应与调节的过程。当水动力增强时,泥沙起动频繁,河槽冲刷。当水动力减弱时,大量泥沙沉积,河槽淤积。河口地区由于上游来水量的变化影响,潮流与径流的交汇变化,复杂地貌引起的环流等,对泥沙起动、沉积有很大的影响。进而引起影响河口河槽演变。近年来由于海平面上升,河口地区人类活动的影响,原有的自然演变河口格局发生较大的变化。工程直接对水下地貌产生剧烈影响,地貌的改变又对水流、泥沙运动产生影响,水流、泥沙的变化再反作用于地貌,经过长期演变过程再次回归平衡过程。

河口河槽地貌变化是河口河势演变的主要研究内容,国际上有关河口地貌演变与河势演变关系的探讨由来已久。自 20 世纪 50 年代以来,世界许多著名的大河三角洲,如尼罗河三角洲(Fanos, 1995)、科罗拉多河三角洲(Carriquiry and Sanchez, 1999)、密西西比三角洲(Blum and Roberts, 2009)、埃布罗河三角洲(Sanchez and Valdemro, 1998)受流域来沙量下降的影响,均出现了岸线后退、侵蚀加剧或淤积速率下降的趋势,进而导致河口河槽地貌演变发生变化。Thomas 等(2002)、Blott 等(2006)通过分析英国 Mersey 河口水下体积、泥沙通量和河槽几何形状变化特征,结合水动力模型探究,探究了 Mersey 河口河槽 1871~1997 年冲淤演变规律,从机理角度对演变过程进行了分析;Capo 等(2006)基于水文泥沙实测资料,研究了几内亚 Konkoure 河口的地貌演变。

同时,航道开发和治理工程会影响河口河槽边界条件和局部水动力的变化,引起河口河槽地貌演变过程发生相应的改变。Sherwood 等(1990)报告加拿大哥伦比亚河口的航道建设显著影响了河口的发育和演变,如湿地、河口面积和进潮量均明显减少,而河口入口段受到严重冲刷,导致大量泥沙沉积在大陆架区域。美国偌福克港的航道疏浚和挖槽作业导致航道水深加深 1.8 倍,在其影响下,过去的 100 年泥沙淤积速率增加到原来的 90 倍,而河口表面积减少了 26%(Nichols and Howard-Strobel, 1991)。德国埃姆斯(Ems)河口的航道疏浚改变了河口系统的水动力和自然的侵蚀和淤积过程,导致河口最大浑浊带向上游迁移(de Jonge et al., 2014)。Spearman 等(1998)研究发现英国伦河口建造了导堤之后,过去的 100 年大量的粉砂和细砂淤积在航道中游,河口容积几乎减少了二分之一。Lane(2004)报告由于航道疏浚和导堤的建造,在过去的 150 年英国 Mersey 河口的体积减小了 0.1%。Monge-Ganuzas 等(2013)研究发现航道疏浚和抛泥作业导致西班牙奥卡河口的涨、落潮槽的分布发生变化。Avoine 等(1981)报告航道导堤工程的实施导致法国塞纳河口出现了诸如水深变浅,潮滩面积变大和涨、落潮槽变弯曲等一系列的地貌演变现象。

国内学者也非常关注河口治理工程对河口地貌演变的影响。如天津港防波堤的建设显著影响了潮流动力和波浪作用,导致海河三角洲各滨海岸线均以不同程度靠近堤身(南京大学地理系海岸研究组,1974)。伶仃洋航道治理工程显著影响了水下地形地貌的冲淤变化(胡晓张,2011)。1998 年至 2010 年实施的长江河口深水航道治理工程显著影响了长江河口的动力沉积地貌，因此也成了国内学者研究的热点。刘杰等(2004)发现长江河口深水航道治理一期工程实施后，北槽河槽普遍受到冲刷，坝田区域出现明显淤积，航槽回淤量有所减少。Jiang 等(2012)发现深水航道治理工程完成之后，北槽航道总体处于淤积状态，且淤积主要集中在中段，主槽局部区域受到侵蚀，坝田区域仍然处于明显淤积状态。Hu 和 Ding(2009)发现深水航道治理工程实施后，北槽落潮分流比明显减小，上段潮流流速有所减小，而下段潮流流速显著增大。

国内河口河槽地貌演化的研究，主要集中于 4 个典型的人类活动较集中的大型河口，即黄河口、珠江口、钱塘江口和长江口。黄河口为多沙弱潮河口，黄河流域水少沙多的特点对河口地貌演变有较大的影响。从历史变迁、水文泥沙和河口溯源性影响方面分析入手，对黄河口演变进行了系统阐述(庞家珍和司马亭，1979，1980，1981)。运用河流动力学分析方法，根据不平衡输沙原理，建立了黄河口不同输沙模式的一维数学模型(任晓枫和曹如轩，1990)。张世奇(1997)建立了一套适用于黄河口的二维动边界河口及三角洲冲淤计算数模，并基本上能反映冲淤演变现象。高振斌等(2007)研究了黄河口汊 1-汊 2 河段河势演变情况，并对其防护提出了宝贵意见。黄河河口口门附近海岸冲淤演变主要受黄河入海水沙量和海洋动力影响(张治昊等，2011)。刘锋等(2011)基于黄河下游利津水文站 50 多年来的水文泥沙资料，运用小波分析法，对黄河多尺度的入海水沙变化特征进行了分析。徐家声等(2006)利用老黄河口海域的有孔虫、孢粉、植物化石等资料，对黄河口区古地理环境演变进行了探讨。吉祖稳等(1994)根据 1976～1992 年的黄河口遥感卫星照片资料，对黄河口清水沟流路及其附近海岸线的演变情况进行了研究。钱塘江口是我国著名的强潮河口，众多学者对于钱塘江口沙坎、河床演变、滩地输沙方面研究较为深入(钱宁等，1964；戴泽蘅和李光炳，1980；韩曾萃和程杭平，1983，1984；符宁平和余大进，1993)。

珠江为我国第三大河，河网密布，珠江河口系由横门、磨刀门、虎跳门等 8 个口门组成，且径潮流动力条件十分复杂(陈晓宏等，2003)。乔彭年(1980，1981，1983)根据演变历史、河道形态及河网成因三个方面，对珠江三角洲演变特征进行了初步的探究。吴超羽等(2006)利用长周期动力沉积形态模型，对 6000 年来珠江三角洲发育演变特征进行了模拟分析。李春初等(2002)从纵向、横向、河道与潮道之间横比降三方面对珠江河口演变规律进行了总结，并提出了关于河口的治理利用建议。

长江河口地貌演变的研究成果较多。长江口近两千年来的发育模式可以概括为五个方面：南岸边滩扩展、北岸沙岛并岸、河口束狭、河道成型和河槽加深(陈吉余等，1979)。而且，陈吉余(1957)、陈吉余等(1959)和刘苍字等(1985)分别讨论了长江口的地形地貌发育、地质构造运动、三角洲沉积结构及水下三角洲的发育过程。黄胜(1986)通过对长江口水沙运动特性的分析，将长江河口河床演变规律概括为：河道南部冲刷，北部淤积，沙岛逐渐往北移动；长江口主泓多次摆动，进而导致南港、北港交替兴衰。恽才兴(2004)利用遥感影像图结合实测资料，利用 GIS 方法对长江口近五十年来河槽冲淤演变做了研究，并对一些地貌演变原因等做了阐析。陈吉余和徐海根(1981)、程和琴等(2009)、武小勇等(2006)、和玉芳等(2011)、计娜等(2013)及程和琴和陈吉余(2016)做了大量的基于实测资料的长江河口河势演变研究工作。

众多学者对长江河口北支、南支、南港、北港、南槽、北槽、南汇边滩、九段沙、崇明东滩等主要汊道及其地形边界滩地地貌进行了大量研究工作(陈吉余, 1959, 1980; 钟修成, 1985; 朱慧芳等, 1988; 徐海根等, 1988, 1994; 赵庆英等, 2001; 陈沈良等, 2002; 武小勇, 2005; 赵常青, 2006; 程海峰等, 2010, 2014; 王维佳, 2013; 王维佳等, 2014; 谢华亮, 2014; 刘高伟, 2015)。近年来由于三峡水库、深水航道等一系列大型工程的建设,对长江河口河槽地貌发育演变产生了较大影响。三峡水库 2003 年蓄水以后,导致长江入海泥沙年均减少 1 亿 t,是影响长江口水下三角洲从淤积为主转向侵蚀为主的主要因素(李明等, 2006; 王如生, 2015)。王维佳等(2014)利用 1998~2011 年的长江口大比例尺海图资料,对北港与横沙东滩地貌演变进行了研究,并分析了青草沙水库、横沙东滩促淤圈围工程建设的影响。青草沙水库等工程束窄了北港上段主槽,导致北港上段深泓线向北偏移,北港上段冲刷严重,沙体冲刷下移(郭兴杰, 2015)。张志林等(2010)基于实测资料,研究了滩涂圈围工程对北支河势的影响,并对北支航道的开发提出了建议。1998~2003年,南汇嘴潮滩冲淤调整主要受潮滩促淤圈围工程建设影响,工程结束后,南汇嘴潮滩将继续呈淤积外涨趋势(付桂等, 2007)。

3. 河势演变研究方法

1) 基于实测资料的河床演变分析

早期对长江口的河床演变研究多为对实测资料的半定量分析(杨忠勇, 2014)。陈吉余等(1979)将长江口两千年来的发育模式概括为南岸边滩推展、北岸沙岛并岸、河口束狭、河道成形和河槽加深五个方面,并从地质构造、沉积结构与地形地貌等角度综合讨论了长江河口三角洲的发育过程(陈吉余等, 1957, 1959),为长江口的综合研究奠定了基础。沈焕庭和潘定安(1979)与李身铎(1985)认为,长江口潮差中等、潮流较强,口内地形复杂,导致潮波变形严重,这对河槽演变的影响很大,因此长江口内形成了众多的涨潮槽与落潮槽。李九发等(2006)探讨了长江口的水沙运动过程,分析了九段沙的形成与演变机理。陈吉余和徐海根(1981),武小勇等(2006)、和玉芳等(2011)、郭兴杰(2015)关于长江口河床演变进行了大量的基于实测资料的研究。另外,随着探测技术与测量仪器的不断进步,现场观测的难度逐渐降低、精度不断提高,有关河槽床面微地貌的研究也进一步发展。陈卫民等(1996)、程和琴等(2002)、李为华等(2007, 2008)、王哲等(2007)、郑树伟等(2016)利用旁侧声呐、浅地层剖面仪、多波束测深系统对长江口底床形态进行了多次现场观测研究,分析归纳了其基本结构与分布特征,为进一步的河床演变研究打下坚实的基础。

2) 基于 GIS 技术的河床演变分析

早在 20 世纪 60 年代,Shreve(1966, 1969)和 Smart(1971)就曾利用随机理论尝试对水系地貌进行地理模拟。随着信息技术的不断发展,地理信息系统(GIS)和数字高程模型(DEM)手段逐渐被应用于河口海岸地貌研究中。赵庚星和陈乐增(1999)通过遥感和 GIS技术分析了黄河口 1986~1996 年冲淤面积的变化。根据淤泥质潮滩高程长期观测资料,通过地理信息系统中的 GRID 和 TIN 模块功能,对淤泥质潮滩侵蚀特征进行了研究(李恒鹏和杨桂山, 2001)。付桂等(2007)根据1993~2005年5幅长江口地形图资料,研究了南汇嘴潮滩近期演变特征及其影响因素。

吴华林等(2002)依据1842~1997年长江口海图资料,利用GIS和数字化仪建立了不同时期长江口水下数字高程模型,并在此基础上从河槽平面形态与横、纵剖面变化等多个角度对研究了长江口拦门沙区滩槽演变、岸线侵蚀、沙岛演变等问题,还通过计算河槽体积变化,得出相应时段冲淤量。巩彩兰和恽才兴(2002)与张艳杰(2004)分别数字化了长江口南港1988~2000年与北港的海图,通过最小距离内插法得到栅格水深图,利用空间数据分析功能得到河床冲淤变化图,进一步定量分析成形沙体的特征,河道容积变化、河道淤积部位和底沙输移路线,并对下一年河道淤积部位、输沙率等进行了预测。王艳姣等(2006)利用GIS技术,建立了长江口北港1973~2003年的水下DEM,得到不同时段河床相对冲淤分布图,分析了长江口北港30年来河道的冲淤演变并计算了河道泥沙冲淤量。谢小平等(2006)利用大通水文站1950~2003年的水沙资料结合数字化海图和遥感影像解译以及野外现场考察,对九段沙演化过程中的面积、体积、高程和地貌等特征进行了综合研究。李芳(2008)将GIS技术结合泥沙运动力学、工程水文学、海岸动力学方法对三峡工程修建前后长江河口的冲淤演变进行了定量的计算并对原因进行了分析。田波等(2008)以长江口崇明东滩作为实验区,利用面向对象的岸线遥感识别提取方法,选取1990~2005年中4个典型年份的遥感影像,研究了崇明东滩15年来的冲淤空间变化。

因此,GIS与DEM相结合的方法能兼顾河床冲淤中的定性与定量分析,使演变过程高度可视化,已经成为河床演变特征研究中相对成熟且稳定可靠的方法。

3) 物理模型

雷诺(Reynolds)早在1855年首次运用潮汐河口物理模型试验方法研究了英国Mersey河口的潮流特征(刘高伟, 2015)。李文正(2014)基于清水局部动床物理模型及其研究成果等,结合河床演变分析,研究了瑞丰沙整治方案的治理效果及其对周边河势的影响。刘怀汉等(2010)利用数理模型等手段,对长江口白茆沙水道演变规律及趋势进行了研究,并对白茆沙水道整治提出了建议。吴华林等(2006)、陈志昌和罗小峰(2006)对长江口深水航道治理工程物理模型试验研究成果作了总结归纳。

4) 数学模拟

张小峰等(2001)以长江荆江河段中的石首弯道为例,建立了一种基于BP神经网络的河道岸线变形预测模型,模拟精度较高。许全喜等(2002)建立了一个基于BP神经网络的河道深泓线变化预报模型,并利用长江口南支河段实测水文资料进行验证,模型较好地模拟了南支河段的深泓平面变化过程,并且能准确预测未来变化趋势。黄卫凯(1993)运用经验特征函数模型对长江口北槽、南槽拦门沙地形变化进行了描述,表明:函数模型能较好地揭示南槽、北槽各段变化特征及其相互关系,且南槽和北槽经验特征函数之间存在相似性和差异性。朱建荣等(1998)通过建立sigma坐标系下三维非线性斜压模式,对长江口冲淡水扩展影响因素进行研究,表明黄海冷水团总是使淡水向北扩展,并对河槽沉积地貌产生影响。Pritchard等(2002)运用数值模拟方法研究了潮流作用对潮滩演变过程的影响;孔亚珍等(2003)通过对长江口北槽风暴回淤主要影响因素的分析比较,改进并优化了北槽风暴回淤强度预测模型。郭兴杰(2015)利用尖点突变模式对长江口北港河势稳定性进行了定量研究。Luan 等(2016, 2017, 2018)通过 FVCOM 模型开展了长江河口南槽、北槽河势变化分析。

4. 河槽稳定性

冲积河流河槽稳定性判定是河流动力学及河流工程学中的一个研究热点(肖毅, 2012)。河流河床由松散的泥沙组成,在一定条件下会发生冲淤变化和改变方向,这就给水利工程建设及正常的航运带来一系列的问题(钱宁和万兆惠, 2003)。随着河流的不断开发,水利工程的建设愈加频繁,对河流河势的稳定性评价变得益发重要,许多研究者致力于不同河流河型稳定性指标的研究(钱宁, 1958;姚爱峰等, 1995;周宜林等, 2005;罗全胜等, 2006)。

随着现代量变与质变理论的研究深入,突变理论在各个行业都得到较为广泛的应用。近年来突变理论开始应用于湖泊河流领域,如湖泊环境评估(李祚泳等, 2010)以及河流推移质输沙率(杨具瑞, 2003)。国内外基于尖点突变对河流稳定性的研究主要集中在河型的变换及成因。冲积河流由于上游来水来沙的影响,河型会随之发生演化转变,当一种河型演变达到一定程度,将转变为另一种河型,不同的河型能体现河槽的稳定性。尖点突变对河流稳定性研究有河型成因理论(Richards, 1982);间歇性河流特性[①];基于尖点突变的河型转换判别及河槽稳定性的定量研究(Graf, 1988)。肖毅等(2012)采用突变理论的尖点突变模型,选取合适的河道河型稳定性控制变量与状态参量,建立河道平衡状态方程,并推导得到河流状态判别式。通过对 100 多条天然河流及实验河段进行验证,结果显示这一方法能判定冲积河流的河型稳定状态,并对其调整方向做出预测。宋立松(2001)基于钱塘江河口河床的演变规律基础上,总结过去冲积河流稳定性理论,研究并提出以河槽宽深比作为河槽横向稳定性指标,河槽冲淤量为河槽纵向稳定性指标,根据两个稳定性指标建立河口尖点突变模型,并创新性的对尖点突变图式进行旋转。判断钱塘江河口河槽稳定性。宋立松(2004)对灰度理论和尖点突变理论进行结合推导,探讨和预测了钱塘江河口河床稳定性分析的灰色尖点突变模型,并以钱塘江河口的实测资料进行了运用分析及预测。

综上,本书第 10 章和第 11 章开展这一工作。

1.6.10 江湖汇流河段河槽演变分析

我国两大淡水湖泊——洞庭湖、鄱阳湖先后从南侧注入长江中游河道,形成了典型的江湖汇流河段。汇流河段江湖来水相互顶托、泥沙冲淤变化大,易影响通航条件(和玉芳等, 2009)妨碍航运安全;加上洞庭湖和鄱阳湖是长江中游重要的调洪场所,其河势演变与防洪减灾密切相连,因此江湖汇流河段是长江流域治理、开发和保护的重点和难点。

近年来人类活动对河流和湖泊的干扰日益增强,在以三峡大坝为主的大型水利工程(Yang et al., 2015)、河道采砂(周劲松, 2006)以及流域水土保持(廖纯艳, 2010)等影响

---

① Thorne C R, Abt S R. 1993. Velocity and scour prediction in river bends. Contract Report HL-93-1, US Army Engineer Waterways Experiment Station, Vicksburg, Mississippi 39180.

下，长江中下游河段输沙量呈大幅下降趋势(许全喜和童辉，2012)；航道整治工程的开展改变了汇流河段的部分边界条件，通江湖泊的频繁的采砂活动也影响入江通道的河槽形态(胡久伟等，2011)，因此，研究近期江湖汇流河段的河势演变对人类活动的响应极具现实意义。江湖汇流河段河槽微地貌的观测研究有助于揭示宏观地形的形成过程(地球科学大辞典编委会，2005)，其形态的变化一般会伴随着水下地形的改变，可揭示河床的稳定性(陈卫民和杨作升，1992；王伟伟等，2007)。因此，长江来沙量大幅减少下，研究江湖汇流河段微地貌形态对河床稳定性的指示极具科学意义。

洞庭湖与鄱阳湖是长江中游两大通江湖泊，汇流河段江湖作用复杂、水流紊乱，地貌演变直接关系洪涝及航运安全引人关注。罗敏逊和卢金友(1998)通过对江湖出流、汇流河段河床演变及水位变化的研究，认为长江与洞庭湖汇流河段的演变主要影响因素为江湖关系的调整变化、汇流区下段河段演变以及上游来水来沙变化。梅军亚等(2006)根据水文河道资料、河段水沙资料、边界条件及河型等，探讨了长江与洞庭湖汇流河段的河床演变及趋势。唐峰等(2011)利用长江防洪实体模型试验，分析了不同流量下，荆江与洞庭湖不同汇流比及下游不同水位条件下，江湖汇流处水流特性的变化。胡久伟等(2011)利用多年实测水下地形图及湖口水文站断面资料，讨论了近期鄱阳湖湖口河段演变规律及趋势。整体来讲，针对长江与鄱阳湖流河段河势演变和微地貌的相关研究较少，尤其是对比分析两大江湖汇流河段河势演变的研究更是鲜见报道，第12章展开研究。

1.6.11　河槽边坡稳定性分析

河槽边坡稳定性及发展趋势关乎沿岸生产建设安全、防汛安全和航运安全，其一直是地学领域研究的重点之一。20世纪以来随着人类发展进程的加快，流域大型水利工程的建设使得长江中下游各河段边界条件发生了不同程度的改变，众多历史实测数据分析显示，长江中下游河段近岸河槽冲刷、坡比增大，崩岸发生的频次增加、强度增大，边坡的稳定和安全正经受着全面的变化与考验。以往，对河槽边坡失稳多要素监测的手段较为简单和低效，同时，由于水陆地形测量仪器的方法和原理差异导致其数据的融合分析较为困难。随着技术的革新和进步，更加精密的地学测量仪器被投入到边坡稳定性各要素的监测之中，利用集成化的新型仪器和合理的数据融合分析方法获取边坡高精度的现场观测数据，对新形势下的边坡稳定性进行计算分析，意义重大。

长江作为把控中国经济命脉的"黄金水道"，其防汛安全、航运安全和港航建设安全事关重大。随着人类文明的发展及其对自然界的改造，长江流域启动了一系列水利建设工程，这使得长江中下游部分岸段进入了河势演变调整期。在此期间，受上游来水来沙条件的变化，长江中下游部分河段受到冲刷，近岸河槽冲深、坡脚变低、坡比增大(石盛玉等，2017)，河槽边坡稳定性下降明显，崩岸频发。

前人对长江流域河槽边坡稳定性已经做了不少研究。唐日长等(1962)通过对荆江河段实测资料进行分析，指出影响弯曲河槽边坡稳定性的主要因素为水动力强度、河岸土体组成结构、河槽边坡形态等。陈引川和彭海鹰(1985)对长江岸坡失稳作了进一步研究，指出长江下游窝崩易发性与水流对河岸的冲刷、河岸黏性土体的覆盖层厚度、坡脚粒径大小和河岸的抗冲不连续性有关。唐金武等(2012)利用长江中下游断面实测资料和部分地形实测资料对不同河型、不同河岸的边坡稳定性进行分析，指出长江中下游河槽边坡失稳主要是由于下层砂土层冲刷变陡，导致上层土体坍塌所致。宗全利等(2013)通过BSTEM 模型，对上荆江河段边坡进行了稳定性计算和模拟，指出枯水期和涨水期的河岸稳定性高于洪水期和退水期，并揭示了潜水位和坡脚冲刷在边坡失稳中的作用。

但以往对岸坡稳定性的研究多基于模型实验、河槽断面资料或概化河岸模拟，缺乏边坡近岸区域高精度水陆一体化地形数据，但该部分数据是河流边坡侵蚀和稳定性研究的基础和关键。同时，利用多种仪器联合对河槽边坡进行水动力、沉积和地貌特征提取的原位观测方法也较少见报道。随着新型仪器在河流边坡稳定性研究领域的应用，如Hackney 等(2015)、Leyland 等(2017)利用三维激光扫描仪、多波束和 ADCP 对湄公河Kratie 段边坡进行联合测量，前者指出坍塌堆积体在崩岸稳定期加剧了边坡的侵蚀，后者利用泊松曲面重构算法对陆上和水下点云数据进行了插值融合研究等。在新形势下，利用先进的高精度仪器开展长江流域边坡稳定性测量研究势在必行。基于此，本书第 13章通过建立一套多模态传感器系统，对长江中下游各典型岸段洪季大流量影响下的河槽边坡进行测量和稳定性分析计算，以期对流域大型水利工程运行以来的河槽边坡稳定性进行评估。

1. 陆上边坡地形测量研究

近年来，包括 GPS 技术、RTK 测量技术、全站仪测量技术、遥感 GIS 技术、数字摄影测量技术、激光扫描技术和雷达干涉技术在内的多种新型测量方法在河流边坡地形测量中投入使用。成都理工大学利用 GIS 技术建立地质灾害综合数据库，来对山区和水库区的边坡稳定性进行评价(孟立朋，2010)。徐绍铨等(2003)利用 GPS 技术对三峡库区边坡监测进行了相关研究。王建雄(2012)通过近景摄影测量法，对库区边坡进行了测量分析。阮志新等(2012)通过测斜仪对陆地边坡进行测量，并通过现场勘查的方法验证了测量精度。史彦新等(2008)利用分布式光纤传感技术对三峡段的滑坡进行了测量分析。徐茂林等(2015)利用监测机器人对矿区边坡进行了位移监测，论证了自动化监测的可靠性。王志勇和张金芝(2013)通过合成孔径雷达干涉技术(InSAR 技术)对房山区域滑坡进行了测量。Pieraccini 等(2003)、Barla 等(2010)、Gischig 等(2009)、Casagli 等(2010)则利用 GB-InSAR 技术(地基 SAR 技术)对边坡进行了监测分析。

Fabio(2003)、Rowlands 等(2003)曾在边坡测量领域引入三维激光扫描技术，通过该技术构建了边坡的三维地貌模型，对其稳定性进行监测。Bitelli 等(2004)对边坡进行多次扫描并通过构建不同时期的 DEM 模型，来获取边坡的变形图，并实现了滑坡土方量的计算。谢卫明等(2015)、钱伟伟等(2014)在崇明东滩利用三维激光扫描仪开展潮滩地区的测量，获得了盐沼植被带、潮沟、光滩等不同地貌的高精度地形数据，并应用于潮滩的冲淤演变分析，论证了该技术在潮滩地区的测量可行性及应用价值。Zeybek和 Şanlıoğlu(2014)将三维激光扫描技术与 GNSS 相结合对土耳其某处边坡进行测量，并综合运用三维模型求差法、断面分析法和点到点分析法等进行分析，论证了该种分析方法的可靠性。胡超等(2014)通过三维激光扫描仪对某工程开挖边坡进行测扫并获取了三维点云数，建立了一套边坡开挖的数据采集和处理流程。谢谟文等(2013)将三维激光扫描技术与 GIS 平台相结合，并利用断面分析、DEM 比较等方法实现了对金坪子滑坡的监测分析。韩亚等(2014)通过三维激光扫描技术获取了边坡坡度、等高线和土方量等因子，并利用这些因子提出了一种边坡滑坡变形趋势的评价方法。

2. 水下边坡地形测量研究

20 世纪初，费森登制造了第一台水下目标测量回声探测仪(关定华，1994)，1930年以后，超声波测深仪广泛应用于水下测量领域(刘基余，1993)，随着数字电路的发展，单波束数字化测深仪和 GPS 定位相结合的测量技术在水下地形测量领域得到普及应用(陈然，2009)，20 世纪中期，日产 PS-60 将多个单波束换能器集成排列进行测量，实现了多个波束的发射与接收(徐绍铨等，2008)。50 年代，英国科学家提出利用侧扫声呐进行海底地貌的测量，随后用来测量海底微地貌的侧扫声呐产品相继问世(宁津生等，2009)。70 年代，澳大利亚科学家提出了一种机载激光测深技术，该种技术被认为在潜水测深领域中具有巨大的发展潜力(刘树东和田俊峰，2008)。

以多波束为主体的测深系统在水下地形测量中具有高效、高精度的优点，自 20 世纪 70年代问世以来，该种测量技术不断更新换代，成为水下地形勘测的代表性产品(Mccaffrey,1981；Tyce, 1986；Basu and Saxena, 1999)。周兴华等(2002)利用多波束测深声呐对长江口北槽进行了地形扫描，对航道疏浚、边坡稳定和冲淤变化等问题进行探讨，指出挖槽边坡稳定性较高。周丰年(2004)利用 SeaBat-9001S 多波束系统对电厂水下抛石护底工程进行扫描探测，对该工程水下边坡进行了检测。陈辉等(2009)利用多波束测深系统对长江铰链沉排护岸进行扫测，与施工后测量断面进行对比，分析了该工程的边坡稳定性。赵宝成(2011)利用多波束测深系统对杭州湾北岸水底地形进行扫描，对水下微地貌形态进行分析，指出了该区域处于侵蚀状态。邹双朝等(2013)利用多波束对长江堤防护岸工程进行监测，对监利县铺子湾护岸工程进行了稳定性分析，指出该护岸处于稳定状态。马齐国(2014)对榕江堤防险段进行了水下地形测量，利用获取的点云数据生成三维地形图，对边坡开展了有效监测。饶光勇和陈俊彪(2014)在北江大堤芦苞长潭险段开展了多波束全覆盖扫描，对水下地貌成图分析，论证了该种测量方法的可靠性。赵薛强等(2016)在江西九江险段开展了水下地貌探测，对汛前和汛后的河道边坡地形和冲淤进行分析，对该河段稳定性进行监测分析。

3. 多模态传感器系统的发展及其在边坡测量领域的应用研究

通过计算机将多种传感器模态的信息进行处理和融合分析，称为多模态数据融合(韩崇昭等，2010)，该种方法可以实现不同类型的数据的综合处理，从而获得较为全面准确的信息，解决传统方法难以解决的难题(Cheng et al., 1993)。多模态数据的格式类型有所不同，在融合时，该系统将这些不同格式类型的数据按照一定的原理结合在一起，对客观事物的原理进行解译。这种系统相较于单一的传感器，具有无可比拟的优势(毛士艺和赵巍，2002）。20 世纪 80 年代，美国最早开展了信息融合技术研究（戎翔，2012），Clarke 和 Yuide（1990）年出版的 *Data Fusion for Sensory Information Processing Systems*，将该技术的研究向前推进了一步，随后该方法在各个领域开始得到应用（Barra and Boire, 2001）。Wang 等（2004）通过该技术对不同影像进行了复合研究，获取了更为清晰的描述结果。苏帅（2015）通过多模态融合技术进行高精度室外场景的信息提取和识别。

在地学领域边坡测量和一体化地形的构建中，宿殿鹏等（2015）通过三维激光扫描仪和多波束为主体的船载多传感器综合测量系统对清澜港进行了测量，实现了点云一体化的实时显示。李杰等（2015）建立了一套多模态船载激光扫描系统，对海岛海岸带数据进行了采集试验。彭彤（2016）建立了多模态船载测量系统，研究了该系统在江堤和崩岸段的测量，并生成了一体化数字高程模型，验证了船载移动扫描系统的可靠性。邓神宝等（2016）建立了船载扫描系统，应用于北江某河段，获得了精细准确的一体化点云模型。边志刚和王冬（2017）利用船载水上水下一体化综合测量系统对陕西黑河水库开展了陆上、水下一体化测量，获得了库区一体化地形图。

4. 河槽边坡失稳机理研究

1965 年，美国河道稳定工程委员会研究了冲积河流边坡失稳机理，认为边坡受侵蚀主要是水流对坡脚土体的冲刷导致的[①]，坡脚泥沙受侵蚀输移后，边坡变陡导致失稳坍塌，随后坍塌土体被水流运走，如此周而复始。Hey 等（1982）认为造成河岸侵蚀的主要因素有水动力、河槽边坡土体组成等，且水动力条件是最主要的影响因素，并指出黏性土体河岸的失稳机理不仅与水动力相关，且与土体的自身重量有关，二者的重要性由河岸自身特性决定。Osman 和 Thorne（1988）综合考虑了近岸冲深与边坡侵蚀两个方面，指出引起边坡失稳主要是由于近岸坡脚受冲刷使边坡变陡、河岸高度增加所致。Thorne（1993）经研究认为，美国密西西比河边坡失稳主要是水流的冲刷作用，如沿岸流、迎岸流、管涌、冻融等。Youdeowei（1997）研究表明，尼日尔河三角洲地区河流边坡失稳是由于洪水期高速水流的冲刷所致。众多研究表明，河槽边坡的失稳与水动力环境、河岸土体特征和河岸形态有着密切的关系。

5. 河槽边坡稳定性评估方法研究

在河槽边坡稳定性评估方法的研究中，Osman 和 Thorne（1988）最先提出利用河岸安全系数 F_S 的大小来判断和评估河岸是否会崩塌。黄家柱（1999）利用多时相遥感动态分析方法建立了江岸变迁和航道水深数据库，利用遥感与地理信息系统技术的方法对长江下游江岸稳定性进行了评价。Nagata 等（2000）利用数值分析的方法，建立了非平衡输沙数学模型来实现河岸侵蚀的计算和稳定性评估。许向宁和黄润秋（2006）通过建立评价指标体系，利用模糊综合评判法对金沙江宜宾-白鹤滩段岸坡进行稳定性评价，指出该区域大

---

① 李德邵，余文畴，岳红艳.1965. 冲积河道的河槽稳定工程. 长江护岸工程（第六届）及堤防防渗工程技术经验交流会论文汇编. 译自美国土木工程学会会刊《水道与港口》分册.

部分岸坡较为稳定。周勇俊和沙迎春(2010)将尖点突变理论应用到合溪水库的边坡稳定性分析中，论证了该方法在边坡稳定性评估的可靠性。

近年来，一些数理模型被引入到边坡的稳定性评估中。邓珊珊等(2015)通过一维非稳定渗流计算和黏性河岸稳定性计算相结合的方法建立了边坡稳定性计算模型，对河槽边坡进行稳定性计算和评估，指出了上荆江河段的崩岸加剧与三峡大坝运营造成的退水期水位下降加快有关。王延贵等(2016)将边坡形态参数、土体特征参数、水位参数、浸泡时间参数等作为影响因子，建立边坡稳定性评价层次结构模型，结合权重系数构造了岸滩稳定综合评价函数，实现对河槽边坡的稳定性评估。何军等(2017)将地质条件等四类因素作为评价因子，通过构建层次分析模型，分析和评价了长江簰洲湾—武穴段边坡的稳定性，指出该岸段左岸部分稳定、右岸稳定的特征。王博等(2014)利用 BSTEM 模型对长江荆江段出口熊家洲至城陵矶段边坡稳定性进行计算和评估，并分析了岸坡形态、水位条件、坡脚冲刷等对河道边坡稳定性的影响。

6. 长江流域典型岸段边坡失稳研究

长江中下游河槽边坡一般为上层黏性土，下层非黏性砂的二元结构(王延贵，2003)，其河型有弯道段、弯曲分汊段、顺直分汊段以及顺直段等，河床底质多以中细砂为主，部分岸段筑有护岸(唐金武等，2012)。崩岸是长江中下游最典型的自然灾害之一，其发生频率较高，破坏性较大，危及航运安全和人民生命财产安全(党祥，2012)。

20 世纪 70 年代，南京河床实验站、荆江河床实验站和汉口水文总站根据长江河槽现场观测数据，对荆江段、城陵矶至九江段以及下游段的失稳边坡进行分析研究，指出凹岸边坡失稳主要因素为水动力强度、河槽形态以及边坡土体特性(长江流域规划办公室，1978)。吴玉华等(1997)通过地球物探和现场考察的方法，指出边坡坍塌的原因是地质构造、岸坡侵蚀、深泓近岸、堤内积水、落水期较快和堤基加载等因素综合所致。王家云和董光林(1998)；王永(1999)认为安徽河段边坡失稳主要是由于水流、地质条件、高低水位突变和人为采砂等。唐金武等(2012)基于实测断面地形资料指出长江中下游崩岸产生是由于下层砂土层冲刷导致岸坡变陡，导致上层土体坍塌所致。

总体而言，本书第 13 章存在两个关键科学问题。一是如何实现河槽边坡陆上、水下高精度地形数据的采集及两者的一体化融合；二是如何结合边坡的沉积、动力、地貌和历史演变对其进行稳定性计算与发展趋势评估。第 13 章试图利用多波束测深系统、三维激光扫描仪、浅地层剖面仪、双频 ADCP、差分 GPS 和 RTK 组成多模态传感器系统，对长江下游典型河槽边坡开展陆上与水下联合测量，获得河槽边坡的近岸水动力数据、沉积特征数据和高分辨率陆上和水下地形数据并对两部分地形点云数据进行融合生成边坡一体化三维地貌模型。对 ADCP 数据进行提取分析获得近岸水动力特征；对采集到的沉积物土体样品进行粒度分析和土工试验，得到不同土层的粒度参数及土体力学参数；对浅地层剖面仪数据进行浅地层结构分析；对历史航行图资料数字化并进行冲淤分析和断面演变分析；引入 BSTEM 模型进行边坡稳定性安全系数计算。利用以上结果对边坡的稳定性和发展趋势进行评估，为未来的长江航道整治与航道建设提供参考和建议。

1.6.12 感潮河段桥墩冲刷研究

桥梁建筑水毁的诱因大多是桥墩局部冲刷，关于桥墩局部冲刷的相关研究已成为国内外学者广泛关注的焦点。而且，自 20 世纪初叶以来，长江拦、蓄、引、调水利工程逐渐增多，导致下游河床冲刷，必然对桥墩冲刷产生不可忽视的影响。另外，随着河口及沿海地区经济的快速发展，跨江、跨海大桥工程不断涌现，其大型桥墩结构种类增多，加之其地处潮流控制区域，水流运动形式为复杂的双向流，原有局部冲刷深度公式难以适用，所以急需对潮流作用下桥墩冲刷进行深入研究。桥墩冲刷研究方法一般可分为原型观测、物理模型实验和数值模型实验，目前采用较多的是物理模型和数值模型，然而水下自然因素格外复杂多变，导致实验结果无法充分体现实际冲刷情况，而原型观测却可以准确提供桥墩冲刷现状，是研究当前桥墩冲刷不可或缺的手段。为了保证桥梁的安全，有必要运用新的观测手段对众多水利工程建设、运营影响下的桥墩冲刷地形进行有效观测，深入桥墩局部冲刷的研究。本书第 14 章运用多波束测深系统，对长江感潮河段 7 座大桥桥墩冲刷地形及周边床面地貌进行高精度观测，并利用多普勒声学流速剖面仪 ADCP 进行水文观测，研究各桥梁桥墩冲刷坑几何形态及局部冲刷深度，探讨重大水利工程对桥墩冲刷的影响，这将为桥墩局部冲刷研究提供基础数据，为预测重大水利工程影响下长江感潮河段桥墩最大冲刷深度提供参考依据。

桥梁是跨越河流、峡谷等自然鸿沟的人工建筑，连接着铁路、公路以保证物流运输通畅，为发展国民经济起着重要作用。我国地域辽阔，江河密布，需要建设大量桥梁以解决交通问题。改革开放后，伴随着我国经济腾飞以及社会生产力的不断提高，现代交通网络快速发展，大量跨江、跨海大桥动土兴建，桥梁数量的不断增多，其种类也丰富多彩，仅在长江上就有 100 多座已经建成的大型桥。进入 21 世纪以来，国家交通部制定"五纵七横"的国道主干线，桥梁工程迎来更大规模的建设高潮。与此同时，长江流域大坝建设日益增多，导致大坝下游河床冲刷、床沙粗化，必然对桥墩局部冲刷产生不可忽视的影响，加剧了长江中下游大桥桥墩冲刷。

桥梁基础结构改变水流结构，形成新的河床输沙平衡，引起桥墩附近河床冲淤变化，威胁到桥梁自身安全与稳定，甚至发生水毁事故。国外学者 Smith (1977) 曾统计分析了 1847~1975 年世界范围内出现的 143 例桥梁重大破坏事故的原因和类型，发现有 70 例桥梁重大事故的原因是由洪水冲刷；1996~2005 年，美国共有 1502 座桥梁损毁，其中水毁的占 58% (Harrison et al., 2015)；1970 年的波拉飓风造成新西兰的 10 座桥梁毁坏中有 6 座与桥墩冲刷有关 (詹磊等，2007)；Wardhana 等 (2003) 分析了 1989~2000 年，500 多例桥梁损毁事故，发现其中由于洪水冲刷造成的占 53%。桥梁是连接现代交通的"咽喉"，一旦损毁，将造成人员伤亡、经济损失等一系列重大社会影响，为了保证桥梁的安全运行，急需对桥梁冲刷进行深入研究。

1. 桥墩局部冲刷机理

桥墩会改变其周围水流条件，并产生水力现象，引起桥墩周围泥沙输移能力增加，导致了其附近床面的冲刷。其主要机理与桥墩阻水形成的漩涡有关，包括前部下降水流、墩底马蹄形漩涡和墩后尾涡有关(Sumer et al., 2001; Dey and Raikar, 2007; 康家涛, 2008; Akib et al., 2014)(图1-4)。水流受到桥墩阻挡而在桥墩迎水面产生停滞点，并形成墩前雍水现象，停滞点的水压不断增大，转化为驻点压力，并向下递减，引起桥墩迎流面压力梯度变化，从而形成垂直下降水流，下降水流被认为是冲刷过程的起因。下降水流作用于墩前床面，发生墩前冲刷，并与附近床面水流互相作用影响后，分离形成一个横轴环状涡流带，称为马蹄形漩涡。马蹄形漩涡在墩前产生，沿着桥墩边缘向下游传递，在这过程中将床面的泥沙掀起并向下游方向输送，是桥墩局部冲刷的主要因素(Baker, 1979; 朱炳祥, 1986)。墩前水流停滞点不仅引起下降水流，而且还导致出现桥墩两侧扰流的侧向加速，水流在桥墩下游分离产生不稳定、无序的小型尾流漩涡，与床面附近的马蹄形漩涡相互作用，泥沙被漩涡扰动挟带离开床面，形成墩后冲刷现象。

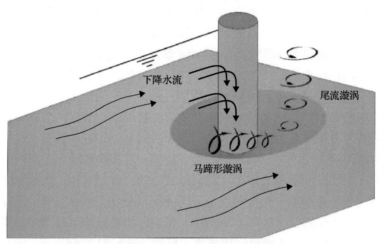

图1-4　桥墩局部冲刷水流结构

水流冲刷能力随着冲刷坑的扩大加深而逐渐减小，同时冲刷坑床沙粗化，最终冲刷坑内床沙的抗冲刷能力等于水流的冲刷能力，达到局部冲刷的相对平衡，冲刷就趋于停止了，此时冲刷坑最低处与冲刷坑边缘之间高度差称为最大局部冲刷深度。

1)径流作用下桥墩的局部冲刷研究

1873年Durand Claye通过物理模型对比了不同形状桥墩的冲刷情况，包括圆形、方形和三角形桥墩，并发表了第一篇桥墩冲刷的论文(黄建维等, 2006)，之后自20世纪50年代以来，许多国内外学着对桥墩局部冲刷做了大量的研究工作。在1958年，我国铁道部、交通部协同相关单位开始对桥墩局部冲刷深度计算公式进行研究，至1964年中国土木工程学会桥梁工程委员会根据国内各类河段50多座桥梁桥墩冲刷观测资料及物理模型实验数据，编写了桥墩局部冲刷公式65-1计算公式、65-2计算公式，公式较合理得反映了流速、底沙运动以及水流流向与桥墩轴线夹角对桥墩冲刷深度的影响，并纳入我国行业规范。之后根据我国大量洪水观测数据和模型试验资料，通过回归分析制定新的系数、指数，提出了65-1修正计算公式和65-2修正计算公式。通过实际应用，发现

65-2 修正计算公式出现计算冲刷深度随墩前行进流速增大而减小的情况，导致精度略差，不利于工程安全(李奇等，2009；詹海玲，2006)；对单向水流作用下大型桥梁群桩基础冲刷预测，目前国内行业规范推荐采用的是"墩形系数法"，该方法以单一圆柱形桩柱为参照墩，折算"桩群系数"进行计算。

2) 潮流作用下桥墩的局部冲刷研究

近些年，随着经济与桥梁技术的飞速发展，河口地区大量涌现了大型桥梁。该区域受径流和海洋潮流的影响，水流条件和河床地形复杂多变。潮汐河口下桥墩附近的床面形态在水流、泥沙和风浪的相互作用下变化极为复杂(Sumer et al.，2001)，故出现了针对双向流作用下桥墩冲刷的研究，多数基于借鉴径流的冲刷深度计算公式(李梦龙等，2012)、物理模型实验(Ataieashtiani and Beheshti，2006；刘谨等，2012；王建平等，2014)和数值模拟的方法(Khosronejad et al.，2012)。

Nakagawa 等一批学者(Nakagawa and Suzuki，1976；韩玉芳和陈志昌，2004；王建平等，2014)通过径流与潮流冲刷对比实验表明：在潮流条件下最大冲刷深度取决于涨、落急最大流速，潮流作用下的冲刷过程和径流作用下基本相同，但由于一个潮周期内相当长的时间是较小流速或涨、落憩时间，故在潮流条件下，冲刷发展过程减缓，需要更长时间达到平衡。以铁道科学研究院为代表的学者通过水槽实验得出结论(王群等，1987)：由于潮流作用中反向流供给了泥沙，故在潮流双向流作用下的最大冲刷深度要小于径流作用下的最大冲刷深度，约减少 20%～30%。刘谨等(2012)进行物理模型实验，研究了水流与桥墩不同夹角对不同形式桥墩冲刷的影响，同时也预测了往复流下波浪和潮流共同作用下的桥墩局部冲刷深度。王晨阳等(2014)在总结国内外成果的基础上，进行不同长宽比的群桩在不同水流冲击角作用条件下的物理模型实验，分析研究其不同条件下冲刷深度、冲刷范围及最深点位置的变化规律，总结出桩群水流冲击角系数。韩海骞(2006)在总结国内外成果的基础上，对物理模型采用差异的控制条件，突出钱塘江河口河段潮流动力的不同特点进行研究，并通过量纲分析法及多元回归法建立了潮流作用下桥墩局部冲刷的计算公式。王明会(2014)基于大量实测数据，通过多元回归分析法建立了潮流作用下桥墩局部冲刷的计算公式。诸多学者(张景新和刘桦，2007；庞启秀等；2008；姜小俊等，2010；彭可可和文方针，2012；王坤，2013；倪志辉等，2013；陈文龙等，2013)还在潮流作用下桥墩冲刷过程及局部冲刷深度进行了深入研究，但新型桥墩结构类型多样化，冲刷条件复杂，目前鲜有适用于海岸地区潮流作用下桥墩最大局部冲刷深度计算的公式。

2. 桥墩局部冲刷的研究方法

1) 物理模型实验

物理实验理论基础成熟，其实验成果有较高的可信度，还具有试验周期短、条件控制简单、耗费不高等特点，物理模型能够模拟水流和桥墩周围河床变形相互影响这样的复杂关系，可以较为直观地获得实验现象，因此物理模型是最为常见的研究方法。但也存在不足之处，物理模型因为比尺问题常常采用变态模型，所以从准确性上来说通过物理模型得到的数据是不理想的。

2) 数值模拟方法

数值模型具有不受时空限制，使用重复率高，研究耗费少，灵活性较高的特点，计算机的性能日益提升，加快了数值模拟方法的应用的发展，成为研究桥墩冲刷问题的主要方法。但是对于河口泥沙的问题还没有很好解决办法，使数值模型在桥墩冲刷研究上难以得到令人信服的结果。

3) 实测研究

桥墩冲刷实测是准确分析其安全性的唯一方法。目前国内外用于桥墩冲刷观测的技术主要有(康家涛，2008)：水下摄影探测，可以直接观察桥墩冲刷情况，但是难以量化；雷达探测，对桥墩冲刷进行探测，但获得的数据对掌握冲刷尺度并无参考意义；声呐探测，是水下地形探测常用手段，可用于桥墩的冲刷状况监测，探测结果稳定，准确性高。随着科学技术的发展，许多新技术应用于桥墩局部冲刷的观测研究，如：CT 探测法、立体视觉法、结构光法、地震勘察法和 GPR 法等(Rame et al., 1999; Faraci et al., 2000; Baglio et al., 2001; Liu et al., 2002; 冯祎森，2004)，这些前沿技术为后来的研究者奠定基础并带来启发。

3. 桥墩局部冲刷主要计算方法

目前通过实验、实测资料建立不同并发表的桥墩局部冲刷深度计算公式已有 50 多个(Nakagawa and Suzuki, 1976; 朱炳祥，1986; 周玉利和王亚玲，1999; Rame et al., 1999; 张佰战和李付军，2004; 薛小华，2005; 韩海骞，2006; Sun et al., 2007)。其中，经验公式：Jain 和 Lacey(1924)分别通过模型试验资料与河流实测资料建立经验公式，Hincu(1967)通过因次分析及变量相关分析结合试验资料建立的公式(朱炳祥，1985)。

半经验半理论公式有：①亚罗斯拉夫由能量转化方法建立的公式(武汉水利电力学院，1983)；②Baker 研究了马蹄形漩涡的强度、形状及对泥沙作用力对桥墩局部冲刷深度的影响，提出由马蹄形漩涡理论建立的公式(朱炳祥，1985)；③雅洛斯拉夫切夫研究墩前向下水流动能与冲走泥沙所做功之间平衡关系，建立了能量转化的公式(惠晓晓等，2007)；④我国于 1958 年开始对桥墩基础局部冲刷计算进行研究，中国土木工程学会桥梁工程委员会于 1965 年汇总全国科研成果，定制 65-1 式和 65-2 式，现《公路桥位勘测设计规范》推荐 65-2 式和 65-1 修正式；⑤周玉利和王亚玲(1999)等分析水流作用桥墩产生的漩涡体系，从桥墩局部冲刷机理出发，结合国内外桥墩冲刷实测资料，用多元回归分析建立桥墩局部冲刷公式；⑥张佰战和李付军(2004)在借鉴以往冲刷计算公式使用经验的基础上，对桥墩局部冲刷影响因素和有关变量进行分析，根据量纲平衡法推导出新的局部冲刷计算公式；⑦王冬梅等(2012)改进 65-1 修正式，用沙波起动速度代替"平床"假定桥墩局部冲刷公式中单颗粒泥沙颗粒起动速度，显著提高沙波底床桥墩局部冲刷深度的计算精度。此外，诸多学者(黄崇佑等，1993; 高冬光等，1998; 焦爱萍和张耀先，2003; 田伟平和沈波，2003; 张华庆和魏庆鼎，2003; 吴雪茹，2007)，还从不同方面对桥墩局部冲刷进行了深入研究。

4. 重大水利工程对桥墩冲刷影响

自 20 世纪初叶以来,人类在流域活动日益加强,尤其是大坝建设对泥沙大量截留,导致下游河槽出现冲刷趋势,必然对流域大桥河段河势及桥墩附近床面产生影响。全球不乏人类水利工程对流域产生不利影响的例子,如西班牙埃布罗河(Sanchez et al., 1998)、北美的科罗拉多河(Carriquiry et al., 2001)、意大利的波河(Simeoni and Corbau, 2009)和尼罗河(Frihy, 2003)、黄河(胡一三, 2003; 陈沈良等, 2004)等。

由于长江沿江流拦、蓄、引、调水利工程及护岸工程逐渐增多,对河口地貌演变影响较大,特别是 2003 年三峡大坝蓄水后,截留大量泥沙,减少了上游来沙量,下游床沙粗化(陈西庆等, 2007; Li et al., 2008; Yang et al., 2015),对下游流域河段演变有较大的影响。卢金友等(2011; 2006)利用 1961~1970 年水沙数据,结合数学模型的方法初步研究宜昌至大通河段水沙及河道冲淤变化,预估了三峡工程对中下游河势演变的影响,并提出了相应措施。余文畴和张志林(2008)对徐六泾节点附近及长江口进行河道勘查,认为三峡水库的蓄水拦沙导致对长江中下游分汊河道由多汊向少汊方向转变。关于长江口,徐升(2006)利用多年水下地形资料和水文资料结合 GIS 和 DEM 技术手段研究三峡工程对长江口北港河势的影响。郭兴杰(2015)利用历史海图资料结合水文、地貌实测资料以及近期大型工程影响对北港河势演变进行分析,同时利用尖点突变模型判别河势稳定性。此外,一些学者(程和琴等, 2002; 王哲等, 2007; 李为华等, 2008; 郭兴杰等, 2015; 郑树伟等, 2016)通过水下测量技术,对长江下游及长江口河床微地貌特征进行了测量,揭示了长江下游及长江口河床微地貌分布及变化特征。

本书第 14 章拟在现有研究成果基础上,运用最新多波束测深系统对长江口的七座桥梁(铜陵长江公路大桥、芜湖长江大桥、大胜关长江大桥、南京长江大桥、南京长江第二大桥、南京长江第四大桥和上海长江大桥)桥墩局部冲刷地形进行高分辨率观测,结合理论计算公式分析大型桥墩局部冲刷特性;收集并数字化桥梁附近区域的航行图和海图,研究桥梁附近河段 0m、–5m 和–10m 等深线及河槽对上游来水来沙变化及附近工程的响应变化,从而分析桥墩冲刷趋势。对维护桥梁的安全及径流、潮流作用下桥墩冲刷的研究有重要意义。

综上所述,虽然我们尽了最大的努力把作者团队具备的材料系统化、条理化,但限于作者的水平,谬误之处在所难免,敬请读者批评指正。

第2章 长江河口三角洲系统海平面上升

2.1 海平面上升

本章试图在年代际尺度上，对地处长江河口三角洲的上海沿岸，开展海平面上升行为这一较大不确定性的定量、半定量甄别和预测研究。这一新尝试的基础是长江河口区有 14 个密集潮位观测站，并有较长时间序列的潮位记录，而且这些潮位站邻近水域有着系统的长时间序列的水深测量记录、地面沉降监测记录和多年现场水文学测量记录（图 2-1）。其中，海平面上升预测幅度的时间采用我国地方社会经济管理系统中常用的水利规划水平年，即 2030 年，海平面上升行为的甄别研究有助于地方决策者为减少日益加剧的洪灾损失制定必要的工程和非工程措施规划。

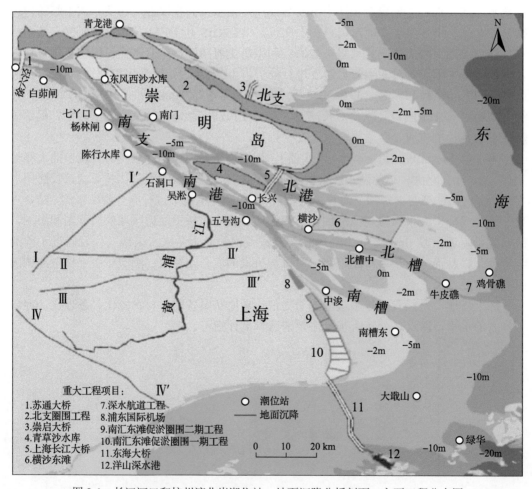

图 2-1 长江河口和杭州湾北岸潮位站、地面沉降分析剖面、主要工程分布图

2.2 上海沿岸海平面上升原因

上海市是地处长江河口的特大型城市，也是我国的经济、金融、贸易、航运中心，人口 2400 万，有 211km 的大陆岸线和 577km 的岛屿岸线(图 2-1)(上海市统计局，2016)。绝大部分地面高程在平均高潮位 3.25m(吴淞基准以上，下同)以下，最低高程在 2.2m[①]。另外，上海市 70%以上的淡水取自长江河口心滩水库(2012 年上海水资源公报)。因此，上海市极易遭受海平面上升引起的洪涝和淡水资源短缺风险(Gong et al., 2012; Wang et al., 2012; 2014; Xi et al., 2012; Hu et al., 2013; Zhou et al., 2013; Chen et al., 2015)，9711 号台风、2005 年麦莎台风和 2016 年尼伯特台风暴潮期间曾发生了较为严重的洪涝灾害(Xia et al., 2017)，这些事件证明开展海平面上升原因甄别研究的紧迫性。

事实上，海平面上升原因的甄别是一个较为困难的课题，需要开展跨学科的合作研究。政府间气候变化委员会(IPCC)的第一至第五次报告和中国应对气候变化的政策与行动年度报告，都将海平面上升归因于气候变暖、构造沉降和人工开采地下水导致的城市地面沉降(Pachauri, 2016; 吴绍洪等，2016)。

上海海岸海平面上升幅度的第一次预测值完成于 1996 年，其预测基准年为 1991 年，预测目标年为 2010 年、2030 年、2050 年，海平面上升幅度分别为 10~25cm、20~40cm、50~70cm[②]。该海平面上升预测值由三部分组成。首先是理论海平面上升值，其直接采用 IPCC 第一次评估报告中的 2mm/a(Goodwin, 2009)。其次是全球尺度上的构造沉降幅度，采用中国科学院上海天文台的其长基线干涉仪(VLBI)1988~1994 年国际联测数据分析结果 1mm/a。再次是吴淞潮位站所在区域的地面沉降预测值 6mm/a(程和琴和陈吉余，2016)。这一海平面上升预测值为上海市重大工程建设、城市规划与建设提供了重要依据(程和琴和陈吉余，2016)。

但是，吴淞潮位站 1991~2010 年实测平均海平面上升 5.2cm(程和琴等，2015; 程和琴和陈吉余，2016)，其远小于 1996 年的实测值。因此，对于决策者和大众而言，有必要开展海平面上升原因的甄别研究。本章旨在阐明实测海平面上升值与 1996 年预测值之间存在显著差异的原因。第一个原因是气候变暖导致的理论海平面上升变化不大。第二个原因与大西洋两岸大陆边缘垂向运动幅度(Yang and Shu, 2010)相似，即上海地区岩石圈板块运动与地幔流导致的构造沉降变化也不大。第三个原因是城市地面沉降减小。第四个原因是由围垦与深水航道整治导致的局域相对海平面上升。第五个原因是流域大坝建设引起沉积物源减少导致河槽冲刷、局域相对海平面下降。最后两种海面变化原因前人从未讨论。下面将阐述上述五种海平面上升原因及其 2011~2030 年幅度预测值。

---

① 上海市规划与国土资源管理局. 2015 年上海市地质环境公报.
② 上海市水利局. 1996. 海平面上升对上海影响及对策研究系列报告.

2.3　理论海平面上升

由于吴淞潮位站有着最长的 1912~2000 年潮位记录，因此将其作为上海地区 2030 年海平面上升预测基准站。年均海平面和理论海平面上升采用吴淞潮位站吴淞基面的时均潮位记录计算(图 2-1)。这些潮位数据都已经过当地地面沉降订正，并校准至吴淞基面。

吴淞潮位站海平面上升幅度计算有两种方法：一是灰色线性回归与小波分析相结合(王冬梅等，2011)；二是传统的最小二乘法(秦曾灏和李永平，1997)与小波分析的结合(Yang and Shu，2010)；两者的确定性系数均需开展 F 显著性检验(王冬梅等，2011；程和琴等，2015；程和琴和陈吉余，2016)。

年均海平面小波分析结果显示有 6 个周期：19 年、10.8 年、7.6 年、5.2 年、2.6 年和 1 年(程和琴等，2015)，这 6 个周期均通过了置信度为 0.05 的 F 显著性检验。这些周期分别与交点分潮(18.6 年)、黄白交点运动(9.3 年)和太阳黑子(11 年)联合作用、厄尔尼诺和南方涛动(2~7 年)、年际变化(31.1~42.2cm)(候成程和朱建荣，2013)等周期相关联。

将上述 6 种周期应用于吴淞潮位 1921~2000 年年均海平面上升中理论海平面上升幅度的两种计算方法，分别获得 3.6cm 和 4.4cm。这两种方法计算结果差别较小，表明预测结果不会因原始序列中含有确定性周期遭受大的歪曲。而且，用最小二乘法建立的预测模型，做 10 年外推，获得 2001~2010 年海平面上升值为 3.1cm，该值略大于实测值 2.6cm(程和琴等，2015)。这也预示最小二乘法高估了理论海平面上升值。因此，取两个预测方案的平均值 4cm 作为上海沿岸 2011~2030 年海平面预测值的推荐方案(表 2-1)(上海市规划和国土资源管理局，2016)。

表 2-1　本书与 1996 年海平面上升预测值　　　　　(单位：mm/a)

数据来源	预测目标年	构造沉降	城市地面沉降	理论海平面上升	局域海平面上升	局域海平面下降	总海平面上升值
文献[*]	1991~2010	1	6	2.5	—	—	9.5
	1991~2030	—	5	2.75	—	—	8.75
本书	2011~2030	1	3~5[**]	2.0	4~5	1~5	5~8

[*]上海市水利局. 1996. 海平面上升对上海影响及对策研究系列报告
[**]上海市规划和国土资源管理局，2016

这一海平面上升趋势显然蕴含着气候变暖趋势，但其与 2006 年以来在巴伦支海观测到变冷趋势(Solheim，2017)和中全新世斯堪的纳维亚曾出现过大幅增温事件(Mörner，2017)不同。上海沿岸 2011~2030 年的理论海平面上升幅度(2mm/a)与 20 世纪 90 年代的评估值(陈西庆，1990)和 IPCC 第一次评估报告值相近(Gornitz，1991)，略高于长期全球平均海平面上升值 1.7mm/a(1901~2010 年)(Pachauri，2016)，远低于短期全球平均海平面上升值 3.2mm/a(1993~2010 年)和潮位站与卫星测高数据综合观测值 2.1mm/a(董晓军和黄珹，2000），略大于验潮站数据的简单加权平均估算的理论海平面上升值 1.0～1.8mm/a（王冬梅等，2011；Church et al.，2013）或由 Topex/Poseidon 卫星 1993～1999 年测高数据计算的全球平均理论海平面上升速率 2±0.2mm/a（董晓军和黄珹，2000）；但小于由全球变暖引起海水热膨胀理论计算的全球理论海平面上升速率 2.6±0.4mm/a（1950～1998年）和 3.2±0.2mm/a（1993～1998）（Cabanes and Cazenave，2001；Ishii et al.，2003）。因此，与 20 世纪 80 年代和 90 年代国内研究结果（任美锷，1993；施雅风等，2000；武强等，2002）相比，本章 2030 年 ESL 上升值预测值偏低。其原因可能与短周期海平面振荡有关，即可能隐含了较为复杂的区域性气候变化因子和人类对地形改变导致海平面变化因子的复合效应。

2.4　城市地面沉降

上海市早于 1932 年就开始注意到地面标高的损失，亦即城市地面沉降或海平面上升，并展开监测。1956 年上海市政工程局针对上海市区地面沉降、潮水经常上岸，提出"围起来，打出去"的防汛排水原则（王寒梅和焦珣，2015）。上海自 1921 年以来中心城区平均地面沉降已超过 2m（图 2-2）；最大累积沉降量 3m。2004 年以来，上海市政府采取加大地表水源建设速度、减少地下水开采、增加地下水回灌量，已将城市地面沉降速度控制在 5mm/a 以下（图 2-2）（王寒梅和焦珣，2015）。这一显著减少归功于上海市 20 世纪 60 年代以来实行严格的地下水开采的地方立法和日渐增强的控制措施（王寒梅和焦珣，2015）。

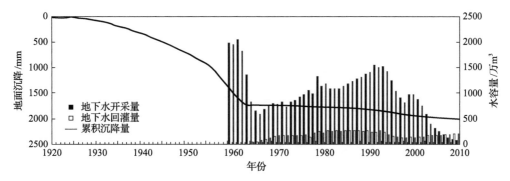

图 2-2　上海市 1921～2013 年累积沉降量、地下水开采量和地下水回灌量

地面沉降幅度和趋势分析，采用上海市境内由西向东、由北向南 4 个断面（图 2-1 中Ⅰ，Ⅱ，Ⅲ，Ⅳ）上 18 个分层标 2000～2009 年累积地面沉降的变化幅度（程和琴等，2015），建立趋势面模型（秦增灏和李永平，1997）。根据高斯-马尔科夫定理，利用最小二乘法，进行多项式系数的最佳线性无偏估计，使残差平方和最小，并进行趋势面模型的适度检验（王冬梅等，2011）。根据以软黏土为主体的上海地面沉降泊松旋回模型，预测 2011～2030 年吴淞潮位站地面沉降 8cm，即 4mm/a（秦曾灏和李永平，1997）（表 2-1）。

2.5 局域海平面上升

长兴、横沙、北槽中、南槽东和中浚等五个潮位站 1996~2011 年间年均海平面变化（图 2-3）显示 8~10cm 的海平面上升。同时，1993~2011 年最低潮位上升了 33~42cm（图 2-4）。因此，这一局域海平面上升归因于 1998~2011 年长江河口北槽深水航道整治及其配套横沙东滩吹填造陆工程导致的雍水（图 2-5）（王寒梅和焦珣，2015），其为长江河口北支青龙港潮位站涨潮潮差大于 4m 的出现频率与北支两岸 1956~2000 年围垦面积的正相关关系[图 2-6(a)~(b)]以及平均高潮位抬升所佐证[图 2-6(c)]。

为此，大面积围垦对海平面上升有重要贡献。1996~2010 年由一系列河口工程导致的上海沿岸局域海平面上升幅度 8~10cm。若长江河口北港、北槽、南槽两岸仍持续大面积围垦，则该区域局域海平面上升幅度势必持续至 2030 年（表 2-1）。

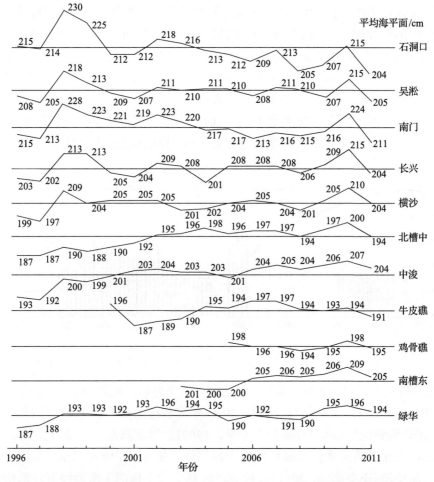

图 2-3 1996~2011 年长江河口石洞口、吴淞、南门、长兴、横沙、北槽中、中浚、牛皮礁、鸡骨礁、南槽东和绿华等 11 个潮位站年均海平面变化

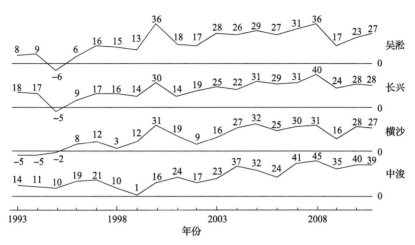

图 2-4　1993～2011 年长江河口南支吴淞、长兴、横沙、中浚潮位站年均最低潮位变化

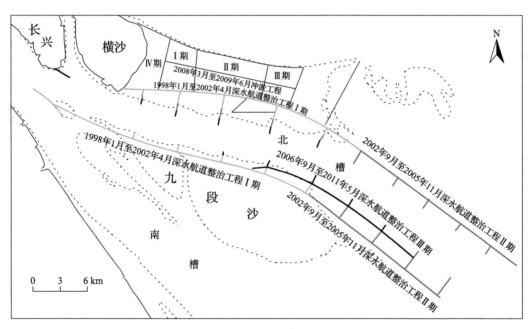

图 2-5　长江河口北槽深水航道整治工程 I 期(1998 年 1 月至 2002 年 4 月)、II 期(2002 年 9 月至 2005 年 11 月)，III 期(2006 年 9 月至 2011 年 5 月)和 IV 期(2008 年 3 月至 2009 年 6 月)围垦面积、导堤和丁坝分布

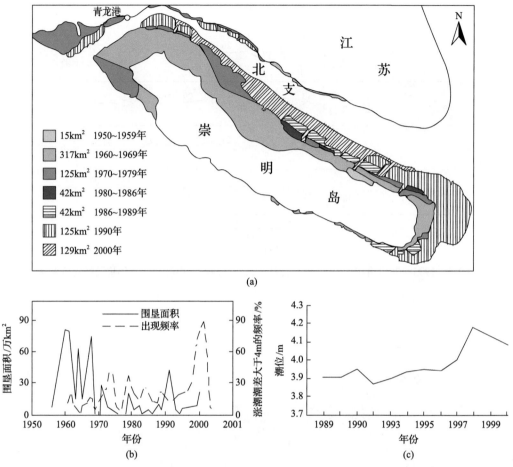

图 2-6　1956~2000 年长江河口北支围垦面积与青龙港潮差和潮位间关系

(a) 1956~2000 年长江河口北支两岸围垦面积(hm²)；(b) 1960~2005 年青龙港潮位站涨潮潮差大于
4m 的出现频率(%)；(c) 1989~2000 年青龙港潮位站平均高潮位变化

2.6　局域海平面下降

长江口南支石洞口、南门和吴淞 3 个潮位站 1996~2011 年年均海平面有 2~10cm
的下降(图 2-3)，其出现于 2003 年三峡大坝截流之后、河槽冲刷加剧之时(徐海根, 2009;
付桂, 2013; 计娜等, 2013)。2003~2011 年的海平面下降幅度，吴淞潮位站 2~10cm，吴
淞潮位站上游的石洞口潮位站最大达 10cm，且其相邻河槽冲刷更强(Zhang et al., 2015)。
这种局域海平面下降幅度与南支 2002~2009 年河槽冲刷幅度 2~10cm(付桂, 2013; 计
娜等, 2013)一致，但小于 1991~2010 年吴淞潮位站年均海平面上升幅度 5.2cm。造成
这种差异的原因是南支河槽 1990~2001 年经历了 16~18cm 的淤积至 2~10cm 的冲刷
(计娜等, 2013)，因此，河槽冲刷对长江河口局域海平面下降有着显著贡献。

但是，由于河槽冲淤过程与平均海平面之间的反馈机制非常复杂(Alebregtse et al.,

2013; Yang et al., 2014, 2015, 2018; Ensing et al., 2015; Zhang et al., 2015; Alebregtse and Swart, 2016)，因此对局域海平面下降的评估较为困难，目前仍在研究中。而且，潮位与河槽冲淤过程、由三峡大坝和水土保持及人工采砂导致的流域来沙减少(从 1950～1985 年的 4.5 亿 t/a 减少至 2003～2016 年的 1.5 亿 t/a)三者之间的反馈机制更为复杂，故迄今极少见到长江河口局域海平面下降的评估报道(Alebregtse and Swart, 2014)。2014 年 10 月 29 日利用浅地层剖面仪 EdgeTech 3100 对北港上段主槽的探测，2015 年 8 月利用 SeaBat 7125 多波束测深系统对南支主槽的探测，均发现有着较为强烈的河槽冲刷 [图 2-7(a)～(b)]。为此，本章采用南支 2003～2011 年局域海平面下降的半定量范围 2～10cm 作为 2011～2030 年上海沿岸局域海平面下降(表 2-1)。

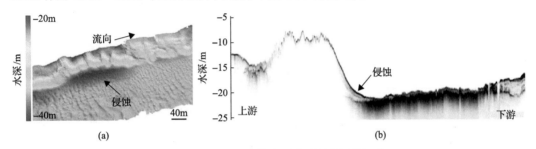

图 2-7　长江河口河槽床面冲刷野外测量记录

(a)2015 年 8 月 8 日由多波束系统 Reson SeaBat 7125 在长江潮区界河槽探测到的床面冲刷；
(b)2014 年 10 月 29 日青草沙水库竣工 5 年后由浅地层剖面仪探测到的北港河槽床面冲刷

2.7　海平面上升预测值

上海沿岸 2011～2030 年海平面上升预测值为上述理论海平面上升、构造沉降、城市地面沉降、局域海平面上升、局域海平面下降等 5 种海平面上升幅度之和，为 10～16cm，由理论海平面上升 4cm、构造沉降 2cm、城市地面沉降 8cm、局域海平面上升 8～10cm 和局域海平面下降 2～10cm(表 2-1)累加而成。尽管这是一个粗略的估计值，但我们的预测值已经是对不确定的海平面上升值，尤其是由人为地形改变导致的海平面上升值这一难题进行了尝试性的定量、半定量估算(Alebregtse et al., 2013; Ensing et al., 2015; Alebregtse and Swart, 2016; 石盛玉等，2017a; Yang et al., 2018)。

2.8　地区深度基准抬升

利用平均潮位 19 年间隔计算上海沿岸深度基准(理论最低潮面)和大地测量基准的变化，并定期进行检验和订正，具体针对徐六泾、白茆闸、七丫口、杨林闸、石洞口、吴淞、长兴、五号沟、横沙、中浚、北槽中、南槽东、牛皮礁、大戢山等 14 个潮位站 1974～2013 年年均海平面数据，采用弗拉基米尔算法，计算 Sa、Ssa、M2、S2、N2、K2、K1、O1、P1、Q1、M4、Ms4 和 M6 等 13 个主要分潮。计算结果表明近 40 年来，深度基准显著抬升了 15～43cm(图 2-8)。这与相同潮位站同期海平面上升的变化范围(图 2-3)一致，其可能由同期的长江河口人为地形改变所致。这一深度基准抬升的事实不仅较好地说明了近年来该地区涝灾日益加剧的原因，而且也标示了尽快开展地区高程基准与海平面上升预测值适应性匹配研究的紧迫性(Flick et al., 2013; Cheng and Chen, 2017)。

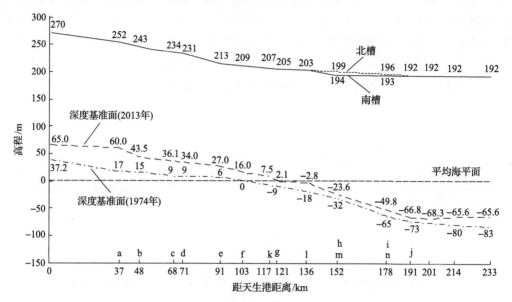

图 2-8　长江口 14 个潮位站 1974～2013 年潮汐基准面变化

a. 徐六泾；b. 白茆闸；c. 七丫口；d. 杨林闸；e. 石洞口；f. 吴淞；k. 长兴；g. 五号沟；l. 横沙；
h. 中浚；m. 北槽中；i. 南槽东；n. 牛皮礁；j. 大戢山

总之，虽然河口三角洲系统海平面上升幅度和出现时间具有很大不确定性，但本研究还是对上海沿岸开展了近 60 年来六种海平面上升行为的甄别研究。这种尝试是因为上海海岸带位于长江河口地区，有着较为密集的多个潮位站长期潮位观测数据和城市地面观测数据以及水下地形测量数据基础。尤其是关于局域海平面的上升和下降以及地区深度基准抬升等三种新的海平面上升行为的认识，可为决策者、海岸规划和流域管理人员制定流域系统洪灾风险管控的非工程措施提供重要的科学依据。

第3章 河口潮区界

潮区界是标志水位是否受潮动力影响与否的关键界面，对港航安全与区域防洪意义重大。限于研究方法，近期海平面上升以及大规模工程建设运行叠加作用背景下的潮区界变动情况亟待研究。对2007～2016年长江下游水文站实测水位资料进行频谱分析，结合红噪声检验判断水位过程中的潮差变化，分析了长江河口潮区界变动范围与特征。

3.1 研究方法

3.1.1 水文数据收集与预处理

研究区域为江西九江-安徽芜湖河段，全长约340km(图3-1)。收集了九江、湖口、彭泽、杨湾闸、华阳闸、安庆、枞阳闸、池口、大通、铜陵、凤凰颈闸、芜湖等12个水文站自2007～2016年实测水位数据，九江、湖口、大通站流量数据以及南京潮位数据，剔除异常值后整理成1h等时间间隔资料。为减少行船、水闸调度等偶然事件，以及季节性气候变化对水位变化的影响，从资料中划分出共计80个水位变化过程较为平缓的5～

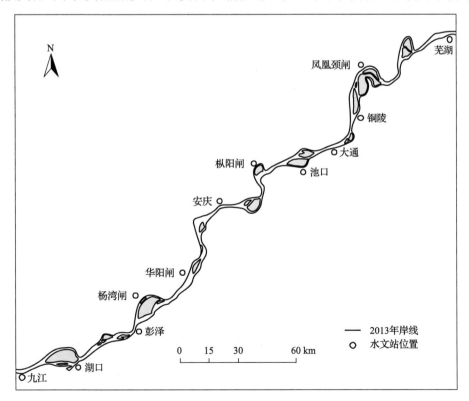

图 3-1 九江-芜湖河段主要水文站点分布

10 天短期数据进行频谱分析。以九江站为参考，选取近十年来极端流量判断潮区界变动的上、下界；并通过不同九江流量时各站水位中潮差周期的显著程度，探讨潮区界随流量的变动过程。

3.1.2 水位频谱分析

采用 Past 3.13 统计分析软件中 REDFIT 模块 (Schulz and Mudelsee, 2002) 对水位变量进行频谱分析，提取其中对应长江口半日潮周期变化的频率峰，并与一阶自回归模型下的红噪声曲线进行对比 (Gilman et al., 1963; Hasselmann, 1976)，分析各测站水位受潮差影响产生周期性变化的程度，统计不同流量下不同站点水位的频谱分析结果，研究近期长江潮区界变动范围及特征。

频谱分析通过对原始信号进行傅里叶变换，展开成不同频率函数的叠加，从而将复杂的时间历程波形分解为若干单一的谐波分量，得到原始信号的频率结构与谐波相位信息，是将时间域信号转化为频率域信号的方法。频谱分析不改变原始信号的组成，只改变了其表示方式，能更直观地展现原始信号中不易看出的频率特征。潮波作为机械波的一种，其频率只与波源有关，在传播过程中频率不会发生改变。因此，本章通过频谱分析将水位关于时间的变化转化为关于频率的变化，通过红噪声检验长江口半日潮对应频率的显著程度，判断水位是否受到潮差影响，结合不同流量下不同站点水位的频谱分析结果，对长江潮区界变动特征进行研究。

若一个函数 $Z(t)$ 的周期为 T，且在 T 内分段单调，则函数 $Z(t)$ 可通过傅里叶级数表示：

$$Z(t) = a_0 + \sum_{k=1}^{\infty} a_k \cos(k\omega t) + \sum_{k=1}^{\infty} b_k \sin(k\omega t) \tag{3-1}$$

式中，a_0、a_k、b_k 为傅里叶系数；$\cos(k\omega t)$ 或 $\sin(k\omega t)$ 为 k 次谐波。

由于实测水文资料序列是离散且有限的，样本经过预处理后采样时间间隔相等且不含显著的趋势项，符合离散傅里叶变换条件。假定采样数量为 k 的水位时间序列为 x_n，$n=1, 2, 3, \cdots, N$，其傅里叶变换式为

$$X_k = \sum_{n=0}^{N-1} (x_n \mathrm{e}^{-2\pi kni/N}) \tag{3-2}$$

式中，X_k 为频谱值，$k=1, 2, 3, \cdots, N-1$。

假定采样间隔为 Δt，根据奈奎斯特-香农采样定理，可从这个时间序列中发现的最高频率为

$$f_N = 1/2\Delta t \tag{3-3}$$

本章中水位数据观测的时间间隔为 1h，远高于奈奎斯特频率，可以较好地避免混叠现象。

对频谱分析结果的显著性采用理论红噪声谱对其进行检验。红噪声均值为零、方差一定，其振幅随频率增大连续减小的噪声，变化特征与水位随机波动相似。平均红色噪声谱为

$$\overline{s}_{0k} = \overline{s}\left[\frac{1-r^2}{1+r^2-2r\cos\left(\dfrac{\pi k}{m}\right)}\right] \tag{3-4}$$

式中，$\overline{s}$ 为估计的样本平均谱值，r 为落后自相关系数，$k=1,2,3,\cdots,m$。

Hasselmann(1976)证明了一阶线性自回归模型能很好地模拟了气候变化中的红噪声信息。因此，一阶线性自回归模型下的红噪声检验被广泛地运用于判断时间序列变量中是否存在由某个因素导致的特定频率变化(Gilman et al., 1963)。本章将预处理后的水位数据导入 Past 3.13 统计分析软件，使用 REDFIT 模块(Schulz and Mudelsee, 2002)进行水位变量的频谱分析与一阶线性自回归模型下的红噪声检验(AR1)，通过能量-频率图分析水位中潮差变化特征。

3.2　近年潮区界变化范围

3.2.1　极端流量

根据九江、大通水文站流量过程线，得出以下 2 个极端流量水情：九江站流量最小值出现于 2008 年 1 月 4 日，约 8440m³/s，同月 17 日大通站流量为近十年次小值，约 9570m³/s；九江站流量最大值出现于 2016 年 7 月 8 日，约 66700m³/s，同月 13 日大通站流量也达近十年最大，约 70700m³/s。因此，这两个时间代表了近十年来长江下游特大枯、洪时期的极端水情，此时潮差出现的最远点分别为潮区界的上、下界(图 3-2)。

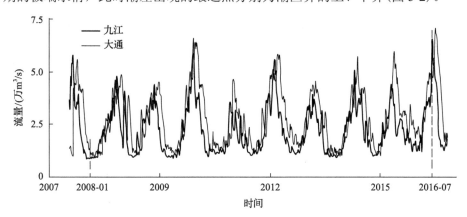

图 3-2　九江、大通站多年流量过程

3.2.2　潮区界上界

在极端枯水时期，九江站水位于 2007 年 12 月 23 日达 10 年来最低，约 8.01m，2007

年 12 月 20～26 日水位过程显示，水位变量曲线呈现周期近似半天的波动[图 3-3(a)]，功率谱中对应 12h 周期的波峰高于红噪声曲线[图 3-3(b)]，说明水位变化中明显存在半天左右的变化周期，九江显然受到长江口半日潮影响，而此时水位过程线中最大潮差仅 1cm 左右，潮波非常微弱。因此，长江潮区界上界应该在九江附近。

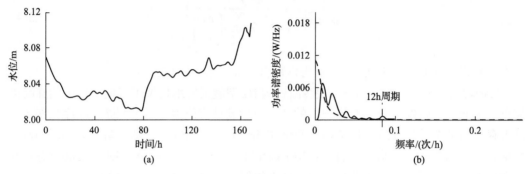

图 3-3　特大枯水时期九江站水位频谱分析
(a)水位；(b)功率谱密度

3.2.3　潮区界下界

在极端洪水时期，大通站水位于 2016 年 7 月 8 日出现最高值，约 15.66m，2016 年 7 月 7 日至 13 日水位过程显示，水位变量曲线半日周期性波动显著，但振幅较小，波形不太完整[图 3-4(a)]，功率谱中对应半日周期的波峰高于红噪声曲线[图 3-4(b)]，说明水位变化中存在半天左右的变化周期，此时大通受到长江口半日潮影响，最大潮差约为 3cm，长江口潮汐影响比较有限，长江潮区界下界应在大通附近。上游池口站水位变化过程与大通站整体相似，其中半日周期性波动变得相对微弱，振幅和周期不明显[图 3-4(c)]，功率谱中对应 12h 周期的波峰较矮平，略高于红噪声曲线[图 3-4(d)]，说明水位变化仍受到长江口半日潮影响，但已经比较微弱，此时最大潮差约为 2cm。池口上游的枞阳闸站闸下水位变化整体趋势虽与下游池口、大通站一致，但水位变化杂乱，周期性波动消失[图 3-4(e)]，功率谱中对应 12h 周期的波峰低矮，低于红噪声曲线[图 3-4(f)]，说明半天左右周期的水位变化非常微弱，此时水位几乎不受到长江口半日潮影响。因此，长江潮区界下界应在枞阳闸与池口之间。

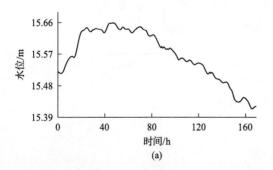
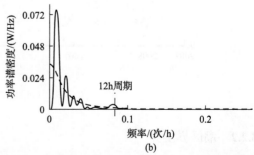

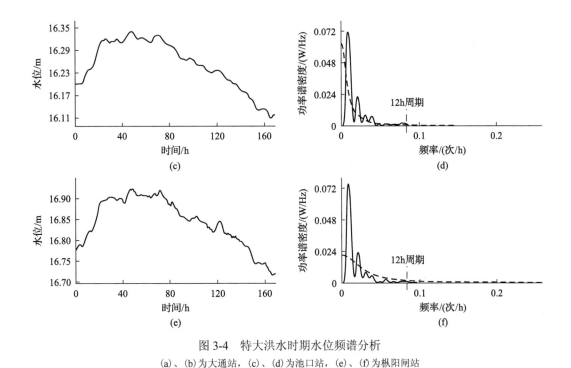

图 3-4　特大洪水时期水位频谱分析

(a)、(b) 为大通站，(c)、(d) 为池口站，(e)、(f) 为枞阳闸站

3.2.4　潮区界变动特征

1. 九江站

频谱分析结果显示，当九江站流量低于 10000m³/s，功率谱中普遍出现 12h 周期波峰且高于红噪声曲线［图 3-5(a)］，水位受潮差影响；当流量高于 10000m³/s 时，12h 周期波峰逐渐接近红噪声曲线［图 3-5(b)～(c)］，水位受潮差影响逐渐减弱甚至消失；当流量超过 12000m³/s 以后，功率谱中基本不存在 12h 周期波峰［图 3-5(d)］，水位不受潮差影响。

2. 湖口站

九江站流量高于 12000m³/s 以后，其水位受潮差的影响消失，此时湖口站水位功率谱中存在较显著的 12h 周期波峰，高于红噪声曲线［图 3-6(a)～(b)］；当流量高于 19000m³/s 时，12h 周期波峰逐渐接近于红噪声曲线［图 3-6(c)］，潮差影响变得很微弱；当流量超过 21000m³/s 以后，12h 周期波峰普遍低于红噪声曲线［图 3-6(d)］，水位基本不受潮差影响。

3. 彭泽站

九江站流量超过 21000m³/s 后，湖口站水位中潮差消失，此时彭泽站水位功率谱中仍存在较显著的 12h 周期波峰，高于红噪声曲线［图 3-7(a)］；当流量高于 34000m³/s 时，12h 周期波峰接近于红噪声曲线［图 3-7(b)～(c)］，潮差影响逐渐减弱；当流量超过

38000m³/s 以后，12h 周期波峰普遍低于红噪声曲线，水位不受潮差影响［图 3-7（d）］。

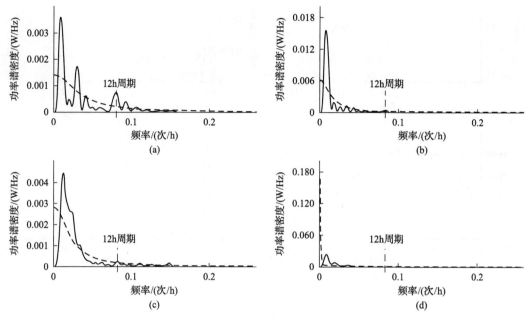

图 3-5　不同流量时期九江站水位频谱分析

（a）2014-01-03～2014-01-09 九江流量 9700～9800m³/s；（b）2015-02-04～2015-02-11 九江流量 10200～10700m³/s；
（c）2013-02-15～2013-02-23 九江流量 11300～11600m³/s；（d）2011-01-10～2011-01-18 九江流量 12200～12400m³/s

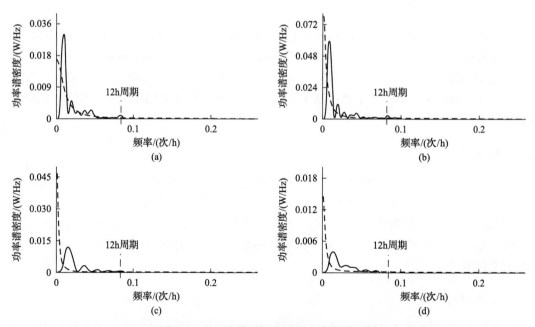

图 3-6　不同流量时期湖口站水位频谱分析

（a）2011-01-10～2011-01-18 九江流量 12200～12400m³/s；（b）2015-12-13～2015-12-20 九江流量 18100～18900m³/s；
（c）2016-03-29～2016-04-03 九江流量 18100～20700m³/s；（d）2014-05-04～2014-05-08 九江流量 20900～21600m³/s

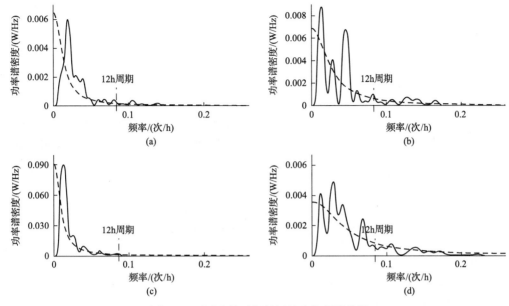

图 3-7 不同流量时期彭泽站水位频谱分析

(a) 2012-09-18~2012-09-24 九江流量 30400~31200m³/s；(b) 2013-07-16~2013-07-21 九江流量 34000~34600m³/s；
(c) 2008-07-28~2008-08-02 九江流量 36000~37500m³/s；(d) 2014-07-09~2014-07-13 九江流量 38200~39500m³/s

4. 安庆站

九江站流量超过 38000m³/s 后，彭泽站水位潮差消失，此时安庆站水位功率谱中还普遍存在显著的 12h 周期波峰，且远高于红噪声曲线[图 3-8(a)]；当流量高于 44000m³/s

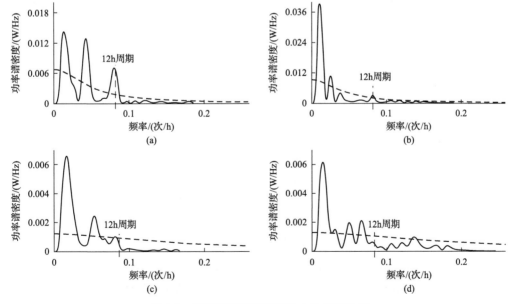

图 3-8 不同流量时期安庆站水位频谱分析

(a) 2014-07-09~2014-07-13 九江流量 38200~39500m³/s；(b) 2013-07-16~2013-07-21 九江流量 34000~34600m³/s；
(c) 2007-07-30~2007-08-03 九江流量 53000~56400m³/s；(d) 2016-07-09~2016-07-13 九江流量 60400~62400m³/s

时，部分时期 12h 周期波峰接近于红噪声曲线[图 3-8(b)～(c)]，潮差影响逐渐减弱；当流量超过 58000m³/s 以后，12h 周期波峰普遍低于红噪声曲线[图 3-8(d)]，水位不受潮差影响。

3.2.5　流量、潮差与潮区界关系

通过频谱分析获得 80 个研究时间段中各水文站水位受潮差影响的情况，统计了结果中 53 个具有显著潮区界特征，即水位受潮差影响，但潮差微弱即将消失的水文站位置作为潮区界，以及同时间段内的九江站平均流量与南京站平均潮差，分析流量、潮差与潮区界位置的关系，其中，主要水文站里程如表 3-1 所示。

表 3-1　长江下游干流主要水文站里程表　　　　　　　　（单位：km）

水文站	九江	湖口	彭泽	杨湾闸	安庆	枞阳闸	池口	大通	南京
长江航道里程	790	768	733	715	637	605	580	565	355
距九江里程	0	22	57	75	153	185	210	225	435
距长江口 50#浮标	948				778			699	462

注：航道里程数据来源于 2013 年武汉-上海航行参考图，起点为上海吴淞口，距离为航道里程距 50#浮标里程来源于杨云平等(2012)，距离为岸线里程

1. 九江流量与潮区界关系

分析结果显示，潮区界至九江的距离与九江平均流量间具有较显著的正相关关系。当九江平均流量为 8000～10000m³/s 时，潮区界位于九江附近；当九江平均流量为 12000～21000m³/s 时，潮区界位于湖口附近；当九江平均流量为 21000～27000m³/s 时，潮区界位于彭泽附近；当九江平均流量为 29000～38000m³/s 时，潮区界位于彭泽和安庆之间；当九江平均流量在 38000m³/s 以上时，潮区界位于安庆和大通之间。相近流量下潮区界位置有变动，九江平均流量约 10000m³/s 时，潮区界变动范围较小，不足 20km；随着流量增大，潮区界变动范围也有所增大，流量高于 30000m³/s 时，潮区界变动范围很大，有时甚至超过 100km(图 3-9)。

将流量-潮区界关系划分为 2007～2010 年、2011～2013 年和 2014～2016 年进行对比分析，结果显示，三组整体变化趋势相近，但潮区界随流量变化趋势变陡，说明潮区界变动范围逐渐减小，丰水期潮区界显著上移，枯水期潮区界上界小幅下移；数据点在趋势线附近的波动减小，说明相近流量下潮区界的变动范围也逐渐减小(图 3-9)。

2. 南京潮差与潮区界关系

分析结果显示，潮区界至九江的距离与南京平均潮差间具有较显著的负相关关系。当南京平均潮差在 1m 以上时，潮区界位于九江附近；当南京平均潮差为 0.5～1m 时，潮区界主要位于九江和彭泽之间；当南京平均潮差为 0.35～0.5m 时，潮区界主要位于湖口和安庆之间；当南京平均潮差为 0.28～0.35m 时，潮区界主要位于彭泽和枞阳闸之间；当南

京平均潮差在 0.28m 以下时，潮区界主要位于安庆和大通之间(图 3-10)。相近潮差下潮区界位置有变动，变动范围随潮差减小而增大。

将潮差-潮区界关系划分为 2007～2010 年、2011～2013 年和 2014～2016 年进行对比分析，结果显示，三组整体变化趋势相近，2014～2016 年趋势线较其他两组整体偏左，说明近三年来相近潮差下潮区界位置小幅上移(图 3-10)。

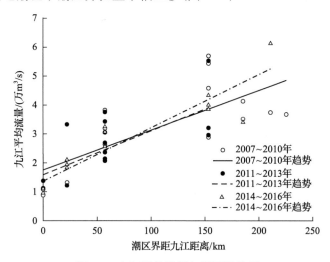

图 3-9　九江平均流量与潮区界关系

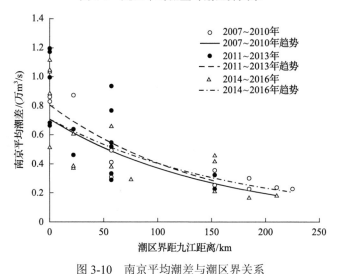

图 3-10　南京平均潮差与潮区界关系

3. 流量与潮差对潮区界变动的综合影响

通过潮区界位于相近位置时九江平均流量与南京潮差的关系，建立三者之间的关系，分析径流流量与河口潮差变化对潮区界变动的综合影响，结果显示，自上而下九江流量对潮区界变动的影响沿程减弱，南京潮差对潮区界变动的影响沿程增强。当潮区界位于九江附近时，流量波动较小，潮差波动较大，潮区界变动受流量影响显著；当潮区界下移至湖口、彭泽附近时，流量和潮差波动均较大，潮差的影响显著增强；当潮区界位于安庆、枞阳附近时，潮差波动较小，流量波动较大，潮区界变动受潮差影响显著(图 3-11)。

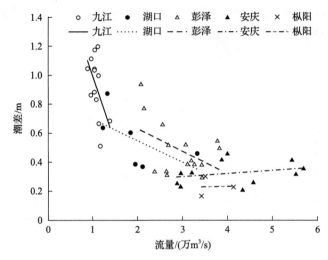

图 3-11　九江流量、南京潮差与潮区界关系

3.2.6　影响潮区界变化的影响因素

1. 计算结果的可靠性

上述研究结果中长江枯季潮区界已达江西九江附近，距前人普遍认为的安徽大通(陈吉余等, 1979; 黄胜, 1986; 陈西庆和陈吉余, 2000; 恽才兴, 2004)上移约 225km。为避免随机水位波动带来的偶然误差，对特枯时期九江至大通段水位中潮波传播过程作了进一步验证。由于各站点水位存在较大差距难以直接比较其变化过程，首先将实测水位数据转化为标准化变量(郭亚军和易平涛, 2008)：

$$u = \frac{x - \mu}{\sigma} \tag{2-5}$$

式中，u 为标准化水位；x 为真实水位；μ 为样本均值；σ 为样本标准差。

2007 年 12 月 18 日至 12 月 27 日标准化水位变化过程显示，大通站水位波动周期稳定，过程线波形规则完整，潮差显著，实测水位最大潮差约 19cm，最小潮差约 1cm，平均潮差约 8cm；同期安庆站水位变化中周期、波形均与大通站具有较好的一致性，水位中潮差仍然显著但有所减小，波峰与波谷出现时间普遍较大通站晚 1～4h；彭泽站水位变化过程与安庆站相似，大部分波形清晰可辨，潮差进一步减小，波峰与波谷出现时间普遍较安庆站晚 2～5h，水位剧烈变化时波动周期变得相对散乱；九江站水位变化与彭泽站一致性相对较弱，但对应上游相对显著的波形仍有微弱的潮差响应，波峰与波谷出现时间普遍较彭泽站晚 1～2h(图 3-12)。

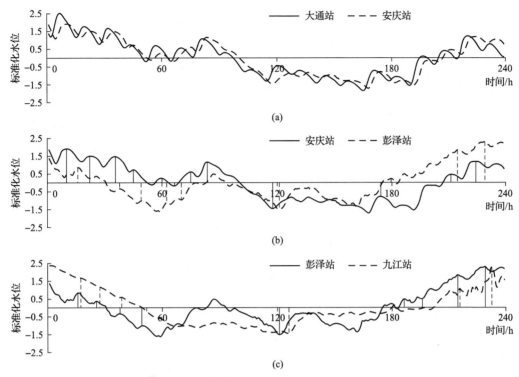

图 3-12 特枯时期九江-大通河段标准化水位过程

(a)大通-安庆标准化水位过程；(b)安庆-彭泽标准化水位过程；(c)彭泽-九江标准化水位过程

其中，12 月 18 日、19 日上述四个站水位中潮差相对显著、波形相对完整，结合潮波传播过程与各水文站位置(表 3-1)分析显示，潮波从大通到安庆约 2.5h，平均传播速度约 28.8km/h；从安庆到彭泽约 4.7h，平均传播速度约 20.4km/h；从彭泽到九江约 1.7h，平均传播速度约 33.5km/h(图 3-13)。这些站点水位的变化过程与响应特征直观而完整地展示了特枯时期潮波自大通至九江的传播过程，潮差自下而上沿程减小且在时间上存在一定的延迟，平均传播速度也与河口潮波相近，共同印证了潮区界上界应在九江附近的结果。

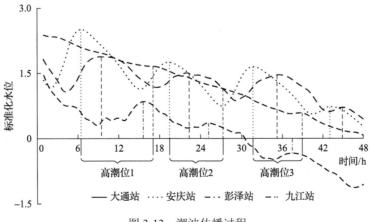

图 3-13 潮波传播过程

洪枯季潮区界较近期研究(徐汉兴等, 2012; 李键庸, 2007; 侯成程, 2013; 杨云平等, 2012)相比也明显上移, 一部分可能是研究方法不同造成的。过去基于实测资料对长江潮区界变化的研究中往往通过直接分析水位变化过程, 选取水位变化过程中有显著潮差出现的位置代表潮区界, 有时潮区界潮差仍有 10cm, 这能较好地反映潮区界变动过程, 但限于研究方法与判断标准, 结果在一定程度上具有主观性, 真实潮区界应仍在此之上。潮区界定义为潮波衰减到刚好消失的临界位置, 此处水位变化受径流波动影响显著, 从水位过程线中难以直观判断其中潮差的影响。本章通过频谱分析和红噪声检验判断水位是否受潮差影响, 结合标准化水位过程线进行验证, 证明了频谱分析用于潮区界研究是合理、有效的, 在对潮区界上、下界的验证中, 水位中平均潮差变化低于 2cm, 该方法也较好地提升了潮区界研究的准确性。

2. 表征径/潮强度的参数选择

考虑到潮波传递需要时间, 对选择南京站平均潮差作为表征河口潮动力参数的合理性进行了检验。前人研究得出长江感潮河段潮波传播平均速度为 35.6km/h(李佳, 2004), 九江至南京河道里程约 435km, 南京潮差对九江影响有半天左右的延迟, 仅占研究时间段的 5%~10%, 同时间段内的南京潮差能够对九江河段水位变化造成影响。因此, 选择南京站平均潮差反映河口潮动力强度是合理的。

潮区界作为潮差刚好消失的位置, 受径流影响理应较大, 但随着九江平均流量的增大, 其对潮区界的影响反而减小, 甚至在九江站流量相差近 30000m³/s 的多个时间段, 潮区界都曾变动到安庆附近(图 3-9), 这很可能意味着九江流量变化有时与安庆实际径流强度变化相去甚远。以往根据实测资料对潮区界的预测往往采用单一控制站流量作为表征径流强度的参数, 然而, 近期潮区界变动范围长达 210km, 其间湖泊、支汊密布, 水利工程众多, 单站流量过程难以代表整个潮区界变动河段径流强度, 潮区界预测中的径流参数还有待进一步研究。

前人曾以潮差与流量之比表征二者动力变化过程, 在一定程度上反映了潮区界变动特征(杨云平等, 2012)。然而, 从潮区界在不同位置出现时的南京潮差与九江流量关系(图 3-11)可以看出, 径流和潮差对潮区界的影响并非简单的线性关系。潮径比不仅在潮区界相近时波动很大, 在不同位置的波动范围也有很大差别。因此, 该参数在用于潮区界预测上还有待改进。

3.2.7 潮区界变动的影响因素

一般来说, 长江潮区界是径流和河口潮汐作用此消彼长、相互抗衡的结果, 流量和潮差是其变动的直接影响因素。潮区界处于相近位置时的九江平均流量与南京平均潮差关系表明, 流量与潮差对潮区界变动的贡献有显著的沿程变化。前人对理想河口潮波传播的数值模拟研究中出现过类似的现象(李佳, 2004)。从动力的角度解释, 由于潮差沿程呈指数衰减(王绍成, 1991), 可能导致不同振幅的潮波从下往上传播时差异逐渐减小, 枯季低流量下, 潮波传播距离长, 到达九江时潮差已相差无几, 因此枯季潮区界对南京潮差响应不明显, 主要由径流控制; 洪季流量高, 九江以下流域产流、汇流作用与鄱阳湖、支流河口、水闸等调蓄作用同样增强，可能导致九江流量变化对下游水位的影响相对减弱，洪季潮区界对九江流量响应显著性降低，受到支汊湖泊、水利工程等影响当地径流的因素以及河口潮汐因素综合影响。总体而言，径流应仍是影响潮区界位置的主导因素。

长江水能资源的不断开发利用，减小了径流总能量，引起潮区界上移。其中，最具代表性的三峡水电站自 2003 年开始投产发电，其年设计发电量为 882 亿 kW·h，至今已稳定高效运行了 14 年，总发电量突破 1 万亿 kW·h，在 2014 年共发电 988 亿 kW·h，创下了单座水电站年发电量的世界纪录。从能量的角度上，长江径流的机械能被大规模转化为电能后，动能显著削弱，自三峡截流以来，径流能量每年至少减少约 $3.18×10^{17}$J，使得原本可以抵御的潮汐能量进一步侵入，导致潮区界在流量相对稳定的条件下显著上移。

近年来海平面不断上升，潮波传播基准面也随之抬升，水面坡降的减小间接增强了潮动力，使潮波能向更远处传播，可能导致相近潮差下潮区界小幅上移。长江流域诸多大型工程建设对河床演变趋势的改变也间接影响了潮区界的变动。一方面，长江干流的水利工程在调蓄流量的同时拦截了泥沙，可能导致下游河段冲刷下切，河床纵比降减小；另一方面，长江口的围垦与航道整治工程缩窄了河槽，稳固了水深，都使河床演变朝有利于潮波上溯的方向发展。此外，长江航道作为重要的经济发展资源，两岸岸线普遍得到加固，潮波的侧向扩散受到约束，也可能导致相近流量下洪季潮区界显著上移。变动河段的河床演变可能对潮区界变动规律造成更为深远的影响。

通过本章对长江下游水文站实测水位资料进行频谱分析，结合红噪声检验的方法判断水位过程中潮差的变化情况，判断长江河口潮区界变动范围，利用统计方法分析潮区界变动特征。主要得到以下认识。

2007~2016 年九江站流量为 8440~66700m³/s，水位频谱分析结果显示，特大枯水时期九江水位中有微弱潮差，潮区界上界应在九江附近；特大洪水时期池口水位中有潮差，而枞阳闸水位中潮差消失，潮区界下界应位于枞阳闸与池口之间，近期长江河口潮区界总体变动范围为江西九江到安徽池口。潮区界至九江的距离与同期九江站平均流量呈较显著的正相关关系，与南京站平均潮差呈较显著的负相关关系，相近流量/潮差下潮区界位置有变动，变动范围随流量的增大而增大，随潮差的减小而增大。自上而下九江流量对潮区界的影响沿程减弱，南京潮差的影响则沿程增强。频谱分析方法能较好地提升潮区界研究精度，但表征径潮强度的参数尚需改进，海平面上升以及流域河口大型工程对河床演变趋势的改变或将导致未来潮区界进一步上移。

因此，潮区界是标志水位受潮动力作用与否的关键界面，对河口海岸动力研究具有重要的科学意义；而潮差导致水位的壅高更直接关系到长江下游流域防汛抗洪策略的制定，具有很高的社会价值。前人对潮区界的研究取得了不错的成果，但近年来全球变暖、海平面上升等自然条件变化，以及水利工程、挖沙采沙等人类活动加剧改变了潮波传递的影响因素与边界条件，近期潮区界变动特征仍有待探讨。流域动力条件改变后的河床演变也是长江黄金水道开发与区域经济发展的关键问题，前人研究手段往往相对单一，对局部演变特征的认识尚浅。利用频谱分析结合红噪声检验的方法判断实测水位中潮差是否出现，初步确定近期潮区界变动范围，利用航行参考图进行宏观河床演变分析，结合多波束测深系统对有典型特征的局部微地貌进行重点研究。得到以下主要结论。

(1)2007~2016年九江站流量为8440~66700m³/s,水位频谱分析结果显示长江河口潮区界总体变动区间为江西九江到安徽池口。九江站流量为8440m³/s时,九江水位中有微弱潮差,潮区界上界应在九江附近;九江站流量为66700m³/s时,池口水位中有微弱潮差,而枞阳闸水位中潮差消失,潮区界下界应位于枞阳闸与池口之间。

(2)潮区界至九江的距离与同期九江站平均流量具有较显著的正相关关系。相近流量下潮区界位置有变动,变动范围随流量的增大而增大。2007~2016年,相近流量下的潮区界变动范围略有减小;九江流量对潮区界变动的影响自上而下沿程减弱。

(3)潮区界至九江的距离与同期南京站平均潮差具有较显著的负相关关系。

相近潮差下潮区界位置有变动,变动范围随潮差的减小而增大。近三年来相近潮差下潮区界位置小幅上移;南京潮差对潮区界变动的影响自上而下沿程增强。

第4章 长江河口潮动力变化

长江河口潮汐运动源自西北太平洋，进入河口区后与下泄的径流产生相互作用，成为河口泥沙输移、营养盐运输、滩地演变及生态循环等过程的基础动力，同时也是河口涉水工程建设的基础条件。自20世纪50年代，长江流域内开始兴建一系列水库工程，20世纪60年代后以三峡水库为首的水库群调控下泄径流量，同时导致泥沙在水库内淤积，随径流下泄的泥沙量骤减，下游发生大量冲刷。此外，航道工程、围垦工程以及采砂等人类活动改变了潮汐传播的边界条件，与气候变化、海平面上升叠加，导致河口潮汐特征值发生改变。研究河口潮汐动力变化特征及其趋势对河口资源的开发利用和河口工程的维护治理具有重要的科学意义和应用价值。

因此，本章基于长江河口近口段内大通至南京河段以及河口段两个研究区域共11个水文站(图4-1)2008～2016年潮位资料，通过极值分析、调和分析和小波分析等方法，计算极值潮位、潮差、分潮振幅、潮汐特征系数等潮汐特征值及其变化周期，并与1965～2007年的潮汐特征值进行对比，总结、归纳1965～2016年长江河口潮汐动力变化

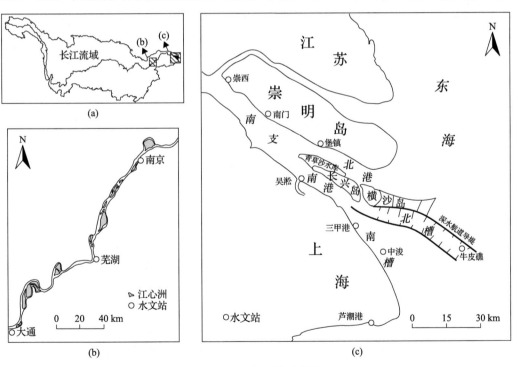

图 4-1 研究区域示意图

(a)长江流域示意图；(b)大通至南京段示意图；(c)河口段示意图

特征；同时，利用大通站 1965～2016 年径流资料和 1986～2016 年长江河口水下地形资料，分析径流、地形和海平面等因素对潮汐特征值的影响。此章拟解决两个关键科学问题：①长江河口潮汐特征发生怎样的变化？②导致长江河口潮汐特征值变化的影响因素及在此影响下潮汐特征将有怎样的变化趋势？

4.1　研究区域和分析技术路线

4.1.1　长江大通至南京河段

大通至南京河段是长江感潮河段潮动力波动极为敏感的区域[图 4-1(b)]。该段水动力对流域兴建的南水北调、三峡水库等水库群势必做出调整，其中最显著的变化为三峡大坝蓄水使大通以下枯季潮差变小而蓄水期潮差增大(曹绮欣等，2012)。本文对大通至南京段潮汐特征进行系统分析，针对极端水情时(如特枯和特洪)径、潮动力相互作用，揭示该段潮汐动力的变化机制及其趋势。

4.1.2　长江河口段

长江河口段自徐六泾以下至入海口 50 号灯浮，全长 167km，以潮汐作用为主[图 4-1(c)]。自 20 世纪末以来，长江河口为满足城市发展需求，兴建了如青草沙水库、深水航道等水利工程，开展了横沙东滩、南汇东滩等圈围工程(王冬梅等，2011)(表 1-1)，在短期内快速改变区域水动力，并在长期中逐渐影响整个长江河口的水动力。一方面，深水航道工程改变了北槽各段涨、落潮优势(蒋陈娟等，2013)，使半日分潮振幅增大(刘高伟等，2015)等；南汇东滩促淤圈围工程束窄了南槽下段河道，大幅度减小该段潮流量，提高南槽的分流比(李林江和朱建荣，2015)。另一方面，海平面上升引起潮汐系统发生改变(于宜法等，2007；王伟等，2008)，高潮位增大，涨潮动力受阻，对目前长江沿岸的标准构成一定威胁(陈维等，2016)。长江河口在近 40 年的演变过程中包含了自然条件和人为条件的影响，对河口的港口建设、航运、渔业等起到至关重要的作用，因此本章对其变化规律进行细致深入的研究。

本章首先收集研究区域内 11 个水文站近 10 年来逐时潮位资料，通过极值分析、调和分析和小波分析等方法计算了各站极值潮位、潮差、分潮调和常数、潮汐形态系数和变形系数以及潮差的年际变化周期，然后与收集到的历史潮汐特征资料进行对比，获得 1965～2016 年来研究区域内的潮汐动力变化特征。此外，同时收集了大通站径流资料和研究区域内的水下地形资料，通过构建数字高程模型获取研究区域河道平面形态和横断面形态；结合前人对河口潮汐影响因素的理论分析，研究长江河口潮汐动力对径流变化、河道形态变化与海平面变化的响应过程，技术路线如图 4-2 所示。

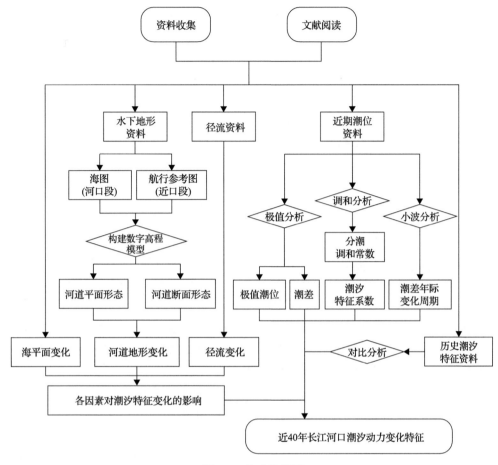

图 4-2　技术路线图

4.2　研 究 方 法

4.2.1　水文数据的收集与预处理

1. 历史水文资料收集

收集了大通、芜湖、南京和堡镇四个水文站 1978~1983 年的水位资料，其中大通站水位资料包括逐日水位、最高水位、最低水位，芜湖、南京和堡镇站水位资料包括潮水位(高潮水位、低潮水位、最高水位、最低水位)、潮差(逐月潮差、最大潮差、最小潮差)和涨落潮历时等。资料来源于长江水利委员会编著的《长江流域水文年鉴(长江下游干流区)，1978—1983》。该资料中，大通、芜湖和南京站水位采用冻结基面，堡镇站采用吴淞基面，各基面间关系如图 4-3 所示。根据年鉴中规定的基面换算公式进行换算，将所用资料都统一至上海吴淞基面，换算公式如下：

大通站：资料中水位(冻结基面)－1.932m＝黄海基面水位

芜湖站：资料中水位(冻结基面)－1.911m＝黄海基面水位

南京站：资料中水位(冻结基面)－1.908m＝黄海基面水位
　　　　1985 国家高程基准高程＝1956 黄海高程基准－0.029m
　　　　1985 国家高程基准高程＝吴淞高程基准－1.717m

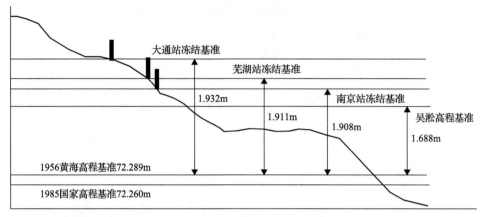

图 4-3　各高程基准面关系示意图

　　收集了南门、堡镇、吴淞、中浚和芦潮港站五个水文站 1965～1978 极值潮位和年均潮差，1971～1977 年潮汐调和常数等资料。资料来源于华东师范大学收录的《上海市沿海水位特征值统计》，以上资料基面均为吴淞基面。

　　此外，通过文献阅读，利用 GetData 软件获取了部分历史年均潮差资料，具体如下：吴淞站 1979～2000 年年均潮差资料来源于文献(程和琴等，2017)；堡镇站 1979～2009年、芦潮港站 1976～1991 年和 1996～2009 年年均潮差资料来源于文献(莫丹峰，2013)；南门站和中浚站 1996～2009 年、吴淞站和牛皮礁站 2001～2009 年年均潮差资料来源于文献(付桂，2013)。

　　2. 2008～2016 年水文资料收集

　　收集了研究区域内 11 个水文站(大通、芜湖、南京、崇西、南门、堡镇、吴淞、三甲港、中浚、牛皮礁、芦潮港)实测水位资料，水文站位置如图 4-1 所示。大通、南京站和芜湖站为 2008～2016 年逐时水位，大通站和南京站资料来源于长江下游水文网(http://xy.cjh.com.cn/)；芜湖站资料来源于安徽水文信息遥测网(http://yc.wswj.net/ahyc/)，上述水文资料来源不同，但经核实两者均采用吴淞基面(两者均包含大通站逐时水位，其水位值完全一致)，可进行统一计算，三个站位潮位数据从 2008 年 1 月 1日 0 时至 2016 年 12 月 31 日 23 时，由于潮位数据逐时公布，需逐时进行记录，总量约23.5 万。三甲港水位资料为 2011 年频率 5min 的潮位数据，数据从 2011 年 1 月 1 日 0时至 2011 年 12 月 31 日 23 时，潮位资料需逐日下载并进行整理，总量约 8800。河口段其余 7 个潮位站水位资料为 2010～2016 年频率为 5min 的潮位数据，来源于上海市海洋局，数据从 2010 年 1 月 1 日 0 时至 2016 年 12 月 31 日 23 时，潮位资料需逐日下载并进行整理，总量约 43 万个水位数据。上述水位均采用吴淞基面，除大通站水位精确到 0.001m，其余水位数据均精确到 0.01m。

4.2.2　水下地形数据收集与处理

1. 长江下游航行参考图收集

为研究大通至南京河段地形变化,收集了大通至南京河段水下地形资料,资料来源于 1998 年和 2013 年长江下游航行参考图,该航行图由交通运输部长江航道局汇编,采用的坐标系为北京 1954 坐标系,比例尺均为 1 : 40000。

2. 河口段海图收集

为研究河口段岸线及 0m 以上沙洲变化,收集了 1986 年、1998 年、2007 年、2011 年和 2017 年长江口及附近海图资料,采用 1954 年北京坐标系,各年份比例尺及出版单位见表 4-1。为研究河口段河槽断面形态变化,收集了比例尺较大的海图资料。南支断面资料来源于 1998 年和 2013 年长江下游航行参考图,基面为理论最低潮面。其中 1998 年比例尺为 1 : 60000,2013 年比例尺为 1 : 40000。北港断面水深资料来源于海事局编制的 2000 年、2008 年和 2016 年奚家港至堡镇港海图,比例尺为 1 : 25000。南港断面水深资料来源于中华人民共和国交通部安全监督局(1998 年)和中华人民共和国海事局(2018 年)编制的圆圆沙至吴淞口海图,比例尺为 1 : 25000。

表 4-1　长江口及附近海图资料信息

出版年份	图号	比例尺	出版单位	实际测量年份
1986	9410	1 : 120000	中国航海图书出版社	1986
1998	240401	1 : 120000	中华人民共和国交通部安全监督局	1997~1998
2007	40401	1 : 150000	中华人民共和国海事局	2004~2006
2011	44001	1 : 150000	中华人民共和国海事局	2007~2010
2017	44001	1 : 150000	中华人民共和国海事局	2015~2016

3. 历史水下地形数据处理

通过 ArcGIS10.3 软件将航行参考图和海图资料生成高斯克里格投影下的空间坐标系,投影的中央经线分别为 117°E 和 123°E。然后根据图上的经纬度进行配准并提取岸线、等深线和水深点等信息,利用 Kriging 插值法建立水下地形数字高程模型(DEM),以此获取河道的平面形态和断面形态。

4.2.3　水文年分级

根据水利部信息中心编制的水文预报规范中径流量距平百分率计算公式(4-1):

$$k_i = \frac{x_i - \bar{x}}{\bar{x}} \times 100\% \tag{4-1}$$

式中,k_i 为第 i 年的径流距平百分率;x_i 为第 i 年的径流量;$\bar{x}$ 为多年年径流量的平均值。按径流量的距平百分率 k_i 划分为 5 个级别:$k_i < -20\%$ 为枯水;$-20\% \leqslant k_i < -10\%$ 为偏枯;

$-10\% \leqslant k_i < +10\%$ 为平水；$k_i \leqslant +20\%$ 为偏丰；$k_i > +20\%$ 为丰水。

计算分析 1976～2017 年的年径流量距平百分率和丰枯等级，选取 1978 年和 2011 年作为枯水年，1981 年和 2014 年作为平水年，1983 年和 2016 年作为丰水年(图 4-4)。

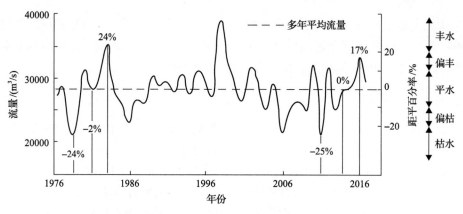

图 4-4　大通水文站年径流量距平百分率及丰枯等级

4.2.4　水位序列分析方法

1. 调和分析

潮汐调和分析最先采用的是达尔文方法(Darwin G.H.)，即计算 K_1、O_1、P_1、Q_1、M_2、S_2、N_2、K_2、M_4、MS_4 和 M_6 这 11 个分潮的调和常数。之后杜德逊分别在 1928 年和 1954 年提出了利用一年和 29 天潮汐资料分析 60 个分潮。随着电子计算机的发展，由 Pawlowicz 等(2002)建立的用 Matlab 的 t_tide 程序在潮汐调和分析中得到广泛的应用(杨正东等，2012；Moftakhari et al.，2013；Ding et al.，2013；Gong et al.，2016)。

潮位可被拟合为以下形式：

$$x(t) = b_0 + b_1 t + \sum_{k=1,\cdots,N} \alpha_k e^{-i\sigma_k t} + \alpha_{-k} e^{-i\sigma_k t} \tag{4-2}$$

式中，N 为分潮组分；σ_k 为分潮频率；α_k 为振幅，α_k 与 α_{-k} 是复共轭。

上述表达式可用传统实正弦形式(4-3)表达：

$$x(t) = b_0 + b_1 t + \sum_{k=1,\cdots,N} A_k \cos(\sigma_k t) + B_k \sin(\sigma_k t) \tag{4-3}$$

根据给定的站位纬度，将拟合结果通过 t_vuf 程序对振幅和相位分别通过节点校正振幅 f_k 和节点校正相位 u_k 进行校正，方法如下：

$$\widehat{\alpha_k} e^{i\sigma_k t} = f_k a_k e^{i\sigma_k t + iu_k} = a_k e^{i\sigma_k t} + \sum_j a_k e^{i\sigma_k t} \tag{4-4}$$

$$f_k \mathrm{e}^{iu_k} = 1 + \sum_j \frac{a_{kj}}{a_k} \mathrm{e}^{i(\sigma_{kj}-\sigma_k)} \approx 1 + \sum_j \frac{a_{kj}}{a_k} \tag{4-5}$$

该程序同时给出了误差范围，在计算分潮振幅的过程中发现，误差最大为 M2 分潮振幅，误差值约为 0.02m。

2. 小波分析

水位序列是一种非平稳序列，受多种因素(天文引力、气候变化、蓄引水工程等)影响，具有规律的趋势性、周期性及不规律的随机性和突变型。小波分析将水位序列看作一种信号进行处理，越来越广泛被应用于水文学中(Kumer and Foufoula-Georgiou，1997；Ebrahimi and Rajaee，2017)。小波分析能够对水位序列进行消噪和滤波处理，揭示隐藏其中的多尺度变化周期(Stoy et al.，2005)。

小波分析通过一簇具有震荡性、能够迅速衰减到零的一系列基小波函数 $\psi(t)$ 式(4-6)进行伸缩和平移构成一簇函数系式(4-7)来逼近目标信号。对于给定的能量信号 $f(t) \in L^2(R)$，通过式(4-8)进行连续小波变换。

$$\int_{-\infty}^{+\infty} \psi(t)\mathrm{d}t = 0 \tag{4-6}$$

$$\psi_{a,b}(t) = |a|^{-1/2} \psi\left(\frac{t-b}{a}\right) \quad a,b \in R, a, a \neq 0 \tag{4-7}$$

$$W_f(a,b) = |a|^{-1/2} \int_R f(t)\overline{\psi}\left(\frac{x-b}{a}\right)\mathrm{d}t \tag{4-8}$$

式中，$\psi_{a,b}(t)$ 为子小波；$W_f(a,b)$ 为小波变换系数；$\overline{\psi}\left(\dfrac{x-b}{a}\right)$ 为 $\psi\left(\dfrac{x-b}{a}\right)$ 的复共轭函数；a 为伸缩尺度；b 为平移参数。

在流量序列的实际应用中，小波系数的正、负分别反映丰、枯水期，绝对值大小代表在某一时间尺度上特性的显著程度。小波系数的平方值为小波方差[式(4-9)]，反映出存在的主要时间尺度和不用时间尺度的相对强度。

$$\mathrm{Var}(a) = \int_{-\infty}^{+\infty} W_f(a,b)\left|W_f(a,b)\right|^2 \mathrm{d}b \tag{4-9}$$

本节选择 Morlet 连续复小波变换来分析径流及水位序列的多时间尺度特征，其不但具有非正交性且是由 Gaussian 调节的指数复小波。Morlet 连续复小波变换将正峰和负峰的两个峰值同时包含在一个宽峰内(Torrence and Compo，1998)，使其在时频间达到较好平衡(Grinsted et al.，2004)。复 Morlet 小波变换在国内各河流水位的周期性研究中得到广泛应用，如珠江高要站和石角站近 50 年的水沙序列多时间尺度变化(王霞和吴加学，2009)；钱塘江口年径流序列的变化周期和趋势(曾剑等，2010)；长江南京站最高潮位的周期性变化规律(朱庆云等，2016)；黄河上游唐乃亥站 1956~2012 年径流序列年际变化趋势(张营营等，2017)；呼伦湖流域 1961~2014 年降水变化特征(韩知明等，2018)；黄河 1951~2013 年利津站水沙变化周期(刘玉斌等，2018)。

4.2.5　潮汐特征系数计算

潮汐最基本的性质即其周期性升降运动，周期主要为半天或一天。在电子计算机发展后通常根据调和常数——K_1、O_1 分潮振幅之和与 M_2 分潮振幅的比值判断潮汐类型，判别系数为潮汐类型系数 F，公式如下：

$$F = (H_{K_1} + H_{O_1}) / H_{M_2} \qquad (4\text{-}10)$$

判别标准如下：

$$(H_{K_1} + H_{O_1}) / H_{M_2} \leqslant 0.5 \qquad\qquad 正规半日潮$$

$$0.5 < (H_{K_1} + H_{O_1}) / H_{M_2} \leqslant 2.0 \qquad\qquad 不正规半日潮$$

$$2.0 < (H_{K_1} + H_{O_1}) / H_{M_2} \leqslant 4.0 \qquad\qquad 不正规日潮$$

$$(H_{K_1} + H_{O_1}) / H_{M_2} \leqslant 4.0 \qquad\qquad 正规日潮$$

潮波从外海向河口内传播过程中由于岸线的收缩、水深变浅以及底摩擦等非线性效应发生变形，产生一系列浅水分潮。在半日潮海区，浅水效应引起的潮汐变形可由潮汐变形系数 A 的大小表征($A = H_{M_2} + H_{M_4}$)。若潮汐变形系数 A 大于 0.1，表明潮汐变形显著，其值越大，涨、落潮时间差越大；若潮汐变形系数 A 大于 0.5，表明在一个太阴日内可能出现四次高、低潮现象。

4.3　长江河口潮汐动力变化特征

本章从两个研究区域——近口段中的大通-南京段和河口段潮汐动力特征的变化研究长江河口潮汐动力特征变化。基于近 40 年的研究区域内 11 个水文站(大通、芜湖、南京、崇西、南门、堡镇、吴淞、三甲港、中浚、牛皮礁和芦潮港)的潮位资料，通过统计分析、小波分析和调和分析等方法计算潮差、分潮调和常数、潮汐形态系数、潮汐变形系数等。

4.3.1　近口段(大通至南京河段)潮汐动力变化特征

1. 极值潮位时空变化特征

大通、芜湖和南京三站年内最高潮位出现在洪季大潮期间。1978~1983 年，最高潮位出现在 1983 年 7 月 3 日(农历五月廿三)，其值分别为 15.46m、12.18m 和 9.77m；2011~

2016 年，最高潮位出现在 2016 年 7 月 7 日(农历六月初四)，其值分别为 15.64m、12.39m和 10.34m。最低潮位出现在枯季小潮期间。1978～1983 年，最低潮位出现在 1978 年 3月 5 日(农历正月廿七)，其值分别为 3.61m、2.71m 和 2.14m；2011～2016 年，最低潮位出现在 2014 年 2 月 11 日(农历正月十二)，其值分别为 4.18m、3.07m 和 2.45m。

以 1978～1983 年和 2011～2016 年两个时段多年极值潮位的均值进行比较，发现近40 年来，大通、芜湖和南京站最高潮位分别平均增长 0.49m、0.55m 和 0.67m，最低潮位分别平均增长 0.65m、0.54m 和 0.42m。其中，大通-芜湖最高潮位差值由 2.87m 减小至2.81m，最低潮位差值由 1.13m 增长至 1.24m；芜湖-南京最高潮位差值由 2.15m 减小至2.02m，最低潮位差值由 0.69m 增长至 0.80m。最高潮位和最低潮位均增大，但最高潮位的增值从大通至南京沿程增大，而最低潮位则相反；三个站位间最高潮位的差值减小，且在芜湖-南京河段减小量大于大通-芜湖河段，而最低潮位的差值增大，且两河段减小量相同。最高潮位出现时间均为 7～8 月的大潮期间，可见主要由径流和潮汐作用叠加产生，而两个时段最高潮位出现当日的径流量均值相近，分别为 56066m³/s 和 56700m³/s，因此可以认为最高潮位的增长主要是由于潮汐作用的增强。

除多年均值外，极端水文年极值潮位变化的研究具有更重要的研究意义。根据 4.2.3中水文年的分级，选取 1978 年和 2011 年作为枯水年，1981 年和 2014 年作为平水年，1983 年和 2016 年作为丰水年，对近 40 年相同水文年大通、芜湖和南京站极值潮位时空变化规律进行分析。结果显示，无论是枯水年还是平水年和丰水年，极值潮位均增大(图 4-5)。一方面，大通、芜湖和南京警戒水位分别为 14.5m、11.2m 和 8.5m，在选取的 6 个年份

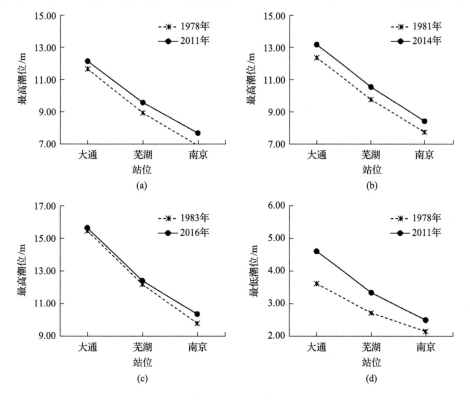

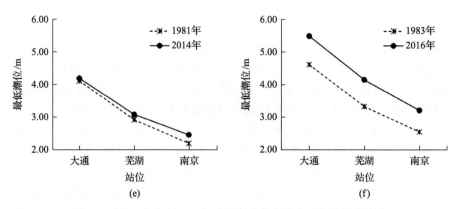

图 4-5　近 40 年相同水文年大通、芜湖和南京站极值潮位变化
(a)、(b) 和 (c) 为最高潮位变化在枯水年、平水年和丰水年的变化；(d)、(e) 和 (f) 为
最低潮位在枯水年、平水年和丰水年的变化

中，丰水年 1983 年和 2016 年三个站位的最高潮位均超过警戒水位，且最高潮位的增大必然更易发生超警戒水位现象，对堤防安全产生不利影响。另一方面，南京站最低通航水位 2.46m（陈晓云，2013）（已换算至吴淞高程），1978 年和 1983 年最低潮位均小于该值，而最低潮位的增大却能够使通航更加安全。

由于资料所限，未能对更多不同时段的年份进行比较，而前后两个年份内各月径流分配不同，尤其是三峡工程对径流具有"削丰补枯"的作用，造成相同水文年中径流量洪季减小，枯季增大。因此，上述结果具有一定的局限性。洪季径流量的减小引起潮汐作用的相对增强，因此最高潮位增大；枯季径流量的增大抬高了整体水位，而径流量增大引起的潮汐作用减小相比径流量增大对水位的抬高作用较小，因此最低潮位也增大。同时，极值潮位的沿程变化也体现出引起两者变化的主要原因的区别，最高潮位增大主要是由于潮汐作用增强，因此增幅沿程增大；最低潮位增大主要是由于径流增大，因此增幅沿程减小。

2. 月均潮差时空变化特征

大通、芜湖和南京站月均潮差枯季大、洪季小，最大值出现在 2 月，最小值出现在 7 月（图 4-6）。月均潮差从下游往上沿程减小，三站间差值 2 月最大，7 月最小。2 月南京至芜湖月均潮差减小 35cm，芜湖至大通减小 34cm，7 月南京至芜湖月均潮差减小 16cm，芜湖至大通减小 11cm。

近 40 年来，月均潮差分布从"V"形转变为"U"形，芜湖站月均潮差增大 5～20cm，南京站月均潮差增大 1～24cm。其中，10～11 月潮差增长最显著，芜湖和南京站平均增长 20cm[图 4-6(b)～(c)]。

不同水文年月均潮差增长存在差异性。具体表现为：芜湖站枯水年 2011 年比 1978 年月均潮差平均增大 14cm[图 4-7(a)]，平水年 2014 年比 1981 年月均潮差平均增大 13cm[图 4-7(b)]，丰水年 2016 年比 1983 年月均潮差平均增大 11cm[图 4-7(c)]；南京站枯水年 2011 年比 1978 年月均潮差平均增大 7cm[图 4-7(d)]，平水年 2014 年比 1981 年月均潮差平均增大 14cm[图 4-7(e)]，丰水年 2016 年比 1983 年月均潮差平均增大 14cm[图 4-7(f)]。

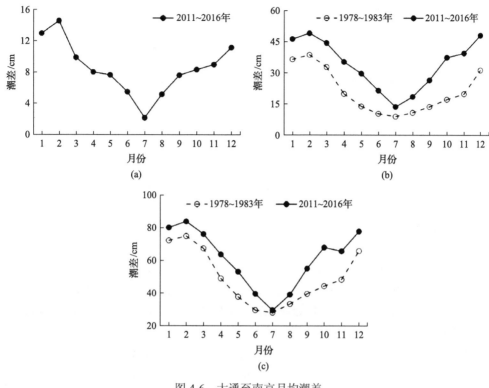

图 4-6　大通至南京月均潮差

(a) 大通站；(b) 芜湖站；(c) 南京站

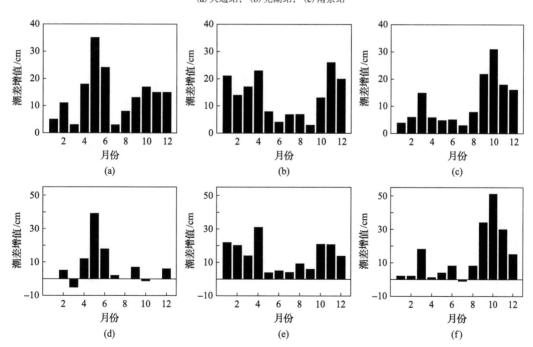

图 4-7　芜湖、南京站典型水文年月均潮差变化

(a)、(b) 和 (c) 分别为芜湖站枯水年、平水年和丰水年；(d)、(e) 和 (f) 分别为南京站枯水年、平水年和丰水年

枯水年月均潮差的增长主要集中在 4~6 月；平水年主要集中在 10 月至翌年 4 月；丰水年主要集中在 9~11 月。上述变化与径流在三峡调蓄作用前后，相同水文年径流量年内的分配差异相关，4.4.1 节中详细地讨论了近口段内径流与潮差间的负相关关系及相同水文年潮差增长与径流变化的关系，同时通过计算得到了相同径流量下潮差的变化，表明该段潮差增长主导因素不是径流的变化，其增长主要与河口向上传播的潮汐动力增强且近口段河道侵蚀有利潮汐上溯相关。

3. 2008~2016 年主要分潮振幅变化特征

近口段受径流作用较大，洪枯季径流大小相差 3 倍以上，以一年的潮位资料进行调和分析的结果与实际相差较大，不具备代表性，因此以 1~3 月作为枯季，6~8 月作为洪季，以 3 个月的潮位资料进行调和分析，分离出主要的 6 个分潮——半日分潮：M_2、S_2；全日分潮：K_1、O_1；浅水分潮：M_4、MS_4。

大通站枯季 M_2 分潮振幅平均为 4.37cm，S_2 分潮振幅平均 1.96cm，洪季 M_2 分潮振幅平均为 1.11cm，S_2 分潮振幅平均 0.55cm。近 10 年来，枯季 M_2、S_2 分潮振幅呈较明显的增大趋势［图 4-8(a)］；洪季 M_2 分潮振幅呈略微增大趋势，S_2 分潮振幅呈略微减小趋势［图 4-8(d)］。K_1、O_1 分潮振幅相近，枯季平均 1.80cm，洪季平均 0.93cm，均呈减小趋势，枯季减小速度较快［图 4-8(b)~(e)］。枯季 M_4 分潮振幅平均为 1.01cm，MS_4 分潮振幅平均 0.92cm，表现为增大趋势［图 4-8(c)］；洪季 M_4、MS_4 分潮振幅变化较小，平均为 0.27cm［图 4-8(f)］。

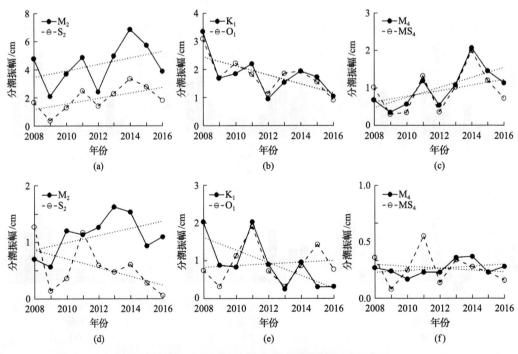

图 4-8　2008~2016 年大通站洪、枯季主要分潮振幅变化

(a)、(b)、(c) 为枯季；(d)、(e)、(f) 为洪季

南京站枯季 M_2 分潮振幅平均为 30.63cm，S_2 分潮振幅平均为 12.96cm，洪季 M_2 分潮振幅平均为 14.19cm，S_2 分潮振幅平均为 5.67cm。近 10 年来，枯季 M_2、S_2 分潮振幅均呈较弱的增大趋势，其中 2014 年两分潮振幅显著增高，分别达到 36.83cm 和 15.05cm［图 4-9(a)］；洪季 M_2、S_2 分潮振幅也呈现较弱的增大趋势，其中 2011 年明显增高，达到 17.66cm［图 4-9(d)］。

枯季 K_1 分潮振幅平均为 8.34cm，O_1 分潮振幅平均为 6.91cm，均呈减小趋势［图 4-9(b)］；洪季 K_1 分潮振幅平均为 5.97cm，O_1 分潮振幅平均为 4.02cm，O_1 分潮振幅表现出减小趋势（［图 4-9(e)］。洪、枯季 M_4、MS_4 分潮振幅相差近 3 倍，枯季平均为 8.31cm，洪季平均为 2.77cm［图 4-9(e)～(f)］。

可以看出，径流量对分潮振幅具有显著的影响，特别是洪、枯季径流量相差巨大的情况下，M_2 分潮从枯季到洪季的衰减速率显著大于其他分潮，从南京站传播至大通站衰减速率也明显大于其他分潮。4.4.1 节中对径流与分潮振幅的关系进行了具体的分析，并通过小波分析得到了不同径流条件下各分潮簇的振荡能量。此外，近 10 年来，相近流量下半日分潮和浅水分潮振幅增大，全日分潮振幅减小，与外海传入河口的半日分潮振幅增大、全日分潮振幅减小相关，同时受地形变化的影响，浅水分潮振幅减小，4.4.2 节中对地形变化及海平面变化等的影响进行了较为详细的讨论。

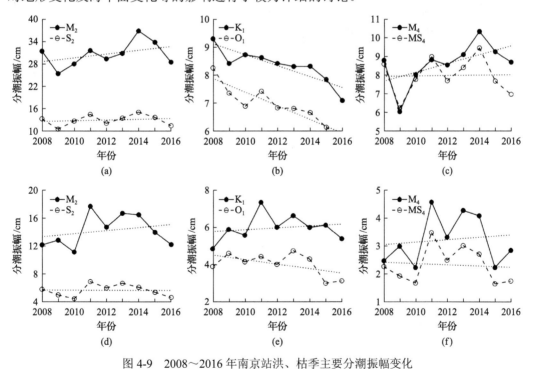

图 4-9　2008～2016 年南京站洪、枯季主要分潮振幅变化
(a)、(b)、(c) 为枯季；(d)、(e)、(f) 为洪季

4. 2008～2016 年潮汐特征系数变化特征

大通-南京河段属非正规半日浅海潮类型。大通站洪、枯季潮汐形态系数相差明显，

潮汐变形系数相近。枯季潮汐形态系数 F 值从 1.19 减小至 0.50，洪季变幅较大，其变化范围为 1.00～3.96[图 4-10(a)]。枯季潮汐变形系数 A 增大了 0.14，表明其潮汐的变形越来越显著，即涨、落潮时间差增大；洪季 2008 年和 2009 年 A 值约为 0.40，显著高于 2010～2016 年，而在 2010～2016 年期间，A 值呈较弱的增长状态[图 4-10(b)]。

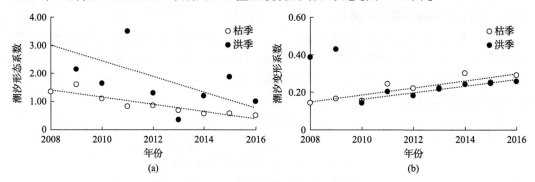

图 4-10　2008～2016 年洪、枯季大通站潮汐特征系数变化
(a)潮汐形态系数 F；(b)潮汐变形系数 A

南京站 2008～2012 年，枯季 F 值大于 0.50，2013～2016 年 F 值均小于 0.50，半日潮型从不正规转变为正规，呈减小趋势[图 4-11(a)]。A 值变化相对 F 值较小，洪季约为 0.28，枯季约为 0.22[图 4-11(b)]。

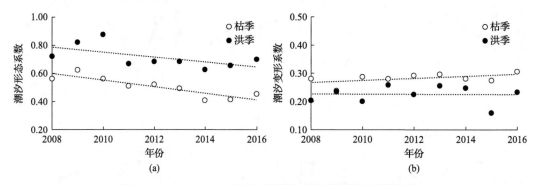

图 4-11　2008～2016 年洪、枯季南京站潮汐特征系数变化
(a)潮汐形态系数 F；(b)潮汐变形系数 A

4.3.2　河口段潮汐动力变化特征

1. 极值潮位时空变化特征

近 10 年期间，最高潮位出现在 2013 年(偏枯水年)10 月 8 日(农历九月初四)；最低潮位出现 2016 年(偏丰水年)1 月 25 日(农历腊月十六)。根据上海市海洋局实时风速资料，极值潮位出现时间均无强风作用，主要是由径、潮作用引起的极值水位。从口内向口外，最高潮位在南支沿程增大，至北港和南港略有减小，从南港至南槽增大，至口外减小；最低潮位在南支段减小，至北港和南港增大，从南港至南槽基本不变，至口外减

小。其中，芦潮港站最低潮位显著低于长江口内各站(图4-12)。

近40年来，南门、堡镇和吴淞站最高潮位减小，但在中浚站最高潮位增大了0.47m [图4-13(a)]。其中吴淞站1970年代最高潮位(5.29m)发生在1974年8月20日(农历七月初三)，与其他站位最高潮位发生时间一致(徐芬，1997)。最低潮位在堡镇和中浚站增大，其中中浚站最低潮位增大显著，达到0.62m[图4-13(b)]。

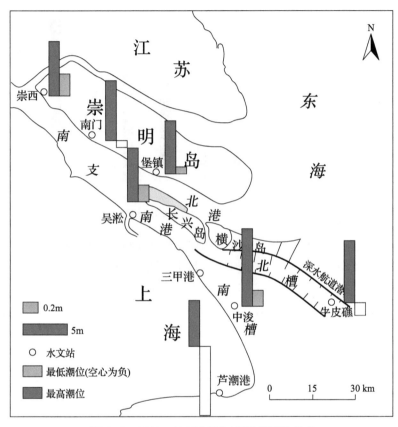

图 4-12　2010~2016 年河口段极值潮位分布

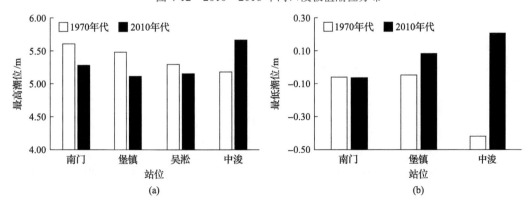

图 4-13　南门、堡镇、吴淞和中浚站潮位极值变化

(a)最高潮位；(b)最低潮位

2. 年均潮差时空变化特征

河口段"三级分汊，四口入海"的特殊环境使不同区域年均潮差存在差异。近期，从崇西至南门年均潮差增大；堡镇站和吴淞站潮差相近；南港往下至南槽潮差增大；芦潮港潮差大幅增长(图 4-14)。

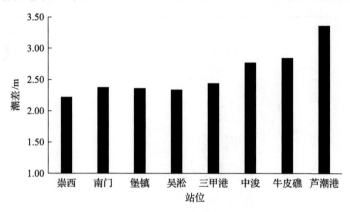

图 4-14　2011 年河口段年均潮差分布

近 40 年来，南门站年均潮差在 1965～1978 年和 1996～2016 年，均表现为减小-增大的变化过程。1965～1978 年，年均潮差的最大值为 2.49m，最小值为 2.29m，1996～2016 年，年均潮差最大值为 2.48m，最小值为 2.25m，两个时段年均潮差均值基本保持不变(图 4-15)。1973～1978 年，南门站年均潮差小于堡镇站，差值约为 0.10m，2005～2016 年，南门站年均潮差大于堡镇站。

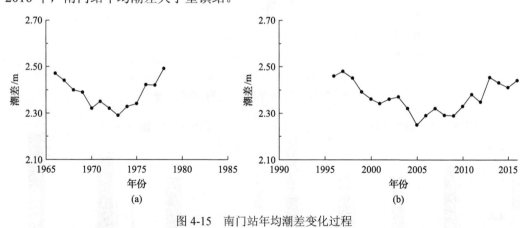

图 4-15　南门站年均潮差变化过程
(a)1965～1978 年；(b)1995～2016 年

近 40 年来，堡镇站年均潮差呈增大-减小-平稳-减小-增大的变化过程：1975～1980 年，年均潮差从 2.41m 增大 2.65m；1981～1986 年，年均潮差减小至 2.45m，减小了 0.20m；1986～1997 年，年均潮差相对稳定，约为 2.45m；1998～2009 年，出现了两次减小阶段，第一次出现在 1998～2003 年，年均潮差减小 0.07m，第二次

出现在 2003～2009 年,年均潮差减小 0.15m;2010～2016 年,年均潮差增大至 2.40m
左右(图 4-16)。

吴淞站年均潮差呈增大-平稳-增大-减小-增大的变化过程:1975～1980 年,年均潮差
从 2.19m 增长到 2.36m;1981～1989 年,年均潮差基本保持不变;1989～1994 年,年均潮
差逐渐增长了 0.16m;1997～2008 年,出现两次减小,第一次在 1997～2000 年,减小了
0.12m,第二次在 2003～2005 年,减小了 0.13m;2008～2011 年,年均潮差增长 0.09m;
2011 年之后年均潮差逐渐减小(图 4-16)。

两个水文站年均潮差差值在 1975～2011 年,从 0.30m 减小至 0m;2011 年后由于吴
淞站年均潮差逐渐减小,两站年均潮差差值再次增大。

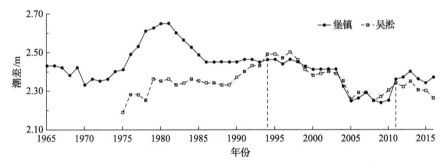

图 4-16　1965～2016 年堡镇和吴淞站年均潮差变化过程

近 40 年来,中浚站年均潮差呈增大状态。1965～1978 年,年均潮差基本保持在 2.66m
左右[图 4-17(a)]。1995～2016 年,年均潮差先减后增,最小值 2.67m[图 4-17(b)]。近
20 年来,牛皮礁站年均潮差与中浚站潮差接近,同样表现出先减小后增大的变化过程
[图 4-17(b)]。在减小阶段牛皮礁站年均潮差小于中浚站,增大阶段相反,表明牛皮礁站
年均潮差增长大于中浚站。

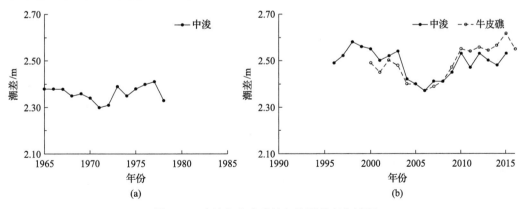

图 4-17　中浚和牛皮礁站年均潮差变化过程

(a)1965～1978 年;(b)1995～2016 年

芦潮港站虽不属于长江口,但其年均潮差在近 40 年内变化特征与上述长江口内站位

相似，总体表现为增大状态。在 1977～1991 年和 1995～2016 年两个时段内，芦潮港年均潮差均呈减小-增大的变化过程，前一时段变化幅度较小，最大值与最小值相差 0.13m，后一时段年均潮差整体增大，最大值与最小值间相差 0.30m（图 4-18）。

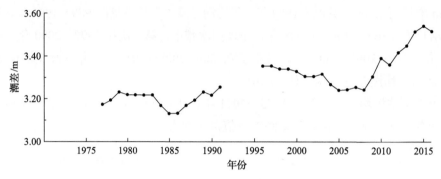

图 4-18　1975～2016 年芦潮港站年均潮差变化过程

3. 月均潮差时空变化特征

河口段 9 个水文站的月均潮差在时空上规律明显，如图 4-19 所示。在南槽以上，1～7 月的月均潮差基本保持 2.20～2.30m，7～8 月增大 0.20～0.40m，9～10 月潮差到达最大值；南槽以下月均潮差年内变化较小，至口外出现 3 月和 9 月两个峰值。

近 40 年来，堡镇站月均潮位显著减小，5～8 月平均减小 0.35m，中浚站月均潮差平均增大 0.12m，芦潮港站月均潮差显著增大，平均增大 0.28m，而绿华站 11 至翌年 5 月潮差增大，6～10 月潮差减小。但鉴于绿华站 2010 年代资料来源于潮汐表，最大误差达到 0.15m，因此该站的月均潮差变化仅用于作为口外潮汐特征变化的参考。

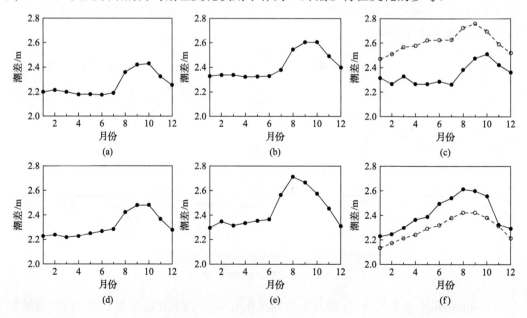

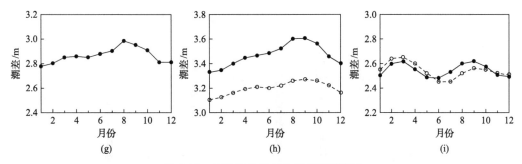

图 4-19 河口段各站月均潮差及其变化

虚线为 1970 年，实线为 2010 年

(a)崇西；(b)南门；(c)堡镇；(d)吴淞；(e)三甲港；(f)中浚；(g)牛皮礁；(h)芦潮港；(i)绿华

4. 主要分潮振幅及迟角时空变化特征

1) 空间分布规律

长江河口以半日分潮主导，由口内向口外逐渐增大。半日分潮振幅中 M_2 分潮振幅占 50%以上，沿程减幅显著大于其他分潮，衰减速度最快，其次为 S_2 分潮。吴淞站和南门站半日分潮振幅相近，牛皮礁站和中浚站半日分潮振幅相近。全日分潮振幅在南支北侧沿程减小，而从南港往下逐渐增大，在口内量值变化较小(图 4-20)。

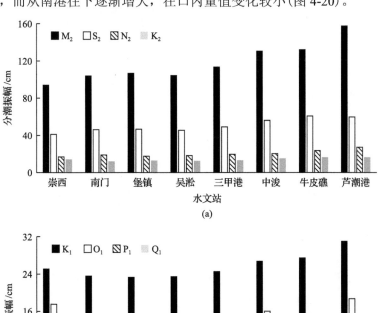

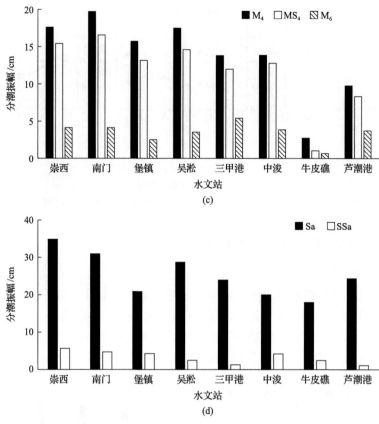

图 4-20　2011 年河口段主要分潮振幅分布

(a)M_2、S_2、N_2 和 K_2；(b)K_1、O_1、P_1 和 Q_1；(c)M_4、MS_4、M_6；(d)Sa 和 SSa

　　浅水分潮中 M_4 和 MS_4 分潮与 O_1 分潮振幅在同一量级，从崇西至堡镇先增大后减小，且堡镇站减小较显著；从南港以下沿程减小。其中，牛皮礁站浅水分潮振幅显著低于其他站位，约为其他站的 1/7，主要与牛皮礁位于深水航道中相关。气象分潮中 Sa 分潮振幅量值与 K_1 分潮振幅相当，在南支北侧和南港以下沿程减小。周期为 0.5a 的 SSa 分潮振幅量值与 M_6 分潮振幅相当，属于较小的分潮，从南支至南槽上段振幅沿程减小（图 4-20）。

　　在半日潮海区内，根据调和常数中的 M_2 分潮的迟角可计算出平均高潮间隙，高潮间隙 $i=g_{M_2}/\sigma_{M_2}$，g_{M_2} 为 M_2 分潮迟角，$\sigma_{M_2}=28.9841°/h$，M_2 分潮波峰线周期为 12h25min。高潮间隙实质上是指月上中天到高潮出现之间的时间差，根据各个站位的高潮间隙，可得到潮波在各站间传播的时间（表 4-2）。

表 4-2　2011 年长江口主要潮位潮波传播迟角和历时

站位	牛皮礁	芦潮港	中浚	三甲港	堡镇	吴淞	南门	崇西
迟角/(°)	304.4	326.2	325.4	342.1	11.5	14.1	31.5	53.9
高潮间隙	10h30min	11h15min	11h14min	11h48min	24min	29min	1h5min	1h52min
历时	—	45min	44min	1h18min	2h9min	2h14min	2h50min	3h37min

在上述 8 个站位中，潮波最先到达牛皮礁站，传播至最上游的崇西站总历时 3h37min。中浚站和芦潮港站高潮间隙基本相等，波峰线从牛皮礁传播至这两个站位约需 44min。在南支北侧，从堡镇站传至南门站需 41min，南门站传至崇西站需 47min。

2）2011～2016 年期间变化规律

南支北侧三个站位中，崇西和南门站 M_2 分潮振幅分别增大 4.38cm 和 2.14cm，堡镇站减小 2.11cm，S_2 分潮振幅变化在 ±1.0cm 内；K_1 分潮振幅减小，减小值崇西＞堡镇＞南门，O_1 分潮振幅在崇西减小 2.39cm，南门站增大 0.67cm；M_4 和 MS_4 分潮振幅基本不变（图 4-21）。

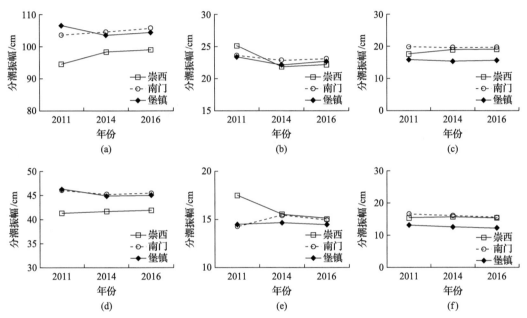

图 4-21 2011～2016 年崇西、南门和堡镇站主要分潮振幅变化
(a) M_2；(b) K_1；(c) M_4；(d) S_2；(e) O_1；(f) MS_4

吴淞和中浚站各分潮振幅呈减小状态，中浚站减小量为吴淞站的两倍左右（图 4-22）。牛皮礁站 M_2 分潮振幅减小 2.34cm，芦潮港站增大 3.83cm；两站 S_2 分潮振幅均表现为减小-增大；K_1 和 O_1 分潮振幅略微减小；牛皮礁站 M_4 和 MS_4 分潮振幅均增大 1.46cm（图 4-23）。

总体上，2011～2016 年期间，M_2、S_2 分潮振幅在南港以上增大，在南港以下减小；K_1、O_1 分潮振幅整体减小；M_4 和 MS_4 分潮振幅在牛皮礁和堡镇站增大，其余站位均减小。

3）近 40 年来变化规律

从表 4-3 中分潮振幅变化可以看出，各站 M_2 和 S_2 分潮振幅均增大，M_2 分潮振幅增幅 1%～12%，S_2 分潮振幅增幅 4%～32%，吴淞站增幅最小；口内 K_1 和 O_1 分潮振幅变量在 1.4cm 以内，有略微的减小；口内 M_4、MS_4 和 M_6 分潮振幅以减小为主，减幅 1%～

32%，吴淞以上减幅大于吴淞以下。与 2011～2016 年的变化相比总体变化相似，但近 40
年来 M_2 和 S_2 分潮振幅的增大量较多，M_4 和 MS_4 分潮振幅在南港以上减小量较多，南港
以下减小量较少。

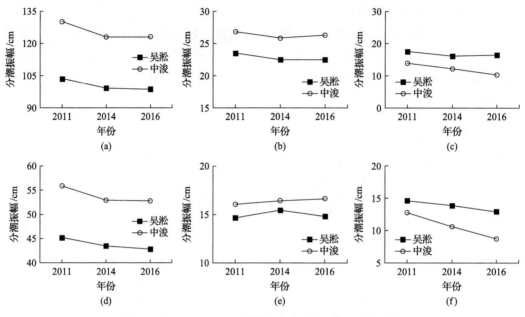

图 4-22　2011～2016 年吴淞和中浚站主要分潮振幅变化
(a) M_2；(b) K_1；(c) M_4；(d) S_2；(e) O_1；(f) MS_4

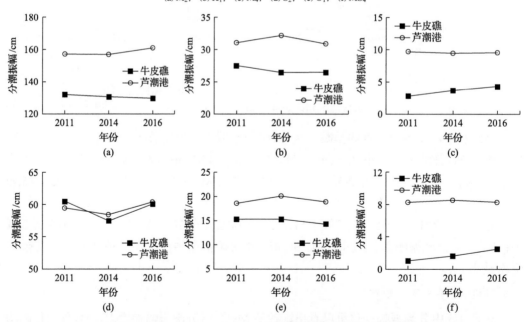

图 4-23　2011～2016 年牛皮礁和芦潮港站主要分潮振幅变化
(a) M_2；(b) K_1；(c) M_4；(d) S_2；(e) O_1；(f) MS_4

表 4-3　近 40 年河口站位主要分潮振幅变化

分潮名称	南门		堡镇		吴淞		中浚		芦潮港	
	变化量/cm	变幅/%	变化量/cm	变幅/%	变化量/cm	变幅/%	变化量/cm	变幅/%	变化量/cm	变幅/%
M_2	8.36	9	5.38	5	0.54	1	3.94	3	17.14	12
S_2	10.81	32	8.68	24	1.84	4	2.89	6	6.97	13
K_1	−0.38	−2	0.00	0	0.08	0	−0.22	−1	−0.75	−2
O_1	−1.40	−8	−1.76	−11	0.94	6	0.41	3	2.03	12
M_4	1.07	6	−0.62	−4	−0.24	−1	−1.85	−13	−0.31	−3
MS_4	−4.80	−23	−6.01	−32	0.84	6	−1.39	−12	0.63	8
M_6	−0.76	−16	−0.89	−25	−0.38	−12	−0.11	−4	0.28	8

从表 4-4 中分潮迟角变化可以看出，在五个站位中，除吴淞站外，其余四站所在海域各分潮迟角均减小，表明分潮传播至四站时间提前，而到达吴淞站时间推后。其中，浅水分潮迟角减小最显著，减小 16°～35°。其次为 K_1 分潮，在吴淞以上减小 15°。吴淞站除 S_2 分潮迟角减小外，其余分潮迟角均增大，但增加量值较小。

表 4-4　近 40 年河口站位主要分潮迟角变化

分潮名称	南门迟角变化/(°)	堡镇迟角变化/(°)	吴淞迟角变化/(°)	中浚迟角变化/(°)	芦潮港迟角变化/(°)
M_2	−3.6	−2.4	4.7	−8.3	−3.7
S_2	−9.2	−9.8	−3.2	−3.5	−2.2
K_1	−15.9	−15.0	0.1	−7.1	−2.2
O_1	−5.5	−4.4	9.0	−6.9	2.9
M_4	−16.8	−17.7	5.3	−26.5	−17.5
MS_4	−23.9	−23.9	0.5	−31.0	−17.9
M_6	−31.9	−34.4	3.3	−17.4	−15.1

5. 潮汐特征系数时空变化特征

河口段潮汐形态系数 F 在南支以下沿程减小，崇西站 F 值为 0.45，显著高于其他站位[图 4-24(a)]。潮汐变形系数 A 同样沿程减小，但牛皮礁站 A 值为 0.02，显著小于其余站位，主要是因为该站位于口外的深水航道内，浅水产生的非线性效应较小[图 4-24(b)]。由于口内 F 值均小于 0.5，A 值大于 0.1，属于非正规浅海潮类型，而口外浅水效应较弱，属于正规半日潮类型。

2011～2016 年，潮汐形态系数 F 除在崇西站减小 0.07，在中浚站增大 0.02，在其余各站基本保持不变[图 4-25(a)]。潮汐变形系数 A 值在中浚站减小 0.03，在其余各站均保持不变[图 4-25(b)]。

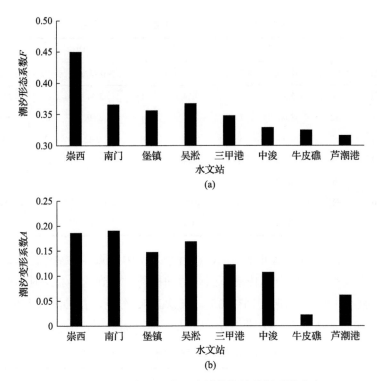

图 4-24　2011 年河口段 8 个站位潮汐特征系数分布

(a)潮汐形态系数；(b)潮汐变形系数

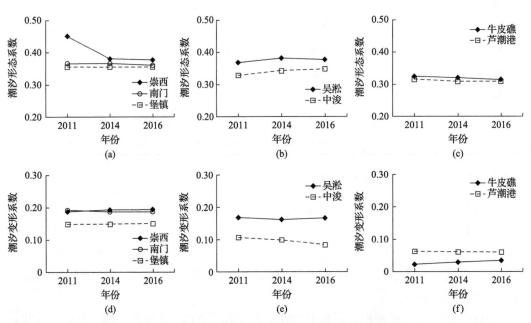

图 4-25　2011～2016 年长江口潮汐特征系数变化

(a)、(b)、(c)为潮汐形态系数；(d)、(e)、(f)为潮汐变形系数近 40 年来，除吴淞站外，其余南门、堡镇、中浚和芦潮港站 F 值减小 0.01～0.05，而吴淞站 F 值增大 0.01[图 4-26(a)]。五个站位 A 值均减小，其中中浚站减小最明显，减小了 0.02[图 4-26(b)]，表明河口浅水变形减弱。

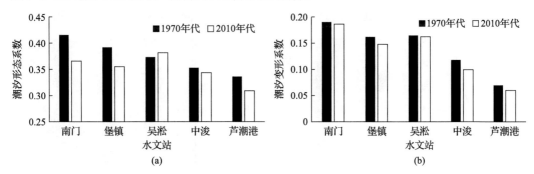

图 4-26　近 40 年河口站位潮汐特征系数变化
(a)潮汐形态系数；(b)潮汐变形系数

所以，通过极值分析和调和分析方法，计算了大通至南京河段和河口段两个研究区域内 11 个水文站潮汐特征值(最高潮位、最低潮位、年均潮差、月均潮差、分潮振幅、分潮迟角、潮汐特征系数等)，对其时空变化规律进行系统的分析和总结。

两个研究区域分属长江河口的近口段前缘和河口段，受潮汐作用程度相差较大。以潮差作为潮汐强度的表征，前者受潮汐作用较小，月均潮差表现为洪小、枯大，而后者主要受潮汐作用影响，月均潮差表现为洪大、枯小。通过与历史资料对比发现，在近 40 年来，两个研究区域内总体表现出潮差显著增大的情况，表明河口潮汐强度增强。此外，调和分析结果也显示出主导长江河口潮波的 M_2 分潮在两个研究区域内振幅增长，传播速度加快，上述变化表明整个长江河口潮汐动力增强。

4.4　长江河口潮汐动力特征影响因素

近 40 年来长江河口整体上潮汐动力增强，导致其增强的原因包括自然和人为调控两方面因素，主要有全球气候变化、流域水库群修筑、河口涉水工程建造等造成的径流分配改变、河槽地形冲淤、海平面上升等。由于上述因素影响范围不同，河口潮汐动力特征的变化存在时空上的差异。因此，本章就近口段内大通至南京段和河口段两个研究区域对潮汐动力特征值对流域来水、河口地形、海平面上升等因素的响应进行讨论。

4.4.1　近口段(大通至南京河段)潮汐动力特征对径流变化的响应

1. 潮位对径流变化的响应

大通至南京段内潮位与径流存在具有正相关关系。在根据小波分析结果，大通站径流具有 2～3 年、6～7 年和 16～17 年左右三个较显著的周期[图 4-27(a)]，16～17 年左右时间尺度影响范围分布在 1980～2016 年，在 2000～2010 年能量最集中，6～7 年时间尺度影响范围分布在 1965～2000 年，在 1975～1990 年能量最集中[图 4-27(c)]。在整个时段中小波实部正、负交替，形成径流量的洪、枯变换[图 4-27(b)]。芜湖、南京最高水位都具有 3 年、7 年左右的周期，这主要与长江中下游的降水量相关，汛期平均雨深周期即为 7 年(黄忠恕，1983)；最低潮位具有 2～3 年、5 年和 11 年左右的变化周期(吴玲莉和张玮，2009)。因此，大通至南京段极值潮位与径流量间具有相同的年际周期性变化。

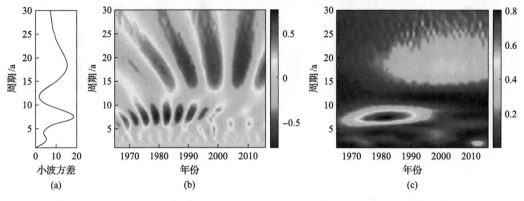

图 4-27　大通站 1965～2016 年径流过程小波分析

(a)小波功率谱；(b)小波实部；(c)小波能谱

在 1 年时间尺度内，大通至南京段内洪季最高潮位可达枯季最高潮位的 2 倍左右，主要受洪、枯季径流量大小变化影响。以大通站月均流量和三个站的月均水位关系进行分析，大通、芜湖和南京站月均水位与大通站月均流量成正相关之间相关系数均为 0.98，在 95%的水平上显著相关(图 4-28)，因此，径流作用对该河段的水位高低占主导作用，潮汐作用造成水位较小幅度的周期性升降。

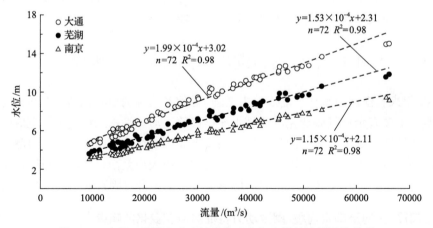

图 4-28　大通、芜湖和南京站月均水位与大通站流量间的关系

上述结果表明，大通至南京河段内径流对潮位的重要影响，因此 4.3.1 节中选取的水文年各月径流量分配差异对极值潮位的影响较大。若相同水文年枯季径流量增大，则最低潮位因径流量增大而上升，径流量增加越多，最低潮位增大越多。然而，最高潮位的增长并非由径流量增大引起，从表 4-4 中枯水年和丰水年径流变化可以看出，径流量虽

然减小了，但最高潮位增大。由于最高潮位由径流和潮汐作用叠加造成，故此认为，潮汐动力的增强导致最高潮位增大。

表 4-4　大通至南京河段极值潮位对大通站径流变化量的响应

水文年 站位	枯水年(1978 年、2011 年)			平水年(1981 年、2014 年)			丰水年(1983 年、2016 年)		
	大通	芜湖	南京	大通	芜湖	南京	大通	芜湖	南京
最高潮位变化量/m	+0.48	+0.64	+0.77	+0.81	+0.78	+0.68	+0.18	+0.21	+0.57
同步径流变化量/(m³/s)	−1400			+5400			−2100		
最低潮位变化量/m	+0.99	+0.62	+0.35	+0.18	+0.16	+0.26	+0.98	+0.81	+0.66
同步径流变化量/(m³/s)	+4770			+500			+4800		

2. 潮差对径流变化的响应

自三峡水库蓄水以来，人为调蓄具有削减洪峰、增大枯季径流量等特点，造成相同水文年流量的年内分配不同。不同水文年月均潮差增长集中在不同月份，这与年内流量分配的差异性密不可分。以南京站为例，1978 年和 2011 年为同等级的特枯年，年内各月流量相近，主要差别在 5～6 月，2011 年 5～6 月的径流量比 1978 年减小约 9000m³/s [图 4-29(a)]，与之相应，2011 年 5～6 月潮差比 1978 年同期增长达到 0.39m；丰水年 2016 年 9～11 月流量减至 1983 年同期的一半[图 4-29(b)]，潮差增大达到 0.50m。

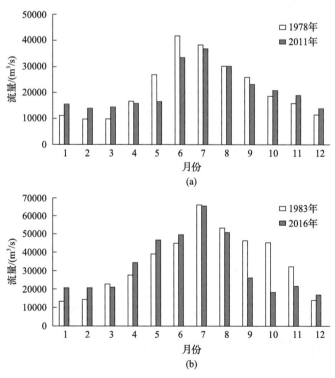

图 4-29　相同水文年大通站径流量年内分配变化

(a)枯水年；(b)丰水年

虽然径流量对大通至南京段的潮动力变化具有较大影响,但是从图4-29中可以看出,在近40年的变化过程中,普遍存在流量相近但潮差较大的情况。因此将1978~1983年与2011~2016年的潮差流量关系进行对比,结果表明,近40年来流量相同的条件下潮差平均增长约10cm,流量越小,潮差增长越大(图4-30)。引起上述变化的原因主要为从下游传播至该段的潮汐动力增强以及该段河床地形变化。本书4.3节中河口段各站潮位资料计算的潮汐特征显示,近40年来河口年均潮差和月均潮差总体增大,半日分潮振幅增大较明显,特别是在靠近口门附近的区域,因此认为潮汐从河口段向近口段传播的动力增强。与此同时,近40年来由于流域涉水工程影响(如三峡水库导致的清水下泄及河段内桥梁工程导致的局部冲刷等),该河段河床冲刷严重,改变了潮汐传播的边界条件,河床变化在4.4.2节中进行详细分析。

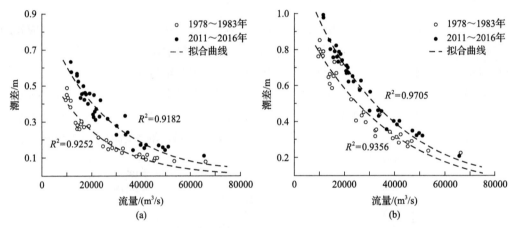

图4-30　近40年芜湖和南京站月均潮差与大通站流量关系变化
(a)芜湖站；(b)南京站

3. 分潮振幅对径流变化的响应

大通和南京站分潮振幅与径流呈负相关关系,决定系数在0.5~0.8范围内,相关关系不显著。流量较小时,分潮振幅变化较快。南京站分潮振幅与流量间的相关关系较强,可决系数均大于0.8,其中M_2分潮振幅与流量的关系最显著。流量越小,各分潮振幅变化越快,即流量对分潮振幅的影响越大(图4-31)。

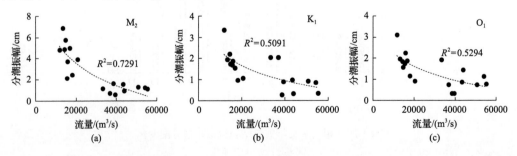

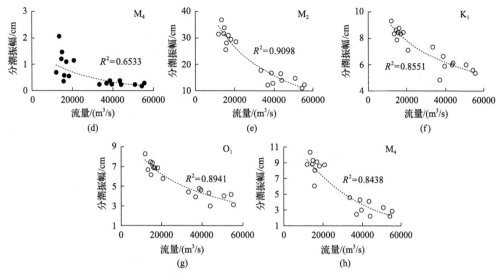

图 4-31 大通、南京站分潮振幅-流量关系

实心圆为大通站，空心圆为南京站

大通站：(a)M$_2$，(b)K$_1$，(c)O$_1$，(d)M$_4$；南京站：(e)M$_2$，(f)K$_1$，(g)O$_1$，(h)M$_4$

通过小波变换可更直观得到不同流量条件下各分潮簇的时空分布，选取 2008 年、2011 年、2014 年和 2016 年四种流量条件：11857m^3/s、13826m^3/s、11592m^3/s 和 21469m^3/s 的水位序列进行小波分析，根据分离出的半日分潮簇和全日分潮簇的方差和小波能谱，表明各分潮能量随流量增大而减小。同时也发现在相近流量下(2008 年与 2014 年)，半日分潮簇的能量明显增大(图 4-32)。

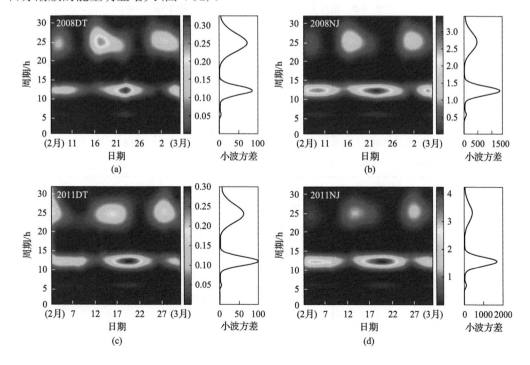

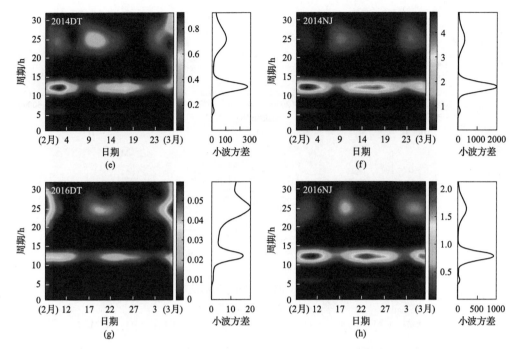

图 4-32　大通站(DT)和南京(NJ)站不同流量条件下水位序列小波分析结果

(a)、(c)、(e)、(g)为大通站分析结果；(b)、(d)、(f)、(h)为南京站分析结果

近 10 年内，相近流量下 M_2、S_2、M_4、MS_4 和 M_6 分潮振幅增大，K_1、O_1 分潮振幅减小。但当枯季流量在 19000m³/s 以上时，M_2、S_2 分潮振幅略有减小(表 4-5)。

表 4-5　南京站相近流量下主要分潮振幅增幅

流量/(m³/s)	年份	分潮振幅增幅/%						
		M_2	S_2	K_1	O_1	M_4	MS_4	M_6
12000	2014 年较 2008 年	17.3	13.4	−10.5	−19.5	17.5	10.0	23.7
15000	2015 年较 2009 年	30.0	24.7	−6.5	−17.7	40.1	18.6	39.3
19000	2016 年较 2012 年	−3.1	−5.5	−15.8	−15.5	1.8	−9.5	23.8
41000	2014 年较 2009 年	30.2	18.8	2.3	−7.7	44.1	34.4	56.2
55000	2016 年较 2010 年	7.3	3.3	−3.2	−25.5	18.4	2.8	36.7

4. 近口段潮汐动力特征对流量变化的响应

在大通至南京段内，流量与潮汐是此消彼长的关系，但在河口段月均潮差呈现洪大、枯小特征(图 4-19)，与长江流量在时间上具有同步相关趋势。近 40 年来，南门、堡镇和吴淞站最高潮位减小主要与最高潮位出现时流量大小相关，20 世纪 70 年代内最高潮位出现在 1974 年，年均流量 33942m³/s，属平水年；2010 年代内最高潮位出现在 2013 年，年均流量 24845m³/s，属偏枯水年。

此外，以吴淞站高、低潮位为例，1975~2016 年吴淞站年均高潮位与大通站年均径流量相关系数为 0.52，年均低潮位与流量相关系数为 0.35，高潮位与流量的相关性更强。高潮位与流量相关关系更强可能是因为涨潮时，流量对潮波的顶托使高潮位与径流引起的增水相近，而落潮时较高的潮汐势能向动能转化，落潮流量增大，导致潮波产生变形，因此低潮位与流量相关性相对较弱。

自从 1998 年河口一系列工程建设开始，受地形变化和海平面上升等因素的影响，吴淞站高潮位与大通站流量相关性增强，相关系数由 0.66 增至 0.84，低潮位与流量相关性降低，相关系数由 0.52 减至 0.48。相同流量条件下高、低潮位均增长，高潮位增大 0.11～0.18m，低潮位增大 0.12～0.27m，低潮位增长更明显(表 4-6)。

表 4-6　1998 年前后大通站相近流量下吴淞站高潮位、低潮位变化

年份	流量/(m³/s)	高潮位/m	低潮位/m
1978	21 256	3.13	0.77
1981	28 090	3.22	0.86
1983	35 326	3.25	0.90
2011	21 118	3.27	0.89
2014	28 205	3.33	1.03
2016	32 804	3.43	1.17

5. 近口段(大通至南京河段)潮汐动力特征对地形变化的响应

在 4.4.1 的计算结果中可发现，相近流量下，潮差和分潮振幅等均发生变化(图 4-30，表 4-4，表 4-5)，半日分潮簇的能量也明显增大(图 4-32)。因此，除径流动力变化对潮动力有影响外，应该还存在其他因素导致长江感潮河段潮汐动力的改变。

在相关的研究中，河床地形变化对潮汐动力有较大的影响。河口河床下切能够降低河流底床坡降，造成潮汐上溯阻力变小，从而导致潮汐动力相对增强(季荣耀等，2010)。长江大通以下河段自 1998 年以来整体呈冲刷状态，河段内发育有明显的冲刷地貌，芜湖河段发育了大型冲刷深槽地貌[图 4-33(a)]，天然洲北侧发育了冲刷岸坡[图 4-33(b)]，

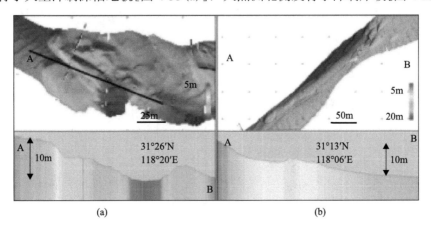

(a)　　　　　　　　　　　　　　(b)

图 4-33　基于多波束测深系统在大通至南京河段内测量到的冲刷地形(郑树伟等，2018)
(a)冲刷深槽；(b)冲刷岸坡

局部冲刷深度可以达到 10m(郑树伟等，2018)。大通河段为显著冲刷区域，2008～2011 年冲刷量 119 万 m³，而 2011～2015 年冲刷量增长了 17 倍(李钦荣等，2017)。1996～2016年，大通站断面左侧淤积，右侧主槽刷深(秦志伟等，2017)，最大冲刷深度达到 5m。1978年大通站实测断面测量资料显示(长江流域水文年鉴，1978)，1978～1996 年，大通站河床断面出现少量冲刷，可见在 1996～2016 年河道断面发生较大变化，河床从左岸至右岸下切(图 4-34)。

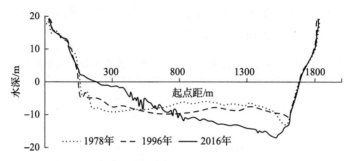

图 4-34　1978～2016 年大通站河道断面形态变化[据秦志伟等(2017)改绘]

为分析大通-南京河段河床整体变化，在大通-南京河段的主槽内，以河道北岸为起点，共 18 个位置设置断面，通过 1998～2013 年断面水深分析断面形态的变化，断面位置如图 4-35 所示。

在大通-成德洲河段内共设置了 4 个断面，分别编号 1#～4#，四个断面从 1998～2013 年整体表现为主槽刷深并向左侧偏移(图 4-36)。1#断面位于和悦洲洲头上游约 2km 处，断面呈"W"形，左侧为主槽；中间浅滩为主要冲刷位置，最大冲刷达到 4m 以上，浅

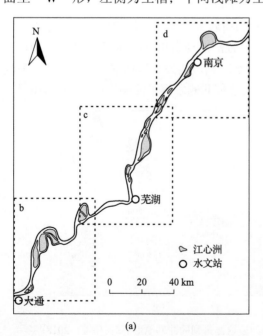

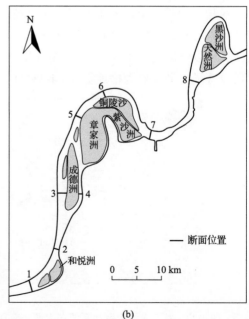

(a)　　　　　　　　　　　　　　　(b)

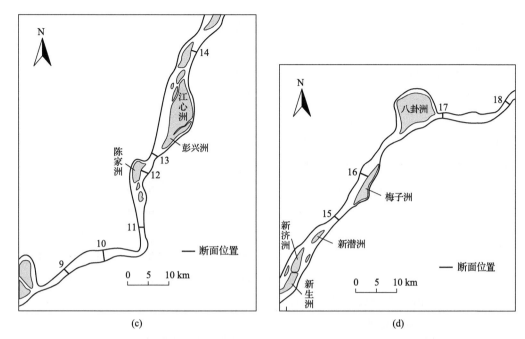

图 4-35　大通-南京河段河槽断面位置示意图

(a)大通-南京河段；(b)大通-天然洲河段河槽断面位置；(c)天然洲-新生洲河段河槽断面位置；
(d)新生洲-南京河段河槽断面位置

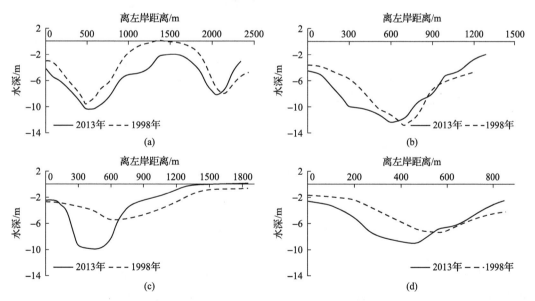

图 4-36　1998～2013 年大通-成德洲河段河槽断面变化

(a)1#断面；(b)2#断面；(c)3#断面；(d)4#断面

滩的冲刷导致主槽右侧河床和支汊左侧河床刷深较显著。2#断面位于和悦洲洲尾下游约 2km 处，断面从 1#经和悦洲到 2#缩窄近 1 倍，断面形态从"W"形变为"V"形，主要冲刷发生在河槽左侧，最大刷深达到 4m 以上，右侧发生小幅淤积。3#和 4#断面分别在成德洲两侧河道，3#断面位于主汊，4#断面位于支汊，两汊河道宽度相差约 1000km。3#断面主槽位置向左岸偏移约 300m，断面形态由平缓的"一"形转变为主槽强烈冲刷的"U"形，深泓平均刷深 6～8m，右侧–5m 以上浅滩发生淤积，平均淤积深度为 2m；4#断面左侧冲刷严重，主槽同样向左侧偏移，过水断面面积显著增大。

成德洲-天然洲河段内共设置 4 个断面，分别编号 5#～8#，四个断面从 1998～2013年表现与 1#～4#断面相反，总体表现为主槽右侧刷深，左侧淤积(图 4-37)。5#断面位于章家洲左侧河道，河槽左侧河床发生淤积，从深泓向左岸淤积厚度逐渐加大至 3m，距左岸 1000m 向右岸出现冲刷，平均刷深 2m。6#断面位于铜陵沙北侧，处于弯曲河道内，最大水深保持不变，但深泓两侧强烈刷深，过水断面面积增加 3600m² 左右。7#断面位于紫沙洲洲尾，–2m 以下全面冲刷，原本"V"形断面右侧被冲刷至–14m，从左岸开始向右岸约 700m 内原本 –2m 以上边滩淤积至 0m。8#断面位于天然洲洲头上游 2 约 km 处，主槽向右侧偏移，河槽底部宽度增加 300m 左右，右侧强烈冲刷，最大冲深 6m，离左岸 600m 以内发生淤积，平均淤积厚度 2m。

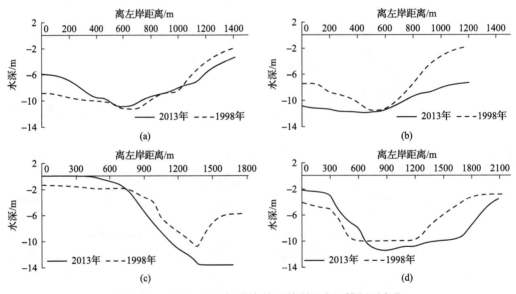

图 4-37　1998～2013 年成德洲-天然洲河段河槽断面变化
(a)5#断面；(b)6#断面；(c)7#断面；(d)8#断面

天然洲-芜湖河段内共设置 2 个断面，分别编号 9#和 10#，两个断面从 1998～2013年总体表现为左、右两岸刷深(图 4-38)。9#断面位于黑沙洲下游的白茆沙水道内，离左岸距离 1000m 至右岸范围内发生冲刷，最大刷深达 4m 以上，主泓向右侧偏移，过水断面面积增大。10#断面由原来的"V"形的单一河道转变为"W"形的复式河道，在左、右岸发生强烈冲刷，左侧河槽冲深将近 12m，右侧河槽冲深 8m；江心沙淤涨，在离左岸 1400m 处淤积最多，达到 0m 以上。

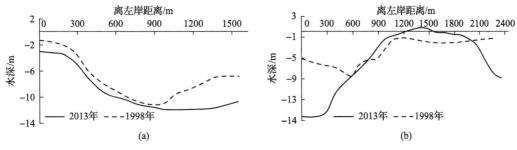

图 4-38　1998～2013 年天然洲-芜湖河段河槽断面变化
(a) 9#断面；(b) 10#断面

芜湖-新生洲河段内共设置 4 个断面，分别编号 11#～14#，四个断面从 1998～2013 年表现出与前 10 个断面以冲刷为主相反的变化，主槽右侧河床强烈淤积，深泓变浅并向左侧偏移(图 4-39)。11#断面位于芜湖水文站下游约 2km 处，原本呈左低右高"一"字形河床转变为"U"形河床断面形态，从离左岸 900m 处开始强烈淤积，至右岸淤积深度达到 10m。12#断面处于陈家洲右侧河道，离左岸 1200km 内原本深度为-10m 左右较为平坦的河床淤积形成"U"形河槽，过水断面面积减小约 6200m²。13#断面河槽右侧强烈淤积，与其他三个断面一致，但其左侧发生强烈冲刷，深泓向左侧偏移近 300m，原本"V"形断面形态由于左冲右淤的变化，河床从左岸到右岸变化较缓。14#断面与 11#断面河道宽度相近，冲淤变化相似，右侧淤积厚度略小于 11#断面。

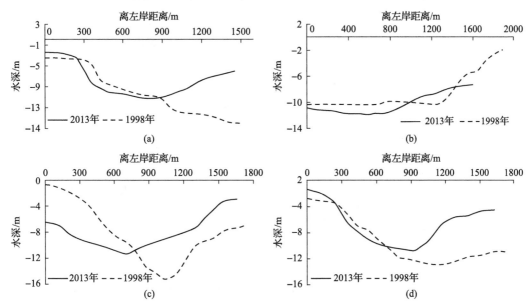

图 4-39　1998～2013 年芜湖-新生洲河段河槽断面变化
(a) 11#断面；(b) 12#断面；(c) 13#断面；(d) 14#断面

新生洲以上共设置 4 个断面，分别编号 15#～18#，四个断面从 1998～2013 年的变化情况与前 14 个断面比较形态变化相对较小，均为"V"形单一河道(图 4-40)。15#和 17#断面所在位置均为单一河道，变化较小，仅在右侧河床出现小幅淤积。16#断面右岸连接梅子洲，断面整体呈淤积状态，深泓左侧河床平均淤积深度 3m 左右，右侧平均淤积深度 1m。18#断面河床下切，主槽冲刷 6m。

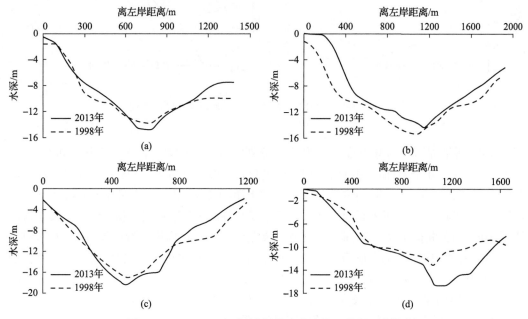

图 4-40　1998～2013 年新生洲-南京河段河槽断面变化

(a)15#断面；(b)16#断面；(c)17#断面；(d)18#断面

河槽断面形态变化沿程分布规律如下，从大通往下游至章家洲左侧弯曲河段主要表现为左冲、右淤，槽冲、滩淤，冲刷大于淤积，河道过水断面增大；向下游至天然洲头转变为左淤、右冲，主槽右移；至漳河口(90°弯曲水道)河床左右两侧冲刷强烈；从芜湖站以上至新生洲断面呈左冲、右淤，淤积大于冲刷，主槽向左偏移；再向下游至南京站断面变化较小，在八卦洲下游出现河床下切。断面变化主要在经过较大的弯曲河道或较大的沙洲后发生改变，除芜湖至新生洲段淤积大于冲刷，河道过水断面面积减小，其余河道均以冲刷为主，主槽刷深，过水面积增大。

在相同流量条件下，由于该河段以冲刷为主，平均断面面积加大，则径流平均流速应相对减慢，水流平均动能减小；而河床下切导致底床坡降减小，水流势能也相应减小，因此径流携带的总能量减小，其对向上游传播的潮汐作用阻力减弱。除径流阻力减小外，根据无摩擦潮波波速计算方法：$c=\sqrt{gh}$，河槽局部剧烈冲刷和整体冲刷能够导致水深h增大，潮波向上游河段的传播速度加快。另外，河口存在三种类型的高能耗散区："门"的高能耗区、曲折河段高能耗区和分汊汇流高能耗区(刘欢等，2011；倪培桐等，2011)。三峡截流后大通至芜湖河段内的江心洲下蚀，浅滩衰退(石盛玉等，2017)，使潮汐能量耗散高能区的减少，因而潮汐能量在该河段的耗散减小。径流阻力减小、潮汐传播速度加快加上潮汐能量耗散减小使该段潮汐动力增强，因此在相近流量下潮差增大。2011 年后该河段冲刷加剧，因此，相同径流条件下，主要半日分潮 M_4 分潮振幅和半日分潮簇能量增大，由 M_2 分潮产生的 M_4 倍潮和 MS_4 复合分潮振幅也增大。

4.4.2 河口段潮汐动力特征对地形变化的响应

1. 河口段河槽平面形态变化

1986～1998 年，中央沙与青草沙合并，形成联合沙体，瑞丰沙向南港北岸偏移，沙洲头与沙洲尾淤涨，面积增大，形成与岸线平行的沙体[图 4-41(a)]；1998～2006 年，中央沙沙头冲刷，南侧较小沙体分离，北侧与青草沙渐渐分离，青草沙北侧向外淤积，形成一个新的小沙体，瑞丰沙被水流切割成三段，上段与中央沙脱离的沙体合并[图 4-41(b)]；2006～2009 年，青草沙水库建成，在青草沙水库北侧形成新的长条形沙洲，瑞丰沙上段开口向东南方向旋转，中段向东南方偏移，新浏河沙沙尾淤积，沙体面积增大[图 4-41(c)]；2009～2015 年，青草沙水库北大堤外新形成的沙体并向南偏移，水库南大堤外沙体淤积，瑞丰沙上段冲刷，中段向北侧偏移，下段沙尾冲刷，沙体面积减小，

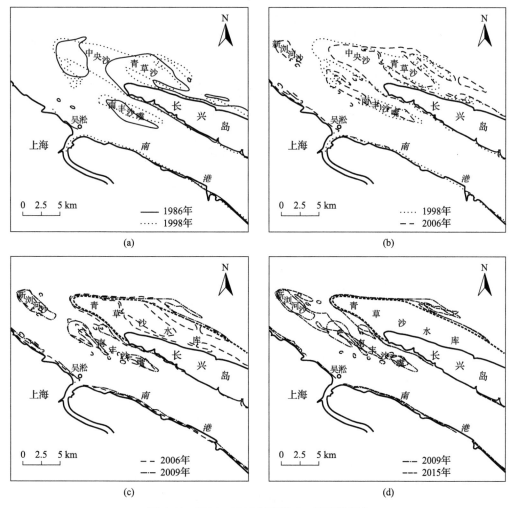

图 4-41　1986～2015 年南港 0m 等深线变化

(a)1986～1998 年；(b)1998～2006 年；(c)2006～2009 年；(d)2009～2015 年

新浏河沙出现显著的淤积增长，其沙尾形状与原瑞丰沙上段相似[图 4-41(d)]。总体上，1986～2015 年，南港 0m 以上沙体发生的主要变化集中在青草沙水库附近，在北大堤外形成新的沙体，南港内瑞丰沙被切割成三段，新浏河沙不断向下游淤积。

　　1986～1998 年，横沙岛东侧白条子沙向下游淤积，形成长条形沙体，横沙浅滩被分离成若干大小不等的沙体，九段沙向东南方向大幅淤积，上、下段间的通道走向由西北-东南转变为北-南，没冒沙出露，南汇边滩向外淤积[图 4-42(a)]；1998～2004 年，横沙岛东侧圈围工程外形成大范围 0m 以上浅滩，沿深水航道工程南、北导堤在坝田内形成淤积，九段沙继续向东南方向淤积，江亚南沙和没冒沙沿主槽方向淤积[图 4-42(b)]；2004～2008 年，南槽各沙体基本未发生较大变化，深水航道北导堤坝田区淤积较严重，九段沙、江亚南沙和没冒沙继续沿主槽方向淤积[图 4-42(c)]；2007～2016 年，横沙岛东侧圈围工程进一步扩张，在填筑区外形成淤积，南、北导堤坝田内进一步淤积，九段沙、

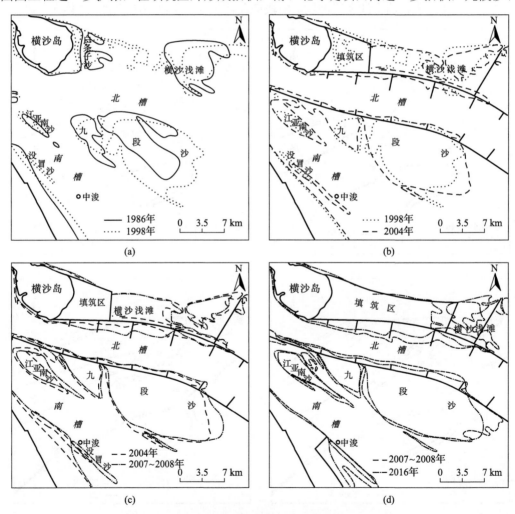

图 4-42　1986～2016 年南槽 0m 等深线变化

(a)1986～1998 年；(b)1998～2004 年；(c)2004～2008 年；(d)2007～2016 年

江亚南沙和没冒沙继续沿主槽方向淤积,九段沙和江亚南沙间出现新的沙体[图 4-42(d)]。总体上,1986～2016 年,九段沙、江亚南沙和没冒沙不断沿主槽方向淤积,圈围工程填筑区外形成新的淤积,深水航道南、北导堤坝田区淤积不断加大。

1986～1998 年,南汇边滩 0m 等深线向外侧推移 2～3km[图 4-43(a)];至 2004 年南汇岸线向外侧推移,0m 以上潮滩面积迅速压缩[图 4-43(b)];2004～2016 年,0m 线再次向外推移[图 4-43(c)～(d)]。

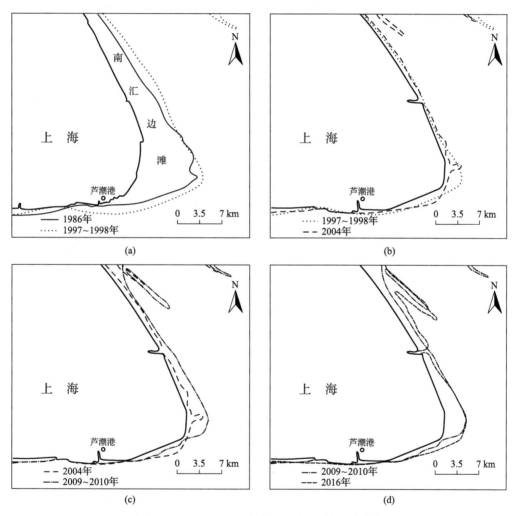

图 4-43　1986～2017 年南汇边滩 0m 等深线变化

(a)1986～1998 年;(b)1998～2004 年;(c)2004～2010 年;(d)2009～2016 年

综合上述三个区域内 0m 以上浅滩(潮间带)在 1986～2016 年的变化情况,主要为涉水工程附近沙体变化和河道内沙体变化。工程附近:青草沙水库建设前中央沙、青草沙从分离状态到结合再分离,水库建成后沿水库大堤沙体淤积,在北侧形成新的沙体并逐渐发育;北槽深水航道南、北导堤坝田内淤积面积逐渐增大;横沙东滩圈围工程不断向海推进，横沙浅滩面积压缩并向海推进；南汇边滩圈围工程前后 0m 浅滩均在淤积，但期间由于岸线向外推移导致潮滩面积急剧减少。河道内：瑞丰沙在此期间被水流冲刷成三段形成串沟并再逐渐向其他沙体靠拢；新浏河沙、江亚南沙、没冒沙和九段沙沿主槽向海方向淤积。

2. 河口段河槽断面形态变化

以河道北岸为起点，在南支、南港和北港各设置 4 个断面，断面位置如图 4-44 所示。南支 4 个断面水深资料为 1998 年和 2013 年，北港 4 个断面水深资料为 2000 年、2008 年和 2016 年，北港 4 个断面水深资料为 1998 年和 2018 年。

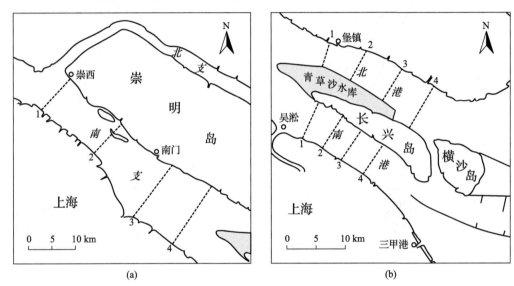

图 4-44　河口段河槽断面位置示意图
(a)南支河槽断面位置示意图；(b)北港和南港河槽断面位置示意图

南支 1#断面位于崇西站附近，1998～2013 年期间断面由"W"形转变为"V"形，1998 年原本位于河道中间的浅滩将河道分为左右两槽，两槽宽度和深度基本相同，但至 2013 年左侧河槽淤积，形成左高右低的斜坡，河道中间的浅滩冲刷，−6m 以上被削平，右侧河槽下切至−15m，形成新的深槽；2#断面离左岸 6000m 内呈阶梯状，在离左岸 3000m 左右的位置出现高度 8m 左右的阶地坡坎，1998～2013 年距左岸 3000m 以内的浅滩(−2m 以上)发生淤积，右侧主槽刷深 4m，深泓向左侧偏移；3#断面位于南门站以下 3km，河槽数量未变，但左侧河槽由 1998 年−5m 左右刷深至−10m，在离左岸 2000～4000m 范围内浅滩淤积，形成 0m 以上浅滩(下扁担沙)，右侧河槽也被刷深，最大刷深达到 8m；4#断面位于南港、北港分流口，深水航槽由 1998 年的 3 个减少至 2013 年的 2 个，最左侧河槽深泓位置略向左侧偏移，原本位于中间的深槽淤积，1998 年离左岸 9000～10000m 范围内的浅滩冲刷成−10m 以下深槽(图 4-45)。

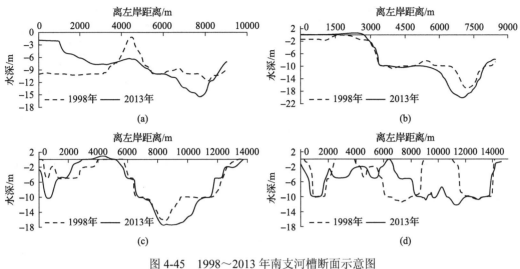

图 4-45　1998～2013 年南支河槽断面示意图

(a)1#断面；(b)2#断面；(c)3#断面；(d)4#断面

北港 1#左岸位于堡镇站附近，右岸至青草沙水库北堤，2000～2008 年断面左侧淤积，右侧冲刷，右侧冲刷范围及冲刷深度大于左侧淤积；2008～2016 年断面由左侧较陡、右侧较缓的"V"形转变为左槽较深、右槽较浅的"W"形，左槽左侧河床冲刷，原本"V"形右侧河床强烈淤积，淤积厚度达到 8m。2#断面：2000～2008 年河槽由 2 个变为 3 个，左槽深泓向左偏移，河槽深度加深，离左岸 4000～5000m 范围内河床淤积，将原本的深槽分离成两个深槽，左侧深槽刷深至−15m，右侧深槽−5m；2008～2016 年，河槽由 3 个再次变为 2 个，最左侧较小河槽消失，中间的主槽向左侧偏移，主槽左侧河床剧烈冲刷，右侧河床淤积，最右侧河槽基本保持不变。3#断面：2000～2008 年深槽由 2 个变为 1 个，左侧深槽淤积成为−5m 浅滩，右侧深槽刷深 2m；2008～2016 年，深槽再次变为 2 个，左侧河槽较小，其深度为−5m 左右，右侧主槽强烈冲刷，冲刷深度达到 6～7m。4#断面右岸至长兴岛北岸，2000～2008 年左侧河槽宽度缩窄，−6～10m 深槽宽度缩窄了 2/3，右侧主槽底部由左至右呈冲刷-淤积-冲刷分布，冲刷量大于淤积量；2008～2016 年左槽宽度略长，主槽左侧河床冲刷，右侧河床淤积形成较缓的边坡(图 4-46)。

南港 1#～4#断面在 1998～2018 年均呈"W"形，左侧河槽宽度较窄，右侧河槽宽度较大。1#断面左侧河槽深度从−11m 刷深至−20m，河槽宽度缩窄 400m 左右，原本 0m 以上浅滩(瑞丰沙)由于期间被水流切割成三段，在离左岸 2000m 左右处冲刷至−5m，右侧主槽刷深至−20m；2#断面主要变化发生在左槽，其深度变浅且向右侧偏移，原本−5m 以上浅滩被冲刷至−5m 以下；3#断面左槽河槽向左偏移，河槽宽度缩窄，心滩冲刷达 5m 以上，主槽右侧河床淤积、坡度减缓；4#断面左侧河槽冲刷，河槽宽度增大 1200m 左右，心滩冲刷至−5m，右侧主槽变化与 3#断面一致(图 4-47)。

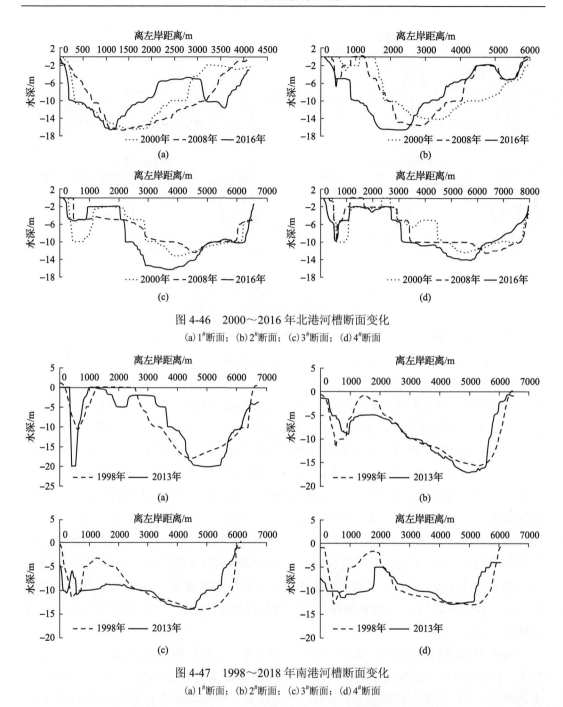

图 4-46　2000~2016 年北港河槽断面变化

(a) 1#断面；(b) 2#断面；(c) 3#断面；(d) 4#断面

图 4-47　1998~2018 年南港河槽断面变化

(a) 1#断面；(b) 2#断面；(c) 3#断面；(d) 4#断面

　　综合上述三个区域内 12 个断面变化情况，南支内由海向陆方向河槽个数从 2 个变为 1 个，左侧支汊向上游逐渐萎缩，右侧主槽冲刷。北港上段河槽从单一变为复式，右侧主槽逐渐向左偏移，原本左侧支汊消失，在右侧形成新支汊，整个断面成为左侧河槽为主槽，右侧河槽较窄较浅的断面形态。南港内河道断面均为"W"形，左侧河槽为窄浅支汊，主槽左侧河床较缓，右侧较陡；变化过程中心滩冲刷，右侧较陡河床坡度减缓。

3. 河口段潮汐动力特征对地形变化的响应

近 40 年来，各站年均潮差变化过程与地形变化过程一致。

南门站在 1973～1978 年期间年均潮差增大，其原因主要是 1973～1983 年南支中段深槽冲刷，其深泓向北侧偏移，浏河口附近断面北侧深槽冲刷(刘蕾，2011)。主槽向北侧偏移，且深度增加，潮波在科氏力作用下在北侧形成增水和变形，导致南门站潮差增大。1998～2013 年期间，南门站以下断面深槽数量减少，过水断面面积增大(图 4-45)，因而进潮量增加，由汇流引起的潮汐能量耗散随之减少，导致潮汐作用增强，潮差增大。

堡镇站在 1973～2002 年期间年均潮差变化与北港槽蓄量变化(陈荣和张鹰，2007)关系密切，槽蓄量增大将增加纳潮量，使潮汐能量汇聚，在同一站位潮汐强度增强。1973～1982 年，北港槽蓄量增大 1.36 亿 m^3，潮差因此增大；1982～1987 年，槽蓄量减小 0.53 亿 m^3，潮差相应减小，但高于 1973 年；1973～2002 年，槽蓄量总体增加 1.6 亿 m^3，即北港河槽呈冲刷态势，年均潮差总体增大。2000～2005 年，堡镇站年均潮差迅速减小，2010 年后增大(图 4-12)，与之相对应地，2000～2008 年，北港断面内 3 个断面 $NC2^\#$、$NC3^\#$ 和 $NC4^\#$ 河床淤积，断面过水面积减小(图 4-46)，导致纳潮空间减小，进潮量的减少使潮汐动力减弱；而在 2008～2016 年期间，三个断面河槽刷深，河床高程降低，坡降减小，潮汐上溯阻力减小；断面面积增大，进潮量增加，因此在 2010 年后潮差增大。

吴淞站在 1990～1998 年期间年均潮差增大，主要是因为期间老浏河沙消失，水流动力增强，南港主槽受到冲刷，尤其是瑞丰沙南侧，冲刷较为强烈，导致瑞丰沙向北侧偏移，吴淞站间断面展宽(图 4-41)，潮汐上溯能力增强。至 2004 年瑞丰沙外侧–10m 向南偏移近 800m，南岸水深逐渐变浅，最大水深由–16.4m 减小至–13m，至 2010 年河槽再次冲刷，最大水深增至–14m(刘蕾，2011)。1998～2010 年南港主槽深度及断面面积经历了减小—增大的变化过程，与年均潮差变化过程一致。

中浚站在 1986～2016 年期间年均潮差增大，主要是因为南槽江亚南沙、九段沙、没冒沙及南汇边滩不断向航道内侧淤积导致主槽缩窄(图 4-42、图 4-43)。1981 年江亚南沙脱离北岸后，主流南偏，南槽上段冲刷，至 2013 年南槽中上段主槽冲刷加剧，浅滩淤积(谢华亮等，2015)。地形的缩窄和主槽冲刷导致潮汐在南槽汇集的能量增强，因此潮差增大。

芦潮港站潮差增大主要是因为南汇边滩促淤围垦工程后，岸线迅速向外推进，潮间带面积急剧减小(图 4-44)。南汇嘴至芦潮港岸段在 1978～1990 年岸线外移，潮间带宽度增长 0.6～0.7km，而 1998 年后岸线向海推进 6.0km，2011 年潮滩面积较 1978 年减小 91.8%～95.5%(计娜等，2013)。潮间带面积减小削弱了对潮汐的耗散作用，岸线外移增加了潮波的反射作用，因此芦潮港站潮差增大最显著。

近 40 年来，地形变化对月均潮差的影响与年均潮差相似，但月均潮差在洪季叠加径流作用后，使月均潮差在洪季增值大于枯季；对 M_2 和 S_2 分潮振幅的影响与潮差相似，但 M_4 和 MS_4 分潮振幅随河槽冲刷而减小。

4.4.3　河口潮汐动力特征对气候变化及海平面上升的响应

除径流变化及地形变化的影响外，潮汐特征本身存在长周期变化。以堡镇 1965～2016 年和吴淞站 1975～2016 年连续的年均潮差序列进行小波分析。堡镇站年均潮差最显著的周期为 18～19 年左右，该周期与月球赤纬角回归周期一致(18.6 年)，其次为与太阳黑子活动周期(11 年)相近的 12 年左右周期，还存在不显著的 4 年左右周期[图 4-48(a)]。18～19 年时间尺度影响范围分布在 1965～2016 年，在 1980～1990 年能量最集中[图 4-48(c)]。在整个时段中高、低值交替，振荡形成两个高振荡中心——1975～1985 年和 1995～2005 年左右，表明这两个时期年均潮差偏高，三个低振荡中心——1970～1975 年、1987～1992 年和 2005～2010 年左右，表明这三个时期年均潮差偏低[图 4-48(b)]。

吴淞站年均潮差周期最显著表现为 15 年左右，该周期与大通站降雨和径流变化周期(14～16 年)相近，其次与厄尔尼诺周期(7 年)相近的 7～8 年周期[图 4-48(d)]。1965～2016 年期间，吴淞站以 15 年时间尺度振荡为主，能量集中在 1985～1995 年，7～8 年时间尺度的振荡主要影响范围在 2000～2016 年[图 4-48(f)]。在两个主要的时间尺度内高、低值交替，高、低振荡中心出现时间比堡镇站推迟 1～2 年[图 4-48(e)]。

在 10 年及以上年际时间尺度上，月球赤纬角周期(18.6 年)、太阳黑子活动周期(11年)和厄尔尼诺周期(7 年)等对河口潮汐特征值具有影响。

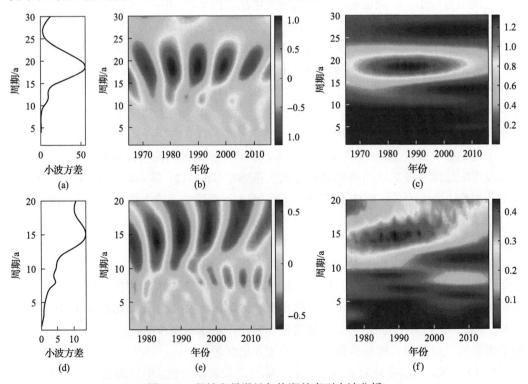

图 4-48　堡镇和吴淞站年均潮差序列小波分析

(a)堡镇站小波方差；(b)堡镇站小波实部；(c)堡镇站小波能谱；(d)吴淞站小波方差；

(e)吴淞站小波实部；(f)吴淞站小波能谱

近 40 年来，河口分潮迟角整体减小，可能与海平面上升相关。在 40 年左右时间尺度上，海平面上升对近岸潮汐特征的改变不可忽视。以吴淞站为例，1975～2016 年长江河口年平均海平面上升了约 0.20m，上升速度为 4.8mm/a（图 4-49）。根据预报模型，2012～2030 年、2050 年和 2100 年长江河口绝对海平面分别上升 49.1mm、148.1mm 和 395.6mm（朱建荣和裘诚，2015）。海平面上升是缓慢且持续的过程，对全球潮汐系统产生一定影响，区域性的海平面上升对局部的潮波系统影响更为显著。

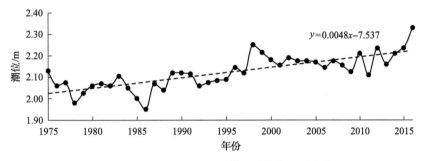

图 4-49　1975～2016 年吴淞站平均海平面变化

将近期河口各站 M_2、K_1 分潮的同潮时等振幅线图[图 4-50(a)]与长江河口近 40 年来同潮等振幅线图进行比较，发现 M_2 分潮从口外向口内同潮时线向内推进，分潮振幅均增大，尤其是在口外的牛皮礁和芦潮港站，而在南支、南港、北港区域，等振幅线南、北两岸差异显著，北侧增加较大。高志刚（2008）得出海平面上升 1m 后 M_2 分潮同潮时线

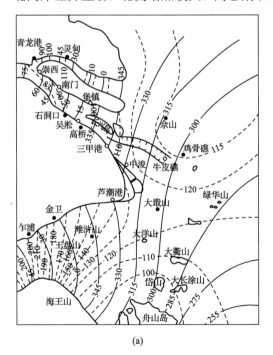
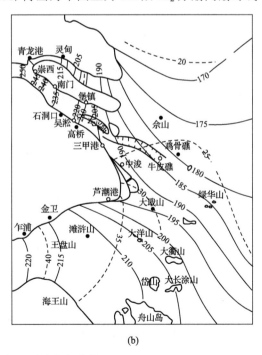

图 4-50　长江口 M_2 和 K_1 分潮振幅变化

(a) 长江口-杭州湾 M_2 分潮同潮时等振幅线图 (陈吉余，1988，改绘)；

(b) 近 40 年来长江口 K_1 分潮同潮时等振幅线图 (陈吉余，1988，改绘)

均发生逆时针方向偏转。由于长江口的 M_2 分潮为东海前进波系统,由东南传向西北,当同潮时线发生逆时针偏转后,长江口内几乎呈北-南方向的 M_2 分潮同潮时线向西北方偏移,即向口内推进,与计算结果一致。

长江口外 K_1 分潮迟角减小,在南港、北港区域后同潮时线也向内推进,沿程迟角变化较快,南港、北港两岸高潮时间出现时差,北岸提前于南岸,而振幅沿程变化缓慢,南港、北港两岸无显著差异[图 4-50(b)]。由于长江口 K_1 分潮系统来自黄海旋转潮波,无潮点位置的变动对 K_1 分潮系统影响较大(于宜法等,2007)。根据章卫胜等(2013)模拟海平面上升 0.90m 后的结果,K_1 分潮在黄海中央无潮点 NNW-SSE 一线以西迟角减小。

综上所述,两个研究区域在径流-潮汐作用的相对强弱具有显著的差异性,因此各影响因素起所占比重具有显著的差异,但其影响在两个区域间又相互关联。本章主要从径流、地形、海平面等因素出发,对两个区域内潮汐特征值变化的原因进行阐述。

径流量大小对潮位的影响最大。近 40 年来,大通-南京河段最低潮位增大主要由枯季径流增大引起,河口段最高潮位减小主要由于洪季径流增大。蓄水期径流量减少使大通至南京河段 10~11 月潮差减少达到 20cm。

然而,在相同径流条件下两个研究区域内的潮汐动力均发生变化,其主要原因为区域内地形的变化。通过研究区域河槽平面形态和断面形态的变化,发现其变化与潮汐特征值变化在时间上具有一致性,当河槽刷深、过水断面面积增大、复式河槽转变为单一河槽、潮间带面积减小等情况发生时,潮汐强度增大,反之则减小。产生这种变化的原因主要为河床坡降减小,使潮汐上溯阻力减小;水深加大,使潮波传播速度加快;过水断面面积增大,使纳潮空间增大;复式河槽转变为单一河槽及潮间带面积减小使得潮汐能量耗散减小。

此外,近 40 年来海平面上升引起 M_2 分潮和 K_1 分潮同潮时线向逆时针方向旋转,使得河口段各站 M_2 分潮和 K_1 分潮迟角减小,北侧迟角减小明显大于南侧。

4.5　结　　语

河口是径流和潮汐作用汇集的区域,其作用范围从潮差为零的潮区界至口外海滨,绵延几百千米。其中,潮汐作用为河口航运、滩地演变、水产养殖和潮能开发等提供基础。从古至今,众多学者对河口潮汐进行各方面研究,随着计算机科学的不断发展,以潮汐作用为基础的海洋数值模拟技术也在不断发展和完善。然而,随着人类发展的需求不断扩大,从流域到河口一系列涉水工程的建设将河口潮汐由自然因素主导变成自然与人为调控共同作用,对潮汐动力特征产生影响。本章通过近 40 年来长江河口近口段的大通至南京河段及河口段两个研究区域内共 11 个水文站潮汐特征值的对比,结合径流与地形变化,研究长江河口潮汐动力变化特征及其影响因素,得出以下主要结论。

(1)长江河口最高潮位和最低潮位由径流和潮汐作用叠加而成。大通至南京河段最高潮位出现时间为洪季 6~7 月大潮期间,最低潮位出现在枯季 1~2 月小潮期间。河口段最高潮位出现时间为 8～10 月大潮期间，最低潮位出现在 1～12 月大潮期间。近 40 年来，大通、芜湖和南京站最高潮位分别增长了 0.28m、0.30m 和 0.35m；最低潮位分别增长了 0.56m、0.29m 和 0.19m。河口段最高潮位减小 0.14～0.37m，最低潮位增大 0.02～0.37m。

（2）大通-南京段月均潮差的年内分配枯季大、洪季小，河口段月均潮差的年内分配枯季小、洪季大，越往口外，洪、枯季相差越不显著。近 40 年来，各月潮差均增大，尤其是在 10～11 月三峡蓄水时期，潮差增长可达 20cm。河口段南港以上的堡镇站月均潮差平均减小 0.26m，南港以下中浚和芦潮港站月均潮差平均增大 0.12m 和 0.28m；河口段各站年均潮差在 1998～2006 年减小 0.10～0.19m，在 2007～2016 年增大 0.06～0.26m。

（3）长江河口以半日分潮 M_2 为主，大通至南京段枯季 M_2 分潮振幅为洪季的 2～3 倍，其衰减速度大于洪季。河口段 M_2 分潮振幅占半日分潮振幅总量 50%以上。近 40 年来，河口段 M_2 分潮振幅增大 1%～12%，S_2 分潮振幅增大 4%～32%，其中吴淞站增幅最小；K_1 分潮振幅基本不变；MS_4 分潮振幅减少较显著，减幅 12%～32%。但就近 10 年来看，河口段 K_1、O_1 和 M_4 分潮振幅减小，M_2、S_2 分潮振幅在南港以上增大，在南港以下减小。而大通至南京河段内 M_2、S_2 分潮振幅和 M_4、MS_4 分潮振幅逐渐增大，K_1、O_1 分潮振幅逐渐减小。

（4）大通站潮汐类型系数 F 值大于 0.50，呈减小趋势，潮汐变形显著，潮汐变形系数 A 值逐渐增大；南京站 F 和 A 值较稳定，F 值枯季小于 0.50，洪季在 0.62～0.87 范围内，有较弱的减小趋势，A 值洪、枯季分别为 0.22 和 0.28 左右。河口段 F 值小于 0.50，A 值在口内大于 0.10，属于非正规半日浅海潮类型，口外小于 0.10，属于正规半日潮类型。

（5）近口段极值潮位、月均潮差、分潮振幅洪、枯季变化受径流影响，最高潮位为最低潮位的 2 倍以上，枯季月均潮差为洪季的 3～5 倍，枯季分潮振幅为洪季的 2～3 倍。但在径流条件相同时，地形变化对其影响较为显著，如在 1998～2013 年该河段河槽最大刷深 5～8m，相同径流条件下，该段月均潮差平均增大 10cm。而河口段年均潮差受地形影响较大，1978～2011 年中浚站南侧岸线向南槽推进 6.0km，没冒沙淤涨近 1 倍，北侧九段沙面积增大近 1/3，河宽显著缩窄，中浚站年均潮差增大 0.15m；2000～2008 年，北港上段淤积，最大淤积深度 4～8m，相应地堡镇站年均潮差减小 0.15m，但 2008～2016 年北港上段河槽冲刷，最大刷深达 5～15m，堡镇站年均潮差增大 0.25m。此外，月球赤纬角回归周期（18.6 年）、太阳黑子活动周期（11 年）和厄尔尼诺周期（3～7 年）可能对河口潮汐特征值产生周期性影响，小波分析结果显示，河口年均潮差具有 18～19 年、12 年、7～8 年、4 年等变化周期。同时，海平面上升导致外海潮波同潮时线发生逆时针偏转，传入河口区的 M_2 分潮迟角减小，振幅增大，且北侧较南侧明显。

然而，仍有以下问题亟待未来解决。

第一，限于水文站潮位资料的分布和时间，由于南京至河口段水文站的原始潮位资料未公开，本书研究区域未能从大通连续到河口段，对潮汐动力特征变化在空间上的连续分布有待进一步加强；大通至南京段潮位资料为两个非连续时段，潮汐动力特征变化在时间上的连续变化有待进一步加强。

　　第二，从传统理论出发，选取了几个最主要的影响因素，对潮汐动力变化的变化进行解释，但由于未能对其进行定量区分，今后需要加强各影响因素对潮汐特征值变化的定量研究。

第5章 长江河口段典型河槽悬移质变化

河口河槽是陆地水流进入海洋的必经之路，其悬移质输运变化的探究是理解河口水文、泥沙过程的重要方式，也是研究河口发育和演变的根本，同时又是评价河口海岸重大工程完成后对河口影响的基础性内容。因此，河口河槽包括潮汐性质、潮流和悬沙浓度等悬移质输运变化过程研究成为国内外河口海岸学研究的重大课题之一。

近年来，随着长江流域水土保持、三峡大坝和南水北调等大型工程的建设，必将会使流域来水来沙及其季节分配发生明显变化。而且，长江河口大规模促淤围垦、深水航道、南汇人工半岛、大型水库、跨江和跨海桥梁等工程的建设也会改变河槽的地形边界条件，从而使各汊道的分流比发生改变，进而会改变潮流流速的大小和方向、悬沙的时空分布、输运及沉降，继而导致河槽地貌发生变化，河槽地貌的改变又会影响到潮汐性质的改变。当潮动力和悬沙浓度发生变化后，又会对河槽边界的稳定性及河口大型工程的安全性产生一定的影响，直接关系到河口工程、航道运输以及沿岸人民的生命财产安全问题。

因此，基于以上因素，在前人的研究基础之上，本章以长江河口北港上段、北槽中上段，南汇南滩水域为研究对象，利用 2001~2013 年来在长江河口现场实测潮流、悬沙数据及相关潮位站潮位资料，研究长江河口河槽水动力变化过程。其有助于深入了解近期河口河槽的动力沉积地貌演变过程，为合理开发利用河口和近海资源提供理论基础，为河口工程维护、航道疏浚及河槽治理提供参考依据，具有重要的理论和实践意义。本章研究区域侧重于河口河槽水域，主要包括研究北港中上段、北槽中上段、南汇南滩水域(图 5-1)。

5.1 资料与方法

5.1.1 历史资料收集

本章收集了南堡镇(2003 年、2007 年、2012 年)、横沙(2006 年、2013 年)、北槽中(2006 年、2013 年)及芦潮港(2001 年、2005 年、2012 年)洪季和枯季潮位站的潮位资料，其中洪季为 6~8 月，枯季包括上一年 12 月至当年 2 月。另外，本章还收集了北港中上段 2003 年 2 月(K0311)、2004 年 9 月(H0411)、2006 年 2 月(K0611)、2007 年 1 月(K0711)和 7 月(H0711)和北槽中上段 2006 年 3 月(K06D)和 8 月(H06D)、2008 年 8 月(H08D)、2009 年 2 月(K09D)、2011 年 8 月(H11D)、2013 年 2 月(K13D)以及南汇南滩水域 2003 年 2 月(K0315)、2004 年 9 月(H0415)的水沙资料。具体观测站点位置和观测时间如图 5-2 和表 5-1 所示。

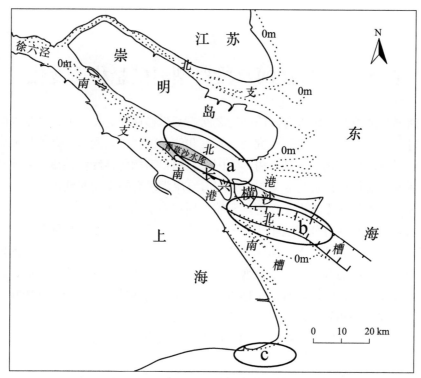

图 5-1　长江河口典型河槽水沙过程研究区域示意图

(a)北港中上段；(b)北槽中上段；(c)南汇南滩水域

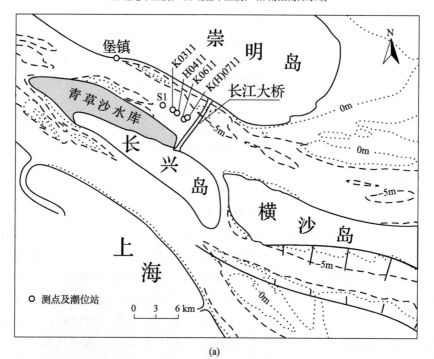

(a)

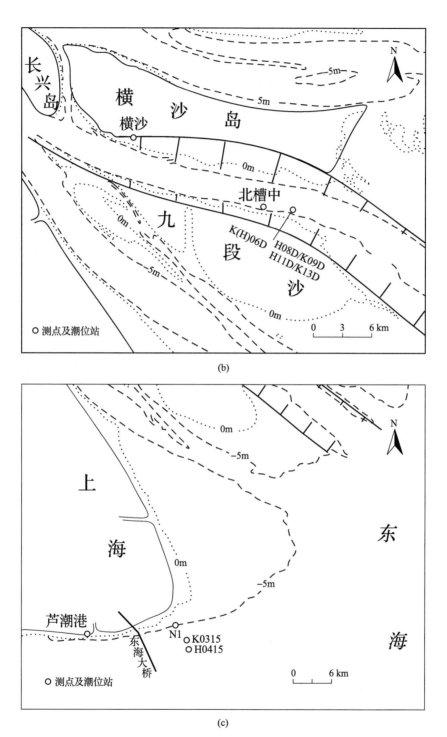

(b)

(c)

图 5-2　长江口北港、北槽、南汇南滩水域测点位置示意图
(a)北港中上段；(b)北槽中上段；(c)南汇南滩水域

5.1.2 现场测量

2011 年 12 月 9～10 日和 2012 年 6 月 6～7 日利用 ADCP 分别同时对青草沙水库北侧(S1)作水流连续定点 26h 同步测量;2011 年 12 月 11～12 日枯季大潮和 2012 年 6 月 8～9 日洪季大潮分别同时利用 ADCP 对东海大桥以东(N1)作水流连续定点 26h 准同步测量。其中,北港中上段 ADCP 测量的声学频率为 1200kHz,南汇南滩水域 ADCP 测量的声学频率为 600kHz;流速和流向采用"六点法"测量,垂线平均流速和流向是利用"六点法"加权平均计算得到的。测点位置和观测时间如图 5-1 和表 5-1 所示。

以上研究区域内的历史实测资料和现场测量资料分别来自不同的年份,其间均进行过不同工程的建设。虽然有些年份部分测点位置不在一点,但测点距离范围不大且潮流性质并没发生根本性的改变。洪季和枯季现场测量时对应季节的水体盐度、温度均变化不大,并且洪季和枯季测量期间与之相应的月平均径流量也相差不大,即上游来水条件基本相似,而且同为大潮时间段内的实测数据,故视为具有一定的可比性。

表 5-1　观测站点和观测时间

观测时段 (年-月-日-时刻)	观测时长/h	观测站点	大通月径流量 /亿 m^3	潮汛
2002-12-01-00:00～2003-02-01-23:00	2160	南堡镇	—	—
2003-06-01-00:00～2003-08-31-23:00	2208	南堡镇	—	—
2003-02-18-17:00～2003-02-19-21:00	29	K0311	420	大潮
2004-09-16-17:00～2004-09-17-19:00	27	H0411	1010	大潮
2006-02-28-18:00～2006-03-01-08:00	15	K0611	280	大潮
2006-12-01-00:00～2007-02-28-23:00	2160	南堡镇	—	—
2007-01-19-12:00～2007-01-20-14:00	27	K0711	280	大潮
2007-07-30-12:00～2007-07-31-14:00	27	H0711	1180	大潮
2007-06-01-00:00～2007-08-31-23:00	2208	南堡镇	—	—
2011-12-09-22:00～2011-12-11-00:00	27	S1	370	大潮
2012-06-05-22:00～2012-06-06-23:00	26	S1	1240	大潮
2011-12-01-00:00～2012-02-2923:00	2184	南堡镇	—	—
2012-06-01-00:00～2012-08-31-23:00	2208	南堡镇	—	—
2005-12-01-00:00～2006-02-28-23:00	2160	横沙	—	—
2005-12-01-00:00～2006-02-28-23:00	2160	北槽中	—	—
2006-03-02-09:00～2003-03-03-10:00	27	K06D	560	大潮
2006-06-01-00:00～2006-08-31-23:00	2208	横沙	—	—
2006-06-01-00:00～2006-08-31-23:00	2208	北槽中	—	—

续表

观测时段 (年-月-日-时刻)	观测时长/h	观测站点	大通月径流量 /亿 m³	潮汛
2006-08-12-20:00～2006-08-13-21:00	29	H06D	740	大潮
2008-08-01-18:00～2008-08-02-19:00	29	H08D	1090	大潮
2009-01-31-22:00～2009-02-01-23:00	30	K09D	310	大潮
2011-08-14-07:00～2011-08-15-08:00	28	H11D	810	大潮
2012-12-01-00:00～2013-02-28-23:00	2160	横沙	—	—
2012-12-01-00:00～2013-02-28-23:00	2160	北槽中	—	—
2013-02-25-05:30～2013-02-26-06:30	27	K13D	380	大潮
2013-06-01-00:00～2013-08-31-23:00	2208	横沙	—	—
2013-06-01-00:00～2013-08-31-23:00	2208	北槽中	—	—
2000-12-01-00:00～2001-02-28-23:00	2160	芦潮港	—	—
2001-06-01-00:00～2001-08-31-23:00	2208	芦潮港	—	—
2003-02-18-19:00～2003-02-19-15:00	21	K0315	420	大潮
2004-09-15-09:00～2004-09-16-11:00	27	H0415	1010	大潮
2004-12-01-00:00～2005-02-28-23:00	2160	芦潮港	—	—
2005-06-01-00:00～2005-08-31-23:00	2208	芦潮港	—	—
2011-12-11-18:00～2011-12-12-20:00	27	N1	370	大潮
2012-06-08-16:00～2012-06-09-17:00	26	N1	1240	大潮
2011-12-01-00:00～2012-02-28-23:00	2184	芦潮港	—	—
2012-06-01-00:00～2012-08-31-23:00	2208	芦潮港	—	—

注：潮位资料源于潮汐表

5.1.3 水样采集及悬沙浓度分析

水样分层采集时一般采用"六点"法：表层(水面下 0.5m)、$0.2H$、$0.4H$、$0.6H$、$0.8H$、底层(离床面 0.5m)，当水深 $H<3m$ 时，采用"三点"法，即表层、中层和底层。逐时于整点时刻分层采集水样，按照各层水样 600ml，送实验室经 45μm 滤纸过滤、105℃恒温箱内烘干，再放入干燥缸里冷却 6～8min 后称重并计算单位水体的悬沙浓度，各时刻的垂线平均悬沙浓度采用"六点法"加权平均计算。其中，所有年份悬沙浓度的测量方法均相同，且由于 ADCP 底表层存在盲区，六点取水样时分别与 ADCP 所测的流速相对应。

5.1.4 调和分析

本节通过 Matlab 程序对各个潮位站的潮位资料进行调和分析，获得各个分潮的振幅，主要包括：主太阴半日分潮振幅（H_{M_2}）、太阴太阳赤纬日分潮振幅（H_{K_2}）、主太阴日分潮振幅（H_{O_1}）、太阴浅海分潮振幅（H_{M_4}）和太阴太阳浅海分潮振幅（H_{MS_4}）。

5.1.5 数据同化处理

当日分潮和半日分潮为同向的前进波时，无论涨潮过程或落潮过程，潮流流速与潮差的相关度都较高（章渭林，1991）。在杭州湾北部湾口处（包括南汇南滩），主要日分潮和半日分潮波都是前进波（章渭林，1989），涨潮或落潮过程中潮流流速与潮差的相关系数约为 0.95，均属高相关。长江河口北港、北槽半日分潮波为前进波，日分潮波以前进波为主，伴有一定的驻波成分（曹永芳，1981），则本章节可以近似采用潮汐-潮流比较法将同一潮型不同潮差下的潮流流速归算到相同潮差下进行对比分析。即以某一年份测点附近潮位站潮差为标准，将其他年份实测流速（测量时段对应测点附近潮位站的潮差）按潮差正比关系换算出相对流速，利用相对流速来分析潮流流速变化。

5.1.6 优势流、优势沙计算

优势流最早见于 Simmons 等（1969）的研究，是用来表征涨、落潮强弱的量，有学者（徐海根和茅志昌，1988）通过潮量的角度来描述，即单宽落潮量除以单宽涨潮量与单宽落潮量之和：

$$R_Q = \frac{Q_e}{Q_e + Q_f} \times 100\% \tag{5-1}$$

式中，R_Q 优势流；Q_e 为单宽落潮量；Q_f 为单宽涨潮量。

$$Q_{e(f)} = \sum_{j=1}^{m} \sum_{i=1}^{n} V_{ij} H_{ij} T_{ij} \cos\theta \tag{5-2}$$

式中，m 为落潮或涨潮历时；n 为分层数目；V 为流速，m/s；H 为水深，m；T 为测量时段，s；θ 为实测流向与潮流长轴方向的夹角；j 为某时段；i 为某层次。

也可以简化为

$$优势流 = 平均落潮历时 \times 平均落潮流速 / (平均落潮历时 \times 平均落潮流速 +$$
$$平均涨潮历时 \times 平均涨潮流速) \tag{5-3}$$

优势沙与优势流相似，是采用单宽落潮输沙量除以单宽涨潮输沙量和单宽落潮输沙量之和的百分比表示（黄柏文等，1987）：

$$R_s = \frac{G_e}{G_e + G_f} \times 100\% \tag{5-4}$$

式中，R_s 为优势沙；G_e 为单宽落潮输沙量；G_f 为单宽涨潮输沙量。

$$G_{e(f)} = \sum_{j=1}^{m}\sum_{i=1}^{n}\sum_{}^{} V_{ij}H_{ij}T_{ij}S_{ij}\cos\theta \tag{5-5}$$

式中，S 为悬沙浓度，kg/m³，其余同式(5-1)。

同样也可以简化为

优势沙=平均落潮历时×平均落潮流速×平均落潮悬沙浓度/(平均落潮历时×平均落潮
流速×平均落潮悬沙浓度+平均涨潮历时×平均涨潮流速×平均涨潮悬沙浓度)

$$\tag{5-6}$$

5.2　潮汐变化特征

本节主要从潮汐性质方面来探讨长江河口河槽潮汐变化特征，潮汐性质主要通过半日潮性质判别系数 $F = (H_{K_1} + H_{O_1})/H_{M_2}$ 和浅水分潮判别系数 $G = H_{M_4}/H_{M_2}$ 或 $F = (H_{M_4} + H_{MS_4})/H_{M_2}$ 来判别。

当河槽的平面形态和水深等边界条件发生明显改变后，潮波的倍潮(如 M_4、M_6 等)或复合潮(如 MS_4 等)等振幅就可能会显现或变大，进而河槽中潮动力的非线性特征就可能会明显增强(Speer, 1984; Speer and Aubery, 1985; Parker, 1991; 杨忠勇等, 2012)。潮动力的非线性特征对悬沙输运和地貌形会产生很大影响，蒋陈娟(2012)对长江河口北槽内潮动力的非线性特征进行了研究，结果表明潮流的非线性特征会使河槽内的最大浑浊带向海的方向移动。杨忠勇等(2012)对洋山港工程前后该海域的潮动力的非线性特征进行了研究，结果表明工程后呈喇叭状的潮汐通道内的水深和地形等边界条件发生明显变化，潮动力的非线性特征较为显著。

5.2.1　北港上段潮汐变化特征

本节主要利用 2003～2012 年南堡镇潮位站潮位资料分析北港上段潮汐性质、特征的变化，依此来分析近 10 年来北港上段河槽因受青草沙水库、长江大桥等工程建设对潮汐性质的影响。

洪季，2003 年南堡镇潮位站 M_2 分潮振幅 H_{M_2} 为 114cm；K_1 分潮振幅 H_{K_1} 为 31cm；O_1 分潮振幅 H_{O_1} 为 18cm；M_4 分潮振幅 H_{M_4} 为 18cm；MS_4 分潮振幅 H_{MS_4} 为 13cm。2012 年 H_{M_2} 为 118cm，增幅 4%；H_{K_1} 为 29cm，减幅 6%；H_{O_1} 为 16cm，减幅 11%；H_{M_4} 为 22cm，增幅 22%；H_{MS_4} 为 15cm，增幅 15%(表 5-2)。

枯季，2003 年南堡镇潮位站 M_2 分潮振幅 H_{M_2} 为 107cm；K_1 分潮振幅 H_{K_1} 为 28cm；O_1 分潮振幅 H_{O_1} 为 17cm；M_4 分潮振幅 H_{M_4} 为 15cm；MS_4 分潮振幅 H_{MS_4} 为 9cm。2012 年 H_{M_2} 为 109cm，增幅 2%；H_{K_1} 为 24cm，减幅 14%；H_{O_1} 为 15cm，减幅 12%；H_{M_4} 为 18cm，增幅 20%；H_{MS_4} 为 14cm，增幅 56%(表 5-2)。

可见，2003～2012 年，北港上段洪季和枯季 H_{M_4} 以及 H_{MS_4} 的增幅远远大于 H_{M_2} 的增幅，表明北港上段潮动力特征的非线性特征明显加强。

2003 年洪季南堡镇潮位站 F 值为 0.43，2012 年减至 0.38，减幅 12%；2003 年枯季南堡镇潮位站 F 值为 0.42，2012 年减至 0.36，减幅 14%（表 5-2）。前后 F 值均小于 0.5，表明近 10 年来北港中上段水域均属半日潮性质。2003 年洪季南堡镇潮位站 G 值为 0.17，2012 年增至 0.19，增幅 19%；2003 年枯季南堡镇潮位站 G 值为 0.14，2012 年增至 0.17，增幅 21%（表 5-2）。可见近 10 年来该海域潮汐性质均为非正规半日浅海分潮。

表 5-2　2003～2012 年洪季和枯季北港上段南堡镇主要分潮振幅及其变幅

年份	分潮振幅/cm					F	G	I
	H_{M_2}	H_{K_1}	H_{O_1}	H_{M_4}	H_{MS_4}			
洪季 2003	114	31	18	18	13	0.43	0.16	0.28
2007	112	32	20	19	14	0.46	0.17	0.30
2012	118	29	16	22	15	0.38	0.19	0.30
变幅	4%	6%	11%	22%	15%	12%	19%	7%
枯季 2003	107	28	17	15	9	0.42	0.14	0.28
2007	104	28	19	17	12	0.45	0.16	0.28
2012	109	24	15	18	14	0.36	0.17	0.28
变幅	2%	14%	12%	20%	56%	14%	21%	0

注：$F = (H_{K_1} + H_{O_1})/H_{M_2}$；$G = H_{M_4}/H_{M_2}$；$I = (H_{M_4} + H_{MS_4})/H_{M_2}$

可见，近 10 年来北港上段青草沙水库和长江大桥的建设，使北港上段河槽平面形态和地形等边界条件发生急剧变化，致使该水域浅水分潮性质有所增加，潮动力的非线性特征明显呈现。

5.2.2　北槽中上段潮汐变化特征

本节主要分析 2006～2013 年北槽深水航道三期工程前后北槽中上段河槽水域潮汐变化特征，将 2006 年视为北槽深水航道二期工程竣工后（三期工程前），2013 年视为三期工程竣工后。

洪季，三期工程前（2006 年）横沙潮位站 M_2 分潮振幅 H_{M_2} 为 113cm；K_1 分潮振幅 H_{K_1} 为 33cm；O_1 分潮振幅 H_{O_1} 为 18cm；M_4 分潮振幅 H_{M_4} 为 12cm；MS_4 分潮振幅 H_{MS_4} 为 9cm。工程后（2013 年），H_{M_2} 为 115cm，增幅 2%；H_{K_1} 为 27cm，减幅 18%；H_{O_1} 为 14cm，减幅 22%；H_{M_4} 为 17cm，增幅 42%；H_{MS_4} 为 13cm，增幅 44%（表 5-3）。工程前，北槽中潮位站 H_{M_2} 为 121cm；H_{K_1} 为 35cm；H_{O_1} 为 18cm；H_{M_4} 为 8cm；H_{MS_4} 为 6cm。工程后，H_{M_2} 为 127cm，增幅 5%；H_{K_1} 为 29cm，减幅 17%；H_{O_1} 为 14cm，减幅 22%；H_{M_4} 为 9cm，增幅 13%；H_{MS_4} 为 7cm，增幅 17%（表 5-3）。可见，三期工程后，北槽中上段 H_{M_4} 以及 H_{MS_4} 的增幅远远大于 H_{M_2} 的增幅，且上段增幅更显著，表明工程后洪季北槽中上段潮动力的非线性特征明显增强。

根据潮汐性质来判别，北槽深水航道三期工程前横沙潮位站附近半日潮性质判别系数 F 值为 0.45，工程后减至 0.36，减幅 20%；工程前，北槽中潮位站 F 值为 0.44，工程后减值 0.34，减幅 23%（表 5-3）。工程前后 F 值小于 0.5，表明工程前后均属半日潮性质。工程前横沙潮位站浅水分潮判别系数 G 值为 0.11，工程后增至 0.15，增幅 36%；北槽中潮位站工程前后 G 值基本不变（表 5-3）。可见三期工程前后洪季该海域潮汐性质均为非正规半日浅海分潮。

表 5-3　2006～2013 年北槽深水航道三期工程前后横沙、北槽中洪季主要分潮振幅及其变幅

	年份	分潮振幅/cm					F	G	I
		H_{M_2}	H_{K_1}	H_{O_1}	H_{M_4}	H_{MS_4}			
横沙	2006	113	33	18	12	9	0.45	0.11	0.19
	2013	115	27	14	17	13	0.36	0.15	0.26
	变幅	2%	18%	22%	42%	44%	20%	36%	37%
北槽中	2006	121	35	18	8	6	0.44	0.07	0.12
	2013	127	29	14	9	7	0.34	0.07	0.13
	变幅	5%	17%	22%	13%	17%	23%	0	8%

注：$F = (H_{K_1} + H_{O_1})/H_{M_2}$；$G = H_{M_4}/H_{M_2}$；$I = (H_{M_4} + H_{MS_4})/H_{M_2}$

枯季，三期工程前（2006 年）横沙潮位站 M_2 分潮振幅 H_{M_2} 为 112cm，K_1 分潮振幅 H_{K_1} 为 27cm，O_1 分潮振幅 H_{O_1} 为 16cm，M_4 分潮振幅 H_{M_4} 为 11cm，MS_4 分潮振幅 H_{MS_4} 为 8cm。工程后（2013 年），H_{M_2} 为 115cm，增幅 3%，H_{K_1} 为 23cm，减幅 15%，H_{O_1} 为 15cm，减幅 6%，H_{M_4} 为 17cm，增幅 55%，H_{MS_4} 为 13cm，增幅 63%（表 5-4）。工程前，北槽中潮位站 H_{M_2} 为 119m，H_{K_1} 为 29cm，H_{O_1} 为 17cm，H_{M_4} 为 8cm，H_{MS_4} 为 6cm。工程后，H_{M_2} 为 127cm，增幅 7%，H_{K_1} 为 24cm，减幅 17%，H_{O_1} 为 14cm，减幅 18%，H_{M_4} 为 9cm，增幅 13%，H_{MS_4} 为 7cm，增幅 17%（表 5-4）。可见，三期工程后，北槽中上段 H_{M_4} 以及 H_{MS_4} 的增幅远远大于 H_{M_2} 的增幅，且上段增幅更显著，表明工程后枯季北槽中上段潮动力的非线性特征明显增强。

根据潮汐性质来判别，北槽深水航道三期工程前横沙潮位站附近半日潮性质判别系数 F 值为 0.38，工程后减至 0.33，减幅 14%；工程前，北槽中潮位站 F 值为 0.39，工程后减至 0.30，减幅 23%（表 5-4）。工程前后 F 值均小于 0.5，表明工程前后均属半日潮性质。工程前横沙潮位站浅水分潮判别系数 G 值为 0.10，工程后增至 0.15，增幅 51%；北

表 5-4　2006～2013 年北槽深水航道三期工程前后横沙、北槽中枯季主要分潮振幅及其变幅

	年份	分潮振幅/cm					F	G	I
		H_{M_2}	H_{K_1}	H_{O_1}	H_{M_4}	H_{MS_4}			
横沙	2006	112	27	16	11	8	0.38	0.10	0.17
	2013	115	23	15	17	13	0.33	0.15	0.26
	变幅	3%	15%	6%	55%	63%	14%	51%	54%
北槽中	2006	119	29	17	8	6	0.39	0.07	0.12
	2013	127	24	14	9	7	0.30	0.07	0.13
	变幅	7%	17%	18%	13%	17%	23%	0	8%

注：$F = (H_{K_1} + H_{O_1})/H_{M_2}$；$G = H_{M_4}/H_{M_2}$；$I = (H_{M_4} + H_{MS_4})/H_{M_2}$

槽中潮位站工程前后 G 值基本不变(表 5-4)。表明枯季三期工程前后该海域潮汐性质均为非正规半日浅海分潮。

综上所述,深水航道三期工程后,北槽中上段潮动力的非线性特征明显增强,且上段增加更明显;工程后北槽上段浅水分潮性质增加,中段浅水分潮性质基本不变,且工程前后潮汐性质均属非正规半日浅海分潮。

5.2.3　南汇南滩水域潮汐变化特征

本小节主要根据南汇南滩芦潮港潮位站潮汐表潮位资料分析 2001~2012 年潮汐变化特征,并分析东海大桥及周边围垦工程的建设对该水域潮汐的影响情况。

洪季,2001 年芦潮港潮位站 M_2 分潮振幅 H_{M_2} 为 144cm,K_1 分潮振幅 H_{K_1} 为 37cm,O_1 分潮振幅 H_{O_1} 为 19cm,M_4 分潮振幅 H_{M_4} 为 10cm,MS_4 分潮振幅 H_{MS_4} 为 7cm。2012 年 H_{M_2} 为 159cm,增幅 10%,H_{K_1} 为 36cm,减幅 3%,H_{O_1} 为 19cm,不变,H_{M_4} 为 11cm,增幅 10%,H_{MS_4} 为 9cm,增幅 29%(表 5-5)。

枯季,2001 年芦潮港潮位站 H_{M_2} 为 145cm,H_{K_1} 为 35cm,H_{O_1} 为 19cm,H_{M_4} 为 10cm,H_{MS_4} 为 7cm。2012 年 H_{M_2} 为 159cm,增幅 10%,H_{K_1} 为 32cm,减幅 9%,H_{O_1} 为 19cm,不变,H_{M_4} 为 11cm,增幅 10%,H_{MS_4} 为 9cm,增幅 29%(表 5-5)。

表 5-5　2001~2012 年洪季和枯季南汇南滩水域芦潮港主要分潮振幅及其变幅

| | 年份 | 分潮振幅/cm | | | | | F | G | I |
		H_{M_2}	H_{K_1}	H_{O_1}	H_{M_4}	H_{MS_4}			
洪季	2001	144	37	19	10	7	0.39	0.07	0.12
	2005	138	40	22	9	7	0.45	0.07	0.12
	2012	159	36	19	11	9	0.35	0.07	0.13
	变幅	10%	3%	0	10%	29%	10%	0	7%
枯季	2001	145	35	19	10	7	0.37	0.07	0.12
	2005	139	38	22	9	7	0.43	0.07	0.12
	2012	159	32	19	11	9	0.32	0.07	0.13
	变幅	10%	9%	0	10%	29%	14%	0	8%

注:$F = (H_{K_1} + H_{O_1})/H_{M_2}$;$G = H_{M_4}/H_{M_2}$;$I = (H_{M_4} + H_{MS_4})/H_{M_2}$

可见,2001~2012 年,南汇南滩水域洪季和枯季 HMS4 的增幅大于 H_{M_2} 的增幅,表明该海域潮动力的非线性特征有所增强。

2001 年洪季南汇南滩水域芦潮港潮位站 F 值为 0.39,2012 年减至 0.35,减幅 10%;2001 年枯季芦潮港潮位站 F 值为 0.37,2012 年减至 0.32,减幅 14%(表 5-5)。前后 F 值均小于 0.5,表明近期该海域潮汐性质均属半日潮性质。2001 年洪季芦潮港潮位站 G 值为 0.07,2012 年保持不变仍为 0.07;2001 年枯季芦潮港潮位站 G 值为 0.07,2012 年保持不变仍为 0.07(表 5-5)。可见近期该海域潮汐性质均为非正规半日浅海分潮。

综上可知,2001~2012 年南汇南滩水域受东海大桥及周边围垦工程对地形和水深等边界条件改变的影响,潮动力的非线性特征明显增强,而浅水分潮性质并未受到影响。

5.3　潮流变化特征

本小节将基于实测资料从涨、落潮垂线平均流速、全潮垂线平均流速和优势流等四项指标来分析近年来北港上段、北槽中段及南汇南滩水域潮流变化特征。

5.3.1　北港上段潮流变化特征

洪季大潮，2004～2012 年北港上段河槽落潮优势增强，涨、落潮及全潮垂线平均流速均减小，涨潮流速减少更为明显。2004 年涨潮垂线平均流速为 0.87m/s，2007 年减至 0.79m/s，2012 年大幅度减至 0.43m/s；2004 年落潮垂线平均流速为 1.40m/s，2007 年减至 1.04m/s，2012 年基本不变为 1.03m/s；全潮垂线平均流速 2004 年为 1.25m/s，2007 年减至 0.97m/s，2012 年又减至 0.87m/s；优势流由 2004 年的 0.80 增至 2012 年的 0.87（表 5-6）。

表 5-6　2003～2012 年洪季和枯季大潮北港上段河槽各测点潮流特征值

潮型	测量时间	测点	潮差/cm	落潮历时/h	涨潮历时/h	落潮流速/(m/s)	涨潮流速/(m/s)	全潮流速/(m/s)	优势流
洪季大潮	2004-09	H0411	368	8.93	3.57	1.40	0.87	1.25	0.80
	2007-07	H0711	318	8.82	3.76	1.04	0.79	0.97	0.76
	2012-06	S1	338	8.77	3.22	1.03	0.43	0.87	0.87
枯季大潮	2003-02	K0311	343	8.34	4.26	0.90	1.13	0.98	0.61
	2006-03	K0611	373	8.23	4.47	1.02	1.09	1.04	0.63
	2007-01	K0711	291	8.19	4.28	0.84	0.69	0.79	0.70
	2011-12	S1	259	8.07	4.92	0.89	0.78	0.84	0.65

枯季大潮，2003～2011 年北港上段河槽落潮优势增强，2011 年涨、落潮及全潮垂线平均流速均比 2007 年略大，但比 2003 年小，且涨潮流速减少更为明显。2003 年涨潮垂线平均流速为 1.13m/s，2006 年略减至 1.09m/s，2007 年大幅度减至 0.69m/s，2011 年略增至 0.78m/s；2003 落潮垂线平均流速为 0.90m/s，2006 年增至 1.02m/s，2007 年又减至 0.84m/s，2011 年为 0.89m/s；全潮垂线平均流速 2003 年为 0.98m/s，2006 年为 1.04m/s，2007 年减至 0.79m/s，2011 年为 0.84m/s；优势流由 2003 年的 0.61 增至 2011 年的 0.65（表 5-6）。

可见，北港上段河槽涨、落潮流速减小，尤其是涨潮流速减小较为明显，落潮优势增强。2011 年枯季和 2012 年洪季测点 S_1 位于青草沙沙体的尾部，且离主河槽有一定距离，这可能会比主河槽内的流速小一些。

5.3.2　北槽中段潮流变化特征

洪季大潮，北槽深水航道三期工程前后其中段落潮优势略减，涨潮、落潮及全潮平均流速均略减小。工程前涨潮平均流速为 1.11m/s，落潮平均流速为 1.53m/s，全潮平均流速为 1.38m/s；工程期间涨潮、落潮及全潮平均流速分别为 1.04m/s、1.44m/s、1.30m/s；

工程后涨潮、落潮及全潮平均流速分别为 1.04m/s、1.43m/s 和 1.29m/s；工程前优势流为 0.67，工程后略减至 0.64（表 5-7）。

表 5-7　2006～2013 年洪季和枯季大潮北槽中段河槽各测点潮流特征值

潮型	测量时间	测点	潮差/cm	落潮历时/h	涨潮历时/h	落潮流速/(m/s)	涨潮流速/(m/s)	全潮流速/(m/s)	优势流
洪季大潮	2006-08	H06D	384	7.10	4.90	1.53	1.11	1.38	0.67
	2008-08	H08D	361	7.08	5.32	1.44	1.04	1.30	0.72
	2011-08	H11D	359	6.97	5.32	1.43	1.04	1.29	0.64
枯季大潮	2006-03	K06D	410	7.12	5.18	1.37	0.91	1.16	0.67
	2009-02	K09D	405	7.20	5.17	1.35	0.90	1.15	0.62
	2013-02	K13D	334	7.02	5.30	1.12	0.74	0.94	0.64

枯季大潮，北槽深水航道三期工程前后其中段落潮优势也稍微减弱，涨、落潮及全潮平均流速都均略减小。工程前涨、落潮及全潮平均流速分别为 0.91m/s、1.37m/s 和 1.16m/s；工程期间涨、落潮及全潮平均流速分别为 0.90m/s、1.35m/s 和 1.15m/s；工程后涨、落潮及全潮平均流速分别为 0.74m/s、1.12m/s 和 0.94m/s（表 5-7）。工程前优势流为 0.67，工程后略减至 0.64（表 5-7）。

可见，深水航道三期工程后，北槽中段洪季和枯季大潮涨、落潮平均流速均略减小；洪季和枯季大潮优势流均稍减弱，但落潮流始终占主导优势；由于测点靠近南导堤，可能会与河槽中间区域潮流变化有所差别。

5.3.3　南汇南滩水域潮流变化特征

洪季大潮，2004～2012 年南汇南滩水域落潮优势增强，涨、落潮垂线平均流速均增大，且落潮流速增加更为明显。2004 年涨潮垂线平均流速为 0.77m/s，2012 年增至 0.91m/s；2004 年落潮垂线平均流速为 0.67m/s，2012 年增至 1.01m/s；全潮垂线平均流速由 2004 年的 0.72m/s 增至 2012 年的 0.96m/s；优势流 2004 年为 0.50，2012 年增加至 0.55（表 5-8）。

表 5-8　2003～2012 年洪季和枯季大潮南汇南滩水域各测点潮流特征值

潮型	测量时间	测点	潮差/cm	落潮历时/h	涨潮历时/h	落潮流速/(m/s)	涨潮流速/(m/s)	全潮流速/(m/s)	优势流
洪季大潮	2004-09	H0415	399	6.60	5.68	0.67	0.77	0.72	0.50
	2012-06	N1	365	6.74	6.19	1.01	0.91	0.96	0.55
枯季大潮	2003-02	K0315	410	6.50	5.83	1.00	1.13	1.06	0.50
	2011-12	N1	378	5.85	6.66	0.61	0.93	0.78	0.37

枯季大潮，2003～2011 年南汇南滩水域落潮优势减弱，涨潮优势增强，且由原来的落潮流占主导优势转变为目前的涨潮流占主导优势；涨、落潮流速均减小，且落潮流速减少较多。2003 年涨潮垂线平均流速为 1.13m/s，2011 年减至 0.93m/s，2003 年落潮垂线平均流速为 1.00m/s，2011 年减至 0.61m/s；全潮垂线平均流速由 2003 年的 1.06m/s 减

为 2011 年的 0.78m/s；优势流 2004 年为 0.50，2012 年减至 0.37（表 5-8）。

可见，南汇南滩水域洪季大潮涨、落潮流速增大，落潮优势增强；枯季大潮涨、落潮流速减小，落潮优势减弱。

5.4　悬沙浓度变化特征

本小节将基于实测资料从涨、落潮垂线平均悬沙浓度、全潮垂线平均悬沙浓度和优势沙等四项指标来分析近年来北港上段、北槽中段及南汇南滩水域悬沙浓度变化特征。

5.4.1　北港上段悬沙浓度变化特征

洪季大潮，2004～2012 年北港上段河槽涨、落潮垂线平均悬沙浓度呈逐渐减少的趋势。2004 年涨潮垂线平均悬沙浓度为 $0.39kg/m^3$，2007 年略减至 $0.37kg/m^3$，2012 年减至 $0.27kg/m^3$；2004 年落潮垂线平均悬沙浓度为 $0.42kg/m^3$，2007 年减至 $0.33kg/m^3$，2012 年减至 $0.29kg/m^3$；全潮垂线平均悬沙浓度 2004 年为 $0.41kg/m^3$，2007 年减至 $0.34kg/m^3$，2012 年为 $0.29kg/m^3$；优势沙 2004 年为 0.81，2007 年减少至 0.73，2012 年又增至 0.88（表 5-9）。

表 5-9　2003～2012 年洪季和枯季大潮北港上段河槽各测点悬沙浓度特征值

潮型	测量时间	测点	落潮/(kg/m³)	涨潮/(kg/m³)	全潮/(kg/m³)	优势沙
	2004-09	H0411	0.42	0.39	0.41	0.81
洪季大潮	2007-07	H0711	0.33	0.37	0.34	0.73
	2012-06	S1	0.29	0.27	0.29	0.88
	2003-02	K0311	0.29	0.46	0.36	0.50
枯季大潮	2006-03	K0611	—	—	—	—
	2007-01	K0711	0.27	0.31	0.28	0.67
	2011-12	S1	0.59	0.77	0.65	0.59

枯季大潮，2003～2011 年北港上段河道水域涨、落潮及全潮垂线平均悬沙浓度均呈"先减少后增多"的变化趋势，且落潮悬沙浓度变化幅度较涨潮大。2003 年涨潮垂线平均悬沙浓度为 $0.46kg/m^3$，2007 年减至 $0.31kg/m^3$，2011 年增至 $0.77kg/m^3$；落潮平均悬沙浓度 2003 年为 $0.29kg/m^3$，2007 年略减至 $0.27kg/m^3$，2011 年增至 $0.59kg/m^3$；全潮垂线平均悬沙浓度 2003 年为 $0.36kg/m^3$，2007 年减至 $0.28kg/m^3$，2011 年又增至 $0.65kg/m^3$；优势沙 2003 年为 0.50，2007 年增至 0.74，2012 年又减至 0.59（表 5-9）。

可见，近 10 年来北港上段洪季大潮涨、落潮及全潮垂线平均悬沙浓度减少，优势沙增大；枯季大潮涨、落潮及全潮垂线平均悬沙浓度增多，优势沙增大。

5.4.2　北槽中段悬沙浓度变化特征

洪季大潮，北槽中段深水航道三期工程前落潮、涨潮及全潮平均悬沙浓度分别为 $0.94kg/m^3$、$1.15kg/m^3$ 和 $1.01kg/m^3$；工程期间落潮、涨潮及全潮平均悬沙浓度分别为

1.27kg/m³、1.35kg/m³ 和 1.38kg/m³；工程后落潮、涨潮及全潮平均悬沙浓度分别增加至
1.54kg/m³、1.41kg/m³、1.49kg/m³；三期工程前优势沙为 0.62，工程期间增至 0.71，工程
后又减至 0.66（表 5-10）。

表 5-10　2006～2013 年洪季和枯季大潮北槽中段河槽各测点悬沙浓度特征值

潮型	测量时间	测点	落潮/(kg/m³)	涨潮/(kg/m³)	全潮/(kg/m³)	优势沙
洪季大潮	2006-08	H06D	0.94	1.15	1.01	0.62
	2008-08	H08D	1.27	1.35	1.38	0.71
	2011-08	H11D	1.54	1.41	1.49	0.66
枯季大潮	2006-03	K06D	0.76	0.93	0.84	0.63
	2009-02	K09D	1.07	1.25	1.15	0.58
	2013-02	K13D	—	—	—	—

枯季大潮，北槽中段深水航道三期工程前落潮、涨潮及全潮平均悬沙浓度分别为
0.76kg/m³、0.93kg/m³ 和 0.84kg/m³；工程期间落潮、涨潮及全潮平均悬沙浓度分别增
至 1.07kg/m³、1.25kg/m³ 和 1.15kg/m³。三期工程前优势沙为 0.63，工程期间减至 0.58
（表 5-10）。

可见，深水航道三期工程后，北槽中段洪季和枯季涨落潮平均悬沙浓度均增多，且
落潮平均悬沙浓度的增幅远大于涨潮平均悬沙浓度的增幅，全潮平均悬沙浓度洪季增幅
大于枯季；洪季大潮优势沙增大，洪季和枯季落潮输沙量始终占主导优势。

5.4.3　南汇南滩水域悬沙浓度变化特征

洪季大潮，2004～2012 年南汇南滩水域涨潮垂线平均悬沙浓度明显减少，落潮悬沙
浓度增多，且潮周期内悬沙浓度呈减少趋势。2004 年涨潮垂线平均悬沙浓度为 2.43kg/m³，
2012 年减至 1.23kg/m³；2004 年落潮垂线平均悬沙浓度为 2.183kg/m³，2012 年增至
2.839kg/m³；全潮垂线平均悬沙浓度由 2004 年的 2.30kg/m³ 减至 2012 年的 2.11kg/m³；优
势沙由 2004 年的 0.47 增加至 2012 年的 0.74（表 5-11）。

表 5-11　2003～2012 年洪季和枯季大潮南汇南滩水域各测点悬沙浓度特征值

潮型	测量时间	测点	落潮/(kg/m³)	涨潮/(kg/m³)	全潮/(kg/m³)	优势沙
洪季大潮	2004-09	H0415	2.18	2.43	2.30	0.47
	2012-06	N1	2.84	1.23	2.11	0.74
枯季大潮	2003-02	K0315	2.58	2.71	2.65	0.48
	2011-12	N1	1.31	1.67	1.54	0.31

枯季大潮，2003～2011 年南汇南滩水域涨、落潮平均悬沙浓度均减少，且落潮悬沙
浓度减幅较大，潮周期内悬沙浓度同样减少。2003 年涨潮垂线平均悬沙浓度为 2.71kg/m³，
2011 年减至 1.67kg/m³；2003 年落潮垂线平均悬沙浓度为 2.58kg/m³，2011 年减至
1.31kg/m³；全潮垂线平均流速由 2003 年的 2.65kg/m³ 减少至 2011 年的 1.54kg/m³；优势
沙由 2003 年的 0.48 减至 2011 年的 0.31（表 5-11）。

可见，2003～2012 年，南汇南滩水域洪季涨潮垂线平均悬沙浓度减少，落潮垂线平均悬沙浓度增多，全潮平均悬沙浓度减少，优势沙增大；枯季涨、落潮及全潮垂线平均悬沙浓度减少，优势沙减小。

而且，近年来北港上段、北槽中上段及南汇南滩水域潮汐性质均为非正规半日浅海分潮。青草沙水库和长江大桥工程的建设使得北港上段地形及河槽等边界条件发生了显著的改变，从而致使该海域浅水分潮性质明显加强，潮动力的非线性特征显著呈现；北槽中上段受深水航道三期工程的影响该水域潮动力非线性特征明显，上段浅水分潮性质增强、中段基本不变；2003～2012 年，南汇南滩水域受东海大桥及其附件围垦工程影响该水域潮动力非线性特征明显，浅水分潮性质基本不变。

5.5　河口河槽悬移质输运机制

河口地区水沙特性及其输运机制研究是河槽治理和维护重点关注的科学问题之一。有必要从整个长江河口来研究水沙输运机制，依此来改善各汊道的冲淤问题并维持良好的航道水深。因此，利用 2007 年洪季和枯季大潮长江河口大规模准同步现场测量的水沙数据，研究长江河口河槽水沙特性及其输运机制，有助于深入了解水动力及含沙量在河口地区的输运规律，为河口河槽的合理开发、治理和维护提供理论依据。

为此，收集了 2007 年 1 月 18～20 日枯季大潮、7 月 29～31 日洪季大潮在长江口各汊道连续定点测量 27h 左右的水沙数据，具体测点如图 5-3 所示。其中，水沙数据主要

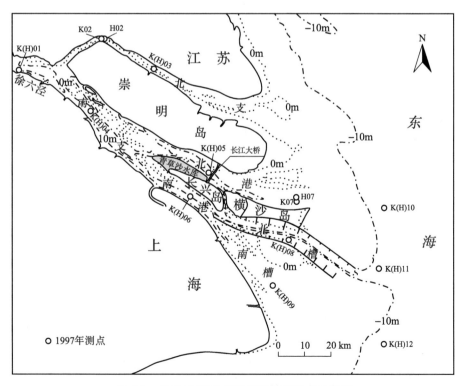

图 5-3　长江口 2007 年洪季和枯季测点示意图

包括水深、流速、流向、含沙量，流速和流向采用 ADCP(1200K)测量；水样采集和处理方法与 5.1.3 小节相同，观测期间天气状况良好。

将 K(H)01、K(H)02、K(H)03、K(H)04、K(H)05、K(H)06、K(H)07、K(H)08 和 K(H)09 分别视为徐六泾、北支上段、北支中段、南支北侧（南支主河槽北侧）、北港上段、南港中段、北港中下段、北槽中段和南槽南边滩，K(H)10、K(H)11、K(H)12 分别视为北港、北槽和南槽口外。

5.5.1 研究方法

主要通过整理计算实测数据得到不同河槽测点处的单宽涨、落潮量和单宽涨、落潮输沙量，同时计算出各测点处的优势流和优势沙，并把水沙输运总量利用机制分解法（王康墡和苏纪兰, 1987; Dyer, 1997）进行分解，然后得出不同的输运项，最后将不同河槽的水沙输运机制进行对比分析（蒋陈娟等, 2013）。

1. 单宽潮量、单宽输沙量、优势流和优势沙计算

单宽潮量、单宽输沙量、优势流和优势沙的计算在 5.1.6 小节已叙述，此处不再赘述。

2. 单宽水体输运机制分解

设 x 为纵向坐标，t 为时间，z 为相对水深（$0 \leqslant z \leqslant 1$），水深可分解为潮平均和潮变化两项，即

$$h(x,t) = h_0(x) + h_t(x,t) \tag{5-7}$$

瞬时流速可分解为垂线平均及垂线偏差两项，即

$$u(x,z,t) = \bar{u}(x,t) + u'(x,z,t) \tag{5-8}$$

而 $\bar{u}(x,t)$ 及 $u'(x,z,t)$ 又可分解为潮平均及潮变化两项，即

$$u(x,t) = \bar{u}_0(x) + \bar{u}_t(x,t) \tag{5-9}$$

$$u'(x,z,t) = u'_0(x,z) + u'_t(x,z,t) \tag{5-10}$$

所以，瞬时流速可以分解为

$$u(x,z,t) = \bar{u}_0(x) + \bar{u}_t(x,t) + u'_0(x,z) + u'_t(x,z,t) \tag{5-11}$$

潮平均单宽水体输运量：

$$\langle Q \rangle = \frac{1}{T} \int_0^T \int_0^h u \mathrm{d}_z \mathrm{d}_t = \langle h\bar{u} \rangle = \bar{u}_0 h_0 + \langle \bar{u}_t h_t \rangle \tag{5-12}$$

式中，$\langle Q \rangle$ 为潮平均单宽水体输运量；$\bar{u}_0 h_0$ 为平均流项；$\langle \bar{u}_t h_t \rangle$ 为潮汐与潮流的相关项，也称作斯托克斯漂流效应；T 为潮周期（刘高峰, 2005）。因此，式(5-8)可以表示为

$$\langle Q\rangle = (\overline{u}_E + \overline{u}_S) = \overline{u}_L h_0 \tag{5-13}$$

式中，$\overline{u}_E = \overline{u}_0$ 为欧拉余流；$\overline{u}_S = \langle \overline{u}_t h_t / h_0 \rangle$ 为斯托克斯余流；$\overline{u}_L = \langle Q\rangle / h_0 = (\overline{u}_E + \overline{u}_S)$ 为拉格朗日余流。

3. 单宽悬沙输运机制分解

关于悬沙，也运用相同的分解方式，因此，含沙量 $c(x,z,t)$ 可分解为

$$c(x,z,t) = \overline{c}_0(x) + \overline{c}_t(x,t) + c_0'(x,z) + c_t'(x,z,t) \tag{5-14}$$

单宽瞬时悬沙输运量为

$$\int_0^h uc\,d_z = h\overline{u}\,\overline{c} = h\overline{u}_0\overline{c}_0 + h\overline{u}_0\overline{c}_t + h\overline{u}_t\overline{c}_0 + h\overline{u}_t\overline{c}_t + h\overline{u}_0'c_0' + h\overline{u}_0'c_t' + h\overline{u}_t'c_0' + h\overline{u}_t'u_t' \tag{5-15}$$

潮平均单宽悬沙输运量为

$$\begin{aligned}
\frac{1}{T}\int_0^T\int_0^h ud_z d_t = \langle h\overline{uc}\rangle &= h_0\overline{u}_0\overline{c}_0 + \langle h_t\overline{u}_t\rangle\overline{c}_0 + \langle h_t\overline{u}_t\rangle\overline{u}_0 + h_0\langle\overline{u}_t\overline{c}_t\rangle + \langle h_t\overline{u}_t\overline{c}_0\rangle \\
&+ h_0\overline{u}_0'c_0' + \langle h_t\overline{u}_t'c_0'\rangle + \langle h_t\overline{u}_0'c_t'\rangle + \langle h_0\overline{u}_t'c_t'\rangle + \langle h_t\overline{u}_t'c_t'\rangle
\end{aligned} \tag{5-16}$$

式(5-7)～式(5-16)中，上划线"﹣"表示垂线平均，上标"′"表示垂线偏差，下标"0"表示潮周期平均，下标"t"表示潮变化，"$\langle\ \rangle$"表示潮周期内平均。T_1～T_5 表示与潮汐和垂线平均流速及含沙量相关的输沙项，其各项输沙机制如下：T_1 为欧拉余流输沙；T_2 为斯托克斯漂流输沙；T_3 为与潮汐和潮变化含沙量相关的输沙项；T_4 为潮泵输沙；T_5 为潮汐、潮流及潮变化含沙量三者相关项(沈健等，1995；蒋陈娟等，2013；沈焕庭和李九发，2011；时伟荣和李九发，1993；唐玉杰，2008；陈炜等，2012)。T_6～T_{10} 为潮流及含沙量的垂向切变所引起的输沙项，其各项输沙机制如下：T_6 为垂向环流输沙；T_7 为潮流及潮平均含沙量的垂向切变与潮汐相关的输沙项；T_8 为余流及潮变化含沙量的垂向切变与潮汐相关的输沙项；T_9 为与潮流及潮变化含沙量垂向切变相关的输沙项；T_{10} 为潮流及潮变化含沙量的垂向切变与潮汐相关的输沙项。

5.5.2　潮流特性

1. 潮流矢量及特征值

长江河口口内潮流因受河槽等地形边界条件的约束基本以往复流为主，口外以旋转流为主，并且在口门附近潮流流向略有分散[图 5-4(a)～(b)]。往复流和旋转流对泥沙运动的影响常常会因其特征差异而不同。在一个潮周期内往复流基本上只有两个运动方向，输水和输沙的方向都比较集中；旋转流在一个潮周期内流向不断变化，水体和泥沙呈扩散状态输运(沈焕庭和潘安定，1979)。口内部分测点由于受涨、落潮河槽及地转偏向力

的影响，涨潮方向与落潮方向往往会呈现一定夹角(刘高峰等, 2005；唐玉杰, 2008)。

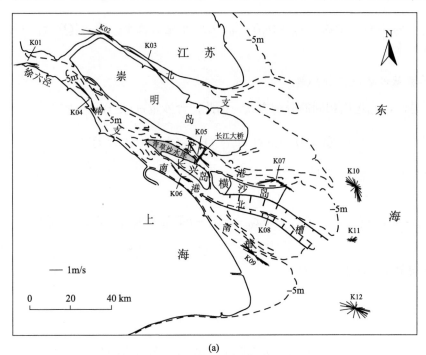

(a)

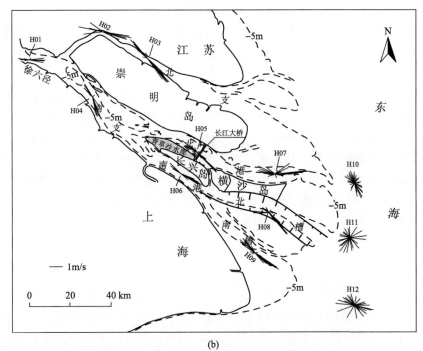

(b)

图 5-4　长江口 2007 年洪季和枯季潮流矢量

(a)洪季；(b)枯季

枯季，北支中段涨潮平均流速最大，为 1.23m/s，北港中下段落潮平均流速最大，为 0.88m/s，北槽口外的涨、落潮平均流速最小，分别为 0.22m/s 和 0.34m/s；徐六泾、北支中上段、南支北侧以及北港中下段落潮平均流速小于涨潮平均流速，南港中段涨、落潮平均流速相当，其余各河段测点落潮平均流速大于涨潮平均流速(表 5-12)。

表 5-12　长江口 2007 年枯季各河槽实测潮流流速和单宽潮量统计

河槽	测点	水深/m	涨潮			落潮			优势流
			平均流速*/(m/s)	最大流速/(m/s)	单宽潮量/万 m³	平均流速*/(m/s)	最大流速/(m/s)	单宽潮量/万 m³	
徐六泾	K01	13.9	0.58	1.00	26.5	0.55	0.78	46.4	0.64
北支上段	K02	6.2	0.91	1.86	25.1	0.77	1.16	24.7	0.50
北支中段	K03	6.6	1.23	2.22	34.1	0.87	1.86	30.2	0.47
南支北侧	K04	14.7	0.95	1.59	63.5	0.61	0.89	43.2	0.41
北港上段	K05	12.5	0.73	1.24	44.1	0.83	1.18	50.4	0.53
北港中下段	K07	9.1	0.90	1.58	41.1	0.88	1.48	37.3	0.48
北港口外	K10	20.1	0.64	0.93	58.1	0.67	1.05	64.4	0.53
南港中段	K06	10.1	0.68	1.10	29.8	0.67	0.98	33.9	0.53
北槽中段	K08	6.4	0.31	0.61	9.1	0.43	0.72	12.7	0.58
北槽口外	K11	12.0	0.22	0.31	5.9	0.34	0.43	10.2	0.36
南槽南边滩	K09	7.1	0.74	1.17	27.5	0.79	1.25	24.2	0.47
南槽口外	K12	14.2	0.72	1.20	50.8	0.79	1.08	53.4	0.51

＊垂线平均流速

洪季，北支上段涨、落潮平均流速最大，分别为 1.00m/s 和 1.84m/s，徐六泾涨潮平均流速最小，为 0.53m/s，北港口外落潮平均流速最小，为 0.82m/s；除南槽口外，其余各河槽落潮平均流速均大于涨潮平均流速(表 5-13)。

总之，各河槽洪季涨、落潮流速基本上均大于枯季。由于进入北支的洪季和枯季径流量均比较小，且其河道呈"喇叭形"，故潮流动力较强(陈炜等，2012；裘诚和朱建荣，2012)；鉴于此，北支洪季和枯季涨、落潮流速都比较大。

表 5-13　长江口 2007 年洪季各河槽实测潮流流速和单宽潮量统计

河槽	测点	水深/m	涨潮			落潮			优势流
			平均流速*/(m/s)	最大流速/(m/s)	单宽潮量/亿 m³	平均流速*/(m/s)	最大流速/(m/s)	单宽潮量/万 m³	
徐六泾	H01	10.26	0.53	0.79	10.3	0.90	1.26	70.9	0.87
北支上段	H02	7.29	1.00	1.79	34.0	1.84	2.35	60.1	0.64
北支中段	H03	6.83	1.00	1.81	29.5	1.41	2.08	52.5	0.64
南支北侧	H04	10.46	0.54	0.98	22.3	0.95	1.40	57.0	0.72
北港上段	H05	12.41	0.73	1.38	31.2	1.03	1.90	77.9	0.71
北港中下段	H07	8.76	0.84	1.37	27.5	1.29	2.47	65.4	0.70

续表

河槽	测点	水深/m	涨潮			落潮			优势流
			平均流速*/(m/s)	最大流速/(m/s)	单宽潮量/亿 m³	平均流速*/(m/s)	最大流速/(m/s)	单宽潮量/万 m³	
北港口外	H10	19.65	0.61	0.82	53.6	0.68	1.05	69.9	0.57
南港中段	H06	10.98	0.51	1.04	20.0	1.08	1.71	71.8	0.78
北槽中段	H08	6.85	0.74	1.22	14.4	1.07	1.96	46.9	0.76
北槽口外	H11	12.48	0.82	1.19	62.6	0.87	1.23	38.0	0.38
南槽南边滩	H09	8.10	0.73	1.36	31.5	1.25	2.04	44.0	0.58
南槽口外	H12	13.61	0.86	1.39	53.3	0.82	1.44	57.1	0.52

*垂线平均流速

2. 单宽潮量和优势流

枯季，北支、南支北侧、北港中下段、北槽口外、南槽南边滩的单宽落潮量小于单宽涨潮量，优势流均小于50%，说明涨潮流占主导优势；其余测点优势流均大于50%，落潮流占主导优势。其中，徐六泾优势流最大，为64%，北槽口外最小，为36%；单宽涨潮量南支北侧最大，为63.5万 m³，北槽口外最小，为5.9万 m³；单宽落潮量北港口外最大，为64.4万 m³，北槽口外最小，为10.2万 m³（表5-12）。

洪季，除北槽口外单宽涨潮量大于落潮量，优势流小于50%，涨潮流占优势外，其余各测点单宽涨潮量均小于落潮量，优势流大于50%，落潮流占优势。其中，徐六泾优势流最大，为87%，北槽口外最小，为38%；单宽涨潮量北槽口外最大，为62.6万 m³，北槽中段最小，为14.4万 m³；单宽落潮量北港上段最大，为77.9万 m³，北槽口外最小，为38.0万 m³（表5-13）。

总而言之，洪季各河槽单宽涨、落潮量一般均大于枯季。洪季优势流大于枯季，且同一汊道由上游至下游优势流呈减小趋势，但有时也因测点位置不同而存在差异。北支枯季涨潮流占主导优势，涨潮时大量的潮流回灌至南支，使南支上段潮量增加，再加上南支测点位于主河槽北侧的涨潮槽内，这可能是南支测点枯季涨潮流占主导优势的原因。

5.5.3 泥沙动力特性

1. 悬沙特性

枯季，徐六泾、南支北侧、南港中段、北港上段以及北槽口外涨、落潮平均悬沙浓度较小，徐六泾涨、落潮平均悬沙浓度最小，分别为 0.04kg/m³ 和 0.03kg/m³；北港中下段、北槽中段、南槽南边滩及南槽口外涨、落潮平均悬沙浓度较大，这主要与北港中下段、北槽中下段、南槽南边滩及南槽口外处于最大浑浊带（拦门沙）有关，南槽南边滩涨、落潮平均悬沙浓度最大，分别为 0.84kg/m³ 和 0.72kg/m³（表5-14）。

表 5-14　长江口 2007 年枯季各河槽实测悬沙浓度和单宽输沙量统计

河槽	测点	水深/m	涨潮/(kg/m³)			落潮/(kg/m³)			净输沙量/t	优势流
			平均含沙量*	最大含沙量	单宽输沙量	平均含沙量*	最大含沙量	单宽输沙量		
徐六泾	K01	13.9	0.04	0.05	10.7	0.03	0.04	15.9	5.2	0.60
北支上段	K02	6.2	0.68	0.97	188.3	0.46	0.92	123.2	−65.1	0.40
北支中段	K03	6.6	—	—	—	—	—	—	—	—
南支北侧	K04	14.7	0.12	0.14	74.9	0.12	0.16	50.5	−24.4	0.40
北港上段	K05	12.5	0.30	0.48	131.5	0.26	0.34	134.5	3.0	0.51
北港中下段	K07	9.1	0.67	1.08	275.5	0.53	1.04	189.2	−86.3	0.41
北港口外	K10	20.1	—	—	—	—	—	—	—	—
南港中段	K06	10.1	0.28	0.36	85.3	0.23	0.33	77.7	−7.6	0.48
北槽中段	K08	6.4	0.63	1.00	59.1	0.65	0.79	87.7	28.6	0.60
北槽口外	K11	12.0	0.15	0.18	9.1	0.18	0.23	17.3	8.2	0.65
槽南边滩	K09	7.1	0.84	1.31	256.0	0.72	1.04	181.0	−75.0	0.41
南槽口外	K12	14.2	0.38	0.64	198.8	0.44	0.58	226.0	27.2	0.53

* 垂线平均含沙量

注：净输沙量中，正值表示向海输沙，负值表示向陆输沙，"—"表示无数据

　　洪季，平均悬沙浓度呈现的规律与枯季基本一致，北港口外涨、落潮平均悬沙浓度最小，分别为 0.11kg/m³ 和 0.10kg/m³；南槽南边滩涨、落潮平均悬沙浓度最大，分别为 1.31kg/m³ 和 1.19kg/m³（表 5-15）。

表 5-15　长江口 2007 年洪季各河槽实测悬沙浓度和单宽输沙量统计

河槽	测点	水深/m	涨潮/(kg/m³)			落潮/(kg/m³)			净输沙量/t	优势流
			平均含沙量*	最大含沙量	单宽输沙量	平均含沙量*	最大含沙量	单宽输沙量		
徐六泾	H01	10.3	0.14	0.18	13.4	0.13	0.20	94.8	81.4	0.88
北支上段	H02	7.3	0.86	1.51	325.0	0.85	1.61	529.9	204.9	0.62
北支中段	H03	6.8	1.30	2.05	450.5	1.00	2.13	602.2	151.7	0.57
南支北侧	H04	10.5	0.20	0.36	45.6	0.35	0.76	221.3	175.7	0.83
北港上段	H05	12.4	0.33	0.42	106.8	0.32	0.66	287.9	181.1	0.73
北港中下段	H07	8.8	0.84	1.57	194.9	0.84	1.60	579.9	385.0	0.75
北港口外	H10	19.7	0.11	0.16	58.2	0.10	0.21	68.6	10.4	0.54
南港中段	H06	11.0	0.21	0.28	42.7	0.24	0.32	179.3	136.6	0.81
北槽中段	H08	6.9	0.52	0.65	72.6	0.65	1.34	364.9	292.3	0.83
北槽口外	H11	12.5	0.13	0.22	83.9	0.12	0.18	47.5	−36.4	0.36
槽南边滩	H09	8.1	1.31	4.59	557.3	1.19	2.65	601.4	44.1	0.52
南槽口外	H12	13.6	0.17	0.29	90.4	0.16	0.28	90.8	0.4	0.50

* 垂线平均含沙量

注：净输沙量中，正值表示向海输沙，负值表示向陆输沙

一般而言，洪季平均悬沙浓度一般大于枯季，这主要是受洪季径流量大挟沙能力强的影响。北支主要受潮流控制，潮动力较强，最大浑浊带上移，使得洪季和枯季垂线平均悬沙浓度与北港中下段、北槽中段、南槽南边滩涨、落潮平均悬沙浓度较为接近。洪季和枯季南槽南边滩涨落潮平均悬沙浓度都最大，这应该与南汇南滩泥沙滩槽交换有关（李九发，1990；郭小斌等，2012）。

2. 单宽输沙量和优势沙

枯季，徐六泾、北港上段、北槽中段及口外、南槽口外单宽落潮输沙大于涨潮，净输沙指向海，优势沙大于50%，为落潮优势沙；其余河槽单宽落潮输沙小于涨潮，净输沙指向陆，优势沙小于50%，为涨潮优势沙。其中，北槽口外优势沙最大，为65%，北槽口外北支上段和南支北侧最小，为40%；单宽涨潮输沙量北港中下段最大，为275.5t，北槽口外最小，为9.1t；单宽落潮输沙量南槽口外最大，为226.0t，徐六泾最小，为15.9t（表5-14）。

洪季，除北槽口外优势沙为36%，为涨潮优势沙，净输沙指向陆外，其余河槽优势沙均大于50%，为落潮优势沙，净输沙指向海；其中，徐六泾优势沙最大，为88%，北槽口外最小，为36%；单宽涨潮输沙量南汇南边滩最大，为557.3t，徐六泾最小，为13.4t；单宽落潮输沙量北支中段最大，为602.2t，北槽口外最小，为47.5t（表5-15）。

整体而言，洪季涨、落潮单宽输沙量大于枯季。枯季部分河槽向陆输沙，而洪季转换为向海输沙，主要包括北支、南支北侧、北港中下段、南港中段、南槽南边滩；相反，北槽口外枯季向海输沙，洪季却向陆输沙；其余河槽洪季和枯季均向海输沙。

5.5.4　水体纵向输运机制

在潮汐河口中，斯托克斯余流是在潮汐和潮流的共同影响下产生的，其输水量是由周期相等的分潮潮汐、潮流振幅的大小和两者的相位差共同控制的，而方向由两者的相位差决定（蒋陈娟等，2013）。欧拉余流是由非潮汐运动的平均流引起的平均输运（陈炜等，2012），其方向主要受涨、落潮流速和历时的大小共同控制（赵方方等，2013）。单宽净输水量是由非潮汐运动的平均流和斯托克斯漂流效应相互作用产生的（沈健等，1995；唐玉杰，2008）。

枯季，所有测点欧拉余流均指向海；各个测点的斯托克斯余流都较小，徐六泾、北港上段、北槽中段、南槽南边滩斯托克斯余流为负向陆，北支、南支北侧、北港中下段、南港中段、北槽口外斯托克斯余流为正向海；由于欧拉余流均向海且值比较大，而斯托克斯余流值均较小，所以拉格朗日余流（欧拉输水量和斯托克斯输水量之和）均向海且大小与欧拉余流接近（图5-5，表5-16）。

洪季，由于受到径流量增大的影响，欧拉余流、斯托克斯余流、拉格朗日余流均比枯季大；各河槽欧拉余流均指向海；斯托克斯余流由枯季的部分指向陆转变为全部指向陆，它具有加强上溯流和削减下泄流的作用；拉格朗日余流的变化趋势与欧拉余流相近均指向海（图5-6）。

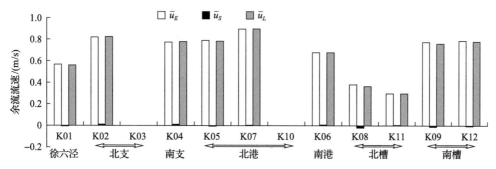

图 5-5 长江口 2007 年枯季各河槽纵向余流分布

正值表示向海余流，负值表示向陆余流

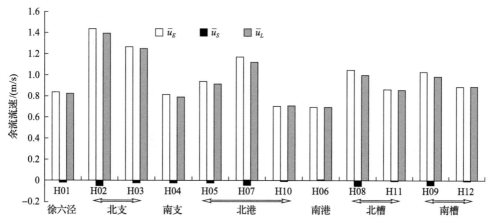

图 5-6 长江口 2007 年洪季各河槽纵向余流分布

正值表示向海余流，负值表示向陆余流

洪季，徐六泾主要为欧拉余流输沙(T_1)，北支上段主要为欧拉余流(T_1)、斯托克斯余流(T_2)、潮泵效应(T_4)、潮汐、潮流和潮变化含沙量相关项(T_5)以及垂向环流输沙(T_6)，北支中段主要为欧拉余流(T_1)、斯托克斯余流(T_2)、潮汐与潮变化含沙量相关项(T_3)、潮泵效应(T_4)和垂向环流输沙(T_6)，南支北侧主要为欧拉余流(T_1)和潮泵效应(T_4)，北港上段、南港中段主要为欧拉余流(T_1)、潮泵效应(T_4)和垂向环流输沙(T_6)，北港中下段主要为欧拉余流(T_1)、斯托克斯余流(T_2)、潮泵效应(T_4)和垂向环流输沙(T_6)，北槽中段主要为欧拉余流(T_1)、斯托克斯余流(T_2)、潮汐与潮变化含沙量相关项(T_3)、潮泵效应(T_4)和垂向环流输沙项(T_6)以及潮流和潮变化含沙量两者的垂线切变相关项(T_9)，北港口外、北槽口外、南槽口外主要为欧拉余流(T_1)和垂向环流输沙(T_6)，南槽南边滩主要为欧拉余流(T_1)、斯托克斯余流(T_2)、潮泵效应(T_4)、垂向环流(T_6)、潮流和潮变化含沙量两者的垂向切变相关项(T_9)（表 5-17）。

因此，基于数理统计学和水沙输运机制分解法，分析获得的长江口典型河槽悬沙输运机制为：①口内受地形等边界条件的约束潮流以往复流为主，口外以旋转流为主，并且在口门附近潮流流向略有分散；口内由于受涨潮槽和落潮槽以及地转偏向力的影响，涨潮方向与落潮方向往往会呈现一定的夹角。②一般而言，优势流洪季大于枯季，且同一汉道由上游至下游优势流呈减小趋势，但也会因测点位置不同而存在差异。枯季，北

表 5-16 长江口 2007 年枯季不同河槽各驱动力输沙率

[单位：kg/(m·s)]

河槽	测点	T_1	T_2	T_3	T_4	T_5	T_6	T_7	T_8	T_9	T_{10}	平流输沙率	潮流输沙率	总输沙率
徐六泾	K01	0.284	0.000	0.002	0.001	0.000	0.000	0.000	0.000	0.000	0.000	0.283	0.002	0.285
北支上段	K02	2.755	0.031	0.163	0.261	0.010	-0.142	0.006	-0.005	-0.001	0.001	2.650	0.429	3.080
北支中段	K03	—	—	—	—	—	—	—	—	—	—	—	—	—
南支北侧	K04	1.325	0.016	-0.004	0.013	0.003	-0.028	0.000	0.000	-0.002	0.000	1.313	0.009	1.322
北港上段	K05	2.778	-0.009	0.013	-0.030	-0.002	-0.037	0.000	-0.001	0.002	0.000	2.733	-0.019	2.715
北港中下段	K07	4.831	0.003	0.073	-0.080	-0.016	-0.065	0.000	0.001	-0.004	0.000	4.769	-0.027	4.742
北港口外	K10	—	—	—	—	—	—	—	—	—	—	—	—	—
南港中段	K06	1.726	0.001	0.015	0.023	0.003	-0.049	0.001	0.000	0.003	0.000	1.679	0.043	1.722
北槽中段	K08	1.576	-0.071	0.009	0.079	-0.009	-0.114	0.003	0.001	-0.016	0.001	1.394	0.064	1.458
北槽口外	K11	0.638	0.005	-0.007	0.007	0.001	-0.014	0.000	0.001	0.002	0.000	0.630	0.003	0.632
南槽南边滩	K09	4.279	-0.068	0.026	0.290	0.015	-0.196	0.002	-0.002	-0.013	0.001	4.018	0.316	4.334
南槽口外	K12	4.575	-0.009	-0.080	0.051	0.008	-0.115	0.001	0.001	-0.008	-0.001	4.451	-0.030	4.422

注：正值表示向海输沙，负值表示向陆输沙，"—"表示无数据

表 5-17　长江口 2007 年洪季不同河槽各驱动力输沙率

[单位：kg/(m·s)]

河槽	测点	T_1	T_2	T_3	T_4	T_5	T_6	T_7	T_8	T_9	T_{10}	平流输沙率	潮流输沙率	总输沙率
徐六泾	H01	1.119	-0.018	-0.003	0.023	0.000	-0.026	0.000	0.000	-0.001	0.000	1.075	0.018	1.093
北支上段	H02	9.059	-0.329	0.095	0.195	0.162	-0.522	-0.002	-0.010	-0.013	-0.012	8.206	0.419	8.625
北支中段	H03	8.993	-0.148	0.277	1.237	0.053	-0.443	-0.004	-0.032	-0.023	0.000	8.398	1.513	9.911
南支北侧	H04	2.489	-0.064	-0.099	0.460	-0.018	-0.063	0.001	0.000	-0.002	0.000	2.363	0.341	2.703
北港上段	H05	3.770	-0.096	-0.059	0.466	-0.007	-0.153	0.002	-0.001	0.015	-0.001	3.524	0.414	3.938
北港中下段	H07	8.632	-0.328	0.023	0.118	-0.085	-1.072	0.016	-0.022	-0.014	0.037	7.249	0.057	7.306
北港口外	H10	1.387	-0.004	-0.001	0.019	0.001	-0.099	0.003	0.001	-0.006	0.000	1.287	0.013	1.300
南港中段	H06	2.240	-0.075	-0.026	0.161	-0.006	-0.123	0.002	0.000	-0.004	0.000	2.044	0.125	2.169
北槽中段	H08	4.396	-0.222	-0.226	0.834	-0.049	-0.308	0.015	0.019	-0.136	0.002	3.882	0.445	4.327
北槽口外	H11	1.381	-0.012	0.006	0.017	-0.002	-0.156	0.005	0.001	0.000	0.000	1.218	0.021	1.239
南槽南边滩	H09	10.382	-0.446	-0.018	2.197	0.013	-1.077	0.065	-0.023	-0.283	0.031	8.924	1.917	10.841
南槽口外	H12	2.027	-0.004	-0.003	-0.021	0.002	-0.143	0.003	0.000	-0.014	0.000	1.883	-0.035	1.847

注：正值表示向海输沙，负值表示向陆输沙

支、南支北侧、北港中下段、南槽南边滩、北槽口外测点涨潮流占优势；其余河槽测点落潮流占优势。洪季，北槽口外涨潮流占优势，其余河槽测点落潮流占优势。③洪季涨、落潮优势沙一般大于枯季。枯季，徐六泾、北港上段、北槽中段及口外、南槽口外为落潮优势沙，其余河槽为涨潮优势沙；洪季，北槽口外为涨潮优势沙，其余河槽为落潮优势沙。④悬沙纵向输运的主要驱动力为欧拉余流、潮泵效应、垂向环流和斯托克斯余流，欧拉余流在平流输沙中占主导地位，潮泵效应在潮流输沙中占主导地位，欧拉余流指向海，垂向环流和斯托克斯余流指向陆，潮泵效应除北港、南槽口外随季节变化外其余河槽指向海。⑤在不同汊道中，各输沙项在净输沙中的贡献随径流、潮汐和潮流的相对重要性而变化。徐六泾悬沙主要由欧拉余流向海输运，南支北侧主要由欧拉余流和潮泵效应均向海输运，北港上段、南港中段主要由欧拉余流、潮泵效应向海和垂向环流向陆输运，北支中上段、北港中下段、北槽中段、南槽南边滩主要由欧拉余流、潮泵效应向海和斯托克斯余流、垂向环流向陆输运，口外主要由欧拉余流向海和垂向环流向陆输运。

5.6　重大工程对长江口典型河槽水沙特征的影响

以长江河口北港上段、北槽中上段、南汇南滩水域为主要研究对象，根据历史和现场测量水沙数据及潮位资料，分析北港上段、北槽中上段和南汇南滩水域潮动力和悬沙浓度变化情况；再根据 2007 年洪季和枯季大潮在长江口大规模准同步现场测量的水沙数据，研究长江河口河槽水沙输运机制。主要结论如下：

(1)北港上段、北槽中上段及南汇南滩水域潮汐性质均为非正规半日浅海分潮。北港上段受青草沙水库和长江大桥等工程建设的影响，地形及边界条件发生显著变化，导致浅水分潮性质加强，潮动力的非线性特征更明显；受深水航道三期工程影响北槽中上段潮动力非线性特征较为明显，上段浅水分潮性质增强、中段基本不变；2001~2012 年南汇南滩水域潮动力非线性特征明显，浅水分潮性质无明显变化。

(2)北港上段 2003~2007 年洪季和枯季涨、落潮流速减小；优势流洪季减小，枯季增大。2007~2012 年洪季涨、落潮流速增大，枯季减小；优势流洪季增大，枯季减小。深水航道三期工程后，北槽中段河槽南侧落潮流占主导优势，流速与优势流均略减。2003~2012 年南汇南滩水域洪季涨、落潮流速和优势流增大；枯季涨、落潮流速和优势流减小。

(3)北港上段 2003~2007 年洪季和枯季涨、落潮悬沙浓度减少，优势沙洪季减小，枯季增大。2007~2012 年洪季涨、落潮悬沙浓度减少，枯季增多；优势沙洪季增大，枯季减小。深水航道三期工程后，北槽中段河槽南侧洪季和枯季涨落潮悬沙浓度均增多，洪季优势沙增大。2003~2012 年南汇南滩水域洪季涨潮悬沙浓度减少、落潮增多，优势沙增大；枯季涨、落潮悬沙浓度减少，优势沙减小。

(4)长江河口口内潮流以往复流为主，口外以旋转流为主。枯季，北支、南支北侧、北港中下段、南槽南边滩、北槽口外测点涨潮流占优势，其余河槽测点落潮流占优势；洪季，北槽口外测点涨潮流占优势，其余河槽测点落潮流占优势。枯季，徐六泾、北港上段、北槽中段及口外、南槽口外为落潮优势沙，其余河槽为涨潮优势沙；洪季，北槽口外为涨潮优势沙，其余河槽为落潮优势沙。

欧拉余流(向海)、潮泵效应、垂向环流(向陆)和斯托克斯余流(向陆)为悬沙输运的主要驱动力，除北港、南槽口外的潮泵效应悬沙输运方向随季节变化外其余河槽指向海。在不同汊道中，各输沙项在净输沙中的贡献随径流、潮汐和潮流的相对重要性而变化。徐六泾悬沙输运主要受欧拉余流控制，南支北侧主要受欧拉余流和潮泵效应控制，北港上段、南港中段主要受欧拉余流、潮泵效应和垂向环流控制，北支中上段、北港中下段、北槽中段、南槽南边滩主要受欧拉余流、斯托克斯余流、潮泵效应和垂向环流，口外主要受欧拉余流和垂向环流控制。

(5)青草沙水库建成后使北港上段河槽缩窄、断面束水、水动力增强，再加上流域来沙减少致使悬沙浓度减少，水流会带起河槽底部泥沙，从而使北港上段河槽发生冲刷。深水航道三期工程南导堤加高的阻流作用、泥沙再悬浮和上游来水来沙使中段悬沙浓度增大以及上段潮动力的非线性特征增加强于中段是致使北槽中段河槽淤积的主要原因。上游来沙量的减少、南汇边滩附近促淤围垦工程的建设以及沙体的迁移使得该水域悬沙浓度减少，促淤围垦工程和东海大桥的建设使得该水域洪季潮流流速增大、枯季涨潮流优势加强；潮动力增强和悬沙浓度减少进而导致南汇南滩水域河床冲刷明显。河口河槽动力沉积地貌过程不但与流域来沙有关外，还与河口局部工程建造存在着直接联系。

在搜集资料的过程中，尽量利用测点位置相近或相同的资料，由于资料的局限性某些区域历年来测点不在同一位置，可能会影响分析结果，因此对影响因子甄别方面有待今后进一步加强。

第6章 基于光学遥感的河口最大浑浊带水动力信息分析

含沙水体在光学遥感影像中有着比较明显的流路迹象，这种显示流体运动方向的流路可以理解为遥感影像中有着类似线状结构的纹理特征，其也称为流体的示踪剂。因此，本章拟通过 Gabor 滤波器和纹理熵计算的方法，从长江河口及其邻近杭州湾北岸水域（图 6-1）遥感 TM/ETM 影像中实现流向和流速等水动力信息的定量提取，分析深水航道治理工程、圈围工程和东海大桥等大型工程对其所在水域流态产生的影响。具体有两个需要解决的关键科学问题：一为如何从含沙水体的遥感 TM 影像中有效获取空间纹理信息；二为如何从含沙水体的遥感 TM/ETM 影像空间纹理信息中找到表征流态强弱的纹理特征值，并如何实现纹理特征的自动提取及结果验证等。

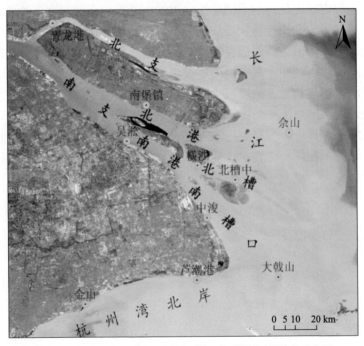

图 6-1　长江口及邻近水域的河势及典型潮位站遥感示意图

6.1　资　料　来　源

6.1.1　TM/ETM 数据

Landsat 卫星影像由是美国陆地探测卫星系统采集到的遥感数据，从 1972 年 7 月开始发射第一颗卫星 Landsat 1（Chander and Groeneveld, 2009），到目前最新的 2013 年 6 月发射的 Landsat 8(James et al., 2012)，数据量大、延续时间长，并且波段数多(MSS 4 个波段、TM 7 个波段、ETM 8 个波段)、信息量丰富，地面分辨率 30m，适合做长时间序列的地质地貌的科学研究。其中 Landsat TM 主题成像仪是 Landsat4、5 携带的传感器，从 1982 年发射至今，几乎实现了连续地获得地球遥感影像，并在光谱分辨率、辐射分辨率和地面分辨率都比 MSS 影像有较大的改进。Landsat ETM 改进型主题测绘仪是 Landsat 6、7 携带的传感器，相对于 TM 提高了红外谱段的分辨率。TM 选用可见光～热红外 (0.45～2.35μm)谱段，分为 B1～B7 七个波段。其中 B1～B4 波段均对水体有一定的穿透力和吸收力，适宜进行水系及浅海水域的制图、反应水下地形、沙洲、沿岸沙坝等特征，可用于勾绘水体边界、识别与水体有关的地质构造、地貌信息等。

为宏观、高效地观测整个长江河口及邻近水域(121°～123°E，30°40′～32°N)的水沙动态特征，收集到 16 景 LANDSAT TM 遥感影像，过境的时间为每个过境日期的 10:00 左右，时间跨度为 1995～2013 年(表 6-1)。大部分由华东师范大学河口海岸学国家重点实验室的信息中心提供，部分从"地理空间数据云"(http://datamirror.csdb.cn/)的网站下载，2013 年图幅自行购买所得。这些影像跨越时序长、信息丰富，不仅在演变阶段上，而且在潮情、水情等方面都有一定的代表性，可用以分析河口区各种受控条件下的水沙分布及运动特征。

6.1.2　潮位数据

根据上述影像的过境日(阳历)可确定出径流的汛期，即洪枯季，根据其阴历则可确定其大小潮的情况。同时从潮汐表可以查阅到影像过境日长江口各潮位站的潮位值，及当日最高潮位和最低潮位对应的潮时，包括青龙港、南堡镇、吴淞、横沙、中浚、北槽中、佘山、大戢山、绿华山、芦潮港和金山嘴 11 个潮位站(图 6-1)。根据遥感影像过境时刻及最高或最低潮位对应的潮时，可计算出各个潮位站的涨落潮时间，并以此估算出精确到分钟的潮情(Jiang et al., 2013)。此过程是假定长江口潮波是以前进波为主的潮波 (杨世伦, 2009)，根据潮汐表中的潮位值模拟出潮位变化曲线，得出相应的潮流位相变化曲线，再结合实际运动过程中潮流的滞后时间，初步判断各个瞬时时刻长江口典型潮位站的潮流状态(表 6-2)。

为了分析港口工程对水沙输移的影响，必须先排除对水沙运动较为重要的其他两个影响因素：入海泥沙的变化、海域动力作用。因而通过分析每一景影像所摄时刻的径流汛期情况和潮汐状况，选择能代表同一汛期和潮情的一组相近数据进行比较，才能分析出围垦工程或港口航道等对水沙状况的影响部分。如表 6-2 所示，代表枯季、中大潮、落潮的 1997-04-11、2002-01-03、2009-04-28、2013-12-03 四幅影像作为一组进行比较，代表枯季、小潮、落潮的 1995-04-06、2001-01-16、2006-04-20、2010-02-21 四幅影像作为一组，代表洪季、小潮、涨潮的 2002-10-02、2003-10-21 两幅影像作为一组，以及代表洪季、大潮、涨潮的 2004-07-19、2007-07-28 两幅影像作为一组。

表 6-1　长江口遥感数据及其过境时潮情(参考吴淞潮位站)

编号	卫星过境日期	径流汛情	大小潮情	涨落潮情
1	1995-04-06(三月初七)	枯季	小潮	落潮
2	1995-11-16(九月廿四)	枯季	小潮	涨潮
3	1996-12-02(十月十一)	枯季	中潮	涨潮
4	1997-04-11(三月初五)	枯季	大潮	落潮
5	2001-01-16(腊月廿二)	枯季	小潮	落潮
6	2001-11-16(十月初二)	枯季	大潮	落潮
7	2002-01-03(腊月二十)	枯季	中潮	落潮
8	2006-04-20(三月廿三)	枯季	小潮	落潮
9	2009-04-28(四月初四)	枯季	大潮	落潮
10	2010-02-21(正月初八)	枯季	小潮	落潮
11	2013-12-03(十一月初一)	枯季	大潮	涨潮
12	2000-06-14(五月十三)	洪季	中潮	涨潮
13	2002-10-02(八月廿六)	洪季	小潮	落潮
14	2003-10-21(九月廿六)	洪季	小潮	涨潮
15	2004-07-19(六月初三)	洪季	大潮	落潮
16	2007-07-28(六月十五)	洪季	大潮	涨潮

6.1.3　方法概述

利用上述收集到的长江河口及邻近水域 1995～2013 年间 16 幅 LANDSAT TM 遥感影像和相应时期典型潮位站的潮位资料,对卫星过境时刻的河口涨落潮情进行初步判断,再利用遥感影像纹理特征分析方法对河口流态信息进行解译和提取,得出不同潮汛下长江河口流态信息半定量示意图,并利用发展较为成熟的 MIKE_21 数值模型模拟的流场来验证半定量化的结果。进而分析此年间长江河口和杭州湾北岸的流态变化,讨论河口岸滩和港口航道工程对其所在水域的流态变化的影响。具体如下:

(1)根据收集的潮位值资料初步判断各潮位站的涨落潮情;

(2)分析 TM 影像各个波段的光谱特征,选择最优波段提取纹理信息;

(3)在 Matlab 中实现 Gabor 函数的编译,得到滤波后的纹理图像;

(4)在滤波图像中识别流线解译标志,自动提取流线;

(5)选择遥感影像纹理特征量表征流态强弱,实现流速分级;

(6)根据流态信息定量化结果,分析 1995～2013 年间长江口水域流态的变化。

表6-2　长江河口及杭州湾北岸水域 Landsat TM 遥感卫星过境时刻各潮位站潮情

卫星过境日期	潮汛	过境时刻	各个潮位站涨落潮情										
			青龙港	南堡镇	吴淞	横沙	中浚	北槽中	佘山	大戢山	绿华山	芦潮港	金山嘴
1997-04-11	DS	09:52	E6h57min	—	E7h28min	F33min	F1h4min	F1h27min	F2h14min	F2h25min	—	F1h12min	—
2001-11-16	DS	10:04	E9h11min	—	E1h41min	E2h51min	E3h24min	E3h59min	E4h40min	E4h51min	—	E3h36min	—
2002-01-03	DM	10:04	E6h47min	—	E7h8min	F53min	F1h25min	F1h51min	F2h30min	F2h48min	F3h48min	F1h38min	—
2009-04-28	DS	10:20	E8h10min	E8h	E7h54min	F1h2min	F1h55min	F2h22min	F3h8min	F3h12min	F4h4min	F2h14min	E7h54min
2013-12-03	DS	10:26	F1h36min	F1h49min	F2h30min	F3h46min	F4h39min	F5h12min	F5h41min	F5h59min	E36min	F4h56min	F3h5min
1995-04-06	DN	09:34	E4h2min	—	E5h10min	E7h	F18min	F38min	F1h2min	F18min	—	F16min	—
2001-01-16	DN	10:05	—	—	E4h54min	E5h52min	E6h17min	E6h22min	F21min	F44min	—	E6h3min	—
2006-04-20	DN	10:16	E5h57min	E6h4min	E6h12min	E7h8min	E7h51min	E7h33min	F58min	F55min	F1h50min	F1min	E6h16min
2010-02-21	DN	10:21	E5h43min	E5h35min	E5h52min	E6h45min	F22min	F47min	F1h25min	F1h32min	F2h25min	F35min	E6h45min
2000-06-14	DM	10:17	F1h48min	—	F4h4min	E23min	E48min	E47min	E1h22min	E1h28min	—	E40min	—
2002-10-02	DN	09:58	F4h3min	—	E29min	F1h32min	E2h15min	E1h45min	E2h31min	E3h	—	E2h14min	—
2003-10-21	DN	10:03	F4h7min	E1min	E16min	E1h19min	E1h53min	E1h31min	E2h12min	E2h30min	E3h19min	E1h59min	E1h18min
2004-07-19	DS	10:07	F3h59min	—	E1h4min	E2h9min	E2h42min	E2h35min	E3h9min	E3h28min	E4h13min	E2h36min	—
2007-07-28	DS	10:18	F2h26min	F3h3min	F3h13min	F4h41min	E14min	E12min	E34min	E53min	E1h48min	E10min	F4h40min

注: E 为涨潮; F 为落潮; h 为小时; min 为分钟

6.2　遥感影像预处理和流态信息增强

6.2.1　遥感影像预处理

对收集的遥感影像(表 6-1)进行辐射精校正和几何精校正、条带噪声和脉冲噪声的去除、镶嵌和直方图匹配等预处理。

上述遥感影像是经过地面站对原始数据进行系统辐射校正和系统几何校正后的二级产品,为更进一步消除由于视场角、太阳角、大气吸收、散射等的辐射影响及由于地形起伏引起的投影差与影像位移,则对各个年份的影像进行了辐射精校正和几何精校正,具体是通过 ENVI 软件中的 Flaash 模块进行大气校正,以 1997 年的 TM 影像为基准,选择地面控制点(GCP)对其他年份的影像进行的几何精校正,获得辐射亮度和几何位置都一致的基础影像。

TM 影像较为明显的规则条带噪声,尤其在长江口低含沙量的河段以及外海区域,需要进行平滑去噪处理。本章选取了基于频域操作的正反傅里叶变换(FFT)滤波方法,去除条带噪声前后,效果非常明显(图 6-2)。脉冲噪声采用便捷有效的中值滤波方法,在消除噪声的同时还能防止边缘模糊,可突出遥感影像的纹理特征。

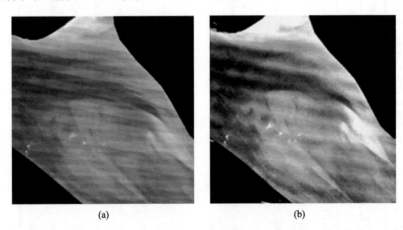

(a)　　　　　　　　　　　　(b)

图 6-2　长江河口南支上段 1997-04-11 遥感 TM 影像条带噪声处理前后
(a)处理前;(b)处理后

该研究区域的遥感 TM 影像的原始下载数据分为 118/38、118/39 两幅影像,因而需要对两幅不同区域的影像进行无缝的镶嵌和衔接,该过程基于上述精确几何校正好的影像,在 ENVI 软件中的 Mosaic 模块完成。但由于两幅影像过境时刻的环境差异,会导致整体辐射亮度的不一致,镶嵌边界的两边会有明显的亮度差异,因而在此之前还需要进行辐射亮度的交互式拉伸(图 6-3),通过亮度值的直方图匹配,将之拉伸到相同的亮度范围,镶嵌后即可得到亮度完全一致的影像。

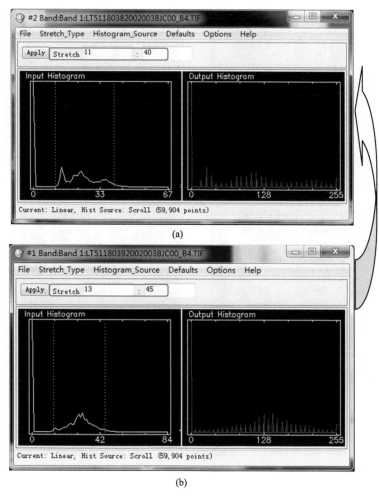

图 6-3 1997-04-11 两幅 TM 影像镶嵌前的交互式拉伸

(a) 拉伸前；(b) 拉伸后

6.2.2 流态信息增强

根据水体遥感信息的特点，可对预处理后的影像进行流态信息增强处理。首先，选取透射能力弱而反映表层悬物质信息较好的 TM3、TM4、TM5 作为主信息源，对其进行影像亮度的线性拉伸处理。可采用监督式分段线性拉伸处理的方法，选取有代表性的训练区样本，了解需要增强的流态信息在亮度空间的分布状况，经过统计得到合理的阈值，在 0～255 亮度值范围内进行分段线式拉伸处理。经选样、拉伸处理后，影像上便清晰地显示出主流轴线、水流前沿线和不同水流的交汇界线等水动力标志；将增强后的波段进行 TM5、TM4、TM3 波段组的彩色合成处理，以此得到长江河口 4 幅有代表性的流态信息增强影像 (图 6-4)，分别代表较早和较新年份的落潮和涨潮流态。

图 6-4(a) 和图 6-4(b) 均遇长江河口地区枯季的口内落潮口外涨潮的阶段，后者 20 年的河口河槽入海口的流态信息明显强于前者 1997 年，这一部分是受人类河口河槽大型

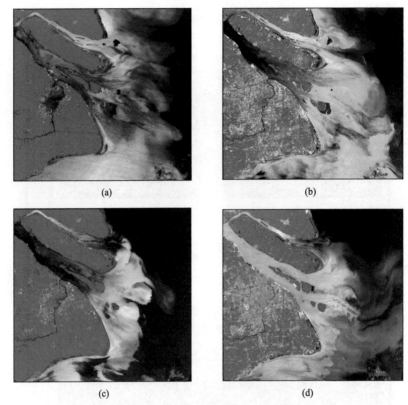

图 6-4　长江河口典型潮讯下流态信息增强图

(a) 1997 年(枯季大潮)长江口落潮流态；(b) 2006 年(枯季小潮)长江口落潮流态；
(c) 2000 年(洪季中潮)长江口涨潮流态；(d) 2007 年(洪季大潮)长江口涨潮流态

工程的影响，北港、北槽和南槽的拦门沙地段的分流作用显著增强，滩槽分异明显，河槽主泓线清晰；杭州湾北岸的流态特征前后也有所差异，一方面是因为前者处于落憩状态，后者处于由落急到落憩的过程，流态信息较前者更为显著，另一方面或受东海大桥修筑的影响。

图 6-4(c)和图 6-4(d)均是长江河口洪季的口内涨潮口外落潮的阶段，前者 2000 年的口门区域漩涡状的流态特征显著，这是由长江口拦门沙地带特殊的地形、水沙动力条件决定的。如崇明东滩海域的漩涡水团则因北支、北港河势、科氏力以及外海潮汐、波浪的顶托等的综合作用而成；后者 2007 年修筑的深水航道南北导堤使得北槽拦门沙流态的工程痕迹增强，崇明东滩和北港入海口仍有漩涡状水团分布，杭州湾北岸的流态纹理特征也较之前更为明显。

6.2.3　表层悬沙浓度反演

含沙水体中各处不同的流速、含沙量，会导致遥感影像中明暗相间的条带，这就使水面悬沙成为河口和海岸地区水流形态的良好天然示踪物质(许祥向等，2000)。所以，反演表层悬沙浓度可为研究流态提供一定的基础和参考。

长江河口近海水域属于Ⅱ类水体，水中有大量的悬浮物质，包括悬浮泥沙、叶绿素和黄色物质三大组成部分(韩震和恽才兴, 2011)，其中悬浮泥沙浓度(SSC)的反演是利用遥感研究水沙特征必不可少的一部分。关于悬浮泥沙信息遥感估算的模式已较多，以线性关系(冯辉, 1989)、对数关系(温令平, 2001; 刘小丽和沈芳, 2009)、指数关系(陈鸣和李士鸿, 1991)及 Gordon 关系(陈勇等, 2012)等的经验统计模式为主，这些模式借助遥感数据源应用于不同的水域范围均取得了较好效果。本章在借鉴前人研究经验的基础上，依据所收集的遥感资料，选择具有代表性较为适合的长江口表层悬浮泥沙定量模式，以反演其表层悬沙分布情况。

选择处于含沙水体光谱反射峰的 TM/ETM 第 4 近红外波段(760～900nm)作为反演的主要波段，首先根据遥感影像头文件里面的相关参数进行辐射定标[式(6-1)]，将原始 DN 值转化成辐射亮度值，再利用式(6-2)求得大气顶层的表观反射率。在 ENVI 软件中通过黑暗像元法进行大气校正，得到实际的地表反射率。最后利用经过反复试验证明效果较好的线性回归方程[式(6-3)]进行 SSC—遥感反射率 R 的计算(韩震, 2009)。各计算公式如下：

$$L_\lambda = \text{Gain} \times \text{DN} + \text{Bias} \tag{6-1}$$

$$\rho_\lambda = \frac{\pi \cdot L_\lambda \cdot D^2}{\text{ESUN}_\lambda \cdot \cos(\theta)} \tag{6-2}$$

$$S = 1508 \times R^2 - 15.377 \times R + 0.364 \tag{6-3}$$

式中，L_λ 为辐射亮度；λ 为波段值；Gain 和 Bias 分别为增益和偏移量；DN 为遥感影像原始灰度值；ρ_λ 为大气表观反射率；D 为日地距离参数；S 表示悬沙浓度；ESUN_λ 为太阳光谱辐射量；θ 为太阳天顶角(太阳高度角的余角)，这些参数均可以从头文件中获得。

并且通过观察反射值的正态分布直方图来分级划分悬沙浓度，得出如下典型年份的 4 幅悬沙浓度分级图(图 6-5)，依次是 1997 年、2006 年的枯季落潮时段和 2000 年、2007 年的洪季涨潮时段。

从上面几幅长江河口的表层悬沙浓度(SSC)分级示意图可以看出，不同区域、不同潮汛的表层悬沙分布差异较大。从空间上看，长江口最大浑浊带的悬浮泥沙含量最高，向上游和下游分别减小；从时间上看，1997～2007 年悬沙浓度明显减小，口门地区 SSC 的平均值从落潮时的 300mg/L 变化到涨潮时的 450mg/L。

在枯季落憩初涨期[图 6-5(a)～(b)]，长江口拦门沙区域的 SSC 普遍较高，北支和杭州湾北岸甚至达到 500mg/L 以上，但其悬沙浓度的变化梯度不大。随着河槽汊道的走势，大量的悬沙呈条带状随径流排泄入海，此处的悬沙浓度的变化梯度较大，也是流态变化显著的区域。

在洪季涨潮期[图 6-5(c)～(d)]，表层悬沙的浓度则相对较低，除北支和杭州湾北岸以及口门附近呈现高含沙量外，大部分区域均在 400mg/L 以下。2007 年的 SSC 较 2000 年异常的低，这可能是 2007 年因经过 2006 特枯水情年导致了河口泥沙量的骤减，但河口拦门沙的悬沙浓度梯度仍然较大，流态特征明显。

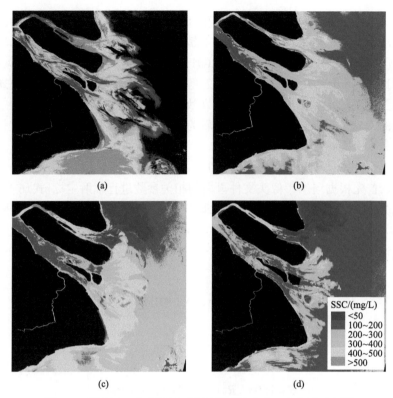

图 6-5　长江河口典型潮讯下表层悬沙浓度(SSC)分级示意图

(a) 1997 年 (枯季大潮) 长江口 SSC 分级；　(b) 2006 年 (枯季小潮) 长江口 SSC 分级；

(c) 2000 年 (洪季中潮) 长江口 SSC 分级；　(d) 2007 年 (洪季大潮) 长江口 SSC 分级

总之，长江口北支、拦门沙地带和杭州湾部分区域表层悬沙浓度远高于长江河口的其他水域，南港、北港、南槽、北槽和拦门沙地带的表层悬沙浓度变化梯度远大于南支和外海区域等表层悬沙浓度很小的区域，这些区域显示较强的线状纹理特征。

6.3　基于遥感 TM/ETM 影像纹理特征的流态信息定量化

6.3.1　纹理分析方法

上述基于遥感 TM/ETM 影像的处理主要以光谱信息为依据进行，而忽视了影像所包含的空间信息，如形状、纹理、方向等。含沙水体中的悬沙是河口和海岸地区水流形态的良好天然示踪物质 (许祥向等, 2000)，各处不同的流速、含沙量，会导致遥感影像中明暗相间的条带，有着比较明显的线状纹理特征，经过信息增强和特征分析解译可以实现流态信息的提取和定量。

纹理是指影像灰度等级在空间以一定形式周期性变化产生的模式，反映了地物上呈现的线形纹路。遥感影像的纹理由于其具有的随机性、非重复性、不连续性，表现的是一种非结构性的纹理 (李春华, 2007)。纹理特征是一种不依赖于颜色 (或亮度) 反映影像中同质现象的视觉特征，是物体表面共有的自身特性，较少受到环境条件变化(如季节和太阳高度角等不同引起的光照条件变化)的影响，这使得纹理特征的重要性在许多方面胜过波谱特征(马莉和范影乐，2009)。

纹理分析方法有很多，有统计法、结构法、变换域特征法以及模型法。

(1)统计法，实质是将纹理属性描述为随机变量，并计算其统计量。统计通常在一定尺寸的窗口内进行，通过窗口滑动获得全图的统计分布。常用的统计量有标准差、变异系数、熵，统计方法有灰度共生矩阵、灰度差分法、游程法等。

(2)结构法，按照生成纹员的几何形态来描述纹理，如密度、周长、面积、偏心度、方向、延伸度等。该方法通常适合描述确定性纹理，而遥感影像却很少能见到完全规则排列的地面景物，因而在遥感影像分析中很少使用。

(3)变换域特征法，通过频谱分析来定性纹理的方向和粗糙度。近年来，Gabor 小波已经成为公认的联合空域—频域的优秀纹理分析方法。

(4)模型法，是用某种物理或数学模型来模拟纹理的形成过程或表象，模型参数反映了纹理差异。自相关模型是纹理描述的代表性模型。

本章采用便捷有效、对方向较为敏感(薛玉利，2007)、能够灵活处理不同形态纹理信息的 Gabor 滤波方法和较为普遍的特征量统计方法。

1. Gabor 滤波方法

变换域特征法中的 Gabor 变换与人眼的生物作用相仿，可在频域的不同尺度、不同方向上提取相关的特征，这使得 Gabor 滤波在图像处理中的特征提取等方面有许多应用(马莉和范影乐，2009)。目前，Gabor 滤波的纹理描述方法主要有两种类型：定制滤波器和自适应滤波器，前者针对特定的纹理特征和应用场合，有选择地利用单个滤波器进行纹理描述，后者则利用不同方向、不同频段的滤波器组得到充分表征特征的纹理描述(刘迪，2012)。

Gabor 方法是以"纹理是窄带信号"为基础，通过不同的纹理具有的不同中心频率及带宽，可以设计一组 Gabor 滤波器对纹理图像进行滤波，每一个 Gabor 滤波器只允许与其频率相对应的纹理顺利通过，而使其他纹理的能量受到抑制(王惠明和史萍，2006)，从各滤波器的输出结果中分析和提取纹理特征，用于而后的分类或分割任务。常用的偶对称二维 Gabor 滤波器可表示为(陈小光和封举富，2007)：

$$h(x,y)=\frac{1}{2\pi\sigma_\mu\sigma_\vartheta}\exp\left\{-\frac{1}{2}\left(\frac{\mu^2}{\sigma_u}+\frac{\vartheta^2}{\sigma_v}\right)\cos(\omega\mu)\right\} \tag{6-4}$$

$$\mu=x\cos\theta+y\sin\theta, \quad \vartheta=-x\sin\theta+y\cos\theta \tag{6-5}$$

式中，ϑ 为 Gabor 滤波器的方向；σ_u、σ_v 分别为高斯包络在 u 轴和 v 轴上的标准差(u轴平行于 ϑ、v 垂直于 ϑ)，用于调制频率。

由于纹理方向是 Gabor 滤波设定函数的重要参数，并可自行设定。为更好地找出每个窗口图像最适合解译纹理的滤波图像，每次则尽量尝试运行出较多的滤波方向上的图像，但也考虑到工作效率和结果质量的权衡，可选择出几个具有代表性的方向，$2\pi/3$、

$3\pi/4$、$4\pi/5$、$5\pi/6$、$6\pi/6$、$7\pi/8$等。

2. 灰度共生矩阵方法

灰度共生矩阵是由图像灰度级之间的联合概率密度 $P(i, j, d, \theta)$ 所构成的矩阵，通过计算图像中特定方向 θ 和特定距离 d 的两像元间从某一灰度过渡到另一灰度的概率 P，来反映图像在间隔、方向、变化幅度及快慢的综合信息，能反映图像中任意两点间灰度的空间相关性，但它不能直接用于区分纹理的特性。因此，在灰度共生矩阵基础上，用不同的权矩阵对其进行滤波，提取出用来定量描述纹理特征的统计属性，如均值、方差、对比度、熵、变异性等特征量(周坚华，2010)。

均值(MN)反映了灰度的平均情况。

$$MN = \sum\sum i \times P(i, j, d, \theta) \tag{6-6}$$

方差(VR)反映了灰度变化的大小。

$$VR = \sum\sum (i-u)^2 P(i, j, d, \theta) / u \tag{6-7}$$

变异系数(CV)是标准差和平均数的相对值，是对图像灰度值分散程度的度量，纹理越密集，变异系数就越大。

$$CV = sqr\sum\sum (i-u)^2 P(i, j, d, \theta) / u \tag{6-8}$$

熵值(ENT)是图像所具有的信息量的度量。若图像没有任何纹理，则熵接近于零；若图像充满着细纹理，则图像的熵值最大；若图像中分布着较少的纹理，则该图像的熵值较小(马莉和范影乐，2009)。

$$ENT = -\sum_{\substack{0 \leqslant i \leqslant m \\ 0 < j \leqslant n}} P(i, j) \log P(i, j) \tag{6-9}$$

式中，ENT 为熵值；$P(i, j)$ 为灰度共生矩阵第 i 行第 j 列元素的值；m 和 n 分别是灰度共生矩阵的总行数和总列数。

其中，熵值作为流态图像的统计特征量，可以理解为流场中水流的活跃状态(李三平等，2006)，用来表征流态的参数。

6.3.2　流态信息定量化

1. Gabor滤波增强流向解译标志

解译标志，是指用于标识图像上目标物特征的描述符。流向解译标志，则是用来识别 TM 影像上流向信息的标志。一般常用的解译标志包括波谱、纹理、形状等(周坚华，2010)，本节则利用上述 Gabor 滤波处理遥感影像，增强线状纹理。

以纹理特征较为明显的 2001-11-16 长江河口南槽中段落潮流时的 400 像素×400 个

像素的窗口区域为例(图 6-6)，在 Matlab 中编程实现 400×400 尺度、沿河槽主流方向的滤波。利用 Teng 等(2019)程序运行出来的 $2\pi/3$、$3\pi/4$、$4\pi/5$、$5\pi/6$、$6\pi/6$、$7\pi/8$ 等方向上的滤波图像，试验显示有 120°($2\pi/3$)、150°($5\pi/6$)和 155°($6\pi/7$)三个方向的滤波信息比较丰富。基于这三幅滤波图像再利用变异系数筛选最为合适解译流向的图像。150° 方向的滤波图像线状纹理信息最多、灰度值分散程度较大，其变异系数均值为 2450.8；120°($2\pi/3$)方向上的线状纹理信息较少，其变异系数均值仅为 671.1；155°($6\pi/7$)方向的纹理信息量则较为适中，其变异系数均值为 2177；而常见的 90°、145°、180°方向的滤波图像因其方向的正余弦项特殊或相消的缘故，显示出的纹理信息极少，变异系数几乎为零。故经上述多个方向滤波图像的实验观察和比较，该试验区 150°方向的滤波图像纹理信息最显著，最适合解译水流的流线。

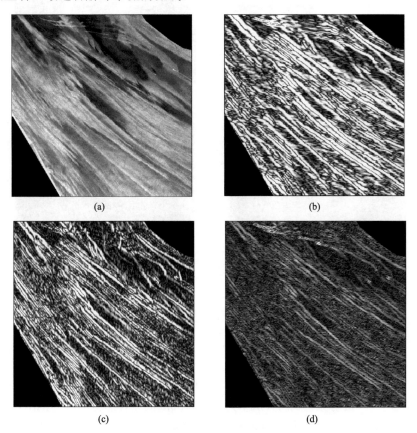

图 6-6　长江河口南槽中段 2001-11-16TM 影像的 SSC 反演图像
及 150°、155°、120°方向上的 Gabor 滤波图像
(a) SSC 反演图像；(b) 150°方向滤波图像；(c) 155°方向滤波图像；(d) 120°方向滤波图像

　　再以 2013-12-03 长江口外佘山附近涨潮流时的 400 像素×400 个像素窗口区域为例 (图 6-7)，实现 $2\pi/3$、$3\pi/4$、$4\pi/5$、$5\pi/6$、$6\pi/6$、$7\pi/8$ 等方向上的 Gabor 滤波。得到的滤波图像中，120°($2\pi/3$)、113°($5\pi/8$)和 150°($5\pi/6$)三个方向的滤波图像显示出较为丰富的纹理信息。在 ENVI 中分别计算其变异系数，得到 120°($2\pi/3$)方向滤

波图像的变异系数均值最大，为 644；113°（5π/8）方向滤波图像的变异系数均值适中，为 285；150°（5π/6）方向滤波图像的变异系数最小，为 128。即佘山附近涨潮流时的 TM 影像接近 120°方向的滤波图像中，纹理信息最多，越偏远于 120°方向，纹理信息越少。综上所述，该试验区 120°方向的滤波图像纹理信息最显著，最适合解译该区的水流流线。

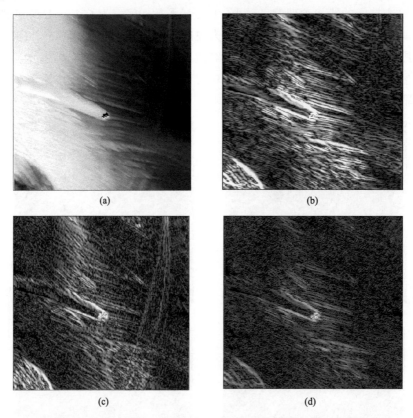

图 6-7　长江口外佘山附近 2013-12-03TM 影像的 SSC 反演图像及 120°、113°、150°方向上的 Gabor 滤波图像

(a)SSC 反演图像；(b)120°方向滤波图像；(c)113°方向滤波图像；(d)150°方向滤波图像

上例中均以 400 像素×400 像素为滤波窗口，是因 ENVI 中的主图像窗口（image）默认大小为 400 像素×400 像素，空间分辨率为 30m×30m 的 TM 影像对应的范围则是 12km×12km 的面积，这对于面积约为 120km×120km 的整个研究区域来说，比较合适。窗口较大，可能会将差异明显的纹理图像按照同一方向进行滤波，造成同一窗口部分纹理的不清晰；窗口较小，则会造成试验工作量的急剧增加，因而选择适合且操作方便的 400 像素×400 像素的试验空间粒度。对于有相似流场的开阔海域可以适时考虑选择较大的滤波窗口，以便节省工作时间，提高效率，而且滤波窗口大小的不同对滤波图像纹理流向提取的影响不大。

经上述试验发现，不同方向滤波后的图像有着不同的纹理特征信息量，线状纹理信息量越大的区域越接近水流主流方向，在一定范围内纹理信息量越少的区域越偏离水流实际方向。由此可以推断,线状纹理方向可以解译为水流方向。

2. Garbor 滤波图像中的流向计算

将上述 Garbor 滤波处理后的图像导入到 ArcGIS 平台上,由于图像本身具有正确的地理坐标信息,可直接通过建立线图层、编辑流线、线图层属性表中的首末点坐标统计、"Field Calculator"的公式编写计算出来。

图 6-8 和图 6-9 分别表示基于 2001-11-16 长江河口南槽中段落潮时 150°方向滤波图像和 2013-12-03 长江口外佘山附近涨潮时 120°方向滤波图像进行的流线解译和流向示意,进而根据式(6-7)和式(6-8)由流线的首末点地理坐标计算出落潮流和涨潮流的流向值。

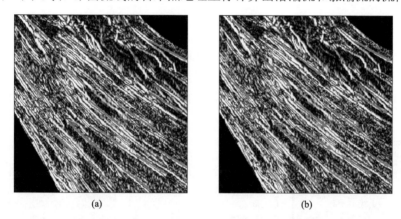

图 6-8　2001-11-16 长江河口南槽中段落潮时 150°方向滤波图像流线解译和流向示意
(a)流线解译;(b)流向示意

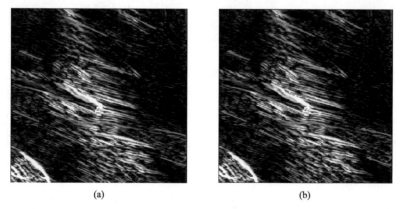

图 6-9　2013-12-03 长江口外佘山附近涨潮时 120°方向滤波图像流线解译和流向示意
(a)流线解译;(b)流向示意

$$\alpha = 90° - \arctan\left[\frac{y_2 - y_1}{x_2 - x_1}\right] \times 180 / \pi \qquad (6\text{-}10)$$

$$\beta = 270° - \arctan\left[\frac{y_2 - y_1}{x_2 - x_1}\right] \times 180 / \pi \qquad (6\text{-}11)$$

式中，α 是落潮流线指示的方向值；β 是涨潮流线指示的方向值；(x_1, y_1) 为当前点的地理坐标，(x_2, y_2) 为下一点的地理坐标 arctan()表示某数值的反切值。

鉴于每个进行 Gabor 滤波的图像均按照具有相同或近似流态特征的最小区域单元进行的裁剪划分，所以通过解译、提取 Gabor 滤波图像上的流线方向，可以对其所有方向值取平均，便得到该区的平均流向，用以代表该水域的主流方向。

值得注意的是，解译效果和精度在不同水域有着较大的差异，在狭长的河槽河道中，往复流的流向清晰，解译准确；在口外拦门沙地带，水流涡旋，流向复杂难辨，解译时需要区分开流线、边际线与不同水团的交汇界限等等，并需要结合经验知识和潮位资料进行准确的判释和解译。

3. 基于纹理熵的流速分级

纹理统计法是纹理分析的基本方法，将纹理属性描述为随机变量，并计算其统计量，这较为符合河口流态纹理特征随机、不规则的特点。根据灰度共生矩阵的特征量统计方法（6.3.1 节），计算 2001-11-16 长江河口南槽中段的遥感影像 SSC 反演图像的纹理熵、变异系数等（图 6-10）。

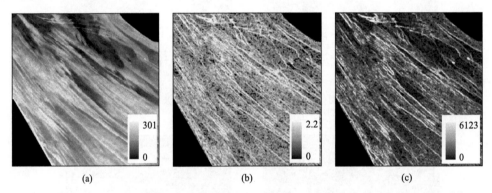

图 6-10　2001-11-16 长江河口南槽中段遥感影像 SSC 反演图像及其纹理熵、变异系数
(a)SSC 反演图像；(b)纹理熵；(c)变异系数

从图 6-5 中可以看出，熵值越大的区域纹理越密集，而熵值较小的地方纹理稀疏。其与 Garbor 滤波方法获得的线状纹理信息量越大的区域越接近水流主流区域（图 6-2）较为一致。由此推断，纹理熵值可能与流速大小存在一定的正相关关系，熵值的分级可以表征流速大小的分级。

同样以 2001-11-16 长江口南槽中段落潮流态图 400 像素×400 像素的窗口区域为例，在 ENVI 中进行了 SSC 反演图像的纹理熵计算，然后转到 ArcGIS 中进行 Aggregation 分析（聚类），最后基于聚类后的熵值图像进行流速大小等级的划分（图 6-11）。为避免分级图像过于破碎，先利用聚类分析将具有相似值的邻近 10 个单元归为一个类别，然后进行基于自然断点的级别分类，总体分为三个等级：流速较大、流速中等、流速较小。结果可见，该区域的流速大部分是中等和较大的，与南槽中段实测水流特点（左书华，2006；冯凌旋等，2012）相似。

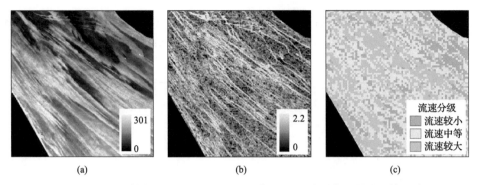

图 6-11　长江河口南槽中段 2001-11-16 TM 影像 SSC 反演图像及其纹理熵、流速分级

(a)SSC 反演图像；(b)纹理熵；(c)流速分级

再以 2013-12-03 长江口外佘山附近涨潮时段窗口图像为例，在 TM 影像反演的 SSC 图像的基础上计算其纹理熵，通过熵值的聚类分析和基于自然断点的级别分类，得到该区域的流速分级图像(图 6-12)。该结果表明了佘山附近的涨憩阶段的流速大小分布情况，从外海靠近沿海，流速由较小变为中等，局部流速较大，符合由潮位值推测的潮情。

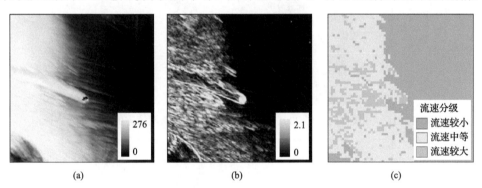

图 6-12　长江口外佘山附近 2013-12-03 TM 影像 SSC 反演图像及其纹理熵、流速分级

(a)SSC 反演图像；(b)纹理熵；(c)流速分级

6.3.3　流态信息定量化结果的验证

由于在整个长江河口区实时同步测量流速流向实测数据较为困难，本章利用所在课题组建立的长江口-杭州湾二维潮流数学模型的模拟结果(宋泽坤等, 2012)，验证上述遥感 TM 影像纹理信息的流速流向信息解译结果。

数值模拟结果由 MIKE21 软件运算获得。MIKE21 是一种专业的模拟水流、波浪、泥沙和水质等的专业工程软件，它可以用来模拟河口以及海洋近岸区域的水流动力和泥沙输移过程。MIKE21 中的 MIKE21_FM 模块，即有限体积非结构网格模型。其优点在于可以在数值计算的过程中方便地离散差分原始动力学方程组。非结构三角形网格可以在很好的拟合岛屿等复杂岸线情况的同时又能保证质量守恒，增加模拟的精度，而且计算稳定性好(宋泽坤等, 2012)。经过大量野外实测资料的验证，精度误差仅 10%，可用于一定的应用研究。

利用该数学模型模拟与遥感 TM 影像过境日相应时刻的长江口和杭州湾潮流场，并对 12 个时相的遥感解译结果与潮流数学模型模拟结果进行对比验证，以下选取可以代表典型落潮流时段的 2001 年 11 月 16 日 10:04 和代表典型涨潮流时段的 2013 年 12 月 3 日 10:26 两个时刻的对比图加以说明(图 6-13～图 6-16)。

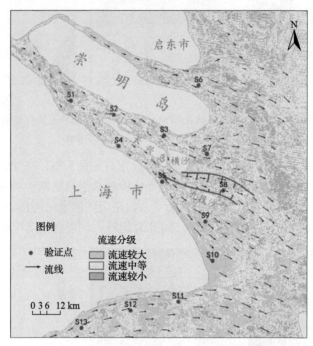

图 6-13　长江口和杭州湾北岸 2001 年 11 月 16 日 10:04 落潮流态的遥感 TM 解译图

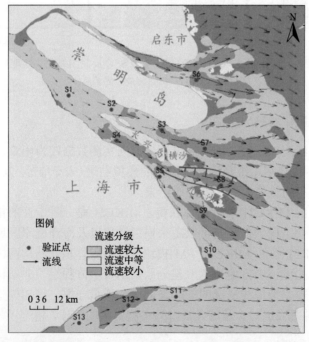

图 6-14　长江口和杭州湾北岸 2001 年 11 月 16 日 10:04 落潮流态的 MIKE21_FM 模拟图

图 6-15　长江口和杭州湾北岸 2013 年 12 月 3 日 10:26 涨潮流态的遥感 TM 解译图

图 6-16　长江口和杭州湾北岸 2013 年 12 月 3 日 10:26 涨潮流态的 MIKE21_FM 模拟图

遥感 TM 解译的底图是流速大小分级图(图 6-13 和图 6-15),红色、绿色、蓝色分别表示流速较大、流速中等、流速较小的区域,上层的箭头表示流向。

从宏观上来看，流速大小分级的遥感解译结果与模型模拟结果(图 6-14，图 6-16)基本一致，流向的趋势亦大致相同。尤其是落潮时期的北港、南支-南港-南槽区域，以及涨潮时期的北支、南支、北港、北槽、杭州湾北岸区域，流速分级和流向均吻合度较好。

在长江口和杭州湾北岸的典型岸段均匀选取S1～S13共13个验证点进行涨落潮流的流向和流速大小分级的误差统计分析，流向误差用均方根误差(RMSE)来表示(Wu et al., 2011)，流速大小分级则用吻合度来度量，得出 2001 年 11 月 16 日 10:04 的落潮流向的均方差方根误差为 6.2°，流速大小分级的吻合度为84.6%，2013 年 12 月 3 日 10:26 的涨潮流向的均方根误差为 18.5°，流速大小分级的吻合度为 61.5%。说明落潮流态解译效果较涨潮流态解译效果稍好。两者平均后的流向的均方根误差为 12.35°，平均后的流速大小分级的吻合度为 73.1%。

验证结果表明，利用 Gabor 滤波方法解译潮流方向、纹理熵表征流速分级的方法，在一定程度上是可行的，并且前者较后者有更高的精度(图 6-17)。但有些区域由于遥感解译和数学模拟两者方法的局限性和差异性不能达到吻合。这是因为：基于纹理特征的光学遥感解译方法比较适合对悬沙浓度适中的河口河槽进行流态信息解译，含沙量太低或太高的水域都会因线状纹理不明显而受到限制，如南支上段和121°20′E 以东的外海区域悬沙浓度很低，水体反射率也低，流态信息难以解译；北支中段和杭州湾北岸落潮时期的高浓度悬沙区域因反射亮度太大，显示不出水流的流路痕迹，从而也不易提取流态信息，从而导致解译的误差较大。这是遥感解译方法较数值模型方法的不足之处。

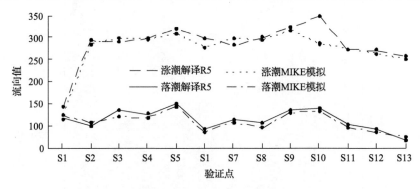

图 6-17　遥感解译和数值模拟的涨落流向值对比

因而，利用 Gabor 滤波解译潮流方向，流向信息定量提取，是个值得推荐的新的尝试；而利用纹理统计特征分析方法实现流速信息分级则可辅助数模、实测或其他形式从宏观上判断同一景影像上的流速的大小和分布。

6.3.4　流态信息遥感解译方法的时序特征

根据上述基于 TM 影像纹理特征的流态信息定量化方法对南槽中浚潮位站附近的流态进行遥感解译，从时间序列上说明流态解译结果，分析该方法在中浚潮位站流态解译效果上的时序特征。

按照中浚潮位潮情从初落—落急—落憩—初涨—涨急—涨憩的潮周期顺序依次排列TM 遥感影像，其遥感解译定量化的相关流态参数，以及每个时相一个月前大通站的月径流量（表 6-3）。其中，Gabor 滤波图像的变异系数用来表示 TM 影像上流线的分辨度，即解译流线的方便程度；纹理熵是流速分级的依据，这个参数的时序变化在一定程度可以表示出流态强弱的变化，作为一个纹理特征量，其与 Gabor 滤波图像的变异系数有近似的变化趋势。而对应的每个时相前一个月大通站的月径流量变化趋势则用以探讨径流量对流态可能产生的影响（图 6-18）。

表 6-3　中浚潮位站的 TM 影像的流态解译参数

序号	TM 影像过境日	潮情	汛情	潮型	流向提取参数Gabor 滤波图像变异系数	流速分级参数纹理熵	大通站月径流/亿 m³
1	2007-07-28	E14min	F	S	1545.709088	0.739676	804
2	2000-06-14	E48min	F	M	1019.112978	0.540213	886
3	2003-10-21	E1h53min	F	N	612.656008	0.522812	1040
4	2002-10-02	E2h15min	F	N	486.447341	0.526084	1196
5	2001-11-16	E3h24min	D	S	3040.172852	1.037209	788
6	2001-01-16	E6h17min	D	N	999.999543	0.50925	480
7	2006-04-20	E7h51min	D	N	1079.005664	0.818554	539
8	1995-04-06	F18min	D	N	1559.820438	0.869583	503
9	1997-04-11	F1h4min	D	S	902.22325	0.810046	386
10	2002-01-03	F1h25min	D	M	913.466743	0.748134	345
11	2009-04-28	F1h55min	D	M	647.45139	0.490455	512
12	2013-12-03	F4h39min	D	S	2066.144479	1.003532	340

注：F 为洪季；D 为枯季；S 为大潮；N 为小潮；M 为中潮

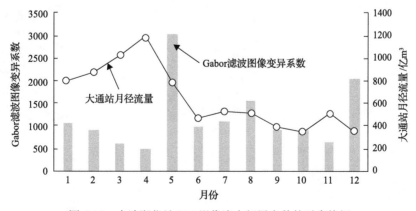

图 6-18　中浚潮位站 TM 影像流态解译参数的时序特征

河口潮汐的周期性特征在 TM 影像解译的流态信息中有所表现，除了第 5 个时序的影像外，其他 11 个时序的影像流态解译参数都有类似潮落潮涨变化的趋势，但要比潮汐表预测的潮情状况延后 2h 左右。如第 1 个时序的影像潮汐表预测的潮情是初涨 14min，但从趋势上看是处于落急到落憩的阶段，直到第 4 个时序的影像流态才处于最弱的状态，而潮汐表预测的潮情已是落潮 2h 15min。

　　潮汐河口的潮情不仅有周期性变化，还受洪枯季和大小潮不同程度的影响。第 1、2、3、4 个时序的影像处于洪季，其 Gabor 滤波图像的变异系数均较小，尤其是第 3、4 个影像，其原因可能是口门附近主要受外海水文条件影响，洪季的悬沙浓度比枯季要低（沈焕庭和潘安定，2001），又处于涨憩初落的阶段，其显示的纹理特征非常弱，因而解译出的流线信息量也少；而均处于枯季的第 6～12 个时序的 Gabor 滤波图像变异系数则呈现出较规则的趋势，且普遍高于洪季。所以，中浚潮位站枯季的 TM 影像较洪季更有利于流态解译。第 5 个时序出现的最高值是处于枯季大潮期，另外一个处于枯季大潮期的第 12 个时序影像的 Gabor 滤波变异系数也较大，普遍高于枯季中小潮时的数值，其原因可能是大潮期潮流作用强烈，口门地区由于底沙被强烈悬浮而形成一个冲刷浑浊带，此时的遥感影像也显示出非常显著的纹理特征。因此，中浚潮位站枯季大潮时的 TM 影像纹理特征较枯季小潮时更为显著，更有利于流态信息的遥感解译。

　　大通站月径流量的分布趋势其实反映了洪枯季的变化，前 4 个时序洪季的径流量均较大，在 1000 亿 m³ 左右，而此时对应的中浚潮位站 Gabor 滤波图像变异系数均较小，不利于流线的提取；后 8 个时序枯季的径流量普遍较小，大部分仅在 500 亿 m³ 左右，其对应的中浚潮位站 Gabor 滤波图像变异系数却普遍较大，纹理信息量丰富，有利于提取流线，实现流态信息的定量化。

　　将中浚潮位站附近流态的 Gabor 滤波图像（图 6-19）按照表 6-3 的影像顺序依次展示，其中(a)至(l)编号的 Gabor 滤波图像分别对应 1～12 序号的 TM 影像，其 SSC 反演图像经过同一 Gabor 滤波方向的滤波处理后，展示出各过境时刻中浚潮位站的流线信息。如图 6-18 趋势所示，[图 6-19(c)]（序号 3）和[图 6-19(d)]（序号 4）因处于洪季小潮时期的落

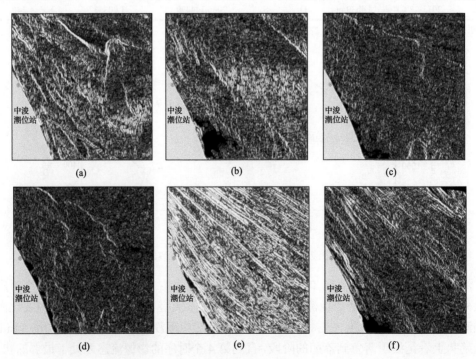

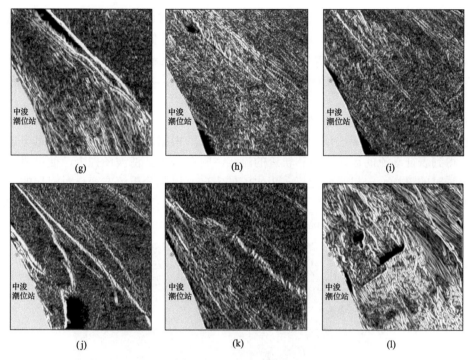

图 6-19　中浚潮位站的时间序列影像的 Gabor 滤波图像（参见表 6-3）

(a) 2007-07-28 洪季大潮；　(b) 2000-06-14 洪季中潮；　(c) 2003-10-21 洪季小潮；　(d) 2002-10-02 洪季小潮；

(e) 2001-11-16 枯季大潮；　(f) 2001-01-16 枯季小潮；　(g) 2006-04-20 枯季小潮；　(h) 1995-04-06 枯季小潮；

(i) 1997-04-11 枯季大潮；　(j) 2002-01-03 枯季中潮；　(k) 2009-04-28 枯季中潮；　(l) 2013-12-03 枯季大潮

憩初涨阶段，流线信息量最少，[图 6-19(e)]（序号 5）和[图 6-19(l)]（序号 12)因处于枯季大潮时期的落急和涨急阶段，流线信息量最大，适合流态信息的遥感解译。

总之，基于 TM 影像实现河口流态信息定量的方法在不同时期采集的遥感影像适用上，有一定的时序特征，具体表现为，枯季时的 TM 影像的纹理特征比洪季更有利于流态信息解译，枯季大潮的 TM 影像又比枯季小潮更有利于流态信息的定量化。

因此，从遥感 TM 影像上的表层悬沙浓度的变化梯度入手，利用影像的纹理特征表示方法定量提取河口的流态信息。通过基于纹理特征统计方法和 Gabor 滤波方法分别进行了流速分级和流线提取，实现了河口表层流态信息从定性描述到定量化的初步研究。并利用课题组建立的 MIKE21_FM 数值模拟的长江河口和杭州湾北岸流场，对该方法得到的遥感影像流态信息解译结果进行验证。分析结果表明：在悬沙浓度适中的水域，可以从遥感 TM 影像中提取河口流态信息纹理特征的角度，通过纹理统计特征量的提取以及 Gabor 滤波的处理表征流速分级和流动方向的方法是可行的，而且 Gabor 滤波图像提取流向的效果比纹理熵表征流速分级的效果好。在时序上，枯季的 TM 影像的纹理特征比洪季更有利于流态信息解译，枯季大潮的 TM 影像又比枯季小潮更利于流态信息的定量化。

6.4　长江口及邻近水域流态特征分析

河口水域的流态会随着河口河槽的束狭和河床地形的改变而不断发生变化，河口流态的变化与河口地貌的演变相辅相成、息息相关。近 20 年来长江河口簇拥出现并迅速扩增的各种圈围工程和港口工程(包括高滩围垦工程、低滩促淤造地工程、码头、深水航道、大桥等),不仅直接改变着长江口海岸线等的地貌形态,也间接影响着河口水流的流态、泥沙的分布等水沙输移的状况,是河口海岸动力场变化的重要影响因素之一(王冬梅等,2011)。

利用 Landsat TM 遥感卫星影像的宏观时效优势,分三个典型区域详细分析并讨论近年来长江河口及邻近水域涨落潮流态的变化特征,并根据本章提出的流态信息半定量化方法,得到表征潮流的运动方向和轨迹的流线,附在 Gabor 滤波图像上,便可清晰地显示出该瞬时的流场,一目了然地指示出水流的方向,以此分析流态变化对河口的地貌演变和近年港口航道工程的响应。下面分南槽、北槽水域、南汇嘴水域以及杭州湾北岸东海大桥工程段水域三个区域来说明(图 6-20)。

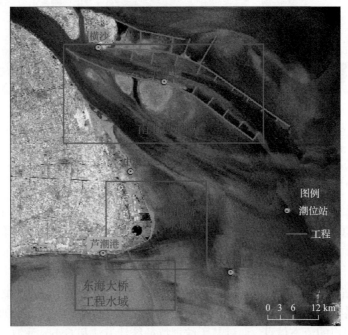

图 6-20　长江河口及邻近水域流态特征分析水域划分

6.4.1　南槽、北槽水域的流态特征

长江河口的南槽、北槽河段,是长江入海的第三级分汊河道,其分汊口的流态随着径流来水来沙量的影响变化较大,能较好地反映出上游来水来沙的变化,及其对下游河道和入海口的影响作用。南槽、北槽中下段则因位于口门拦门沙地带,受底沙、外海潮动力、盐水楔等因素的影响,流态较为复杂。

图 6-21(a)和图 6-21(b)分别表示南槽、北槽在 2001 年和 2013 年枯季大潮期的落急流态和涨急流态。2001 年时,北槽深水航道一期工程竣工,受鱼嘴工程的影响,南槽、北槽分流口的分流比改变,南槽分流增加,流态纹理信息丰富,流线清晰;北槽的分流比减小,北槽上段主槽水流流速有所减小(郁微微等,2007)。2013 年二期工程后,

流态随之更为规则有序，图 6-21(b)虽处于涨急阶段，但流线清晰明显；北槽则受航道工程导堤和丁坝的束水作用，主槽的水流流向更为集中，北槽下段主槽的水流流速大幅增加(蒋陈娟, 2012; 蒋陈娟等, 2013)。

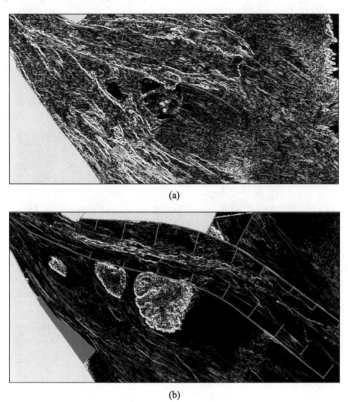

图 6-21　长江河口南槽、北槽 2001 年和 2013 年枯季大潮的落急和涨急流态

(a) 2001-11-16 TM 影像(枯季大潮落急)；(b) 2013-02-21 TM 影像(枯季大潮涨急)

1995-04-06、2006-04-20、2010-02-21 的三幅 TM 影像，均处于枯季小潮时的横沙落憩阶段，各潮位站的预测潮情基本一致，时刻分别仅相差 10min 左右，可近似看作同一潮情，用来分析这三个年份相同潮情下的流态变化，表明南槽、北槽水域的流态特征对河口工程的响应。选取了北槽上段、北槽下段和南槽上段这三个区位，分别统计出各区位各年份的主流流线方向值，说明深水航道治理工程前后南槽、北槽附近的流向偏转和流态变化(图 6-22 和表 6-4)。分析结果如下：

北槽上段枯季小潮的落潮主流方向 1995 年(航道工程前)为 105°，2006 年和 2010 年(航道工程后)为 103°，较 1995 年向北偏转 2°；北槽下段枯季小潮的落潮主流方向 1995 年(航道工程前)为 126°，2006 年和 2010 年(航道工程后)为 129°，较 1995 年向南偏转 2°。以上结果说明深水航道一、二期工程的修建使得北槽上、下段的主流方向稍有所偏移，分别向北偏转 2°和向南偏转 3°，这可能是深水航道导流作用的直接结果，是流态对工程建筑的刚性响应。

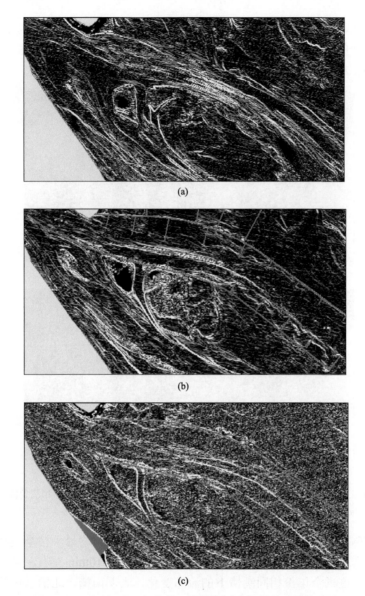

图 6-22　1995～2010 年南槽、北槽枯季小潮的落潮流态变化

(a) 1995-04-06 TM 影像(枯季小潮落憩)；(b) 2006-04-20 TM 影像(枯季小潮落憩)；(c) 2010-02-21 TM 影像(枯季小潮落憩)

注：图中红色箭头示意落潮主流方向，蓝色线示意深水航道工程，蓝色区域示意围垦区

表 6-4　TM 影像中南槽、北槽枯季小潮落潮流态特征值

流态特征年份	主流方向/(°)			备注
	北槽上段	北槽下段	南槽上段	
1995-04-06	105	126	135	深水航道一期工程 (1998-01～2001-06)前
2006-04-20	103	129	134	深水航道二期工程 (2002-05～2005-03)后
2010-02-21	103	129	125	浦东国际机场东侧 围垦工程(2009)后

　　南槽上段枯季小潮的落潮主流流向，1995 年(航道工程前)为 135°，2006 年(航道工程后)为 134°，2010 年(围垦工程后)为 125°，2010 年较 1995 年向北偏转 10°。说明南槽上段分流口的潜堤工程使南槽分流增加，进而南槽冲刷加深，主泓线有稍许北偏；加之 2009 年浦东国际机场东侧圈围工程的建设，使南槽南岸有了大幅度扩增，进而导致南槽上口的落潮主流方向有了大幅偏转，向北偏转了 10°，这也证明了南槽主流方向越来越接近南港主槽方向，成为长江河口第三级分汊河道的主下泄河槽。

　　总之，南槽、北槽水域的流态受北槽深水航道工程的影响，北槽上段和下段的主流方向分别有北偏和南偏的趋势；南槽上段的主流方向则受深水航道潜堤工程和浦东国际机场东侧的圈围工程的影响，有大幅北偏的变化。

6.4.2　南汇嘴水域的流态特征

　　南汇嘴岸滩是长江口与杭州湾交汇的缓流区，泥沙容易落淤，长期以来属于长江河口淤涨速度最快的岸滩。南汇嘴邻近海域流态复杂，水流强劲，最大垂线平均流速可达近 2.13m/s(付桂，2007)，悬沙分布总体上呈现南北两侧高、中部低的态势。潮滩的涨落潮流都很强，总体上涨潮流占优势，这为南汇嘴潮滩的淤涨提供了有利的动力条件。

　　图 6-23(a)和图 6-23(b)分别表示南汇嘴在 2001 年和 2013 年枯季大潮期的落急和涨急流态。前者落潮流态湍急，流线密集，清晰地显示了来自南槽和杭州湾的两股落潮流在南汇嘴交汇，其水流携带的泥沙在此落淤，潮流相遇后大致呈 106°方向流向东南海域；后者涨急流态则呈现出来自外海的潮流在南汇嘴分流的状态，两股涨潮流分别大致呈 310°和 275°进入南槽和杭州湾北部的水域。

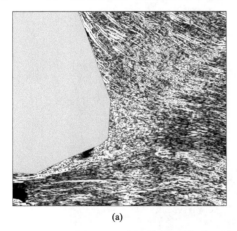 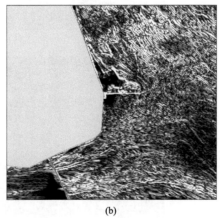

(a)　　　　　　　　　　　　　　　　　　(b)

图 6-23　南汇嘴 2001 年和 2013 年枯季大潮的落急和涨急流态

(a)2001-11-16 TM 影像(枯季大潮落急)；(b)2013-12-03 TM 影像(枯季大潮涨急)

　　随着 1995～2000 前浦东国际机场的兴建及 2006 年后的外侧圈围，2000 年来二期人工半岛的修建以及一二期南汇东滩围垦工程的实施，使得南汇嘴岸滩逐步成为长江三角洲围垦工程效应最为显著的岸滩之一，其附近的涨潮分流、落潮汇流的流态特征随之会出现一定的微调，但因圈围工程的堤线保持了原有格局，对水流流势的影响较小(李九发等，2010)。

6.4.3　东海大桥水域的流态特征

　　于 2002～2005 年建成的东海大桥，在南汇嘴与崎岖列岛海域筑起了一道屏障，这种屏障效应会对大桥东西两侧的水沙运动产生一定的影响，影响范围大约在东西各 15～25km 以内(孙志国, 2003)。受到杭州湾北岸地形的约束，大桥水域的流态基本是呈东西方向的往复流动，大桥修筑后，落潮时的大桥西侧和涨潮时的大桥东侧，会因为大桥的阻拦作用而使流态发生改变。

　　图 6-24(a)、图 6-24(b) 分别表示东海大桥水域在 2001 年和 2013 年枯季大潮期的落急流态和涨急流态。建桥前 2001 年的落潮流态湍急，纹理密集而不均匀，呈现出从杭州湾向外海以东偏南的强潮流态，并伴随波浪起伏的态势。建桥后 2013 年的涨潮流态规则有序，大桥两侧的纹理特征明显不同，大桥东侧的涨潮流因大桥的阻拦作用而受挤压，流向大幅北偏；经过桥洞后，大桥西侧的潮流则因狭道效应而流速变大，呈现明显的"梳状纹理"，并基本上呈水平方向流进杭州湾。

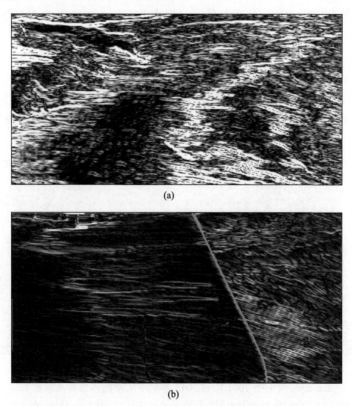

(a)

(b)

图 6-24　1996～2013 年东海大桥兴建前后的落、涨流态变化
(a) 2001-11-16 TM 影像(枯季大潮落急)；(b) 2013-12-03 TM 影像(枯季大潮涨急)

　　均处于枯季小潮时期的 2001-01-16、2006-04-20 两幅 TM 影像(图 6-25)中，芦潮港潮位站预测潮情均是落憩阶段，时刻相差 11min，可近似看作同一潮情，并利用这两个时段的流态解译图对东海大桥的桥西、桥东分别统计出流向值，进行工程前后的对比分

析，表明该水域的流态特征对大桥工程的响应。

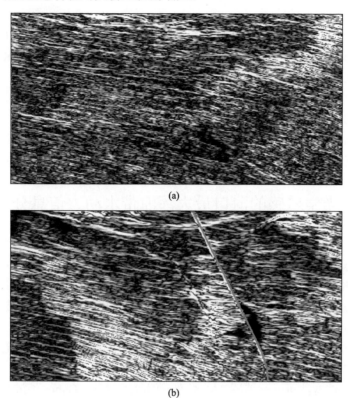

(a)

(b)

图 6-25　1996～2013 年东海大桥兴建前后的落、涨流态变化

图中红色箭头表示主流方向，蓝色线表示东海大桥工程

(a) 2001-01-16 TM 影像（枯季小潮落憩）；(b) 2006-04-20 TM 影像（枯季小潮落憩）

杭州湾北岸东海大桥水域桥西的枯季小潮落潮主流方向从 2001 年的 98°增大到 2006 年的 104°，向南偏转 6°；而桥东的落潮主流方向从 2001 年的 106°减小到 2006 年的 101°，向北偏转 5°（表 6-5）。这表明大桥对落潮流态的影响表现在：其阻拦作用使桥西的落潮流方向南偏，狭道效应则使桥东的落潮流方向北偏；对涨潮流态的作用反之，使桥东的涨潮流方向北偏，桥西的涨潮流方向南偏。总之，杭州湾北岸东海大桥的修建对其水域的流态有一定的影响作用。

表 6-5　TM 影像中东海大桥兴建前后（2005 年）附近水域的流态特征值

潮情	时间	主流方向/(°)		备注
		桥西	桥东	
枯季小潮	2001-01-16	98	106	大桥工程前
	2006-04-20	104	101	大桥工程后

上述通过对特定潮汛下的长江河口及邻近水域的遥感 TM 影像进行流态特征的提取和长时间序列的变化分析，探讨了 1995～2013 年枯季大小潮时南槽、北槽水域、南汇嘴水域和杭州湾北岸东海大桥水域的流态特征和流态变化，通过定量化典型港口航道工程

附近水域的遥感 TM 影像流态特征值，分析了这些工程对长江河口流态变化有可能产生的影响。

(1)南槽和北槽水域的流态受北槽深水航道工程的影响，北槽上段和下段的主流方向分别有北偏和南偏的趋势；南槽上段的主流方向则受深水航道潜堤工程和浦东国际机场东侧的圈围工程的影响，有大幅北偏的变化。

(2)南汇嘴水域有涨潮分流、落潮汇流的流态特征，但因圈围工程的堤线保持了原有格局，对流态的影响较小。

(3)杭州湾北岸东海大桥的修建对其两侧水域的流态有一定的影响，其阻挡作用使桥西的落潮流方向南偏，狭道效应则使桥东的落潮流方向北偏，对涨潮流态的作用反之。

6.5　基于光学遥感的河口最大浑浊带水动力信息分析有效性

通过遥感 TM 影像的纹理特征分析方法，实现长江河口表层涨落潮流流向和流速大小两种主要流态信息从定性描述到定量化的初步研究；并利用课题组建立的长江河口和杭州湾北岸 MIKE21_FM 数值模型模拟获得的流场，验证由遥感 TM 影像空间纹理特征分析得到的流态信息解译结果，发现流向的均方差误差在落潮和涨潮情况下，分别为 6.2°和 18.5°，流速分级的吻合度在落潮和涨潮情况下分别为 84.6%和 61.5%，落潮情况下的流态解译结果较好。由此说明基于遥感 TM 影像线状纹理特征的河口流态信息定量分析可行，并有一定的创新性。主要结论如下：

(1)Gabor 滤波方法可增强遥感 TM 影像空间纹理信息，Gabor 滤波后图像线状纹理信息量越大的区域越接近主流方向，而纹理信息量越少的区域越偏离水流实际方向。由此推断，遥感 TM 影像中线状纹理方向可以解译为水流方向；与传统的纹理特征统计方法相比，Gabor 滤波方法在增强流向解译标志、提高流向判释准确度方面有一定的优势，可用于河口地区表层流向信息的定量提取。

(2)鉴于遥感 TM 影像线状纹理熵值越大的区域纹理越密集，而熵值较小的地方纹理稀疏，其与 Garbor 滤波方法获得的线状纹理信息量越大的区域越接近水流主流区域较为一致。由此推断，纹理熵值可能与流速存在一定的正相关关系，可利用同一景 TM 影像的纹理熵分级从宏观上表征河口地区流态的强弱。

(3)遥感影像定量解译流态信息的方法在悬沙浓度适中的河口区域精度较高，且 Gabor 滤波图像提取流向的效果较纹理熵表征流速分级的效果更好。在时序的适用上，枯季的 TM 影像纹理特征较洪季更为显著，更有利于流态解译，枯季大潮时的 TM 影像较枯季小潮更有利于流态信息的遥感解译。

(4)将 Gabor 滤波方法应用于长江河口及其邻近水域遥感 TM 影像的流态信息解译，探讨 1995 年以来枯季大小潮期间长江河口南槽和北槽水域、南汇嘴水域和杭州湾北岸东海大桥水域所在水域的流态特征和流态变化，表明深水航道治理工程、圈围工程和东海大桥等大型工程对其所在水域的流态产生一定的影响。

第一，南槽和北槽水域的流态受北槽深水航道工程的影响，北槽上段和下段的主流方向分别有北偏和南偏的趋势；南槽上段的主流方向则受深水航道潜堤工程和浦东国际机场东侧的圈围工程的影响，有大幅北偏的变化。

第二，南汇嘴水域有涨潮分流、落潮汇流的流态特征，但因圈围工程的堤线保持了原有格局，对流态的影响较小。

第三，杭州湾北岸东海大桥的修建对其两侧水域的流态有一定的影响，其阻挡作用使桥西的落潮流方向南偏，狭道效应则使桥东的落潮流方向北偏，对涨潮流态的作用反之。

本章提出的利用 Gabor 滤波器进行遥感影像流向提取技术，在方法上虽有创新之处，但还未实现基于遥感影像纹理分割或图像细化算法的流向自动提取；纹理熵虽然可以表征潮汐河口流速，但还需考虑更多的流态解译影响因素来综合分析和判定。所以，基于遥感影像的长江口流态信息解译及大型工程对河口流态变化的影响机制尚需进一步的后续研究和深入探讨。

第7章　长江中下游河槽推移质运动观测与研究

推移质运动是河流、河口和近岸海域泥沙运动的普遍形式之一，一直也是泥沙运动力学中最复杂的课题之一(Bagnold, 1973; van Rijn, 1984; van den Berg, 1987; 秦荣昱和王崇浩, 1996)。其对地貌演变有重要影响，所以对实际生产有着重要的理论指导意义。由于推移质运动处于床面附近，以往受限于观测方法和仪器条件，观测难度较大、耗资巨大，成为人类工程建设的一个技术难点。

传统推移质观测由于采样器的阻水作用，改变了床面运行的推移泥沙的水力条件，造成偏差(张瑞瑾等, 1998)，随着测量技术的发展，利用新型的测量仪器尝试观测推移质运动成为可能。20世纪90年代以来，笔者研究团队一直致力于流速仪、侧扫声呐和悬沙浓度剖面仪、多普勒声学流速剖面仪等先进仪器与传统测量方法相结合的方法，开展与推移质运动相关的起动流速、扬动流速、推移质运动特性和运动速度、推移质输沙率以及推移质集合运动形式——沙波形态、运动特征及底沙再悬浮研究，现在向读者报告这些成果。

7.1　长江河口非均匀细颗粒泥沙起动流速的估算

粉砂颗粒粒径为0.004～0.062mm，与少量黏土(粒径≤0.004mm)共同组成细颗粒泥沙，常构成河流、潮汐河口的底床。细颗粒泥沙的起动流速一直受到重视，绝大部分是对水槽均匀沙而言(窦国仁, 1999; 林炳尧, 2000; 刘兴年等, 2000; 蒋昌波等, 2001; 兰波, 1999; Roux, 2001; Soulsby, 1998; 王绍成, 1995; 沙玉清, 1996; 张瑞瑾, 1986)。天然细颗粒泥沙属非均匀沙，运动机理非常复杂，国内外学者主要从力学和随机过程两个角度推导出不同的起动流速公式(林炳尧, 2000; 刘兴年等, 2000; 蒋昌波等, 2001; 兰波, 1999; Roux et al, 2001; Soulsby et al, 1991; 王绍成, 1991; 沙玉清, 1996; 张瑞瑾, 1986)，但这些公式所引入的参数均由水槽实验确定(窦国仁, 1999; 林炳尧, 2000)，用于天然河流尤其是大河河口时，其计算结果往往偏小(窦国仁, 1999; 兰波, 1999)。本章旨在获得长江口南槽的水深、水流流速和近底床悬沙粒径现场资料，并推导适合长江口南槽细颗粒泥沙起动流速的近似计算公式。

7.1.1　数据的采集

现场定点观测于2000年12月23～24日，测点位于南槽121°45′14″E，31°15′36″N。观测工作在船上完成，测点用108586 D.GPS，定位，精度1～2m。同时，利用Iner-spaceInc双频测深仪和Endeco流速仪，对长江口南槽水深、流速实施14小时连续同步测量。测深仪、Endeco分别垂直固定、悬挂在水面以下1m处。水沙样采集点分别位于相对水深0.6H、0.8H、1.0H(H为水深)处，采集间隔为1小时。底部(近底床)的水沙样(1.0H)采用 COULTERLQ100A 激光粒度分析仪分析悬沙粒径特征。由于河口底床床面附近的悬沙采样的实际困难，我们将尽可能采集到的河口水体近底部悬沙样近似地作为底床床面悬沙，便于估算长江口南槽底部细颗粒泥沙起动流速。

7.1.2　均匀细颗粒泥沙起动流速公式推导

床面泥沙因水流作用产生的推力 F_x 和上举力 F_y 大于重力 F_g、黏结力 F_c 和水柱压力 F_s 而发生起动(图 7-1)，其失稳条件(窦国仁，1999)。

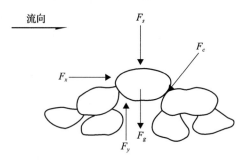

图 7-1　床面颗粒受力示意图(窦国仁，1999)

$$F_x l_1 + F_y l_2 \geqslant F_g l_3 + F_c l_4 + F_s l_5 \tag{7-1}$$

即

$$\frac{\lambda_x a_2 d^2 \rho \mu_0^2}{2l_1} + \frac{\lambda_y a_3 d^2 \rho \mu_0^2}{2l_2} \geqslant a_1(\rho_s - \rho)gd^3 l_3 + a_c \rho \varepsilon d l_4 + a_s \rho ghd\delta^5 \tag{7-2}$$

经系数合并，可得天然泥沙的瞬时起动流速 u_{0c} 为

$$u_{0c} = b_1 \left[d + \frac{b_2(h + b_3)}{d} \right]^{1/2} \tag{7-3}$$

式中，a_1、a_2 和 a_3 为相应力的面积系数；λ_x 和 λ_y 分别为推力和上举力的阻力数；ρ_s 和 ρ 分别为沙粒和水的密度，g 为重力加速度，d 为粒径；为作用于床面颗粒的瞬时速度；a_c、a_s 分别为系数，ε 为黏结力参数，δ 为薄膜水厚度参数，h 为水深；l_1、l_2、l_3、l_4、l_5 为相应力的力臂，其值均与粒径成正比；b_1、b_2、b_3 为综合参数。

鉴于长江口细颗粒泥沙的非均匀性，本节以底部悬沙的 d_{95} 近似地作为起动泥沙的粒径。此外，由于细颗粒泥沙的起动悬浮具有滞后效应，故用于拟合公式(7-3)的实测悬沙粒径 d_{95} 及其实时同步流速必须满足以下条件：在相邻两次水样采集的时间间隔内，水深及流速波动不大，流向稳定，以确保在水样采集的时间间隔内，平均水深(h)面以下 1m 处的平均流速(μ_1)及与泥沙粒径(d)的起动相对应，且流速剖面近似符合对数分布。应该指出的是，长江口的水流十分复杂，观测到的流速垂线分布一般不符合半对数分布。为了计算方便，假定上述流向稳定时段的水流流速垂线分布可以近似地用半对数表示。

在以少量动为起动标准时，瞬时速度 u_{0c}(窦国仁，1999)为

$$u_{0c} = 9.94u_* \tag{7-4}$$

其中，摩阻流速 u_* 为

$$u_* = u_1 \kappa / \ln\left(\frac{z}{z_0}\right) \tag{7-5}$$

式中，κ 为卡门系数，取值 0.4；z_0 为糙率高度，依据 Soulsby（1997）公式 $z_0 = d_{50}/12$。由于长江口 d_{50} 一般为 0.009～0.016mm；z_0 取值 0.001mm；z 为距床面的距离，取 $z = h-1$。

利用 SPSS 软件，依据式（7-3）对符合上述两个必要条件的 12 组底部悬沙粒径 d_{95}、瞬时流速 u_{0c} 和水深 h 等进行非线性多元回归分析，相关系数达 0.74，并获得

$$b_1 = 27.15 \quad b = 0.00145 \quad b_3 = 21.76$$

将这些值代入式（7-3），可得长江口非均匀细颗粒泥沙起动瞬时流速公式

$$u_{0c} = 27.15[d + 0.00145(h + 21.76) / d]^{1/2} \tag{7-6}$$

进而，利用流速对数分布公式获得以垂线平均流速表示的起动流速公式近似表达为

$$U_c = 6.83\left[\frac{ln11h}{k_s}\right][d + 0.00145(h + 21.76) / d]^{1/2} \tag{7-7}$$

式中，d 以 mm 计，h 以 m 计，u_{0c} 以 cm/s 计，k_s 为河床粗糙度，当 $d \leqslant 0.5$mm 时，$k_s = 1$mm。

7.1.3 长江口南槽非均匀细颗粒泥沙起动流速

根据式（7-7）计算的长江口南槽细颗粒泥沙起动流速如图 7-2 所示，其值略大于沙玉清（1996）和张瑞瑾（1989）公式计算值。而本公式计算值完全处在实测流速的变化区间内（图 7-3），即介于垂线平均最大流速（U_{max}）与平均最小流速（U_{min}）之间。沙玉清（1996）和张瑞瑾（1989）公式的计算值部分小于实测最小流速 U_{min}。因此，利用式（7-7）计算的天然泥沙起动流速大于前人利用水槽实验获得的计算值。

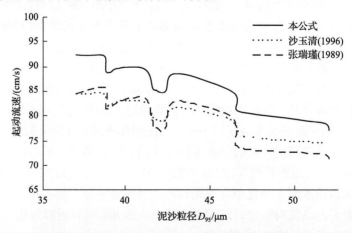

图 7-2　长江口细颗粒泥沙起动流速与利用沙玉清（1996）和张瑞瑾（1989）公式计算比较

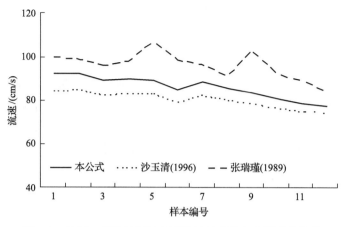

图 7-3　长江口细颗粒泥沙起动流速计算值与实测值的比较

7.1.4　基于原位观测的长江河口非均匀细颗粒泥沙起动流速估算有效性

从图 7-2 和图 7-3 中可以看出：利用式(7-7)与利用沙玉清(1996)和张瑞瑾等(1989)公式计算的天然泥沙起动流速值相比较大，其原因有三个。首先，大河口区的细颗粒泥沙受某些时段的较强潮流的脉动或扫荡(窦国仁，1999)而直接起动悬浮(程和琴等，2000)，处于"扬动"状态(黄才安等，1998；刘青泉等，1998)，因受原位观测技术限制，式(7-7)未能对研究区内细颗粒黏性泥沙的起动与扬动加以严格区分，有关这方面的研究成果将另文报告；其次，公式(7-7)只涉及底部悬沙粒径与水深等参数，因而公式结构和计算方法较为简单，可能忽略了以往公式中一些不易确定的因素，如底沙容重和悬沙浓度等。最后，水样采集时间间隔较长和流速测量点离床面较远，因而获得的实测流速平均值及其对数换算值 u_{0c} 精度受到一定影响。尽管如此，本章将现场实测到的周期性再悬浮(程和琴等，2002)细颗粒泥沙浓度和粒径，与同步实测到的水面以下 1m 的流速联系起来，获得以上关于长江口南槽细颗粒泥沙起动流速的结果(图 7-2 和图 7-3)为大河河口区的细颗粒泥沙起动流速的定量研究提供了一条有益的思路。

而且，图 7-2 和图 7-3 中的细颗粒泥沙起动流速值也大于长江口南支下段的细颗粒泥沙小尺度起扬流速(程和琴等，2000，2001，2002)，原因是南支下段的细颗粒泥沙小尺度起扬发生于流向不稳定时段，该时段的流速值较小，起动主要受双向流作用。而本章针对 2000 年枯季在长江口南槽水深 10m 以上、非均匀细颗粒泥沙的起动流速实测数据，着重研究了单向稳定流条件下的细颗粒泥沙起动流速。

需要指出的是，由于式(7-7)仅根据长江口南槽底部悬沙粒径、流速数据和水深拟合而得，故其是否适用于其他自然环境中的非均匀细颗粒泥沙起动流速，需待进一步研究。

7.2　长江河口非均匀细颗粒泥沙扬动流速

泥沙的扬动流速是指泥沙颗粒跃起后不再回落到床面，而是悬浮于水中，并随水流运动前进时的临界流速(王绍成等，1995)。它与泥沙起动流速一样，是泥沙运动力学研究中最基本的课题之一。前人从运动学和动力学两个方面对泥沙的扬动流速做了研究，已获得了一系列扬动流速公式，但由于这些公式都属于半理论半经验公式，且所引入的参数均由水槽实验确定(窦国仁, 1977; 周志德, 1981; 洪大林和唐存本, 1994; 窦希萍等, 1999)。用于天然河流尤其是大河河口时，其计算结果往往偏差较大。程和琴等在研究长江口区底沙运动时得出：仅当流速大于 50cm/s 时，长江口区底沙有少量扬动(程和琴等, 2001, 2002)。而以往公式用于计算长江口区底沙扬动流速时，其值均小于 50cm/s。因而在长江口这样的大河口区进行扬动流速的原位观测和现场研究具有重要的理论和实际意义。

7.2.1　数据采集

野外调查分别于 1998 年 9 月 8 日、2000 年 12 月 23 日、2002 年 5 月 3～4 日进行。测点分别位于 D_1(121°35′29″E, 31°23′59″N)、D_2(121°45′14″E, 31°15′36″N)、D_3(121°38′55″E, 31°22′21″N)和 D_4(122°1′39″E, 31°15′53″N)，如图 7-4 所示。测点用 1008/586D.GPS 定位，精度 1～2m。同时，利用声学浓度剖面仪(ACP-1)、Endeco 流速仪、Inner-spaceInc.双频测深仪实施 14h 连续同步测量。ACP-1 的探测器与加重铅鱼悬挂在水面以下 3m 处，Endeco 流速仪悬挂在水面以下 1m 处，测深仪垂直固定于水面以下 1m 处。水样采集时间间隔为 1h，利用 COUOTERLQ1000A 激光粒度分析仪进行粒度分析。测点 D_1、D_2、D_3 和 D_4 底部悬沙粒径、水深变化及水面 1m 处最大流速如表 7-1 所示。

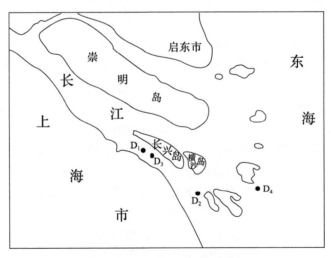

图 7-4　长江口及测点分布

表 7-1　测点底部悬沙粒径、水深变化及水面 1m 处最大流速

测量站点	底部悬沙粒径 d_{50}/μm	水深 h/m	距水面 1m 处最大流速 u_{max}/(m/s)
D1	6.1～14.6	10.5～14.4	2.18
D2	7.7～12.1	10.6～13.0	2.16
D3	6.9～8.7	11.3～14.1	1.08
D4	5.1～8.3	8.0～9.3	0.62

7.2.2　数据分析

由于受潮流等因素的影响，在转流时期长江口流向极不稳定，此时底沙的扬动和再悬浮虽然与流速大小有关，但主要是受双向流和盐水楔的作用。

落潮水体与初涨水体相碰时，尽管流速较小，但水体质量巨大。水流所具有的总能量，除一部分在落潮与涨潮水体形成的二向水流中相碰时损失外，还有一部分能量向河床和水面转移，即形成下沉和上升水流(李九发等，1995)。

盐水楔的影响进一步加强了这种作用效果，使水流产生强烈紊动，将河床浮泥重新悬起。有时转流时期泥沙再悬浮形成的沙峰甚至超过涨(落)急时段的沙峰，泥沙再悬浮的数量会超过涨(落)急时段的数量(沈焕庭和潘安定，2001)。

涨(落)急阶段和过渡阶段，水体流向稳定，流速近似对数律分布。底沙的扬动和再悬浮主要受流速大小的控制，这为现场研究长江口底沙的扬动流速提供了较好的条件。本节仅讨论涨(落)急阶段和过渡阶段长江口非均匀细颗粒黏性泥沙的扬动流速。

7.2.3　底沙扬动流速公式

泥沙颗粒的扬动过程及受力特点较为复杂，观点也不一致(周志德，1981；洪大林和唐存本，1994；窦国仁，1999；钱宁和万兆惠，2003)。对于细颗粒黏性泥沙而言，由于颗粒间存在较大的黏结力，使泥沙呈结合状，颗粒的稳定性主要受制于黏结力，其有效重力一般可以忽略(周志德，1981)。因而可认为细颗粒黏性泥沙所受上举力 F 等于颗粒间的黏结力 N 时，泥沙将处于扬动临界状态。此时对应的垂线平均流速即为泥沙颗粒的扬动流速。

由于上举力 F 和黏结力 N 均与垂线平均流速 U_{cs}、水深 h、泥沙粒径 d_{50} 和沉速 ω 呈幂指数关系(周志德，1981；王绍成，1991；洪大林和唐存本，1994；窦国仁，1999；钱宁和万兆惠，2003)，因而由 $F=N$ 可得细颗粒黏性泥沙的扬动流速一般公式：

$$U_{cs} = \varepsilon d_{50}^{\alpha} \omega^{\beta} h^{\gamma} \qquad (7-8)$$

式中，ε、α、β、γ 为待定常数，且 ε 大于零，α、β、γ 不同时为零。

为方便回归分析，将公式(7-9)式进行对数换算，即得多元线性回归模型：

$$\ln U_{cs} = \ln \varepsilon + \alpha \ln d_{50} + \beta \ln \omega + y \ln h \qquad (7-9)$$

式(7-9)中，利用张瑞瑾公式计算沉速 ω(周志德，1981)；利用流速对数律分布公式(沈焕庭等，2001)和窦国仁垂线平均流速公式(窦国仁，1999)将水面以下 1m 处的流速 u_1 换算成垂线平均流速 U_{cs}。

将水体流向稳定时期的 29 组 $(U_{cs}、d_{50}、h、\omega)$ 数据依据模型(2)，利用 SPSS 软件进行聚类和回归分析，结果见表 7-2 和图 7-5。

表 7-2　聚类及回归分析结果相对水深

相对水深	扬动流速公式	数据组数	决定系数 R^2
≤0.8	$U_{cs} = 6(d_{50}/h)^3 \omega^{1/4}$	19	0.885
>0.8	$U_{cs} = 3\omega^{1/4}$	10	0.857

注：U_{cs} 以 m/s 计，d_{50} 以 μm 计，h 以 m 计，ω 以 mm/s 计

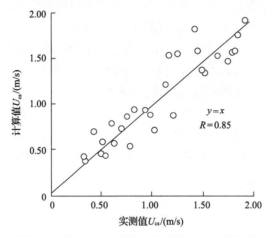

图 7-5　式(7-10)计算值与实测值 U_{cs} 相关分析

从而可以得到，长江口非均匀细颗粒黏性泥沙($d_{50} \leq 0.015$mm)的扬动流速公式为

$$U_{cs} = \begin{cases} 6(d_{50}/h)^3 \omega^{1/4} & d_{50}/h \leq 0.8 \\ 3\omega^{1/4} & d_{50}/h \leq 0.8 \end{cases} \tag{7-10}$$

7.2.4　扬动流速公式检验

利用式(7-10)计算的垂线平均流速值与实测的垂线平均流速值 U_{cs} 的相关分析结果如图7-5所示。趋势线方程为 $y=x$，决定系数 R^2 为 0.85，表明计算值与实测值基本相等。

利用以往公式(窦国仁，1999；周志德，1981；洪大林和唐存本，1994；钱宁和万兆惠，2003)计算的长江口细颗粒黏性泥沙的扬动流速处在 0.2～0.5m/s 的变化区间内，而实测流速 U_{cs} 为 0.4～2.1m/s。可见，以往公式用于计算长江口细颗粒黏性泥沙的扬动流速时偏小。

而利用式(7-10)计算的扬动流速与实测流速基本相等，这说明式(7-10)更适合计算长江口区非均匀细颗粒黏性泥沙的扬动流速。

7.2.5　基于原位观测的长江河口非均匀细颗粒泥沙扬动流速估算有效性

以往公式(周志德，1981；洪大林和唐存本，1994；窦国仁，1999；钱宁和万兆惠，2003)计算的长江口细颗粒黏性泥沙的扬动流速相对于式(7-10)或实测值偏小，其原因可能有 3 个。

(1)对于长江口细颗粒黏性泥沙，由于黏结力的存在，颗粒间呈结合状，颗粒的稳定性将同时受制于黏结力和重力，而且黏结力起主要作用。从能量的观点看，细颗粒泥沙

在很小的能量作用下即可做悬浮运动，但却不能使之从床面扬起，其原因就在于颗粒间还存在着较大的黏结力。

(2)各公式泥沙扬动试验的标准不一样，以往公式以少量悬浮或刚进入悬浮为标准，而依据 ACP 图象，长江口区底沙的再悬浮作用在流向稳定时期已相当强烈，因而式(7-10)是在大量悬浮的情况下回归拟合的。

(3)长江口区水体含沙量和盐度较大，泥沙的絮凝条件较佳，这一方面导致泥沙颗粒的沉速加大；另一方面也使颗粒间的黏结力增强。需要指出的是，由于式(7-10)仅根据长江口流向稳定时期的底部悬沙粒径、水深和流速等数据拟合而得，因此其是否适用于其他自然环境中的非均匀细颗粒黏性泥沙扬动流速的计算，需进一步研究。

7.3　基于 ADCP 的长江口推移质运动

传统推移质观测由于采样器的阻水作用，改变了床面运行的推移泥沙的水力条件，造成偏差(张瑞瑾等，1998)，随着测量技术的发展，利用新型的测量仪器尝试观测推移质运动成为可能。国外 Rennie 等首先利用 ADCP 的底跟踪功能观测河床推移质视速度(V_a)，发现与传统采样器测的推移质输沙率有高度相关性，确认 ADCP 观测推移质运动的可行性(Rennie, 2002; Rennie and Villard, 2004)；国内吴中和胡全春(2002)建立 ADCP 的底跟踪和 GPS 信号的联系，证实了利用 ADCP 底跟踪与 GPS 定位差距分析底沙运动的理论正确、方法可行。ADCP 观测推移质方法优于传统采砂器测量方法，采用非侵入式手段，不破坏现场水流结构。在实际测量应用中，把 ADCP 测得推移质运动视速度近似看作推移质运动速度(Kostaschuk et al., 2005)，对了解和掌握长江口推移质运动规律有重要意义。本章采用定点测量方法，利用 ADCP 对长江口砂质河床推移质运动进行观测，分析了推移质运动在涨、落潮周期内的变化情况。

7.3.1　基于 ADCP 的长江口北港推移质运动遥测技术研究

目前，常见推移质运动研究手段有人工示踪沙试验方法、地形地貌和沙波反演方法，以及传统采砂器测量方法。总体上看，大部分方法反演周期大或破坏现场水流结构，误差较大。由于研究手段的限制，现有推移质运动研究成果都是概化理论研究和水槽实验得到的理论或半理论公式，有必要研发一种实时推移质运动的遥测技术。ADCP 是一种推移质运动遥测的新方法，其底跟踪功能曾被成功应用于推移质运动研究，多集中于粗砂和砾石质河床的单向河道。因此，本章针对长江河口北港粗粉砂至极细砂质河床，利用 ADCP 遥测技术进行河口推移质运动研究。

1. 遥测原理

1)底跟踪测量推移质的原理

基于 ADCP 底跟踪功能进行河口推移质遥测，即由探测器单独发射声波信号探测底部河床。船舶航行时，在底跟踪数据有效以及床面保持为静止条件下，将底跟踪数据视为船速；而当水流高流速条件下床面存在有推移质运动时，底跟踪脉冲信号存在偏斜，该偏斜为推移质运动视速度(V_a)，可由底跟踪速度(V_{BT})连结 DGPS（全球差分定位系统）速度(V_{DGPS})求得(Rennie, 2002)：

$$V_a = V_{DGPS} - V_{BT} \tag{7-11}$$

2) 底跟踪脉冲长度与观测体积

脉冲长度是指 ADCP 发射音鼓振动持续时间与水中声速之乘积，其长度直接影响底跟踪量测水平(Brumley et al., 1990)。ADCP 四个换能器与中心垂线向外夹角 20°，故底跟踪脉冲自 ADCP 探头发射至底床形成的投射面积为观测面积，也为底跟踪信号来源的范围。当近底区有悬浮颗粒存在时，亦会造成声波散射，使底跟踪信号来源范围向上方近底区扩充涵盖某一高度，形成一观测体积。Rennie 和 Villard(2004)提出两项确保最佳信号质量和最大信号强度的假设，来估算观测体积高度。利用底跟踪测量推移质运动时，由于观测体积涵盖近床区悬浮颗粒，脉冲长度的增大将造成观测体积高度的增大，悬浮颗粒散射信号所占比例随之增大，从而使测量的推移质运动速度有偏高趋势(因悬浮颗粒速度通常较大)；然而，脉冲长度增大亦会使底床反射信号数量增多，一定程度上降低了数据的不确定性。

2. 数据采集及预处理

1) 数据采集

采用美国 RDI 公司 1200KHzWorkHorseADCP 对长江河口北港河道上段(图 7-6)进行连续 26h(2012 年 6 月 6～7 日)定点采集。由于测点位于潮汐河口，流速及水深变化范围较大，因此采用适应能力最强且最稳定的 WM1 水跟踪模式；底跟踪模式也采用适应能力较强的 BM5 模式(田淳和刘少华, 2003)。测量时，ADCP 通过缆绳捆绑于船体的右侧靠近船头位置，入水深度 1m，水深单元厚度取 25cm。同时，使用差分全球定位系统获取船速。

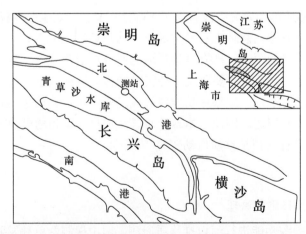

图 7-6　长江口北港及测点位置

采用蚌式采泥器采集沉积物，并用聚乙烯塑料袋（保鲜袋）密封盛放，使用MASTERSIZER2000 型激光粒度分析仪进行沉积物颗粒粒度分析（中华人民共和国水利部，1993）。

2）数据预处理

由于转流时段船体运动剧烈，导致纵、横摇角度过大，产生较大误差，势必影响数据的准确性，本章重点研究流速较为持续、稳定时段内的推移质运动过程。提取 4 个时段进行分析，即落潮 1，测量时长为 6.25h；涨潮 1，测量时长为 2.5h；落潮 2，测量时长为 6.25h；涨潮 2，测量时长为 2.5h，如图 7-7 所示。

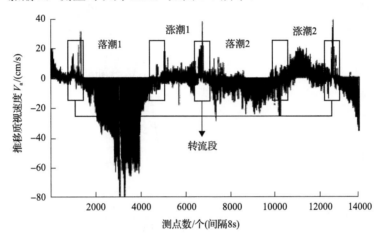

图 7-7　测点位置推移质视速度过程

向上游为正，向下游为负

3. 分析方法

一般而言，推移质运动状态可分成 3 个阶段进行研究：①无推移质运动状态，无泥沙起动；②部分推移质运动状态，床面部分泥沙进入起动状态；③普遍推移质运动状态，床面泥沙基本处于全部起动状态。

泥沙起动判别条件可以用流速、拖曳力或功率来表示（钱宁和万兆惠，2003）。由于水力坡降在野外测量中较难获取且现有手段获得坡降值误差较大，而 ADCP 可以直接获取垂线平均流速，本章采用起动流速方法作为推移质运动状态的判别条件。根据采样点底床表层泥沙中值粒径 D，采用窦国仁黏性泥沙起动流速公式（7-12）（钱宁和万兆惠，1983）：

$$U_c = m\left[\ln\left(11\frac{h}{k_s}\right)\right]\left(\frac{\gamma_s - \gamma}{\gamma}gD + 0.19\frac{gh\delta + \varepsilon_k}{D}\right)^{\frac{1}{2}} \tag{7-12}$$

式中，当泥沙颗粒处于轻微起动的临界状态时，$m=0.265$（为 U_{c1}）；当泥沙颗粒普遍起动时，$m=$为 0.408（为 U_{c2}）；对于天然沙，$\frac{\gamma_s - \gamma}{\gamma}=1.65$；$k_s$ 为河床粗糙度，对于平整床面 $D \leqslant 0.5$mm

时，k_s =0.5mm；δ 为薄膜水厚度，根据交叉石英丝实验，δ=0.213×10^{-4}cm，ε_k =2.56cm^3/s^2；h 为水深。

将垂线平均流速 U 与起动流速 U_c 比较以判断床沙起动状态，进而判别推移质运动状态。当 $U<U_{c1}$，无推移质运动状态；当 $U_{c1}<U<U_{c2}$ 部分推移质运动状态；当 $U>U_{c2}$，普遍推移质运动状态。

4. 推移质及其运动速度

1）床沙粒径

床沙中值粒径 D_{50}=0.096mm，为极细砂，其累计频率曲线表现为单峰型，其中粉砂占 29%、极细砂 41%、细砂 30%（图 7-8），因此，该测点床沙为粉砂至极细砂。

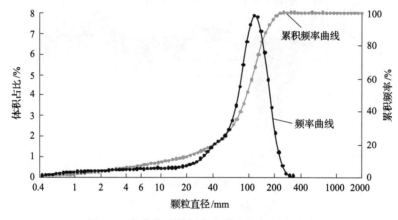

图 7-8　北港床沙的频率曲线和累积频率曲线

2）床沙起动流速

测量期间落潮时段水深 h_e 小于涨潮时段水深 h_f，而根据式（7-12），起动流速 U_c 为水深 h 的增函数，因此落潮时段起动流速小于涨潮时段起动流速（图 7-7，表 7-3）。由表 7-3 可知，落潮时，少量泥沙起动流速为 68～79cm/s，普遍泥沙起动流速为 104～122cm/s；涨潮时，少量泥沙起动流速为 77～83cm/s，普遍泥沙起动流速为 118～128cm/s。由于落潮时垂线平均流速普遍大于涨潮垂线平均流速（图 7-9），且落潮段起动流速小于涨潮段起动流速（表 7-3），因此，同一地点落潮时泥沙更易起动，且推移质运动视速度较大（图 7-9）。

表 7-3　涨、落潮起动流速

潮情	水深（h_e, h_f）/m	U_{c1}/（cm/s）	U_{c2}/（cm/s）
落潮 1	8.81～11.94	68～79	104～122
落潮 2	9.41～11.22	70～76	108～118
涨潮 1	11.28～12.36	77～80	118～124
涨潮 1	12.07～13.16	79～83	122～128

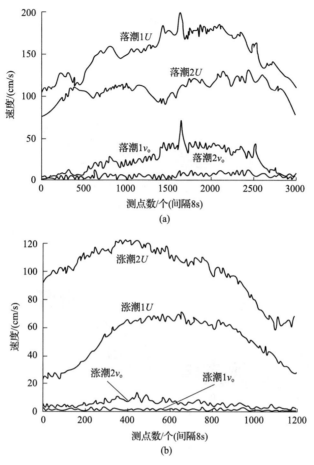

图 7-9　垂线平均流速与推移质视速度过程

(a)落潮；(b)涨潮

3) 推移质运动视速度

按推移质运动状态划分。

以起动流速为临界值划分推移质运动状态。由于起动流速随水深变化而改变(表 7-3)，为了保持实测数据序列的完整性，本章统一取上临界值。

涨潮时段[图 7-10(a)]。U_{c1} 和 U_{c2} 取上临界值，分别为 83cm/s、128cm/s；将涨潮划分为两个阶段：无推移质运动段($U<83$cm/s)和部分推移质运动段(83cm/s$<U<$128cm/s)。

落潮时段[图 7-10(b)]。U_{c1} 取 70cm/s(U_{c1} 上临界值为 79cm/s，但是由于该时段内 U 均大于 70cm/s，介于 U_{c1} 的取值范围，故为以下处理数据方便，取 70cm/s)，U_{c2} 取上临界值 122cm/s，将落潮划分为两个阶段：部分推移质运动段(70cm/s$<U<$122cm/s)和普遍推移质运动段($U>$122cm/s)。

A. 无推移质运动状态

当涨潮段内 $U<83$cm/s 时[图 7-10(a)]，底床处于无推移质运动状态，理论推移质运动速度应该等于零，而实测推移质运动视速度在该状态下基本介于 0～4cm/s，平均值为 1.5cm/s，说明推移质运动速度有被高估趋势。推移质运动视速度方向以指向上游为主

（图 7-11），与其对应潮流方向一致，因此可见，推移质运动视速度在沿流速方向被高估。

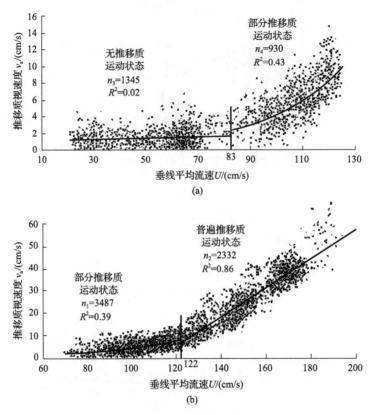

图 7-10 垂线平均流速与推移质视速度相关性

(a)涨潮；(b)落潮

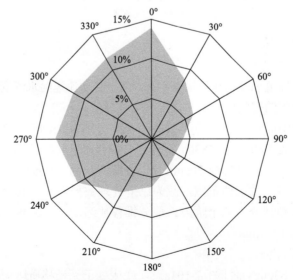

图 7-11 涨潮段无推移质运动方向频率玫瑰图

流速变化会带动近底悬沙运动的变化（钱宁和万兆惠，2003），无推移质运动状态时，垂线平均流速与推移质运动视速度线性决定系数 R^2 仅为 0.02[图 7-10(a)]，说明两者无相关性。侧面反映近底悬沙对推移质运动速度的高估值维持不变。

B. 部分推移质运动状态

当涨潮段内 83cm/s<U<128cm/s 和落潮段内 70cm/s<U<122cm/s 时，底床处于部分推移质运动状态，推移质运动视速度介于 2~15cm/s。垂线平均流速与推移质运动视速度呈现指数相关，决定系数 R^2 分别为 0.43 和 0.39(图 7-10)。北港中上段大潮期间，涨、落潮都存在推移质运动，说明北港在大规模圈围工程后仍存在"双跳跃"现象(李九发等, 1995)。部分推移质运动状态，是泥沙从不起动向普遍起动的过渡段。在该阶段内，随着水流速度增大，底床起动颗粒数增大，即脉冲观测面积内动床部分面积占总面积比例增大，因此致使垂线平均流速与推移质运动视速度呈现指数相关。

C. 普遍推移质运动状态

当落潮段 U>122cm/s 时[图 7-10(b)]，底床处于普遍推移质运动状态，推移质运动视速度在该数据段介于 10~70cm/s，平均值达 27.5cm/s。垂线平均流速与推移质运动视速度呈现显著的线性相关，决定系数 R^2 达到 0.86。已有野外实测资料证实了推移质运动视速度能够达到这一范围。

4) 误差分析

基于 ADCP 遥测推移质运动的误差主要由 DGPS 系统误差、罗盘误差、倾斜误差和仪器噪声组成，其中仪器误差为主要误差来源。此外，由于观测体积的限制，近底悬沙亦会对底跟踪信号产生影响。在无推移质运动条件下，本章从理论出发，得出在长江口北港中上段极细砂河床，近底悬沙对推移质运动速度产生 1.5cm/s 的高估，这可能与此次野外测量所选取的底跟踪脉冲长度和长江口浊度较高有关。本次测量底跟踪选取默认值 R20，即脉冲长度为水深的 20%，同时采用 Rennie(2002) 和 Rennie 等(2002)提出的两项假设，则底跟踪观测体积高约 1m。由于长江口浊度较高，悬浮颗粒散射信号所占比例较大，因而使测量的推移质运动速度有偏高趋势，脉冲长度选用需谨慎。当存在推移质运动时，已有传统采砂器、ADCP 以及经验公式的对比研究表明，推移质运动速度有沿流速方向被高估趋势，且随着流速增大，高估趋势越明显。这是因为随着流速增大，近底再悬浮强烈，悬沙浓度增大，对底跟踪信号的影响也随之增强，表现为对推移质运动速度的高估加剧，但尚不能定量高流速状态下悬沙浓度对底跟踪信号的影响。

5. 推移质单宽输沙率公式

推移质运动速度的单宽输沙率公式：

$$g_b = \int_0^{h_z} c_z u_z \mathrm{d}z \cong v_s h_s c_s \tag{7-13}$$

式中，g_b 为单宽输沙率；h_s 为推移质层厚；c_z 和 u_z 分别为推移质层内 z 处沉积物浓度和运动速度；c_s 和 v_s 分别为推移质层垂线平均浓度和平均运动速度。现已有很多关于推移质层厚(h_s)的研究，因此较易获得；垂线平均浓度 c_s 可根据活动层的空隙率求解。底跟踪脉冲信号穿透底床厚度值仍未知，视 V_s 为推移质层平均运动速度，$V_a = V_s$，就可求得基于 ADCP 测量数据的单宽推移质输沙率。现已有多人根据此公式，得出推移质输沙率与经验理论和传统采砂器结果对比，验证了该公式计算推移质输沙率的可行性。因此，该输沙率公式可用于基于 ADCP 测量数据的河口推移质输沙率快速定量。

6. 基于 ADCP 的推移质运动遥测技术有效性

ADCP 底跟踪技术可以用于遥测河口推移质运动连续过程，该方法采用非侵入式手段，不干扰现场水流结构，洪季测量安全隐患低。本节将其应用于长江河口北港粗粉砂至极细砂质河床推移质运动研究，测量结果表明，近期大面积圈围工程后，北港底床在大潮期间仍存在"双跳跃"现象，推移质运动速度最大可达 70cm/s；在低流速条件(无推移质运动状态)下，推移质运动速度误差主要受近底悬沙影响，沿流速方向高估 1.5cm/s，且误差在该状态下不受流速变化(近底悬沙变化)影响；在部分推移质运动状态下，推移质运动视速度与垂线平均流速存在指数相关性；在高流速条件(普遍推移质运动状态)下，推移质运动视速度与垂线平均流速线性相关性显著，且推移质运动速度误差将随流速变化而改变，但尚不能确切定量误差值大小；底跟踪脉冲长度制约测量数据准确度，需根据现场条件调整至最优尺度；同时，基于 ADCP 测量数据的推移质单宽输沙率公式合理有效，可以用于河口推移质输沙率的快速定量。

7.3.2 基于 ADCP 的长江口推移质运动特性

1. 数据采集

ADCP 的实测资料来自长江口 S1(长兴岛北侧)、S2(南槽、北槽分流口)、S3(崇明东滩南侧)、S4(横沙岛北侧)、S5(南汇南滩)和 S6(横沙通道北侧)共 6 个测点的定点水文观测(图 7-12)资料，时间尺度为二个潮周期。S1、S3、S4、S5 测点于 2012 年 6 月 7~8 日

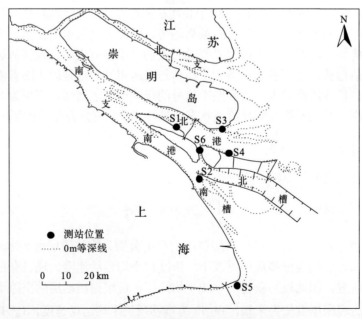

图 7-12　长江口自然地理概况及测点位置

测量，S2 测点于 2013 年 7 月 10~11 日测量，S6 测点于 2013 年 7 月 1~2 日测量。此次数据采集使用的是美国 RDI 公司生产的 600kHz 型 ADCP，具体由 WinRiver 软件对 ADCP 的换能器实现操控和采样，采样时间间隔设置为 5s，换能器入水深度为 1m。同时，采用高精度差分 GPS 和外部 GPS 罗经进行定位。底层泥样采集采用帽式采集器，并用聚乙烯塑料袋密封存放。在实验室内，用超声波震荡分散，使用 MASTERSIZER2000 型激光粒度分析仪经行粒度分析。

2. 观测原理

ADCP 提供两种方法测量安装平台的速度：一是"底跟踪"技术，ADCP 通过接收和处理来自水底的回波信号而计算得到 ADCP 的安装平台与底床的相对速度（v_m）；二是利用 GPS 全球卫星定位系统测量安装平台的速度（V_DGPS）（赵胜凯和王志芳，2007；杨俊辉，2009）。在测量时，如果床面没有推移质运动，那么 ADCP 的安装平台相对于底床的速度等于安装平台参照 GPS 得到的速度，即

$$V_\mathrm{BT} = V_\mathrm{DGPS} \tag{7-14}$$

如果是存在推移质运动的情况下，那么 ADCP 的安装平台相对于水底的速度和安装平台参照 GPS 得到的速度之间存在偏差，差值就是推移质运动 V_a（Rennie，2002），即

$$V_\mathrm{a} = V_\mathrm{DGPS} - V_\mathrm{BT} \tag{7-15}$$

ADCP 所提供的测量速度有东西（V_E）、南北（V_N）方向上的分量，利用公式计算出推移质运动速度（Rennie et al.，2007）：

$$|V| = \sqrt{V_\mathrm{E}^2 + V_\mathrm{N}^2} \tag{7-16}$$

3. 推移质运动特征

1）床沙粒径

各测点床沙粒径统计如表 7-4，S1 测点的中值粒径最大，D_{50}=0.094mm，为极细砂质。S6 测点的中值粒径最小，D_{50}=0.010mm，为中黏土质。所以，此次研究讨论范围在粗粉砂至极细砂质河床。

表 7-4　各测点河床粒径统计表

测点	种植粒径/mm	黏土/%	粉砂/%	砂/%
S1	0.094	5.74	23.15	71.11
S2	0.013	—	—	—
S3	0.019	23.56	55.18	21.21
S4	0.050	16.45	36.97	46.57
S5	0.021	17.94	57.59	24.43
S6	0.010	7.68	9.43	82.94

注：—表示无数据

2）潮流特征

S1、S2、S3、S4、S5、S6 测点处的潮流性质属于非正规半日浅海潮流，水流运动形式为往复流，涨落潮流向相反（沈焕庭等，1979）。观测数据显示（表 7-5），受长江径流量及测点位置的影响，S1、S2、S3、S4 和 S6 测点落潮平均流速一般比涨潮平均流速大；因 S5 测点位于最大浑浊带的拦门沙区域，潮流和径流动力条件相当，故涨、落潮平均流速差别不大。S1、S2、S4 和 S6 测点落潮最大流速与涨潮最大流速，分别相差 0.56m/s、0.12m/s、0.29m/s、0.16m/s；S3 和 S5 测点情况相反，涨潮最大流速比落潮分别大了 0.11m/s 和 0.82m/s。

表 7-5　长江口各测点涨落潮流向、流速

测点	涨潮			落潮		
	平均流向/(°)	平均流速/(m/s)	最大流速/(m/s)	平均流向/(°)	平均流速/(m/s)	最大流速/(m/s)
S1	317	0.70	1.19	135	1.11	1.75
S2	359	0.70	1.07	176	0.76	1.19
S3	259	0.81	1.87	82	0.95	1.76
S4	289	0.61	1.01	109	0.89	1.30
S5	249	0.93	1.75	75	0.93	1.71
S6	320	0.85	1.52	146	1.12	1.68

S1、S2、S3 和 S4 的流速过程线存在着明显的不对称现象，落潮流速过程线相对平缓且持续时间较长；涨潮流速过程线的顶峰明显且持续时间短，落潮流的强度超过涨潮流，落潮历时长于涨潮历时，强流速时间持续 3~4h。涨、落潮流流向基本上与河槽主轴线平行。S5 和 S6 测点涨、落潮流速过程线基本上对称，涨落潮峰值和持续时间都相近。

3）基于 ADCP 底跟踪航迹与 GPS 航迹历时估算的涨落急时段推移质运动速度

通过 ADCP 数据处理软件 WinRiver 查看航迹图，选取了各站点观测期间涨、落急时段的航迹图（图 7-13），三角形代表测量船参考底跟踪的航迹，正方形代表测量船参考 GPS 定位的航迹。通过航迹图，能够观察到，底跟踪的航迹与 GPS 的航迹有明显的偏移，且各测点落潮与涨潮时刻的偏移方向是相反的。S1 测点落急时段，GPS 航迹基本不变，符合定点测量的事实；底跟踪航迹持续向西北方向延伸了一段距离，起点为（0，0），终点为（−256，230），航迹向西北方向移动了 344m，历时为 2400s，由此可算出船的平均相对运动速度为 0.51m/s，即底床相对于测量船的运动平均速度为 0.51m/s。由此说明底床存在推移质运动。同样，S1 涨急时段和 S2、S3、S4、S5、S6 涨、落急时段都存在推移质运动。

可见，在涨、落急时段流速较强、推移质运动速度较大时，ADCP 可以直观地观测到推移质运动速度变化，且通过观察水流流向（表 7-5）和底跟踪航迹偏移方向，可得出推移质运动方向和水流流向基本一致。

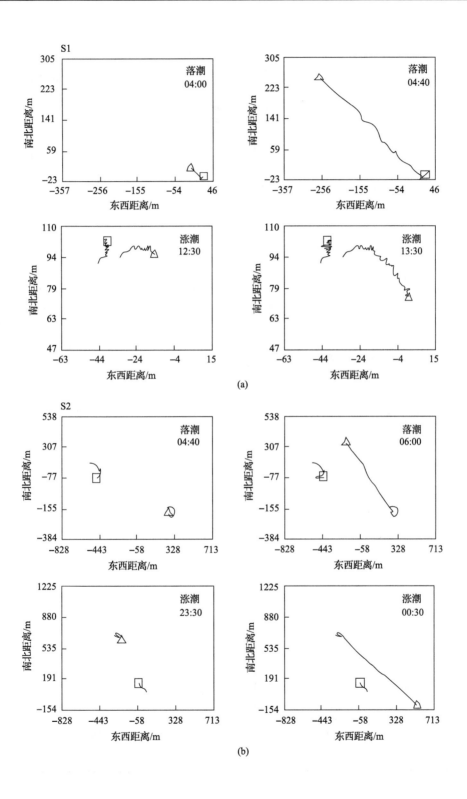

(a)

(b)

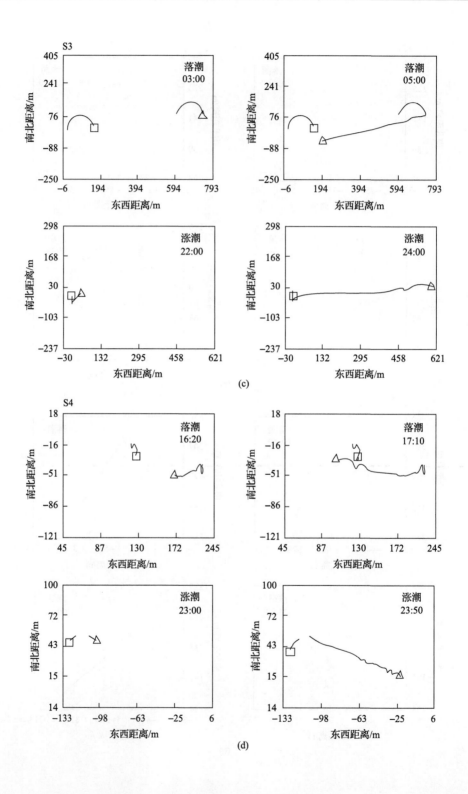

(c)

(d)

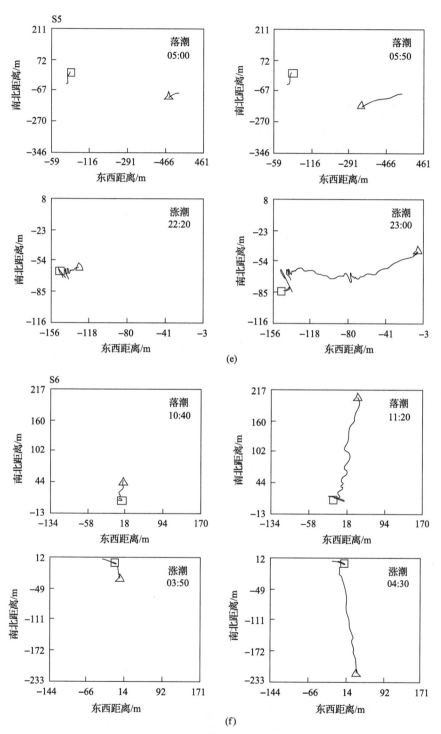

图 7-13　各测点涨落急时段轨迹图(底跟踪轨迹为三角形，GPS 轨迹为正方形)

(a) S1；(b) S2；(c) S3；(d) S4；(e) S5；(f) S6

4. 推移质运动速度随流速变化的对应、不对称过程

通过长江口 S1 长兴岛北侧、S2 南槽与北槽分流口、S3 崇明东滩南侧、S4 横沙岛北侧、S5 南汇南滩和 S6 横沙通道北侧 6 个测点(图 7-12)的洪季定点观测数据,分析长江口推移质运动概况。通过式(7-15)和式(7-16)可计算出推移质运动速度,可以直观地看到推移质运动速度在潮周期内的变化过程(图 7-14)。观察推移质运动速度变化过程曲线和潮流流速变化过程曲线,我们可以发现两者呈现"对应、不对称"的特征。

"对应"指在观测的两个潮周期内,各测点的推移质运动速度变化都与垂线平均流速变化一致,即在落急和涨急时段,推移质运动速度会达到最大值。但在 S1(10:25～15:25)、S2(10:25～15:25)测点的一次涨潮过程中和 S3(7:45～22:45)测点的一次涨潮至落潮的变化过程中,推移质运动速度并没有明显的增大后又减小的变化过程,这与潮流流速和底质粒径大小有关,过小的流速不能使该测点底质发生推移质运动(钱宁和万兆惠,1983)。

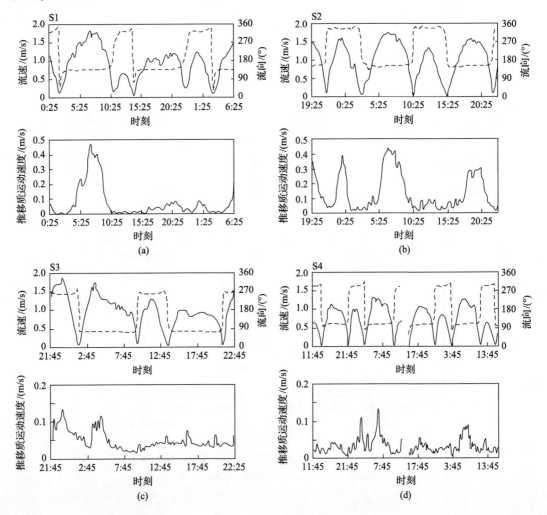

(a)　　　　　　　　　　　　　　(b)

(c)　　　　　　　　　　　　　　(d)

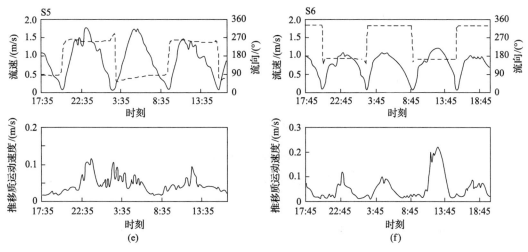

图 7-14　各测点垂线平均流速(实线)、平均流向(虚线)和推移质运动速度
(a) S1；(b) S2；(c) S3；(d) S4；(e) S5；(f) S6

"不对称"现象指推移质运动速度变化历时比潮流流速变化历时短(表 7-6)，推移质运动速度变化过程曲线与潮流流速变化曲线比较，其峰值较尖。

表 7-6　各测点潮流、推移质运动速度变化历时　　　　　　　　(单位：h)

测点	潮流/推移质	落潮 1	涨潮 1	落潮 2	涨潮 2
S1	潮流	8.8	3.2	8.4	4.4
	推移质	7	—	5.7	1.8
S2	潮流	7.5	4.8	7	5.2
	推移质	5.3	—	5.2	2.5
S3	潮流	8.2	4	7.7	—
	推移质	4.2	—	—	—
S4	潮流	7.7	4.7	8.3	4
	推移质	4.7	2.3	5.7	2.5
S5	潮流	7.8	6.5	—	6.2
	推移质	3.2	2.8	—	4.5
S6	潮流	6	6	7	—
	推移质	3.2	4	3.7	—

注：—表示推移质运动不明显

5. 推移质起动流速

如图 7-15 所示，根据北港 S1 测点推移质运动速度与垂线平均流速的关系，发现推移质运动速度与垂线平均流速存在相关性临界值 $u=1m/s$，当垂线平均流速小于 1m/s 时，推移质运度速度基本小于 0.05m/s，当垂线平均流速大于 1m/s 时，与推移质运动速度呈良好正相关关系。通过 ADCP 底跟踪功能观测推移质运动，推移质临界起动流速 $u_0=1m/s$。

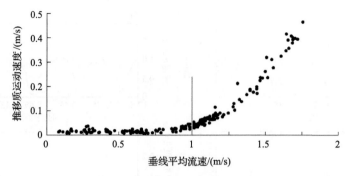

图 7-15 推移质运动速度与垂线平均流速关系图

各测点底质粒径与推移质运动起动临界速度形成反比趋势(图 7-16),受细颗粒泥沙之间的黏结力的影响,随着粒径的减小,也变得越来越不容易起动。

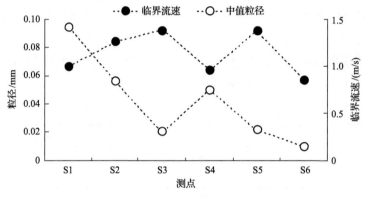

图 7-16 各测点床沙中值粒径与临界流速关系

6. 落急推移质运动速度大于涨急推移质运动速度

表 7-7 为各测点推移质运动速度的统计,S1、S2、S3、S4 和 S6 测点落急的推移质运动速度均大于涨急的推移质运动速度,且落潮阶段推移质运动持续时间大于涨潮阶段(图 7-14);S5 测点的推移质运动涨、落潮时段没有明显的差别,这与当地的潮流特征保持一致。

S1、S2、S3、S4、S5、S6 各测点受浅海、河口水下地形、径流等影响,潮流变化均有显著的潮汐不等特征,相邻的二次落潮或(涨潮)的流速不等,导致了各测点相邻的二次落急(或涨急)的推移质运动速度不等。这种不等在 S1 和 S3 测点体现得尤为明显,S1 测点第一次落潮推移质运动速度比第二次落潮推移质运动速度大了一个数量级(表 7-7);在 S3 测点,第一次涨落潮推移质运动速度明显大于第二次落潮推移质运动速度,甚至在第二次落潮和涨潮之间的推移质运动速度始终保持在一个较小的值,没有发生明显起伏变化(图 7-14);同样,在 S2 的两次涨潮时段和 S4、S6 的两次落潮时段都出现了推移质运动速度日变化不相等的情况。在各测点,潮汐不等现象导致了推移质运动速度的日变化不等,又因为临界起动速度的存在,使推移质运动速度的变化不等现象比潮汐日不等现象更加显著,说明在较长时间尺度下,长江河口净推移质输沙方向与落潮流方向一致。

表 7-7　各测点涨、落急时段推移质运动速度　　　　　　（单位：m/s）

测点	落急 1	涨急 1	落急 2	涨急 2	转流时段
S1	0.217	0.014	0.051	0.051	0.016
S2	0.234	0.160	0.202	0.066	0.038
S3	0.072	0.074	0.036	0.032	0.028
S4	0.026	0.022	0.053	0.025	0.016
S5	—	0.066	0.050	0.051	0.034
S6	0.053	0.057	0.121	0.053	0.021

注：—表示无数据

7. 误差分析

基于 ADCP 测量推移质运动的误差主要由 DGPS 系统误差、船体晃动产生的倾斜误差和 ADCP 自身噪声组成。在潮流转流时段，因为流速变小，甚至为零，所以实际推移质运动速度为零。但在图 7-13 中我们可以看到，在各测点转流时段，推移质运动速度虽然小但不为零，这是因为 GPS 存在误差，无法与底跟踪完全同步。可以认为在潮流转流时段，流速条件不足以发生推移质运动，而此时推算出的推移质运动速度就是绝对误差的下限，对实际推移质运动速度存在高估，通过计算高估值范围为 0.016～0.038m/s（表 7-7）。可见，S1 落急 1，S2 落急 1、涨急 1、落急 2 和 S6 落急 2 计算得出的推移质运动速度比高估值大了一个量级，具有较高的可信度。

总体而言，通过 ADCP 多普勒流速剖面仪观测，在涨急、落急时段有明显的推移质运动，能直观体现半日潮对底沙运动的周期性影响。推移质运动速度变化过程曲线和潮流流速变化过程曲线呈现"对应、不对称"的特征。推移质运动速度的日不等现象比潮流流速日不等现象更加显著。通过转流时段推移质运动不存在的特征，计算出使用 ADCP 观测推移质运动速度的高估范围为 0.016～0.038m/s。

7.3.3　基于 ADCP 测量的长江口推移质运动速度研究

1. 数据采集与数据处理

1）数据采集

2012 年 6 月 6～7 日在北港（S1）和 2013 年 7 月 26～27 日在南港（S2 和 S3）分别进行了 26h 和 13h 的定点测量（图 7-17）。采用美国 RDI 公司 1200kHzWorkHorseADCP 进行现场水文数据采集，同时结合 DGPS（差分全球定位系统）测定船速。南港定点 7 月 27 日凌晨 1:00 发生滑锚，数据去除，经调整后重新定点，因此，南港定点分为 S2 和 S3。根据制造商推荐（TRDI，2007）和实验室测试（Ramooz and Rennie，2010），ADCP 数据采集频率均设置为 0.7Hz，水深单元 0.25m，水跟踪模式（water mode，WM）为 WM1，底跟踪模式（bottom mode，BM）为 BM5。底跟踪脉冲长度设置为＆R20（即长度为水深的 20%）。此外，在南港和北港均采用蚌式采泥器采集沉积物，并用聚乙烯塑料袋（保鲜袋）密封盛放。

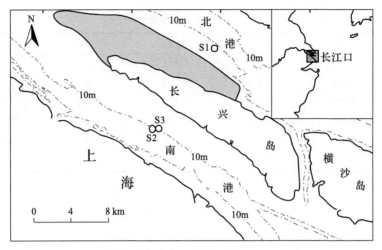

图 7-17　研究区域

2) 数据处理

底跟踪可探测底床三维速度，这里仅研究水平方向的南北和东西分量。同样，通过 GPS 南北和东西向的位移除以采样间隔求得两个方向的船速分量，最后利用式(7-17)分别计算两个方向的推移质运动速度，并利用勾股定理合成推移质运动速度(V_a)。垂线平均流速(U)同样只考虑水平方向，先在垂线剖面上分别平均各层南北向和东西向的流速矢量，再通过勾股定理合成 U。

为了减小水流脉动效应的干扰并确保底跟踪数据的有效性，评估单向河流中砾石河床的推移质运动速度至少需要 25min 的数据(Rennie, 2002)；在水流和泥沙环境具有强烈时空变化的区域，由于其水动力和泥沙环境变化较快，取用 25min 进行平均有可能反而是不准确的，而选用 600s 左右，即 10min 进行不同位置的数据采集更加合理(Jamieson et al., 2011)。鉴于长江口水动力时空变化明显，本章亦采用 10min 平均值进行分析。按照上述标准，S1 点共处理获得 10min 平均样本 150 个，S2 和 S3 分别为 42 和 31 个。

底床沉积物样品经偏磷酸钠浸泡和超声波打散后，采用 MASTERSIZER2000 型激光粒度仪进行粒度分析。作用于床沙的表面剪切力(τ_{sk})的计算采用 van Rijn (1984)提出的公式：

$$\tau_{sk} = \rho g \left(\frac{U}{C'} \right)^2 \tag{7-17}$$

式中，ρ 为水的密度；g 为重力加速度；C' 为有效谢才系数，通过公式 $C' = 18 \log(12h/3D_{90})$ 计算求得，其中，h 表示水深；D_{90} 表示小于该粒径的颗粒质量总和占总质量的 90%。该方法适用于流速剖面满足对数分布的单向河流，而长江口为双向流，转流时候流速结构不满足对数分布，因此，τ_{sk} 的计算需要去除转流阶段的数据。

2. 推移质运动速度

1) 床沙粒径

粒度分析结果显示(表 7-8)：本次调查区域的底沙构成，北港以极细砂为主(占 45%)，而南港以细砂为主(占 62%)，且粒度组成均具有较宽的粒度分布区间。北港中值粒径(D_{50}) 为 0.094mm，而南港中值粒径(D_{50})稍大，为 0.172mm。说明测量区域为粉砂-细砂质河床。

表 7-8 底床沉积物粒度参数

样本	中值粒径/μm	各粒度区间所占比例/%			
		粉砂	极细砂	细砂	中砂
北港	94	31	45	24	0
南港	172	20	12	62	6

2) 潮流

S1 点的潮流在连续两个潮周期内水深变化范围 9.5~13.2m；落潮历时 9h，远大于涨潮历时 3.5h；落潮最大垂线平均流速 1.8m/s，涨潮最大垂线平均流速仅 1.2m/s；潮周期内落潮平均流速远大于涨潮平均流速(图 7-18)，落潮流占绝对优势。此外，测量所得北港两个潮周期数据存在日潮不等现象，第一个落潮(6 月 6 日 1:30~10:30)水动力较强，最大流速可达 1.8m/s；而第二个落潮(6 月 6 日 13:30~22:00)水动力相对较弱，最大流速 1.1m/s。

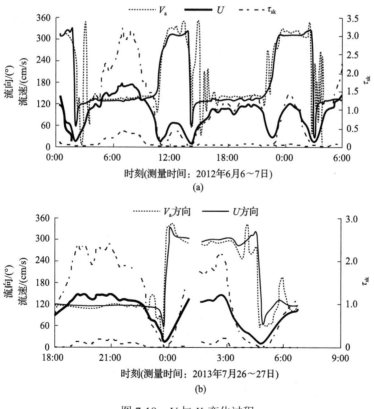

图 7-18 U 与 V_a 变化过程
(a) 北港(S1)；(b) 南港(S2 和 S3)

南港(由于滑锚，7 月 27 日凌晨 1:00～1:40 数据去除)水深变化 11.7～13.7m；落潮历时 7h，涨潮历时 5.5h；落潮最大流速 1.4m/s，稍大于涨潮最大流速 1.35m/s，同样是落潮流占优势。

3)推移质运动速度(V_a)

S1 点 V_a 随时间变化过程与 U 随时间变化过程基本一致(图 7-18)，落急和涨急时段对应 V_a 较大，其余时段 V_a 较小，基本维持小于 0.05m/s。其中第一次落潮时间段内 4:30～9:30[图 7-18(a)]，北港测点水动力极强，对应 V_a 最大可达 0.48m/s，这一数值与其他学者在砂质河床野外实测所得数据接近(Gaeuman and Jacobson, 2006; Yang, 1998; Kostaschuk and Villard, 1996; Kostaschuk and Best, 2005)；南港由于水动力弱于北港，V_a 最大为 0.25m/s。V_a 是东、北两个分量的矢量和，因此 V_a 具有方向，这里用 V_a 方向与垂线平均流速方向作比较。结果显示：除涨憩转落潮时 V_a 方向波动较大，其余时间内 U 与 V_a 方向保持一致，落潮方向为 130°左右，涨潮方向为 315°左右。

4)表面剪切应力(τ_{sk})

τ_{sk} 是 U、h 和 D_{90} 的函数式，这里没有考虑同一定点不同时刻 D_{90} 的差异，而将 D_{90} 统一选取数个底床表层沉积物的平均值。因此，τ_{sk} 仅是 U 和 h 的函数式，且是 U 的二阶函数式(7-18)。因此，τ_{sk} 与 U 随时间的变化过程表现了较好的一致性(图 7-18)。北港由于流速较大，τ_{sk} 最大可达 3.3(对应第一次落急时段)，而南港 τ_{sk} 最大仅为 2.4。

3. 近底悬沙对 V_a 的影响

近底高浓度悬沙会影响底跟踪信号(Rennie, 2002; Rennie et al., 2002; Kostaschuk and Villard, 1996)，继而影响底跟踪流速准确度。为了评估近底悬沙对底跟踪探测产生的影响，首先假定底跟踪测得的就是近底悬沙的运动速度，那么根据卡曼-普朗特对数流速分布公式(7-18)可以求取该流速(即近底悬沙)对应的距床面高度(y)(Gaeuman et al., 2006)

$$u(y) = \frac{u_*}{\kappa} \ln\left(\frac{y}{y_0}\right) \tag{7-18}$$

式中，u_* 为摩阻流速；$u(y)$ 为距床面距离为 y 处对应的流速；y_0 为 $u(y)$ 等于零时距床面的高度；κ 为卡门常数，取 0.4。

如果较高的 V_a 是近底悬沙运动速度的反演，那么 y 将随着 V_a 的增加而增加。而图 7-19 和图 7-20 所示，V_a 与 y 并不是呈正比例关系，相反地，表现为微弱的反比例关系，y 的平均值较小，约等于 0.12m。对于底床发育沙波区域，近底流速由于受到沙波地形的影响，其流速梯度相对于流速上部结构较小(Smith et al., 1977)。同时，由于 ADCP 底盲区的存在，无法准确获得近底流速($y<0.06h$)，所以拟合结果低估了近底流速，也就是说在水流剖面结构中与 V_a 相等的流速要比上面替代的流速更接近床面，即实际 y 更小。涨、落急阶段，由于流速大且持续时间长引起河床冲刷，极易引发再悬浮，形成近底高浓度悬沙(姚弘毅等，2013)，且高浓度悬沙层可发育至距床面大于 0.6m 处(程和琴等，2000)，而 y 远小于 0.6m，尤其当流速较大时 y 值更小，仅为 0.05m。所以，尽管近底高浓度悬

沙可能会对 V_a 存在一定的影响，但是在不同的水流条件和泥沙环境下，其影响基本不变，即不受近底悬沙浓度的大小及其发育高度的影响。

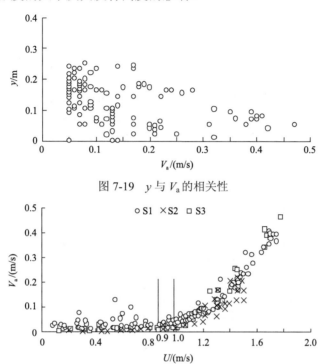

图 7-19　y 与 V_a 的相关性

图 7-20　U 与 V_a 的相关性

4. ADCP 方法监测推移质运动的适用条件

垂线平均流速(U)是水流强度的一种表现形式，建立其与 V_a 的相关性(图 7-20)。南港数据中两者相关性存在临界值 $U=1.0m/s$，当 $U<1.0m/s$ 时，V_a 与 U 两者无相关，且 V_a 基本小于 0.05m/s；而当 $U>1.0m/s$ 时，V_a 与 U 呈良好的正相关关系。北港数据两者相关性与南港相似，只是临界值相对较小，为 0.9m/s。ADCP 四个换能器(transducer)与中心垂线向外夹 20°角，故当底跟踪脉冲自 ADCP 探头发射至底床时，形成投射面积，称为观测面积(sampling area)，也为底跟踪讯号来源的范围。底跟踪速度是底跟踪观测面积内推移质运动速度的平均值(Rennie, 2002; Kostaschuk and Villard, 1996)，其包括观测面积内有底床颗粒运动部分面积和无底床颗粒运动部分面积，是空间平均值。所以观测面积内推移质运动状态对观测结果具有较大影响。

当水流强度较小时，观测体积内只有极少部分泥沙起动，动床分面积占总面积比例较小，V_a 维持较小值，此时动床部分面积占总面积比例是制约 V_a 与 U 相关性的主要因素；而当水流强度持续增大，达到某一临界值时(南港 1.0m/s，北港 0.9m/s)，粒度组分分布较宽的底床表层沉积物各粒级颗粒均处于普遍运动状态，并普及至床面各处，此时，动床部分面积占观测总面积比例较大，动床部分面积占总面积比例已经不是制约 V_a 与 U 相关性的主要因素，此时 V_a 才能反映当地推移质实际运动状态。

因此，床沙普遍运动是利用 ADCP 底跟踪方法在野外现场监测推移质运动的适用条件，而床沙普遍运动状态对应的临界起动流速由于不同地点底沙粒径、水深和底形等不同而产生差异。

5. V_a 与表面剪切力(τ_{sk})的相关性

如前文所述，ADCP 底跟踪方法监测推移质运动的适用条件是泥沙普遍运动状态，北港床沙普遍运动状态条件下的临界起动流速(U_c)为 0.9m/s，南港为 1.0m/s。表面剪切力(τ_{sk})是与推移质运动速度密切相关的参数，建立满足泥沙普遍运动状态下($U>U_c$)两者的相关性(图 7-21)。结果表明：V_a 与 τ_{sk} 的 2.1 次呈幂函数相关。根据实验室水槽实验的研究结果，V_a 是 τ_{sk} 的 1.5～2.5 次幂函数(Yang, 1998)。说明在长江口粉砂-细砂质河床利用 ADCP 方法推求所得 V_a 为推移质运动速度的估算值合理有效。

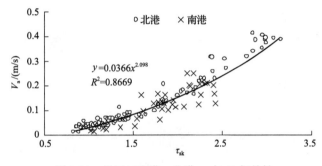

图 7-21　长江口南港、北港 τ_{sk} 与 V_a 相关性

总之，ADCP 底跟踪可以用于遥测河口推移质运动连续过程，该方法采用非侵入式手段，不干扰现场水流结构，洪季测量安全隐患低，利用该方法进行长江河口粉砂-细砂质河床条件下推移质运动研究合理有效。结果表明：近底高浓度悬沙对 V_a 现场监测可能存在一定的影响，但是其影响不随近底悬沙浓度和厚度的变化而变化；床沙普遍运动是利用 ADCP 底跟踪方法在野外现场监测推移质运动的适用条件；南港床沙普遍运动的临界起动流速 1.0m/s，北港床沙普遍运动的临界起动流速为 0.9m/s；在满足床沙普遍运动条件下，V_a 与 τ_{sk} 的 2.1 次呈幂函数相关，满足水槽实验研究结果。基于 ADCP 方法测量推移质运动可用作底沙输运机制现场研究。

7.4　1998 年长江全流域特大洪水期河口区床面泥沙运动特征

近年来随着人工控制活动的逐渐增强，特大洪水对河口区河道成形和分汊等大尺度地貌变化的控制性影响逐渐减弱，而对河口区床面形态特别是大河河口区细颗粒床面形态的影响程度日益引起动力沉积学和河口工程学工作者的关注，限于观测条件迄今为止没有直接的探测记录，一般采用多年平均或长期记录(Hay, 1998)。长江口区自 19 世纪以来备受重视和研究的较大时空尺度地貌演变如南支与北支、南港与北港和南槽与北槽的分汊格局等世纪性巨变都由长江特大洪水控制(Hay, 1998; 陈吉余, 1995)，而近 50 年来这些大尺度的河槽演变趋势受特大洪水的影响较小，但被逐渐加强了的人工活动控制，如徐六泾人工节点、滩地围垦和堤防工程等(陈吉余, 1995)。

　　1998 年长江全流域特大洪水是 20 世纪第二大洪水(张光斗, 1999; 吴凯, 1999)，虽然对河口区河槽分布格局没有产生显著影响，但对主槽床面形态的影响程度是目前长江口深水航道工程和动力沉积和地貌学所特别关注的问题。本章旨在报道作者于 1998 年长江全流域特大洪水后期 9 月 8～9 日对南支下游至南港上游主槽床面进行的走航和定点探测结果(图 7-22)，即大尺度三维底形沙波形态和连续 14 小时内实时同步的底形沙波运动和底沙再悬浮过程的数据和可视图像。这些研究结果是用旁侧声呐、热敏式双频测深仪、声学悬沙浓度剖面仪和流速仪获得的，也是关于世界大河口区特大洪水期大尺度底形沙波宏观特征与微观运动过程相结合的首次报道。其对河口动力沉积地貌过程、大比例尺水下地形测量、三维流场的数值模拟、港口航道的疏浚以及航道的稳定性评估具有重要意义。

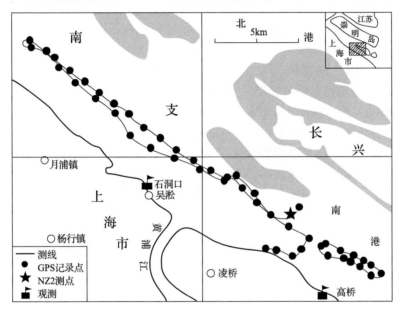

图 7-22　1998 年长江全流域特大洪水期河口区床面微地貌测线和测点分布图

7.4.1　研究区概况

　　长江出徐六泾节点入海，依次被崇明、横沙和九段沙等三岛分隔为南支与北支、南港与北港和南槽与北槽等三级分汊。它们分别由 18 世纪、1860 年和 1954 年等三次大洪水形成(陈吉余, 1995)。与 1954 年的大洪水相比，1998 年长江全流域特大洪水量级大、涉及范围广、持续时间长等特点，但从大于 $60000\text{m}^3/\text{s}$ 的洪水系列来看，1998 年宜昌水文观测站年最大流量仅仅是 $1860\sim1998$ 年系列中的第 12 位，经验频率为 12 年一遇(张光斗, 1999; 吴凯, 1999)。潮流和径流是床面泥沙运动和微地貌的两个主要影响因子。

　　长江口属不规则半日潮，近口门最大潮差可达 5m，潮差向上游逐渐减少，口内潮流主要受地形地貌控制。大潮期间平均流速北支为 140cm/s，南支和南港与北港为 110cm/s。但小潮期间相应减少至 110cm/s 和 70cm/s。床面以上 0.5m 处的最大流速可达 119cm/s，平均进潮量为 $266300\text{m}^3/\text{s}$，是径流量的 9 倍。高桥水文观测站多年平均波高 0.35m，石洞口平均波高 0.3m，因此除了风暴潮以外口门以内正常天气条件下波浪对沉积物没有显著影响(陈吉余等，1988)。受制于上述水动力条件，长江口有六种类型沉积物分布区，它们分别是以径流作用为主的河床、径流和潮流共同作用的分汊河床、以波浪作用为主的河口浅滩、盐水楔作用下的拦门沙、水浅流弱的河口边滩和以潮流作用为主的口外海滨等六个沉积区(陈吉余等，1989；刘苍字等，1985)。长江口床面泥沙中值粒径多年平均值为 0.16～0.02mm，口内底质中值粒径从上游的 0.11mm 向下游的 0.04mm 逐渐减小(杨世伦，1994)。床面以上 0.5m 的流速南港与北港大于南支与北支，床面平均粒径为 0.125～0.03mm(陈吉余等，1988)，为粗粉砂至极细砂，且在横沙岛以西的我们测区内河道中表层和底层悬浮物浓度分别为 0.12kg/m³ 和 0.23kg/m³(林以安和李炎，1997)。

7.4.2　方法

野外调查于 1998 年特大洪水的后期 9 月 8～9 日进行。调查时使用 80 吨木质渔船，船速 3～5 节，除了探测器外的所有设备安装在船舱内。航线和测点用 1008586DGPS 实时定位，精度为 1～2m。河槽床面纵剖面形态由 Inner-spaceInc.热敏式测深仪和 Geo-AcousticsLimited 浅地层剖面仪获得，两者的探测器垂直悬挂在船右舷水面以下 1m 处，前者精度为 0.1m，后者精度为 0.125m。河槽床面平面分布形态用 Ultra Electronics 的旁侧声呐测量，拖鱼状探测器放置在船尾水面漂浮。1998 年 9 月 8～9 日的连续 14 小时内定点连续测量两项内容：底沙输移变化过程和底沙上部水体流速流向变化过程。前者采用中国科学院东海研究站设计出品的 ACP-1 声学浓度剖面仪测定，探测器与加重铅鱼垂直悬挂在船右舷水面以下 6m 处，受流速影响床面高程的误差为 $(6-6\cos\theta)$m，θ 为探测器偏离垂直方向的夹角，野外记录该夹角一般在 10° 以下，最大可达 15°～20°。后者利用 Endeco 流速仪测量，其垂直悬挂在调查船左舷离水面以下 1m 处。该测点 NZ2 位于 121°35′29.48″E，31°23′59.06″N。

7.4.3　床沙组成

粒度分析结果表明本次调查区域的粒径在 1998 年特大洪水后期时为极细砂至细砂，以极细砂为主，M_z=0.08～0.125mm，D_{50}=0.10mm，D_{16}=0.08mm。与枯季相比，长江全流域 1998 年特大洪水期间河口区南支-南港沉积物粒度较粗，细砂含量达 48%(Berne et al.，1993)，分布区间较小(表 7-9，图 7-23)。平均粒径远大于本区枯季时的粒径(程和琴等，2000)，但远小于发育大尺度沙波的 Gironde 河口粒径 0.32～0.65mm(Berne et al.，1993)和 Fraser 河口粒径 0.33mm(Kostaschuk and Villard，1996)。这些泥沙分布在水深 16～23m 的长江口主航槽中。

表 7-9　长江口南支-南港 1998 年特大洪水期间底沙粒度含量

分级名称	中砂	细砂	极细砂	粗粉砂	中粉砂	细粉砂	极细粉砂	黏土
粒度区间 Φ	1.0～2.0	2.0～3.0	3.0～4.0	4.0～5.0	5.0～6.0	6.0～7.0	7.0～8.0	>8.0
1998 洪水/%	3.89	48.44	35.18	4.70	0.00	0.00	0.00	0.00
枯季/%	0.25	20.50	51.52	16.17	2.72	4.52	2.11	2.21

注：Φ 是粒度分析时常用的粒径单位，$\Phi = -\log_2 D$，D 为颗粒直径，mm；下同

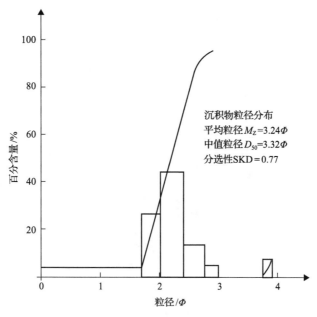

图 7-23　1998 年长江全流域特大洪水期间河口区床沙粒度分布曲线

7.4.4　床面形态特征

根据两条测线(图 7-22)上旁侧声呐和双频测深仪等仪器探测结果,1998 年特大洪水期间长江口区河床表面呈较大尺度波状起伏的韵律形态,其波长与波高均远大于枯季时。大尺度底形沙波的波长为 20～300m,85%沙波波长为 20～100m,7%沙波波长大于 100m(图 7-24～图 7-26)。测线水深为 13～21.3m,平均水深 17m。绝大部分旁侧声呐记录图像均显现出了较大尺度的底形沙波。据双频测深图谱上的波长、波高大小和旁侧

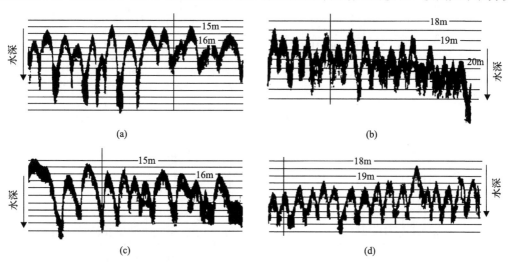

图 7-24　1998 年长江全流域特大洪水期间河口区床面沙波纵剖面的双频测深仪记录

(a)波长 10～20m;波高 0.9～1.5m; (b)波长 20～40m;波高 1.5～2.5m;

(c)波长 40～100m;波高 0.7～2.8m; (d)波长 100～150m;波高 1.0～3.5m

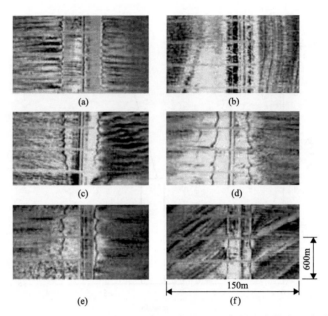

图 7-25　1998 年长江全流域特大洪水期间河口区床面形态的旁侧声呐记录

(a)直脊状小型不对称沙波；(b)弯曲和新月形中等沙波；(c)左为新月形中等沙波，右为弯曲形中等沙波；
(d)弯曲形大型沙波；(e)大型不对称沙波；(f)直脊状小型不对称沙波叠加在大型不对称沙波之上

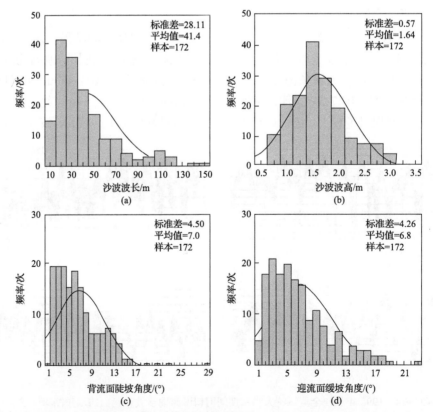

图 7-26　1998 年长江全流域特大洪水期间河口区底形沙波波长、波高和坡角等参数的出现频率曲线

(a)波长；(b)波高；(c)背流面坡角；(d)迎流面坡角

声呐图谱上沙波脊的宽度、形态、连续性等可将本区沙波划分为以下几种类型：直脊状小型不对称沙波；弯曲和新月形中等沙波；弯曲形大型不对称沙波；大型不对称沙波（表 7-10、表 7-11），这些底形沙波的波长尺度远大于枯季时 5～15m 占 85% 以上（程和琴等，2000），也大于一般洪季时（Zhou，1993；李九发等，1995；杨世伦等，1999）。

表 7-10　长江 1998 年特大洪水期间河口区高分辨率底形沙波双频测深和旁侧声呐记录

名称	波长/m	波高/m	波长/波高	陡坡/(°)	双频测深、旁侧声呐	占比/%
直脊状小型不对称沙波	<20	0.5～1.8	6～27	7～30 下游	直脊线状、谷密集	16.86
弯曲和新月形中等沙波	20～40	0.9～2.75	8～52	3～15 下游为主	脊弯曲或分汊	45.35
弯曲形大型不对称沙波	40～100	1.0～3.6	15～82	1.3～10 下游为主	脊线断续	30.80
大型不对称沙波	>100	1.0～3.1	37～113	0.67～4 下游为主	脊线断续	6.98

表 7-11　长江 1998 年特大洪水期间河口区水深和底形波长、波高、陡度等参数的统计特征

参数	水深/m	波长/m	波高/m	α_1	α_2
平均值	16.68	41.41	1.64	6.95	6.75
中值	16.59	32.55	1.60	5.86	5.78
尖度	0.28	2.30	0.48	4.23	1.09
偏度	0.69	1.56	0.70	1.57	1.14
最大值	21.30	151.09	3.60	30.36	22.93
最小值	13.80	8.28	0.50	1.33	0.67

注：α_1 为背流面陡坡角度；α_2 为迎流面缓坡角度

7.4.5　水面以下 1m 处流速变化特征

南港定点测站 NZ2 水面以下 1m 处由 Endeco 流速仪连续 14h 测定的表层流速变化特征有（图 7-27）：涨落潮时的最大实测流速可达 217cm/s，最小实测流速为零，平均流速为 129cm/s，中值流速为 138.39cm/s（图 7-28）。在实测到的流速值中出现频率大约有 3 个众数，即表层流速小于 50cm/s 约占 5%；50～160cm/s 约占 30%；大于 160cm/s 约占 65%。该结果表明在 1998 长江流域特大洪水后期长江口内主航槽涨、落潮过程中水流流速的变化也有 3 个阶段；特大洪水期间的落潮流速与涨潮流流速之差值远大于枯季时（程和琴等，2000），潮流速大于 160cm/s 者居多，平均流速为 169cm/s；涨潮流速均小于 160cm/s，平均流速为 82.5cm/s；落潮流速大于 160cm/s，平均流速为 198cm/s。

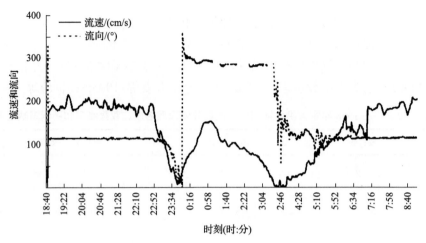

图 7-27　1998 年 9 月 9～10 日长江全流域特大洪水后期
河口区连续 14h 内流速、流向变化特征

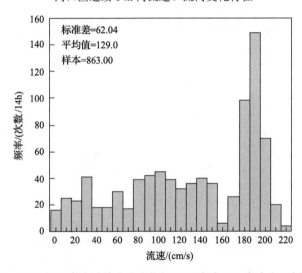

图 7-28　1998 长江全流域特大洪水期河口区连续 14h 流速出现频率曲线

7.4.6　床沙再悬浮和底形运动

南港定点测站 NZ2（121°35′29.48″E，31°23′59.06″N）床面以上 6m 处声学悬沙浓度剖面仪（ACP）连续 14 小时实测数据图像（图 7-29）和实时同步底、0.8H 和 0.6H 层水样含沙量分析结果（图 7-30）显示：响应于上述表层流速变化过程的 3 个主要阶段，床面泥沙在作小尺度再悬浮运动的同时又作 3 种大尺度底形运动。当表层流速从 0 增加至 50cm/s 时，床面上无床面泥沙再悬浮或喷发（ejection）（程和琴等，2000）和底形运动，此时底层水体中泥沙含量平均值为 0.44kg/m³，悬浮颗粒平均粒径为 0.04mm～0.07mm，平均 0.06mm；随着表层流速的逐渐增大，床面将发生小尺度床面泥沙再悬浮和底形运动，底层水体中再悬浮泥沙含量从 0.44kg/m³ 增加到 0.89kg/m³，再悬浮颗粒的中值粒径为 0.07～0.146mm，在图像中灰色者较细一些，黑色者粗一些。前者灰色者可能是当表层流速从

50cm/s 增加至 160cm/s，粒径为 0.007~0.01mm 的床面泥沙发生再悬浮运动，再悬浮泥沙浓度从 0.44kg/m³ 增加至 0.65kg/m³，床面产生波长为小于 20m、20~40m，波高为 0.5~2m 的沙波；黑色者可能是当表层流速继续增大时，粒径大于 0.146mm 的床面泥沙发生再悬浮，再悬浮的泥沙浓度从 0.65kg/m³ 增加至 0.89kg/m³，最大可达 1.33kg/m³，床面产生波长为 40~100m 和大于 100m、波高为 0.9~3.6m 的沙波。沙波的平均出现周期为 2~12min（图 7-29），平均出现周期为 7min，若按平均波长 41.4m 计算（表 7-11），底形沙波的平均运移速率为 5.86m/min 或 0.0976m/s。

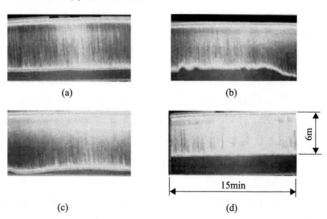

图 7-29　1998 长江全流域特大洪水期间河口区底形沙波变化特征的 ACP 记录
(a)涨潮开始阶段床面沉积物发生小尺度再悬浮；(b)涨急阶段床面沉积物再悬浮增强，产生底形运动；
(c)落潮开始阶段床面沉积物发生小尺度再悬浮；(d)落急阶段床面沉积物再悬浮增强

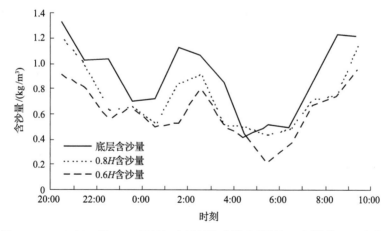

图 7-30　1998 年 9 月 8~9 日长江全流域特大洪水期间河口区连续 14h 内底、
0.8H 和 0.6H(H 为水深)层含沙量曲线

7.4.7　沙波移动速率的精度

　　人们通常以为沙波的运动速率很小，原因是受仪器条件限制没有有效的实时高分辨率的测量，而关于水下沙波的移动方向和速度的计算极为复杂，因为边界条件不同采用的水下沙波移动速率的计算公式也将不同。就长江口而言，一般采用日本学者筱厚公式

（钱宁和万兆惠，2003），其中细砂级砂粒起动流速采用珠江口海底沙波数据（冯文科等，1994；王尚毅和李大鸣，1994）计算分析，获得的长江口水下沙波运动速率平均值与利用上述 ACP 方法获得的数值相接近，因而说明该数值的精度可靠。

7.4.8　长江流域特大洪水期间河口河槽床面泥沙主要运动的观测与特征

在 1998 年长江全流域特大洪水后期，通过用旁侧声呐、热敏式双频测深仪、D.GPS进行了高分辨率走航式测量以及声学悬沙浓度剖面仪和流速仪，对南支下游至南港上游河段床面泥沙运动特征进行定点和纵横向走航探测。数据分析结果表明：特大洪水期间长江口主槽流速远大于一般枯季时，床沙为极细砂，粒径大于枯季时（程和琴等，2000，2002，2003，2004；Cheng et al.，2004），由较强的涨落潮流导致强烈的细颗粒底沙再悬浮（浓度可达 $0.44\sim0.89kg/m^3$），使得随流速变化的床沙实时粒径大于极细砂或为细砂，继而发生的大尺度底形沙波运动的尺度与细砂质河口沙波相近（Berne et al.，1993；Kostaschuk and Villard，1996），沙波平均迁移速率为 0.09m/s。

7.5　长江口沙波运动高分辨率探测研究

自 19 世纪以来有关长江口的研究一直注重较大时空尺度地貌演变，如特大洪水对河口分汊河道世纪性巨变格局的控制（陈吉余等，1988；陈吉余，1995）。随着徐六泾节点和沿江沿岛堤坝等河口地貌人工控制的增强，水下微地貌的变化日益受到重视。20 世纪八九十年代洪季水下沙波（Zhou，1993；李九发等，1995；杨世伦等，1999）的测量仅根据受水位和气象等多因素影响的测深记录，而枯季无沙波报道，且迄今世界大河口区均没有大尺度水下沙波报道，因而精度和准确性需待进一步证实。同时，根据美国地球物理学会泥沙分类标准和国际沉积学会底形分类标准（Lane，1947；Ashley，1990），长江口底沙粒径太细（0.030～0.125mm）无沙波发育（van den Berg and Gelder，1993），甚至可被归入黏性范围（Komar，1978）。本节旨在报道作者于 1997 年 12 月 3～5 日和 1998 年 9 月 8～10 日（长江全流域特大洪水后期）在河口区的走航和定点测量结果，即枯洪季水下三维细颗粒底形沙波运动特征及其与实时同步实测流速和再悬浮底沙浓度变化间的响应关系，并在此基础上进行细颗粒大河口区大尺度底形形成和运动机制的讨论与预测，对泥沙回淤、大比例尺水下地形测量、三维流场的数值模拟、港口航道的疏浚以及航道的稳定性等研究将具有重要意义，同时为正在建设中的长江口深水航道整治等特大工程提供重要的工程实用参数。

7.5.1　研究区域和研究方法

在长江每年向河口输送的近 5 亿 t 泥沙中有 0.8 亿 t 粗颗粒泥沙沉积在河口段，与外海输入泥沙一起组成河口区底沙，广布于南支与北支、南港与北港和南槽与北槽，长江口底沙平均粒径为 0.002～0.160mm，中值粒径 D_{50} 为 0.002～0.170mm。平均而言，长江口底沙平均粒径水域较潮滩粗；水域中口内河道较口外海滨粗；河道中南支粗于北支，北港粗于南港；河道内从上游向下游变细；自深槽向浅滩变细（杨世伦，1994）。考虑到南支对下游南港、北港和南槽、北槽发育的控制性影响和前人的测深资料(陈吉余等, 1988; 陈吉余, 1995), 选择南支下段至南港上段展开测线总长约 100km 的 4 条剖面实测工作(图 7-31), 并在南支下游宝山河段和南港上游河段各选择 DZ1 和 DZ2 站进行定点测量。

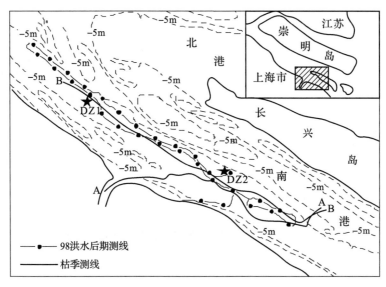

图 7-31　长江口水下微地貌运动高分辨率探测的测线和测点分布图

调查时使用 80 吨木质渔船, 走航船速 3～4 节, 除探测器外的所有观测设备均安装在船舱内, 航线和测点采用 1008/586 D.GPS 实时定位。床面纵剖面形态由 Inner-spaceInc. 测深仪和 Geo-chirp 浅地层剖面仪沿 4 条测线获得, 两探测器分别垂直悬挂在船右舷水面以下 lm 处, 床面平面形态用 Ultra Electronics 旁侧声呐仪测量, 拖鱼状探测器放置在船尾水面漂浮。14h 连续定点测量响应于流速变化的床面泥沙运动, 主要内容有两项: 一为用垂直悬挂在调查船左舷离水面以下 1m 处的 Endeco 流速仪测量底沙上部水体流速变化过程, 同时进行的直读式流速仪与加重铅鱼垂直悬挂在左舷床面以上 lm; 二为用中国科学院东海研究站设计出品的 ACP-1 声学浓度剖面仪测定床面泥沙沿床面运动和再悬浮过程, 探测器用加重铅鱼垂直悬挂在船右舷水面以下 6m。底质粒度分析采用筛析法和吸管法。

7.5.2　水下微地貌运动特征

1. 床沙粒径

枯季底沙据粒径大小可分为粉砂至细砂, 以粗粉砂至极细砂为主, 平均粒径 M_z=3.00～5.00Φ 中, 部分采样点则以极细砂为主, M_z=3.58Φ 中, 且含有 20%～30% 的细砂, 因此长江口南支-南港枯季沉积物粒度组成有较宽的粒度分布区间[图 7-32(a)]; 1998 年特大洪水后期时的底沙粒径为极细砂至细砂, 以极细砂为主, 平均粒径 M_z=3.12～3.50Φ 中(0.080～0.125mm), 该粒径比枯季大, 粒度分布区间窄[图 7-32(b)], 但远小于国外研究较为详细的河口沙波粒径, 如法国 Gironde 河口底沙粒径为 0.32～0.65mm(Berne et al., 1993)、加拿大 Fraser 河口的底沙粒径为 0.33mm 左右(Komar, 1978)。洪季伴随着底形沙波运动产生再悬浮底沙粒径为 0.070～0.146mm，大于无床面泥沙再悬浮时的悬浮颗粒粒径 0.04～0.07mm（严肃庄和曹沛奎, 1994）。

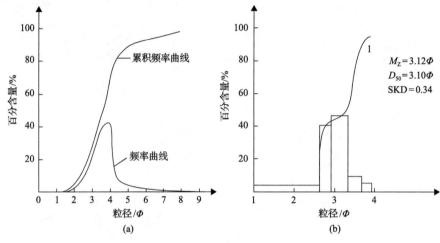

图 7-32　长江口枯洪季底沙粒度分布累积频率曲线

(a)枯季；(b)洪季

2. 床面形态

长江口枯季水深 10.0～17.0m，平均水深 15.4m。测线上旁侧声呐图像均显现出床面具波状起伏的韵律形态。据测深仪和旁侧声呐图谱上沙波的波长、波高和脊的宽度、形态、连续性等参数，可将长江口枯季沙波划分为直脊状小型对称和不对称、弯曲型对称和不对称、新月形对称和不对称、孤立状等 7 种类型（表 7-12）（程和琴等, 2000），它们的波长均小于 30m，小于 15m 者占 8.5%以上［表 7-12，表 7-13，图 7-33(a)］。1998 年特大洪水期间测线水深在 13.0～21.3m，平均水深 16.68m；床面呈较大尺度波状起伏的韵律形态，其波长和波高远大于枯季时，大尺度底形的波长为 20～300m，大于 20m 以上占 85%，波长大于 100m 以上者占 7%［图 7-33(b)］。这些底形沙波的波长尺度远大于枯季时占 85%以上的波长尺度(5～15m)（程和琴等, 2000），却小于一般洪季时的波长尺度值（李九发等, 1995）。显然长江口区枯季与特大洪水期间的大尺度沙波在规模、水深、波高、迎流面和背流面角度以及对称性及其统计特征等方面有较大差异（表 7-13）。

表 7-12　长江口 1997 年枯季和 1998 年特大洪水期间底形沙波双频测深和旁侧声呐探测记录

名称	波长/m		波高/m		波长/波高		陡坡(°，下游为主)		占比/%	
	洪季	枯季	洪季	枯季	洪季	枯季	洪季	枯季	洪季	枯季
直脊状小型对称沙波	无	5～10	—	0.2～0.5	—	25～30	—	3～5	—	26.97
直脊状小型不对称沙波	<20	5～12	0.5～1.8	0.1～0.4	6～27	5～8	7～30	3～11	16.86	34.25
弯曲型对称沙波	无	10～15	—	0.3～0.7	—	21～40	—	5～7	—	5.6
弯曲型不对称沙波	20～40	10～15	0.9～2.7	0.2～0.7	52～58	50～100	3～15	7～12	45.35	10.32
新月形对称沙波	无	15～20	—	0.4～1.0	—	20～40	—	5～6	—	11.36

续表

名称	波长/m		波高/m		波长/波高		陡坡(°,下游为主)		占比/%	
	洪季	枯季	洪季	枯季	洪季	枯季	洪季	枯季	洪季	枯季
新月形不对称沙波	40~100	>15	1.0~3.6	0.5~1.2	15~82	30~50	1.3~10	5~12	30.80	11.0
孤立状沙丘	无	>30	—	>1.0	—	>30	—	—	—	0.50
大型不对称沙波	>100	—	1.0~3.0	—	37~113	—	0.7~40	—	6.98	

注：—为未测到

表 7-13　长江口区 1997 年枯季和 1998 年特大洪水期间水深和底形参数的统计

参数	水深/m		波长/m		波高/m		α_1		α_2	
	洪季	枯季	洪季	枯季	洪季	枯季	洪季	枯季	洪季	枯季
平均值	16.68	15.40	41.41	13.67	1.64	0.49	6.95	5.60	6.75	3.79
中值	16.59	15.49	32.55	11.74	1.60	0.45	5.86	5.51	5.78	3.78
尖度	0.28	1.14	2.30	5.76	0.48	0.44	4.23	0.18	1.09	0.10
偏度	0.69	0.65	1.56	2.26	0.70	0.90	1.57	0.17	1.14	0.20
最大值	21.30	20.68	151.09	51.64	3.60	1.31	30.36	11.77	22.93	7.47
最小值	13.80	12.62	8.28	5.39	0.50	0.13	1.33	0.82	0.67	0.67

α_1 为背流面陡坡角度；　α_2 为迎流面缓坡角度

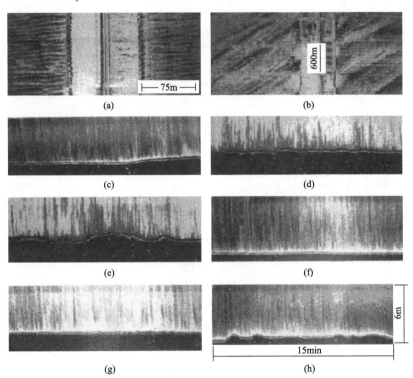

图 7-33　长江口枯季和特大洪水期间大尺度细颗粒底形沙波的旁侧声呐记录[(a)，(b)]和细颗粒底沙随涨落潮流速变化周期发生底形运动和再悬浮输移变化过程的声学悬沙浓度剖面仪(ACP)记录[(c)至(h)]
(a)枯季旁侧声呐记录；(b)特大洪水旁侧声呐记录；(c)枯季涨憩近底声学悬沙浓度剖面仪记录；(d)枯季初落底悬沙浓度剖面仪记录；(e)枯季落急悬沙浓度剖面仪记录；(f)枯季落潮后期近底悬沙浓度剖面仪记录；(g)枯季落憩近底悬沙浓度剖面仪记录；(h)枯季初涨近底悬沙浓度剖面仪记录

3. 沙波运动

南支-南港粗粉砂-极细砂-细砂质河槽床面形态变化[图 7-33(c)～(h)]响应于流速(U)变化(图 7-34)：$U<50$cm/s 时，床面基本保持平整，无床沙起、悬扬；50cm/s$<U<60$cm/s时，床面稍有侵蚀和堆积地貌，床沙有掀动，起扬高程达 6～40cm，仅有波长为数厘米的沙纹；60cm/s$<U<100$cm/s 时，床沙再悬浮(或喷发，ejection)作用加强，悬沙浓度增大，形成大型沙纹和小型沙丘；100cm/s$<U<110$cm/s 时，底沙再悬浮作用急剧加强，持续时间长且喷发高度大；$U>110$cm/s 时，底沙再悬浮浓度很大，且能形成大尺度沙丘。枯季底形沙波的平均出现周期为 30s 至 1min，若按平均波长为 13.67m 和最大波长 51.64m、最小波长 5.39m 计算(表 7-12)，则底形沙波的平均运移速率为 29.30m/min 或 13.67m/min，最大运移速率为 51.64m/min，最小运移速率为 5.39m/min。1998 年长江全流域特大洪水期间河口区底形沙波的平均出现周期为 1～2min，若按平均波长为 41.4m 和最小波长 8.0m、最大波长 151.0m 计算(表 7-13)，则底形沙波的平均运移速率为 27.6m/min 或 0.46m/s，最大运移速率为 151m/min 或 2.52m/s，最小运移速率为 4m/min 或 0.07m/s。

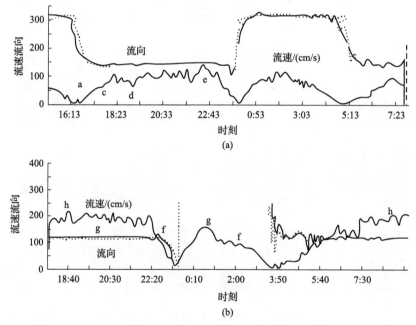

图 7-34 长江口枯季(测量时间：1997 年 12 月 4～5 日)和特大洪水期间
(测量时间：1998 年 9 月 9～10 日)连续 14h 流速流向变化图相应的床沙再悬浮和
底形运动特征见图 7-33，图中 a、c、d、e、f、g、h 同图 7-33 记录)
(a)枯季；(b)洪季

7.5.3　大河口区细颗粒底沙大尺度底形输移模式

上述长江口洪季和枯季(严肃庄和曹沛奎，1994；程和琴等，2000)细颗粒大尺度底形输移特征与细砂级以上粗颗粒沙波(Ashley，1990；Berne et al.，1993；Komar，1978；程和琴和王宝灿, 1996; 程和琴等, 1998; Nelson and Smith, 1989; Nelson et al., 1993; Bagnold, 1963; 王尚毅和李大鸣, 1994; 钱宁和万兆惠, 2003)不同, 即在涨落潮流作用下, 底沙呈静止[图 7-35(a)]-细颗粒泥沙起动[图 7-35(b)]和悬扬[图 7-35(c)～(f)]-粗颗粒喷发运移[图 7-35(d)～(f)]的同时, 作大尺度底形运动[图 7-35(d)～(f)]-细颗粒起扬、悬扬-静止循环模式的输移(图 7-35)。这种底沙再悬浮类似水槽显影研究(Rao et al., 1971; Sumer, 1978)中由紊动和猝发导致的悬移质和床面泥沙之间的不断交换(Sumer, 1978; Offen and Kline, 2006)、在野外近砾砂质底床附近观测到的"像猝发那样的信号"(Heathershaw et al., 1985; Thorne et al., 1989; Lapointe, 1992)和长江口最大浑浊带黏性沉积物的再悬浮(Shi et al., 1997)等, 所以大河口区细颗粒大尺度底形沙波形成和运动可能由较强流速引起的紊流猝发及其所致的底沙再悬浮所致, 其与目前普遍认为的底沙再悬浮由底形背流面环流所致(Ashley, 1990; Nelson and Smith, 1989; Nelson et al., 1993; Bagnold, 1963; 王尚毅和李大鸣, 1994; 钱宁和万兆惠等, 2003)正好相反。同时细颗粒底沙的再悬浮使得床沙实时同步粒径达到与上部水体流速相适应, 并进行相应时空尺度的底形运动, 因此长江口区细颗粒大尺度底形沙波运动不仅与中值粒径 D_{50} 有关, 而且与粒度累积百分含量为 16% 时的粒径 D_{16} 直接相关。同时由于研究区位于长江口拦门沙以

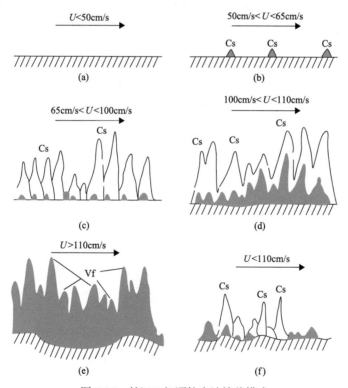

图 7-35　长江口细颗粒底沙输移模式

(a)当表层流速较小时, 床面无底沙再悬浮; (b)当表层流速为 50～65cm/s 时, 床面粗粉砂(Cs)再悬浮; (c)当表层流速为 65～100cm/s 时, 床面粗粉砂(Cs)再悬浮较强, 伴有极细砂(Vf)再悬浮; (d)当表层流速为 100～110cm/s 时, 床面粗粉砂(Cs)和极细砂(Vf)再悬浮均较强, 床面发生底形运动; (e)当表层流速大于 110cm/s 时, 床面极细砂(Vf)再悬浮继续增强, 床面底形运动尺度增大; (f)当表层流速降低, 床面底形尺度减小, 极细砂(Vf)再悬浮减弱, 粗粉砂(Cf)再悬浮增强

U: 水面以下 1m 处 Endeco 流速; Cs: 粗粉砂; Vf: 极细砂

内河段，两岸人工堤坝连续稳固，因此底形沙波的形成发育主要受流域来沙和波流条件等因素影响，而研究区附近的高桥水文观测站多年平均波高 0.35m，石洞口平均波高 0.3m，因此除了风暴潮以外长江口门以内正常天气条件下波浪对沉积物没有显著影响(李九发等，1995)。

7.5.4　沙波空间尺度变化影响因素

1. 流域来沙与沙波运动

枯季底沙粒径小于洪季时(图 7-32)、枯季底形沙波尺度明显小于洪季时(表 7-12 和图 7-33)和枯季沙波运动速率大于洪季时(图 7-34)等表明：同等潮流条件(大小潮或涨落潮)下，枯洪季流域来沙(输沙量及其粒径)直接控制河口区水下微地貌的颗粒组成和底形沙波尺度和运动速率(李九发等，1995)。1998 年特大洪水期间底形沙波尺度小于一般洪水期(Zhou，1993；李九发等，1995；杨世伦等，1999)，其原因可能为上游众多水利工程导致来沙粒径的减小，另一可能是回声测量记录(Zhou，1993；李九发等，1995；杨世伦等，1999)受测量船和水位稳定性及气象条件等诸多因素影响会出现很大的误差，但本调查配以不受上述因素影响的旁侧声呐扫描仪，因此，流域来沙对沙波运动影响的可能性较大。

2. 潮流与沙波运动

长江口属不正规半日潮，近口门最大潮差可达 5m，潮差向上游逐渐减少，口内潮流主要受地形地貌控制，研究区沙波尺度随流速增大而增大(图 7-33 和图 7-34)，落潮流速大于涨潮流速(图 7-34)，且落急历时 196min，远大于涨急历时 40min，故研究区底形沙波主要为落潮流控制。此外，大潮期间平均流速为 110cm/s，大于小潮期间的 70cm/s(杨世伦等，1999)，因而大潮期间沙波尺度大于小潮期间，由此推算，风暴潮期间沙波运动尺度和速率应更大。

7.5.5　沙波运动速率的精度

受仪器条件限制缺乏有效的沙波运动速率测量，关于水下沙波移动方向和速度的计算极为复杂，因为边界条件不同，采用的水下沙波移动速率的计算公式也将不同，就长江口而言，本章上述利用 ACP 方法获得的数值大于日本学者筱厚公式计算值(杨世伦等，1999；Nelson et al.，1993；Bagnold，1963)，但该沙波运动速率值与风洞实验的沙丘运动速率值(刘贤达，1995；朱震达，1962)相差较小。

7.6　近期长江河口沙波发育规律研究

沙波是一种河流、河口和浅海环境中常见的水下微地貌形态(Kleinhans，2005)。目前已有关于沙波运动的研究成果中，多基于粒径粗于细砂质(D_{50} 多大于 150μm)的底床环境(Field et al.，1981；Nemeth et al.，2000)，而关于细砂、粉砂质底床环境下的沙波发育研究尚嫌不足。沙波运动和沙洲推移是长江河口底沙运动的主要形式，近底底沙运动频繁，河床冲淤演替不断，对入海航道和近岸工程构成严重威胁，多年来曾引起诸多学者和工程人员的关注(李九发等, 1995; 杨世伦等, 1999)，尤其是近年来大量的流域大坝和引水工程对河口底沙运动的影响成为河口区主要工程关注科学研究问题。长江口江阴至南港河段因其水动力作用相对较强，沙波发育良好等特点，成为研究河口区域粉砂质细砂环境下沙波发育的理想场所。本节基于多年河床表层沉积物、沙波形态和水动力因子现场观测资料，分析长江河口粉砂质细砂环境条件下的沙波发育规律，以期对长江河口整治工程的灾害防治及航道安全水深的确定提供一定指导，并丰富河口微地貌发育过程的理论研究。

7.6.1　现场观测和数据处理

1. 现场观测

分别于 1997 年 12 月 3～5 日、1998 年 9 月 8～10 日、2002 年 3 月 28～30 日、2006 年 2 月 22～23 日、2006 年 8 月 20 日在江阴至南港的长江口近口段至河口段，使用 D.GPS 定位仪、旁侧声呐扫描仪、449 热敏式双频测深仪(精度：0.1m)、ADCP 流速仪和 OBS 测沙仪等走航式测量以定量获取沙波横向和纵向形态，观测水文泥沙等数据，并使用抓泥斗采取底砂样，走航路线及定点观测站位如图 7-36 所示。

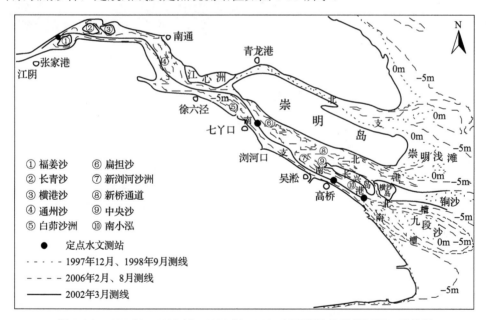

图 7-36　1997 年、1998 年、2002 年、2006 年观测站位及长江河口形势图

而且，于 2013 年 6 月 28 至 7 月 1 日，利用 Reson SeaBat 7125 SV2 多波束和 SMC S-108 姿态传感器对南港、北港、横沙通道和北槽(图 7-37)水下地貌进行走航测量，Hemisphere VS110 GPS 罗经为多波束提供精确的艏向数据，Trimble SPS351 信标机主要为多波束提供精确的脉冲同步信号，而 Thales Z-Max RTK GPS 为多波束测深系统提供厘米级的高精度定位数据，保证了数据质量的可靠性。频率选用 400kHz，波束密度选择最大 512 个、

120°条带宽度。同时，流速数据利用美国 RDI 公司 1200 kHz Work Horse ADCP，并结合 DGPS（全球差分定位系统）进行现场水文数据采集，南港、北槽流速数据采集于 2013 年 7 月 26～29 日；横沙通道数据采集于 2013 年 6 月 30 至 7 月 1 日，北港数据采集于 2012 年 6 月 6～7 日，采用定点测量方法，测站位置如图 7-37 所示，采集六层垂向流速，并计算得到垂向平均速度。底沙样品用帽式抓斗采集。床面地貌数据利用 PDS2000Liteview 收集和后处理。河床沙样品经偏磷酸钠浸泡和超声波打散后，采用 LS100 型激光粒度仪进行粒度分析。

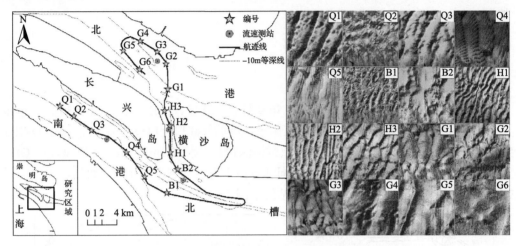

图 7-37　2012 年和 2013 年观测站位、航迹线和典型沙波图

2. 近口段至河口段床沙粒度分析及沙波统计

河床沙样品经偏磷酸钠浸泡和超声波打散后，采用 LS100 型激光粒度仪进行粒度分析。沙波波高直接由双频测深仪记录中读取，沙波波长则根据与测深同步的 D.GPS 定位信息确定。考虑船体波动的影响，本章中忽略波高小于 0.2m 的地形起伏记录（杨世伦等，1999），此外当测深仪测线与旁侧声呐记录中沙波脊线斜交时，所得波长亦不参与统计，仅供定性参考。走航测线与南港主航槽近乎平行（图 7-36），波长应较接近真值，故旁侧声呐图像主要用于辅助判读测深仪所得床面微地貌空间形态。

3. 河口段沙波统计方法

由于沙波形态差异较大，沙波形态参数借鉴 Knaapen 等（2005）和 Barnard 等（2012，2013）统计方法，通过沙波波峰与波谷的相邻位置水平距离计算得到沙波波长（L）、波高（H）及对称性（A_s）（图 7-38）。

$$L = L_1 + L_2 \qquad\qquad (7\text{-}19)$$

$$H = h_1 \qquad\qquad (7\text{-}20)$$

$$A_s = \frac{L_1 - L_2}{L_1 + L_2} \qquad\qquad (7\text{-}21)$$

式中，L_1 为落潮向沙波相邻波谷与波峰的水平距离；L_2 为涨潮向沙波相邻波峰与波谷的水平距离；H 为沙波背流面波峰与波谷的高差 h_1；由于河口水动力主要由涨落潮影响，且一般认为沙波的迎水面比较平缓，背水面比较陡峻（张瑞瑾，1998），沙波的对称性（A_s）能很好地反映沙波输运优势向（Knaapen et al., 2005; Barnard et al., 2012, 2013），当 $A_s < 0$ 时，沙波运动向为涨潮流优势向；当 $A_s > 0$ 时，沙波输移向为落潮流优势向；当 $A_s = 0$ 时，沙波对称性较好，输移优势向不明显。

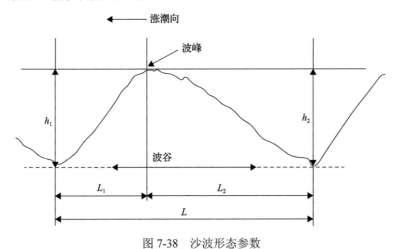

图 7-38　沙波形态参数

4. 沙波输移估算

沉积物运动速度与流速、水深、粒径以及水流的动黏滞系数有很大的关系，沙波运动是一种特殊的泥沙运动形式。沙波的运动速度与波长的 1/2 次方成正比例，当水流流速相同时，小的沙波比大的沙波运动速度更快一些（钱宁和万兆惠，2003）。现今计算沙波运行速度公式基本都是基于水流弗勒德数 F_r，对沙波形态、粒径及水流动黏滞系数考虑相对较少。本节取张瑞瑾（1998）公式：

$$\frac{c}{U_c} = 0.0144 \frac{U_c^2}{gh} \tag{7-22}$$

式中，c 为沙波运动速度；U_c 为垂向平均流速；h 为水深。

长江口水流受到径流和潮流的双重影响，水流呈往复流动状态。涨憩、落憩附近时段水流流速很小，沙波没有起动，所以水流流速不能直接取涨潮或落潮平均速度，应该先计算沙波的起动速度。根据王尚毅等（1994）公式，沙波起动的垂向平均流速 U_0(m/s) 与单颗粒泥沙起动速度 v_0(m/s) 之间关系式：

$$U_c = 1.4 v_0 \tag{7-23}$$

本节泥沙起动公式采用张瑞瑾（1998）公式：

$$v_0 = \left(\frac{h}{d}\right)^{0.14} \left[17.6\frac{\rho_s - \rho}{\rho}d + 0.000000605\frac{10+h}{d^{0.72}}\right]^{1/2} \tag{7-24}$$

式中，h 为水深；d 为底沙中值粒径。天然泥沙 $\dfrac{\rho_s - \rho}{\rho}$ 取 1.65。流速 ADCP 测量数据，同一区域取相同的定点流速数据。

7.6.2　近口段至河口段沙波统计特征及沙波发育的主要影响因素

1. 沙波统计特征

长江河口沙波一般分布于江阴至南支间顺直河段，以及吴淞口至南港中下段(约 121°33.940′E~121°44.570′E)区间。但近年来枯季时南港沙波发育区域呈现出向下游扩展的趋势(表 7-14)，2002~2006 年向下游扩展了约 11.7km。

表 7-14　长江口南港沙波发育区域变化

测次(年-月)	季节	上游侧起点	下游侧终点
1997-12	枯季	121°34.368′E，31°23.946′N	121°38.514′E，31°21.816′N
1998-09	洪季	121°33.940′E，31°24.560′N	121°38.746′E，31°22.165′N
2002-03	枯季	121°37.122′E，31°22.709′N	121°37.932′E，31°22.297′N
2006-02	枯季	121°34.571′E，31°23.984′N	121°44.570′E，31°18.227′N
2006-08	洪季	121°35.950′E，31°23.494′N	121°37.890′E，31°22.421′N

由表 7-15 中 2002-03 测次沙波平均波高、波长沿程变化可见，长江口沙波发育尺度呈自西向东逐渐减弱态势。其中较大尺度的三维沙波多发育于江阴至南支中上段区间的部分顺直河段内，而南支下段和南港河段内沙波则以平直二维沙波为主(李为华等，2008)。

表 7-15　长江河口关键河段沙波统计特征

沙波发育河段	波高/m		波长/m		背流侧倾角/(°)		迎流侧倾角/(°)	
	最大	平均	最大	平均	最大	平均	最大	平均
江阴张家港河段(2002-03)	1.6	0.9	90.0	40.7	27.2	7.4	18.3	5.9
南支部分河段(2002-03)	1.1	0.6	72.4	24.3	22.7	6.6	12.2	6.3
南港河段(1997-12)	1.3	0.5	51.6	13.7	11.8	5.6	7.5	3.8
南港河段(1998-09)	3.6	1.6	151.1	41.4	30.4	7.0	22.9	6.8
南港河段(2002-03)	1.0	0.5	48.5	14.7	8.1	4.3	5.6	3.5
南港河段(2006-02)	1.4	0.6	55.7	14.1	11.0	5.0	6.5	3.2
南港河段(2006-08)	2.0	0.9	83.4	36.0	25.1	6.5	13.9	5.8

由表 7-15 可见，长江口沙波发育尺度洪枯季差别较大。洪季时(1998-09 和 2006-08 测次)沙波(南港河段)波长最大达 151.1m，波高最大可达 3.6m，沙波平面形态以尺度较

大的三维沙波为主，平均占 83.14%；而枯季时(2002-03、1997-12 和 2006-02 测次)沙波尺度则相对明显偏小，测得最大波长为 90.0m，最大波高为 1.6m，且平面形态主要以尺度较小的平直二维沙波为主，平均占 65.85%。

由表 7-15 可见，就沙波纵剖面形态而言，南支及其以上河段内的沙波普遍发育有明显的背流面，不对称性明显，而南港河段则反之，沙波对称性良好。2006 年 2 月 23 日(枯季)观测结果表明，至南港下段约 121°40.400′E～121°44.570′E，床面开始发育平均波高 0.45m、平均波长 11.2m 的较小尺度沙波，但沙波底床表面往往由一层 10～20cm 厚度的较细颗粒的沉积物包覆[图 7-39(a)]，现场沉积物取样粒度分析[图 7-39(b)]表明，其粒度组成较不均匀，粉砂质含量较高(占 71.2%)并夹有一定数量的黏土质(占 14.5%)，以近床面跃移运动为主，并覆盖在原有的沙波形态床面上，而在 1997 年、1998 年、2002 年以及 2006 年 8 月(洪季)的观测中则并未在该河段发现沙波微地貌的发育。

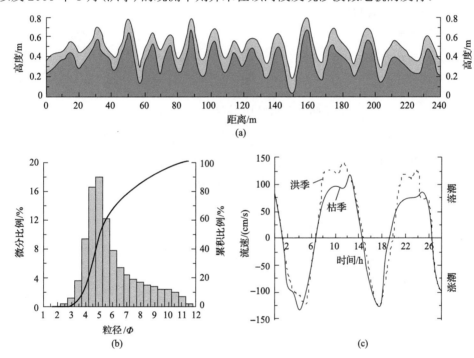

图 7-39　2006 年 2 月 23 日南港下段实测沙波形态、沉积物粒度特征及该河段洪枯季水动力特征差异
(a)沙波形态；(b)沉积物粒度特征；(c)洪枯季水动力特征差异
注：(c)图中为便于比较，将两测次潮流初始涨潮时刻置于同一相对时刻，时间轴不代表实际时刻

2. 沙波发育的主要影响因素

1)床沙性质

沙波的推移质运动本质，决定了床沙性质是沙波发育的一个先决条件。结合图 7-40 可见，当床面推移质补给来源充足，河道形态及水动力条件适中时，在非黏性砂质或粗粉砂质床沙的分布区域，往往有沙波底形发育，如南港上、中段床沙以砂质占优(图 7-40)，沙波发育良好，而南槽与北槽分流口及其以下河段因床沙粒度组成偏细，以黏土质粉砂

为主，则在观测中未发现有沙波发育。

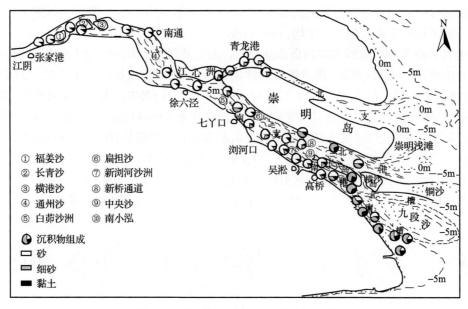

图 7-40　长江河口床沙粒度组成分布图

此外，自 20 世纪 90 年代中期以来，南港与北港分流口沙洲系开始持续侵蚀后退（图 7-41），1994～2003 年，中央沙北侧–5m 等深线累计后退 1552.2m，上浏河沙–5m 等深线累计后退 4400.0m，上浏河沙、新浏河沙–5m 等深线内体积 2003 年较 1994 年减小了 10%，达 676 万 m^3，导致大量粗颗粒底沙下泄入南港，从而为南港沙波发育区域下移提供了有利的推移质泥沙补给条件。

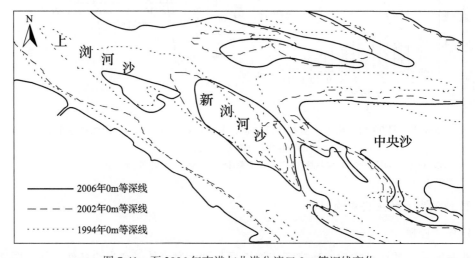

图 7-41　至 2006 年南港与北港分流口 0m 等深线变化

2）水动力条件

除强风暴时期外，长江口区河床塑造的水动力条件以径流和潮流为主，涨、落潮过程中水流的相对强弱是决定长江口区河床面形态的主要因素(Milliman et al., 2008; 沈焕庭等, 1988)。愈至河口上游江阴至南通河段, 河槽趋窄, 潮流中径流作用增强, 往复型潮流过程线不对称性趋于显著, 落潮优势流可达 79.5%(张家港河段, 图 7-42), 垂线平均最大落潮流速(137cm/s)明显大于最大涨潮流速(110cm/s), 落潮历时(7~8.5h)远大于涨潮历时(4~5h), 河槽表现为落潮槽, 床面推移质运动的动力以落潮水流为主。在这种长时间的强落潮流作用条件下, 床面沙波形态表现为纵向上呈明显不对称, 迎流面缓长, 与河流相沙波发育尺度(钱宁和万兆惠, 2003; Wilbers, 2004)相近, 三维沙波发育较多的特点。河口中游南支、南港河段, 涨潮流速较上游侧相比明显增强(图 7-42)。河床沉积物受涨潮和落潮水流共同作用, 床面推移质向上游和向下游输运量均较大, 该河段河床沙波趋于对称型, 但双向较强水流的作用导致沙波波陡较小, 波顶圆滑, 这种水动力条件下沙波尺度明显弱于河流相沙波。

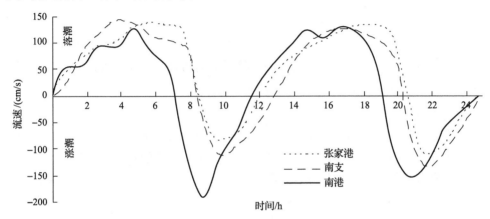

图 7-42　2003 年 2 月 17~18 日张家港、南支七丫口、南港外高桥河段枯季大潮垂线平均流速
注: 为便于比较, 将三测站潮流初始落潮时刻置于同一相对零点, 时间轴不代表实际时刻

此外, 当推移质来源较为丰富的条件下, 径流与潮流相对强弱的消长亦可能会影响河口区沙波发育区域的下限。如随着近年来大量南港与北港分流口河势变化导致较粗底沙下泄, 位于南港的最大混浊带前缘河段, 洪季时势力相当的涨落潮流对其沙波发育存在抑制作用, 至枯季时涨潮流相对加强, 利于沙波微地貌发育, 从而一定程度上促成了南港沙波发育域下限的洪枯季差异。

3) 河道形态

河道形态对沙波发育的影响主要通过影响水流结构和挟沙力的空间配置来体现。顺直或微弯河道, 因水流结构相对较为均一且流向相对顺直, 推移质运动以纵向运移为主, 当水流强度适中时, 沙波底形较易发育。如图 7-36、表 7-16 所示, 江阴至张家港北汊河段、南支主槽、南港主槽河段, 河道曲率均为 1.01, 河道形态均近于平直, 沙波发育良好; 而弯曲型河道内较为显著的泥沙横向输移不利于沙波微地貌的发育, 如张家港南汊弯曲段、南通弯曲段和南支部分弯曲河段, 河道曲率平均达 1.30, 均未观测到床面沙波的存在。

表 7-16　长江河口重点河段曲率表

上游侧	下游侧	曲率
江阴	张家港北汉	1.01
张家港南汉上侧	张家港南汉下侧	1.43
长青沙	狼山沙	1.16
徐六泾节点	徐六泾节点	1.26
白茆沙水道	浏河口(南支主槽)	1.01
吴淞口	南港主槽下侧	1.01

对于宽浅型河道，断面宽浅且多汊道发育，能量分散，相同流量下其水动力强度往往相对较弱，水流挟沙力较低，推移质运动不明显，河床多发育成低平床形态，如长青沙河段、徐六泾节点河段均未观测到沙波的存在。

就多股水流交汇或分汊的感潮河段而言，受不同汊道径流大小及河床阻力差异的影响，一般各分汊河道间涨落潮存在一定的相位差，故在汊口河段多不同程度的存在一平面环流系统，从而导致涨、落潮期间床面推移质运动与轴向偏差较大，亦较难形成具有周期性规则外形的沙波底形，如吴淞口河段。

4) 流域来水来沙

流域来水来沙变化对河口沙波发育的影响主要通过改变水流挟沙力以及涨落潮水流相对强弱来体现。特大洪水年时，当河道形态适宜时，较强的水动力条件和丰富的推移质泥沙来源极有利于相对较大尺度沙波微地貌的发育。如 1998 年 8 月长江遭遇特大洪水，8 月份大通站月平均流量达 77100m³/s，陡增的入海径流挟带大量非黏性较粗颗粒泥沙进入河口区，导致 1998 年 9 月上旬测得的南港河段内沙波最大波高可达平常洪季 2006 年 8 月份(大通站月平均流量 27400m³/s)时的 1.8 倍(表 7-15)。

受流域下垫面变化、抽引水工程调水、干流大型水利工程蓄水等因素影响，河口入海水沙通量减少成为全球较大河口的普遍问题(Fanos, 1995; Coleman and Robert, 1998; Carriquiry et al., 2001; Batalla et al., 2004)。而入海径流量的减少一方面可能会减弱河口上游河段沙波发育尺度，但另一方面又会导致河口区域涨潮流相对增强，进而可能会导致沙波发育区域向口门侧扩展。此外，如前所述，在当前长江入海径流量变幅较小而入海泥沙通量大幅减少的情况下，亦会产生水流挟沙力增大的效果，导致河槽发生冲刷，底沙推移质运动增强，这同样有利于沙波微地貌的发育。

2006 年 2 月、8 月测次中洪枯季迥异的表层沉积物与相应微地貌特征，其原因主要在于，自 20 世纪 90 年代以来入海泥沙通量相对于 60 年代下降了 34.3%，而径流量基本不变(沈焕庭，2001)，这在一定程度上加剧了南港与北港分流口沙洲体系的冲刷，导致南港砂质底床分布区域下移，洪季时该河段内径流作用相对加强，涨落潮流相当[图 7-39(c)]，在其交互作用下的河床表现为低平床形态；而枯季时受该河段明显相对增强的涨潮流作用[图 7-39(c)]，床面开始发育小尺度沙波，而其表层所附着的一薄层细颗粒泥沙[图 7-39(a)~(b)]，则主要由该河段毗邻枯季时上移的最大混浊带所致。因此就近年来入海泥沙通量大幅减少的原因而言，总体上长江河口沙波的发育区域逐年向下游扩展，与产流区域水土保持、流域诸多抽引水工程调水、大型水利工程蓄水等有一定的间接关系，需加强进一步研究。

总体上，长江河口沙波一般分布于江阴至南支间顺直河段，以及吴淞口至南港中下段区间，但近年来南港沙波发育区域表现出向下游扩展的态势。且长江口沙波发育尺度洪枯季差别较大，空间上则呈自西向东逐渐减弱态势。

江阴至南支区间的部分顺直河段内多发育较大尺度的三维沙波，而南港河段内沙波则以平直二维沙波为主；南港以上河段内的沙波普遍发育有明显的迎流面，不对称性明显，而南港河段则反之，沙波对称性良好。

在长江河口，弱流乱流区、弯曲河道以及黏土质含量较高的河段均不利于沙波的发育。且总体上枯季时长江河口沙波的发育区域表现出向下游扩展的态势，与产流区域水土保持、流域诸多抽引水工程调水和大型水利工程蓄水等有一定的间接关系，需加强进一步研究。

7.6.3　2013 年河口段沙波输移规律和发育影响因素

1. 沙波几何统计特征

1）几何特征

以前的研究认为南港主槽（杨世伦等，1999；程和琴等，2004；李为华等，2008；王永红等，2011）、横沙通道以西（Zhou，1993）存在大量的沙波。利用多波束测深系统对长江口进行测量，发现南港中下段发育大量沙波；北槽沙波分布较少，只在入口段发育两个沙波群；横沙通道内存在大量的沙波；北港上段尤其是上海长江大桥附近发现大量的沙波。其中南港共统计沙波数325个，波长7.5～20.2m，平均波长约12.5m，波高0.17～1.09m，平均波高0.37m；北槽统计沙波数143个，波长6.12～6.65m，平均波长6.4m，波高0.19～0.23m，平均波高0.21m；横沙通道内发现大量沙波群且发育良好，共统计沙波数174个，波长7.73～21.92m，平均波长16m，波高0.21～0.82m，平均波高0.6m；北港统计沙波数346个，波长9.8～21.23m，平均波长13.1m，波高0.21～0.68m，平均波高0.46m（图7-37，表7-17）。

表 7-17　长江口沙波统计特征

区域	编号	统计波数	平均波长 L/m	平均波高 H/m	波形指数	迎流倾角/(°)	背流倾角/(°)	A_s	水深/m
南港	Q1	56	20.2	1.09	18.53	2.74	7.81	0.78	14.5
	Q2	43	9.5	0.21	45.24	0.5	3.49	0.96	12.1
	Q3	73	7.5	0.18	41.67	2.93	7.39	0.73	9.51
	Q4	78	9.27	0.17	54.53	2.1	2.44	0.15	8.28
	Q5	75	16.11	0.2	80.55	4.2	5.05	0.18	10.34
北槽	B1	84	6.12	0.19	32.21	5.1	5.75	0.12	6.36
	B2	59	6.65	0.23	28.91	4.6	6.5	0.33	9.23
横沙通道	H1	34	7.73	0.21	36.81	4.08	5.07	0.19	8.44
	H2	75	18.43	0.82	22.48	3.04	5.28	0.55	12.74
	H3	65	21.92	0.77	28.47	4.58	7.57	0.46	15.67

区域	编号	统计波数	平均波长 L/m	平均波高 H/m	波形指数	迎流倾角/(°)	背流倾角/(°)	A_s	水深/m
北港	G1	68	13.74	0.53	25.92	2.04	8.5	0.89	11.87
	G2	84	9.8	0.29	33.79	0.28	4.47	0.99	9.65
	G3	51	10.2	0.21	48.57	0.36	5.87	0.99	15.93
	G4	48	21.23	0.56	37.91	1.38	7.07	0.93	12.24
	G5	64	11.47	0.68	16.87	4.78	9.69	0.61	13.37
	G6	31	11.89	0.48	24.77	2.9	4.55	0.42	15.93

　　沙波倾角可以直接由 PDS2000Liteview 测量，南港背流倾角 2.44°～7.81°，迎流倾角 0.5°～4.2°；北槽背流倾角 5.75°～6.5°，迎流倾角 4.6°～5.1°；横沙通道背流倾角 5.07°～7.57°，迎流倾角 3.04°～4.58°；北港背流倾角 4.47°～9.69°，迎流倾角 0.28°～4.78°(表 7-17)。

　　2) 长江口沙波几何特征及影响因素

　　根据本航次观察到的沙波情况，长江口沙波平均波长 $L = 12.61\text{m}$ ，平均波高为 $H = 0.43\text{m}$ ，基本都为大、中型沙波，但其尺度远小于旧金山海湾 $L = 80\text{m}$ (Barnard et al.,2013)、蒙特雷大峡谷和罗瓦尔河口 $L = 100 \sim 1000\text{m}$ (Babonneau et al., 2013)。但各个汊道沙波有不同的特点。南港沙波波长和波高变化较大；北槽沙波尺度较小；横沙通道和北港的沙波基本都为大型沙波。长江口波形指数为 10～50 的沙波占 90%左右。这与以前对南港研究沙波波形指数 15～30 占 94%(杨世伦等，1999)、20～80 占 85%(王永红等，2011)相接近。

　　沙波迎水坡面一般比较平整，背水坡面接近水下休止角(钱宁和万兆惠，2003)。由于长江口沙波受到涨落潮影响，迎水倾角和背水倾角经常互换，河口沙波的对称性与涨落潮优势流有很大的关系，涨落潮优势流越明显，则沙波对称性越差，河口地区沙波的对称性能很好的说明各个汊道的涨落潮优势流强弱。

　　2. 沙波输移规律

　　1) 床沙组成

　　沙波是推移质运动的集体形式(钱宁和万兆惠，2003)，床沙性质是决定沙波发育的先决条件。一般认为小波纹可形成于粉沙床底，砂质床底是形成大沙波的必要条件(程和琴等，2004)。在沙波发育良好区域取样，通过粒度分析，沙波分布区域的中值粒径基本都处于极细沙(62.5～125μm)和细沙(125～250μm)之间，为沙波的发育提供了先决条件。横沙通道和北港中值粒径相对较高，基本处于细沙范围内，其次为南港，部分细沙，部分极细沙，北槽沙波区域的泥沙中值粒径相对较小，在极细沙范围内(图 7-43)。

　　一般认为，沙波的大小与床沙粒径有很大的关系(Allen，1968)。长江口沙波分布区(图 7-37)的床沙中值粒径基本都在细沙范围内，集中于 170μm 附近，沙波的大小与床沙中值粒径基本呈正相关(图 7-44)。

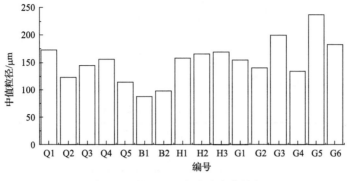

图 7-43　长江河口段沙波中值粒径

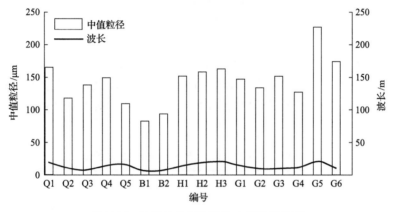

图 7-44　沙波波长与沉积物中值粒径关系

2）ADCP 测量流速及优势流

根据 ADCP 定点测量流速数据，长江口不同区域测站流速过程线有较大区别（图 7-45），

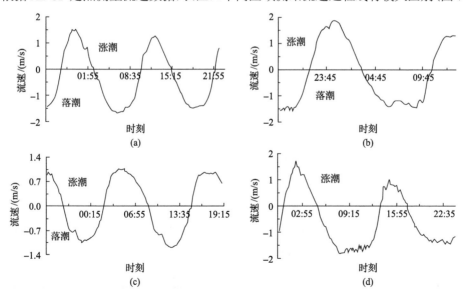

图 7-45　不同测站流速过程线

(a)南港；(b)北槽；(c)横沙通道；(d)北港

基本以落潮优势为主，计算其优势流：优势流=平均落潮历时×平均落潮流速/(平均落潮历时×平均落潮流速+平均涨潮历时×平均涨潮流速)。计算结果如下(表7-18)：横沙通道和北槽上段分别为50.65%和53.63%，落潮优势不明显；南港落潮优势较大，为57.17%；北港落潮优势最明显，达72.87%。

表7-18　长江口优势流统计表

指标	南港	北槽	横沙通道	北港
优势流/%	57.17	53.63	50.65	72.87

　　河口沙波的运动与沙波起动后的涨落潮流速和历时有很大的关系。南港的涨落潮平均流速基本相等，但落潮历时大于涨潮，其两个潮周期内的净位移为0.98～2.22m；北槽单向位移比较大，但由于其涨潮流速大于落潮，落潮历时大于涨潮，所以在两个潮周期内净位移相对较小，为0.76～0.98m；横沙通道内涨落潮平均流速和历时相对均衡，流速较小，所以其单向位移和净位移均相对不大，甚至出现负的净位移为–0.04～0.56m；北港涨落潮流速相近，但其落潮历时远大于涨潮，所以其净位移最大(表7-19，表7-20)。

表7-19　长江口泥沙起动速度和沙波起动速度

区域	编号	中值粒径 d/μm	水深 h/m	v_0/(m/s)	U_c/(m/s)
南港	Q1	172.6	14.5	0.549	0.769
	Q2	122.74	12.1	0.555	0.777
	Q3	145.1	9.51	0.497	0.696
	Q4	156.19	8.28	0.473	0.662
	Q5	113.96	10.34	0.537	0.752
北槽	B1	87.33	6.36	0.499	0.698
	B2	97.2	9.23	0.541	0.758
横沙通道	H1	157.32	8.44	0.474	0.664
	H2	165	12.74	0.531	0.743
	H3	168.93	15.67	0.565	0.791
北港	G1	154.171	11.87	0.525	0.736
	G2	140.501	9.65	0.502	0.703
	G3	200.44	15.93	0.554	0.776
	G4	134.031	12.24	0.546	0.764
	G5	236.86	13.37	0.520	0.728
	G6	182.22	15.93	0.561	0.786

表 7-20　长江口洪季潮周期内沙波起动后平均流速、历时以及位移距离

区域	编号	平均流速/(cm/s)		历时/h		位移/m		
		涨潮	落潮	涨潮	落潮	涨潮	落潮	净位移
南港	Q1	−106.92	109.61	4.87	6.92	−2.17	3.32	1.15
	Q2	−109.34	107.54	4.81	6.86	−2.75	3.73	0.98
	Q3	−100.84	103.74	5.47	7.40	−3.12	4.6	1.48
	Q4	−103.71	108.52	5.71	7.7	−4.07	6.29	2.22
	Q5	−106.19	110.49	4.99	7.16	−3.06	4.94	1.88
北槽	B1	−113.68	106.58	5.47	7.39	−6.68	7.44	0.76
	B2	−114.68	109.78	4.99	6.98	−4.31	5.29	0.98
横沙通道	H1	−86.88	86.70	4.69	6.11	−1.93	2.49	0.56
	H2	−93.29	90.71	3.83	4.4	−1.29	1.36	0.07
	H3	−95.71	91.89	3.55	3.83	−1.05	1.01	−0.04
北港	G1	−107.65	107.5	2.73	11.3	−1.52	6.26	4.74
	G2	−105.35	107.36	2.96	11.37	−1.9	7.71	5.82
	G3	−108.28	107.87	2.68	11.05	−1.13	4.61	3.48
	G4	−108.36	107.81	2.67	11.08	−1.47	6.0	4.53
	G5	−107.92	107.97	2.79	11.36	−1.39	5.66	4.27
	G6	−109.51	108.25	2.58	10.92	−1.26	4.6	3.47

注：负值表示与涨潮方向相同，正值表示与落潮方向相同

3. 长江口沙波运动规律及影响因素

1) 长江口沙波运动特征

Bartholdy 在潮汐通道研究中发现，在每个落潮时中型沙波的波陡面与涨潮时不同，而波陡面的指向往往是沙波的运移方向 (Barnard et al., 2013)。沙波的运动速度与波长的 −1/2 次方成正比，当水流流速相同时，小沙波要比大沙波运动更快一点 (钱宁和万兆惠, 2003)。据统计：长江南京河段沙波移动速度为 3.5～13m/d，黄河花园口河段为 90～120m/d，密西西比河为 7～12m/d (曹立华等, 2006)。本文根据估算结果可知，长江口沙波移动速度为 0.04～5.82m/d，由于潮流影响，净位移小于其他河段。沙波单向位移由大到小依次是北槽、北港、南港、横沙通道 (图 7-46)。同区域水动力相同时，沙波的单向位移与沙波的大小成反比。由于长江口每个区域沙波起动后的涨落潮优势的不同。沙波净位移由大到小依次为北港、南港、北槽、横沙通道。其原因由沙波起动后平均流速大小和历时决定。

2) 长江口沙波对称性与净位移关系

净位移大小结果恰好与各个区域沙波对称性相吻合，即沙波对称性越差，水动力越强，净位移越大 (图 7-47)。沙波对称性可以反映各个区域的水动力强弱和净迁移大小。

河口地区水动力主要由潮流与径流的共同作用，且潮流的量值在水流流动中占绝对优势，但其周期运动对物质长期输运所起贡献不大，它所起作用主要是潮混合及潮致余流所产生的定向输运。余流量值一般较小，但在长期运动中对河口物质输运起十分重要

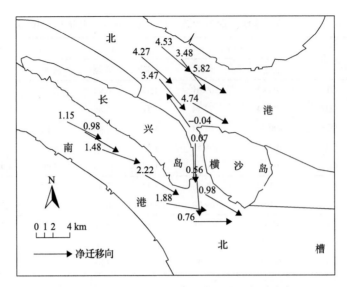

图 7-46　长江口潮周期内沙波运动方向及速率

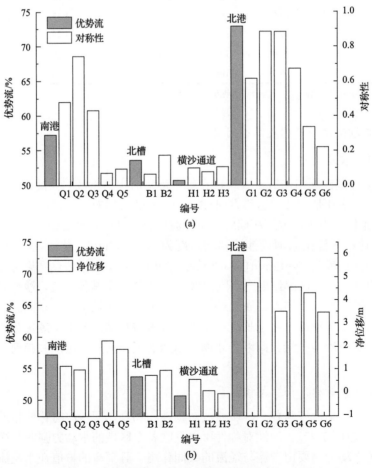

图 7-47　涨落潮优势流与沙波对称性及净位移关系

(a) 对称性；(b) 净位移

的作用。在潮流和余流的联合作用下，对河口地区沙波输移有重要的影响。长江口沙波的大小与床沙中值粒径基本呈正相关，且沙波的运动速度与沙波尺度呈反比，则影响沙波运动速度的另一个重要因素就是沉积物粒径，床沙越粗，形成沙波尺度较大，则其运动速度越慢。

　　总之，河口余流及沉积物粒径是影响沙波运动的主要因素。利用多波束测深系统在长江口南港、横沙通道、北港上段测量到大量不同类型的沙波，其中以带状沙波为主。长江口沙波分布区沉积物粒径与沙波尺度相对较小，波形指数为 10～50 的占 90%。北槽沙波很少，只在入口段发现少量中型沙波。沙波各个区域的对称性不同，北港的沙波对称性很差，南港对称性一般，北槽和横沙通道对称性良好，床沙粒径与沙波尺度呈正相关，影响沙波对称性的主要因素为潮流优势向。

7.7　长江口南支-南港沙波的稳定域

　　沙波是河流、河口和浅海环境中的一种常见底形(Best, 1996)。迄今为止，大量底形相图都由室内水槽获得的床沙粒径和起动系数(θ')或弗罗德数(Fr)建立，并被广泛应用于预测各种环境中沙波和其他底形稳定域(Leeder, 1983; Allen, 1985; Ashley, 1990; Southard and Boguchwal, 1990; van den Berg and Gelder, 1993)。从这些研究成果可以看出，底形相图中床沙粒径小于极细砂(0.125mm)或甚至为细砂(0.125～0.15mm)时都没有出现沙波。

　　长江多年平均流量为 29300m³/s，受东亚季风影响，高流量出现在夏季。自徐六泾节点向东，长江依次被崇明岛、长兴岛、横沙岛和九段沙分隔为北支和南支、北港和南港、北槽和南槽。河口环流受径流和潮汐控制(Zhou, 1993; 李军等, 2003)，南支-南港河段横沙岛、高桥、七丫口三个水文观测站的平均潮差为 2.42m(图 7-48)。长江口底沙平均粒径为 0.002～0.16mm，且河槽较潮滩粗，口内较口外海滨粗，南支粗于北支，北港粗于南港，河槽内从上游向下游变细，自深槽向浅滩变细(杨世伦, 1994)。已有的长江口泥

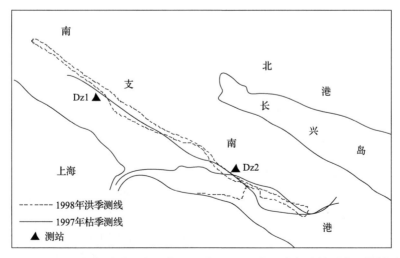

图 7-48　长江口南支-南港研究区中 1997 年和 1998 年两个航次的测线和锚系测点

沙研究工作大多注重黏性细颗粒泥沙过程(时钟，2000)，文献报道的沙波一般出现在横沙岛以西(Zhou, 1993)，而且仅出现在夏季高流量、落潮流最强和床面为细砂时，横沙岛以东河槽很少或没有沙波出现。由于长江口南支-南港床沙主要由粗粉砂、极细砂和细砂构成，因此该区域是研究沙波稳定域的理想场所。

7.7.1　研究方法

1. 数据采集

数据采集于长江枯季(1997 年 12 月 3～5 日)和长江全流域特大洪水后期(1998 年 9 月 8～9 日)，这期间大通站平均流量分别为 20600m³/s 和 63800m³/s。考虑到南支对下游北、南港和北、南槽发育的重要影响及其他学者的双频测深资料(Zhou, 1993；杨世伦，1994；杨世伦等，1999)，选择南支下段至南港上段部分水域进行 4 条剖面的走航测量，船行速度为 1.34～1.79m/s，测线总长约为 300km。测量使用 80 吨木质渔船，航线和测点采用 1008/586 D.GPS 实时定位。1997 年枯季用直读式海流计测量了床面以上 1m 处流速大小和方向，但 1998 年洪季因仪器损坏未能测量。枯、洪季表层流速大小和方向、水温以及盐度分别在 2 个锚系测点上用 Endeco/YSI Inc.174SSM 流速仪进行 14h 的连续测量，探测器垂直悬挂在水面以下 1m 处。沙波纵剖面和平面形态分别由 Inner-space Inc. 声学双频测深仪和 Ultra Electronics Inc.的 3050L 旁侧声呐仪获得。底沙样品用帽式抓斗采集(1997 年枯季 6 个样品、1998 年洪季 3 个样品)，选取其中三个代表性样品的粒度级配特征列于表 7-21。

表 7-21　长江口南支-南港枯(1997 年)、洪(1998 年)季底沙粒度级配特征

粒级名称	粒级/mm	1997 年 12 月南支下段/%	1997 年 12 月南港上段/%	1998 年 9 月南港上段/%
中砂	0.25～0.50	0.05	0.25	3.89
细砂	0.125～0.25	4.00	20.50	48.44
极细砂	0.063～0.125	32.64	51.52	35.18
粗粉砂	0.031～0.063	32.32	16.17	4.70
中粉砂	0.016～0.031	9.13	2.72	0
细粉砂	0.008～0.016	9.88	4.52	0
极细粉砂	0.002～0.008	5.07	2.11	0
黏土	<0.002	6.91	2.21	0

2. 室内样品及数据分析

以上 9 个底沙样品的粒度特征采用标准筛析法和虹吸法分析获得。沙波波高直接从测深仪记录上读取，沙波波长则根据测量船的走航速度和 D.GPS 定位数据，计算两个 D.GPS 定点位置之间的直接距离，统计两点之间的沙波数量，计算出沙波的平均波长。由于 1997 年和 1998 年两个航次的测线绝大部分都与主航槽平行(图 7-48)，因此，本章中统计的约 5000 个床面沙波的波脊线绝大部分与测线垂直，波长接近真值。当测深仪测

线与旁侧声呐仪记录上沙波的波脊线不是正交关系时，获得的波长值仅作定性参考，不予定量统计和计算。同时，根据波高与陡、缓坡长度的比值，分别计算各沙波的陡、缓坡坡角。旁侧声呐仪的记录数据用来判读由测深仪获得床面形态定性的空间排列和分布格局。

3. 底形相图参数的近似计算方法

迄今，确定底形相图的参数大多采用平均粒径和起动系数的水槽实验值，这些相图涉及底形的床沙粒径都大于 0.1mm，仅 van den Berg 和 van Gelder(1993)在继 van Rijn(1984)之后考虑到有更细粒径底形存在，他们提出的底形相图参数为无量纲粒径 D^*[式(7-25)]和与颗粒粗糙度有关的起动系数 θ'[式(7-26)]，因而可谨慎地将其用于长江口南支-南港沙波稳定域分析。

$$D^* = D_{50}\left[\frac{g(\rho_s - \rho)}{\rho v^2}\right]^{\frac{1}{3}} \tag{7-25}$$

$$\theta' = \frac{\tau_o'}{g(\rho_s - \rho)D_{50}} \tag{7-26}$$

式中，D_{50} 为中值粒径；g 为重力加速度；ρ_s 为颗粒密度；ρ 为流体密度；v 为动力黏性系数；τ_o' 为与颗粒粗糙度共生的表面摩擦边界剪切应力。值得注意的是，所有这些相图都是在恒定、均匀流条件下获得的，而河口(包括长江口)沙波则是在非恒定、非均匀和有地形效应的双向流条件下形成(Villard et al., 1998)，因此，几乎所有河口沙波分析都假定沙波与落潮时近似恒定和均匀的水流相平衡。沙波之上流速剖面通常被分成代表总应力的上部和代表表面摩擦力的下部(Soulsby, 1998)，并假定床面以上 1 处流速测量值是流速剖面下部，利用近壁层定律就可近似地估算长江口南支-南港沙波之上表面摩擦力。该假定较为合理，因为沙波之上流速剖面下部占整个水流下部的 20%～30%(Berne et al., 1993)，而且水深超过 10。表面剪切应力 τ_o'[式(7-27)]是利用近壁层定律的表面剪切速度 u_*'[式(7-28)]来确定：

$$\tau_o' = \rho(u_*')^2 \tag{7-27}$$

$$\frac{u_b}{u_*'} = \frac{1}{k}\ln\left[\frac{z}{z_0}\right] \tag{7-28}$$

式中，u_b 为床面以上某一高度 z 处的近底流速；k 为 vonKarman 常数；z_0 为床面粗糙长度，可用 Soulsby(1997)简化而成的式(7-29)：

$$z_0' = \frac{D_{50}}{12} \tag{7-29}$$

7.7.2　长江口沙波相图参数

1. 水流

图 7-49(a)、图 7-49(c)表示研究区内枯、洪季近表层流速大小和方向。图 7-49(b)表示 1997 年枯季床面以上 1m 处流速大小、方向，因直读式海流计在 1997 年 12 月 5 日 05:00 时停止工作，近底流速大小和方向记录的持续时间短于表层。1997 年枯季表层[图 7-49(a)]和近底[图 7-49(b)]流速大小、方向记录呈现相同变化模式，表明潮周期内水流没有发生明显层化。1997 年和 1998 年测量期间，相对稳定的落潮流周期远长于涨潮流，落潮流和涨潮流周期的比值分别为 1.34 和 1.4。枯季涨急、落急流速接近，但洪季落潮流速远大于涨潮流速。洪季表层落潮流速大于 2m/s，而枯季时却小于 1.5m/s。洪季平均水深（16.7m）大于枯季（15.4m）。1998 年洪水期间较长的落潮流周期、较强的水流和较大的水深[图 7-49(c)]，反映了径流量对河口流场的显著影响。

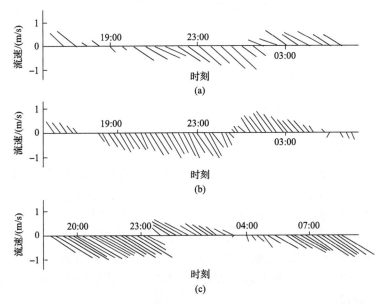

图 7-49　1997 年 12 月 4～5 日枯季低径流量时南支 Dz1 测站表层和底层、1998 年 9 月 9～10 日洪季高径流量时南港 Dz2 测站表层的流速和流向
(a)南支 Dz1 测站表层；(b)南支 Dz1 测站底层；(c)南港 Dz2 测站表层

2. 底沙粒径

依据 Udden-Wentworth 粒径分类标准，长江口南支-南港 1997 年枯季床面为粗粉砂至极细砂(表 7-21)，平均中值粒径 D_{50} 为 0.088mm，且含有 20%～30%的细砂(表 7-22)。1998 年特大洪水后期底沙粒径为极细砂至细砂，平均中值粒径 D_{50} 为 0.147mm(表 7-22)。这些洪季和枯季底沙粒径都远小于其他河口沙波(van den Berg and van Gelder, 1993; Kostaschuk et al., 1996)。1998 年洪季时底沙平均中值粒径 D_{50} 大于 1997 年枯季时，反映了典型的长江口洪季床沙粒径粗化模式(Zhou, 1993; 吴凯, 1999)。D_{50} 的计算是从毫米单

位的直方图中直接读取的。

表 7-22　长江口 1997 年枯季和 1998 年洪季南支-南港床沙中值粒径 D_{50} 和沙波特征

年份	数值类型	D_{50}/mm	波长/m	波高/m	背流面坡角/(°)
	最小	0.081	5.40	0.13	0.80
1997	最大	0.122	51.60	1.31	11.80
	平均	0.088	13.70	0.49	5.60
	最小	0.134	8.30	0.50	1.30
1998	最大	0.161	151.10	3.60	10.40
	平均	0.147	41.40	1.64	6.90

3. 沙波形态

图 7-50 表示洪季沙波的纵剖面形态，图 7-51 示枯季沙波的声呐图像。声呐图像记录呈现出沙波脊线形态从笔直状变化成弯曲状和新月形，具有底形尺度越小、脊线越直的趋势。表 7-22 是对两个航次沙波剖面特征的总结。枯季波长均小于 30m，平均波长小于 15m 者占 99.5% 以上，但 1998 年特大洪水期间波高和波长的值均远大于枯季时，波长为 20～300m，大于 20m 以上者占 85%，波长大于 100m 以上者占 7%（程和琴等，2000，2001）。1997 年和 1998 年沙波背流面均朝向下游表明沙波受落潮流控制。洪季沙波波高高于枯季、波长大于枯季，是因为洪季时的落潮流流速大、周期长。根据 Ashley（1990）分类方案，上述大部分沙波归类于大型沙波。枯、洪季的波高/波长比值相似，1997 年枯季为 0.036，1998 年洪季为 0.040。因此，洪季和枯季沙波背流面坡度较小（表 7-22），常常被认为是主要以悬沙方式输运的细颗粒沙波的典型特征（Berne et al., 1993）。

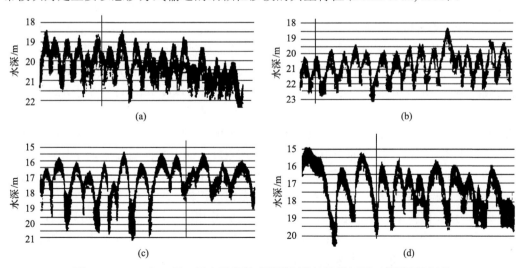

图 7-50　1998 年 9 月 8 日高径流量时探测到的沙波纵剖面双频测深仪记录

(a)直脊状小型沙波，波长 10～20m，波高 0.9～1.5m；(b)中型弯曲状沙波，波长 20～40m，波高 1.5～2.5m；

(c)大型弯曲状和新月形沙波，波长 40～100m，波高 0.7～2.8m；(d)大型新月形沙波，

波长 100～150m，波高 1.0～3.5m

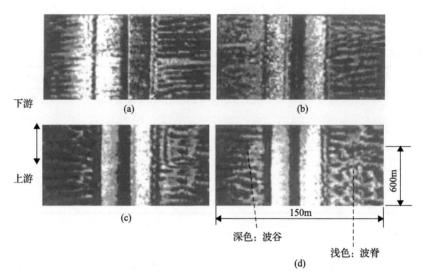

图 7-51　1997 年 12 月 3 日枯季低径流量时探测到的沙波平面形态旁侧声呐图像
(a)直脊状小型沙波，波长 5～10m，波高 0.1～0.4m；(b)中型弯曲状沙波，波长 10～15m，波高 0.3～0.7m；(c)大型弯曲
状和新月形沙波，波长 15～20m，波高 0.2～0.7m；(d)大型新月形沙波，波长 15～20m，波高 0.4～1.0m

4. 底形相图与沙波稳定域初探

枯、洪季时，研究区落潮流周期长、流速大，沙波背流面均朝向下游，且洪季时沙波波长和波高大于枯季时。这些特征表明落潮流和径流对沙波形成及其形态变化的主要影响。同时，枯季沙波组成粒径和底流速的所有样品都落在常用水槽底形相图沙纹稳定域内 (Ashley，1990)。显然，就长江口南支-南港粗粉砂和极细砂质底沙而言，基于水槽实验确定的沙波稳定域不合适，所以，迫切需要研究可适用于野外自然环境中的细颗粒底形相图沙波稳定域，处理和估算底形相图参数可以说是一个重要途径。依据上述 7.7.1 节计算步骤，估算出长江口南支-南港 1997 年枯季时床沙样品的无量纲粒径 D^* 及其起动系数 θ'。这些样品均落在 van den Berg 和 van Gelder (1993) 相图中的沙纹区 (图 7-52)，显然与观测结果 (图 7-50 和图 7-51) 不符。枯季时表面剪切速度 u'_* 的计算基于水流相对稳定期间 (图 7-49 中 19：00～23：00 时) 落潮流速测量值的平均值 (0.67m/s)；洪季表面摩擦边界剪切应力 τ'_0 因 1998 年洪季近底流速测量值的缺失故不能计算；床面粗糙长度 z'_0 的计算基于枯季时床沙样品的中值粒径 D_{50} (表 7-22)，动力黏性系数 υ 取平均水温测量值 11.9℃时的 0.01240cm²/s (清华大学水力学教研组，1980)。枯季时表面剪切应力 τ'_0 大于无量纲床沙起动系数 θ'，表明这些沙波不是残留沉积物。

鉴于上述，可在 van den Berg 和 van Gelder (1993) 相图中提出一个新的沙纹与沙波稳定边界 (1993) 相图中提出一个新的沙纹与沙波稳定边界 (图 7-52)。其适用于细颗粒泥沙河口环境的研究，并将接受未来更多野外数据的修正。

因此，相对于涨潮流而言，长江口区落潮流速大、周期长；与枯季相比，1998 年特大洪水期间落潮流速更大、周期更长。枯季时底沙为粗粉砂至极细砂，而洪季时则为极细砂至细砂。枯、洪季床面上沙波形态受落潮流控制；与枯季相比，洪季时沙波波高较

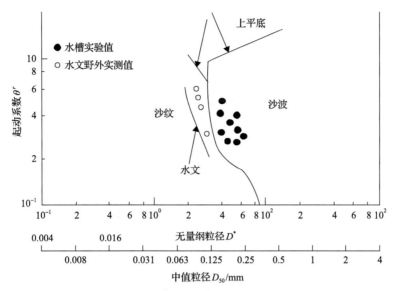

图 7-52　河流和河口沙纹-沙波转化的底形稳定相图
基于水槽实验的边界和非长江口的数据来自 van den Berg 和 van Gelder（1993）

高、波长较长。长江径流的季节性变化对河口流场、底沙粒径和沙波形态有重要影响。由于水槽实验的底形稳定域不能预测自然环境中水深较大时的粗粉砂至极细砂质底形变化，因而本节研究中在水深＞1m 的 van den Berg 和 van Gelder（1993）底形稳定相图中提出了一个新的沙纹与沙波间的转化边界。

7.8　利用沙波运动估算长江口南港推移质输沙率

关于长江口区推移质输沙率，曾有根据地形变化计算的数据（窦希平等，1999；巩彩兰和恽才兴，2002；李九发等，1995），也有用示踪沙观测的试验数据（李樟苏等，1994；陈学良，1997）。由于长江口区泥沙输移过程中，底沙与悬沙发生频繁交换（程和琴等，2000，2001，2002；蒋智勇等，2002），南港床沙中推移质输沙率的确定仍是一个难题（金镠等，1999，2000）。本节拟通过对南港沙波高度和运动速率进行高分辨率测量，估算床沙中的推移质输沙率，为探索和比较之用，也为即将开展的长江口深水航道三期工程和长江口综合治理提供实用参数。

7.8.1　研究方法

1. 床沙粒径、沙波波高和波长的探测和分类

1997 年 12 月 3～5 日、1998 年 9 月 8～10 日、2000 年 12 月 22～23 日和 2002 年 5 月 2～5 日，对长江口南港主槽床面形态进行走航测量。航线和测点用 1008/586 D.GPS 实时定位。床面纵剖面形态由 Inner-space Inc.双频测深仪和 Geo-Chirp 浅地层剖面仪测量，两种探测器分别垂直悬挂在船右舷水面以下 1m 处，沙波波高直接从测深仪记录上读取。沙波波长根据旁侧声呐记录上两点之间的沙波数量，计算出沙波的平均波长。因四个航

次的测线绝大部分测量船的走航速度和 D.GPS 定位数据，计算两个定点位置之间的直接距离，统计测深仪和都与主航槽平行(图 7-53)，故本章统计的约 15000 个床面沙波的波脊线大部分与测线垂直，波长接近真值。Ultra Electronics 3050L 旁侧声呐仪的记录数据用来判读由测深仪获得床面形态定性的空间排列和分布格局，进行沙波的分类，拖鱼状探测器放置在船尾水面以下约 1m 处。

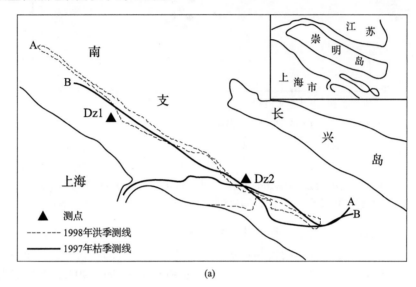

(a)

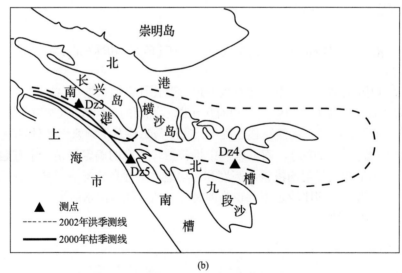

(b)

图 7-53　测线和测点分布图

(a) 1997 年枯季和 1998 年洪季测线与测点示意图；(b) 2000 年枯季和 2002 年洪季测线与测点示意图

2. 沙波运移速率的探测和估算

用中科院东海研究站研制的声学悬沙浓度剖面仪(ACP-1)，对分布在南港主槽内的 3 个站位，进行 14 小时内床面形态随潮流速度大小和方向的变化而变化的过程的定点连续测量。探测器用加重铅鱼垂直悬挂在船右舷水面以下 6m 处。受流速、方向影响，床面高程误差为 $(6-6\cos\theta)$m，θ 为探测器偏离垂直方向的夹角，一般在 10° 以下，最大可达 20°。在室内，将 ACP-1 定点记录上有一定变化周期(T)的床面高程(H)，与测深仪和旁侧声呐走航记录上各类型沙波的波高(H)和波长(L)类比，获得各类沙波移动速率($V=L/T$)的估算值。

3. 单宽推移质输沙率的估算

沙波是推移质集合运动(图 7-54)，沙波运动过程中床面单宽推移质输运过程可用式(7-30)表述：

$$(1-p)(\partial y/\partial t)+(\partial q_b/\partial x)=0 \tag{7-30}$$

式中，p 为泥沙孔隙度；y 为床面高程；t 为时间；q_b 为底床单位宽度内推移质输沙率。Simons(1965)对该公式处理后得式(7-31)：

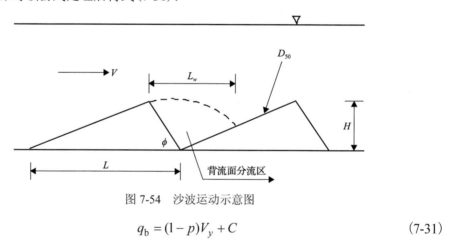

图 7-54　沙波运动示意图

$$q_b=(1-p)V_y+C \tag{7-31}$$

式中，V 为沙波运动速率；C 为积分常数。鉴于长江口南港底沙中有很大部分细颗粒泥沙以悬沙方式运动的事实(程和琴等，2000，2001，2002；蒋智勇等，2002)，利用沙波高度和运动速率计算单宽推移质输沙率时需考虑这部分悬沙落淤以后对沙波形态的改变，亦即形态因子，故采用式(7-31)(Simons, 1965)进行简化，获得式(7-32)：

$$q_b=D(1-p)BHV \tag{7-32}$$

式中，D =2650 kg/m³；B 为沙波形态因子；H 为沙波波高。关于 p，van den Berg(1987)从大量文献中发现绝大部分研究中 p =0.4。Engel 和 Lau(1980, 1981)考虑到沙波波峰背流面分流作用的影响，认为 q_b 应采用式(7-33)计算：

$$q_b=D(1-p)K[\Delta H]V \tag{7-33}$$

式中，ΔH 为离开平均床面高程的平均绝对值，$\Delta H=H/4$ (Kostaschuk et al., 1989)；K 为与背流面分流效应相对应的推移质输沙系数，该值是沙波形态参数(H/L)的函数，如式

(7-34) 和式 (7-35)：

$$K = 4(0.5 - k) \tag{7-34}$$

$$k = \frac{l - H \cot \phi}{L - \cot \phi} \tag{7-35}$$

式中，将床沙中值粒径 D_{50} / H 作为参数；l 为分流带宽度；ϕ 为沙波背流面坡角。

7.8.2　推移质输沙率

1. 床沙中值粒径 (D_{50})

长江口南港枯季床面为粗粉砂至极细砂，含有 4%～20% 的细砂，平均中值粒径 D_{50} 为 0.085～0.088mm；1998 年特大洪水后期底沙粒径为极细砂至细砂，细砂以上含量高达 48%，平均中值粒径 D_{50} 为 0.147mm；2002 年一般洪季床沙也为粗粉砂至极细砂，细砂以上含量约 20%，平均中值粒径 D_{50} 为 0.116mm（表 7-23）。因此，南港床面泥沙特大洪水期间粒径最大，一般洪水期间中等，而枯季最小，故反映了径流对南港床面泥沙粒径的控制。

表 7-23　长江口南支-南港枯季 (1997 年和 2000 年)、洪季 (1998 年和 2002 年) 底沙粒度级配特征

粒级名称	粒级/mm	1997 年 12 月 南支下段/%	1997 年 12 月 南港上段/%	1998 年 9 月 南港上段/%	2002 年 5 月 南港上段/%
中砂	0.25～0.50	0.05	0.25	3.89	—
细砂	0.125～0.25	4.00	20.50	48.44	18.17
极细砂	0.063～0.125	32.64	51.52	35.18	40.92
粗粉砂	0.031～0.063	32.32	16.17	4.70	10.14
中粉砂	0.016～0.031	9.13	2.72	0	3.95
细粉砂	0.008～0.016	9.88	4.52	0	4.81
极细粉砂	0.002～0.008	5.07	2.11	0	9.34
黏土	<0.002	6.91	2.21	0	12.14

2. 沙波波高 (H)

根据双频测深仪和旁侧声呐扫描仪记录上的沙波波高、波长和波脊宽度等形态特征，1997 年和 2000 年枯季沙波为直脊状小型对称和不对称、弯曲型对称和不对称、新月形对称和不对称沙波以及孤立状沙波等 7 种类型（表 7-12），它们的平均波高 0.5m，平均波长 13.7～16m，小于 15m 占 99.5% 以上。2002 年洪季沙波波长 6～100.6m，平均波长 27.8m，小于 31m 占 86%，平均波高 0.82m。1998 年特大洪水期间大尺度底形波长 20～300m，大于 20m 以上占 85%，平均波高 1.64m，平均波长 41.4m，波长大于 100m 以上者占 7%（程和琴等，2000）。因此，南港床面沙波波高和波长受径流控制，特大洪水期间最大，一般洪季次之，枯季最小（表 7-24）。

表 7-24　长江口南港 1997 年和 2000 年枯季、1998 年特大洪水期间和 2002 年洪季的床沙中值粒径 D_{50}、沙波形态和运动速度以及底沙体积单宽输沙率 q_b

测量时间	项目	D_{50}/mm	L/m	H/m	ϕ /(°)	H/L	K	V/(m/s)	q_b/(m^3/s)
	最小	0.080	5.4	0.13	0.8	0.02	1.79	0.12	0.004
1997	平均	0.088	13.7	0.49	5.6	0.04	1.61	0.30	0.04
	最大	0.122	51.6	1.31	11.8	0.02	1.79	1.15	0.38
	最小	0.132	8.3	0.50	1.3	0.06	1.36	0.09	0.01
1998	平均	0.147	41.4	1.64	6.9	0.04	1.51	0.46	0.19
	最大	0.161	151.1	3.60	30.4	0.02	1.79	1.67	1.50
	最小	0.078	5.8	0.21	0.8	0.04	1.58	0.08	0.00
2000	平均	0.085	16.0	0.52	5.8	0.03	1.55	0.22	0.03
	最大	0.134	65.2	1.29	10.8	0.02	1.79	0.78	0.25
	最小	0.091	6.0	0.22	0.96	0.04	1.58	0.09	0.01
2002	平均	0.116	27.8	0.82	6.0	0.30	1.61	0.38	0.08
	最大	0.138	100.6	1.70	18.2	0.02	1.81	1.21	0.51

注：K 值可从文献 (Engel and Lau, 1981) 中读取，ϕ 为沙波背流面坡角

3. 沙波运动速率 (V)

根据声学悬沙浓度剖面仪测量记录 (表 7-12)，1997 年和 2000 年枯季只有当水面以下 1m 处流速 $U_{1.0}$ > 60cm/s 时，南港床面才会发生沙波运动，沙波运动的平均周期为 30s 至 1min (表 7-25) (程和琴等，2000，2001，2002)。鉴于定点测量仅限于连续 14h，本章拟按 7.8.1 节分析步骤，将当 $U_{1.0}$ > 60cm/s 时的床面形态 (表 7-24) 与双频测深仪和旁侧声呐仪记录的沙波类型 (表 7-20) 进行类比，并将波长的平均 (13.67m)、最大 (51.64m)、最小值 (5.39m) 分别除以沙波运动的平均周期，获得枯季沙波的平均、最大、最小运动速率为 0.3m/s、1.15m/s、0.12m/s。2002 年 5 月一般洪季时，南港沙波波长的平均、最大、最小值为 27.8m、6m、100.6m (表 7-24)，沙波运动的平均周期为 45~90s (表 7-25)，按 1.2 分析步骤计算，一般洪季时沙波的平均、最大、最小运动速率分别为 0.38m/s、1.21m/s、0.09m/s (表 7-26)。1998 年长江全流域特大洪水期间，沙波波长的平均、最大、最小值分别为 41.4m、151m、8m (表 7-26)，沙波运动的平均周期为 1~2min (表 7-25)，按 1.2 分析步骤计算，获得特大洪水期间南港床面沙波的平均、最大、最小运动速率分别为 0.46m/s、1.67m/s、0.09m/s (表 7-20) (程和琴等，2001，2002)。

4. 单宽推移质输沙率 (q_b)

研究区底形形态特征参数 H/L 值枯、洪季分别为 0.03、0.04，根据 Engel 和 Lau (1981)，枯、洪季推移质输沙率计算式 (7-33) 中的 K 值分别为 1.65、1.75。按单宽计，南港枯季推移质体积单宽输沙率 (q_b) 平均、最大和最小值分别为 0.03~0.04m^3/s、0.25~0.38m^3/s

和 $0.004\text{m}^3/\text{s}$，洪季 q_b 平均、最大和最小值分别为 $0.08\text{m}^3/\text{s}$、$0.51\text{m}^3/\text{s}$ 和 $0.005\text{m}^3/\text{s}$，特大洪水期间推移质体积单宽输沙率 q_b 平均、最大和最小值分别为 $0.19\text{m}^3/\text{s}$、$1.5\text{m}^3/\text{s}$ 和 $0.01\text{m}^3/\text{s}$(表 7-22)。这些利用公式(7-33)获得的计算值略小于根据多年海图定量计算的底沙推移速率值(巩彩兰和恽才兴, 2002; 李九发等, 1995)，与特大洪水期间的底沙推移速率接近，据此推断长江口南港中的大型活动沙体(巩彩兰和恽才兴, 2002)可能是长江洪水产物。利用沙波运动测量估算的洪季和枯季底沙单宽推移质输沙率经过形态系数校正，与细砂质河口的推移质输沙率数量级(Kostaschuk and Villard, 1996)一致，说明这一方法可行。

5. 误差分析

上述利用底形运动测量估算底沙中的推移质单宽输沙率有较多的误差来源有：①床沙粒径的确定，主要包括床沙样品的获取方法、传统与激光粒度分析方法等；②底形形态可能与假定的三角形不同；③孔隙率可能随水力学和沉积条件而改变；④推移质输沙系数以及沙波迁移可能受到沙波前锋推移质的悬浮作用过程或沙波尾部悬浮物质沉降作用的影响；⑤即使在沙波测量精度较高时，沙波相对于水流条件的时间延迟也会影响 q_b 的估算值；⑥由于定点观测时间局限，没有对全潮过程中的底沙推移过程进行观测研究，所以有关长江口南港底沙净推移量需待进一步研究。鉴于目前没有更好的定量解决方法，本章试用式(7-33)计算的长江口南港底沙中推移质输沙率值不妨为众多工程提供了一个对比实用参数。

综上，枯洪季长江口南港主槽床面沙波形态和运动测量结果的计算和分析表明，枯季底沙中值粒径、沙波波高和波长的尺度以及沙波运动速率均小于洪季时，且枯、洪季沙波陡坡方向均以朝向下游方向为主，所以，长江口南港主槽的底沙粒径大小、底沙集合运动的底形尺度、方向、运动速率和推移质输沙率等均受径流控制。枯、洪季单宽推移质输沙率分别为 $0.035\text{m}^3/\text{s}$、$0.08\text{m}^3/\text{s}$，由落潮流方向控制，特大洪水期间可达 $0.19\text{m}^3/\text{s}$。

7.9　水下沙波分布区安全航行水深的计算方法

航行水深决定着船舶的航行速度和荷载质量，直接影响着船舶的有效航行与安全。若水深不足，船舶只能减载航行，一般在平原河流和河口、海港航道，航道水深不足是碍航的关键因素，这些地区采取工程措施的主要目的是解决航道水深问题。安全航行水深是在港口当地自然条件下，满足设计船型满载吃水航行所要求的最小安全深度(杨桂樨, 1988)。1997 年国家批准实施的长江口深水航道治理工程分 3 期实施，其目的就是使安全航行水深分期增深至 8.5m、10m 和 12.5m，以满足第三、四代集装箱船全天候进出长江口，第五、六代集装箱和 10 万吨级散货船及油轮乘潮进出长江口的需要。本节在回顾航道底床顺平情况下安全航行水深的计算方法、沙质和淤泥质底质分布区安全航行水深的确定方法基础上，探讨沙波分布区安全航行水深的计算方法，为航行安全和航道的治理工程提供理论依据。

7.9.1　航道底床顺平情况下安全航行水深的计算(海港总平面设计规范)

根据 JTJ211—1999《海港总平面设计规范》的规定，航道底床顺平情况下安全航行水深由设计船型的满载吃水和富余水深组成，如图7-55所示，可由式(7-36)～式(7-38)表示：

安全航行水深为

$$D_0 = T + Z_0 + Z_1 + Z_2 + Z_3 \tag{7-36}$$

设计安全航行水深为

$$D = D_0 + Z_4 \tag{7-37}$$

安全富余水深为

$$\Delta Z = Z_0 + Z_1 + Z_2 + Z_3 \tag{7-38}$$

式中，T 为设计船型的满载吃水，m；Z_0 为船舶航行下沉量，m，与船舶航行速度、航道水深、航道断面系数有关，随航行速度增加而增加，随航道水深增大而增大，随船舶的方形系数[排水量/(水线×长×宽×吃水)]增大而减小，随航道断面系数增大而减小(程昌华等，2001)；Z_1 为船底龙骨下的最小富余水深，m，主要与航道底质情况、船舶吨级大小、水深测量和观测潮位误差、海底障碍物、错船和岸坡影响、船泵和冷凝器进水口的要求、人为因素等有关；Z_2 为波浪富余深度，m，其影响主要与波要素有关，一般采用经验公式 $Z_2 = 0.32Z' - Z_1$，Z' 为最大设计波高(孙精石，2006)；Z_3 为船舶因配载不均而增加的船尾吃水，m，杂货船和集装箱船可不计，油船和散货船取0.15m；Z_4 为考虑挖槽回淤影响的富余量，m，应根据两次挖泥间隔期的淤积量确定，不宜小于0.4m。对不淤港口不计值；对淤积严重的港口，可适当增加备淤深度，但不宜大于1.0m。ΔZ 为安全富余水深，m，是保障船舶航行安全的一个重要因素，对于不同的港口、航道、锚地水域，有不同的规定方式：①对于遮蔽条件良好的港口或水道采取定值定量方式，这种方式以一固定值来限定各类船舶应使用的安全富余水深，如上海北槽水道、南通航段、秦皇岛港以及韩国的釜山港航道(王鹤菊和郭洪驹，2004；郭国平和陈厚忠，2006)；②对于遮蔽条件不好的海峡、天然航道，如黄骅港根据各航段的水文、气象变化采用变值变量的规定方式分别确定各航段的安全富余水深(王鹤菊和郭洪驹，2004；罗刚，2004)。海事主管机关可根据所管辖区的具体情况，如潮汐特点来规定当地安全富余水深。需要注意的是在确定航道的安全航行水深之后，需测量其实际的通航水深，看是否满足安全航行水深的要求，如不满足，应通过疏浚来保证船舶的安全航行。

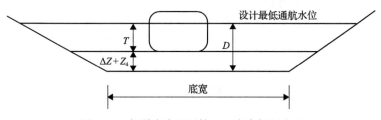

图7-55 航道底床顺平情况下安全航行水深

7.9.2 粉砂质与淤泥质底质水域安全航行水深的确定

海岸按其床面物质组成不同，可分为由无黏性泥沙组成的砂质海岸和由黏性泥沙组成的淤泥质海岸。黏性泥沙的性质和运动规律与无黏性泥沙有着本质的不同。黏性泥沙的主要成分为黏土矿物、粉砂、有时还夹杂少量细沙及有机物质等，淤泥质海岸的泥沙粒径都很小，如连云港淤泥中值粒径为 0.0035mm，天津新港淤泥为 0.005mm（吴宋仁和严以新，2004）。这种黏性泥沙易被波浪、潮流等动力因素掀起悬浮，常引起港口和航道的淤积及岸滩的冲淤变化。而非黏性砂质底质港口航道床面长，发育有一定波高的沙波，这种波高的起伏变化周期或波长小于常规水深测量精度，因此可能成为航行隐患。

1. 粉砂质海岸安全航行水深的确定

砂质海岸一般采用高频回声测深仪测量的水深作为安全航行水深，如图 7-56 所示，可由式(7-39)表示：

砂质海岸安全航行水深为 $\qquad H=h \qquad$ (7-39)

式中，H 为安全航行水深；h 为图载水深，其反射界面密度一般为 1.05kg/L 左右。使用这个水深是由于普通的高频测深仪很容易测得该水深值，其界面容重对航行能保证其绝对安全(沈小明和裴文斌，2003)。

图 7-56 粉砂质海岸通航水深示意图

2. 淤泥质海岸安全航行水深的确定

在淤泥质海岸港口或河口航道与港池的底部往往存在着一层流动的悬移质。其淤积物组成为黏性细颗粒泥沙，沉积速度相对较慢，淤积物的密度在垂线上分布不均匀，表面淤泥往往是浮泥状态。这部分回淤层密度小、易流动，其中一部分厚度可作为通航水深使用，不会影响船舶航行和作业的安全性。因此，常将这部分适合航行的淤泥层厚度统称为"适航水深"(沈小明和裴文斌，2003)。适航水深的概念最早是由荷兰在研究欧罗巴港和鹿特丹港船舶安全航行特性时提出来的(徐海根等，1994)。适航水深 H 指当地理论最低潮面至适航淤泥重度界面之间的垂直距离，即在原高频回声仪所测水深加上其反射面以下能确保船舶安全航行与停泊作业的小容重回淤层下界面的水深(周献恩，2007；邵志，2003)，如图 7-57 所示，可由式(7-40)表示：

淤泥质海岸安全航行水深为

$$H = h + h_1 \qquad (7-40)$$

式中，H 为适航水深；h 为图载水深；h_1 为适航厚度。适航水深应用对减少维护疏浚工程量、延长维护周期、降低维护费用、改善水深条件、缩短大型船舶的候港时间以及指导维护疏浚工程的实施具有重要的实践意义与经济效益。适航水深就是淤泥质海岸的安全航行水深。

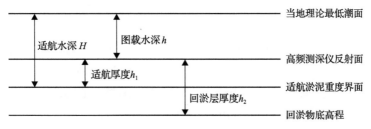

图 7-57　淤泥质海岸通航水深示意图（周献恩，2007）

最初，由于没有采用适航水深的技术，造成了水深的多余限制和过大的疏浚要求，形成资源浪费。如果充分利用流动浮泥层和备淤深度的特点，延长维护性疏浚周期，就可以合理利用资源，避免浪费，产生效益。

7.9.3　沙波分布区对安全航行水深的计算探讨

沙波是一种河流、河口和浅海环境中常见的水下微地貌形态（程和琴等，2002，2004；李为华等，2007），在合适的动力条件下，砂质底床的航道底槽中会发育形成沙波（李为华等，2007；程和琴等，2002，2004；Nasner，1976；杨世伦等，1999；蒋平，1983）。本课题组1993 年 4 月 22 日和 23 日利用双通道精密测深仪和 GPY 高精度浅地层剖面仪对琼州海峡东口中水道研究区的横纵断面的床面形态进行高密度网格状探测，如图 7-58 所示，并

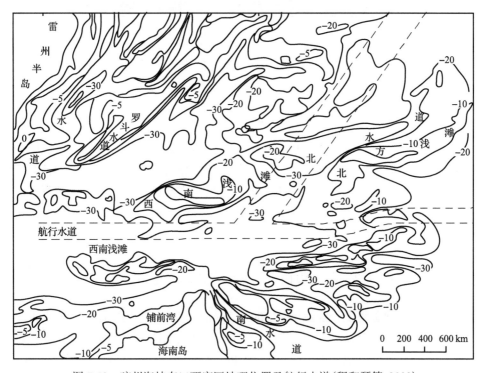

图 7-58　琼州海峡东口研究区地理位置及航行水道（程和琴等，2003）

将所得的数据进行统计分析，可知滩槽床面发育有各种尺度的沙波，分布在深处的大型不对称沙波平均波长 416m，平均波高 8.8m，最大波高为 16.6m，平均运动速率 0.9cm/h；分布在浅处的小型对称、不对称沙波平均波长 144m、平均波高 4.9m，平均运动速率 5.13cm/h（程和琴等，2003）。

大规模的沙波发育将会对琼州海峡水道过往船只的航行造成一定的影响。沙波波峰造成了航道的最浅点，由于涨落潮流的作用，航槽通航浅点不断出现，且位置经常移动，直接影响了船舶的安全航行（蒋平，1983）。因目前水深测量点的间距远大于沙波的变化幅度（李为华等，2007；Kostaschuk and Villard，1996），导致沙波分布区海图所示的图载水深大于当地的实际水深。可见传统的安全航行水深计算仅适用于航道底床顺平的情况，对于有沙波发育的航道，其计算得出的安全航行水深不能满足船舶安全航行的要求。在沙波分布区，安全航行水深的确定应考虑到沙波的影响，如图 7-59 所示。其计算可由式 (7-41)、式 (7-42) 表示：

沙波分布区安全航行水深为

$$D_0 = T + Z_0 + Z_1 + Z_2 + Z_3 + h \tag{7-41}$$

沙波分布区设计安全航行水深为

$$D = D_0 + Z_4 \tag{7-42}$$

式中，h 为航槽底部沙波的平均波高。

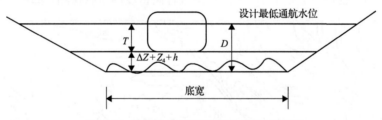

图 7-59　沙波分布区安全航行水深示意图

通过上述对粉砂质、淤泥质港口、航道安全航行水深的分析和计算方法比较分析，特别是对沙波分布区安全航行水深的分析，获得沙波分布区安全航行水深的计算方法，为航行安全和航道的治理工程提供理论依据。可见，主管机关在确定安全航行水深时，应根据当地港口的实际情况考虑各种影响因素综合分析，使最终确定的安全航行水深安全、科学、合理。

7.10　长江口沙波分布区底沙再悬浮对重金属迁移的影响

长江口每年承纳了整个长江流域约 200 亿 m³ 的工业废水和生活污水，分别占全国污水排放总量的 45.2% 和 35.7%（康勤书等，2003）。通过黄浦江、西区和南区排污口进入长江南支、南港、南槽的重金属 Cu、Zn、Cr、Pb、Cd 分别为 253.2t/a、400t/a、84.5t/a、9.6t/a、0.5t/a（雷宗友，1988；陈沈良等，2001）。同时进入长江河口的重金属，85%以上富集在细颗粒泥沙之上(吴国元, 1994; 谷国传等, 1999)。但随着河口潮汐作用, 表层沉积物中的重金属随着再悬浮作用被重新释放到水体中, 造成二次污染(Martin et al., 2002; Saulnieri and Mucci, 2000)。因此, 开展长江河口沙波分布区潮周期内底沙再悬浮对重金属迁移的研究, 对探讨本区重金属污染的生态风险有重要的理论和实际意义。本章以长江口白龙港排污口水域为例, 研究潮周期内含沙量变化引起八种重金属(Cu、Pb、Zn、As、Cd、V、Cr、Ni)的吸附与释放特征, 为长江口水环境治理、管理和保护提供重要依据。

7.10.1　研究方法

1. 样品采集

2000 年 12 月 23~24 日, 中潮汛, 风力 3~4 级, 平均水温 12.1℃, 样品采集在 80 吨木质渔船进行。测点位于长江口南槽上段白龙港排污口附近(图 7-60)。在潮周期内水深(H/m)范围为 10.5~13m; 0.6H、0.8H 为采样时的相对测量水层, 其相应变化范围分别为 6.3~7.8m, 8.4~10.4m, H 为底层水深(一般距离底床 1~2m)。在 0.6H、0.8H 和 1H 三层采集两份水样(500mL), 两次采样间隔 1h, 连续采样 14h。两份水样分别用于颗粒态和溶解态重金属含量、以及含沙量的室内测定。同时用 Endeco174SSM 流速仪悬挂在水面 1m 以下, 测量潮周期内流速、流向。

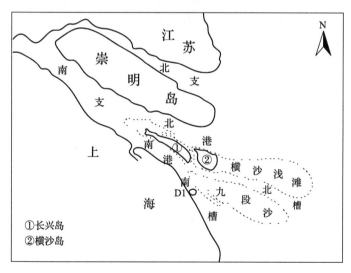

图 7-60　样品采集站位 D1

2. 室内实验

含沙量(TSS, kg/m³)采用 0.45μm 定性滤纸过滤烘干后称重计算获得。单位水体中溶解态重金属浓度(M_d, g/L)经 0.5μm 微膜过滤并浓缩酸化后用 Perk in-Elmer Plasma 2000 电感耦合等离子发射光谱仪(ICP)测定; 单位悬沙上颗粒态重金属浓度(M_P, g/kg)通过 HF、浓 HNO₃ 和 HClO₄ 硝化后用 ICP 测定(蒋智勇等, 2003; 成凌等, 2007), 并同时做滤膜的空白试验。实验中所用化学试剂均为分析纯。单位水体中颗粒态重金属浓度$(M_S,$ g/L)，本章中 $M_S = M_P \times TSS \times 10^3$。

7.10.2 潮周期内表层流速流向变化

在 2000 年 12 月 23 日 17:31 至 24 日 7:05 采样点经历了一次涨潮和落潮。期间，23 日 22:33 涨急，表层流速 137cm/s，方向 318°，涨潮平均表层流速 78cm/s；24 日 5:49 落急，表层流速 216cm/s，方向 160°，落潮平均表层流速 120cm/s；23 日 20:17 落憩，表层流速 10cm/s，方向 219°；24 日 0:30 涨憩，表层流速 12cm/s，方向 70°。

7.10.3 潮周期内含沙量的变化

潮周期内 6.3～7.8m、8.4～10.4m 和 10.5～13m 的含沙量分别为 0.16～2.72kg/m³、0.32～3.74kg/m³、0.45～9.46kg/m³，含沙量出现两个峰值，分别为落急沙峰和转流沙峰（图 7-55），为涨落潮过程中的两次底沙再悬浮（李九发等, 2000）。

7.10.4 底沙再悬浮对重金属迁移的影响

1. 潮周期内 M_P 的变化

潮周期内 $M_{P\text{-}Cu}$、$M_{P\text{-}Zn}$、$M_{P\text{-}Cd}$、$M_{P\text{-}As}$、$M_{P\text{-}Pb}$、$M_{P\text{-}Cr}$、$M_{P\text{-}Ni}$ 和 $M_{P\text{-}V}$ 分别为 14.45～11.50.98、37.26～4678.08、0.13～41.62、2.17～1607.92、0.30～91.48、4.13～83.30、3.65～56.85、0.0079～0.1324，其平均浓度由高到低顺序为：Zn、As、Cu、V、Cr、Ni、Pb、Cd（图 7-61）。综观本区重金属元素的时空分布现象，以涨憩时刻为临界点可以分为两个时段来表述，即：涨潮后期和落潮初期（图 7-61-I; 21:30-0:00），以及落潮后期和涨潮初期（图 7-61-II; 1:00～7:30）。$M_{P\text{-}0.6h}$ 在第 I 时段呈减小趋势，其中 $M_{P\text{-}Cu}$、$M_{P\text{-}Zn}$、$M_{P\text{-}Cd}$ 和 $M_{P\text{-}As}$ 的减小趋势比 $M_{P\text{-}Pb}$、$M_{P\text{-}Cr}$、$M_{P\text{-}Ni}$ 和 $M_{P\text{-}V}$ 明显；但在第 II 时段却相反；8 种元素 M_P 均先增后减。第 I 时段 $M_{P\text{-}h}$ 的变化趋势与 $M_{P\text{-}0.6h}$ 相似，而在第 II 时段却与 $M_{P\text{-}0.8h}$ 相似。$M_{P\text{-}0.6h}$ 在 I 时段大于 $M_{P\text{-}0.8h}$ 和 $M_{P\text{-}h}$，而在 II 时段时则小于其他两层（图 7-61）。

涨潮期间除涨急之后的 $4h$ 外盐度约为 0.53，落急时盐度增大为 6.38，涨憩时增至最大 26.06（图 7-61）。图 7-62（a）为 M_P 与盐度之间的关系，因为受制因素较多，为了便于讨论，以下只分析含沙量相近条件下 M_P 的变化特征。$0.6h$ 层在含沙量相近 0.86～0.97kg/m³ 时，$M_{P\text{-}0.6h}$ 随着盐度增大而升高；$0.8h$ 层在含沙量相近 2.17～2.83kg/m³ 时，$M_{P\text{-}0.8h}$ 与盐度的关系不明显；h 层在含沙量 3.27～3.86kg/m³ 时，$M_{P\text{-}h}$ 随盐度增大而降低。此变化规律可能与悬浮泥沙粒径有关。

随着含沙量增大，M_P 减小，当含沙量大于一定值后，M_P 在趋向一个稳定值。$M_{P\text{-}0.6h}$ 的稳定值远小于 $M_{P\text{-}0.8h}$ 和 $M_{P\text{-}h}$，如 $M_{P\text{-}0.8h\text{-}Zn}$ 和 $M_{P\text{-}h\text{-}Zn}$ 分别趋向 1 和 0.50；同样，$M_{P\text{-}0.6h\text{-}Cu}$ 远小于 $M_{P\text{-}0.8h\text{-}Cu}$ 和 $M_{P\text{-}h\text{-}Cu}$［图 7-62（b）］。

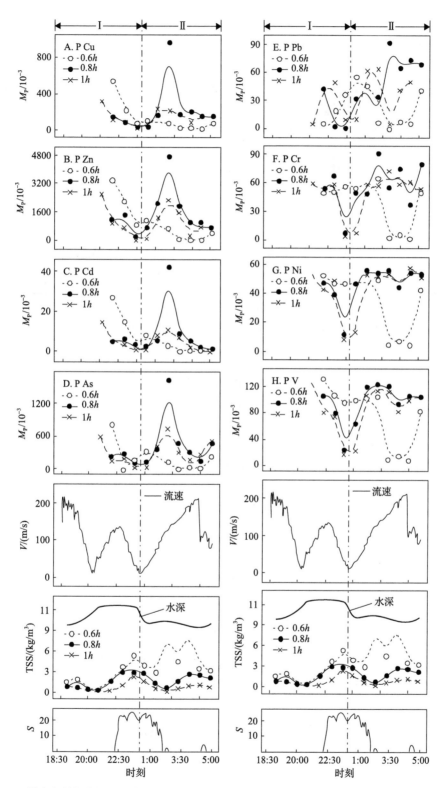

图 7-61　D1 测点潮周期内悬沙重金属浓度(M_P)、流速(V)、含沙量(TSS)、水深(h)、盐度(S)变化过程

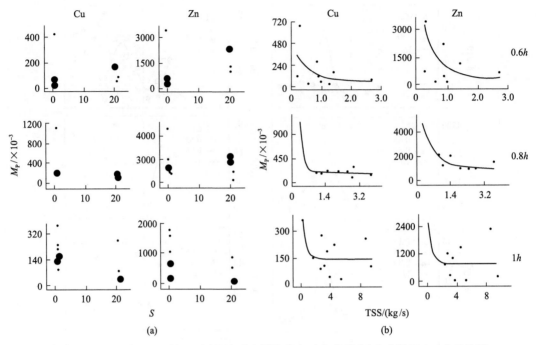

图 7-62　0.6h 层、0.8h 层、h 层悬沙重金属浓度(M_P)与盐度(S)和含沙量(TSS)的关系

(a)盐度；(b)含沙量

2. 潮周期内 M_d 的变化

图 7-63 为测点 M_d 在时间上的变化过程(本实验样品中仅检测到 Cu、Zn、V)，其中 M_{d-Zn} 为 0.031～0.136g/L，Cu 和 V 仅在 h 层样品中测出，M_{d-Cu} 和 M_{d-V} 分别为 0.003～0.007 和 0.001～0.002μg/L。潮周期内，M_d 出现两个峰值，峰值分别出现在涨急和落急时刻，其原因可能为流速增大有利于重金属由颗粒态向溶解态迁移。

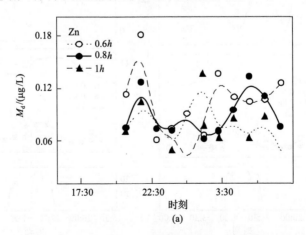

(a)

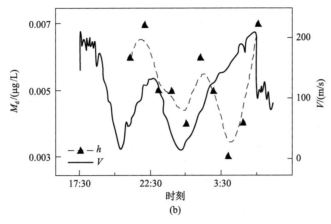

图 7-63　D1 测点潮周期内溶解态重金属浓度(M_d)随流速、流向的变化过程

(a)流速；(b)流向

3. M_d 和 M_S 的变化与含沙量的关系

图 7-64 为涨落潮过程中测点 M_S、M_d 与含沙量的关系，曲线由二次线性回归方程拟合。从图中可以看出随着含沙量增大、M_S 增大、M_d 减小，反映了流速较小的涨憩沙峰时刻(图 7-64)有利于重金属的吸附，而流速较大的落急沙峰时刻有利于重金属由颗粒态

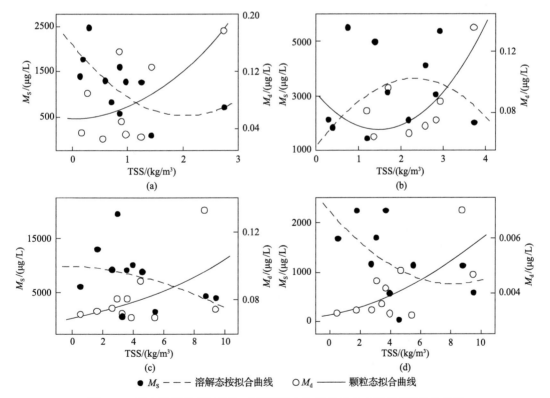

图 7-64　重金属颗粒态浓度(M_S)和溶解态浓度(M_d)与含沙量(TSS)的关系

(a)0.6h Zn；(b)0.8h Zn；(c)1h Zn；(d)1h Cu

向溶解态迁移。总之，转流时刻水质较涨急和落急水质好，而非涨急和落急水质比转流好(蒋智勇等, 2003; 成凌等, 2007)。

通过分析潮周期内测点 D1 的颗粒态和溶解态重金属(Cu、Pb、Zn、As、Cd、V、Cr、Ni)浓度，获得以下结论：

(1)潮周期内，中下层(0.8h 层)单位水体颗粒态重金属浓度始终大于底层(1h 层)；

(2)当含沙量接近时，中层(0.6h 层)单位水体颗粒态重金属浓度随盐度增大而升高，底层(1h 层)随盐度增大而降低，中下层(0.8h 层)与盐度的关系不明显；

(3)潮周期内含沙量分别在涨憩时和落急时达到峰值，落潮时含沙量增大，当含沙量大于一定值后，各重金属单位水体颗粒态浓度趋向一个稳定值，其在中层较下层和底层小；

(4)随着含沙量增大，颗粒态重金属浓度增大，溶解态重金属浓度减小；涨憩沙峰时刻有利于重金属吸附，落急沙峰时刻有利于重金属由颗粒态向溶解态迁移，因此涨憩水质较涨、落急好。

第8章 长江下游河床阻力变化特征

冲积河流阻力是泥沙运动力学的基本问题，它与河流的泄流能力及挟沙能力直接相关。与一般定床明渠水流阻力不同，冲积河流阻力由很多部分组成，包括沙粒阻力、沙波阻力、边壁阻力及河槽形态阻力(Aberle et al., 2010)。其中，沙粒阻力和沙波阻力又统称为河床阻力。在宽深比较大的天然河流中，河床阻力是冲积河流阻力最重要的组成部分(Abrahams and Li, 2015)，反映了水流对河床作用力的大小，决定着泥沙运动的强度(Aberle et al., 2010)。近年来，人类活动对于长江下游的影响日益增大(Einstein, 1950; Clifford et al., 1992; Chen and Chiew, 2003; Dai et al., 2012; Dai and Liu, 2013)，尤其是长江三峡及南水北调等工程的兴建，导致上游来沙减少约 2/3，必然引发长江下游河道河床阻力自适应调整。因此，亟须重新认识和研究新形势下长江下游河床阻力的分布特征，为该河段的航道整治，航运安全及防洪提供较为可靠的参考依据。

另一方面，河床阻力系数是数值模拟的一个重要参数，直接控制着流量、流速、深度等水力要素模拟结果和精度，在天然河道、明渠、管道过水能力计算、洪水演进预报中发挥着关键作用。影响河床阻力的因素有河床的糙率、形状、水力半径和水深、水流流态和含沙量等，为获得更为精确的河床阻力参数，本章通过对 2014~2016 年长江九江至长江口河段河床床面沉积物、形态、水深和流速开展粒度样品现场采集与室内分析、多波束测深系统、双频 ADCP 的测量与分析，计算九江至上海干流河床阻力，并利用 Delft3D 数值模型，模拟分析长江南京河段洪水位与流量过程，以期为防洪管理提供较为可靠的技术和数据支撑。

长江自源头至湖北宜昌为上游，长约 4504km；自宜昌至江西湖口为中游，长约 955km；自湖口至出海口为下游，长约 938km。长江河口首先被崇明岛分为南支和北支，随后南支又被长兴、横沙二岛分为南港和北港，南港又被九段沙分为南槽和北槽，呈现显著的"三级分汊，四口入海"格局(陈吉余等，1979)总长度约为 6300km，流域面积约 194 万 km²，约占中国陆地总面积的 18.8%，流域人口约 4.5 亿，位居世界第一。

南京是长江下游流域的政治、经济和文化中心，保障南京河段免受洪水灾害是南京城市地位提升的重要基础、也是沿江经济社会发展的重要支撑。1954 年大洪水是长江流域历史上有记载以来最大的一次洪水，创长江南京段 10.22m(吴淞高程)历史最高水位，造成南京河段特大灾情(吴永新，2017)。此次大水之后，长江南京河段开始了大规模治江工程。60 多年来，对河势演变进行了有针对性的研究，在河道治理的理念、研究、方法、设计、施工等方面也有了长足的发展。长江南京河段自 1911 年起，江身缩狭，江岸崩坍。1954 年长江发生特大洪水后，江床有显著刷深，发生多起江岸崩坍事件。21 世纪以来，长江在经济社会发展中的作用越发凸显，对防洪安全、河势稳定、岸线资源、水资源、航运资源等要求越来越高，长江南京河段的治理也从应急抢险发展成为系统整治，治江水平得到全面提升。

8.1　研究方法与数据来源

本部分数据主要来源于课题组开展的 2014 年长江南京河段水文地质综合调查、2015 年安徽大通至长江口水文地质综合调查和 2016 年江西九江至长江口水陆地貌综合调查，研究工作建立在水文站水位流量资料、航行参考图、多波束测深数据、表层沉积物粒度数据以及前人相关研究成果等资料之上。

8.1.1　粒度采样、分析

2014 年 6 月 17 日、2015 年 8 月 1～6 日、2016 年 9 月 17～19 日，利用多波束测深系统和双频 ADCP 两种先进的现场测量仪器对长江九江至佘山主河槽进行床面形态和水深、流速等走航测量。并以九江、湖口、大通、南京、天生港、吴淞口、崇明以及佘山典型水文站为节点，对长江下游研究区域进行分段。同时，利用帽式抓斗，重点在佘山-崇明、吴淞口-天生港、天生港-南京、南京-大通、大通-湖口和湖口-九江等 6 个河段(图 8-1)采集 54 个床沙沉积物样品，测点具体位置如图 8-1 所示。使用帽式采泥器进行表层沉积物样品采集，对将采集后的样品逐一编号，记录采样时间与采样位置，对其进行大致描述后装袋密封保存，于航次完成后统一在实验室进行分析研究。限于航行安全要求，只在几个条件允许的位置进行了采集，以配合河床演变进行简要的沉积特征分析。

河槽表层沉积物样品的室内分析分为样品预处理和粒度分析。利用二分器均匀地抽取一部分沉积物样品用于分析，对剩下的样品进行密封并妥善保存。在实验室中使用 H_2O_2 和 HCl 去除样品中有机质和碳酸盐成分，静置 24h 后去除上层清液，加入 $(Na_3PO_3)_6$ 进行分散后，利用马尔文公司生产的 Master Sizer 2000 型激光粒度仪进行粒度分析获取泥沙平均粒径 D。

8.1.2　水力坡降计算

收集佘山、崇明、吴淞口、天生港、南京、大通、湖口和九江共计 8 个水文站现场测量和床沙样品采集期间的实时水位(图 8-1)，选取的水文站在 2014～2016 年水位信息每日均有超过四次以上的更新，水位信息用于计算坡降、摩阻流速、河床剪切力、沙粒雷诺数和希尔兹数。利用 Google Earth 软件计算所在河段上下游水文站距离，则水力坡降 J 可根据式(8-1)计算。

$$J = \frac{|H_1 - H_2|}{L} \tag{8-1}$$

式中，H_1、H_2 分别为采集点所在河段上游水文站水位和下游水文站水位；L 指采集点所在河段上游水文站到下游水文站的距离。由于长江口属于中等强度的潮汐河口，在一个潮周期内，必然伴随着正比降和负比降的存在(包为民等, 2010; 王东平, 2015)，本部分水位差取绝对值。

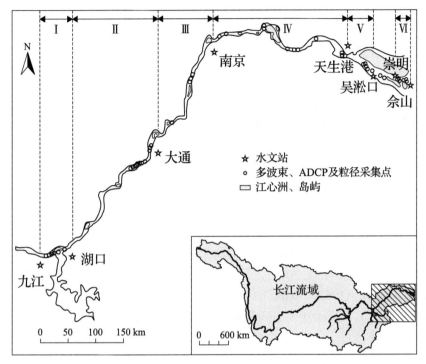

图 8-1　研究河段粒度采集点分布

8.1.3　水深、流速测量及摩阻流速计算

利用美国 RDI 公司生产最新的双频 ADCP（300kHz/600kHz）测量流速 v 和水深 h（图 8-2），通过定制钢架将 ADCP 固定于船体一侧，并且用缆绳兜底加固，ADCP 中设置船速参考为 GPS，GPS 连接 ADCP 的波特率为 9600，艏向参考内置罗盘，其中磁偏角设置根据测区位置而定，如上海磁偏角为 4°40′，南京磁偏角为 4°。换能器入水深度 0.8m，盲区大小为 0.8m，工作流速最大设置为 10m/s，环境水温设置为 15°，盐度 35‰，声速 1500m/s。后处理软件采用 Ocean Post-Processing V2.01I。则弗劳德数 Fr 为

$$Fr = v / \sqrt{gh} \tag{8-2}$$

式中，v 为流速；h 为测点水深。

边界剪切力是表征河床水流对边界所产生的力，计算公式如下：

$$\tau_0 = \gamma h J \tag{8-3}$$

式中，γ 为清水容重，取值 9800kN/m³；J 为水力坡降。

摩阻流速反映水流床面作用切力大小的因素。其值为边界剪切力除以液体的密度后再开方，具有流速的单位，故又称剪切流速。可由下式计算

$$U_* = \sqrt{\tau_0 / \rho} \tag{8-4}$$

式中，ρ 为清水密度。

8.1.4　沙粒阻力计算

沙粒阻力即床面摩擦阻力。动床沙粒阻力的计算目前有两种方法，一般借助在定床时的水流阻力研究成果，目前采用较多的是有一定理论基础且适用于紊流光滑区、过渡区及粗糙区的 Einstein 对数公式（Aberle et al., 2010）：

$$\tau' = \frac{U}{U_*} = 5.75 \log\left(12.27 \frac{R_b \chi}{k_{s1}}\right) \tag{8-5}$$

式中，U 为断面平均流速；U_* 为摩阻流速；R_b 为床面水力半径，一般取水深值；k_{s1} 为沙粒当量粗糙度；χ 为流态校正系数。

恩格隆及巴雅齐德根据式(8-2)，利用动床的资料，建议采用 2.5 倍粒径作为沙粒阻力的糙率尺寸（钱宁和万兆惠，2003）。另一种方法直接利用实测动床资料反求沙粒阻力，如 Lovera 和 Kennedy（1969）、Rijn（1984b）、Wilson（1989）等，他们避开定床阻力公式直接将动床沙粒阻力与水流泥沙因子联系起来，研究方法很有启发性，但结论仍有商榷之处，应用尚不成熟。

8.1.5　床面形态的现场测量与数据处理及沙波阻力的计算

本部分在 2014 年 6 月 17 日、2015 年 7 月 28 日至 8 月 6 日和 2016 年 9 月 17～19 日利用 Reson-Seabat7125 型高分辨率多波束测深系统对长江九江至佘山主河槽进行床面微地貌现场测量。使用的观测仪器为丹麦 Reson 公司生产的浅水型双频高分辨率多波束测深系统 SeaBat 7125，通过 SME S-108 运动姿态传感器对船只进行高精度实时运动测量，采用 Trimble DGPS 信标机进行导航，运动 Hemisphere 罗经进行船艏向测量（李家彪，1999；周丰年等，2002）。测深量程为 0.5～500m，分辨率为 6mm，波束发射频率为 50Hz，测量频率选用 400kHz，波束角选择 1°×0.5°，开角选择 140°，扫测宽度约 5.5 倍水深，选择最大 512 个等距波束进行扫测，在重点区域减小开角进行局部加密观测。换能器通过定制钢架与缆绳都低固定于船体，为保证测量数据的精度与稳定性，船速控制在 5 节（约 2.5m/s）以下。

多波束测深系统通过测量高密度条带状水深，在走航过程中对三维水下地形进行高精度探测。整个系统可分为多波束声学系统、外围辅助传感器和软件三部分，包括水下发射/接收换能器、信号控制柜、GPS 定位系统、运动姿态传感器、声速剖面仪、计算机以及配套控制软件等。

1) 多波束声学系统（MBES）

Seabat 7125 型多波束声学系统部分采用 "T" 字形换能器，工作频率可根据待测水深选择 200/400KHz，波束发射频率为 50Hz。信号控制柜（POS-MV）由发射单元、接收单元、信号处理单元、信号控制单元等部分组成。计算机将换能器吃水深度、声速变化信息及各项发射要求传递给信号控制柜。信号控制柜根据这些要求对换能器发出作业命令，并赋予相应的发射接收参数。多波束换能器启动后，发射单元开始向水底发射扇形的声学脉冲，声波经过水底反射后回波信号再次由换能器接收单元接收，形成一系列测量波束信号。测量信号声波数据被传递到信号控制柜，经由信号处理器传送给信号控制器，信号控制器结合航向、船速、姿态等信息，通过计算机对数据进行各项改正，得到高精度水下地形数据。

2) 外围辅助传感器

外围辅助传感器主要包括全球定位系统、罗经运动、运动姿态传感器和声速剖面仪，用于确定地理位置、航向，进行测量时的姿态校正，声速剖面变化校正等，是多波束测深系统重要组成部分。由于走航过程中船的姿态会随着风、浪、流等不断改变，可能导致水上测量作业的位置信息失准、波束空间错位，影响多波束系统的测量精度，因此通过运动姿态传感器和电子罗经等传感器对船体姿态变化进行实时补偿修正。这对保证多波束测量结果的精度至关重要，只有准确的地理位置信息，配合真实的测量条件，才能获取正确的水底三维坐标，得到高精度的水下地形数据。

3) 软件部分

多波束测深系统采集软件主要包括换能器控制软件、船舶姿态监测软件以及数据采集软件。7k Control Center 软件主要负责对换能器波束信号的发射与接收进行控制，可以改变发射声波的频率、强度与接收声波的门限，调整波束的开角与方向等。MV POSView软件负责船只运动姿态的实时监测，可根据 GPS 天线与姿态仪安装位置自动修正地理位置与运动姿态信息，控制走航测量误差。PDS 2000 软件负责测量多波束测量中的数据采集，可以实现水深、后向散射、水柱信息等数据的实时采集，以及对数据进行存储、回放与后处理。

采用 PDS 2000 软件对多波束测深系统水深数据进行后处理，根据测量时换能器安装位置以及声速剖面进行吃水与声速校正；通过分析测量中采集到的校准数据获取测量时的横摇、纵摇和艏摇参数，进行船舶姿态校正；利用吴淞潮位站数据进行潮位校正，剔除波束异常导致的跳点数据后，生成水平分辨率为 0.5m×0.5m 的网格模型，配合 ArcGIS 软件进行分析计算，获取沙波波高和波长。

沙波阻力的研究主要采用两种方法，一是直接建立沙波阻力系数与沙波几何形态之间的关系式；另外一类是直接建立沙波阻力系数与水流泥沙条件之间的关系式(Koll et al., 2004)。基于精确的实测多波束水下地形数据，本部分采用第一种方法来计算沙波阻力，即通过已建立的沙波阻力系数 τ'' 与沙波波高 $\varDelta$、波长 λ 和沙波陡度 $\varPsi(=\varDelta/\lambda)$ 等沙波形态参数之间的关系来计算。

Vanoni 和 Hwang(1967) 从沙波(沙垄)阻力的能量损耗入手，认为决定沙波阻力系数与沙波波高，沙波陡度及水深存在以下关系：

$$\frac{1}{\sqrt{\tau''}} = 3.3 \log\left(\frac{h}{\varDelta\varPsi}\right) \tag{8-6}$$

故有式(8-5)和式(8-6)计算冲积河流的床面总阻力 τ：

$$\tau = \tau' + \tau'' \tag{8-7}$$

8.1.6　水下地形数据的收集与处理

本节收集了 2013 年长江南京河段航行图作为水下地形资料，数字化后作为数值模拟的地形资料。

1）扫描与校正

通过大幅面彩色扫描仪对纸质航行参考图进行全幅完整扫描，为提升数据精度，选取 300 DPI 分辨率进行高清晰度扫描，考虑到计算机处理运算能力，选用 JPEG 格式进行图像保存，分辨率同样选择 300 DPI，单幅图容量超过 20MB，精度较好。

运用图像处理软件对扫描过程中的图形偏转进行修正，对电子图像的亮度、对比度进行调整，提升了可视性。

2）坐标系建立与空间匹配

根据研究区域经纬度范围，在 ArcGIS 10.2 软件中选择北京 1954 高斯克吕格投影下以 117°E 为中央经线的分带建立空间坐标系。将电子图像导入后，使用"空间配准"功能对电子图像与 GIS 系统中的地理位置信息进行匹配，具体操作如下：在电子图像上选择 6~8 个均匀分布于图面的经纬网交点作为控制点，然后将控制点的经纬度依次输入坐标系后进行地理配准，经过插值计算与修正，电子图像与坐标系中各点地理位置信息匹配完成。

3）水下地形图数字化与插值

数字化是对电子图像中包含的有效信息进行提取，并将其转化为数字形式存储，便于计算机读取与运算。水下地形图数字化则通过 ArcGIS 10.2 软件，提取航行参考图中的水深点、等深线（0m、−2m、−5m、−10m）、河道与江心洲岸线的地理位置信息与水深信息，建立数据库进行管理。数字化过程中尽可能保持位置、水深数据与原图一致，保证分析结果的精度。采用 Kriging 方法对数字化后的点、线数据进行插值，建立水下地形数字高程模型（DEM），得到研究河段的栅格水深图。

8.2　基于多参数的床面形态判别方法

自然条件下的河流，都属于低流速状态（Aberle et al., 2010; Bertin et al., 2011）。本部分以长江下游河段九江、湖口、大通、南京、南通、上海吴淞口和北港等典型河槽为例（图 8-2），利用现场实测的水深、流速、床沙粒径及河床床面形态，结合同步实时水位，计算河槽坡降、水流弗劳德数、沙粒雷诺数和希尔兹数，构建床面形态判别函数，即床面形态分界线方程，分析弗劳德数在床面形态判别中的作用，对长江下游河床床面形态的判别与预测方法进行改进。

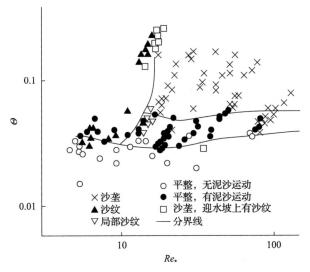

图 8-2　分界线示意图(法国夏都水力实验室)

8.2.1　床面形态测量和分类及分界参数的判别标准

以法国夏都实验室"平整—沙纹—沙垄区的判别准则"为例,将希尔兹数和沙粒雷诺数两个无量纲参数分别作为 x, y 轴建立直角坐标系,并将法国夏都实验室的水槽试验资料,绘于空间对数点直角坐标系中,如图 8-2 所示。

动力环境和不同物源影响床面形态的变化过程,各种床面形态的点在划分过程中会出现相互混杂的现象,这就需要一个可以协调的判别标准,来确定不同床面形态的分界线。

本部分采用白玉川等(白玉川等, 2015)在河床形态判别标准中关于分界线划分的方法,引入分界参数 λ^* 作为分界线是否划分合理的依据。分界参数 λ^* 的计算公式为

$$\lambda^* = N1 / (N1 + N2 + N3) \tag{8-8}$$

假设 A 种床面形态被分界线划分后,在床面形态 A 的划分区域内,符合该床面形态的点数为 $N1$,其他种类床面形态错误分类至该种床面形态的点数为 $N2$,A 种床面形态错误分类至其他床面形态的点数为 $N3$。

一般分界参数 λ^* 取值大于 0.5 时,即认为 A 种河床形态划分较为准确,分界线方程较为合理,显然分界线方程适用于床面形态判别关系中仅考虑两个无量纲参数的情况,对于本部分床面形态判别关系考虑三个无量纲参数的情况,通过数学语言表达就是确定不同床面形态之间的分界面,再利用分界参数来判断分界面划分是否合理。

8.2.2　床面形态分界线、分界面确定方法

考虑沙粒雷诺数和希尔兹数作为低流速区床面形态判别参数时,直接计算床面形态分界线方程尚存在较大难度。本部分的求解方法是首先根据实测数据点在坐标轴的分布情况,确定分界函数的类型,再通过调整函数中的各个参数以及函数的位置,使得某一床面的划分区域内符合该床面形态的数据点尽可能多,同时使得不符合该床面形态数据

点尽可能少。考虑沙粒雷诺数、弗劳德数和希尔兹数作为低流速区床面形态判别参数时，将求解分界线的方法应用到床面形态分界面的推导，最后通过分界参数来判断床面形态分界线或床面形态分界面对床面形态的划分是否合理。

8.2.3　九江-长江口段水流及泥沙参数统计

如表 8-1 所示对各个河段水流及泥沙参数进行相关统计，包括坡降、水深、流速、粒径、希尔兹数、沙粒雷诺数以及弗劳德数。

表 8-1　九江-长江口段水流及泥沙参数统计

测区	坡降/10^{-6}	水深/m	流速/(m/s)	粒径/μm	床面形态	希尔兹数	沙粒雷诺数	弗劳德数
佘山-崇明	2.807	13.194	1.208	130.200	沙纹	1.689	2.480	0.106
	2.807	9.690	0.898	151.100	沙垄	1.069	2.466	0.092
	2.807	18.307	1.016	7.552	沙纹	40.414	0.169	0.076
	2.807	12.704	0.965	7.912	沙纹	26.769	0.148	0.086
	2.807	8.703	0.925	37.980	沙垄	3.820	0.588	0.100
	2.807	12.425	0.902	8.590	沙纹	24.115	0.159	0.081
	2.807	16.649	0.771	7.219	沙纹	38.450	0.154	0.060
吴淞口-天生港	20	19.635	0.454	111.300	沙纹	21.513	6.995	0.032
	20	16.188	0.573	118.100	沙纹	16.715	6.740	0.045
	6	12.943	1.566	184.000	沙纹	2.666	5.235	0.139
天生港-南京	25	6.167	0.989	136.800	沙纹	6.751	5.340	0.127
	20	13.284	0.384	261.600	沙纹	6.058	13.377	0.033
	12	19.280	0.675	91.250	沙纹	16.386	0.552	0.049
	19	22.060	0.911	170.100	沙纹	14.702	10.926	0.062
南京-大通	23	17.622	1.420	261.000	沙垄	9.377	16.585	0.108
	22	22.044	0.695	250.600	沙垄	11.677	17.413	0.047
	23	13.575	1.325	256.600	沙垄	7.318	14.283	0.115
	21	12.159	1.959	233.900	沙垄	6.692	11.887	0.179
	21	9.290	0.998	245.700	沙垄	4.910	10.962	0.104
大通-湖口	15	7.112	0.939	270.020	沙垄	2.469	8.957	0.112
	15	5.979	0.878	50.664	沙垄	11.066	1.541	0.114
	15	5.444	0.870	280.920	沙垄	1.817	8.153	0.119
	15	7.971	0.625	274.400	沙垄	2.724	9.636	0.071
	15	13.815	1.162	212.590	沙垄	6.094	9.829	0.099
	15	15.977	1.217	239.110	沙垄	6.265	11.889	0.097
	15	14.734	0.841	35.472	沙纹	38.952	1.693	0.069
	15	12.112	1.000	224.530	沙垄	5.058	9.720	0.091
	15	12.916	0.955	280.520	沙纹	4.317	12.540	0.084

续表

测区	坡降/10⁻⁶	水深/m	流速/(m/s)	粒径/μm	床面形态	希尔兹数	沙粒雷诺数	弗劳德数
	15	5.468	0.457	240.850	沙纹	2.129	7.005	0.062
大通-湖口	19	11.860	0.798	178.000	沙垄	7.754	8.494	0.074
	19	19.640	1.246	249.000	沙垄	9.179	15.291	0.089
	19	8.470	0.686	34.780	沙纹	28.324	1.402	0.075
	25	13.365	0.619	149.050	沙纹	13.471	8.579	0.054
	25	10.460	1.286	48.990	沙纹	32.074	2.495	0.127
	25	8.428	1.045	168.550	沙纹	7.512	7.704	0.114
湖口-九江	25	10.843	0.486	28.630	沙纹	56.882	1.484	0.047
	25	7.149	0.536	231.460	沙垄	4.640	9.744	0.064
	25	6.284	0.569	292.750	沙纹	3.225	11.554	0.072
	25	7.378	1.713	114.840	沙纹	9.652	4.911	0.201
	25	16.806	0.557	226.250	沙垄	11.159	14.604	0.043

8.2.4　床面形态分界函数

1. 希尔兹及法国夏都实验室判别方法

以沙粒雷诺数和希尔兹数两个无量纲数分别作为 x，y 轴，建立直角坐标系，并将各点实测床面形态资料，依据床面形态分类，绘于坐标系中（图 8-3）。利用式(8-8)的分界标准推导不同床面形态的分界线方程式(8-9)，得出床面形态分界函数 I，其中平整-沙纹区域的分界参数为 0.62，沙垄区域的分界参数为 0.61，分界线方程式为

$$\Theta = 2.9\exp\left[0.0627Re_*\right] + 2.02 \tag{8-9}$$

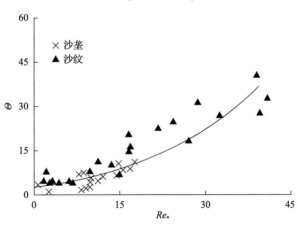

图 8-3　床面形态分界线方程 I

2. 希尔判别方法

以沙粒雷诺数和 gD^3/v^2 两个无量纲数分别作为 x、y 轴，建立直角坐标系，并将各点

实测床面形态资料，依据床面形态分类，绘于坐标系中(图 8-4)。利用式(8-8)的分界标准推导不同床面形态的分界线方程，得出床面形态分界函数 II[式(8-10)]，其中平整-沙纹区域的分界参数为 0.81，沙垄区域的分界参数为 0.72，分界线方程式为

$$gD^3 / v^2 = -\frac{20}{3} Re_* + 200 \tag{8-10}$$

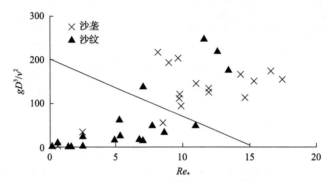

图 8-4　床面形态分界线方程 II

3. 基于弗劳德数判别方法

以弗劳德数、沙粒雷诺数和希尔兹数三个无量纲数分别作为 x、y、z 轴，建立直角坐标系，并将各点实测床面形态资料，依据床面形态分类，绘于坐标系中，利用式(8-7)的分界标准推导不同床面形态的分界面方程[式(8-11)]，得出床面形态分界函数 III(图 8-5)，其中平整-沙纹区域的分界参数为 0.695，沙垄区域的分界参数为 0.708，分界面方程式为

$$\Theta = Re_* + Fr + 0.6 \tag{8-11}$$

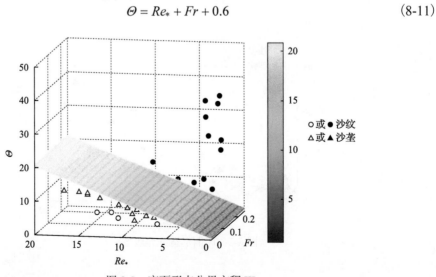

图 8-5　床面形态分界方程 III

4. 床面形态分界函数验证

利用上文床面形态分界方程 I、II 和 III，对长江下游河段典型床面形态进行床面形态预测判别。如图 8-6 和表 8-2 所示，本部分选取 2015 年 7 月 28 至 7 月 31 日和 2016 年 9 月测量的 20 个数据点对判别结果分别进行验证，其中 2015 年 7 月 28 至 7 月 31 日测量数据(编号①～⑧)均匀分布在南京-吴淞口河段；2016 年 9 月测量数据(编号⑨～⑳)分布在

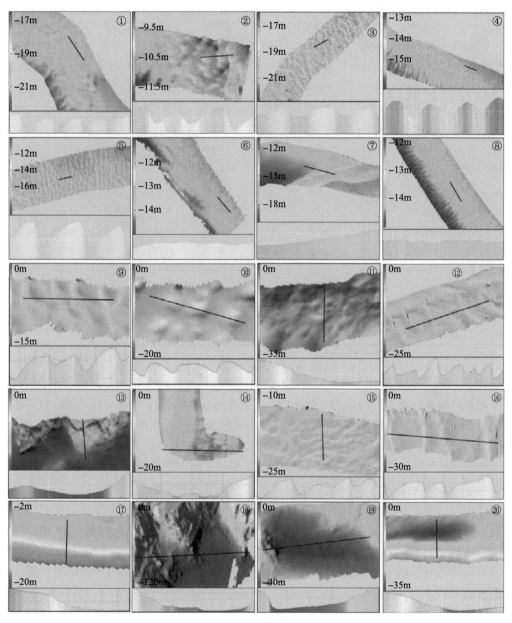

图 8-6　多波束实测床面形态

编号①②③④⑤等床面形态为沙波，⑥⑦⑧等床面形态为沙纹或平整

表 8-2　验证资料参数统计及床面形态预测

编号	粒径/μm	水深/m	流速/(m/s)	坡降(10⁻³)	希尔兹数	沙粒雷诺数	弗劳德数	判别函数Ⅰ	判别函数Ⅱ	判别函数Ⅲ
①	183.6	21.033	0.346	0.016	11.364	10.772	0.020	**沙纹**	**沙纹**	沙垄
②	180.4	13.246	0.309	0.016	7.283	8.399	0.020	**沙纹**	**沙纹**	沙垄
③	193.7	12.778	0.654	0.023	9.162	10.481	0.050	**沙纹**	**沙纹**	沙垄
④	198.7	7.897	0.364	0.001	0.452	2.418	0.040	沙垄	**沙纹**	沙垄
⑤	18.51	15.197	0.860	0.007	36.831	0.620	0.070	**沙纹**	**沙纹**	**沙纹**
⑥	273.4	11.499	0.985	0.023	5.953	14.168	0.090	**沙垄**	**沙垄**	**沙垄**
⑦	68.21	20.226	1.620	0.022	39.511	4.548	0.115	沙纹	沙纹	沙纹
⑧	159.8	18.599	1.553	0.023	16.501	10.540	0.110	沙纹	沙纹	沙纹
⑨	94.6	11.900	0.710	0.035	6.040	26.000	0.065	沙垄	**沙纹**	沙垄
⑩	96.7	12.650	1.160	0.002	1.520	1.550	0.104	沙垄	**沙纹**	沙垄
⑪	123.1	10.860	0.980	0.017	5.230	8.900	0.094	**沙垄**	沙纹	**沙垄**
⑫	117.2	11.330	1.250	0.011	4.090	6.310	0.118	沙纹	**沙纹**	沙纹
⑬	155.3	16.870	0.790	0.008	5.640	5.160	0.060	**沙垄**	沙纹	沙纹
⑭	142.8	14.390	1.060	0.006	4.150	3.590	0.089	**沙垄**	沙纹	沙纹
⑮	78.5	12.100	1.390	0.008	2.418	7.320	0.127	沙纹	**沙纹**	沙纹
⑯	86.5	8.890	0.750	0.007	2.136	4.272	0.080	沙纹	**沙纹**	沙纹
⑰	49.8	17.590	0.870	0.010	2.067	20.970	0.060	沙纹	沙纹	**沙垄**
⑱	107.3	8.400	0.640	0.004	1.947	1.859	0.070	**沙垄**	沙纹	沙纹
⑲	137.6	15.160	0.990	0.0016	2.121	1.046	0.081	**沙垄**	沙纹	沙纹
⑳	191.0	10.680	0.940	0.005	4.369	1.660	0.092	**沙垄**	沙纹	沙纹

注：加粗字体为预测与实测不符的床面形态

南京-湖口河段。结果表明：若仅考虑希尔兹数和沙粒雷诺数建立床面形态判别函数时，床面形态判别结果符合实测的数据点有 9 个，正确率达 45%；若仅考虑 gD^3/v^2 和沙粒雷诺数建立床面形态判别函数时，床面形态判别结果符合实测的数据点仅有 10 个，正确率达 50%；若同时考虑沙粒雷诺数、弗劳德数和希尔兹数建立床面形态分界方程时，数据判别较为准确，床面形态判别结果符合实测的数据点有 16 个，正确率高达 80%。

从床面形态分界方程 Ⅰ 的判别结果发现，在床面形态实测为沙垄的情况下，而预测的结果出现误差的比率高达 40%；从床面形态分界方程 Ⅱ 的判别结果发现，在床面形态实测为沙垄的情况下，而预测的结果出现误差的比率高达 100%。说明未加 Fr 建立判别函数对于沙垄的预测存在较大的误差，显然床面形态分界方程Ⅲ预测结果有明显改善，正确率分别提高了约 50% 和 90%，判别函数预测的结果较为稳定，可考虑应用到河流床面形态的预报中。

通过野外实测数据计算获得沙粒雷诺数、弗劳德数和希尔兹数，并结合实测水下地形数据，推导床面形态分界线方程，与前人研究方法进行对比，预测结果较为理想，结论如下：

（1）建立不同床面形态的分界线方程，各分界线方程的分界参数均在 0.6 以上，对床面形态进行了较好的区分，划定了不同床面形态的分布范围。

（2）在建立床面形态分界线方程时，以弗劳德数、沙粒雷诺数和希尔兹数三参数进行判别，相较于以希尔兹数和沙粒雷诺数双参数进行判别，其判别准确率提高了 35%；相较于以 gD^3/v^2 和沙粒雷诺数双参数进行判别，其判别准确率提高了 30%；基于希尔兹数和沙粒雷诺数数建立的床面形态判别函数，对实测床面形态为沙垄的预测结果误差率达40%，基于 gD^3/v^2 和沙粒雷诺数数建立的床面形态判别函数，对实测床面形态为沙垄的预测结果均未预测成功。进一步说明了 Fr 在低流速区尤其是沙垄的发展阶段，对床面形态判别中的作用不容忽视。

8.3　近 15 年长江下游河床阻力变化特征及影响因素

本章以研究区最上游的九江站作为流量控制站，以最下游的大通站流量作为参考，根据近十年来流量变化过程，选取最大、最小流量作为判断近期潮区界上、下界的极端水情；从各水文站多年实测资料中筛选出短期变化相对平稳的一系列水位数据，通过REDFIT 频谱分析判断水位过程中是否存在潮差的影响，探讨潮区界在不同流量下的变化情况。

8.3.1　河床阻力分布变化特征

1. 沙粒阻力

1）当前长江下游沙粒阻力分布特征

总体上，长江下游自九江至吴淞口河道河床沙粒阻力最大 40N/m²，最小 5.8N/m²，平均沙粒阻力为 20N/m²（图 8-7）各河段内（河段 Ⅰ～Ⅴ）沙粒阻力变化范围差别不大，大多数点都在 8～30N/m² 的范围内波动，但河段Ⅵ（崇明-佘山）沙粒阻力较吴淞口以上河段变化明显剧烈，最大达 63.4N/m²，最小为 23.8N/m²，该河段沙粒阻力极差达 39.6N/m²。

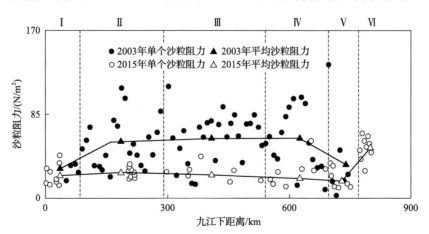

图 8-7　2015 年和 2003 年长江下游河道沙粒阻力变化

长江下游各河段平均沙粒阻力从九江到大通呈缓慢增大的趋势，河段Ⅰ和河段Ⅱ平均沙粒阻力分别为 19.5N/m^2 和 22N/m^2；从大通到吴淞口平均沙粒阻力呈现缓慢降低的趋势，河段Ⅱ-Ⅴ平均沙粒阻力分别为 22N/m^2、21.5N/m^2、18.1N/m^2、16.9N/m^2，共降低了 3.1N/m^2；在长江口，河段Ⅵ（崇明-佘山）平均沙粒阻力为 47.322N/m^2，较近河口河段Ⅴ（天生港-吴淞口）提高了两倍之多，较远离河口段Ⅱ（湖口-大通）提高了一倍之多，说明河段Ⅵ泥沙速度将明显降低，甚至下落沉积。再从以往研究发现，该河段位于长江口最大浑浊带附近，说明沙粒阻力是最大浑浊带泥沙沉积的重要动力因素之一。

2）三峡水库蓄水前后长江下游沙粒阻力的对比

三峡水库蓄水前沙粒阻力计算资料引自长江科学院、王张峤（2006）和王哲（2007），由于河段Ⅵ水动力数据和河床地形数据缺失，暂不作对比分析。三峡蓄水前（2002 年）长江下游自九江至吴淞口河道河床沙粒阻力最大 134N/m^2，最小 2.2N/m^2，平均沙粒阻力为 54.6N/m^2，三峡蓄水后最大河床沙粒阻力和平均沙粒阻力分别减小 85%和 63%，总体上沙粒阻力减小较为明显（图 8-7）。与此同时，三峡蓄水前河段Ⅰ～Ⅴ沙粒阻力大多数点在 25～100N/m^2 的范围内波动，蓄水之后沙粒阻力变化没有这么剧烈，这显然与三峡大坝运用对于下游水动力环境和泥沙的控制增强有关。

三峡蓄水前后，河段Ⅰ～Ⅴ平均沙粒阻力在变化趋势较为一致，均呈现先缓慢增大后缓慢降低的变化特征；但河段Ⅰ～Ⅱ和Ⅳ～Ⅴ沙粒阻力变化幅度减小；各河段平均沙粒阻力也有不同幅度的减小。

2. 沙波阻力

1）当前长江下游沙波阻力分布特征

总体上，长江下游河道各河段河床沙波阻力变化范围差别不大，沙波阻力最大仅为 0.15N/m^2，平均沙波阻力 0.05N/m^2（图 8-8）。各测点沙波阻力占其沙粒阻力不足 1%，说明整个长江下游河道沙粒阻力基本上可以代表河床阻力，在河床阻力的快速定量中可以不考虑沙波阻力。这也进一步说明了在长江河口最大浑浊带附近，沙粒阻力是该区域泥沙沉积决定性动力因素。

2）三峡水库蓄水前后长江下游沙波阻力的对比

三峡水库蓄水前沙波阻力计算资料引自王张峤（2006）和王哲（2007），蓄水前各测点沙波波高尺寸以所在河段平均沙波波高为准，由于河段Ⅵ水动力数据和河床地形数据缺失，暂不作对比分析。三峡蓄水前（2003 年）长江下游自九江至吴淞口河道河床沙波阻力最大 0.67N/m^2，最小 0.04N/m^2，平均沙波阻力为 0.27N/m^2，三峡蓄水后最大河床沙波阻力和平均沙波阻力分别减小 78%和 81%，总体上沙波阻力减小较为明显（图 8-8）。可见三峡大坝运用对于长江河床底形的影响也不可忽视。

8.3.2 河床阻力与宽深比的关系

长江下游河道河床阻力不仅要与中上游流域来水来沙相适应，又要适应于海域动力泥沙的周期变化，最终与径流和潮流的来水来沙条件、边界条件等因素趋于动态平衡（Lovera and Kennedy, 1969）。河床阻力的变化必然需要纵剖面和横剖面的变化来进行动态调整，其中宽深比就是衡量河床形态变化的主要参数（Aberle et al., 2010）。因此，分析不同河段河床阻力与宽深比之间的关系，可以判断宽深比对河床阻力的影响。

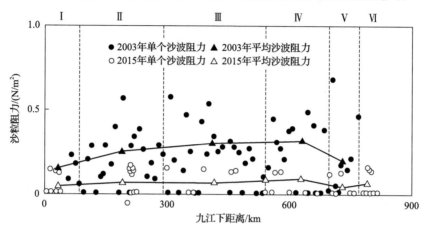

图 8-8　2015 年和 2003 年长江下游河道沙波阻力变化

对长江下游河道各河段（Ⅰ～Ⅵ）测点的河床阻力和相对应的宽深比分别进行线性、指数、对数以及二次函数的相关性分析，三峡蓄水后各测段河床阻力与宽深比均是二次相关性最大。并对比三峡蓄水前后河床阻力与宽深比的相关关系，总体上，三峡蓄水前各测段河床阻力与宽深比相关性较小。二次函数的拟合结果表明（图 8-9）：蓄水前后，河段Ⅰ河床阻力与宽深比相关关系均为强相关，相关系数分别为 0.77 和 0.88；但河段Ⅱ河床阻力与宽深比相关关系从弱相关转化为强相关，相关系数分别为 0.02 和 0.7，河段Ⅲ河床阻力与宽深比相关关系变化不大，均为弱相关；河段Ⅲ河床阻力与宽深比相关关系也变化不大，均为弱相关；河段Ⅳ两者相关关系从中等相关变为弱相关，相关系数分别为 0.5 和 0.02；河段Ⅴ两者相关关系均为弱相关，但是相关系数变化较大，相关系数分别为 0.3 和 0.008。与此同时，2015 年测得河段Ⅵ河床阻力与宽深比相关关系较小，仅为 0.14。

8.3.3　河床阻力与粒度的关系

河床粗糙不平是形成河床阻力尤其是沙粒阻力的本质所在，目前河流运动力学的最普遍做法是利用河床底质的粒径乘以一个经验常数来作为河床的凸起高度，即当量粗糙度来描述床面的粗糙形态。因此，分析不同河段河床阻力与粒度之间的关系，可以判断粒度对河床阻力的影响（Aberle et al., 2010）。

对长江下游河道各河段（Ⅰ～Ⅵ）测点的河床阻力和相对应的粒度分别进行线性、指数、对数以及二次函数的相关性分析，三峡蓄水后各测段河床阻力与粒度二次相关性最大，但是相关性系数较小。并对比三峡蓄水前后河床阻力与粒度的相关关系。总体上，

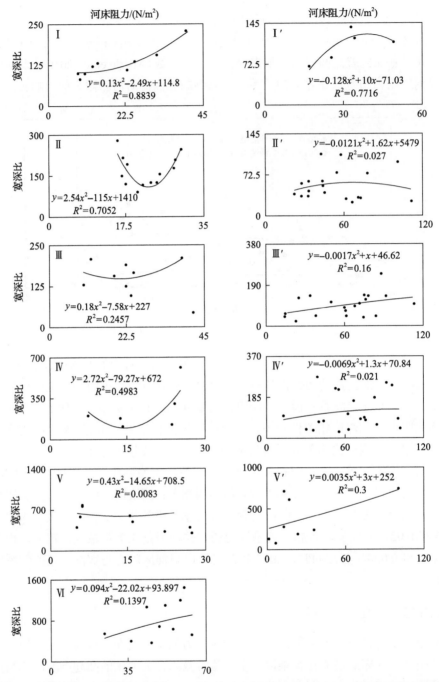

图8-9　2015年(Ⅰ~Ⅵ)和2003(Ⅰ′~Ⅴ′)年长江下游河道河床阻力与宽深比相关关系

三峡蓄水前各测段河床阻力与宽深比相关性较大。二次函数的拟合结果表明(图8-10): 蓄水前后,河段Ⅰ河床阻力与粒度相关关系从强相关转化为弱相关,相关系数分别为0.65 和0.158;河段Ⅱ河床阻力与粒度相关关系均为弱相关,但相关性系数变化较大,相关系 数分别为0.3和0.09;河段Ⅲ河床阻力与粒度相关关系从强相关转化为弱相关,相关系数分别为 0.64 和 0.002；河段Ⅳ两者相关关系从弱相关变为中等相关，相关系数分别为 0.37 和 0.64；河段Ⅴ两者相关关系大约中等相关变为弱相关，相关系数分别为 0.44 和 0.19；与此同时，2015 年测得河段Ⅵ河床阻力与粒度相关关系较大，相关系数为 0.5。

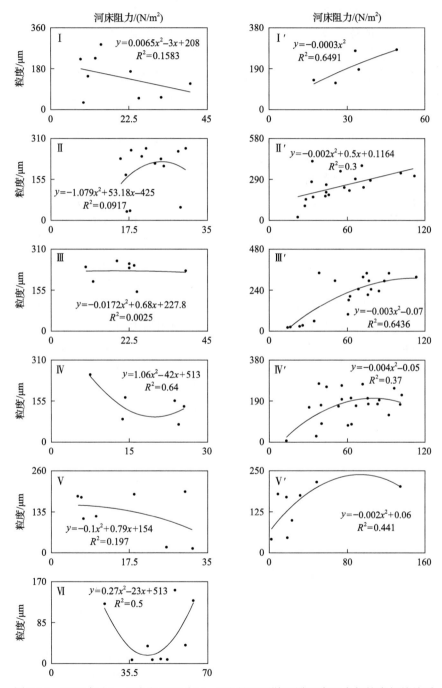

图 8-10　2015 年（Ⅰ～Ⅵ）和 2003（Ⅰ′～Ⅴ′）长江下游河道河床阻力与粒度相关关系

8.3.4　河床阻力与流速的关系

冲积河流中水流和泥沙对河床的作用力是产生河床阻力最直接的原因。因此，分析不同河段河床阻力与流速之间的关系，可以判断流速对河床阻力的影响。

对长江下游河道各河段（Ⅰ～Ⅵ）测点的河床阻力和相对应的流速分别进行线性、指数、对数以及二次函数的相关性分析，三峡蓄水后各测段河床阻力与流速二次相关性最大，而且，相关性多呈强相关性。并对比三峡蓄水前后河床阻力与流速的相关性，总体上，三峡蓄水前各测段河床阻力与宽深比相关性较小。二次函数的拟合结果表明（图 8-11）：蓄水前后，河段Ⅰ河床阻力与流速相关关系从强相关转化为中等相关，相关系数分别为 0.95 和 0.56；河段Ⅱ河床阻力与流速相关关系则直接从强相关转化为弱相关，相关系数分别为 0.74 和 0.03；河段Ⅲ河床阻力与流速相关关系从强相关转化为弱相关，相关系数分别为 0.92 和 0.15；河段Ⅳ两者相关关系也是从强相关转化为弱相关，相关系数分别为 0.72 和 0.12；河段Ⅴ两者相关关系从弱相关变为强相关，相关系数分别为 0.15 和 0.68；与此同时，2015 年测得河段Ⅵ河床阻力与流速相关关系较大，相关系数为 0.77。

从以上分析可以看出，三峡蓄水前，长江下游河道河床阻力与上述三个影响因素相关性从大到小依次为粒度、流速和宽深比，相应的平均相关系数依次为 0.48、0.3 和 0.25。三峡蓄水后，长江下游河道河床阻力与上述三个影响因素相关性从大到小依次为流速、宽深比和粒度，相应的平均相关系数依次为 0.71、0.41 和 0.3。总体上，三峡蓄水前后，粒度对于河床阻力的影响明显降低，这与三峡大坝运用后下游泥沙供给较蓄水前明显减少有关。宽深比则对河床阻力的影响明显增强，相关性系数增大了两倍以上，显然，这与三峡蓄水之后长江下游人类活动密不可分，如航线利用，航道整治束窄了河道，制约了河道的横向摆动（Manning et al., 1890）。而三峡蓄水前后，长江下游河道各河段河床阻力主要受影响因素又有所不同，具体表现为：河段Ⅰ在蓄水前河床阻力受宽深比和粒度影响最大，蓄水后，河床阻力受宽深比和流速影响最大；河段Ⅱ、河段Ⅲ和河段Ⅳ在蓄水前河床阻力受粒度影响最大，蓄水后，河床阻力受流速影响最大；这三个河段变化趋势较为一致。河段Ⅴ在蓄水前河床阻力受流速影响最大，蓄水后，与三个影响因素相关关系均不明显。因此，可获以下结论：

（1）三峡蓄水前长江下游自九江至吴淞口河道河床沙粒阻力最大 134N/m^2，最小 2.2N/m^2，平均沙粒阻力为 54.6N/m^2。而三峡蓄水后，长江下游自九江至吴淞口河道河床沙粒阻力最大 40N/m^2，最小 5.8N/m^2，平均沙粒阻力为 20N/m^2。三峡蓄水前后，最大河床沙粒阻力和平均沙粒阻力分别减小 85% 和 63%，总体上沙粒阻力减小较为明显；总体上，各河段（河段Ⅰ～Ⅴ）在两个时间段平均沙粒阻力沿程均呈先增大后减小的变化趋势，但是变化幅度变小。

（2）三峡蓄水前，长江下游河道各河段河床沙波阻力变化范围差别不大，沙波阻力最大仅为 0.67N/m^2，平均沙波阻力 0.27N/m^2。三峡蓄水后，长江下游河道各河段河床沙波阻力变化范围差别不大，沙波阻力最大仅为 0.15N/m^2，平均沙波阻力 0.05N/m^2。各测点沙波阻力占其沙粒阻力不足 1%，说明长江下游河道河床阻力以沙粒阻力为主。两个时间点上，各测点沙波阻力占其沙粒阻力均不足 1%，说明长江下游河道河床阻力以沙粒阻力为主。

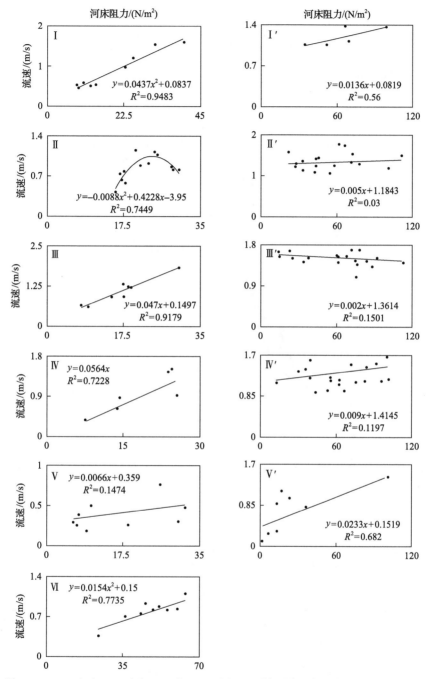

图 8-11　2015 年（Ⅰ～Ⅵ）和 2003（Ⅰ′～Ⅴ′）长江下游河道河床阻力与流速相关关系

（3）三峡蓄水前，长江下游河道河床阻力与上述三个影响因素相关性从大到小依次为粒度、流速和宽深比，相应的平均相关系数依次为 0.48、0.3 和 0.25。三峡蓄水后，长江下游河道河床阻力与上述三个影响因素相关性从大到小依次为流速、宽深比和粒度，相应的平均相关系数依次为 0.71、0.41 和 0.3。但三峡蓄水前后，具体到各河段河床阻力主要受影响因素又有所区别。

8.4　基于河床阻力的南京河段洪水流量预测

8.4.1　Delft3D 模型建模

1. 计算区间及网格

模型计算范围为：西起长江南京河段的新济洲，东至长江干流与支流大道河交汇口。东西向的长度大约为90km。模型总网格数为702×27（图8-12），水平空间网格宽度为16～31000m，垂直分为5层，各层水深分别为 0.15H, 0.20H, 0.30H, 0.20H, 0.15H。

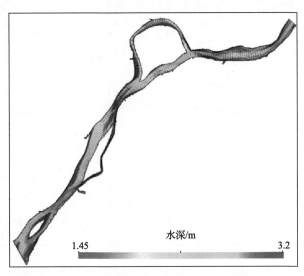

水深/m

1.45　　　　　　　　　　　　　　　　　　　　　　3.2

图 8-12　计算区域网格划分及 DEM 图

2. 边界条件及相关参数的选取

模型上边界和下边界水位过程线由南京水文站和大通水文站的水位过程线插值给出。初始潮位取 1m，流速取 0。潮流数学模型的计算步长取 0.01min（表 8-3）。

表 8-3　模型参数选取

编号	粒度/μm	坡降/10⁻³	沙粒阻力/(N/m²)	沙波阻力/(N/m²)	河床阻力/(N/m²)	曼宁系数 n	步长/min	风拖拽力/(N/m²)
①	152.7	0.0235	24.63	0	24.63	0.0187		
②	273.4	0.0238	19.00	0	19.00	0.0192		
③	193.7	0.0233	12.08	2.52	12.21	0.0186		
④	261.0	0.0233	22.34	2.49	22.47	0.0158	0.01	0.02
⑤	250.6	0.0223	10.00	2.68	10.11	0.0145		
⑥	256.6	0.0232	23.8	2.40	23.93	0.0180		
⑦	233.9	0.0216	38.54	2.28	38.68	0.018		
⑧	245.7	0.0218	22.36	2.20	22.51	0.023		

8.4.2　模型的率定及验证

选用 2015 年 8 月 10 日 0:00 到 2015 年 8 月 13 日 24:00 水位资料和流量资料进行率定，模拟结果与实测结果较为一致，率定结果如图 8-13 所示。

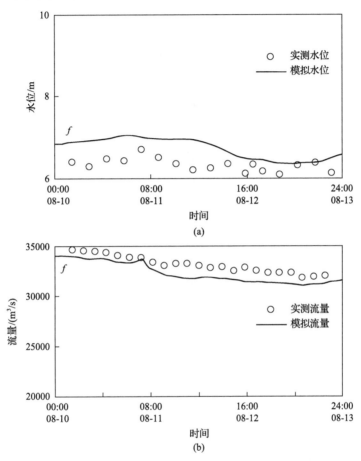

图 8-13　2015 年 8 月 10 日 0:00 至 13 日 24:00 水位和流量 Delft3D 模拟结果与实测值对比

(a)水位；(b)流量

8.4.3　南京河段洪水数值模拟

1. 不同洪水位下南京河段过境流量的预测

本部分根据南京历史水文资料，选取了三个有代表性的水位值进行洪水流量的预测，水位分别为 13.5m、9m 和 8.5m。其中 13.5m 是 2010 年长江南京河段应急加固工程的堤顶高程；9m 约是自 1999 年以来南京主城区最高的超警戒水位，8.5m 是洪季长江南京河段平均警戒水位。每个洪水位在模型中运行 3 天。图 8-14 显示不同水位模拟情景下，南京水文站流量变化过程。

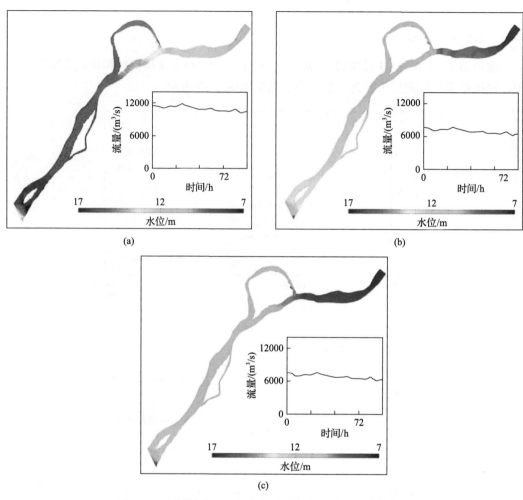

图 8-14　不同水位下南京水文站洪水流量过程线及情境图
(a) 13.5m；(b) 11.7m；(c) 9m

当南京水文站水位上升至 13.5m 时，过境流量变化范围从 110000m³/s 增长到 111650m³/s，平均流量为 113000m³/s[图 8-14 (a)]。从过去一百年的水位数据可以发现南京河路应急加固工程的设计堤高可以抵御百年一遇的洪水。与此同时，八卦洲上游洲头水位高程约 13.1m，下游洲尾水位高程约为 11.7m[图 8-14 (a)]，上游和下游之间的水位差达 1.4m，水位坡降为 1.38×10⁻³。然而，南京河段平均水力坡度为 0.6×10⁻³。显然，八卦洲对洪水从上游到下游的下泄有着明显的延阻作用，不利于泄洪的管理。

当南京水文站水位上升至 9m 时，过境流量变化范围从 67000m³/s 增长到 74000m³/s，平均流量为 71000m³/s[图 8-14 (b)]。从近百年的水位数据可以发现水位高程超过 9m 的年份有 12 次，如 1973 年流量约为 70000m³/s，1973 年流量约为 67700m³/s，1973 年流量约为 67400m³/s 以及 1980 年流量约为 64000m³/s，与历史同水位相比，模拟流量与历史水位实测流量测量较为一致，说明本部分模拟效果较为理想。与此同时，八卦洲上游洲头水位高程约 9.9m，下游洲尾水位高程约为 8.8m[图 8-14 (b)]，上游和下游之间的水位差达 1.1m，水位坡降为 1.09×10^{-3}。然而，南京河段平均水力坡度为 0.6×10^{-3}。显然，当南京水位是 9m 的时候，八卦洲对洪水从上游到下游的下泄也有着明显的延阻作用，不利于泄洪的管理。

南京水文站水位上升至 8.5m 时，过境流量变化范围从 65000m³/s 变为 73000m³/s，平均流量为 69000m³/s[图 8-14(c)]。同时，八卦洲上游洲头水位高程约 9.5m，下游洲尾水位高程约为 8.5m[图 8-14(c)]，上游和下游之间的水位差达 1m，水位坡降为 1.09×10^{-3}。然而，南京河段平均水力坡度为 0.58×10^{-3}。从以上的研究结果发现，随着水位的抬升，八卦洲对于洪水下泄的延阻愈发明显。

2. 重大水利工程前后南京洪水警戒流量的变化

从南京水文站历史水文数据获悉，三峡工程实施之前长江南京水文站出现警戒水位约 9.0m 的大洪水年，有记录流量资料以来按大小排序依次为 1973 年、1969 年、1977 年、1980 年以及 1991 年，其主要的情况和水文特征列于表 8-4。三峡工程等重大水利工程实施之前，南京水文站出现警戒水位约 9.0m 时，警戒流量变化范围为 63000~70000m³/s，而本部分基于近期实测数据对南京河段进行数值模拟发现平均流量为 71000m³/s，最高峰值流量约为 74000m³/s，显然，随着长江下游来水来沙量的变化以及南京河段的改造，河床阻力有减小的趋势，泄洪疏浚的效果有所改善。

表 8-4　历史警戒水位约 9.0m 时南京水文站流量　　　　　（单位：m³/s）

指标	1973 年	1969 年	1977 年	1980 年	1991 年	近期模拟估算
流量	70000	67700	67400	64000	63200	71000

3. 最低通航水位下南京河段过境流量的预测

根据南京历史水文资料选取了 0.74m 作为长江南京河段最低通航要求的水位，模型运行时间为 3 天。模拟结果显示，当南京水文站水位达 0.74m 时，过境流量变化范围从 4300m³/s 变为 4600m³/s，平均流量为 4470m³/s。与此同时，八卦洲上游洲头水位高程约 0.79m，下游洲尾水位高程约 0.74m（图 8-15），上游和下游之间的水位差达 0.05m，水位坡降为 0.048×10^{-3}。然而，南京河段平均水力坡度为 0.02×10^{-3}。从研究结果发现，及时在最低通航水位下，八卦洲的水位坡降也明显高于整个南京河段平均水力坡降。

综上所述，可获得如下结论。

(1) 在建立床面形态分界线方程时，以弗劳德数、沙粒雷诺数和希尔兹数三参数进行判别，相较于以希尔兹数和沙粒雷诺数双参数进行判别，其判别准确率提高了 35%；相较于以 gD^3/v^2 和沙粒雷诺数双参数进行判别，其判别准确率提高了 30%；基于希尔兹数和沙粒雷诺数数建立的床面形态判别函数，对实测床面形态为沙垄的预测结果误差率达 40%，基于 gD^3/v^2 和沙粒雷诺数数建立的床面形态判别函数，对实测床面形态为沙垄的预测结果均未预测成功。进一步说明了 Fr 在低流速区尤其是沙垄的发展阶段，对床面形态判别中的作用不容忽视。

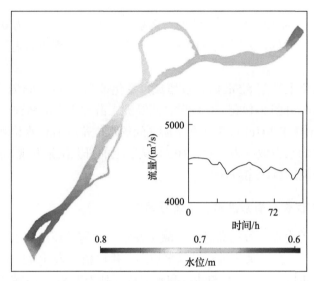

图 8-15　最低通航水位下洪水流量过程线及情境图

(2)三峡蓄水前长江下游自九江至吴淞口河道河床沙粒阻力最大 134N/m²，最小 2.2N/m²，平均沙粒阻力为 54.6N/m²。而三峡蓄水后，长江下游自九江至吴淞口河道河床沙粒阻力最大 40N/m²，最小 5.8N/m²，平均沙粒阻力为 20N/m²。三峡蓄水前后，最大河床沙粒阻力和平均沙粒阻力分别减小 85%和 63%，总体上沙粒阻力减小较为明显；总体上，各河段(河段Ⅰ～Ⅴ)在两个时间段平均沙粒阻力沿程均呈先增大后减小的变化趋势，但是变化幅度变小。

(3)三峡蓄水前，长江下游河道各河段河床沙波阻力变化范围差别不大，沙波阻力最大仅为 0.67N/m²，平均沙波阻力 0.27N/m²。三峡蓄水后，长江下游河道各河段河床沙波阻力变化范围差别不大，沙波阻力最大仅为 0.15N/m²，平均沙波阻力 0.05N/m²。各测点沙波阻力占其沙粒阻力不足 1%，说明长江下游河道河床阻力以沙粒阻力为主。两个时间点上，各测点沙波阻力占其沙粒阻力均不足 1%，说明长江下游河道河床阻力以沙粒阻力为主。

(4)三峡蓄水前，长江下游河道河床阻力与上述三个影响因素相关性从大到小依次为粒度、流速和宽深比，相应的平均相关系数依次为 0.48、0.3 和 0.25。三峡蓄水后，长江下游河道河床阻力与上述三个影响因素相关性从大到小依次为流速、宽深比和粒度，相应的平均相关系数依次为 0.71、0.41 和 0.3。但三峡蓄水前后，具体到各河段河床阻力主要受影响因素又有所区别。

(5)基于河床阻力对南京河段洪水进行了数值模拟并预测在不同水位高程下南京水文站过境流量的变化过程。研究发现，当设计洪水位为 13.5m 时，长江南京河段平均过境流量约为 113000m³/s；当设计洪水位为 9m 时，长江南京河段平均过境流量约为 71000m³/s；当设计洪水位为 8.5m 时，长江南京河段平均过境流量约为 68000m³/s；为了保证水位在最低通航水位 0.74m 以上，上游来水流量至少要保证约 4300m³/s。而且，从不同水位模拟的结果发现八卦洲的洲头至洲尾段水力坡降均远远大于南京河段的平均水力坡降，且随着设计洪水位的增高，八卦洲河段水力坡降有增大的趋势。

本章研究还有以下尚待深入之处。

一是基于现场实测数据和历史资料的近期长江下游河床阻力变化特征分析,虽然探讨了河床阻力的影响因素,但对于产生这种河床阻力变化特征和影响因素的动力机制尚需进一步讨论。

二是对三峡大坝封坝前后河床阻力的变化特征及影响因素进行的对比分析,由于历史资料的限制,研究过程中部分测点河床形态不完整,后续需要进一步的完善并尽量增加数据量。

第9章 长江河口段河槽冲淤和微地貌
演变对人类活动的响应

河槽演变和水下微地貌一直都是流域地貌学和河口海岸工程等领域众多学者关注的热点问题。随着世界人口的急剧增长，人们对土地和水资源的需求愈发强烈，因此以有效地、可持续地方式管理大的河流和河口以及预测水流的流动、泥沙输运和河槽与岸滩的稳定性变得至关重要。近年来人类活动对河流和河口区域的干扰逐渐增强，已经显著影响了河口河槽演变过程和微地貌分布特征。众所周知，自 20 世纪 50 年代以来，长江流域已经建设了超过 50000 座大坝，其中 2003 年开始蓄水的三峡大坝及其他涉水工程的建设导致流域到达河口的来沙量显著减少，而深水航道治理和青草沙水库等河口大型工程的实施会影响河口河槽的地形边界条件和局部区域的水动力，促使长江河口段徐六泾以下河槽演变和微地貌特征处于不断地调整和适应中。本章利用 2012～2015 年在长江河口和 2012 年在密西西比河口实施河槽地貌测量时获得的多波束测深数据和浅地层剖面记录，结合河槽表层沉积物取样分析和海图资料，分析和比较近期长江河口和密西西比河口的河槽演变和微地貌特征，探讨长江河口段河槽演变过程和微地貌的形态变化对人类活动的响应。

9.1 资料来源与研究方法

9.1.1 水深、流量和输沙量数据收集

数字高程模型(DEM)是一种研究河口河槽演变的有用工具(Blott et al., 2006; Jaffe et al., 2007)。为了研究长江河口的河槽演变，收集了系列海图和历史实测水深数据(表 9-1)。这些海图是政府的官方文件，具有较高的精度和可信性，一直应用在长江河口河槽演变的科学研究中(和玉芳等, 2011; 计娜等, 2013; Jiang et al., 2012)。用ArcGIS 软件对这些海图(1∶15000、1∶25000、1∶50000 和 1∶75000 比例尺)进行数字化分析和处理(表 9-1)。另外，大通水文站记录的 2002～2013 年的流量和输沙量数据收集自长江泥沙公报。

表 9-1　长江河口各河段水深数据和海图资料来源

年份	航道	比例尺	资料来源
1983	南槽、北槽	1∶50000	中国人民解放军海军司令部航海保证部
1992	南港、北港	1∶75000	交通部安全监督局

续表

年份	航道	比例尺	资料来源
1995	南槽、北槽	1:50000	交通部安全监督局
1998	南港	1:25000	交通部安全监督局
2002	南支、南港、北港，南槽、北槽和横沙通道	1:10000	CJWAB
2007	南支、北港和横沙通道	1:10000	CJWAB
2010	南槽、北槽	1:60000	SECSRC
2013	南槽、北槽和南港	1:60000	SECSRC
	北港和横沙通道	1:15000	中华人民共和国国家海事局

CJWAB：交通部长江河口航道管理局；SECSRC：上海河口海岸研究中心

9.1.2　河槽地貌及其演变测量

　　于 2012 年 12 月、2014 年 11 月 29～31 日和 2015 年 2 月 1～7 日利用多波束测深系统和浅地层剖面仪等先进现场测量仪器对长江河口南港、北港、南槽、北槽、横沙通道和圆圆沙航槽进行河槽地貌的测量(图 9-1)，并使用抓泥斗采样器同步采取河槽表层沉积

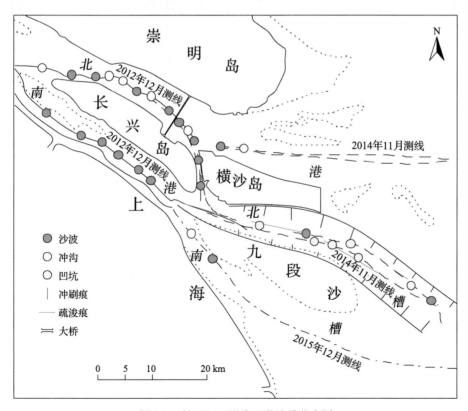

图 9-1　长江河口测线及微地貌分布图

物样品。多波束测深系统为美国 Reson 公司生产的 Seabat 7125 型,工作频率为 200/400kHz
(双频可选)、在 400kHz 的工作频率下,中央波束角为 0.5°,最大频率在 50kHz 左右,
最高测深分辨率为 6mm,用定制的钢架加缆绳兜底将换能器固定在船体左侧,控制船速
在 2.5m/s 左右。浅地层剖面仪为美国 Edge Tech 公司生产的 Edge Tech3100 型,拖鱼型
号为 SB-216S,用缆绳固定在船的右侧,工作频率和功率分别在 2～16kHz 和 2000W,
脉冲长度为 20m/s,可适应 300m 水深,最大垂直分辨率在 0.06～0.1m。测量期间天气状
况是良好的(稳定的风和波浪条件)。

9.1.3　数据分析

　　用 ArcGIS 软件创建的数字高程模型来数字化和分析水深数据和海图资料。首先,在
已知的地理坐标系上用 10 个控制点来配准海图。将所有的水深值转换到高斯克吕格投影
的 1984 年北京坐标系。高程和深度值以理论最低潮面(13 个分潮组合下的潮水位最低值)
为基准面。随后在 ArcGIS 10.1 平台上用克里格插值技术将所有数据集内插成 200×200m
分辨率的网格。克里格插值技术一直广泛地应用在基于水深数据的河槽演变分析中(van
der Wal et al., 2002; van der Wal and Pye, 2003; Zhao et al., 2015)。

　　三峡蓄水工程实施之前和之后长江河口横剖面和纵剖面的位置分别在图 9-2 和图 9-3 中
显示,南支河段、南港、北港、圆圆沙航槽、南槽和北槽的横剖面的起点位置在北岸,终点
位置在南岸,横沙通道的起点位置在东岸,终点位置在西岸。南支河段、南港、北港、南槽
和北槽的纵剖面的起点位置在西岸,终点位置在东岸,横沙通道的起点位置在北岸,终点位
置在南岸。用前一年的水深值和面积值分别减去后一年的水深值和面积值来确定研究区域

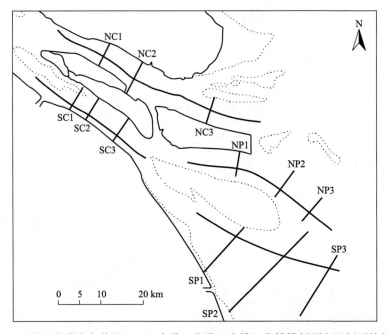

图 9-2　三峡工程蓄水之前长江河口南港、北港、南槽、北槽横剖面和纵剖面的位置图

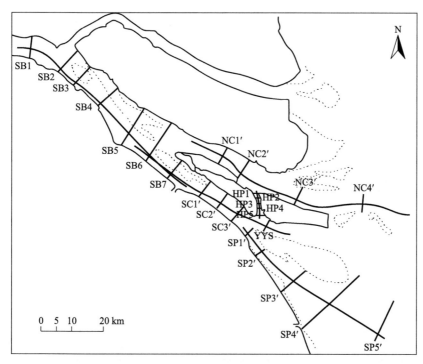

图 9-3　三峡蓄水工程影响下的长江河口南支、南港、北港、南槽、
圆圆沙航槽和横沙通道横剖面和纵剖面的位置图

的水深变化和横剖面的面积变化。为了量化侵蚀和淤积速率，1983~2002 年和 2002~
2013 年的体积变化被计算，提供了估算泥沙量变化的基础。基于水深和克里格插值技术
研究的水深变化和泥沙体积变化的相关误差一般被认为是小于 10%(Jiang et al., 2012)。

多波束测深系统和浅地层剖面仪均由微机控制操作和获取数据，采集的多波束数据
先进行了吃水改正和声速改正，后又经过了姿态校正和潮汐校正。用 PDS 2000 软件(丹
麦特丽丹公司)编辑模块剔除了异常波。吴淞水文站的潮位数据被用来进行潮位校正，该
水文站的高程基准面低于平均海平面 202cm。采集的浅地层剖面仪数据用高分辨单道地
震数据处理系统(HRSSDP Ver 2.0)进行了后处理并剔除了二次波。

将采集的河槽表层沉积物样品自然风干后，在华东师范大学沉积实验室用六偏磷酸
钠溶液(NaPO$_3$)$_6$和超声波将沉积物样品分散后，用 10%的 H$_2$O$_2$ 溶液和 10%的 HCL 溶液
来去除样品中的有机质和 CaCO$_3$，然后用 Coulter(LS-100Q)激光粒度仪进行粒度测定。
用福克分类标准将沉积物分为黏土类(<0.0039mm)、粉砂类(0.0039~0.0625mm)和砂类
(0.0625~2mm)，沉积物的命名采用黏土-粉砂-砂组分含量三角图示法，含量高于 20%
的组分参与命名，将含量低的组分命名在前，含量高的组分命名在后。

9.1.4　沙波特征的确定和统计分析

用 Microsoft Excel 软件来分析长江河口和密西西比河口近口段的沙波特征。沙波在
大小和形状上通常是不规则的，波长可以被定义为两个相邻的波峰之间的距离，波高指
的是相邻的波峰和波谷之间的高程差。所有的统计分析均用 Microsoft Excel 软件进行。

Paired Student's *t*-test 被用来比较不同河段沙波尺度的差异性。*p*<0.05 被认为是统计具有显著性。

9.1.5　长江河口大型工程

随着人类活动对河口区域的干扰逐渐增强，近年来长江河口区域建设了一系列近岸涉水工程，主要包括航道工程、水库工程和圈围工程等(表 9-2)。

表 9-2　长江河口大型工程

工程名称	建设时间	工程范围	面积
深水航道治理工程	1998 年 1 月至 2001 年 6 月 (一期工程) 2002 年 5 月至 2005 年 3 月 (二期工程) 2006 年 9 月至 2010 年(三期工程)	南港、圆圆沙和北槽	
青草沙水库工程	2007 年 6 月至 2009 年 1 月	位于长兴岛北侧和西侧的中央沙、青草沙以及北小泓、东北小泓等水域范围	66.15km²
中央沙圈围工程	2006 年 11 月至 2007 年	南港与北港分流口	2.27 万亩①
横沙东滩促淤圈围工程	2003 年 12 月至今	横沙岛东侧的横沙东滩及横沙浅滩上	
浦东机场外侧滩涂促淤圈围工程	2010 年 11 月至 2011 年 1 月	浦东机场外侧	2 万亩

9.2　近期长江河口段河槽演变规律

两千年前，长江河口为典型的喇叭状海湾，湾口宽度为 180km，北界在苏北如东，南界在奉贤柘林，湾顶在杨中至江阴之间，潮流界在扬州附近。近两千年来是长江河口分汊河型的孕育期，大量入海泥沙充填在长江河口湾，导致现代长江三角洲快速增长，其发育模式为北岸沙岛并岸成陆，南岸边滩向海推展，河口束狭并向外延伸，河道逐渐成形，河槽持续加深。

近半个世纪以来，人类活动对长江流域和河口区域的干扰愈发强烈，其中 1998 年实施的长江河口深水航道治理工程和 2003 年开始蓄水的三峡大坝工程分别为我国历史上最大的航道治理工程和水库工程，显著地影响了河口区域的河槽演变过程。而黎兵等(2015)的研究表明三峡蓄水工程对长江河口区域的水下地形演变具有控制性作用，因此，下文以三峡蓄水工程的实施为时间节点，区别介绍该工程实施之前的长江河口河槽演变过程和工程影响下的河槽演变过程。

9.2.1　三峡工程实施之前的长江河口河槽演变过程

径流在长江河口河槽成形过程中起着主导作用，而洪水是塑造河槽地形框架的基本动力，对长江河口河槽演变过程有着至关重要的作用(陈吉余等，1988)。1842 年，长江河口南港为主要的入海汊道，口门铜沙滩顶水深约 6.4m，是当时上海港的开港航道，在经过 1849 年、1860 年和 1870 年三次大洪水作用后，长江南支主流折向北港，致使 1860～

---

① 1 亩≈666.7m²

1927 年期间北港成为主要入海汊道,南港则逐渐淤浅(巩彩兰和恽才兴, 2002)。1870 年为长江数百年来罕见的区域性上游型特大洪水,宜昌站洪峰流量高达 1.05 万 m³/s,对促进南港、北港分流口的形成和恢复南港水深起到了重要作用(恽才兴, 2004)。1931 年和 1935 年发生的大洪水改使南港-南槽河段为主要的入海汊道,而 1949 年和 1954 年发生的大洪水不仅使南支和南港、北港的河势得到良好发展,还创造了北槽这一新生入海汊道,横沙通道亦是 1954 年特大洪水造床作用所产生的新生汊道(桑永尧等, 2003)。

长江河口深水航道治理工程和三峡蓄水工程实施之前,长江河口河槽演变过程在一定程度上受到洪水作用的影响。由于长江河口拦门沙河段(北槽、南槽和北港)具有洪淤枯冲的特点(巩彩兰和恽才兴, 2002),而 1983 年长江流域发生了大洪水,故 1983~1995 年,北槽和南槽河段应该出现淤积。由于长江河口段造床流量约 60400m³/s(陈吉余等, 1988),而 1992~1998 年,长江大通站的洪峰流量超过 60000m³/s(恽才兴, 2004),故该时间段内长江河口南港河段正经历洪水造床过程。1992~2002 年,北港河段不仅经历了洪峰流量超过 60000m³/s 的 6 年(1992~1998 年),还经历了 1998 年长江全流域发生的特大洪水,故洪水造床作用十分明显,而根据洪淤枯冲的特点,北港拦门沙河段应出现淤积。

1. 冲淤量的变化

三峡蓄水工程实施之前,在 1992~2002 年期间,北港河段河槽有冲有淤,整体为淤积态势,泥沙冲刷量为 4.91 亿 m³,淤积量达 6.38 亿 m³,净淤积量为 1.47 亿 m³,平均每年淤积 0.147 亿 m³,且冲刷主要集中在北港中上段,而淤积主要发生在北港拦门沙河段(图 9-4,表 9-3)。

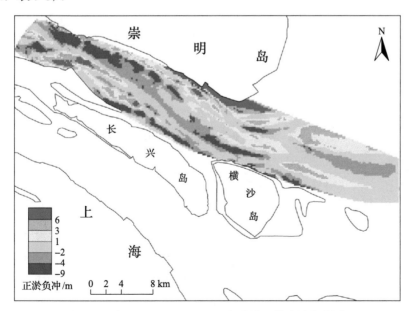

图 9-4　长江河口 1992~2002 年北港河槽冲淤变化图

表 9-3　南港、北港河段横剖面面积的变化

年份	SC1/m²	SC2/m²	SC3/m²	NC1/m²	NC2/m²	NC3/m²
1992	60341	47738	59361	53213	57822	42094
1998	63408	63603	56064			
2002				56776	66536	39146
1992~1998 年变化/%	5.08	2.54	−5.55			
1992~2002 年变化/%				6.7	15.07	7

深水航道治理和三峡蓄水工程均未实施之前，在 1992~1998 年，南港河段河槽有冲有淤，整体为冲刷态势，泥沙冲刷量达 2.06 亿 m³，淤积量为 1.83 亿 m³，净冲刷量为 0.23 亿 m³，平均每年冲刷 0.037 亿 m³，且冲刷主要集中在南港的中上段，而南港下段则以淤积为主(图 9-5，表 9-4)。

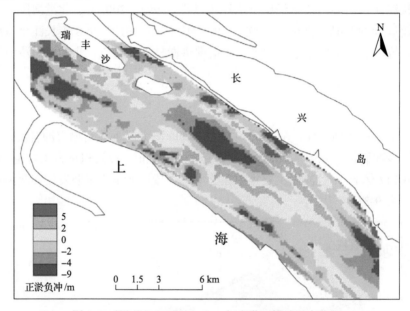

图 9-5　长江河口 1992~1998 年南港河槽冲淤变化图

表 9-4　南槽、北槽河段横剖面面积的变化

年份	SP1/m²	SP2/m²	SP3/m²	NP1/m²	NP2/m²	NP3/m²
1983	61686	91881	101047	35512	45896	48852
1995	51442	82560	93578	32289	41926	44776
1983~1995 年变化/%	−16.61	−10.14	−7.39	−9.08	−8.65	−8.34

深水航道治理和三峡蓄水工程均未实施之前，在 1983~1995 年期间，北槽河段的河槽有冲有淤(图 9-6)，整体表现为淤积态势，泥沙冲刷量达 1.22 亿 m³，淤积量为 3.53 亿 m³，净淤积量为 2.31 亿 m³，平均每年淤积达 0.19 亿 m³。

深水航道治理和三峡蓄水工程均未实施之前，在 1983~1995 年期间，南槽河段(中下段和口外段)河槽有冲有淤(图 9-7)，整体表现为淤积态势，泥沙冲刷量达 1.12 亿 m³，

淤积量为 4.85 亿 m³，净淤积量为 3.73 亿 m³，平均每年淤积达 0.31 亿 m³。

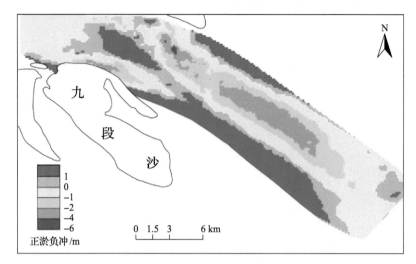

图 9-6　长江河口 1983～1995 年北槽河槽冲淤变化图

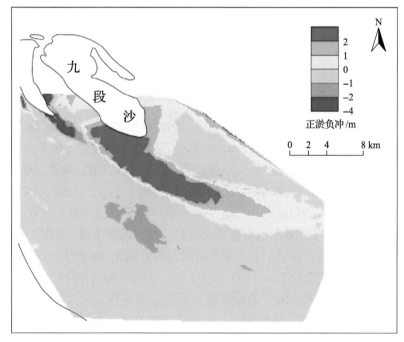

图 9-7　长江河口 1983～1995 年南槽河槽冲淤变化图

2. 横剖面的变化

选择在 1992 年北港河段中段和拦门沙河段沿垂直河道方向由北向南做剖面 NC1、NC2 和 NC3（图 9-2 和图 9-8），各剖面的坐标分别为（121.68°E，31.51°N; 121.65°E，31.46°N），（121.76°E，31.47°N; 121.72°E，31.41°N）和（121.94°E，31.40°N; 121.92°E，31.35°N）。

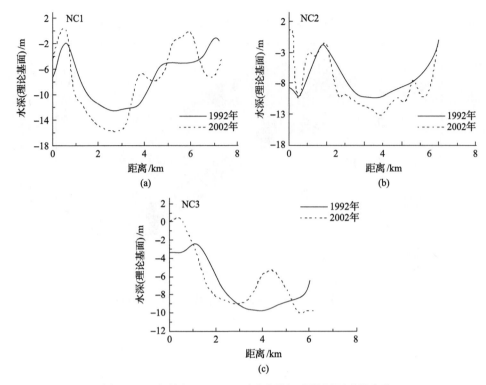

图 9-8　工程前(1992~2002 年)北港河段横剖面冲淤变化
(a)北港上段；(b)北港中段；(c)北港下段

　　NC1 剖面位于北港河段的中上段，相对于 1992 年而言，2002 年河槽北岸出现一定程度的淤积，最大水深淤积幅度约 2.5m，中部受到较严重的冲刷，最大冲刷幅度在 3m 左右，南岸发生较为严重的淤积，最大水深淤积幅度在 5m 左右。其位置较 NC1 剖面偏下游的 NC2 剖面也位于北港河段的中上段，相对于 1992 年而言，2002 年河槽北岸出现较大程度的淤积，最大淤积幅度近 10m，中部和南岸均受到较严重的冲刷，最大冲刷幅度分别在 3m 和 3.5m 左右。NC3 剖面位于北港拦门沙河段的上段，2002 年较 1992 年河槽北岸和中部均出现较为严重的淤积，最大淤积幅度分别在 4m 和 4.5m 左右，南岸受到轻微的冲刷，最大冲刷幅度约 2m。1992~2002 年，横剖面 NC1 和 NC2 的面积分别增加了 6.7%和 15.07%，而横剖面 NC3 的面积减少了 7%(表 9-3)。

　　选择在 1998 年南港上段、中断和下段沿垂直河道方向由北向南做剖面 SC1、SC2 和 SC3(图 9-2 和图 9-9)，各剖面的坐标分别为(121.613°E，31.418°N；121.571°E，31.368°N)，(121.652°E，31.397°N；121.612°E，31.346°N)和(121.726°E，31.356°N；121.685°E，31.307°N)。

　　SC1 剖面位于南港河段的上段，相对于 1992 年而言，1998 年河槽北岸和中部的大部分区域均受到冲刷，最大水深冲刷幅度分别为约 3m 和 2m，中部局部区域出现淤积，最大水深淤浅幅度为 3m 左右，南岸发生较为严重的淤积，最大水深淤浅幅度近 4m。SC2 剖面位于南港河段的中段，相对于 1992 年而言，1998 年河槽北岸受到冲刷，最大冲刷幅度达

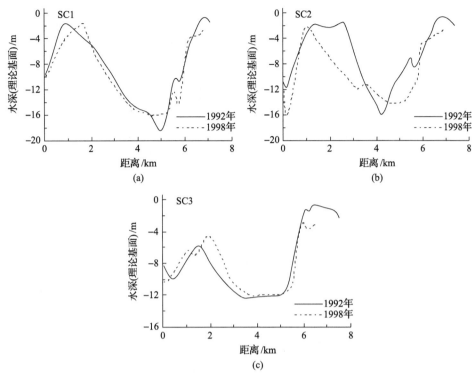

图 9-9 工程前(1992~1998 年)南港河段横剖面冲淤变化

(a)南港上段；(b)南港中段；(c)南港下段

8m 左右，中部大部分区域亦受到冲刷，最大水深冲刷幅度在 4.5m 左右，局部区域出现淤积，最大水深淤积幅度约 3m，南岸受到较小程度的冲刷，最大水深冲刷幅度约 2.5m。SC3 剖面位于南港河段的下段，相对于 1992 年而言，1998 年河槽北岸出现较大程度的淤积，最大水深淤浅幅度在 3.5m 左右，中部出现轻微淤积，最大水深淤浅幅度在 0.5m 左右，南岸受到一定程度的冲刷，最大冲刷幅度约 2.5m。1992~1998 年，横剖面 SC1 和 SC2 的面积各自增加了 5.08%和 33.23%，横剖面 SC3 的面积减少了 5.55%(表 9-3)。

选择在 1995 年北槽上段、中段和下段沿垂直河道方向由北向南做剖面 NP1、NP2 和 NP3(图 9-2 和图 9-10)，各剖面的坐标分别为(121.999°E, 31.282°N; 121.987°E, 31.229°N)、(122.132°E, 31.24°N; 122.086°E, 31.187°N)和(122.202°E, 31.197°N; 122.153°E, 31.144°N)。

NP1 剖面位于北槽河段的上段，相对于 1983 年而言，1995 年河槽北岸受到较小的冲刷，最大冲刷幅度近 1m，中部发生较严重的淤积，最大淤浅幅度近 3.5m，且深水槽向南移动，最大水深由 9m 淤浅到 6.7m；南岸受到较严重的冲刷，最大冲刷幅度近 2.5m。NP2 剖面位于北槽河段的中段，相对于 1983 年而言，1995 年河槽北岸发生淤积，最大淤积幅度 2.5m 左右，中部受到较为严重的冲刷，最大冲刷水深达 3m 左右，南岸发生较为严重的淤积，最大淤浅幅度近 3.5m。NP3 剖面位于北槽河段的下段，相对于 1983 年而言，1995 年河槽北岸出现轻微的淤积，最大水深淤浅冲刷幅度约 0.5m，中部受到较为严重的冲刷，最大冲刷幅度近 2m，南岸发生较为严重的淤积，最大淤浅幅度在 3m 左右，且深水槽向北移动，最大水深由–7.3m 增加至–8.3m。1983～1995 年，横剖面 NP1、NP2 和 NP3 的面积各自减少了 9.08%、8.65% 和 8.34%（表 9-4 和图 9-10）。

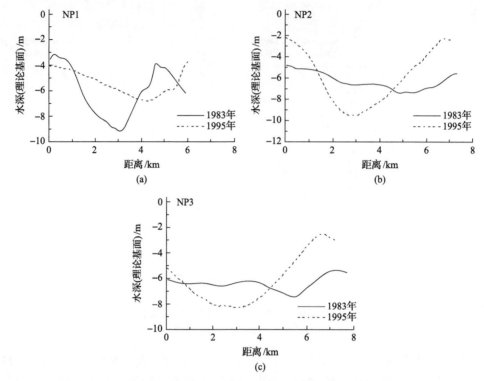

图 9-10　工程前（1983～1995 年）北槽河段（中下段和口外段）剖面冲淤变化
(a)北槽中段；(b)北槽下段；(c)北槽口外段

选择在 1983 年南槽中段、下段和口外段沿垂直河道方向由北向南做剖面 SP1、SP2、和 SP3（图 9-2 和图 9-11），各剖面的坐标分别为（122.012°E，31.152°N；121.904°E，31.056°N），（121.146°E，31.148°N；121.958°E，30.984°N）和（122.236°E，31.095°N；122.145°E，30.97°N）。

SP1 剖面位于南槽河段的中段，相对于 1983 年而言，1995 年河槽北岸出现较大程度的淤积，最大水深淤浅幅度为约 4m，中部略有冲刷，最大水深冲刷幅度仅 0.5m 左右，南岸发生轻微的淤积，最大水深淤浅幅度在 1m 左右。SP2 剖面位于南槽河段的下段，相对于 1983 年而言，1995 年河槽北岸出现较为严重的淤积，最大水深淤浅幅度为约 4m，且深水槽南移，中部受到较小程度的冲刷，最大水深冲刷幅度约 1.5m，而南岸发生较小程度的淤积，最大水深淤浅幅度仅 0.5m 左右。位于南槽口外段的横剖面 SP3 显示 2007 年河槽北岸和南岸较 2002 年均发生较小程度的淤积，最大水深淤浅幅度分别为约 1.5m 和 0.5m，中部局部区域受到轻微冲刷，最大水深冲刷幅度在 0.5m 左右。1983～1995 年期间，横剖面 SP1、SP2 和 SP3 的面积各自减少了 16.61%、10.14% 和 7.39%（表 9-4 和图 9-11）。

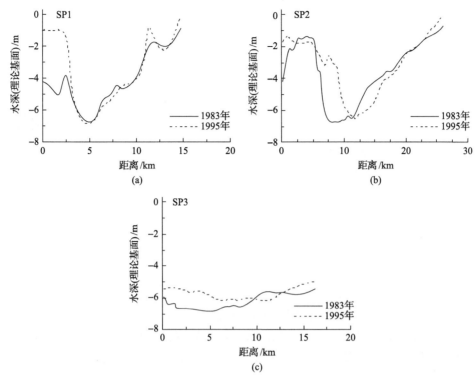

图 9-11　工程前(1983～1995 年)南槽河段(中下段和口外段)剖面冲淤变化

(a)南槽中段；(b)南槽下段；(c)南槽口外段

3. 纵剖面的变化

1992～2002 年，北港河段的纵剖面呈现一个明显的窄而尖锐的单峰(浅水区域)，最小水深由 6m 淤浅至 4m，北港的中上段受到强烈的冲刷，最大冲刷幅度近 5m，而明显的淤积出现在拦门沙河段，最大淤积幅度在 4m 左右(图 9-2 和图 9-12)。

1992～1998 年，南港河段的纵剖面显示上段受到强烈的冲刷，最大水深冲刷幅度近 4m，中段水深变化较复杂，而下段出现明显的淤积，最大水深淤积幅度在 3.5m 左右(图 9-5 和图 9-12)。

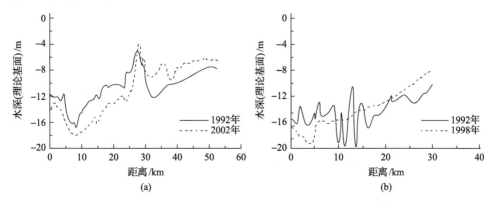

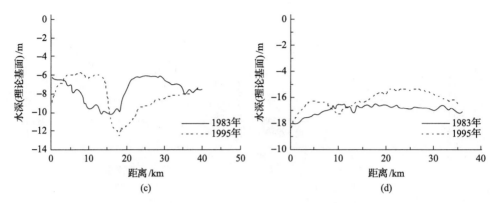

图 9-12　工程前(1983~1995 年)长江河口北港、南港、北槽和南槽的纵剖面形态变化
(a)北港；(b)南港；(c)北槽；(d)南槽

1983~1995 年，北槽河段的纵剖面显示该河段的淤积主要发生在上段，最大淤积幅度约 3.5m，而中段和下段均受到较强的冲刷，最大冲刷幅度达 4m 左右。其深水槽向南移动，最大水深点由-10m 增加到-12.5m(图 9-3 和图 9-12)。

1983~1995 年，南槽河段(中下段和口外段)的纵剖面显示整个河段的大部分区域均出现不同程度的淤积，其中以下段和口外段的淤积幅度更为严重，局部区域最大淤积幅度约 1.5m，而冲刷主要出现在南槽的中段区域，局部区域最大冲刷幅度约 0.8m(图 9-2 和图 9-12)。

9.2.2　三峡工程影响下的长江河口段河槽演变特征

1. 冲淤量的变化

2002~2007 年，南支河段河槽(70km)有冲有淤，整体为冲刷态势，泥沙冲刷量达 12.74 亿 m³，淤积量为 10.44 亿 m³，净冲刷量为 2.3 亿 m³，平均每年冲刷 0.46 亿 m³(图 9-13)。

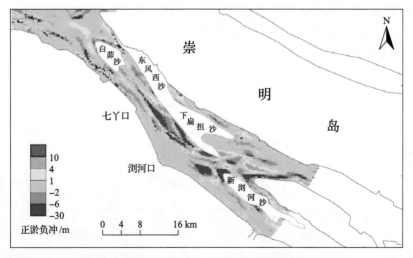

图 9-13　长江河口 2002~2007 年南支河槽冲淤变化图

　　2002～2007 年，北港河段河槽(77km)有冲有淤，整体为冲刷态势，泥沙冲刷量达 5.49 亿 m³，淤积量为 4.51 亿 m³，净冲刷量为 0.98 亿 m³，其中北港河段中段和拦门沙河段的中下段以冲刷为主，拦门沙河段的上段则以淤积为主[图 9-14(a)]。在 2007～2012 年期间，北港河段河槽有冲有淤，整体仍为冲刷态势，泥沙冲刷量(9.84 亿 m³)几乎为 2002～2007 年的 2 倍，泥沙淤积量(4.29 亿 m³)变化较少，泥沙净冲刷量(5.56 亿 m³)几乎达到 2002～2007 年的 5 倍，其中北港中段和拦门沙河段的上段以冲刷为主，而拦门沙河段的中下段则以淤积为主[图 9-14(b)]。2002～2013 年，北港河段河槽有冲有淤，整体为冲刷态势，泥沙净冲刷量为 6.54 亿 m³，平均每年泥沙冲刷为 0.65 亿 m³，其中北港中段和拦门沙河段的上段以冲刷为主，而拦门沙河段的下段则以淤积为主[图 9-14(c)]。

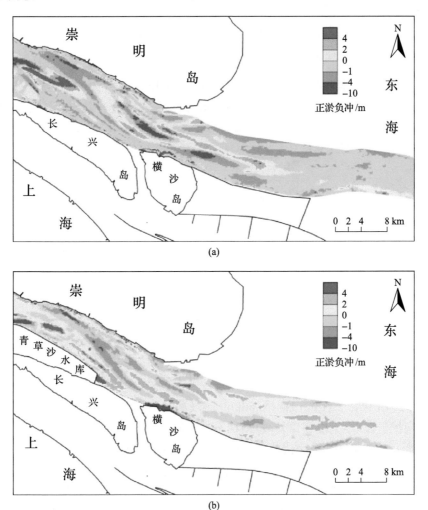

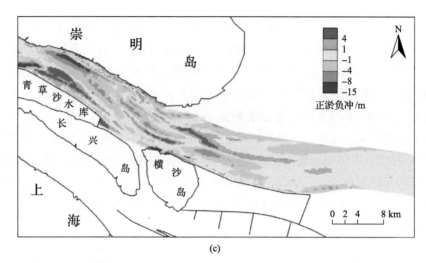

(c)

图 9-14　长江河口 2002～2007 年、2007～2012 年和 2002～2012 年北港河槽冲淤变化

(a)2002～2007 年；(b)2007～2012 年；(c)2002～2012 年

2002～2013 年，南港河段(35km)有冲有淤(图 9-15)，整体为冲刷态势，泥沙冲刷量达 2.97 亿 m³，淤积量为 1.61 亿 m³，净冲刷量为 1.36 亿 m³，平均每年冲刷 0.12 亿 m³。

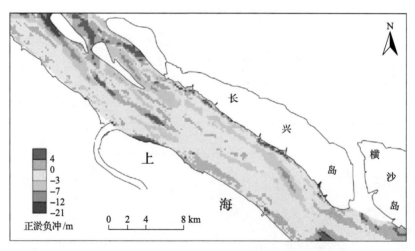

图 9-15　长江河口 2002～2013 年南港河槽冲淤变化图

1995～2013 年，长江河口南槽(60km)河段冲淤量计算统计如表 9-5 所示，1995～2002 年，南槽河段(中下段和口外段)河槽有冲有淤，整体表现为淤积态势[图 9-16(a)]，泥沙冲刷量达 1.25 亿 m³，淤积量为 3.19 亿 m³，净淤积量为 1.94 亿 m³。2002～2010 年，南槽河段(上段至口外段)河槽整体表现出冲刷特征[图 9-16(b)]，泥沙冲刷量(4.02 亿 m³)显著大于淤积量(2.56 亿 m³)，泥沙净冲刷量达 1.46 亿 m³，该河段的中上段和口外段以冲刷为主，下段则以淤积为主。2010～2013 年，南槽河段(上段至口外段)河槽有冲有淤[图 9-16(c)]，整体仍为淤积态势，泥沙冲刷量减少到 1.46 亿 m³，淤积量则有所增加(2.61 亿 m³)，净淤积量为 1.15 亿 m³。该河段的中上段和口外段以冲刷为主，而下段仍以淤积为

主。在 1995～2013 年期间，南槽河段(中下段和口外段)河槽有冲有淤[图 9-16(d)]，整体表现为淤积态势，泥沙净淤积量为 1.15 亿 m³，平均每年淤积 0.064 亿 m³，较为严重的淤积主要集中在下段。2002～2013 年，南槽河段(上段至口外段)河槽有冲有淤，整体表现为淤积态势[图 9-16(e)]，泥沙净淤积量为 0.68 亿 m³，平均每年淤积达 0.062 亿 m³，主要冲刷河段出现在该河段的中上段和口外段，而淤积主要发生在下段。

表 9-5　1995～2013 年长江河口南槽各河段冲淤量计算统计

区域	时段	冲刷量/亿 m³	淤积量/亿 m³	净冲淤量/亿 m³	年均冲淤量/亿 m³
中下段和口外段	1995～2002 年	−1.25	3.19	1.94	0.28
	1995～2013 年	−1.46	2.61	1.15	0.064
上段至口外段	2002～2010 年	−4.02	2.56	−1.46	−0.18
	2010～2013 年	−1.46	2.61	1.15	0.38
	2002～2013 年	−2.93	3.61	0.68	−0.062

注：负值表示冲刷

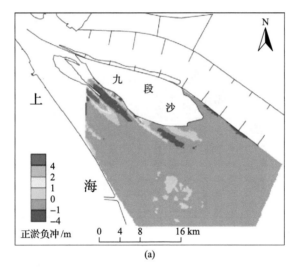

(a)

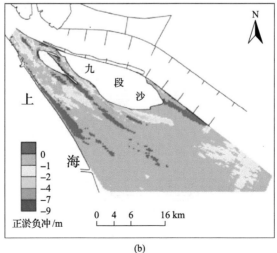

(b)

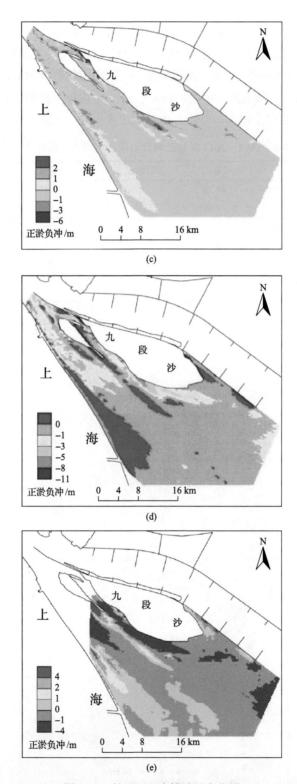

图 9-16 长江河口南槽冲淤变化图

(a) 1995～2002 年；(b) 2002～2010 年；(c) 2010～2013 年；(d) 1995～2013 年；(e) 2002～2013 年

从图 9-17(a)可以看出，2002~2007 年，横沙通道河段(9km)河槽有冲有淤，整体为冲刷态势，泥沙冲刷量达 0.66 亿 m³，淤积量为 0.45 亿 m³，净冲刷量为 0.21 亿 m³；其北口段以冲刷为主，北侧段、中段、南侧段和南口段均以淤积为主。图 9-17(b)可见，横沙通道河段在 2007~2013 年河槽总体上仍呈现冲刷特征，泥沙冲刷量(0.84 亿 m³)显著大于淤积量(0.19 亿 m³)，故净冲刷量达 0.65 亿 m³；其北口段、北侧段、中段、南侧段和南口段均以冲刷为主。图 9-17(c)可见，总的来说，2002~2013 年横沙通道河槽持续受到冲刷，净冲刷的泥沙达 0.86 亿 m³，平均每年冲刷的泥沙量达 0.08 亿 m³，其北口段、北侧段、中段、南侧段和南口段均以冲刷为主。

2. 横剖面的变化

选择在目前的南支河段的入口段、上段、白茆沙区域、七丫口区域、浏河口区域、下段和南支出口段沿垂直河道方向由北向南做剖面 SB1、SB2、SB3、SB4、SB5、SB6 和

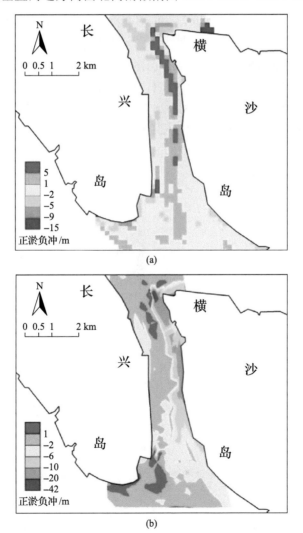

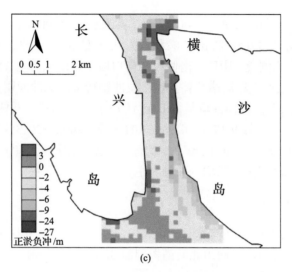

(c)

图 9-17　长江河口 2002～2013 年横沙通道河槽冲淤变化图

(a) 2002～2007 年；　(b) 2007～2013 年；　(c) 2002～2013 年

SB7 (图 9-18)，各剖面的坐标分别为 (121.015°E，31.816°N; 121.009°E，31.752°N)，(121.17°E, 31.78°N; 121.101°E, 31.719°N)，(121.217°E, 31.726°N; 121.163°E, 31.679°N)，(121.311°E，31.672°N; 121.239°E，31.625°N)，(121.401°E，31.616°N; 121.295°E，31.532°N)，(121.494°E，31.575°N; 121.395°E，31.478°N) 和 (121.535°E，31.470°N; 121.482°E，31.418°N)。

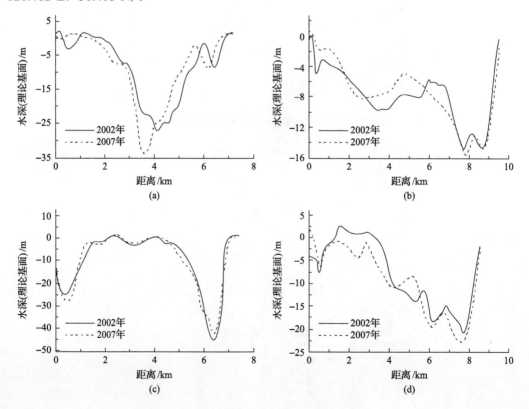

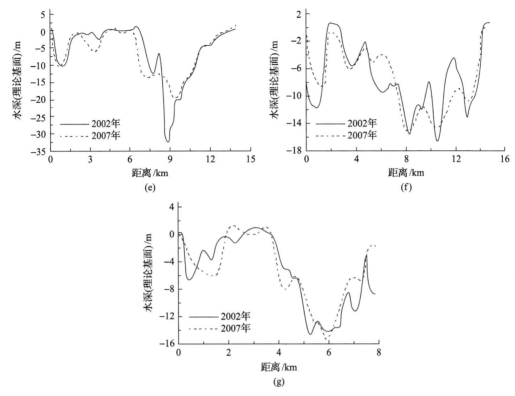

图 9-18　长江河口南支剖面 2002～2007 年冲淤变化

(a) SB1；(b) SB2；(c) SB3；(d) SB4；(e) SB5；(f) SB6；(g) SB7

　　SB1 剖面位于南支河段的入口段，相对于 2002 年而言，2007 年河槽北岸局部区域受到冲刷，最大水深冲刷幅度约 3.5m，中部受到严重冲刷，最大水深冲刷幅度达 11m 左右，且深水槽北移，最大水深由–27m 增加到–33m，而南岸发生了淤积，最大水深淤浅幅度为 5m 左右。SB2 剖面位于南支河段的上段，相对于 2002 年而言，2007 年河槽北岸和中部均出现一定程度的淤积，最大水深淤浅幅度分别为约 3m 和 2.5m，南岸出现较小程度的冲刷，最大水深冲刷幅度为 2.5m 左右。SB3 剖面位于白茆沙附近河段，总体来看，该剖面的形态变化幅度明显小于其他剖面，2007 年较 2002 年河槽北岸受到轻微的冲刷，最大水深冲刷幅度约 2m，南岸出现轻微淤积，最大水深淤浅幅度约 3m，而中部未出现明显的形态变化。

　　SB4 剖面位于南支中段的七丫口附近，2007 年较 2002 年河槽北岸受到较大程度的冲刷，最大水深冲刷幅度约 5m，中部局部区域出现淤积，最大水深淤浅幅度约 5m，南岸亦受到一定程度的冲刷，最大水深冲刷幅度在 3.5m 左右。SB5 剖面位于南支中段的浏河口附近，2007 年较 2002 年河槽北岸受到一定程度的冲刷，最大水深冲刷幅度约 4.5m，中部受到较强程度的冲刷，最大水深冲刷幅度达 12m 左右，南岸出现较为严重的淤积，最大水深淤浅幅度近 18m，且南岸深水槽北移，最大水深由–20m 增加到–32m。位于南支下段的 SB6 剖面形态变化比较复杂，2007 年较 2002 年河槽北岸受到轻微的冲刷，最大水深冲刷幅度约 1.5m，中部出现较为严重的淤积，最大水深淤浅幅度约 5.5m，南岸受到较大程度的冲刷，最大水深冲刷幅度在 4.5m 左右。SB7 剖面位于南支河段的出口段，2007 年较 2002 年河槽北岸和中部均受到一定程度的冲刷，最大水深冲刷幅度分别为约 2m 和 2.5m，南岸发生较为严重的淤积，最大水深淤浅幅度为 4.5m 左右。2002~2007 年期间，横剖面 SB1、SB3、SB4 和 SB5 的面积各自增加了 2.18%，1.74%、20.22%和 3.07%，而横剖面 SB2、SB6 和 SB7 的面积各自减少了 5.01%、0.78%和 6.88%（表 9-6）。

表 9-6　南支河段横剖面面积的变化

年份	SB1/m²	SB2/m²	SB3/m²	SB4/m²	SB5/m²	SB6/m²	SB7/m²
2002	59763	74674	75225	68170	84688	114705	42824
2007	61066	70930	76536	81955	87286	113808	39877
2002~2007 年变化/%	2.18	-5.01	1.74	20.22	3.07	-0.78	-6.88

选择在目前的北港河段中段和拦门沙河段沿垂直河道方向由北向南做剖面 NC1′、NC2′、NC3′ 和 NC4′（图 9-19），各剖面的坐标分别为（121.68°E，31.51°N；121.65°E，31.46°N），（121.76°E，31.47°N；121.72°E，31.41°N），（121.94°E，31.40°N；121.92°E，31.35°N）和（122.15°E，31.39°N；122.15°E，31.32°N）。

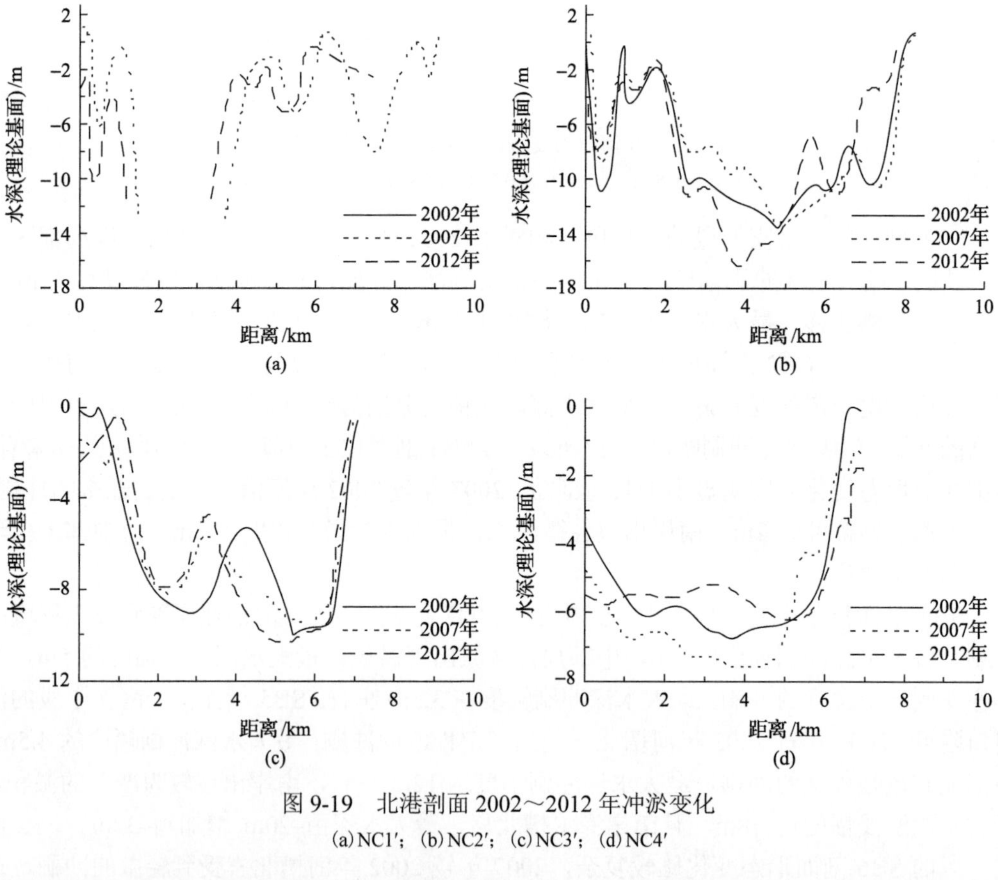

图 9-19　北港剖面 2002~2012 年冲淤变化

(a) NC1′；(b) NC2′；(c) NC3′；(d) NC4′

由图 9-19 可见：NC1′剖面位于北港河段的中上段，此处河槽北岸和中部水深变化比较复杂，而南岸变化不大。相对于 2002 年而言，2007 年河槽北岸受到冲刷，最大冲刷幅度约 5m，中部发生较严重的淤积，最大淤浅幅度近 7m；至 2012 年，河槽北岸和中部深水槽均北移，且冲刷加剧，最大水深由-15m 增加到-17m，北岸水深较 2007 年最大冲刷幅度约 3m，中部水深较 2007 年最大冲刷幅度约 2m；2002～2013 年，河道南岸水深变化幅度较小。其位置较 NC1'剖面偏下游的 NC2'剖面也位于北港河段的中段，相对于 2002 年而言，2007 年河槽北岸和中部均发生淤积，最大淤积幅度均近 3m，南岸受到较小冲刷，最大冲刷水深约 1.5m。至 2012 年，河槽北岸和南岸均发生淤积，相对而言南岸的淤积程度更甚，较 2007 年最大淤浅幅度分别约为 2m 和 10m，中部深水槽北移且受到较大程度的冲刷，其水深较 2007 年最大冲刷幅度约 8m。NC3'剖面位于北港拦门沙河段的上段，相对于 2002 年而言，2007 年河槽北岸受到冲刷，最大冲刷幅度约 3m，中部出现严重淤积，最大淤浅幅度近 4m，南岸大部分区域受到冲刷，最大冲刷幅度约 3m；至 2012 年，河槽北岸和中部均发生淤积，较 2007 年最大淤浅幅度分别约为 2m 和 1m；南岸受到冲刷，较 2007 年最大冲刷幅度约 3m。NC4'剖面位于拦门沙河段的中下段，相对于 2002 年而言，2007 年河槽北岸和中部均受到较小冲刷，最大冲刷幅度分别为约 1m 和约 1.5m，河槽南岸出现淤积，最大淤浅幅度近 2m。至 2012 年，河槽北岸和南岸均受到冲刷，最大冲刷幅度分别为近 1m 和 2m，河槽中部发生淤积，最大淤浅幅度约 2m。2002～2013 年期间，横剖面 NC1'和 NC2'的面积各自增加了 12.4%和 8%，而横剖面 NC3'和 NC4'的面积各自减少了 0.2%和 0.3%（表 9-7）。

表 9-7 南港、北港和圆圆沙航槽的横剖面面积的变化

年份	NC1'/m²	NC2'/m²	NC3'/m²	NC4'/m²	SC1'/m²	SC2'/m²	SC3'/m²	YYS/m²
2002	54973	62652	45620	36392	59726	58293	55409	34243
2007	56343	66062	44905	40372				
2013	61811	67665	45514	36280	65537	65482	61955	32679
2002～2013 年变化/%	12.4	8	-0.2	-0.3	9.7	12.3	11.8	-4.6

选择在目前的南港上段、中断和下段和圆圆沙航槽沿垂直河道方向由北向南做剖面 SC1'、SC2'、SC3'和 YYS（图 9-20），各剖面的坐标分别为（121.63°E，31.42°N；121.59°E，31.37°N），（121.69°E，31.38°N；121.65°E，31.33°N），（121.74°E，31.34°N；121.70°E，31.30°N）和（121.83°E，31.31°N；121.81°E，31.27°N）。南港河段和圆圆沙航槽各剖面冲淤变化如图 9-20 所示。

SC1'剖面位于南港河段的上段，相对于 2002 年而言，2013 年河槽北岸和中部均受到冲刷，最大水深冲刷幅度分别为约 3m 和 2m，而较少的形态变化出现在南岸。SC2'剖面位于南港河段的中段，相对于 2002 年而言，2013 年河槽北岸和中部均受到一定程度的冲刷，最大冲刷幅度分别为近 5m 和 2m，南岸出现较小程度的淤积，最大水深淤浅幅度为 1m 左右。SC3'剖面位于南港河段的下段，其形态变化与中段的 SC2'剖面比较相似，相对于 2002 年而言，2013 年河槽北岸和中部均受到一定程度的冲刷，南岸出现较小淤积。YYS 剖面位于圆圆沙航槽，相对于 2002 年而言，2013 年河槽北岸发生较为

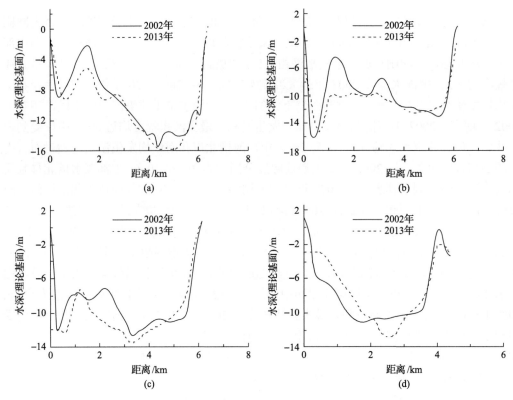

图 9-20　南港和圆圆沙航道剖面 2002～2013 年冲淤变化

(a) SC1′；(b) SC2′；(c) SC3′；(d) YYS

严重的淤积，最大水深淤浅幅度在 3m 左右，中部和南岸均受到冲刷，最大水深冲刷幅度均在 2m 左右。2002～2013 年，横剖面 SC1′、SC2′和 SC3′的面积各自增加了 9.7%，12.3%和 11.8%，而横剖面 YYS 的面积减少了 4.6%（表 9-7）。

选择在目前的南槽进口段、上段、中断、下段和口外段沿垂直河道方向由北向南做剖面 SP1′、SP2′、SP3′、SP4′和 SP5′（图 9-21），各剖面的坐标分别为（121.78°E，31.28°N；121.75°E，31.26°N），（121.81°E，31.23°N；121.78°E，31.21°N），（121.93°E，31.18°N；121.85°E，31.13°N），（122.02°E，31.14°N；121.91°E，31.05°N）和（122.18°E，31.13°N；121.99°E，30.97°N）。南槽河段各剖面冲淤变化如图 9-2 和图 9-21 所示。

SP1′剖面位于南槽河段的进口段，相对于 2002 年而言，2010 年河槽北岸、中部的大部分区域和南岸均受到冲刷，最大水深冲刷幅度分别为约 3m、2.5m 和 2m，且深水槽向南移动，最大水深由−10.5m 增至−12m；至 2013 年，河槽北岸有所淤浅，最大淤浅幅度约 1m，中部和南部均略有冲刷，最大冲刷幅度分别为近 2m 和近 1.5m。SP2′剖面位于南槽河段的上段，相对于 2002 年而言，2010 年河槽北岸和中部均受到冲刷，最大冲刷幅度分别为近 5.5m 和 1.5m，南岸变化不明显；至 2013 年，河槽北岸和中部均受到一定程度的冲刷，最大水深冲刷幅度分别为近 2m 和 0.5m，南岸的形态变化并不明显。SP3′剖面位于南槽河段的中段，相对于 1995 年而言，2002 年河槽北岸、中部的大部分区域和南岸均发生较小的淤积，最大淤浅幅度分别在 1.5m、1.8m 和 1.7m 左右；2010 年河槽

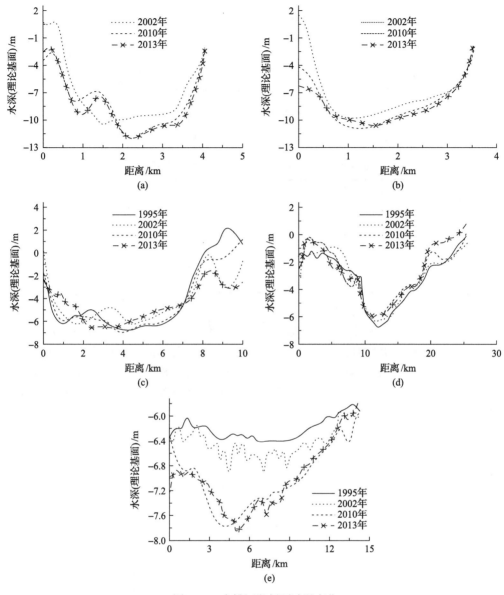

图 9-21　南槽河段剖面冲淤变化
(a) SP1′；(b) SP2′；(c) SP3′；(d) SP4′；(e) SP5′

北岸和中部均受到一定程度的冲刷,最大冲刷幅度分别在 1m 和 2m 左右,南岸出现淤积,最大淤浅幅度为约 3m；至 2013 年,河槽北岸和中部均未出现明显的形态变化,南岸发生淤积,最大淤浅幅度在 2.5m 左右。其位置较 SP3′剖面偏下游的 SP4′剖面位于南槽河段的下段,相对于 1995 年而言,2002 年河槽北岸和中部均发生较小程度的淤积,最大淤浅幅度分别在 0.8m 和 0.5m 左右,南岸受到较小程度的冲刷,最大冲刷幅度在 0.5m 左右；2010 年河槽北岸、中部和南岸均发生淤积,最大水深淤浅幅度分别在 1.5m、1m 和 1m 左右；至 2013 年,河槽北岸受到较小程度的冲刷,最大冲刷幅度为约 1m,南岸发生淤积,最大水深淤浅幅度为近 1.3m,而中部未出现明显的形态变化。

其位置较 SP4′剖面偏下游的 SP5′剖面位于南槽河段的出口段，相对于 1995 年而言，2002 年河槽北岸、中部和南岸均受到较小程度的冲刷，最大冲刷幅度分别在 0.2m、0.5m和 0.3m 左右；2010 年河槽北岸、中部和南岸均持续受到冲刷，最大冲刷幅度分别均略有增强（0.5m、1m 和 0.5m 左右）；至 2013 年，河槽北岸和中部仍保持冲刷态势，最大冲刷幅度分别在 1.5m 和 0.2m 左右，且河槽中部深水槽向南移动，而南岸发生较小淤积，最大淤浅幅度仅 0.3m 左右。2002～2013 年，横剖面 SP1′、SP2′、SP3′和 SP5′的面积各自增加了 18.1%，18.7%，12.6%和 8.6%，而 SP4′的面积减少了 7.3%（表 9-8）。

表 9-8 横沙通道和南槽的横剖面面积的变化

年份	HP1/m²	HP2/m²	HP3/m²	SP1′/m²	SP2′/m²	SP3′/m²	SP4′/m²	SP5′/m²
2002	9122	8255	9109	29327	25265	39521	92169	92453
2007	13126	7062	8906	—	—	—	—	—
2010	—	—	—	33175	29402	43034	85563	100380
2013	21634	12086	13668	34631	29981	44513	85405	100424
2002～2013 年变化/%	137.2	46.4	50	18.1	18.7	12.6	−7.3	8.6

注：—代表无资料

选择在横沙通道的北口段、北侧段、中段、南侧段和南口段沿垂直河道方向由东向西做剖面 HP1、HP2、HP3、HP4 和 HP5（图 9-3 和图 9-22），各剖面的坐标分别为（121.80°E，31.38°N；121.77°E，31.38°N），（121.80°E，31.37°N；121.78°E，31.37°N），（121.80°E，31.35°N；121.79°E，31.35°N），（121.80°E，31.34°N；121.79°E，31.34°N），M（121.81°E，31.32°N；121.78°E，31.32°N）。

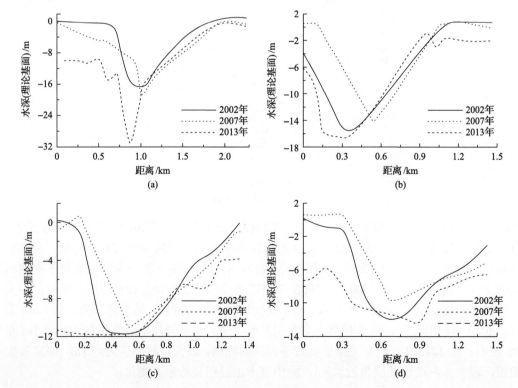

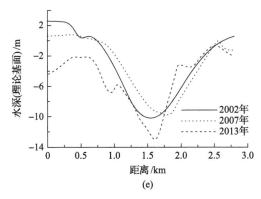

图 9-22　横沙通道河段剖面冲淤变化（2002～2013 年）

(a) HP1；(b) HP2；(c) HP3；(d) HP4；(e) HP5

由图 9-3 和图 9-22 可见：HP1 剖面位于横沙通道的北口段，此处河槽东岸和中部水深变化较复杂，而西岸变化幅度较小。相对于 2002 年而言，2007 年河槽东岸受到较大冲刷，最大冲刷幅度约 4m，中部受到较小冲刷，最大冲刷幅度近 2m，且其深水槽西移，西岸亦受到较小冲刷，最大冲刷幅度近 2m；至 2013 年，河槽东岸冲刷程度加剧，最大冲刷幅度近 9m，河槽中部冲刷程度更甚，最大冲刷幅度约 23m，西岸区域较 2007 年稍有淤积，最大淤浅幅度约 0.2m，且其深水槽东移，最大水深接近−30m。HP2 剖面位于横沙通道北侧段，相对于 2002 年而言，2007 年河槽东岸出现严重淤积，最大淤浅幅度近 8m，中部略有冲刷，最大冲刷幅度近 2m，且其深水槽西移，西岸水深变化并不明显；至 2013 年，河槽东岸和西岸均受到冲刷，而东岸受冲刷程度更甚，较 2007 年最大冲刷幅度分别为约 15m 和 2.5m，且深水槽东移，中部略有淤积，其水深较 2007 年最大淤浅幅度近 3m。HP3 剖面位于横沙通道中段，相对于 2002 年而言，2007 年河槽东岸水深变化幅度较小，中部出现淤积，最大淤浅幅度近 7m，西岸受到冲刷，最大冲刷幅度近 3m；至 2013 年，河槽东岸、中部的大部分区域和西岸均受到冲刷，较 2007 年最大冲刷幅度分别为约 12m、6m 和 2.5m。HP4 剖面位于横沙通道南侧段，相对于 2002 年而言，2007 年河槽东岸和中部均发生淤积，且中部淤积较严重，最大淤浅幅度分别为约 2m 和 5m，河槽西岸受到冲刷，最大冲刷幅度近 3m；至 2013 年，河槽东岸、中部和西岸均受到冲刷，东岸受冲刷程度较大，最大冲刷幅度约 8m，中部最大冲刷幅度约 3m，且深水槽西移，西岸最大冲刷幅度约 1.3m。HP5 剖面位于横沙通道南口段，相对于 2002 年而言，2007 年河槽东岸和西岸均受到冲刷，最大冲刷幅度分别为近 2m 和近 1m，中部发生淤积，且深水槽西移，最大淤浅幅度近 3m；至 2013 年，河槽东岸和中部均受到冲刷，最大冲刷幅度分别为约 6m 和 4m，西岸发生淤积，最大淤浅幅度约 4.5m，且深水槽东移。2002～2013 年，横剖面 HP1、HP3 和 HP5 的面积各自增加了 137.2%、46.2% 和 50%（表 9-8）。

3. 纵剖面的变化

2002～2007 年，南支河段的纵剖面显示整个河段的大部分区域均受到了不同程度的冲刷，其中以南支下段的冲刷幅度更为严重，局部区域最大冲刷幅度近 11m，而淤积主要出现在南支的中段区域，局部区域最大淤浅幅度达 23m，该剖面的最大水深值由−50m

淤浅到–45m 左右（图 9-3 和图 9-23）。

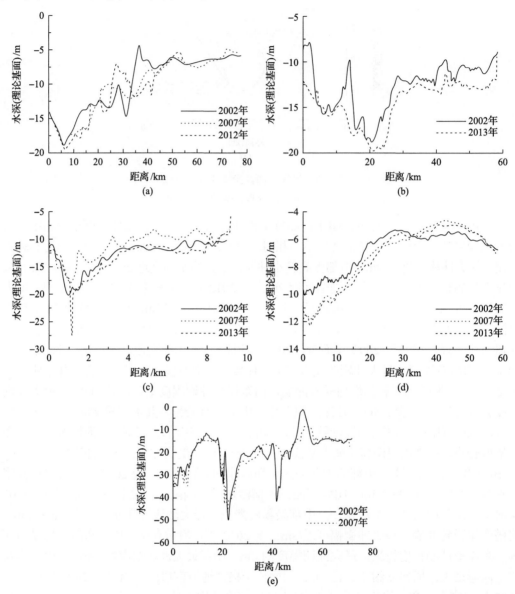

图 9-23　三峡工程蓄水后长江河口北港、南港、横沙通道、南槽和南支的纵剖面形态变化

(a)北港；(b)南港；(c)横沙通道；(d)南槽；(e)南支

　　北港河段的纵剖面有两个浅水区域，呈现双峰，在 2002 年最小水深约 5m。2002～2013 年，北港的中上段受到强烈的冲刷，而明显的淤积出现在拦门沙河段（图 9-2 和图 9-23）。

　　2002～2013 年，南港的纵剖面显示持续的河槽侵蚀（图 9-2 和图 9-23）。南港的中上段经历了强烈的侵蚀，局部深度达到–19m 的最大水深。南港下段的水深由–10m 增加到–12.5m。

2002～2007 年，横沙通道的纵剖面显示北口段经受了强烈的侵蚀，而强烈的淤积发生在中段和南口段(图 9-3 和图 9-23)。2007～2013 年，持续的河槽侵蚀出现在整个横沙通道，尤其是北口段的河槽受到非常强烈的冲刷，局部深度达到–27m 的最大水深。

南槽的纵剖面有两个浅水区域，呈现双峰，在 2002 年最小水深约–5.5m(图 9-3 和 9-23)。2002～2013 年，南槽河段的中上段受到强烈的冲刷，而持续的淤积发生在南槽下段。

9.3　长江河口段河槽表层沉积物分布及变化特征

9.3.1　河槽表层沉积物的类型和分布特征

1. 长江河口段河槽表层沉积物的类型

对比分析近年来在长江河口段采集的河槽表层沉积物(169)的中值粒径(图 9-24)，结果显示：细砂、砂质粉砂、粉砂质砂、粉砂和黏土质粉砂为近年来长江河口河槽表层沉积物的主要沉积物类型。黏土质粉砂占到长江河口河槽表层沉积物的30%，集中分布在最大浑浊带区域，包括北港拦门沙河段的(8%)、南槽中下段的(5%)和北槽的(14%)。粉砂(20%)和砂质粉砂(19%)主要分布在河口拦门沙区域和圆圆沙航槽。细砂(20%)主要分布在长江河口的中上段(南港和北港中上段)、横沙通道和河口最大浑浊带的主槽，南港和北港中上段细砂的中值粒径分别在 130～178μm 和 120～175μm，横沙通道细砂的中值粒径在 144～165μm。北槽局部区域、南槽上段和北港拦门沙河段局部区域分布的细砂的

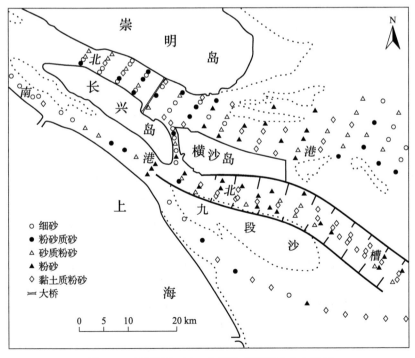

图 9-24　近期长江河口主槽底床沉积物分布类型

中值粒径分别在 144～165μm、136～204μm 和 120～175μm。而粉砂质砂（11%）主要分布在北港河段的主槽上。

2. 河槽表层沉积物的空间分布特征

南港河段主槽底床上分布的沉积物类型较多，包括黏土质粉砂、细砂、砂质粉砂和粉砂质砂（表 9-9）。该河段的中上段主槽底床上分布的沉积物类型主要以细砂为主，中值粒径在 130～178um，细砂粒级含量一般在 73%以上，其次是粉砂，含量占 4%～18%，黏土仅在 8%以下。南港下段主槽底床上分布的沉积物类型主要以粉砂质砂和砂质粉砂为主，其粉砂质砂的中值粒径在 94～123μm，主要粒级是细砂，含量在 60%～65%，其次是粉砂，含量占 30%～35%，黏土含量较少，在 6%以下；砂质粉砂的中值粒径在 45～56μm，主要粒级是粉砂，含量达 52%～71%，其次是细砂，含量占 22%～39%，黏土含量较少，约 8%。

表 9-9　长江河口各河段主要沉积物类型及粒级分布

河段	主要类型	中值粒径/μm	细砂粒级含量/%	粉砂粒级含量/%	黏土粒级含量/%
南港中上段	细砂	130～178	>73	4～18	<8
南港下段	粉砂质砂	94～123	60～65	30～35	<6
	砂质粉砂	45～56	22～39	52～71	8
圆圆沙航槽	粉砂	37～51	13～18	68～74	13～18
	砂质粉砂	23～72	32～38	47～55	<18
横沙通道	细砂	170～200	>80	10～16	<4
北槽上段	黏土质粉砂	17～23	3～10	66～72	20～27
北槽中段	黏土质粉砂	10～24	2～4	64～72	24～34
北槽下段	粉砂	10～20	<5	64～70	26～36
南槽上段	细砂	136～204	>95	1～4	<1
南槽中下段	黏土质粉砂	6～13	<1	55～60	37～43
北港中上段	细砂	105～237	>80	10	<6
	粉砂质砂	61～201	48～76	20～45	<12
北港拦门沙段	粉砂	15～30	10～20	65～75	10～20
	黏土质粉砂	7～18	2～15	60～70	20～30

圆圆沙航槽主槽底床上分布的沉积物类型主要以粉砂为主，其次是砂质粉砂，粉砂质砂和黏土质粉砂均较少。其粉砂的中值粒径在 37～51μm，主要粒级是粉砂，含量达 68%～74%，细砂和黏土含量在 13%～18%；砂质粉砂的中值粒径在 23～72μm，主要粒级是粉砂，含量达 47%～55%，其次是细砂，含量在 32%～38%，黏土含量较少，在 18%以下；粉砂质砂的中值粒径在 90μm，主要粒级是细砂，含量达 60%，其次是粉砂，含量占 32%，黏土含量仅在 9%以下；黏土质粉砂的中值粒径在 14μm，主要粒级是粉砂，含量达 68%，其次是黏土，含量在 26%，细砂含量仅 6%。

横沙通道河槽底床上分布的沉积物主要由细砂、粉砂质砂和砂质粉砂组成。该河段北口段的沉积物类型主要以细砂为主,其次是粉砂质砂。其细砂中值粒径在 170~200μm,主要粒级为细砂,含量一般大于 80%,其次是粉砂,含量占 16%,黏土在 4%以下;粉砂质砂的中值粒径在 90μm,主要粒级是细砂,含量达 60%,其次是粉砂,约 24%,黏土含量较少,在 16%以下。该河段中段以细砂为主,其次是砂质粉砂,其细砂中值粒径在 130~160μm,主要粒级为细砂,含量一般在 80%以上,其次是粉砂,含量占 15%,黏土在 5%以下;砂质粉砂的中值粒径在 20~55μm,主要粒级是粉砂,含量达 45%~70%,其次是细砂,占 25%~40%,黏土含量较少,占 5%~20%。横沙通道河段的南口段以细砂为主,其次是粉砂。其细砂中值粒径在 145~180μm,细砂粒级含量多大于 85%,粉砂粒级含量次之,占 10%左右,黏土含量较少,仅在 5%以下;其粉砂中值粒径在 30μm,主要粒级为粉砂,含量达 70%,细砂和黏土含量均在 15%。

北槽河段底床上分布的沉积物主要由黏土质粉砂、粉砂和砂质粉砂组成,局部区域可见粉砂质砂和细砂。其上段槽内底床上分布的沉积物类型主要以黏土质粉砂为主,中值粒径在 17~23μm,主要粒级是粉砂,含量达 66%~72%,其次是黏土,占 20%~27%,细砂约 3%~10%。上段航道北侧底床上分布的沉积物类型主要以粉砂为主,其次是砂质粉砂,粉砂的中值粒径在 33~53μm,主要粒级是粉砂,含量达 65%~72%,黏土含量在 12%~17%,细砂含量略少,在 9%~17%;砂质粉砂的中值粒径在 25~62μm,主要粒级粉砂的含量达 45%~48%,细砂含量占 32%~44%,黏土含量仅 10%~20%。

北槽上段航道南侧底床上分布的沉积物类型主要以粉砂为主,其次是砂质粉砂,粉砂质砂和细砂仅分布在局部区域,其粉砂的中值粒径在 16~42μm,主要粒级是粉砂,含量达 70%~78%,细砂在 2%~12%,黏土在 14%~20%;砂质粉砂的中值粒径在 50~70μm,主要粒级是粉砂,含量达 56%~65%,细砂在 26%~35%,黏土在 9%以下;粉砂质砂的中值粒径在 77μm,主要粒级是细砂,含量达 51%,粉砂含量占 40%,黏土含量在 9%以下;细砂的中值粒径在 144μm,主要粒级是细砂,含量达 85%,粉砂含量在 10%,黏土含量在 5%。中段槽内底床上分布的沉积物类型以黏土质粉砂为主,中值粒径在 10~24μm,主要粒级是粉砂,含量达 64%~72%,黏土含量占 24%~34%,细砂在 2%~4%。

北槽中段航道北侧以黏土质粉砂为主,中值粒径在 9~10μm,主要粒级是粉砂,含量达 60%~65%,黏土含量占 33%~36%,细砂含量仅在 3%以下;中段航道南侧以粉砂为主,中值粒径在 29~37μm,主要粒级是粉砂,含量达 65%~71%,细砂在 15%~17%,黏土在 12%~18%;下段槽内底床上分布的沉积物类型以黏土质粉砂为主,中值粒径在 10~20μm,主要粒级是粉砂,含量达 64%~70%,黏土含量占 26%~36%,细砂含量在 5%以下。

北槽下段航道北侧以黏土质粉砂为主,其次是粉砂,黏土质粉砂的中值粒径在 9~10μm,主要粒级是粉砂,含量达 61%~65%,黏土在 32%~38%,细砂在 3%以下,粉砂的中值粒径在 22~37μm,主要粒级是粉砂,含量达 66%~79%,细砂在 7%~12%,黏土在 14%~22%。下段航道南侧以黏土质粉砂为主,局部区域出现粉砂质砂和细砂,黏土质粉砂的中值粒径在 10~25μm,主要粒级是粉砂,含量达 62%~68%,黏土含量占 22%~38%,细砂在 10%以下,粉砂质砂的中值粒径在 75μm,主要粒级是细砂,含量达

50%，粉砂含量占 37%，黏土 13%，细砂的中值粒径在 150μm，主要粒级是细砂，含量达 91%，粉砂在 5%，黏土在 4%。

南槽河段底床上分布的沉积物主要由细砂、粉砂质砂、粉砂和黏土质粉砂组成。其上段底床上分布的沉积物类型主要是细砂，其次是粉砂质砂。其细砂中值粒径为 136～204μm，主要粒级为细砂，含量一般在 95%以上，其次是粉砂，含量仅占 1%～4%，黏土较少，含量在 1%以下；粉砂质砂的中值粒径在 80μm 左右，主要粒级为细砂，含量达 52%，其次是粉砂，占 32%，黏土含量较少，含量在 16%以下。其中段河槽沉积物以黏土质粉砂为主，局部区域可见细砂、粉砂和粉砂质砂。其黏土质粉砂的中值粒径在 7～13μm，主要粒级是粉砂，含量一般大于 60%，其次是黏土，含量可占 30%左右，细砂含量较少，仅在 3%以下；细砂的中值粒径在 139μm 左右，主要粒级为细砂，含量达 88%左右，其次为粉砂，含量占 10%左右，黏土含量少于 3%；粉砂的中值粒径在 36μm 左右，主要粒级是粉砂，含量在 83%左右，黏土和细砂含量均占 8%左右；粉砂质砂的中值粒径在 115μm 左右，主要粒级为细砂，含量达 66%左右，粉砂次之，约占 28%，黏土含量少于 7%。南槽河段下段的主要沉积物类型是黏土质粉砂，其中值粒径在 6～7μm，主要粒级为粉砂，含量在 55%～60%，黏土含量次之，在 37%～43%，细砂含量少于 1%。

北港河段底床上分布的沉积物主要由细砂、粉砂质砂、砂质粉砂、粉砂和黏土质粉砂组成。中上段底床上分布的沉积物类型主要为细砂，其次是粉砂质砂。其细砂中值粒径在 105～237μm，主要粒级为细砂，含量一般大于 80%，部分可达到 100%，其次为粉砂，含量仅占 10%左右，黏土含量较少，在 6%以下；粉砂质砂的中值粒径为 61～201μm，主要粒级为细砂，含量在 48%～76%，粉砂次之，约占 20%～45%，黏土含量在 12%以下。拦门沙河段以黏土质粉砂和粉砂为主，其次是砂质粉砂，局部区域出现细砂，黏土质粉砂的中值粒径在 7～18μm，主要粒级为粉砂，含量达 60%～70%，黏土次之，含量在 20%～30%，细砂较少，在 2%～15%；粉砂的中值粒径在 15～30μm，主要粒级是粉砂，含量占 65～75%，细砂和黏土含量均在 10%～20%；砂质粉砂的中值粒径在 13～50μm，主要粒级是粉砂，含量在 43%～68%，细砂次之，含量在 20%～40%，黏土含量在 7%～23%；细砂的中值粒径在 120～175μm，主要粒级是细砂，含量在 80%以上，粉砂含量在 0～17%，黏土含量在 4%以下。

9.3.2　河槽表层沉积物中值粒径变化特征

对比分析 2010～2013 年在长江河口相同取样点所采集的河槽表层沉积物的中值粒径(图 9-25)，结果显示：总体上从南支河段下游的浏河口至口外，河槽表层沉积物中值粒径呈现出逐渐变细的趋势，由浏河口的 171.6μm 减少到北槽口外的 23.8μm(图 9-25)。南支下游(浏河口至吴淞口)洪季河槽表层沉积物中值粒径呈现出逐渐变粗的特征(由 2010 年的 65.8μm 增加到 2013 年的 165.7μm)；枯季河槽表层沉积物总体上呈现出逐渐变细的特征(由 2010 年的 171.6μm 减小到 2012 年的 17.4μm)。南港河段(吴淞口至分流口)的沉积物变化特征与南支下游相似，洪季河槽表层沉积物亦呈现出逐渐变粗的特征(由 2010 年的 24.7μm 增加到 2013 年的 157.2μm)，枯季河槽表层沉积物呈现出逐渐变细的特征(由 2010 年的 149.5μm 减小到 2012 年的 19μm)。北槽河段无论洪枯季同一取样

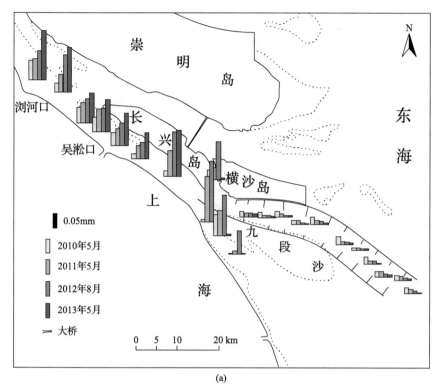

(a)

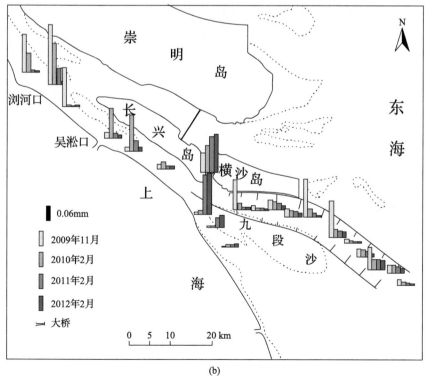

(b)

图 9-25　长江河口洪季和枯季河槽表层沉积物级配分布特征

(a)洪季；(b)枯季

点的河槽沉积物中值粒径均呈现出逐渐变细的特征。横沙通道和南槽河段上段无论洪枯季同一取样点的河槽表层沉积物中值粒径均呈现出逐渐变粗的特征。枯季北槽深水航道口外海域同一取样点的沉积物中值粒径呈现逐渐变粗的趋势(由2010年的23.8μm增加到2012的35.2μm)。

对比2009年和2010-2012年枯季河槽表层沉积物的中值粒径(图9-25),结果发现:2009年南支下游河段和北槽深水航道的河槽表层沉积物中值粒径均粗于(2010~2012年);南港河段、南槽河段上段、横沙通道和北槽口外海域2009年的河槽表层沉积物中值粒径均细于(2010~2012年)。

9.4　长江河口段河槽微地貌分布与特征

9.4.1　微地貌类型及其几何特征

对近年来利用多波束测深系统和浅地层剖面仪所测得的河槽地貌资料进行分析,结果表明近年来长江河口主槽的床底上的地貌形态可以分为两种类型:常见自然微地貌形态和人为微地貌形态。

1. 常见自然微地貌形态

(1)平滑床底:长江河口河槽床面上分布范围最广的一种河槽地貌形态,在多波束测深系统和浅地层剖面仪系统记录上表现为无任何特殊声学反射的均匀图像。床底表面平坦光滑,无起伏或起伏较小,床底下浅地层沉积物结构较稳定,层理连续无间断,沉积物组分均匀,类型较为单一,为稳定的床底表面形态。

(2)沙波:近年来长江河口沙波波高为0.12~3.12m,波长为2.83~127.89m,沙波指数为0.003~0.136。沙波多为不对称型的,迎流坡倾角为1.10°~15.51°,背流坡倾角为1.57°~29.0°。形态多为弯曲的波状,方向各一,差异明显,峰脊走向不定,优势方向为向海倾斜。表面强反射而穿透深度较浅的特征出现在多波束测深系统[图9-26(a)]和浅地层剖面仪系统记录上[图9-26(b)]。

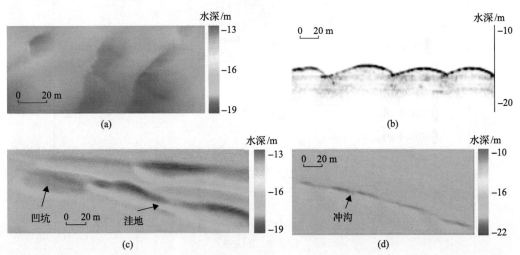

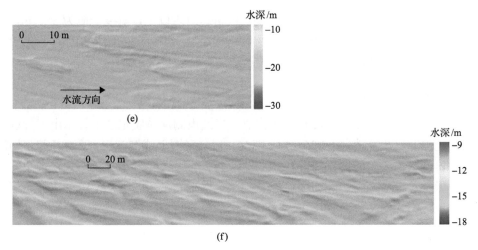

图 9-26　沙波、凹坑、冲沟、冲刷痕和疏浚痕在多波束测深系统和浅地层剖面仪上的记录

(a)水下沙波多波束测深系统记录；(b)沙波浅地表剖面仪记录；(c)凹坑、洼地多波束测深系统记录；
(d)冲沟多波束测深系统记录；(e)和(f)疏浚痕多波束测深系统记录

根据 Ashley(1990)的分类标准，观测到的 1575 个沙波可以分为四个类型：非常大的沙波(长度大于 100m)仅占到 0.3%，大的沙波(长度为 10～100m)的沙波最多，可以占到51.5%，中等的沙波(长度为 5～10m)次之，占到 43.9%，而小的沙波(长度为 0.6～5m)仅占 4.3%。沙波主要分布在南港和北港中上段和横沙通道底床的大部分区域。相对而言，北港的沙波尺度较大，波高为 0.13～2.4m，波长为 4.3～106.72m，波高和波长的平均值分别为 1.11m 和 25.5m，南港次之，波高为 0.12～3.12m，波长为 2.83～127.89m，平均波高和波长分别为 0.89m 和 19.3m，而横沙通道的沙波尺度较小，波高为 0.13～1.18m，波长为 3.74～20m，波高和波长的平均值分别为 0.49m 和 8.93m。南港、北港中上段和横沙通道发育的沙波的形态指数(波高/波长)的平均值分别为 0.046、0.044 和 0.056，迎流坡倾角分别为 1.30°～313.78°、1.10°～39.05°和 1.15°～39.87°，背流坡倾角分别为 2.20°～329.0°、1.57°～320.6°和 1.38°～37.65°(表 9-10)。

表 9-10　长江河口沙波特征

区域	波高/m		波长/m		迎流坡倾角/(°)		背流坡倾角/(°)		波高/波长	糙率
	最大值	平均值	最大值	平均值	最大值	平均值	最大值	平均值	平均值	平均值
南港	3.12	0.89	127.89	19.30	13.78	5.74	29.0	9.02	0.05	0.67
北港中上段	2.40	1.11	106.72	25.50	9.05	4.40	20.6	7.47	0.04	0.82
北港拦门沙河段	1.84	0.72	95.18	15.43	12.16	5.14	19.65	9.84	0.05	0.55
横沙通道	1.18	0.49	20	8.93	9.87	4.40	7.65	5.39	0.06	0.40
北槽中段	0.74	0.48	94.27	39.41	3.49	1.65	4.19	1.81	0.01	0.14
北槽下段	0.53	0.33	14.56	11.11	15.51	5.85	4.34	2.85	0.03	0.19
南槽上段	0.57	0.35	20.07	14.83	3.50	1.82	7.42	3.40	0.02	0.17

(3)冲沟：在现场观测仪器上显示是一种狭长弯曲的微地貌形态[图 9-26(d)]，方向较为一致。规模较小的冲沟，长度一般为 20～100m，宽度为 2～5m，下切深度为 0.5～

1m，发育较为普遍。规模稍大的冲沟长度一般可达百米以上，宽度一般为 5～7m，下切深度为 1～3m。冲沟内部多由松散沉积物所充填，与周围床底的结构和层理相差较大。另外，大范围的明显的冲刷痕显示在多波速测深系统的记录上。

2. 人为微地貌形态

近年来由于频繁的航道疏浚和挖槽作业，多波束测深系统记录上显示出一种以负地形形式出现的凹坑和洼地［图 9-26(c)］。凹坑一般多呈圆形或椭圆形，其直径和下切深度不尽相同，规模稍大的凹坑直径可达 100m 以上，下切深度为 1～5m，规模较小的凹坑直径在数米至数十米之间，下切深度一般在 1m 以下。多个凹坑交汇可形成形态相当不规则的洼地，长度一般大于 100m。另外，大量的疏浚痕出现在多波速测深系统上的记录上［图 9-26(f)］。

9.4.2　微地貌空间分布特征

长江河口的动力条件极其复杂，不仅受到径流和潮流这两个主要动力因素此消彼长的影响，还在一定程度上受到风、波浪以及盐水楔的作用，导致河口微地貌的分布异常复杂。而随着近年来人类活动对河流包括河口地区的干扰逐渐增强，河口河槽地形边界条件、沉积过程必将发生显著变化，更是加剧了河口微地貌分布的复杂多变，导致长江河口主槽河槽的微地貌特征在不同航道及同一航道的不同区域都会呈现出明显的差别。

1. 南港微地貌分布特征

该河段主槽底床上分布着平滑床底、凹坑、冲沟、沙波和疏浚痕等微地貌形态。总的来说，波高为 0.12～3.12m，平均波高为 0.89m，波长为 2.83～127.89m，平均波长为 19.3m，平均沙波指数（波高/波长）为 0.06，背流坡倾角为 2.2°～29.0°，迎流坡倾角为 1.3°～13.78°。

除平滑床底外，南港上段分布着较大区域的沙波，波长为 4.56～16.42m，波高为 0.22～1.12m，脊线走向大致呈 SW-NE；局部区域分布着凹坑和冲沟，凹坑直径 20m 左右，下切深度 1m 左右；冲沟长 40m 左右，下切深度 1m 左右，宽 3m 左右，走向大致呈 NW-SE。南港中段分布着较大区域的沙波和较多的凹坑，冲沟较少。沙波波长为 3.12～14.49m，波高为 0.12～1.07m，脊线走向大致呈 SW-NE；凹坑直径为 7～30m，下切深度为 0.3～1m；冲沟长约 60m，下切深度为 0.5m 左右，宽 2m 左右。南港下段分布着较大区域的沙波和疏浚痕，沙波波长为 2.83～21.06m，波高为 0.12～1.18m，脊线走向大致呈 SW-NE。另外，在南港河段瑞丰沙南侧附近主槽底床上分布着区域性的活动沙体（图 9-27）。

水深/m
-9
-12
-15
-18

图 9-27　活动沙体在多波束测深系统上的记录

2. 圆圆沙航槽微地貌分布特征

该河段主槽底床上分布着平滑床底、疏浚痕、凹坑和冲沟几种微地貌形态。除平滑床底外，该河段以疏浚痕为主要微地貌，局部区域可见凹坑和冲沟。凹坑直径为 10～20m，切深为 0.5～1m；冲沟长 100m 左右，切深 2m 左右，宽 5m 左右，走向大致呈 SW-NE。

3. 北槽深水航道微地貌分布特征

该河段主槽底床上分布着平床、疏浚痕、沙波、凹坑和冲沟几种微地貌形态。除平滑床底外，该河段上段疏浚痕、凹坑和冲沟分布均较多，凹坑直径为 10～150m，下切深度为 0.5～5m；冲沟长为 30～100m，切深 0.5～1m，宽约 3～5m，走向大致呈 NW-SE。中断以疏浚痕为主要微地貌，发育小范围的沙波，其区间为 31°14′21.94″N～31°14′18.05″N，122°00′33.95″E～122°01′02.23″E，波高为 0.24～0.74m，波长为 18.94～94.27m，背流坡倾角为 0.88°～3.49°，迎流坡倾角为 0.83°～4.19°；凹坑分布较多，直径为 10～50m，下切深度 0.5m 左右；冲沟分布较少，长 50m 左右，下切深度 1m 左右，宽 4m 左右，走向大致呈 NW-SE。下段疏浚痕相比中段明显减少，发育小范围沙波，其区间为 31°07′09.10″N～31°06′59.74″N，122°15′30.59″E～121°15′30.01″E，波高为 0.19～0.53m，波长为 7.26～14.56m，背流坡倾角为 1.34°～15.51°，迎流坡倾角为 1.25°～4.34°；零星分布着数个冲沟，长为 50～80m，下切深度为 0.5～1m，宽为 2～5m，走向大致呈 NW-SE；凹坑不常见。口外零星分布着数个凹坑，直径为 15m，下切深度约 1m。

4. 北港微地貌分布特征

该河段主槽底床上分布着平床、沙波、冲沟和凹坑几种微地貌形态。总的来说，沙波波高为 0.13～2.4m，平均波高为 0.98m，波长为 4.3～106.72m，平均波长达 22.09m，平均沙波指数（波高/波长）为 0.047，背流坡倾角为 1.57°～20.6°，迎流坡倾角为 1.10°～9.05°。88% 的沙波具有明显向海倾斜的趋势。

除平滑床底外，北港中上段底床上普遍发育沙波、冲沟和凹坑，沙波波高为 0.13～2.4m，波长为 7.04～106.72m，脊线走向大致呈 SW-NE；冲沟长为 20～120m，宽为 2～5m，下切深度为 0.5～1.5m，走向大致呈 NW-SE；凹坑直径为 8～20m，下切深度为 0.5～1m。长江大桥附近出现桥墩局部冲刷，冲刷幅度达约 8m（图 9-28）。拦门沙上段以沙波和凹坑为主，沙波波高为 0.15～1.45m，波长为 4.3～33.63m，脊线走向大致呈 SW-NE；凹坑直径为 10～50m，下切深度约 0.5m。拦门沙中下段河段以冲沟和凹坑为主，冲沟长为 20～80m，宽为 2～4m，下切深度为 0.5～1m，走向大致呈 SW-NE；凹坑直径为 5～30m，下切深度为 0.3～0.9m；局部区域可见沙波，沙波波高为 0.22～2m，波长为 4.62～29.68m，脊线走向大致呈 SW-NE。口外分布较少的冲沟和较多的凹坑，冲沟长为 20～100m，下切深度为 0.5～0.9m，宽为 2～5m，走向大致呈 NW-SE；凹坑直径为 6～20m，下切深度为 0.2～0.6m。

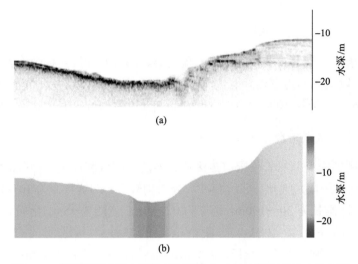

图 9-28　桥墩附近冲淤在浅地层剖面仪和多波束测深系统上的记录
(a)浅地层剖面仪记录；(b)多波束测深系统记录

5. 横沙通道微地貌分布特征

该河段主槽底床上分布着平床、沙波、凹坑和冲沟几种微地貌形态。除平滑床底外，以沙波为主，波高 0.13～1.18m，平均波高 0.49m，波长 3.74～20m，平均波长 8.93m，平均沙波指数(波高/波长)为 0.056。脊线走向大致呈 NW-SE；局部区域分布着凹坑和冲沟，凹坑直径 6～8m 左右，下切深度 0.5～1m 左右；冲沟长 35m 左右，下切深度 1m 左右，宽 4m 左右，走向大致呈 NW-SE。另外，在多波束测深系统记录上显示，横沙通道的冲刷痕迹非常明显[图 9-26(e)]。

6. 南槽微地貌分布特征

该河段主槽底床上发育着平床、沙波、冲沟和凹坑几种微地貌形态。除平滑床底外，该河段上段冲沟和凹坑发育较少，冲沟长达 100m，切深约 0.5m，宽约 3m，走向大致呈 NW-SE；凹坑直径约 8m，下切深度约 0.2m；并在江亚南沙南侧发育小范围的沙波，区间为 121°49′11.99″E～121°49′40.10″E，波高为 0.13～0.57m，波长为 10.18～20.07m，直线型沙波占多数，弯曲型沙波较少，波脊线相对平直，偶有弯曲，以非对称型沙波为主，迎流坡倾角相对平缓，为 1.26°～3.50°，背流坡倾角相对陡峭，为 1.28°～7.42°。中下段冲沟和凹坑发育较为普遍，冲沟长为 30～100m，下切深度为 0.5～1m，宽为 2～5m，走向大致呈 NW-SE；凹坑直径为 6～40m，下切深度为 0.2～0.5m。

9.5　长江河口段河槽演变的影响因素分析

9.5.1　流域来水来沙变化

在水土保持、河道采砂和水库拦沙等人类强干扰活动的影响下，长江干流至河口的水沙态势发生了非常显著的变化，尤其是干流上修建的大量的水库枢纽工程，对河道拦沙发挥了重要作用(王延贵等, 2014)。流域到达河口的径流量并未受到三峡蓄水等流域大型工程的显著影响，可以看出长江河口潮区界大通站径流量在 2003~2010 年期间稳定在多年平均值(28377m³/s)上下波动，并未呈现出明显的变化趋势，仅在 2010~2013 年期间波动较为明显(图 9-29)。然而，三峡工程的实施有着显著的拦沙作用，根据实测资料统计，三峡水库拦截了长江上游来沙的 70%左右，2003 年 6 月至 2010 年 12 月期间累计拦沙 11.68 亿 t，年均拦沙量约 1.46 亿 t(许全喜和童辉, 2012)，故 2002~2013 年期间大通站输沙量总体上呈现持续减小趋势(图 9-29)，这可能引起水流挟沙能力的增强，从而导致南支河段、南港与北港的中上段受到冲刷(图 9-13~图 9-15)。尽管来沙量的锐减对长江河口南槽与北槽河段形态变化的影响比较微弱(He et al., 2013; Jiang et al., 2012)，但会影响到长江口外三角洲的河槽形态变化。例如，来沙量锐减将促使口外海域进入河口的潮流挟沙能力增强，导致南槽口外段河槽受到冲刷(图 9-16)。

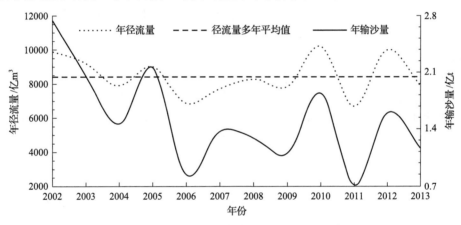

图 9-29　长江大通站近年来径流量与输沙量变化

9.5.2　河口工程的影响

近年来人类活动对河口的干扰逐渐增强，而随着北港开发潜力日趋显露，一些重大工程如青草沙水库工程、中央沙圈围工程、北港口北沙的促淤工程、沪-崇-苏越江通道工程和横沙东滩促淤圈围等工程相继在该河段实施，显著影响了北港的水动力和河槽边界条件的变化(李伯昌等, 2012)，其中青草沙水库工程的实施对北港的河槽演变起着至关重要的作用。青草沙水库位于长江河口南港与北港分流口附近，其水域面积约 66.15km²，约为杭州西湖面积的 10 倍，是目前世界上最大的潮汐河口淡水水库。青草沙水库工程实施之前(2002~2007 年)，北港的冲淤变化主要受中央沙圈围等其他涉水工程的影响，由图 9-10 和图 9-14 可知此阶段北港中上段中部河槽出现淤积，而上游北岸的河槽受到冲刷，其下泻的泥沙淤积在下游。而青草沙水库工程于 2007 年 6 月至 2009 年 1 月修建完成，北港河段上段的大部分被圈围，不仅稳固了北港上段的南边界，同时将原先 7.1km 的河槽宽度缩短到 4.3km，也是上文所述的北港中段北岸和中部深水槽均向北移动的直接原因。且在其影响下，2008~2012 年期间北港中段发生了较大程度的河槽侵蚀，侵蚀的泥沙在落潮流的作用下由北港的中上段向海运输，导致大量的泥沙淤积在拦门沙上段河槽北岸和中部及拦门沙中下段的河槽中部，而随着北港中上段河槽不断受到冲刷且冲刷态势向下延伸（刘玮等，2011），拦门沙河段的上段河槽也受到了一定程度的冲刷，侵蚀的泥沙由拦门沙河段的上段向海运输，导致大量的泥沙淤积在拦门沙河段的中下段，因此拦门沙河段的上段河槽中部的淤积强度要弱于拦门沙中下段中部。

横沙通道是一个南北向的独立河槽，两侧分别连接长江河口最大的两个入海通道-北港和北槽（北口连接北港，南口连接北槽）。河槽发展变化与河口汊道潮波变形引起的潮位差有密切关系（Kuang et al., 2014），也可能有关于北港和北槽之间的水沙交换（程海峰等，2010）。近年来一系列大型涉水工程如北槽深水航道治理工程、青草沙水库工程、横沙通道内侧的岸线圈围工程和横沙东滩促淤圈围等河口工程相继在横沙通道的周边实施（程海峰等，2010），在一定程度上改变了横沙通道河段的水沙条件和河槽边界条件。而由于横沙通道是北港与北槽之间水量和泥沙交换的重要通道，其河槽的演变可能与北港和北槽的河槽演变息息相关。因此，青草沙水库工程和长兴潜堤工程（长 1840m，是深水航道治理三期工程的一部分，位于长兴岛东南部的鱼嘴）的实施可能间接影响了横沙通道的河槽演变（Kuang et al., 2014）。2002～2007 年，青草沙水库工程和长兴潜堤工程并未实施，横沙通道和北港河段的冲淤变化主要受三峡蓄水工程引起的流域来水来沙条件的变化和中央沙圈围等其他涉水工程的影响，由图 9-14(a)可知此阶段内北港河段的中段受到冲刷，而同阶段内横沙通道北口段亦受到冲刷[图 9-17 和图 9-19]，大量泥沙向南口方向输送并淤积河槽，故此阶段横沙通道的北侧段、中断、南侧段和南口段均发生淤积（图 9-17 和图 9-19）。而青草沙水库工程于 2007 年 6 月至 2009 年 1 月修建完成，长兴潜堤工程于 2007～2010 年修建完成，在其影响下，2007～2012 年北港河段中段持续受到冲刷（图 9-14b），且北港中段主槽南偏，导致大量的落潮流偏向横沙通道北口段，而 2007～2013 年期间横沙通道北口段、北侧段、中段、南侧段和南口段均受到冲刷[图 9-17 和图 9-19]，表明在青草沙水库工程和长兴潜堤工程的共同影响下，近期北港中段与横沙通道的冲淤变化具有同步性，而由于横沙通道在 2007～2013 年期间受到极强冲刷，大量冲刷的泥沙已经由横沙通道南口进入圆圆沙航槽和北槽深水航道（图 9-20），其在客观上增加了圆圆沙航槽和北槽深水航道的泥沙回淤量（表 9-11），而恽才兴（2004）也发现 1998 年和 1999 年发生的大洪水导致横沙通道在 1998～2001 年期间发生了较大冲刷，冲刷的泥沙约有 1332 万 m^3 进入北槽，这些表明横沙通道的河槽演变可能会影响到北槽深水航道的治理和维护。

表 9-11　圆圆沙航槽和北槽深水航道的回淤量统计表（上海航道勘察设计研究院）　　（单位：万 m^3）

年份	圆圆沙航槽	北槽
	（14.3km）	（52.3km）
2007	478	5317
2008	167	5488
2010	1453	5980
2011	2051	5500
2012	1294	8040

近年来长江河口深水航道治理、浦东机场外侧圈围等工程和南汇东滩促淤圈围等河口工程相继在南槽与北槽河段实施(程海峰等, 2014), 影响了南槽河段的水动力和河槽边界条件, 尤其是深水航道治理工程的实施对南槽河段的河槽演变具有至关重要的影响。长江河口深水航道治理工程实施之前(1998 年之前), 北槽和南槽的落潮分流比分别为约60%和 40%(Kuang et al., 2014), 深水航道治理一期工程实施期间(1998 年 8 月至 2001年 5 月), 南槽与北槽分流口潜坝工程被实施, 导致南槽与北槽落潮分流比发生显著变化(Jiang et al., 2012), 南槽落潮分流比明显增加, 在其影响下, 南槽河段的上段受到较强冲刷, 侵蚀的泥沙由南槽河段的上段向海输移, 致使 1995~2002 年期间大量的泥沙淤积在南槽河段的中下段(图 9-21)。深水航道治理二期工程至三期工程期间(2002~2010 年), 南槽河段的落潮分流比保持持续增加的趋势。例如, 2010 年洪季期间南槽河段的最小落潮分流比由 60%增加到 70%(Dai et al., 2015)。因此, 南槽河段的上段持续受到冲刷且冲刷态势向下延伸, 导致 2002~2010 年期间南槽中段也受到一定程度的冲刷, 侵蚀的泥沙由南槽中段向海输移, 引起大量泥沙淤积在南槽下段的河槽上。故 2002~2010 年期间南槽中上段均以冲刷为主, 下段则以淤积为主(图 9-21)。深水航道治理工程在 2010 年竣工, 尽管疏浚维护期(2010~2013 年)南槽河段的冲淤态势较深水航道治理工程实施期间(1998~2010 年)并未出现显著变化, 上段继续受到冲刷, 但其冲刷幅度已明显小于二期至三期工程实施期间(2002~2010 年), 而南槽中下段的南岸发生较为严重的淤积, 北岸和中部未出现明显的形态变化, 故该时段内南槽河段整体上由 2002~2010 年的净冲刷状态转变为处于净淤积状态。

北槽是 1998~2010 年期间实施的长江河口深水航道治理工程的主要整治段, 深受该工程的影响(Song and Wang, 2013)。北槽的主槽已经由 1998 年少于 7m 的平均水深被持续疏浚到目前的 12.5m(Chen et al., 2015)。2010 年航道的水深达到 12.5m 后, 航道内的泥沙回淤量明显增加(Jiang et al., 2012)。2010 年 2 月至 2011 年 8 月期间北槽航道的泥沙回淤量达到 8.09 亿 m^3, 且回淤主要集中在北槽航道的中段(Ge et al., 2013; Dai et al., 2013; Song and Wang, 2013)。因此, 为了维持航道的水深, 疏浚和挖槽必须被持续地实施。事实上, 近年来每年疏浚的泥沙体积已经超过了 600 万 m^3(Kuang et al., 2014)。

从以上的分析看出, 总体上, 在人类活动的强烈干扰下, 近期长江河口段分汊河段(南支、北港中上段和拦门沙河段的上段、南港河段和南槽中上段)和串沟(横沙通道)以及南槽口外水下三角洲区域的河槽均受到了不同程度的冲刷, 各河段的河槽深度均加深。而刘杰等(2017)的研究也证明近期北港和南槽航道拦门沙浅滩的上游和口外水下三角洲区域均受到了一定程度的冲刷, 拦门沙浅滩长度缩短, 黎兵等(2015)的研究也表明三峡蓄水工程实施以后, 长江河口地区在 2002~2007 年期间已由淤积为主转变为侵蚀为主, 2007~2013 年海床侵蚀明显加剧, 据推测未来数十年内海床侵蚀将进一步加剧。因此, 今后随着北港中上段和南槽中上段的冲刷态势向下游延伸, 河口拦门沙区域将向下游移动, 而流域减少促使潮流挟沙能力增强, 导致口外三角洲向上游蚀退, 又会引起河口拦门沙向上游移动, 故在两者的综合作用下, 河口拦门沙区域的长度将被逐渐缩短。这些变化有利于航道的治理和开发、但是会影响水下岸坡的稳定性和滩涂资源的有效利用。

9.5.3　河槽演变对盐水入侵的影响

河口是淡水与盐水交汇的区域，盐水入侵是河口存在的非常普遍的现象。盐度是在河口环境中描述水体系统的一个关键参数(Huang and Foo, 2002)。理解河口在不同压力条件下(例如极端干旱、气候变化或人类活动强烈干扰下)的盐度变化对于有效地管理河口水资源有着至关重要的作用(Brockway et al., 2006)。在长江河口盐度主要受到径流和海水作用的相互影响，径流稀释河口的盐度含量，而潮流运输盐水到河口从而增加河口的盐度。一般认为当长江河口的盐度水平超过 100mg/L，盐水入侵将会发生[中国日常饮水和水资源标准(CJ302093)]。

影响长江河口盐水入侵的因素较多，包括长江来水量、外海潮汐强度、河口形态和河势等，其中，长江来水量和潮差被人们认为是主要的影响因素(肖成猷和沈焕庭., 1998)。尽管长江径流量丰沛，淡水资源丰富，但在枯水季节长江河口常常发生严重的盐水入侵现象，尤其是在长江流域干旱、径流量极枯的情况下，严重制约着长江河口淡水资源的有效利用。然而，近年来长江河口的盐水入侵可能受到人类活动引起的水深变化的强烈影响。众所周知增加的水深将导致增加的盐水入侵，而其原因是非常复杂的。可能是因为更深的水深将导致强的垂向环流，引起更多的盐水由底部向上游输运。

盐水输运对河口有着重要的作用，可能影响河口区域的生态和生物地球化学条件(Zhou et al., 2008)。南港河段盐水的余流一般是向海输运且主要被径流影响(Ge et al., 2013)。随着河流径流的减弱，盐水向陆输运，增加平均盐度(Wu et al., 2006)。刘玮祎等(2011)通过分析大量实测盐度资料发现南港河段主要受外海盐水的直接影响，越向下游，盐度值越高。而我们的研究结果表明近年来南港受到强烈的冲刷。因此，南港河段的水深已经增加，将加剧南港河段盐水入侵的强度。

北港是长江河口的主要淡水来源，其余流主要向海输运(Cheng and Zhu, 2013)，Cheng 和 Zhu(2015)的研究表明北港盐水入侵增加的强度要高于长江河口其他的河槽。这可能与我们的研究发现近年来北港的中上段受到强烈的冲刷导致水深增加有关。前人研究发现近年来北港河段向陆的盐水输运增强，可能进一步影响北港的上游河段(Cheng and Zhu, 2015)。这可能影响上游淡水资源和生态系统的安全。青草沙水库平均每天提供 719 万 m^3 的饮用水，其中超过一半的淡水都供给上海市的居民引用(Yang et al., 2015b)，受益人口超过 1300 万人，然而，当水中的盐度超过 0.45psu(氯度 250mg/L)，被认为是不可饮用的(Dai et al., 2011)。顾圣华(2014)研究发现 2011 年 4 月 7～11 日和 20～23 日期间青草沙水库取水口区域出现盐度超标，最大盐度达到 1.4psu，王绍祥和朱建荣(王绍祥和朱建荣, 2015)发现长江河口在 2014 年 2 月发生了近年来最为严重的盐水入侵事件，导致青草沙水库约 23 天都不宜取水，且入侵的盐水均来自北港口外海域，严重威胁了上海市的安全供水。

与北港相比，南槽与北槽的径流量是低的，而盐度是相对高的。北槽上游的余流主要是向海输运的，而北槽下游和南槽的余流主要是向陆输运(Cheng and Zhu, 2013)。南槽向陆的余流输运主要受到潮流和地形的影响，北槽下游向陆的余流输运主要受潮流的控制(Wu and Zhu, 2010)。陈沈良等(2009)研究发现南槽江亚北水道河段在 2006 年 6 月至 2007 年 5 月期间年最高盐度达 24.46psu，洪季平均盐度为 6.05psu，枯季平均盐度为 6.55psu，全年有 96.6%的时间发生盐水入侵。我们的研究表明近年来南槽中上游受到了强烈的冲刷，增加的水深可能已经加剧了南槽盐水入侵的强度。

宋志尧和茅丽华（2002）发现长江河口深水航道治理一期工程的实施在一定程度上影响了北槽的盐水入侵，并认为随着二期和三期工程的实施，航道的深度会加深和底床将变平顺，必然会加剧盐水入侵的强度，而 Ge 等（2013）报道由于航道疏浚，北槽航道的水深已经显著增加，可能已经导致盐水入侵的强度增加，尤其洪季期间高的盐水输运进北槽，盐水入侵将更加剧烈。由于絮凝主要发生在盐度范围为 5～10psu 的航道中部，暗示盐水入侵可能也已经在航道淤积方面起了关键的作用（Ge et al., 2013）。因此，由于淡水和盐水的混合推进最大浑浊带向陆推移，盐水入侵可能已经加剧了航道的回淤。

9.5.4　沉积物分布和变化的影响因素

沉积物粒度特征是衡量沉积环境的一种尺度。长江河口河槽表层沉积物粒度特征是河口动力和地貌条件综合作用的产物，也是河口泥沙分布和运动状态的具体反映（陈吉余等，1988）。由于长江河口动力和地貌条件异常复杂，导致河槽表层沉积物类型、分布和中值粒径变化特征也较为复杂。

由于重力分异的影响，长江河口河槽表层沉积物的粒径大小从上游向下游递减，这就是上文所述的河槽表层沉积物中值粒径由南支下游的浏河口至口外逐渐变细的原因。

沉积物的输运和沉积不仅可以引起河床表面的冲淤变化，也可以塑造复杂多样的地貌形态（刘红等，2007）。河槽的冲淤变化与河槽表层沉积物粒径大小的年际变化互为因果关系，当河槽受到冲刷时，河槽表层沉积物粒径会逐渐变粗；河槽出现淤积时，河槽表层沉积物粒径会逐渐变细（徐晓君等，2010，赵怡文和陈中原，2003）。由上文的分析可知，近年来南支河段、南港与北港中上段、横沙通道和南槽中上段均受到了不同程度的冲刷，故这些河段的河槽表层沉积物类型均以细砂为主，这也是上文所述的 2010～2013 年期间南支下游（浏河口至吴淞口）、南港河段、横沙通道和南槽上段河槽表层沉积物逐渐变粗的原因所在。而南支下游（浏河口至吴淞口）和南港河段（吴淞口至分流口）在枯季期间沉积物逐渐变细可能是由于径流减少引起的淤积造成的。2010 年深水航道治理工程完成，疏浚维护期（2010～2013 年）北槽航道发生了严重的泥沙淤积，故无论洪枯季同一取样点的河槽表层沉积物中值粒径均呈现出逐渐变细的特征，而近期北槽深水航道口外海域河槽受到冲刷（刘杰等，2017），导致河槽表层沉积物中值粒径变粗。

2009 年仍处于长江河口深水航道治理三期工程期间，该时段南支下游河段和北槽深水航道的河槽表层沉积物中值粒径均粗于疏浚维护期（2010～2012 年）；而南港河段、南槽河段上段、横沙通道和北槽口外海域的河槽表层沉积物中值粒径均细于航道疏浚期（2010～2012 年），这些均有关于河口工程建设对局部河道水动力产生的影响。

值得注意的一点是本报告中疏浚维护期（2012 年）枯季在北槽口外海域所采集的河槽表层沉积物类型为粉砂，且呈现出逐渐变粗的特征，其中值粒径（23.8μm）（表 9-12）要大于在深水航道治理二期工程期间所采集的河槽表层沉积物粒径（22.4μm）（刘红等，2007），说明在深水航道治理一到三期工程的影响下，近年来北槽下段的水动力条件持续增强，落潮流速增大，导致到达口外海域的河槽表层沉积物变粗。

表 9-12　深水航道不同时段北港和北槽口外河槽表层沉积物中值粒径　　　　（单位：μm）

采样位置	采样时间	
	二期工程（2003 年）	疏浚维护期（2012 年）
北港口外（122.421°E, 31.195°N）	16.5	32
北槽口外（122.421°E, 31.102°N）	22.4	23.8

对比近年来北港和北槽口外海域河槽表层沉积物粒径（表 9-12），结果表明北槽细于北港，这点与前人研究的深水航道治理二期工程期间北槽口外海域粗于北港（刘红等，2007）的结论不同，说明疏浚维护期北槽深水航道和北港河段的动力条件均在增强，落潮流速持续增大，而北槽河段增加的程度小于北港。

前人研究表明，20 世纪 90 年代长江河口最大浑浊带河槽表层沉积物主要由粉砂和黏土组成（李九发等，1994），河槽沉积物和悬沙的中值粒径分别为 0.0098～0.056mm 和 0.004～0.0088mm，优势粒径分别为 0.008～0.063mm 和 0.0004～0.0032mm。近期研究也表明南槽与北槽分流口下游河段河槽表层沉积物较细，以黏土质粉砂为主要类型（李为华等，2008）。而本报告研究发现近年来包括北港拦门沙河段局部区域、北槽深水航道南侧局部区域和南槽上段在内的长江河口最大浑浊带的河槽表层沉积物类型以细砂为主，其原因主要与长江流域工程引起的来沙量锐减和部分河口工程导致的局部水动力变化有关。三峡蓄水等流域大型工程的实施导致近年来到达长江河口的来沙量锐减，在其影响下，北港河段受到一定程度的冲刷，而青草沙水库工程的实施加剧了冲刷的程度，导致北港河段近年来持续受到冲刷且冲刷态势向下延伸（刘玮玮等，2011），引起北港拦门沙河段的局部区域也受到一定程度的冲刷，导致河槽表层沉积物的粗化。而长江河口深水航道治理工程对南槽与北槽河段河槽表层沉积物的粗化有着至关重要的影响，其中 2002 年实施的南槽与北槽分流口潜堤工程导致南槽与北槽落潮分流比发生变化，南槽河段落潮分流比明显增加（Jiang et al.，2012），强的落潮流侵蚀了南槽河段的上段，导致该区域河槽表层沉积物的粗化。而疏浚工程改变了北槽河段局部区域水动力，在其影响下，泥沙输运模式也相应发生改变（Jiang et al.，2012），可能与该区域河槽表层沉积物的粗化有关。同时，由于三峡大坝的蓄水拦沙作用，导致长江中下游河道受到冲刷，引起大量的粗颗粒沉积物被向海输送，可能也是引起长江河口局部区域河槽沉积物粗化的原因之一。

9.5.5　长江河口微地貌形成和分布的影响因素

沙波是一种河流、河口和浅海环境中常见的微地貌形态（Kleinhans，2005）。其发育受底质沉积物性质的限制，一般形成于平均粒径大于 125μm 的沙质沉积区（Wu et al.，2009）。本章研究发现近年来长江河口河槽表层沉积物类型主要由黏土质粉砂、粉砂和砂质粉砂组成，故大部分区域均发育平滑床底形态。而南港与北港中上段和横沙通道河段床面的大部分区域，以及北港拦门沙河段的局部区域，北槽深水航道南侧局部区域和南槽上段的河槽表层沉积物均以细砂为主要类型，因此这些区域均有一定程度的沙波微地貌发育。由于沙波尺度的大小与径流量的高低成正比关系（Li et al.，2008），而近年来北港的落潮流优势要大于南港(茅志昌等, 2008), 横沙通道的来水来沙量则更小, 这可能与上文提到的北港中上段的沙波尺度较大, 南港次之, 横沙通道的沙波尺度较小有关。而南港、北港中上段和横沙通道发育的沙波的形态指数(波高/波长)的平均值非常接近(0.046、0.044 和 0.056), 说明发育在由径流控制的长江河口中上段区域的沙波的几何特性差异性较小。

从上文的分析可以看出, 在近年来实施的三峡蓄水等长江流域大型工程和深水航道治理、青草沙水库等局部河口工程的共同影响下, 近期长江河口南支河段、南港与北港中上段、北港拦门沙上段的局部区域、横沙通道、南槽中上段均受到了一定程度的冲刷, 而河槽在冲刷环境下容易发育侵蚀性微地貌, 如冲沟等, 因此, 上述河段的底床上均发育了不同程度的冲沟, 而横沙通道受到的强冲刷还导致其底床上分布着大范围较明显的冲刷痕。南港下段和圆圆沙航槽均是 1998~2010 年实施的长江河口深水航道治理工程的整治河段, 且是未经受工程措施而被疏浚开挖形成的人工航道(赵晓东等, 2014), 为了维持 12.5m 的航道水深, 需持续进行挖槽疏浚, 因而在其底床上留下了大范围的疏浚痕, 而北槽作为深水航道治理工程的主要整治河段, 经受了众多工程措施的改造, 当水深增至 12.5m, 大量泥沙快速回淤在其航道的床面上, 以悬沙絮凝沉降落淤为主要方式(Dai et al., 2013), 且主要集中在北槽河段的中段, 为了维持航道的水深, 挖槽和疏浚必须持续不断地进行, 导致大范围的疏浚痕出现在北槽底床上, 且北槽中段的疏浚痕要明显多于上段和下段。同时, 由于人类采砂作用, 南港瑞丰沙南侧附近的主槽上分布着区域性的活动沙体, 前人研究也证明 2006 年观测到瑞丰沙体南侧存在长 1850m、宽 400m、体积 124.5 万 m^3 的滑坡体(李茂田等, 2011)。

9.6 河口段河槽冲淤、沉积和微地貌对人类活动的响应特征

河口河槽演变过程和微地貌的分布受人类活动影响的程度和方式具有明显差异。近年来人类活动对长江河口和密西西比河口的干扰均逐渐增强, 三峡大坝等流域大型工程的实施导致长江流域到达河口的来沙量显著减少, 而深水航道治理和青草沙水库等河口大型工程的实施又改变了河口河槽的地形边界条件, 从而导致长江河口河槽微地貌和河槽演变处于不断地调整和适应中。本章系统地分析近期长江河口的河槽演变和微地貌特征, 探讨河口河槽冲淤演变过程、沉积物和微地貌对人类活动有如下响应特征。

总体上, 在人类活动的强烈干扰下, 近期长江河口南支、南港河段、横沙通道和两个入海汊道(北港中上段和南槽中上段)以及南槽口外水下三角洲区域均发生了一定程度的河槽侵蚀, 沉积物出现变粗特征, 各河段的河槽深度均加深。今后随着北港中上段和南槽中上段的冲刷态势向下游延伸, 河口拦门沙区域将向下游移动, 而来沙量持续锐减导致口外三角洲向上游蚀退, 又会引起河口拦门沙向上游移动, 故在两者的综合作用下, 河口拦门沙区域的长度将被逐渐缩短。这些变化有利于航道的治理和开发, 但是会影响近岸工程的安全性和滩涂资源的有效利用, 也将提高长江河口盐水入侵强度被加剧的潜在风险。

(1)2002~2007 年期间南支河段河槽整体处于冲刷态势, 泥沙净冲刷量为 2.3 亿 m^3,

平均每年冲刷 0.46 亿 m³，2002～2013 年，南港河段和北港河段的泥沙净冲刷量分别为 1.36 亿 m³ 和 6.54 亿 m³，平均每年泥沙冲刷分别为 0.12 亿 m³ 和 0.65 亿 m³。其中，南支和南港河段受到冲刷主要是由于三峡蓄水等流域大型工程的实施导致近年来流域到达河口的来沙量锐减，而北港河段受到的强冲刷不仅与来沙量锐减有关，还与青草沙水库工程的兴建有关。横沙通道河槽也持续受到冲刷，2002～2013 年泥沙净冲刷量为 0.86 亿 m³，平均每年冲刷 0.08 亿 m³，其原因主要与北槽深水航道治理工程和北港青草沙水库工程的实施有关，而横沙通道的河槽冲刷对圆圆沙航槽和北槽上段航道的泥沙回淤具有一定的贡献。由于深水航道治理工程的影响，南槽河段中上段受到强烈的冲刷，而显著的淤积发生在南槽下段，在 2002～2013 年期间，南槽河段整体上处于淤积状态，泥沙净淤积量为 0.68 亿 m³，平均每年淤积达 0.062 亿 m³。长江河口南港与北港和南槽中上段受到的河槽侵蚀导致水深增大，而航道疏浚亦增加了北槽的水深，这些可能加剧了近年来长江河口南港与北港和南槽与北槽河段盐水入侵的强度。

(2) 近期长江河口河槽表层沉积物主要由黏土质粉砂、粉砂、砂质粉砂、粉砂质砂和细砂组成。黏土质粉砂为主要的沉积物类型，占到所有沉积物(169)的 30%，主要分布在长江河口最大浑浊带区域，包括北港拦门沙河段的(8%)、南槽中下游的(5%)和北槽的(14%)。粉砂(20%)和砂质粉砂(19%)主要分布在河口拦门沙区域和圆圆沙航槽。细砂(20%)主要分布在长江河口的中上段(南港与北港中上段)、横沙通道和河口最大浑浊带的主槽。河口最大浑浊带局部区域的沉积物呈现出逐渐粗化的特征，其中北港最大浑浊带沉积物的粗化可能与青草沙水库工程导致北港拦门沙河段上段受到一定程度的冲刷有关，而深水航道治理工程的实施导致南槽与北槽的落潮分流比和泥沙输运模式发生了显著的变化，可能有关与南槽和北槽最大浑浊带河槽表层沉积物的粗化。

(3) 近年来长江河口河槽床面上除了发育平床、冲沟、冲刷痕和沙波等常见微地貌形态外，还存在着凹坑和疏浚痕等人类活动引起的微地貌形态。冲沟主要分布在北港，冲刷痕主要发育在横沙通道，而凹坑和疏浚痕主要集中在北槽深水航道。沙波主要发育在南港与北港河段的中上段和横沙通道河槽的大部分区域，北港中上段沙波尺度较大，南港中上段次之，横沙通道较小，且各河段沙波几何特性的差异性较小。按其尺度大小，观测到的沙波(1575)可以分为巨型沙波、大型沙波、中型沙波和小型沙波四个类型，以大型沙波为主，占到 51.5%，波高为 0.12～3.12m，波长为 2.89～127.89m，沙波形态指数(波高/波长)为 0.003～0.136，波长和波高之间存在显著的正相关性。

第10章　长江河口典型河槽河势演变

河势是河槽在其演变过程中变化的水流与固定的河床相互作用的态势,其中水流提供主动营力,而河床为被动受力,两者固液相互作用,粒径较细的黏土、粉砂、部分细沙及胶质物悬浮在水流中,形成悬移质,粒径较粗的泥沙收到水动力的作用在河床下做滚动、跳跃等层移运动,由于水动力不稳定,悬沙和底砂经常发生交换、搬运、沉积。当此类交换、搬运发生频繁时候,河床冲刷,当水体泥沙发生大量沉积时,河床淤积,由于水动力方向的复杂,河床将产生横向或纵向的冲淤变化。即导致河势发生变化。

10.1　长江潮区界变动河段河床演变特征

近期长江潮区界变动河段为九江-池口段,由于受潮波影响程度不同可能导致河床演变的差异,因此,需对不定期受潮波影响的潮区界变动河段及其下游长期受潮波影响的池口-芜湖河段进行综合研究,通过水下地形资料分析其河床演变特征,对有显著变化的区域通过现场测量进行了床面微地貌特征研究。微地貌的数据采集还是通过 SeaBat 7125 多波束测深系统展开。

10.1.1　平面形态变化

1. 潮区界变动河段分段

九江-芜湖河段全长约350km,根据河道平面特征将其分为三段:Ⅰ区为潮区界变动上段,自九江至安庆莲洲乡,主要为顺直、微弯型分汊河道,该段受潮波影响较少;Ⅱ区为潮区界变动下段,自莲洲乡至铜陵羊山矶,为弯曲、鹅头型分汊河道,该段受潮波影响相对频繁;Ⅲ区为潮区界下游河段,自羊山矶至芜湖漳河口,为典型的鹅头型分汊河道,该段长期受到潮波影响。为描述方便,将三个区各自分为两部分进行平面形态特征分析(图10-1)。

2. 潮区界变动上段平面形态

Ⅰ区上段河道两侧岸线整体变化不明显。北岸小幅向前推进,在上三号洲西侧附近推进距离最大,约610m,南岸几乎无变化,相对稳定。官洲整体下移,岸线向西、北方向推进了300~700m,向东推进了约1990m,面积显著增大。上三号洲整体向北移动,南岸后退400m,北汊缩窄超过一半,沙洲距河道北岸最近处约30m,有并岸的可能。上三号洲西南侧原有的小沙洲面积增大且下移,洲头后退约550m,洲尾推进约1000m,

在这个沙洲西北、西南还形成了两个新的沙洲,三个小沙洲有统一并入上三号洲之势。下三号洲整体形态变化不大,洲尾向下游推进约900m,在西南侧形成了两个小沙洲,南汊河宽骤减,有淤塞的可能[图10-2(a)]。

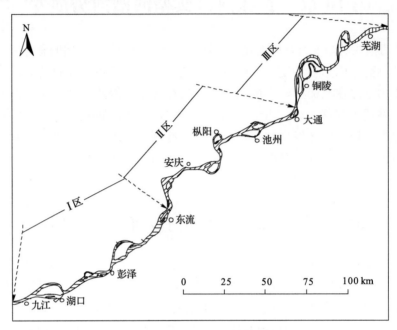

图10-1 长江干流九江-芜湖河段分区

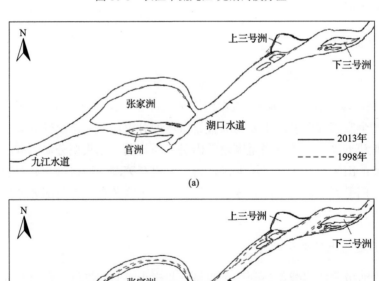

(a)

(b)

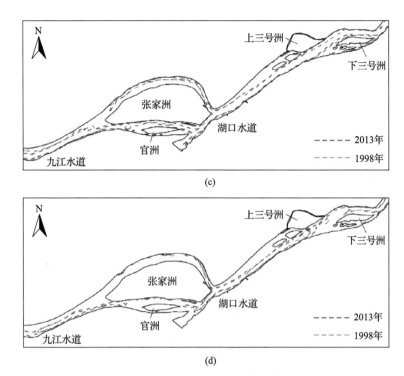

图 10-2　长江干流九江-彭泽河段平面形态变化

(a)岸线与江心洲；(b)0m 等深线；(c)–5m 等深线；(d)–10m 等深线

　　九江水道北岸 0m 浅滩大规模淤涨，长度几乎覆盖整个水道，其最大宽度约 900m，平均宽度接近河宽的一半。张家洲洲头 0m 浅滩小幅淤涨，但其南北两侧汊道中浅滩均显著后退，平均后退距离约 200m。原被浅滩淤塞的官洲南汊被冲开，重新形成过水通道。上、下三号洲附近靠近河道两岸的 0m 浅滩面积均有所减小，其中，原被淤塞的湖口水道北岸与下三号洲南汊重新形成过水通道，而靠近河中心的下三号洲北岸 0m 浅滩面积小幅增大[图 10-2(b)]。张家洲北汊–5m 以深面积减小而南汊面积增大，主要区域南移至张家洲与官洲之间的汊道。上、下三号洲之间–5m 以深区域整体北偏，面积小幅增大[图 10-2(c)]。九江水道南侧–10m 以深范围显著增大，上、下三号洲之间–10m 以深区域小幅北偏，面积明显增大[图 10-2(d)]。

　　Ⅰ区下段河道岸线基本无变化。江心洲小幅下移，骨牌洲北侧沙洲洲头后退约 960m，南侧小沙洲消失。玉带洲南侧小沙洲下移约 1390m，面积仅为原来面积的 12%，玉带洲北侧两个沙洲合并成棉花洲，其面积约为原来两个沙洲面积之和的 1.75 倍[图 10-3(a)]。

　　马当圆水道中心处 0m 浅滩面积增加，淤塞情况加剧。骨牌洲南岸宽约 1255m 的浅滩受冲后几乎消失，与马当阻塞线水道连通，马当南水道中心处浅滩向下游延伸，尾部下移约 2760m，整体形态变得狭长。东流水道 0m 浅滩普遍向下游蚀退，面积大幅减小，河中心附近两处浅滩下移约 1800m，玉带洲右汊浅滩几乎完全消失[图 10-3(b)]。马当圆水道–5m 以深区域几乎消失，马当南水道–5m 以深面积增大，与马当阻塞线水道新形成的–5m 以深区域连通。东流水道–5m 以深区域面积显著增大，相互贯通[图 10-3(c)]。–10m 以深区域面积小幅增大，部分区域略有下移，整体形态变化不明显[图 10-3(d)]。

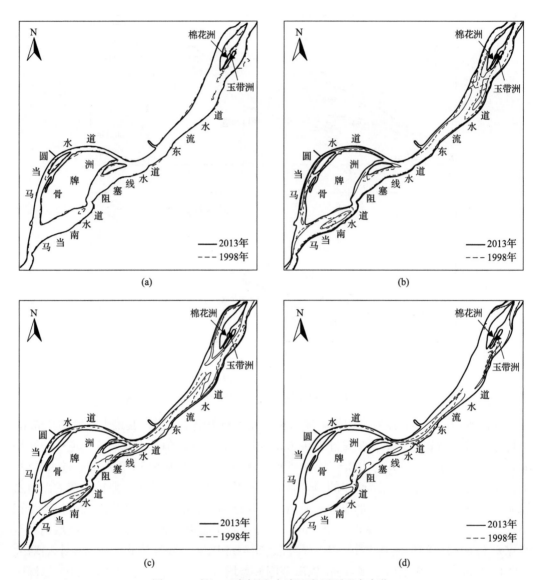

图 10-3　长江干流彭泽-东流河段平面形态变化
(a) 岸线与江心洲；(b) 0m 等深线；(c) -5m 等深线；(d) -10m 等深线

3. 潮区界变动下段平面形态

Ⅱ区上段复生洲附近河道右岸小幅后退，最大距离约 240m，官洲右港下段沙咀消失，岸线后退最大处 1000m。官洲直港河道岸线普遍后退，最大后退距离约 220m。安庆水道下段南岸向前推进，最大推进距离约 770m。陈吉洲河段左岸附近形成了长约 4290m，宽约 550m 的狭长形沙洲，右侧沙洲向右岸移动。官洲直港河段面积约 155 万 m² 的沙洲完全消失，南岸沙咀消失处仅余下两个小沙洲。新洲面积增大，整体北移约 1000m，由长的三角形变为橄榄形。鹅毛洲洲头淤涨，中部北岸向东南蚀退。两洲之间通道显著展宽 [图 10-4 (a)]。

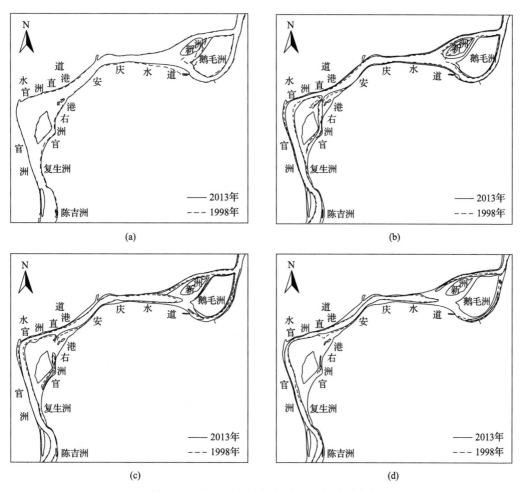

图 10-4　长江干流东流-太子矶河段平面形态

(a)岸线与江心洲；(b)0m 等深线；(c)−5m 等深线；(d)−10m 等深线

官洲水道 0m 浅滩整体呈左岸淤涨、右岸蚀退的特征，在分汊河道中也是如此。新洲附近浅滩显著向东南淤涨，淤塞于新洲与鹅毛洲之间的浅滩被冲开，形成过水通道[图 10-4(b)]。官洲水道内−5m 以深区域小幅摆动，变化不明显，两洲间通道形成−5m 以深区域[图 10-4(c)]。−10m 以深区域面积小幅增大，形态几乎无变化[图 10-4(d)]。

Ⅱ区下段太子矶水道北岸向南推进，最大距离约 410m，南岸也同时后退，最大距离约 390m。贵池北水道上段河岸向前推进，最大距离约 740m。大通水道上段北岸也普遍向前推进约 300m。玉板洲北移并入铜板洲，在两洲西南侧形成了一个长约 2620m，最大宽度约 450m 的小沙洲。凤凰洲与碗船洲合并成一个大沙洲，且洲头强烈淤涨，大沙洲面积较原有两个沙洲面积之和增大约 67%。新长洲面积大幅减小，洲头后退，最大距离约 2440m，与东侧小沙洲合并成兴隆洲，面积仅为原来两洲面积之和的 45%。和悦洲西南侧形成了一个形状相仿的新沙洲[图 10-5(a)]。

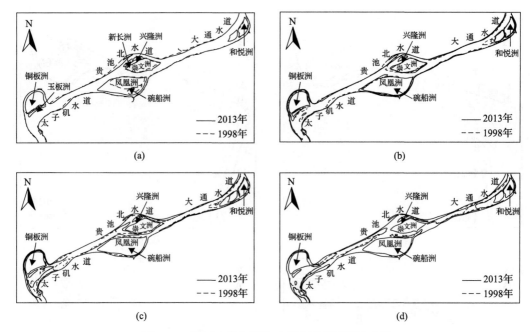

图 10-5 长江干流太子矶-大通河段平面形态变化
(a)岸线与江心洲；(b)0m 等深线；(c)−5m 等深线；(d)−10m 等深线

铜板洲洲头 0m 浅滩面积增大，洲身浅滩衰退。太子矶水道中 0m 浅滩显著下移，上段河中心附近浅滩下移约 1220m，下段南岸浅滩衰退，北岸浅滩淤涨。凤凰洲附近 0m 浅滩全面淤涨，几乎淤塞南侧水道。贵池北水道整体呈南冲北淤，北岸浅滩显著淤涨，南侧崇文洲洲头浅滩大幅衰退，洲尾浅滩小幅淤涨。和悦洲西南新沙洲洲头浅滩显著衰退，最大距离约 2440m[图 10-5(b)]。铜板洲北汊−5m 以深区域面积减小。太子矶水道−5m 以深区域显著南偏。凤凰洲南汊−5m 以深区域几乎消失。贵池北水道−5m 以深区域面积增大，主要位于兴隆洲与崇文洲之间。和悦洲洲头−5m 以深区域面积明显增大[图 10-5(c)]。−10m 以深区域整体有所展宽，在铜板洲南汊增大显著[图 10-5(d)]。

4. 潮区界下游河段平面形态

Ⅲ区上段铜陵小港入口处南岸向前推进，最大距离约 290m，其余岸线均小幅后退，河道展宽。成德洲及其西侧江心洲洲头蚀退，最大后退距离约 680m。太阳洲、太白洲并入河道北岸，形成的新岸线较原来太阳洲南岸仍有后退，最大距离约 620m。铜陵沙被冲开，与章家洲、紫沙洲分离，其北岸也大幅推进，最大距离约 1060m[图 10-6(a)]。

成德洲洲浅滩蚀退，最大距离约 805m，其与西侧小沙洲之间 0m 浅滩被冲开。章家洲西侧小沙洲 0m 浅滩向东移动，与章家洲浅滩相连，两洲有并岸趋势。铜陵小港全段浅滩蚀退，基本消失。隆兴洲 0m 浅滩向南淤涨，最大距离约 700m[图 10-6(b)]。−5m 以深区域整体面积增大。成德洲与章家洲之间−5m 以深区域从小沙洲右汊改为左汊，河槽明显摆动[图 10-6(c)]。成德洲西侧−10m 以深区域显著缩窄，太阳洲水道−10m 以深区域由靠近河中心转为紧贴北岸[图 10-6(d)]。

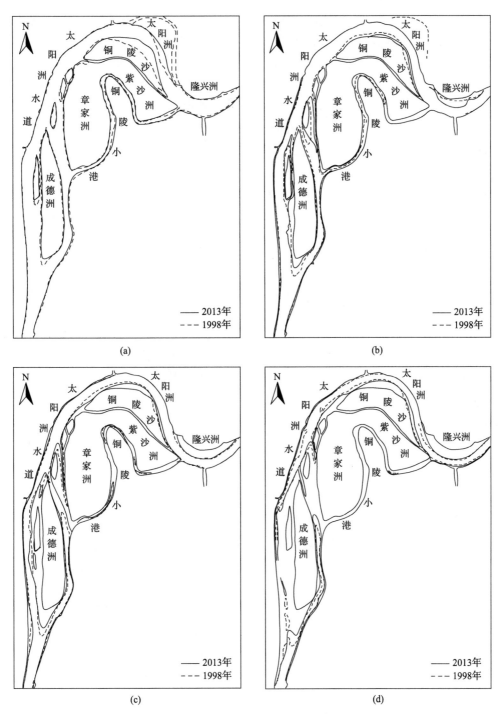

图 10-6　长江干流大通-荻港河段平面形态变化

(a) 岸线与江心洲；(b) 0m 等深线；(c) -5m 等深线；(d) -10m 等深线

Ⅲ区下段黑沙洲北水道中部北岸大幅向前推进，最大距离约 780m。白茆水道上段北岸也普遍向前推进，最大距离约 660m。漳河口附近大白茆沙由于围垦作用，岸线大幅推进，推进距离约800～3600m。天然洲南岸蚀退，最大距约550m，北岸向前大幅推进，最远推进距离约1800m，几乎与北侧黑沙洲相连。黑沙洲南岸小幅后退，西南角分离出一个小沙洲。黑沙洲北侧小沙洲显著蚀退，面积仅为原来的38%[图10-7(a)]。

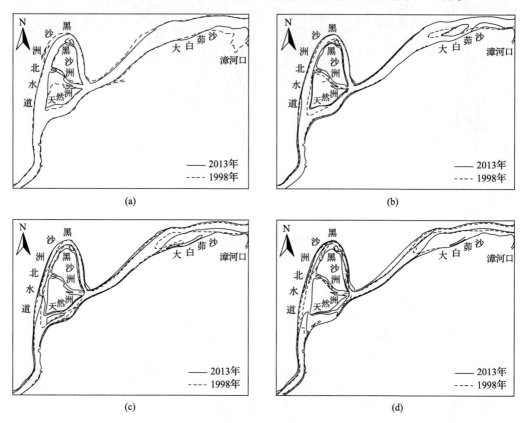

图10-7　长江干流荻港-芜湖河段平面形态变化
(a)岸线与江心洲；(b)0m 等深线；(c)–5m 等深线；(d)–10m 等深线

天然洲分流口左岸0m 浅滩淤涨，最大距离约500m。天然洲洲头浅滩蚀退，最大距离约1100m，北侧浅滩面积显著增大，原黑沙洲与天然洲之间的黑沙洲中水道已完全被浅滩淤塞。黑沙洲北水道中段浅滩消失。白茆水道下段河中心浅滩下移，最大距离约1900m，南岸浅滩同样下移，最大距离约1820m[图10-7(b)]。天然洲南汊–5m 以深区域面积增加，河槽显著展宽。黑沙洲北水道中段开始–5m 以深河槽显著北偏，紧贴北岸。白茆水道上段–5m 以深区域显著展宽并向南移动，面积增大，下段则显著北移，紧贴河岸[图10-7(c)]。–10m 以深区域变化特征与–5m 区域相近[图10-7(d)]。

10.1.2　河槽断面形态变化

研究河段分汊众多，对1998～2013 年主汊河段深泓线变化进行研究，选取纵剖面变化显著的区域设置横断面进行研究(图10-8)。

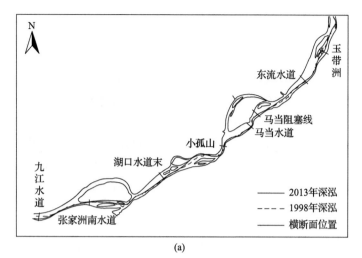

(a)

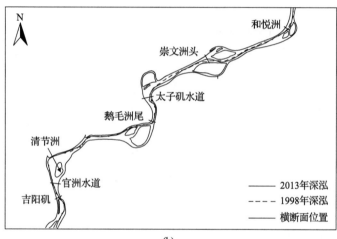

(b)

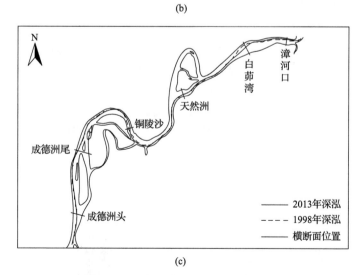

(c)

图 10-8　研究河段主汊深泓与断面位置

(a)九江-安庆河段；(b)安庆-铜陵河段；(c)铜陵-芜湖河段

1. 河槽纵向变化

Ⅰ区深泓整体刷深、浅滩下移，平均高程由-9.08m 降至-9.27m，河槽起伏变平缓。九江水道深泓刷深最大处由-4.73m 降至-12.84m，刷深约 8.11m。张家洲南水道浅滩显著下移，滩顶高程平均下降约 2.00m，最大冲刷深处由-2.03m 降至-4.06m。湖口水道末段深泓隆起，滩顶高程约-4.95m；马当南水道上端凹陷段底部高程由-33.16m 升高至-15.91m，下端凹陷段底部高程由-37.88m 升高至-20.59m，浅滩滩顶高程由-1.91m 降至-4.99m；东流水道中上段浅滩滩顶由-0.97m 降至-5.20m；中下段棉花洲右汊浅滩滩顶由-4.28m 降至-7.44m。整个河床浅滩与凹陷段高程普遍向深泓线平均高程靠近，底形趋于平缓(图 10-9)。

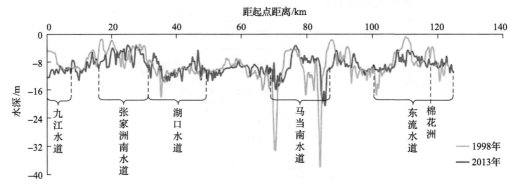

图 10-9　长江干流九江-安庆河段主汊深泓变化

Ⅱ区深泓整体小幅淤积有冲有淤，平均高程由-10.67m 升高至-10.45m，河槽起伏变平缓。官洲水道上段深泓先隆起后刷深，隆起段顶部高程平均升高约 3.65m，刷深段顶部高程平均降低约 4.52m；清节洲左汊浅滩顶部高程由-5.03m 降低至-9.28m；官洲水道下段与安庆水道上段深泓线上三处凹陷段消失，底部高程平均升高约 5.47m；太子矶水道上段两处凹陷段刷深，底部高程平均降低约 3.98m；中段凹陷段底部高程升高约12.39m，浅滩顶部高程平均降低约 3.55m；贵池水道崇文洲洲头深泓平均高程从-10.18m 降至-12.74m，刷深约 2.56m；大通水道深泓线普遍刷深，和悦洲左汊深泓形成两处凹陷段，冲刷深度分别为 2.81m 和 5.32m(图 10-10)。

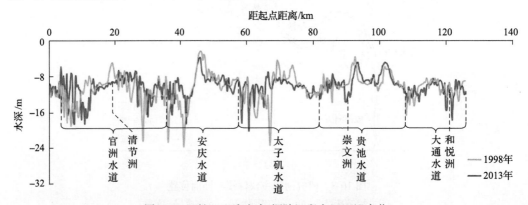

图 10-10　长江干流安庆-铜陵河段主汊深泓变化

Ⅲ区深泓整体稳定，由淤转冲，平均高程由-12.18m 降至-12.20m，河槽底形先变缓再变陡。羊山矶附近形成凹陷段，最大冲刷深度约 5.43m；成德洲分流口深泓平均高程由-9.12m 升高为-5.63m，淤浅约 3.49m；太阳洲水道下段深泓平均高程从-16.91m 淤浅至-13.65m，荻港水道显著淤浅深泓平均高程从-17.15m 淤浅至-13.31m；白茆水道中下段刷深显著，平均深泓高程由-12.43m 降至-16.02m（图 10-11）。

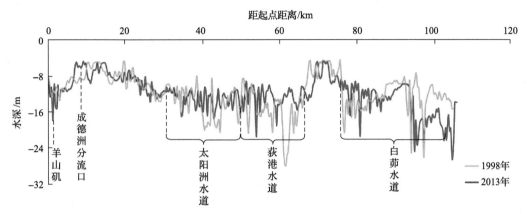

图 10-11 长江干流铜陵-芜湖河段主汊深泓变化

2. 典型横断面变化

九江水道为单一河道段，断面主要变化特征为显著的槽冲滩淤，具体表现为：左岸浅滩剧烈淤涨，滩顶高程由-0.84m 升高至 5.71m，淤涨了 6.55m；右岸剧烈冲刷，平均高程约-2.11m 的浅滩消失，形成平均高程约-10.21m 的深槽，最大冲刷深度约 8.34m。河槽主泓向右摆动，整体形态由宽浅的"W"形变为相对窄深的"U"形，呈冲刷趋势（图 10-12）。

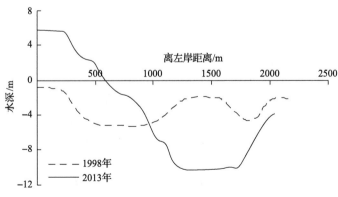

图 10-12 长江干流九江水道断面变化

张家洲南水道为分汊河道段，全断面显著冲刷，具体表现为：左岸浅滩平均高程由-1.36m 降至-3.27m，最大冲刷深度约 2.19m；中部深槽小幅左偏，平均高程由-4.92m 降至-9.92m，最大冲刷深度约 5.08m；右岸浅滩滩顶平均高程由-1.37m 降至-3.29m，最大冲刷深度约 1.91m（图 10-13）。

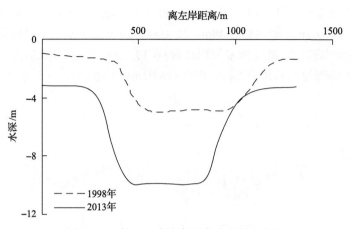

图 10-13　长江干流张家洲南水道断面变化

湖口水道为单一河道段，断面主要变化特征为左冲右淤，具体表现为左岸浅滩刷深下切形成新深槽，平均高程由 1.09m 降至−3.72m，最大冲刷深度约 5.10m；断面中部浅滩普遍淤涨约 0.60～0.96m，右侧深槽淤涨剧烈，底部高程由−11.09m 淤浅至−7.02m，最大淤积幅度约 8.02m（图 10-14）。

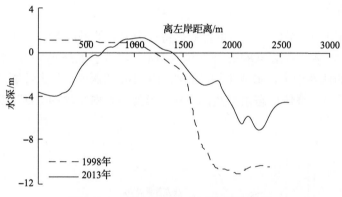

图 10-14　长江干流湖口水道末断面变化

小孤山断面位于分汊间的单一河道段，断面左岸小幅冲刷，右岸淤积强烈，底部高程约−20.17m 的深槽消失，最大淤积幅度约 13.16m；中部浅滩小幅冲刷，最大冲刷深度约 3.70m。河槽主泓摆动到河中心，断面形态由左高右低的“一”字形变为宽浅的“U”形，整体呈淤积趋势（图 10-15）。

马当南水道为分汊河道段，断面主要变化特征为左冲右淤，具体表现为：靠近左岸的深槽展宽，平均高程由−4.10m 降至−10.82m，最大冲刷深度约 7.55m；中部浅滩右移且小幅冲刷，滩顶高程由−0.32m 降至−1.37m；靠近右岸的深槽淤浅，底部高程由−13.35m 升高至−8.65m，最大淤积幅度约 7.15m。河段主槽摆动到左侧深槽，整体呈冲刷趋势（图 10-16）。

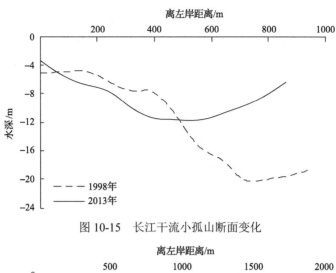

图 10-15 长江干流小孤山断面变化

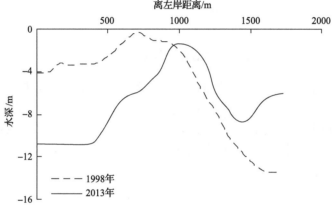

图 10-16 长江干流马当南水道断面变化

马当阻塞线为分汊河道段,断面主要变化特征为左侧小幅淤积,右侧强烈冲刷,具体表现为:靠近左岸宽约 630m 的河槽淤积形成浅滩,平均高程由-1.57m 升高至 0.20m,最大淤积幅度约 1.89m;右侧宽约 1740m 的河槽强烈冲刷,深槽底部平均高程由-3.56m 降至-9.96m,最大冲刷深度约 6.97m。断面形态由平缓的"一"字形变为相对窄深的"U"形,呈显著冲刷趋势(图 10-17)。

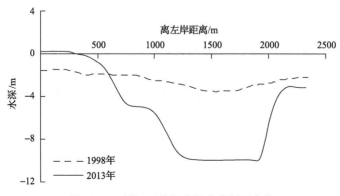

图 10-17 长江干流马当阻塞线断面变化

　　东流水道为单一河道段，断面主要变化特征为显著的左淤右冲，具体表现为：左岸浅滩小幅淤积，滩顶高程由–0.28m升高至0.55m，最大淤积幅度为0.78m；中部河槽侧切显著，深槽宽度由240m展宽至560m，形状由"V"形变为"U"形，深泓点向右摆动约410m。河槽整体呈显著冲刷趋势(图10-18)。

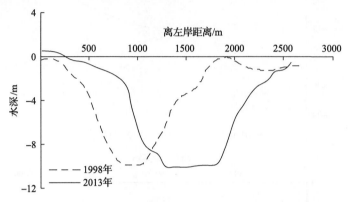

图 10-18　长江干流东流水道断面变化

　　玉带洲断面位于分汊河道段，断面主要变化特征为左侧小幅淤积，右侧近岸冲刷强烈，具体表现为：河槽左侧浅滩与深槽均有不同程度淤浅，最大淤积幅度约1.38m；右侧浅滩完全消失后形成新的深槽，最大冲刷深度约8.71m，底部高程约–9.74m，成为新的深泓。河槽整体呈显著冲刷趋势(图10-19)。

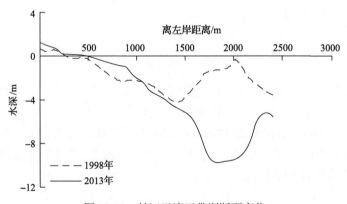

图 10-19　长江干流玉带洲断面变化

　　吉阳矶断面位于单一河道段，全断面显著淤积，具体表现为：左岸浅滩淤积，滩顶高程由–6.97m升高至–3.56m，最大淤积幅度约3.80m；中部深槽小幅右移，深泓点高程由–15.94m升高至–11.26m，最大淤积幅度约4.68m；右侧浅滩滩顶高程由–5.87m升高至–1.92m，最大淤积幅度约3.76m(图10-20)。

　　官洲水道断面位于单一河道段，其左岸冲刷显著，右岸变化不明显，具体表现：左岸浅滩消失，形成深槽，最大冲刷深度约8.83m；深槽由河中心转为紧贴左岸，河槽整体呈显著冲刷趋势(图10-21)。

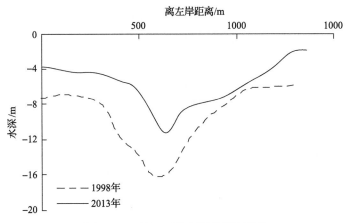

图 10-20 长江干流吉阳矶断面变化

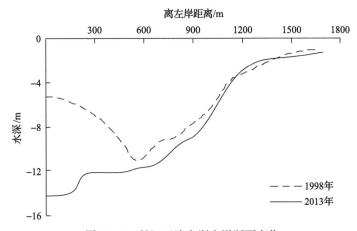

图 10-21 长江干流官洲水道断面变化

清节洲断面位于分汊河道段，断面主要变化特征为显著的左冲右淤，具体表现为：左岸浅滩刷深，滩顶高程由−1.67m 降至−4.19m，最大冲刷深度约 2.71m；深槽展宽、刷深，深泓点高程由−5.76m 降至−10.13m，最大冲刷深度约 6.01m；右岸浅滩逐渐淤高，滩顶高程由 2.57m 升高至 8.94m，最大淤积幅度约 5.99m。河槽整体呈冲刷趋势（图 10-22）。

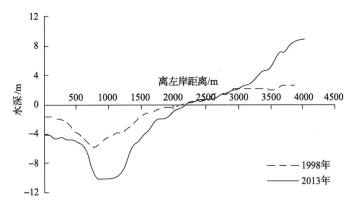

图 10-22 长江干流清节洲断面变化

鹅毛洲尾断面位于分汊之间的单一河道段，断面主要变化特征为显著的滩冲槽淤，具体表现为：河道两侧浅滩刷深；河中心深槽淤积，深泓点高程由–12.17m 升高至–9.92m。断面形态变平缓（图 10-23）。

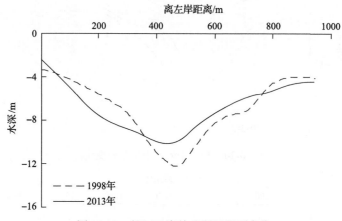

图 10-23　长江干流鹅毛洲尾断面变化

太子矶水道断面位于单一河道段，全断面普遍冲刷，深槽冲刷较强，浅滩冲刷较弱，具体表现为：河中心浅滩消失，双槽合并形成的新深槽较之前显著展宽，深泓点高程由–11.03m 降至–11.59m，最大冲刷深度约 7.58m。断面由“W”形变为宽而深的“U”形，整体呈冲刷趋势（图 10-24）。

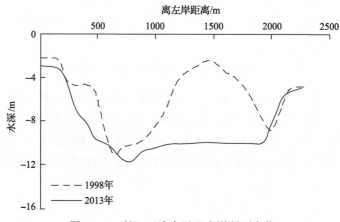

图 10-24　长江干流太子矶水道断面变化

崇文洲头断面位于分汊河道段，主要变化特征为显著的左冲右淤，具体表现为：左侧平均高程约–0.11m 浅滩强烈冲刷，形成新的深槽，平均高程约–9.99m，最大冲刷深度约 10.10m；右侧深槽剧烈淤涨而形成浅滩，最大淤积幅度约 7.15m。断面如同镜像变化，整体呈冲刷趋势（图 10-25）。

和悦洲断面位于分汊河道段，主要变化特征为显著的左冲右淤，具体表现为：左岸浅滩缩窄、刷深，滩顶高程由–0.92m 降至–2.29m，最大冲刷深度约 7.48m；中部深槽大幅展宽；右岸河槽淤涨，最大淤积幅度约 4.01m。整体呈冲刷趋势（图 10-26）。

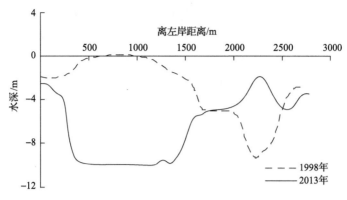

图 10-25　长江干流崇文洲断面变化

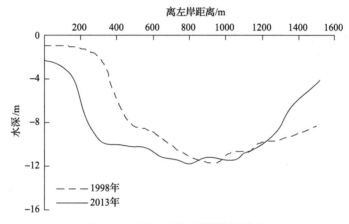

图 10-26　长江干流和悦洲断面变化

成德洲头断面位于单一河道段，主要变化特征为中间冲刷、两侧淤积，具体表现为左岸约 500m 宽河床平均淤浅约 2.59m，两深槽之间的浅滩消失，合并成新深槽，最大冲刷深度约 5.55m，断面形态由"W"形转化为"U"形，整体呈冲刷趋势(图 10-27)。

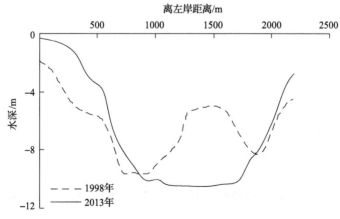

图 10-27　长江干流成德洲头断面变化

　　成德洲尾断面位于分汊河段，主要变化特征为左岸、中心深槽冲刷，右岸淤积，主要表现为：左岸浅滩冲刷，滩顶高程由-3.97m 降至-7.74m，冲刷深度约 3.78m；河槽中心剧烈冲刷，最低点高程由-3.13m 降至-8.62m，形成新的深槽，最大冲刷深度约 5.58m，右岸河槽小幅淤积，平均淤积幅度约 1.45m。整体呈冲刷趋势（图 10-28）。

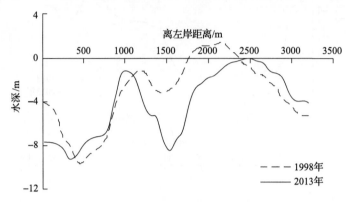

图 10-28　长江干流成德洲尾断面变化

　　铜陵沙断面位于分汊河段，全断面普遍淤积，具体表现为：从左岸到右岸淤积程度不断增加，深泓点高程由-16.74m 增加至-13.12m，断面最大淤积幅度约 7.69m（图 10-29）。

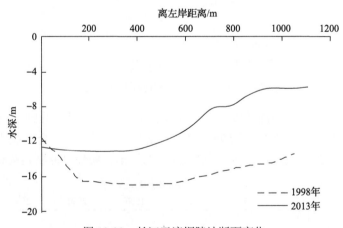

图 10-29　长江干流铜陵沙断面变化

　　天然洲断面位于分汊河段，主要变化特征为左岸显著冲刷，具体表现为：左岸浅滩消失，形成新深槽，深泓点高程约-9.74m，最大冲刷深度约 8.88m；右侧原有深槽小幅淤积，形态相对稳定。断面整体呈冲刷趋势（图 10-30）。

　　白茆湾断面位于单一河道段，主要变化特征为显著的滩冲槽淤，具体表现为靠近左右岸的深槽淤浅，深泓点高程由-12.18m 升高至-9.97m，北侧深槽显著展宽；河中心浅滩显著衰退，向右岸移动，滩顶高程由 0.55m 降至-1.92m，最大冲刷深度约 8.92m。断面整体呈冲刷趋势（图 10-31）。

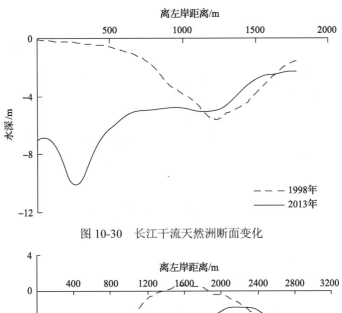

图 10-30　长江干流天然洲断面变化

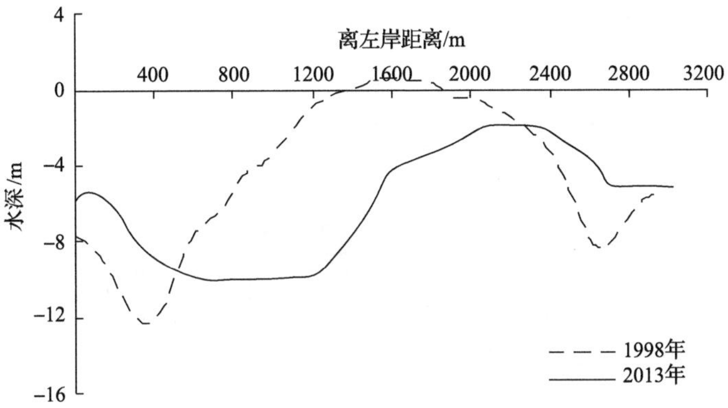

图 10-31　长江干流白茆湾断面变化

漳河口断面位于单一河道段，主要变化特征为剧烈的左岸冲刷，主要表现为深槽向左侧切、下切，左岸高程由-1.79m 降至-17.22m，冲刷深度达 15.43m；断面形态从较规则的"V"形变为左低右高的"一"字形，整体呈冲刷趋势（图 10-32）。

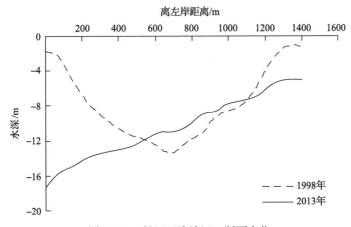

图 10-32　长江干流漳河口断面变化

10.1.3 冲淤特征分析

冲淤分析结果显示：1998~2013 年九江-芜湖河段 0m 以下河槽整体冲刷，冲刷总量约为 24775 万 m³，年均冲刷速率为 1652 万 m³/a，平均冲刷深度约 0.37m。冲刷总量沿程特征为潮区界变动上段最大，潮区界变动下段次之，潮区界下游河段最小（表 10-1）；0m 以上浅滩整体淤积，淤积总量约 1880 万 m³，年均淤积速率为 125 万 m³/a，远低于河槽冲刷幅度。其中，潮区界变动下段浅滩淤积幅度最大，潮区界变动上段次之，潮区界下游河段最小；潮区界变动河段 0m 以上浅滩面积显著减小，潮区界下游河段浅滩面积小幅增加（表 10-2）。

表 10-1 九江-芜湖河段河槽冲淤特征

指标	I 区	II 区	III区	合计
1998 年河槽体积/万 m³	112420	127022	126637	366079
2013 年河槽体积/万 m³	122308	136259	132287	390854
冲淤变化总量/万 m³	−9888	−9237	−5650	−24775
平均冲刷深度/m	−0.40	−0.40	−0.29	−0.37

注：负值为冲，正值为淤；平均冲刷深度=冲淤变化/河槽投影面积

表 10-2 九江-芜湖河段浅滩冲淤特征

指标	I 区	II 区	III区	合计
1998 年浅滩体积/万 m³	1669	1382	150	3201
2013 年浅滩体积/万 m³	2145	2633	303	5081
冲淤变化总量/万 m³	476	1251	154	1880
体积变化率/%	+29	+91	+103	+59
1998 年投影面积/万 m²	3309	2142	481	5932
2013 年投影面积/万 m²	2437	1933	595	4965
面积变化总量/万 m²	−872	−209	114	−967
面积变化率/%	−26	−10	+24	−16

注：负值为冲，正值为淤；体积（面积）变化率=体积（面积）变化总量/1998 年浅滩体积（面积）

Ⅰ、Ⅱ、Ⅲ三个研究区域 0m 以下河槽体积相近，河槽投影面积前后变化不大，冲刷总量以及平均冲刷深度自上而下减小很好地反映了研究河段河槽冲刷强度沿程减弱的特征。三个区域 0m 以上浅滩面积、体积本身相差较大，仅以淤积总量进行对比欠缺参考性，故进一步通过面积、体积变化率对比分析其淤积特征。浅滩体积变化率自上而下增大，说明浅滩淤积程度沿程增强。此外，研究河段浅滩面积整体减小，潮区界下游河段浅滩面积增幅也远低于体积变化率，说明河段浅滩淤积的范围较小、淤积强度较大，浅滩平均厚度有所增加。

根据冲淤区域的空间分布可以看出：河槽整体冲刷呈凹岸强凸岸弱，符合水力学基本规律，分汊河道冲刷呈洲头强洲尾弱的特点（图 10-33）。显著冲刷现象主要发生于单一河道与分汊河道主汊，支汊冲刷现象相对较弱，局部河段支汊淤积，如骨牌洲、凤凰洲等，说明冲刷强度主汊强、支汊弱，主支汊易位不明显，地位趋于稳定。强烈冲刷往往

伴随着显著淤积，但淤积程度远低于冲刷，说明淤积现象很可能是河槽对局部冲刷的自适应调整。纵向上，整体强烈冲刷的河段下游出现淤积区，冲淤沿程交替出现，河槽冲

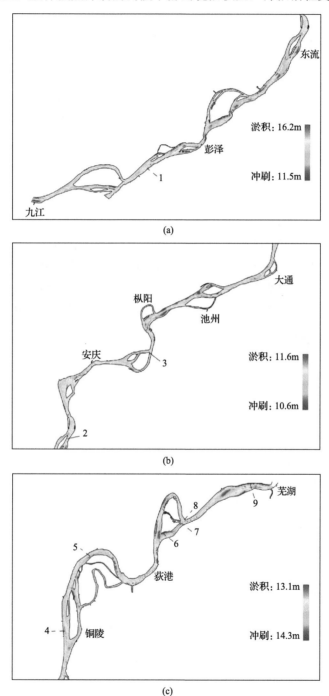

图 10-33　长江干流河槽整体冲淤分布
(a)九江-安庆河段；(b)安庆-铜陵河段；(c)铜陵-芜湖河段
数字 1~9 表示下文将要提到的位置

刷以波动的形式向下游传递；横向上，一侧强烈冲刷的河段另一侧显著淤积，这与深泓线变化的位置高度吻合，说明局部冲淤导致了深槽的明显摆动。潮区界变动下段的支汊与洲尾浅滩出现强烈局部淤积，形成较厚的浅滩，是导致研究河段浅滩整体面积减小，体积有所增大的主要原因。

10.1.4　典型冲淤区域床面微地貌特征

通过 SeaBat 7125 多波束测深系统对研究河段河槽及岸坡的观测，在部分典型冲淤区域发现一系列具有冲淤特征的床面微地貌，主要分为冲刷深槽、冲刷坑、水下堆积岸坡与侵蚀岸坡等。

1. 冲刷深槽

在成德洲左汊以及铜陵沙左汊的显著冲刷区域观测到底部呈左陡右缓的"V"形的冲刷深槽，河槽下切趋势明显，左岸受冲强烈。成德洲左汊冲刷深槽[图 10-33(c)中位置 4]底部平均宽度约 44.0m，深泓平均水深约 23.82m[图 10-34(a)]，西侧坡度约 0.41，东侧坡度约 0.10[图 10-34(b)]。铜陵沙左汊冲刷深槽[图 10-33(c)中位置 5]观测长度约 1061m，底部深槽宽度为 40.6～89.8m，平均宽度约 60.9m，深泓平均水深约 36.5m[图 10-34(c)]，北侧坡度约 0.41，南侧坡度约 0.13[图 10-34(d)]。

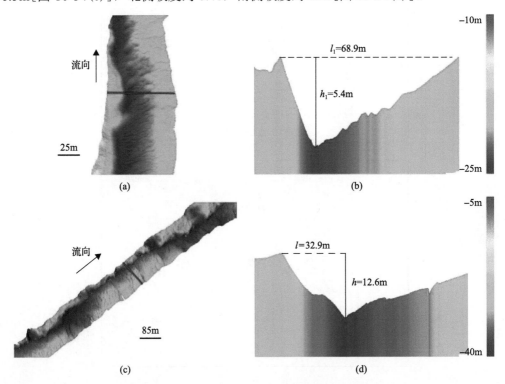

图 10-34　长江干流潮区界变动河段冲刷深槽微地貌

(a)铜陵成德洲左汊冲刷槽多波束测深系统记录；(b)铜陵成德洲左汊冲刷槽横剖面特征；(c)铜陵沙左汊冲刷槽多波束测深系统记录；(d)铜陵沙左汊冲刷槽横剖面特征

土桥水道与太阳洲水道分别被成德洲与铜陵沙分为两汊，左汊靠近河中心附近整体河床处于较稳定状态，平面形态变化较小，深泓轻微刷深摆动，且两处河道相对顺直，流速较平稳，流向与河向夹角很小。因此，在冲刷环境下的河槽很可能主要表现为下切及小幅侧切，形成冲刷深槽微地貌。

2. 冲刷坑

在天然洲洲尾局部冲刷强烈区域观测到范围较大，冲深明显的冲刷坑，限于航行安全要求未能测扫其全貌。冲刷坑[图 10-33(c)位置 7]顺水流方向长约 1303m[图 10-35(a)]，最大冲刷深度约 30.5m。纵剖面轴线朝水流上游方向最大坡度约 0.16，下游方向最大坡度约 0.11，坑底有长约 412.7m 平缓区域，平均水深约 43.9m[图 10-35(b)]。

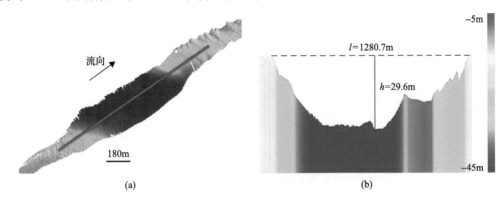

图 10-35　长江干流潮区界变动河段冲刷坑微地貌
(a)芜湖天然洲洲尾冲刷坑多波束测深系统记录；(b)芜湖天然洲洲尾冲刷坑横剖面

鹅头型分汊极易引起水沙重分配、各汊主流线大幅摆动以及纵横剖面调整(冷魁和罗海超，1994)。分汊河岸受上下游节点控制作用，具有一定的抗冲性(钱宁等，1987)，冲刷区主要集中于江心洲附近。天然洲洲尾附近平面形态突变且深泓摆动幅度很大。水流经过天然洲分汊后，北水道在强烈局部冲淤影响下，下段深槽靠向北岸；南水道主泓南偏，经江岸的挑流作用与北水道水流汇合于天然洲尾。因此，在这种地貌突变导致局部河槽水动力相对增强，与流域来沙锐减的共同影响下，可能形成冲刷坑微地貌。

3. 水下堆积岸坡

湖口水道下段堆积岸坡位于宽阔的单一顺直河道段[图 10-33(a)位置 1]，并不具备局部水动力突变的条件，且紧邻的岸坡上有显著的冲刷沟壑，此处应仍处于整体冲刷状态。结合陆地地形的现场观察，此处岸线崩塌现象比较频繁，崩岸后陆地沉积物沿岸坡滚落并堆积于坡脚，可能导致水下堆积岸坡的形成[图 10-36(a)～(c)]。

鹅毛洲洲尾堆积岸坡位于江心洲洲尾凸岸[图 10-33(b)位置 3]，此处水流挟沙力相对较弱，在冲刷环境下，上游安庆水道河槽冲刷强烈，水体中含沙量得到一定程度的补充，减小了流域来沙锐减的影响，可能导致此处泥沙含量仍高于水流挟沙力，泥沙在此落淤，形成堆积岸坡[图 10-36(d)～(f)]。两处堆积岸坡的形成应属于不同条件下河床对整体冲刷环境自适应调整的结果。

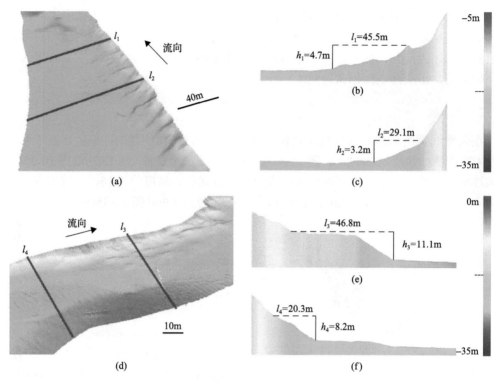

图 10-36　长江干流潮区界变动河段水下堆积岸坡

(a)湖口水道顺直河道多波束测深系统记录；(b)湖口水道顺直河道横断面 l_1；(c)湖口水道顺直河道横断面 l_2；(d)安庆鹅毛洲尾堆积岸坡多波束测深系统记录；(e)安庆鹅毛洲尾堆积岸坡横断面 l_3；(f)安庆鹅毛洲尾堆积岸坡横断面 l_4

4. 水下侵蚀岸坡

在白茆水道上、下段北岸典型冲刷区域观测到陡缓坡相间、呈沟壑状的水下侵蚀岸坡[图 10-33(c)中位置 8、位置 9]。白茆水道上段水下岸坡缓坡坡度为 0.19～0.27，陡坡坡度为 0.49～0.69[图 10-37(a)]，相邻陡坡间隔为 43.9～60.2m，平均间隔约 54.4m[图 10-37(b)]；下段水下岸坡缓坡坡度为 0.25～0.34，陡坡坡度为 0.59～0.62[图 10-37(c)]。陡坡宽约 6.9～26.9m，平均宽度约 17.0m，相邻陡坡平均间隔约 23.3m[图 10-37(d)]。

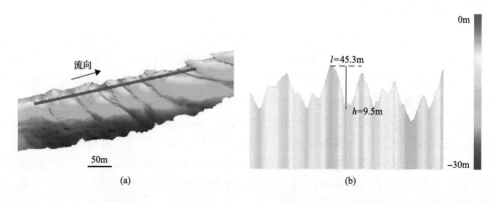

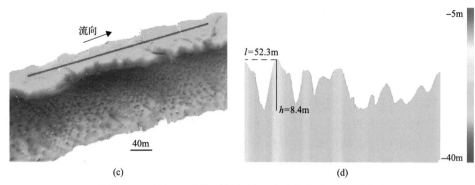

图 10-37　长江干流潮区界变动河段沟壑状水下侵蚀岸坡

(a)芜湖白茆水道上段水下沟壑状陡、缓坡相间多波束测深系统记录；(b)芜湖白茆水道上段水下岸坡横断面 l_1；(c)芜湖白茆水道下段水下沟壑状陡、缓坡相间多波束测深系统记录；(d)芜湖白茆水道下段水下岸坡横断面 l_3

　　这两处水下侵蚀岸坡位于单一河道的顺直微弯段。黑沙洲南北水道汇流后，水动力相对增强，此时水流与白茆水道上段北岸方向几乎一致，水流可能以一定的角度冲上北侧凸岸，在回到河槽时同样以一定的角度将另一侧岸坡泥沙带走，从而形成与水流方向相近的冲刷沟；白茆水道下段漳河口围垦工程导致南岸大幅推进，河槽的自适应调整使主泓深槽转而紧贴北岸，冲刷环境下主泓下切，近岸刷深超 15m，同时河流侧切作用可能淘蚀坡脚，形成紧贴深槽的水下侵蚀岸坡。

　　顺直河道作为冲积河流在强制性河岸限制下一种暂时的河道形态，自然条件下难以长期稳定存在(倪晋仁和王随继，2000)，强烈的冲刷环境很可能形成水下侵蚀岸坡，进而对堤防、护岸等工程安全性构成威胁。

　　在棉花洲右岸冲刷区域[图 10-33(b)位置 2]观测到显著成层的水下侵蚀岸坡[图 10-38(a)]。岸坡整体坡度约 0.36[图 10-38(b)]，自然形成的剖面呈层状结构，平均层厚约 2.2m[图 10-38(c)]，分层现象在迎流方向上最为显著。

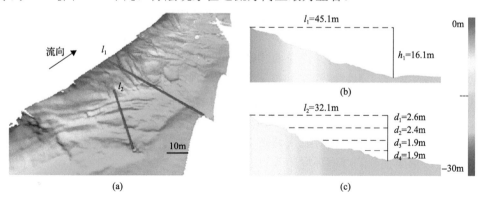

图 10-38　长江干流潮区界变动河段分层状水下侵蚀岸坡

(a)安庆棉花洲水下岸坡多波束测深系统记录；(b)安庆棉花洲水下岸坡横断面 l_1；(c)安庆棉花洲水下岸坡横断面 l_2

　　水动力较弱时，水流对岸坡的冲刷会造成表层沉积物相对均匀地流失，导致层状侵蚀。由于水位缓慢波动，不同时期形成的侵蚀坡面形态产生显著区别。棉花洲洲尾附近由于受到上游玉带洲的遮挡，水动力相对较弱，在较长时间、较低强度的冲刷下，可能形成这种分层明显的水下侵蚀岸坡。

5. 复合型冲刷微地貌

在天然洲洲头南岸强烈冲刷区观测到岸坡上有沟壑、坡脚有坑的水下侵蚀岸坡 [图 10-33(c) 中位置 6]。岸坡陡坡平均坡度约 0.37，缓坡平均坡度约 0.21，冲刷坑长约 208.9m [图 10-39(a)]，最大宽度约 45.5m [图 10-39(b)]，最大冲深约 4.5m。冲刷坑纵剖面上游陡下游缓 [图 10-39(c)]，有下移的趋势，下游约 245.1m 出现了和一个结构相似的局部冲刷坑，这很可能说明近岸侵蚀过程的是首先在水动力强、岸坡不稳定的地方形成水下侵蚀岸坡，水流在沟壑结构的引导下集中淘蚀坡脚形成局部冲刷坑，随着冲刷坑不断发育，最终与其他冲刷坑连通形成近岸冲刷深槽，而这种复合型微地貌很可能是冲刷过程中的过渡形态。

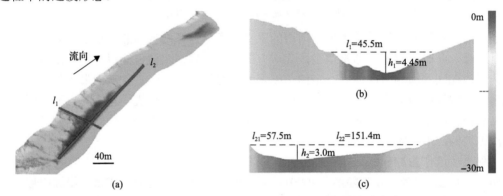

图 10-39　长江干流潮区界变动河段复合型水下侵蚀岸坡

(a)芜湖天然洲洲头水下岸坡多波束测深系统记录；(b)芜湖天然洲洲头水下岸坡横剖面；(c)芜湖天然洲洲头水下岸坡纵剖面

10.1.5　近期潮区界变动河段冲刷环境

三峡工程的建设与运行对近期潮区界变动河段冲刷环境的形成影响重大。1997 年 11 月 6 日，三峡实施大江截流，使江水改从右岸导流明渠下泄，并逐步截断主河道，自此大通站年输沙量逐年显著下降。河道的急剧束窄如同巨大的丁坝，产生的拦截作用使江水流速流向发生剧变，大量泥沙在上游一侧落淤，直接导致下游来沙量大幅减少；随着工程逐步建成使用，三峡水库对泥沙的拦蓄作用不断增强，2003～2013 年三峡水库蓄水后泥沙淤积总量高达 15.31 亿 t(李文杰等，2015)，坝下河床泥沙的自适应补充难以填补出库泥沙空缺(张珍，2011)，导致大通站来沙量进一步减少。为达到新的动态平衡，潮区界变动河段形成强烈的冲刷环境。

1. 表层沉积物粗化

前人于 2000 年对长江铜陵至芜湖段表层沉积物的研究发现，该段平均粒径范围为 98～130μm(王张峤，2006)。本报告对现场测量所采表层沉积物进行的粒度分析显示，土桥水道中段、太阳洲水道南段以及黑沙洲南水道表层沉积物平均粒径分别为 103.7μm、203.8μm、223.2μm，相近位置下多个测点床沙粒径均表现为粗化，说明三峡工程建设以来，泥沙来源减少，水体挟沙能力相近而含沙量显著降低，水动力对床沙的起动作用相对增强，该河段近期的确处于强烈的冲刷环境。

2. 河槽冲刷下切显著

大通水文站年输沙量自 2007 年起逐渐稳定在 1.3 亿 t 左右。但与三峡截流初期相比，年均输沙量降低约 2.1 亿 t (图 10-40)，并且有研究发现下游河段沉积地貌演变对三峡截流的响应是具有延时性的累积效应(戴仕宝等，2005)，因此，在较长的时间尺度下，潮区界变动河段冲刷地貌演变趋势仍将持续。

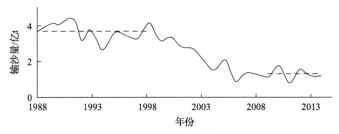

图 10-40　1988～2014 年大通站年输沙量变化

全流域尺度减沙后变动河段冲刷下切，河槽纵比降减小；潮区界上移壅水，水面坡降降低，径流速度减弱，潮流也上溯到原受径流单一控制的河段，导致附近河流地貌系统逐渐向潮汐河口地貌系统转换。此外，航道整治、盗采江沙等人类活动直接导致局部河槽加深；日益密集的护岸工程虽增强了局部岸线的抗冲能力，也间接使整体冲刷趋于河槽下切。这都使潮区界变动与地貌系统的过渡范围更大，作用更强。若河口区域继续向上延伸，潮流界上移带来的涨潮流侧蚀作用还可能导致变动河段近岸冲刷环境进一步增强。有岸线稳定、河槽刷深、主槽明显摆动等特点。

1998～2013 年九江-芜湖河段岸线基本稳定，江心洲变化显著，主要包括洲头冲刷、沙洲整体下移、沙洲并岸、大沙洲分离与小沙洲合并等形式；0m 浅滩大多蚀退、下移，整体面积减小；-5m、-10m 以深区域面积增大；河段整体冲刷，其中，0m 以下河槽冲刷总量约为 24775 万 m³，平均冲刷深度约 0.37m，年均冲刷速率为 1652 万 m³/a；0m 以上浅滩整体淤积，淤积总量约 1880 万 m³，年均淤积速率为 125 万 m³/a，远低于河槽冲刷幅度。自上而下河槽冲刷沿程逐渐减弱，浅滩淤积逐渐增强。

同期，该河段纵剖面整体呈浅滩刷深、凹陷段淤涨的特点，底形趋于平缓。上段深泓线整体刷深、浅滩下移，平均水深增加；下段深泓线有冲有淤，平均水深小幅减少；下游段深泓线相对稳定，沿程由淤转冲；主支汊易位不明显，在同一汊道主槽大幅摆动，横断面变化剧烈；大部分断面明显冲刷，主要形式有河床整体下切、主槽明显摆动、双槽向单槽转换以及强烈的近岸冲刷等，整体冲刷的断面多数呈左冲右淤、槽冲滩淤的特点。河槽整体冲刷呈凹岸强凸岸弱、洲头强洲尾弱、主汊强支汊弱以及冲淤现象交替出现的特征。随着流域以及河口大型工程的建设，这种冲刷环境还将持续，并进一步对潮区界变动以及相应河段的河床演变造成影响。

3. 冲刷地貌发育

典型冲淤区域发育有冲刷深槽、冲刷坑、水下堆积岸坡、水下侵蚀岸坡以及复合型水下侵蚀岸坡等微地貌。其中，冲刷深槽主要发育在顺直微弯河段，冲刷坑主要发育在局部冲刷强烈的区域，水下侵蚀岸坡主要发育在近岸冲刷严重的区域。但是，限于长江水文测站的分布，只能初步得出潮区界变动大致范围，潮区界上溯的机制仍需要从动力角度进行更为全面、深入的解释。而且，由于测次有限，未能对典型冲刷区域微地貌进行重复性测量，今后需加强动力观测及具体的演变过程与机制研究。

10.2　长江口典型二级分汊河槽(北港)河势演变

北港河槽是长江口第二级分汊河道，且为四口入海通道之一，曾经是入海主泓(恽才兴，2004)。长江口毗邻长三角经济圈，水路输运是重要的物流方式之一，2010 年 8 月，交通运输部正式批复《长江口航道发展规划》。在该规划中确定了"一主两辅一支"的长江口航道格局，其中北港是一条重要的辅航道。该规划明确规定了长江口航道的发展目标是"争取利用 10～20 年的时间，建成以北槽深水航道为主体，北港、南槽和北支等共同组成水路运输网，使长江口成为安全畅通、保障有力的现代化长江口航道体系"。而北港航道作为长江口航道的重要组成部分(张俊勇等，2011)，必将是今后长江口航道发展的重点之一，其规划目标为 10m 水深航道。因此，北港河势演变及稳定性分析将为该目标水深航道的规划和开发提供科学依据。本节根据长江口北港水文、泥沙、流速等实测数据及河床演变历史资料对其河势(图10-41)演变进行分析，并对未来演变趋势做出预测，为未来航道及河口工程建设提供一定的科学依据。

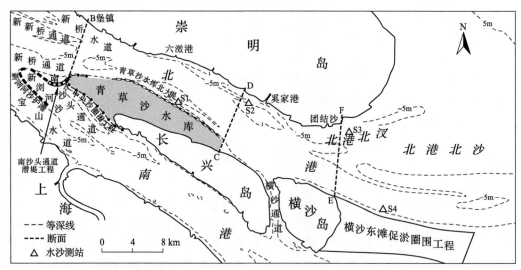

图 10-41　长江口北港河势与现场测量站位和断面分布图

10.2.1　长江口北港演变研究现状

北港作为长江口的二级分流汊道，建设了大量河口工程如青草沙水源地工程、上海长江大桥、横沙东滩促淤圈围工程等，且 2010 年交通运输部规划把北港建设为长江口辅航道之一，所以对其河势稳定性分析具有一定的研究意义。根据过去研究资料可知，长江口北港过去河势较不稳定，河槽形态曾多次发生从单一到复式河槽的交替演变，其整体态势比南港稳定小。由于上游分流口汊道演变及近年来工程建设的影响，北港河槽的主泓线经常发生变化和河槽底部部分底沙向下推移，致使北港河槽从"U"形单一河槽向复式河槽的演变，后再向单一河槽的交替变化(张俊勇等，2011)。

但是，近十余年来，长江口北港陆续进行了一系列圈围工程，如青草沙水源地工程、中央沙圈围工程、长兴岛北沿促淤圈围、横沙东滩促淤圈围、长江大桥以及北槽导堤等一系列工程。这些工程对北港河势、地貌、沉积物特征产生了重大的影响，北港中上段边界条件趋于稳定，但下段演变区域复杂，尤其是长江口深水航道的建设，截断了北港由横沙东滩串沟进入北槽的分流，增加了由北港进入横沙通道和北港北汊的分流比，导致横沙通道变宽加深及北港北汊发育(陈吉余等，2013)。北港下游由于拦门沙上段的消失和上游来水的冲刷，导致拦门沙滩顶向下移动 28km(和玉芳等，2011)。而随着北港航道的开发，对北港河势稳定性分析刻不容缓。楼飞和阮伟(2012)对北港近期河势进行分析，北港的航道建设可以为北槽-南港深水航道缓解一定压力，并认为现今北港河槽适合航道的开发建设。近年来，对长江口北港的河势研究主要集中在以下几个方面：

1. 北港河势演变历史

1840 年北港上段布满散沙，河槽较浅，是一条流向很不顺畅的涨潮槽(武小勇，2005；武小勇等，2006)；在 1860 年，长江流域发生一次大洪水，冲出一条崇明水道，成为南支的主要分流通道，大部分水沙经过北港进入东海，北港发展成为一条入海主泓，河势得到一定的发展，南港与北港分流口以崇宝沙和老崇明水道为标志。另据资料显示，1864～1869 年北港–10m 河槽前端远伸至佘山岛附近，拦门沙水深达 7.32m，滩长明显缩短，而南港水深明显淤浅，–10m 等深线退缩至五号沟附近，为此，上海港通海航道不得不改走北港。1870 年长江流域又一次发生大洪水，北港河势进一步发展，后逐渐发生淤积现象，到 1879～1880 年时，南港与北港河势达到均衡发展期，分流角平顺。

1900～1911 年长江洪水过程使长江南支主流改走白茆沙南水道，该时段北港水道有两大变化，一是上口老崇明水道不断淤浅，至 1927 年北港上口出现封堵现象，进入北港的分流通道最小水深仅为 1.5～1.8m；二是北港口门段由于涨潮流加强，南港与北港出现明显的水面比降，崇明水道淤死，水深不足 2m，北港河槽淤积严重，河势萎缩；1931 年大洪水对扁担沙切割，形成中央沙水道，北港分流比增大，北港河势得到一定的恢复；1949 年、1954 年连续两次大洪水作用下，中央沙水道得到进一步加宽，北港河势得到较大发展；到 1958 年，北港分流比增大，南支主泓改走北港，河槽冲刷，河势发展；1963 年由于中央沙上被冲出一条新宝山水道，南支的分流通过此通道大连进入南港，北港分流量减少，在北港弯道环流的作用下，大量泥沙沉积在青草沙附近(武小勇等，2006)，此时段北港河势减弱。因此，南港与北港分流口沙体的变化对北港稳定性有很大的影响。由于受上游来水来沙变化的影响，历史上中央沙发生下移-上提-再下移的周期性演变，通过对近十几年沙体面积和体积的统计分析，认为中央沙体的变化是导致南港与北港分流口不稳定的主要原因之一，应尽早对分流口沙体进行整治工程，确保南港与北港分流口的稳定(应铭等，2007)。

因此，从上述北港历史演变可知，北港的河势演变与上游来水来沙及南港与北港分流口河道演变有很大的关系，尤其是上游大洪水作用。由于北港河槽和南支上段主要流向一致，上游的大洪水作用，对南港与北港分流口沙体冲刷形成河道，所以历史上每次大洪水作用都对北港河势发展有积极的作用，当上游来水量较小时，水流由于地转偏向力的作用在南支下段会向南岸区域偏移，逐渐增加南港的分流。对南港与北港分流口区域不稳定沙体产生冲刷，形成一些分流水道，进一步减少北港的分流，减弱北港河势发展。总之，上游来水来沙的变化导致南港与北港分流口分流水道及沙体的演变，直接影响北港的分流量变化，而分流量的变化又导致北港河槽的演变，制约北港的河势发展(陈吉余等，1988；刘苍字，1996；武小勇等，2006)。

而且，长江口南港与北港分流口河床演变是影响北港整体河势变化的主要因素，变化不稳定的先决条件是河身宽广、滩地物质疏松，但根本原因是长江口维持输水输沙平衡的需要(钟修成，1985)。洪水作用对北港河势变化起了关键作用，1998 年、1999 年大洪水，使北港主槽进一步刷深，同时在北港北汊形成了一条落潮槽(武小勇等，2006；赵常青，2006)。而迄今为止，作为北港的次一级分汊，北港北汊的河势演变研究尚未开展。

另外，1964～2002 年，北港河道形态特征演变过程可以划分为 3 个时期：两槽一脊(1964～1973 年)、三槽两脊(1982～1987 年)及三沙四沟(1997～2002 年)(潘雪峰和张鹰，2007)。1842～1997 年，北港河槽泥沙冲刷量达 0.987 亿 t，占大通水文站泥沙通量的 0.14%，整体上 155 年来泥沙冲淤量变幅较小(吴华林等，2004)。自 20 世纪 70 年代以来，北港的河势演变特征可以概括为三个时期：动荡期(1972～1985 年)；调整期(1985～1996 年)；相对稳定期(1996～2005 年)(武小勇，2005)。而且，长江口北港潮间带宽度大幅减少，北港过去水下岸坡呈"S"形，现向凹形、斜坡形等侵蚀型形态演变，岸滩坡度明显变陡，岸滩侵蚀型特征明显(计娜等，2013)。利用 GIS 技术对北港三十年海图数字化及冲淤变化的分析和对长江口北港底沙运动规律的推导，发现北港河床河槽稳定性较差，制约北港河槽演变的主要因素是南港与北港分流口河槽的演变，洪水对北港的造床作用有很大积极作用(张艳杰，2004；陈荣和张鹰，2007)。潘雪峰和张鹰(2007)认为北港河槽形态经历了从两槽一脊向三槽两脊及三沙四沟的河槽演变。

事实上，自 20 世纪 90 年代以来，随着流域来沙减少与北港河段频繁的圈围工程，如中央沙圈围工程、横沙东滩促淤圈围工程等工程缩窄效应，南港与北港分流口不断下移且新桥通道向逆时针方向略偏转，导致北港主槽从复式河槽向单一河槽演变，逐渐形成"上段偏北、下段偏南"的微弯河道形态，且边界条件趋于稳定，河势稳定性进一步增强(刘玮祎等，2011；王维佳，2013；郭兴杰等，2015；计娜，2014)。2004 年以来，北港上段水深呈持续加深态势，新浏河沙和中央沙的护滩圈围工程的实施，稳定了南港与北港分流口，但由于上游扁担沙被冲刷下移，对分流口汊道造成一定的挤压，未来给北港河槽稳定性带来一定的隐患(徐敏，2012；李伯昌等，2012)。

综上所述，前人主要从动力沉积特征、河床演变等方面对北港的河势演变进行研究，但对北港北汊河势演变的专门研究较少，研究成果不多，其河势演变及趋势发展、河势演变影响因素、动力沉积特征如何，需要分析，即为本节的主要科学问题。总体而言，由于近几十年来，长江口北港进行了大量的河口工程，这些工程对长江口北港及其邻近水域动力、沉积、地形地貌等产生较大影响，其演变趋势及河槽稳定性如何亟待解答。本文在大量历史和现场实测资料基础上，尝试建立北港尖点突变图式对北港稳定性进行分析，对其稳定性进行评价。

2. 动力沉积

刘红等(2007)基于 2003~2005 年的长江口表层沉积物资料,研究了长江口表层沉积物时空分布特征,认为无论洪枯季,表层沉积物粗细大小排序为:北港>北槽>南槽,而且北港横沙以上水域与口外沉积物类型变化较小,但北港最大浑浊带水域表层沉积物类型变化较复杂。杨旸等(2006)对长江口北港、口门与口外枯季潮动力、悬沙、底沙再悬浮特征进行了大、中、小潮的全潮观测,认为长江口外主要受规则半日潮控制,北港内潮流不对称特征较显著;北港内涨潮垂线平均流速小于落潮垂线流速,落急阶段底沙再悬浮作用显著。北港中上段落潮优势增强,主要原因是青草沙水库工程固定了北港中上段的南边界,主槽平面外形转为上段北偏、下段南偏的微弯河道形态(刘高伟, 2015; 王维佳, 2013)。整体上, 北港表层沉积物具有"浅滩粗,深槽细"的横向分布特征,纵向上具有"粗-细-粗"的分布特征,泥沙主要以"风浪掀沙,潮流输沙"的方式输移运动,单宽输沙量特为净向海输沙,近底层含沙量在一个潮周期内出现两个峰值(姚弘毅等, 2013)。计娜(2014)根据近 30 年来的北港岸滩沉积物与水下岸坡剖面的多幅历史海图资料研究结果,认为岸滩沉积物整体上呈"北细南粗"的变化特征,且横沙东滩北岸潮间带柱状样粒序向上显著变粗。

3. 微地貌演变

郑树伟等(2016)利用多波束测深系统对长江口南港与北港分流口河槽床面形态进行探测,发现了新型沙波形态—链珠状沙波,为北港河槽演变研究提供了重要的参考资料。北港河段沙波对称性较差,横沙通道沙波对称性较好,潮周期内北港沙波落潮向净位移较大(郭兴杰等, 2015a)。近期北港上段洪季和枯季微地貌形态变化较明显,洪季较枯季沙波发育范围广(刘高伟, 2015)。杨忠勇等(2011)利用浅地层剖面仪对长江口江阴至北港口门段河槽浅地层进行探测,认为徐六泾至北港口门段河槽床面仅偶尔发育有较小尺度的沙波,大部分为平床。

10.2.2　研究区域概况

1. 径流

大通水文站为长江口径流量的控制站,根据其统计资料显示,多年(1960~2011 年)平均径流量为 0.89 万亿 m^3,最大值(1998 年)为 1.25 万亿 m^3[图 10-42(a)]。1960~1986 年,南港与北港实测落潮分流比略有波动,波动范围为 45%~55%,总体呈稳定趋势,但 1986 年后南港与北港落潮分流比波动较为明显[图 10-42(b)],这可能与南港、北港分流口河槽冲淤演变及长江口北港的一系列工程有关。

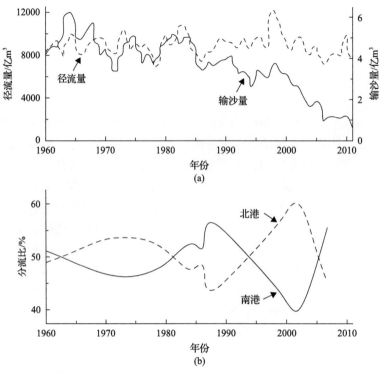

图 10-42　1960～2011 年长江口大通站实测年径流量与输沙量与 1960～2007 年长江口南港与北港分流比

(a)1960～2011 年大通站实测年径流量与输沙量；(b)1960～2007 年长江口南港与北港分流比

2. 潮动力

北港是一个中等潮汐强度的河口，年平均潮差为 2.45m（武小勇等，2006），青草沙（S1）洪季大潮涨落潮垂线平均流速分别为 0.43m/s 和 1.03m/s，枯季分别为 0.78m/s 和 0.89m/s；奚家港（S2）洪季大潮涨落潮垂线平均流速分别为 0.59m/s 和 1.31m/s，枯季分别为 0.75m/s 和 0.73m/s；团结沙（S3）洪季大潮涨落潮垂线平均流速分别为 0.83m/s 和 1.07m/s，枯季分别为 0.81m/s 和 0.65m/s；横沙东滩北（S4）洪季大潮涨落潮垂线平均流速分别为 0.40m/s 和 0.87m/s，枯季分别为 0.60m/s 和 0.57m/s，北港四测站洪枯季落潮历时均大于涨潮（表 10-3）。

表 10-3　2011 年 12 月枯季、2012 年 6 月洪季大潮北港主槽水文泥沙特征统计

	站位	潮流	垂线平均流速/(m/s)	平均历时/h	优势流	垂线平均含沙量/(kg/m³)	优势沙
洪季	S1	涨潮	0.43	3.2	0.87	0.27	0.88
		落潮	1.03	8.8		0.29	
	S2	涨潮	0.59	3.5	0.84	0.38	0.86
		落潮	1.31	8.6		0.45	
	S3	涨潮	0.83	4.1	0.72	0.53	0.80
		落潮	1.07	8.1		0.80	
	S4	涨潮	0.40	3.9	0.82	0.18	0.85
		落潮	0.87	8.5		0.22	

续表

	站位	潮流	垂线平均流速/(m/s)	平均历时/h	优势流	垂线平均含沙量/(kg/m³)	优势沙
枯季	S1	涨潮	0.78	4.9	0.65	0.77	0.59
		落潮	0.89	8.1		0.59	
	S2	涨潮	0.75	4.9	0.60	1.05	0.46
		落潮	0.73	7.5		0.59	
	S3	涨潮	0.81	5.3	0.52	1.68	0.27
		落潮	0.65	7.1		0.60	
	S4	涨潮	0.60	4.8	0.61	0.94	0.47
		落潮	0.57	7.9		0.47	

北港洪季落潮优势为 0.72~0.87；枯季落潮优势为 0.52~0.65。北港洪季和枯季都表现为落潮优势，且洪季落潮优势大于枯季(表 10-3)。

3. 含沙量

据大通水文站统计，多年平均含沙量为 0.486kg/m³，多年平均输沙量为 4.33 亿 t。近年来输沙量有所减弱，1960~1986 年，输沙量与径流量基本保持正相关关系，在 1986 年后大通站径流量变化不大，但是其输沙量开始减少，尤其是 1998 年之后，输沙量锐减(图 10-42)。根据 2011 年 12 月、2012 年 6 月北港实测资料，青草沙(S1)洪季大潮涨落潮垂线平均含沙量分别为 0.27kg/m³ 和 0.29kg/m³，枯季分别为 0.77kg/m³ 和 0.59kg/m³；奚家港(S2)洪季大潮涨落潮垂线平均含沙量分别为 0.38kg/m³ 和 0.45kg/m³，枯季分别为 1.05kg/m³ 和 0.59kg/m³；团结沙(S3)洪季大潮涨落潮垂线平均含沙量分别为 0.53kg/m³ 和 0.80kg/m³，枯季分别为 1.68kg/m³ 和 0.60kg/m³；横沙东滩北(S4)洪季大潮涨落潮垂线平均含沙量分别为 0.18kg/m³ 和 0.22kg/m³，枯季分别为 0.94kg/m³ 和 0.47kg/m³(图 10-43 和图 10-44)。北港四个测站洪枯季落潮历时均大于涨潮。

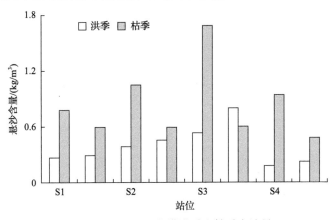

图 10-43　长江口北港洪季和枯季含沙量

涨落潮输沙量的不平衡可导致河槽冲淤变化，优势沙可以用来表示河槽输沙特性的不同。北港洪季优势沙为 0.80~0.88；枯季优势沙为 0.27~0.59。洪季落潮优势沙明显；枯季涨潮优势沙较强，尤其是团结沙 S3 点，涨潮输沙明显(图 10-44)。

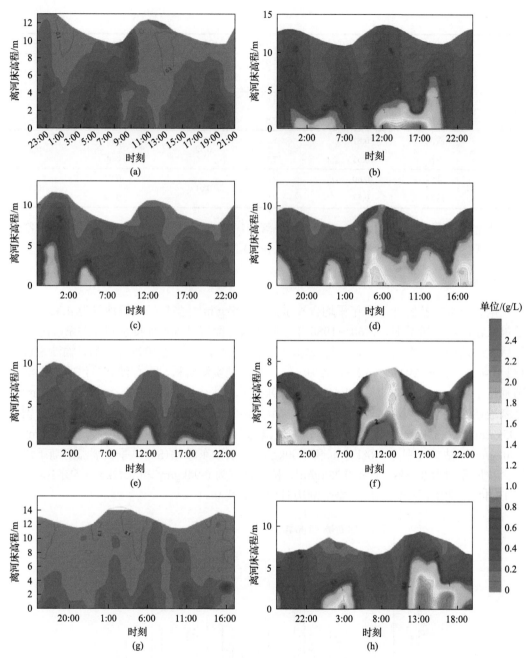

图 10-44　2011 年 12 月、2012 年 6 月枯季、洪季大潮北港青草沙水库北岸 S1 测点、奚家港南侧 S2 测点、团结沙南侧 S3 测点及横沙东滩北侧 S4 测点垂线平均含沙量(计娜，2014)

枯季测点 (a) S1、(c) S2、(e) S3、(g) S4；洪季测点 (b) S1、(d) S2、(f) S3、(h) S4

北港含沙量数据采集于 2012 年 6 月 5～9 日，北港上段洪季含沙量为 0.07～0.72kg/m³，平均值为 0.27kg/m³；北港下段洪季含沙量为 0.14～2.48kg/m³，平均值为 0.5kg/m³。其大于相邻北槽、横沙通道和圆圆沙航道。长江口圆圆沙航道洪季含沙量 0.04～0.34kg/m³，平均值为 0.14kg/m³；北槽中段洪季含沙量为 0.13～1.39kg/m³，平均值为 0.69kg/m³(刘杰，

2013）；横沙通道洪季含沙量为 0.05～0.18kg/m³，平均值为 0.11kg/m³（图 10-45）。由此可知，北港下段枯季含沙量最大，可知横沙通道洪季含沙量相对较小。

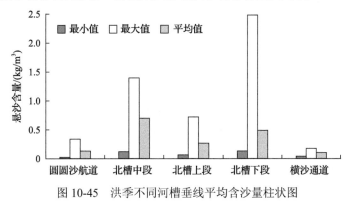

图 10-45　洪季不同河槽垂线平均含沙量柱状图

4. 悬沙粒径

长江口北港悬沙平均粒径青草沙水库北侧（S1）为 6.02～7.19μm、奚家港南侧（S2）为 5.65～7.34μm、团结沙南侧（S3）为 5.23～7.26μm、横沙东滩北岸北侧（S4）为 6.64～7.64μm。北港悬沙基本在极细粉砂范围内，且粒径大小范围较小（图 10-46）。

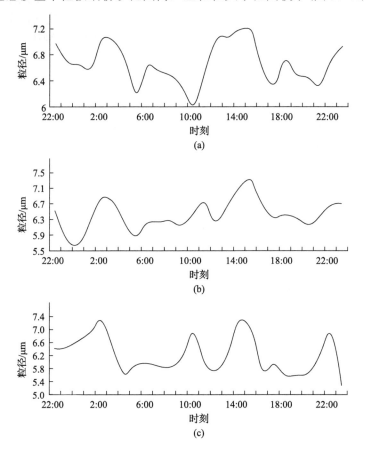

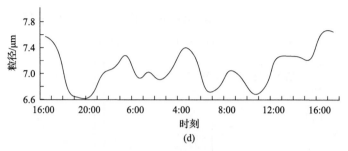

图 10-46　长江口北港悬沙平均粒径分布特征

(a) S1；(b) S2；(c) S3；(d) S4

10.2.3　资料来源与研究方法

1. 历史海图及其地理信息系统(GIS)的地貌分析方法

为研究长江口北港河势河槽演变规律,本节搜集了长江口北港 1977 年(1∶120000)、1982 年(1∶120000)、1986 年(1∶120000)、1992 年(1∶75000)、1995 年(1∶120000)、2001 年(1∶120000)、2006 年(1∶120000)、2010 年(1∶120000)及 2013(1∶150000)年 9 张海图。通过 ArcGIS 对海图进行数字化,采集北港及横沙通道河槽的水深和地貌数据,具体采取 Kriging 差值建立不同时间的 DEM 数据库,提取不同时期河槽水深数据,生成网格;利用 ArcGis 的空间分析功能及网格技术进行河槽断面、河槽体积定量计算。

2. 现场实测数据

北港数据分别采集于 2011 年 12 月 8～12 日(枯季大潮)和 2012 年 6 月 5～10 日(洪季大潮),在北港青草沙水库北侧(S1)、奚家港南侧(S2)、团结沙南侧(S3)、横沙东滩北岸北侧(S4)进行定点水文测量(图 10-41)。水文测量包括定点连续 26h 同步分层采水,采用"六点"法进行采集,即表层(水面下 0.5m)、$0.2H$、$0.4H$、$0.6H$、$0.8H$、底层(离床面 0.5m),当水深 $H<3m$ 时,分表层、中层和底层"三点"采集水样,逐时于正点时刻进行分层采集;声学多普勒流速剖面仪(ADCP)分层观测流速流向。地貌数据采集于 2013 年 6 月 28 日至 7 月 1 日,利用 Reson SeaBat 7125 SV2 多波束和 SMC S-108 姿态传感器对水下地貌进行测量,Hemisphere VS110 GPS 罗经为多波束提供精确的艏向数据,Trimble SPS351 信标机主要为多波束提供精确的脉冲同步信号,而 Thales Z-Max RTK GPS 为多波束测深系统提供 cm 级高精度定位数据,保证了数据质量的可靠性。频率选用 400kHz,波束密度选择最大 512 个、120°条带宽度。横沙通道数据采集开始以走航形式(2013 年 6 月 29～30 日),后在沙波密集分布区域定点观察并测量沙波分布地区的水文数据(2013 年 6 月 29～30 日)。悬沙采集采用六层法,每小时取一次样,床沙样品用帽式抓斗采集。

3. 室内分析

所采集悬沙溶液经 45μm 滤纸过滤,105℃恒温箱内烘干,放入干燥缸里冷却 6～8min

后称重并计算获得含沙量，各时刻的垂线平均含沙量则采用六点法加权平均计算。然后，使用激光粒度仪 Coulter LS-100 对沉积物样品进行实验室粒度分析。首先，使用电子天平称取约 2g 沉积物样品置于 50ml 烧杯中，加入 15ml 蒸馏水；为去除样品中的有机质组分，再加入 30%的过氧化氢 5ml，微热后静置 24h；将样品移入 50ml 具塞离心管中，加入 5ml 0.0003mol/L 的六偏磷酸钠溶液后，再用超声波振荡器对沉积物样品进行分散，最后使用 Coulter 分析仪进行粒度测定。文中，沉积物粒级分类采用国际通用分类标准，即砂（$\phi < 4$）、粉砂（$4 < \phi < 8$）和黏土（$\phi > 8$），并采用 Shepard 三角图示分类方法划分沉积物类型。

4. 沙波统计及输移估算方法

由于沙波形态差异较大，沙波形态参数借鉴 Knaapen 等（2005）统计方法，通过沙波波峰与波谷的相邻位置水平距离计算得到沙波波长（L），波高（H）及对称性（As）（图 7-37）和沙波输移估算则采用 7.6.1 节中式（7-21）至式（7-26）等估算。

5. 尖点突变模式研究方法

量变和质变是自然事物发展的普遍规律之一，自从牛顿和莱布尼兹创立微积分，大量数学模型都是基于微积分理论来逻辑推导。但是，微积分只可应用于连续、可微的自然现象，我们自然界有很多现象的变化是一个随着时间累积而变化的过程，当一种状态量随着时间的推移演变到一定程度，就可能产生质的变化，到达另一种状态。突变理论基于常微分方程的三要素：动态稳定性、结构稳定性和临界集（丁庆华，2008）。1972 年法国数学家 Thom 在论文《结构稳定性和形态形成学》上第一次阐述了突变理论。

1）突变理论基本原理

突变理论异同于牛顿古典数学计算和分析方法：

（1）突变理论是基于集合、拓扑、奇点、群论等现代数学基础，含随机机制和现代数学系统相结合理论。

（2）突变理论对事物发展连续作用下，导致系统不稳定发生突变的现象，其变化不涉及特殊的影响因素，较适用于内部因素复杂的系统。

（3）可以不知道系统内部状态变化形式，可以预测系统多种可能变化特性。

2）突变理论几个基本概念

（1）势：势是系统内部不同部分相互作用与系统与外界环境的相对关系，一般由状态变量的变化表示。

（2）奇点：当系统状态变量随着时间变化为另一种状态，其质变点为奇点。为状态导数时的极值或拐点。

（3）吸引子：当系统变化接近变化为另一状态，其所有相邻奇点连在一起成为吸引子。吸引子是系统的一种极限状态，系统可能存在一个或多个吸引子。

3）突变形态分类

突变理论首先要构建研究现象状态变量的势函数，势函数 $E = f(x, y, z)$ 可以通过多个

控制变量 $\{X, Y\} = \{(x_1, y_1), (x_2, y_2), \cdots, (x_n, y_n)\}$ 和状态变量 $Z = \{z_1, z_2, \cdots, z_n\}$ 来表达。在几种假设变化的控制参量和内部状态变量的集合下，构造变化现象的状态系统。对构建势函数进行两次微分，得到封闭的三式，联立求解 $E'(x, y, z)$ 和 $E''(x, y, z)$，可得到系统状态平衡时的临界线，突变理论正是通过研究几种临界线之间的相互划分来研究自然现象的变化特征。控制变量的数量决定突变形态的数量，R.Thom 证明在少于四个控制因素时，把突变状态划分为七种(表 10-4)。用数学方法证明其原理是相当困难，但运用证明的结论是比较容易的，本身原理理解较为容易，我们可以不管其证明而直接应用到一些科学问题中。实际上，大部分现象发展问题中最常使用的突变模型，也仅是七种突变模型中的前四种。

表 10-4　突变函数形态及其势函数

突变类型	状态变量	控制变量	势函数/E
尖点突变	1	2	$E(X) = Ax^4 + Bux^2 + Cvx + R$
折叠突变	1	1	$E(X) = Ax^4 + Bx + R$
燕尾突变	1	3	$E(X) = Ax^5 + Bux^3 + Cvx^2 + R$
蝴蝶突变	1	4	$E(X) = Ax^6 + Btx^4 + Cux^3 + Dvx^2 + Ewx + R$
双曲脐点突变	2	3	$E(X, Y) = x^3 + y^3 + wxy - ux - vy + R$
抛物脐点突变	2	4	$E(X, Y) = x^3 + y^3 + wxy - ux - vy + R$
椭圆脐点突变	2	3	$E(X, Y) = Ax^3 - Bxy^3 + Cw(x^2 + y^2) - ux + vy + R$

注：表中 $E(X, Y)$ 为状态变量 X, Y 的势函数；状态变量 X, Y 的系数 u, v, w 表示状态变量的控制变量；A、B、C、D、E、R 为常数

4) 突变形态特征

自然现象发展的突变理论中一般满足三个基本特征就可以解释系统变化与其机制。

(1) 多模态：系统在一个或者多个控制变量影响下，可能出现多个不同的发展方向。

(2) 不可达性：系统中有部分平衡状态处于不稳定位置，在两种稳定状态之间有一段突变，此区域极不稳定，很容易发生突变，如尖点突变模式中平衡曲面中叶，此区域为系统两种状态发生转变的过渡阶段。

(3) 突跳：当控制参量有微小的变化就可能导致状态变量发生较大变化，从而系统从某一个局部极小值突变到另一局部极小值，发生质变。

(4) 发散：在退化值附近域，参量的微小变动导致状态变量较大的变化，这种不稳定变化叫作发散。

(5) 滞后：当系统不能逆发展重复变化，就会导致系统发生滞后现象。

本节优势流域优势沙的数据处理方法与第五章相同。

10.2.4　北港近期演变特征

长江口北港上接新桥通道、新桥水道及新新桥通道，下衔拦门沙河段出海口，可将北港划分为三个区段：新桥通道~堡镇港之间为上段；堡镇港~团结沙为北港主槽；团

结沙水闸～口外 10m 等深线为拦门沙河段(茅志昌等，2008)(图 10-41)。

1. 南港与北港分流口通道变化特征

1977～1986 年，南港与北港分流口通道剧烈变化，为河势动荡期(武小勇等，2006)。1977～1982 年，由于科氏力及上游来水的作用，分流口中央沙北水道–5m 深河槽向东南向偏移，中央沙冲刷严重，被冲刷的泥沙输移到下游长兴岛北侧形成固定沙。20 世纪 80 年代在中央沙水道和南门通道之间的扁担沙上冲切出一条串沟，形成现在的新桥通道，被冲刷的沙体被输运到下游导致固定沙进一步堆积，且新桥通道的水流对崇明岛南岸冲刷形成六漋沙脊。由于新桥通道的形成，中央沙水道的–5m 深河槽缩窄。1982～1986 年，中央沙北水道基本淤死消失，上游沙体与下游固定沙连接合并进一步发展形成后来的青草沙[图 10-47(a)]。在此期间，由于河道的不断改变，北港–5m 深河槽也随之发生改变，1977～1982 年，–5m 深河槽缩窄，且整体逆时针偏移；1982～1986 年，由于新桥通道的产生，中央沙北水道淤死，北港–5m 深河槽向长兴岛一侧偏移。

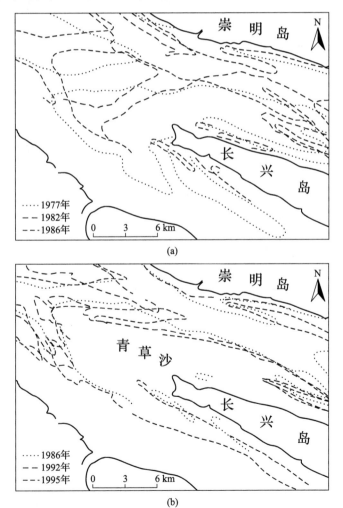

(a)

(b)

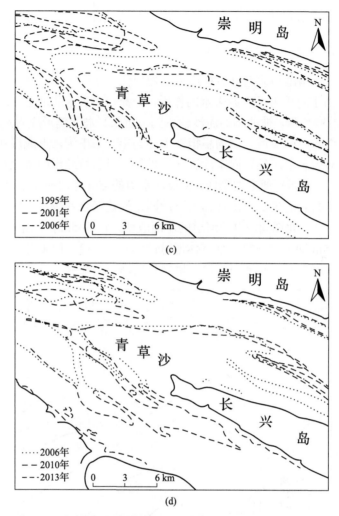

图 10-47　南港与北港分流口–5m 等深线变化（1977～2013 年）

(a)1977～1986 年；(b)1986～1995 年；(c)1995～2006 年；(d)2006～2013 年

　　1986～1992 年，新桥通道顺时针偏转演变，对崇明岛南岸的六滧沙脊产生冲刷，北港主槽–5m 等深线向崇明岛一侧偏移；后 1992～1995 年，新桥通道逆时针偏转演变，–5m 深河槽变化较小[图 10-47(b)]。

　　1995～2001 年，由于 1998 年、1999 年两次大洪水切割扁担沙形成新新桥通道和新桥沙，北港分流比增加。扁担沙南沿持续淤积，岸线向下偏移，中央沙头冲刷严重，新桥通道顺时针偏转，且随着中央沙的冲刷及扁担沙南岸的淤积而向下偏移；2001～2006 年，扁担沙南岸、中央沙及青草沙沙头冲刷，新桥通道–5m 深河槽变宽。北港上段主槽–5m 深河槽变化较小，河势稳定[图 10-47(c)]。

　　2006～2013 年，分流口河槽变化较小，河道处于稳定期，由于科氏力的作用–5m 深河槽向下略偏[图 10-47(d)]，河道整体稳定。近期由于分流口附近护滩及圈围工程的作用，稳定了分流口沙体，新浏河沙和中央沙沙头下移得到了控制，为了确保南港与北港分

流得到长期稳定的发展，在 2007 年分别实施新浏河沙护滩、南沙头通道潜堤工程(图
10-41)，对南沙头通道进行限制，确保南港与北港分流稳定。

2. 北港主泓及断面变化特征

伴随着中央沙北水道、新桥通道、新新桥通道等水道的消亡与产生，以及新桥水道
冲淤变化。1977~2013 年，南港与北港分流口附近 AB 断面发生剧烈的变化，河槽整体
形态为"W"形，1977 年、1986 年深泓处位于靠近长兴岛一侧，且 1986 年崇明岛一侧
由于六滧沙脊的形成，河槽几乎淤死，长兴岛一侧冲刷；1995 年河槽开始向崇明岛一侧
偏移；2006~2013 年河槽深泓位于崇明岛一侧。总之，随着上游分流口水道的消亡与产
生，30 多年来分流口附近 AB 断面深泓一直向崇明岛南沿偏移[图 10-48(a)]。

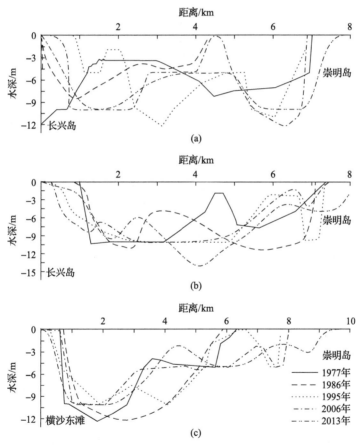

图 10-48　长江口北港典型断面冲淤变化(1977~2013 年)

(a)AB 断面；(b)CD 断面；(c)EF 断面

由于上游来水来沙的变化，北港主槽 CD 断面随之发生相应改变。1977~1986 年，
河道深泓从长兴岛一侧向崇明岛一侧偏移，且河槽面积整体变大；到 1995 年，河槽深泓
又向长兴岛一侧偏移；1995~2006 年，河槽变化不大，整体向长兴岛一侧偏移，2013
年由于青草沙水源地工程龙口截流，北港流速增大，深泓增加 3m 左右[图 10-48(b)]。

北港下段河槽断面为"U"形河槽，1977～1986 年，只有主河槽最大水深接近 12m，1995～2013 年，在崇明岛一侧出现一个小的分流，为北港北汊的分流，由于北港北汊的分流，主河槽最大水深淤变为 10m 左右[图 10-48(c)]。

　　河床形态特征通常用特征参数 $\sqrt{B}/H$ 表征(许炯心，1996)。AB 断面 1977～2013 年宽深比为 10.32～22.38；CD 断面 1977～2013 年宽深比为 9.62～14.32，EF 断面 1977～2013 年宽深比为 8.01～17.63(表 10-5)。由于长江口北港位于近海位置，受到潮流影响较大，宽深比较大。

表 10-5　长江口北港河段水道河床形态特征

断面		1977 年	1982 年	1986 年	1992 年	1995 年	2001 年	2006 年	2010 年	2013 年
AB	宽度/km	7.96	4.45	4.15	6.87	6.04	5.87	6.05	6.2	6.94
	平均深度/m	6.37	5.26	4.76	6.04	6.95	6.73	7.54	5.62	7.25
	宽深比	14.01	12.68	13.53	13.72	11.18	22.38	10.32	14.01	11.49
CD	宽度/km	6.40	6.21	5.94	7.67	6.97	7.10	6.85	7.02	7.63
	平均深度/m	6.83	8.19	7.64	6.35	7.43	7.49	5.78	6.63	7.01
	宽深比	11.71	9.62	10.09	13.79	11.24	11.25	14.32	12.64	12.46
EF	宽度/km	5.73	4.84	4.89	9.13	7.45	7.54	7.22	7.29	8.47
	平均深度/m	6.87	8.68	7.11	5.42	5.87	6.00	5.18	5.65	5.35
	宽深比	11.02	8.01	9.84	17.63	14.70	14.47	16.40	15.11	17.20

　　北港上段河槽主泓向北偏移，中、下段向南偏移，其中以横沙通道附近河段水域主泓变化尤为明显，1986～2006 年，主泓线向南偏移 3.3km 左右(图 10-49)，其原因为由于横沙通道河槽断面刷深加宽，对北港的落潮分流比有所增加(万远扬等，2010，程海峰等，2010)。

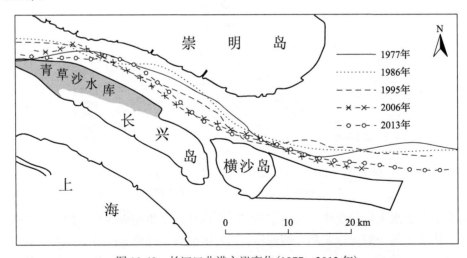

图 10-49　长江口北港主泓变化(1977～2013 年)

3. 北港主槽演变

1) 北港主槽等深线变化

堡镇到团结沙之间为北港主槽，全长约 28km(武小勇等，2006)。1977～1982 年，−5m 深河槽略为束窄，河槽萎缩，北港分流比减弱[图 10-50(a)]，上游分流河道的位置逆时针偏转，且向下游偏移，冲刷中央沙，带走的泥沙在长兴岛北岸淤积。中央沙北水道落潮流对崇明岛南沿直接冲刷，北港上段主槽整体向崇明岛一侧偏移；1982～1986 年，由于扁担沙切割产生新桥通道，被冲刷的部分泥沙带到北港主槽中，形成六滧沙脊，北港分流比略微增加[图 10-50(a)]。崇明岛一侧−5m 深河槽变宽，且向长兴岛一侧偏移较大，河势增强[图 10-50(a)]。

1986～1992 年，由于新桥通道的顺时针偏转，落潮分流比增大[图 10-50(b)]，北港上段−5m 深河槽整体南偏，下段北偏，河槽变宽，且长兴岛一侧−5m 等深线偏移较大，北侧六滧沙脊冲刷严重。1992～1995 年，河道整体向崇明岛一侧偏移，且北港下段偏移量大于上段[图 10-50(c)]。

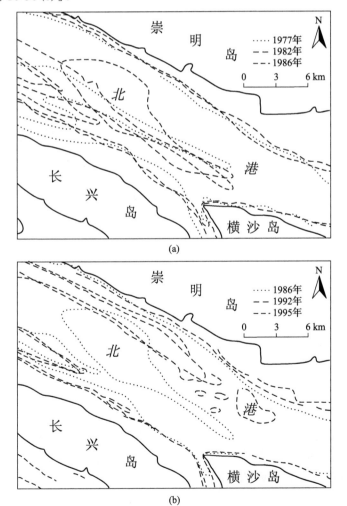

(a)

(b)

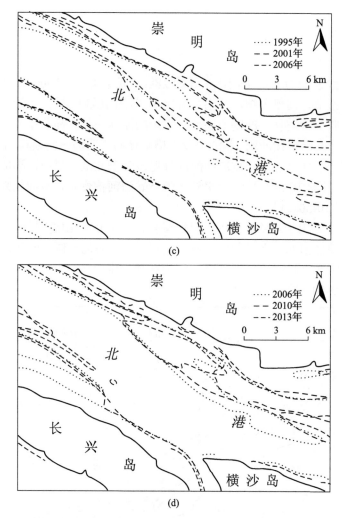

图 10-50　长江口北港主槽–5m 等深线变化（1977～2013 年）

(a) 1977～1986 年；(b) 1986～1995 年；(c) 1995～2006 年；(d) 2006～2013 年

1995～2006 年，北港分流比持续增大，在 2001 年附近达到最大值，约 59%左右，后开始减弱。北港–5m 深河槽整体变化不大，崇明岛一侧–5m 等深线向北偏移，长兴岛一侧变化不明显[图 10-50(d)]。河势基本稳定。

2006～2013 年，北港上段–5m 深河槽北偏，下段河槽南偏。其原因为北港上段由于青草沙水源地工程束窄河道，上段向崇明岛南沿冲刷，导致堡镇沙等沙体冲刷。由于北港落潮优势流明显且科氏力作用，下段河槽向南岸偏移[图 10-50(d)]。

2) 长江口北港微地貌特征

长江口底沙活动频繁，在江中堆积的水下沙体，其变化会引起河床剧烈演变，导致航道淤浅和港口码头阻塞(沈焕庭，2011)，也是导致河势不稳定的因素之一，所以对长江口沙波输移规律研究有重要的工程意义。利用多波束测深系统对长江口进行测量，横沙通道内存在大量的沙波；北港上段尤其是上海长江大桥附近发现大量的沙波。其中横沙通道内发现大量沙波群且发育良好，共统计沙波数 174 个，波长 7.73～21.92m，平均波长 16m，波高 0.21～0.82m，平均波高 0.6m；北港统计沙波数 346 个，波长 9.8～21.23m，平均波长 13.1m，波高 0.21～0.68m，平均波高 0.46m（表 10-6）。

表 10-6　长江口北港及邻近横沙通道沙波统计特征

区域	编号	统计波数	平均波长 L/m	平均波高 H/m	波形指数	迎流倾角/(°)	背流倾角/(°)	As	水深/m
横沙通道	H1	34	7.73	0.21	36.81	4.08	5.07	0.19	8.44
	H2	75	18.43	0.82	22.48	3.04	5.28	0.55	12.74
	H3	65	21.92	0.77	28.47	4.58	7.57	0.46	15.67
北港	G1	68	13.74	0.53	25.92	2.04	8.5	0.89	11.87
	G2	84	9.8	0.29	33.79	0.28	4.47	0.99	9.65
	G3	51	10.2	0.21	48.57	0.36	5.87	0.99	15.93
	G4	48	21.23	0.56	37.91	1.38	7.07	0.93	12.24
	G5	64	11.47	0.68	16.87	4.78	9.69	0.61	13.37
	G6	31	11.89	0.48	24.77	2.9	4.55	0.42	15.93

　　沙波倾角可以直接由 PDS2000Liteview 测量，横沙通道背流倾角 5.07°～7.57°，迎流倾角 3.04°～4.58°；北港背流倾角 4.47°～9.69°，迎流倾角 0.28°～4.78°（表 10-6）。

　　根据 1987 年国际沉积学会提出的原则：按照波长划分为不同的尺度，小型：0.6～5m，中型：5～10m，大型：10～100m（Ashley，1990）。统计沙波群可知：南港、横沙通道、北港发育大量沙波，是波长基本为 10～20m 的大型沙波，北槽上段发现少量沙波群，基本是中型沙波（表 10-6）。以前对长江口沙波研究可知，单一沙波的波高和波长之间存在良好的正相关关系（杨世伦等，1999；王永红等，2011），本次测量沙波也可以证明这一点[图 10-51(a)]。波形指数（L/H）为 10～50，约占 90%[图 10-51(b)]。

3）沙波形态

　　根据多波束测深系统的观测结果，长江口沙波在平面形态上有堆状沙波、带状沙波和断绩蛇曲状沙波（图 10-52）（张瑞瑾，1998）。其中以带状沙波居多。

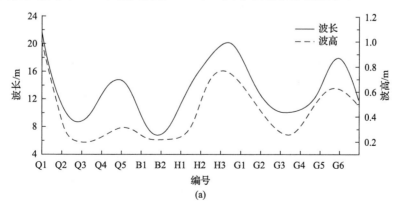

(a)

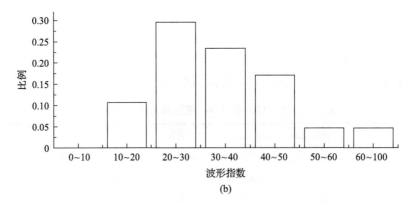

图 10-51　长江口北港沙波波高波长以及波形指数
(a) 波长和波高；(b) 波形指数

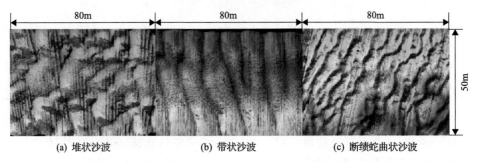

(a) 堆状沙波　　　　　　(b) 带状沙波　　　　　　(c) 断续蛇曲状沙波

图 10-52　长江口北港不同形态的沙波

　　长江口沙波多以沙波群的形式出现，取一个比较完整的沙波群，长约 1.5km，在沙波上游、中游、下游各取相等距离的一段，长 170m，上游沙波观察到 14 个完整的沙波，其中混有少量复合沙波，平均波长 12.3m；中游观察到 12 个比较清晰的沙波，平均波长 14.2m，且沙波对称性良好；下游观察到 13 个清晰的沙波，平均波长 13.1m，但其对称性较差，且向堆状沙波形态演变(图 10-53)。在同一个沙波群中，沙波波长变化较小，中间略大于两侧。

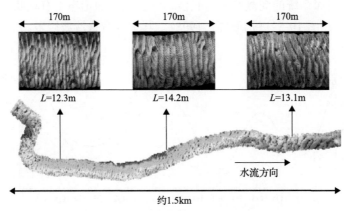

图 10-53　长江口北港沙波多波束测深系统记录

4）沙波运动特征

河口沙波的运动与沙波起动（表 10-7）后的涨落潮流速和历时有很大的关系。横沙通道内涨落潮平均流速和历时相对均衡，流速较小，所以其单向位移和净位移均相对不大，甚至出现负的净位移，为 –0.04～0.56m；北港涨落潮流速相近，但其落潮历时远大于涨潮。所以其净位移较大（表 10-8）。

表 10-7　长江口北港及邻近横沙通道泥沙起动速度和沙波起动速度

区域	编号	中值粒径 d/μm	水深 h/m	v_0/(m/s)	U_c/(m/s)
横沙通道	H1	157.32	8.44	0.474	0.664
	H2	165	12.74	0.531	0.743
	H3	168.93	15.67	0.565	0.791
北港	G1	154.171	11.87	0.525	0.736
	G2	140.501	9.65	0.502	0.703
	G3	200.44	15.93	0.554	0.776
	G4	134.031	12.24	0.546	0.764
	G5	236.86	13.37	0.520	0.728
	G6	182.22	15.93	0.561	0.786

表 10-8　长江口洪季潮周期内沙波起动后平均流速、历时以及迁移距离

区域	编号	平均流速/(cm/s)		历时/h		位移/m		净位移
		涨潮	落潮	涨潮	落潮	涨潮	落潮	
横沙通道	H1	−86.88	86.70	4.69	6.11	−1.93	2.49	0.56
	H2	−93.29	90.71	3.83	4.4	−1.29	1.36	0.07
	H3	−95.71	91.89	3.55	3.83	−1.05	1.01	−0.04
北港	G1	−107.65	107.5	2.73	11.3	−1.52	6.26	4.74
	G2	−105.35	107.36	2.96	11.37	−1.9	7.71	5.82
	G3	−108.28	107.87	2.68	11.05	−1.13	4.61	3.48
	G4	−108.36	107.81	2.67	11.08	−1.47	6.0	4.53
	G5	−107.92	107.97	2.79	11.36	−1.39	5.66	4.27
	G6	−109.51	108.25	2.58	10.92	−1.26	4.6	3.47

注：负值表示与涨潮方向相同，正值表示与落潮方向相同

4. 北港拦门沙河段河势演变

1977 年，北港下段 –5m 深河槽较窄，约 3km 左右，1982 年 –5m 深河槽扩大一倍。其原因为横沙东滩串沟进一步发展，大量水沙通过串沟进入北槽，导致此河段冲刷加深；1986 年由于科氏力的作用，–5m 深河槽向南偏移，串沟北侧分汊口向东偏移。在团结沙与崇明岛之间存在一条涨潮汊道，1979～1982 年实施筑坝封堵工程，汊道内 –5m 深河槽

逐渐淤浅［图 10-54（a）］，1991 年后团结沙围垦成陆，汊道消失（茅志昌等，2008）。

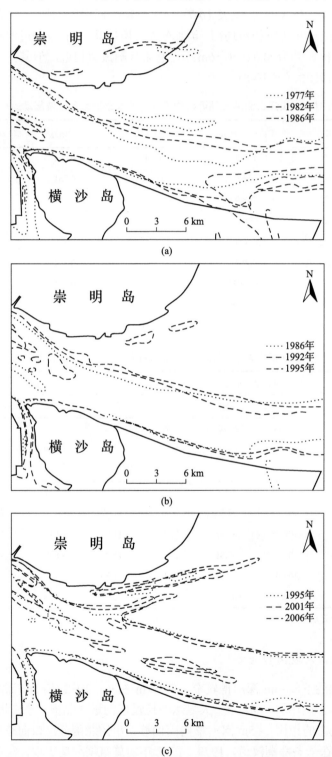

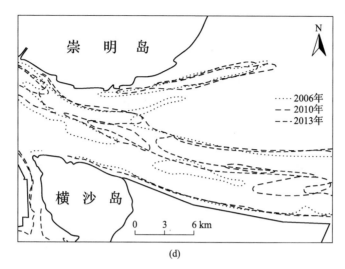

图 10-54　长江口北港拦门沙河段–5m 等深线变化（1977～2013 年）

(a)1977～1986 年；(b)1986～1995 年；(c)1995～2006 年；(d)2006～2013 年

1986～1995 年，–5m 深河槽北沿有小幅度冲刷，河槽变化较小。此期间由于团结沙围垦造陆，与崇明岛连接成为其的一部分。团结沙消失后，涨潮水流受到沿岸的约束，导致局部水域涨潮流作用增强。经过长期演变，水动力与地形得到新的平衡，堤前滩涂受涨潮流的强烈冲刷，被冲刷的泥沙在其北沿被冲刷的泥沙在其东侧堆积，形成北港北沙（茅志昌等，2008）[图 10-54(b)]。

1995～2006 年，主槽–5m 深等深线变化较小，河势趋于稳定[图 10-54(c)]。由于 1998 年大洪水作用对北港北沙进行切割，形成北港北汊。2002 年，该河道继续向下游延长，且河槽拓宽刷深，1999 年的最大水深为 6.8m，宽度 350m；2002 年最大水深的 8.1m，宽度为 870m，5m 深河槽下移约 1700m 左右（茅志昌等，2008）。过去北港一部分水流经过横沙东滩串沟进入北槽，但由于深水航道三期工程的建设，北导流堤截断了此流路，且由于 2003 横沙东滩促淤圈围工程的建设，减少了北港与北槽水流的交换（陈吉余等，2013）。

2006～2013 年，主槽变化很小，北港北沙南沿继续冲刷，–5m 等深线向北偏移，北港北汊–5m 河槽继续加宽[图 10-54(d)]，由于 2009 年上游青草沙水源地工程龙口截流，北港上游河槽束窄，分流比减小[图 10-41(b)]。北港整体进入稳定期。

5. 横沙通道地貌演变特征

横沙通道在 1992～2001 年整体呈现冲刷的态势，平均刷深在 1～2m 左右，深泓处刷深甚至达到 4～5m；2001～2009 年河道继续刷深，但刷深速度相对前一阶段减弱，河道两岸在不断变宽，且靠近横沙岛一侧的河道变宽速度大于长兴岛一侧，河道深泓向横沙岛一侧偏移；2009～2013 年河槽继续刷深，但刷深尺度相对减缓，且河槽演变趋势和前十几年基本一致（图 10-55）。总体而言，横沙通道近二十多年整体上发生冲刷，主河槽向横沙岛一侧偏移。从南口[图 10-55(a)]可知，2009 年之后横沙通道南口两侧深槽略有下切，但断面中间淤积严重，淤积厚度达 4m，2013 年有所减弱，且沙体向横沙岛一侧偏移，河道断面形态变化较大。为防止横沙通道落潮流对北槽深水航道的影响，2007 年在横沙通道南口建成长约 1.84km 的长兴岛潜堤。由于潜堤对落潮流的阻挡作用，当落潮时，南口两侧水位将出现水位差，长兴岛一侧水位大于横沙岛，长兴岛一侧水流将产生横向环流对河槽冲刷，将泥沙挟带至河道中央导致淤积，且潜堤对上游来沙进行阻挡，泥沙在此落淤(陈维，2013)。

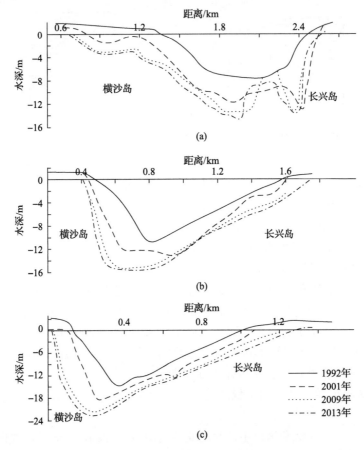

图 10-55　长江口横沙通道典型横断面水深变化图(1992～2013 年)

(a)南口；(b)P1；(c)北口

　　横沙通道近二十多年河槽两侧 0m 等深线间距一直变宽，南、北口两岸 0m 等深线间距变宽速度大于中间，且向横沙岛一侧的偏移较大[图 10-56(a)]。原因可能与近期横沙通道两侧相关岸线加固工程有关，特别是 2001～2013 年期间，由于受到长兴岛北沿促淤工程和长兴岛潜堤工程的影响，长兴岛一侧 0m 等深线变化很小；–5m 等深线间距整体呈变宽趋势，河槽冲刷，且北口–5m 深河槽向长兴岛一侧偏移，南口向横沙岛偏移[图 10-56(b)]；近二十多年以来，–10m 等深线呈现变宽态势，北口–10m 深河槽变宽明显，且冲刷态势明显，南口相对变化较小[图 10-56(c)]。

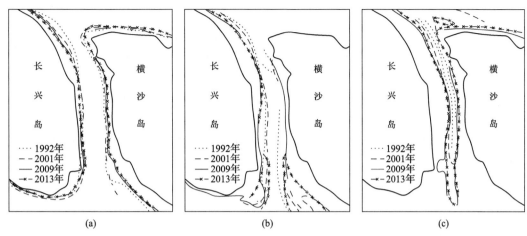

图 10-56　长江口横沙通道 0m、–5m 和–10m 等深线变化（1992～2013 年）

(a) 0m 等深线；(b) –5m 等深线；(c) –10m 等深线

6. 长江口北港近期演变特征

由于上游来水来沙在南港与北港分流口堆积形成沙体，历史上大洪水对沙体的切割形成分流水道，分流水道控制北港的来水来沙量，其演变是导致北港河势变化的主要原因。20 世纪 70～80 年代分流口水道变化较为频繁，近年来由于一些岸线加固工程，分流口日趋稳定，建议未来加强对新桥通道的监测和疏浚，保证北港河势稳定；由于受到一些河口工程的束窄效应及科氏力影响，北港深泓线上段北偏，下段南偏，河口工程的束窄效应加深和稳定了河槽深泓；北港拦门沙河段北侧由于涨潮流及人工促淤的作用，历史上经历了团结沙与北港北沙的交替更迭，近几年由于横沙东滩串沟的封堵，北港北汊进一步发展；目前落潮优势明显，枯季悬沙含量大于洪季，落潮悬沙含量大于涨潮，且枯季涨潮输沙，洪季落潮输沙。由于大量河口工程的建设，上游沙体稳定，主槽河道加深，适宜航道开发。

根据实测资料对横沙通道演变态势进行分析，发现横沙通道二十年来一直处于冲刷态势，落潮分流增加，北港河槽深泓有向横沙通道北口积聚的态势，由于北港和北槽大量的河口工程，使北港水动力增强，北港的水动力增强是导致横沙通道水动力增强的主要原因，横沙通道内水体含沙量较小，并在其内发现大量的沙波微地貌，可知其推移质运动较频繁，横沙通道推移质运动可能对南口外圆圆沙航道的淤积造成一定的影响。

沙波是大范围推移质形式的结果，沙波运动可短时间内对局部地貌产生较大冲淤影响。利用多波束测深系统在长江口横沙通道、北港上段测量到大量不同类型的沙波，其中以带状沙波为主。长江口沙波分布区沉积物粒径与沙波尺度相对较小，波形指数在 10～50 占 90%。

10.2.5　大型工程对长江口北港河势演变的影响

长江口为潮流径流交汇点，由于河口径流下泄至入海口，水流少了两侧沿岸的束缚，水域开阔，流速急剧减小，水动力较弱，大量上游挟带泥沙在此落淤，长期的演变形成多个汊道、三角洲相互交替的特殊河口地貌，由于河口地区处于潮流、径流交汇点，水动力复杂，来沙源有海相来沙和陆相来沙，所以河槽地貌和周围三角洲对水动力、来沙变化变化极为敏感。

由于近期长江流域受到水利工程建设等人为因素的干预，大型工程的建设必将为河口河槽的演变产生一定的影响，工程的建设急剧地改变了河流的地貌条件，随之改变局部河槽的水流条件，并对水沙输运产生影响。随着水沙的继续变化，河槽慢慢适应这种地形的改变，再次达到变化平衡。

1. 长江河口大型工程概述

随着国家经济的发展，近二十年来长江流域进行了一些举世瞩目的水利工程，如三峡工程(1994~2003 年)、溪洛渡水电站工程(2005~2007 年)、南水北调工程(2002 年至今)及一些水土保持工程等,这些大型水利工程对长江拦河截流,导致下游输沙持续减少,尤其是 1994 年三峡工程开建以来,来自长江上游的输沙量降低了约 70%,上游来水来沙量变化对下游河槽河势演变有一定的影响。

由于长江口毗邻上海市，国家对长江黄金水道的建设及上海市"2020 年建成国际航运中心"等规划，近年来在长江口各个汊道建设了大量水利工程。其中长江口北港建设的主要工程有新浏河沙护滩工程、南沙头通道潜堤工程、中央沙圈围工程、青草沙水源地工程、上海长江大桥、长兴岛潜堤工程、横沙东滩促淤圈围工程以及崇明东滩团结沙与东旺沙围垦(表 10-9)，这些工程对长江口河槽河势演变有一定的影响。

表 10-9　长江口二级分汊北港大型近岸工程

工程范围	工程名称	工程性质	工程建设年份
南港与北港分流口	新浏河沙护滩工程	圈围	2007~2009
	南沙头通道潜堤工程	潜堤	2007~2009
	中央沙圈围工程	圈围	2004~2005
北港主槽	青草沙水源地工程	圈围	2007~2009
	上海长江大桥	桥梁	2005~2008
	长兴岛潜堤工程	潜堤	2007~2009
拦门沙河段	横沙东滩促淤圈围工程	圈围	2003 年至今
	崇明东滩团结沙与东旺沙围垦	圈围	1990~1991
北槽	长江口深水航道工程	航道	1998~2010

2. 长江口南港与北港分流口河口工程

2005 年 1 月，长江水利委员会组织完成了《长江口综合整治开发规划》，2008 年 3 月国务院对长江口规划做出批复，给长江口综合整治勾绘蓝图。2006 年中央沙圈围工程正式开工，2007 年新浏沙河护滩工程和南沙头通道潜堤限流工程正式开建。

中央沙促淤圈围工程：工程的主要目标是将中央沙圈围造陆，逐渐成为"高滩成陆、低滩成库、鱼嘴成形"的基本格局(张志林等，2010)，为未来南港与北港分流口的稳定和青草沙水源地工程的建设与维护创造条件。工程主要建设内容有排水建筑物、圈围大堤、局部护滩等，在南端设两座总设计流量为 14.5m³/s 的排水涵闸，围堤总长 18.4km，圈围面积 15.26km²。工程于 2004 年 9 月底开工，2005 年底完成(张志林等，2010)。

新浏河沙护滩工程：工程主要目标是对新流沙沙体进行岸线稳定加固，对南港与北港分流口进行加固稳定，工程主要内容有护滩南堤、护滩北堤和头部护滩潜堤三部分其中护滩堤长 8073m，顶标高 2.0m；护滩潜堤长 537m(张志林等，2010)。

南沙头通道潜堤限流工程：工程的主要目标是对通道内水流限速，防止南沙头通道进一步发展，维持南港与北港分流比的稳定。工程于 2007 年 6 月开始施工护底，2009 年 10 月竣工。对维持北港流量有一定的积极作用。南沙头通道潜堤工程总长 2390m，其中与新浏河沙护滩北堤平顺相接的过渡段长 500m，顶标高 2.0～-2.0m；潜堤主堤段长 1300m，堤顶标高-2.0m；与中央沙圈围高程顺坝过渡段长 590m，顶标高-2.0～3.2m(张志林等，2010)。

3. 北港主槽中上段工程

青草沙水源地工程：工程的建设主要作用是对长江口进行"避咸蓄淡"，为上海市提供 50%以上的淡水资源，输水量大约 719 万 m³/d，青草沙水库工程面积 70.99km²，围堤全长 48.63km。工程的主要建设内容有环库大堤、取水泵闸、下游水闸、输水泵站、输水闸井及控制中心等。

上海长江大桥：工程连接长兴岛和崇明岛两岸，全长 16.63km，该桥是世界上最大的公轨合建斜拉桥，建设有大量大型群桩桥墩。

4. 北港主槽下段工程

横沙东滩促淤圈围工程：长江口横沙东滩促淤圈围工程位于长江口北港与北槽之间横沙岛东部。2003 年对横沙东滩实施促淤圈围工程，一方面有利于控制长江口北港下段主槽的摆动，有利于北港下段稳定；另一方面有利于防止横沙浅滩由于北港落潮流冲刷导致泥沙进入北槽深水航道。对深水航道维护有一定的积极意义。横沙东滩促淤圈围工程符合长江口综合整治规划的要求，且未来深水大港的建设对横沙东滩促淤圈围也是很必要的。

5. 北港两岸工程对河势演变的影响

河口涉水工程的建设必将打破自然演变的平衡，本节对近期长江口北港河口工程进行统计整理，并结合工程对近期河口河槽演变进行分析。

6. 南港与北港分流口演变与相关河口工程关系

长江口南港与北港分流口在潮流和径流的共同作用下，形成多个汊道和岸滩交互相间的复杂格局，南港与北港分流口有宝山通道、南沙头通道、新桥通道、新新桥通道和新桥水道五条通道，其中为北港分流的通道有新桥通道、新新桥通道和新桥水道。新新桥通道近年来已经逐渐淤浅退化，新桥通道成为北港主要分流通道。分流口附近存在多个沙体，主要沙体有扁担沙、新浏河沙、中央沙和青草沙。沙体的演变与分流通道河槽冲淤变化有直接的关系。历史上南港与北港分流口极不稳定，南港与北港分流口沙体和汉道的演变对南港和北港流量有很大的影响。

近年来南港与北港分流口建立一些工程来维护岸线、沙体的稳定。1986 年新桥通道产生以来，逐渐发展成为北港的主要分流通道。新浏河沙和中央沙体在新桥通道的东岸，处于南支和新桥通道的弯曲衔接点，由于横向环流的"凹岸冲刷"作用，新浏河沙体和中央沙岸线一直被冲刷蚀退，且南沙头通道逐渐变宽。新浏河沙护滩工程、中央沙圈围工程的建设稳定了沙体岸线，沙体不再随着上游水流冲刷下移，2006～2010 年，新桥通道中–5m 等深线向沙体岸线逼近，2010～2013 年，–5m 等深线变化相对较小，且已接近堤坝岸线，但是扁担沙尾由于上游水流的推移，向下游移动，尤其是 2006～2010 年，下移近 1km 左右。南沙头通道是新桥通道向南港的一个分流通道，过去一直处于发展状态，2007 年南沙头通道潜堤工程的建设，减缓了通道的水流，通道不再发展，–5m 等河槽逐渐萎缩消失，南沙头通道逐渐淤浅，由于南沙头通道分流的减少，新浏河沙和南港上游瑞丰沙逐渐连成一体(图 10-57)。

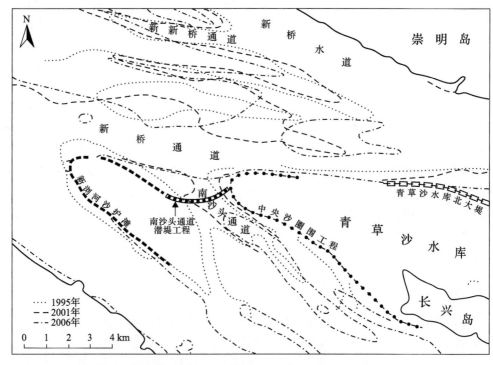

图 10-57　长江口南港与北港分流口–5m 等深线变化(2006～2010 年)

新桥通道内–5m 深河槽随着水流的冲刷作用在 2006～2013 年整体向下游移动，由于新桥通道径流冲刷作用，扁担沙尾沙体向下游逐渐推移，部分沙体在通道中淤积形成心滩。且由于三个工程堤坝的建设，新桥通道南岸线不再向下游推移，但北岸线继续向下游推移，通道河槽束窄（图 10-57）。

分流口水沙变化是导致滩槽冲淤演变的主要原因，历史上南港与北港滩槽演变剧烈，由于近期河口工程稳定了南港与北港分流口，其分流分沙比基本趋于稳定。根据长江口水文水资源勘测局 1998～2008 年南港与北港水沙分流比可知，南港与北港分沙比与分流比有一定的正比关系。近期南港与北港分流基本在 50%左右，上下浮动小于10%（图 10-58），分流口稳定。

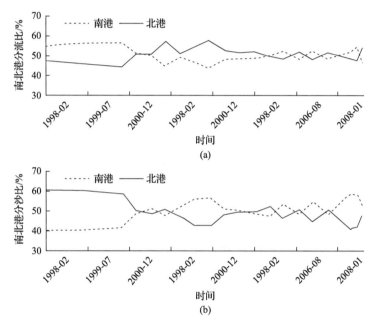

图 10-58　1998～2008 年长江口南港与北港分流分沙比（张志林等，2010）

(a)分流比；(b)分沙比

但是，虽然南港与北港分流口一系列水利工程对南港与北港稳定性有很重要的作用，但是其存在一些潜在问题：

（1）上游扁担沙的由于径流冲刷作用会继续向下游移动，会对新桥通道产生挤压，扁担沙的稳定性监测和维护对维持分流口稳定性有积极的意义。

（2）上游径流对堤坝冲刷，现堤坝前平均深度已达到 5m，未来堤坝的稳定性应引起一定的注意。

7. 北港主槽演变与大型河口工程的关系

北港是长江口主要分流通道之一，2001～2006 年，北港上段两侧发生冲刷，冲刷深度在 2m 内，河槽中段发生淤积，整体北港上段以淤积为主；北港中段发生明显冲刷，尤其是横沙通道附近水域，但河槽中间淤积，部分淤积达 4m；拦门沙河段淤积较为严重，尤其是横沙东滩一侧，发生较大范围淤积，淤积厚度为2～4m[图10-59(a)]。2006～2010年，由于此时段内青草沙水源地工程和上海长江大桥的建设，对北港上段有较大的束窄效应，此时段内河槽基本都为冲刷。青草沙水库北大堤北侧由于过去沙体堆积，2009年青草沙水库龙口合龙后，堤前河床冲刷严重，深度达4～6m；主槽中段横沙通道附近河床继续冲刷，且河槽中间冲刷达4m以上；拦门沙河段由于北港的落潮优势效应和科氏力作用下，在横沙东滩北侧发生冲刷，刷深达4～6m[图10-59(b)]。2010～2013年，北港上段继续大面积冲刷，平均刷深2～4m；中段崇明岛一侧略冲刷，横沙通道一侧略淤积，中段变化相对较小；拦门沙河段淤浅，淤积厚度为2～4m，只在北港北汊一侧发生小范围冲刷[图10-59(c)]。

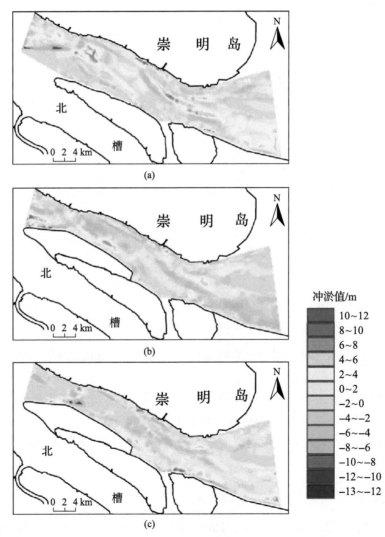

图10-59　长江口北港主槽冲淤图(2001～2013年)

(a)2001～2006年； (b)2006～2010年； (c)2010～2013年

　　青草沙水源地工程的建设导致北港上段河槽缩窄了三分之一，上海长江大桥的建设也对北港的河槽有一定的束窄效应，导致北港中上段河槽发生明显冲刷，北港上段–5m等深线向北略有偏移，尤其–10m等深线偏移尤为明显；由于横沙通道近年来河槽容积发展，北港中段–5m等深线集中于北侧，–10m等深线有向横沙通道集聚态势，2006～2010年崇明岛侧–5m等深线向北偏移，–5m深河槽变宽，南侧–10m等深线向横沙通道偏移[图10-60(a)～(b)]。总之，由于青草沙水源地工程和上海长江大桥的建设，北港上段等深线向北偏移，当水流流过水库围堤后，河槽突然变宽，近年来横沙通道已发展为一条重要的分流通道，且由于地转偏向力的作用，水流在北港中段向横沙通道一侧偏移。

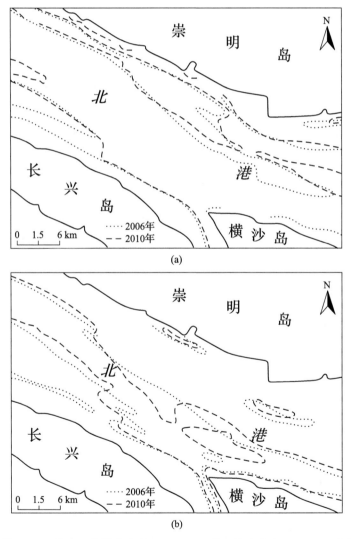

图 10-60　长江口北港中上段–5m、–10m 等深线变化(2006～2010 年)

(a)–5m 等深线；(b)–10m 等深线

北港为落潮流在科氏力作用下向右偏，2001～2013 年河槽两侧–5m 等深线整体向横沙东滩一侧偏移。其中河槽中央深泓处–5m 等深线在 2001～2006 年向右偏移，但 2006～2013 年–5m 等深线向左偏移（图 10-61）。

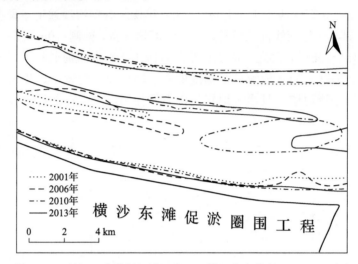

图 10-61　长江口北港拦门沙河段–5m 等深线变化（2001～2013 年）

崇明岛与北港北沙之间的北港北汊是北港的另一条水流交换通道，2001～2013 年汊道–5m 深河槽基本处于发展状态（图 10-62）。

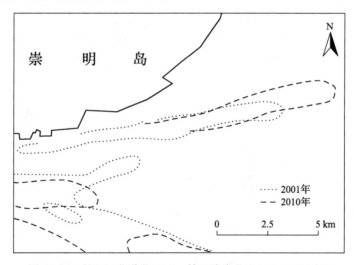

图 10-62　长江口北港北汊–5m 等深线变化（2001～2013 年）

对比北港 2010～2013 年平均水深和河槽容积变化，堡镇～奚家港河段平均水深和河槽容积增大，平均水深增大 1m 左右，河槽冲刷；奚家港到团结沙平均水深略有增加，但河槽容积变化很小，河槽变化较小；团结沙到口外拦门沙河段平均水深略有减小，河槽容积变化较大，容积减小 1500 万 m³ 左右，河槽淤积（图 10-63）。

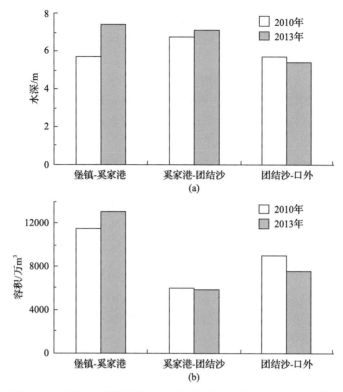

图 10-63　长江口北港平均水深和河槽容积变化(2010~2013 年)

(a)平均水深变化；(b)河槽容积变化

由于北港上游的工程束窄效应，北港河槽发生了剧烈变化，北港的泥沙被大量冲刷运输至下游，上游河槽加深，下游拦门沙河段河槽容积减小，河槽淤积。1995~2006 年由于地转偏向力的作用，河槽下段深泓线向南偏移，但由于上游河口工程导致来水来沙的变化，且横沙通道的发展促使水流在河槽中游向南偏移，上游泥沙大量冲刷下移，2006~2013 年拦门沙河段深泓线向北偏移(图 10-49)。由于长江口北槽深水航道的建设，对横沙东滩串沟的进行封堵，且北港拦门沙河段的淤积导致横沙通道与北港北汊分流增加，由于 2007 年对横沙通道南口建设长兴岛潜堤工程(表 10-9)，对横沙通道的分流进行限制。所以近年来北港北汊进一步发展。2003 年横沙东滩促淤圈围工程对横沙东滩北岸进行加固，在未来河槽的演变继续适应新的格局变化，北港深泓线会继续向横沙东滩一侧偏移。

8. 未来潜在河势问题及航道选址建言

1)北港工程建设对未来河势潜在问题及建议

北港工程的建设稳定了河槽两侧的岸线，对北港河势发展有一定的稳定作用，但其工程效应也不可避免地带来一些新的潜在问题：

(1)南港与北港分流口堤坝工程建设稳定了新桥通道南侧沙体，但其北侧扁担沙体由于径流冲刷作用将导致沙体继续向下游移动，对新桥通道产生挤压，形成心滩及导致河槽束窄，进而影响北港的分流比，所以加强对扁担沙动态的监测及新桥通道的疏浚对北港的河势稳定有重要作用，建议未来对沙体建设围堤以阻止其继续推移，以维持新桥通道的分流比。

（2）上游径流对堤坝冲刷，现新浏河沙护滩工程、中央沙促淤圈围工程及青草沙水库工程的涉水堤坝前平均深度已达到4～6m左右，未来对堤坝的稳定性监测应引起一定的注意，特别是青草沙水库，两侧受力不均及环流冲刷作用，堤坝稳定性对上海市供水有重要的影响。

（3）由于青草沙水库等的束窄作用导致北港泥沙向下推移，拦门沙河段淤积，且横沙东滩促淤圈围工程阻隔了北港下游与北槽水沙的交换，进而导致北港北汊的发展，北港北汊衔接北港与东海，汊道方向正对青草沙水库下游水闸，若北港北汊河槽继续发展，东海涨潮流对青草沙水库"避咸蓄淡"将会产生一定的影响。

2）北港航道建设选址建言

北港主槽为微弯型河道，落潮优势明显（计娜，2014；计娜等，2013），近年来北港中段河槽水流向横沙通道一侧偏移，河槽曲率增大。由于青草沙水源地工程束窄了上段河道，稳定了河槽深泓位置，横沙通道河槽发展，其北口附近水深较大，最深处达30m，且接近北槽航道，适宜作为航道通航。

拦门沙河段为潮流径流动力交汇点，水动力较弱，大部分泥沙在此落淤，且口门水域宽阔，水深较浅，横沙东滩促淤圈围工程固定了北港下段南沿岸线，尽管现在由于上游冲刷导致泥沙在拦门沙河段淤积，深泓线向北偏移，但由于科氏力的作用，未来落潮流继续向南岸冲刷，横沙东滩一侧河槽会继续加深，未来横沙东滩深水大港的建设，北港深水航道适宜在此建设。

综上所述，近期北港建设有大量工程，主要有中央沙圈围工程、新浏河沙护滩工程、南沙头通道潜堤工程、青草沙水库、上海长江大桥、横沙东滩促淤圈围工程等，工程建设对北港河势演变有较大影响，南港与北港分流口工程的建设稳定了中央沙、新浏河沙两个沙体。南沙头通道潜堤工程对通道进行促淤限流，三个工程都保证了新桥通道的稳定通畅；青草沙水库和上海长江大桥的建设缩窄了北港上段河槽，北槽上段深泓线向北偏移，河槽加深；横沙东滩促淤圈围工程稳定了北港下段河槽，横沙东滩串钩消失，滩涂淤高，截断了部分北槽与北港的水流交换通道，深泓线向横沙东滩南沿偏移，北港北汊发展。由于上游河槽束窄刷深，被冲刷的泥沙下移至拦门沙河段，2010～2013年拦门沙河段河槽较大范围淤积，深泓线北偏。整体而言北港河势基本稳定，适宜航道开发。

10.2.6 基于尖点突变的长江口北港稳定性评价

潮汐河口由于受到潮流、径流的交互作用，水流呈往复状态。在一个涨、落潮过程中，床面泥沙随之发生往复震荡迁移，发生悬浮、沉积和再悬浮的过程。由于潮流、径流为泥沙来源的驱动力，所以其泥沙来源有海相泥沙和陆相泥沙。由于涨、落潮为河口的主要驱动力，当河口涨、落潮驱动力不平衡时，则输沙不均衡，进而导致河床冲淤演变。

　　水流和河床相互作用下，由于水动力变化，河床不断地发横向摆动和纵向冲淤变形，对河床稳定性的研究主要是河床变形的性质、规模及速度(林承坤，1992)。河槽的稳定性判别参数可以根据河槽冲淤的相对大小与深泓摆动幅度来选取(钱宁，1958；宋立松，2001)。河口潮流由于受到科氏力的作用，且河口河槽开阔，极易导致涨、落潮流路分歧，使主槽横向摆动不稳定。由于涨、落潮及径流随时间的强弱变化，且水流与泥沙运动的滞后现象，将导致河槽纵向冲淤发生相应的变化，因此河口河槽的稳定性可由河槽纵向冲淤强弱变化和横向主槽的平面摆动幅度大小来确定。且深泓的横向摆动与河槽纵向的冲淤变化有很大的关系，河床的不均匀冲淤极易导致河槽深泓的摆动。一般认为，横向摆幅对河槽稳定性有极为重要的作用(钱宁，1958；肖毅，2012a，2012b)。

　　1. 横向稳定性

　　1)河口横向稳定性指标商榷

　　阿尔图宁根据河床宽度、比降和流量的经验关系，提出横向河床稳定性指标(罗全胜，2006)：

$$\phi_1 = \frac{B}{B_1} = \frac{BJ^{0.2}}{Q^{0.5}} \tag{10-1}$$

式中，B 为河槽宽度；B_1 为造床流量下的临界稳定宽度；Q 为该河流的造床流量；J 为河床比降。ϕ_1 值越大，河槽越不稳定，则横向稳定性越差。阿尔图宁稳定性公式能很好地反映河槽横向稳定性。由于长江口北港中下段有横沙通道、横沙东滩串沟、北港北汊等汊道分流，且各个汊道涨、落潮输运量的差别，本章流量 Q 很难定量分段确定。所以改用宽深比表示，许多研究者用宽深比表示河床形态特征(宋立松，2001；黄建维，2007)：

$$\phi_1 = \frac{\sqrt{B}}{H} \tag{10-2}$$

式中，H 为河槽平均水深。河口水域开阔，涨、落潮流因科氏力的作用方向不同，对河槽冲刷产生分歧，当河槽宽深比愈大，涨、落潮流路间距随之变大，则导致河槽横向摆幅愈大，河槽愈不稳定。所以宽深比可以形容河槽的横向摆动。

　　2)长江口北港横向稳定性

　　在 Arcgis 平台中对北港海图(图 10-64)进行数字化，提取河槽横向断面，堡镇-六滧港提取 6 个断面；六滧港-奚家港提取 6 个断面；奚家港-团结沙提取 5 个段面；团结沙-口外提取 6 个断面。共提取 207 条断面。计算其宽深比，并观察其变化。

　　1977~1995 年堡镇-六滧港段断面宽深比为 7~18，波动较大，河槽不稳定，1995~2010 年宽深比一直为下降态势，河槽趋于稳定，但是 2010~2013 年宽深比略有上升态势[图 10-65 (a)]；1977~2013 年六滧港-奚家港段河槽一直处于波动状态，尤其是 1982~

2001 年，宽深比变化较大，2001 年之后河槽宽深比略有波动，但变化较小，2010～2013 宽深比略有上升态势，整体趋于稳定，整体河槽宽深比为 7～18，1992 年部分宽深比变大[图 10-65(b)]；奚家港-团结沙河段在 1995 年前宽深比变化较大，1977～1995 年宽深比较大，1995 年之后宽深比变小，河槽稳定[图 10-65(c)]；团结沙-口外拦门沙河段宽深比较大，2010～2013 年宽深比变化较大，河槽不稳定[图 10-65(d)]。

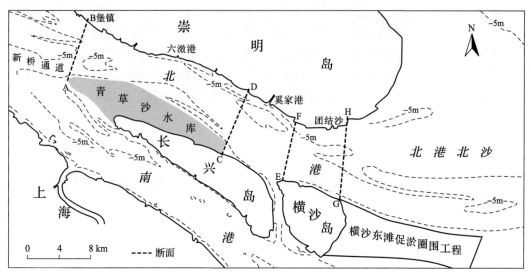

图 10-64　长江口北港河势图

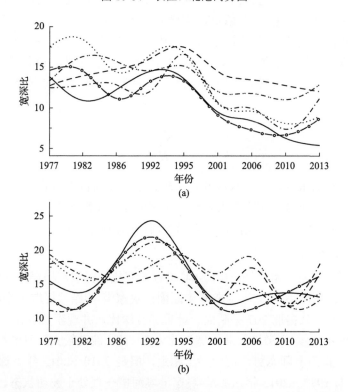

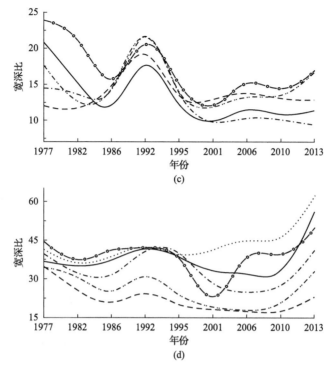

图 10-65　长江口北港宽深比变化(1977~2013 年)

(a)堡镇-六溆港；　(b)六溆港-奚家港；　(c)奚家港-团结沙；　(d)团结沙-口外

图中 6 条线分别为自西向东 6 条横断面

2. 纵向稳定性

1) 河口纵向稳定性指标商榷

奥尔洛夫认为河流挟带泥沙的能力是由于河槽的比降产生的纵向惯性力，在断面面积为 A 的河段上取河长为 dl 的一微段，其纵向惯性力可近似表示为 $\mathrm{d}F = \rho g A J \mathrm{d}l$，床面泥沙重力可写作 $W_s = (\rho_s - \rho)gDBa$。由于 $A = BH$，相比可得奥尔洛夫纵向河槽稳定性指标(周宜林和唐洪武，2005)：

$$\phi_2 = \frac{(\rho_s - \rho)D}{\rho H J} \tag{10-3}$$

式中，ρ_s、ρ 为泥沙和水的密度；D 为床沙粒径。奥尔洛夫稳定性指标主要是基于河槽比降引起的重力差，重力为挟带泥沙的主要驱动力，但由于河口地区，水域开阔，河槽平缓，纵向比降较小，尤其是拦门沙河段，有时比降为负值，且河口泥沙的主要驱动力为涨、落潮流，水流流速大小决定其挟带泥沙的能力，所以其稳定性指标不适合河口地区。根据希尔兹泥沙起动拖曳力公式，泥沙水下重量为 $W' = (\rho_s - \rho)\dfrac{\pi D^3}{6}$；水流拖曳力为 $F_D = C_D \dfrac{\pi D^2}{4} \dfrac{\rho u_0^2}{2}$，垂线流速分布为 $\dfrac{u}{U} = 5.75 \log 30.2 \dfrac{\chi y}{\partial_1 D}$；其中，$\chi = f_1 \left(\dfrac{U_* D}{\nu} \right)$，计

算阻力系数 $C_D = f_2\left(\dfrac{u_* D}{\nu}\right)$，可得希尔兹拖拽力公式：$\dfrac{\tau_c}{(\rho_{s-\rho})D} = f\left(\dfrac{u_* D}{\nu}\right)$（钱宁和万兆惠，2003），可知河床表层泥沙上的水流拖拽力与这一层床沙重度的比值就是泥沙雷诺数。则河口地区由涨、落潮流导致的纵向稳定性指标可由泥沙雷诺数倒数表示：

$$\phi_3 = \frac{\nu}{u_* D} \tag{10-4}$$

由于河口的驱动力为涨、落潮流和径流，径流的主要驱动力为重力，其稳定性指标可由式(10-9)表示，涨、落潮稳定性指标可由式(10-10)表示，则河口纵向稳定性指标可近似表示为式(10-5)：

$$\phi_4 = (\phi_2)^\alpha (\phi_3)^\beta = \left(\frac{(\rho_s - \rho)D}{\rho H J}\right)^\alpha \left(\frac{\nu}{u_* D}\right)^\beta \tag{10-5}$$

式中，ν 为水流黏滞系数；α、β 是待定参数，在河口地区 $\beta \gg \alpha$。

由于本章对北港近三十多年稳定性分析，u 和 D 等历史实测数据很难获得，且 α、β 比值很难率定。本章采用宋立松（2001, 2004）河口纵向稳定性指标：

$$\phi_5 = \frac{1}{f'} = \frac{1}{\omega T_1 s - T_2 T_3 u_* S_*} \tag{10-6}$$

式中，$T_1 = 4.85 + 0.55 \ln\left(\dfrac{\omega}{k u_*}\right)$；$T_2 = \left(\dfrac{h}{2D}\right)^{\frac{\omega}{k u_*}}$；$T_3$ 为紊动参数，取 0.011；$S_* = f\left(\dfrac{u^2 + v^2}{h\omega}\right)^m$；$f = 0.004 \sim 0.008$；$m = 0.8 \sim 1.0$；$\omega = 0.0027\left(\dfrac{\sqrt{u^2 + v^2}}{h}\right)^{1.2} \dfrac{\omega_i}{\omega}$；$u_* = \dfrac{\sqrt{g}}{c}\sqrt{u^2 + v^2}$；$k = 0.4$；$c$ 为谢才系数；S 为悬沙浓度；S_* 为挟沙力；ω 为泥沙沉速。ϕ_5 为纵向稳定性指标，主要意义就是河床冲淤量倒数。当 ϕ_5 越大，稳定性越好，当 $\phi_5 \to \infty$ 时，河床冲淤为 0，河床处于最稳定状态。

2) 长江口北港纵向稳定性

在 ArcGIS 平台上对海图进行数字化，把北港分为堡镇-六滧港、六滧港-奚家港、奚家港-团结沙、团结沙-口外四段，分别求其河槽容积，并对容积求差值，得到河槽冲淤量。1977～2013 年，堡镇-六滧港、六滧港-奚家港、奚家港-团结沙三段河槽容积基本处于发展状态，河槽容积增大，其中堡镇-六滧港 1992 年之前变化较大。团结沙-口外 2001 年之前基本处于稳定状态，之后河槽容积减小[图 10-66(a)]，河床淤积[图 10-66(b)]。总之，1977～2013 年，北港中上段整体处于冲刷状态，1977～1992 年，堡镇-六滧港河段冲淤变化较大，团结沙-口外河段在 2001～2013 年变化最大。根据河槽冲淤变化可知，河口河槽纵向稳定性与横向稳定性有很大的关系，变化趋势基本一致。

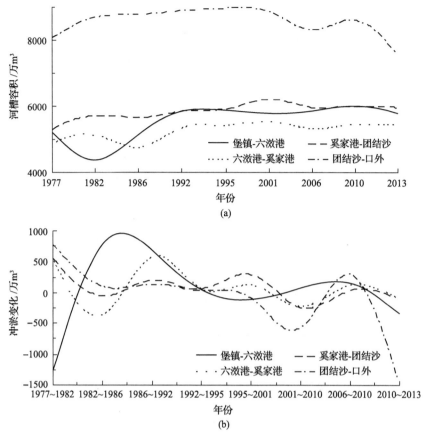

图 10-66 长江口北港河槽容积和冲淤变化(1977～2013 年)

(a)河槽容积；(b)冲淤变化

3. 河口尖点突变稳定图式

1) 尖点突变理论简介

突变理论是采用拓扑学、奇点理论等数学工具，是研究不连续现象的一个数学分支，突变理论中的尖点突变模式是建立在自治动力学系统基础上，通过研究其势函数来解释系统状态及现象，其势函数及其平衡曲面的标准方程是(Steawart，1975；凌复华，1980；Thom，1982)：

$$E = \frac{1}{4}z^4 + \frac{1}{2}xz^2 - yz + R \tag{10-7}$$

$$\frac{\mathrm{d}E}{\mathrm{d}z} = f(x, y, z) = z^3 + xz - y = 0 \tag{10-8}$$

式中，x 作为剖分控制因子是第一主控变量，y 作为正则因子是第二主控变量，z 为河口状态变量。当 $x > 0$，z 因 y 引起连续变化，无极值出现；当 $x < 0$，z 因 y 变化引起曲折变化，有两条极值线出现，此区域为状态突跳区，是不稳定区域[图 10-68(a)]。根据一元三次方程的卡尔丹判别法得到分叉集方程：

$$\Delta = 4x^3 + 27y^2 \tag{10-9}$$

当 $\Delta > 0$ 时，对满足该条件的 x、y 值只有一个 z 值与之相对应，此时系统为稳定状态；当 $\Delta < 0$ 时，对满足该条件的 x、y 值有三个 z 值与之相对应，此时系统为不稳定状态[图 10-67(a)]；当 $\Delta = 0$ 时，对满足该条件的 x、y 值有两个 z 值与之相对应，此时所对应 x、y 坐标投影为临界稳定边界[图 10-67(b)]。

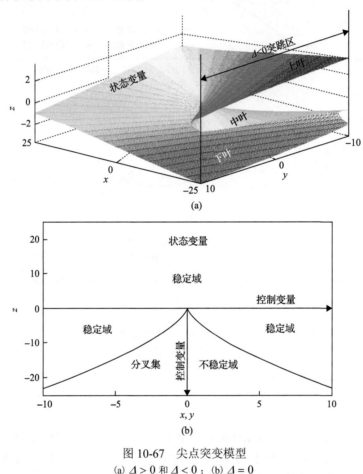

图 10-67　尖点突变模型

(a) $\Delta > 0$ 和 $\Delta < 0$；(b) $\Delta = 0$

2) 河口尖点突变稳定性判别式

基于尖点突变河口稳定性状态控制变量由横向与纵向稳定性决定，由于横向稳定性对河口稳定性极为重要，将河口断面宽深比变化 $\phi_1' = \dfrac{\sqrt{B_2}}{H_2} - \dfrac{\sqrt{B_1}}{H_1}$ 作为第一主控变量；将河口冲淤变化的 $\phi_5' = \dfrac{1}{f'} = \dfrac{1}{\omega T_1 s - T_2 T_3 u_* S_*}$ 作为第二主控变量。当断面宽深比随时间变大，$\phi_1' > 0$，河口状态变量 z 位于稳定域；当断面宽深比随着时间变小，当 $\phi_1' < 0$，此时河口状态变量 z 由尖点突变临界稳定边界 $\Delta = 0$ 决定。将 $x = \phi_1' = \dfrac{\sqrt{B_2}}{H_2} - \dfrac{\sqrt{B_1}}{H_1}$、$y = \phi_5' = \dfrac{1}{f'} =$

$\dfrac{1}{\omega T_1 s - T_2 T_3 u_* S_*}$ 代入式(10-8)、式(10-9)中，则河口状态平衡方程为

$$z^3 + \left(\frac{\sqrt{B_2}}{H_2} - \frac{\sqrt{B_1}}{H_1}\right)z - \frac{1}{\omega T_1 s - T_2 T_3 u_* S_*} = 0 \qquad (10\text{-}10)$$

河口稳定性状态判别式：

$$\Delta = 4\left(\frac{\sqrt{B_2}}{H_2} - \frac{\sqrt{B_1}}{H_1}\right)^3 + 27\left(\frac{1}{\omega T_1 s - T_2 T_3 u_* S_*}\right)^2 = 0 \qquad (10\text{-}11)$$

3) 基于尖点突变的长江口北港稳定性判别

长江口北港堡镇-六滧港河段在 1977～1982 年和 1986～1992 年大部分数值位于不稳定域，河槽不稳定；在 1982～1986 年和 2010～2013 年有少量数值位于不稳定域，河槽为临界稳定状态；1992～2010 年数值都位于稳定域内，河槽稳定[图 10-68(a)]。

六滧港-奚家港河段在 1982～1992 年、2001～2006 年大部分数值位于不稳定域，河槽不稳定；2010～2013 年少量数值位于不稳定域，河槽为临界稳定状态；1977～1982 年、1992～2001 年和 2006～2010 年数值位于稳定域，河槽稳定[图 10-68(b)]。

奚家港-团结沙河段 1986～1992 年和 2001～2006 年大量数值位于不稳定域，河槽不稳定；2006～2010 年河槽为临界稳定状态；1977～1986 年、1992～2001 年和 2006～2010 年，数值位于稳定域，河槽稳定[图 10-68(c)]。

团结沙-口外河段 1986～1992 年、2010～2013 年河槽为不稳定状态，尤其是 2010～2013 年；除 1986～1992 年、2010～2013 年外，其余时段河槽处于稳定状态，团结沙以外河槽变化较小[图 10-68(d)]。

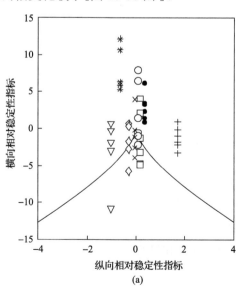

(a)

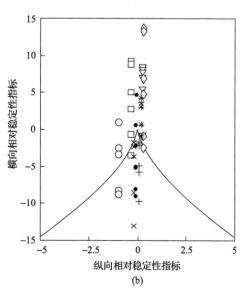

(b)

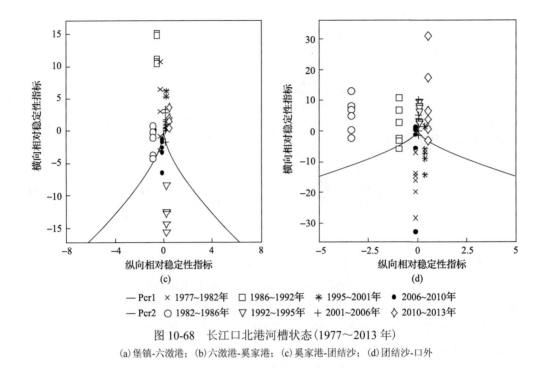

图 10-68　长江口北港河槽状态（1977～2013 年）

(a) 堡镇-六滧港；(b) 六滧港-奚家港；(c) 奚家港-团结沙；(d) 团结沙-口外

总之，北港堡镇-团结沙河段在 1977～1992 年河槽为不稳定状态，1992～2010 年基本为稳定状态，但北港中段六滧港-团结沙河段在 2001～2006 年间为不稳定状态，在 2006～2010 年变为稳定状态，2010～2013 年整个北港为不稳定或者临界稳定状态。团结沙-口外在 1977～2010 年河槽变化较小，但 2010～2013 年河势变化较大，河槽淤积，宽深比增加，河势不稳定。

4. 长江口北港稳定性验证

1）北港-5m 等深线变化

1977～1992 年由于南港与北港分流口演变剧烈，分流口有大量沙体堆积，上游水流对沙体的冲刷切割，在此期间南港与北港分流口经历了中央沙北水道、新桥通道、新新桥通道的更迭交替，后新桥通道和新桥水道变为北港的主要分流通道（图 10-69）。分流口水道的角度变化及河道宽度和深度的演变是决定北港分流比的重要原因，也是导致北港河势变化的主要原因。一般而言，当分流口水道逆时针旋转演变时，分流比减小，河槽河势相应减弱；当河道顺时针旋转演变时，分流比增加，河槽河势相应增加。1992 年后在南港与北港分流口进行了一系列的护滩及圈围工程，新桥通道岸线及周围沙体演变趋于稳定，但通道岸线的加固工程也阻止了上游来沙对沙体的淤涨。上游来沙在通道中淤积形成心滩，河道中央心滩对新桥通道有淤塞作用，所以导致北港 2002 年后分流比减弱，2010～2013，宽深比增加（图 10-65），河槽淤积［图 10-66（b）］，河槽不稳定（图 10-68）。

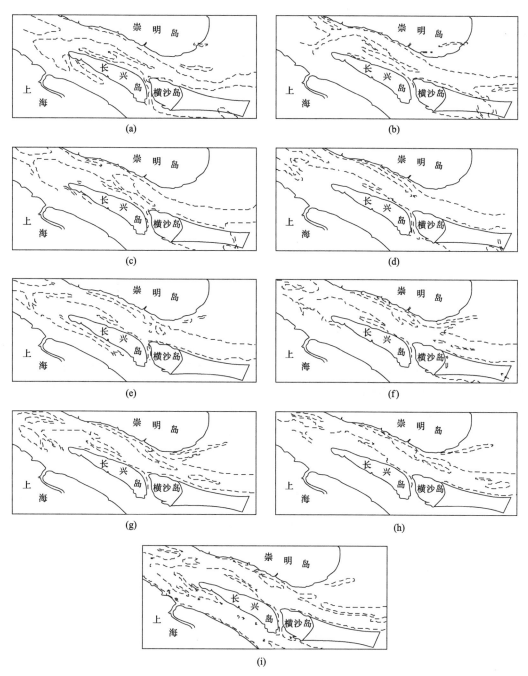

图 10-69　北港-5m 等深线变化(1977～2013 年)

(a)1977 年；(b)1982 年；(c)1986 年；(d)1992 年；(e)1995 年；(f)2001 年；(g)2006 年；(h)2010 年；(i)2013 年

北港主槽堡镇-团结沙河段由于上游分流口变化，主槽河势也随之发生变化。1977～1992 年，南港与北港分流口通道演变更替较为频繁，河槽宽深比波动较大[图 10-65(a)～(c)]，河槽容积变化较大，尤其是堡镇-六滧港河段[图 10-66(a)]，北港主槽不稳定(图

10-68)。1992年后由于一些河口工程的建设,上游分流口基本形成以新桥通道和新桥水道为主的北港分流通道,河势趋于稳定。由于2001年后北港分流比减小(图10-70),六滧港-团结沙河段在2001～2006年宽深比随之减小(图10-65),河槽开始淤积[图10-66(b)],河槽不稳定,但在2006～2010年,此河段开始趋于稳定(图10-68),其原因是此时间段内青草沙水源地工程的建设,束窄了河槽,尤其是2009年后水库龙口合龙,水流流速增大,对河槽冲刷,河槽宽深比减小,河槽河势稳定(图3-68)。

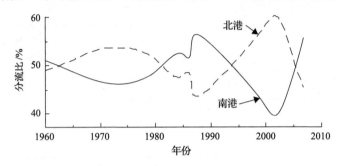

图10-70　长江口南港与北港分流比变化(1960～2007年)

北港团结沙到口外河段为北港拦门沙河段,河段宽浅,在1977～2001年河槽容积趋于缓慢增加态势,但2001年后河槽容积开始减弱[图10-66(a)],其原因为2002年北港深水航道北导堤工程建设截断了横沙东滩串沟这条流路,使得北港经过横沙通道输入北槽的流量有所增加,同时有20%的水流从北港北汊向东海流去(陈吉余等,2013)。所以导致流入此河段的分流减弱。落潮水动力减弱,河槽淤积。河槽河势不稳定[图10-68(d)]。尤其是2010～2013年,河槽宽深比增大[图10-65(d)],且淤积严重[图10-66(b)],河势不稳定[图10-68(d)]。

2) 北港典型断面变化

北港堡镇-六滧港段AB断面1977年比较宽浅,且最大深度在长兴岛一侧。1986年淤积严重,崇明岛一侧河槽基本消失。1995年河槽开始加深,深泓向崇明岛一侧发展。2006年河槽宽度和深度继续增大,但河槽中央有沙体淤积。2013年河槽略微淤积,河槽宽度增大,深度减小[图10-71(a)];六滧港-奚家港段CD断面在1977年河槽为"W"形,且较为窄浅。1986年深泓向崇明岛一侧偏移,后1995年、2006年河槽基本演变为"U"形,2013年河槽中央冲刷,深泓出现在河槽中间,其原因为青草沙水源地工程的建设,导致河槽中间冲刷[图10-71(b)];奚家港-团结沙段EF断面在1977～2006年河槽深泓向横沙岛一侧偏移,2013年河槽变宽,且整体向崇明岛一侧偏移,崇明岛一侧冲刷严重,横沙岛一侧略淤积[图10-71(c)];团结沙-口外河段GH断面整体变化较小,河槽深泓在横沙东滩一侧,在2013年河槽变宽,横沙东滩一侧略淤积,崇明岛一侧冲刷,河槽宽深比增加,河势不稳定[图10-71(d)]。

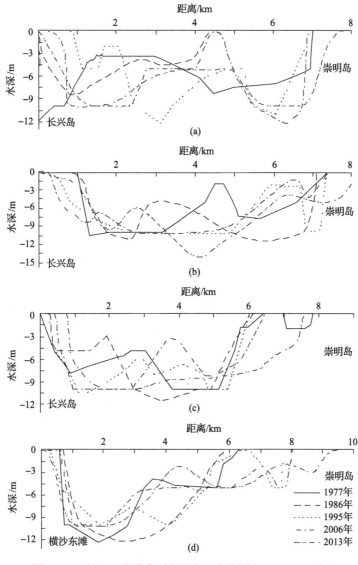

图 10-71　长江口北港典型断面水深变化图（1977～2013 年）
(a) AB 断面；(b) CD 断面；(c) EF 断面；(d) GH 断面

10.2.7　重大水利工程对长江口二级分汊北港河势演变的影响及对策建议

通过本节对北港这一长江口的重要分流通道的水动力、沉积、地貌综合观测与研究，了解到以下有关重大水利工程对该河槽河势演变的影响特征及部分对策建议。

（1）目前北港落潮优势明显，枯季悬沙含量大于洪季，落潮悬沙含量大于涨潮，且枯季涨潮输沙，洪季落潮输沙。

（2）上游来水来沙在南港与北港分流口堆积形成沙体，历史上大洪水对沙体的切割形成分流水道，分流水道控制北港的来水来沙量，其演变是导致北港河势变化的主要原因。20 世纪 70 年代和 80 年代分流口水道变化较为频繁，大洪水对北港发展有一定的促进作用。近年来，由于中央沙促淤圈围工程、新浏河沙护滩工程和南沙头通道潜堤工程的建设，分流口日趋稳定，建议未来加强对上游扁担沙的监测和新桥通道的疏浚，以保证北港河势稳定。上段青草沙水库和下段横沙东滩促淤圈围工程的建设及科氏力影响，北港深泓线上段北偏，下段南偏，河口工程的束窄效应加深和稳定了河槽。

（3）北港拦门沙河段北侧由于涨潮流及人工促淤的作用，历史上经历了团结沙与北港北沙的交替更迭，近几年由于横沙东滩串沟的封堵，横沙通道和北港北汊进一步发展；拦门沙河段南侧由于受到横沙东滩促淤圈围导堤的影响，落潮流对南侧产生冲刷，河道较深，但近年来上游河槽束窄刷深，上游泥沙被推移至下游，拦门沙河段略有淤积。

（4）利用尖点突变对北港稳定性分析结果显示，宽深比和冲淤量变化可以作为河口尖点突变模式的横向和纵向控制变量，能较好地评价和描述河口河槽稳定性。上游分流口的变化，北港主槽河势在 1977～1992 年河势不稳定，在 1992～2010 年由于一些河口工程的建设，对河槽岸线有束窄作用，河势基本趋于稳定，在 2010～2013 年河槽为临界稳定状态；拦门沙河段 1977～2001 年河势基本稳定，2001 年后河势开始动荡，尤其是在 2010～2013 年，宽深比增大，河槽淤积，河势不稳定。

但是，利用尖点突变模型对长江口河势稳定性进行评价，需要选择两个控制变量，即横向稳定性控制变量宽深比和纵向稳定性控制变量冲淤量，但河口河势是一个复杂的变化过程，存在多种影响因素，两种控制变量对河口河势的稳定性判别略显不足，如果继续加入第三、四种等更多的控制变量例如悬沙浓度、床沙中值粒径、径流流速和潮流变化等影响因素，利用燕尾突变、蝴蝶突变等来对河口河势判别会更加精确的对河口河势稳定性做出判别。而且，河口河势的临界线的确定是一个很难的问题，本节临界线选取尖点突变模型标准临界线，希望未来可以用大量的实测数据对河口尖点突变稳定式的确定，以及对临界稳定线有个更好的锚定。

10.3　河口段典型四级分汊（北港北汊）河势演变及动力沉积特征

前已述及，长江入海河口呈"三级分汊，四口入海"的河势格局（陈吉余等，1979），一级分汊为南支与北支，二级分汊为南港与北港，三级分汊为南槽与北槽，关于长江口一、二级分汊的北支、北港、南港、北槽、南槽的河势演变，目前已有大量研究成果（陈吉余，1980；陈吉余等，1988；钟修成，1985；曹民雄等，2003；武小勇，2005；高志松，2008；张志林等，2010；潘灵芝，2011；宋泽坤，2013；蒋陈娟等，2013；谢华亮，2014），这是长期以来长江河口开发与治理的主要理论依据。但是，北港北汊处于崇明东滩与北港北沙之间，是北港入海通道中重要的一个四级分汊，对其细致的研究开展较少，是长江河口研究中的一个薄弱河段，因此对北港北汊河势演变及动力沉积特征的研究，能够加深对长江口演变规律的认识，进一步丰富长江口河床演变的研究成果。

随着上海社会经济的飞速发展，土地资源的短缺制约着上海经济的发展，长江口滩涂已成为上海重要的后备土地资源（武小勇，2005）。北港北汊河段北侧的崇明岛东滩是上海最大的一片滩涂资源，南侧的北港北沙将要进行促淤工程（茅志昌等，2008），因此北港北汊的河势演变及动力沉积过程对其南北两侧的滩涂资源开发利用具有重要的意义。另外，位于长江口北港上段的青草沙水库，目前提供了上海市约 70%的原水供应规模。青草沙水库的建设，有效地缓解了上海供水紧张的局面，从而为上海社会经济的发展提供了有力的保障，但水库取水面临的主要问题是长江口枯季盐水入侵(陈泾和朱建荣，2014)。北港北汉河段衔接北港与东海，汉道方向正对青草沙水库下游水泵闸，东海涨潮流对青草沙水库"避咸蓄淡"将会产生一定的影响，尤其是枯季东北向大风所致盐水入侵对青草沙水库的影响更甚(沈焕庭等，2003；戴志军等，2008；项印玉等，2009；朱建荣等，2013；侯成程和朱建荣，2013b；严棋等，2015；王绍祥和朱建荣，2015；Li et al.，2010，2014)。

因此，北港北汉河段河势演变及动力沉积特征的研究，能够丰富长江口河床演变的研究成果，可以为北港的开发治理、滩涂资源的保护利用以及青草沙水库盐水入侵提供基础数据和参考依据，具有重要的理论和实践意义。

10.3.1 研究区域概况、资料来源及研究方法

1. 北港北汉概况

北港北汉位于北港拦门沙河段(或称北港下段)，是北港入海通道中重要的一个分汉道，以北是崇明东滩，以南是北港北汉与北港南汉的分流沙体—北港北沙，正对横沙东滩，西邻北港潮流脊，东部濒临东海；汉道走向为西南—东北向，长约 34.4km，平均宽度约 3.24km；汉道下段发育最大浑浊带，拦门沙滩顶水深在 2.3～3m 左右，且在崇明岛东南向汉道内存在一个 NE-SW 向延伸的−5m 涨潮槽(图 10-72)。

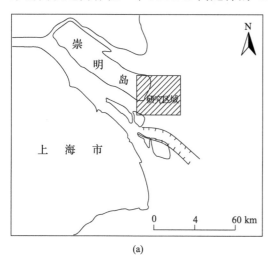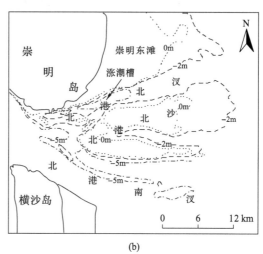

图 10-72 长江口北港北汉研究区示意图

(a)长江口形势图；(b)北港北汉示意图

北港北汉的形成承继了 1977～1986 年团结沙与崇明岛之间团结沙夹泓的特点。20世纪 80 年代初团结沙夹泓堵坝工程后，团结沙并靠崇明岛，1991 年团结沙围垦成陆，1995 年团结沙水闸外侧水域形成了−5m 涨潮槽，同时位于涨潮槽东南侧的北港北沙形成，并不断淤涨淤高，北港北沙与崇明东滩之间的潮沟不断拓宽延伸，北港北汉逐渐成形，

并把崇明东滩划分为两部分，汊道以北为崇明东滩，以南为北港北沙，1998年长江大洪水在北港北沙的北侧冲出一个东北向的落潮槽，北港北沙渐与边滩分离，至此北港北汊的河槽形态成形(茅志昌等，2014；赵常青，2006；武小勇，2005；王永红，2003)。

2. 资料来源

1)历史资料收集

A. 水下地形

收集了近40年来长江河口北港北汊二十幅历史海图资料，包括长江口及附近1977年(1∶150000)、1982年(1∶120000)、1986年(1∶120000)及1990年(1∶120000)、1998年(1∶120000)、2007年(1∶150000)、2008年(1∶150000)、2011年(1∶150000)、2013年(1∶150000)、2015年(1∶150000)；长江口北部1995年、2001年、2006年、2010年、2012年、2013年(1∶120000)；横沙至浏河1992年(1∶75000)；北水道及海门水道1986年(1∶120000)；北港口航道1999年(1∶50000)；长江口南部2009年(1∶130000)。利用Arcgis软件对海图进行数字化，采集北港北汊的水深(基面为理论最低潮面)和地貌数据。

B. 水沙数据

本章收集了近60年来大通水文站径流、输沙量资料，2003年7月洪季大潮北港北沙西侧测点(S031)、2004年12月枯季大潮北港北汊下段测点(S043)、2005年9月洪季大潮北港北汊中段测点(S051)的水沙资料，测点位置如图10-73所示。另外，关于北港北汊的表层沉积物特征，本节拟引用相关参考文献资料来进行说明。

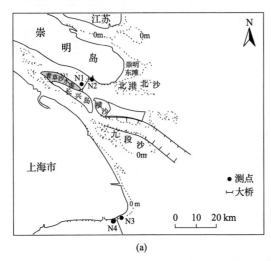
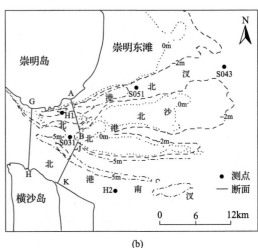

图 10-73 长江口北港北汊测点、断面位置示意图

(a)北汊；(b)测点、断面示意图

2)现场实测数据

A. 水动力数据采集

2011年12月8～12日(枯季大潮)和2012年6月5～10日(洪季大潮)，利用声学多普勒流速剖面仪(ADCP)仪器，在长江口北港北汊中上段(H1)、北港南汊下段(H2)、青

草沙水库北侧(N1)、奚家港(N2)、南汇嘴(N3)、芦潮港(N4)进行定点水文测量(图
10-73)。水文测量项目包括：①ADCP 分层观测流速流向。流速和流向采用六点法测量,
数据采集频率为每 5 秒钟 1 组数据,垂线平均流速和流向根据六点法加权计算得到。
②各测点悬沙水样采集。使用横式采水器采用"垂向六层法"取水样,即表层(水面以下
0.5m)、0.2H、0.4H、0.6H、0.8H 和底层(离床面 0.5m),H 为水深,当水深 $H<3m$ 时,
采用"垂向三层法"采水,即表层、中层、底层,期间每个小时整点时刻采集一次。
③光学后向散射浊度计(OBS-3A)观测温度盐度。数据采集频率设置为每 1 秒钟 1 组数据,
仪器放在水面以下 3m 处,同时在每小时整点时刻,由 OBS 从表层—底层—表层的顺序
拉一次垂线。

为了估算北港北汊的分流比,利用 ADCP 对横沙岛至崇明团结沙水闸之间进行水文
断面调查[图 10-73(b)中 G~H 断面],同时于相同潮流时刻,对横沙东滩北至北港北沙
进行水文断面调查[图 10-73(b)中 J~K 断面]。北港北汊分流比=(GH 断面的水通量~JK
断面的水通量)/GH 断面的水通量,水通量由 ADCP 后处理软件计算获得。限于测量条
件,选择准同步断面测量,即 J~K 断面走航时间为 2015 年 7 月 1 日落急时刻,G~H 断
面走航时间为 7 月 2 日落急时刻,两次测量断面均选择大潮落急时刻。断面未覆盖范围由
测量船实时差分 GPS 定位及其在 2013 年地形图上的定位与 0m 岸线之间的距离确定。GH
断面未覆盖范围,北侧为 402m,南侧为 179m,断面总长度为 6680m;JK 断面未覆盖范
围北侧为 354m,南侧为 170m,断面总长度为 5490m。实时差分 GPS 定位精度为亚米级。

B. 浅地层数据采集

2011 年 12 月和 2012 年 8 月利用浅地层剖面仪对长江河口北港北汊河槽进行浅地层
探测,2014 年 7 月对北港南汊进行浅地层探测,具体采集航线如图 10-74 所示。由于北
港北汊水域水深较浅,浅滩较多,出于行船安全考虑,枯季仅在北港北汊中上段水域进
行测量,洪季水深条件较枯季良好,因此对整个北港北汊河段进行了测量。浅地层剖面

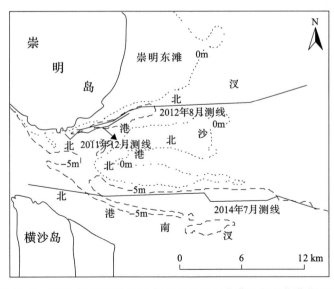

图 10-74　2011 年 12 月、2012 年 8 月和 2014 年 7 月长江口北港下段和北港北汊浅地层剖面测线图

仪一般由甲板单元和拖鱼两部分组成，本节中对长江口北港下段探测所用的浅地层剖面仪是 Edge Tech 3100P，拖鱼为 SB-216S，工作频率范围为 2～16kHz，脉冲长度 20m/s，工作功率 2000W，最大适应水深 300m，垂直分辨率 6cm/（2～16kHz）、8cm/（2～12kHz）、10cm/（2～10kHz），能穿透 6m 的砂层和 80m 的松散泥层（杨忠勇等，2011；刘高伟，2015）。

3. 研究方法

现场采集水样含沙量分析、优势流与优势沙计算方法、北港北汊冲淤与河势演变分析方法和浅地层剖面仪测量方法均与第 5 章相同。以下仅介绍基于 ADCP 测量的分流比、含沙量分析方法。

1）基于 ADCP 测量的分流比

利用英国 Teledyne RD 仪器公司的 DRL-sediview V3 软件进行分流比的计算，其步骤如下：首先，将野外实测断面数据导入软件中，并将工作集模式设置为"Batch worksets"或"Normal worksets"。其次，在配置模块中设置相关参数，主要的参数设置情况具体如下：ADCP 换能器深度为 1m、流速参考为底跟踪；水吸收系数 Alphaw 设置为 100%，声速算法设置为 Urick；后向散射函数 $I(dB)=Slog10C(mg/L)+k$ 中校准常数即截距 k 设为 35dB，后向散射系数即斜率 S 设为 20；在工作集的温盐度模块中，输入 OBS 温度、盐度数据；在"Estimstes"项目里，设置"cutbins"顶部为 2，底层为 4，"power 系数"设置为 0.56，"shore ensembles"设置为 5，"距左右岸距离"GH 断面分别为 402m、179m，JK 断面分别为 354m、170m。最后，单击软件页面菜单项"Tabular data"-"discharge"即可导出断面水通量（DRL Software, UK）。

2）基于 ADCP 反演含沙量的分析方法

在河口海岸地区，推移质数量远小于以悬移质形式输运的沉积物数量（汪亚平和高建华，2003）。这些悬移质的输运是影响海岸工程的重要因素，而且在自然环境的演化中也起着十分重要的作用。因此，对河口海岸水体中的含沙量进行测定是十分重要的。目前研究水体中含沙量的方法有很多，主要有传统的现场采样法、光学方法和声学方法三种。传统的现场采样法，费时费力，而且只能获得零散的数据，效率较低。光学方法是指利用光学浊度计对水体含沙量进行观测，主要是单点或线观测，观测效率较低。相较于传统的现场采样和光学方法，声学遥测的方法不需要采集大量的水样，而仅采集部分用于校准的水样，对水体干扰少，可以实时、连续观测，效率高，可同时获得流速剖面和含沙量剖面时间序列（程鹏和高抒，2001；金魏芳等，2009；Thorne and Hanes，2002）。

根据声学原理，含沙量可以由以下公式表达（Holdaway et al., 1999; Defendi et al., 2010）：

$$M_A(r)=\left\{\frac{V_{\text{rms}}}{K_s K_t}\right\}^2 r^2 e^{4r(\alpha_w+\alpha_s)} \tag{10-12}$$

$$K_s(r)=\frac{\langle f_m(r)\rangle}{\sqrt{\rho_s\langle a_s(r)\rangle}} \tag{10-13}$$

$$K_{\mathrm{t}} = gR_{\mathrm{s}}P_0 r_0 \left\{ \frac{3\tau c}{16} \right\}^{1/2} \frac{0.96}{ka_{\mathrm{t}}} \tag{10-14}$$

式中，$M_A(r)$ 为含沙量；V_{rms} 为换能器记录的电压；α_{w} 为水吸收系数；α_{s} 为悬沙吸收系数；r 为接收换能器沿换能器波束方向到悬浮沉积物散射体的距离；K_{s} 为悬沙特征相关参数；$\langle f_{\mathrm{m}}(r)\rangle$ 为悬沙的散射特性；ρ_{s} 为悬沙密度；$\langle a_{\mathrm{s}}(r)\rangle$ 为悬沙平均粒径；K_{t} 为系统参数；R_{s} 为换能器的接收灵敏度；P_0 为当 $r_0 = 1\mathrm{m}$ 处的压力；τ 为脉冲持续时间；c 为声音在水中的传播速度；k 为声波数；a_{t} 为换能器半径。

目前，英国 Teledyne RD 仪器公司的 DRL-sediview V3 软件被广泛应用于处理 ADCP 后向散射数据，Sediview 软件是根据上面公式而专门设计的反演含沙量软件（Land and Jones, 2001; Defendi et al., 2010）。由于声学信号在水体中传输过程中会发生能量损耗和吸收（包括能量扩散、水体吸收、泥沙吸收等），因此，在利用 ADCP 接收到的后向散射强度进行含沙量反演时，需要对声学后向散射强度进行能量损耗补偿和校准。具体步骤为：①将 ADCP WinRiver 采集的二进制数据文件导入 Sediview 软件的工作集模块中，并将工作集模块设为校准工作集。②在工作集的温盐度模块中，输入 OBS 温度、盐度数据。③在配置模块中设置 ADCP 换能器深度为 1m、流速参考为底跟踪；水吸收系数 Alphaw 设置为 100%，声速算法设置为 Urick；后向散射函数 $I(\mathrm{dB})=S\times\log10 C(\mathrm{mg/L})+k$ 中校准常数即截距 k 设为 35dB，后向散射系数即斜率 S 设为 20 等。④在校准模块中单击"校准数据"按钮，输入实测含沙量数据；由于 ADCP 测量有表底盲区，所以 N1、N2、H1、H2、N4 测点整点时刻实测含沙量为 4 层，即 0.2H、0.4H、0.6H、0.8H；N3 测点采水样时仅采了表中底三层，所以实测数据仅一层；输入完成后点击主菜单中的"校准"按钮就会出现校准结果图。⑤点击主菜单上"contours"按钮，自动生成含沙量剖面时间过程图。

10.3.2　长江口北港北汊河势变化特征及演变趋势

根据 1977～2015 年北港北汊海图资料与 2011 年 12 月、2012 年 8 月洪枯季北港北汊和 2014 年 7 月北港南汊浅地层剖面结构资料，分析近 40 年来长江口北港北汊河势演变特征，包括等深线变化、典型断面演变、河槽冲淤变化、浅地层沉积结构特征，探讨其演变趋势。

1. 河势演变

1）0m 等深线变化特征

北港拦门沙河段水域开阔，两岸边界条件约束较弱，受科氏力影响，外海涨潮流以 305°进入长江口后，涨潮流偏北，落潮流偏南，涨落潮流路分歧，导致涨落潮流路之间出现缓流区，泥沙易于落淤沉积（赵常青，2006；武小勇，2005）。20 世纪 20 年代，崇明岛东南向北港河段出现心滩型阴沙，直至 60 年代初才淤成明沙，称团结沙（茅志昌等，2008）。1977 年，团结沙与崇明岛之间为团结沙夹泓（图 10-76），其位于 121°50′E～122°06′E，泓道平均宽度约 2km，最大水深 8m。1979～1982 年，上海市实施团结沙夹泓促淤锁坝工程（茅志昌等,2014),团结沙西侧与东旺沙相连,但未完全并靠崇明岛,泓道平均宽度则减小至1.72km,最大水深为7.3m。1986～1990年,涨潮泓道淤塞,团结沙并靠崇明岛。1991年团结沙围垦成陆,1995年崇明东滩东南的北港河段陆续发育了一系列的心滩型沙洲,统称为北港北沙。随着北港北沙的淤涨淤高,北港入海水流分为两部分,北港北沙以北为北港北汊,以南为北港入海主流。北港北汊长约34.5km,平均宽度约3.04km,最大水深达6.9m,北港北沙0m等深线呈现分布零散、包络面积较小(图10-75和图10-76)。

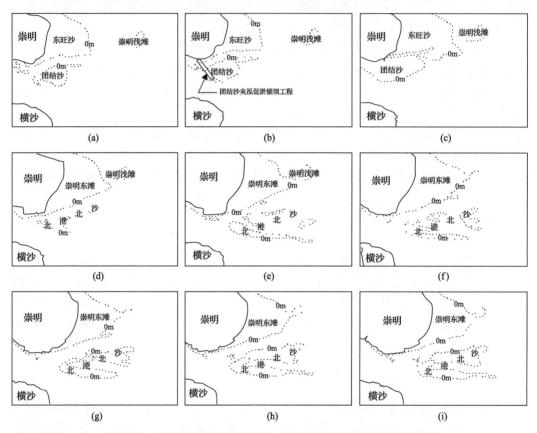

图 10-75　长江口北港北汊河段 0m 等深线变化图(1977～2015 年)

(a)1977 年;(b)1982 年;(c)1986 年;(d)1995 年;(e)2001 年;(f)2006 年;(g)2010 年;(h)2013 年;(i)2015 年

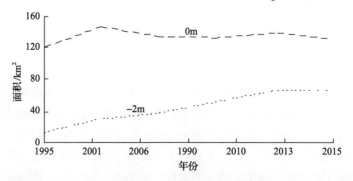

图 10-76　长江口北港北沙 0m、−2m 等深线包络面积(1995～2015 年)

2001 年北港北沙与 1995 年相比沙体形态变化较大，北港北沙沙体形态开始向东、南两个方向延伸，沙尾到达(31°23′18″N，122°6′34″E)的位置，0m 线包络面积增长了近一倍，达到 30.2km²(图 10-76)。团结沙水闸南侧约 1000m 处发育了新的沙体，面积约 0.9km²。2006 年，汉道南北两侧 0m 等深线与 2001 年比较变化较大，团结沙水闸南侧的沙体面积减小，减少至 0.24km²，北港北沙面积持续增长，达到 38km²，崇明东滩中部 0m 等深线略向东凸出。2010 年，北港北沙面积继续扩大，0m 等深线呈现分布集中的特征。团结沙水闸南侧的沙体面积持续减小，减少至 0.09km²。2013 年，北港北沙面积比 2010 年增加 13.7km²，沙体较 2010 年有所下移，沙尾到达 122°7′42″E，团结沙水闸南侧的沙体消失，在原发育沙体地的西侧又形成了一个狭长形的沙体，面积约 0.48km²，北港北沙沙头北侧形成了新的心滩型沙洲，面积约 0.67km²，崇明东滩中部 0m 等深线受侵蚀后退。与 2013 年相比较，2015 年北港北汉 0m 等深线变化不大。

综上所述，1995 年北港北汉形成以前，0m 等深线变化特征为：1977 年，团结沙与崇明岛之间为团结沙夹泓；1982 年，受团结沙夹泓堵坝工程影响，团结沙西侧与东旺沙相连；1986~1990 年，涨潮泓道淤塞，团结沙并靠崇明岛；1991 年团结沙围垦成陆；1995 年，北港北沙开始形成，随着其淤涨淤高，北港北汉形成。北港北汉形成以后，0m 等深线变化特征为：1995~2001 年，北港北沙沙体形态开始向东、南两个方向延伸，北沙面积增长较快，同时团结沙水闸南侧发育了新的沙体；2001~2006 年，北港北沙面积继续增长，团结沙水闸南侧的沙体面积减小，崇明东滩中部 0m 线略向东凸出；2006~2010 年，北港北沙面积持续增长，团结沙水闸南侧沙体面积继续减小；2010~2015 年，北港北沙面积继续保持增长的趋势，团结沙水闸南侧沙体消失，北港北沙沙头北侧形成了新的心滩型沙洲，崇明东滩中部 0m 线受侵蚀后退。

2)−2m 等深线变化特征

1977 年，团结沙夹泓内−2m 槽宽呈现"上段窄中下段宽"的特点(图 10-77)。另外在团结沙东侧发育有两个水深以下的沙体，面积约 3.2km²。1982 年，团结沙−2m 等深线出现了明显的向崇明岛方向的移动，团结沙西侧−2m 等深线与东旺沙−2m 等深线相连，团结沙东侧的沙体消失。东旺沙东侧−2m 等深线受侵蚀后退，后退距离约 1.3km。1986~1990 年，团结沙并靠崇明岛后，涨潮泓道淤塞，−2m 等深线形状呈"锯齿状尖头"的特点，并发育有涨潮沟。1995 年，北港北沙形成，其−2m 等深线包络的面积约 119.1km²，北港北沙西侧−2m 等深线与崇明东滩−2m 线相连。

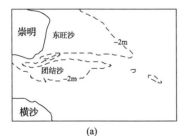

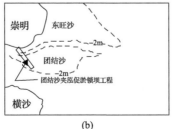

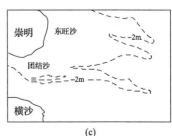

(a)　　　　　　　　　　(b)　　　　　　　　　　(c)

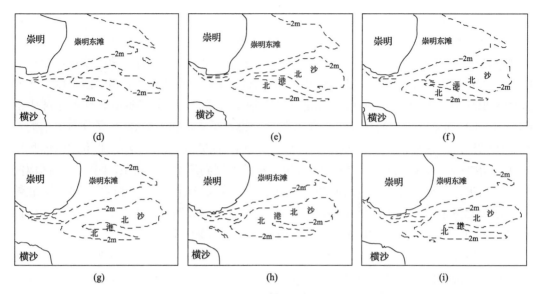

图 10-77　北港北汊河段–2m 等深线变化图（1977～2015 年）

(a) 1977 年；(b) 1982 年；(c) 1986 年；(d) 1995 年；(e) 2001 年；(f) 2006 年；(g) 2010 年；(h) 2013 年；(i) 2015 年

2001 年，北港北沙–2m 线与崇明东滩–2m 线分开，–2m 线包络面积增加至 146.2km²，且在团结沙水闸南侧形成一个纵向 6.7km、宽 500m 的–2m 水深以下的沙脊，面积约 2.8km²，这里暂称为团结沙水闸前沿沙脊。崇明东滩–2m 等深线与 1995 年比较变化较小。2006～2015 年，团结沙水闸前沿沙脊向北港北沙的方向移动，在下移过程中，沙脊尾部向南淤涨，并与北港北沙沙头相连。北港北沙–2m 线包络面积不断减少，2013 年包络面积较 2001 年减少了 8.3km²，2015 年包络面积较 2013 年减少了 9.1km²，说明随着北港北沙 0m 以上滩地的淤涨，–2m 线至 0m 线间面积 2001 年后不断减少。另外，崇明东滩–2m 等深线较 2001 年变化较小。

综上所述，1977～1982 年，团结沙与崇明岛之间–2m 槽宽呈"上段窄中下段宽"的特点；1986～1990 年，团结沙并靠崇明岛后，–2m 等深线形状呈"锯齿状尖头"的特点，并发育有涨潮沟；1995 年北港北沙形成。2001 年，北港北沙–2m 线与崇明东滩–2m 线分开，且–2m 线包络面积持续增长，同时在团结沙水闸南侧形成一个–2m 水深以浅的沙脊；2006～2015 年，团结沙水闸前沿沙脊向北港北沙的方向移动，在下移过程中，沙脊尾部向南淤涨，并与北港北沙沙头相连，但北港北沙–2m 线包络面积不断减少。

3）–5m 等深线变化特征

1977～2015 年北港北汊–5m 槽未贯通（图 10-78）。1977 年，团结沙夹泓内有一个–5m 沙包，面积约 2km²。1982 年，团结沙西侧与东旺沙相连，–5m 线包络面积与 1977 年比较增加至 2.55km²，沙包形态变得狭长。在东旺角南侧约 1.92km 处涨潮泓道又形成一个新的–5m 沙包，面积约 0.75km²。1986～1990 年，由于团结沙并靠崇明岛，涨潮泓道淤塞，–5m 等深线消失。

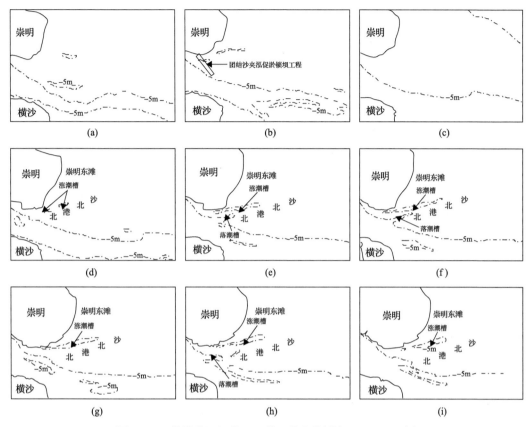

图 10-78　北港北汊河段–5m 等深线变化图（1977～2015 年）

(a)1977 年；(b)1982 年；(c)1986 年；(d)1995 年；(e)2001 年；(f)2006 年；(g)2010 年；(h)2013 年；(i)2015 年

1995 年，团结沙围垦成陆，约束了北港北汊涨潮水流，涨潮水流变强，堤外潮滩受涨潮流的强烈冲刷，形成了涨潮槽，1995 年其在团结沙水闸外侧不到 1km。1998 年长江发生了全流域大洪水，受洪水作用，1999 年北港北沙的北侧冲出了一条落潮槽，北港北沙渐与边滩分离，形成了–5m 沙头，北港北汊发育成典型涨落潮槽并存的汊道，涨潮槽靠近崇明团结沙水闸一侧，呈 NE-SW 走向；落潮槽位于涨潮槽南侧，呈 SW-NE 走向，并沿北港北沙沙头向东北方向延伸，其可见于 2001 年地形图。落潮槽走向与北港落潮主流走向不一致，原因可能是北港北汊局部地形造成水位比降，进而导致大洪水切割北港北沙沙体形成（王永红，2003；茅志昌等，2008；沈焕庭，2011）。2006 年，涨潮槽和落潮槽继续发展。2010 年，涨落潮槽与 2006 年比较变化较大，涨潮槽未发生较大变化，落潮槽已淤浅衰亡。2013 年，落潮槽再次出现。涨潮槽–5m 等深线被分为两部分，偏西南的部分–5m 等深线包络面积约 0.48km²。2015 年，涨落潮槽与 2013 年比较变化较大，涨潮槽变化不大，落潮槽再次淤浅衰亡，同时在北港北沙的西南侧形成了一个–5m 水深以下的沙脊。

综上所述，1977～2015 年北港北汊–5m 槽未贯通。1977～1982 年，–5m 线包络面积有所增加,沙包形态变得狭长;1986~1990 年,涨潮泓道淤塞,−5m 线消失。1995~2001 年,北港北沙逐渐形成−5m 沙头,北港北汊发育成典型涨落潮槽并存的汊道;2006 年, 涨、落潮槽继续发展;2010~2015 年,涨潮槽变化较小,落潮槽变化较大。

2. 典型横断面演变特征

由于在 1991 年以前的海图上北港北汊尚未出露,自 1991 年崇明岛团结沙围垦成陆后,北港北汊逐渐出露形成,所以本章根据 1995 年以来的海图资料,垂直北港北汊河段,分别选取上段、中段、下段三条断面对北港北汊的变化进行分析,断面位置及具体特征见图 10-80,各断面端点位置如表 10-10 所示。

表 10-10 北港北汊典型断面经纬度

断面	端点	经度	纬度
AB	A	31°27′6″N	121°54′34″E
	B	31°25′28″N	121°55′2″E
CD	C	31°28′26″N	122°0′41″E
	D	31°26′34″N	122°1′10″E
EF	E	31°30′42″N	122°7′2″E
	F	31°27′36″N	122°8′31″E

AB 断面位于北港北沙头至崇明团结沙水闸。1995~2001 年,整体上断面呈明显的冲刷态势,断面南侧冲刷深度较北侧强;2001~2006 年,断面北侧淤高,南侧继续冲深且最大水深达到 6.8m;2006~2010 年,形势翻转,呈北冲南淤;2010~2013 年,则整体上断面呈淤积态势,断面形态呈"W"形;2013~2015 年,断面变化较大,A 点高程已由 2013 年的−3.8m 淤高至−0.2m,且断面北侧淤高,南侧转为冲刷。1995~2015 年−2m 槽宽整体上变幅较小,平均为 2463m,1995~2006 年,−5m 线以下断面面积、−5m 槽宽持续增加,断面水深持续刷深;2006~2015 年,形势翻转,−5m 以下断面面积、−5m 槽宽均大幅减少,最大水深持续减小,整体上呈淤积态势。

CD 断面位于北港北汊中段,距离涨落潮槽较远,1995~2013 年,整体上断面变化以冲刷为主,深泓向崇明东滩侧移动,2015 年与 2013 年相比,深泓略向北港北沙侧移动,同时断面形态呈"V"形。1995~2015 年,−2m 槽宽变幅较小,平均值为 2300m,1995~2013 年,断面水深持续刷深,2015 年与 2013 年相比,断面最大水深则有所减小,略有淤高。

EF 断面位于北港北汊下段,水深较浅,1995~2015 年,整体上断面冲淤变化不大,但−2m 槽宽变幅较大,1995 年断面−2m 槽宽为 6895m,2001 年缩窄至 5288m,2001~2013 年,−2m 槽宽变化较小,处于相对稳定时期,2015 年,−2m 槽宽增加到 5651m,比 2013 年拓宽了约 1500m,断面最大水深则变化不大,平均值为 2.5m(图 10-79,表 10-11)。

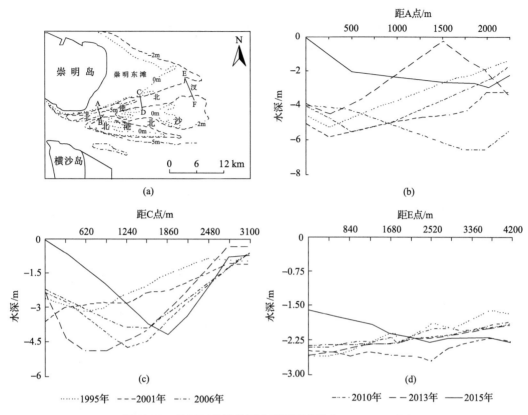

图 10-79　长江口北港北汊典型断面变化(1995～2015 年)

(a)断面分布图；(b)AB 断面；(c)CD 断面；(d)EF 断面

表 10-11　北港北汊典型断面等深线槽宽、–5m 线以下断面面积与最大水深

断面	年份	槽宽/m			面积/m²	最大水深/m
		0m	–2m	–5m		
AB	1995	—	2520	780	37.86	5.3
	2001	—	2192	931	362.48	5.9
	2006	—	2361	792/530*	1584.4	6.6
	2010	—	2633	551	168.75	5.6
	2013	814	2608	469	—	4.5
	2015	597	2336	308	—	3.0
CD	1995	—	2309	—	—	3.2
	2001	697	1998	—	—	3.6
	2006	—	2428	—	—	3.9
	2010	—	2234	—	—	4.8
	2013	—	2385	—	—	4.9
	2015	—	2437	—	—	4.2

续表

| 断面 | 年份 | 槽宽/m | | | 面积/m² | 最大水深/m |
		0m	−2m	−5m		
EF	1995	—	6895	—	—	2.6
	2001	—	5288	—	—	2.7
	2006	—	4286	—	—	2.4
	2010	—	4239	—	—	2.4
	2013	—	4259	—	—	2.6
	2015	—	5651	—	—	2.3

注：792/530*指 AB 断面−5m 涨潮槽宽 792m，−5m 落潮槽宽 530m；—代表无资料

1）冲淤变化

由北港北沙水域冲淤变化图可以看出（图 10-80）：1995～2001 年，由于 1998 年长江洪水影响，北港北汊河段普遍冲刷，只有在崇明岛团结沙南侧与北港北汊中段略有淤积，

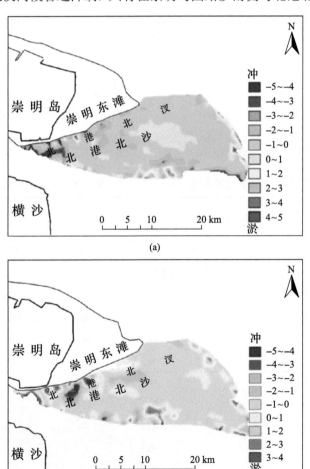

(a)

(b)

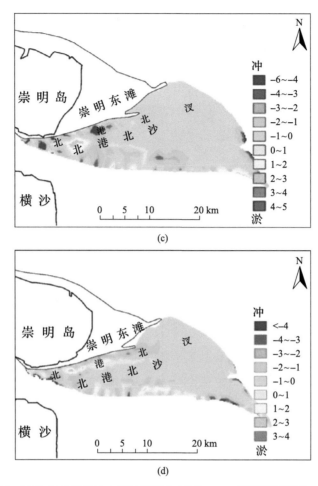

图 10-80　1995～2013 年北港北沙水域冲淤变化(单位：m；正值表示淤积，负值表示冲刷)
(a)1995～2001 年；(b)2001～2006 年；(c)2006～2010 年；(d)2010～2013 年

北港北汊上段冲刷深度为 3～4m，中段冲刷深度为 1～3m，下段冲深变化不大；2001～
2006 年，团结沙南侧淤积区有所扩大，淤积厚度为 1～2m，北港北汊上段整体上以冲刷
为主，中、下段冲淤变化不大；2006～2010 年，北港北汊上段整体上以淤积为主，淤积
厚度为 2～4m，只在团结沙一侧有小范围冲刷，中段以冲刷为主，平均冲刷深度在 3m
左右，下段冲淤变化不大；2010～2013 年，受北港中上段青草沙水库以及长江大桥工程
建设影响，北港上段河槽缩窄明显，导致北港中上段河槽发生明显冲刷，北港的泥沙被
大量冲刷运输至下游，北港北汊河段有冲有淤，但整体上以淤积为主，只有在团结沙一
侧与北港北沙沙头附近略有冲刷，淤积厚度在 2m 内。

2)浅地层沉积结构变化特征

利用 2011 年 12 月、2012 年 8 月北港北汊和 2014 年 7 月北港南汊实测的浅地层剖
面记录资料，对比分析北港北汊与北港南汊浅地层结构特征。虽然北港北汊洪枯季的两
条浅层剖面测线长度、覆盖范围不同，洪季测线较枯季测线长、覆盖范围广，但两测线
距离较近，并有一定的重合区域，完全能够反映出北港北汊河段浅地层剖面的结构形态，

能进行简单的剖面形态和结构对比(图 10-74)。

2011 年 12 月,北港北汉中上段平均水深 5～6.5m,床面形态主要为平床,上游河槽浅地层有不明显的多层分层结构,层厚约 0.6m,往下游层厚逐渐增大,至北港北汉中段浅地层分层结构转为两层分层,层厚从 3m 往下游逐渐减小,减至约 0.3m[图 10-81(a)]。

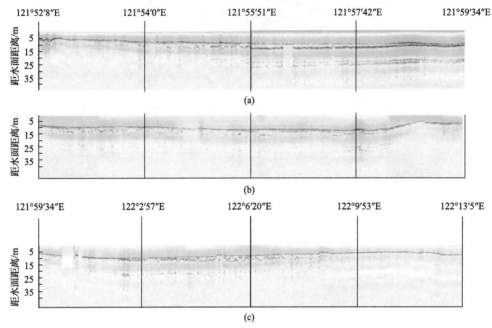

图 10-81　2011 年 12 月和 2012 年 8 月长江口北港北汉浅地层剖面仪记录

(a)、(b) 分别代表 2011 年 12 月和 2012 年 8 月北汉中上段浅层剖面,(c) 代表 2012 年 8 月北港北汉中下段浅层剖面

2012 年 8 月,北港北汉中上段水深 5～8.1m,床面形态与 2011 年 12 月枯季相比,整体上无较大变化,但在北港北汉中段 121°57′20″E 向下有一段河槽先变深,随后又变浅,这部分和 2011 年 12 月剖面形态相比略有淤浅,上游河槽浅地层有明显的多层分层结构,层厚约 3m,往下游厚度略有减小,至北港北汉中段 121°58′42″E 处分层消失[图 10-81(b)]。

北港北汉中下段平均水深约在 5.2m 左右,床面形态主要为平床,上游河槽浅地层分层不明显,约在北港北汉下段 122°02′46″E～122°07′51″E 之间浅地层具有明显的多层分层结构,平均层厚约为 4.2m,从 122°07′51″E 往下游则无分层[图 10-81(c)]。

2014 年 7 月,北港南汉平均水深 8～12.5m,走航初期,浅地层分层不明显,在北港南汉上段 121°55′36″E 处出现了个大的凸起,从 121°55′36″E 处往下游床面则一直出现分层,平均层厚约 5.2m,表明北港南汉中下段淤积较明显(图 10-82)。

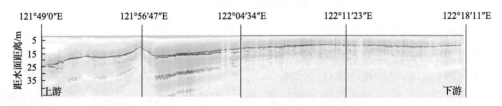

图 10-82　2014 年 7 月长江口北港南汉侧浅地层剖面仪记录

综上所述，洪季和枯季北港北汊中上段床面形态变化不大，均较为平整，而浅地层沉积结构有较大变化，枯季上游河槽浅地层不明显的多层分层结构洪季时变得较明显，且层厚增大，增长近 5 倍，枯季北港北汊中段两层的浅地层分层结构洪季时变为较不明显的多层分层结构。北港北汊下段床面形态较为平整，且具有明显的多层分层结构。北港北汊床面形态较北港南汊平整，近期北港北汊与北港南汊床面上均出现了较多分层，且北港南汊分层厚度大于北港北汊。

北港北汊洪季浅层分层较枯季明显，且层厚大于枯季，体现了长江河口区存在的"洪淤枯冲"现象。另外，郭兴杰等(2015)与刘玮祎等(2011)研究显示：北港中上段青草沙水库以及长江大桥工程的建设，导致中上段河槽发生明显冲刷，冲刷的泥沙被大量输送至下游，进而导致下游拦门沙河段河槽容积减小，河槽淤积较严重。近期北港北汊与北港南汊床面上均出现了较多分层，淤积较明显，且北港南汊分层厚度大于北港北汊，这是因为受北半球科氏力影响，向右偏转，冲刷的泥沙大部分往北港南汊河段输运。由此推测，近期北港北汊洪季和枯季及北港南汊浅层沉积结构特征的异同主要与洪枯季水动力条件、北港中上段大型工程的建设和科氏力有关。

3. 河势演变趋势

基于长江口北港北汊 1977~2015 年多幅历史海图资料和 2011 年 12 月、2012 年 8 月和 2014 年 7 月北港北汊、北港南汊的浅地层剖面资料，从河槽等深线变化、典型横断面和冲淤变化等多个角度，分析了近 40 年来北港北汊河段的河势演变特征；在此基础上，结合 2015 年 7 月北港北汊实测分流比数据，探讨了其演变趋势。主要结果如下：

(1)长江口北港北沙自 1995 年形成以来持续增长，并向东南方向移动，同时将北港入海通道分为北港北汊与北港南汊，北汊分流比可达11%。北港北汊的形成承继了1977~1986 年团结沙与崇明岛之间团结沙夹泓的特点，其上段 1995~2006 年以冲刷为主，平均冲刷深度在 3.5m 左右；2006 年以后以淤积为主，平均淤厚 2m 左右；中段 1995~2015 年整体上以冲刷为主；下段冲淤变化不大。

(2)从浅地层沉积结构与剖面形态上看，2012 年 8 月洪季、2011 年 12 月枯季北港北汊中上段床面形态均较为平整，变化不大，枯季上游河槽浅地层不明显的多层分层结构洪季时变得较明显，且层厚增大，枯季北港北汊中段两层的浅地层分层结构洪季时变为较不明显的多层分层结构。北港北汊下段床面形态较为平整，且具有明显的多层分层结构。北港北汊床面形态较北港南汊平整，近期床面上均出现了较多分层，且南汊分层厚度大于北汊。北港北汊洪季和枯季及北港南汊浅层沉积结构特征的异同主要与洪枯季水动力条件、北港中上段大型工程的建设和科氏力有关。

(3)尽管受北港中上段青草沙水库以及长江大桥工程建设影响，北港的泥沙被大量冲刷运输至下游，导致下游拦门沙河段河槽淤积严重，但根据相关圈围工程的经验表明经过一段时间的自然调整达到新的平衡后，北港工程周边地形的变化将趋于平稳(付桂等，2007)。北港北汊上段断面近期出现了略微的冲刷现象(图 10-80)。同时，三级分汊北槽深水航道的建设，北槽两侧建有南、北导堤，北导堤封堵了横沙东滩串沟，限制了北港落潮水流通过横沙东滩串沟进入北槽，进而导致横沙通道与北港北汊分流增加，2007 年长兴岛潜堤工程的建设，对横沙通道的分流分沙量，起到了一定的限制作用(郭兴杰，

2015)。2015 年洪季实测断面水通量数据也反映了这一点(表 10-11),落急阶段,北港南汊断面(JK 断面)分流比远大于北港北汊断面(AB),北港北汊分流比可达 11%,说明北港北汊具有一定的分流能力。因此,北港北汊将会继续进一步发展,北港北沙面积也将继续保持增长的趋势,自然演变趋势为向东偏南向移动,是一片潜在的滩涂湿地资源,有关部门应加强监测。

从河势演变趋势看,北港上段的青草沙水库、长江大桥及下段横沙东滩促淤圈围等工程的建设,使得北港陆域边界的改变较大,促使北港北汊分流增强,进一步加剧北港北汊部分河段的冲刷,北港北汊将会继续进一步发展。

10.3.3　长江口北港北汊动力沉积特征

根据 2004 年 12 月北港北汊下段和 2003 年 7 月、2005 年 9 月、2011 年 12 月以及 2012 年 6 月北港北汊中上段测点的实测潮流、含沙量数据,同时参考前人文献中的北港北汊表层沉积物资料,分析北港北汊动力沉积特征。

1. 潮流特征

1) 北港北汊中上段

根据 2012 年 6 月、2011 年 12 月、2005 年 9 月和 2003 年 7 月北港北汊中上段(H1、S051、S031)测点洪枯季大潮的水文观测资料(表 10-12),从涨落潮垂线平均流速、涨落潮历时、优势流与优势沙、潮流性质及方向四项指标对潮流特征进行分析。

表 10-12　2005 年 9 月、2011 年 12 月、2012 年 6 月北港北汊中上段水文潮流特征统计

	测点	潮流	垂线平均流速/(m/s)	平均历时/h	优势流	垂线平均含沙量/(kg/m³)	优势沙
洪季	S051	涨潮	0.67	4.0	0.75	0.458	0.77
		落潮	1.02	8.0		0.498	
	H1	涨潮	0.83	4.1	0.72	0.53	0.80
		落潮	1.07	8.1		0.80	
枯季	H1	涨潮	0.81	5.3	0.52	1.68	0.27
		落潮	0.65	7.1		0.60	

注:北港北汊中段(S051)数据(俞康定,2007)

潮流历时:H1 测点(北港北汊上段)洪季涨潮流历时为 4.1h,落潮流历时为 8.1h,落潮较涨潮长 4h,枯季涨潮流历时为 5.3h,落潮流历时为 7.1h,落潮较涨潮长 1.8h;S051(北港北汊中段)洪季涨潮流历时为 4.0h,落潮流历时为 8.0h,落潮较涨潮长 4h。

平均流速:北港北汊上段(H1 测点)洪季大潮涨落潮垂线平均流速分别为 0.83m/s 和 1.07m/s,落潮较涨潮大 0.24m/s,枯季分别为 0.81m/s 和 0.65m/s,涨潮较落潮大 0.16m/s。北港北汊中段(S051 测点)洪季大潮涨落潮垂线平均流速分别为 0.67m/s 和 1.02m/s,落潮较涨潮大 0.35m/s。

优势流、优势沙:H1 测点洪季优势流、优势沙分别为 0.72、0.8,枯季优势流、优势沙分别为 0.52、0.27,优势流洪季较枯季大 0.2,优势沙洪季较枯季大 0.53;S051 测点洪季优势流、优势沙分别为 0.75、0.77。

潮流性质及方向：H1 测点洪枯季大潮呈明显的往复流性质，H1 测点岸外水域潮流向与岸线平行，涨落潮为东西向，S051 测点洪季大潮呈往复流性质，落潮期间的流向基本为正东，涨潮期间的流向则偏西（计娜，2014；俞康定，2007）。

另外，根据 2003 年 7 月洪季大潮北港北沙西侧（S031）测点实测潮流数据：水流运动性质主要为往复流，涨、落潮平均流速分别为 0.64、0.94m/s，落潮较涨潮大 0.3m/s，涨落潮流速比为 0.7（茅志昌等，2014）。

综上所述，北港北汊中上段潮流特性可概括为：洪枯季大潮均呈明显的往复流性质，以落潮优势流为主，且洪季落潮优势更为明显；垂线平均流速洪季落潮大于涨潮，枯季涨潮大于落潮；洪枯季大潮落潮历时均大于涨潮历时。

2）北港北汊下段

根据 2004 年 12 月枯季大潮北港北汊下段（S043）测点水文观测资料：2004 年枯季大潮，水流运动性质主要为旋转流，涨潮平均流速为 0.75m/s，落潮平均流速为 0.66m/s，涨潮较落潮大 0.09m/s，涨落潮流速比为 1.1，为涨潮优势流、涨潮优势沙（茅志昌等，2014）。

2. 分流比

据 2015 年 7 月洪季走航断面数据，计算结果表明，大潮落急阶段，横沙岛至崇明团结沙水闸断面（GH）实测水通量约为 62005m^3/s，误差范围为+520m^3/s，北港南汊断面（JK）实测水通量约为 55460m^3/s，误差范围为+500m^3/s，分流比达 89%，由此可估算北港北汊分流比大约为 11%，水通量为 6545m^3/s（表 10-13）。反映出北港水流主要通过北港南汊入海，但北港北汊也具有一定的分流能力。

表 10-13　2015 年洪季大潮落急阶段北港北汊分流比

断面	水通量/(m^3/s)	误差范围/(m^3/s)	分流比/%
GH	62005	±520	
JK	55460	±500	89
AB	6545		11

3. 含沙量

北港北汊中上段（H1 测点）洪季大潮涨落潮垂线平均含沙量分别为 0.53kg/m^3 和 0.80kg/m^3，落潮较涨潮大 0.27kg/m^3，落潮优势沙明显，枯季分别为 1.68kg/m^3 和 0.60kg/m^3，涨潮较落潮大 1.08kg/m^3，涨潮输沙优势明显；北港北汊中段（S051 测点）洪季大潮涨落潮垂线平均含沙量分别为 0.458kg/m^3 和 0.498kg/m^3，落潮较涨潮大 0.04kg/m^3，落潮优势沙明显（表 10-12）。北港北沙西侧（S031 测点）洪季大潮涨落潮垂线平均含沙量分别为 0.239kg/m^3 和 0.289kg/m^3，落潮较涨潮大 0.05kg/m^3。北港北汊下段（S043 测点）枯季大潮含沙量较高，涨落潮垂线平均含沙量分别为 1.232kg/m^3 和 1.116kg/m^3，涨潮较落潮大 0.116kg/m^3，涨潮优势沙明显（茅志昌等，2014）。

总体上，北港北汊中上段垂线平均含沙量基本呈枯季大于洪季，且洪季落潮大于涨潮，枯季涨潮大于落潮，洪季落潮优势沙明显，枯季涨潮输沙特征显著。北港北汊下段枯季大潮含沙量较高，涨、落潮垂线平均含沙量均大于 $1.12kg/m^3$，涨潮大于落潮，涨潮优势沙明显。

4. 底沙再悬浮

河口海岸地区床面沉积物在河流与海洋动力的作用下，不断进行着侵蚀、输运、沉降、再悬浮、沉降的过程。河床沉积物再悬浮作用的过程和机制，是河口动力沉积学领域中的一个重要科学问题。迄今实验室水槽实验(Mehta, 1989; Kuijper et al., 1989)、现场水槽观测(Mcneil et al., 1996; Sanford et al., 1991)、悬沙含量的现场时间序列观测(Wiberg et al., 1994)是研究河床沉积物再悬浮作用的主要方法，并已经取得较多研究成果。由于实验室水槽实验受野外动力沉积过程的复杂性影响，因此很难将室内结果直接应用于野外环境。虽然现场水槽试验可以极大程度上模拟现场环境，但受制于实验原理和现场条件，其结果往往与室内实验差距较大(Tolhurst et al., 2000)。本节利用英国 Teledyne RD 仪器公司的 DRL-sediview V3 软件，首先对 2011 年枯季和 2012 年洪季在长江河口北港青草沙水库北侧、长江大桥和南汇南滩东海大桥等典型工程水域附近实测的 ADCP 数据进行含沙量剖面反演，并用六点法实测水样含沙量数据验证，对长江口 ADCP 反演含沙量精度及影响因素进行分析，然后在此基础上，结合实测悬沙粒度数据，选取北港下段反演精度较高的 H1 测点，对其泥沙再悬浮特征进行研究。

1)ADCP 含沙量反演精度及影响因素

北港测点中，中上段(N1、N2 测点，图 10-73)和北港北汊中上段(H1 测点，图 10-73)反演精度较好，反演值与实测值的平均相对误差为 20%左右，北港南汊下段(H2 测点，图 10-73)较差，平均相对误差达 50%左右。南汇南滩测点中，芦潮港(N4 测点，图 10-73)反演精度好于南汇嘴(N3 测点，图 10-74)。总体上，北港(N1、N2、H1 测点)反演精度相对较高，为 20%左右，其次是芦潮港(N4 测点)，反演精度为 30%左右，南汇嘴(N3 测点)与北港南汊下段(H2 测点)的反演精度最差，反演精度分别达 43%和 50%左右(图 10-83)。

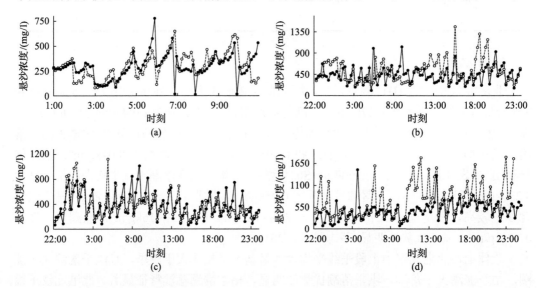

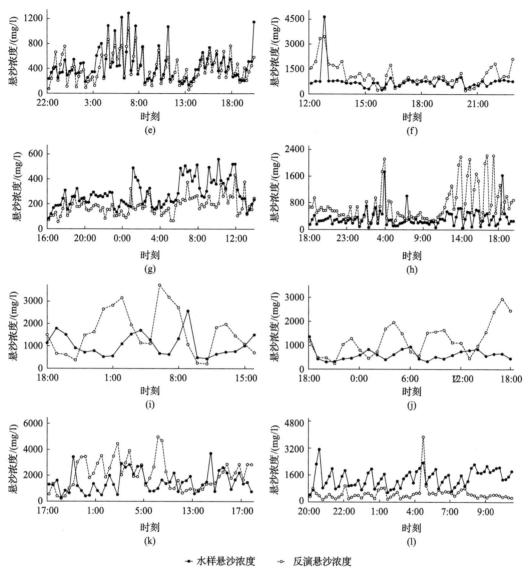

图 10-83　长江河口典型水域测点洪枯季 ADCP 四波束后向散射校准后
反演的含沙量平均值与水样含沙量比较

(a)N1 洪季；(b)N1 枯季；(c)N2 洪季；(d)N2 枯季；(e)H1 洪季；(f)H1 枯季；
(g)H2 洪季；(h)H2 枯季；(i)N3 洪季；(j)N3 枯季；(k)N4 洪季；(l)N4 枯季

　　北港南汊下段(H2 测点)比 H1、N1 和 N2 等三个测点的含沙量反演精度差，原因是
H2 测点靠近长江口最大浑浊带，环境条件复杂，泥沙絮凝现象较明显。以洪季粒径数据
为例，洪季实测悬沙中值粒径为 0.01mm，粉砂占 67%、黏土占 32%、砂占 1%，悬浮泥
沙粒径较小，黏性细颗粒泥沙含量较大。张志忠等(1995)与关许为(1997)研究显示长江
口泥沙絮凝临界粒径约为 0.03mm，粒径在 0.003~0.016mm 范围内的泥沙絮凝现象较为明
显，所以粒径变化较其他三测点明显，反演精度要稍差。反演精度较差的另一个因素是水
深浅(现场采样时最大水深为 8m)、采样少(表中底三层)、校准数据少。这是因为 ADCP

测量有表、底盲区，底盲区的旁瓣干扰作用导致近海床的含沙量不能被 ADCP 准确测到，且底盲区深度一般为整个水深的 6%。若测点水深较浅，ADCP 测量含沙量的限制性就很明显。而且，在 Sediview 软件中，准确定义温度、盐度剖面(从表层到底层温度、盐度变化)是影响校准精度的重要因素，水吸收系数、运动黏滞系数、声速等参数都是根据输入的 OBS 实测温度、盐度数据来计算。若温度、盐度随水深增加变化很大时，则对校准精度有较大的影响。另外，船的快速移动也会干扰 ADCP 后向散射数据，对数据的后处理工作影响较大(Land and Jones, 2001)。而且，ADCP 的设计目的是用来测流速的，利用它的回声强度计算含沙量只是它的"附加功能"，系统误差在所难免(程鹏和高抒, 2001)。

　　总之，ADCP 反演含沙量与实测悬沙浓有较好的同步对应关系(N1、N2、H1、N4 测点)，表明利用 ADCP 信息基本上可以反演含沙量；但其反演精度受悬沙粒径、ADCP 垂向测深盲区、船速、系统误差等因素影响，尤其在颗粒粒径较细且含沙量高的最大浑浊带发育的北港下段和南汇嘴水域含沙量反演值相对误差达 43%～50%左右(H2、N3 测点)，说明利用 ADCP 信息反演含沙量也受到最大浑浊带等特殊条件的限制。

　　2) 泥沙再悬浮过程及变化特征

　　北港北汊中上段(H1 测点)的 ADCP 反演含沙量剖面过程和实测含沙量剖面过程显示：潮周期内近底层实测含沙量均存在两个明显的同步峰值，且含沙量峰值发生在涨落急前后，且滞后于流速峰值，洪季近底层第一个含沙量峰值出现在落潮流速最大之后 1h 内，第二个含沙量峰值出现在涨急时刻(12:00)；枯季近底层第一个含沙量出现在落急时刻(15:00)，第二个含沙量峰值出现在涨急时刻(22:00)(图 10-84)。以上研究结果与李九发等(1995, 2013)和左书华等(2006)的研究结论一致。

　　通过比较北港北汊中上段(H1 测点)洪季流速与含沙量和悬沙粒径关系图可以看出：潮周期内垂线平均含沙量、垂线平均流速随时间变化趋势较一致，含沙量的最大、最小值滞后于流速的峰值、谷值，滞后时间约为 1h，同时近底层悬沙粒径与流速的时间变化过程也较一致，高流速对应粗悬沙粒径，低流速对应细悬沙粒径(图 10-85)。

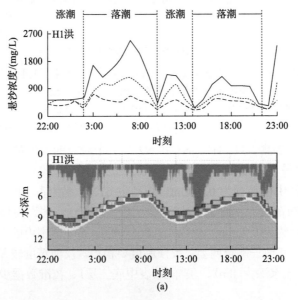

(a)

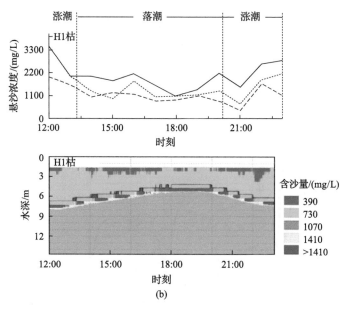

图 10-84　北港北汊中上段洪枯季实测含沙量、ADCP 反演含沙量剖面时间过程图关系

(a) 洪季；(b) 枯季

实测含沙量时间过程图中 "——" 代表底层含沙量；"----" 代表 0.8H 含沙量；"········" 代表 0.6H 含沙量，

含沙量剖面过程图中的红线为 ADCP 旁瓣影响区上界，黄线为海床

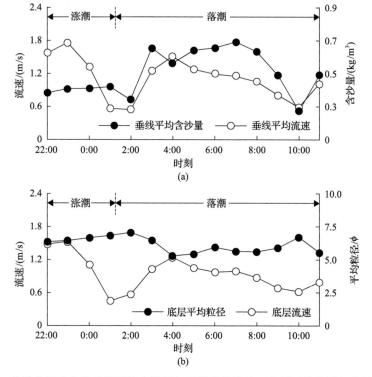

图 10-85　北港北汊中上段垂线平均含沙量与垂线平均流速、底层平均粒径与底层流速分布

(a) 垂线平均含沙量与垂线平均流速分布；(b) 底层平均粒径与底层流速分布

　　近底层含沙量存在突变情况，即在某一时段内含沙量突然从峰值减小到最小值。北港北汊中上段(H1)洪季近底层含沙量突变较明显，枯季较显著(图 10-84)。2012 年 6 月 5 日 8:00～9:00 期间水体近底层悬沙含沙量较高(1070mg/L)，9:00 以后含沙量逐渐降低，至 10:00 达到最小值(390mg/L)，9:00 是含沙量从最大值转至最小值的一个转折点(图 10-86)。

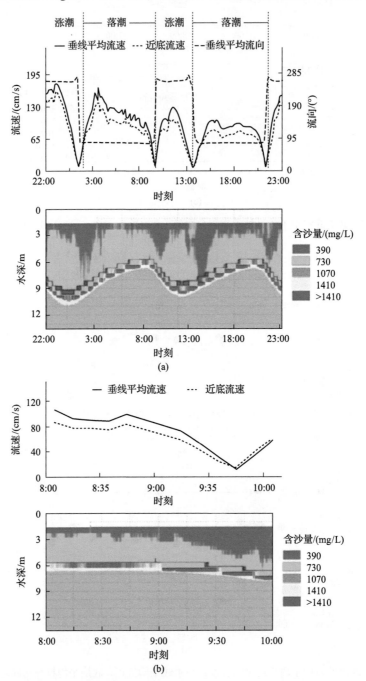

图 10-86　北港北汉中上段 2012 年 6 月 4～5 日 ADCP 反演含沙量突变示意图

(a)6 月 4 日 20:00 至 5 日 23:00；(b)6 月 5 日 8:00 至 10:00

存在突变情况的原因主要与流速、悬沙粒度有关，8:00～10:00 正好处于落急～落憩阶段，流速呈急剧降低趋势，垂线平均流速从 1.00m/s 减至 0.15m/s，下降了近 7 倍，另外该阶段悬沙粒度较粗，平均粒径为 5.20Φ，而整个潮周期内近底层平均粒度为 5.97Φ。因此再悬浮作用减弱，底沙再悬浮起来补给上层水体的泥沙量也不断减少，水体近底层含沙量减小。

5. 表层沉积物特征

北港北汊水域表层沉积物类型较多，且分布较复杂。上段表层沉积物以砂质粉砂为主，中值粒径为 0.03～0.07mm，砂占 24%～45%，粉砂占 48%～69%，黏土不足 10%，北港北沙部分滩面落潮时露出水面，大部分为潮下滩，受风浪作用明显，表层沉积物较粗，中值粒径多为 0.1～0.16mm，砂含量在 75% 以上，黏土含量不足 5%，北港北汊中段沉积物以黏土质粉砂为主，中值粒径为 6.22～7.60Φ，分选系数为 1.78～2.03，偏态度和峰态度分别为 0.21、0.85，属于极正偏，下段沉积物以粉砂质砂为主，偏态度属于正偏，整体上北港北汊沉积物峭度以宽峰型为主、分选性相对较差及偏态和峰态值较大（茅志昌等，2014；姚弘毅等，2013a；闫虹等，2009）。

6. 北港北汊动力沉积主要特征

通过对北港北汊近期实测水文泥沙资料以及历史的水沙、表层沉积物数据的分析，得到如下结论：

(1) 北港北汊中上段洪枯季大潮均呈明显的往复流性质，以落潮优势流为主，且洪季落潮优势更为明显；垂线平均流速洪季落潮大于涨潮，枯季涨潮大于落潮。北港北汊下段枯季大潮呈旋转流性质，垂线平均流速涨潮大于落潮，涨潮优势流明显。

(2) 北港北汊中上段垂线平均含沙量基本呈枯季大于洪季，且洪季落潮大于涨潮，枯季涨潮大于落潮，洪季落潮优势沙明显，枯季涨潮输沙特征显著；潮周期内在涨、落急时刻前后发生了泥沙两次再悬浮，近底层悬沙粒径与近底层流速相关性较显著，洪季水体近底层含沙量存在突变现象，枯季较不明显。北港北汊下段枯季大潮含沙量较高，涨、落潮垂线平均含沙量均大于 1.12kg/m³，涨潮大于落潮，涨潮优势沙明显。

(3) 北港北汊水域表层沉积物类型较多，且分布较复杂；沉积物峭度以宽峰型为主、分选性相对较差，偏态和峰态值较大；上段表层沉积物以砂质粉砂为主，北港北沙表层沉积物以细砂为主，中段以黏土质粉砂为主，下段以粉砂质砂为主。

10.3.4 长江口北港北汊河势演变影响因素探讨

前文已经分析了长江口北港北汊动力沉积特征，如潮流、含沙量、表层沉积物等，以及近 40 年来北港北汊河势变化特征及演变趋势，而这些变化往往由人类驱动与自然等多种复杂因素综合影响所致。为了进一步探究北港北汊地貌演变的成因，本章节主要从自然演变因素、人类活动影响两方面入手，对近 40 年来长江口北港北汊河势演变的影响因素进行综合分析。归纳而言，影响北港北汊河势演变的因子主要包括洪水造床作用、北港落潮优势流带来丰富物质来源、北港六滧沙脊影响、促淤圈围及近岸工程建设。

1. 自然演变因素

1）洪水造床

长江河口来水来沙丰沛，河床变化复杂，径流在长江河口河槽成形过程中起着重要的作用，其中洪水是塑造长江河口地区河床地貌框架的基本动力，由于洪水时期的大径流量、水流挟沙力增强、涨落潮流路分歧产生的水面横比降附加值等原因，导致河口地区汊道更替，河床冲淤变化明显，水流切滩串沟频频出现(恽才兴，2004；薛靖波，2014)。近150年来长江河口的演变过程表明，长江洪水流量（大通水文站流量大于60000m³/s）塑造河口河床地貌作用非常明显。

北港北汊河段1977～2015年0m、–2m等深线变化特征显示：2001年才出现完整的河槽形态(图10-75，图10-77)，其可能由1998年、1999年长江流域特大洪水形成。通过比较1996年、1998年、1999年、2001年北港北汊河段0m、–2m、–5m等深线特征图可以看出，1995年、1996年，北港北汊的河槽形态较不明显，北港北沙与崇明边滩相连，1998年、1999年长江流域特大洪水，洪峰流量大于81000m³/s，北港分流比加大，洪水对北港北汊进行强烈冲刷，北港北沙与崇明边滩分离，形成了–5m沙头，河槽形态变得较明显，其上段冲刷深度为3～4m，中段冲刷深度为1～3m，北港北沙的北侧冲出一条东北向的落潮槽，北港北汊开始成为涨、落潮槽并存的典型汊道(图10-87～图10-90)。

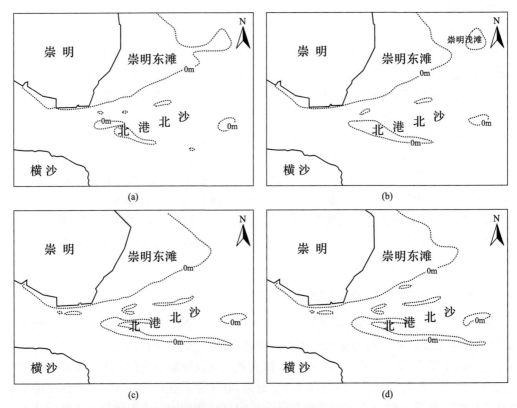

图10-87　北港北汊河段0m等深线变化图(1996～2001年)

(a)1996年；(b)1998年；(c)1999年；(d)2001年

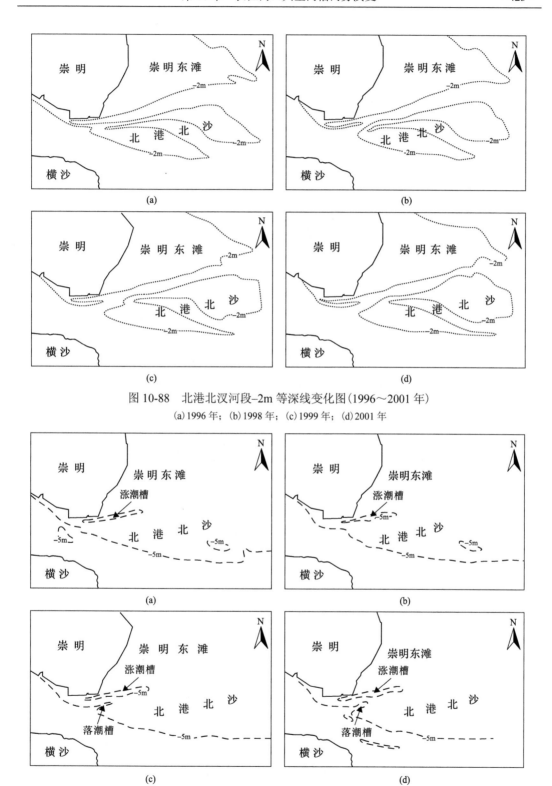

图 10-88 北港北汉河段–2m 等深线变化图（1996～2001 年）

(a)1996 年；(b)1998 年；(c)1999 年；(d)2001 年

图 10-89 北港北汉河段–5m 等深线变化图（1996～2001 年）

(a)1996 年；(b)1998 年；(c)1999 年；(d)2001 年

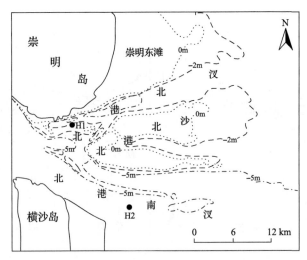

图 10-90　北港下段 2012 年 6 月、2011 年 12 月测点位置图

同时，北港北汊上段 AB 断面 2001 年 –5m 等深线以下断面面积较 1995 年增加了 10 倍多，达到 362.48m²（表 10-11），北港北沙 0m 等深线位置、包络面积发生明显变化，沙体形态往东、南两个方向扩展，并不断增长，表明洪水引起的底沙大量下移，加快了北港北沙扩展淤高速度。综合以上分析可知，1998 年和 1999 年特大洪水对北港北汊河势起着格局性影响。

2）北港分流、分沙比增加

2012 年洪季、2011 年枯季的实测数据表明：北港下段（H1、H2 测点）落潮平均历时均大于涨潮平均历时［图 10-91（a）～（b）］，洪季垂线平均流速均大于枯季［图 10-91（c）］，落潮垂线平均流速为 0.87～1.07m/s，涨潮垂线平均流速为 0.4～0.83m/s，落潮流速为涨潮流速的 1 倍左右。洪季和枯季优势流均大于 0.5，特别地洪季时落潮优势流、优势沙均在 80% 以上。因此，北港下段落潮流动力远强于涨潮流动力，落潮流起支配作用，且近年来北港落潮动力增强（刘高伟，2015；徐敏，2012）。

同时，茅志昌等（2008）和杨婷等（2012）研究显示近年来北港分流、分沙比有所增加，北港分流、分沙比略大于南港，达 57%（图 10-92），说明近年来北港作为长江主要输水输沙通道的功能得到增强，北港落潮优势增强，进而为北港北沙的淤涨和北港北汊的发展提供了丰富的水沙来源。

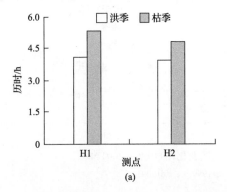

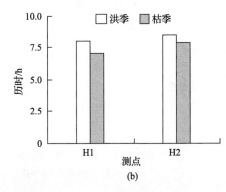

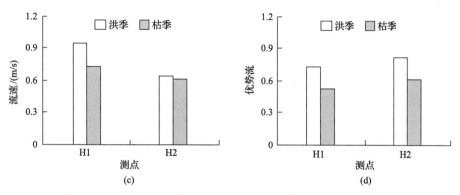

图 10-91　2012 年 6 月和 2011 年 12 月北港下段 H1 和 H2 测点的涨潮平均历时、落潮平均历时、
垂线平均流速、优势流分布
(a)涨潮平均历时；(b)落潮平均历时；(c)垂线平均流速；(d)优势流分布

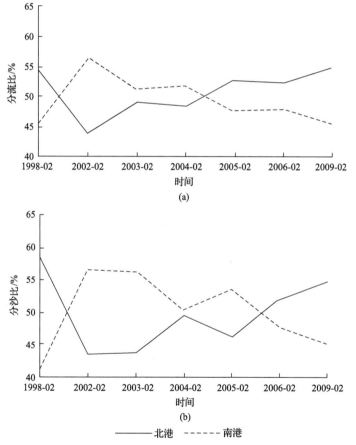

图 10-92　1998～2009 年南港、北港落潮分流比、分沙比变化(杨婷等, 2012)
(a)分流比变化；(b)分沙比变化

3)六滧沙脊影响

北港主槽系指堡镇港至横沙岛，上承新桥通道、新桥水道，下经拦门沙河段入海(茅志昌等, 2014)。近二十多年来，随着新桥水道的开辟以及中央沙圈围、青草沙水库工程

后岸线的固定，北港主槽逐步向单一河槽演变，主槽呈现"上段北偏、下段南偏"的微弯河道平面形态(郭兴杰，2015)。北港河段有两个弯道，上弯道为堡镇弯道，主槽位于河道北侧，南侧为青草沙水库；下弯道为横沙弯道，主深槽紧贴于横沙岛北沿，其北侧为六滧沙脊尾部。而 20 世纪 80 年代初形成的六滧沙脊，对北港河势影响较大。

六滧沙脊系由堡镇边滩切下来的沙体逐步下移形成，位于北港主槽内，为一带状沙体，呈长条形。2008 年，沙脊头部 5m 水深线已与堡镇港以东边滩相连，至 2010 年，沙脊头部 5m 线与崇明边滩脱离，沙尾在奚家港东 6.0km(茅志昌等，2014)。在 2015 年的海图上，纵长约 15km，沙脊头部 5m 线与崇明边滩分离，沙脊尾部在奚家港东约 4km。

通过比较北港主槽 1990～2015 年–2m、–5m 等深线变化图发现：1990～2006 年，六滧沙脊上、中段南侧受到潮流顶冲而向北移动，沙体不断向东南向延伸扩大，沙脊尾部不断下移，下移速度约为 1.3km/a。2006～2015 年，六滧沙脊尾部冲刷较严重，2010 年与 2006 年相比上提了 3.5km；2013 年较 2010 年上提了 4.3km；2015 年沙脊尾部位置较 2013 年稍微靠北，且–5m 线有所下移(图 10-93)。同时，2001 年在团结沙水闸南侧约 1000m 处形成一个纵向 6.7km、宽 500m 的 2m 水深以浅的沙脊。自 2001 年后，该沙脊向北港北沙的方向移动，在下移过程中，沙脊尾部向南淤涨，面积不断增大，并与北港北沙沙头相连。另外，2010 年涨潮槽未发生较大变化，落潮槽已淤浅衰亡，2013 年，落潮槽再

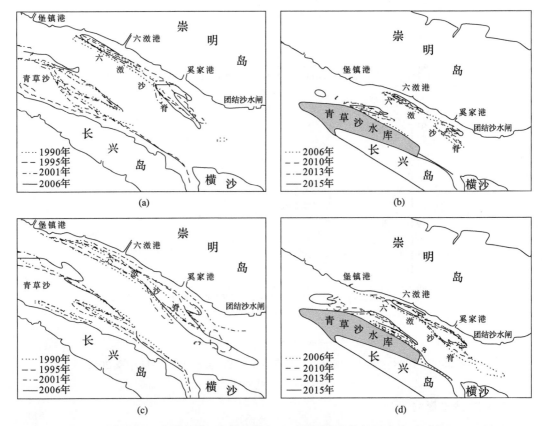

图 10-93　北港主槽–2m 等深线、–5m 等深线变化(1990～2015 年)

(a)1990～2006 年–2m 等深线；(b)2006～2015 年–2m 等深线；(c)1990～2006 年–2m 等深线；(d)2006～2015 年–5m 等深线

次出现，2015年落潮槽再次淤浅衰亡。由此推测，2010~2015年北港北汊落潮槽的变化可能与六滧沙脊尾部沙体变化有关，2001年以后六滧沙脊尾部受水流冲刷切割，切割下来的泥沙被落潮流带到北港拦门沙河段，为北港北汊河段团结沙水闸前沿沙脊的形成提供了物质来源。

4）北支下段影响

长江口北支水道作为长江入海的一级汊道，处于崇明岛、江苏海门和启东市之间，西起崇明岛崇头，东至江苏连云港，全长约80km（高志松，2008）。18世纪中叶后，其因长江主流改迁南支水道而逐年萎缩淤积。至20世纪，北支在自然因素与人类活动的共同作用下，分流量减少，河槽性质开始变化，河道不断缩窄，20世纪50年代末期，开始出现水沙盐倒灌南支，延续至今。北支现状河势平面形态呈微弯且上窄下宽的喇叭形潮汐水道（宋泽坤，2013；程和琴等，2009）。

众多学者研究表明：北港下泄的泥沙是近期北支淤积泥沙的重要来源，北港的入海泥沙落潮时向外扩散，其中一部分随涨潮流沿崇明东滩转向回溯至北支口内，并成为北支重要的泥沙来源，而且崇明东滩沉积物从北部至南部，粒度由细变粗（张长清和曹华，1998；杨欧和刘苍字，2002；刘清玉等，2003；刘曦等，2010；张风艳，2011；蒋丰佩，2012；陆婷婷，2014）。由于北港北汊是连接北港与北支下段的重要通道，北支下段不可避免地对北港北汊河势演变产生一定的影响。

通过比较长江口北港北汊、北支下段、崇明东滩附近水域地形冲淤变化图（图10-94）发现：1995~2001年，北港北汊水域普遍冲刷，但北支下段呈淤积态势，淤积厚度达2~4m；2001~2006年，北港北汊上段整体上以冲刷为主，中、下段冲淤变化不大，与此同时，北支下段淤积态势有所减弱；2006~2010年，北港北汊上段整体上以淤积为主，平均淤积厚度在3m左右，中段以冲刷为主，平均刷深2~3m，北支下段淤积趋势继续减弱并略有冲刷；2010~2013年，北港北汊河段普遍淤积，仅在中下段有小范围冲刷，北支下段两侧发生冲刷，冲刷深度达2~4m（图10-94）。同时，由北港北汊主泓剖面图（图10-95）可以看出，1995~2013年，北港北汊的拦门沙滩顶位置变化较小，基本上维持在122°08′21″E附近。2013~2015年，拦门沙滩顶往上游移动约3.2km，可能预示着来自北支涨潮优势流增强，未来将对青草沙水库不利。但北港北汊与北支水沙交换及其沉积地貌响应的内在物理机制还有待进一步研究。

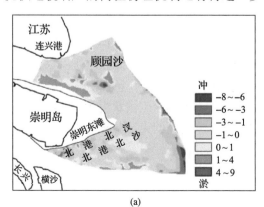

(a)

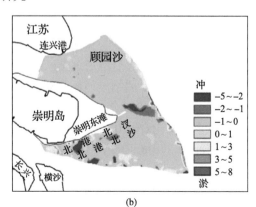

(b)

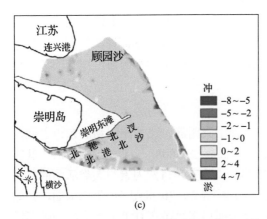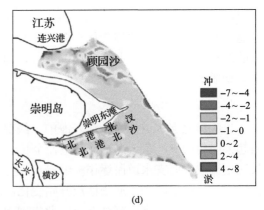

图 10-94　北港北汊、北支下段、崇明东滩附近水域地形冲淤变化
（单位：m，正值表示淤积，负值表示冲刷）

(a)1995～2001 年；(b)2001～2006 年；(c)2006～2010 年；(d)2010～2013 年

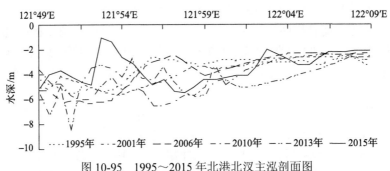

图 10-95　1995～2015 年北港北汊主泓剖面图

2. 人类活动影响

人类活动影响主要表现为促淤圈围及大型工程的建设。20 世纪 90 年代以来，随着北港北汊周围一系列涉水工程的修建，必然会对其地貌演变产生一定的影响，这主要表现在：工程的建设改变了北港北汊水域原有的边界和地貌条件，导致局部水沙条件的变化调整，进而对北港北汊河势演变造成影响。随着水沙的继续变化，地貌的演变则不断去适应周围动力环境的改变，并做出相应调整，然后再次达到变化平衡。

1)团结沙夹泓堵坝和团结沙围垦工程

1980 年以前，团结沙与崇明岛间为团结沙夹泓，1979～1982 年上海市实施团结沙夹泓促淤锁坝工程后，遂后泓道逐渐淤塞，团结沙并靠崇明岛，1991 年团结沙围垦成陆。受此影响，1982 年，团结沙西侧与东旺沙相连，泓道平均宽度减小至 1.72km，最大水深减至 7.3m，1986～1990 年，北港北汊河段–2m 等深线形状呈"锯齿状尖头"的特点，并发育有多个涨潮沟(图 10-77)，另外，北港北汊涨潮水流受到约束，围垦堤外潮滩受涨潮流的强烈冲刷，形成了一个–5m 的涨潮槽(图 10-89)。

2)青草沙水库和长江大桥工程

青草沙水库于 2007 年 6 月开工建设，2010 年底完工，2011 年 6 月全面投入运行。

上海长江大桥于 2005 年开工建设，2009 年投入运行。青草沙水库以及长江大桥工程的建设，束窄了北港中上段河槽，进而导致河槽发生明显冲刷，冲刷的泥沙被大量输送至下游，导致下游拦门沙河段河槽容积减小，河槽淤积较严重(刘玮祎等，2011；郭兴杰，2015)，由于断面的束水作用，北港主槽呈展宽、刷深之势(李伯昌等，2012)。因此，其对北港北汊河势是否也具有影响值得探讨。

通过比较青草沙水库及长江大桥工程建设阶段与北港北汊河势情况发现，1995～2006 年，工程建设尚未开始，北港河势基本处于自然演变状态，北港北汊上段断面呈明显的冲刷态势，断面南侧冲刷深度较北侧强，–5m 线以下断面面积、断面最大水深持续增加，中下段冲淤变化不大；2006～2010 年，工程处于建设期，北港中上段河槽缩窄了近三分之一，北港河槽呈"上段北偏、下段南偏"的微弯河道形态，北港北汊河势明显受到影响，北汊局部河段出现了淤积，上段断面–5m 线以下断面面积、断面最大水深持续减小，2010 年断面面积减少到 168.75m²，较 2006 年减少了 9 倍多，中下段则冲淤变化较小；2010～2013 年，青草沙水库及长江大桥已投入运行，北港北汊河势处于再次调整阶段，整体上呈淤积态势，淤积厚度在 2m 内，上段断面形态呈"W"形(图 10-80、图 10-81，表 10-11、表 10-14)。同时，1995～2006 年，北港北沙 0m 以上面积年均增长率为 2.2km²/a，2006～2015 年为 3.2km²/a，因此工程后北港北沙面积年均增长率比工程前增加 1.5 倍左右(图 10-80)。

表 10-14　2006～2013 年北港北汊典型断面等深线槽宽、–5m 线以下断面面积与最大水深

断面	年份	槽宽/m			面积/m²	最大水深/m
		0m	–2m	–5m		
AB	2006	—	2361	792/530*	1584.4	6.6
	2007	—	2412	595/385*	937.5	6.3
	2008	—	2218	554/373*	681.2	6.2
	2009	—	2435	837	150	5.7
	2010	—	2633	551	168.75	5.6
	2011	—	2604	646	—	3.3
	2012	521	2456	326	—	4.4
	2013	814	2608	469	—	4.5
CD	2006	—	2428	—		3.9
	2007	—	2372	—		4.2
	2008	—	2335	—		4.1
	2009	—	2235	—		3.8
	2010	—	2234	—		4.8
	2011	—	2450	—		3.9
	2012	—	2346	—		4.7
	2013	—	2385	—		4.9

断面	年份	槽宽/m			面积/m²	最大水深/m
		0m	−2m	−5m		
EF	2006	—	4286	—	—	2.4
	2007	—	3133	—	—	2.2
	2008	—	4240	—	—	2.2
	2009	—	4191	—	—	2.2
	2010	—	4239	—	—	2.4
	2011	—	5613	—	—	2.3
	2012	—	4183	—	—	2.2
	2013	—	4259	—	—	2.6

注：792/530*指 AB 断面−5m 涨潮槽宽 792m，−5m 落潮槽宽 530m，595/385*和 554/373*也是类似

另外，H1、S031 测点位置均位于北港北汊中上段（图 10-73），且相距较近，实测数据同为大潮时段内取得，因此通过比较两测点 2003～2012 年潮流、含沙量变化特征，可以一定程度上说明工程建设对北港北汊动力沉积过程的影响。由表 10-15 可以看出：洪季大潮，2003～2012 年，北港北汊上段涨、落潮平均流速与含沙量均增加。2003 年涨潮平均流速、含沙量分别为 0.64m/s、0.239kg/m³，2012 年增加至 0.83m/s、0.37kg/m³；2003 年落潮平均流速、含沙量分别为 0.94m/s、0.289kg/m³，2012 年增加至 1.07m/s、0.56kg/m³。同时，根据北港北汊、北港南汊近期浅地层剖面图（图 10-81 和图 10-82）的对比可知：北港拦门沙河段近期床面上均出现了较多分层，淤积较明显。因此，北港北汊的局部河势在一定程度上与北港大型工程的建设及投入有关，但其机制尚待研究。

表 10-15　2003～2012 年北港北汊上段测点潮流平均流速、含沙量变化

时间	测点	季节潮型	流速/(m/s)		含沙量/(kg/m³)	
			涨潮	落潮	涨潮	落潮
2003-07	S031	洪季大潮	0.64	0.94	0.239	0.289
2012-06	H1	洪季大潮	0.83	1.07	0.38	0.56

3）长江口深水航道北导堤和横沙东滩促淤圈围工程

长江口深水航道工程于 1998 年开始建设，其中北导堤建在横沙东滩南缘，建成后全长 49.2km，一期工程于 2001 年 6 月竣工，建成北导堤 16.5km，二期工程于 2002 年 5 月开工建设，2005 年 3 月竣工，建成北导堤 32.7km（杜景龙等，2007；刘高伟，2015）。横沙东滩促淤圈围工程位于北港与北槽之间横沙岛东部，自 2003 年开始实施，到现在已经完成五期（郭兴杰，2015）。深水航道北导堤以及横沙东滩促淤圈围工程的建设实施，限制了北港落潮水流通过横沙东滩串沟进入北槽，固定了横沙东滩北部岸线，南向分流减弱，向北分流增强，从而导致横沙通道与北港北汊分流增加，研究表明有 20% 的水流从北港北汊向东海流去（陈吉余等，2013；武小勇，2005；王维佳等，2014；郭兴杰，2015；杜景龙

等, 2007), 由于 2007 年长兴岛潜堤工程的建设, 对横沙通道的分流、分沙量, 起到了一定的限制作用, 实测资料也显示, 2015 年北港北汊落急阶段分流比可达 11%, 说明北港北汊也具有一定的分流能力。所以未来北港北汊将继续进一步发展。

3. 长江口四级分汊北港北汊河势演变主要影响因素

从自然演变因素、人类活动影响两方面, 对近 40 年来北港北汊河势演变影响因素进行了综合分析。获得的主要结论如下:

(1) 受 1998 年和 1999 年特大洪水影响, 北港北沙与崇明岛边滩分离, 形成了–5m 沙头, 北港北汊河槽形态成形; 洪水引起的底沙大量下移, 加快了北港北沙扩展淤高速度, 北港北沙 0m 线包络面积较 1995 年增长了一倍, 沙体形态开始向东、南两个方向扩展。故特大洪水对北港北汊河势起着格局性影响。

(2) 北港下段洪季和枯季优势流均大于 0.5, 且洪季落潮优势沙、优势流均在 80% 以上, 落潮垂线平均流速为 0.87~1.07m/s, 涨潮垂线平均流速为 0.4~0.83m/s, 落潮流速为涨潮流速的 1 倍左右。故北港下段落潮流动力强于涨潮流动力, 落潮流起支配作用, 且近年来北港作为长江主要水沙输运通道的功能增强, 从而为北港北沙的淤涨和北港北汊发展提供了丰富的物质来源。

(3) 1990~2006 年, 六滧沙脊上、中段南侧受到潮流顶冲而向北移动, 沙体不断向东南向延伸扩大, 沙脊尾部不断下移, 下移速度约为 1.3km/a。2006~2015 年, 六滧沙脊尾部冲刷较严重, 2010 年与 2006 年相比上提了 3.5km, 2013 年较 2010 年上提了 4.3km, 2015 年, 沙脊尾部位置较 2013 年稍微靠北, 且–5m 线有所下移。与此同时, 自 2001 年后, 团结沙水闸南侧前沿沙脊不断向北港北沙方向移动, 尾部向南淤涨, 并与北港北沙头相连, 2010 年涨潮槽未发生较大变化, 落潮槽已淤浅衰亡, 2013 年, 落潮槽再次出现, 2015 年北港北汊落潮槽再次淤浅衰亡。可见, 2010~2015 年北港北汊落潮槽的变化可能与六滧沙脊尾部沙体变化有关, 2001 年后六滧沙脊尾部受水流冲刷切割, 切割下来的泥沙被落潮流带到北港拦门沙河段, 为北港北汊河段团结沙水闸前沿沙脊的形成提供了物质来源。

(4) 北槽深水航道北导堤和横沙东滩促淤圈围工程对北港落潮水流通过横沙东滩串沟进入北槽, 起到了一定的限制作用, 进而导致北港北汊分流增加, 是北港北汊发展的重要因素, 但青草沙水库及长江大桥建设后北港北汊整体淤浅机制, 还需待进一步研究。

第11章 汉口-吴淞口河槽冲淤与微地貌演变对人类活动的自适应行为

一般而言，冲积河流通过自动调整河槽的冲淤过程与微地貌，以适应上游水沙条件和边界条件的改变，这种自动调整过程可称为自适应行为，其包括河槽的冲淤特征、冲淤量及微地貌类型的变化及其原因。河槽的自适应行为关系到河流两岸的防洪抗旱、涉水工程安全以及岸线资源开发与利用，故此研究长期以来受到众多科研人员的广泛关注。具有"黄金水道"之称的长江自20世纪50年代以来，先后开展了以三峡大坝为主的水库群、水土保持、河道整治等工程，河口修建了青草沙水库、深水航道以及促淤围垦等工程。这些流域和河口大型工程使得长江中下游河槽的边界条件与水沙条件发生了重大改变，河槽原有的地貌过程及其演变趋势必然发生了自适应调整，即河槽的冲淤特征与冲淤量、床面微地貌类型等发生变化，但是这些自适应行为的具体特征及其变化趋势等问题尚待研究。

11.1 研究区域概况

11.1.1 地貌概况

长江流域的地形地貌整体呈西高东低的特征。宜昌市以下河段为长江中下游，全长约1750km（图11-1）。宜昌-枝城河段为峡谷河段向平原河段过渡区，沿江两岸有多级阶地发育；城陵矶-鄱阳湖湖口两岸多山矶、节点；湖口以下为广阔的河流冲积平原，河流南岸有多处节点控制，受东海潮汐影响，属于感潮河段（石盛玉等，2017，2018）。其中，汉口以下海拔（1956年黄海高程基准）一般在10m以下。中下游流域位于扬子准地台，受新构造运动的影响，以沉降作用为主；南北两岸的大地构造单元也不同，右岸相对抬升，左岸下沉（李茂田，2005）。大通至河口河段由于淮扬地盾与江南古陆的构造运动的原因，流域内发生了强烈褶皱或断裂运动，形成了一系列断裂的破碎带（屈贵贤，2014）。

长江中下游年均气温一般为15~20℃（蒋德隆，1991）。两岸多低山丘陵、河流阶地与漫滩，河床主要由砂、砾石和卵石构成，下部为基岩。长江中下游河床纵比降较上游平缓，但宜昌-城陵矶河段尚为 $0.37×10^{-4}$~$0.58×10^{-4}$；城陵矶-鄱阳湖湖口河段则为 $0.19×10^{-4}$~$0.24×10^{-4}$；湖口-南京河段河床纵比降变化较大，南京-长江口减缓至 $0.097×10^{-4}$（李茂田，2005）。

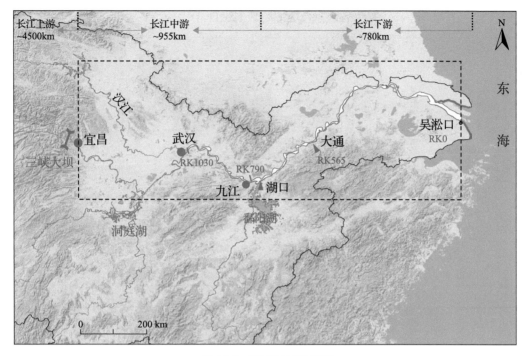

图 11-1　研究区域示意图

RK 表示主河槽距离吴淞口的距离，单位为 km(吴淞口为计算原点，即 RK 0)

11.1.2　动力分区与研究区域选择

　　湖口是长江中下游分界面，湖口以上河段动力主要为径流作用；湖口至大通河段为潮区界变动河段，该河段动力主要为径流作用，但水位变化也受到季节性潮位影响(石盛玉，2017；沈焕庭等，2003)；镇江以下河段为潮流界(徐汉兴等，2012)。长江自 20 世纪 50年代以来，流域修建以三峡大坝为主的水库群、水土保持工程、河道整治等工程，河口修建了青草沙水库、深水航道工程以及促淤围垦等工程，这些流域和河口大型工程等人类活动使得长江中下游河槽的边界条件与水沙条件发生了重大改变(许全喜，2013；Luan et al.，2016；Luo et al.，2017；石盛玉等，2017)。但已有研究多集中于三峡大坝下游的荆江-汉口河段(Chen et al.，2010；Sun et al.，2012；Xia et al.，2014，2016b；韩剑桥等，2014；杨云平等，2016；袁文昊等，2016；Lai et al.，2017；樊咏阳等，2017)和长江徐六泾以下的河口与水下三角洲地区(高抒，2010；Yang et al.，2011b；计娜等，2013；黎兵等，2015；张晓鹤，2016；吴帅虎，2017；Luo et al.，2017)，而对于三峡大坝截流以后长江汉口以下河段河槽冲淤与地貌对人类活动的自适应研究较少(王建等，2007；许全喜，2013；Gao et al.，2013；屈贵贤，2014)。

　　因此，本章选择长江汉口-吴淞口河段为研究河段，分析该河段 1998~2013 年在流域人类活动的影响下，河槽冲淤与地貌的自适应行为(图 11-2)。按照水动力特征将研究区划分为三段分别进行研究：汉口-湖口段(水动力为径流作用)、湖口-大通段(水动力以径流为主，水位受到潮位波动的季节性影响)、大通-吴淞口河段(水动力以径流和潮流作用为主)。其中，根据大通-吴淞口河段冲淤规律，将该河段细分为大通-芜湖河段，芜湖-

五峰河段，五峰-徐六泾河段，徐六泾-吴淞口段(图 11-2)。

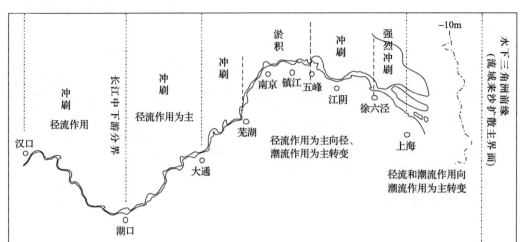

图 11-2　研究区域分区示意图

11.2　研 究 方 法

11.2.1　数据采集

1. 河槽表层沉积物样品采集

于 2014～2017 年自汉口-吴淞口河段沿主航道采集河槽表层沉积物样品，采样器为帽式采泥器。帽式采泥器能够采集床面厚约 3～10cm 的沉积物。汉口-吴淞口河段共采集河床沉积物样品 54 个(图 11-23～图 11-25)。

2. 流速数据采集

2014 年 7 月、2015 年 6～8 月、2016 年 8～9 月分别在长江九江-吴淞口河段进行流速测量。测量仪器采用美国 Rowe Technologies Inc(RTI)公司最近开发的双频 ADCP，其作业频率为 300kHz/600kHz。测量时，利用钢制固定架将仪器固定于船体。在吴淞口-大通河段共选取 5 个测点分别进行了 10 个小时、9 个小时、17 个小时、11 个小时和 23 个小时的定点流速观测，并随船沿主航道测量瞬时流速。流速数据间隔为 5s，后期导入 Excel表格中，并在 Matlab 中进行流速数据分析。

3. 多波束测深数据采集

1) 多波束测深系统简介

该系统为丹麦 Reson 公司最新生产的用浅水型双频高分辨率多波束测深系统(Seabat 7125)，其作业频率为 200/400kHz，分别对应 256/512 个波束，水深分辨率为 6mm，单次测量的覆盖宽度为 140°或 165°(可以选择)，且在测量过程中可以手动调整波束的开角，最大测量深度为 500m，最大数据更新频率为 50±1Hz。水下部分主要包括波束发射单元、波束接受单元、声速仪；甲板单元主要有定位系统(Trimble DGPS)、姿态传感器、工作站等。其中，换能器采用 T 型设计，在测量过程中安装方便简单，可以固定安装于测量船底部或临时性的安装于测量船的侧舷。

2) 多波束水深数据采集

利用该多波束测深系统对长江口吴淞口-九江河段河床微地貌进行了大面积观测，观测时间分别为 2014 年 7 月、2015 年 6~8 月、2016 年 8~9 月。数据采集软件为 PDS 2000，版本为 Version 4.2.16(www.teledyne-reson.com)。对南港与北港分流口进行小区域全覆盖扫测时(南北方向长度约 1360m，东西向长约 650m)，选用 400kHz 的工作频率，仪器的中央波束角为 0.5°，发射波束宽为 1°(±0.2°)，设定数据最大更新频率 20Hz，换能器利用特制的钢结构架固定于测量船船体的左侧，测量船速度控制在 1~3m/s 之间，在 PDS2000 中建立 3D 格网模型(Grid model)，模型的数据分辨率为 0.30m。长江江阴以下河段多波束测深基准面利用潮位进行校正，将其校正至理论最低潮面；江阴以上河段多波束水深值采用瞬时水面为基准。

多波束采样位置主要为河流主航道两侧，多波束观测位置悬挂于船体左侧。对长江吴淞口至九江河段的主航道进行测量时，虽然大部分设置与上述测区相同，但因跨区域较大，需要根据实测区域的地理位置，在 Project Configuration 的 Coordinate system 中选取对应的分区，其中，长江江阴以下选取 WGS 84 的 UTM Zone 51N，而其上游河段选用 WGS 84 的 UTM Zone 50N。同时，由于航道水深的变化，在测量时选择自动追踪模式，以保证扫测数据的质量。针对特殊地形，如深度超过 35m 的河流深水河槽或桥墩冲刷地形，可手动结合自动追踪模式调整波束开角，以保证数据质量。在河床地形具有明显变化的水域进行校准线的测量。

4. 历史水下地形数据收集

收集了 1998 年和 2013 年三个时期长江汉口-吴淞口河段的航行图数据，数据来源为交通运输部长江航道局编制的 1:40000 的长江下游航行参考图(吴淞口-武汉)。其采用 1954 年北京坐标系，高斯-克吕格 3°带投影，并在每一图幅的四角标注经纬度，高程系为 1985 国家高程基准(陆上部分)。由于该航行参考图从河口潮流区(吴淞口)-长江中游河段(汉口)，因此，水下部分的深度基准面分别采用理论最低潮面(吴淞口-江阴河段)和航行基准面(江阴-汉口河段)。虽然选用 1998 年和 2013 年出版的航行图代表相对应的 2 个时期的河流水下地形资料，但是相关水下资料并非均是对应年份采集。如 2013 年长江下游航行图中，吴淞口-浏河口采用的数据来源为上海海事局 2013 年和 2014 年的测量数据，浏河口-武汉汉口河段使用交通运输部长江南京航道局与长江武汉航道局 2013~2014 年联合测量的水下地形数据；而陆地部分，如河堤、码头、桥梁等资料的测量时间截至 2014 年。

11.2.2　分析方法

1. 河槽表层沉积物分析

采集的河槽表层沉积物样品利用塑封袋密封保存，经前处理后测试。步骤如下：从塑封袋中取适量样品放入洗净后的烧杯中，依次加入浓度为 10% 的 H_2O_2 和 HCl 各 10ml，去除有机质和钙质碎屑，待反应结束后，用干净的报纸盖住烧杯，并静置 24h；抽取上层清液，再加入纯净水，直至利用 pH 试纸测试烧杯中样品的 pH 接近中性为止。再加入六偏磷酸钠分散粒度，搅拌后利用 Mastersize-2000 激光粒度仪测试。

2. 河槽床面剪切力与理论河槽床面剪切力计算

床面剪应力 (τ) 公式如下 (Bridge and Jarvis, 2010)：

$$\tau = \rho[ku / \ln(z / (z_0)_{SF})]^2 \tag{11-1}$$

式中，ρ 为水密度，取水的密度 1000kg/m³；u 为垂向平均流速或 0.8h 处水流流速；z 为该流速距离河槽表面的高程，即平均水深值或 0.8h 距离河槽表面的垂直距离；k 为卡曼常数，取值 0.4；$(z_0)_{SF}$ 为沉积物糙率 ($0.095D_{90}$) (Wilcock, 1996)。

临界河槽床面剪应力 (τ_c)，公式如下 (van Rijn, 1984a)：

$$\tau_c = 0.013D_*^{0.29}(\rho_s - \rho)gD_{50} \tag{11-2}$$

D_* 为无量纲粒径值，定为如下：

$$D_* = D_{50}\left(\frac{(S-1)g}{v^2}\right)^{1/3} \tag{11-3}$$

式中，S 为泥沙与水的密度比值，取值 2.65；v 为运动黏度，取值 1×10^{-6}m²/s；ρ_s 为河槽表层沉积物密度，取值 2650kg/m³；g 取值 9.81m/s²；D_{50} 为沉积物中值粒径。

3. 多波束测深数据分析

在野外或者室内后期对获取的原始数据进行校正，主要包括横摇、纵摇和艏摇的校准。江阴以下研究区域受到潮流作用明显，对江阴以下的数据进行了潮位校正；江阴-九江河段虽然也受到潮位波动的影响，但影响比潮流界小，这部分数据未进行潮位校正，因此，江阴-九江河段数据均指瞬时床面形态。上述数据在 Editing 模块剔除异常波束，并在 PDS 2000 中生成新的格网模型，水深>35m 的格网模型的分辨率为 1m×1m；而对于特殊区域，如全覆盖扫测区(南港与北港分流口)格网分辨率为 0.50m×0.50m，部分区域可达到 0.30m×0.30m。对于不同的河床微地貌的计算方法介绍如下：

1) 采沙坑或冲刷坑体积计算方法

采沙坑或小型冲刷坑等水下地形体积在 PDS2000 软件中估算。利用多波束测深系获取的点云集合，经后处理后生成 0.50m×0.50m 至 1m×1m 的格网模型。体积估算方法如下：

$$V_{\mathrm{T}} = \sum_{i=1}^{n} S_i \times (D_i - H_i) \tag{11-4}$$

式中，V_{T} 为多波束测深系统生成的格网模型中水下地形的冲刷或淤积体积，m^3；S_i 为单个格网的面积，m^2；D_i 为格网的实测水深，m；H_i 为参考平面的水深，m；n 为研究范围内格网的个数，$n = 1, 2, 3, \cdots$。

2）沙波几何参数统计与分析

沙波统计参数主要包括波长、波高、对称性等。在统计沙波几何参数时，将相邻沙波波谷之间的水平距离计算为波长(L)，两波谷连线与波峰垂线的交点之间的距离为波高(H)，迎流面波谷的水平线与波峰垂线之间的距离为迎流坡波长(L_1)，背流面波谷的水平线与波峰垂线之间的距离为背流坡波长(L_2)，其中 $L = L_1 + L_2$(图 11-3)。

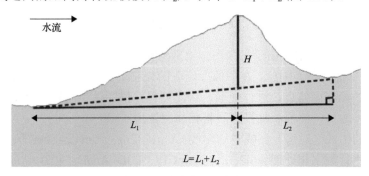

图 11-3　沙波统计参数标准

由上述参数可计算沙波对称性(A_{S})，见式(11-5)。A_{S} 越接近于 0 说明对称性越好。

$$A_{\mathrm{S}} = \frac{L_1 - L_2}{L} \tag{11-5}$$

由于自然河槽中同一沙波的几何参数(如波长和波高)在不同位置不同(图 11-4)，因此，所有的沙波几何参数代表的是某一河段某一时期的统计结果。统计方式为随机测量 3 次，取平均值。

4. 历史水下地形数据分析

利用水下地形数据生成的数字高程模型(DEM)被广泛应用于河流、河口以及近海海域长时间尺度的河槽演变研究中。本节研究在水下地形数据处理过程中，主要包括航行参考图的扫面，扫描图件的空间配准与矢量化，DEM 的生成与分析。具体如下：

(1)航行参考图的扫描。将长江下游航行参考图拆分后放入扫描仪中扫描，设置扫描仪分辨率为 300DPI，保存为 JPG 格式。

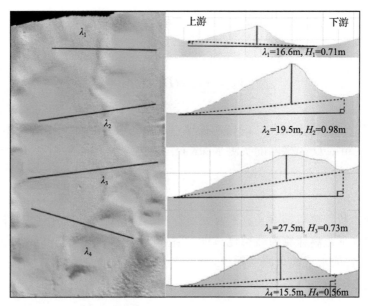

图 11-4　沙波统计参数示意图

（2）空间配准与矢量化。由于每张图幅上四角标注了经纬度，同时每张图幅中经度和纬度线均有 1～3 条不等，因此，在图像上选取的控制点为 5～9 个。在 ArcGIS 中，根据选取的控制点的经纬度信息，进行配准，从而使得扫描图件中的每一个空间位置点均有地理坐标信息。对每一图幅添加投影后将相邻图像拼接。

（3）DEM 的生成。对每一图幅中的岸线、0m、–2m、–5m 及 –10m 等深线，水深点，江心洲岸线等进行数字化处理。其中，在 ArcGIS 的 3D Analyst 模块中将岸线以及江心洲等生成闭合的面文件，将水深点以及各等深线文件生成点云数据。利用克里金法将点云数据生成分辨率为 50m×50m 的不规则三角网 TIN 文件，利用岸线及江心洲的边界作为生成水下地形数据的 DEM 边界。

值得注意的是，由于长江吴淞口-江阴河段水下部分的深度基准面为理论最低潮位，而汉口-江阴河段为航行基准面，且航行基准面并不是一个平面，而是由多个相互连接的斜面构成（图 11-5）。因此，同一年份的 DEM 文件中的水深值并不是相对于某一个固定基准面的实际水深值（图 11-5）。水深点校正高程（H）= –航行图水深（$H1$）+ 校正值（B）。

而又因为相同河段 1998 年和 2013 年的长江下游航行参考图的深度基准面相同（图 11-5）。因此，相同河段的校正值（B）相同。

那么，相同河段水深变化的计算方法如下（以 1998 年和 2013 年为例）：

$H_{2013-1998}$= [–航行图水深（H_{2013}）+校正值（B）] – [–航行图水深（H_{1998}）+校正值（B）]

即 $H_{2013-1998}$= –航行图水深（H_{2013}）+航行图水深（H_{1998}）

由此可知，如果两个河段的参考基准面相同，那么，两者的水深差值可以由航行图水深得出。故在计算相同河段水深差值以及 DEM 的冲淤变化量时，也未将其校正至同一个高程基准面。因此，关于航行参考图的数据为相对水深值，即江阴-吴淞口河段相对于理论最低潮面；汉口-江阴相对于航行基准面。

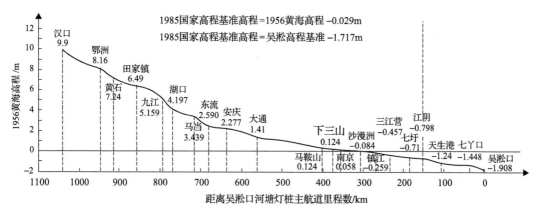

图 11-5　1956 黄海高程基准面与航行基准面、理论最低潮面的关系(改编自 2013 年航行图)

(4)数据分析。数据分析主要包括河槽宽度、0m 线河槽包络面积、冲淤量以及典型横断面等。

其中,河槽宽度测定的方法为河槽两侧岸线在垂直方向上的直线距离。然而,由于长江汉口-吴淞口多河段发育有江心洲等复杂地形,因此,取岸线之间的未成陆部分的河槽宽度为统计河槽宽度。但是,在测量过程中,由于人为选取断面存在主观性和数据分辨率的原因,估计所测河槽宽度存在 10~20m 的误差。因此,对比不同年份之间河槽宽度变化时,首先,考虑是否存在人为控制工程束窄河槽或存在崩岸等自然灾害导致的河槽宽度变化;其次,若无上述明显特征时,对变化值<20m 的河段则确定其未发生河槽宽度的变化。

包络面积变化和冲淤量变化计算主要在 Analyst 分析模块中完成。首先,将利用点云数据生成的 DEM 文件,利用 cut Polygons Tool 每隔 10km 分割呈一个独立的 DEM 文件并编号(如 CJZXY_1998_001)。然后,在 3D Analyst 模块中的"Area and Volume"功能计算 0m 以下、−2m 以下、−5m 以下及−10m 以下的表面积与体积变化,然后导入 Excel 中。然后进行相对应河段的数据进行差值,得到包络面积变化以及冲淤量变化。

11.3　干流河槽冲淤演变特征

河槽冲淤演变研究是地学界热点之一,尤其是人类活动对河槽冲淤演变的影响更受到研究者的关注(Gregory and Park, 1974; Church, 1995; van der Wal et al., 2002; Church and Zimmermann, 2007; Rinaldi, 2010; 吴帅虎等, 2016)。如美国密西西比河修建的泄洪通道工程虽然在大洪水期间控制了洪峰,但被泄洪通道转移的泥沙量可达泄洪期间总泥沙量的 31%~46%,这些泥沙加剧了因海平面上升与地面沉降综合作用下河口地区的侵蚀衰退(Nittrouer et al., 2012)。

对 1998 年和 2013 年长江汉口-吴淞口 0m 线以下河槽体积变化量进行估算,结果表明,该河段 0m 线包络河槽体积共扩大约 23.40 亿 m^3。假设河床表层沉积物的容重以 1.40~1.70t/m^3 进行估算(江丰等, 2015),则在过去的 15 年里,长江汉口-吴淞口河段河槽冲刷的泥沙总重量约 32.76 亿~39.78 亿 t，年均冲刷泥沙重量约 2.18 亿~2.65 亿 t。而 0m 线以上河槽体积变化较小，1998~2013 年扩大约 1.90 亿 m³，年均淤积泥沙 0.18 亿~ 0.22 亿 t，仅占 0m 线以下河槽体积变化量的 8.25%，因此，讨论的河槽冲刷均值 0m 线包络部分的河槽冲淤量。

　　湖口是长江中下游分界面，湖口以上河段动力条件主要为径流作用；湖口-大通河段为潮区界变动河段，该河段动力条件主要为径流作用，但水位变化也受到季节性潮位影响(石盛玉，2017；沈焕庭等，2003)；镇江以下河段为潮流界(徐汉兴等，2012)。因此，将研究区划分为三段分别进行研究：汉口-湖口段(水动力条件为径流作用)、湖口-大通段(水动力条件以径流为主，水位受到潮位波动的季节性影响)、大通-吴淞口河段(属于长江河口段，水动力以径流和潮流作用为主)。

11.3.1　汉口-湖口干流河槽冲淤演变特征

1. 汉口-湖口干流河槽宽度变化

　　沿河道每隔10km取一个横断面作为河槽宽度统计数据，汉口-湖口共采集28个断面，对比1998年和2013年汉口-湖口河槽宽度变化；同时采集两年的横断面水深数据(图11-6)。

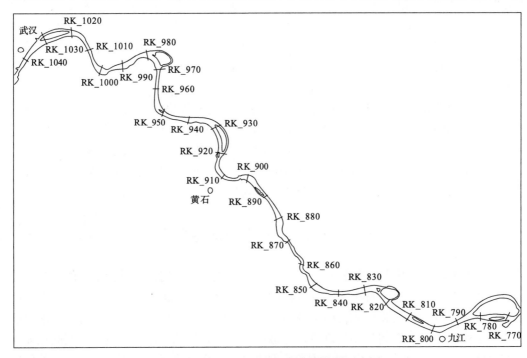

图 11-6　长江汉口-湖口河段断面位置示意图

　　结果表明，1998~2013 年汉口-湖口河段平均河槽宽度基本稳定，但局部河段变化较大。如在新洲水道(RK 820)河道河槽宽度缩窄约 236m，较 1998 年河槽宽度缩窄了约 10.90%；而在青山夹水道下段河道(RK1020-1030)自 1998~2013 年平均展宽约 500m，展宽部分约占 1998 年河槽宽度的 13.4%~47%(图 11-7)。

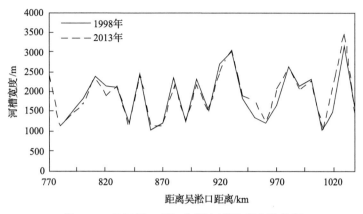

图 11-7　长江汉口-湖口河段河槽宽度变化特征

2. 汉口-湖口干流河槽深泓线变化

在河槽宽度基本没有变化的情况下,1998～2013 年汉口-湖口河段河槽深泓线变化较大,整体上表现为冲刷加深现象,该河段平均冲刷 1.7m,但有部分河段呈现淤积现象。如 RK970 由 1998 年的–17m 刷深至 2013 年的–29m,刷深约 12m;而部分河段河槽也表现出深泓线变浅,如 RK875s 深泓线由 1998 年的–10m,淤浅至 1998 年的–5m(图 11-8)。

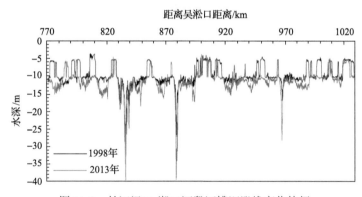

图 11-8　长江汉口-湖口河段河槽深泓线变化特征

对汉口-湖口河段 1998 年和 2013 年的 6 个典型横断面形态进行对比发现,大部分断面形态呈冲刷的状态,部分水域断面形态发生一定程度的调整。如汉口河段(RK1040)呈左岸至河中心均呈剧烈冲刷,最大冲刷深度可达 6m,而右岸则表现为淤积,最大淤积深度约 4～5m;牧鹅洲水道(RK1000)则左岸稍微淤积,淤积厚度约 1～2m,中心至右岸则表现为冲刷,最大冲刷深度约 6～7m;沙洲水道上段(RK960)整体上变化不大,左岸与右岸表现为淤积,河流中心表现为冲刷;牯牛沙水道下段(RK890)变化较大,左岸表现为稍微淤积,淤积厚度约 3m,而河中心至右岸表现为剧烈冲刷,最大冲刷深度可达 7～8m;鲤鱼山水道(RK850)左岸与右岸均发生剧烈冲刷,最大冲刷深度可达 8～9m;九江水道(RK800)左岸发生剧烈淤积,最大淤积厚度约 4～5m,而右岸则剧烈冲刷,最大冲刷深度约 9～10m(图 11-9)。

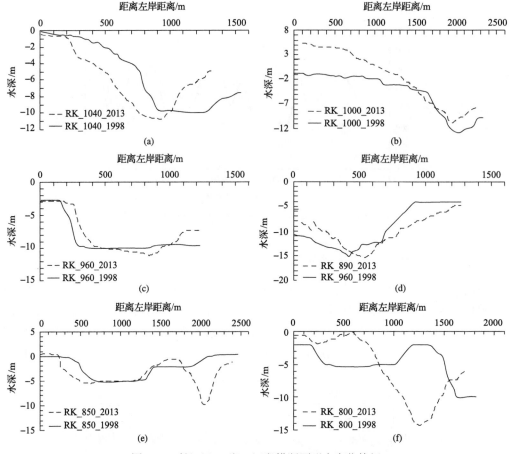

图 11-9　长江汉口-湖口河段横断面形态变化特征
(a)汉口河段；(b)牧鹅州河段；(c)沙洲水道；(d)牯牛沙水道；(e)鲤鱼山水道；(f)九江水道

3. 汉口-湖口干流河槽冲淤量变化

汉口-湖口河段长约 280km，该段河槽在 1998～2013 年期间整体呈冲刷状态，冲刷河槽体积约 2.96 亿 m³，淤积河槽体积约 0.68 亿 m³，净冲刷河槽体积约 2.29 亿 m³。2013 年河槽 0m 线包络面积约 3.87 亿 m²，较 1998 年河槽 0m 线包络面积(4.00 亿 m²)减少约 13.00%；2013 年河槽 0m 线包络体积约 21.64 亿 m³，较 1998 年河槽 0m 线包络体积(19.35 亿 m³)增加约 11.80%(图 11-11)。其中，淤积河段主要发生在九江水道和罗湖洲水道(图 11-10)。河槽冲淤现象与河槽工程有密切相关，如部分强烈淤积河段均有整治工程存在，如 RK810 因鳊鱼滩滩头整治工程存在，河槽体积由 1998 年 4800 万 m³ 缩减至 2013 年 950 万 m³。

11.3.2　湖口-大通干流河槽冲淤演变特征

1. 湖口-大通干流河槽宽度变化

沿垂直河道每隔 10km 取一个横断面作为河槽宽度统计数据，湖口-大通共采集 20 个断面，对比 1998 年和 2013 年湖口-大通的河槽宽度变化；同时采集两年的横断面水深数据(图 11-11)。

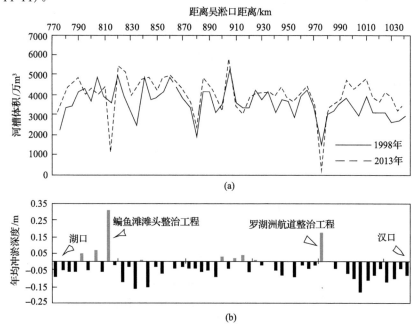

图 11-10　长江汉口-湖口河段河槽体积变化与年均冲淤深度

(a)河槽体积变化；(b)年均冲淤深度

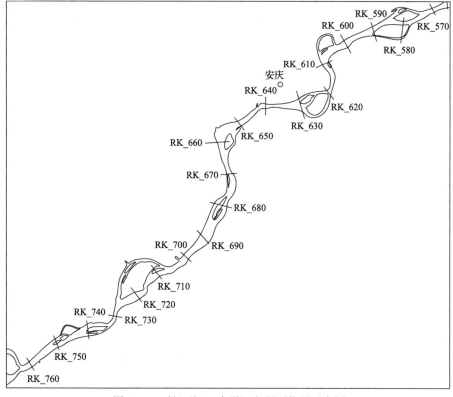

图 11-11　长江湖口-大通河段断面位置示意图

　　结果表明，1998～2013 年湖口-大通河段河槽宽度变化较汉口-湖口河段明显，且整体呈缩窄趋势，约 53m，局部河段变化依然较大。其中，在崇文洲河段（RK 570-RK580）平均缩窄约 320m；太子矶水道（RK 600）河道缩窄约 474m；湖口水道下段（RK 750）河道缩窄约 150m。但部分河段也存在河道展宽现象，如东流直水道下段（RK700）和官洲水道（RK650）分别展宽约 150m 和 280m（图 11-12）。

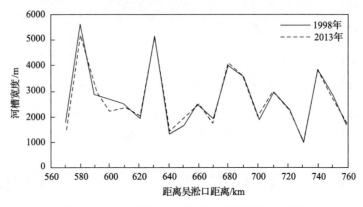

图 11-12　长江湖口-大通河段河槽宽度变化特征

2. 湖口-大通干流河槽深泓线变化

　　1998～2013 年湖口-大通河段河槽深泓线呈冲刷加深的趋势，平均冲刷深度 1.30m，但各河段深泓线变化依然存在差距。最大平均冲刷深度发生于东北横水道（RK730-720），深泓线由 1998 年–25m 刷深至–31m，最大冲刷深度约 6m（图 11-13）。

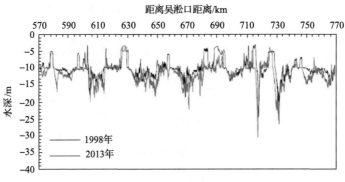

图 11-13　长江湖口-大通河段河槽深泓线变化特征

　　对湖口-大通河段 1998 年和 2013 年的 4 个典型横断面形态进行对比发现，断面形态均发生较大幅度的调整。如湖口水道下段（RK 750）河槽宽度在缩窄的同时，整体呈剧烈冲刷趋势。2013 年河槽宽度约 2.80km，而从左岸至右岸有 2.40km 的河槽表现为强烈冲刷，最大冲刷深度达 4～5m，而右侧河岸约 300m 宽的河段则表现为轻微淤积，最大淤积深度约 2m；东流直水道下段（RK700）左岸发生剧烈冲刷，最大冲刷深度约 5～6m，河槽深泓线也发生调整，表现为向左岸偏移，右侧河槽相对表现为淤积，厚度约 1～2m，河槽宽度表现为稍微展宽；官洲水道上段（RK660）整体上表现为冲刷趋势，最大冲刷深度发生于距离左岸约 0~200m 的水域,最大冲刷深度约 2~2.50m,深水河槽表现为展宽,由宽"V"形向"U"形过渡,右侧河槽虽然也呈冲刷趋势,但是冲刷幅度较左岸小,冲刷深度介于 0~0.50m;贵池水道(RK590)整体呈左岸淤积,右岸冲刷,深泓线向右岸摆动的趋势,最大淤积厚度约 2~3m,最大冲刷深度约 5~6m,由于深泓线摆动,深水河槽呈稍微展宽的趋势。同时,右侧支汊河槽(距离左岸 2.50~3km)呈淤积趋势(图 11-14)。

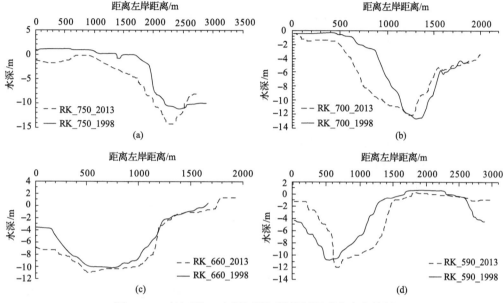

图 11-14 长江湖口-大通河段河槽横断面形态变化特征
(a)湖口水道;(b)东流直水道;(c)官洲水道;(d)贵池水道

3. 湖口-大通干流河槽冲淤量变化

湖口-大通河段长约 200km,该段河槽在 1998~2013 年期间整体呈冲刷状态,冲刷河槽体积约 2.91 亿 m³,淤积河槽体积约 0.29 亿 m³,净冲刷河槽体积约 2.62 亿 m³。2013 年河槽 0m 线包络面积约 4.12 亿 m²,较 1998 年河槽 0m 线包络面积(4.22 亿 m²)减少约 2.40%;2013 年河槽 0m 线包络体积约 23.80 亿 m³,较 1998 年河槽 0m 线包络体积(21.20 亿 m³)增加约 12.30%(图 11-15)。其中,淤积河段主要发生在贵池水道(RK580~RK590)(图 11-15)。

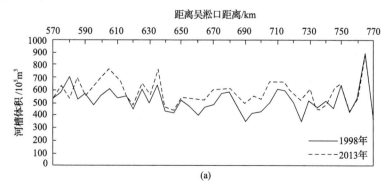

(a)

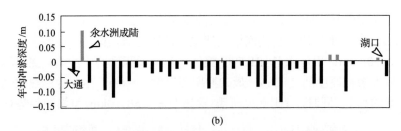

(b)

图 11-15　长江湖口-大通河段河槽体积变化与年均冲淤深度

(a)河槽体积变化；(b)年均冲淤深度

11.3.3　大通-吴淞口干流河槽冲淤演变特征

1. 大通-吴淞口干流河槽宽度变化

沿垂直河道每隔 10km 取 3 个横断面作为河槽宽度统计数据，大通-吴淞口共采集 167 个断面，对比 1998 年和 2013 年大通-吴淞口的河槽宽度变化；同时采集两年的横断面水深数据(图 11-16)。

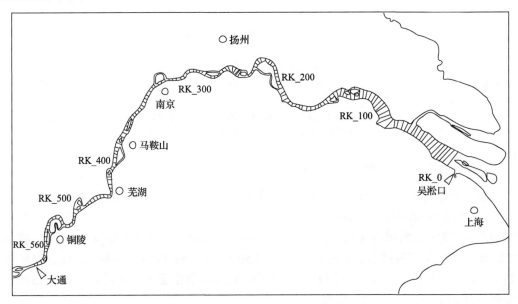

图 11-16　长江大通-吴淞口河段断面位置示意图

结果表明，1998～2013 年大通-吴淞口河段河槽宽度变化明显，较上游汉口-大通河段变化大，且整体呈缩窄趋势。其中，大通-福姜沙河段(RK560 至 RK130)自 1998 年的平均河槽宽度 2410m 缩窄至 2013 年平均河槽宽度 2317m，平均缩窄约 93m；福姜沙-长江口南支中段(RK 130 至 RK30)河道由 1998 年的 8070m 缩窄至 2013 年的 6461m，平均缩窄约 1609m；南支下段-吴淞口(RK 30 至 RK0)河道由 1998 年的 11300m 缩窄至 2013 年的 11220m，平均缩窄约 80m(图 11-17)。

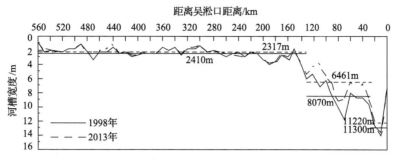

图 11-17　长江大通-吴淞口河段河槽宽度变化特征

2. 大通-吴淞口干流河槽深泓线变化

1998～2013 年大通-吴淞口深泓线整体呈冲刷加深的趋势，平均累积冲深 0.4m，但各河段河槽深泓线变化依然存在差距。如距离吴淞口约 420km（RK430）存在深泓线变浅的变化过程，由 1998 年的−17m 淤浅至 2013 年的−10m 左右；同时，距离吴淞口 220km 河道深泓线由 1998 年的−27m 淤浅至 2013 年的−10m 左右。与此同时，距离吴淞口约 50km 处，河槽深泓线由 1998 年的−15m 冲刷至 2013 年的−27m，变化幅度超过 10m（图 11-18）。

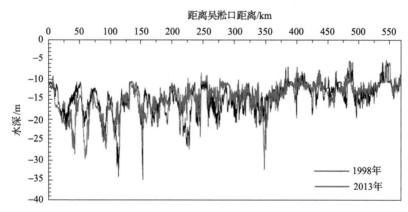

图 11-18　长江大通-吴淞口河段河槽深泓线变化特征

对大通-吴淞口河段 1998 年和 2013 年的 16 个典型横断面形态进行对比发现，大部分断面形态发生大幅度的调整（图 11-19 和图 11-20）。其中，图 11-19 为长江吴淞口-镇江河段横断面形态变化特征；图 11-20 为镇江-大通河段横断面形态变化特征。由于该河段

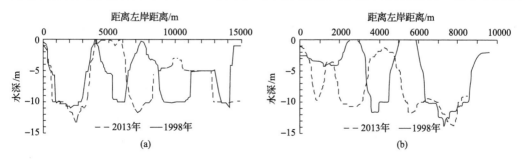

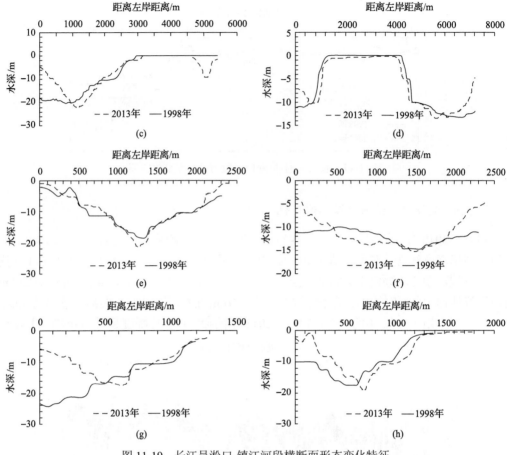

图 11-19　长江吴淞口-镇江河段横断面形态变化特征

(a)吴淞口河段；(b)徐六泾河段；(c)福姜沙北水道；(d)浏海沙水道；(e)江阴水道；(f)口岸直水道；
(g)焦山水道；(h)仪征水道

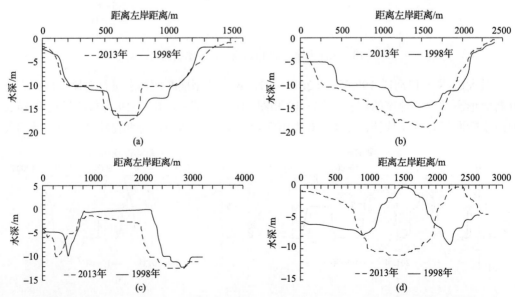

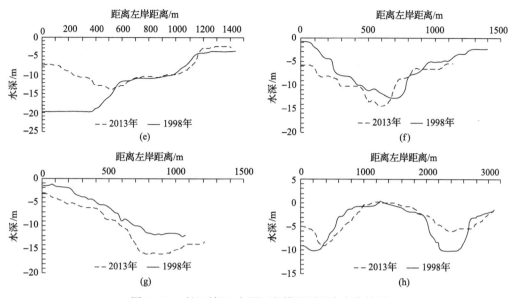

图 11-20　长江镇江-大通河段横断面形态变化特征

(a)龙潭水道；(b)南京水道；(c)马鞍山水道；(d)江心洲水道；(e)芜湖水道；(f)白茆水道；
(g)黑沙洲水道；(h)太阳洲水道

在 10km 内取 3 个横断面，因此，无法具体指出每个横断面距离吴淞口的具体距离，因此图 11-19 和图 11-20 均以横断面编号代替。

如吴淞口河段河槽发生剧烈调整，深水河槽由 1998 年的 4 个演变为 2013 年的 3 个，且北港深槽有冲刷加深的趋势，最大冲刷深度 3~5m；同时，距离左岸 8500~11000m 的水域，在 1998 年为深槽，而 2013 年调整为浅滩。徐六泾河段(RK70)河槽也发生了剧烈调整，主要表现为深泓线偏移与深水河槽冲刷。其中，距离左岸 500~1200m 处，2013 年形成一个深约 10m 的过水深槽；距离左岸 2000~3200m 的浅滩冲刷为最大深度为 11m 的深槽；1998 年，距离左岸 3300~4400m 为最大深度为 12m 的深槽，而 2013 年淤积成 2~3m 深的浅滩；右侧河槽则整体表现为冲刷。福姜沙北水道至浏海沙水道整体上变化较小，其中，浏海沙水道左岸发生淤积，最大淤积厚度约 8~9m，而右侧发生冲刷，形成深度为 8m 的过水河槽；福姜沙北水道的河槽整体上变化不大。江阴水道与口岸直水道河槽整体变化不大。焦山水道整体上变化较大，尤其是左侧河槽均发生了严重淤积，淤积厚度介于最大淤积厚度 18~20m(图 11-19 和图 11-20)。

镇江-大通河段横断面形态变化整体上较吴淞口-镇江河段小，但仍有部分河段发生了剧烈调整。如草鞋峡捷水道(RK340)整体河槽呈冲刷加深趋势，最大冲刷深度超过 5m，其左岸普遍冲刷，深泓线下切刷深，右岸稍微淤积(图 11-20)。

3. 大通-吴淞口干流河槽冲淤量变化

大通-吴淞口河段长约 560km，该段河槽在 1998~2013 年期间整体呈冲刷状态，冲刷河槽体积约 21.60 亿 m³，淤积河槽体积约 3.10 亿 m³，净冲刷河槽体积约 18.50 亿 m³。2013 年河槽 0m 线包络面积约 20.70 亿 m²，较 1998 年河槽 0m 线包络面积(22.70 亿 m²)

减少约 8.80%；2013 年河槽 0m 线包络体积约 162 亿 m³，较 1998 年河槽 0m 线包络体积（144 亿 m³）增加约 12.50%（图 11-21）。其中，淤积河段主要发生在芜湖-马鞍山河段（RK395～RK425）和江阴-张家港（RK 90～RK 155），而其他河段均发生了冲刷（图 11-21）。

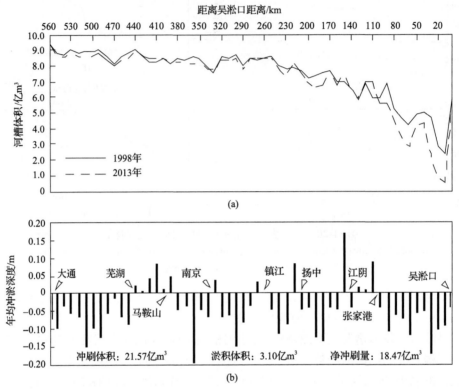

图 11-21　长江大通-吴淞口河段河槽体积变化与年均冲淤深度
(a)河槽体积变化；(b)年均冲淤深度

11.3.4　不同河段河槽演变共性与差异性

汉口-吴淞口河段河槽整体演变以冲刷为主，但不同河段河槽的冲刷程度不同，部分河段出现淤积。其中，汉口-湖口河段河槽冲刷量约 2.96 亿 m³，淤积河槽体积约 0.68 亿 m³；湖口-大通河段冲刷河槽体积约 2.91 亿 m³，淤积河槽体积约 0.29 亿 m³；大通-吴淞口河段冲刷河槽体积约 21.60 亿 m³，淤积河槽体积约 3.10 亿 m³。

其主要原因在于汉口-大通河段以径流作用为主，河槽冲淤的主要影响因素为上游来沙量减少，因此，汉口-大通河段以冲刷为主；而大通-吴淞口河段不仅受到径流作用影响，潮汐的顶托作用对河槽冲淤的影响也较大（Wang et al., 2009; 石盛玉, 2017）。尤其是在落潮期间，潮流与径流叠加效应将导致水流量增大，加之河道束窄，水动力增强，侵蚀量增大。即大通-吴淞口河段河槽上段以冲刷为主，主要原因是该部分河段以径流作用为主，潮流对该河段的影响主要表现为潮位波动，而大通-吴淞口河段下游受潮流与潮汐叠加的影响，河槽剧烈冲刷。

11.3.5　长江汉口-吴淞口河段河槽冲刷量与误差分析

利用 ArcGIS 估算地形变化时不可避免的会产生误差，如地图分辨率、点值精度、地形坡度及复杂度、生成数字高程模型的方法以及格网分辨率等(Jiang et al., 2012; Vaze et al., 2010; Wheaton et al., 2010; 汤国安等, 2001)。航行图的比例尺为 1∶25000 和 1∶40000，少部分为 1∶60000。因此，利用 ArcGIS 生成的 DEM 估算河槽冲刷体积必定会存在误差。

王建等(2007)在分析较长历史河槽演变时发现，长江下游河道的水下地形图比例尺为 1∶25000 至 1∶60000 时，其误差并不是很大，结果具有相当好的代表性。Luo 等(2017)分析长江口坡度较小(坡度<1‰)的区域河槽演变，也发现当地形图的比例尺为 1∶120000 至 1∶250000 时，误差值不超过 1%。其次，主要运用克里金插值法生成数字高程模型，并且生成模型时分辨率为 25m×25m，插值方法也势必会产生一定的误差(Erwin et al., 2012)。而克里金法在分析水下地形数据时，也是应用广泛的一种方法(Erwin et al., 2012; Triantafilis et al., 2004; 和玉芳等, 2011; 计娜, 2014)。因此，未做误差分析，但利用汉口-大通河段河槽的输沙量法对研究结果进行了对比验证。

长江汉口-大通河段有两个长期的水文测站(汉口水文站和大通水文站)，且在这之间的河段较大支流仅有鄱阳湖汇入，且有湖口水文站进行监测，因此，汉口-大通段输沙量法估算河槽冲淤的方法如(图 11-22)。根据汉口-大通的输沙量法可知(表 11-1)，2003～2013 年汉口-大通河段河槽共有 1.99 亿 t 泥沙侵蚀，平均每年侵蚀 0.20 亿 t；而利用 ArcGIS 数字高程模型得到，1998～2013 年汉口-大通共侵蚀 4.91 亿 m³，即平均每年侵蚀 0.46～0.56 亿 t(按照 1.4～1.7t/m³ 计算)泥沙。考虑到输沙量法未考虑河槽挖沙、推移质输沙等，因此，实际年侵蚀泥沙量应该>0.20 亿 t，因此，初步保守推断，研究汉口-大通河段的冲淤结果基本可信。

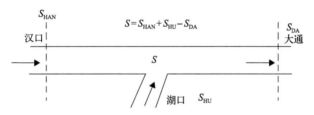

图 11-22　长江汉口-大通输沙量法估算

表 11-1　长江汉口、大通、湖口站水文统计资料(泥沙公报, 2003～2013 年)

年份	汉口站		大通站		湖口站	
	年径流量/亿 m³	年输沙量/亿 t	年径流量/亿 m³	年输沙量/亿 t	年径流量/亿 m³	年输沙量/亿 t
2003	7380	1.70	9248	2.10	1404	0.18
2004	6773	1.40	7884	1.50	928	0.14
2005	7443	1.70	9015	2.20	1465	0.16
2006	5341	0.60	6886	0.80	1564	0.14
2007	6450	1.10	7708	1.40	1013	0.12

年份	汉口站		大通站		湖口站	
	年径流量/亿 m³	年输沙量/亿 t	年径流量/亿 m³	年输沙量/亿 t	年径流量/亿 m³	年输沙量/亿 t
2008	6728	1.00	8291	1.30	1292	0.07
2009	6278	0.90	7819	1.10	1060	0.06
2010	7472	1.10	10220	1.90	2217	0.16
2011	5495	0.70	6671	0.70	970	0.08
2012	7576	1.30	10020	1.60	2113	0.14
2013	6358	0.90	7878	1.20	1407	0.11
总和	73294	12.30	91640	15.70	15432	1.35

此外，许全喜(2013)在利用断面法计算 2002～2010 年汉口-湖口河段的平滩河槽(汉口流量为 35000m³/s)冲淤量时发现，该水位下汉口-湖口累积冲刷 2.45 亿 m³，年均冲淤强度为–10.40 万 m³/(km·a)，而此方法计算汉口-湖口年均冲淤强度为–10.00 万～–4.80 万 m³/(km·a)。该值也接近上述研究结果。由此可以推断，利用 ArcGIS 技术计算的汉口-湖口河段冲淤结果基本可信，保守认为误差可以接受。而大通-吴淞口也沿用该方法，因此，也可以保守推断大通-吴淞口河段河槽冲淤量值是可信的。

11.3.6　长江干流汉口-吴淞口河段河槽主要冲淤演变特征

利用 1998 年和 2013 年的长江汉口-吴淞口水下地形资料建立了数字高程模型(DEM)，并根据两年的 DEM 对河槽冲淤变化量进行了分析。结果如下：

(1)0m 线以下河槽宽度变化。1998～2013 年汉口-吴淞口河段 0m 线以下河槽宽度从上游向下游整体上由稳定向缩窄趋势发展。其中，汉口-湖口河段基本稳定，但局部河段存在缩窄与展宽现象；湖口-大通河段河槽宽度呈轻微缩窄趋势，平均缩窄 53m，但局部河段变化较大；大通-吴淞口河段整体呈明显缩窄趋势，其中大通-福姜沙河段平均缩窄 93m，福姜沙-长江口南支段平均缩窄 1609m，吴淞口河段平均缩窄约 80m。

(2)深泓线与冲淤量变化。1998～2013 年长江汉口-吴淞口河段深泓线有冲刷加深趋势。1998～2013 年长江汉口-吴淞口河段河槽普遍发生了冲刷，部分河段略有淤积现象。其中，汉口-湖口河段河槽冲刷量约 2.96 亿 m³，淤积河槽体积约 0.68 亿 m³，净冲刷河槽体积约 2.29 亿 m³；湖口-大通河段冲刷河槽体积约 2.91 亿 m³，淤积河槽体积约 0.29 亿 m³，净冲刷河槽体积约 2.62 亿 m³；大通-吴淞口河段冲刷河槽体积约 21.6 亿 m³，淤积河槽体积约 3.10 亿 m³，净冲刷河槽体积约 18.50 亿 m³。

(3)利用输沙量法验证上述河槽体积变化保守推断结果基本可信，对比前人研究结果[汉口至湖口年均冲淤强度为–10.40 万 m³/(km·a)]与本章利用 ArcGIS 估算长江汉口-吴淞口河槽冲淤量值(汉口至湖口年均冲淤强度为–10.00 万～–4.80 万 m³/(km·a))的误差可以接受。

11.4　干流河槽表层沉积物特征

粒径是河槽沉积物的基本属性之一，也是沉积物最重要的动力环境指标(罗向欣，

2013)。河流中下游河槽对河槽沉积物输运具有调节作用，如水流能量降低，以前能搬运的河槽沉积物会发生沉积，反之则发生侵蚀。因此，沉积物粒径研究受到地貌学、地球化学等学者的广泛关注(徐晓君等，2010)。其中，分选系数、偏度和峰度、峰数等是分析沉积物粒度特征的常用指标。

11.4.1　汉口-湖口干流河槽沉积物特征

长江汉口-湖口河段共 11 个河槽表层沉积物的粒度分析结果(图 11-23)表明：该河段河槽表层沉积物中值粒径为 28.60~292.80μm，其中，大部分沉积物的中值粒径为细砂质(63~256μm)(表 11-2)；分选系数为 2.70~6.10，属于分选中等和较差；偏度为−0.80~−0.20，属于负偏态和很负偏态；峰度为 0.70~3.80，峰型介于平坦至非常尖锐之间；峰数大多以单峰为主，也有双峰或三峰，甚至多峰(表 11-2)。其中，JJ_HU-01、JJ-HK-03 至 JJ_HK-07 为河槽两侧表层沉积物样品，JJ_HK-02 为主河槽沉积物样品(图 11-23)。

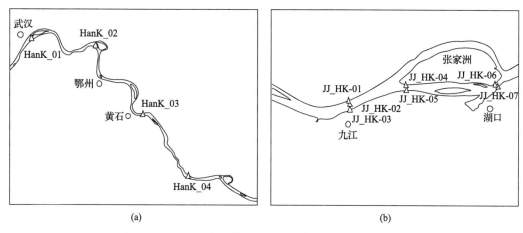

图 11-23　长江汉口-湖口河段河槽表层沉积物采样位置

(a)采样时间为 2017 年；(b)采样时间为 2016 年

表 11-2　长江汉口-大通河段河槽表层沉积物粒度参数特征

编号	中值粒径/μm	分选系数	偏度	峰度	峰数
HanK_01	115.50	5.50	−0.70	0.80	双
HanK_02	66.00	4.80	−0.60	0.80	单
HanK_03	75.30	4.90	−0.60	0.90	单
HanK_04	180.60	5.10	−0.80	1.20	单
JJ_HK_01	115.10	3.30	−0.60	1.60	单
JJ_HK_02	149.10	4.10	−0.80	3.50	单
JJ_HK_03	49.00	5.70	−0.50	0.70	三
JJ_HK_04	168.60	5.30	−0.80	1.70	单
JJ_HK_05	28.60	6.10	−0.20	0.70	三
JJ_HK_06	231.50	2.70	−0.60	3.80	单
JJ_HK_07	292.80	9.30	−0.60	0.80	多

续表

编号	中值粒径/μm	分选系数	偏度	峰度	峰数
HK_DT_01	114.80	4.30	−0.80	1.50	单
HK_DT_02	256.50	2.20	−0.50	4.00	单
HK_DT_03	270.00	2.30	−0.50	4.20	单
HK_DT_04	264.00	2.20	−0.40	3.50	单
HK_DT_05	210.50	4.00	−0.60	3.00	单
HK_DT_06	181.20	3.60	−0.70	3.50	单

11.4.2　湖口-大通干流河槽沉积物特征

长江湖口-大通河段共 6 个河槽表层沉积物的粒度分析结果表明(图 11-24)：该河段河槽表层沉积物中值粒径为 113.80~270μm，其中，大部分沉积物的中值粒径为细砂-中砂质(63~500μm)(表 11-2)；分选系数为 2.20~4.30，属于分选中等和较差；偏度为−0.80~−0.40，属于很(高)负偏态；峰度为 1.50~4.20，峰型介于尖锐至非常尖锐之间；峰数大多以单峰为主(表 11-2)。

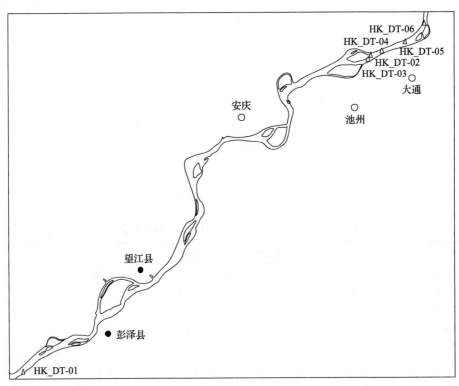

图 11-24　2016 年长江湖口-大通河段河槽表层沉积物采样位置

11.4.3　大通-吴淞口干流河槽沉积物特征

长江大通-吴淞口河段共 37 个河槽表层沉积物的粒度分析结果(图 11-25 和图 11-26)

表明：该河段河槽表层沉积物中值粒径为 8.10～294.40μm，中值粒径沿程变化较大，其中，大部分沉积物的中值粒径为细砂-中砂质(63～500μm)(表 11-3)；分选系数为 2.40～5.70，分选性变化也较大；偏度为–0.80～0，变化依然较大，介于对称至很负偏态；峰度为 0.90～3.90，峰型介于平坦至非常尖锐之间；峰数大多以单峰为主，也有双峰与三峰(表 11-3)。

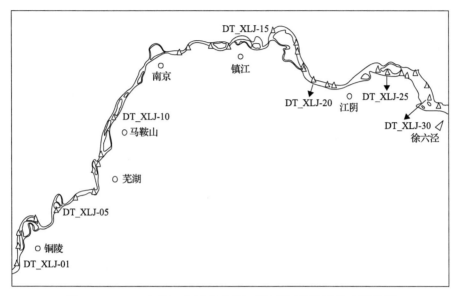

图 11-25 2015 年长江大通-徐六泾河段河槽表层沉积物采样位置

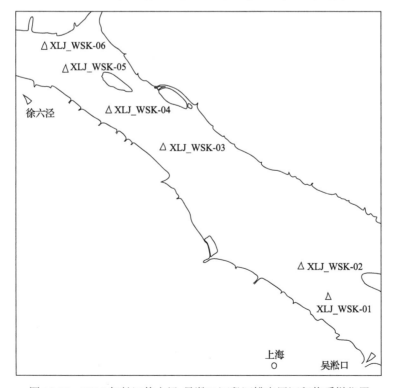

图 11-26 2015 年长江徐六泾-吴淞口河段河槽表层沉积物采样位置

表 11-3　长江大通-吴淞口河段河槽表层沉积物粒度参数特征

编号	中值粒径/μm	分选系数	偏度	峰度	峰数
DT_XLJ_01	181.20	3.60	−0.70	3.50	单
DT_XLJ_02	121.80	3.90	−0.80	3.10	单
DT_XLJ_03	211.00	2.50	−0.50	3.40	单
DT_XLJ_04	229.50	2.80	−0.60	3.80	单
DT_XLJ_05	257.40	2.40	−0.50	3.60	单
DT_XLJ_06	257.00	2.40	−0.40	3.80	单
DT_XLJ_07	223.60	2.50	−0.50	3.70	单
DT_XLJ_08	234.70	3.00	−0.70	3.90	单
DT_XLJ_09	152.60	3.90	−0.80	3.50	单
DT_XLJ_10	255.00	2.60	−0.60	3.50	单
DT_XLJ_11	252.70	2.40	−0.50	3.50	单
DT_XLJ_12	159.70	3.70	−0.70	3.00	单
DT_XLJ_13	95.20	4.50	−0.70	1.00	单
DT_XLJ_14	13.20	4.70	0.00	1.30	双
DT_XLJ_15	11.20	3.20	−0.30	1.00	单
DT_XLJ_16	251.50	2.80	−0.60	3.40	单
DT_XLJ_17	243.90	3.10	−0.60	2.40	单
DT_XLJ_18	223.40	3.20	−0.60	3.70	单
DT_XLJ_19	294.40	3.40	−0.20	2.60	双
DT_XLJ_20	164.10	4.10	−0.80	2.30	单
DT_XLJ_21	8.10	3.80	−0.10	0.90	单
DT_XLJ_22	99.80	4.30	−0.70	1.00	单
DT_XLJ_23	212.50	3.40	−0.70	3.60	单
DT_XLJ_24	136.70	2.40	−0.60	3.60	单
DT_XLJ_25	85.50	4.20	−0.70	1.00	单
DT_XLJ_26	57.00	4.20	−0.60	0.90	三
DT_XLJ_27	183.70	3.70	−0.70	3.10	单
DT_XLJ_28	68.20	4.10	−0.60	1.00	双
DT_XLJ_29	231.20	2.70	−0.30	3.20	单
DT_XLJ_30	232.50	2.30	−0.50	3.60	单
DT_XLJ_31	18.50	5.70	−0.10	1.00	三
XLJ_WSK-01	111.30	3.70	−0.80	2.40	单
XLJ_WSK-02	118.00	4.60	−0.70	1.20	单
XLJ_WSK-03	183.40	3.50	−0.70	2.60	单
XLJ_WSK-04	180.30	3.70	−0.80	2.90	单
XLJ_WSK-05	190.20	2.90	−0.70	3.30	单
XLJ_WSK-06	14.00	4.40	−0.20	0.90	双

11.4.4　汉口-吴淞口干流河槽主要表层沉积物特征

长江汉口-湖口干流河槽表层沉积物中值粒径为 28.60～292.80μm，大部分沉积物的中值粒径为细砂质(63～256μm)；汉口-湖口干流河槽表层沉积物中值粒径为 113.80～270μm，大部分沉积物的中值粒径为细砂-中砂质(63～500μm)；大通-吴淞口河段河槽表层沉积物中值粒径为 8.10～294.40μm，中值粒径沿程变化较大，大部分沉积物的中值粒径为细砂-中砂质(63～500μm)。

整体上，粒度自上游向下游呈波动变细的特征尚未改变，峰数以单峰为主，但双峰、三峰甚至多峰的现象也存在。

11.5　干流河槽沙波空间分布特征

由于长江九江-吴淞口河段的水沙条件复杂，研究河段沙波类型较多，本章采用 Ashley(1990)提出的分类方法，在研究河段观测到了小型直脊状沙波、小型弯曲状沙波、中型直脊状沙波、中型弯曲状沙波、大型弯曲状沙波、大型舌状沙波、大型复合沙波、大型链珠状沙波、巨型复合沙波、巨型链珠状沙波、巨型直脊状沙波等。

11.5.1　长江九江-吴淞口干流河槽沙波统计

通过对 2014～2016 年实测多波束数据的统计，鉴于后期处理格网模型分辨率为 1m×1m，未对部分小型沙波(波高<0.1m 或波长小于 3m 或 4m)的沙波进行几何参数统计，仅统计其发育河段长度。其中，九江-湖口河段长约 21km 的左侧主河槽中沙波地形约占河段的 80.30%，长度约 210km 的湖口-大通河段中，长约 360km 的测线中，沙波地形约占 62.10%，长度约 490km 的大通-徐六泾河段(测线长约 1050km)，沙波地形约占 64.30%，长约 70km 的徐六泾-吴淞口河段(测线长约 150km)，沙波地形约占 27.50%。其中，沙波最大波长可达 421m，波高可达 9～10m(Zheng et al., 2018)。

11.5.2　长江九江-吴淞口干流河槽沙波空间分布特征

1. 长江九江-湖口干流河槽沙波空间分布特征

九江-湖口河段沙波类型主要有大、中、小型弯曲状沙波，中、小型直脊状沙波，巨型沙波等。沙波波高一般<5.50m，波长<260m，且该河段沙波的几何参数变化较大。

其中，中、小型弯曲状沙波主要分布在水深–10m 左右的河段，沙波波长 5～10m，波高 0.10～0.90m(图 11-27)。该部分弯曲状沙波发育范围并不大，约 0.50km～1.50km 长，并且该类沙波发育不稳定，沙波形态向下游迅速转变呈直脊状沙波。

中、小型直脊状沙波主要分布在水深约–10～–8m 的河段，沙波波长一般小于 10m，波高仅 0.30～0.80m(图 11-28)。该类型沙波发育范围较广，约 1～2km 长。

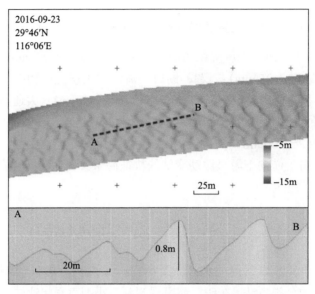

图 11-27　长江九江-湖口河段中、小型弯曲状沙波

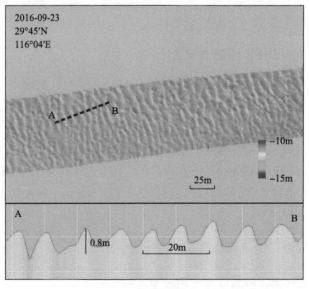

图 11-28　长江九江-湖口河段中、小型直脊状沙波

大型弯曲状沙波主要分布在水深 10～15m 的水域，沙波波长为 10～50m，波高为 1～2.50m（图 11-29）。该类型沙波九江-湖口河段河槽发育较广泛，约 1.50～2km 长。

而巨型沙波分布的水深一般较深，该河段在水深–23～–15m 的水域观测到波长约 220m 的巨型沙波（图 11-30），但该河段巨型沙波的波长可达 250～260m，沙波波高可达 5～6m（图 11-31）。对该河段 760 个沙波的波高和波长进行了统计，并做了趋势分析，发现沙波波高与波长的线性相关并不是很好，而幂函数相关的相关系数平方值（R^2）可以达到 0.64（图 11-31）。

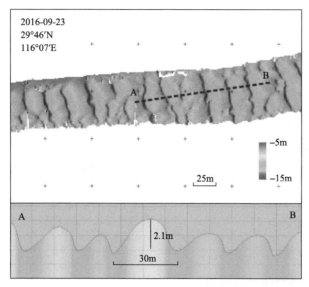

图 11-29 长江九江-湖口河段大型弯曲状沙波

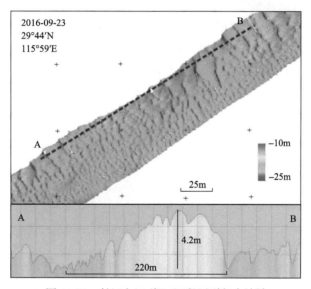

图 11-30 长江九江-湖口河段巨型复合沙波

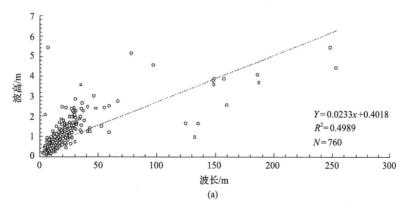

(a)

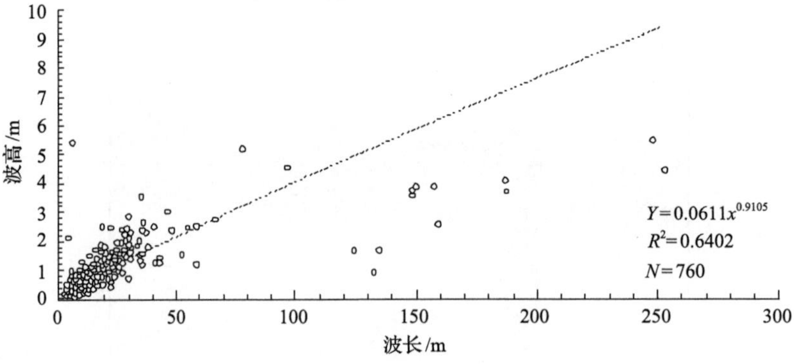

(b)

图 11-31　长江九江-湖口河段沙波波长与波高相关性

(a)线性相关；(b)幂函数相关

2. 长江湖口-大通河槽沙波空间分布特征

湖口-大通河段沙波地貌类型主要有中、小型弯曲状沙波，中、小型直脊状沙波，大型弯曲状沙波、巨型直脊状和巨型弯曲状沙波、巨型复合沙波等；沙波最大波高可达 5～9m，最大波长可达 310～420m。其中，中、小型弯曲状沙波主要分布在水深为–10～–5m 左右的河段，沙波波长为 5～10m，波高为 0.10～0.80m(图 11-32)。

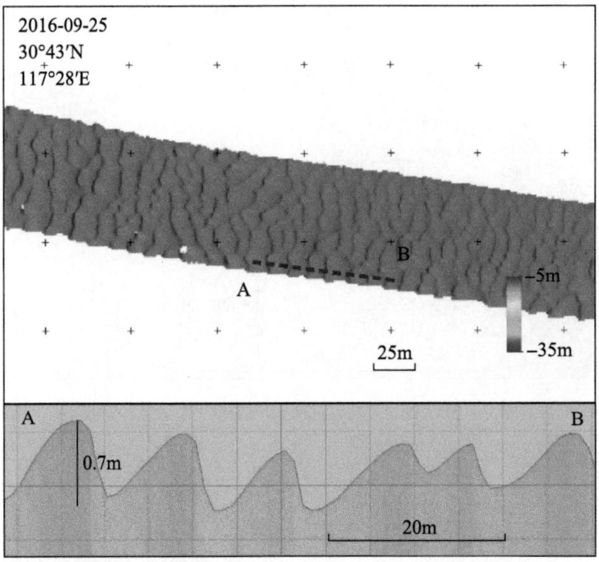

图 11-32　长江湖口-大通河段中、小型弯曲状沙波

巨型直脊状沙波主要分布在水深约–15～–5m 的河段，沙波波长一般为 100～200m，波高为 2～4m(图 11-33)。

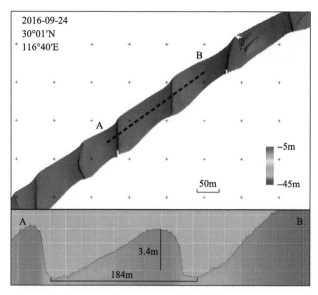

图 11-33　长江湖口-大通河段巨型直脊状沙波

同时，在水深约 5～20m 的水域还观测到了巨型弯曲状沙波，该类沙波波长一般为 100～300m，波高最大可达 6m（图 11-34）。

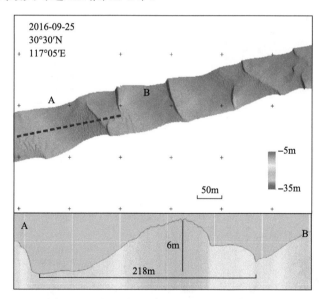

图 11-34　长江湖口-大通河段巨型弯曲状沙波

巨型复合沙波也是该河段较常见的一类沙波，该河段巨型复合沙波的波谷中发育了次级沙波，次级沙波的尺度向沙波波脊线方向逐渐减小，该类巨型沙波波长一般为 150～300m，波高可以达 4～5m（图 11-35）。该河段巨型沙波不仅种类繁多，而且最大波长可达 400m，波高最高可达 9m（图 11-36）。

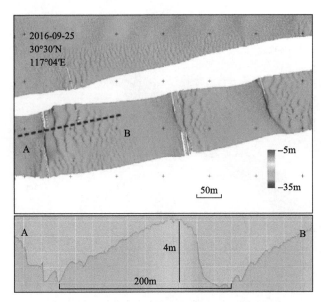

图 11-35　长江湖口-大通河段巨型复合状沙波

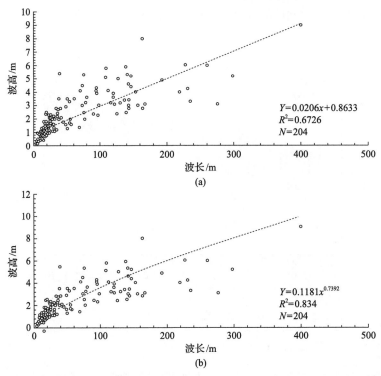

图 11-36　长江湖口-大通河段沙波波长与波高相关性

(a)线性相关；(b)幂函数相关

对该河段 204 个沙波的波高和波长进行了统计，并做了趋势分析，发现沙波波高与波长的线性相关系数平方值(R^2)为 0.67，而幂函数相关的相关系数平方值可以达到 0.83(图 11-36)。

3. 长江大通-吴淞口河槽沙波空间分布特征

大通-吴淞口河段与湖口-大通河段相似，沙波主要有中、小型弯曲状沙波，中、小型直脊状沙波，大型新月状沙波、巨型复合沙波，大型复合沙波；该河段中、小型沙波发育区约占整个沙波发育区的 71.50%，巨型和大型沙波仅占 28.50%，沙波最大波高可达 9～10m，最大波长可达 421m。

其中，中、小型状沙波主要分布在水深较浅的水域，如水深–15～–5m 左右的河段（图 11-37），但在该河段水深 20～30m 的水域依然观测到沙波波长为 6～10m，波高为 0.3～0.8m 的中、小型弯曲状沙波（图 11-38）。

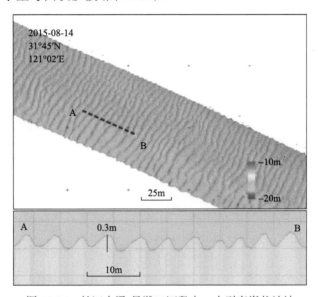

图 11-37　长江大通-吴淞口河段中、小型直脊状沙波

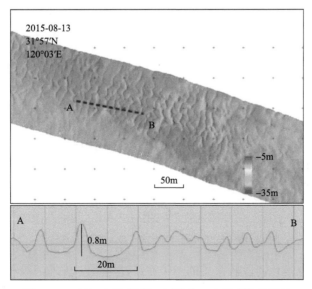

图 11-38　长江大通-吴淞口河段中、小型弯曲状沙波

　　该河段大型链状沙波(发育有伴生椭圆形凹坑)主要发育水深约–25～–15m,沙波波高为 1～3m,沙波波长为 15～40m。该类型沙波发育区面积并不大,长度约为 1.50～2km(图 11-39)。

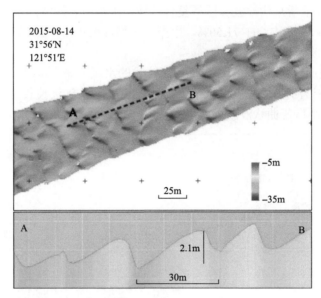

图 11-39　长江大通-吴淞口河段大型链状沙波(发育有伴生底形)

　　同时,在水深约–18～–12m 的水域还观测到了大型新月状沙波,该类沙波波长一般介于 20～40m,波高最大可达 1～2m(图 11-40)。

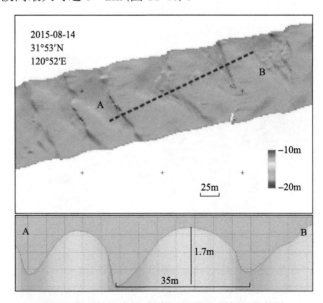

图 11-40　长江大通-吴淞口河段大型新月状沙波

　　巨型复合沙波也是该河段较常见的一类沙波,与湖口-大通河段相比,该河段巨型复合沙波的波峰与波谷中均发育了次级沙波。该类巨型沙波波长一般为 100～200m,波高可达 2～4m（图 11-41）。但该河段巨型沙波最大波长可达 420m，波高最高可达 9～10m（图 11-42）。

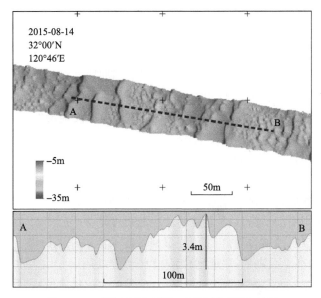

图 11-41　长江大通-吴淞口河段巨型复合沙波

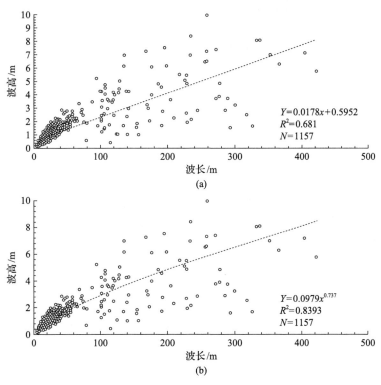

图 11-42　长江大通-吴淞口河段沙波波长与波高相关性

(a)线性相关；(b)幂函数相关

对该河段 1157 个沙波的波高和波长进行了统计，并做了趋势分析，发现沙波波高与波长的线性相关系数平方值(R^2)为 0.68，而幂函数相关的相关系数平方值可以达到 0.84 (图 11-42)。

11.5.3　河槽沙波空间分布的共性与差异性

沙波地貌为研究河段河槽的主要微地貌，但不同河段沙波的空间分存在差异。其中，九江-湖口河段沙波地形约占河段的 80.30%，湖口-大通河段沙波地形约占 62.10%，大通-徐六泾河段沙波地形约占 64.30%，徐六泾-吴淞口河段沙波地形约占 27.50%，即沙波地貌所占河槽比例与尺度从上游向下游有减少趋势。

沙波空间分布的差异性主要与水动力条件、河宽及河型的改变。长江中下游河槽沙波的发育反映了底床强烈的堆积与冲刷现象，水动力增强，沙波尺度增大；水动力减弱，沙波尺度减小；河槽展宽，堆积增加，床沙虽处于搬运状态，但沙波的尺度也有可能减小，河槽缩窄，冲刷增加，床沙搬运强烈，沙波尺度增大(王哲等，2007)。长江九江-湖口河段河槽宽度较窄，沙波发育广泛，鄱阳湖入江水流顶托湖口以上长江来水，沙波尺度较湖口-大通河段小。而湖口-大通河段河槽水动力以径流作用为主，沙波发育广泛，水动力没有外海潮波或入江水流顶托，水动力较强，沙波尺度较大。大通-吴淞口河段的上段以径流作用为主，沙波尺度较大、发育范围广泛，但中下游河段受潮流顶托，水动力较小，沙波尺度与发育范围有较小趋势。

11.5.4　长江干流汉口-吴淞口沙波主要空间分布特征

九江-湖口河段长约 21km 的左侧主河槽中沙波地形约占河段的 80.30%，长度约 210km 的湖口-大通河段中，长约 360km 的测线中，沙波地形约占 62.10%，长度约 490km 的大通-徐六泾河段(测线约 1050km)，沙波地形约占 64.30%，长约 70km 的徐六泾-吴淞口河段(测线长约 150km)，沙波地形约占 27.50%。其中，沙波最大波长可达 421m，波高可达 9～10m。各河段沙波发育特征具体如下：

长江九江-湖口河段沙波类型主要有大、中、小型弯曲状沙波，大型弯曲状沙波，巨型沙波等。沙波波高一般<5.50m，波长<260m，且该河段沙波的几何参数变化迅速。

湖口-大通河段沙波地貌类型主要有中、小型弯曲状沙波，中、小型直脊状沙波，大型弯曲状沙波、巨型直脊状和巨型弯曲状沙波、巨型复合沙波等；沙波最大波高可达 5～9m，最大波长可达 310～420m。

大通-吴淞口河段与湖口-大通河段相似，沙波主要有中、小型弯曲状沙波，中、小型直脊状沙波，大型新月状沙波、大型链珠状沙波、巨型复合沙波，大型复合沙波；该河段中、小型沙波发育区约占整个沙波发育区的 71.50%，巨型和大型沙波仅占 28.50%，沙波最大波高可达 9～10m，最大波长可达 421m。

11.6　干流河槽冲淤与微地貌对人类活动的自适应行为分析

河槽对人类活动的自适应行为不仅有长期和短期之分，整体河槽与局部河槽冲淤对人类活动的自适应程度也有不同(钱宁等, 1981; 张晓鹤, 2016)。与此同时, 河槽局部与整体的冲淤行为在表层沉积物与床面微地貌上也有一定的表现, 如大坝拦沙导致下游来沙量减少, 河槽冲刷, 沉积物发生粗化行为(高敏等, 2015); 因修建桥墩改变了局部河槽边界条件, 桥墩周边河槽发生冲刷行为, 形成多种冲刷微地貌(陆雪骏等, 2016)。因此, 本章主要从河槽表层沉积物、整体河槽、局部河槽以及河槽沙波四方面分析长江汉口-吴淞口河槽演变对人类活动的自适应行为。

11.6.1　河槽沉积物粒度变化对人类活动的自适应行为分析

长江中下游河槽表层沉积物粒度变化研究已有学者进行了研究(罗向欣, 2013; 王张峤, 2006; 徐晓君等, 2010; 赵怡文和陈中原, 2003): 罗向欣(2013)利用 2008 年与 2011 年采集的河槽表层沉积物样品对比了前人研究结果认为, 长江中下游河槽表层沉积物粒径遵从自"源"向"汇"的总体波动变细的趋势; 但是三峡大坝下游和长江河口存在两个沉积物粒径突变的区域, 分别位于三峡大坝下游约 100km 的河段和长江口徐六泾以下河段。同时, 其认为三峡大坝的运行使得 70%的上游推移质沉积于三峡库区, 造成输沙量的急剧减少, 是导致三峡大坝下游河槽沉积物粒径明显粗化的主要原因, 并且三峡大坝拦沙效应影响最为明显的区域一直持续至大坝下游约 200km(图 11-43)(罗向欣, 2013)。徐晓君等(2010)也认为, 三峡大坝运行之后的 5 年内, 其下游约 400km 的河槽表层沉积物出现了全程粗化的趋势, 且粗化程度离大坝越近越明显; 但是, 蓄水前后城陵矶以下的 1200km 的河槽表层沉积物粒径变化规律基本一致, 即沿程依然是向下游变细的格局。

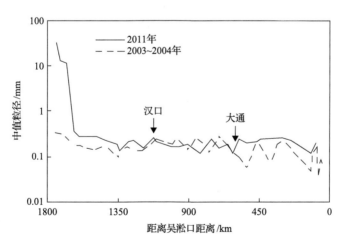

图 11-43　长江汉口-吴淞口河槽表层沉积物对比(罗向欣, 2013)

三峡大坝下游 200～400km 河段的河槽表层沉积物自 2003 年以后发生粗化行为已得到证实, 而汉口以下河段河槽表层沉积物如何自适应于人类活动尚需要明确。本章沿汉口向吴淞口共采集河槽表层沉积物样品 54 个, 分析结果发现汉口-吴淞口河段主河槽表层沉积物粒度中值粒径变化剧烈(8.10～294.40μm)(图 11-44)。与罗向欣(2013)研究结果对比，整体上河槽沉积物中值粒径变化不大，但大通以上河段有再次调整变细趋势，大通以下河段有波动变粗趋势(图 11-44)。高敏等(2015)在长江吴淞口上段(南支)进行了连续 8 天的现场定点观测，观测数据包括悬沙浓度与悬沙粒度、河槽表层沉积物样品等，通过分析发现，长江南支河道近底层悬沙峰值粒径可以达到 40~100μm，部分悬沙存在砂的再悬浮。其认为，南支河道在流域人类活动的影响下，来沙量锐减，河道含水量减少较明显，水流挟沙不饱和程度增加，悬沙与河槽表层沉积物交换过程中以冲刷为主，床沙有粗化趋势。

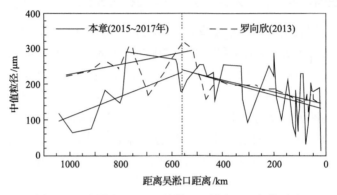

图 11-44　近期长江汉口-吴淞口河槽表层沉积物对比

此外，河槽表层沉积物采样位置对河槽沉积物粒度影响很大，一般而言，河槽深泓线(或中间)的河槽表层沉积物中值粒径较河流两侧大(王张峤，2006)。本章采集的河槽沉积物主要位于主航道中，而长江中下游航道并非均位于河槽中间或河流深泓处，因而本章实测河槽表层沉积物粒度势必小于河槽中间的粒度值。

综述所述，2011 年以来，汉口-吴淞口河槽表层沉积物粒径变化不大，但大通以下河段河槽表层沉积物粒度自适应于人类活动的行为表现为波动粗化。

11.6.2　河槽整体冲淤对人类活动的自适应行为分析

近几十年来，人类活动对河流至河口三角洲体系的影响日益增强，河槽冲淤过程对人类活动的自适应行为研究也逐渐成为人们关注的焦点。如 Vorosmarty 等(1997)指出，全世界约 1/4 的流域泥沙被水库拦截，水库下游河段乃至河口三角洲如何自适应于流域来沙量减少也成为研究的热点。

1. 汉口-湖口段干流河槽对人类活动的自适应行为分析

1998~2013 年河槽冲淤统计数据表明，0m 线以下河槽总体积由 19 亿 m³ 冲刷至 22 亿 m³，河槽冲刷总体积约 2.29 亿 m³，占 1998 年 0m 线以下河槽体积的 9.1%，年均冲淤强度为–4.8 万 m³/(km·a)。其中，–5~0m、–10~–5m 及–10m 以下河槽冲刷贡献率分别占 9.7%、60.2%和 30.1%。因此，长江汉口-湖口段 0m 线以下河槽目前的冲淤规律为河槽全面冲刷，且主要冲刷区域集中于–10~–5m 水域中(表 11-4)。

表 11-4　长江汉口-湖口河槽冲刷量统计

汉口-湖口	0m	−5～0m		−10～−5m		<−10m	
	体积/亿 m³	体积/亿 m³	占比/%	体积/亿 m³	占比/%	体积/亿 m³	占比/%
1998 年	19.0	14.0	70.50	5.0	27.20	0.4	2.30
2013 年	22.0	14.0	64.10	6.0	30.70	1.0	5.20
冲淤量	−2.0	−0.1	9.70	−1.4	60.20	−0.7	30.10

三峡大坝运行后的 8 年里(2003～2010 年)，其累计拦沙约 1.17 亿 t(许全喜和童辉，2012)。汉口水文站实测资料也表明，其多年平均输沙量为 3.37 亿 t，2006～2015 年平均输沙量仅 0.90 亿 t，仅为多年平均输沙量的 26.70%(中华人民共和国水利部，2015)。河流输沙量持续减少将导致水流挟沙能力增强，水流冲刷河床能力也将增强(钱宁，1983)，是该河段冲刷规律由"滩淤、槽冲"向"滩槽均冲"转变的主要原因(许全喜，2013)。河槽冲刷现象在长江荆江河段也有发现。如 Xia 等(2016)认为，三峡大坝的运行直接导致了荆江河段的年输沙量大幅度降低，同时，该河段年平均悬浮泥沙浓度也由原来的平均值 1.35kg/m³(1956～2002 年)降至 0.28kg/m³(2002～2013 年)；该河段发生全面冲刷，累积冲刷河槽约 0.7 亿 t。

因此，长江汉口-湖口河段河槽自适应于人类活动的行为主要表现为：0m 线包络河槽整体呈冲刷趋势，2013 年较 1998 年河槽冲刷体积约 2.3 亿 m³，占 1998 年 0m 线以下河槽体积的 9.10%，年均冲淤强度为−4.80 万 m³/(km·a)。其中，−10～−5m 水域是该河段响应人类活动的主要区域。

2. 湖口-大通干流河槽对人类活动的自适应行为分析

1998～2013 年河槽冲淤统计数据表明，0m 线以下河槽总体积由 21.0 亿 m³ 冲刷至 24.0 亿 m³，河槽冲刷总体积约 2.6 亿 m³，占 1998 年 0m 线以下河槽体积的 14.3%，年均冲淤强度为−10.0 万 m³/(km·a)。其中，−5～0m、−10～−5m 及−10m 以下河槽冲刷贡献率分别占 44.90%、32.80%和 22.30%。因此，长江湖口-大通段 0m 线以下河槽目前的冲淤规律为河槽全面冲刷，主要冲刷区域集中于−5～0m 的浅水河槽中(表 11-5)。

表 11-5　长江湖口-大通河槽冲刷量统计

湖口-大通	0m 以下	−5～0m		−10～−5m		<−10m	
	体积/亿 m³	体积/亿 m³	占比/%	体积/亿 m³	占比/%	体积/亿 m³	占比/%
1998 年	21.0	14.0	67.90	6.0	28.80	0.7	3.30
2013 年	24.0	16.0	65.40	7.0	29.20	1.2	5.40
冲淤量	−3.0	−2.0	44.90	−1.0	32.80	−0.6	22.30

与汉口-湖口河段相似，水土保持与三峡大坝是造成流域来沙量减少的主要原因。由于流域来沙量减少，该河段目前依然表现为河槽的全面冲刷。但−5～0m 的浅水河槽体积较大，2013 年时约占整个河槽体积的 65.40%，该水域河槽也是冲刷最为明显的河槽。因此，较汉口-湖口河段相比，该河段河槽以−5～0m 的浅水河槽为响应流域来沙量减少的主要水域。

因此，长江湖口-大通河段河槽自适应于人类活动的行为主要表现为：0m 线包络河槽整体呈冲刷趋势，2013 年较 1998 年河槽冲刷体积约 2.6 亿 m³，占 1998 年 0m 线以下河槽体积的 14.30%，年均冲淤强度为–10.00 万 m³/(km·a)。其中，–5～0m 水域是该河段响应人类活动的主要区域。

3. 大通-吴淞口干流河槽冲淤规律与自适应行为分析

1998～2013 年河槽冲淤统计数据表明，0m 线以下河槽总体积由 14.40 亿 m³ 冲刷至 16.20 亿 m³，河槽冲刷总体积约 18.5 亿 m³，占 1998 年 0m 线以下河槽体积的 12.50%，年均冲淤强度为–21.20 万 m³/(km·a)。其中，–5～0m、–10～–5m 及–10m 以下河槽冲刷贡献率分别占 27.00%、23.90% 和 49.10%。因此，长江大通-吴淞口段 0m 线以下河槽目前的冲淤规律为河槽全面冲刷，且主要冲刷区域集中于–10m 线以下的深水河槽中(表 11-6)。

表 11-6　长江大通-吴淞口河槽冲刷量统计

大通-吴淞口	0m 以下	–5～0m		–10～–5m		<–10m	
	体积/亿 m³	体积/亿 m³	占比/%	体积/亿 m³	占比/%	体积/亿 m³	占比/%
1998 年	144.0	78.0	54.30	49.0	33.90	17.0	11.80
2013 年	162.0	83.0	51.20	53.0	32.70	26.0	16.10
冲淤量	–18.0	–05.0	27.00	–4.0	23.90	–09.0	49.10

注：该计算以 0m 线以下河槽体积为 100%

与汉口-大通河段不同，该河段水动力条件变化复杂，不仅受到上游来水的影响，还受到潮周期的影响。但水土保持与三峡大坝造成的流域来沙量减少依然是该河段河槽全面冲刷的主要原因，且河槽冲刷强度较汉口-大通段强。虽然–5～0m 的浅水河槽体积较大，2013 年时约占整个河槽体积的 51.20%，但其冲刷贡献率仅为 27%，而仅占 16.10% 的–10～–5m 的水域却贡献了冲刷总量的 49.10%。因此，该河段河槽–10m 以下河槽为响应流域来沙量减少的主要水域。

鉴于该河段水沙动力以及边界条件的复杂，因此，将该河段分为大通-芜湖，芜湖-五峰，五峰-徐六泾，徐六泾-吴淞口四个河段分别进行讨论。上述分段的依据为河槽冲淤规律，即自大通向下游表现为"冲-淤-冲-强冲"特征。

(1)大通-芜湖河段以冲刷为主，年均冲刷强度为 0.30 万 m³/(km·a)，整体上又以–10～–2m 河槽为主要冲刷水域，–2～0m 水域轻微淤积及–10m 以深水域相对稳定，说明该河段以–10～–2m 水域为现阶段响应的敏感水域。分析河床冲淤资料还发现，虽然大部分河段以冲刷为主，但天然洲洲头-芜湖河段左右两岸表现出"此冲彼淤"现象。因此，本研究认为该河段目前正处于对流域来沙减少的自适应调整过程中。

(2)芜湖-五峰河段河床冲淤变化复杂，整体上呈淤积态势。其中，南京水道至仪征水道河段冲淤近似平衡；八卦洲、世业洲及和畅洲的洲头冲刷明显；其余河段则以淤积为主。

(3)五峰-徐六泾河段整体呈冲刷态势，年均冲刷强度为 1.50 万 m³/(km·a)，如南通水道至通州沙东水道。其中，–5～0m 及–10m 以深均表现为强烈冲刷，而–10～–5m 河槽表现为淤积，说明该河段现阶段主要以–5～0m 及–10m 以深河槽为适应调整流域来沙减少的主要水域。

(4) 徐六泾-吴淞口河段整体呈强冲刷态势，年均冲刷强度为 90.90 万 m³/(km·a)，其中，-5～0m、-10～-5m 以及 >-10m 以下水域的冲刷贡献率分别为 22.80%、27.70% 和 49.50%。因此，该河段现阶段主要以-10m 以下河槽为适应调整流域来沙减少的主要水域。

由于岸线资源利用，该河段河槽呈束窄趋势，平均束窄约 365m，约占 2013 年平均河槽宽度的 10%。该河段部分河段的岸线资源利用占据了大量的河槽，极大地约束了河槽边界条件，束窄了水流，对该河段河槽的冲淤规律有很大影响。该河段也实施了大量的河道整治工程(表 1-1)，这些工程在对局部河段的冲淤影响巨大。以五峰-徐六泾河段为例，该河段于 1998～2013 年，受河道整治工程、岸线利用、促淤、沙洲人为加速兼并等原因导致岸线包络面积减少约 27800 万 m²，减少量占 1998 年该河段河道岸线包络面积的 25.40%。且由于三峡大坝以及水土保持导致的下游来沙量减少在该河段依然明显。

大通水文站实测资料显示，大通以下河段年均输沙量呈持续减少趋势(Yang et al.，2011b)。1950～2000 年，大通水文站年均输沙量为 4.33 亿 t，而自 1980 年以来，由于水土保持、采砂、大坝和水库的建设与运行等，大通水文站的年均输沙量就已经有减少的趋势(Yang et al.，2011)。2003～2015 年，年输沙量降至 1.39 亿 t(http://www.cjw.gov.cn)。Luo 等(2017)分析长江河口水下三角洲的历史演变，也认为由于三峡大坝等人类活动导致长江三角洲地区的年泥沙供应量减少，尽管长江河口尚有水下地形表现为淤积的区域，但就整个长江河口水下三角洲体系来说，近年来净冲刷已经被观测到并被证实。五峰-吴淞口两个河段呈现出年均冲刷强度强烈的想象，其主要有以下两个原因。首先，该河段受到潮汐影响强烈，落潮期间径流与落潮流叠加效应增加了水流强度，冲刷加剧；其次，自五峰向下游河槽宽度呈逐渐展宽(平均河槽宽度为 6400～11200m)，因此，而冲刷强度是以体积除以时间与河槽长度，未考虑河槽宽度的影响。

4. 干流河槽整体演变趋势讨论

由于流域及河口工程的建设与运行，长江汉口-吴淞口河段干流河槽发生了整体冲刷现象。而长江汉口-吴淞口干流河槽是否持续冲刷亟待分析。

实测床面剪切力与理论剪切力之间的关系可用来分析水流与河槽表层沉积物之间是否接近平衡。利用 ADCP 在九江-吴淞口河段沿主河槽采集了流速数据与同步河槽表层沉积物样品，发现长江九江-吴淞口干流河槽剪切力为 0.38～0.83N/m²(表 11-7)，明显大于理论河槽床面剪切力(0.05～0.09N/m²)，这说明，河槽表层沉积物依然处于频繁的搬运过程中，亦即仍有冲刷趋势。

表 11-7　长江九江-吴淞口干流河槽床面剪切力和理论床面剪切力

编号	D_{50}/μm	D_{90}/μm	水深(H)/m	0.8H处流速/(m/s²)	τ/(N/m²)	τ_c/(N/m²)
JJ_HK_02	149	224	13	0.73	0.62	0.05
JJ_HK_04	169	257	8	0.54	0.38	0.05
JJ_HK_06	232	358	7	0.56	0.44	0.08
HK-DT-02	257	367	18	0.83	0.83	0.09
DT_XLJ_04	230	348	10	0.69	0.62	0.08

续表

编号	$D_{50}/\mu m$	$D_{90}/\mu m$	水深(H)/m	0.8H处流速/(m/s^2)	τ/(N/m^2)	τ_c/(N/m^2)
DT_XLJ_06	257	398	10	0.6	0.49	0.09
DT_XLJ_09	153	223	11	0.67	0.54	0.05
XLJ_WSK-02	183	282	15	0.71	0.60	0.06

5. 长江汉口-吴淞口干流河槽冲淤和微地貌对人类活动的自适应特征

通过对长江九江-吴淞口干流河槽沙波发育情况的统计，发现沙波地貌占各河段比例如下：九江-湖口河段主河槽中沙波约占河段的 80.30%，湖口-大通河段主河槽中沙波约占 62.10%，大通-徐六泾河段主河槽中沙波约占 64.30%，徐六泾-吴淞口河段主河槽中沙波约占 27.50%。以往研究表明，沙波的快速生长与消亡是河槽快速自适应于水流、泥沙与河床边界条件改变的表征。与较长期的河槽冲淤自适应相比，微地貌短期演变能够快速地指示流域水沙条件的改变，进而在一定程度上能够指示大尺度河槽演变的趋势(王伟伟，2007；吴帅虎等，2016；Zheng et al.，2017)。有研究者认为，小尺度微地貌的发育演变与大尺度河槽演变过程息息相关，分析小尺度沙波活动可预测大尺度河床的稳定性(王伟伟等，2007)；而大尺度水下地形格局演变对中、小尺度水下地形的发育也具有重要影响，如长江口北港因青草沙水库的建设，河槽束窄，2002～2012 年北港河段河势演变格局以冲刷为主，导致推移质运动增强，利于小尺度地形(沙波)的发育(刘高伟等，2014；吴帅虎等，2016)。长江九江-吴淞口主河槽沙波的广泛发育也表明，研究河段的干流河槽推移质运移活跃。

另外，主干流河槽普遍发生了冲刷，仅部分河段有淤积现象。与此同时，统计了近期汉口-大通河段输沙量变化发现，三峡修建之后的前六年，汉口-大通年均输沙量显示河槽冲刷 0.16 亿 t，而 2009～2016 年，年均冲刷达到 0.41 亿 t。尤其是 2016 年，汉口站年输沙量仅为 0.68 亿 t，湖口站为 0.12 亿 t，大通水文站为 1.52 亿 t(表 11-8)。由输沙量法估算，2016 年汉口-大通河段冲刷量达到 0.72 亿 t，明显较 2009～2016 年的平均值(0.41 亿 t)大。

表 11-8　近期汉口-大通河段输沙量统计

时间	汉口/亿 t	大通/亿 t	湖口/亿 t	汉口-大通冲淤量/亿 t
2003～2008 年	1.25	1.54	0.13	−0.16
2009～2016 年	1.16	1.72	0.15	−0.41
2016 年	0.68	1.52	0.12	−0.72

综上所述，我们认为长江流域正在以及将要修建更多的水库与大坝，上游年输沙量仍可能持续减少或维持在较低值；河口地区正在修建的河道整治工程与促淤围垦工程，将进一步干扰河口边界与水动力过程，长江汉口-吴淞口河段干流河槽仍可能继续冲刷。

11.6.3　局部河槽强烈冲淤对人类活动的自适应行为分析

局部河槽冲淤演变也关系到桥梁与岸线资源利用与航行安全(陆雪骏，2016)。已有研究表明，桥墩附近河槽的强烈冲刷是引起桥梁水毁的重要因素之一；另外，由于河道整治工程等，局部河槽的强烈冲刷也可能引起岸线不稳定等因素(石盛玉，2017；吴帅虎，2017；张晓鹤，2016)。因此，局部河槽的强冲强淤也是河槽冲淤演变中研究中的重点之一。

1. 桥墩局部冲刷加剧

跨江大桥的桥墩可改变局部河槽的水动力条件，引起局部河槽的冲淤演变。桥墩引起的河槽演变主要有一般冲刷和局部冲刷(陆雪骏，2016)。一般冲刷是指因桥墩侵占河槽过水断面，造成过水断面缩窄，水流流速增大以及挟沙能力增大而造成的河槽大面积冲刷；局部冲刷主要指桥墩改变了局部水流结构而形成的马蹄形涡流引起的桥墩周围的冲刷(齐梅兰，2005)。

长江九江-吴淞口自 1964 年以来修建了多座跨江大桥，如上海长江大桥、南京长江大桥、南京长江第二大桥、铜陵长江大桥等(图 11-45)。主要选取上海长江大桥、南京长江第二大桥、大胜关长江大桥和铜陵长江大桥为代表，分析长江九江-吴淞口河段桥墩局部冲刷趋势(图 11-45)。

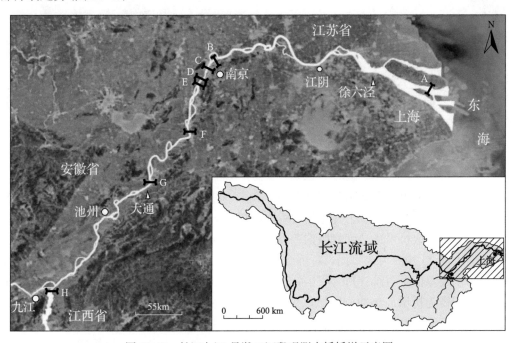

图 11-45　长江九江-吴淞口河段观测大桥桥墩示意图

A、B、C、D、E、F、G、H 分别为上海长江大桥、南京第二长江大桥、南京长江大桥、南京第三长江大桥、大胜关长江大桥、芜湖长江大桥、大胜关长江大桥、鄱阳湖大桥

1) 桥墩局部冲刷形态与几何参数统计

利用多波束测深系统对上海长江大桥、南京长江第二大桥、大胜关长江大桥和铜陵长江大桥桥墩分别进行了精细结构观测。后期在 PDS2000 软件中进行了处理，最后生成3D 格网模型。结果显示：上海长江大桥桥墩两侧呈长条状冲刷，桥墩上下游有明显淤积体，冲刷与淤积区域较桥墩附近河槽床面明显不同；大胜关大桥桥墩周边呈剧烈冲刷，下游呈长条状冲刷；南京长江第二大桥和铜陵长江大桥桥墩呈马蹄形冲刷(图 11-46)。

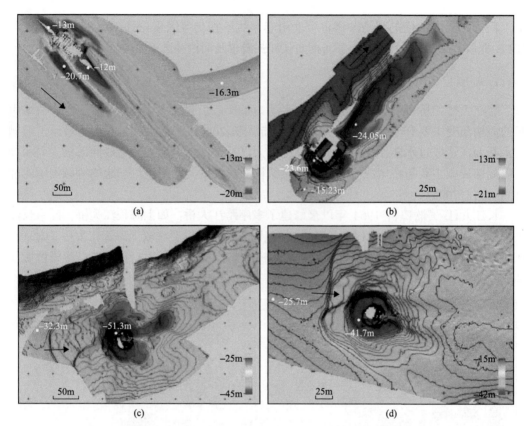

图 11-46　长江汉口-吴淞口典型大桥桥墩周边微地貌
(a)上海长江大桥；(b)大胜关长江大桥；(c)南京长江第二大桥；(d)铜陵长江大桥

　　对桥墩局部河槽冲刷区域进行了统计，统计标准为：上海长江大桥选取桥墩周边河槽瞬时平均水深16.3m，长江大胜关大桥选取桥墩周边河槽瞬时平均水深15.23m，南京长江第二大桥选取桥墩周边河槽瞬时平均水深32.30m，铜陵长江大桥选取桥墩周边河槽瞬时平均水深25.70m 为水平面，对桥墩向上游100m，向下游400m(超出下游400m 时，虽然有冲刷迹象但不再统计)，两侧各 50～70m 的河槽区域进行区域与体积估算。水平面以下体积视为桥墩局部冲刷区域，水平面以上体积视为桥墩淤积区域。结果表明，上海长江主墩下游长约310m、宽度约130m 区域的河槽发生冲刷；南京长江第二大桥桥墩下游长约390m、宽度约210m 区域的河槽发生冲刷；大胜关长江大桥桥墩长约510m、宽约100m 的河槽发生冲刷；铜陵长江大桥桥墩长约220m、宽约162m(表 11-9)。

表 11-9　长江九江-上海河段桥墩局部冲刷体积统计

桥墩位置	最大冲刷深度/m	最大淤积高度/m	水平面/m	冲刷长度/m	
				平行水流方向	垂直水流方向
上海长江大桥	4.40	4.30	16.30	316	137
大胜关长江大桥	8.80	—	15.20	518	103
南京长江第二大桥	19.00	—	32.30	395	214
铜陵长江大桥	15.40	—	25.70	227	162

2) 桥墩局部冲刷趋势

桥墩不仅会造成局部河床的剧烈冲刷，其桥墩群同时也束窄河槽，引起局部河床整体冲刷，造成床沙粗化，小尺度水下地形的对称性较其他区域差(郭兴杰等，2015；陆雪骏等，2016)。对桥墩上游和下游各 100m 范围的横断面形态变化进行了分析，结果表明，1998～2013 年上海长江大桥、南京长江第二大桥和铜陵长江大桥桥墩均发生了冲刷。其中，南京长江第二大桥桥墩上游冲刷深度可达 27m，下游约 25m(图 11-47)。

桥墩局部冲刷不仅与桥墩形态、大小、位置等有关，还受到上游来水来沙以及河槽边界条件的影响(Kaya, 2010; Koken and Constantinescu, 2008; Gaudio et al., 2012)。三峡大坝蓄水以来，长江中下游河段河槽发生整体冲刷，以上海长江大桥为例，2009～2013 年，上海长江大桥桥墩附近河槽发生整体冲刷，冲刷深度约 2～3m(图 11-48)。在长江九江-吴淞口河槽整体冲刷的背景下，河槽整体冲刷将导致桥墩更多的暴露于床面之上，其与桥墩局部冲刷的叠加效应将加剧桥墩冲刷深度。

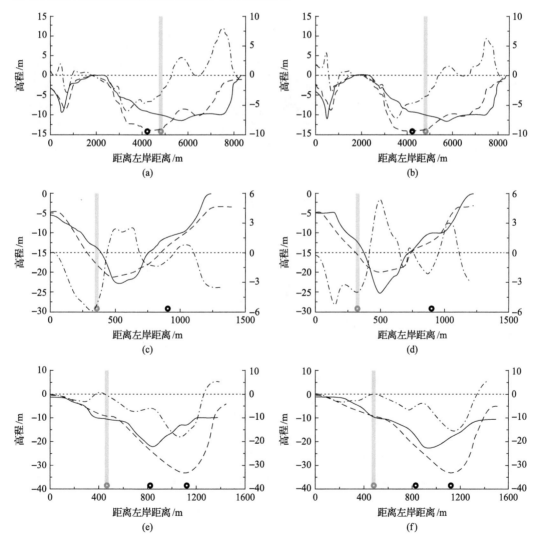

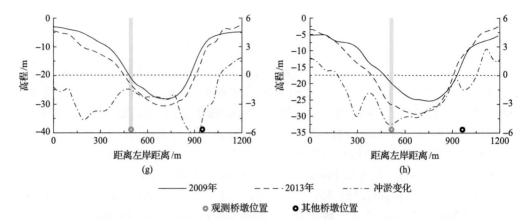

图 11-47　桥墩上游与下游横断面变化特征

(a) 和 (b) 分别为上海长江大桥桥墩上游和下游约 100m 处河槽横断面变化；(c) 和 (d) 分别为南京长江第二大桥桥墩上游和下游约 100m 处河槽横断面变化；(e) 和 (f) 分别为大胜关长江大桥桥墩上游和下游约 100m 处河槽横断面变化；(g) 和 (h) 分别为铜陵长江大桥桥墩上游和下游约 100m 处河槽横断面变化

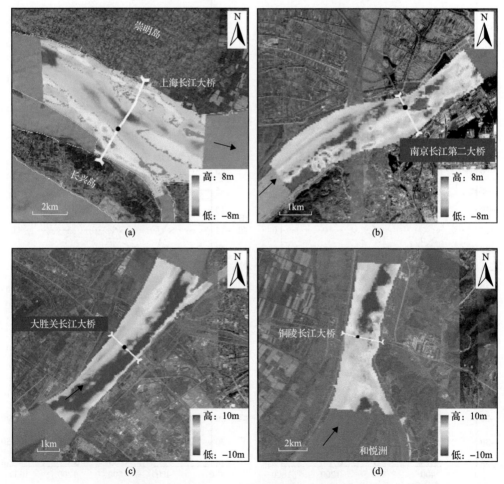

图 11-48　1998~2013 年观测桥墩附近河槽整体冲淤情况

(a) 上海长江大桥；(b) 南京长江第二大桥；(c) 大胜关长江大桥；(d) 铜陵长江大桥

2. 河道整治工程河段强冲强淤

在自然河床上，由于河流自然演变过程中深槽摆动或河床冲淤变化等，均可在河床上形成冲刷深槽或浅滩。冲刷坑在形态上主要表现为小范围内地形陡然变深，形态呈椭圆形或不规则凹陷。冲刷深槽在形态上一般表现为横断面形态近宽"V"形，沿河流流向延伸呈长条状，常见于河流突然束窄或河流主流近岸冲刷的凹岸一侧；而浅滩则表现为整体水深的淤浅(图 11-47)。以长江大通以下河段为例，1998～2013 年河槽的冲淤显示，部分河段发生强冲强淤现象。如白茆水道和南通水道发生了强烈冲刷，部分河段形成了深约 10m、长约 5～10km 的冲刷深槽；而焦山水道发生了强烈淤积，形成淤积厚度约 4～7m、长约 40～50km 的浅水区域(图 11-49)。

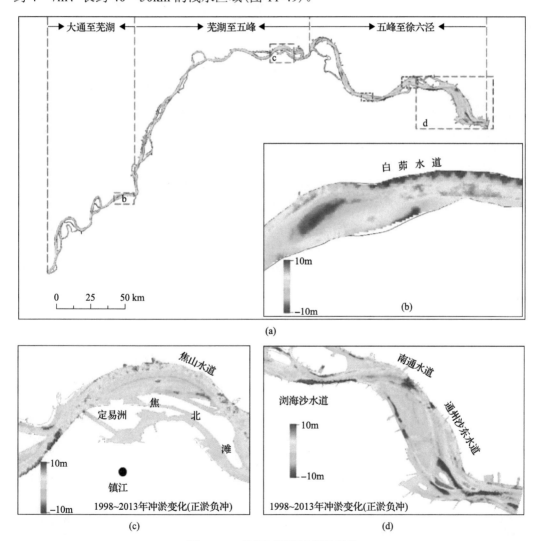

图 11-49　局部河槽强冲强淤现象

(a)长江大通-吴淞口干流河槽 1998～2013 年冲淤分布特征；(b)白茆水道；(c)焦山水道；(d)南通水道

多波束实测数据也显示长江九江-吴淞口河段的河槽表面发育了许多冲刷坑、冲刷槽。如九江-湖口河段长约 20.70km 的左侧主河槽微地貌进行了统计,结果表明,冲刷地貌占观测河槽总长度的 13.90%(图 11-50)。在九江河段与张家洲河段分别对典型冲刷地貌的几何参数进行了统计,发现深槽冲刷高度可达 6.70m,而冲刷坑则可以达到 23m(图 11-50)。冲刷坑的发育与张家洲水道河道整治工程有关,人工建筑物改变了局部水动力条件,形成局部河段的剧烈冲刷。

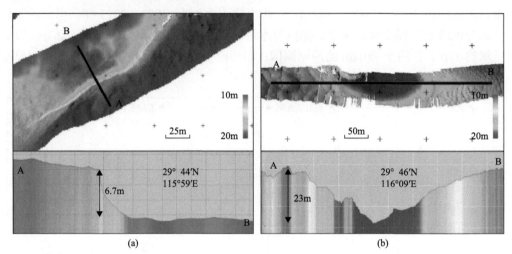

图 11-50　长江九江-湖口河段河槽冲刷地貌(2016 年)

(a)九江河段河槽冲刷;(b)九江-湖口河段冲刷坑

　　鄱阳湖湖口-大通河段长约 210km,对其左侧主航槽和右侧主航槽均进行了河槽微地貌观测,测线长约 362.10km。结果表明,冲刷地貌占约 22.00%,其中,冲刷深槽在沿河槽长度为 100~200m 的范围内下切深度达到 33m,而冲刷坑在沿河槽长度 50~100m 的范围内最大深度较周围河槽表面深达 12~15m(图 11-51)。

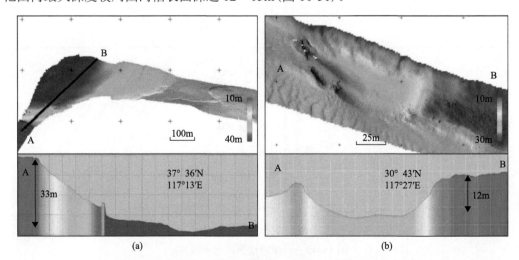

图 11-51　鄱阳湖湖口-大通河段河槽冲刷地貌(2016 年)

(a)鄱阳湖湖口-大通河段冲刷深槽;(b)鄱阳湖湖口-大通河段冲刷坑

大通-吴淞口河段长约 560km，对其右侧主航槽进行了河槽微地貌观测。其中，长约 490km 的大通-徐六泾河段冲刷地貌占约 27.60%，长约 70km 的徐六泾-吴淞口河段冲刷地貌约占 24.20%，两者相差不大。该河段冲刷深槽与冲刷岸坡均可达到 10m 以上（图 11-52）。

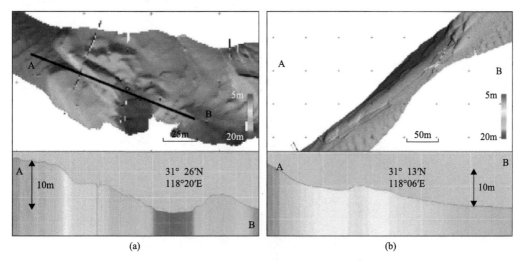

图 11-52　长江大通-吴淞口河段河槽冲刷地貌（2016 年）
(a) 长江大通-吴淞口河段冲刷深槽；(b) 长江大通-吴淞口河段冲刷岸坡

上述河槽局部强冲刷与河道整治不无关系。以五峰-徐六泾河段为例，1998～2013 年，该河段受河道整治工程、岸线利用、促淤、沙洲人为加速兼并等原因导致岸线包络面积减少约 2.78 亿 m²，减少量占 1998 年该河段河道岸线包络面积的 25.40%（表 11-10）。整治工程不仅束窄了河道、固定了河流边界；同时，制约了河流的横向摆动，也加剧了受冲岸段的岸坡冲刷，如浏海沙水道及通州沙水道中河流整治工程河段出现长达数千米的冲刷深槽（图 11-53）。多波束测深资料也表明，长江大通-徐六泾的部分河段，不仅在纵向上形成深度>10m、长度>100m 冲刷坑[图 11-53(a)]或冲刷槽[图 11-53(b)～(c)]。因此，河道整治等工程有可能加剧或减缓河槽自然演变过程，而形成河槽短期内的强冲强淤现象。

表 11-10　长江五峰-徐六泾河段河槽统计参数及冲淤概况（1998～2013 年）

河段	年份	岸线包络面积/亿 m²	总河槽体积/亿 m³	−2～0m 河槽体积/亿 m³	−5～−2m 河槽体积/亿 m³	−10～−5m 河槽体积/亿 m³	−10m 以深河槽体积/亿 m³
五峰-徐六泾（180km）	1998	10.96	56.52	12.33	15.46	19.84	8.89
	2013	8.18	62.54	14.71	17.54	17.60	12.69
	差值	+2.78	+6.02	+2.39	+2.07	−2.24	+3.80

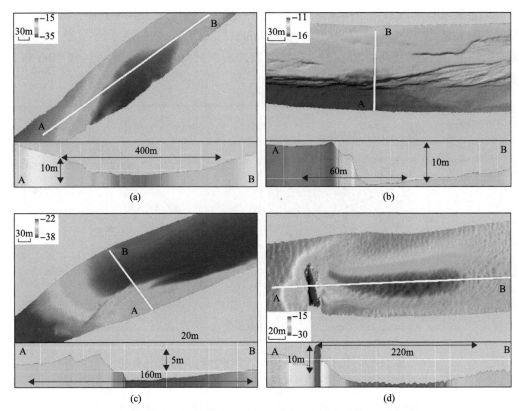

图 11-53　浏海沙水道及通州沙水道典型冲刷地貌（2016 年）

(a)冲刷坑地貌；(b)冲刷岸坡；(c)冲刷深槽；(d)沉船冲刷地貌

3. 采砂导致局部河槽床面地貌剧烈变化

为了维护长江河势的稳定，保障通航安全，加强长江河道采砂的合理管理，自 2001 年 10 月国务院通过了《长江河道采砂管理条例》（2002 年 1 月 1 日施行），由此，长江主河道全面禁止非法采集江砂。这一举措虽然改变了以往无序、混乱的江砂开采局面，但盗采现象尚未完全杜绝，尤其是夜间非法开采江砂的行为时常发生，且非法采集江砂的部位更加隐蔽，有些江砂采集部位距离河岸较近。如长江下游河道-徐六泾附近的狼山沙体，仅 2011～2012 年非法采集江砂达 780 万 m³（刘桂平等，2014）。

沿中下游河槽观测的多波束数据显示，非法采集江砂的部位零散，几乎整个河槽都有可能是非法采集江砂的地点，部分采砂坑距离岸坡不足 50m，对河槽稳定的威胁极大。同时，遗留的采砂坑形态上一般表现为单个或连续的椭圆形凹坑，单个采砂坑直径可达 50m，可形成体积为 1.9 万 m³ 的凹坑。采砂不仅阻断了河槽表层沉积物的自然移动，改变了局部河床的表面形态，同时，采砂坑附近的水动力条件也发生了改变，其进一步发展则可引起局部河床变形（刘桂平等，2014）。因此，采砂的数量与位置对河槽稳定与演变较重要。研究还表明，2003～2010 年，徐六泾附近河段规划采砂量达 1.2 亿 m³，而江阴-

徐六泾河段 1998~2013 年总冲刷量仅为 3.23 亿 m³。因此，采砂的多年累积效应可能增大长江汉口-吴淞口河段河槽的自适应调整幅度。

多波束实测资料也显示，长江九江-吴淞口河段因人类采砂，尤其是盗采河床沉积物现象的存在，在河床上遗留下许多采砂坑，其形态上呈椭圆形，在多波束图像上呈现出床面的突然凹陷。对部分采砂坑的几何参数进行统计发现，其直径为 20~50m，采砂坑的平均深度低于周围河床为 1.90~2.20m，体积为 0.50 万~1.90 万 m³。由于是盗采现象，该类采砂坑常见于航道两侧，尤其是部分采砂坑离岸坡坡脚不足 50m（图 11-54）。有些采砂遗留痕迹因体积较大，河床在短时间内不能通过自适应调整填补采砂坑。

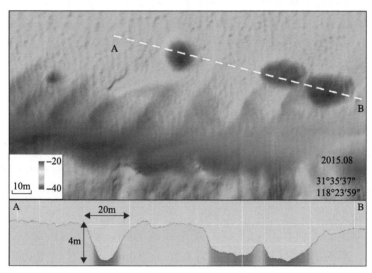

图 11-54　长江九江-吴淞口河段河槽表面采砂坑几何参数示意图

其他人类活动也可能引起河槽局部的强冲强淤现象，如沉船及桥墩形成的局部水下地形演变[图 11-52(d)]。以西华水道为例，由于一条长约 20~40m 的船体搁浅，其下游约 4.8 万 m³ 的河槽被冲刷，冲刷坑内的平均冲刷深度可达约 2.80m，冲刷长度向下游延伸约 287m；对长江中下游多座大桥的桥墩附近的微地貌进行了统计，发现桥墩冲刷体积介于 6.6 万~18.1 万 m³（表 11-11）。

表 11-11　长江大通-徐六泾河段小尺度水下地形统计参数

水下地形	冲刷面积/万 m²	冲刷体积/万 m³	冲刷深度/m	淤积深度/m	长度/m	宽度/m
冲刷坑[a]	3.9	11.2	39	—	226	112
冲刷槽[b]	3.5	13.1	35	—	282	232
沉船冲刷坑[c]	1.7	4.8	17	—	287	60
典型采砂坑[d]	0.3~0.8	0.5~1.9	19~22	—	20~50	16~20

a、b、c 为仪征水道典型冲刷坑、仪征水道典型冲刷槽、西华水道沉船；d 为仪征水道 9 个典型采砂坑

11.6.4　河槽床面沙波对人类活动的自适应行为分析

泥沙在水体中的运动形式有多种,如悬浮于水中、在河床上滚动或跃动等。当泥沙中推移质组分在河槽中做各种形式的集体运动时,往往直接关系到河槽地貌演变(张瑞瑾,1989)。其中,沙波运动是推移质运动的一种主要表现形式,是河槽中常见的微地貌之一。

1. 链珠状沙波发现与"沙波形态-伴生底形"命名方法的提出

利用多波束测深系统对长江口河槽微地貌调查时发现了新的沙波类型,该类型的沙波波谷中有规律地发育了椭圆形凹坑,且在高分辨率水深数据的 3D 成像上,这些凹坑如同一粒粒圆珠镶嵌于沙波群中。根据已有的沙波命名方式无法突出这类沙波的形态特征,尤其是已有的沙波命名方式没有突出伴生底形的存在。因而,本章在前人提出的沙波命名方式(Ashley,1990)的基础上,对已有沙波命名方式进行了补充和建议,即若沙波群中发育了规模性的伴生底形且伴生底形的尺度与宏观形态与沙波本身相比不可忽视时,应在沙波命名时突出伴生底形的存在,即"沙波形态-伴生底形"的命名方法。

根据"沙波形态-伴生底形"的命名方法,即链状沙波及椭圆形凹坑的尺寸相差不大,将这类沙波命名为"链珠状沙波"。该命名方法以沙波的尺寸与形态为基础,兼顾沙波间发育的规模性伴生底形,能够直观的突出新类型沙波的宏观形态特征,是对已有沙波命名方式的补充与完善。

以长江口南港、北港测区内发现的新型沙波为例,测区内链珠状沙波的波长为15.90~58.80m,平均值约 31.90m,波高为 0.70~2.50m,平均值约 1.30m;即使考虑到伴生底形对沙波波高和波长的叠加影响(测区椭圆形凹坑平均增加波高约 1m),链珠状沙波的波高<5m、波长<100m,属于大型沙波的范畴。因此,可以将长江口南港、北港测区的链珠状沙波及其伴生底形定义为大型非对称链珠状沙波。

2. 链珠状沙波的几何参数特征及其影响

1)链珠状沙波的几何参数统计方法

链珠状沙波与伴生底形的几何参数统计和分析(图 11-55)。链珠状沙波是一种新类型沙波,主要为链状沙波和伴生椭圆形凹坑组成,几何参数的统计主要涉及波脊线长(S)、最大波高(H)及最大波高对应的波长(L)、伴生的椭圆形凹坑轴长(l_i, i=1, 2, 3, …)、椭圆形凹坑深(h_i, i=1, 2, 3, …)、次级沙波的波长和波高等。说明如下:①链珠状沙波的波脊线长指沙波脊线连续段长;②选取链珠状沙波的最大波高为沙波波高,最大波高对应的波长为统计波长(统计的波长并不一定为该沙波最大波长);③仅对相对深度超过 0.30m的椭圆形凹坑进行统计(相对深度的起算基面以椭圆形凹坑未影响的沙波波谷高程为参考)。

2)链珠状沙波的几何参数

以长江口南港与北港分流口典型链珠状沙波发育区为例分析链珠状沙波的几何特

征。链珠状沙波的波长为 15.86～58.78m，平均值为 31.90m；其波脊线长度变化较大，最短波脊线长约 34.70m，最长波脊线长约 407.80m，平均值波脊线长约 115.20m；统计其波高发现，波高为 0.67～2.47m，平均值约 1.30m；沙波指数（即波长与波高的比值）为 14～56.09，平均值为 25.32；对称指数（向陆坡投影长与向海坡投影长的比值）为 0.71～4.14，平均值为 1.65。观测还发现，该区域内部分链珠状沙波发育了次级沙波，次级沙波的个数为 1～4 个，次级沙波的波高为 0.40～1.50m，平均值为 0.50m，次级沙波波长为 4.80～10.60m，平均值约 7.50m（表 11-12）。

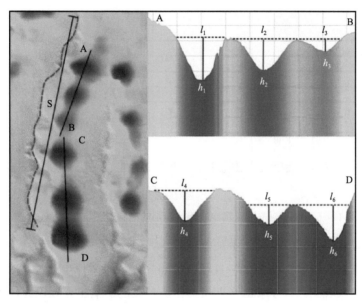

图 11-55　链珠状沙波椭圆形凹坑几何参数统计示意图

表 11-12　链珠状沙波统计参数

链珠状沙波	波脊线长/m	波长/m	波高/m	对称指数	沙波指数	次级沙波波长/m	次级波波高/m	统计沙波数
最小值	34.70	15.86	0.67	0.71	14.00	4.76	0.37	
最大值	407.84	58.78	2.47	4.14	56.09	10.61	1.49	105
平均值	115.22	31.89	1.29	1.65	25.32	7.53	0.53	

统计还发现，南港与北港分流口测区内共识别 473 个椭圆形凹坑（表 11-13），识别标准如下：在水深颜色比例尺下（颜色比例尺最浅至为水深 13m 处，最深为 17m），将宏观形态上明显具有椭圆形特征的微地貌视为凹坑，并进行个数统计（此时不考虑椭圆形凹坑的大小与深度）。结果表明，两条链珠状沙波之间发育的凹坑为 2～10 个，以 3～6个居多（图 11-56）。对其中的 212 个凹坑进行了参数统计。统计标准如下：与凹坑发育附近沙波波谷平均水深相比，凹坑的相对深度值等于或超过 0.3m 时进行统计，结果表明，凹坑深度值最大值约 2.00m，平均深度值为 1m，垂直波脊线方向椭圆形凹坑轴线平均长 17.10m，平行于波脊线方向平均长 14.40m。

表 11-13　椭圆形凹坑统计参数

椭圆形凹坑	垂直波脊线向长/m	平行波脊线向长/m	深度/m	平均长深比	统计个数	识别个数
最小值	6.72	3.64	0.30	6.27		
最大值	64.51	35.35	1.98	36.35	212	473
平均值	17.08	14.40	0.98	16.82		

注：平均长深比为椭圆形凹坑垂直和平行于沙波脊线向轴线长的平均值与深度的比值

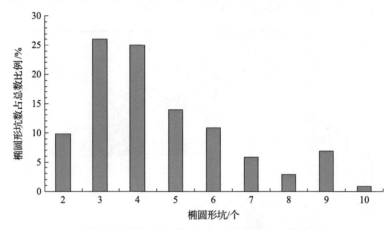

图 11-56　相邻两条链珠状沙波间可识别的椭圆形凹坑数比例直方图

3) 伴生凹坑对链状沙波几何参数的影响

以长江口南港、北港分流口的链珠状沙波为代表分析了伴生凹坑对链珠状沙波几何参数的影响，结果表明，伴生椭圆形凹坑对沙波参数的影响主要表现为以下两个方面。

(1) 凹坑深度与沙波波高相近，对测区 212 个凹坑的几何参数统计表明，凹坑的平均深度为 0.98m，与沙波的波高平均值 1.30m 相近，因此，伴生凹坑尺寸是否归算进沙波波高统计中影响了该类型沙波波高的大小。以长江口南港、北港分流口沙波断面为例 (图 11-57)，断面 A_1-A，F_1-F 穿过凹坑中间，而 D_1-D 断面则穿过较少的凹坑，断面 B_1-B，C_1-C，E_1-E 则避开凹坑。断面形态显示，穿过凹坑的断面形态明显比避开凹坑的断面起伏变化大，相对波高也明显增大 (图 11-57)。

(2) 椭圆形凹坑对链状沙波宏观形态和波长的影响。若在统计沙波波长时，将椭圆形凹坑也进行统计，则凹坑的存在不仅改变沙波波高，也改变了波长 (图 11-57)。最后，少量凹坑发育于链状沙波的次级沙波中 (图 11-57)；有些椭圆形凹坑发育于链状沙波的波脊线上 (图 11-58)；有些椭圆形凹坑发育于波峰两侧 (图 11-58)；有些椭圆形凹坑发育于两组沙波之间，极大地改变了沙波的宏观形态 (图 11-58)。

3. 链珠状沙波发育的水沙环境

沙波发育的影响因素一直受到国内外学者的高度关注 (Cheng et al., 2004; Franzetti et al., 2013; Li et al., 2008; Lin et al., 2009; Wu et al., 2009; 程和琴等, 2002; 李泽文等, 2010)。沙波的发育与水流 (李泽文等, 2010; 林缅等, 2009)、沉积物性质 (夏东兴等,

2001)、沉积物来源(边淑华等, 2006)、床面坡降与地形(庄振业等, 2004)等有关。在浅水环境中,沙波的演化过程与水深变化也有微弱的相关性(庄振业等, 2004)。下面主要从河槽表层沉积物、水动力条件方面进行探讨。

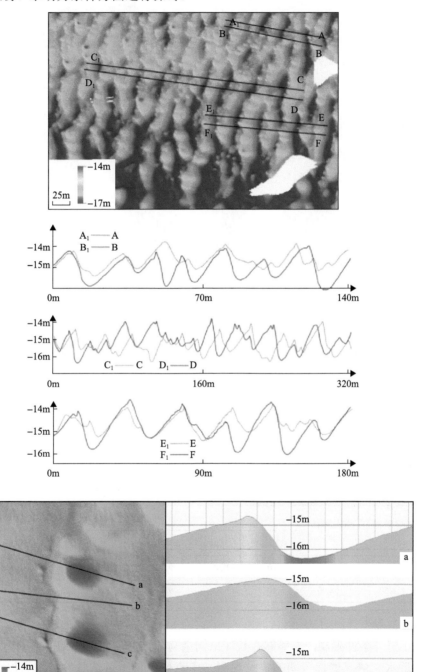

图 11-57　椭圆形凹坑对沙波波高的影响示意图

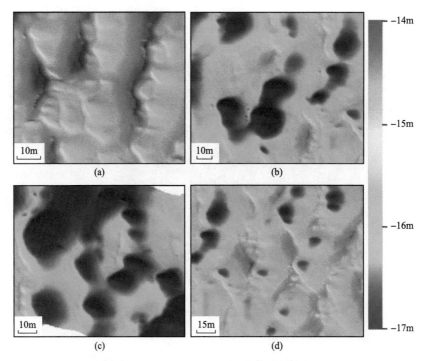

图 11-58　椭圆形凹坑对沙波形态的影响多波束图像

(a)椭圆形凹坑发育于次级沙波间；(b)椭圆形凹坑发育于沙波脊线上；(c)椭圆形凹坑发育于波峰两侧，形成了某些"孤立"
于其他沙波的链珠状沙波；(d)椭圆形凹坑的发育造成相邻两组沙波在形态上连接在一起的"错觉"

1) 河槽表层沉积物

在长江口南港与北港分流口的测区采集了两个河床表层样品作为河槽表层沉积物粒径的代表，结果表明，该段河槽表层沉积物的中值粒径为 118.50～120.70μm，平均粒径约为 108μm，黏土（<2μm）含量为 6.40%～6.70%，粉砂（2～63μm）含量为 21.60%～23.40%，极细砂（63～125μm）含量为 28.20%～32.20%，细砂（125～250μm）含量为 39.70%～41.60%（表 11-14），属于极细砂-细砂质。

表 11-14　长江口南港与北港分流口底质样品粒度参数

样品编号	中值粒径/μm	平均粒径/μm	不同粒径沉积物占比/%					
			<2μm	2～16μm	16～63μm	63～125μm	125～250μm	>250μm
1#	120.70	107.80	6.70	14.20	9.20	28.20	41.60	0.10
2#	118.50	108.00	6.40	12.20	9.40	32.20	39.70	0.10

2) 水动力条件

由于野外条件限制，未能够在长江口南港与北港分流口做长期的水动力观测。仅对测区附近水文情况进行短期的定点观测，定点位置位于链珠状沙波发育区西北，距离链珠状沙波发育区直线距离约 100m。观测时长仅包含一个完整的涨潮和落潮过程，分析表明，该区域的落潮历时约 7.9h，涨潮历时较短，约 4.2h。在涨潮和落潮过程中，落潮平均流速可以达到 0.74m/s，最大落潮平均流速约 1.36m/s，涨潮平均流速相对较小，仅 0.27m/s，涨潮最大平均流速也较落潮最大平均流速小，仅 0.61m/s，且落潮时长大于涨潮时长(图 11-59)。落潮时，水流的平均流向为 113.8°，与测区所在汊道的河槽走向基本一致(表 11-15)。

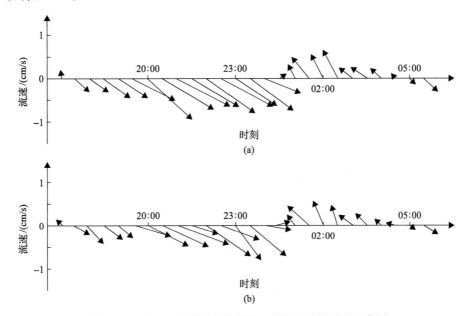

图 11-59 长江口南港与北港分流口落潮和涨潮过程示意图

(a) 2014 年 10 月 29 日定点位置平均流速和流向；(b) 2014 年 10 月 29 日定点位置近底层(距离河床表面约 1.0m)流速和流向

表 11-15 长江口南港与北港分流口实测流速统计表

层位	落潮平均		涨潮平均		落潮最大流速/(m/s)	涨潮最大流速/(m/s)
	流速/(m/s)	流向/(°)	流速/(m/s)	流向/(°)		
表层	0.83	114.40	0.30	270.70	1.42	0.67
0.2H	0.81	113.80	0.28	270.20	1.43	0.63
0.4H	0.77	113.70	0.28	268.90	1.51	0.63
0.6H	0.72	113.80	0.27	269.00	1.30	0.59
0.8H	0.67	113.60	0.25	266.60	1.23	0.59
近底层	0.63	113.50	0.22	261.60	1.22	0.60
平均值	0.74	113.80	0.27	268.20	1.36	0.61

注：H 为定点位置实测水深，因 ADCP 在流速测量中存在盲区，近底层流速为距离河床表面约 1.0m 处流速

4. 链珠状沙波发育的原因分析

1) 链珠状沙波形成的原因初探

当水流动力条件较弱时，床面呈静平床状态，随着水流增大，沙波逐渐由静平床向

沙纹、沙波发展，当水流过大时，沙波的尺度与形态有衰亡趋势，直至床面呈动平床（詹义正等，2006）。近海陆架床面上沙波发育的近底层流速在 0.2～1.0m/s 左右，同时底质需要满足极细砂至中砂（125～250μm）为主要组成粒级的条件（庄振业等，2004）。而程和琴等（2000）在研究长江口粗粉砂和极细砂输移特性时发现，该河段由于悬沙浓度较高，河床表层沉积物的粒度组分复杂，与传统的砂质河口的沉积物存在较大差异。

此外，程和琴等（2000）还发现沙波运动与局部水流流速存在以下关系：当河床表层沉积物粒径范围为 4～250μm 的时，流速（平均流速）<0.50m/s 时，床面呈平整状态，即河床表层沉积物基本静止不动；而当平均流速介于 0.50～0.60m/s 时，河床表层沉积物被掀动；当平均流速继续增大至 0.6～1.0m/s 时，河床表层沉积物有短时间再悬浮（喷发）现象，床面上初步形成小尺度沙丘；而当平均流速继续增大 1.00～1.10m/s 时，河床表层沉积物再悬浮现象明显；当流速>1.10m/s 时，底沙再悬浮强烈，大尺度沙丘出现。

长江口南港与北港分流口观测点的落潮平均流速为 0.74m/s，落潮时最大垂向平均流速为 1.36m/s，近底层平均流速为 0.63m/s，最大值为 1.22m/s。该测点涨潮时流速则较落潮时流速小很多，如涨潮时，垂向平均流速为 0.27m/s，最大平均流速为 0.61m/s，近底层平均流速为 0.22m/s，最大流速为 0.61m/s。除此之外，在落潮过程中平均流速值为 0.50～0.60m/s 的时长约 0.4h，流速值为 0.60～1.00m/s 时长约 2.3h，流速值大于 1.00m/s 时长约 2.8h；而涨潮过程中，没有观测到流速大于 0.60m/s 的现象。且在一个完整的涨潮和落潮过程中，除个别时间点外，近底层流速均小于 1.00m/s。因此，链珠状沙波发育区的潮周期内流速变化过程与前人研究中的流速变化过程并无较大差异。

长江口南港与北港测点河槽表层沉积物的粒度分布区间较宽（2～250μm）。其中，黏土组分（<2μm）约占 6.40%～6.70%，粉砂组分（2～63μm）含量为 21.60%～23.40%，砂级组分（>63μm）含量为 69.90%～72.00%。这一河槽表层沉积物组分与程和琴等（2000）研究区的沉积物组分（1997 年，南支-南港河段）差别也非明显。因此，就上述实验结果可谨慎认为，在适当的水动力条件下，南港与北港分流口测点河槽表层沉积物及沙波地形具有与程和琴等（2000）观测相类似的运动特征，即当涨落潮流内流速逐渐增大的过程中，河槽表层沉积物的再悬浮及底形运动逐渐增强。但上述动力沉积环境难以很好地解释链珠状沙波的成因。

庄振业等（2004）曾详细的讨论过水深条件对沙波发育的影响，即陆架沙波应区分浪成和流成。浪成沙波（水深<−18m）的尺度大小因波浪而受到抑制，而流成沙波（水深>−18m）则不会受到抑制，只要近底层流速和河槽沉积物适宜均可发育沙波，且沙波尺度与水深无关。南港与北港分流口沙波发育区水深为−13～−17m，属于浅水区域，按照庄振业等研究结论来看，该区域沙波的发育不仅受水动力条件的影响，极端天气（如台风）波浪及特大洪水对沙波的发育也有重要影响。

中国天气台风网报道了 2014 年"凤凰"台风于 9 月 23 日在上海登陆，台风中心风速约 20m/s，台风中心经过南港与北港分流口附近（http://typhoon.weather.com.cn/）。虽然本次观测并未获取台风对南港与北港分流口水动力的影响数据。但已有的模拟研究指出，台风期间沙波的迎流面和脊顶受到侵蚀，沙波波峰降低，波谷不变；而台风过后，沙波背流面被侵蚀，直至恢复台风以前的状态。因此，该链珠状沙波是否为台风过后形成的"过渡态"沙波还有待进一步观测。

2) 链珠状沙波形成条件的初步验证

为了进一步探究链珠状沙波的可能形成原因，在 2014 年 10 月 29～30 日，(小潮)观测了长江口南港与北港分流口链珠状沙波发育区以外，于 2015 年 2 月 1～6 日(大潮)以及 2015 年 6 月 30 日(大潮)，利用多波束测深系统、帽式抓斗等仪器对长江口水下微地貌几何形态和河床表层沉积物进行了观测和采样(图 11-60)。

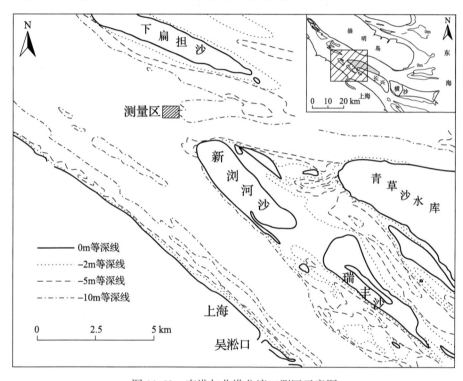

图 11-60 南港与北港分流口测区示意图

结果发现，该测区沙波地貌具有周期性变化特征，即洪季为大型链珠状沙波；枯季沙波尺度减小，变为弯曲状沙波；洪季再次形成大型链珠状沙波。2014 年 10 月末研究区普遍发育了链珠状沙波，至枯季时变为弯曲状沙波(图 11-61)。统计表明，2014 年 10月研究水域沙波平均波高为 1.29m，平均波长为 31.89m，沙波指数(波长/波高)为 14.00～56.09；而 2015 年 2 月沙波平均波高为 0.59m，平均波长为 25.12m，沙波指数(波长/波高)为 19.47～66.49(表 11-16)。

与此同时，2015 年 2 月与 2014 年 10 月南港与北港分汉口河床表层沉积物粒度组成差别很大。2014 年 10 月主要以砂质为主，其中，中值粒径为 118.50～120.70μm，平均粒径约为 108.00μm，极细砂含量占全粒径的 28.20%～32.20%，细砂含量占 39.70%～41.60%；而 2015 年 2 月则以细颗粒(<63μm)组分为主，其中细粉砂含量(16～63μm)的

含量占 48.20%～57.30%，且中值粒径(6.00～10.00μm)和平均粒径(9.10～14.10μm)也均为细粉砂(表 11-17)。

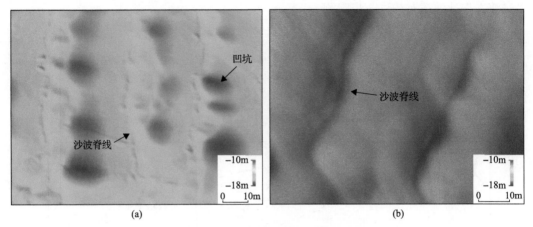

(a)　　　　　　　　　　　　　　　　　　(b)

图 11-61　南港与北港分流口测区洪季和枯季沙波差异

(a)洪季；(b)枯季

表 11-16　长江口南港与北港分流口洪季和枯季沙波参数统计表

季节	沙波参数	波长/m	波高/m	沙波指数	向陆坡倾角/(°)	向海坡倾角/(°)	统计沙波个数
	最小值	15.86	0.67	14.00	2.48	3.15	
洪季末	最大值	58.78	2.47	56.09	7.48	10.62	105
	平均值	31.89	1.29	25.32	4.11	6.39	
	最小值	14.02	0.33	19.47	1.35	2.12	
枯季初	最大值	37.45	1.14	66.49	4.97	8.13	35
	平均值	25.17	0.59	46.35	2.13	4.03	

表 11-17　长江口南港与北港分流口洪季和枯季表层沉积物粒径特征

样品编号	中值粒径/μm	平均粒径/μm	不同粒度沉积物占比/%					
			黏土	细粉砂	粗粉砂	极细砂	细砂	>250μm
2014 洪季末-1[#]	120.7	107.8	6.7	14.2	9.2	28.2	41.6	0.1
2014 洪季末-2[#]	118.5	108.0	6.3	12.2	9.5	32.2	39.7	0.1
2015 枯季初-1[#]	6.0	9.1	23.9	57.3	15.5	1.9	1.3	0.1
2015 枯季初-2[#]	10.0	14.1	18.0	48.2	31.1	1.9	0.8	0.0

粒度自然分布曲线可以直观地看出两次表层沉积物粒度组成的差别明显。2014 年10 月的粒度自然分布曲线明显右偏，峰型尖锐，整条曲线主要集中在砂质范围内；而2015 年 2 月，曲线平缓，主要粒径范围在黏土、细粉砂、粗粉砂中，砂质粒径含量很少(图 11-62)。

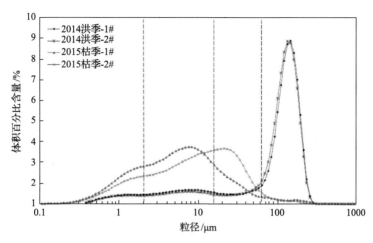

图 11-62　长江口南港与北港分流口洪季和枯季表层沉积物粒度自然分布曲线

　　此外，2014 年 10 月和 2015 年 2 月在测区的定点水文测量也表明，洪季和枯季水动力相差很多（图 11-63）。洪季和枯季的测量时间分别为 13h 和 20h，均包含一个涨潮和落潮过程。其中，在 2014 年 10 月的测次中，落潮历时约 7.9h，涨潮历时约 4.2h，落潮平均流速为 0.74m/s，最大落潮平均流速为 1.36m/s，涨潮平均流速为 0.27m/s，涨潮最大平均流速为 0.61m/s，落潮历时明显大于涨潮历时；在 2015 年 2 月的测次中，落潮历时约 7.5h，涨潮历时约 4.7h，落潮平均流速为 0.77m/s，最大落潮平均流速为 1.29m/s，涨潮平均流速为 0.52m/s，涨潮最大平均流速为 0.85m/s，依然是落潮历时明显大于涨潮历时。

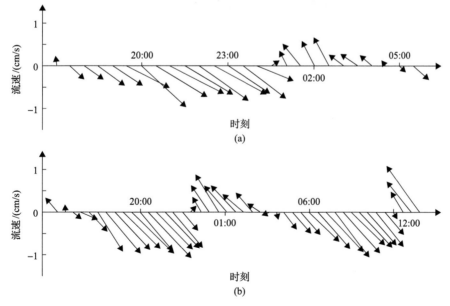

图 11-63　南港与北港分流口测区落潮和涨潮过程示意图
(a) 2014 年 10 月小潮；(b) 2015 年 2 月大潮

　　而 2015 年 2 月至 2015 年 6 月期间，并无台风等极端天气发生，但 2015 年 6 月，依然在测区观测到链珠状沙波形态，因此，推断台风等极端天气并非链珠状沙波发育的决定条件。而洪季河槽表层沉积物较枯季粗，且水动力条件增强，加之河口大量工程的建设导致边界条件的改变极可能是链珠状沙波发育的原因。那么，链珠状沙波极可能是一种由于河床沉积物粗化(洪季河槽表层沉积物较冬季粗)，水动力加强而形成的一种侵蚀型沙波类型。

3) 链珠状沙波形成条件的进一步验证

如果工程导致的边界条件改变以及粒度变粗和水动力条件增强是链珠状沙波发育的主要影响因素，那么，在长江九江-吴淞口河段中因河槽侵蚀也应该有链珠状沙波的发育。

长江中下游湖口-吴淞口河段河槽的观测数据发现，长江九江-吴淞口河段河槽中也有链珠状沙波的发育(图11-64)。对其中一个链珠状沙波的几何参数进行了统计表明，该链珠状沙波发育水深为23～35m，波高6～8m，波长180～210m。该链珠状沙波的伴生椭圆形凹坑的数量多达15～20个，链状沙波的波脊线因次级沙波的发育呈间断特征。因此，我们初步推断链珠状沙波是长江九江-吴淞口河段河槽微地貌适应流域来沙量减少、水动力增强以及边界条件改变而形成的一种侵蚀型沙波类型，但其发育机制尚需进一步研究。

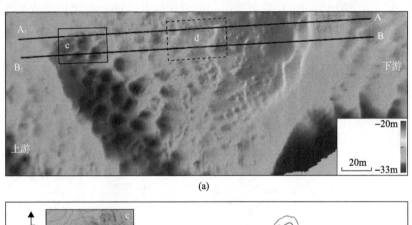

(a)

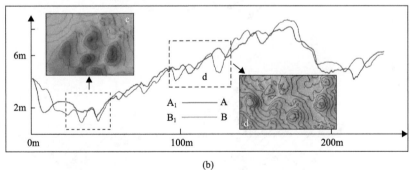

(b)

图11-64 长江九江-吴淞口河段河槽中发育的链珠状沙波

(a)链珠状沙波上叠加次级链珠状沙波；(b)链珠状沙波的波脊线因次级链珠状沙波的发育间断

5. 长江九江-吴淞口干流河槽床面沙波发育及影响因素

影响沙波发育的因素众多，如河槽表层沉积物、水动力条件、地形坡度等(单红仙等，

2017; 庄振业等, 2004)。本章以大通-吴淞口巨型沙波(波长>100m 或波高>5m 的沙波)为例,探讨了该河段沙波的发育趋势。

首先,三峡大坝运行后,长江中上游来沙量持续减少,统计数据显示 2006~2010 年大通水文站平均年输沙量仅 1.30 亿 t,明显小于 1951~2010 平均值(3.9 亿 t)(http://www.cjh.com.cn)。来沙量减少将造成下游河段水流挟沙能力增强,部分河段底沙活动增强,河床表层沉积物粗化(李九发等, 2013)。实测河床表层沉积物显示,巨型沙波发育河段河床表层沉积物粒径一般较粗。如池州-龙潭水道段沉积物中值粒径为 95.30~273.40μm 波动,属于细砂至中砂质;而仪征水道和口岸直水道泥层下覆沉积物中值粒径可达 253.70~269.90μm(表 11-3)。上述两河段是长江感潮河段巨型沙波发育的主要河段,且巨型沙波表面发育了大量次级沙波也指示了底沙活动强烈。因此,粗颗粒沉积物及三峡工程启动引起部分河段底沙活动增强是长江感潮河段巨型沙波发育的物质基础。Parsons 等(2015)研究也认为,沉积物粒度的组成成分对沙波形态和尺度的发育具有至关重要的影响,沉积物粒度组分中细颗粒组分增加不仅降低沙波的波高与波长,还能够改变沙波的形态。因此,由于上游来沙量减少,河槽表层沉积物粗化,水动力条件不变的情况下,长江汉口-吴淞口的沙波尺度有进一步发展的趋势,其形态也具有多样化的可能。

其次,长江洪水期径流量是塑造河床地貌的基本动力之一,当大通流量超过 60400m³/s 时,其对长江河槽形成及改造、河势演变等起到重要作用(巩彩兰和恽才兴, 2002)。因此,丰水季节较大径流量对巨型沙波具有改造作用。前人研究表明,沙波一般发育于 $Fr<1$ 的水流环境中,其中,大尺度沙波可发育于弗劳德数为 0.03~0.6(甚至更大)的水动力环境中(Karahan and Peterson, 1980)。本节在长江下游河段小、中及大型沙波发育区进行了水动力观测(图 11-65),结果表明,河槽近底流速为 0.59~0.73m/s,弗劳德数为 0.07~0.09(观测期间大通径流量为 32500~41500m³/s)。即便大通平均流量降为 31800m³/s 时,巨型沙波发育区近底流速依然可达 0.84m/s(表 11-18)。因此,长江九江-吴淞口在河槽表层沉积物波动粗化背景下,水动力条件有利于巨型沙波的进一步发育。

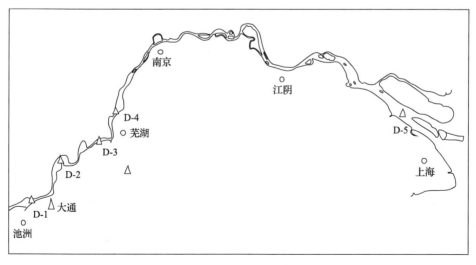

图 11-65 长江下游短期测站位置示意图

表 11-18　长江下游定点流速数据参数

位置	平均流速/(m/s)	起始日期	起始时间	观测时长/h	当日大通流量/(m³/s)	弗劳德数	平均水深/m
D-1	0.99	2015-08-03	19:30	10	41500	0.07	17.60
D-2	0.91	2015-08-10	19:00	9	33500	0.09	10.40
D-3	0.78	2015-08-11	14:00	17	32500	0.08	10.00
D-4	0.67	2015-08-12	19:00	11	31800	0.07	11.00
D-5	V_1=1.03;V_2=0.88	2015-08-13	19:00	23	31200	0.05	14.90

而河槽形态变化在一定程度上控制了水流能量的释放与集中、底沙的沉积与再搬运（王哲等，2007）。就巨型沙波而言，多波束图像显示，其主要分布在河槽束窄或由束窄向放宽过渡，同时河道形态呈平直或微弯，纵断面有一定坡度的河段。如大通水道中段河槽水面较宽阔（老洲头处宽约 2150m），未见巨型沙波发育，而其下游铁板洲束窄了河槽（最窄处 1200m），发育了巨型沙波；与之相似的还有太阳洲上段水道，其经成德洲后，河槽汇流束窄至 1400m，形态呈微弯，也发育了巨型沙波。太阳洲中下段河槽虽然依然束窄，但河槽形态呈弯曲状，无巨型沙波发育；至荻港水道时，河槽形态弯曲程度减小，巨型沙波再次发育；南通以下河段河槽普遍展宽，如通州沙尾部可达 9000m，且河槽普遍坡度较小，很少有巨型沙波发育。因此，河槽形态是长江汉口-吴淞口河段巨型沙波发育的外在控制因素，河槽束窄且形态较平直，同时具有一定坡度的河段有利于巨型沙波发育。

由于流域大型工程，尤其是岸线利用与河道整治工程，近年来长江汉口-吴淞口河段平均河槽宽度由稳定向缩窄趋势发展。其中，汉口-湖口河段基本稳定，但局部河段存在缩窄与展宽现象；湖口-大通河段河槽宽度呈轻微缩窄趋势，平均缩窄 53m，但局部河段变化较大；大通-吴淞口河段整体呈明显的缩窄趋势，其中大通-福姜沙河段平均缩窄 93m，福姜沙-长江口南支河段平均缩窄 1609m，吴淞口河段平均缩窄约 80m。因此，由于人类活动的强烈干扰，长江汉口-吴淞口河段河槽呈现出河槽表层沉积物粗化、河槽束窄等现象，同流量情况下，束窄河段的河槽水动力有增强趋势，有利于沙波的进一步发育。

6. 长江九江-吴淞口干流河槽床面沙波尺度变化趋势分析

受地形因素、河床表层沉积物性质与组成、水动力条件等多因素的影响，沙波发育的尺度、形态与移动速度并不相同（Knaapen, 2005; Knaapen et al., 2001; Naqshband et al., 2014; Warmink, 2014; 单红仙等，2017; 杜晓琴和高抒，2012）。前人研究表明，随着水流的增强沙波运动以及对应的床面形态能够发生变化。钱宁和万兆惠（2003）曾对这一现象进行了详细描述：①床面呈平整状态。该状态下水流经过静止的河床，部分沙粒开始运动，由于部分沉积物聚集于河床某处，而形成小丘并向前移动。②床面发育有沙纹。随着小丘的移动与合并，逐渐形成了韵律性沙纹。沙纹尺度较小，有人认为其实由于近壁层流层不稳定的产物。③沙纹演变成沙波。随着流速的再次增大，沙纹演变成为大尺度的沙波。由于沙波波长最大可达几百至几千米，在河流、河口、近海陆架等水下环境经常被观测到，因而根据其外形可见其命名为直脊状沙波、弯曲型沙波、悬链型沙波、新月形与舌状沙波等。④沙波退化、消失,床面再次进入动态平整。由于水流流速的增加,沙波波长逐渐加长,波高逐渐减小,河床再一次恢复动态平整。

王哲等(2007)于 2003 年利用走航式浅地层剖面仪(GEO Chirp)和旁侧声呐系统(ULTRA-WIDESCAN 3050-II)对长江武汉-河口的沙波地貌进行了量化分析,发现黄石至安庆河段沙波波高一般都<2m,安庆-芜湖河段波高一般为 4~8m,芜湖-吴淞口的波高局部可达到 4~8m。

单就大型和巨型沙波波高而言,2003 年时长江黄石(九江上游)-吴淞口河段沙波波高未观测到沙波波高超过 8m 的沙波,而在 2014~2016 年的野外观测中,观测到了沙波波高 9~10m 的巨型沙波(图 11-66)。综上所述,长江汉口-吴淞口河槽沙波较 2003 年以前尺度有增大的趋势。

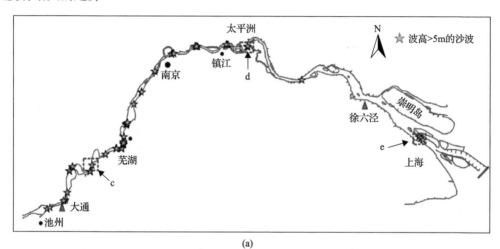

(a)

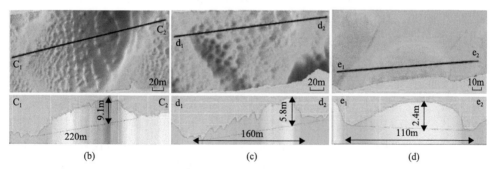

图 11-66　典型巨型沙波发育位置与几何参数

(a)巨型沙波发育位置;(b)安徽铜陵水道巨型沙波;(c)江苏口岸直水道巨型链珠状沙波;(d)上海南港巨型沙波

11.7　长江汉口-吴淞口干流河槽冲淤和微地貌
对人类活动自适应行为

利用多波束测深数据、流速数据、河槽表层沉积物数据和历史水下地形资料,分析了长江汉口-吴淞口的河槽冲淤和床面微地貌演变特征,探讨了长江汉口-吴淞口河槽演变过程对流域与河口人类活动的自适应调整机理。主要研究结论如下：

(1) 长江汉口-吴淞口河段河槽表层沉积物粒度从上游向下游呈波动变细的特征尚未发生改变。河槽表层沉积物对流域及河口大型工程自适应行为主要表现为：汉口-吴淞口河段主河槽表层沉积物粒度变化剧烈，中值粒径为 8.10～294.40μm，尤其是大通以下河段变化尤为明显。

(2) 利用多波束测深系统对长江口的床面微地貌进行调查时发现了新的沙波类型。提出若沙波群中伴生底形不可忽视时，应对伴生底形进行命名，即"沙波形态-伴生底形"的命名方法。初步推断链珠状沙波是长江九江-吴淞口河槽微地貌适应流域来沙量减少、水动力增强以及边界条件改变而形成的一种侵蚀型沙波类型，但其发育机制尚需进一步研究。

(3) 长江九江-吴淞口河段河槽观测到了小型直脊状沙波、小型弯曲状沙波、中型直脊状沙波、中型弯曲状沙波、大型弯曲状沙波、大型舌状沙波、大型复合沙波、大型链珠状沙波、巨型复合沙波、巨型链珠状沙波、巨型直脊状沙波等。由于人类活动的强烈干扰，长江大通-吴淞口河槽床沙动粗化、河槽束窄，相同流量下水动力增强，有利于沙波的进一步发育；与前人研究结果相比，2014～2016 年沙波的尺度较 2003 年相比有明显增大趋势。

(4) 长江汉口-吴淞口河段河槽自适应于人类活动的行为分别表现为：汉口-湖口河段 0m 线包络河槽整体呈冲刷趋势，其中，–10～–5m 水域是该河段响应人类活动的主要区域；湖口-大通河段 0m 线包络河槽整体呈冲刷趋势，其中，–5～0m 水域是该河段响应人类活动的主要区域；大通-吴淞口河段水动力条件变化复杂，不仅受到上游来水的影响，还受到潮周期的影响。总体而言，该河段–10m 以下的河槽为响应流域来沙量减少的主要水域。长江流域因水土保持、正在以及将要修建更多的水库与大坝，上游来沙量仍可能减少；河口地区开展的河道整治工程，加之相对海平面上升，将进一步干扰河口边界与水动力过程，长江河口河槽仍可能继续冲刷。

(5) 在长江九江-吴淞口河段河槽整体冲刷的背景下，河槽整体冲刷将导致桥墩更多的暴露于床面之上，其与桥墩局部冲刷的叠加效应将加剧桥墩冲刷深度。

总体上，虽然基于长江九江-吴淞口河段的实测资料获取了河槽微地貌的形态、几何参数及其空间分布规律，但是，扫测范围主要集中于主航道两侧，并未完全覆盖整个河槽，且观测时间主要集中于洪季，因此，本章数据并不能完全代表长江汉口-吴淞口河段河槽微地貌的空间分布规律，也无法分析河槽微地貌的季节性变化规律，将在今后的研究中加强枯季的观测。而且，使用的航行图资料为 1998 年和 2013 年所获资料，因没有获取三峡大坝运行年(2003 年)的长江汉口-吴淞口河槽体积，因此，文中长江汉口-吴淞口河段河槽冲淤量难以完全反映三峡大坝在长江汉口-吴淞口河槽冲淤量中的贡献。在今后的研究中希望能够获取 2003 年或更多年份的长江汉口-吴淞口水下地形资料，并生成 3D 格网模型，用于更加清晰分析单个大型工程(如三峡大坝工程)对河槽冲淤规律的影响。

第12章 长江典型江湖汇流河段河床演变及微地貌特征

洞庭湖、鄱阳湖先后从南侧汇入长江中游河道，形成典型的江湖汇流河段。汇流河段江湖来水相互顶托、泥沙冲淤变化大，易影响通航条件妨碍航运安全；加上洞庭湖和鄱阳湖是长江中游重要的调洪场所，其河势演变与防洪减灾密切相关，因此江湖汇流河段是长江流域治理、开发和保护的重点和难点。

近年来人类活动对河流和湖泊的干扰日益增强，在以三峡大坝为主的大型水利工程、采砂活动以及流域水土保持等影响下，长江中下游河段输沙量呈大幅下降趋势，河道裁弯、航道整治工程的开展改变了汇流河段的部分边界条件，通江湖泊频繁的采砂活动也影响入江通道的河槽形态，导致江湖汇流区河床演变及微地貌特征做出响应。为此，本章利用 2016 年和 2017 年长江中游江湖汇流河段实测多波束数据、ADCP 数据、河床表层沉积物粒径，结合多年份(1998 年、2006 年、2013 年、2015 年)水下地形资料，分析比较长江与洞庭湖、鄱阳湖汇流河段的河床演变及微地貌特征，探讨江湖汇流河段河床冲淤演变过程与微地貌特征对人类活动的响应。

此外，三峡蓄水运行后江湖关系再次调整，造成洞庭湖和鄱阳湖提前进入枯水期及枯水期延长(赖锡军等，2012；戴雪等，2014；周云凯等，2018)，关于两湖建闸讨论日益激烈(周北达和卢承志，2009；胡春宏和阮本青，2011；胡春宏等，2017)，开展江湖汇流河段河势演变及微地貌相关研究可为两湖建闸提供本底数据，具有重要的参考意义。

12.1 研究区域概况

我国两大淡水湖泊——洞庭湖、鄱阳湖从南侧先后汇入长江中游。其中，洞庭湖位于湖南省北部，地跨湖南、湖北两省，汇集了长江干流松滋、太平、藕池、调弦(调弦口于 1958 年封堵)四口来水和湖区湘江、资水、沅水、澧水(简称"四河")等河流来水，经湖盆调蓄后于岳阳城陵矶附近汇入长江；鄱阳湖位于江西省北部，汇集湖区赣江、抚河、信江、饶河、修水(简称"五河")等河流来水，经湖盆调蓄后于湖口附近汇入长江(图 12-1)。

12.1.1 水文泥沙特征

1. 长江干流水文泥沙特征

长江来水量丰富，水资源丰沛，总量可达 9116 亿 m^3，约占我国河流总径流量的 36%(石盛玉，2017a)。流域年均降水量为 1126mm，是长江径流的主要补给，受局地环流和地形的影响，年降水量空间分布不均，呈西北至东南增加的趋势。长江流域大部分区域属于亚热带季风气候，受太平洋西部东南季风的影响，年内降水分配不均，每年 12 月至翌年 1 月降水最少，3～5 月降水逐渐增加，降水主要集中于 5～8 月，之后 9～11 月逐渐回落。

　　长江中游湖北省沙市水文站距洞庭湖上游约 250km，汉口水文站距鄱阳湖上游约265km，大通站位于两湖泊下游。根据近 60 年水沙观测资料显示，沙市站多年平均径流量(1955～2015 年)为 3903 亿 m³，多年平均输沙量为 3.51 亿 t，汉口站多年平均径流量(1954～2015 年)为 7040 亿 m³，多年平均输沙量为 3.37 亿 t，大通站多年平均径流量(1950～2015 年)为 8931 亿 m³，多年平均输沙量为 3.68 亿 t。

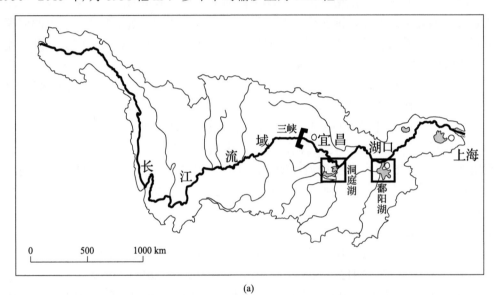

(a)

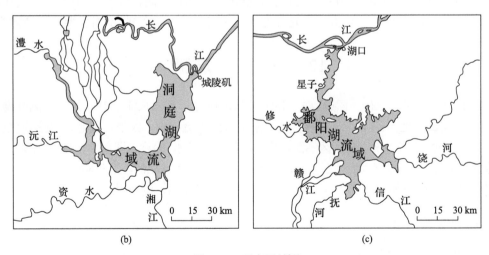

图 12-1　研究区域图

(a)长江流域；(b)洞庭湖流域；(c)鄱阳湖流域

　　20 世纪 90 年代以前，长江流域径流量与输沙量变化趋势基本一致，90 年代以后，径流量相对比较稳定，但输沙量锐减(图 12-2)，近 10 年(2006～2015 年)沙市站、汉口站和大通站年均输沙量仅为 0.409 亿 t、0.902 亿 t 和 1.23 亿 t(水利部长江委员会，2016)。

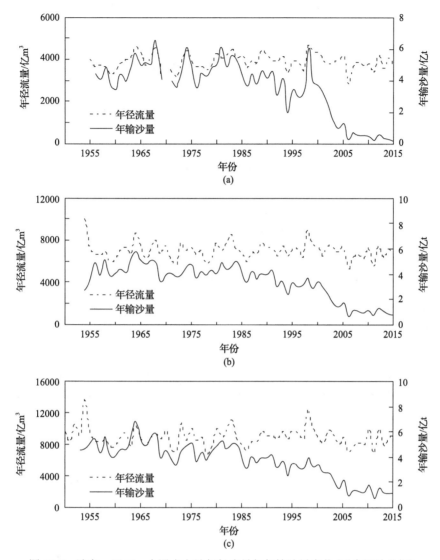

图 12-2　沙市、汉口、大通水文站年径流量与年输沙量变化(引自泥沙公报)

(a)沙市站；(b)汉口站；(c)大通站

2. 洞庭湖水文泥沙特征

洞庭湖是我国第二大通江淡水湖泊，天然湖泊面积约 2623km², 是长江重要的泄洪调蓄湖泊，多年平均入湖径流量为 2870 亿 m³, 其中"三口"多年平均入湖径流量(1950～2015 年)约 867.44 亿 m³, "四水"多年平均入湖径流量(1950～2015 年)达 1672.4 亿 m³, 剩余为区间来水。此外，洞庭湖呈较为严重的淤积态，湖区多年平均入湖输沙量为 1.44 亿 t, 出湖输沙量为 0.39 亿 t, 湖区年均泥沙沉积量约为 1.05 亿 t(卢金友和姚仕明，2010)。

随着长江上游水土保持工程的开展、荆江裁弯工程以及三峡大坝的蓄水运行，长江中下游输沙量锐减，引起坝下游长距离、长历时河床冲淤调整，整体表现为"滩槽均冲"(许全喜，2013)，长江干流河床冲刷下切，水位降低，进而引起荆江"三口"(松滋口、太平口、藕池口)分水分沙量下降(许全喜等，2009)。根据相关水文资料显示，"三口"近 14 年(2003～2016 年)平均径流量为 482.3 亿 m³，平均输沙量为 917.4 万 t，分别占多年(1950～2015 年)平均径流量、输沙量的 55.5%和 9.3%，水沙来量大幅下降；"四水"近 14 年(2003～2016 年)平均径流量为 1613.3 亿 m³，平均输沙量为 863 万 t，分别占多年(1950～2015 年)平均径流量、输沙量的 96.5%和 33.0%，径流量变化不大，输沙量下降显著。

　　另外，出湖入江输沙量也发生显著变化，据城陵矶水文站(出湖控制水文站)显示，近十四年(2003～2016 年)出湖入江的平均径流量为 2402.4 亿 m³，平均输沙量为 1966.4 万 t，分别占多年(1950～2015 年)平均径流量、输沙量的 84.5%和 51.6%，出湖输沙量呈下降趋势(图 12-3)。相关研究表明，由于湖区水沙关系的变化，近年来洞庭湖淤积减缓，开始出现冲刷趋势(宋平等，2014；朱玲玲等，2014)。

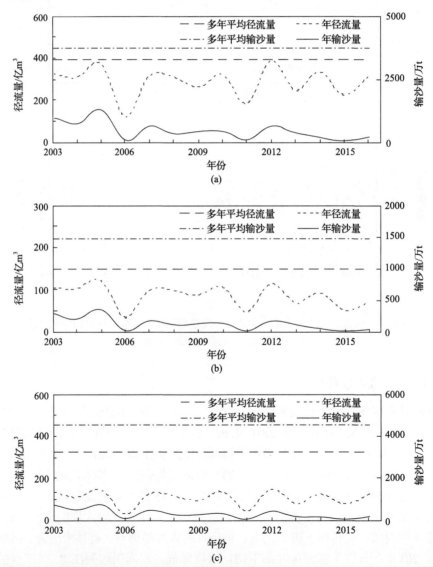

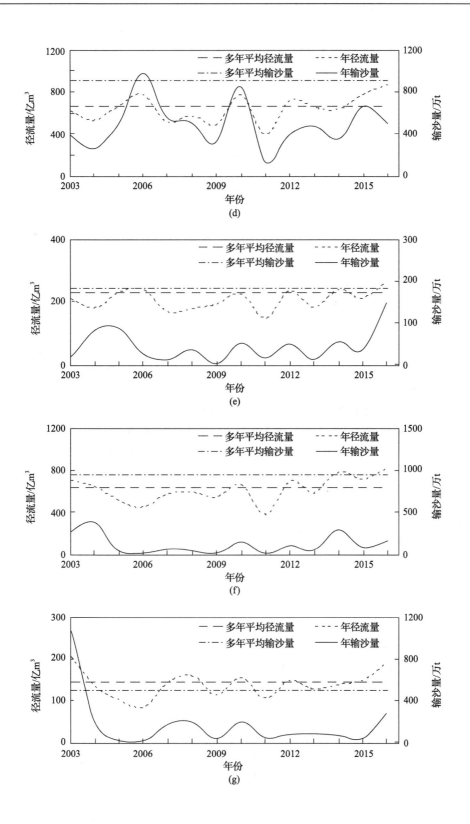

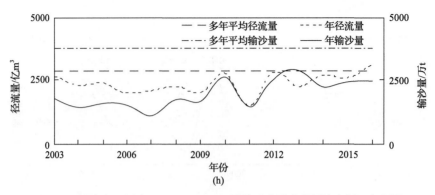

图 12-3　洞庭湖"四水"、"三口"及城陵矶水沙变化图(引自泥沙公报)
(a)松滋口；(b)太平口；(c)藕池口；(d)湘江；(e)资水；(f)沅江；(g)澧水；(h)城陵矶

3. 鄱阳湖水文泥沙特征

鄱阳湖是我国最大的淡水湖泊，天然湖泊面积约 3914km^2。多年平均出湖径流量 (1950~2015 年)为 1517 亿 m^3，多年平均出湖输沙量(1952~2015 年)为 1040 万 t(长江水利委员会，2016)为长江补给了大量的径流和泥沙。相关研究表明，1956~2000 年鄱阳湖区呈淤积状态，多年平均淤积量为 898.4 万 t，近年来湖区转而呈冲刷状态，多年平均冲刷量(2001~2011 年)为 509 万 t(李微等，2015)。

鄱阳湖流域大型水库的兴建(陈昌春等，2015)、流域水土保持工程的开展(张龙等，2013)以及频繁采砂活动(江丰等，2015)造成鄱阳湖输沙量的显著变化。根据相关水文资料显示，"五河"近 14 年(2003~2016 年)平均径流量为 1086 亿 m^3，平均输沙量为 583.9 万 t，分别占多年(1950~2015 年)平均径流量、输沙量的 98.7%和 47.2%，入湖径流量相对比较稳定，但入湖泥沙量大幅下降，以赣江最为显著；另外，根据湖口水文站(出湖控制水文站)显示，近 14 年(2003~2016 年)出湖入江的平均径流量为 1506.4 亿 m^3，平均输沙量为 1221.4，分别占多年(1950~2015 年)平均径流量、输沙量的 99.9%和 117.4%，出湖径流量比较稳定，出湖输沙量略有增大(图 12-4)。

12.1.2　洞庭湖与鄱阳湖区采砂现状

随着城镇化的建设，砂石作为建设原料需求旺盛。2000 年，国务院明令禁止长江主河道采砂，受利益驱使大量采砂船进入鄱阳湖和洞庭湖。鄱阳湖湖区大规模采砂始于 2000 年，遥感图像显示 2001~2007 年鄱阳湖采砂活动主要集中于鄱阳湖入江通道，2007 年以后逐步南移向湖区中部扩张(崔丽娟等，2013；江丰等，2015)，针对湖区采砂量许多学者做了大量工作(Leeuw et al., 2010；陈前金，2010)，2001~2010 年鄱阳湖年均采砂量达 239.3Mt/a(江丰等，2015)与政府批复采砂量相差甚多，湖区违法采砂、盗砂现象严重。2006 年以后，洞庭湖区采砂活动频繁成为非法采砂的重灾区，湖区水域年均采砂量达 140.3Mt/a，高峰期可达 165.0Mt/a(张原和申佳静，2017)。

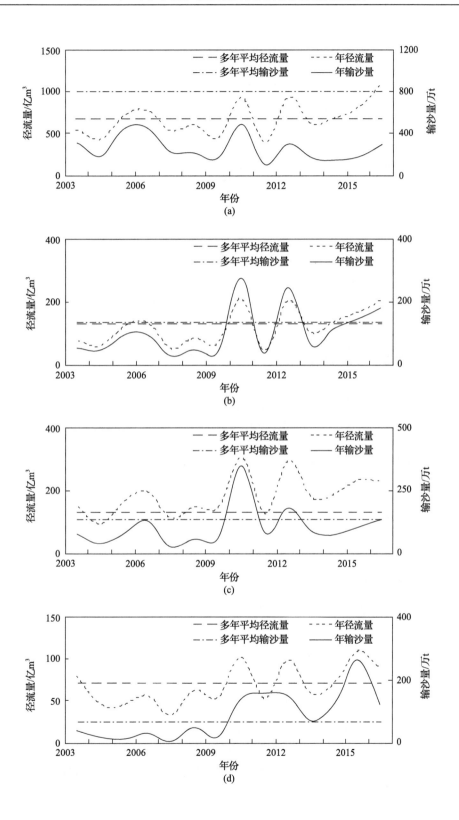

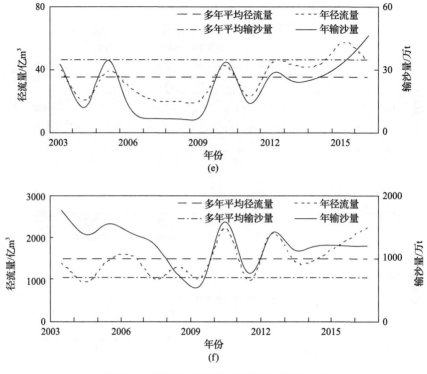

图 12-4　鄱阳湖"五河"及湖口水沙变化图

(a)赣江；(b)抚河；(c)信江；(d)饶河；(e)修水；(f)湖口

12.1.3　河床边界条件

　　长江中游河岸边坡主要由基岩质、砂质和黏土质物质构成。宜昌至枝城河段主要为基岩质岸坡，两岸分布有小型山丘和阶地，可约束河道形态并抵抗水流的冲击，河床由上至下主要由砂砾层、卵石层及基岩组成，较为稳定。上荆江河段河岸组成由上及下分别为黏性土、砂层及卵石层。下荆江北岸为冲积平原，组成物质为黏性土壤及细砂，抗冲刷性差；南岸为墨山丘陵地区，河岸抗冲能力强，河床主要由中细砂组成。城陵矶以下河段，南北两岸主要为冲积平原和低山丘陵、河流阶地等，河岸从上至下依次主要由黏性土壤、细砂砾石和卵石基岩构成，河床组成一般为细砂和粉砂。

12.1.4　重点研究区域

　　研究区域为江湖汇流河段，结合长江流域概况及前人相关研究(梅军亚等，2006；毛北平等，2013；胡春宏，2017)，选定长江三洲镇-螺山河段、以及洞庭湖岳阳-城陵矶段(共计 109km)为长江与洞庭湖汇流河段[图 12-5(a)]；长江新开镇-彭泽河段，以及鄱阳湖星子-湖口段(共计 134km)为长江与鄱阳湖汇流河段[图 12-5(b)]。通过水下地形资料分析江湖汇流河段河床演变，利用多波束实测数据分析研究区域微地貌特征。

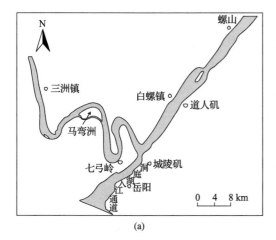
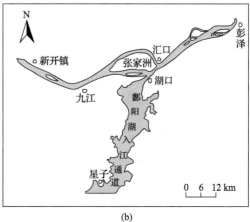

图 12-5　重点研究区域示意图

(a)长江与洞庭湖汇流河段；(b)长江与鄱阳湖汇流河段

12.2　研　究　方　法

本章数据主要来源于团队 2016 年和 2017 年开展的长江南京至宜昌河段的水陆地貌综合调查，研究工作建立在航行参考图、表层沉积物粒度数据、多波束测深数据、ADCP数据及前人相关研究成果等资料之上。

12.2.1　历史水下地形数据分析

收集长江航行参考图，其中长江与洞庭湖汇流河段 2006 年和 2015 年共计 16 张(1∶25000)，长江与鄱阳湖汇流河段 1998 年和 2013 年共计 10 张(1∶40000)，以上航行图均采用 1958 年长江航行基准面和 1985 国家高程基准。将水下地形资料进行数字化处理，分析长江典型江湖汇流河段的河床演变。

1)电子底图的获取

利用彩色扫描仪对纸质航行参考图进行扫描，设定分辨率为 300DPI，获取输出格式为 JPEG 的电子底图。

2)坐标系建立与空间匹配

根据江湖汇流河段的经纬度范围，在 ArcGIS 软件中选择北京 1954 高斯克吕格投影下 114°E 分带、117°E 分带分别建立长江与洞庭湖、鄱阳湖汇流河段的空间坐标系，然后将电子底图导入 ArcGIS 中，使用"空间配准"匹配电子底图中的地理位置信息。

3)数字化与栅格插值

利用 ArcGIS 软件，提取航行参考图中的岸线、江心洲、等深线(0m、−2m、−3m、−5m、−10m)、水深点等数据信息，进行地理信息数字化，建立 shapefile 文件。之后采用 Kriging 插值法对数字化数据进行插值，获取研究河段的数字高程模型(DEM)。

4) 河床演变分析

首先,把两年份的水下地形数据添加在同一图层,即可得出研究区岸线、江心洲以及等深线的平面变化。然后,使用剖面分析功能可比较不同年份间河槽断面的形态变化。最后,对 DEM 使用表面体积功能可计算河槽体积与投影面积,进而计算两年份间河槽的整体冲淤量与冲淤深度,分析河槽冲淤特征。

12.2.2 表层沉积物样品采集与粒度分析

于 2017 年 9 月 1~3 日和 2016 年 9 月 22~24 日分别对长江与洞庭湖、鄱阳湖汇流河段进行走航式测量,利用帽式采泥器共采集 18 个河槽表层沉积物样品,其中长江与洞庭湖汇流河段采集 10 个[图 12-6(a)],长江与鄱阳湖汇流河段采集 8 个[图 12-6(b)]。沉积物样品采集后,利用塑料袋密封保存,野外测量结束后,将其带回实验室进行测试分析。

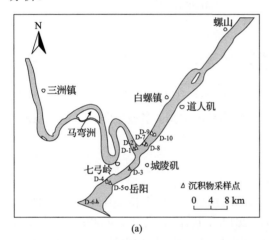
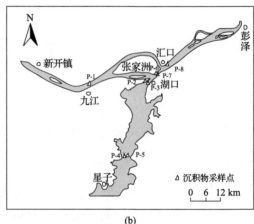

(a)   (b)

图 12-6 河槽表层沉积物采集位置示意图

(a) 长江与洞庭湖汇流河段;(b) 长江与鄱阳湖汇流河段

在实验室首先利用 HCL 和 H_2O_2 对沉积物样品进行处理,静置 24 小时后,移除上层清液,重复此步骤至 pH 显示为中性。用 $(Na_2PO_3)_6$ 浸泡和超声波打散,利用 BECKMAN 公司生产的 LS13 320 激光粒度仪进行测定分析。

12.2.3 河床微地貌的现场测量与数据处理

2017 年 9 月 1~3 日和 2016 年 9 月 22~24 日利用丹麦 REASON 公司生产的 Seabat7125 型多波束测深系统分别对长江与洞庭湖、鄱阳湖汇流河段进行水下地形扫测获取了河床微地貌数据。该系统采用 SEM S-108 姿态传感器对船只进行高精度的实时运动测量,导航采用 Trimble DGPS,运动 Hemisphere 罗经进行船舶向的测量(李家彪,1999;周丰年等,2002)。测量时,换能器利用配套钢架固定于侧船前侧,根据工作需要选择 200/400kHz,采集模式选择等距模式,开角为 140°,单次扫测床面宽度约为水深的 5~6 倍。数据经过横摇、纵摇和艏摇校正和异常波束剔除后,生成 1m×1m 分辨率的 3D 格网模型。

多波束测深系统主要由外围辅助传感器、多波束声学系统及操作软件三部分构成，包括水下发射/接收换能器、控制柜、运动姿态传感器、声速剖面仪、GPS 定位系统、计算机以及配套控制软件等(图 12-7)。

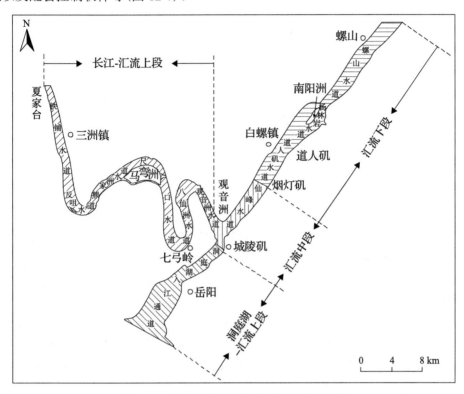

图 12-7　长江与洞庭湖汇流河段分区示意图

12.2.4　床面微地貌统计

利用 Microsoft Excel 软件统计长江与洞庭湖、鄱阳湖汇流河段的各类微地貌及形态特征。其中沙波的波长选取两相邻波谷之间的距离，波高为相邻波峰与波谷间的高差；侵蚀岸坡坡度利用正切函数计算。以上统计分析均利用 Microsoft Excel 软件获得。

12.2.5　流速数据获取

同步流速数据由双频 ADCP 测量获取，其工作频率为 300kHz/600kHz，测量时，利用配套钢架固定于侧船前侧，采样时间间隔设置为 1s，换能器入水深度 0.8m。ADCP 流速剖面仪利用换能器发射声学脉冲，通过测量水流中悬浮物质运动产生的多普勒频移可获取不同水层的流速、流向数据。采用 Ocean Post-Porcessing 软件作为后处理软件获取水动力数据。

12.2.6　床面剪应力与临界河床剪应力计算方法

床面剪应力与临界河床剪应力计算方法同式(11-1)~式(11-3)。

12.3　长江与洞庭湖汇流河段河床演变与微地貌特征

长江与洞庭湖汇流河段自夏家台起，止于螺山，共计 109km，根据水流交汇的干支流关系，将其分为四段：Ⅰ区为长江-汇流上段，自夏家台至观音洲，约 55km，主要为弯曲河道；Ⅱ区为洞庭湖-汇流上段，自岳阳至城陵矶，约 16km，主要为顺直河道；Ⅲ区为汇流中段，自城陵矶至烟灯矶，约 11km，主要为顺直河道；Ⅳ区为汇流下段，自烟灯矶至螺山，约 27km，主要为顺直河道(图 12-7)。本节通过历史水下地形资料探讨该河段的河床演变特征，利用多波束实地测量数据分析床面微地貌特征。

12.3.1　平面形态变化特征

1. 长江-汇流上段平面形态

2006～2015 年，长江-汇流上段河道两侧岸线整体变化不大。相较于 2006 年，2015 年熊家洲水道上段北岸向南小幅推进，最大推进距离约 137m；八仙洲水道中下段约 5km 范围内两侧岸线整体向东推进，左岸向东推进约 260m，右岸向东推进约 172m；观音洲水道下段右岸向东小幅推进约 136m；此外，在近反咀水道南岸处出现一个长约 955m、宽约 160m 的小型江心洲[图 12-8(a)]。

长江-汇流上段 0m 浅滩有涨有退，整体小幅侵蚀后退，0m 以深区域增加 3.5%(表 12-1)。具体表现为：铁铺水道上段 0m 浅滩消失，马弯洲洲头及南侧、尺八口水道下段凸岸、八仙洲水道下段凸岸等 0m 浅滩大幅侵蚀后退，其中尺八口水道下段凸岸处 0m 浅滩最大后退距离达 667m；马弯洲洲尾、尺八口水道中下段、八仙洲水道下段凹岸处 0m 浅滩淤涨显著，尤其是尺八口水道下段凹岸 0m 浅滩出露区域展宽，最宽处可达河道的一半[图 12-8(b)]。

长江-汇流上段 3m、5m 等深线全线贯通，等深线包络面积显著增加，尤其是–5m 以深区域面积增加 146.3%(表 12-1)。其中，–3m 以深区域平均宽度介于 245～915m，–5m 以深区域平均宽度介于 192～590m。发现尺八口水道下段–3m 等深线整体大幅北移，八仙洲水道下段–5m 等深线整体南移[图 12-8(c)～(d)]。

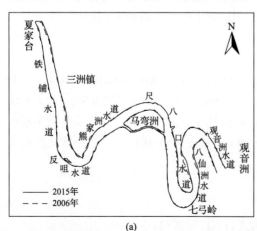

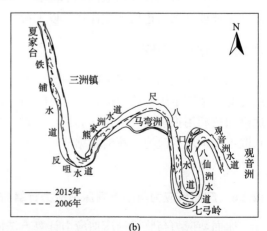

(a)　　　　　　　　　　　　　　　　　(b)

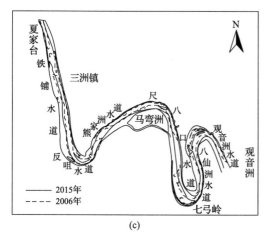 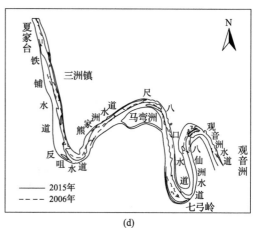

图 12-8　长江-汇流上段平面形态变化

(a)岸线与江心洲；(b)0m 等深线；(c)–3m 等深线；(d)–5m 等深线

表 12-1　长江-汇流上段等深线包络面积变化

等深线	等深线包络面积/万 m²			变化率/%
	2006 年	2015 年	变化量	
0m 等深线	4250.2	4399.7	149.5	3.5
–3m 等深线	2400.2	3179.8	779.6	32.5
–5m 等深线	808.7	1992.1	1183.4	146.3

2. 洞庭湖-汇流上段平面形态

2006～2015 年期间，洞庭湖-汇流上段河道两侧岸线变化不大。相较于 2006 年，2015 年洞庭湖入江通道中下段整体东移约 90m[图 12-9(a)]。0m、–3m、–5m 等深线包络面积变化不明显(表 12-2)。

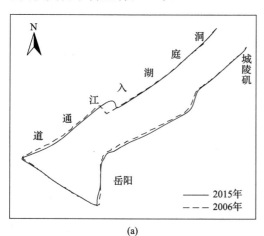 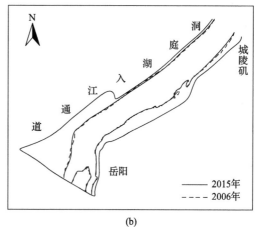

(a)　　　　　　　　　　　　　　　(b)

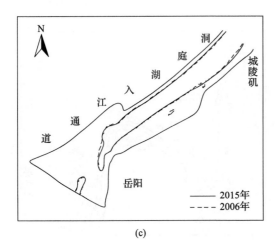

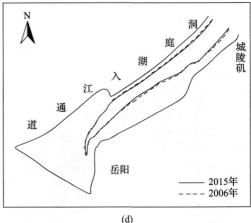

(c)   (d)

图 12-9　洞庭湖-汇流上段平面形态变化

(a)岸线；(b)0m 等深线；(c)–3m 等深线；(d)–5m 等深线

表 12-2　洞庭湖-汇流上段等深线包络面积变化

等深线	等深线包络面积/万 m²			变化率/%
	2006 年	2015 年	变化量	
0m 等深线	917.6	908.4	−9.2	−1.0
–3m 等深线	432.6	451.3	18.7	4.3
–5m 等深线	161.7	173.2	11.5	7.1

3. 汇流中段平面形态

2006~2015 年期间，汇流中段泥滩咀旁岸线变化显著，相较于 2006 年，2015 年泥滩咀岸线沿东北方向最大推进距离达 1178m，观音洲附近岸线小幅后退，后退范围为 120~169m[图 12-10(a)]。

0m 浅滩有冲有淤，整体呈小幅侵蚀，统计得 0m 以深包络面积增加 4.2%(表 12-3)。观音洲西侧 0m 浅滩受冲发生大范围蚀退，长约 2346m 的浅滩已消失不见。仙峰水道下段，0m 等深线向河槽推进约 207m，致使左岸浅滩扩宽[图 12-10(b)]。

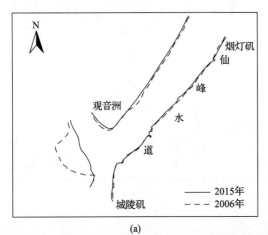

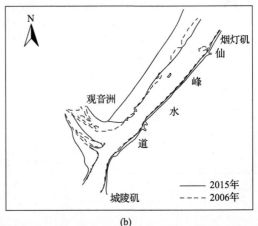

(a)   (b)

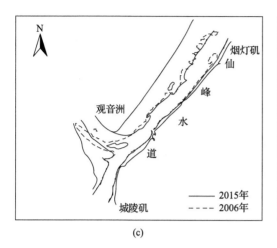
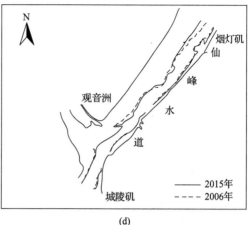

(c)　　　　　　　　　　　　　　　　　　(d)

图 12-10　汇流中段平面形态变化

(a)岸线；(b)0m 等深线；(c)–3m 等深线；(d)–5m 等深线

表 12-3　汇流中段等深线包络面积变化

等深线	等深线包络面积/万 m²			变化率/%
	2006 年	2015 年	变化量	
0m 等深线	1138.7	1187.4	48.7	4.2
–3m 等深线	738.6	859.0	120.4	16.3
–5m 等深线	332.3	575.9	243.6	73.3

观音洲西侧–3m 以深区域展宽显著，–3m 等深线宽度由原来的 172~445m 扩宽至 668~944m，整体东移约 457m，使得–3m 等深线紧贴左岸[图 12-10(c)]。此外，观音洲西侧出现长约 1325m、宽约 556m 的–5m 等深线包络区域，仙峰水道–5m 以深区域也呈扩宽趋势。统计得–3m 及–5m 以深区域分别增加了 16.3%和 73.3%(表 12-3)。

4. 汇流下段平面形态

2006~2015 年期间，汇流下段河道两侧岸线基本没有变化，江心洲变化微小。相较于 2006 年，2015 年南阳洲洲头上移约 129m，洲尾下移约 123m，江心洲面积小幅扩大[图 12-11(a)]。

南阳洲北支水道淤积加剧，0m 浅滩面积增加。道人矶水道上段北侧 0m 等深线向河道中心推进，浅滩发生淤涨，下段 0m 等深线向河岸收缩，浅滩发生蚀退[图 12-11(b)]。统计获得汇流下段 0m 以深河槽面积减少 3.1%(表 12-4)，表明 0m 浅滩面积小幅增加。

道人矶水道、杨林岩水道–3m 等深线向河岸分别收缩近 300m[图 12-11(c)]，汇流下段–3m 以深区域面积整体增加 11.8%(表 12-4)。另–5m 等深线全线贯通汇流下段[图 12-11(d)]，–5m 以深区域显著增加了 122.1%(表 12-4)。

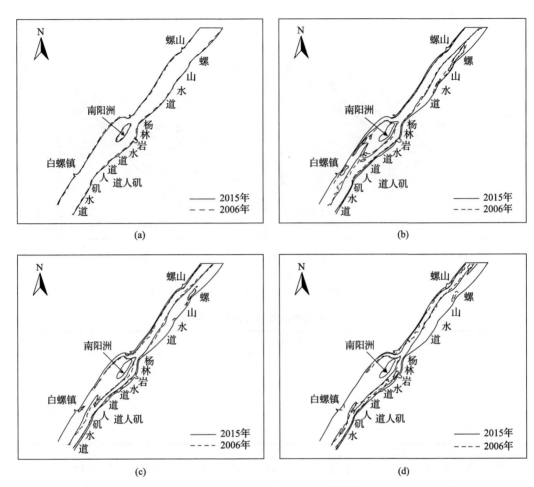

图 12-11　汇流下段平面形态变化
(a)岸线与江心洲；(b)0m 等深线；(c)–3m 等深线；(d)–5m 等深线

表 12-4　汇流下段等深线包络面积变化

等深线	等深线包络面积/万 m²			变化率/%
	2006 年	2015 年	变化量	
0m 等深线	3234.9	3135.9	−99.0	−3.1
−3m 等深线	1986.6	2221.4	234.8	11.8
−5m 等深线	709.7	1576.5	866.8	122.1

12.3.2　河槽断面形态变化特征

利用 ArcGIS 软件获得长江与洞庭湖汇流河段主汊深泓线，结合深泓线位置摆动，沿垂直于河道方向由左向右设置横断面进行研究。其中长江-汇流上段设置 A～F 六个横断面，洞庭湖-汇流上段设置 G、H 两个横断面，汇流中段设置 I～N 六个横断面，汇流下段设置 O～R 四个横断面，具体位置如图 12-12 所示。

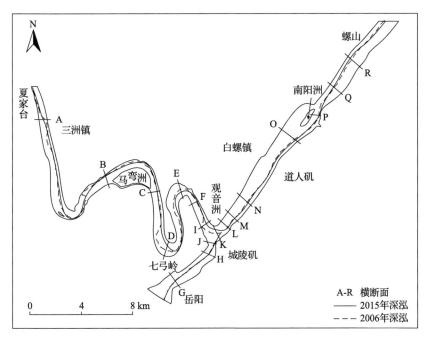

图 12-12　长江与洞庭湖汇流河段主汊深泓及横断面位置

1. 长江-汇流上段横断面变化

A 断面位于铁铺水道上段，断面变化主要表现为左岸小范围淤积，右岸强烈冲刷。2015 年较 2006 年：主槽由左岸移至中部，河槽显著展宽近 750m；左岸 100m 范围内出现淤积，淤涨幅度介于 0.21～2.68m；右岸出水滩地发生强烈冲刷消失后演变为新河槽，平均水深由 0.45m 下降至-3.76m，最大冲刷深度约 5.48m[图 12-13（a）]。

B 断面位于马弯洲洲头，断面变化主要表现为河槽下切刷深。2015 年较 2006 年：主槽发生强烈冲刷，平均水深由-4.42m 下降至-9.31m，最大冲刷深度约 5.25m；右岸出水滩地小幅冲刷，浅滩平均高程由 2.57m 下降至 1.89m，冲刷幅度介于 0.15～0.98m[图 12-13（b）]。

C 断面位于马弯洲洲尾，断面变化主要表现为河槽由双转单，左岸强烈冲刷、河槽刷深，右岸淤积、浅滩出露。2015 年较 2006 年：左岸河槽发生强烈冲刷，平均水深由-4.02m 下降至-9.43m，最大冲刷深度约 7.14m；右岸淤积形成长约 345m 的出水滩地，浅滩平均高程约 1.08m，最大淤涨幅度约 3.74m[图 12-13（c）]。

D 断面位于尺八口水道下段弯曲处，断面变化主要表现为主槽左移，左冲右淤。2015 年较 2006 年：主槽展宽并由中部向左移动近 630m，深泓点水深下降约 1.32m；左岸平均高程约 2.54m 的出水滩地发生强烈冲刷消失后，演变为新河槽，平均水深下降至-3.91m，最大冲刷深度达 9.13m；右侧出现淤积，在距离左岸 1000～1500m 范围内形成平均高程约 0.49m 的出水滩地，最大淤涨幅度约 3.67m[图 12-13（d）]。

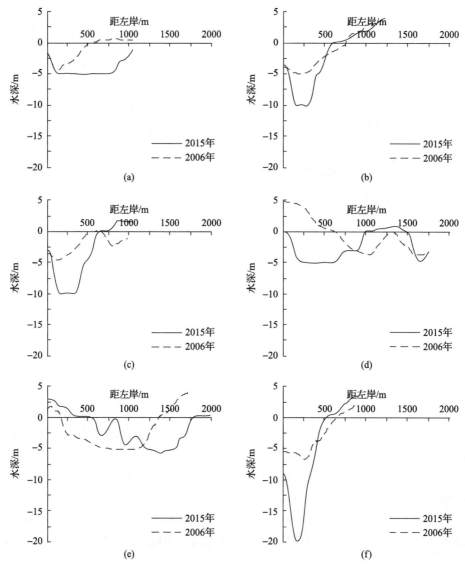

图 12-13　长江-汇流上段横断面变化

(a) A 断面；(b) B 断面；(c) C 断面；(d) D 断面；(e) E 断面；(f) F 断面

　　E 断面位于观音洲水道上段弯曲处，断面变化主要表现为主槽右移，滩冲槽淤。2015 年较 2006 年：河道主槽右移动近 240m，深泓点下移 0.51m；左岸淤积显著，淤涨幅度介于 0.82～2.50m；中部出现淤积，平均水深由–4.04m 上升至–2.48m，淤涨幅度介于 1.12～4.85m；右岸强烈冲刷，平均高程约 2.27m 的出水浅滩消失，形成新河槽，最大冲刷深度约 7.21m [图 12-13 (e)]。

　　F 断面位于观音洲水道中段，断面变化主要表现为左岸强烈冲刷，右岸小幅淤积。2015 年较 2006 年：左岸河槽下切刷深，河槽深泓点水深由–6.60m 下降至–19.97m，最大冲刷深度约 14.02m；右岸浅滩小幅淤高，平均高程由 0.14m 上升至 1.22m，最大淤涨幅度约 2.12m [图 12-13 (f)]。

2. 洞庭湖-汇流上段横断面变化

G 断面位于洞庭湖入江通道上段,断面变化主要表现为河槽左移,左冲右淤。2015 年较 2006 年:河槽小幅左移近 200m,左岸出水浅滩大幅冲刷,滩顶高程由 2.30m 下降至 0.74m,冲刷幅度为 0.25~2.39m;右岸出现淤积,最大淤涨幅度约 2.97m[图 12-14(a)]。

H 断面位于洞庭湖入江通道上段,断面变化主要表现为河槽刷深。2015 年较 2006 年:河槽下切刷深,整体小幅右移,深泓点水深由−8.04m 下降至−9.76m,最大冲刷深度约 2.97m;左侧小幅淤积,淤积幅度为 0.13~2.78m;右侧小幅冲刷,冲刷幅度为 0.12~1.74m [图 12-14(b)]。

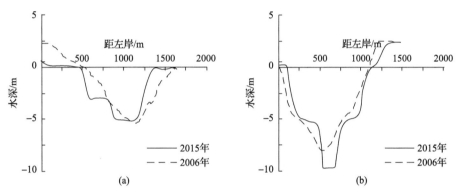

图 12-14　洞庭湖-汇流上段横断面变化
(a)G 断面;(b)H 断面

3. 汇流中段横断面变化

I 断面位于汇流中段长江来水方向,断面变化主要表现为滩冲槽淤。2015 年较 2006 年:主槽左移,变得贴近左岸,河槽大幅展宽由 200m 拓宽至 630m;左岸发生强烈冲刷浅滩消失,形成新的河槽,深泓点水深由−3.30m 下降至−5.41m,最大冲刷深度为 5.40m;右岸河槽淤积,形成平均高程约 0.58m 的出水浅滩,淤涨幅度为 1.00~3.28m[图 12-15(a)]。

J 断面位于汇流中段洞庭湖来水方向,断面变化主要表现为滩槽均冲。2015 年较 2006 年:主槽发生强烈冲刷,深泓点水深由−8.44m 下降至−19.89m,最大冲刷深度约 15.80m;左岸出水浅滩发生冲刷,平均高程由 5.33m 下降至 1.91m,冲刷幅度为 0.98~4.99m;右岸小范围内出现淤积,淤涨幅度为 1.12~5.32m[图 12-15(b)]。

K 断面位于仙峰水道上端,断面变化主要表现为两侧冲刷,中部淤积,河槽由单转双。2015 年较 2006 年:主槽移至右岸,深泓点水深由−8.20m 下降至−10.23m;左岸出水浅滩发生强烈冲刷消失形成新河槽,冲刷幅度为 1.70~7.67m;中部河槽淤积,深槽消失,平均水深由−6.51m 上升至−3.48m,最大淤涨幅度约 5.20m;右岸强烈冲刷形成深槽,平均水深由−4.64m 下降至−7.53m,最大冲刷深度约 5.03m[图 12-15(c)]。

L 断面位于仙峰水道上段,K 断面下游约 1500m 处,断面变化主要表现为滩槽均冲。2015 年较 2006 年:河槽冲刷加深,深泓点水深由−7.52m 下降至−10.04m;左岸出水浅滩冲刷,滩顶高程由 9.29m 下降至 5.88m,最大冲刷幅度约 4.22m;中部小范围内出现淤积,淤涨幅度为 0.17～3.54m；右岸冲刷显著，深槽下切变深，最大冲刷深度约 6.35m[图 12-15(d)]。

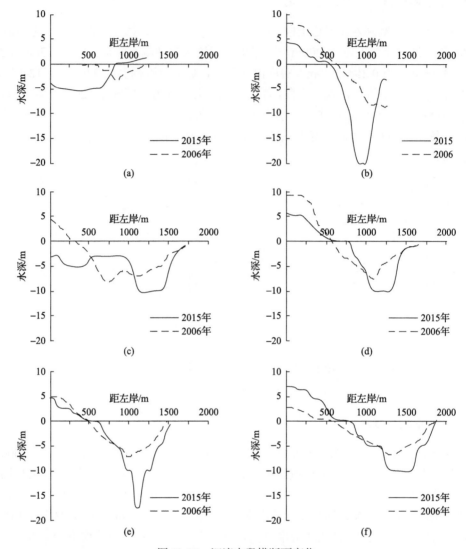

图 12-15　汇流中段横断面变化

(a) I 断面；(b) J 断面；(c) K 断面；(d) L 断面；(e) M 断面；(f) N 断面

M 断面位于仙峰水道中段，L 断面下游约 1500m 处，断面变化主要表现为河槽剧烈冲刷。2015 年较 2006 年：河槽小幅右移，主槽下切刷深，深泓点水深由−7.20m 下降至−17.45m；左岸浅滩小幅冲刷，冲刷幅度为 0.12～2.06m；右岸发生大幅冲刷，最大冲刷深度达 11.40m[图 12-15(e)]。

N 断面位于仙峰水道下段，M 断面下游约 2500m 处，断面变化主要表现为强烈的槽冲滩淤。2015 年较 2006 年：河槽略有束窄，但刷深显著，深泓点水深由−6.93m 下降至−10.03m；左岸浅滩大幅淤积，滩顶高程由 2.77m 上升至 6.89m，淤涨幅度为 0.54～4.46m；右岸受冲深槽刷深，冲刷幅度为 0.28～5.07m[图 12-15(f)]。

4. 汇流下段横断面变化

O 断面位于道人矶水道下段，断面变化主要表现为河槽刷深。2015 年较 2006 年：河槽冲刷显著，平均水深由–5.40m 下降至–9.55m；左岸出水浅滩冲刷，滩顶高程由 1.85m 下降至 0.32m，最大冲刷幅度约 2.97m；中部淤积形成平均高程约 0.78m 的出水浅滩，淤涨幅度为 0.43～2.63m；右岸发生强烈冲刷，最大冲刷深度约 5.96m[图 12-16（a）]。

P 断面位于杨林岩水道下段，断面变化主要表现为河槽刷深。2015 年较 2006 年：河槽冲刷强烈，深泓点水深由–5.21m 下降至–10.30m；左岸小幅冲刷，冲刷幅度介于 0.17～2.38m；右岸 100m 范围内河床出现淤积，淤涨幅度为 0.85～3.60m[图 12-16（b）]。

Q 断面位于螺山水道上段，断面变化主要表现为槽冲滩淤。2015 年较 2006 年：主槽左移约 330m，平均水深由–4.21m 下降至–7.12m；左岸发生强烈冲刷，形成新河槽，最大冲刷深度约 7.20m；右岸浅滩淤积，滩顶高程由 2.38m 上升至 5.34m，淤涨幅度为 0.16～3.35m[图 12-16（c）]。

R 断面位于螺山水道下段，断面变化主要表现为槽冲滩淤。2015 年较 2006 年：河槽左移贴近左岸，深泓点水深由–5.80m 下降至–10.34m，河槽刷深显著；左岸强烈冲刷，最大冲刷深度约 6.80m；右岸浅滩淤积，滩顶高程由 1.35m 上升至 2.80m，淤涨幅度为 0.20～2.47m[图 12-16（d）]。

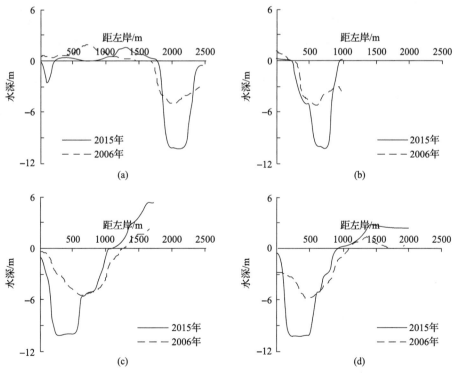

图 12-16　汇流下段横断面变化

（a）O 断面；（b）P 断面；（c）Q 断面；（d）R 断面

12.3.3 冲淤变化特征

分区域计算长江与洞庭湖汇流河段冲淤变化(由于水下地形资料所限,洞庭湖-汇流上段计算冲淤的区域为城陵矶以南 9km 范围内),结果显示:2006~2015 年期间长江与洞庭湖汇流河段有冲有淤,整体呈冲刷状态(表 12-5)。

表 12-5　长江与洞庭湖汇流河段河槽冲淤特征

区域	2006 年河槽体积/万 m³	2015 年河槽体积/万 m³	冲淤变化量/万 m³	年均冲淤量/(万 m³/a)	平均冲刷深度/m
I 区	13334.5	20878.3	−7543.8	−754.4	−1.71
II 区	2643.8	2766.7	−122.9	−12.3	−0.14
III区	4250.1	6173.8	−1923.7	−192.4	−1.69
IV区	10737.3	15213.4	−4476.1	−447.6	−1.43
全区域	30965.7	45062.2	−14096.5	−1409.7	−1.47

注:正值表示淤积,负值表示冲刷;平均冲刷深度=冲淤变化量/河槽投影面积

长江-汇流上段冲刷量为 7543.8 万 m³,年均冲刷量为 754.4 万 m³/a,平均冲刷深度达 1.71m(表 12-5)。从冲淤区域的空间分布来看,冲刷区域主要集中在铁铺水道上段、熊家洲水道、尺八口水道左侧以及观音洲水道;淤积区域集中于尺八口水道右侧及八仙洲水道[图 12-17(a)]。

洞庭湖-汇流上段冲刷量为 122.9 万 m³,年均冲刷量为 12.3 万 m³/a,平均冲刷深度达 0.14m(表 12-5)。洞庭湖入江通道下段出现长约 350m 的椭圆形冲刷区域[图 12-17(b)]。

汇流中段冲刷量为 1923.7 万 m³,年均冲刷量为 192.4 万 m³/a,平均冲刷深度达 1.69m(表 12-5)。从冲淤区域的空间分布来看,长江来水的观音洲水道左侧、洞庭湖入江通道右侧及仙峰水道右侧冲刷显著;水流交汇处泥滩咀区域以及仙峰水道左侧出现淤积[图 12-17(c)]。

汇流下段冲刷量为 4476.1 万 m³,年均冲刷量为 447.6 万 m³/a,平均冲刷深度达 1.43m(表 12-5)。从冲淤区域的空间分布来看,冲刷集中于道人矶水道右侧以及螺山水道左侧;南阳洲左侧及螺山水道右侧呈淤积态[图 12-17(d)]。

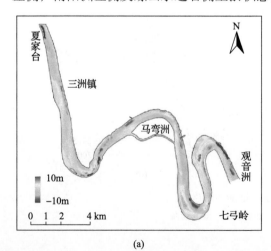

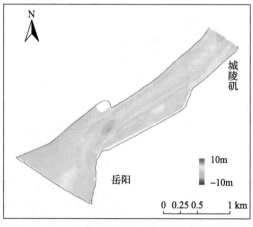

(a) 　　　　　　　　　　　　　　　(b)

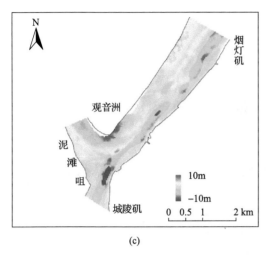
(c)

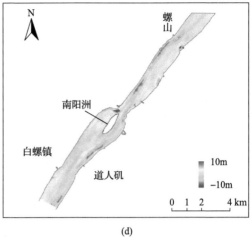
(d)

图 12-17　长江与洞庭湖汇流河段河槽冲淤变化图
(a)长江-汇流上段；(b)洞庭湖-汇流上段；(c)汇流中段；(d)汇流下段

12.3.4　河槽表层沉积物特征

对长江与洞庭湖汇流河段河槽表层沉积物采样，结果表明：长江-汇流上段河槽表层沉积物(D-1 和 D-2)均值粒径为 98.0～184.3μm，其中细砂(125～250μm)占 42.6%～43.8%，属于中-细砂质沉积物；洞庭湖-汇流上段(D-3～D-6)河槽表层沉积物(D-7～D-10)均值粒径为 15.4～29.9μm，其中细粉砂(2～16μm)占 33.5～54.3%，粗粉砂(16～63μm)占 15.4%～44.1%，属于粉砂质沉积物；汇流中段河槽表层沉积物(D-7～D-10)均值粒径为 195.5～235.5μm，其中细砂(125～250μm)占 25.4％～53.3%，中砂(>250μm)占 26.8%～49.2%，属于中-细砂质沉积物(表 12-6)。

表 12-6　长江与洞庭湖汇流河段河槽表层沉积物粒度参数

编号	均值粒径/μm	不同粒径沉积物占比/%					
		<2μm	2～16μm	16～63μm	63～125μm	125～250μm	>250μm
D-1	98.0	8.0	23.1	10.6	14.0	42.6	1.7
D-2	184.3	5.0	12.9	5.1	4.4	43.8	28.8
D-3	20.4	15.5	44.1	34.9	4.0	1.4	0.1
D-4	15.4	24.9	54.3	15.4	2.8	2.6	0.0
D-5	22.4	14.6	44.6	34.8	3.2	2.6	0.2
D-6	29.9	10.3	33.5	44.1	9.7	2.4	0.0
D-7	235.5	4.5	11.6	6.0	4.8	35.3	37.8
D-8	215.6	3.5	8.8	3.4	3.4	40.1	40.8
D-9	195.5	3.1	8.2	3.5	5.1	53.3	26.8
D-10	223.1	4.7	12.7	5.0	3.0	25.4	49.2

12.3.5　微地貌分布与特征

利用多波束测深系统对长江与洞庭湖汇流河段河槽进行走航式扫测，获得长约

226.1km 的高分辨率水下地形图像。统计分析发现，研究河段微地貌形态主要为平床、沙波、凹坑、冲刷槽、侵蚀岸坡及复合型水下地形等。

1. 平床

平床表现为床面相对平坦光滑，无明显起伏或起伏较小的一种地貌形态[图12-18(a)]。研究河段平床分布范围约63.1km，占整个长江与洞庭湖汇流河段的27.9%，分布区域主要集于洞庭湖入江通道，在长江-汇流上段的铁铺水道上段、尺八水道中段、八仙洲水道中下段的左侧河床，汇流中段的仙峰水道右侧河床，以及汇流下段的道人矶水道右侧河床也有分布。湖区相对于长江河道水动力较弱，对底床扰动较小，泥沙粒径为15.4～29.9μm，属于粉砂质沉积物，为平床微地貌的形成提供了有利条件。

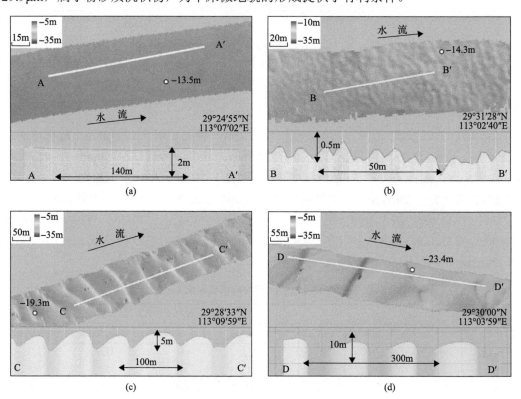

图12-18　长江与洞庭湖汇流河段平床及中型、大型、巨型沙波图像

(a)平床；(b)中型；(c)大型；(d)巨型

2. 沙波

研究河段沙波呈弯曲状，覆盖范围约87.9km，占整个研究区域的38.9%，主要发育于长江-汇流上段、汇流中段及汇流下段。根据Ashley对沙波的分类标准(Ashley，1990)，通过波长可将沙波分为小型(波长<5m)、中型(波长5～10m)、大型(波长10～100m)和巨型(波长>100m)。统计发现，研究区域沙波波长为6.46～281.70m，波高为0.11～8.20m，主要为中型、大型及巨型沙波。

中型沙波发育相对较少，约占统计沙波的 8.9%，主要分布于长江-汇流上段的尺八水道上段的右侧河床以及洞庭湖入江通道下段。观测到中型沙波的波长为 6.46～12.52m、波高为 0.11～0.33m，平均波长约 7.90m，波高约 0.16m，发育水深为 6.3m～15.6m[图 12-18(b)]。

大型沙波发育最多，约占统计沙波的 83.9%，波长为 11.71～97.89m、波高为 0.52～6.71m，平均波长约 36.02m、波高约 1.92m，发育水深为 12.1～25.8m[图 12-18(c)]。主要分布于长江-汇流上段的铁铺水道、反咀水道、熊家洲水道，尺八水道、八仙洲水道以及观音洲水道的右侧河床，汇流中段的仙峰水道、道人矶水道的左侧河床，以及汇流下段的螺山水道右侧河床。

巨型沙波约占研究河段统计沙波的 7.2%，其波长为 102.10～281.70m、波高为 2.21～8.22m，平均波长约 129.78m，波高约 4.73m，发育水深为 16.2～26.3m[图 12-18(d)]。全部分布于长江-汇流上段的弯曲河段，如铁铺水道、熊家洲水道、尺八水道及八仙洲水道。

3. 凹坑

研究河段凹坑是由水流冲刷形成的小范围内水深陡然变深的负地形，其形态一般呈椭圆形、勺状或其他不规则形态。此次共计发现 13 处凹坑，长度为 64.3～367.6m、宽度为 38.1～111.3m，平均长约 124.5m，宽约 64.2m；发育水深为 25～35m。凹坑分布区域长约 1.9km，占整个研究区域的 0.8%，主要位于长江-汇流上段的熊家洲上段、尺八水道上段及观音洲水道上段等的河道弯曲处。

尺度最大的凹坑发育于尺八水道上段凹岸处，坑长 367.6m，下切深度达 13.2m，坑底水深为-31.3m[图 12-19(a)]。在河道弯曲处，水流顶冲作用较强，且河道深泓贴岸，凹坑附近各层水流方向杂乱无章形成紊流(图 12-20)，从上至下各层垂向平均流速分别为 1.93m/s、1.83m/s、1.87m/s、1.89m/s、1.70m/s、1.20m/s，在紊流的全面淘蚀下，逐渐形成凹坑形态的侵蚀性微地貌。

4. 冲刷槽

冲刷槽形态呈"V"形，中间水深相较于两侧显著加深，一般发育于近岸一侧。此次在尺八水道中段发现长约 1.3km 的冲刷槽[图 12-19(b)]，槽宽介于 53.4～85.7m，平均水深为 26.3m，左侧坡度为 0.31～0.49，右侧坡度为 0.10～0.22，整体近岸一侧(左侧)较陡。

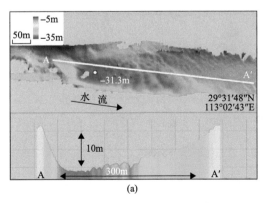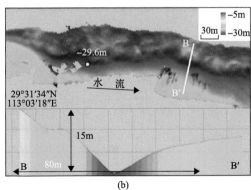

图 12-19　长江与洞庭湖汇流河段凹坑与冲刷槽图像

(a)凹坑；(b)冲刷槽

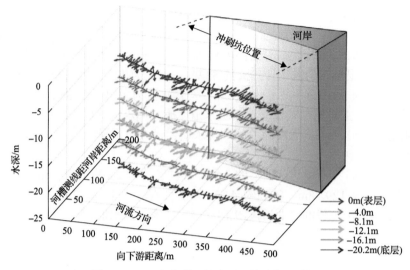

图 12-20　尺八水道凹坑附近三维流场分布图

　　冲刷槽附近深泓贴岸,近岸水动力较强,从上至下各层垂向平均流速分别为 1.39m/s、1.5m/s、1.48m/s、1.4m/s、1.11m/s、0.84m/s,发现中下层附近形成环流(图 12-21),近底河床发生下切和侧切作用,淘蚀底床进而形成狭长冲刷沟,水流带走侵蚀下来的泥沙后,环流的运动空间扩展,进一步加强对底床的冲刷作用,促使冲刷沟展宽加长,逐渐形成了冲刷槽微地貌。

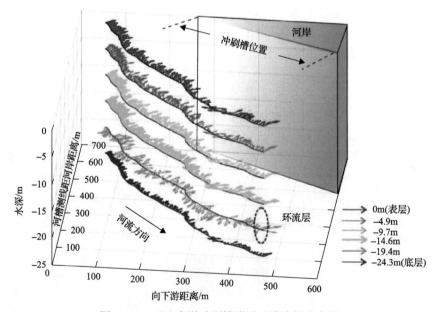

图 12-21　尺八水道冲刷槽附近三维流场分布图

5. 侵蚀岸坡

河岸受冲或近岸崩塌易导致岸坡发生侵蚀,进而形成侵蚀性岸坡。具体表现为,近岸小范围内水深急剧变化,岸坡较陡[图 12-22(a)]。同时发现有些侵蚀岸坡下方堆有堆积沙体,结合观测到该地的崩岸现象,认为是崩岸造成的岸滩入水,暂时堆积形成[图 12-22(b)]。

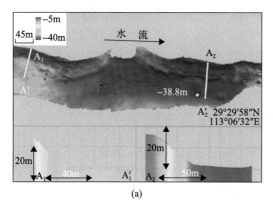
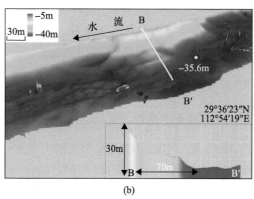

图 12-22　长江与洞庭湖汇流河段侵蚀岸坡图像
(a)侵蚀岸坡;(b)淤积岸坡

研究河段侵蚀岸坡分布较广,长度约 25.6km,占整个研究区域的 11.3%,主要分布于长江-汇流上段及汇流下段。其中汇流上段,铁铺水道岸坡坡度为 0.20~0.76,平均坡度约 0.42[图 12-22(b)];熊家洲水道岸坡坡度为 0.27~0.42,平均坡度约 0.35;尺八水道岸坡坡度为 0.24~0.43,平均坡度约 0.33;观音洲水道岸坡坡度为 0.31~0.82,平均坡度约 0.51[图 12-22(a)];汇流下段,侵蚀岸坡主要分布在螺山水道,其岸坡坡度 0.21~0.68,平均坡度 0.42,相对较缓。

侵蚀岸坡主要分布于弯曲河道下方的冲刷区域,深泓贴岸,其形成发育与水流作用密切相关,利用 ADCP 观测观音洲水道侵蚀岸坡[图 12-22(a)]附近水流,显示近岸水流在各流层均呈向岸的垂向和侧向冲刷,岸坡正经受水流的全面淘刷(图 12-23)。从上至下各层垂向平均流速分别为 1.11m/s、1.28m/s、1.25m/s、1.18m/s、1.00m/s、0.67m/s,水流

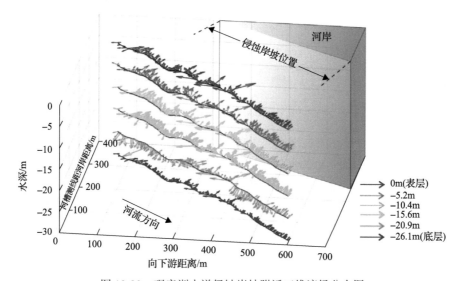

图 12-23　观音洲水道侵蚀岸坡附近三维流场分布图

对中上层岸坡的冲刷作用最为强烈，且对岸坡垂向冲刷较为连续，岸坡的发展主要是在中层高速水流淘刷作用下不断侧切与下切，进而形成侵蚀岸坡。此外，在侵蚀岸坡中部附近，部分水流流速增大、流向摇摆不定，并向上游弹射，在小范围内形成小尺度回流，回流的存在会造成坡脚淘蚀失稳，水流将近岸坡脚泥沙带走，在水流进一步冲刷作用下，侵蚀岸坡坡度会逐渐变陡，范围扩大。

12.3.6　河槽冲淤演变的影响因素

1. 长江上游水沙变化对河槽冲淤演变的影响

近年来，在以三峡大坝为主的大型水利工程(Yang et al., 2015)、河道采砂(周劲松，2006)以及流域水土保持(廖纯艳，2010)的影响下，长江来沙量呈大幅下降趋势。根据洞庭湖上游沙市水文站显示，自 2003 年三峡大坝蓄水运行以来，输沙量下降趋势显著(图 12-24)。该站 1956~2005 年多年平均输沙量为 4.15 亿 t，而 2006~2015 年平均输沙量仅 0.41 亿 t(水利部长江水利委员会，2006；2016)，年均输沙量减少了 90%。清水下泄，水流挟沙能力增强，造成下游河床发生沿程冲刷。对比同期沙市站年径流量发现变化较小，2006~2015 年平均径流量为 3685 亿 m^3，与多年平均径流量(1956~2005 年) 3946 亿 m^3 差别不大(水利部长江水利委员会，2006；2016)。因此，认为长江上游输沙量大幅下降是长江与洞庭湖汇流河段大幅冲刷的重要影响因素。

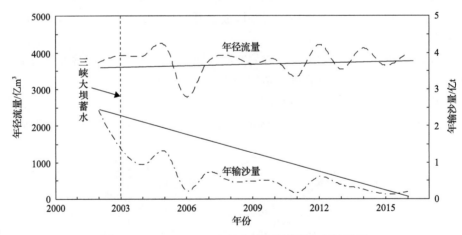

图 12-24　2002~2016 年沙市站年径流量与年输沙量

此外，三峡大坝对长江流域水资源进行时空调配，促使干支流汇流比发生季节性变化，而汇流比是引起汇流河段水动力、泥沙输运变化的重要变量(Rhoads et al., 2009)。每年 5~6 月三峡大坝放水增泄，此时正值洞庭湖流域汛期(胡光伟等，2014)，使得干支流来水的相互顶托作用提前加强，促进汇流河道一侧泥沙落淤；9~10 月三峡蓄水减泄，长江水位下降，江湖水面比降增大，入江流速随之增大，有助于洞庭湖-汇流上段河槽的冲刷。

2. 洞庭湖流域水沙变化对河槽冲淤演变的影响

随着调弦口封堵、下荆江裁弯取直、三峡水利工程蓄水运行促使江湖关系发生多次调整(李景保等，2009)，导致入湖水沙量锐减，且以输沙量更为突出。2006～2015 年"三口"年均入湖输沙量为 653.3 万 t，仅占 1956～2005 年平均输沙量(11721 万 t)的 5.6%。据悉洞庭湖"四水"流域共建大小水库 13318 座，总库容约 369 亿 m^3(叶泽纲，2003)，水库蓄水运行时会拦蓄大量泥沙于库，加上洞庭湖流域水土保持工作的开展，"四水"2006～2015 年年均入湖输沙量为 728.3 万 t，相比多年入湖输沙量(1950～2005 年均输沙量为 2873 万 t)减少约 74.7%。根据入出湖控制站输沙量计算，结果显示：2006～2015 年，洞庭湖出湖输沙量显著大于入湖输沙量，湖泊呈冲刷状态，累计冲刷量达 6487 万 t，平均冲刷量为 649 万 t/a(表 12-7)。由此可见湖区冲刷与流域输沙密切相关，入湖泥沙减少是影响洞庭湖冲刷的重要因素。

表 12-7　洞庭湖入出湖泥沙统计　　　　　　　　　(单位：万 t)

年份	入湖泥沙	出湖泥沙	湖区冲淤
2006	1189	1520	−331
2007	2145	1120	1025
2008	1523	1740	−217
2009	1200	1670	−470
2010	2177	2620	−443
2011	350	1460	−1110
2012	1875	2560	−685
2013	1259	2900	−1641
2014	1172	2260	−1088
2015	922	2450	−1528
多年平均	1381	2030	−649

注：正值表示淤积，负值表示冲刷

表层沉积物粗化是河槽冲刷的佐证之一。2000 年采集的城陵矶河段沉积物，其均值粒径为 190μm(王张峤，2006)，而此次测量获取该河段河槽沉积物平均粒径分别为 98.0μm、184.3μm、235.5μm、215.6μm、195.5μm、223.1μm，多测点床沙粒径表现为粗化。进一步说明，上游来沙量锐减后，水流挟带的泥沙量小于其搬运能力，河床发生冲刷的事实。

截止至 2013 年，三峡蓄水库内淤积泥沙高达 15.31 亿 t(李文杰等，2015)，坝下游输沙量呈波动下降趋势(图 12-25)，下游河床发生冲刷进行自适应调整，却也难以填补出库泥沙的空缺(张珍，2011)，水流挟沙量将长期低于其搬运能力处于未饱和状态，因此认为近期长江与洞庭湖汇流河段的冲刷趋势仍将持续。

12.3.7　微地貌发育与河床演变的关系

长江与洞庭湖汇流河段发育有凹坑、冲刷槽、侵蚀岸坡等侵蚀型微地貌[图 12-25(a)]，将研究河段微地貌分布图与河槽冲淤变化图对比分析发现，侵蚀型微地貌均发育于河槽冲刷区[图 12-25(b)]。如在马弯洲上方及右侧区域，恰处于弯曲河道凹岸，水流顶冲河岸，边滩受冲凹岸冲刷显著，符合水力学基本规律。冲刷区域深泓贴岸，水流对边滩及底床不断淘刷，致使该区域发育有多个凹坑，冲刷槽及侵蚀岸坡。随着上游输沙量的减少，河槽持续冲刷很可能造成侵蚀性微地貌的数量增加和分布区域扩大。

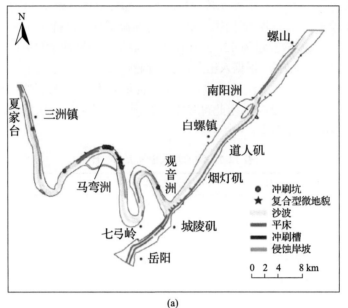

(a)

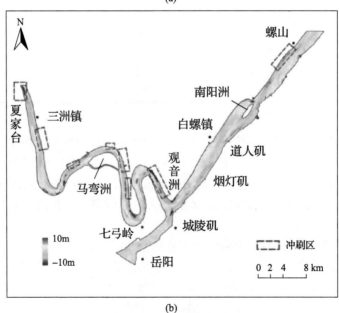

(b)

图 12-25　长江与洞庭湖汇流河段微地貌分布与冲淤变化对比图
(a)微地貌分布图；(b)冲淤分布图

　　水下微地貌是研究河流及近海动力地貌过程的常用指标，在一定程度上反映了流场水动力和泥沙条件的变化(赵宝成，2011)。研究河段发现大量沙波及侵蚀性微地貌也指示了河床泥沙输运频繁，正处于对上游输沙量减少的调整过程中，凹坑、冲刷槽及侵蚀岸坡的进一步发育也会扩大侵蚀区域，促进河槽冲刷。

因此，长江与洞庭湖汇流河段可划分为长江-汇流上段、洞庭湖-汇流上段、汇流中段及汇流下段。2006～2015 年期间，长江与洞庭湖汇流河段平面形态主要变化特征表现为岸线及江心洲整体变化不大；0m 浅滩多数发生侵蚀后退；–3m、–5m 以深水域面积显著增加。大部分横断面呈强烈冲刷状态，主要变化形式为主槽大幅摆动，河槽下切刷深，呈左冲右淤，槽冲滩淤的特点。河段有冲有淤整体呈冲刷态势，四区域净冲刷量分别为 7543.8 万 m³、122.9 万 m³、1923.7 万 m³、4476.1 万 m³。河槽冲刷自上而下呈减弱趋势，近岸冲刷显著。微地貌类型主要为平床、沙波、凹坑、冲刷槽及侵蚀岸坡 5 种微地貌类型，在上游来沙量锐减对河床冲刷的影响还将继续。

12.4　长江与鄱阳湖汇流河段河床演变与微地貌特征

长江与鄱阳湖汇流河段自彭家渡起，止于彭泽，共计 134km，根据水流交汇的干支流关系，将其分为四段：Ⅰ区为长江-汇流上段，自新开镇至官洲尾附近，约 51km，主要为微弯分汊河道；Ⅱ区为鄱阳湖-汇流上段，自鄱阳湖湖口至星子县(今为庐山市)附近，约 38km；Ⅲ区为汇流中段，自湖口至张家洲尾，约 10km，为顺直河道；Ⅳ区为汇流下段，自张家洲尾至彭泽，约 35km，主要为顺直分汊河道(图 12-26)。本节通过历史水下地形资料探讨该河段的河床演变特征，利用多波束实地测量数据分析床面微地貌特征。

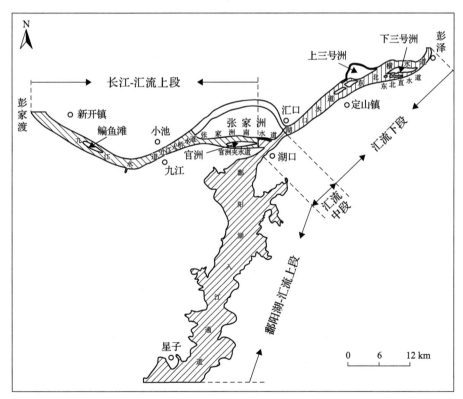

图 12-26　长江与鄱阳湖汇流河段分区

12.4.1　平面形态变化特征

1. 长江-汇流上段平面形态

长江-汇流上段河道两侧岸线基本无变化，江心洲小幅移动。相较于 1998 年，2013 年鳊鱼滩沿东南方向小幅移动，洲头侵蚀后退约 450m，洲尾向下延伸约 320m；官洲沿东北方向整体上移，洲头向西推进约 670m，洲尾向东延伸约 1980m，江心洲面积增大 [图 12-27(a)]。

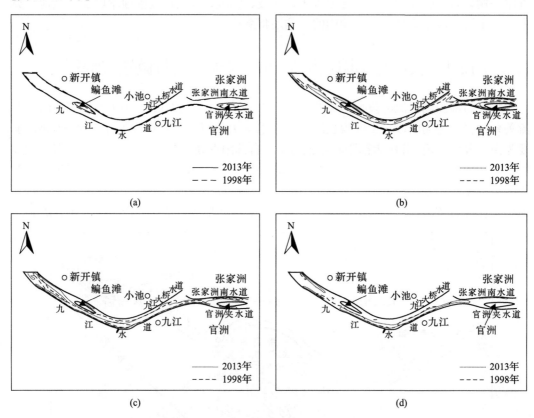

图 12-27　长江-汇流上段平面形态变化
(a)岸线与江心洲；(b)0m 等深线；(c)−5m 等深线；(d)−10m 等深线

长江-汇流上段 0m 以上浅滩呈上冲下淤态势，整体小幅侵蚀后退，0m 以深区域增加 8.4%(表 12-8)。具体表现为：鳊鱼滩附近浅滩冲刷剧烈，洲身面积大幅减少，其北侧浅滩完全冲开形成新的汊道；九江水道下段左岸浅滩淤积严重，凸岸处浅滩展宽尤为显著，宽度可达河宽的一半[图 12-27(b)]。

九江水道上段北侧新出现长约 6270m 的−5m 等深线包络区域，并且九江大桥水道与张家洲南水道−5m 等深线相互贯通[图 12-27(c)]，−5m 以深区域整体增加了 14.6%(表 12-8)；−10m 等深线由鳊鱼滩南侧延伸至张家洲洲头[图 12-27(d)]，其包络面积增加了 10.9% (表 12-8)。

表 12-8　长江-汇流上段等深线包络面积变化

等深线	等深线包络面积/万 m^2			变化率/%
	1998 年	2013 年	变化量	
0m 等深线	6624.8	7180.5	555.7	8.4
−5m 等深线	3215.2	3685.1	469.6	14.6
−10m 等深线	1056.4	1171.4	−115.0	10.9

2. 汇流中段平面形态

相较于 1998 年、2013 年汇流中段岸线整体变化不明显，呈小幅波动，新洲略有上移［图 12-28(a)］。

0m 浅滩整体北冲南淤，具体表现为：新洲南侧 0m 等深线北移，浅滩平均宽度由 550m 缩减至 320m，浅滩收缩面积减少；张家洲南水道右岸 0m 浅滩向北推进约 150m，面积扩张（图 12-28b）。统计获得 0m 以深河槽面积增加 13.3%（表 12-9），表明汇流中段浅滩整体呈冲刷态势。

新洲下方−5m 以深区域整体北移展宽，最宽处约 300m；在鄱阳湖来水方向，−5m 以深区域也显著展宽，宽度达 350m 左右［图 12-28(c)］，5m 等深线包络面积整体增加了22.1%（表 12-9）。新洲下方新出现−10m 等深线包络区，最宽处达 340m［图 12-27(d)］，−10m 以深区域面积整体增加 19.2%（表 12-9）。

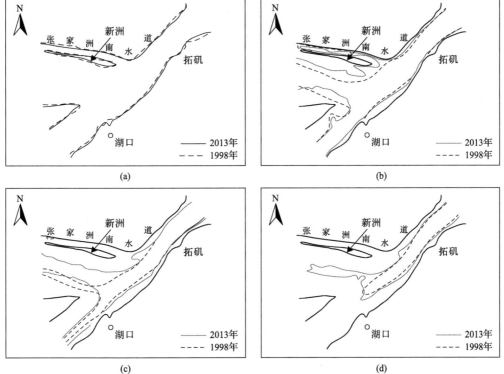

图 12-28　汇流中段平面形态变化

(a)岸线与江心洲；(b)0m 等深线；(c)−5m 等深线；(d)−10m 等深线

表 12-9　汇流中段等深线包络面积变化

等深线	等深线包络面积/万 m²			变化率/%
	1998 年	2013 年	变化量	
0m 等深线	807.6	915.4	107.8	13.3
−5m 等深线	339.0	413.7	74.7	22.1
−10m 等深线	107.1	127.7	20.6	19.2

3. 汇流下段平面形态

相较于 1998 年、2013 年汇流中段岸线变化整体较小，沙洲移动相对显著。湖口水道北岸向南小幅推进约 200m，南岸相对稳定基本无变化。上三号洲整体向北移动约 300m，北侧汉道显著缩窄，平均宽度仅有 80m，洲体有并岸趋势。上三号洲下方的小型沙洲洲头后退，洲尾向下延伸，沙洲面积增大，在此小型沙洲的上方新出现长约 1500m、宽约 180m 的小沙洲，在其左下方新出现长约 2400m、宽约 550m 的小沙洲。下三号洲洲尾沿东南方向延伸，沙洲面积增大，并在其左下方分别形成长约 600m 和 2800m 的两个小沙洲，南侧汉道河宽缩窄[图 12-29(a)]。

湖口水道下段北侧 0m 浅滩被冲开形成宽约 400m 的过水通道，浅滩面积减少；下三号洲北岸 0m 浅滩向北推进约 300m，洲身面积小幅增大[图 12-29(b)]。

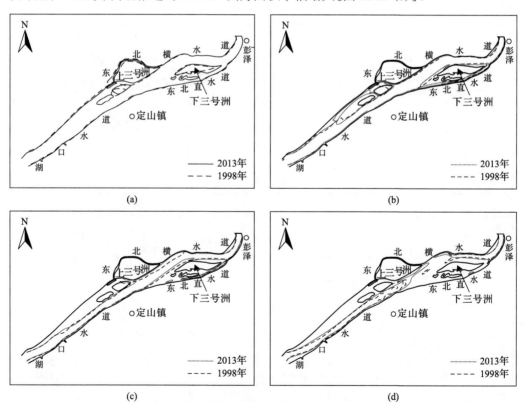

图 12-29　汇流下段平面形态变化

(a)岸线与江心洲；(b)0m 等深线；(c)−5m 等深线；(d)−10m 等深线

东北横水道–5m 等深线整体北移约 420m，显著展宽至 1300m［图 12-29（c）］，–5m 以深水域面积整体增加了 6.3%（表 12-10）。–10m 等深线由湖口水道一直延伸至上三号洲右下方，与东侧–10m 等深线呈贯通之势［图 12-29（d）］，–10m 以深水域面积整体增加了 5.1%（表 12-10）。

表 12-10　汇流下段等深线包络面积变化

等深线	等深线包络面积/万 m²			变化率/%
	1998 年	2013 年	变化量	
0m 等深线	5732.9	5931.2	198.3	3.5
–5m 等深线	3454.3	3673.2	218.9	6.3
–10m 等深线	1737.7	1825.5	87.8	5.1

12.4.2　河槽断面形态变化特征

利用 ArcGIS 软件获得长江与鄱阳湖汇流河段主汊深泓线，结合深泓线位置摆动，沿垂直于河道方向由左向右设置横断面进行研究。其中长江-汇流上段设置 A～F 六个横断面，汇流中段设置 G～L 六个横断面，汇流下段设置 M～P 四个横断面，具体位置如图 12-30 所示。

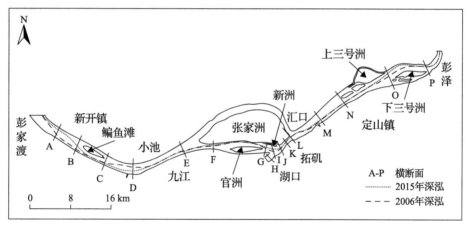

图 12-30　长江与鄱阳湖汇流河段主汊深泓及横断面位置

1. 长江-汇流上段横断面变化

A 断面位于九江水道上段，断面变化主要表现为主槽改道，滩冲槽淤。2013 年较 1998 年：河槽由单转双，出现左、右岸两个深槽，河槽束窄刷深，深泓点水深由–5.42m 下降至–10.38m；左岸浅滩强烈冲刷形成新的深槽，最大冲刷深度达 9.42m；中部河槽淤积形成浅滩，最大淤涨幅度约 5.10m；右岸冲刷，河槽下切刷深，冲刷幅度介于 1.62～4.98m［图 12-31（a）］。

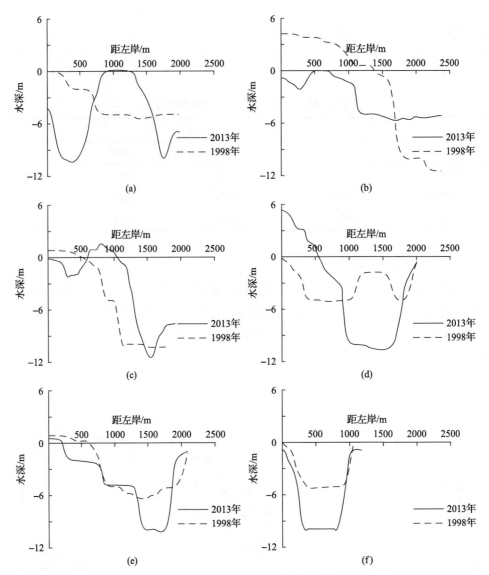

图 12-31　长江-汇流上段横断面变化

(a) A 断面；(b) B 断面；(c) C 断面；(d) D 断面；(e) E 断面；(f) F 断面

　　B 断面位于鳊鱼滩洲头，断面变化主要表现为滩冲槽淤。2013 年较 1998 年：主槽淤积抬升，深泓点水深由-11.50m 上升至-5.70m；左岸浅滩冲刷显著，滩顶高程由 4.22m 下降至 0m，最大冲刷幅度约 6.10m；右岸河槽淤浅，平均水深由-9.96m 上升至-5.44m，最大淤涨幅度约 6.29m[图 12-31(b)]。

　　C 断面位于鳊鱼滩洲尾，断面变化主要表现为主槽右移束窄。2013 年较 1998 年：主槽右移约 240m，河槽束窄并发生小幅冲刷，深泓点下降约 1.14m；左岸有冲有淤并伴随浅滩的消失与出现；右岸出现淤积，淤涨幅度介于 0.22～2.42m[图 12-31(c)]。

　　D 断面位于九江水道下段，断面变化主要表现为河槽由双转单，整体左淤右冲。

2013 年较 1998 年：左岸大幅淤积，形成滩顶高程约 5.27m 的出水浅滩，淤涨幅度介于 1.36～7.17m；右岸强烈冲刷，平均水深由-3.04m 下降至-9.10m，最大冲刷深度达 8.89m [图 12-31(d)]。

E 断面位于九江大桥水道中段，断面变化主要表现为河槽刷深。2013 年较 1998 年：河槽刷深显著，深泓点水深由-6.42m 下降至-10.22m；左岸出水浅滩冲刷范围缩小，冲刷幅度介于 0.34～2.49m；右岸小范围淤积，淤涨幅度为 0.85～3.06m[图 12-31(e)]。

F 断面位于张家洲南水道上段，断面变化主要表现为河槽整体冲刷变深。2013 年较 1998 年：主槽宽约 800m，整体下切变深，平均水深由-4.54m 下降为-9.49m，最大冲刷深度约 5.22m[图 12-31(f)]。

2. 汇流中段横断面变化

G 断面位于张家洲南水道中下段，断面变化主要表现为河槽左移刷深。2013 年较 1998 年：河槽向左移动约 300m，冲刷加深，深泓点水深由-5.13m 下降至-10.05m；左岸发生剧烈冲刷，浅滩范围缩小，最大冲刷深度达 8.21m，右岸淤积，浅滩向左推进覆盖范围增大，滩顶平均高程由 0.34m 上升至 0.78m，淤涨幅度介于 0.42～3.83m [图 12-32(a)]。

H 断面位于鄱阳湖入江通道近湖口处，断面变化主要表现为河槽小幅左移、刷深。2013 年较 1998 年：河槽小幅左移、刷深，深泓点水深由-4.45m 下降至-5.21m，最大冲刷深度约 1.38m；左岸浅滩发生小幅冲刷，冲刷幅度为 0.11～0.48m；右岸浅滩淤高，滩顶高程由-2.07m 上升至-0.83m，最大淤涨幅度约 2.08m[图 12-32(b)]。

I 断面位于新洲下方，断面变化主要表现为河槽由单转双。2013 年较 1998 年：主槽中部小幅淤积两侧强烈冲刷，河槽一分为二，刷深显著，深泓点水深由-5.28m 下降至-10.00m；左侧浅滩发生冲刷，形成新河槽，最大冲刷幅度约 9.15m；中部小幅淤积，淤积幅度为 0.11～0.32m；强烈冲刷，河槽加深，最大冲刷深度达 9.15m；右侧发生冲刷，形成新河槽，最大冲刷幅度约 4.08m[图 12-32(c)]。

J 断面位于新洲后方，I 断面下游约 1500m 处，断面变化主要表现为河槽整体冲刷下移、展宽。2013 年较 1998 年：河槽展宽约 300m，深泓点水深由-12.36m 下降至-15.99m；左岸冲刷，浅滩下移，冲刷幅度为 1.23～3.07m；右岸侧切显著，河槽向右扩展，浅滩冲刷下移，最大冲刷幅度约 4.48m[图 12-32(d)]。

K 断面位于张家洲南水道下段，J 断面下游约 1500m 处，断面变化主要表现为左岸淤积。2013 年较 1998 年：左岸淤高，最大淤涨幅度达 6.25m；右岸向左小幅推进出现淤积，淤积幅度为 0.22～3.52m[图 12-32(e)]。

L 断面位于张家洲南水道下段，K 断面下游约 1300m 处，断面变化主要表现为河槽中部淤积。2013 年较 1998 年：河槽轻微左移，深泓点水深由-14.15m 上升至-12.66m，整体淤积幅度为 0.20～1.73m[图 12-32(f)]。

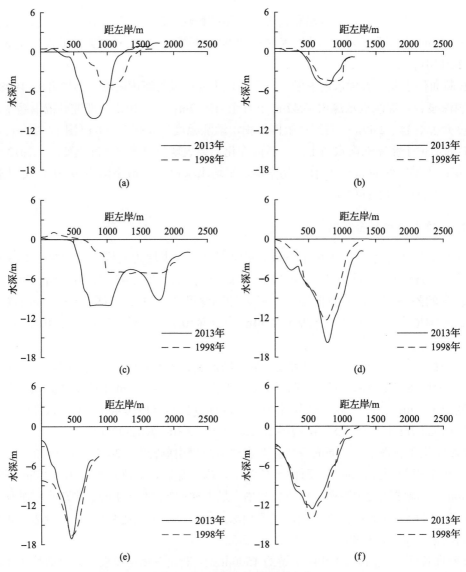

图 12-32　汇流中段横断面变化

(a)G 断面；(b)H 断面；(c)I 断面；(d)J 断面；(e)K 断面；(f)L 断面

3. 汇流下段横断面变化

M 断面位于湖口水道中段，断面变化主要表现为河槽展宽。2013 年较 1998 年：河槽两侧大幅侧切展宽，宽度增加近 400m；左岸冲刷范围较大，冲刷幅度为 0.21～5.12m，右岸冲刷范围较小，冲刷幅度介于 0.48～3.13m[图 12-33(a)]。

N 断面位于湖口水道下段，断面变化主要表现为河槽由单转双，左岸浅滩冲淤交替，右岸淤积。2013 年较 1998 年：河道左侧形成宽约 300m、深约 4.50m 的新河槽，右侧主槽小幅左移约 200m，深泓变化不大；左岸浅滩从左到右由冲转淤，冲刷幅度为 0.63～6.21m，淤积幅度为 0.23～0.96m；右岸河槽大幅淤积，最大淤涨幅度达 6.57m[图 12-33(b)]。

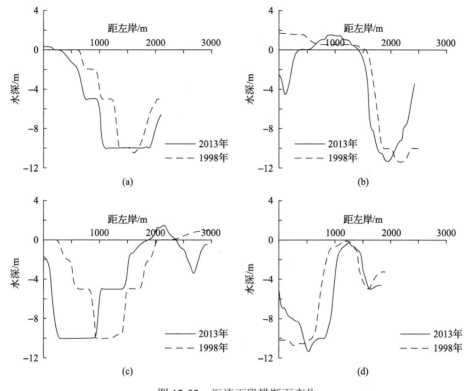

图 12-33　汇流下段横断面变化

(a)M 断面；(b)N 断面；(c)O 断面；(d)P 断面

O 断面位于湖口水道下段，断面变化主要表现为河槽左移，滩冲槽淤。2013 年较 1998 年：河槽左移 500～600m，主槽由中部移至左岸，右岸出现宽约 400m、深约-3.40m 的过水通道；左岸浅滩大幅冲刷，演变为河槽，冲刷幅度为 1.67～9.53m；中部河槽淤积形成浅滩，淤涨幅度为 0.68～4.98m；右岸小范围冲刷，出水浅滩消失，冲刷幅度为 0.34～4.17m[图 12-33(c)]。

P 断面位于湖口水道下段，断面变化主要表现为主槽小幅右移，左岸淤积。2013 年较 1998 年：主槽侧切显著，向右小幅移动约 200m；左岸出现淤积，平均水深由-10.39m 上升至-7.75m，最大淤涨幅度约 4.98m；中部大幅侧切，最大冲刷深度达 7.25m，右岸小幅冲刷，冲刷幅度为 0.73～3.25m[图 12-33(d)]。

12.4.3　冲淤变化特征

分区域计算长江与鄱阳湖汇流河段河槽冲淤变化(由于缺少水下地形资料，鄱阳湖-汇流上段无冲淤数据)，结果显示：1998～2013 年期间长江与鄱阳湖汇流河段有冲有淤，整体表现为冲刷(表 12-11)。

长江-汇流上段冲刷量为 4003.7 万 m³，年均冲刷量为 266.9 万 m³/a，平均冲刷深度达 0.60m(表 12-11)。九江水道以鳊鱼滩为界，上段左冲右淤、下段右冲左淤；张家南水道呈整体冲刷状态[图 12-34(a)]。

表 12-11　长江与鄱阳湖汇流河段河槽冲淤特征

区域	1998 年河槽体积/万 m³	2013 年河槽体积/万 m³	冲淤变化量/万 m³	年均冲淤量/(万 m³/a)	平均冲刷深度/m
I 区	31750.0	35753.7	−4003.7	−266.9	−0.60
III 区	3702.1	4509.6	−807.5	−53.8	−0.98
IV 区	34023.6	35033.0	−1009.4	−67.3	−0.18
全区域	69475.6	75296.3	−5820.7	−388.0	−0.42

注：正值表示淤积，负值表示冲刷；平均冲刷深度=冲淤变化量/河槽投影面积

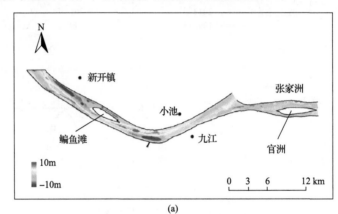

(a)

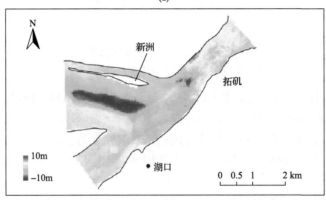

(b)

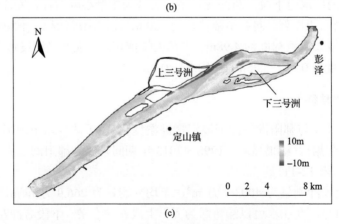

(c)

图 12-34　长江与鄱阳湖汇流河段河槽冲淤变化图

(a)长江-汇流上段；(b)汇流中段；(c)汇流下段

汇流中段冲刷量为 807.5 万 m^3，年均冲刷量为 53.8 万 m^3/a，平均冲刷深度达 0.98m（表 12-11）。从冲淤区域的空间分布来看，新洲下方冲刷显著；长江来水方向右岸、鄱阳湖来水方向右岸、张家洲南水道下端出现淤积[图 12-34(b)]。

汇流下段冲刷量为 1009.4 万 m^3，年均冲刷量为 67.3 万 m^3/a，平均冲刷深度达 0.18m（表 12-11）。汇流下段冲淤变化主要集中于东北横水道上段，呈典型的左冲右淤态势[图 12-34(c)]。

12.4.4　河槽表层沉积物特征

采集长江与鄱阳湖汇流河段河槽表层沉积物，结果表明：长江-汇流上段河槽表层沉积物(P-1)均值粒径为 80.0μm，其中细砂(125～250μm)占 62.0%，属于细砂质沉积物；鄱阳湖-汇流上段河槽表层沉积物(P-2～P-5)均值粒径为 10.8～17.5μm，其中细粉砂(2～16μm)占 32.0～41.9%，粗粉砂(16～63μm)占 32.7～42.6%，属于粉砂质沉积物；汇流中段河槽表层沉积物(P-6～P-7)均值粒径为 105.0～140.3μm，其中细砂(125～250μm)占 9.5～41.8%，中砂(>250μm)占 41.4～52.5%，属于中-细砂质沉积物；汇流下段河槽表层沉积物(P-8)均值粒径为 131.8μm，其中细砂(125～250μm)占 44.8%，中砂(>250μm)占 37.8%，属于中-细砂质沉积物(表 12-12)。

表 12-12　长江与鄱阳湖汇流河段河槽表层沉积物粒度参数

编号	均值粒径/μm	不同粒径沉积物占比/%					
		<2μm	2～16μm	16～63μm	63～125μm	125～250μm	>250μm
P-1	80.0	5.6	10.8	3.1	14.4	62.0	4.1
P-2	10.8	15.1	39.9	35.5	8.7	0.8	0.0
P-3	12.6	12.9	41.9	32.7	5.8	1.9	4.8
P-4	16.7	9.0	38.0	35.4	7.8	7.5	2.4
P-5	17.5	8.6	32.0	42.6	13.6	3.2	0.0
P-6	140.3	3.6	8.1	2.5	2.6	41.8	41.4
P-7	105.0	7.7	16.3	7.6	6.4	9.5	52.5
P-8	131.8	4.1	8.4	2.3	2.6	44.8	37.8

12.4.5　微地貌类型与特征

利用多波束测深系统对长江与鄱阳湖汇流河段河槽进行走航式扫测，获得长约 251.1km 的高分辨率水下地形图像。统计分析发现，研究河段微地貌形态主要为平床、沙波、冲刷痕、凹坑、侵蚀岸坡等。

1. 平床

研究河段平床分布范围约 63.9km，占整个长江与鄱阳湖汇流河段的 25.5%，主要分布于长江-汇流上段的九江大桥水道(13.8%)以及鄱阳湖-汇流上段的入江通道(75.8%)。此外，鄱阳湖入江通道内平床区域有大量人为扰动的痕迹，分布大量方向不一的线状浅沟，浅沟深约 0.1～0.2m，宽约 1.2～3.4m，结合鄱阳湖入江通道内频繁的采砂活动（邬国峰等，2009；崔丽娟等，2013；江丰等，2015），可能为船舶起锚所致（图 12-35）。

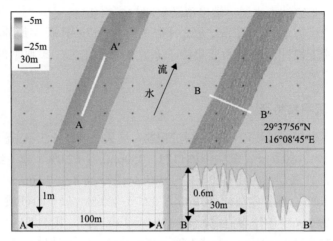

图 12-35　长江与鄱阳湖汇流河段平床图像

2. 沙波

研究河段沙波覆盖范围约 116.7km，占整个研究区域的 46.5%。四种类型沙波均有发育，统计表明沙波波长为 3.11～252.95m，波高为 0.10～5.48m，平均波长与波高分别为 14.63m 和 0.72m，以中型、大型沙波为主。

小型沙波（0～5m）发育较少，约占统计沙波的 7.9%，主要分布于长江-汇流上段的九江大桥水道。观测到小型沙波的波长为 3.07～5.00m、波高为 0.10～0.53m，平均波长约 4.32m，波高约 0.23m［图 12-36（a）］。

中型沙波（5～10m）在研究河段广泛发育，约占统计沙波的 43.8%，主要分布于长江-汇流上段的张家洲南水道下部，鄱阳湖入江通道，汇流中段，以及汇流下段的湖口水道下部。观测到沙波波长为 5.11～9.83m、波高为 0.12～0.93m，平均波长约 7.37m、波高约 0.39m［图 12-36（a）］。

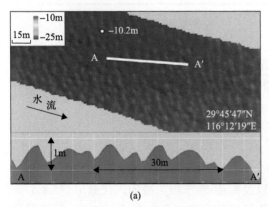

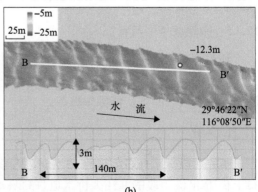

(a)　　　　　　　　　　　　　　　　(b)

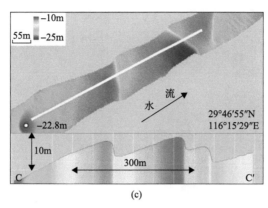

图 12-36　长江与鄱阳湖汇流河段沙波图像

(a)中型沙波；(b)大型沙波；(c)巨型沙波

大型沙波（10～100m）发育最多，约占统计沙波的 47.0%，主要分布于长江-汇流上段的九江水道、张家洲南水道上部，以及汇流下段的湖口水道下部、东北横水道。观测到沙波波长为 10.06～96.62m，波高为 0.20～5.17m，平均波长约 18.85m、波高约 1.01m[图 12-36(b)]。

巨型沙波（>100m）约占统计沙波的 1.3%，主要分布于汇流下段的湖口水道的中上段。观测到沙波波长为 124.67～252.95m，波高为 0.95～5.48m，平均波长约 169.22m、波高约 3.31m[图 12-36(c)]。

3. 冲刷痕

冲刷痕整体较为顺直，呈长条状散布于鄱阳湖入江通道及汇流中段的鄱阳湖入汇一侧，分布区域约 6.4km，占研究区域的 2.5%。其整体规模较小，宽度一般为 2.7～17.3m，下切深度为 0.3～0.9m，发育水深为 10.3～13.2m[图 12-37(a)]；规模大些的冲刷痕宽度可达 38.5m，下切深度约 2.1～4.5m，发育水深为 14.8～19.1m[图 12-37(b)]。三峡水利工程运行后，坝下游发生沿程冲刷，河道水位下降（Mei et al., 2015），致使湖水入江的水流坡降增大；湖区频繁的采砂活动，造成入江通道过水断面增大，水流入江流速加快，泄流能力显著提升（Lai et al., 2014），共同促使入江通道发生冲刷，可能是冲刷痕微地貌形成的原因。

4. 凹坑

长江与鄱阳湖汇流河段冲刷形成的凹坑共计 9 处，主要分布于长江-汇流上段及汇流下段的近岸一侧，且位于冲刷区域，分布范围约 2.1km，占整个研究河段的 0.8%。此类凹坑的长度一般为 59.6～278.5m，宽度为 33.8～101.3m，发育水深为 13.1～30.5m，形状大都呈"勺"状，沿顺水流方向，较为狭长，有进一步延伸扩大趋势[图 12-38(a)]。

2000 年长江干流全面禁止河道采砂，随即大量采砂船进入鄱阳湖，湖区采砂活动频繁（崔丽娟等，2013；江丰等，2015）。多波束图像显示，鄱阳湖入江江通道内存在大量采砂区域，分布范围约 23.9km，占鄱阳湖-汇流上段的 29.1%。采砂活动造成的凹

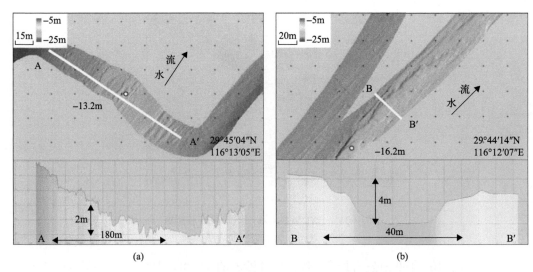

图 12-37　长江与鄱阳湖汇流河段冲刷痕图像
(a)小尺度冲刷痕；(b)大尺度冲刷痕

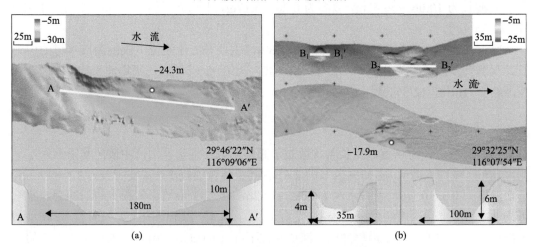

图 12-38　长江与鄱阳湖汇流河段凹坑图像
(a)冲刷凹坑；(b)采沙坑

坑一般呈椭圆形，个别呈不规则形状，长度为 46.7～116.5m，下切深度约 3.1～8.7m；多个采砂凹坑相互连接则形成大型采砂区，长度可达 500m，最大下切深度约 11.3m [图 12-38(b)]。

5. 侵蚀岸坡

侵蚀岸坡主要分布于汇流中段及汇流下段，分布范围约 8.2km，占长江与鄱阳湖汇流河段的 8.2%(图 12-39)。汇流中段张家洲尾侵蚀岸坡坡度约 0.38～0.59，平均坡度为 0.46。汇流下段湖口水道处侵蚀岸坡坡度约 0.30～0.54，平均坡度约 0.43；东北横水道岸坡坡度约 0.32～0.77，平均坡度约 0.47。

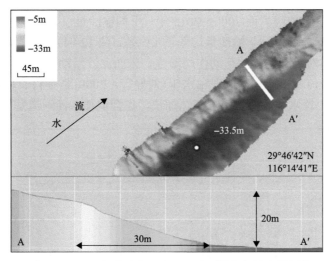

图 12-39　长江与鄱阳湖汇流河段冲刷槽与侵蚀岸坡图像

　　侵蚀岸坡的形成与水流作用密切相关，利用 ADCP 观测张家洲尾侵蚀岸坡 (图 12-39)附近水流，显示近岸水流在各流层均呈向岸的垂向冲刷 (图 12-40)。从上至下各层平均流速分别为 1.56m/s、1.40m/s、1.44m/s、1.44m/s、1.48m/s、0.94m/s，流速相对较大。该河段岸线相对平整，水流对岸坡的垂向冲刷较为连续和规则，岸坡在水流长期冲刷作用下发生后退，促使侵蚀岸坡的形成。

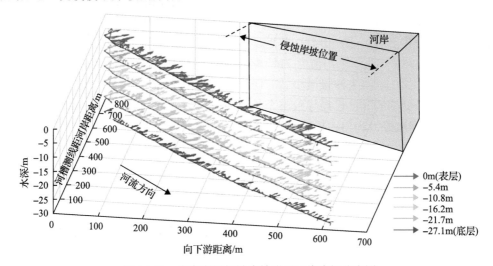

图 12-40　张家洲尾侵蚀岸坡附近三维流场分布图

12.4.6　河槽冲淤演变的影响因素

1. 长江上游水沙变化对河槽冲淤演变的影响

　　近年来，在以三峡大坝为主的大型水利工程、河道采砂以及流域水土保持的影响下，长江来沙量呈大幅下降趋势。据研究河段上游汉口水文站显示，该站多年输沙量约为 4.0 亿 t(1954～2000 年)，而 2000～2015 年，平均输沙量仅 1.4 亿 t，下降约 65%。特别是 2013～2015 年，汉口站年输沙量均低于 1.0 亿 t(图 12-41)。上游来沙量减少后，相近挟沙能力的水体对床面泥沙的起动作用增强，床面泥沙活动频繁，并引起河槽冲刷。此外，近期长江及流域多年连续出现枯水年(刘健等，2009)，使得长江湖口河段水位较低，鄱阳湖-汇流上段水面比降增大、流速加快，也会促使入江通道发生冲刷。

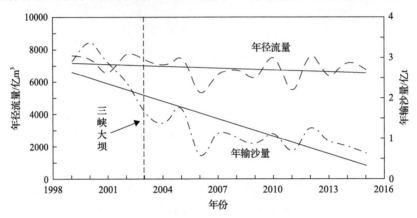

图 12-41　2000～2015 年汉口站年径流量与年输沙量

底质沉积物粗化是河槽冲刷的有力证据。前人于 2008 年以前该河段床面泥沙中值粒径约为 83μm(徐晓君等，2010)，本次采样(2016 年)发现相应该河段床沙粒径分别为 80μm、140.3μm、105.0μm 和 131.8μm，多处床沙粒径表现为粗化。而同时期汉口站年径流量的变化趋势并不明显(图 12-41)，其近期(2000～2015)平均值为 6806 亿 m³ 与历史多年平均值相比(1954～2000 平均值为 7112 亿 m³)差别不大，因此引起研究区河槽冲刷的可能因素之一是长江上游来沙量减少。有研究表明，由于长江径流量的变化不大，流域来沙量却持续减少的情况，已经导致整个长江中下游河槽乃至河口三角洲的冲淤演变发生冲淤转变(蔡晓斌等，2013；杨云平等，2014)。

2. 鄱阳湖区采砂活动的影响

鄱阳湖湖区大规模采砂始于 2000 年，遥感图像显示 2001～2007 年鄱阳湖采砂活动主要集中于鄱阳湖入江通道，2007 年以后逐步南移向湖区中部扩张(崔丽娟等，2013；江丰等，2015)，2001～2010 年鄱阳湖年均采砂量达 239.3Mt/a(江丰等，2015)。

近年来鄱阳湖整体处于冲刷状态，以入江通道最为显著(廖智等，2015)，研究发现湖床冲刷与采砂活动密切相关。频繁的采砂活动致使入江通道处河道展宽显著，高达 2.36 亿 m³/a 的采砂量，可使得入江通道处河床平均高程下降 59cm/a(Leeuw et al., 2010)。入江通道采砂造成水道扩宽，过水断面面积增加达 75%～120%，入江流速加快、泄流能力显著提升(Lai et al., 2014)，进而造成入江通道发生冲刷，并且可能是入江通道大量冲刷痕微地貌(图 12-37)形成的重要原因。此外，湖区采砂形成了大量采砂坑[图 12-38(b)]，直接改变湖床形态，影响局部水流运动，扰动泥沙输移，也会进一步扩大采砂的影响范围。

3. 河道整治工程对河槽冲淤演变的影响

历史上，张家洲南水道是长江中下游著名的碍航浅水河段(薛小华等，2008)，交通运输部于2001～2003年及2009～2012年分别对张家洲南水道浅滩碍航河段进行了整治，整治建筑物主要有丁坝群、梳齿坝、护滩带、护岸与护底等。而张家洲南水道作为强冲刷的河段，也正是河道整治的重点河段(图12-42)。官洲洲头梳齿坝与护底带修建于官洲上游，能够束窄河槽，约束水流，阻止官洲夹水道的进一步发展，迫使水流归槽于张家洲南水道，而官洲尾护岸工程与梅家洲护滩带也对张家洲南水道的下浅区的河槽具有约束作用。在张家洲南水道河道整治工程的约束下，汊道封堵，水流归槽，导致航道冲刷加剧，是张家洲南水道强烈冲刷的直接原因。如2013年，张家洲南水道主航道-5m线趋于贯通、展宽及稳定，且最窄处的宽度超过300m(图12-42)。

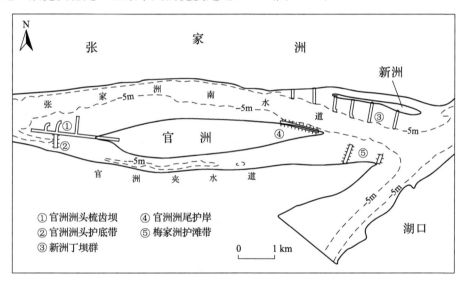

图 12-42　张家洲河段整治工程示意图

12.4.7　微地貌发育与河床演变的关系

沙波是推移质集体运动的表征(钱宁和万兆惠，2003)，能够指示床面泥沙运动方向(和玉芳等，2009)。多波束实测数据显示，长江与鄱阳湖汇流河段微地貌以沙波为主，且沙波迁移方向基本上与水流方向一致(图12-36)。但是研究区沙波尺度与形态变化较大(图12-36)，如张家洲南水道从小型至巨型都有发育，其中，巨型沙波波长可达150m，波高约1.3m。

沙波形态与尺度的变化不仅与底沙粒径、河道形态有关，还与水动力条件息息相关(钱宁和万兆惠，2003；詹义正等，2006；郑树伟等，2016)。实测数据表明(2016年9月22～24日)，在九江站流量介于14600～15900m³/s(http://www.cjh.com.cn)时，九江大桥水道、张家洲南水道上游、汇流中段以及湖口水道床面剪应力分别为0.44N/m²、1.40N/m²、0.41N/m²、0.37N/m²，临界河槽剪应力分别为0.05N/m²、0.05N/m²、0.08N/m²、0.08N/m²。

床面剪应力明显大于临界河床剪应力，指示了泥沙处于频繁输运中，长江与鄱阳湖汇流河段极可能处于适应调整上游来沙量减少与整治工程引起的局部动力条件变化的过程中。

长江与鄱阳湖汇流河段发育有冲刷坑、冲刷痕及侵蚀岸坡等侵蚀型微地貌［图 12-43 (a)］，将研究河段微地貌分布与河槽冲淤变化叠置对比分析发现，侵蚀型微地貌大都发育于河槽冲刷区［图 12-43(b)］。随着上游来沙量的持续减少，张家洲南水道极可能进一步冲刷。

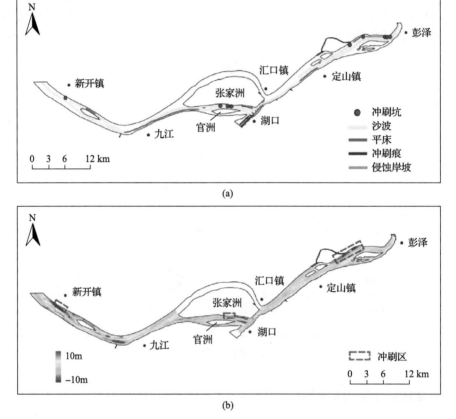

图 12-43   长江与鄱阳湖汇流河段微地貌分布与冲淤变化对比图
(a)微地貌分布图；(b)冲淤变化图

值得一提的是，张家洲南水道浅水区大尺度沙波可能对通航条件产生不利影响(和玉芳等，2009)。官洲头附近沙波波高近 1.3～1.5m，可导致相对于实测水深约 13.9%的通航水深变化，尤其是枯季长江水位跌落时，巨型沙波对通行水深的影响更大。因此，虽然张家洲南水道目前河槽以冲刷为主，但枯季水位回落期，航道中巨型沙波的发育与迁移仍然是通航安全的隐患之一。因此，应加强对该河段水下地形的监测。

因此，长江与鄱阳湖汇流河段可划分为长江-汇流上段、鄱阳湖-汇流上段、汇流中段及汇流下段。利用 1998～2013 年历史水下地形资料，分段分析了研究河段的河槽演变特征；通过分析 2016 年实测多波束图像，总结了研究河段微地貌类型及特征。结果表明：

1998～2013 年期间，长江与洞庭湖汇流河段平面形态主要变化特征表现为岸线基本无变化，江心洲洲头冲刷下移，并出现新沙洲；0m 浅滩多数发生侵蚀后退；−5m、−10m 以深水域面积扩大。多数横断面呈冲刷态，主要变化形式为单双槽转换、河槽下切刷深展宽等。河槽有冲有淤，整体呈冲刷态势，长江-汇流上段、汇流中段、汇流下段净冲刷量分别为 4003.7 万 m³、807.5 万 m³、1009.4 万 m³。河槽冲刷总体凹岸冲刷凸岸淤积，近岸冲刷显著。长江与鄱阳湖汇流河段微地貌类型主要为平床、沙波、冲刷痕、凹坑、侵蚀岸坡 5 种微地貌类型。在三峡蓄水运行后上游来沙量锐减、河道整治工程及采砂活动的共同影响下，造成了近期长江与洞庭湖、鄱阳湖汇流河段河床冲刷的事实，分析认为沙波的发育对河床演变具有指示意义。

12.5　江湖汇流河段冲淤变化及微地貌特征对比

长江与湖泊来水在汇流中段发生交汇，相互掺混之后汇入下游。两大江湖汇流河段的汇流中段水流条件及泥沙输移机制相似，其冲淤变化及微地貌形态更具有可比性，故分别选取长江与洞庭湖、鄱阳湖汇流中段进行对比分析。

12.5.1　冲淤变化对比

1. 冲淤量对比

长江与洞庭湖汇流中段年均冲刷量(2006～2015 年)为 213.7 万 m³/a，年均冲刷深度为 16.9cm/a。长江与鄱阳湖汇流中段年均冲刷量(1998～2013 年)53.8 万 m³/a，年均冲刷深度约 6.5cm/a(表 12-13)。

表 12-13　长江与洞庭湖、鄱阳湖汇流中段河槽冲淤量对比

江湖汇流河段	年均冲刷量/(万 m³/a)	年均冲刷深度/(cm/a)
长江与洞庭湖汇流中段(2006～2015 年)	−213.7	−16.9
长江与鄱阳湖汇流中段(1998～2013 年)	−53.8	−6.5

注：负值表示冲刷

就冲淤变化量而言，近期长江中游两大江湖汇流中段均表现为不同程度的冲刷，但长江与洞庭湖汇流中段的平均冲刷深度比长江与鄱阳湖汇流中段深约 10.4cm/a。分析认为，河床冲刷与流域大型水利工程和河道整治工程密切相关。随着上游大型水利工程的运行、流域水土保持工作的开展、河道采砂等综合影响下，长江中下游来沙量锐减，清水下泄水流挟沙能力增强，致使下游河道进行自适应调整沿程发生冲刷，所以处于坝下游的两大江湖汇流中段均表现为冲刷。

冲刷幅度的差异，一方面与距坝距离相关，长江与洞庭湖汇流河段位于坝下游约390km 处，而长江与鄱阳湖汇流河段位于坝下游约 858km 处，前者距离大坝更近，清水下泄水流挟沙能力较强进而造成的冲刷幅度更大(袁文昊，2014)。另一方面，长江与洞庭湖汇流河段处于河道蜿蜒曲折的下荆江河段，随着下荆江完成三次裁弯(1967～1972 年)

之后，河道坡降显著增大、水流泄量扩大(陈时若和龙慧，1991)，对河道冲刷具有促进作用。

2. 冲淤分布对比

相同点：江湖来水汇流区的交汇角附近均表现为淤积，如长江与洞庭湖交汇处的泥滩咀(最大淤涨幅度约 3.28m)，长江与鄱阳湖汇流河段的梅家洲附近(最大幅淤涨幅度约 3.83m)；两大汇流河段的水流交汇点附近均表现为冲刷减缓，甚至出现淤积(图 12-44)。这主要是由于干支流交汇两股水流相互顶托，交汇点附近水流流速降低，挟沙能力减弱(惠遇甲和张国生，1990)，造成泥沙落淤。

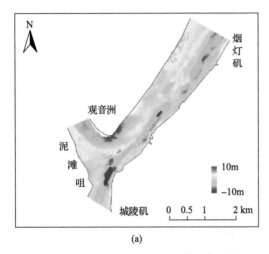
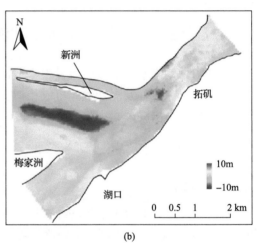

图 12-44　长江与洞庭湖、鄱阳湖汇流中段冲淤对比图
(a)长江与洞庭湖汇流中段；(b)长江与鄱阳湖汇流中段

不同点：长江与洞庭湖汇流中段最大冲刷区域位于洞庭湖湖口附近，而长江与鄱阳湖汇流中段最大冲刷区域位于新洲下方。三峡运行以来，长江中游河道发生大幅冲刷，河槽下切加深(许全喜，2013；袁文昊，2014)，使得洞庭湖水入江的水面坡降显著下降，入江水流流速增快，进而洞庭湖湖口发生大幅冲刷，最大冲刷深度达 15.8m，成为长江与洞庭湖汇流中段的冲刷幅度最大的区域。而 2001 年以来，交通部对张家洲南水道陆续实施河道整治工程，在官洲头修建梳齿坝，新洲下方修筑 6 道丁坝等，这些整治建筑物限制了水流的横向摆动，集水于槽，河槽纵向冲刷显著，造成长江与鄱阳湖汇流中段新洲下方大幅冲刷，最大冲刷深度达 9.15m。

12.5.2　微地貌特征对比

相同点：两处汇流中段左右两侧水下地形均各自延续了长江、湖泊的微地貌形态。在长江与洞庭湖汇流中段，长江来水方向微地貌以沙波为主[图 12-45(a)]，洞庭湖来水方向以平床为主[图 12-45(b)]，当两股水流交汇汇入仙峰水道后，左侧水下地形延续了长江微地貌形态以沙波为主，右侧则延续了湖泊水下地形以平床为主[图 12-45(c)～(e)]。

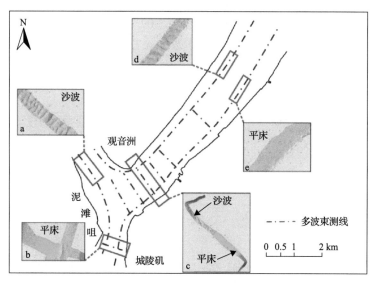

图 12-45　长江与洞庭湖汇流中段微地貌形态与位置特征

同样地，长江与鄱阳湖汇流中段，长江来水方向微地貌以沙波为主[图 12-46(a)]，洞庭湖来水方向以冲刷痕和平床为主[图 12-46(b)]，当两股水流交汇汇入张家洲南水道后，左侧水下地形延续了长江微地貌形态以沙波为主[图 12-46(d)～(e)]，右侧则延续了湖泊水下地形，先以冲刷痕为主[图 12-46(c)]，后渐渐转变为平床[图 12-46(d)～(f)]。

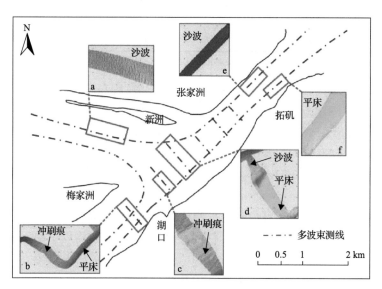

图 12-46　长江与鄱阳湖汇流中段微地貌形态与位置特征

不同点：两处汇流中段虽然都发育了大量沙波，但沙波的几何特征大有不同，长江与洞庭湖汇流中段沙波尺度更大(图 12-47)。其中，洞庭湖汇流中段以大型沙波为主，沙波长度为 5.24～71.55m，波高介于 0.13～3.80m，平均波长为 24.62m、平均波高为 1.46m；沙波指数为 18.55～62.33，平均值为 20.58；对称指数为 0.93～5.12，平均值为 1.78。鄱阳湖-汇流中段以大-中型沙波为主，沙波长度为 5.02～20.07m，波高为 0.13～1.25m，平均波长为 9.44m、平均波高为 0.49m；沙波指数为 6.72～52.13，平均值为 22.14；对称指数为 0.69～8.47，平均值为 1.74(表 12-14)。

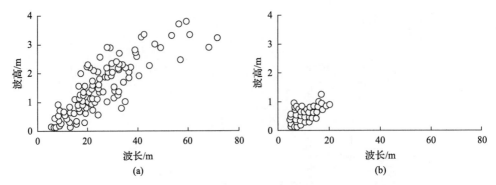

图 12-47　长江与洞庭湖、鄱阳湖汇流中段沙波波长与波高的关系
(a)长江与洞庭湖汇流中段；(b)长江与鄱阳湖汇流中段

表 12-14　长江与洞庭湖、鄱阳湖汇流中段沙波参数统计

江湖汇流河段		波长/m	波高/m	沙波指数	对称指数
长江与洞庭湖汇流中段	最小值	5.24	0.13	8.55	0.93
	最大值	71.55	3.80	62.33	5.12
	平均值	24.62	1.46	20.58	1.78
长江与鄱阳湖汇流中段	最小值	5.02	0.13	6.72	0.69
	最大值	20.07	1.25	52.13	8.47
	平均值	9.44	0.49	22.14	1.74

注：沙波指数=波长/波高，对称指数=向下游的投影长/向上游的投影长

研究表明，沙波的形成与发育和水流强度密切相关(程和琴等，2000；詹义正等，2006；郑树伟等，2016)，一定范围内，沙波尺度随水流强度的增大，而逐渐增大。野外测量中，利用 ADCP 测量获得对比河段的流速，长江与洞庭湖汇流中段大型沙波(平均波长 24.62m)发育区平均流速为 1.44m/s。长江与鄱阳湖汇流中段中-大型沙波(平均波长 9.44m)发育区平均流速为 0.93m/s。相比之下，平均流速较大的区域有利于沙波的发育，沙波尺度较大。

沉积物粒径大小对沙波发育也至关重要(Li et al.，2008；郭兴杰等，2015；吴帅虎等，2015，2016)。通过对比发现，两大汇流中段河槽表层沉积物均以中-细砂为主，长江与洞庭湖汇流中段均值粒径为 195.5～235.5μm，长江与鄱阳湖汇流中段均值粒径为 105.0～140.3μm(表 12-15)，沙波的尺度与床沙均值粒径呈正相关。

本节选取两大江湖汇流河段的汇流中段对比分析了冲淤变化与微地貌形态异同。结果表明：

两大江湖汇流河段均呈冲刷状态，但长江与洞庭湖汇流中段的年均冲刷幅度(16.9cm/a)较长江与鄱阳湖汇流中段(6.5cm/a)大；且发生大幅冲刷的区域位置不同，长江与洞庭湖汇流河段最大冲刷区位于洞庭湖湖口，长江与鄱阳湖汇流河段位于新洲下方。

表 12-15　长江与洞庭湖、鄱阳湖汇流中段河槽表层沉积物粒度参数

编号	均值粒径/μm	不同粒径沉积物占比/%					
		<2μm	2~16μm	16~63μm	63~125μm	125~250μm	>250μm
D-3	235.5	4.5	11.6	6.0	4.8	35.3	37.8
D-4	215.6	3.5	8.8	3.4	3.4	40.1	40.8
D-5	195.5	3.1	8.2	3.5	5.1	53.3	26.8
D-6	223.1	4.7	12.7	5.0	3.0	25.4	49.2
P-2	140.3	3.6	8.1	2.5	2.6	41.8	41.4
P-3	105.0	7.7	16.3	7.6	6.4	9.5	52.5

注：D-3~D-6(图 12-6)：长江与洞庭湖汇流中段；P-2~P-3(图 12-6)：长江与鄱阳湖汇流中段

对比分析微地貌特征发现：两处汇流中段微地貌分布模式相似，河段两岸各自延伸了长江来水及湖泊来水方向的微地貌形态，且均有大量沙波发育，但长江与洞庭湖汇流中段沙波尺度较长江与鄱阳湖汇流中段大，前者沙波平均波长为 24.62m、平均波高为 1.46m，后者平均波长为 9.44m、平均波高为 0.49m，差异显著。

12.6　长江中游江湖汇流河段冲淤演变和微地貌特征对人类活动响应

本节利用 2016 年和 2017 年在长江中游江湖汇流河段实测获得多波束数据、ADCP 数据、河床表层沉积物粒径，结合多年份水下地形资料，分析比较长江与洞庭湖、鄱阳湖汇流河段的河床演变及微地貌特征，探讨江湖汇流河段冲淤演变和微地貌特征对人类活动的响应。主要结论如下：

(1)2006~2015 年长江与洞庭湖汇流河段岸线及江心洲整体变化不大；0m 浅滩多数侵蚀后退；–3m、–5m 以深面积显著增加。大部分横断面呈强烈冲刷状态，主要变化形式为主槽大幅摆动，河槽下切刷深，呈左冲右淤，槽冲滩淤的特点。

(2)2006~2015 年长江与洞庭湖汇流河段整体呈冲刷态势，净冲刷总量为 14096.5 万 m³，平均冲刷深度为 1.47m，年均冲刷速率为 1409.7 万 m³/a。河槽冲刷自上而下呈减弱趋势，近岸冲刷显著。

(3)长江与洞庭湖汇流河段主要分布有平床、沙波、凹坑、冲刷槽及侵蚀岸坡 5 种微地貌类型。沙波分布最广，占研究区域的 38.9%，波长为 6.5~281.7m，波高为 0.1~8.2m，以大型沙波为主；凹坑、冲刷槽、侵蚀岸坡等侵蚀型微地貌约占研究区域的 12.1%，主要分布于水流顶冲的近岸一侧以及河槽冲刷区。

(4)1998~2013 年长江与鄱阳湖汇流河段岸线基本无变化，江心洲洲头冲刷下移，并出现新沙洲；0m 浅滩多数侵蚀后退；–5m、–10m 以深水域扩大。多数横断面呈冲刷态，主要变化形式为单双槽转换、河槽下切刷深展宽等。

(5)1998~2013 年长江与鄱阳湖汇流河段整体呈冲刷态势，净冲刷总量为 5820.7 万 m³，平均冲刷深度为 0.42m，年均冲刷速率为 388.0 万 m³/a。河槽冲刷总体凹岸冲刷凸岸淤积，

近岸冲刷显著。

(6) 长江与鄱阳湖汇流河段主要分布有平床、沙波、冲刷痕、凹坑、侵蚀岸坡 5 种微地貌类型。沙波为研究区域的主要微地貌类型，占到 46.5%，波长为 3.1～253.0m，波高为 0.1～5.5m，以大、中型沙波为主；冲刷痕及采砂坑主要分布于鄱阳湖入江通道。

(7) 河槽冲刷与上游输沙量减少及河道整治工程密切相关，随着上游水利工程的建设运行，冲刷环境仍将继续，持续影响江湖汇流河段的河床演变。

(8) 对比两大江湖汇流河段结果显示，长江与洞庭湖汇流中段的年均冲刷幅度为 16.9cm/a，较长江与鄱阳湖汇流中段 (6.5cm/a)，冲刷更为显著；前者沙波平均波长为 24.62m、平均波高为 1.46m，后者平均波长为 9.44m、平均波高为 0.49m，两处沙波尺度差异显著。分析认为水流速度及沉积物粒径均是影响沙波尺度差异的因素。

但是，由于缺少鄱阳湖水下地形资料，未能分析鄱阳湖-汇流上段的河床演变特征，难以全面对比分析两大江湖汇流河段的河床冲淤演变特征，有待后续补充相应的水下地形数据，更加全面系统的分析江湖汇流河段的河床演变特征。而且，由于测次有限，未能获取长时间尺度水动力数据，缺少对典型微地貌区域的重复性测量，今后需加强动力观测，以及地貌演变过程与动力机制的研究。

第13章 长江中下游典型河槽边坡稳定性分析

河槽边坡稳定性及发展趋势关乎沿岸生产建设安全、防汛安全和航运安全。20世纪以来，随着人类发展进程的加快，流域大型水利工程的建设使得长江中下游各河段边界条件发生了不同程度的改变，众多历史实测数据分析显示，长江中下游河段近岸河槽冲刷、坡比增大，崩岸发生的频次增加、强度增大，边坡的稳定和安全正经受着全面的变化与考验。以往，对河槽边坡失稳多要素监测的手段较为简单和低效，同时，由于水陆地形测量仪器的方法和原理差异导致其数据的融合分析较为困难。随着技术的革新和进步，更加精密的地学测量仪器被投入到边坡稳定性各要素的监测之中，利用集成化的新型仪器和合理的数据融合分析方法获取边坡高精度的现场观测数据，对新形势下的边坡稳定性进行计算分析，意义重大。

总体而言，仍存在两个关键科学问题。一为如何实现河槽边坡陆上、水下高精度地形数据的采集及两者的一体化融合；二为如何结合边坡的沉积、动力、地貌和历史演变对其进行稳定性计算与发展趋势评估。本章试图利用多波束测深系统、三维激光扫描仪、浅地层剖面仪、双频ADCP、差分GPS和RTK组成多模态传感器系统，对长江下游典型河槽边坡开展陆上与水下联合测量，获得河槽边坡的近岸水动力数据、沉积特征数据和高分辨率陆上和水下地形数据并对两部分地形点云数据进行融合生成边坡一体化三维地貌模型。对ADCP数据进行提取分析获得近岸水动力特征；对采集到的沉积物土体样品进行粒度分析和土工试验，得到不同土层的粒度参数及土体力学参数；对浅地层剖面仪数据进行浅地层结构分析；对历史航行图资料数字化并进行冲淤分析和断面演变分析；引入BSTEM模型进行边坡稳定性安全系数计算。利用以上结果对边坡的稳定性和发展趋势进行评估，为未来的长江航道整治与航道建设提供参考和建议。

13.1 研究区域及测区布设

分别于2015年7月27日至8月15日、2016年8月31日至9月28日、2017年8月24日至9月18日，对长江中下游流域典型河槽边坡开展野外数据的采集工作。研究区域为长江中下游宜昌—南京段，共设12个测点，如图13-1所示。

13.1.1 典型工程岸段河槽边坡

1) 南京市栖霞区龙潭水道测点

龙潭水道测区位于南京龙潭码头下游1.2km，兴隆洲洲尾南岸，紧邻龙潭港区万吨级集装箱码头(图13-2)，为典型的港口工程边坡。该岸段在20世纪70年代前曾经历过较剧烈的河势调整，河道弯曲，崩岸频发，自1970年以来，该岸段开展了一系列护岸工程，1985年该河段又进行了全面的护岸加固工程。该测点位于龙潭河口附近一处崩岸旁，该崩岸开口约180m，经抛石护岸加固，护岸高2.5~3m。测区布设如图13-2所示，水上测量走航为沿窝崩绕行，陆上测量部分为定点测量。

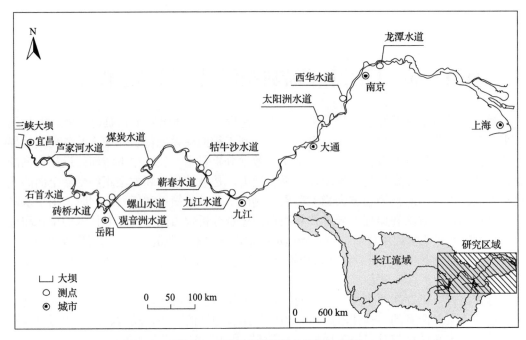

图 13-1 研究区域及测点位置分布图

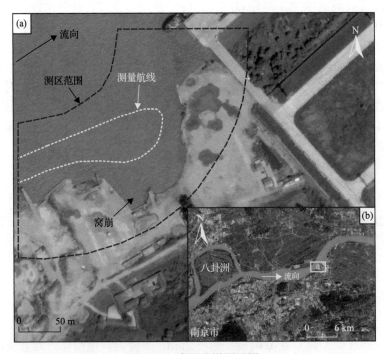

图 13-2 龙潭水道测区图

(a)2017 年测区遥感影像；(b)测区位置

2) 石首市石首水道测点

石首水道首尾两节点分别为胡家台和孙家拐(图 13-3)，全长约 10km，河段为一处大拐弯，长江从南向在此处转为东北向，该区域左岸文艺村边滩较为完整，右岸则多为护岸，为典型的护岸工程边坡。该区域受弯道顶冲流的影响，右岸有多处崩岸，岸线犬牙交错。该区域的测点位于石首市下游右岸一处护岸坍塌点，水上为"之"字形测量，岸上设有定点测站。

图 13-3　石首水道测区图

(a) 2016 年测区遥感影像；(b) 测区位置

13.1.2　典型河漫滩岸段边坡

1. 马鞍山市和县西华水道测点

西华水道位于芜湖与马鞍山之间（图 13-4），该河段顺直，长约 3.5km，河槽左右两岸分别为西梁山和东梁山，上起陈家洲，下接江心洲，中间口门段束窄。该区域由于陈家洲尾汇流段摆动及东梁山挑流的影响，水动力条件复杂，为长江下游重点治理河段。测点位于该区域左侧河漫滩，该漫滩周边区域水流贴岸冲刷，部分区域发生了崩岸，为典型的侵蚀河漫滩边坡。本次测量水上航线为贴岸顺直测量，陆上设有定点扫描测站。

2. 黄冈市浠水县牯牛沙水道测点

牯牛沙水道首尾两节点分别为西塞山和棋盘洲（图 13-5），河道全长约 15.5km。该河段上游部分为弯曲段，下游部分则改为顺直而下，河槽右岸为长约 10km 的牯牛沙边滩。1998 年以前，该河段深槽由西塞山近岸转移至丝茅径近岸，而后贴左岸而下，1998 年特大洪水后，位于河槽凹岸的团林岸至茅山一带也形成了较大尺度的边滩，其与牯牛沙边滩相连，使得该段河床升高，枯水期形成碍航浅滩。近年该河道开展了航道整治工程，水道条件有所改善。该区域测点位于凹岸的团林岸边滩，水上测量路线为沿岸直行，陆上设有定点测量点。

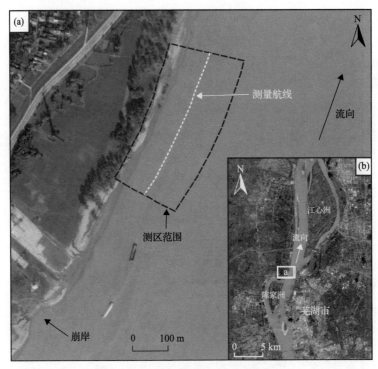

图 13-4　西华水道测区图

(a)2016 年测区遥感影像；(b)测区位置

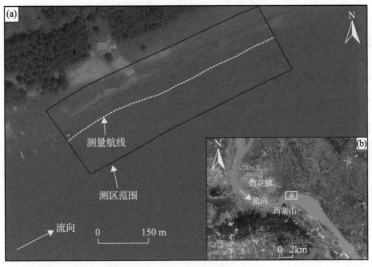

图 13-5　牯牛沙水道测区图

(a)2017 年测区遥感影像；(b)测区位置

3. 荆州市监利县观音洲水道测点

观音洲水道首尾两节点分别为七洲和城陵矶(图 13-6)，全长约 10km，河道微弯，属沙质河床，该区域右侧为泥潭洲边滩，下游为洞庭湖湖口汇流段，该河段为荆江河段末端，河道弯曲，河槽束窄，水流湍急，流态复杂。该区域测点为洞庭湖汇流段上游 3.5km 处长江左岸一侵蚀河漫滩，水上测量航线为沿岸直行，陆上设有定点测站。

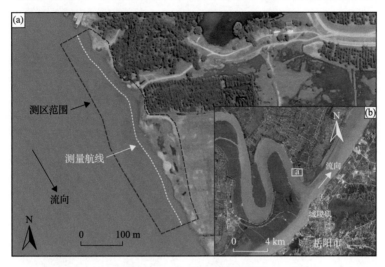

图 13-6 观音洲水道测区图
(a)2017 年测区遥感影像； (b)测区位置

13.1.3 典型弯道段河槽边坡

1. 芜湖市无为县太阳洲水道测点

太阳洲水道位于铜陵市下游(图 13-7)，为鹅头型弯曲分汊河段，长约 59.9km，该区域分布有汀家洲、铜陵沙和紫沙洲等，河势较为复杂，铜陵沙左侧为主汊道。北岸有无为大堤和枞阳江堤。该河段北岸为弯道顶冲点，主流贴岸而行，对该区域边坡形成冲击，多处发生崩岸。测点位于其中一窝崩处，水上测量航线为沿窝崩侧壁弯曲测量，陆上设有定点测站。

2. 武汉市汉南区煤炭洲水道测点

煤炭洲水道首尾两节点分别为杨林甲和杨灯头(图 13-8)，全长约 10km，为"U"形大拐弯河道，长江自东南走向在该处转为东北走向，该段为沙质河床，左岸为煤炭洲，洪水期常常漫上洲头，枯水期则有较大尺度的边滩。该岸段左岸边坡有连续的崩岸发生，部分边坡呈垂直或悬臂状。该区域测点位于煤炭洲南端，水上测量为沿岸直行，同时陆上设有定点测站。

3. 荆州市监利县砖桥水道测点

砖桥水道首尾两节点分别为何家湖和四十丈(图 13-9)，全长约 9km，河道弯曲，属沙质河床，该河道左岸位于水流顶冲位置，近岸深槽增大，水动力较强。该区域测点为左岸一处窝崩，水上测量航线为沿岸贴岸测量，陆上设有定点测站。

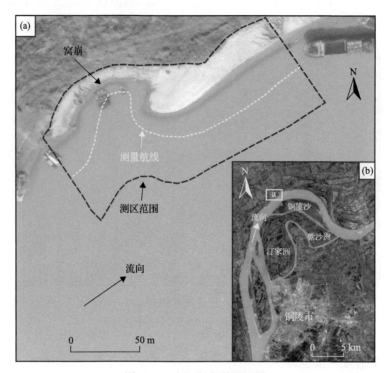

图 13-7 太阳洲水道测区图

(a)2016 年测区遥感影像； (b)测区位置

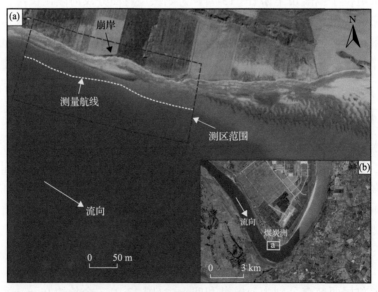

图 13-8 煤炭洲水道测区图

(a)2017 年测区遥感影像； (b)测区位置

图 13-9　砖桥水道测区图

(a) 2017 年测区遥感影像；(b) 测区位置

13.1.4　典型顺直岸段河槽边坡

1. 黄冈市黄梅县九江水道测点

九江水道首尾两节点分别为徐家湾和九江处码头（图 13-10），该岸段全长约 21.5km，河道基本顺直，徐家湾以下深槽位于右岸一侧；九江上游 11.5km 处江中心有鳊鱼滩，鳊鱼滩左侧水道水深较浅，过陆家咀后渐深，鳊鱼滩右槽为主航道，该滩滩头部分修筑有

图 13-10　九江水道测区图

(a) 2017 年测区遥感影像；(b) 测区位置

梳齿坝，右缘修筑有石质护岸。河槽右岸大树下塔区域修筑有护岸。该顺直段末尾部分河道微弯，姚港下游河道转弯至东北向顺流而下。该测区位于新洲下游 5km 处，为一处条带状崩岸，水上测量航线为沿岸逆流而上，路线呈"之"字形，陆上设定点测量。

2. 荆州市监利县螺山水道测点

螺山水道首尾两节点分别为龙头山和袁家湾(图 13-11)，全长约 11km，该河段河槽顺直，上游较窄，下游展宽，为沙质河床，右岸有尺度较大的边滩。该区域测点为河槽左岸一窝崩处，测量航线为沿岸直行，陆上设有定点测站。

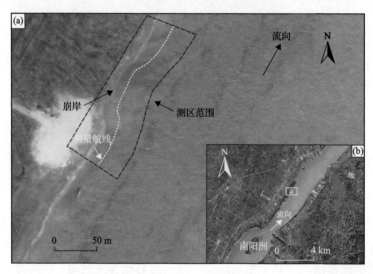

图 13-11　螺山水道测区图

(a)2017 年测区遥感影像；(b)测区位置

13.1.5　典型支流交汇段河槽边坡

1. 黄冈市蕲春县蕲春水道测点

蕲春水道首尾两节点分别为下棋盘洲和黄颡口(图 13-12)，河段长约 14km。该河段上端较窄，下段逐渐展宽，深槽位于河槽左岸一侧。该河道水深条件较好，河势及岸线均较为稳定。位于河道左岸的蕲州码头附近有济公石、钓鱼台、凤凰山矶头等，且有抛石护岸。该测区水上测量航线为"凸"字形，如图 13-12 所示，主要针对蕲水入汇口右侧崩岸的测量，且陆上设有定点测量点。

2. 枝江市芦家河水道测点

芦家河水道首尾两节点分别为跨宝山和昌门溪(图 13-13)，全长约 11.1km，该岸段微弯，为分汊型河段，河床成分主要为沙和卵石，是长江中游著名的浅水道。该河段江心分布有鄂脑石和卵石碛坝，将河道分为沙、石两泓，自三峡水库蓄水以来，沙泓为主航道。右岸有松滋河分流口，该分流口左岸受顶冲流影响形成较大尺度的窝崩，有卵石护岸，测点位于该窝崩中部，水上测量航线为沿窝崩侧壁曲线行驶，陆上设有定点测站。

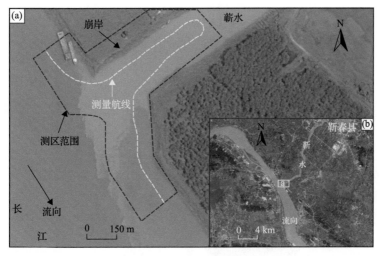

图 13-12　蕲春水道测区图

(a) 2017 年测区遥感影像；(b) 测区位置

图 13-13　芦家河水道测区图

(a) 2016 年测区遥感影像；(b) 测区位置

13.2　研　究　方　法

13.2.1　多模态传感器系统的构建

为了对边坡周边区域动力、沉积和地貌等要素进行同步监测与数据获取，我们建立了一套多传感器集成的测量系统来实现这个目的。这套多模态传感器系统包括地基测量传感器系统和船载测量传感器系统两部分(图 13-14)。地基测量系统由 Riegl-VZ-4000 型三维激光扫描仪和 RTK 组成，船载测量系统由 SeaBat-7125 多波束测深系统、Edgetech-3100p 浅地层剖面仪、双频 ADCP 和 GPS 组成。

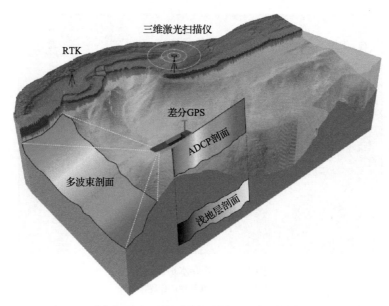

图 13-14　多模态传感器系统工作示意图

1. 地基测量传感器系统

由 Riegl-VZ-4000 三维激光扫描仪和 GPS-RTK 组成的传感器系统可以采集毫米级精度的陆上地形数据。三维激光扫描系统包括了激光测距、扫描、校正和数字摄影等模块，激光为脉冲式窄红外光束，可以完成快速、高精度、非接触式的扫描任务。RTK 则提供定位信息以及坐标校正和转换。

测量采取如下步骤：

第一步，对测区地形进行踏勘，寻找 GPS 控制点并进行扫描站点的布设，选择测量方法。

第二步，进行三维激光扫描仪、GPS-RTK 基站以及反射标靶的架设，其中，4 个反射标靶的架设以激光扫描仪为圆心，半径 50～70m 均匀分布。

第三步，进行激光扫描仪参数的预设及扫描，水平扫描角度为 360°，垂直扫描角度为 ±60°，扫描频率为 50kHz，扫描解析度为水平 0.03，垂直 0.013，最大测量距离约 4000m，测量分辨率和精度分别为 10mm 和 15mm，单站扫描时间约为 30min。测量时，通过数据线连接激光扫描仪与测量笔记本计算机，通过计算机上的测量软件 RiScan 进行全程操控，采集到的点云数据实时传输到计算机硬盘中。

第四步，对扫描完成的点云进行反射标靶的定位和细扫，通过在 RiScan 中手动标定反射片的位置，之后利用软件的 Fine-Scan selected tiepoints 功能进行自动跟踪扫描，扫描仪会根据反射强度和尺寸进行反射标靶的自动识别。

第五步，对 GPS-RTK 系统进行预设和启动。

第六步，利用 GPS-RTK 对反射标靶和 GPS 控制点信息进行测定。将流动站分别放至 4 个反射标靶及 GPS 控制点位置进行精确测定，获取其经纬度和高程信息。至此，边坡陆上部分测量完毕。

扫描完成后对获取的点云数据进行坐标校正，采用反射片校正法进行校正。

2. 船载测量传感器系统

船载传感器系统由多波束测深仪、双频 ADCP、浅地层剖面仪和差分 GPS 组成，可以采集高精度水下地形数据、水动力数据以及浅层沉积结构数据。其中，多波束配套惯性导航设备(IMU)，通过换能器阵列发射声波并接收回波来实现地形点云数据的实时采集。工作时，频率为 200kHz 或 400kHz，发射波束宽为 1°(±0.2°)中央波束角为 0.5°，最大频率为 50Hz，分辨率约为 6mm，共含 512 个波束。安装时，将换能器放置在测量船的头部以避免行船波的干扰；浅地层剖面仪的拖鱼型号为 SB-216S，由缆绳牵引，放置于船体右侧水下 1m 处，测量时工作频率为 2～16kHz，脉冲 2～12kHz，垂直分辨率约 6～10cm；流速流向由双频 ADCP 获取，其工作频率为 300kHz/600kHz，采样时间间隔设置为 1s，换能器入水深度 0.8m。船载传感器系统主要靠位于船只上方的 GPS 接收器进行定位，测量时行船速度控制在 5 节以内以提高测量精度。

13.2.2　水陆一体化地貌模型的构建

由于多波束和三维激光扫描仪的测量原理不同，故陆上边坡地形数据(图 13-15)与水下边坡地形数据(图 13-16)的格式也有所差异，无法直接进行地形融合。因此，我们首先分别对两部分数据进行预处理，然后将两者数据转换为同一种数据格式，再进行进一步的插值融合。

1. 激光扫描仪点云数据的预处理

利用 RiScan Pro 对扫描仪数据 LAS Dataset 进行点云的预处理。首先将点云数据以 ASCII 格式进行提取，测量过程中产生的噪点和植被采用 RiScan Pro 地形过滤器进行迭代滤除(图 13-17)。

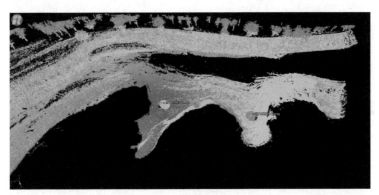

图 13-15　陆上边坡点云数据

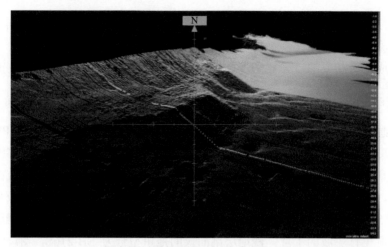

图 13-16　水下边坡点云数据

(a)

(b)

图 13-17　植被的识别与滤除

(a)乔木类植被的识别；(b)灌木类植被的识别

　　此外，由于部分测站采取双测站扫描方法，故需对两测站扫描数据进行拼接处理。测站的拼接以两测站的坐标系统 SOCS1（scanner own coordinate system）和 SOCS2 为基础，其原理是基于每个测站的点云数据生成大量的平面，通过对两测站公共区域内的共同平面进行数次迭代拟合，直到拟合精度达到所需标准，从而实现点云数据的高精度拼接。首先，从两站中选取 4 个对应的控制点进行点云数据的粗拼，然后对结果进行迭代拟合，进一步消除拼接误差对西华水道和砖桥水道两个测点实行了双站扫描和拼接工作，对这两个测点分别进行了 4 次和 6 次迭代拟合，每次迭代调整容差系数，最小平面数分别为 2377 个和 1453 个，最终的拼接误差分别为 0.0046m 和 0.0194m，两测站的融合结果令人满意(图 13-18)。

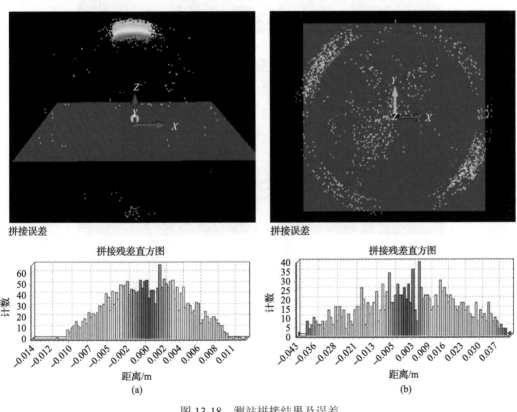

图 13-18　测站拼接结果及误差
(a)西华水道测站；(b)砖桥水道测站

由于激光扫描仪会采集数量巨大的点云数据，这些数据虽然能够精准复刻实际地形，但大量冗余的点云数据不仅会对处理造成困难，还会干扰后期的数据处理及融合，故需要对三维激光扫描仪获取的点云数据进行抽稀优化，本节对 x、y、z 方向设置了 0.05m 的抽稀距离，对数据进行了简化处理，优化结果较为理想(图 13-19)。

2. 多波束点云数据的预处理

多波束测深系统在采集数据时进行了姿态校正、水位校正、吃水改正和声速改正。对校正后的数据利用 PDS2000 软件进行异常波束的剔除以及噪点的粗差滤除，生成格网化的点云数据。

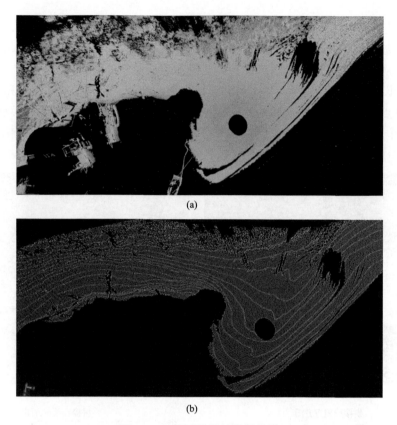

图 13-19　地形数据抽稀效果图

(a)抽稀处理之前地形点云数据；(b)抽稀处理之后地形点云数据

3. 激光扫描数据与多波束数据的融合

水陆测量统一采用 WGS-84 坐标系统和高斯 3°带投影,高程系统为 WGS-84 椭球高。由于激光扫描仪 las 点云数据与多波束 s7k 点云数据存在编码格式的差异,故将处理后的激光扫描仪 las 点云数据与多波束 s7k 点云数据统一转换为 ASCII 编码格式并导入 RiScan pro 中转换为 las 数据,实现地形的初步融合。随后导入 ArcGIS 平台创建 LAS Dataset 数据集(图 13-20),实现大量点云数据的快速读取,并构建 Terrain 数据集对数据进行进一步的细化,在构建过程中,选择合适的 Terrain 金字塔类型,设置合理的金字塔等级。一般有 z 容差金字塔和窗口大小金字塔两种,通过比较分析选用 z 容差金字塔,该金字塔过滤器速度较慢,但对地表激光扫描数据的处理以及对垂向精度的控制效果较好。

对生成的数据集通过不同插值方法(克里金法、反距离权重法、自然邻域法、线性插值三角网法、趋势面法等)进行插值比较,最终选择精度较高、边界约束较好的反距离权重法(IDW)插值生成栅格数据集,其中栅格大小设置为 10cm。对生成的栅格数据进行三次阴影叠加渲染处理,获得陆上水下一体化边坡地形、TIN、坡度、高程等值线和断面图。

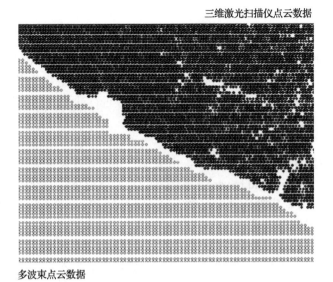

图 13-20　ArcGIS 中的融合点云数据

4. 误差来源分析

陆上测量误差的主要来源为坐标校正，由于校正用的反射片坐标信息由 RTK 测得，故存在观测误差。采用 RTK 技术测量的平面和垂直坐标精度能够控制在 2cm 以内(钱伟伟等，2015)，因此对于反射标靶控制范围内的点云坐标精度是能够保证的。例如，西华水道测点，利用 3 个反射标靶进行匹配和确定坐标系并利用第 4 个标靶进行验证，结果显示匹配结果的标准偏差为 0.011m 和 0.017m。

此外，在进行点云融合时也存在误差，主要体现在 x、y 方向的平面误差和 z 方向的垂向误差。x、y 方向的误差主要来源于由扫描仪点云数据通过 GPS-RTK 系统进行标转换过程中产生的误差(小于 0.02m)，以及船载测量系统中的差分 GPS 产生的定位误差(小于 0.24m)；z 方向的误差主要来源于多波束水位校正产生的误差以及 RTK 测高产生的误差。

13.2.3　水动力特征的处理分析

利用 Ocean Post-Processing 软件对 ADCP 原始数据进行 6 点法提取，生成 6 个水层的流速流向数据，并利用 Matlab 编程软件生成三维流场图，反映边坡周围的流场结构。

13.2.4　沉积特征的采集与处理

对采集到的边坡土体样品及河床底质样，先加入 10mL 10% 的 HCL 和 H_2O_2，目的是清除次生碳酸盐和有机质；随后静置 24h 并去除上层清液，加入适量 $(Na_2PO_3)_6$ 进行分散；最后利用 MASTER SIZER 2000 激光粒度仪测定。按照土力学分类方法，一般认为土体粒径小于 75μm 的土粒为具有塑性的黏性土；粒径为 75～2000μm 的土粒则无黏聚力，性质松散，为非黏性土。

13.2.5 典型河段海图数字化与冲淤变化分析

分别收集了 1998 年(1:40000)、2006 年(1:25000)、2013 年(1:40000)和 2015 年(1:25000)的长江中下游航行图，并进行了水深点和等深线的数字化工作，随后在 ArcGIS 平台利用该部分数据对长江中下游 12 个测区所处河段进行冲淤演变分析及断面变化分析。

13.2.6 基于 BSTEM 模型的边坡稳定性计算

在河流边坡稳定性计算分析领域中，由美国农业部农业研究局(USDA-ARS)研发的 BSTEM 模型(bank stability and toe erosion model)对边坡稳定性的分析计算模块准确、稳定且高效，在国外边坡稳定性研究中已经得到广泛应用(Simon et al., 2011；Midgley et al., 2012；Klavon et al., 2017)。

BSTEM 模型最初由 Osman 和 Thorn(1988)提出，他们将函数方法加入到边坡稳定性分析中计算河岸冲退的幅度，后经多位学者的改进，先后加入了崩塌角的计算程序、河岸几何形态模块、额外的 F_s 值计算方法和植物根系固土模型等(刘艳锋和王莉，2010)，并进行了一系列的代码优化和工作环境的设定，最终实现了稳定性计算的模块化运作方式，并公开了 F_s 值的计算方法。随后经过众多学者在实际的应用过程中进行了发展和改正，具有较好的准确性和合理性。

模型包括两个模块：河岸稳定性分析模块 BS(bank stability model)和坡脚侵蚀计算模块 TEM(bank toe erosion model)。BS 模块根据输入的数据进行稳定性计算，得出安全系数值，从而评估边坡的稳定性；TEM 模块主要是对坡脚侵蚀量及侵蚀速率进行计算，可以实现侵蚀过程的模拟功能。BS 模块则选取边坡的四个特征断面，输入河岸几何形态、河岸分层土体特性参数、河岸植被特征及防护措施、河岸比降、水位和潜水位等参数，通过宏命令计算获得河岸安全系数 F_s 值，认为 F_s 大于 1.3 时，河岸稳定；F_s 为 1.0~1.3 时，河岸不稳定；F_s 小于 1.0 时，河岸已经失稳坍塌。其中，F_s 的计算方法有水平层法、垂直切片法和悬臂剪切崩塌法。其中，水平层法主要的依据是楔式崩塌模型；垂直切片法先将河岸分为 5 层，同时又将每层坍塌体分为数目相同的垂直切片，通过 4 次迭代计算得到 F_s 值；悬臂剪切崩塌法将坍塌面角度设置为 90°进行 F_s 值的计算。本研究区域边坡坍塌角度基本小于 90°，采用水平层法计算结果精度较高，其计算公式如下：

$$F_s = \frac{\sum_{i=1}^{I}\left(c_i'L_i + (\mu_a - \mu_w)_i L_i \tan\phi_i^b + \left[W_i \cos\beta - \mu_{ai}L_i + P_i \cos(\alpha - \beta)\right]\tan\phi_i'\right)}{2a\sum_{i=1}^{I}\left(W_i \sin\beta - P_i \sin[\alpha - \beta]\right)} \tag{13-1}$$

式中，I 为河岸边坡总层数，其根据该区域土壤类别分为 5 层；i 为层数，$i=1, 2, \cdots$；c_i' 为土体有效凝聚力，kPa，根据该河段 5 个土层的样品进行土工试验测得；L_i 为崩塌面长度，m；W_i 为土体重量，kN，根据实测河岸几何参数和土体容重等计算得出；P_i 为外界水流施加给土体的静态水侧限压力，kPa，由当日实测水位数据确定；α 为河岸坡度，(°)，根据实测几何参数确定；ϕ_i' 为土体有效内摩擦角，(°)，根据土工试验测得；μ_a 和 μ_w 分别为空隙空气压力和孔隙水压力，kPa，由土工试验参数和潜水位等确定；β 为崩塌面角度，(°)；ϕ_i^b 反映了基质吸力增加后土体表观凝聚力随之增加的速率。其中土层厚度、有效凝聚力、有效内摩擦角和容重等参数作为 F_s 计算的一部分，结合几何参数、水位和潜水位等用来计算土壤的表观凝聚力 c_a、抗剪强度 τ_f、孔隙水压力 μ_w 和根系凝聚力 c_r 等其他参数。此外，由于潜水面以上的非饱和土体含水率较潜水面以下的饱和土体小，故潜水面以下土体考虑采用饱和容重进行计算。

由于 BSTEM 模型的各项参数计算完全基于实测的岸坡数据，所以其计算的准确性主要与野外数据的准确采集有关，如河岸几何形态的确定，剪切面的适当选取，岸段土层参数的确定，潜水位的界定，植被类型和占比的确定等，实测的高精度地形数据和分层土体参数可以有效提高 F_s 值的计算精度。

13.3　研究河段冲淤及断面演变特征

13.3.1　长江九江-宜昌干流典型岸段稳定性分级

通过野外调查，从九江-宜昌河段发现 15 处典型不稳定岸段(图 13-21 和表 13-1)。为确定不稳定岸段范围，在遇到崩岸等不稳定现象时，让作业船靠岸行驶，这样可使多波速精确地测量不稳定岸段水下地形。后期可据此较为精确地绘制岸段地稳定性。不稳定岸段长度多在 1km 以上，武穴市、武汉市、尺八镇和新厂镇的不稳定岸段长度相对较长，2km 以上岸段上多发育崩岸，类型主要有条崩、窝崩和洗崩三种。崩岸后缘相对光滑，坡度近直立。仅在局部位置有草丛生长。有些崩塌体向下发生明显位移，错落高度1m 左右。崩岸加剧沿岸树林面积的损失。大面积的树木随崩塌体滑入河道，有些树木的根部外露，发生倾斜。崩塌与斜坡地形特征关系密切，斜坡越陡越高，发生崩塌的概率越大。岸坡的水上高度均很小，大部分都位于水下，水下地形对崩岸的影响更大。坡度决定沿坡面向下的牵引力大小，水下的坡度越陡，岸坡越不稳定，故根据坡度大小进行稳定性分级(图 13-22)。根据多波束测深系统记录，在 ArcGIS 10.3 中计算岸坡坡度，据此将稳定性分为 5 个等级，即稳定(坡度 0~10°)、较稳定(10°~20°)、较不稳定(20°~30°)、不稳定(30°~40°)、很不稳定(>40°)等 5 个等级(图 13-22)。该分级图可为未来崩岸预测提供参考。总体而言武穴市和黄冈市稳定性较差。

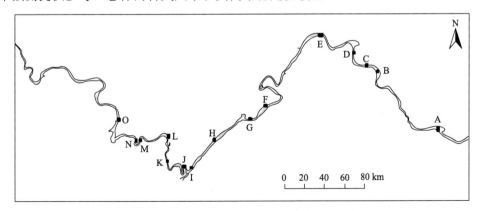

图 13-21　长江九江-宜昌干流不稳定岸段分布

表 13-1 长江九江-宜昌干流不稳定分级定量统计

典型不稳定岸段			面积/m²					
日期	地点	编号	稳定	较稳定	较不稳定	不稳定	很不稳定	合计
2017-08-27	武穴市	A	31845	40897	25746	8926	9863	117277
2017-08-29	黄冈市	B	233342	74090	32894	11830	4232	356388
2017-08-29	黄冈市	C	13462	10123	5219	1509	325	30638
2017-08-29	黄冈市	D	19219	3483	2039	1215	1440	27396
2017-08-29	武汉市	E	51575	10827	8909	4310	229	75850
2018-09-02	大沙镇	F	11961	5678	3633	2558	3656	27486
2018-09-02	大沙镇	G	32060	8794	10516	5465	492	57327
2017-09-02	洪湖市	H	18958	7059	5897	2384	200	34498
2017-09-05	洞庭湖	I	19344	4492	3783	3635	574	31828
2017-09-05	洞庭湖	J	12986	8130	5598	2036	582	29332
2017-09-05	洞庭湖	K	11902	3386	2694	2290	174	20446
2017-09-06	尺八镇	L	21046	7437	8439	6405	987	44314
2017-09-07	调关镇	M	28100	9247	5023	1267	394	44031
2017-09-07	调关镇	N	11994	6866	4470	1858	231	25419
2017-09-08	新厂镇	O	23849	4556	4102	4403	706	37616

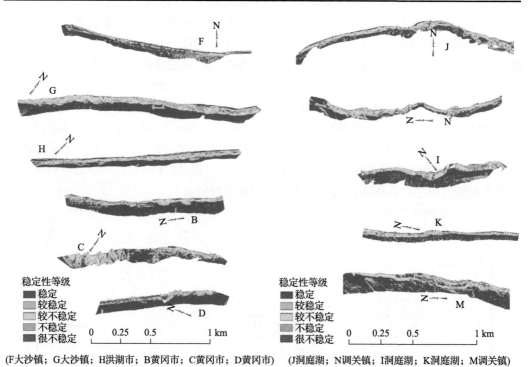

(F大沙镇；G大沙镇；H洪湖市；B黄冈市；C黄冈市；D黄冈市)　　(J洞庭湖；N调关镇；I洞庭湖；K洞庭湖；M调关镇)

(a)　　　　　　　　　　　　　　　　　　(b)

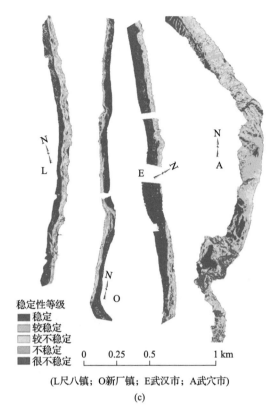

稳定性等级
■ 稳定
■ 较稳定
■ 较不稳定
■ 不稳定
■ 很不稳定

0　0.25　0.5　　　　1 km

(L尺八镇；O新厂镇；E武汉市；A武穴市)

(c)

图 13-22　长江九江-宜昌干流不稳定岸段稳定性分级
(a)湖北大沙镇至黄冈市；(b)湖南洞庭湖至调关镇；(c)湖北尺八镇至武穴市

13.3.2　窝崩边坡岸段

1. 龙潭水道窝崩边坡段

该河段冲淤计算结果如图 13-23(a)所示，该河段 1998 年河槽体积为 1.89 亿 m³，2013 年河槽体积为 1.43 亿 m³，淤积总量 0.46 亿 m³，平均淤积深度 2.51m。河槽上段存在部分冲刷区域，下段大部分淤积，河槽两侧边缘则有少许冲刷，A-A′区段则整体淤积。断面 1#[图 13-23(b)]所处区段"U"形河槽淤积为平床，最大淤积深度约 6.3m，左岸边坡处于淤积状态，淤积厚度约 2.3m，右岸边坡受冲刷，冲刷深度约 2.4m。这说明近年来该河段处于调整期，河槽中段淤积，近岸刷深，可能导致边坡失稳风险增大。

2. 太阳洲水道窝崩边坡段

该河段冲淤计算结果如图 13-24(a)所示，其中 A-A′区段 1998 年河槽体积总量约 6850 万 m³，2013 年河槽体积总量约 8800 万 m³，主要为冲刷区域，冲刷总量约 1950 万 m³，平均冲刷深度约 2.1m。该区域左右两侧均有冲刷，河槽中部则有小部分条带状淤积。断面分析显示[图 13-24(b)]，该区域"V"形河槽有展宽的趋势，左右两侧最大冲刷深度分别为 9.6m 和 13.5m，中部区域最大淤积厚度约 1.9m。河槽的近岸冲刷使得近岸边坡受到侵蚀，坡脚变陡，对边坡的稳定性会造成不利影响。

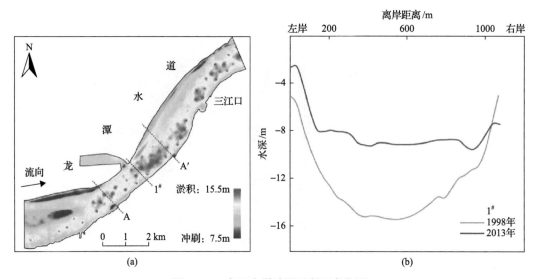

图 13-23　龙潭水道冲淤及断面变化图

(a)1998～2013 年龙潭水道冲淤变化图；(b)1998～2013 年 1#断面形态变化

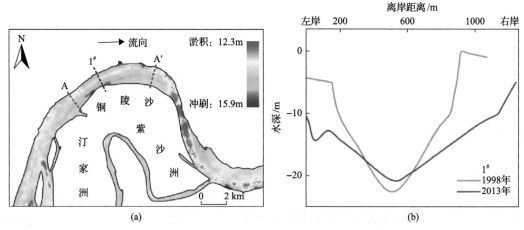

图 13-24　太阳洲水道冲淤及断面变化图

(a)1998～2013 年太阳洲水道冲淤变化图；(b)1998～2013 年 1#断面形态变化

3. 螺山水道窝崩边坡段

该河段冲淤计算结果如图 13-25(a)所示，河槽总体呈左冲右淤的态势，其中 A-A′区段 2006 年河槽体积为 2440 万 m³，2015 年河槽体积为 3450 万 m³，冲刷总量 1010 万 m³，平均冲刷深度为 1.6m。断面 1#[图 13-25(b)]2006～2015 年左侧冲刷，右侧则不冲不淤，左侧最大冲刷深度约 6.1m。左侧近岸河槽刷深明显，坡脚降低，坡度增大，威胁近岸边坡稳定性。

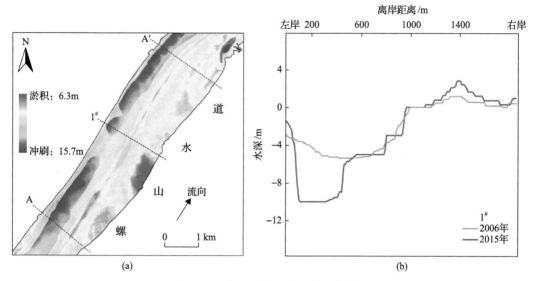

图 13-25 螺山水道冲淤及断面变化图

(a) 2006~2015 年螺山水道冲淤变化图；(b) 2006~2015 年 1# 断面形态变化

4. 砖桥水道窝崩边坡段

该河段冲淤计算结果如图 13-26(a) 所示，该岸段上游部分为左淤右冲，中下游部分为左冲右淤。该区段 2006 年河槽体积为 2580 万 m³，2015 年河槽体积为 3160 万 m³，冲刷总量 582 万 m³，平均冲刷深度为 1.2m。断面 1#[图 13-26(b)] 2006~2015 年左、右两侧淤积，最大淤积高度分别为 6.4m 和 4.2m，中段偏左侧河槽冲刷，最大冲刷深度约 10.4m。断面 2#[图 13-26(c)] 2006~2015 年左侧淤积，最大淤积深度约 8.9m，中段、右端冲刷，最大冲刷深度约 11.4m。河床从平床转变为"V"形河床，左岸一冲一淤的结果就是近岸刷深、边坡明显变陡、坡脚降低，严重影响近岸边坡稳定性。

13.3.3 河漫滩边坡岸段

1. 西华水道侵蚀河漫滩边坡段

该河段冲淤计算结果如图 13-27(a) 所示，上游部分主要呈淤积态势，卡口段为左冲右淤，下游部分冲刷区域居多。其中，A-A′区段 1998 年河槽体积总量约 4540 万 m³，2013 年河槽体积总量约 3460 万 m³，主要为淤积区域，淤积总量约 1080 万 m³，平均淤积厚度约 2.4m。该区段左冲右淤，淤积部分集中在右侧离岸 700m 内，冲刷部分集中在左侧离岸 500m 内。断面分析显示[图 13-27(b)~(c)]，该区域"V"形河槽有展宽趋势，1#、2# 断面左侧河槽最大冲刷深度分别为 4.8m 和 7.6m，河槽深泓线左移，移动幅度分别为 134.7m 和 239.0m。这说明自 1998 年以来进口段主流左摆，近岸河槽冲深，坡脚降低，坡度变大，河漫滩受到侵蚀。

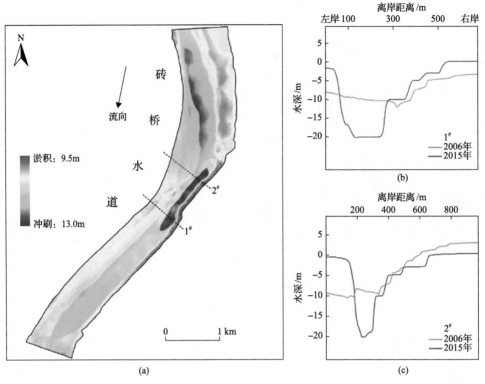

(a)

(b)

(c)

图 13-26　砖桥水道冲淤及断面变化图

(a) 2006～2015 年砖桥水道冲淤变化图；　(b) 2006～2015 年 1#断面形态变化；　(c) 2006～2015 年 2#断面形态变化

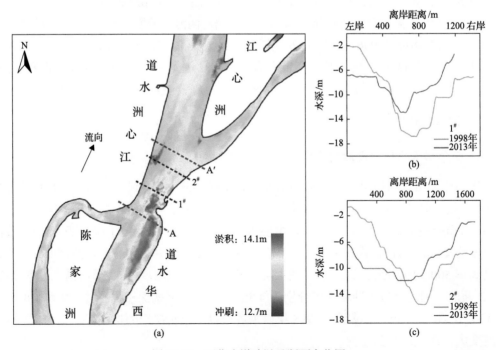

(a)

(b)

(c)

图 13-27　西华水道冲淤及断面变化图

(a) 1998～2013 年西华水道冲淤变化图；　(b) 1998～2013 年 1#断面形态变化；　(c) 1998～2013 年 2#断面形态变化

2. 牯牛沙水道淤积河漫滩边坡段

该河段冲淤计算结果如图 13-28(a)所示,该岸段西塞山及其上游大部分区域为淤积,西塞山下游大部分区域则为冲刷。A-A'区段 1998 年河槽体积为 1580 万 m³,2013 年河槽体积为 1570 万 m³,淤积总量 9300 万 m³,平均淤积深度 0.05m。该区段冲淤基本处于平衡状态,其右侧河床冲刷,左侧淤积。断面 1#[图 13-28(b)]1998～2013 年左侧淤积,最大淤积深度约 3.9m,右侧冲刷,最大冲刷深度约 4.4m;断面 2#[图 13-28(c)]1998～2013 年左右两侧冲刷,最大冲刷深度分别为 4.2m 和 2.4m,中段淤积,最大淤积厚度约 4.1m。从冲淤变化的角度来看,左侧团林岸边滩近岸河床淤高,坡度减小,边坡应较为稳定。

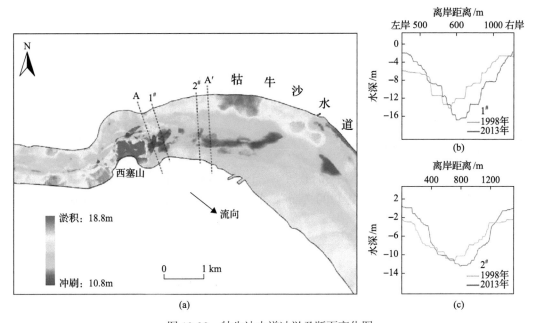

图 13-28　牯牛沙水道冲淤及断面变化图

(a)1998～2013 年牯牛沙水道冲淤变化图; (b)1998～2013 年 1#断面形态变化; (c)1998～2013 年 2#断面形态变化

3. 观音洲水道侵蚀河漫滩边坡段

该河段冲淤计算结果如图 13-29(a)所示,A-A'区段河槽总体呈左冲右淤的态势,该区段 2006 年河槽体积为 398 万 m³,2015 年河槽体积为 1100 万 m³,冲刷总量 699 万 m³,平均冲刷深度为 3.5m。断面 1#[图 13-29(b)]2006～2015 年左、右两侧冲刷,最大冲刷深度分别为 9.2m 和 1.1m。

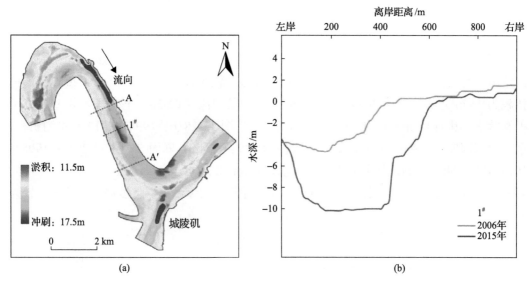

图 13-29　观音洲水道冲淤及断面变化图

(a) 2006～2015 年观音洲水道冲淤变化图；(b) 2006～2015 年 $1^{\#}$ 断面形态变化

13.3.4　条崩边坡岸段

1. 九江水道带状崩岸边坡段

该河段冲淤计算结果如图 13-30 (a) 所示，1998 年河槽体积为 2.57 亿 m^3，2013 年河槽体积为 2.70 亿 m^3，冲刷总量 1300 万 m^3，平均冲刷深度 0.22m。该河段 A 断面上游有

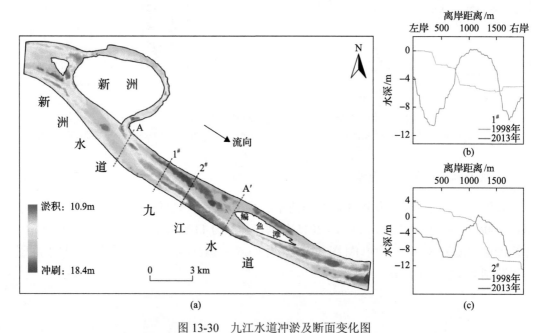

图 13-30　九江水道冲淤及断面变化图

(a) 1998～2013 年九江水道冲淤变化图；(b) 1998～2013 年 $1^{\#}$ 断面形态变化；(c) 1998～2013 年 $2^{\#}$ 断面形态变化

冲有淤，新洲周边区域淤积，A-A′区段则呈现左冲右淤的态势，A′断面下游河段为冲淤交替的状态。断面 1#[图 13-30(b)]1998~2013 年左、右两侧冲刷，最大冲刷深度分别为 10.1m 和 4.6m，中段淤积，最大淤积厚度约 5.0m。断面 2#[图 13-30(c)]1998~2013 年左侧冲刷，最大冲刷深度约 7.6m，右侧淤积，最大淤积厚度约 8.6m。河势调整明显，河床由"凹"形转变为"W"形，左侧河槽近岸冲刷剧烈，这导致左岸边坡坡脚变低、坡度变陡，失稳风险增大。

2. 煤炭洲水道条崩边坡段

该河段冲淤计算结果如图 13-31(a)所示，该河段大拐弯上游部分呈左冲右淤的状态，大拐弯及其下游部分呈左淤右冲的状态，基本符合河势演变"凹冲凸淤"的规律。其中 A-A′区段 2006 年河槽体积为 2470 万 m³，2015 年河槽体积为 4290 万 m³，冲刷总量 1820 万 m³，平均冲刷深度为 3.6m，该段冲刷量及冲刷深度均较大。断面 1#[图 13-31(b)] 2006~2015 年左、右侧均有冲刷，最大冲深分别为 2.5m 和 15.1m。

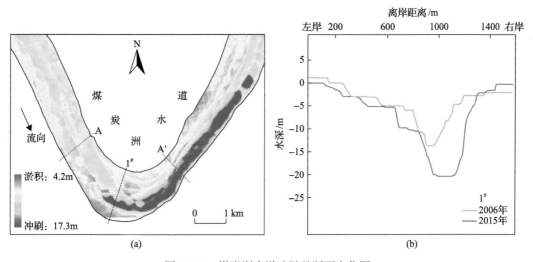

图 13-31 煤炭洲水道冲淤及断面变化图

(a)2006~2015 年煤炭洲水道冲淤变化图；(b)2006~2015 年 1#断面形态变化

13.3.5 支流汇流段崩岸边坡岸段

1. 蕲春水道入汇河口崩岸边坡段

该河段冲淤计算结果如图 13-32(a)所示，A-A′区段 1998 年河槽体积为 5570 万 m³，2013 年河槽体积为 6000 万 m³，冲刷总量 430 万 m³，平均冲刷深度 0.54m。该河段大部分为冲刷状态，下游部分有少部分淤积区域。1#断面[图 13-32(b)]1998~2013 年变化不大，左侧基本处于冲淤平衡的状态，右侧河床则受到冲刷，最大冲刷深度约 3.8m。

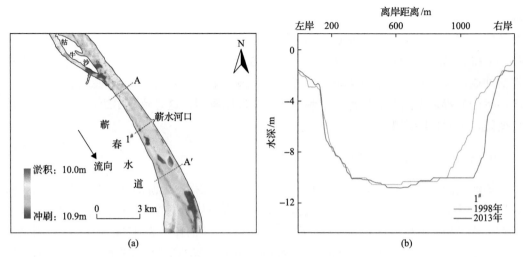

(a)

(b)

图 13-32　蕲春水道冲淤及断面变化图

(a) 1998～2013 年蕲春水道冲淤变化图；(b) 1998～2013 年 1#断面形态变化

2. 松滋河分流河口崩岸边坡段

该河段冲淤计算结果如图 13-33(a)所示，松滋河分流口处整体处于冲刷态势，A-A′区段 2006 年河槽体积为 760 万 m³，2015 年河槽体积为 2090 万 m³，冲刷总量 1330 万 m³，

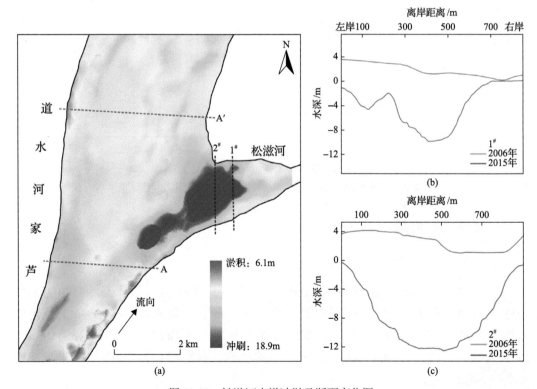

(a)

(b)

(c)

图 13-33　松滋河水道冲淤及断面变化图

(a) 2006～2015 年松滋河水道冲淤变化图；(b) 2006～2015 年 1#断面形态变化；(c) 2006～2015 年 2#断面形态变化

平均冲刷深度为 2.5m。断面 1$^{\#}$［图 13-33（b）］2006～2015 年整体冲刷，最大冲刷深度约 11.0m；断面 2$^{\#}$［图 13-33（c）］2006～2015 年整体冲刷，最大冲刷深度约 15.0m。该区域的冲刷状态导致了两岸边坡稳定性的下降，应引起重视。

13.3.6　石首水道护岸坍塌边坡岸段

该河段冲淤计算结果如图 13-34（a）所示，大拐弯上游冲淤交替，大拐弯处左淤右冲，其下游则多为淤积区域。该区段 2006 年河槽体积为 4240 万 m^{3}，2015 年河槽体积为 6170 万 m^{3}，冲刷总量 1930 万 m^{3}，平均冲刷深度为 1.2m。断面 1$^{\#}$［图 13-34（b）］2006～2015 年左侧淤积，最大淤积厚度约 2.7m，右侧冲刷，最大冲刷深度约 4.6m；断面 2$^{\#}$［图 13-34（c）］2006 年至 2015 年左侧冲淤基本平衡，右侧冲刷较为严重，最大冲刷深度约 13.2m。该区域右岸冲刷严重，坡脚变陡，对近岸边坡的稳定性十分不利。

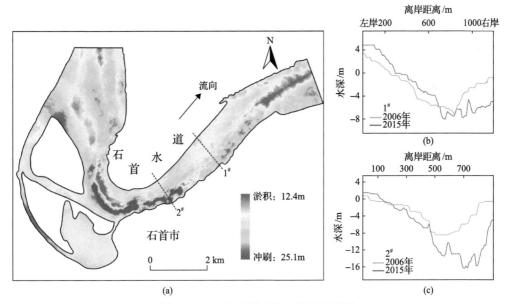

图 13-34　石首水道冲淤及断面变化图

（a）2006～2015 年石首水道冲淤变化图；（b）2006～2015 年 1$^{\#}$断面形态变化；（c）2006～2015 年 2$^{\#}$断面形态变化

综上，通过对典型岸段的冲淤分析及断面、河势变化分析，和河槽体积、冲淤总量、平均冲淤深度和断面变化量等的定量计算结果显示，大部分测区河槽边坡均存在近岸冲刷、坡比增加的现象。这可能导致近岸坡脚冲刷、坡度变陡并形成冲刷坑，会对边坡稳定性产生不利影响。

13.4　典型河槽边坡稳定性分析

13.4.1　窝崩边坡

1. 太阳洲水道窝崩边坡

地貌测量结果如图 13-35 所示。将该区域的窝崩分为窝崩区、近岸区 1 和近岸区 2

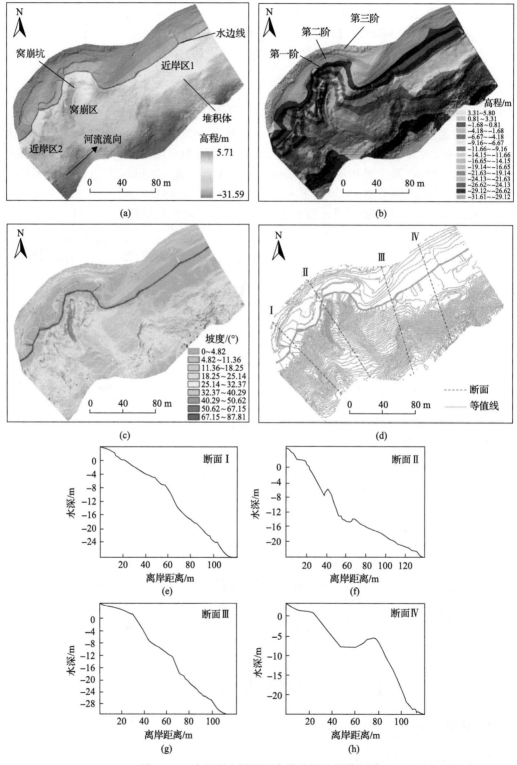

图 13-35 太阳洲水道测区窝崩边坡地貌模型图

(a)DEM 模型；(b)TIN 模型；(c)坡度模型；(d)高程等值线图；(e)～(h)边坡典型断面图

三部分。近岸区 1 内离岸 36m 处存在大尺度坍塌堆积体，长约 107m，宽约 39m，堆积体导致近岸河床整体抬升。该窝崩长约 102.7m，宽约 37.1m，[图 13-35(a)]。陆上部分受冲刷形成月牙形三级阶梯状冲蚀结构，第一阶高 1.21～1.37m，宽约 1.4m；第二阶高 0.55～2.01m，宽约 8m；第三阶生长有高 1.49～2.59m 的植被[图 13-35(b)]。该区域陆上坡度较缓，坡比约 0.09～0.25；水下边坡坡比达到了 0.33～0.55，窝崩区最陡，近岸区较缓[图 13-35(c)]。区域断面图显示[图 13-35(d)～(h)]，离岸 70m 外河槽刷深超过 28m，III 断面坡度最大，属内凹型结构。

　　ADCP 测量结果如图 13-36 所示，近岸区 1 水流主要为背离边坡顺流而下，表、中、底层平均流速分别为 0.44m/s、0.59m/s 和 0.29m/s，虽然流速较高，但水流背离岸线，对近岸边坡冲蚀作用较弱；窝崩区内水流形成了直径约 50m 的竖轴回流，表、中、底层平均流速分别为 0.22m/s、0.30m/s 和 0.14m/s；余文畴和苏长城(2007)、王媛和李冬田(2008)认为横向和平面漩涡是导致窝崩发生和扩大的主要因素，该区域实测也发现了这一现象，窝崩坑内的回流会剥离窝崩侧壁土体，并加速它的破碎和输移，使崩岸继续扩张。

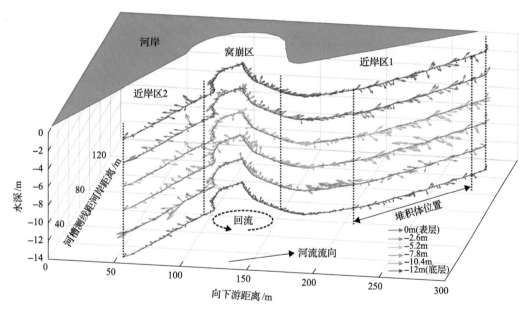

图 13-36　太阳洲水道测区近岸三维流场分布图

　　近岸区 2 水流主要为窝崩坑内外射水流，逆流而上且贴岸冲刷，表、中、底层平均流速分别为 0.45m/s、0.75m/s 和 0.29m/s，该区域不仅流速较大，且向岸冲刷，因此近岸区 2 侵蚀最为严重，边坡将朝西北向环形扩张，近岸区 2 副窝崩坑的发育以及洪水期陆上西北侧形成的阶梯状冲刷坎都印证了这一发展趋势(图 13-36)。

　　采集到的边坡土层数据分析结果显示(图 13-37)，该区域床面底质黏土(0～2μm)含量约 2.9%，粉砂(2～63μm)含量约 9.9%，极细砂(63～125μm)含量约 6.0%，细砂(125～250μm)含量约 61.2%，中砂(250～500μm)含量约 27.0%，粗砂(500～2000μm)含量约 1.7%，中值粒径约 152.7μm。故坡脚属于非黏性沙土层。

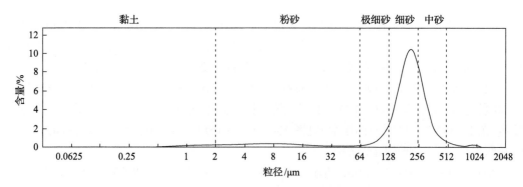

图 13-37　太阳洲水道测区窝崩坡脚表层沉积物粒度图

浅地层剖面探测结果如图 13-38 所示，该区域水深约 5～15m，河床不规则起伏，窝崩区坍塌土体形成了厚约 3～5m 的堆积层。近岸区 1 内发育有大尺度堆积体，其前缘泥沙落淤成层，整个堆积体隆起形成水下沙丘，使近岸河床抬升了 5m 左右。

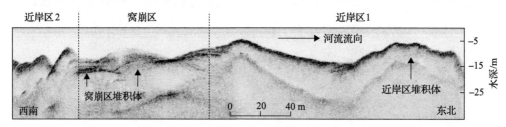

图 13-38　太阳洲水道测区浅地层结构图

水流在流经该堆积体时被打乱，堆积体前缘水流转为向岸流，中部水流则被趋离岸线 (图 13-36)。由于该堆积体的存在，其控制的区域近岸形成了一个缓流区，泥沙在缓流区内落淤，使得近岸抬升，加强了近岸区 1 的边坡稳定性，有效阻止了边坡向东的扩张趋势，这与 Hackney 等 (2015) 在湄公河流域崩岸区观测到的现象相一致。但是，堆积体边界部分的水流被牵引至窝崩区，加强了窝崩坑内的水动力条件，使得窝崩西北侧稳定性下降，近岸区 2 观测到的水流结构印证了这一点 (图 13-36)。

将该区域边坡自西向东分为四部分，对其 4 个特征断面 (图 13-35) 利用 BSTEM 模型进行稳定性计算，其中，边坡形态数据根据三维地貌模型断面数据录入，土体特征参数按照采集到的边坡土体数据录入，水位数据参照测点附近凤凰颈水文站记录数据，模型中植被类型为灌木，无防护措施。结果如图 13-39 所示，Ⅰ、Ⅱ、Ⅲ、Ⅳ断面的安全系数分别为 1.51、1.25、2.04 和 2.23。其中，Ⅰ、Ⅱ断面安全系数较低，且Ⅱ断面安全系数介于 1.0 和 1.3 两临界值之间，属于不稳定断面，随着退水期的持续，Ⅰ、Ⅱ断面所处位置失稳风险较大。Ⅲ、Ⅳ断面安全系数均大于 2.0，边坡较为稳定，发生坍塌的概率较低。根据计算结果，该崩岸东向边坡处于稳定状态，窝崩中段区域处于不稳定状态，西侧边坡虽处于稳定状态，但安全系数较低。综上所述，堆积体和水流共同作用下，边坡将向西北方向进一步扩展。

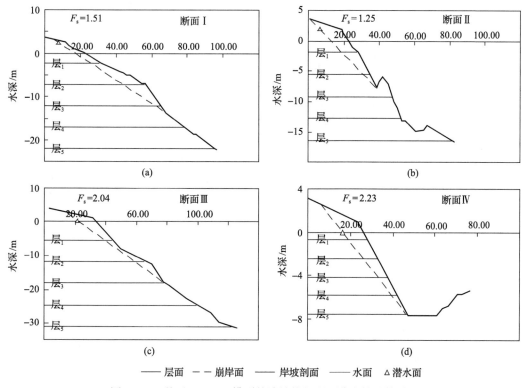

图 13-39　基于 BSTEM 模型的边坡特征断面稳定性计算结果

(a)断面Ⅰ；(b)断面Ⅱ；(c)断面Ⅲ；(d)断面Ⅳ

2. 龙潭水道窝崩边坡

地貌测量结果显示，该窝崩尺度较大，呈鸭梨状，崩口长约 186m，纵深约 105m [图 13-40(a)]，将窝崩分为三级阶梯[图 13-40(b)]，第一阶为陆上部分，主要为黏土，发育有两个冲刷坑；第二阶筑有石质护岸；第三阶为窝崩区河床，未见明显崩岸坍塌堆积体。陆上区域坡度较为平缓(坡比约 0.012)，窝崩坡脚坡度稍大(坡比约 0.20)，此外，近岸未崩塌的岸线坡度也较陡(坡比约 0.33)[图 13-40(c)]。断面图[图 13-40(d)~(h)]显示，离岸 200m 范围内河床冲深至 40m 以上，断面属内凹形结构。

ADCP 测量结果显示(图 13-41)，近岸区(非窝崩区)离岸部分水流主要为沿江顺流而下，近岸部分水流较为紊乱，受窝崩区回流的影响，出现了逆流而上的紊流，影响范围约 180m；窝崩区内则产生了顺时针的竖轴回流。

近岸区表、中、底层平均流速分别为 0.59m/s、0.59m/s 和 0.37m/s，水流速度较高，但大多沿江顺流而下或背离岸线，对边坡的淘刷作用较小；窝崩区内形成的竖轴回流直径达 200m 左右，其表、中、底层平均流速分别为 0.45m/s、0.44m/s 和 0.29m/s，回流的存在对窝崩侧壁产生了淘刷，但由于该崩岸已经进行了人为加固，石质护岸的修筑使得边坡的稳定性增加，窝崩进一步扩张的可能性很小，稳定性较高。

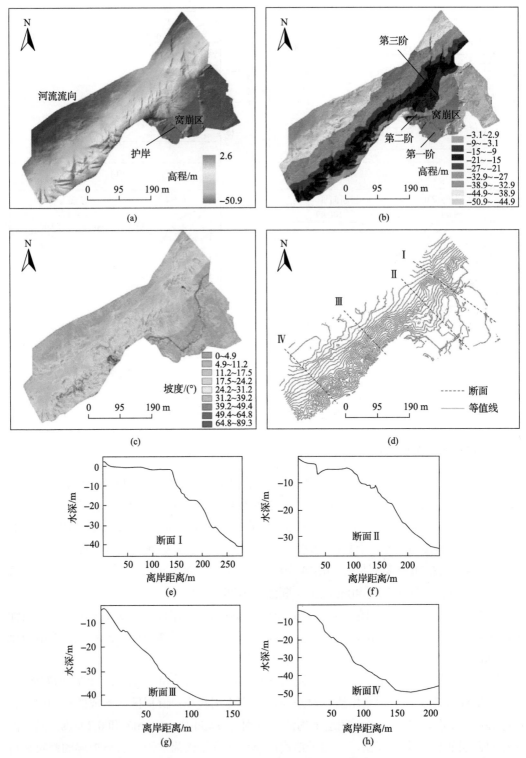

图 13-40 龙潭水道测区窝崩边坡地貌模型图

(a)DEM 模型; (b)TIN 模型; (c)坡度模型; (d)高程等值线图; (e)～(h)边坡典型断面图

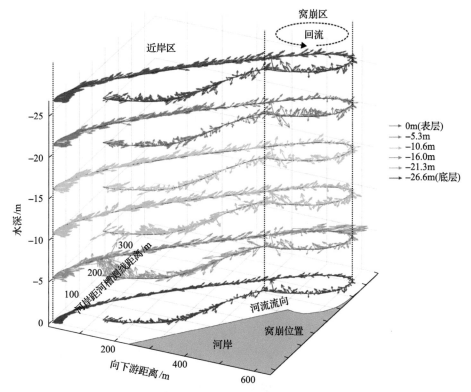

图 13-41 龙潭水道测区近岸三维流场分布图

浅地层剖面探测结果如图 13-42 所示，该剖面离岸 260m 左右，未见明显地质分层、坍塌堆积体或冲刷坑，浅层结构较为稳定。

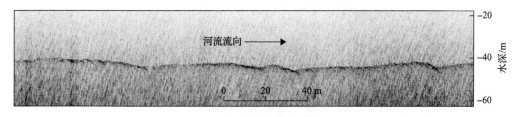

图 13-42 龙潭水道测区浅地层结构图

对崩岸区进行研究，选取崩岸中断及崩岸侧段Ⅰ、Ⅱ断面(图 13-40)利用 BSTEM 模型进行稳定性计算，其中，边坡形态数据根据三维地貌模型断面数据录入，模型中护岸类型设置为石质护岸。结果如图 13-43 所示，Ⅰ、Ⅱ断面安全系数 F_s 值分别为 2.22 和 3.8，均大于临界值 1.3，故边坡处于稳定状态。

综上所述，南京龙潭段窝崩目前经过人为加固后，稳定性较高，水流对边坡的淘刷作用对其产生的影响较小，难以构成威胁，窝崩进一步扩张的概率较低。此外，该岸段河槽大部分区域均为淤积态势，河势较为稳定，边坡的稳定性相对增加。

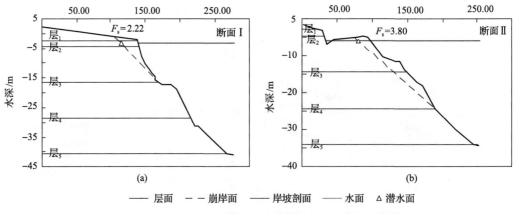

图 13-43　基于 BSTEM 模型的边坡特征断面稳定性计算结果

(a)断面Ⅰ；(b)断面Ⅱ

3. 螺山水道窝崩边坡

测量结果显示，该窝崩呈月牙形，崩口长约 75.7m，宽约 13m，近岸河床未发现坍塌堆积体[图 13-44(a)]。该崩岸分为两阶，崩塌高度约 4.7m[图 3-44(b)]。该窝崩崩塌面坡比约为 0.34，河床较为平缓[图 13-44(c)]。断面图[图 13-44(d)~(g)]显示，该边坡属上凹下凸型结构。

ADCP 测量结果显示(图 13-45)，该边坡近岸水流流态在各个层面上均表现为向岸冲刷，边坡受水流淘刷严重。其表、中、底层平均流速分别为 1.02m/s、1.08m/s 和 0.64m/s，水流流速较高，对中上层边坡冲蚀最为强烈，但水流结构单一，未产生涡旋回流，故对边坡侧向的淘刷作用较小。虽然向岸流可以淘刷边坡土体，加速土体的破碎输移，但该区域规则有序的向岸水流提供的侧向顶托水体压力，在一定程度上可以提高边坡的稳定性，阻止其向外侧坍塌。

浅地层探测结果显示(图 13-46)，该边坡近岸区域未产生明显地质分层，浅层结构较为稳定。床面呈不规则起伏状且有 1m 左右的强反射层，可能是残留的坍塌堆积层所致。

对崩岸的中段和侧段选取 3 个特征断面(图 13-44)利用 BSTEM 模型进行稳定性计算，其中，边坡形态数据根据三维地貌模型断面数据录入，水位数据参照测点附近螺山水文站记录数据，且该岸段无植被和防护措施。结果如图 13-47 所示，Ⅰ、Ⅱ、Ⅲ断面的安全系数 F_s 值分别为 1.34、1.34 和 1.01。Ⅰ、Ⅱ面安全系数大于 1.3 临界值，暂时处于稳定状态。而Ⅲ断面则介于 1.0 和 1.3 两临界值之间，属于不稳定断面，有失稳风险。随着退水期的持续，Ⅰ、Ⅱ两断面安全系数会随之降低，边坡也可能处于不稳定状态。根据结算结果，该窝崩中段和西侧区域边坡暂时处于稳定状态，东侧区域边坡处于不稳定状态。

综上所述，目前阶段窝崩区处于稳定状态，窝崩的边缘段处于不稳定状态，可能发生坍塌。在水流的影响下，崩岸侧壁虽受到淘刷，但规则水流的侧向顶托作用对边坡的稳定起到了良性作用。虽然窝崩区暂时稳定，但河岸安全系数 F_s 值均接近于 1.3 的临界值，随着退水期的持续或枯水期的到来，边坡的稳定性还会进一步降低，失稳风险增大。从河岸演变来看，该岸段近岸河槽逐年冲深，坡脚坡度增大，稳定性降低，建议尽早开展护岸工程加固岸线。

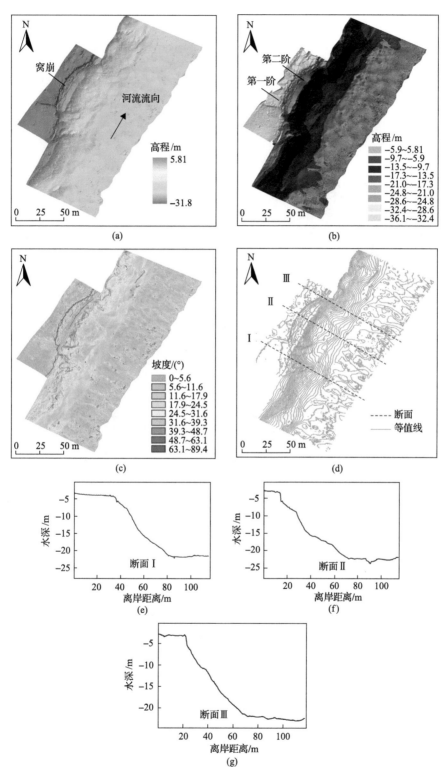

图 13-44　螺山水道测区窝崩边坡地貌模型图

(a) DEM 模型；(b) TIN 模型；(c) 坡度模型；(d) 高程等值线图；(e)～(g) 边坡典型断面图

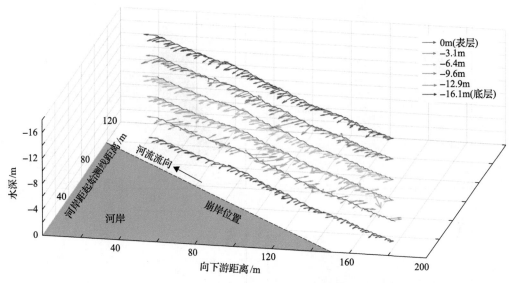

图 13-45　螺山水道测区近岸三维流场分布图

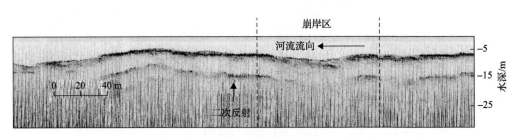

图 13-46　螺山水道测区浅地层结构图

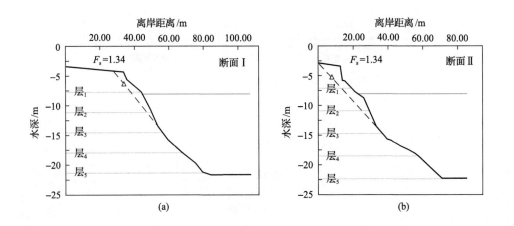

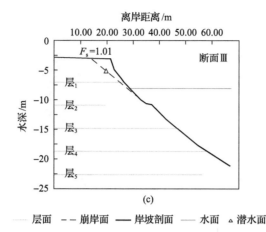

图 13-47 基于 BSTEM 模型的边坡特征断面稳定性计算结果

(a)断面Ⅰ；(b)断面Ⅱ；(c)断面Ⅲ

4. 砖桥水道窝崩边坡

该窝崩边坡外形呈月牙状，崩口长约 86.5m，宽约 29.5m，崩岸坡脚两侧有坍塌堆积体存在，近岸冲深明显[图 13-48(a)]。该窝崩分为两阶，崩塌高度约 6.0m[图 13-48(b)]。该崩岸崩塌面坡比约 1.0，水下边坡坡比约 0.64，坡度均较大[图 13-48(c)]。断面图[图 13-48(d)～(g)]显示，窝崩坑内边坡属于内凹型结构，附近未崩塌边坡为外凸型结构。

ADCP 测量结果显示(图 13-49)，近岸水流在近岸区(非窝崩区)流态较为规则主要表现为向岸冲刷且流速较大，其表、中、底层平均流速分别为 0.82m/s、0.81m/s 和 0.54m/s，水流结构较为单一，未产生涡旋回流。在窝崩区，水流主要表现为侧向贴岸冲刷，表、中、底层平均流速分别为 0.60m/s、0.56m/s 和 0.43m/s，由于该岸段没有护岸，故水流对边坡产生的侧向和垂向冲刷会侵蚀近岸土体，使得坡脚刷深，坡度变大，稳定性降低。值得一提的是，堆积体的存在改变了中下层的水流结构，具体表现为中下层水流在流经南侧堆积体前缘时被分隔，一部分弹回至离岸方向，另一部分被引导至窝崩坑内；而北侧顺流而下的水流被堆积体阻挡，转向向岸方向。这使得窝崩区的水流较为紊乱且水动力增强，窝崩区北侧的边坡近岸冲刷加强。

采集到的边坡土层数据分析结果显示(图 13-50)，该崩岸不同土层的粒度占比为：黏土(0～2μm)8.8%～17.0%，粉砂(2～63μm)43.0%～74.0%，极细砂(63～125μm)6.3%～22.0%，细砂(125～250μm)1.1%～33.9%，中、粗砂(>250μm)0～7.6%，中值粒径 12.3～102.9μm，平均粒径 22.7～113.3μm。土壤类型自上至下分为两种，上、中层为黏性砂土层，下、底层为非黏性砂层。上层黏土，下层非黏性砂层使得边坡下层土壤易受侵蚀，可能导致近岸刷深，坡脚增大，进而产生失稳风险。将试验后的土体参数作为计算的一部分输入至 BSTEM 模型中。

浅地层剖面探测结果如图 13-51 所示，近岸河床呈不规则起伏状，窝崩坑南北两侧坡脚分别发育有长约 20m、厚约 4m 和长约 35m、厚约 4m 的坍塌堆积体，此外，窝崩区北段发育有厚约 1～3m 的堆积层。

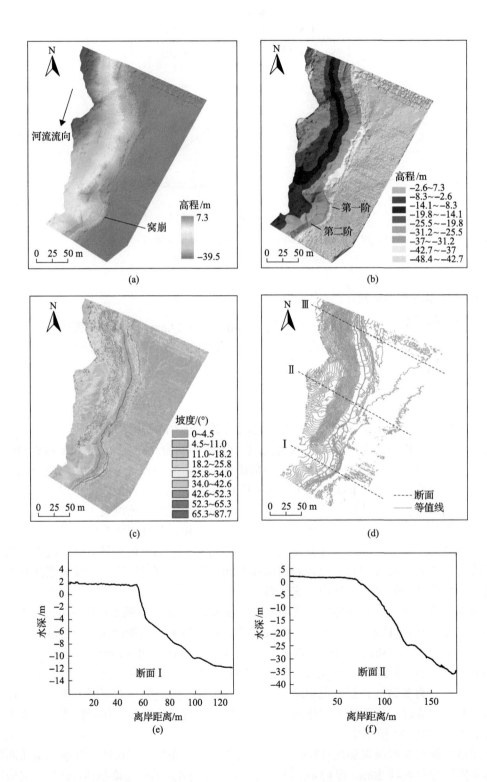

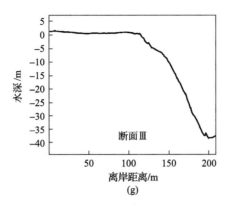

图 13-48　砖桥水道测区窝崩边坡地貌模型图

(a) DEM 模型；(b) TIN 模型；(c) 坡度模型；(d) 高程等值线图；(e) ～ (g) 边坡典型断面图

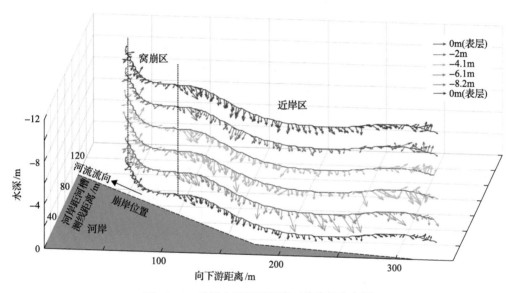

图 13-49　砖桥水道测区近岸三维流场分布图

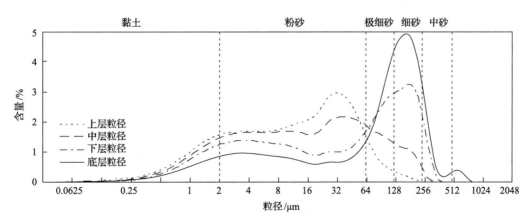

图 13-50　砖桥水道测区窝崩土体沉积物粒度图

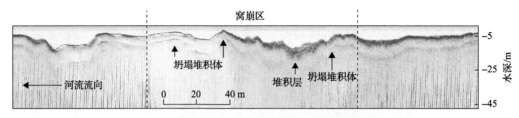

图 13-51　砖桥水道测区浅地层结构图

对该窝崩中段和窝崩周边近岸区域选取 3 个特征断面(图 13-48)利用 BSTEM 模型进行稳定性计算,其中,边坡形态数据根据三维地貌模型断面数据录入,土体特征参数按照采集到的边坡土体数据录入,水位数据参照测点附近监利水文站记录数据,且该岸段无植被和防护措施。结果如图 13-52 所示, Ⅰ 、Ⅱ 、Ⅲ断面的安全系数 F_s 值分别为 1.51、1.19 和 1.22。其中 Ⅰ 断面大于 1.3 临界值,处于稳定状态; Ⅱ 、Ⅲ断面介于 1.0 与 1.3 两临界值之间,处于不稳定状态。根据计算结果,该窝崩中段区域处于稳定状态,窝崩北侧的近岸区域边坡则处于不稳定状态,有失稳风险。综上所述,窝崩区域目前较为稳定,但窝崩周边区域尤其是北侧近岸刷深严重,坡度较陡,且边坡下层土体为非黏性砂质层,易受侵蚀,边坡稳定性较差,其安全系数 F_s 值为 1.0~1.3,失稳风险较大。此外,该区域受弯道流影响,近岸河槽逐年刷深,崩岸易发,应尽早采取措施加固边坡。

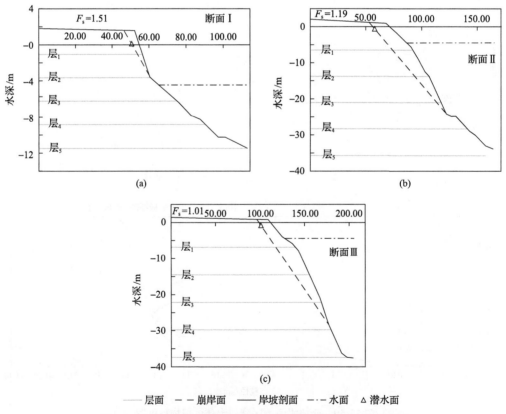

图 13-52　基于 BSTEM 模型的边坡特征断面稳定性计算结果

(a)断面Ⅰ;(b)断面Ⅱ;(c)断面Ⅲ

13.4.2　河漫滩边坡

1. 西华水道侵蚀河漫滩边坡

马鞍山测区边坡为典型的河漫滩结构[图 13-53(a)]，受 2016 年洪水后的退水期影响，该区域出现多层坍塌陡坎，自河漫滩至江边呈三层阶梯形分布，平均坡比 0.087。第一阶宽 18.5～30.2m，厚 1.6～3.6m，其上覆盖的植被受冲刷根茎裸露在地表之上；第二阶宽 2.4～16.8m，厚 0.7～2.0m；第三阶宽 25.3～38.6m，厚 1.4～1.8m[图 13-53(b)]。水下边坡在离岸 3m 左右的位置发育有长 69.2m、宽 44.6m、深 19.2m 的椭圆形冲刷坑

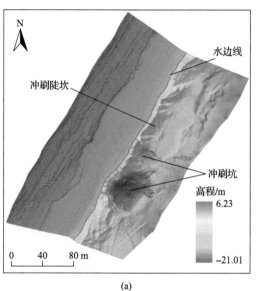

(a)

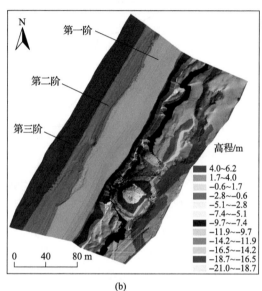

(b)

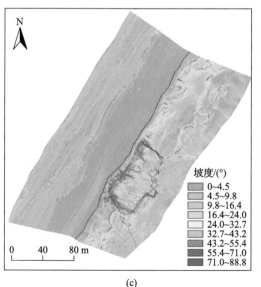

(c)

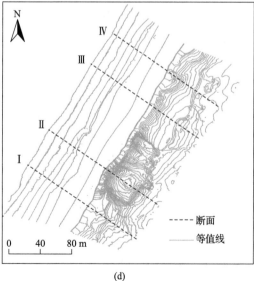

(d)

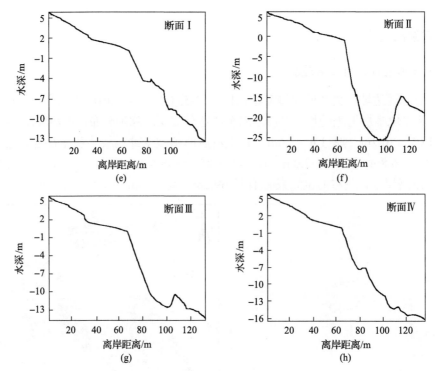

图 13-53　西华水道测区窝崩边坡地貌模型图

(a)DEM 模型；(b)TIN 模型；(c)坡度模型；(d)高程等值线图；(e)～(h)边坡典型断面图

[图 13-53(a)]，其分为一大一小两部分，边缘坡度均较大[图 13-53(c)]。研究区域断面[图 13-53(d)～(h)]显示，自 I 断面至 IV 断面，边坡由外凸型结构转变为内凹型结构，坡比达 0.22～0.88，最陡处出现在冲刷坑内。

双频 ADCP 观测结果(图 13-54)显示近岸水流在各个流层均表现出向岸的垂向和侧向冲刷，边坡正在经受来自水流的全面淘刷。表、中、底层向岸的垂向平均流速分别达到了 0.77m/s、0.87m/s 和 0.64m/s，水流对中上层边坡的冲蚀作用最为强烈，这也是 0～10m 范围内边坡冲退最为明显的原因。从大尺度上来看，该河段由于岸线较为平整，水流对边坡垂向冲刷较为连续和规则，边坡的发展主要是在中层高速水流的淘刷作用下不断侧切，河漫滩面积不断缩小，呈整体冲刷缓慢后退趋势；从局部来看，冲刷坑区域的流场发生改变，具体表现为其上下边缘部分的水流流速增大，流向摇摆不定，其内部水流流速骤降且中下层水流从坑内流出后弹射回上游方向，这可能说明了水流在坑内产生了小尺度的回流，回流的存在造成冲刷坑侧壁的冲蚀，使其继续扩大和变陡，造成局部区域的边坡失稳。值得注意的是，长江航道距水边线仅 5～10m，来往的大型船只产生的船行波可能加剧了对边坡的侵蚀作用。

本研究区段不同土层的粒度占比为(图 13-55)：黏土(0～2μm)5.9%～15.8%，粉砂(2～63μm)14.7%～79.5%，极细砂(63～125μm)3.9%～38.8%，细砂(125～250μm)0.8%～62.8%，中、粗砂(>250μm)0～4.9%，中值粒径为 11.1～211.1μm，自上至下分别为非黏性砂层、黏性土层和非黏性砂层。其中，前三层土体为河漫滩沉积层，坡脚及河床底质同属于非黏性砂，故将其作为第 4 层和第 5 层。

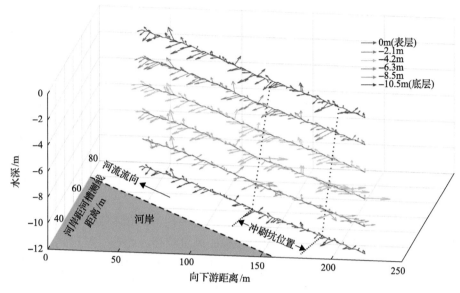

图 13-54　西华水道测区近岸三维流场分布图

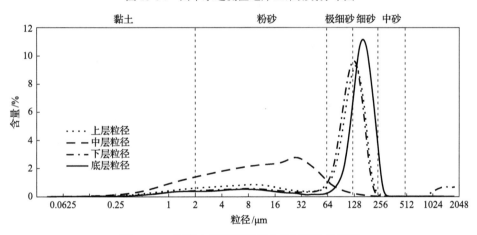

图 13-55　西华水道测区窝崩土体沉积物粒度图

浅地层数据显示(图 13-56)，近岸发育有多处大小不均的冲刷坑。坡脚受水流的冲蚀呈现高低不均的剖面形态，由于近岸受到持续冲刷，没有发现沙波、沉积层和堆积体。地貌模型[图 13-53(a)]也可以看出，近岸的冲刷坑分割了边坡的形态，大型冲刷坑上游部分边坡为外凸型，下游部分则改变为内凹型结构。冲刷坑的形成导致了地形的不连续性，进而改变周边流场结构，使水流对边坡的侵蚀加剧，严重时可能使水流在地形不连续处入契形成回流，不停旋转的回流涡体会对边坡形成环形淘刷，增加对坡脚的扰动和剪切，加速土体的破碎和输移，进而产生崩岸。因此，地形的不连续性导致的抗冲不连续性是该区域边坡稳定性降低的重要因素。

对该区域边坡分段研究，自西向东设立 I 至IV共 4 个特征断面(图13-53)利用 BSTEM模型进行稳定性计算，其中，地形剖面及土体特征参数按照前两节结果录入模型；水位数据根据测点附近的新桥闸水文站确定，测量当日属于退水期末期，水位 4.69m；

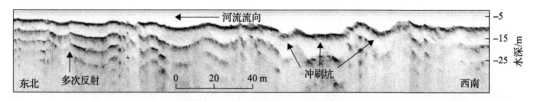

图 13-56　西华水道测区浅地层结构图

植被数据为河漫滩第三阶上分布的平均高度 21.8m 的乔木和平均高度 12.4m 的灌木，占比为 65% 和 35%，树龄约 20 年；河岸土体潜水位位于第二层与第三层之间，高于水面高程 2.4m；此外，该岸段无任何护岸工程。结果如图 13-57 所示，安全系数 F_s 值分别为 1.60、1.18、1.72 和 1.40。其中，Ⅰ、Ⅲ、Ⅳ断面 F_s 值大于 1.3，边坡处于稳定状态，Ⅱ断面 F_s 值介于 1.0 和 1.3 之间，处于不稳定状态。根据 BSTEM 模型计算的结果若处于条件稳定状态，即为不稳定状态，Ⅱ断面失稳的风险较高。此外，虽然此次计算结果显示有 3 个特征断面处于稳定，但考虑到此次计算基于退水期的单日测量结果产生，且 F_s 均接近 1.3 的安全容限，随着水位的持续下降，边坡安全系数仍会有所减小，随着河流水位、含沙量等的不断变化，边坡受水流侵蚀仍存在较大失稳风险。

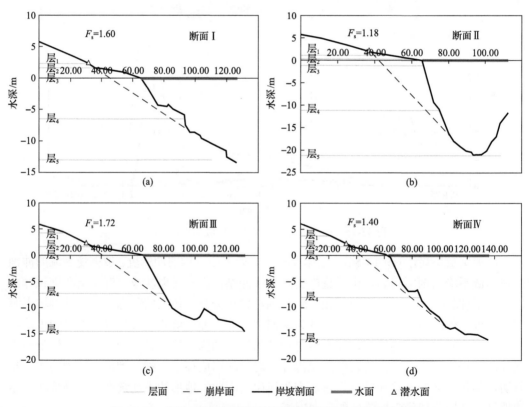

图 13-57　基于 BSTEM 模型的边坡特征断面稳定性计算结果

(a)断面Ⅰ；(b)断面Ⅱ；(c)断面Ⅲ；(d)断面Ⅳ

2. 牯牛沙水道淤积河漫滩边坡

该河漫滩靠近水边区域受水流侵蚀，形成了一条侵蚀带，长约 800m，宽 2～10m，未发生崩岸，近岸河床发育有波长约 22.3m，波高约 0.53m 的沙波[图 13-58(a)]。侵蚀带分为两阶，高差约 2.4m[图 13-58(b)]。该河漫滩边坡整体坡度较缓，坡比约 0.15[图 13-58(c)]。断面图[图 13-58(d)～(f)]显示边坡为上凸下凹型结构。

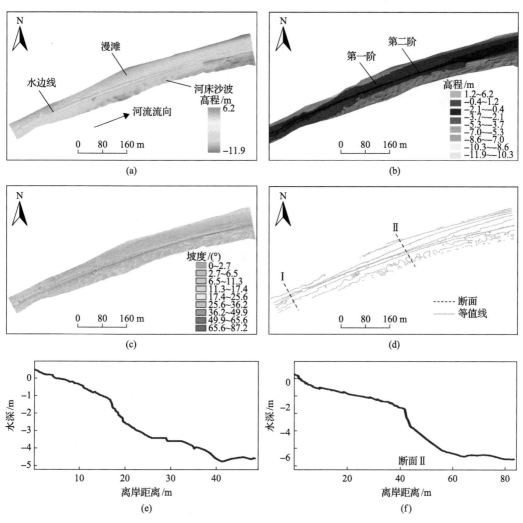

图 13-58　牯牛沙水道测区窝崩边坡地貌模型图
(a)DEM 模型；(b)TIN 模型；(c)坡度模型；(d)高程等值线图；(e)～(f)边坡典型断面图

ADCP 测量结果显示(图 13-59)，近岸水流较为规则，流态基本为背离边坡沿江顺流而下，其表、中、底层平均流速分别为 0.95m/s、0.82m/s 和 0.70m/s，水流在该区域起始部分流态较为集中，流速较大，该区域陆上边坡出现明显侵蚀斜坡，其他部分水流大多为背离边坡流向下游，对边坡土体的侵蚀较弱。

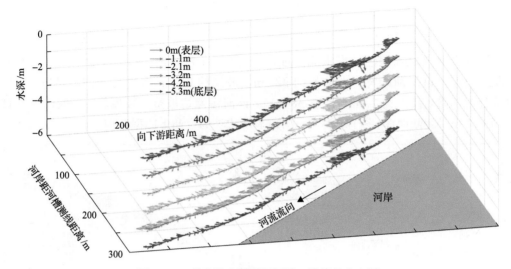

图 13-59　牯牛沙水道测区近岸三维流场分布图

采集到的边坡土层数据分析结果显示(图 13-60),该崩岸不同土层的粒度占比为:黏土(0~2μm)6.6%~15.4%,粉砂(2~63μm)23.2%~63.3%,极细砂(63~125μm)18.3%~26.9%,细砂(125~250μm)3.0%~43.1%,中、粗砂(>250μm)0~0.47%,中值粒径 15.1~122.3μm,平均粒径 34.3~109.6μm。土壤类型自上至下分为两种,上、中层为黏性砂土层,下、底层为非黏性砂层。上层黏土,下层非黏性砂层使得边坡下层土壤易受侵蚀,可能导致近岸刷深,坡脚增大,进而产生失稳风险。

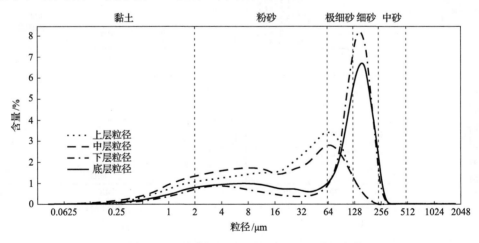

图 13-60　牯牛沙水道测区窝崩土体沉积物粒度图

选取该边滩西段和中段 2 个特征断面(图 13-58)利用 BSTEM 模型进行稳定性计算,其中,边坡形态数据根据三维地貌模型断面数据录入,土体特征参数按照采集到的边坡土体数据录入,水位数据参照测点附近黄石水文站记录数据,此外,该岸段为边滩,无植被和防护措施。结果如图 13-61 所示,Ⅰ、Ⅱ断面的安全系数 F_s 值分别为 6.89 和 5.73,两断面 F_s 值远大于 1.3 临界值,说明该岸段边坡稳定性极高,基本不存在失稳风险。综上所述，该边坡虽然下层粉砂质土体易受水流侵蚀，但由于近岸整体坡度较小，床面较为平坦，水动力特征较为稳定，且河床连年淤积，近岸河床抬高，边坡整体稳定性较强，失稳风险较小。

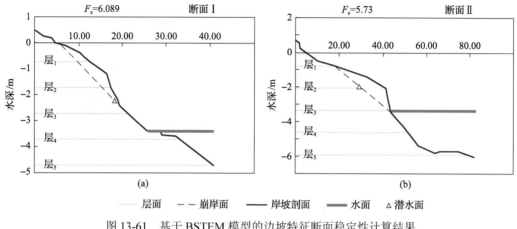

图 13-61　基于 BSTEM 模型的边坡特征断面稳定性计算结果

(a)断面 I ; (b)断面 II

3. 观音洲水道侵蚀河漫滩边坡

该河漫滩受侵蚀明显，陆上边坡形成明显冲刷痕迹，近岸河床也产生了最深 15.8m，长约 86m 的冲刷坑，近岸冲深明显[图 13-62(a)]。近岸形成两阶侵蚀边坡，侵蚀高度约 4.9m[图 13-62(b)]。陆地坡度较为平缓，水下冲刷坑坡度较陡（坡比约 1.0)，近岸水下边坡坡度也较大（坡比约 0.57）[图 13-62(c)]。断面图[图 13-62(d)～(f)]显示该边坡属于外凸型结构，离岸 100m 范围冲深至 20m 左右。

ADCP 测量结果如图 13-63 所示，将该区域分为三个区域，区域一为普通近岸区，水流主要为离岸顺流而下，流速较低，其表、中、底层平均流速分别为 0.61m/s、0.54m/s 和 0.45m/s；区域二分部有大小不一的冲刷坑，该区域水流主要为向岸冲刷，流速较区域一稍大，表、中、底层平均流速分别为 0.71m/s、0.61m/s 和 0.52m/s；区域三主要为离岸区域，水流主要朝向为离岸方向，流速最大，表、中、底层平均流速分别为 1.47m/s、1.40m/s 和 0.93m/s。区域一、三水流驱离岸线，对边坡冲蚀作用较小，区域二则向岸冲刷，且由于冲刷坑的存在，流速沿程变化较大，流态不规则，这样的水流结构会对边坡侧壁冲蚀，加速近岸泥沙输移，坡脚进一步变陡，影响边坡稳定。

采集到的边坡土层数据分析结果显示（图 13-64），该崩岸不同土层的粒度占比为：黏土（0～2μm）5.1%～19.3%，粉砂（2～63μm）20.1%～78.2%，极细砂（63～125μm）1.5%～19.1%，细砂（125～250μm）1.0%～51.8%，中、粗砂（>250μm）0～24.1%，中值粒径 7.4～190.6μm，平均粒径 14.6～179.3μm。土壤类型自上至下分为三种，上、中层为非黏性砂层，下层为黏性砂土层，底层为非黏性砂层。这使得边坡下层土壤易受侵蚀，可能导致近岸刷深，坡脚增大，进而产生失稳风险。

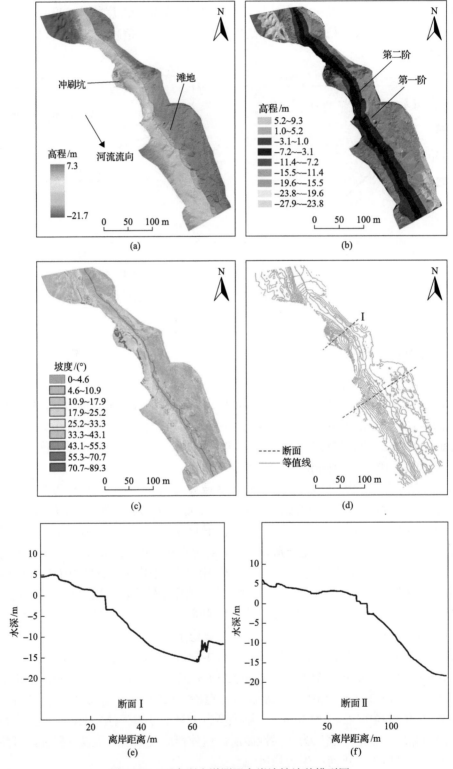

图 13-62　观音洲水道测区窝崩边坡地貌模型图
(a)DEM 模型；(b)TIN 模型；(c)坡度模型；(d)高程等值线图；(e)～(f)边坡典型断面图

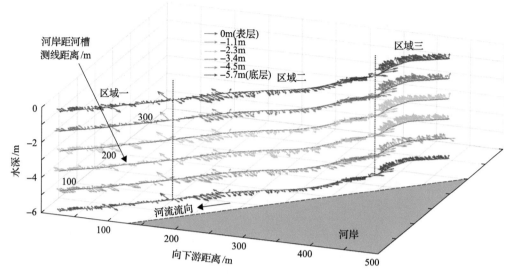

图 13-63　观音洲水道测区近岸三维流场分布图

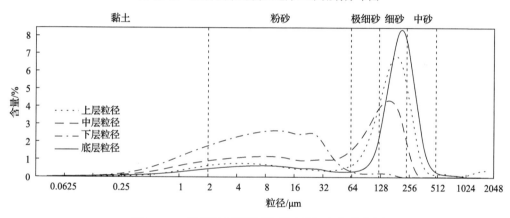

图 13-64　观音洲水道测区窝崩土体沉积物粒度图

浅地层剖面探测结果如图 13-65 所示,近岸河床除冲刷坑区域外,大部分较为平坦,未发现特殊地质构造及堆积层,浅层结构较为稳定。

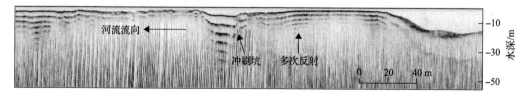

图 13-65　观音洲水道测区浅地层结构图

对边坡冲刷坑区域和非冲刷坑区域 2 个特征断面(图 13-62)利用 BSTEM 模型进行稳定性计算,其中,边坡形态数据根据三维地貌模型断面数据录入,土体特征参数按照采集的边坡土体数据录入,水位数据参照测点附近城陵矶水文站记录数据,该岸段无植被和防护措施。结果如图 13-66 所示,Ⅰ、Ⅱ断面的安全系数 F_s 值分别为 2.02 和 3.19,

两断面 F_s 值均大于 1.3 临界值，说明该岸段边坡较为稳定，失稳风险较低。综上所述，该区域虽因河势调整，近年来有所冲刷，近岸冲深且形成了部分冲刷坑，但该区域坡度整体较缓，水流作用并不十分强烈，安全系数 F_s 值较高，故目前尚不存在失稳风险。

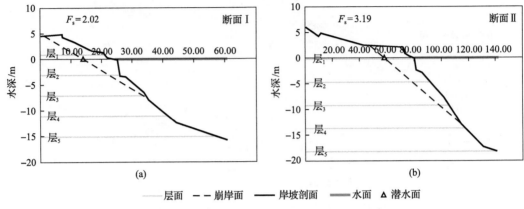

图 13-66　基于 BSTEM 模型的边坡特征断面稳定性计算结果

(a)断面Ⅰ；(b)断面Ⅱ

13.4.3　条崩边坡

1. 九江水道带状崩岸边坡

测量结果显示，该崩岸属于条带状崩岸，崩岸长度约 175m，纵深约 31m，近岸存在一道宽约 95m，深约 25.5m 的冲刷槽，冲刷槽外侧发育有波长约 9.3m，波高约 0.84m 的沙波[图 13-67(a)]。该崩岸分为两阶[图 13-67(b)]，崩塌高度为 2.9m。坍塌面坡度较陡，坡比约 0.48，近岸深槽侧壁坡比约为 0.31，陆上部分及河床沙波部分坡度平缓[图 13-67(c)]。断面图[图 13-67(d)~(f)]显示，该边坡为内凹形结构，近岸河槽呈"U"形，深泓离岸约 80~100m，最大深度约 22~26m。

ADCP 测量结果如图 13-68 所示，崩岸区域的水流为垂直岸线方向往复运动，其表、中、底层平均流速分别为 1.45m/s、1.26m/s 和 0.89m/s。崩岸区以外的区域为沿江顺流而下，表层平均流速为 1.61m/s，中层平均流速为 1.51m/s，底平均流速为 0.99m/s，水动力较强但水流结构较为规则，未产生回流涡旋。

采集到的边坡土层数据分析结果显示(图 13-69)，该崩岸不同土层的粒度占比为：黏土(0~2μm)9.5%~18.3%，粉砂(2~63μm)44.0%~74.9%，极细砂(63~125μm)5.6%~35.6%，细砂(125~250μm)1.3%~10.8%，中、粗砂(>250μm)0~2.4%，中值粒径 8.8~61.9μm，平均粒径 20.0~63.3μm。土壤类型自上至下分为三种，上、中层为黏性砂土层，下层为半黏性半非黏性砂层，底层为非黏性砂层。这使坡脚土体易受侵蚀，可能导致近岸刷深，坡脚增大，进而产生失稳风险。

浅地层剖面探测结果如图 13-70 所示，该剖面离岸约 60m，该区域床面较为平坦，未探测到特殊地质构造，也未见崩岸坍塌堆积体，浅地层结构较为稳定。

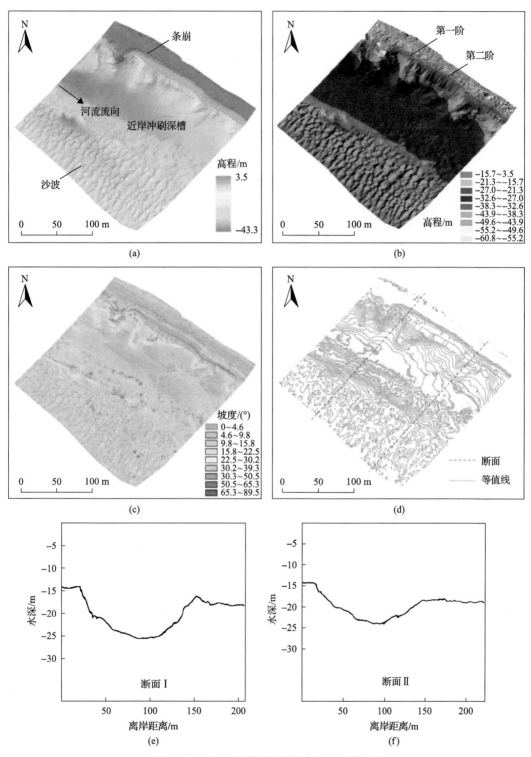

图 13-67　九江水道测区窝崩边坡地貌模型图

(a) DEM 模型；(b) TIN 模型；(c) 坡度模型；(d) 高程等值线图；(e)～(f) 边坡典型断面图

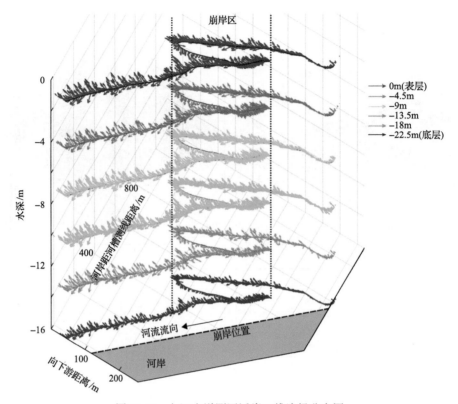

图 13-68　九江水道测区近岸三维流场分布图

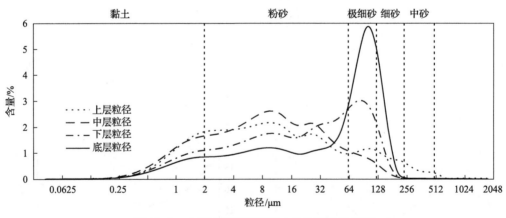

图 13-69　九江水道测区窝崩土体沉积物粒度图

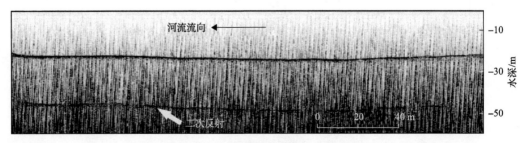

图 13-70　九江水道测区浅地层结构图

对该崩岸起始位置和中段 2 个特征断面(图 13-67)利用 BSTEM 模型进行稳定性计算，其中，边坡形态数据根据三维地貌模型断面数据录入，土体特征参数按照采集到的边坡土体数据录入，水位数据参照测点附近九江水文站记录数据，该岸段无植被和防护措施。结果如图 13-71 所示，Ⅰ、Ⅱ断面的安全系数 F_s 值分别为 1.49 和 2.36，两个断面安全系数均大于 1.3 临界值，说明两个区域边坡较为稳定。这是由于近岸坍塌后新形成的边坡坡度较缓的缘故。该区域受弯道流影响，近年来近岸冲深明显，近岸河槽形成了冲刷深槽，对近岸边坡稳定性构成威胁，虽然该边坡在坍塌后保持较小的坡度，加之近岸水动力较弱且较为规则，该边坡目前处于稳定状态，但对该岸段的失稳监控工作有待进一步开展，以防枯水期边坡发生进一步坍塌。

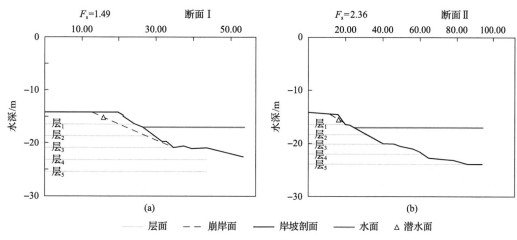

图 13-71　基于 BSTEM 模型的边坡特征断面稳定性计算结果

(a)断面Ⅰ；(b)断面Ⅱ

2. 煤炭洲水道条崩边坡

煤炭洲崩岸为连续的条崩，选取其中一个坍塌点进行分析，该崩岸崩口长约 109m，最宽处约 19.8m，崩岸坡脚有坍塌堆积体存在，近岸发育有波长约 7.3m，波高约 0.45m 的沙波[图 13-72(a)]。该崩岸分为两阶，崩塌高度约 6.2m[图 13-72(b)]。崩塌面坡度较大，坡比约 0.95~8.6(接近 90°)，河床面较为平缓[图 13-72(c)]。断面图[图 13-72(d)~(g)]显示，崩岸边坡属于上凹下凸型结构，坡度较陡。

ADCP 测量结果如图 13-73 所示，该岸段水流呈现出向岸垂向冲刷的态势，其表、中、底层平均流速分别为 0.92m/s、0.96m/s 和 0.64m/s。崩岸区域由于堆积体的影响，水流结构较为紊乱，其他近岸区域水流较为规则，水流对近岸的冲刷趋势明显，这可能导致近岸边坡土体被侵蚀，坡度变陡，使上层黏性土体容易发生坍塌，使边坡稳定性降低。

采集到的边坡土层数据分析结果显示(图 13-74)，该崩岸不同土层的粒度占比为：黏土(0~2μm)12.0%~18.6%，粉砂(2~63μm)63.3%~77.2%，极细砂(63~125μm)3.5%~19.3%，细砂(125~250μm)0.9%~7.0%，中、粗砂(>250μm)0~0.1%，中值粒径 8.4~22.0μm，平均粒径 17.2~37.7μm。土壤自上至下分别为：上层为半黏性半非黏性砂层，中层为黏性沙土层，下层为半黏性半非黏性砂层，底层为黏性沙土层。

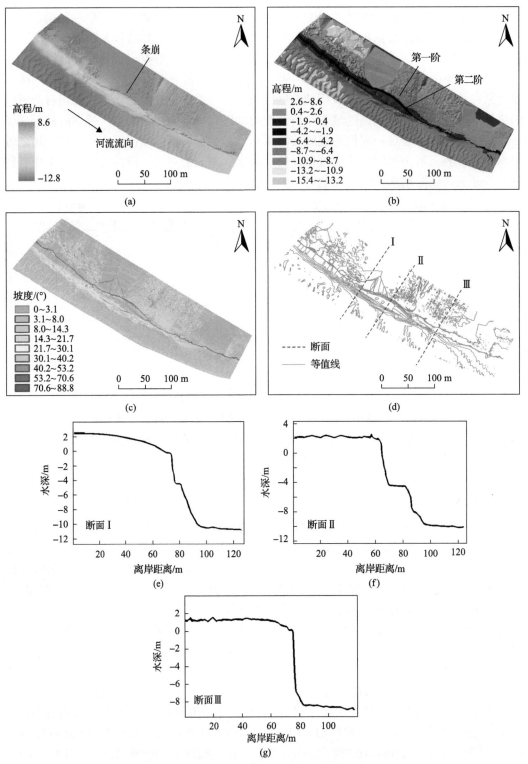

图 13-72　煤炭洲水道测区窝崩边坡地貌模型图

(a)DEM 模型；(b)TIN 模型；(c)坡度模型；(d)高程等值线图；(e)～(g)边坡典型断面图

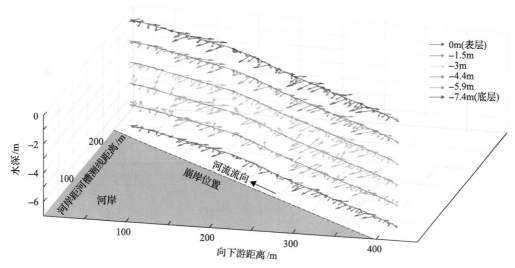

图 13-73　煤炭洲水道测区近岸三维流场分布图

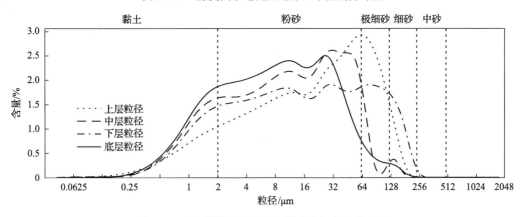

图 13-74　煤炭洲水道测区窝崩土体沉积物粒度图

　　浅地层剖面探测结果如图 13-75 所示，近岸河床较平坦，窝崩区发育有坍塌堆积体，窝崩区外发育有沙波，除此之外，未发现特殊地质构造。

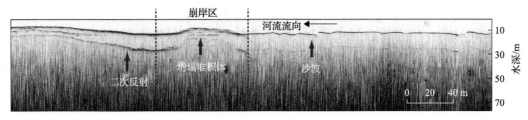

图 13-75　煤炭洲水道测区浅地层结构图

　　对该岸段崩岸边缘、崩岸中断和未崩塌岸段选取 3 个特征断面（图 13-72）利用 BSTEM 模型进行稳定性计算，其中，边坡形态数据根据三维地貌模型断面数据录入，土体特征参数按照采集到的边坡土体数据录入，水位数据参照测点附近汉口水文站记录数据，该岸段无植被和防护措施。结果如图 13-76 所示，Ⅰ、Ⅱ、Ⅲ断面的安全系数 F_s 值分别为 1.15、1.21 和 1.01。三个断面均介于 1.0 和 1.3 两临界值之间，说明该边坡整体稳定性较差，边坡失稳风险较大。该区域边坡稳定性较低的原因主要是由于边坡上层大部分土体均为黏性土，容重较大，加之边坡坡度较大（部分区域边坡坡度接近 90°），随着水位的下降，上层土体失去侧向顶托的水压力，易产生横裂缝，进而发生坍塌。故该岸段整体稳定性极差，随时可能发生进一步坍塌，强烈建议加强监控，并尽快实施护岸措施。

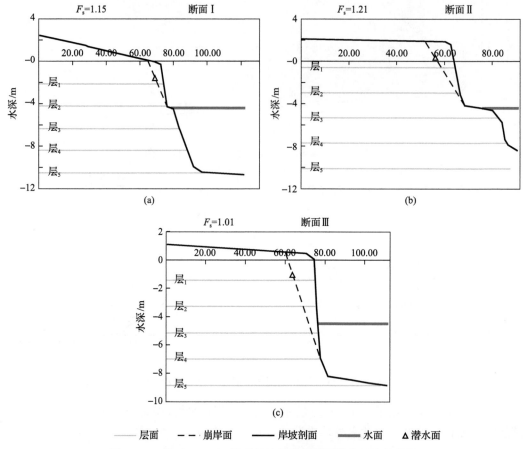

图 13-76　基于 BSTEM 模型的边坡特征断面稳定性计算结果

(a)断面Ⅰ；(b)断面Ⅱ；(c)断面Ⅲ

13.4.4　支流汇流段崩岸边坡

1. 蕲春水道入汇河口崩岸边坡

该支流入汇口右岸发生的条带状崩岸长约 219m，宽度约 11.8m。崩塌剥落形成的大尺度堆积体沿蕲水河床分布，长约 225m，宽约 59m，其堆积在入汇口处，导致该处河床整体抬升，堆积体外侧河床存在一最大深度约 28.3m 的冲刷坑，该冲刷坑距离崩塌的岸线较近[图 13-77(a)]。崩塌形成了两级阶梯[图 13-77(b)]，坍塌高度约 5.1m。坍塌面坡

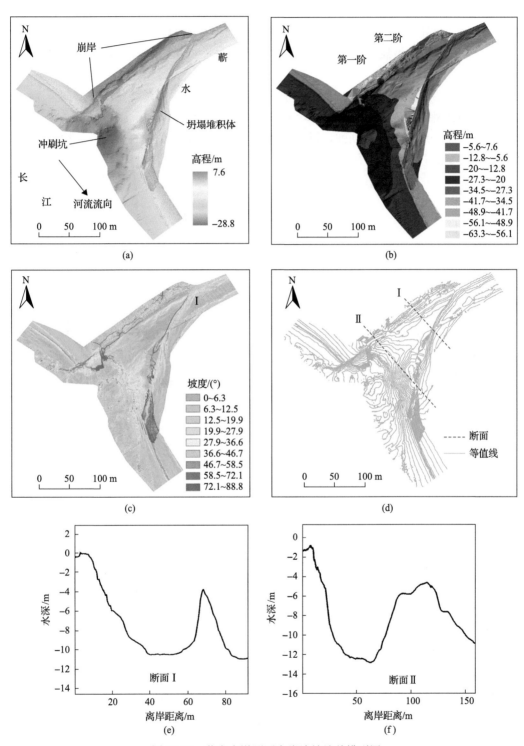

图 13-77 蕲春水道测区窝崩边坡地貌模型图

(a)DEM 模型；(b)TIN 模型；(c)坡度模型；(d)高程等值线图；(e)～(f)边坡典型断面图

度接近 90°(坡比约 8.4),受堆积体的抬升作用,崩岸近岸河床坡度较缓,但冲刷坑侧壁坡度仍较陡,此外,堆积体侧壁也形成了一条陡坡[图 13-77(c)]。断面图[图 13-77(d)～(f)]显示,该崩岸边坡属于上凸下凹型结构,岸线与堆积体之间形成了一个"U"形槽,深度约 10～15m。

ADCP 测量结果如图 13-78 所示,崩岸区域水流结构主要是背离岸线流向下游,水流流向较为紊乱,其表、中、底层平均流速分别为 0.52m/s、0.54m/s 和 0.35m/s。这说明水流在贴岸流经近岸边坡后回弹,近岸土体受到淘刷,土体受水流影响破碎输移,坡脚增大,坡度变陡。

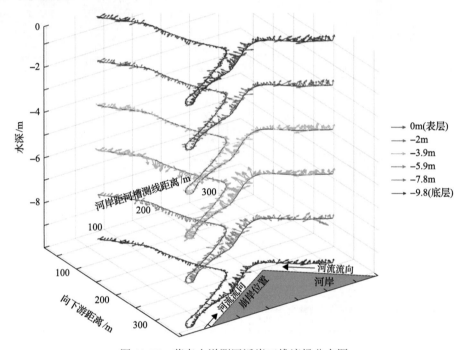

图 13-78　蕲春水道测区近岸三维流场分布图

采集到的边坡土层数据分析结果显示(图 13-79),该崩岸不同土层的粒度占比为:黏土(0～2μm)10.8%～22.4%,粉砂(2～63μm)67.9%～79.7%,极细砂(63～125μm)1.0%～16.5%,细砂(125～250μm)0.2%～6.5%,中、粗砂(>250μm)为 0,中值粒径 5.3～31.2μm,平均粒径 9.3～42.6μm。土壤类型自上至下分为两种,上层、中层为半黏性半非黏性砂层,下层、底层为黏性砂土层。

浅地层探测结果如图 13-80 所示,该区域近岸存在坍塌堆积体和堆积层,堆积体长度约 53m,厚度约 3～4m,堆积层厚度约 4m,未发现其他地质构造。

对该崩岸东西两侧各选取一个特征断面(图 13-77)利用 BSTEM 模型进行稳定性计算,其中,边坡形态数据根据三维地貌模型断面数据录入,土体特征参数按照采集到的边坡土体数据录入,水位数据参照测点附近黄石水文站记录数据,该岸段有灌木类植被,无护岸。结果如图 13-81 所示,Ⅰ、Ⅱ断面的安全系数 F_s 值分别为 1.29 和 1.21,均低于 1.3 的临界值,说明该区域边坡稳定性均较低,边坡失稳风险较大。该区域边坡稳定性较

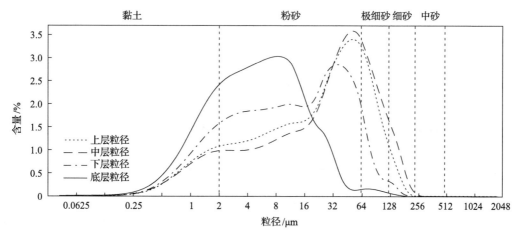

图 13-79　蕲春水道测区窝崩土体沉积物粒度图

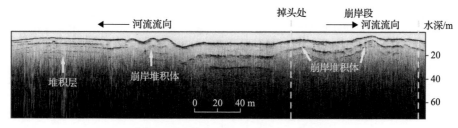

图 13-80　蕲春水道测区浅地层结构图

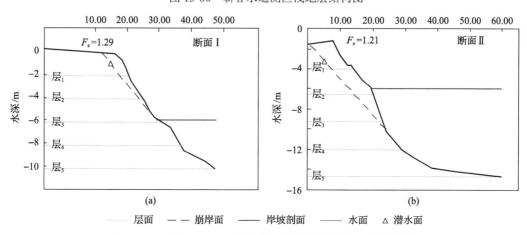

图 13-81　基于 BSTEM 模型的边坡特征断面稳定性计算结果

(a)断面Ⅰ；(b)断面Ⅱ

低的原因主要是由于边坡中上层黏性土体含量较高，土体容重较大，加之边坡坡度较大（部分区域边坡坡度接近 90°），随着水位的下降，上层土体失去侧向顶托的水压力，易产生横裂缝，进而发生坍塌。此外，该岸段位于河流入汇口，水动力条件随季节变化较大，流速的增减及水位的快速涨落对边坡土体的稳定性影响较大。故该岸段整体稳定性较差，可能发生进一步坍塌，强烈建议加强监控，并尽快实施护岸措施。

2. 松滋河分流河口崩岸边坡

该崩岸位于松滋河分流口北岸，属于大型窝崩，形似"耳"状，崩口长约652m，宽约145m，近岸冲深明显，未发现明显坍塌堆积体[图13-82(a)]。崩岸分为两阶，第一阶为崩岸顶部陆地，第二阶为崩岸脚，崩塌高度约5.9m[图13-82(b)]。崩塌面坡比约0.51，近岸水下边坡坡比约0.31[图13-82(c)]。断面图[图13-82(d)～(g)]显示，该边坡属于上凹下凸型结构。

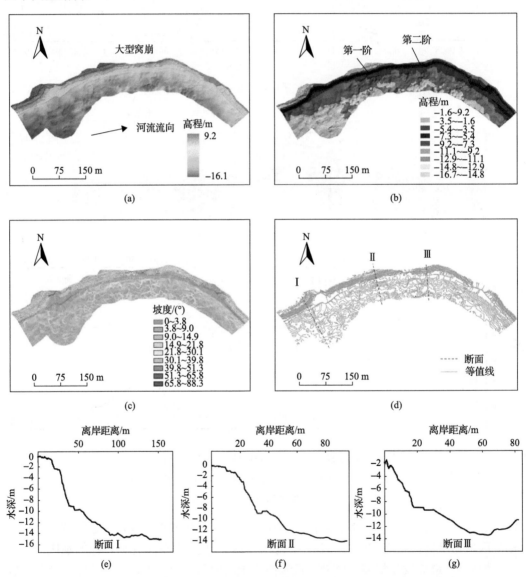

图13-82　松滋河水道测区窝崩边坡地貌模型图
(a)DEM模型；(b)TIN模型；(c)坡度模型；(d)高程等值线图；(e)～(g)边坡典型断面图

ADCP测量结果如图13-83所示，该区域水流结构较为紊乱，主要为自上游而来的水流流经该区域后对边坡产生了冲击并回弹，其表、中、底层平均流速分别为 0.32m/s、0.31m/s 和 0.21m/s。紊乱的水流会使得边坡遭受来自各个方向的淘刷，边坡下层土体更易被剥离、淘空，对边坡稳定性产生不利影响。

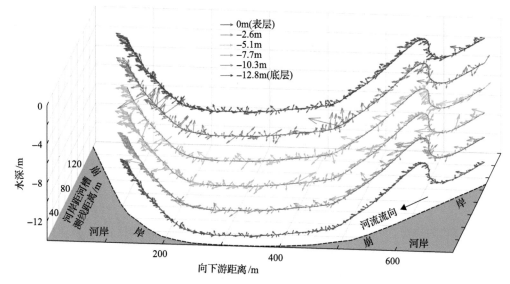

图 13-83　松滋河水道测区近岸三维流场分布图

对该大型窝崩西侧、中段和东侧选取 3 个特征断面(图 13-82)利用 BSTEM 模型进行稳定性计算，其中，边坡形态数据根据三维地貌模型断面数据录入，水位数据参照测点附近枝城水文站记录数据，该岸段无植被，有卵石护岸。结果如图 13-84 所示，Ⅰ、Ⅱ、Ⅲ断面的安全系数 F_s 值分别为 2.48、2.30 和 1.22，Ⅰ、Ⅱ断面大于临界值 1.3，Ⅲ断面介于 1.0 和 1.3 两临界值之间，故Ⅰ、Ⅱ断面所处区域边坡较为稳定，Ⅲ断面所处区域稳定性较弱。该区域位于长江和松滋河交汇处，水动力较强，该岸段受到长江水流的直接冲击，边坡连年崩退，加之该区域近年人工采砂严重，进一步威胁河槽边坡稳定，形式较为严峻。近期边坡大部分趋于的安全系数 F_s 值较高，得益于该区域实施的抛石护岸工程，但仍有部分边坡稳定性较差，建议继续对其进行监控，必要时可进一步对护岸进行加固。

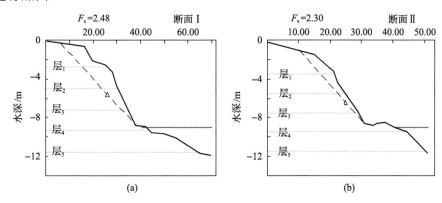

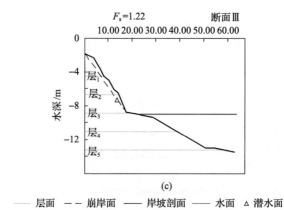

(c)

—— 层面　　-- 崩岸面　　—— 岸坡剖面　　—— 水面　　△ 潜水面

图 13-84　基于 BSTEM 模型的边坡特征断面稳定性计算结果

(a)断面 I；(b)断面 II；(c)断面 III

13.4.5　石首水道护岸坍塌边坡

该边坡较为特殊，为石质护岸坍塌形成，近岸产生了两部分坍塌堆积体，左侧堆积体长约 62.2m，宽约 45.9m，右侧堆积体长约 59.3m，宽约 76.0m。两侧堆积体之间形成了一个长约 58m，宽约 35m 的椭圆形冲刷坑，该冲刷坑外侧区域河床冲深明显[图 13-85(a)]。将崩岸分为两阶，第一阶为护岸顶，第二阶为崩塌脚，坍塌高度约 3m[图 13-85(b)]。崩塌面较陡，坡比约 4.1，近岸水下边坡坡比约 0.25[图 13-85(c)]。断面图[图 13-85(d)～(f)]显示，边坡属于上凹下凸结构，离岸 100m 范围冲深约 20m。

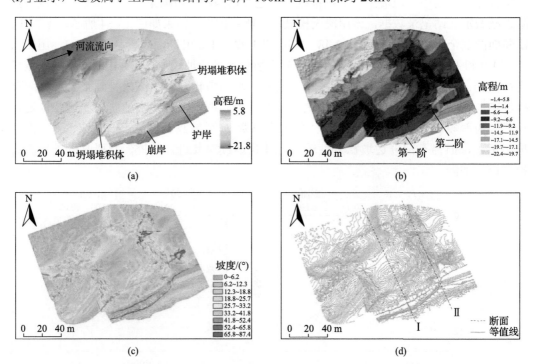

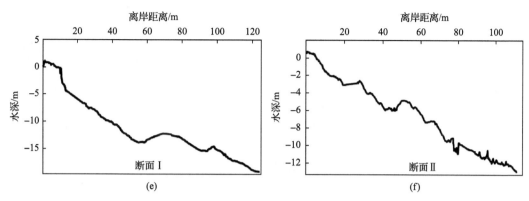

图 13-85　石首水道测区窝崩边坡地貌模型图

(a)DEM 模型；(b)TIN 模型；(c)坡度模型；(d)高程等值线图；(e)～(f)边坡典型断面图

ADCP 测量结果如图 13-86 所示，崩岸区域内水流较为紊乱，出现了直径约 60m 的小尺度回流，其表、中、底层平均流速分别为 0.65m/s、0.68m/s 和 0.45m/s，这可能加剧边坡近岸土体的侵蚀，使得坡脚坡度增大，威胁边坡的稳定。边坡离岸 100m 左右水流结构主要是沿江顺流而下，表、中、底层平均流速分别为 1.05m/s、0.91m/s 和 0.67m/s，水流流速较高，水动力作用较强。左、右两侧堆积体的存在使得水流在该处被打乱、旋转、上升，加速该区域的边坡侵蚀，右侧堆积体还使水流被牵引至向岸方向，使右侧坡脚近岸水动力增强。

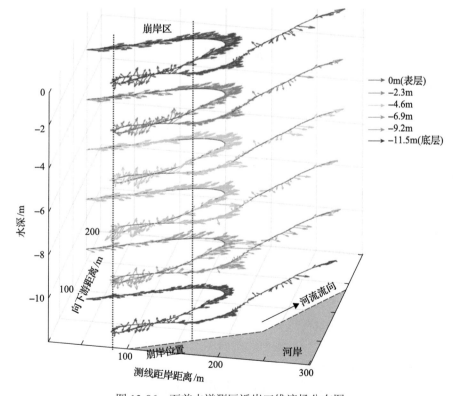

图 13-86　石首水道测区近岸三维流场分布图

对崩岸的中断和边缘部分选取 2 个特征断面(图 13-85)利用 BSTEM 模型进行稳定性计算,其中,边坡形态数据根据三维地貌模型断面数据录入,水位数据参照测点附近监利水文站记录数据,该岸段为石质护岸,无植被。结果如图 13-87 所示, I 、 II 断面的安全系数 F_s 值分别为 1.16 和 5.64,这说明 I 断面边坡稳定性较差,失稳风险较高, II 断面则较为稳定。该区域位于长江石首大拐区域,受弯道流影响,近岸水动力强劲,近岸河槽连年冲深,多处产生崩岸并连续崩退,近岸已经修筑石质护岸,但随着水流对下层土体的侵蚀,导致护岸也发生坍塌,边坡再次处于不稳定状态,建议相关部门及早对崩塌的护岸进行修补加固,避免崩岸继续扩大,危及城市防洪安全。

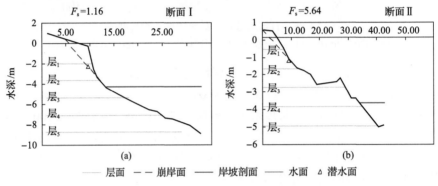

图 13-87　基于 BSTEM 模型的边坡特征断面稳定性计算结果
(a)断面 I ; (b)断面 II

13.5　基于多模态传感器系统的长江中下游典型河槽边坡稳定性

使用多模态集成化传感器系统可以有效采集河槽边坡区域的动力、沉积、地貌等特征数据,并实现水陆一体化地貌模型的构建。这种多种传感器集成的测量方法具有安全、高效的特点,可以广泛应用于河流险段的测量领域。长江中下游崩岸多以窝崩和条带状崩岸为主。窝崩的形态多以"鸭梨"形、"耳"形、"月牙"形为主,崩岸尺度从几十米至几百米不等,窝崩尺度长度约 75.7~652m,宽约 13~145m。其近岸河槽坡脚较大,常伴有涡旋回流;条带状崩岸坍塌岸线一般较长,近岸常有冲刷坑或冲刷深槽,水流多为向岸流。

较强的向岸流或回流是边坡失稳的重要因素之一。龙潭水道窝崩、太阳洲水道窝崩、螺山水道窝崩、砖桥水道窝崩、西华水道侵蚀河漫滩、观音洲水道侵蚀河漫滩、煤炭洲水道条崩、芦家河水道窝崩、石首水道崩岸等近岸水流结构均为向岸流或涡旋回流。这种水流对边坡的冲蚀作用最为明显,若遇到地形的不连续处,水流可能在该处入契形成回流,不停旋转的回流涡体会对边坡形成环形淘刷,增加对坡脚的扰动和剪切,加速边坡侧壁土体的破碎、分解和输移,进而产生崩岸。在已发生的窝崩坑内回流则会继续对崩岸侧壁淘蚀,加速崩岸的扩张。

坍塌堆积体的存在加速了崩岸的侵蚀。崩岸坍塌的土体未被冲走的部分沉积在坡脚形成堆积体,如太阳洲水道窝崩、砖桥水道窝崩、石首水道崩岸等,其尺度长约 20~107m,宽 39~76m,厚 3~5m。这些堆积体的存在会改变水流结构,除了使窝崩坑坡脚区域水动力增强外,还会导致崩岸周边区域近岸边坡冲刷加剧,使其稳定性下降。

而且,目前处于稳定阶段的边坡分别为:龙潭水道窝崩边坡,坡比 0.2~0.33,F_s 值约 2.22~3.80;牯牛沙边水道河漫滩坡,坡比 0.15,F_s 值约 5.73~6.89;观音洲河漫滩边坡,坡比 0.57~1.0,F_s 值约 2.02~3.19;九江水道条崩边坡,坡比 0.31~0.48,F_s 值约 1.49~2.36。

目前处于部分区域稳定,部分区域不稳定阶段的边坡分别为:太阳洲水道窝崩边坡,坡比 0.33~0.55,F_s 值约 1.25~2.23;螺山水道窝崩,坡比约 0.34,F_s 值约 1.01~1.34;砖桥水道窝崩边坡,坡比 0.64~1.0,F_s 值约 1.19~1.51;西华水道河漫滩边坡,坡比 0.22~0.88,F_s 值约 1.18~1.72;芦家河水道窝崩边坡,坡比 0.31~0.51,F_s 值约 1.22~2.48;石首水道崩岸坡,坡比 0.25~4.1,F_s 值约 1.16~5.64。

目前处于不稳定阶段的边坡分别为:煤炭洲水道条崩边坡,坡比 0.95~8.6,F_s 值约 1.01~1.21;蕲春水道条崩边坡,坡比约 8.4,F_s 值约 1.21~1.29。

但是,水陆测量中间部分的盲区会影响测量结果的精度,今后的研究需进一步对插值方法进行研究或进行人工补充测量来提高一体化模型的精度。而且,由于时间所限,未能开展对崩岸边坡多时间尺度的连续观测,无法对其侵蚀和失稳过程进行分阶段研究,边坡的失稳过程及演变规律的研究有待进一步开展。

第 14 章　长江感潮河段桥墩冲刷研究

桥梁建筑水毁的诱因大多是桥墩局部冲刷，关于桥墩局部冲刷的相关研究已成为国内外学者广泛关注的焦点。而且，自 20 个世纪初叶以来，长江拦、蓄、引、调水利工程逐渐增多，导致下游河床冲刷，必然对桥墩冲刷产生不可忽视的影响。另外，随着河口及沿海地区经济的快速发展，跨江、跨海的大桥工程不断涌现，其大型桥墩结构种类增多，加之其地处潮流控制区域，水流运动形式为复杂的双向流，原有局部冲刷深度公式难以适用，所以急需对潮流作用下桥墩冲刷进行深入研究。桥墩冲刷研究方法一般可分为原型观测、物理模型实验和数值模型实验，目前采用较多的是物理模型和数值模型，然而水下自然因素格外复杂多变，导致实验结果无法充分体现实际冲刷情况，而原型观测却可以准确提供桥墩冲刷现状，是研究当前桥墩冲刷不可或缺的手段。为了保证桥梁的安全，有必要运用新的观测手段对众多水利工程建设、运营影响下的桥墩冲刷地形进行有效观测，深入桥墩局部冲刷的研究。

鉴于上述，本章运用多波束测深系统和浅地层剖面仪，对长江感潮河段铜陵长江大桥、芜湖长江大桥、大胜关长江大桥、南京长江大桥、南京长江第二大桥、南京长江第四大桥和上海长江大桥等 7 座大桥桥墩冲刷地形及周边床面地貌进行高精度观测，并利用多普勒声学流速剖面仪 ADCP 进行水文同步观测，研究各桥梁桥墩冲刷坑几何形态及局部冲刷深度，结合理论计算公式分析大型桥墩局部冲刷特性；收集并数字化桥梁附近区域的航行图和海图，研究桥梁附近河段 0m、−5m 和−10m 等深线及河槽对上游来水来沙变化及附近工程的响应变化，从而分析桥墩冲刷趋势。探讨重大水利工程对桥墩冲刷的影响，这将为桥墩局部冲刷研究提供基础数据，为预测重大水利工程影响下长江感潮河段桥墩最大冲刷深度提供参考依据，对维护桥梁的安全及径流、潮流作用下桥墩冲刷的研究有重要意义。

14.1　研究区域概况与桥梁介绍

如前所述，长江枯季潮区界可达江西九江，洪季则达安徽池口。因此，潮区界以下河槽受潮汐影响。自大通至口门分布有 17 座大桥，潮区界内建有 14 座大桥，潮流界内建有 3 座大桥(图 14-1)。

14.1.1　铜陵长江大桥

铜陵长江大桥是安徽境内第一座跨江特大桥，于 1991 年 12 月开始修建，1995 年 12 月竣工，该大桥为双塔双索斜拉桥，布孔采用 80m+90m+190m+432m+190m+90m+80m 设计，全长 2.6km。

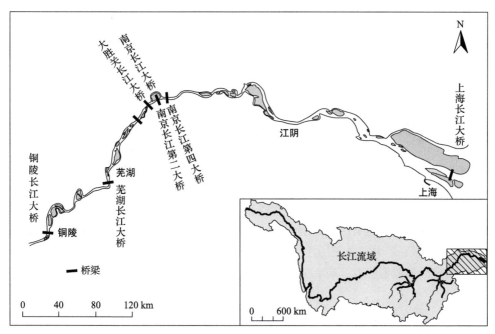

图 14-1　研究区域图

该桥 8 个桥墩基础均为深水基础，3#、4#、5#、6#墩采用双壁钢围堰内加大直径钻孔灌注桩组合式基础，4#主墩双壁钢围堰外径 31m，井壁 1.5m，高度 54.6m。每墩有 19 根直径 2.8m 钻孔注桩，承台为圆形，厚 4m。

14.1.2　芜湖长江大桥

芜湖长江大桥在 1997 年 3 月开始修建，2000 年 9 月竣工。该大桥是中国跨度最大的公、铁路两用桥，铁路双线、公路四车道，铁路桥总长 10km，公路桥总长 5.7km。其中正桥为 120m+7×144m+180m+312m+180m+120m+120m 布孔结构的矮塔斜拉桥。

正桥 1#～8#墩均采用钻孔高桩承台基础，采用 8 根直径 2.8m 的钻孔桩，按纵向两排布置，每排 4 根，承台厚 5m。9#、12#墩均为双壁钢围堰钻孔低承台基础，钢围堰外径为 22.8m，壁厚 1.4m，9#墩和 12#墩高度分别为 52m 和 35.5m。10#、11#墩为斜拉桥主塔墩，两顿均采用钢围堰外径均采用双壁钢围堰钻孔低承台基础，钢围堰外径均为 30.5m，壁厚 1.4m，高度分别为 52m 和 43m。左塔布置 19 根直径 3m 的钻孔桩，右塔布置 17 根直径为 3m 的钻孔桩，两墩承台高均为 7m。10#主塔墩围堰内含 19 跟直径 3m 钻孔桩，11#主塔墩围堰内含 17 根直径 3m 钻孔桩。

14.1.3　大胜关长江大桥

大胜关长江大桥于 2006 年 9 月开始修建，2011 年 1 月竣工。该大桥是世界上设计荷载最大的高速铁路桥梁，铁路六线，大桥全长 9.3km，跨水面主桥长 1.6km。主桥采用的是六跨连续钢桁拱结构，跨径布置为 108m+192m+2×336m+192m+108m。

6#主墩采用灌注桩和钢围堰相结合的组合基础，共 46 根直径为 2.8m 的钻孔桩基础，桩柱按纵向 5 排、横向 10 排列式布置，桩柱钢护筒直径为 3.2m，圆端形高桩承台平面尺寸为 34m×76m，厚 6m。群桩外侧圆头矩柱形钢套箱围堰迎水面宽 38.2m，体长 80.2m，高 27m，双壁间距 2m。

14.1.4　南京长江大桥

南京长江大桥是我国首座自行设计建造的公、铁路两用桥梁，1960 年 1 月开始修建，1968 年 10 月铁路通车，12 月公路通车。该桥有正桥和引桥两部分组成，其中铁路部分全长 68km，公路部分全长 4.6km，江面正桥 1.6km，正桥总体为 9×160m+128m 布孔结构。

桥墩共采用四中桥墩基础：1#墩为重型混凝土沉井基础；2#、3#墩为钢沉井管柱基础，基础迎水面 16.19m，长 25.19m，内部分别插入 13 根和 14 根直径 3m 预应力钢筋混凝土管柱；4#、5#、6#、7#墩则系采用浮运钢筋混凝土沉井基础，宽 18.22m，长 22.42m；8#、9#墩为钢板桩圆形围堰管柱基础，直径 21.9m，每墩有 10 根直径 3.6m 的预应力钢筋混凝土管柱。

14.1.5　南京长江第二大桥（南汊）

南京长江第二大桥南汊桥于 1997 年 10 月开始建设，2001 年 3 月竣工通车。南汊桥主桥长 1.2km，58.5m+246.5m+628m+245.5m+58.5m 布孔的钢箱梁斜拉桥。

两个索塔深水基础均采用双壁钢围堰大直径钻孔桩复台基础，双壁圆形钢围堰外径 36m，内径 33m，钢围堰内设 21 根直径 3m 的钻孔桩。

14.1.6　南京长江第四大桥

南京长江第四大桥于 2008 年 12 月开始修建，2012 年 12 月竣工通车。该主桥采用双塔三跨悬索桥方案，桥跨布置为 166m+410m+1418m+363m+118m，其中主跨为 14km。

南塔基础承台分为前后两部分，分别在底部布置 28 根直径为 2.5m 的桩柱，共 56 根，梅花形布置，迎水面宽 36m，顺水方向长 82m。北塔基础承台分为前后两部分，分别在底部布置 19 根直径为 2.5m 的桩柱，共 38 根，同样梅花形布置，迎水面宽 32m，顺水方向长 72m。

14.1.7　上海长江大桥

上海长江大桥于 2005 年 9 月开始修建，2009 年 10 月竣工通车，大桥跨江段长 10km，跨径组合为 92m+258m+730m+258m+92m，通航孔航道桥为跨径 730m 的双塔双索面分离式钢箱梁斜拉桥。全桥设 1 个 1.43km 主通航孔和 1 个 440m 辅通航孔，采用人字形桥塔。

主塔墩为桩基承台结构，承台基础采用多边形的圆端矩形结构，桥墩基础迎水宽度为 37m，顺流方向纵向长 72m，桥墩承台布置四排共 60 根直径 2.5～3m 的变截面钻孔灌注桩，顺直排列。

14.2 数据获取与处理

14.2.1 数据获取

本章数据主要来源于 2015 年开展的大通至上海长江感潮河段综合调查及 2012～2015 年开展的长江口野外测量资料，研究工作是建立在多波束水深测量数据，声学多普勒流速剖面仪(ADCP)定点、走航流速数据，沉积物资料，长江口航行图、海图，前人相关的研究成果等资料之上。

1. 水深数据

2014 年 10 月利用多波束测深系统对上海长江大桥主墩冲刷形态坑及周边床面形态进行探测；2015 年 7～8 月利用多波束测深系统对铜陵长江大桥 4#墩、芜湖长江大桥 12#墩、大胜关长江大桥 6#墩、南京长江大桥 8#墩、南京长江第二大桥(南汊)南塔墩和南京长江第四大桥南塔墩冲刷坑形态及周边床面形态探测。本章对桥墩冲刷形态测量运用的是 Reson SeaBat 7125 型多波束，配合 SMC S-108 姿态传感器(李家彪，1999；周丰年等，2002)采集，考虑定位精度和稳定性的均衡，采用天宝 GPS 信标机进行导航，同时搭配 Hemisphere 罗经获取首航信息。多波束系统工作频率：200/400kzh；量程分辨率：6mm，波束角度：沿船迹×垂直航线：1°×0.5°/2°×1°；扫测覆盖角度：140°/165°；扫测波束数量：256/512 个；测深量程 0.5～500m。本章测量频率均选用 400kHz，波束密度选择最大 512 个、120°条带宽度。为了保证对桥墩及附近底形全覆盖的测量要求，按照直线行船路线，扫测桥墩。同时，船速大小控制在 5 节以下，以保证测量数据的稳定性和完整性。由于航道航行规范，除上海长江大桥外，其他桥梁都采用半覆盖测量。

多波束测深系统可通过采集高密度条带水深数据，对水下地形进行全覆盖测量。多波束测深系统由水下发射、接收换能器、控制和处理信号的电子柜(POSMV)、运动姿态传感器、GPS 定位系统、声速剖面仪、计算机及配套控制软件等设备组成，可归纳为三个组成部分：多波束深学系统 MBES、外围辅助传感器和软件部分，详见 8.1.5 节。

2. 流速数据

利用 ADCP 分别于 2014 年 10 月和 2015 年 7～8 月走航测流，获取水动力数据。ADCP 用铁架挂于船侧，入水深度 1m，采集间隔 5s。ADCP 流速剖面仪通过换能器发射声学脉冲，测量水流中悬浮物质运动产生的多普勒频移而进行流速测量，能同时测量不同水层的流速和流向，测速精度为测量值的±0.5%。

2012 年 6 月 6～7 日、2013 年 7 月 1～2 日和 2013 年 7 月 10～11 日于长江口长兴岛北侧 S1、南槽与北槽分流口 S2、崇明东滩南侧 S3、横沙岛北侧 S4、南汇南滩 S5 和横沙通道北侧 S6 共 6 个测点进行连续 26 小时的定点测量。

3. 沉积物采集

2012 年 6 月 6～7 日、2013 年 7 月 1～2 日、2013 年 7 月 10～11 日于长江口 S1、S2、

S3、S4、S5 和 S6 共 6 个测点采集沉积物；2015 年 6 月于上海长江大桥附近采集沉积物，位置如图 14-2 所示。样品采集时使用帽式采样器，样品采集后装入样品袋密封保存并进行编号，航次结束后统一运回实验室进行分析研究，保存样品同时记录采样时间，河道位置，经纬度和样品初步分析，以方便后期研究分析。

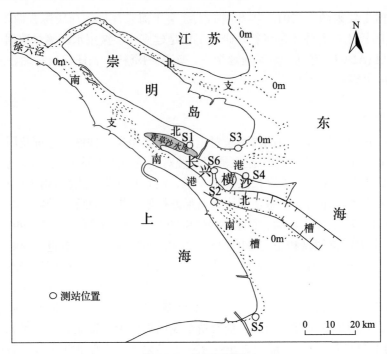

图 14-2　长江口测站

4. 航行图与海图资料

为分析桥墩附近河段等深线、河槽横断面冲淤变化，本章收集了长江口北港 2002 年（1∶25000）、2008 年（1∶25000）和 2013 年（1∶25000）3 套海图；1998 年（1∶40000）和 2013 年（1∶40000）两套长江下游大通-吴淞口的航行图。

14.2.2　数据处理

1. 多波束数据处理

利用多波束测深系统采集处理软件 PDS2000 对多波束水深数据校准，获取横摇（roll）、纵摇（pitch）和艏向（yaw）等参数，然后进行潮位改正，最后生成测量地貌网格，导出水深数据配合 ArcGIS 等软件进行分析计算。

2. 流速数据处理

利用 ADCP 仪器配套操作软件 Win River 对流速资料进行提取处理，包含船速、各观测层的水平流速、水平流向、水深、航向、经纬度等数据；检查提取的数据，剔除数据中航迹经纬度丢失、航速航向失效及流速、流向至少一个丢失或错误的测量剖面。

3. 沉积物处理

所采底质沉积物资料主要通过激光粒度仪分析。在实验室将获取的沉积物资料进行分析前处理，借助样品分离器进行抽取样品，通过马尔文公司生产的 MASTER SIZER 2000 型激光粒度仪对沉积物样品进行粒度分析。

4. 航行图与海图数字化

1）扫描与预处理

所有纸质的航行图与海图都通过大幅面彩色扫描仪进行整幅完整扫描，并以 300 DPI 分辨率保存为 JPG 格式图像。图像的 DPI 越高，图像也就越清晰，同时图片容量体积就越大，一张海图能达到 5～10MB。为了能够满足本章研究的需求，同时考虑计算机处理运算能力，设置 300DPI 的分辨率扫描航行图和海图。然后对扫描后的电子图像进行初步处理，运用图像处理软件对图像的对比度进行调整，对扫描过程中造成的偏转进行矫正。

2）图像空间匹配

通过 ArcGIS 软件的"空间配准"功能给导入的电子航行图与海图设置投影坐标系，使电子航行图与海图拥有地理位置信息，具体操作：首先，在电子航行图与海图的四个角选取若干均匀分布的控制点，一般大于 4 个。然后，依次将电子航行图与海图上的经纬度输入控制点进行地理配准。最后，通过内插算法，使电子航行图与海图内的每个点都获得相应的经纬度。

3）航行图和海图矢量化

矢量化是指对扫描的图像所表达的有效的地理信息进行提取，并转化为点、线、面进行存储。对航行图与海图上的要素，如河道岸线、等深线（含 0m、–5m、–10m 等深线）及江心洲，进行矢量化，力求矢量化后要素的位置与航行图上的位置重合。矢量化工作在 ArcGIS 10.1 软件中完成。

4）获取横断面水深

提取航行图和海图上水深点及等深线信息，采用 Kriging 内插方法生成高程地形图，利用空间分析功能获取河槽横断面水深。

14.3　桥墩冲刷实测结果与分析

14.3.1　径流作用下桥墩冲刷

铜陵长江大桥和芜湖长江大桥位于和悦洲-陈家洲河段，上段为典型的鹅头型多汊河道（冯源等，2012），成德洲、章家洲、铜铃沙顺列于江中；中段同样为典型的鹅头分汊河道（陈冬等，2015），天然洲、黑沙洲顺列于江中。下段为首束窄、尾展宽分汊型河段（武荣，2014），浅洲、曹姑洲、陈家洲顺列于江中，如图 14-3 所示。

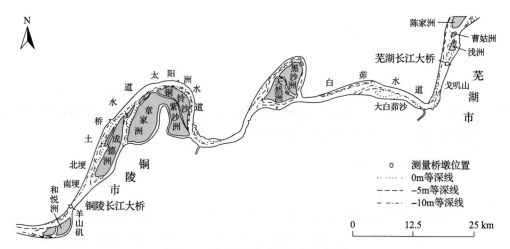

图 14-3　和悦洲-陈家洲河段河势图

大胜关长江大桥、南京长江大桥、南京长江第二大桥和南京长江第四大桥位于南京市下三山-划子口河段，该河段属于南京河段，以藕节状分汊河床的形式为主(陈宝冲，1988)，多微弯分汊河道。长江主流由南京河段上段进入乌江水道，此时河流主弘偏北，流入下三山束窄段，随即折向南岸。主流通过大胜关长江大桥，在梅子洲分为左汊和右汊，左侧主汊分流为 85% 左右，主流下泄被潜洲分为两股，水流在潜洲洲尾汇合后进入下关浦口束窄段。主流通过南京长江大桥后，在八卦洲头再次分为左右两汊，右汊为主汊，流经第二长江大桥。之后水流在八卦洲尾汇合，顶冲左岸，进入乌龙山束窄段，经南京长江第四大桥后又折向右岸，如图 14-4 所示。

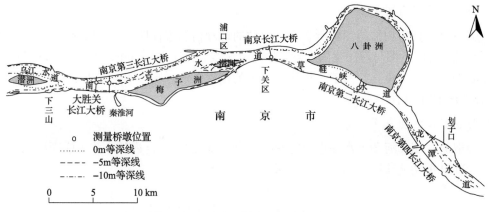

图 14-4　下三山-划子口河段河势图

1. 桥梁附近流速及径流量

ADCP 走航实测流速，铜陵长江大桥 4# 墩平均流速为 1.32m/s；芜湖长江大桥 12# 墩平均流速为 1.26m/s；大胜关长江大桥 6# 墩平均流速为 1.21m/s；南京长江大桥 8# 墩平均流速为 1.26m/s；南京第二长江大桥(南汊)南塔墩平均流速为 1.23m/s；南京第四长江大桥南塔墩平均流速为 1.08m/s。

据大通水文站实测，2015 年 7～8 月最大流量为 53700m³/s。

2. 桥墩区域床面形态特征

通过多波束测深系统测量的结果显示各大桥桥墩及其周边河床均发育大量沙波。对各大桥桥墩附近沙波的波长(L)、波高(H)和沙波指数(L/H)进行统计分析，沙波统计数据如表 14-1 所示。沙波平均波长、波高是指区域内的平均值，最大值和最小值为采集过程中所观测到的最大值和最小值。本章未统计波高小于过 0.1m 的沙波。

表 14-1 桥墩附近沙波空间尺度数据统计

区域	波长(L)/m	波高(H)/m	沙波指数(L/H)	平均波长/m	平均波高/m
铜陵长江大桥	33.26～244.3	1.42～4.91	16.63～164.62	125.81	2.99
芜湖长江大桥	53.58～108.9	1.62～5.27	20.33～40.83	84.71	2.90
大胜关长江大桥	1.88～10.53	0.11～0.43	—	—	—
南京长江大桥	4.21～6.61	0.10～0.28	—	—	—
南京长江第二大桥	2.41～6.73	0.10～0.36	—	—	—
南京长江第四大桥	9.88～16.85	0.36～0.69	19.41～37.41	12.95	0.48
上海长江大桥	12.18～40.82	0.52～1.39	15.04～46.57	0.97	0.97

1) 铜陵长江公路大桥

铜陵长江大桥附近区域以大型沙波为主(图 14-5)，沙波的波长为 33.26～244.3m，波高为 1.42～4.91m，沙波指数为 16.63～164.62，平均波长为 125.81m，平均波高为 2.99m；沙波脊线呈弯曲状，沙波剖面形态表现为上、下游不对称，迎流面长于背流面。

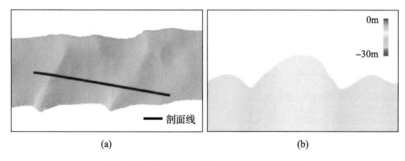

图 14-5 铜陵长江大桥附近沙波示意图
(a)多波束图像；(b)沙波剖面形态

2) 芜湖长江大桥

芜湖长江大桥附近区域以大型沙波为主(图 14-6)，沙波的波长为 53.58～108.9m，平均值为 84.71m；波高为 1.62～5.27m，平均值为 2.90m；沙波指数为 20.33～40.83，平均值为 30.44。沙波脊线顺直，沙波剖面形态表现为上、下游不对称，迎流面长于背流面。此外，该地区在大型沙波基础上发育了大量次级沙波[图 14-6(c)]，次级沙波尺度明显偏小，波长为 1.30～7.04m，平均值为 3.59m；波高为 0.10～0.62m，平均值为 2.90m。

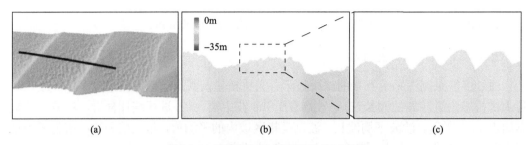

图 14-6　芜湖长江大桥附近沙波示意图
(a)多波束图像；(b)沙波剖面形态；(c)次生沙波剖面形态

3)大胜关长江大桥

大胜关长江大桥附近区域以小型沙波为主(图 14-7)，沙波的波长为 1.88～10.53m，波高为 0.11～0.43m。

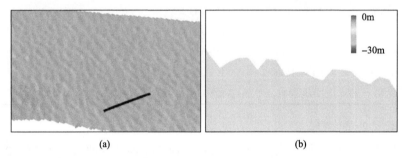

图 14-7　大胜关长江大桥附近沙波示意图
(a)多波束图像；(b)沙波剖面形态

4)南京长江大桥

南京长江大桥附近区域以小型沙波为主(图 14-8)，沙波的波长为 4.21～6.21m，波高为 0.10～0.28m。

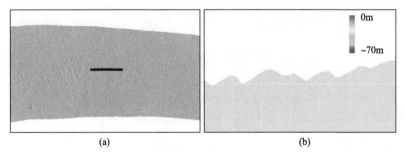

图 14-8　南京长江大桥附近沙波示意图
(a)多波束图像；(b)沙波剖面形态

5)南京长江第二大桥(南汊)

南京长江第二大桥附近区域以小型沙波为主(图 14-9)，沙波的波长为 2.41～6.73m，波高为 0.10～0.36m。

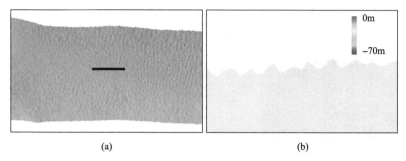

图 14-9　南京长江第二大桥(南汊)附近沙波示意图
(a)多波束图像；(b)沙波剖面形态

6)南京长江第二大桥

南京长江第二大桥附近区域以中型尺度沙波为主(图 14-10)，沙波的波长为 9.88～16.85m，平均值为 12.95m；波高为 0.36～0.69m，平均值为 0.48m；沙波指数为 19.41～37.41，平均值为 27.60。沙波脊线弯曲，沙波剖面形态表现为上、下游不对称，迎流面缓长，背流面较陡。

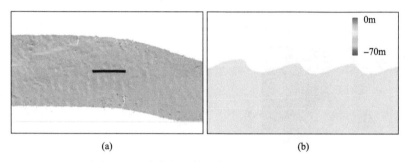

图 14-10　南京长江第二大桥附近沙波示意图
(a)多波束图像；(b)沙波剖面形态

3. 实测冲刷坑形态

1)铜陵长江大桥 4#墩

铜陵长江大桥 4#墩冲刷形态如图 14-11，冲刷坑坡度较陡，整体呈半球体形态，冲刷坑边缘清晰，最大冲刷坑坡度为 17°；冲刷坑平面形态是以桥墩为中心，向外辐射的圆，冲刷半径约 30m，桥墩下游方向没有明显的淤积区，整个冲刷坑形态呈“C”字环形，前深后浅，墩前迎水面和桥墩前两侧发生剧烈冲刷，最大冲刷深度达到 14.6m；沿桥墩轴线两侧往下游方向的冲刷程度逐渐减弱，冲刷深度沿水流方向递减，冲刷深度为 10～12m；桥墩后侧背水面冲刷深度比桥墩两侧和前端要浅很多，冲刷深度为 8～10m。该桥墩冲刷形态反映了墩前向下射流与床面附近马蹄形漩涡的联合作用(图 14-11)，在墩前床面形成较强冲刷区；圆形围堰使得行进水流绕墩而过，使桥墩两侧的绕流相对减弱，形成较弱冲刷区；水流绕过桥墩在墩后分离形成尾流漩涡，随之向墩后扩散并减弱，流速减小，在墩后形成浅冲刷区。

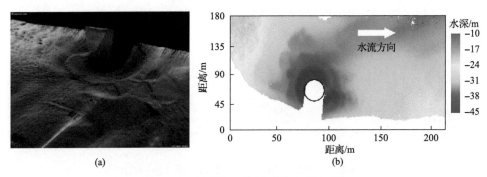

图 14-11　铜陵长江大桥 4#墩冲刷坑形态
(a)多波束图像；(b)水深变化

2)芜湖长江大桥 11#墩

芜湖长江大桥11#墩进冲刷形态如图14-12,冲刷坑坡度较陡,最大冲刷坑坡度为23°,整体呈半球体形态,冲刷坑边缘清晰；平面整体形态呈"C"形,以桥墩为中心,向外辐射,冲刷范围半径约为34m,下游冲刷范围40m。桥墩前端及前侧冲刷程度较为严重,冲刷深度达 10~12m,冲刷深度绕桥墩向下游方向逐渐变浅,在桥墩背水面缓流区域形成浅冲区,冲刷深度为 6.4~8.7m,桥墩下游方向没有明显的淤积区。

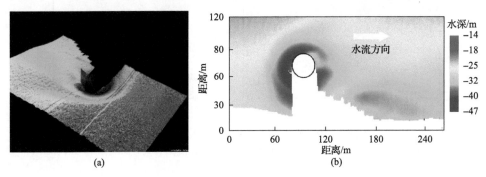

图 14-12　芜湖长江大桥 11#墩冲刷坑形态
(a)多波束图像；(b)水深变化

3)大胜关长江大桥 6#墩

大胜关长江大桥 6#墩冲刷坑整体形态如图 14-13 所示。墩前迎水面纵向最大冲刷范围约 42m,前侧仅为 22m,墩侧最大范围超过 30m；下游冲刷范围为 97m。矩形围堰局部冲刷深度分布不均,墩前和墩侧冲刷剧烈,最大冲刷深度为 10.6m,墩侧和墩后冲刷深度较小,仅为 4.2~5.1m,甚至在墩侧出现淤积现象。在桥墩外侧床面出现强烈的冲刷现象,形成床面冲刷坑,最大冲刷深度分别为 6.9m 和 7.9m,是最大局部冲刷深度的 65%和 75%。水流通过长形桥墩时,束窄效应持续时间更长,强水流对桥墩外侧的床面作用时间更长,产生强烈冲刷。

4)南京长江大桥 8#墩

南京长江大桥 8#墩冲刷坑形态如图 14-14 所示,冲刷坑平面整体形态呈"C"形。迎水面纵向最大冲刷范围约为 29.5m,桥墩外围约 19m 处出现环形冲刷槽,最大冲刷深

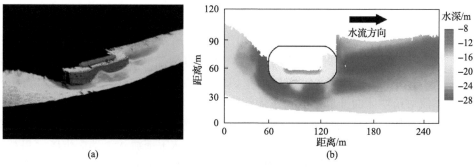

图 14-13　大胜关长江大桥 6# 墩冲刷坑形态

(a)多波束图像；(b)水深变化

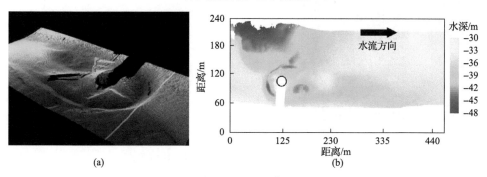

图 14-14　南京长江大桥 8# 墩冲刷坑形态

(a)多波束图像；(b)水深变化

度为 7.6m。最大局部冲刷深度在墩侧，为 4m，距桥墩下游背流面 50～100m 处形成淤积区，其范围有 1800m²，最大淤积高度为 1m。水流携带泥沙离开桥墩背水面时产生尾涡，在桥墩下流区域互相作用，流速减小，使大量泥沙在桥墩下游处落淤。

5）南京长江第二大桥（南汊）南塔墩

南京第二长江大桥（南汊）南塔墩冲刷坑形态如图 14-15 所示，冲刷坑平面整体形态呈"C"形，迎水面纵向冲刷范围 60m，横向最大冲刷范围 24m。由于下降水流和马蹄形漩涡的作用，墩前迎水面及迎水面的下部冲刷较严重，冲刷深度为 15.8～14.8m；桥墩侧面和下游冲刷深度略有减小，分别为 12.2m 和 8.5～9.1m。

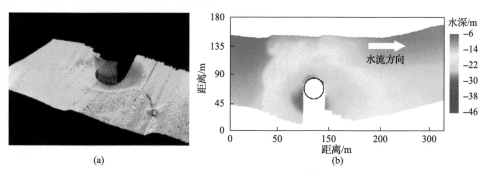

图 14-15　南京长江第二大桥（南汊）南塔墩冲刷坑形态

(a)多波束图像；(b)水深变化

6) 南京长江第四大桥南塔墩

南京第四长江大桥南塔墩冲刷坑形态如图 14-16 所示，桥墩采用哑铃型桩基承台型结构，平面上分为上部、中部和下部三部分。顺流方向冲刷深度分布呈"最深-较浅-渐深"的特点，上游段最大冲刷深度 7.3m；下游段最大冲刷深度为 3.5m。在整体群桩外侧的床面，水流对桥墩床面冲刷形成长条形的床面冲刷坑，最大冲刷深度 3.4m，是最大局部冲刷深度的 47%。由于桥墩承台消能作用及在桥墩中间无桩柱的原因，水流能量在桥墩中部迅速消散，流速变小，冲刷程度较弱；但水流从中部流入下部群桩区，再次产生束窄效应，流速增大致使水流下切力和漩涡淘刷力增大，对下游段产生较强冲刷。

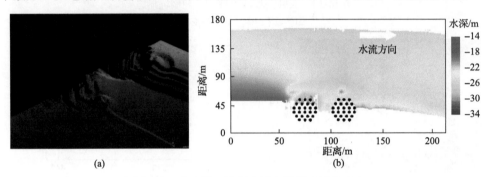

图 14-16　南京长江第四大桥南塔墩冲刷坑形态
(a) 多波束图像；(b) 水深变化

4. 实测桥墩局部冲刷深度

顺流方向各大桥桥墩四周的局部冲刷深度，如图 14-17 所示，最大局部冲刷深度实测数据统计如表 14-2 所示。

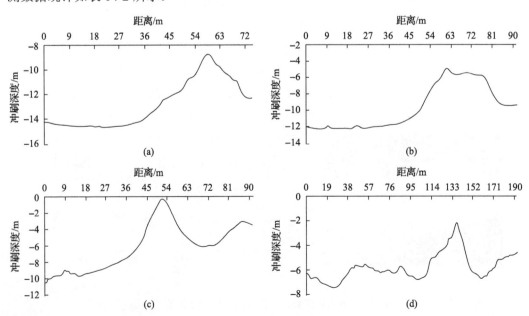

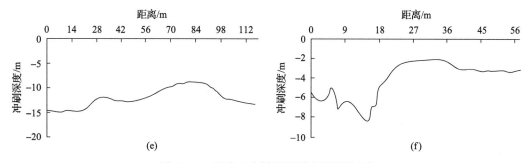

图 14-17　顺流方向桥墩四周冲刷深度变化

(a)铜陵长江大桥 4#墩；(b)芜湖长江大桥 11#墩；(c)大胜关长江大桥 6#墩；(d)南京长江大桥 8#墩；
(e)南京长江第二大桥南塔墩；(f)南京长江第四大桥南塔墩

表 14-2　各桥梁桥墩最大局部冲刷深度实测统计　　　　　　　　　(单位：m)

大桥	最大冲刷深度
铜陵长江大桥	14.6
芜湖长江大桥	12.2
南京长江大桥	7.6
大胜关长江大桥	10.6
南京长江第二大桥	14.8
南京长江第四大桥	7.3

　　从图 14-17 可知，铜陵长江大桥 4#墩的局部冲刷深度为 8.9～14.6m，芜湖长江大桥 11#墩的局部冲刷深度为 4.9～12.2m，大胜关长江大桥 6#墩的局部冲刷深度为 0.3～10.6m，南京长江大桥 8#墩的局部冲刷深度为 2.4～7.6m，南京长江第二大桥南塔墩的局部冲刷深度为 8.8～14.8m，南京长江第四长江大桥南塔墩的局部冲刷深度为 2.2～7.3m。各桥墩四周顺水方向冲刷深度呈递减趋势，其中南京长江第二大桥南塔墩周边冲刷深度变化幅度最小，大胜关长江大桥 6#墩冲刷深度变化幅度最大。

14.3.2　潮流作用下桥墩冲刷

　　长江口潮流界江阴以下河段潮流作用显著，本章以上海长江大桥为例(图 14-18)，研究潮流作用下桥墩冲刷特征。

1. 北港流速及径流量

　　根据 S1 和 S4 两个测点(图 14-19)的洪季和枯季 ADCP 实测数据(图 14-19)，北港基本以落潮优势为主，计算其优势流：优势流=平均落潮历时×平均落潮流速/(平均落潮历时×平均落潮流速+平均涨潮历时×平均涨潮流速)(郭兴杰等，2015)。计算结果如下(表 14-3)，S1 测点洪季和枯季分别为 79.16%和 66.52%；S4 测点洪季和枯季分别为 75.07%和 67.06%，无论洪季还是枯季，北港落潮优势均非常明显。

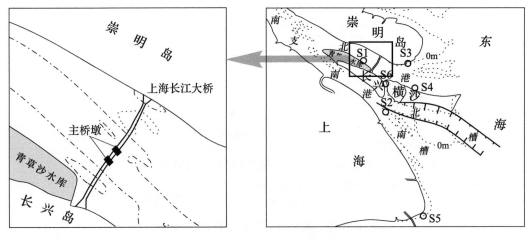

图 14-18　上海长江大桥位置图

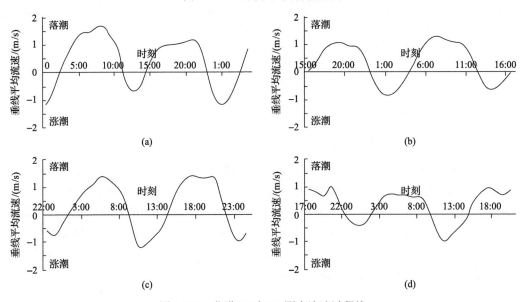

图 14-19　北港 S1 和 S4 测点流速过程线

(a)S1.洪季；(b)S4.洪季；(c)S1.枯季；(d)S4.枯季

表 14-3　北港优势流统计　　　　　　　　　　　　　（单位：%）

	S1	S4
洪季	79.16	75.07
枯季	66.52	67.06

　　S1 测点最大落潮垂线平均流速为 1.60m/s；最小落潮垂线平均流速为 0.09m/s；平均落潮垂线平均流速为 1.11m/s；最大涨潮垂线平均流速为 1.13m/s，最小涨潮垂线平均流速为 0.02m/s，平均涨潮垂线平均流速为 0.62m/s。

　　据大通水文站实测，2014 年 10 月份最大流量为 32100m³/s。

2. 上海长江大桥桥墩区域床面形态特征

上海长江大桥北主墩处沙波区域，以中型尺度沙波为主(图 14-20)，沙波的波长为 12.18~40.82m，平均值为 27.83m；波高为 0.52~1.39m，平均值为 0.97m；沙波指数为 15.04~46.57，平均值为 29.80。

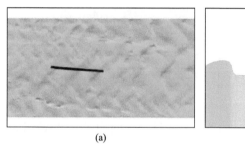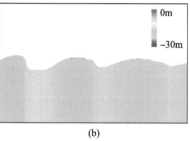

(a) (b)

图 14-20 上海长江大桥处沙波示意图

(a)多波束图像；(b)沙波剖面形态

3. 上海长江大桥桥墩冲刷坑形态

上海长江大桥南、北主桥墩冲刷坑形态如图 14-21 和图 14-22 所示。在潮汐、径流双向流作用下南、北主墩最大冲刷深度为 2.7m 和 4.2m，桥墩群桩间局部冲刷形态呈现上游段冲刷较深，下游段冲刷较浅的特征；群桩上、下游两端冲深 1~2m；在群桩局部冲刷坑外侧床面发生剧烈冲刷，形成床面冲刷坑，冲刷坑宽度约为 50m，距离桥墩 25m 处达到最大冲刷深度 2.6~6.5m。冲刷坑在桥墩两侧沿上下游方向渐窄延伸，形成长约为 300m 的长条形冲刷槽，且向下游延伸长度约为上游的 2 倍，强潮水流作用下形成了具有明显上下游不对称特征的冲刷地貌。

在群桩外侧四角形成不同程度的局部淤积堆高，北主墩最高淤积幅度为 3.2m，南主墩最高淤积幅度为 6.5m。在桥墩上、下游方向处形成延绵的长沙丘，上游段长约 64m，下游段长约 95m；而产生泥沙堆积床面的水流离开群桩时产生的尾涡相汇，水流能量消散较快，使大量泥沙落淤。

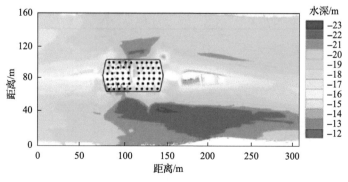

图 14-21 上海长江大桥北主墩冲刷坑形态

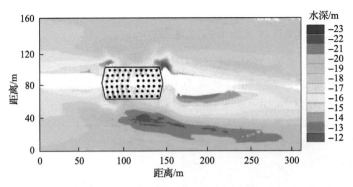

图 14-22　上海长江大桥南主墩冲刷坑形态

　　在落潮优势的双向流作用下，桥墩两侧形成了中间宽，向下游延伸并逐渐缩窄的冲刷槽，桥墩两端形成了上游短、下游长的条形淤积区，共同构成了"双肾"形冲刷地貌。

4. 上海长江大桥桥墩局部冲刷深度

　　为方便描述，对上海长江大桥主墩桩柱自上游向下游方向编号，如图 14-23。

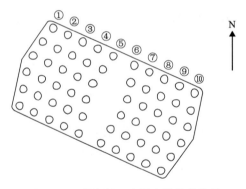

图 14-23　上海长江大桥主墩桩柱编号

　　南、北主墩群桩顺水向冲刷呈"上游最深、中部淤积、下游渐深"的基本形态(图 14-24)，南、北主桥墩现阶段最大局部冲刷深度分别为 2.7m 和 4.2m，部分桩柱出现淤高 2.3m。

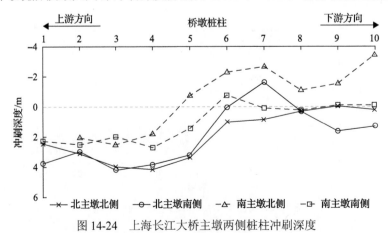

图 14-24　上海长江大桥主墩两侧桩柱冲刷深度

最大冲深区均出现于落潮迎流面第 3 桩柱附近,在第 5~7 桩柱附近形成较明显的突变淤积,并在桥墩中间偏后出现最高淤积区,这是群桩基础的消能作用所致,涨、落潮水流流至群桩中部时流速大幅度减小,致使水流挟沙力减弱,在桥墩中部形成淤积区。接着在第 8 和第 9 墩柱附近出现渐深冲刷区,在涨潮时段桥墩下游成为迎流面,故在下游段产生明显的冲刷,但深度不及上游段,下游段的平均冲刷深度仅为上游段的 4.5%~14.3%(表 14-4)。这种差异的形成与大桥附近的潮流特征有关,北港潮汐为非正规浅海半日潮,潮流落潮优势明显,落潮时段的水流作用时间和最大流速均大于涨潮时段,故导致了桥墩局部冲刷深度上游段远大于下游段的不对称形态。

表 14-4 上海长江大桥主墩桩柱上、下游段平均冲刷深度

桥墩		上游段/m	下游段/m	比值/%
北主墩	北侧	3.4	0.5	14.3
	南侧	3.6	0.3	15.1
南主墩	北侧	1.4	−2.2	—
	南侧	2.2	0.1	4.5

注:—表示淤积

5. 上海长江大桥桥墩南北侧冲刷坑差异

一般情况下,桥墩布置通常选择中轴线与水流平行的方向,但在实际施工中,除桥梁自身跨度大外,还受地形、底质等天然因素及河势演变导致的流向变化等影响,墩前来流与桥墩轴线会存在夹角,即来流入射角(孙晨,2008; 王晨阳和张华庆,2014)。根据ADCP 实测流速数据,大桥附近落潮平均流向为 122°,涨潮平均流向为 310°,落潮时存在 10°的入射角,且往南偏,如图 14-25 所示。入射角使桥墩南侧也成为实际迎流面,同时增加了桥墩的有效阻水宽度,致使桥墩两侧出现不对称的局部冲刷形态,桥墩周围冲刷形态随入射角向南偏移,最终使得桥墩南侧的冲刷程度大于北侧。

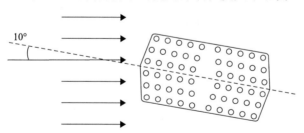

图 14-25 上海长江大桥主墩落潮时水流入射角

桥墩两侧"双肾"形冲刷坑冲刷程度并非对称,如表 14-5 冲刷坑统计数据所示,南、北主墩北侧冲刷坑的最大冲刷深度分别为南侧的 71.5%和 67.8%,说明 10°入射角导致最大冲刷深度增加幅度在 30%以下。主墩冲刷坑冲深 2m 范围南侧略大于北侧,但是冲深3m 范围南侧是北侧的 10 倍;南主墩冲深 2m 范围南侧是北侧的 5 倍,且北侧不存在冲深 3m 的范围。

表 14-5　上海长江大桥南、北主墩冲刷坑统计

冲刷坑		最大冲刷深度/m	冲深 2m 范围/m²	冲深 3m 范围/m²
北主墩	北侧	4.6	15980	1895
	南侧	6.4	16800	11030
南主墩	北侧	2.84	2164	0
	南侧	4.2	9666	3038

14.3.3　长江感潮河段桥墩冲刷特征分析

1. 桥墩冲刷坑形态特征

1) 径流作用下桥墩冲刷坑形态

径流作用下的各大桥桥墩冲刷坑形态因桥墩结构略有不同: 圆形围堰墩基础(铜陵长江大桥、芜湖长江大桥、南京长江大桥和南京长江第二大桥)冲刷坑形态以桥墩为中心,向外辐射, 辐射半径为围堰直径的 1~2 倍, 冲刷坑边缘清晰, 冲刷坑深度自上游向下游方向逐渐减小, 墩前和墩前侧冲刷较严重, 墩后冲刷深度较浅, 在桥墩下游方向床面难以形成淤积, 整体形态如 "C" 形。桩基承台桥墩(南京长江第四大桥)冲刷坑上游段冲刷深度大于下游段冲刷深度。水流从桩柱间穿过, 由于桩柱消能作用, 流速沿程减缓, 导致下游段冲刷程度弱于上游段。

对于长矩形桥墩基础(大胜关长江大桥、南京长江第四大桥和上海长江大桥)冲刷坑形态除了在桥墩处局部冲刷坑以外, 在局部冲刷坑外侧还存在水流与桥墩整体作用形成的床面冲刷坑, 最大冲刷深度为最大局部冲刷深度的 47%~155%。

2) 潮流作用下桥墩冲刷坑形态

与径流作用下桥墩冲刷形态不同, 潮流下桩基承台墩冲刷形态呈 "双肾" 形, 符合以往物理模型实验中冲刷坑形态的一般特征(彭可可和文方针, 2012; 陶静等, 2009; 王建平等, 2014), 桥墩上、下游面均受到水流冲刷, 整体冲刷形态以桥墩中轴线上下游对称; 桥墩外侧发生强烈的床面冲刷, 形成床面冲刷坑, 以往物理模型未能体现这一特征。

2. 桥墩局部冲刷深度

桥墩局部冲刷实测数据统计如表 14-6 所示。

表 14-6　桥墩结构与局部冲刷深度统计　　　　　　　　(单位: m)

大桥	桥墩规格	桥墩形状	水流形态	水深	最大冲刷深度
铜陵长江大桥	圆形围堰 Φ31m	圆形	径流	25.4	14.6
芜湖长江大桥	圆形围堰 Φ30.5m	圆形	径流	24.9	12.2
南京长江大桥	圆形围堰 Φ21.9m	圆形	径流	17.6	7.6
南京长江第二大桥	圆形围堰 Φ36m	圆形	径流	34.8	14.8
大胜关长江大桥	圆头矩柱形围堰 38.2m×80.2m	长矩形	径流	25.9	10.6
南京长江第四大桥	桩基承台结构 32m×78m	长矩形	径流	19	7.3
上海长江大桥	桩基承台结构 37m×72m	长矩形	潮流	17.6	4.2

径流作用下,铜陵长江大桥 4#墩、芜湖长江大桥 11#墩和南京长江第二大桥(南汉)南塔墩均处河道深泓区,水流较强,其局部冲刷较强,最大冲刷深度分别为 14.6m、12.2m 和 14.8m;大胜关长江大桥 6#墩、南京长江大桥 8#墩和南京长江第四大桥南塔墩均处浅水区,水流较缓,其局部冲刷深度较小,最大局部冲刷深度分别为 10.6m、7.6m 和 7.3m。

径流作用下,桥墩最大局部冲刷深度与桥墩结构密切相关,大形围堰结构基础(铜陵长江大桥、芜湖长江大桥、大胜关长江大桥、南京长江大桥和南京长江第二大桥)的最大局部冲刷深度要大于桩基承台结构(南京长江第四大桥)的最大局部冲刷深度。分析其原因:围堰桥墩基础阻水断面较大,水流无法穿透围堰结构,使桥墩两侧绕流和墩前下降流的流速大大增加,桥墩附近水动力得到增强,使床面冲刷更为强烈。而桩基承台桥墩,由于桩柱间存在过水通道,水流可以在桩柱间穿流而过,减缓了群桩前雍水程度,水动力得到有限加强,冲刷深度弱于前者。

潮流作用下桥墩的最大局部冲刷深度小于径流作用下桥墩的最大局部冲刷深度。南京长江第四大桥与上海长江大桥的桥墩都采用桩基承台结构,前者实测最大冲刷深度大于后者实测桥墩最大局部冲刷深度。与单径流相比,潮流有双向供沙与冲刷时间短的特点。在涨、落潮往复水流作用下,使桥墩冲刷坑的上、下游都有大量泥沙供给,另外在涨、落憩时,流速较小,为泥沙落淤提供了条件,从而导致冲刷深度较小,与前人研究结果一致(Nakagawa and Suzuki, 1976; 韩玉芳等, 2004)。

14.4　桥墩局部冲刷深度计算与分析

本节选用我国较为常用、新型桥墩局部冲刷计算公式进行计算,并与实测值最对比,为各大桥桥墩的安全设计及后期防护提供一定的参考。

14.4.1　桥墩局部冲刷深度计算方法

选用《公路工程水文勘测设计规范》(JTG C30—2002)(以下简称“规范”)推荐的 65-2 计算公式、65-1 修正计算公式计算潮流、径流作用下桥墩局部冲刷深度。在潮流作用下上海长江大桥桥墩附近发现有沙波地形出现,因此加入王冬梅等(2012)的沙波改进式计算。将上述公式计算值与实测值进行比较,综合评价各公式的适应性。

1. 65-2 计算公式

65-2 计算公式如下:

$$h_b = k_\zeta k_{\eta 2} B_1^{0.6} h_p^{0.15} \left(\frac{v - v_0'}{v_0} \right)^{n_2} \tag{14-1}$$

其中,

$$k_{\eta 2} = \frac{0.0023}{d^{-2.2}} + 0.375 d^{-0.24}$$

$$n_2 = \left(\frac{v_0}{v}\right)^{0.23+0.19\lg\overline{d}}$$

$$v_0 = 0.28\left(\overline{d} + 0.7\right)^{0.5}$$

$$v_0' = 0.12\left(\overline{d} + 0.5\right)^{0.55}$$

式中，h_b 为局部冲深深度；k_ζ 为墩形系数；B_1 为桥墩计算宽度；h_p 为最大水深；$\overline{d}$ 为床面泥沙平均粒径，本次计算中取中值粒径；k_{n2} 为河床颗粒影响系数；v 为墩前行进流速；v_0 为床面泥沙起动流速；v_0' 为墩前床面泥沙起动流速；n_2 为指数。

2. 65-1 修正计算公式

65-1 修正计算公式如下：

$$h_b = k_\zeta k_{\eta 1} B_1^{0.6}\left(v - v_0'\right)\left(\frac{v - v_0'}{v_0 - v_0'}\right)^{n_1} \tag{14-2}$$

其中，

$$k_{\eta 1} = 0.8\left(\frac{1}{d^{-0.45}} + \frac{1}{d^{-0.15}}\right)$$

$$n_1 = \left(\frac{v_0}{v}\right)^{0.25 d^{-0.19}}$$

$$v_0 = 0.024\left(\frac{h_p}{\overline{d}}\right)^{0.14}\sqrt{332\overline{d} + \frac{10 + h_p}{d^{-0.72}}}$$

$$v_0' = 0.462\left(\frac{\overline{d}}{B_1}\right)^{0.06} v_0$$

式中，h_b 为局部冲深深度；k_ζ 为墩形系数；B_1 为桥墩计算宽度；h_p 为最大水深；$\overline{d}$ 为床面泥沙平均粒径，本次计算中取中值粒径；$k_{\eta 1}$ 为河床颗粒影响系数；v 为墩前行进流速；v_0 为床面泥沙起动流速；v_0' 为墩前床面泥沙起动流速；n_1 为指数。

3. 基于沙波起动速度的桥墩局部冲刷改进计算公式

在潮流作用下沙波地区，王冬梅等（2012）通过修改 65-1 修正计算公式，用沙波起动速度代替"平床"假定桥墩局部冲刷公式中单颗粒泥沙颗粒起动速度，显著提高潮流作用下沙波区桥墩局部冲刷的计算精度，沙波改进公式如下：

$$h_b = k_\zeta k_{\eta 1} B_1^{0.6} (v - C_0') \left(\frac{v - C_0'}{C_0 - C_0'} \right)^{n_1} \tag{14-3}$$

$$n_1 = \left(\frac{C_0}{v} \right)^{0.25 d^{-0.19}}$$

$$C_0 = 1.4 v_0$$

$$C_0' = 0.462 \left(\frac{\overline{d}}{B_1} \right)^{0.06} C_0$$

式中，h_b 为局部冲深深度；k_ζ 为墩形系数；B_1 为桥墩计算宽度；$\overline{d}$ 为床面泥沙平均粒径，本次计算中取中值粒径；$k_{\eta 1}$ 为河床颗粒影响系数；v 为墩前行进流速；v_0 为床面泥沙起动流速；C_0 为床面泥沙起动流速；C_0' 为墩前床面泥沙起动流速；n_1 为指数。

4. 基于推移质起动流速的桥墩局部冲刷深度改进计算公式

沙波运动是推移质颗粒集体运动的表现形式(钱宁, 1983)，故推移质运动速度一定程度反映沙波运动速度。在沙波改进式中，用推移质起动流速 u_0 代替由经验公式计算得到沙波整体起动流速 C_0，以期提高计算公式的准确性。如前所述，通过 ADCP 底跟踪功能，对北港推移质运动进行观测，根据推移质运动速度与流速相关性，估算推移质起动流速 u_0，本节将其带入沙波改进式[式(14-4)]，得到针对潮流作用下沙波区桥墩局部冲刷深度计算改进式：

$$h_b = k_\zeta k_{\eta 1} B_1^{0.6} (v - u_0') \left(\frac{v - u_0'}{u_0 - u_0'} \right)^{n_1} \tag{14-4}$$

$$n_1 = \left(\frac{u_0}{v} \right)^{0.25 d^{-0.19}}$$

$$u_0' = 0.462 \left(\frac{\overline{d}}{B_1} \right)^{0.06} u_0$$

式中，h_b 为局部冲深深度；k_ζ 为墩形系数；B_1 为桥墩计算宽度；$\overline{d}$ 为床面泥沙平均粒径，本次计算中取中值粒径；$k_{\eta 1}$ 为河床颗粒影响系数；v 为墩前行进流速；u_0 为床面泥沙起动流速；u_0' 为墩前床面泥沙起动流速；n_1 为指数。

14.4.2　径流作用下桥墩局部冲刷计算与分析

运用《规范》推荐 65-2 计算公式和 65-1 修正计算公式计算径流作用下桥墩局部冲刷深度，选取各参数如表 14-7 所示。

表 14-7 径流作用下桥墩局部冲刷公式参数

大桥	h_p /m	v /(m/s)	$\bar{d}$ /mm	k_ζ
铜陵长江大桥	25.4	1.30	0.172*	1
芜湖长江大桥	24.9	1.26	0.200*	1
大胜关长江大桥	17.6	1.20	0.222*	0.98
南京长江大桥	34.8	1.26	0.180*	1
南京长江第二大桥	25.9	1.23	0.198*	1
南京长江第四大桥	19.0	1.26	0.194	1.57

*数据来自文献资料(余云杰和童任华, 1980; 曾宪武等, 1998; 郑大为等, 2007; 罗向欣, 2013; 王国民, 2014)

65-2 计算公式和 65-1 修正计算公式计算桥墩局部冲刷深度如表 14-8 所示, 两者计算结果较接近, 铜陵长江大桥的计算结果之间相差 2.6m; 芜湖长江大桥的计算结果之间相差 1.6m; 大胜关长江大桥的计算结果之间相差 1.5m; 南京长江大桥的计算结果之间相差 4.9m; 南京长江第二大桥的计算结果之间相差 3.9m; 南京长江第四大桥的计算结果之间相差 0.7m。

表 14-8 径流作用下桥墩局部冲刷深度计算值与实测值

大桥	水深/m	墩前流速/(m/s)	计算值/m		实测值/m
			65-2 式	65-1 修正式	
铜陵长江大桥	25.4	1.3	17.4	14.8	14.6
芜湖长江大桥	24.9	1.26	15.3	13.7	12.2
大胜关长江大桥	17.6	1.2	14.5	13.0	10.6
南京长江大桥	34.8	1.26	11.5	6.6	7.6
南京长江第二大桥	25.9	1.23	16.4	12.5	14.8
南京长江第四大桥	19	1.26	5.9	5.2	7.3

65-2 计算公式和 65-1 修正计算公式计算桥墩局部冲刷深度与实测值进行对比(图 14-26), 发现径流作用下 65-2 计算公式和 65-1 修正计算公式的计算冲刷深度变化与实测值变化趋势是一致的, 但是两者计算结果整体偏大于实测值, 分析其原因, 国内公式在制定过程中, 结合了实测资料与大量实验室资料, 为考虑工程安全, 往往在设置条件时偏向保守, 使得计算值比实测偏大。65-1 修正计算公式相对比较成熟, 其计算结果最接近实测值, 较为合理。

将 65-2 计算公式和 65-1 修正计算公式的计算结果进行误差分析(表 14-9), 65-1 修正计算公式的计算值与实测值的误差在 15%以内的数据占总量的 57.14%, 误差在 30%以内的数据占总量的 71.43%; 65-2 计算公式的计算结果较差, 计算值与实测值的误差在 15%以内的数据占总量 14.29%, 误差在 30%以内的数据站 57.14%。65-1 修正计算公式要明显优于 65-2 计算公式。

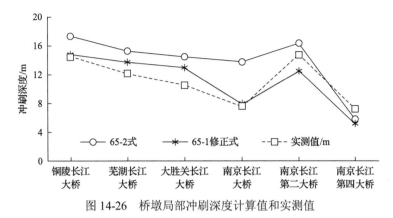

图 14-26　桥墩局部冲刷深度计算值和实测值

表 14-9　65-2 计算公式、65-1 修正计算公式的计算结果误差分析表　（单位：%）

公式	E15%	E30%	平均误差
65-2 计算公式	14.29	57.14	41.62
65-1 修正计算公式	57.14	71.43	45.40

注：E15%是指误差小于 15%的比率，E30%是指误差小于 30%的比率

14.4.3　潮流作用下桥墩局部冲刷深度计算与分析

采用 65-2 计算公式、65-1 修正计算公式、沙波改进式和推移质改进式计算潮流作用下上海长江大桥主墩基础的局部冲刷深度，墩前水深取桥位处最大水深，流速取全潮最大流速，如表 14-10 所示。

表 14-10　潮流作用下桥墩局部冲刷公式参数

大桥	h_p /m	v /(m/s)	$\bar{d}$ /mm	k_ζ
上海长江大桥	17.6	1.6	0.160	1.822

上海长江大桥主墩最大冲刷深度计算结果如表 14-11，65-2 计算公式、65-1 修正计算公式与沙波改进式的计算值为 9.2m、12.4m 和 10.2m，均与实测值有较大偏差，推移质改进式计算结果为 7.7m，最接近实测值。

表 14-11　潮流作用下桥墩局部冲刷计算值与实测值

最大水深/m	最大流速/(m/s)	计算值/m				实测值/m
		65-2 计算公式	65-1 修正计算公式	沙波改进式	推移质改进式	
17.6	1.6	9.2	12.4	10.2	7.7	4.2

采用现《规范》推荐的桥墩局部冲刷公式 65-2 计算公式、65-1 修正计算公式计算潮流作用下桥墩冲刷深度结果偏差较大，传统用于径流下的计算公式在潮流作用下的桥墩局部冲刷应用存在较大局限性。沙波改进式基于 65-1 计算公式针对潮流作用下沙波区域桥墩建立，故偏差有所减小。利用实测方法估算推移质起动流速计算的推移质改进式的计算值比上述公式计算值更接近于实测值，该公式对潮流作用下沙波区域的桥墩冲刷预测具

有一定的参考价值。

14.4.4 基于推移质起动流速的桥墩局部冲刷深度计算公式改进公式

利用 65-2 计算公式和 65-1 修正计算公式计算径流作用下围堰型桥墩的局部冲刷深度，两者计算结果较实测值均偏大，其中 65-1 修正计算公式计算结果更接近实测值。但对新型桥墩进行计算时，如径流作用下南京长江第四大桥的桩基承台结构，配合《规范》的墩形系数表计算结果整体偏小。65-2 计算公式和 65-1 修正计算公式对潮流作用下桥墩冲刷深度的计算结果偏差较大，传统计算公式在计算潮流作用下的桥墩局部冲刷深度时存在较大局限性。

提出了使用推移质起动流速代替沙波整体起动流速的潮流作用下沙波区域的桥墩局部冲刷深度改进公式。

利用 65-2 计算公式、65-1 修正计算公式、沙波改进式和本章提出的推移质改进式计算潮流作用下沙波区域桥墩局部冲刷深度，其中推移质改进式计算结果更接近实测值，可以提高潮流作用下沙波区域桥墩局部冲刷深度计算公式的精度，为安全设计桥墩基础提供一定的参考价值。

14.5 重大水利工程对长江感潮河段桥墩冲刷的影响分析

随着国家日益强盛，重大水利工程在长江流域不断涌现，如三峡大坝工程、溪洛渡水电站工程、南水北调工程以及沿江护岸工程，这些重大水利工程大量截留泥沙，改变长江中下游泥沙条件。特别是三峡大坝工程，自 2003 年蓄水以来，大通输沙量相比蓄水前减少了 65%（卢金友等，2011），对下游河段河槽演变产生一定影响。

本章选取三峡大坝为典型重大水利工程，根据航行图和海图资料，选择其断水之际 2003 年之前的 1998 年和之后的 2013 年分别代表重大水利工程前后的代表年份，分析重大水利工程对长江感潮河段桥墩冲刷的影响。根据 1998 年和 2013 年长江下游大通-吴淞口航行图以及长江口北港 2002 年、2008 年和 2012 年海图，进行桥墩所在河段河床冲淤状态分析，将床面冲刷分为弱、中和强三级冲刷程度，冲深 3m 以下为弱冲刷，冲深 4~6m 为中等冲刷，冲深 7m 以上为强冲刷。

14.5.1 铜陵长江大桥

铜陵长江大桥位于安徽铜陵市境内，在羊山矶下游，处铜陵羊山矶—成德洲河段，长约 8km。桥址江面宽度仅为 1100m，水深 40~50m，平均流量 8000m³/s，历史最大流量 93000m³/s，最大流速 3.5m/s（陈明宪，1994）。桥位处河槽呈"V"形，主河槽偏右侧（图 14-27），水流从上游经过羊山矶贴右岸下行，在横港分流，主流折向对面右岸的北埂进入承德洲左汊，次流则继续贴右岸进入成德州右汊。

1. 大桥所在河段等深线变化特征

该河段右岸均为山丘阶地，河势基本受其控制，为单一河槽。该河段近百年来岸线

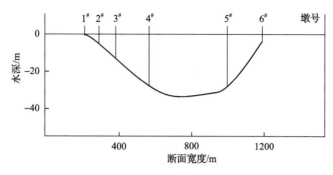

图 14-27 铜陵长江大桥河床横断面示意图（长江航道局，2013）

变化不大（刘效尧和顾克明，1992）。历史上分流点上提后又下移，1976～1986 年，横港分流点上提 1.6km，分流角增大；1986～1991 年，分流点下移 150m；1991～2001 年，横港分流点累计下移 1.45km（管丽萍等，2006）。根据 1998 年和 2013 年航行图绘制铜陵长江大桥附近河段等深线图（图 14-28），从平面形态上来看，铜陵长江大桥河段河槽发生明显冲刷，大桥上游左岸–10m 等深线左移，大桥下游–10m 等深线由弯曲冲为顺直，所测 4# 墩附近–10m 等深线向左岸偏移；成德洲岸线受冲崩退约 760m，洲头 0m、–5m 和–10m 等深线持续受冲后退约 720m。

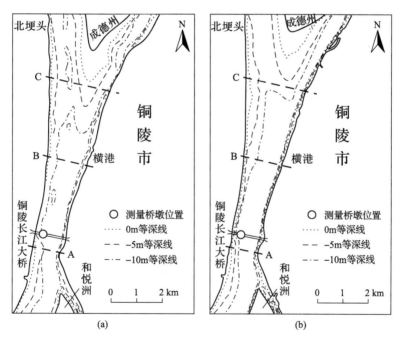

图 14-28 铜陵长江大桥河段河势图

(a) 1998 年；(b) 2013 年

2. 大桥所在河段河槽横断面变化特征

1998 年与 2013 年大桥所在河段各断面水深变化如图 14-29 所示，A 断面河槽以左冲右淤为主，冲淤幅度不大，深水槽高程最低处冲深 2m[图 14-29(a)]。B 断面河槽右侧冲深，高程最低处冲深 4m，深水槽位置左移，紧逼左岸[图 14-29(b)]。因成德洲洲头受冲崩退，C 断面河槽面积大幅增加，整体表现为左淤右冲，左岸边滩淤涨，左侧深水槽淤高约 1m，右侧深水槽刷深约 2m[图 14-29(c)]。

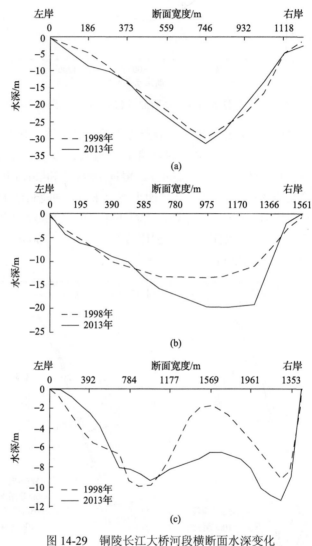

图 14-29　铜陵长江大桥河段横断面水深变化

(a)A 断面；(b)B 断面；(c)C 断面

从各断面水深变化来看，1998～2013 年铜陵长江公路大桥上游因羊山矶节点控制，岸线较为稳定，床面冲刷程度较小。大桥下游成德洲洲头受冲崩退，河床以纵向冲刷为主。大桥河段河势基本稳定，桥墩所在床面整体呈冲刷趋势，4#、5#墩附近床面平均冲深 1.7m。

14.5.2　芜湖长江大桥

芜湖长江大桥位于安徽省及巢湖市境内，广福矶下游 650m，处芜湖河段下段，主槽偏右(图 14-30)，桥位处河宽为 2.1km。该河段上段弯曲，中段顺直并逐渐展宽，下段为分汊河段，下游顺列浅洲、曹姑洲和陈家洲。20 世纪 70 年代，陈家洲左缘不断淤积扩张，曹姑洲的汊道内淤涨出一新洲，最终两洲合并；80 年代中期，随着曹姑洲头不断冲刷后退，在上游前沿淤长出一新浅洲，并逐年淤涨壮大(武荣，2014)。

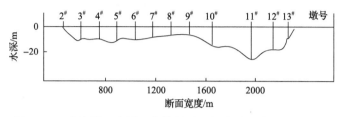

图 14-30　芜湖长江大桥河床横断面示意图(长江航道局，2013)

1. 大桥所在河段等深线变化特征

根据 1998 年与 2013 年航行图绘制芜湖长江大桥附近河段等深线图，如图 14-31 所示，大桥上游–5m 等深线变化不大，–10m 等深线向左岸偏移，浅洲前沿 0m、–5m 和–10m 等深线因冲刷出现不同程度下移，–0m 等深线累计后退约 800m，浅洲左汊内–5m 等深线上提，–10m 深槽下移，左侧桥墩床面冲刷严重。浅洲右缘淤涨，–10m 深槽变窄。浅洲洲尾随着曹姑洲前沿的崩退而向下游淤长，并向浅洲左缘一侧冲刷扩张，曹姑洲持续冲刷收缩，向陈家洲并靠。

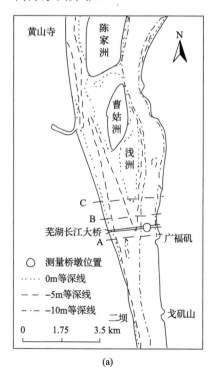
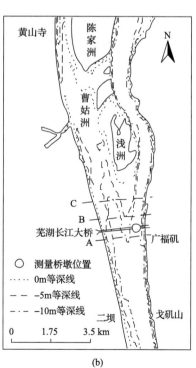

(a)　　　　　　　　　　　　(b)

图 14-31　芜湖长江大桥河段河势图

(a)1998 年；(b)2013 年

2. 大桥所在河段河槽横断面变化特征

1998 年与 2013 年各断面水深变化如图 14-32 所示，桥墩上游 A 断面河槽左侧冲深 3m，右侧冲深 3.6m，河槽面积变大。B 断面河槽左侧冲深 5m，右侧冲深 1.6m。C 断面右汊河槽形态向窄深形式发展，冲深 4.2m，左汊河槽变宽且冲深 5.2m。

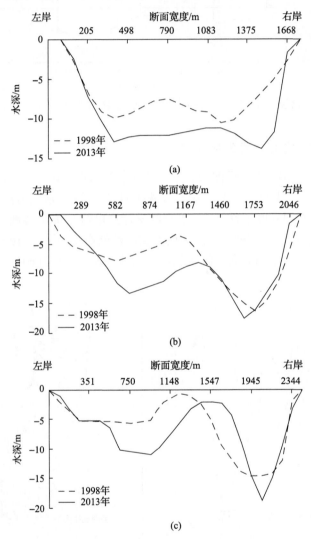

图 14-32　芜湖大桥河段横断面水深变化
(a) A 断面；(b) B 断面；(c) C 断面

1998～2013 年，芜湖长江大桥河段上游河道顺直，河势较为稳定，床面变化以中等冲刷为主，大桥下游分汊河段，浅洲洲头受冲崩退，左右汊河槽均受冲变深，左汊向右偏移。该河段河势基本稳定，浅洲与曹姑洲位置继续调整，河床以纵向冲刷为主，桥位河槽整体呈冲刷趋势，桥墩附近河床最大冲深 4.2m，4#～12#墩附近河床平均冲深 3.4m。

14.5.3　大胜关长江大桥

大胜关长江大桥位于南京市境内,上游距潜洲约 4km,下游距梅子洲约 3km,处南京河段下三山束窄段,是上下两汊道过渡段。桥址断面江宽为 1.4km,河道顺直,水下河床断面形态呈不对称"V"形,深水槽靠近右岸,江底狭窄,右岸坡陡直,左岸坡较缓(图 14-33)。

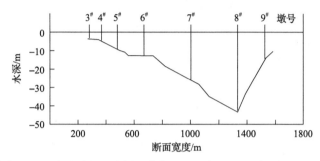

图 14-33　大胜关长江大桥河床横断面示意图(长江航道局, 2013)

1. 大桥所在河段等深线变化特征

历史上该河段曾有较大的变化,左岸上游冲刷下游淤积,右岸上游淤积下游冲刷,桥位岸线基本稳定。通过 1997 年与 2013 年大胜关长江大桥河段河势图(图 14-34)可知,大桥上游随着潜洲淤涨,其右汊束窄发生冲刷,–5m 等深线消失。同时,河道右侧发生冲刷,–10m 等深线紧逼右岸。河道左侧的–5m 等深线受冲左移,但在下游,河道微弯,左侧凸岸略有淤积,–5m 和–10m 等深线右移。梅子洲左汊河槽发生冲刷,–5m 和–10m 等深线向两侧偏移。桥位区域总体上左岸表现为微淤,右岸微冲,–10m 等深线没有较大的变化,桥位河段河势相对稳定。

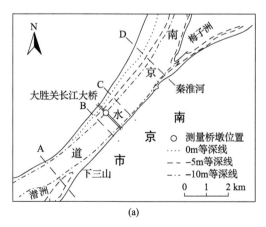
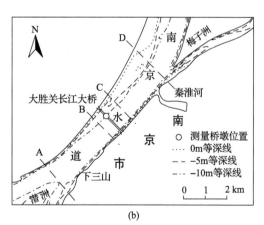

图 14-34　大胜关长江大桥河段河势图

(a)1998 年; (b)2013 年

2. 大桥所在河段河槽断面变化特征

图 14-35 为 1998～2013 年大胜关长江大桥河段断面深度变化情况。通过图 14-35(a)可知，由于潜洲洲尾淤积扩张，使 2013 年断面呈现两个深水槽，左侧深水槽束窄受冲，位置向左岸偏移，右侧河槽也发生冲刷，冲刷深度分别为 3m 和 10m。通过图 14-35(b)和图 14-35(c)可知，深水槽的位置向右岸偏移，且冲刷程度较大，河槽最深处分别冲深约 8m。通过图 14-35(d)可知，D 断面深水槽变宽变深，左侧近岸处边滩淤宽。

由于七坝、大胜关等护岸工程(屈贵贤等，2008; 郑大为等，2007)控制作用，1998～2013 年该河段岸线较为稳定，但由于三峡工程使上游来沙大量减少，河槽冲刷趋势明显，大胜关长江大桥附近河槽纵向冲刷为主，上游段凹岸冲刷，右岸坡变陡，下游段凸岸淤积，–10m 等深线淤积，深水槽冲深变宽。大桥左侧桥墩河床附近床面冲淤变化不明显，右侧 7#、8# 和 9# 墩处河床最大冲深 8m。

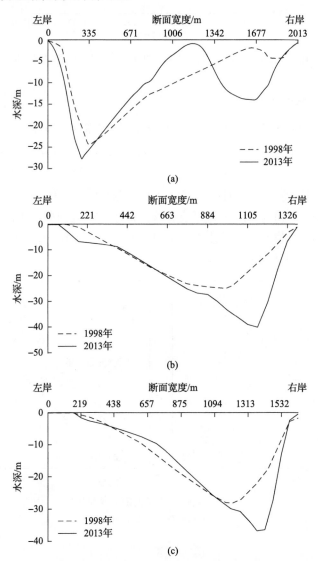

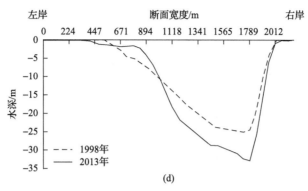

图 14-35 大胜关长江大桥河段横断面水深变化

(a)A 断面；(b)B 断面；(c)C 断面；(d)D 断面

14.5.4 南京长江大桥

南京长江大桥位于南京市境内，处南京河段浦口下关束窄微弯段。大桥上游距新潜洲 3.4km，下游距八卦洲约 4km；桥位断面江宽为 1.2km，河道顺直，水下河床断面形态呈 "V" 形，深水槽靠近右岸，左岸坡较平顺，右岸较陡(图 14-36)。该河段是梅子洲汊道汇流区，河势变化主要取决于上游潜洲的演变，而潜洲的演变则取决于下三山至梅子洲洲尾干流和主汊的演变(潘宝雄，1993)。

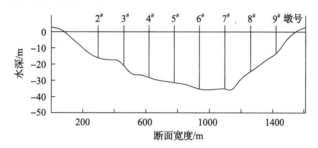

图 14-36 南京长江大桥河床横断面示意图(长江航道局, 2013)

1. 大桥所在河段等深线变化特征

南京长江大桥位于南京下关、浦口河段，是南京河段重要节点，该河段历上多次出现崩岸(燕京和徐熙荣，2007)，自 20 世纪 50 年代后，针对上游梅子洲主流转向区域的河岸进行了加固工程，控制主流，同时在浦口下关河段兴建沉排护岸工程，提高了该河段两岸抗冲能力，60 年代后进行抛石加固，该河段河势趋于稳定。从桥址 1998 年与 2013 年河势图上可以看出(图 14-37)，桥位处左侧 0m、–5m 和–10m 等深线略微向凹岸左移；右侧凸岸–10m 等深线有外移趋势，8# 和 9# 墩附近河床呈淤积趋势。

2. 大桥所在河段河槽断面变化特征

从图 14-38 可以看出，大桥所在河段各断面深水槽受冲变深。A 断面位于潜洲洲尾，左、右河槽均发生冲刷，分别冲深 4m 和 4.5m[图 14-38(a)]。B、C 断面位于南

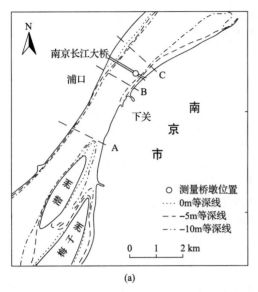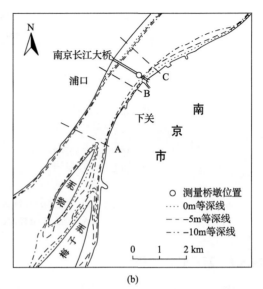

图 14-37 南京长江大桥附近河势图

(a) 1998 年；(b) 2013 年

京长江大桥上、下游，处弯曲河段，B 断面左侧凹岸轻微冲刷，冲深 1~2m，右侧凸岸淤积，河槽向左偏移 [图 14-38(b)]；C 断面左岸冲刷较为严重，右岸变化趋势不明显，深水槽最大冲深 1.6m [图 14-38(c)]。

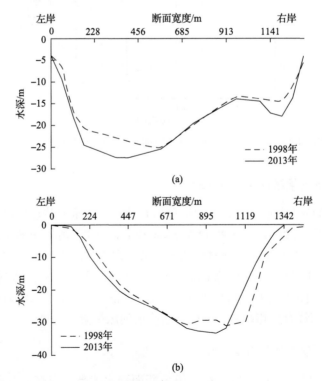

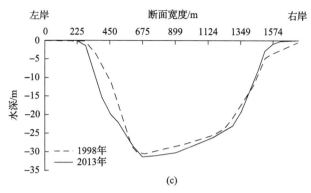

图 14-38　南京长江大桥河段横断面水深变化

(a)A 断面；(b)B 断面；(c)C 断面

由于两岸护岸工程的控制作用，1998~2013 年南京长江大桥河段河势较为稳定，河槽床面纵向上冲淤变化不明显，左侧凹岸发生轻微冲刷，右侧凸岸发生淤积。大桥 2#、3#、4#、5#墩附近床面平均冲深 2.2m，6#和 7#墩附近床面平均冲深 2.8m。

14.5.5　南京长江第二大桥(南汊)

南京长江第二大桥(南汉)位于南京八卦洲右汉道，汉道全长约 11.5km，上游距离八卦洲头约 6.5km，下游距离新生圩港 1.4km。河道顺直微弯，桥位江面宽约 1.6km，桥位横断面北深南浅，主河槽紧贴北岸(图 14-39)。

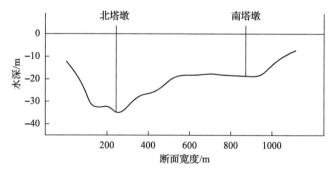

图 14-39　南京长江第二大桥(南汉)河床横断面示意图(长江航道局，2013)

1. 大桥所在河段等深线变化特征

20 世纪 80 年代之前随着八卦洲崩退，使左汉进口条件恶化，加速了右汉发展，分流比从 20%逐渐上升到 80%，右汉从支汉演变为主汉(燕京和徐熙荣，2007)。到了 80 年代，在八卦洲头和左、右缘进行护岸工程，洲头形成鱼嘴后，控制了洲头的崩退，分流比减小趋势变缓，左汉衰退减缓，右汉微弯河道向顺直河道演变，八卦洲汉道河势趋于稳定。从 1998 年与 2013 年河势图上可知(图 14-40)，南京长江第二大桥所处右汉道岸线基本稳定，大桥上游左侧-5m 和-10m 等深线受冲向八卦洲右缘逼近，右侧等深线向左岸移动。

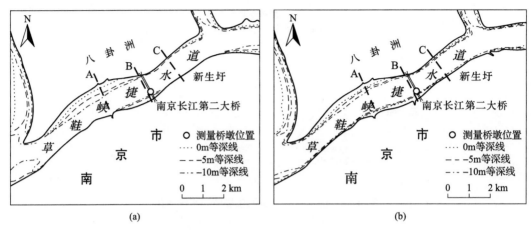

图 14-40　南京长江第二大桥（南汊）附近河势图

(a) 1998 年；(b) 2013 年

2. 大桥所在河段河槽断面变化特征

通过图 14-41 可知，大桥上游 A 断面，深水槽靠近左侧凸岸，河槽变化不大，左侧冲刷，整体向左偏移，深水槽高程最低处冲深约 3m。B 断面深水槽水深变浅，淤积 1～2m，两侧岸坡呈冲刷趋势，右侧岸坡平均冲深 2.6m。大桥下游 C 断面，深水槽靠近左侧凸岸，高程最低处冲深约 4m，平均冲深 2.6m，左侧凸岸边滩及岸坡淤涨。

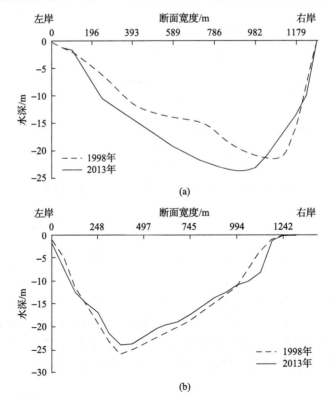

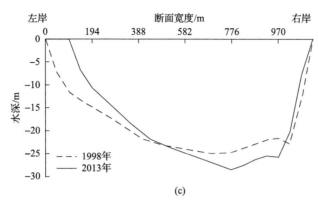

图 14-41　南京长江第二大桥(南汊)河段横断面水深变化

(a) A 断面；(b) B 断面；(c) C 断面

1998～2013 年，南京长江第二大桥(南汊)河段河势较稳定，大桥上游处河床呈冲刷趋势，大桥下游处河床有冲有淤，桥位深水槽发生淤积，但左右岸坡发生冲刷，尤其是南塔墩附近河床，平均冲深 2.6m。

14.5.6　南京长江第四大桥

1. 大桥所在河段等深线变化特征

南京长江第四大桥位于南京栖霞区境内，处龙潭水道上弯段，上游距离八卦洲尾约 7.1km，下游距离栖霞主峰 2.1km，桥址断面江宽为 1.9km。八卦洲左右汊水流在此汇流，靠左岸行进，顶冲西坝头至拐头一带，经挑流后转为靠右岸下泄。桥位河床断面形态呈宽"V"形，桥位处深水槽靠近右岸，左岸坡较平顺，右岸较陡(图 14-42)。

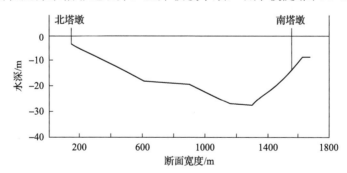

图 14-42　南京长江第四大桥河床横断面示意图(长江航道局，2013)

该河段为八卦洲两汊汇流区，1975 年以前龙潭水道上段南岸崩退、北岸淤涨，是南京河段演变最剧烈的水域之一(李振青和陈凤玉，1999)。到 20 世纪 70 年代后，随着北岸西坝头一带抛石护岸工程的实施，龙潭水道上弯河段河势逐渐稳定。通过 1998 年与 2013 年河势图(图 14-43)，桥址上游等深线变幅不大，下游处-10m 等深线略有冲刷，向左岸移动，南塔墩处右侧凹岸，-10m 等深线右移，河势较稳定。

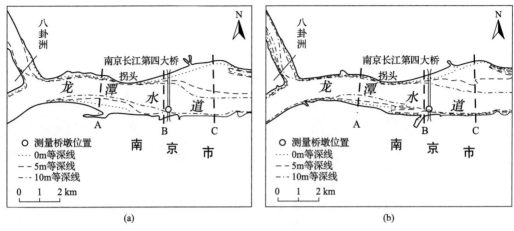

图 14-43　南京长江第四大桥河段河势图

(a)1998 年；(b)2013 年

2. 大桥所在河段河槽断面变化特征

从图 14-44 可知，1998～2013 年，A 断面"V"形河槽，始终偏向左岸，右岸边滩略有冲刷，右岸坡小幅变缓，河槽整体变化不大[图 14-44(a)]。桥位附近 B 断面形态从对称"V"形变为不对称"V"形。水流经拐头挑流后转向右岸，随着主流顶冲点下移，左岸岸坡及深水槽发生冲刷，高程最低处冲深约 6m，右岸发生淤积，边滩淤涨约 150m[图 14-44(b)]。C 断面河槽右侧岸坡变化不大，左侧岸坡冲刷严重，河槽面积整体变大。

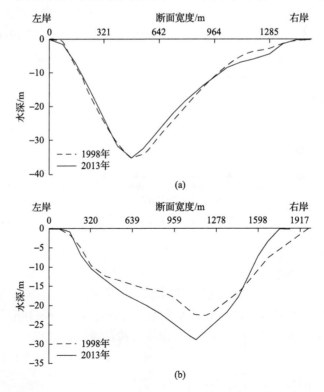

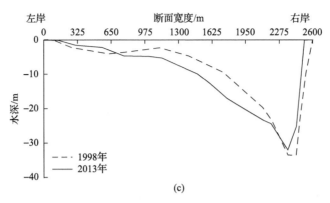

图 14-44 南京长江第四大桥河段横断面水深变化
(a)A 断面；(b)B 断面；(c)C 断面

1998～2013 年，南京长江第四大桥河段河势较稳定，河床有冲有淤，总体上以冲刷为主，冲刷程度不大。桥位处河槽冲深变窄，两岸边滩发生淤积，大桥南、北塔墩靠近两岸，受河槽冲淤变化影响不大。

14.5.7 上海长江大桥所在河段断面变化特征

北港河段上承新桥通道、新新桥通道和新桥水道，下接北港拦门沙河段。随着人类工程的实施，南岸岸线大幅度北移，北岸出口端下延和南移，北港平面形态由过去顺直微弯演变为中窄，向上、下端展宽的"哑铃"形(李伯昌等,2012)。

根据 2002～2012 年海图绘制上海长江大桥桥位断面历年高程图，如图 14-45 所示，可知自 2002～2012 年，该桥轴线附近主河槽北冲南淤，随着上游三峡大坝、青草沙水库等工程的实施，尤其青草沙水库，束窄了北港上段，使北港主槽呈刷深之势，北部深泓的垂直最大冲深约为 5m，最低高程达−15m，主河槽南侧因青草沙水库工程发生淤积萎缩。南、北主墩附近河床刷深约为 3.2m。

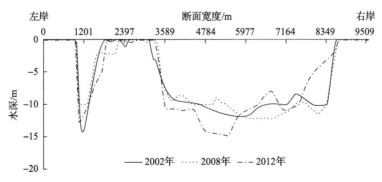

图 14-45 上海长江大桥桥位横断面水深变化

上海长江大桥所在区域的海床不断变化，主槽河势仍处于调整之中；该桥位附近的河床面有冲有淤；2002～2012 年该桥南、北主墩附近河床冲深约 3.2m。

14.6 大型工程与气候变化叠加作用下长江感潮河槽桥墩冲刷深度

桥墩冲刷威胁桥梁安全，因而桥墩冲刷的问题被人们高度重视。预测桥墩局部冲刷深度的准确性是桥梁安全运行的重要前提，而时刻了解桥墩局部冲刷现状则是日常维护桥梁不可或缺的工作。在我国疆域内，河流众多，水运在交通运输中占据重要地位。前人对内陆河流的桥墩局部冲刷进行了大量研究，已取得了很多成果，但随河口地区特大型跨江、跨海大桥增多，也带来了河口条件下桥墩冲刷的问题，河口潮流作用下，水流条件更复杂，桥墩冲刷问题不同于内陆河流，现有研究成果显得捉襟见肘。本章利用多波束测深系统，对长江感潮河段 7 座桥梁进行桥墩冲刷形态的原型观测；针对潮流作用下沙波区域桥墩冲刷特征，推出基于推移质起动流速的局部冲刷深度计算公式；同时，利用航行图和海图，分析了桥墩附近河段等深线、断面河槽深度变化，得出以下主要结论。

(1) 在单向径流作用下，大型圆形围堰桥墩冲刷形态呈前深后浅的"C"形冲刷坑；在潮流双向水流作用下，上海长江大桥的南、北主墩顺水向局部冲刷坑深度呈"上游最深、中部淤积、下游渐深"的基本特征，在桥墩局部冲刷坑外侧形成床面冲刷坑，向上、下有方向延展。同时在桥墩上下游方向形成长条形淤积区，共同构成"双肾"形地貌。

(2) 长矩形桥墩基础(大胜关长江大桥、南京长江第四大桥和上海长江大桥)除了桥墩处的局部冲刷坑外，还存在水流与桥墩整体作用而形成的桥墩床面冲刷坑，一般出现在桥墩局部冲刷坑外侧，最大冲刷深度为最大局部冲刷度47%～155%。

(3) 各桥墩实测最大局部冲深度如下：铜陵长江大桥 4# 墩为 14.6m，芜湖长江大桥 11# 墩为 12.2m，大胜关长江大桥 6# 墩为 10.6m，南京长江大桥 8# 墩为 7.6m、南京长江第二大桥(南汊)南塔墩为 14.8m，南京长江第四大桥南塔墩为 7.3m。上海长江大桥南、北主墩为 2.7m 和 4.2m。

(4) 径流作用下，桩基承台结构桥墩(南京长江第四大桥)因存在过水通道，实测最大局部冲刷深度小于围堰结构桥墩(铜陵长江大桥、芜湖长江大桥、大胜关长江大桥、南京长江大桥、南京第二长江大桥)。潮流作用下桩基承台结构桥墩(上海长江大桥)的最大局部冲刷深度小于径流作用下的桩基承台结构桥墩(南京长江第四大桥)。

(5) 针对上海长江大桥桥墩处沙波区，在近期学者提出的潮流作用下沙波床面桥墩局部冲刷改进计算公式基础上，提出了使用推移质起动流速代替沙波整体起动流速的潮流作用下沙波区域桥墩局部冲刷深度改进公式，并基于 ADCP 实测推移质运动速度与流速的相关性，确定推移质起动流速。

(6) 利用《公路工程水文勘测设计规范》(JTG C30—2002)65-2 计算公式、65-1 修正计算公式、沙波改进式以及本章提出的推移质改进式计算桥墩局部冲刷深度，计算结果表明，对于径流作用下桥墩，65-2 计算公式和 65-1 修正计算公式计算结果整体偏大，其中 65-1 修正计算公式计算结果更准确；计算潮流作用下沙波区桥墩冲刷深度，推移质改进式的结果更接近实测值，可为潮流作用下沙波区桥梁设计和运行安全提供重要的参考依据。

(7) 三峡大坝工程蓄水以来，感潮河段大桥所处河段河势基本稳定，河床变化以冲刷为主，各大桥桥墩附近河床受冲变深：铜陵长江大桥、南京长江大桥和南京长江第二大桥桥墩附近河床冲刷等级为弱级，其中铜陵长江大桥 4#、5#墩附近河床平均冲深 1.7m，南京长江大桥 2#～5#墩附近河床平均冲深 2.2m，6#、7#墩附近河床平均冲深 2.8m，南京长江第二大桥南塔墩附近河床平均冲深 2.6m；芜湖长江大桥桥墩附近河床冲刷等级为中级，4#～12#墩附近河床平均冲深 3.4m；大胜关长江大桥桥墩附近河床冲刷等级为强级，7#、8#、9#墩附近河床平均冲深 8m；南京长江第四大桥桥墩附近河床冲刷等级为中级，但桥墩靠近边岸，冲淤变化不明显。2002～2012 年，因上游三峡大坝、青草沙水库等工程影响，位于北港的上海长江大桥所在区域的海床不断变化，主槽河势仍处于调整之中，上海长江大桥南、北主墩附近河床冲深约 3.2m。为保证桥梁安全运行，建议在桥墩维护与桥梁设计时，应充分考虑重大水利工程引起的河床冲刷。

但是，在测量大桥桥墩冲刷情况时，由于航道通行规定的约束，未能对全部桥墩基础进行全覆盖测量；而且本章研究对象只有一座桥梁的桥墩受到潮流作用，为更好地认识潮流作用下桥墩冲刷坑形态，今后需增加潮流作用下桥墩局部冲刷形态及动力观测。

参 考 文 献

白世彪, 王建, 闾国年, 等. 2007. GIS 支持下的长江江苏河段深槽冲淤演变探讨. 泥沙研究, 32(4): 48-52.

白玉川, 王令仪, 杨树青. 2015. 基于阻力规律的床面形态判别方法. 水利学报, 46(6): 707-713.

包为民, 张小琴, 瞿思敏, 等. 2010. 感潮河段洪潮耦合双驱动力水动力模型. 水动力学研究与进展, 25(5): 601-608.

边淑华, 夏东兴, 陈义兰, 等. 2006. 胶州湾口海底沙波的类型、特征及发育影响因素. 中国海洋大学学报(自然科学版), 36(2): 327-330.

边志刚, 王冬. 2017. 船载水上水下一体化综合测量系统技术与应用. 港工技术, 54(1): 109-112.

蔡文君, 殷峻暹, 王浩. 2012. 三峡水库运行对长江中下游水文情势的影响. 人民长江, 43(5): 22-25.

蔡晓斌, 燕然然, 王学雷. 2013. 下荆江故道通江特性及其演变趋势分析. 长江流域资源与环境, (1): 53-58.

曹德明, 方国洪. 1986. 杭州湾潮汐潮流的数值计算. 海洋与湖沼, 17(2): 93-101.

曹德明, 朱耀华. 1992. 杭州湾潮波运动的一个三维数值模型. 海洋科学, 16(6): 45-50.

曹立华, 徐继尚, 李广雪, 等. 2006. 海南岛西部岸外沙波的高分辨率形态特征. 海洋地质与第四纪地质, 26(4): 15-22.

曹民雄, 高正荣, 胡金义. 2003. 长江口北支水道水沙特性分析. 人民长江, 5(12): 34-36.

曹绮欣, 孙昭华, 冯秋芬. 2012. 三峡水库调节作用对长江近河口段水文水动力特性影响. 水科学进展, 23(6): 844-850.

曹文洪, 陈东. 1998. 阿斯旺大坝的泥沙效应及启示. 泥沙研究, 23(4): 79-85.

曹颖, 林炳尧. 2000. 杭州湾潮汐特性分析. 浙江水利水电专科学校学报, 12(3): 14-16.

曹永芳. 1981. 长江口杭州湾潮汐特性研究. 海洋科学, 5(4): 6-9.

长江流域规划办公室. 1978. 长江中下游护岸工程经验选编. 北京: 科学出版社.

陈宝冲. 1988. 长江南京河段河床的演变与整治. 地理学与国土研究, 4(3): 31-36.

陈昌春, 王腊春, 姚鑫, 等. 2015. 赣江流域大型(Ⅰ)水库工程影响下的枯水变异研究. 中国农村水利水电, (9): 1-6.

陈冬, 陈一梅, 黄召彪. 2015. 长江下游黑沙洲南水道演变特征分析. 水利水运工程学报, (2): 84-90.

陈红. 2005. 实体模型表面流场、河势数字图像测试方法及应用研究. 南京: 河海大学硕士学位论文.

陈辉, 吴杰, 赵钢, 等. 2009. 多波束测深系统在长江沉排护岸工程运行状况监测中的应用. 长江科学院院报, 26(7): 14-16.

陈吉余. 1957. 长江三角洲江口段的地形发育. 地理学报, 23(3): 241-253.

陈吉余. 1980. 对长江口南支河段河槽演变的分析. 华东师范大学学报, 5(3): 104-110.

陈吉余. 1995. 长江河口的自然适应和人工控制. 华东师范大学学报, (S1): 1-14.

陈吉余. 2000. 开发浅海滩涂资源、拓展我国的生存空间. 中国工程科学, 2(3): 27-31.

陈吉余. 2009. 21 世纪的长江河口初探. 北京: 海洋出版社.

陈吉余, 陈沈良. 2002. 河口海岸环境变异和资源可持续利用. 海洋地质与第四季地质, 22(2): 1-7.

陈吉余, 程和琴, 戴志军. 2008. 河口过程中第三驱动力的作用和响应——以长江河口为例. 自然科学进展, 18(9): 994-1000.

陈吉余, 蒋雪中, 何青. 2013. 长江河口发育的新阶段、上海城市发展的新空间. 中国工程科学, 15(6): 20-24.

陈吉余, 罗祖德, 胡辉. 1985. 2000 年我国海岸带资源开发的战略设想. 黄渤海海洋, 3(1): 71-77.

陈吉余, 沈焕庭, 恽才兴. 1988. 长江河口动力过程和地貌演变. 上海: 上海科学技术出版社.

陈吉余, 徐海根. 1981. 长江河口南支河段的河槽演变. 华东师范大学学报自然科学版, 6(2): 97-112.

陈吉余, 徐海根. 1995. 三峡工程对长江河口的影响. 长江流域资源与环境, 4(3): 242-246.

陈吉余, 虞志英, 恽才兴. 1959. 长江三角洲的地貌发育. 地理学报, 25(3): 201-220.

陈吉余, 恽才兴. 1959. 南京吴淞间长江河槽的演变过程. 地理学报, 25(3): 221-239.

陈吉余, 恽才兴, 徐海根, 等. 1979. 两千年来长江河口发育的模式. 海洋学报, 1(1): 103-111.

陈泾, 朱建荣. 2014. 长江河口青草沙水库盐水入侵来源. 海洋学报, 36(11): 131-141.

陈立, 周银军, 闫霞, 等. 2011. 三峡下游不同类型分汊河段冲刷调整特点分析. 水力发电学报, 30(3): 109-116.

陈明宪. 1994. 铜陵长江公路大桥深水基础施工新特点. 广东汕头: 中国土木工程学会桥梁及结构工程学会第 11 届年会.

陈鸣, 李士鸿. 1991. 河口悬沙纵向分散系数的遥感计算方法. 遥感信息, 6(4): 2-4.

陈前金.2010.九江市对鄱阳湖采砂实行统一管理初见成效.江西水利科技,36(2):147-148.

陈然.2009.数字化水下地形测量技术应用研究.昆明:昆明理工大学博士学位论文.

陈荣,张鹰.2007.基于数字高程模型的长江口北港多年槽蓄量变化及可视化研究.水运工程,(3):8-11.

陈杉,秦其明.2003.基于小波变换的高分辨率影像纹理结构分类方法.地理与地理信息科学,19(3):6-9.

陈沈良,谷国传,虞志英.2002.长江口南汇东滩淤涨演变分析.长江流域资源与环境,11(3):239-244.

陈沈良,李向阳,俞航,等.2008.潮流作用下洋山港水域悬沙和底沙的交换.海洋学研究,26(1):11-17.

陈沈良,张国安,谷国传.2004.黄河三角洲海岸强侵蚀机理及治理对策.水利学报,35(7):1-6.

陈沈良,周菊珍,谷国传.2001.长江河口主要重金属元素的分布和迁移.广州环境科学,16(1):9-13.

陈沈良,张二凤,谷国传,等.2009.特枯水文年长江河口南槽盐水入侵分析.海洋通报,28(3):29-36.

陈时若,龙慧.1991.下荆江裁弯前后江湖关系的变化.泥沙研究,16(3):53-61.

陈维,顾杰,秦欣,等.2012.数值分析长江口深水航道上段淤积的原因.水动力学研究与进展(A辑),27(2):199-207.

陈维,匡翠萍,顾杰,等.2016.长江口洪季水动力对海平面上升的响应特征.水动力学研究与进展,31(5):591-598.

陈炜,李九发,李占海,等.2012.长江口北支强潮河道悬沙运动及输移机制.海洋学报,34(2):84-91.

陈卫民,Prior D B.1992.黄河口水下底坡微地貌及其成因探讨.青岛海洋大学学报,22(1):71-81.

陈卫民,刘苍字,杨作升.1996.长江口主航道水下底床表面形态与浅地层结构.海岸工程,(3):25-30.

陈卫民,杨作升,曹立华,等.1993.现代长江河口水下底坡上的微地貌类型及分区.青岛海洋大学学报,23(S1):45-51.

陈文龙,王建平,吕文斌,等.2013.潮流作用下桥墩局部冲刷研究.广州:中国水利学会2013学术年会.

陈西庆.1990.近70年长江口海面变化研究及其意义.地理学报,45(4):387-398.

陈西庆,陈吉余.2000.关于研究与控制长江枯季入海流量下降趋势的建议.科技导报,18(2):39-40.

陈西庆,严以新,童朝锋,等.2007.长江输入河口段床沙粒径的变化及机制研究.自然科学进展,17(2):233-239.

陈喜昌,蔡彬.1987.长江流域地貌特征及其环境地质意义.中国地质,14(5):11-14.

陈小光,封举富.2007.Gabor滤波器的快速实现.自动化学报,33(5):457-461.

陈晓宏,陈永勤,赖国友.2003.珠江口悬浮泥沙迁移数值模拟.海洋学报,25(2):120-127.

陈晓云.2011.长江南京以下深水航道治理对策及建设思路研究.水运工程,(12):99-105.

陈学良.1997.用放射性示踪沙观测长江口泥沙运动试验.水运工程,(10):9-12.

陈引川,彭海鹰.1985.长江下游大窝崩的发生及防护//长江中下游护岸工程论文集(第三集).武汉:长江水利水电科学研究院.

陈勇,李亚楼,田芳,等.2012.基于MPI的电网仿真实时并行计算平台//中国电机工程学会.电力系统实时仿真技术交流会议论文集.银川:2012年电力系统实时仿真技术交流会议.

陈志昌,乐嘉钻.2005.长江口深水航道整治原理.水利水运工程学报,(1):1-7.

陈志昌,罗小峰.2006.长江口深水航道整治工程物理模型试验研究成果综述.水运工程,(12):134-140.

陈志昌,黄仁元,胡志峰.1999.长江口潮汐模型设计和验证.水运工程,(10):60-66.

陈稚聪,冯洪春,黑鹏飞.2009.长江重庆九龙坡河段泥沙淤积规律初步分析.泥沙研究,34(4):7-11.

成凌,程和琴,杜金州,等.2007.长江口底沙再悬浮对重金属迁移的影响.海洋环境科学,26(4):317-320.

程昌华,刘晓平,唐寿鑫.2001.航道工程学.北京:人民交通出版社.

程海峰,刘杰,赵德招.2010.横沙通道近期河床演变及趋势分析.水道港口,30(10):365-369.

程海峰,刘杰,赵德招,等.2014.长江河口南槽近期河槽演变及航道淤浅原因分析.浙江水利科技,42(5):26-29.

程和琴,陈吉余.2016.海平面上升对长江河口的影响研究.北京:科学出版社.

程和琴,李茂田.2002.1998长江全流域特大洪水期河口区床面泥沙运动特征.泥沙研究,27(1):38-44.

程和琴,王宝灿.1996.波、流联合作用下的近岸海底沙波稳定性研究进展.地球科学进展,11(4):367-371.

程和琴,王宝灿,张先林.1998.现代盐水楔河口湾底沙推移速度的估算方法.海洋科学,22(1):27-29.

程和琴,王冬梅,陈吉余.2015.2030年上海地区相对海平面变化趋势的研究与预测.气候变化研究进展,11(4):231-238.

程和琴,陈吉余,陈祖军,等.2017.海平面上升对长江河口的影响研究.中国科技成果,18(3):27-29.

程和琴,陈吉余,黄志良,等.2009.长江河口北支河床演变过程中的人为驱动效应//陈吉余.21世纪的长江河口初探.北京:海洋出版社.

程和琴, 陈祖军, 阮仁良, 等. 2015. 海平面变化与城市安全——以上海市为例. 第四纪研究, 35(2): 363-373.

程和琴, 胡红兵, 蒋智勇, 等. 2003. 琼州海峡东口底形平衡域谱分析. 海洋工程, 21(4): 97-103.

程和琴, 李茂田, 薛元忠, 等. 2001. 长江口水下微地貌运动高分辨率探测研究. 自然科学进展, 11(10): 1085-1091.

程和琴, 李茂田, 周天瑜, 等. 2002. 长江口水下高分辨率微地貌及运动特征. 海洋工程, 20(2): 91-95.

程和琴, 时钟, Kastasckuk, 等. 2004. 长江口南支-南港沙波的稳定域. 海洋与湖沼, 35(3): 214-220.

程和琴, 宋波, 薛元忠, 等. 2000. 长江口粗粉砂和极细砂输移特性研究: 幕式再悬浮和底形运动. 泥沙研究, 25(1): 20-27.

程鹏, 高抒. 2001. ADCP测量悬沙浓度的可行性分析与现场标定. 海洋与湖沼, 32(2): 168-176.

丛家慧, 颜云辉, 董德威. 2010. Gabor滤波器在带钢表面缺陷检测中的应用. 东北大学学报(自然科学版), 31(2): 257-260.

崔丽娟, 翟彦放, 邬国锋. 2013. 鄱阳湖采砂南移扩大影响范围——多源遥感的证据. 生态学报, 34(11): 3520-3525.

戴明龙, 张明波. 2013. 长江流域径流时空分布及变化规律研究. 人民长江, 44(10): 88-91.

戴仕宝, 杨世伦, 赵华云, 等. 2005. 三峡水库蓄水运用初期长江中下游河道冲淤响应. 泥沙研究, 30(5): 35-39.

戴雪, 万荣荣, 杨桂山, 等. 2014. 鄱阳湖水文节律变化及其与江湖水量交换的关系. 地理科学, 34(12): 1488-1496.

戴志军, 李为华, 李九发, 等. 2008. 特枯水文年长江河口汛期盐水入侵观测分析. 水科学进展, 19(6): 835-840.

党祥. 2012. 二元结构河岸崩塌机理试验研究. 武汉: 长江科学院博士学位论文.

邓彩云, 黄河清, 刘晓芳, 等. 2015. 冲积河流平衡理论在长江中下游河床演变中的应用性检验. 泥沙研究, 40(1): 55-60.

邓珊珊, 夏军强, 李洁, 等. 2015. 河道内水位变化对上荆江河段岸坡稳定性影响分析. 水利学报, 46(7): 844-852.

邓神宝, 沈清华, 王小刚. 2016. 船载激光三维扫描系统构建与应用. 人民珠江, 37(10): 23-26.

地球科学大辞典编委会. 2005. 编委会地球科学大辞典(基础学科卷: 第6卷-地貌学). 北京: 地质出版社.

丁平兴, 胡克林, 孔亚珍, 等. 2003. 长江河口波-流共同作用下的全沙数值模拟. 海洋学报, 25(3): 113-124.

丁庆华. 2008. 突变理论及其应用. 黑龙江科技信息, 35: 11, 23.

丁晓英, 许祥向. 2007. 应用遥感技术分析韩江河口悬沙的动态特征. 国土资源遥感, 19(3): 71-73.

董晓军, 黄珹. 2000. 利用TOPEX/Poseidon卫星测高资料监测全球海平面变化. 测绘学报, 29(3): 266-272.

董耀华, 汪秀丽. 2017. 河流5区分段方法与长江干流分段实践. 长江科学院院报, 34(6): 1-6.

窦国仁. 1977. 全沙模型相似律及设计实例. 水利水运科技情报, (3): 1-20.

窦国仁. 1999. 再论泥沙起动流速. 泥沙研究, 24(6): 1-9.

窦希萍, 李褆来, 窦国仁, 1999. 长江口全沙数学模型研究. 水利水运工程学报, (2): 136-145.

杜景龙, 姜俐平, 杨世伦. 2007. 长江口横沙东滩近30年来自然演变及工程影响的GIS分析. 海洋通报, 26(5): 43-49.

杜晓琴, 高抒. 2012. 水下沙丘形态演化的数值模拟实验. 海洋学报, 34(4): 121-134.

杜晓琴, 李炎, 高抒. 2008. 台湾浅滩大型沙波、潮流结构和推移质运特征. 海洋学报, 30(5): 124-136.

杜亚南, 李保. 2012. 长江河口和密西西比河口水文测验工作比较. 水文, 32(6): 56-60.

段国红, 王桂仙. 1994. 不同重率轻质沙的床面形态和阻力的试验研究. 泥沙研究, (2): 112-119.

段文忠. 1988. 沙波尺度和运动速度与水力泥沙因素的关系. 武汉水利电力学院学报, (4): 68-74.

樊咏阳, 张为, 韩剑桥, 等. 2017. 三峡水库下游弯曲河型演变规律调整及其驱动机制. 地理学报, 72(3): 420-431.

范宝山. 1995. 泥沙输移的理论初探. 泥沙研究, 20(3): 72-78.

冯凌旋, 李九发, 刘新成, 等. 2012. 近期长江河口南、北槽分流口河床演变过程研究. 泥沙研究, 37(6): 39-45.

冯凌旋, 李占海, 李九发, 等. 2011. 基于机制分解法长江口南汇潮滩悬移质泥沙通量研究. 长江流域资源与环境, 10(8): 944-950.

冯文科, 黎维峰, 石要红. 1994. 南海北部海底沙波地貌动态研究. 海洋学报, 16(6): 92-99.

冯祎森. 2004. CT探测技术在桥梁基础工程中的应用. 世界桥梁, (3): 72-74.

冯源, 王敏, 廖小永, 等. 2012. 三峡水库蓄水后铜陵河段演变特点及趋势分析. 人民长江, 43(5): 89-92.

符宁平, 余大进. 1993. 钱塘江河口碍航浅滩演变的统计分析及整治预报. 泥沙研究, 18(3): 79-85.

付桂. 2007. 南汇嘴岸滩及邻近海床冲淤演变过程研究. 上海: 华东师范大学硕士学位论文.

付桂. 2013. 长江口近期潮汐特征值变化及其原因分析. 水运工程, (11): 61-69.

付桂, 李九发, 应铭, 等. 2007. 长江河口南汇嘴潮滩近期演变分析. 海洋通报, 26(2): 105-112.

高冬光, 田伟平, 张义青, 等. 1998. 桥台的冲刷机理和冲刷深度. 中国公路学报, 11(1): 56-64.

高敏, 李九发, 李占海, 等. 2015. 近期长江口南支河道洪季含沙量时间变化及床沙再悬浮研究. 长江流域资源与环境, 24(1): 30-38.

高抒. 2000. 示踪沉积物方法的理论框架. 科学通报, 45(3): 329-334.

高抒. 2006. 亚洲地区的流域——海岸相互作用: APN 近期研究动态. 地球科学进展, 21(7): 680-686.

高抒. 2010. 长江三角洲对流域输沙变化的响应: 进展与问题. 地球科学进展, 25(3): 233-241.

高振斌, 尚应庆, 李树彬, 等. 2007. 黄河口汉 1-汉 2 河段河势演变分析及治理. 人民黄河, 29(8): 16-17.

高志刚. 2008. 平均海平面上升对东中国海潮汐、风暴潮影响的数值模拟研究. 青岛: 中国海洋大学博士学位论文.

高志松. 2008. 近百年来长江口北支对滩涂围垦的自适应研究. 上海: 华东师范大学硕士学位论文.

巩彩兰, 恽才兴. 2002a. 长江河口洪水造床作用. 海洋工程, 20(3): 94-97.

巩彩兰, 恽才兴. 2002b. 应用地理信息系统研究长江口南港底沙运动规律. 水利学报, 33(4): 18-22.

谷国传, 胡方西. 1986. 长江径流与长江河口海平面关系//第一届潮汐与海平面学术讨论会论文集. 天津: 潮汐与海平面变化委员会.

谷国传, 胡方西, 胡辉, 等. 1999. 南汇咀—嵊泗海域水体重金属元素分布及其污染评价. 华东师范大学学报(自然科学版), 17(1): 78-84.

顾圣华. 2014. 2011 年春末夏初枯水期间长江河口盐水入侵. 华东师范大学学报, (4): 154-162.

关定华. 1994. 海洋中的声音. 长沙: 湖南教育出版社.

关许为, 陈英祖, 陈希青, 等. 1999. 长江口泥沙絮凝临界粒径实验研究//陈松, 海洋沉积物-海水界面过程研究. 北京: 海洋出版社.

管丽萍, 刘汉银, 熊东波. 2006. 长江铜陵段河势演变及隐蔽工程对河势影响. 人民长江, 37(4): 72-74.

郭国平, 陈厚忠. 2006. 南通航段超大型船舶航行富余水深计算方法. 船海工程, 35(4): 87-89.

郭俊克, 惠遇甲. 1990. 沙垄阻力的理论分析与试验研究. 水动力学研究与进展(A 辑), (1): 1-12.

郭小斌. 2013. 长江河口近期潮流和含沙量分布特征及输沙规律. 上海: 华东师范大学硕士学位论文.

郭小斌, 李九发, 李占海, 等. 2012. 长江河口南槽近期潮滩水沙输移特性分析. 人民长江, 43(11): 1-5.

郭兴杰. 2015. 长江口北港河势演变及稳定性分析. 上海: 华东师范大学硕士学位论文.

郭兴杰, 程和琴, 计娜, 等. 2015a. 长江口横沙通道演变对北槽深水航道上段回淤的影响. 泥沙研究, 40(3): 21-26.

郭兴杰, 程和琴, 莫若瑜, 等. 2015b. 长江口沙波统计特征及输移规律. 海洋学报, 37(5): 148-158.

郭亚军, 易平涛. 2008. 线性无量纲化方法的性质分析. 统计研究, 25(2): 93-100.

韩崇昭, 朱洪艳, 段战胜. 2010. 多源信息融合. 北京: 清华大学出版社.

韩海骞. 2006. 潮流作用下桥墩局部冲刷研究. 杭州: 浙江大学博士学位论文.

韩剑桥, 孙昭华, 黄颖, 等. 2014. 三峡水库蓄水后荆江沙质河段冲淤分布特征及成因. 水利学报, 45(3): 277-285, 295.

韩其为, 何明民. 1997. 三峡水库建成后长江中, 下游河道演变的趋势. 长江科学院院报, 14(1): 62-66.

韩亚, 王卫星, 李双, 等. 2014. 基于三维激光扫描技术的矿山滑坡变形趋势评价方法. 金属矿山, 43(8): 103-107.

韩曾萃, 程杭平. 1983. 考虑滩地输水的潮汐水流计算方法. 海洋工程, 1(1): 64-73.

韩曾萃, 程杭平. 1984. 钱塘江河口考虑滩地输沙的含沙量计算方法. 海洋工程, 2(3): 34-45.

韩震, 恽才兴. 2011. 长江口近岸水域卫星遥感应用技术研究. 北京: 海洋出版社.

韩知明, 贾克力, 杨芳, 等. 2018. 基于 Morlet 小波的呼伦湖流域降水多时间尺度分析. 水土保持研究, 25(1): 160-166.

何军, 梁川, 肖攀, 等. 2017. 长江中游簰洲湾-武穴段岸坡稳定性评价. 华南地质与矿产, 33(2): 187-192.

何起, 丁平兴, 孔亚珍. 2008. 长江口及其邻近海域洪季悬沙分布特征分析. 华东师范大学学报(自然科学版), 33(2): 15-21.

和玉芳, 程和琴, 陈吉余. 2011. 近百年来长江河口航道拦门沙的形态演变特征. 地理学报, 66(3): 305-312.

和玉芳, 程和琴, 王冬梅, 等. 2009. 水下沙波分布区安全航行水深的计算方法. 水运工程, (11): 134-137.

洪大林, 唐存本. 1994. 泥沙扬动试验研究. 水利水运工程学报, (4): 285-296.

侯成程. 2013. 长江潮流界和潮区界以及河口盐水入侵对径流变化响应的数值研究. 上海: 华东师范大学博士学位论文.

侯成程, 朱建荣. 2013a. 长江河口潮流界与径流量定量关系研究. 华东师范大学学报(自然科学版), 38(5): 18-26.

侯成程, 朱建荣. 2013b. 长江河口盐水入侵对大通枯季径流量变化的响应时间. 海洋学报, 35(4): 29-35.

侯晖昌. 1980. 珠江三角洲演变规律问题初探. 人民珠江, 5(1): 52-60.

胡超, 周宜红, 赵春菊, 等. 2014. 基于三维激光扫描数据的边坡开挖质量评价方法研究. 岩石力学与工程学报, 33(s2): 3979-3984.

胡春宏, 阮本清. 2011. 鄱阳湖水利枢纽工程的作用及其影响研究. 水利水电技术, 42(1): 1-6.

胡春宏, 阮本清, 张双虎, 等. 2017. 长江与鄱阳、洞庭湖关系演变及其调控. 北京: 科学出版社.

胡方西. 1980. 杭州湾风暴潮特征及有关潮位设计标准的探讨. 华东师范大学学报(自然科学版), 5(2): 93-101.

胡方西, 谷国传. 1989. 中国沿岸海域月平均潮差变化规律. 海洋与湖沼, 20(5): 401-411.

胡光伟, 毛德华, 李正最, 等. 2014. 60年来洞庭湖区进出湖径流特征分析. 地理科学, 34(1): 89-96.

胡浩, 程和琴, 杨忠勇, 等. 2014. 基于ADCP的长江口推移质运动遥测技术研究. 人民长江, 45(14): 5-9.

胡久伟, 吴敦银, 李荣昉. 2011. 鄱阳湖湖口河段近期演变规律及趋势分析. 水文, 31(2): 46-49.

胡晓张. 2011. 广州出海航道三期工程对内伶仃洋滩槽演变的影响. 水运工程, (6): 94-99.

胡一三. 2003. 黄河河势演变. 水利学报, (4): 46-50.

黄柏文, 翁湘文, 张新琴. 1987. 长江口水文泥沙特性. 长江口综合治理研究第三集. 上海: 长江口及太湖流域综合治理领导小组办公室.

黄才安, 王进. 2002. 床面形态判别的人工神经网络方法. 应用基础与工程科学学报, 10(1): 51-56.

黄才安, 奚斌. 1998. 无黏性均匀沙起悬条件与起悬概率. 扬州大学学报(自然科学版), 1(2): 70-75.

黄才安, 奚斌. 2000. 推移质输沙率公式的统一形式. 水利水运工程学报, (2): 72-78.

黄才安, 严恺. 2002. 动床阻力的研究进展及发展趋势. 泥沙研究, 27(4): 75-80.

黄崇佑, 王群, 林桂宾, 等. 1993. 分层土壤桥墩局部冲刷的计算. 泥沙研究, 18(1): 22-28.

黄春长, 庞奖励, 查小春, 等. 2011. 黄河流域关中盆地史前大洪水研究——以周原漆水河谷地为例. 中国科学: 地球科学, 41(11): 1658-1669.

黄春龙. 2009. 基于纹理的水系信息提取及其特征分析. 长春: 吉林大学博士学位论文.

黄家柱. 1999. 遥感与地理信息系统技术在长江下游江岸稳定性评价中的应用. 地理科学, 19(6): 521-524.

黄建维, 高正荣. 2007. 长江近河口段河型规律与桥位选择. 泥沙研究, 32(6): 1-7.

黄进. 1989. 沙波推移率公式的改进和验证及其应用. 地理学报, 44(2): 195-204.

黄胜. 1986. 长江河口演变特征. 泥沙研究, 11(4): 1-12.

黄卫凯. 1993. 长江河口拦门沙变化的经验特征函数模型. 海洋学报, 5(2): 48-56.

黄忠恕. 1983. 波谱分析方法及其在水文气象学中的应用. 北京: 气象出版社.

惠晓晓, 董耀华, 詹磊. 2007. 桥墩冲深计算公式. 水利电力科技, 33(3): 14-22.

惠遇甲. 1996. 长江黄河垂线流速和含沙量分布规律. 水利学报, 27(2): 11-17.

惠遇甲, 陈稚聪. 1982. 长江三峡河道糙率的初步分析. 水利学报, 13(8): 66-75.

惠遇甲, 张国生. 1990. 交汇河段水沙运动和冲淤特性的试验研究. 水力发电学报, 9(3): 33-42.

吉祖稳, 胡春宏, 曾庆华, 等. 1994. 运用遥感卫星照片分析黄河河口近期演变. 泥沙研究, 19(3): 12-22.

计娜. 2014. 近30年来长江口典型岸滩动力、沉积及地貌演变特征研究. 上海: 华东师范大学硕士学位论文.

计娜, 程和琴, 杨忠勇, 等. 2013. 近30年来长江口岸滩沉积物与地貌演变特征. 地理学报, 68(7): 945-954.

季荣耀, 陆永军, 左利钦. 2010. 东江下游博罗河段人类活动影响下的河床演变. 泥沙研究, 35(5): 48-54.

贾良文, 罗章仁, 杨清书, 等. 2006. 大量采沙对东江下游及东江三角洲河床地形和潮汐动力的影响. 地理学报, 61(9): 985-994.

江丰, 齐述华, 廖富强, 等. 2015. 2001-2010年鄱阳湖采砂规模及其水文泥沙效应. 地理学报, 70(5): 837-845.

江文滨, 林缅, 李勇, 等. 2013. 网格嵌套技术在模拟海底沙波运移中的应用 II——南海北部沙波运移. 地球物理学报, 56(4): 1300-1311.

姜小俊, 刘南, 刘仁义, 等. 2010. 强潮地区桥墩局部冲刷模型验证方法研究——以杭州湾跨海大桥桥墩局部冲刷研究为例. 浙江大学学报(理学版), 37(1): 112-116.

蒋昌波, 白玉川, 姜乃申, 等. 2001. 海河口黏性淤泥起动规律研究. 水利学报, 32(6): 51-56.

蒋陈娟. 2012. 长江河口北槽水沙过程和地貌演变对深水航道工程的响应. 上海: 华东师范大学博士学位论文.

蒋陈娟, 李九发, 吴华林, 等. 2013. 长江河口北槽水沙过程对航道整治工程的响应. 海洋学报, 35(4): 129-141.

蒋德隆. 1991. 长江中下游气候. 北京: 气象出版社.

蒋丰佩. 2012. 异质潮滩水沙输运研究. 上海: 华东师范大学博士学位论文.

蒋平. 1983. 长江口鸭窝沙航槽沙波运动及其对通航水深的影响. 泥沙研究, (4): 61-67.

蒋智勇, 程和琴, 陈吉余, 等. 2002. 长江口南港底沙再悬浮特征及其浓度预测. 应用基础与工程科学学报, 10(4): 372-379.

蒋智勇, 程和琴, 陈吉余, 等. 2003. 长江口南槽底沙再悬浮对重金属吸附的影响. 安全与环境学报, (3): 36-40.

焦爱萍, 张耀先. 2003. 桥墩局部冲刷分析及防护对策. 人民黄河, 25(7): 21-22.

金镠, 范期锦, 谈泽炜, 等. 2000. 长江口深水航道成槽规律的初步分析. 水运工程, 312(1): 34-41.

金镠, 阮伟, 高敏. 1999. 长江口一期治理工程局部地形淤浅的分析与控制. 水运工程, 309(10): 40-47.

金镠, 谈泽炜, 李文正, 等. 2003. 长江口深水航道的回淤问题. 中国港湾建设, 125(3): 5-9.

金魏芳, 梁楚进, 周蓓锋. 2009. 应用走航式 ADCP 测量分析与验证金塘水道的高悬沙浓度. 海洋学研究, 27(3): 31-39.

巨江. 1990. 溯源冲刷的计算方法及其应用. 泥沙研究, 15(1): 30-39.

康家涛. 2008. 冲刷对桥墩安全性的影响研究. 长沙: 中南大学博士学位论文.

康勤书, 周菊珍, 吴莹, 等. 2003. 长江口滩涂湿地重金属的分布格局和研究现状. 海洋环境科学, 22(3): 44-47.

孔亚珍, 史峰岩, 朱首贤. 2003. 长江口南港北槽风暴回淤统计模型. 华东师范大学学报, 28(4): 80-86.

赖锡军, 姜加虎, 黄群. 2012. 三峡工程蓄水对洞庭湖水情的影响格局及其作用机制. 湖泊科学, 24(2): 178-184.

兰波. 1999. 无黏均匀沙起动条件研究现状分析. 重庆交通大学学报(自然科学版), 18(2): 145-148.

乐培九, 李献忠. 1989. 沙波阻力问题的研究. 水道港口, 10(1): 1-7.

雷宗友. 1988. 中国海环境手册. 上海: 上海交通大学出版社.

冷魁, 罗海超. 1994. 长江中下游鹅头型分汊河道的演变特征及形成条件. 水利学报, 25(10): 82-89.

黎兵, 严学新, 何中发, 等. 2015. 长江口水下地形演变对三峡水库蓄水的响应. 科学通报, 60(18): 1737-1745.

黎子浩. 1985. 珠江三角洲联围筑闸对水流及河床演变的影响. 热带地理, 5(2): 99-107.

李伯昌, 王珏, 唐敏炯. 2012. 长江口北港近期河床演变分析与治理对策. 人民长江, 43(3): 12-15.

李伯昌, 余文畴, 陈鹏, 等. 2011. 长江口北支近期水流泥沙输移及含盐度的变化特性. 水资源保护, 27(4): 31-34.

李昌志, 张葆蔚, 何晓燕, 等. 2007. 侵蚀基准面变化对多沙河流防洪的影响——以渭河下游为例. 中国防汛抗旱, 17(4): 16-20.

李春初, 雷亚平, 何为, 等. 2002. 珠江河口演变规律及治理利用问题. 泥沙研究, 27(3): 44-51.

李春华. 2007. 基于光谱信息和空间信息的高分辨率遥感图像模式识别. 福州: 福建师范大学博士学位论文.

李芳. 2008. 基于 GIS 的长江河口近期冲淤演变分析. 上海: 同济大学硕士学位论文.

李贵东. 2007. 滩涂资源空间分布信息的遥感提取方法研究与应用. 上海: 华东师范大学硕士学位论文.

李恒鹏, 杨桂山. 2001. 基于 GIS 的淤泥质潮滩侵蚀堆积空间分析. 地理学报, 56(3): 278-286.

李佳. 2004. 长江河口潮区界和潮流界及其对重大工程的响应. 上海: 华东师范大学硕士学位论文.

李家彪. 1999. 多波束勘测原理技术与方法. 北京: 海洋出版社.

李键庸. 2007. 长江大通-徐六泾河段水沙特征及河床演变研究. 南京: 河海大学博士学位论文.

李键庸, 刘开平, 季学武. 2003. 南水北调东线调水对长江河口水资源的影响. 人民长江, 34(6): 8-10.

李江涛, 李增学, 郭建斌, 等. 2005. 高分辨率层序地层分析中基准面变化的讨论. 沉积学报, 23(2): 297-302.

李杰, 唐秋华, 丁继胜, 等. 2015. 船载激光扫描系统在海岛测绘中的应用. 海洋湖沼通报, (3): 108-112.

李近元, 范奉鑫, 徐涛, 等. 2011. 莱州湾东部沙波地貌分布特征及其形成演化. 海洋科学, 35(7): 51-54.

李景保, 常疆, 吕殿青, 等. 2009. 三峡水库调度运行初期荆江与洞庭湖区的水文效应. 地理学报, 64(11): 1342-1352.

李九发. 1990. 长江河口南汇潮滩泥沙输移规律探讨. 海洋学报, 12(1): 75-82.

李九发, 陈小华, 万新宁, 等. 2003a. 长江河口枯季河床沉积物与河床沙波现场观测研究. 地理研究, 22(4): 513-519.

李九发, 万新宁, 陈小华, 等. 2003b. 上海滩涂后备土地资源及其可持续开发途径. 长江流域资源与环境, 12(1): 16-22.

李九发, 戴志军, 刘新成, 等. 2010. 长江河口南汇嘴潮滩圈围工程前后水沙运动和冲淤演变研究. 泥沙研究, (3): 31-37.

李九发, 戴志军, 应铭, 等. 2007. 上海市沿海滩涂土地资源圈围与潮滩发育演变分析. 自然资源学报, 22(3): 361-371.

李九发, 何青, 徐海根. 2001. 长江河口浮泥形成机理及变化过程. 海洋与湖沼, 32(3): 302-310.

李九发, 何青, 张琛. 2000. 长江河口拦门沙河床淤积和泥沙再悬浮过程. 海洋与湖沼, 31(1): 101-109.

李九发, 李占海, 姚弘毅, 等. 2013. 近期长江河口南支河道泥沙特性及河床沙再悬浮研究//第十六届中国海岸工程学术讨论会论文集. 大连: 光华出版社.

李九发, 时伟荣, 沈焕庭. 1994. 浑浊带泥沙特性和输移规律. 地理研究, 13(1): 51-59.

李九发, 沈焕庭, 徐海根. 1995. 长江河口底沙运动规律. 海洋与湖沼, 26(2): 138-145.

李九发, 沈焕庭, 万新宁, 等. 2004. 长江河口涨潮槽泥沙运动规律. 泥沙研究, 29(5): 34-40.

李九发, 万新宁, 应铭, 等. 2006. 长江河口九段沙沙洲形成和演变过程研究. 泥沙研究, 31(6): 44-49.

李军, 高抒, 曾志刚, 等. 2003. 长江口悬浮体粒度特征及其季节性差异. 海洋与湖沼, 34(5): 499-510.

李俊杰, 何隆华, 戴锦芳, 等. 2006. 基于遥感影像纹理信息的湖泊围网养殖区提取. 湖泊科学, 18(4): 337-342.

李林江, 朱建荣. 2015. 长江口南汇边滩围垦工程对流场和盐水入侵的影响. 华东师范大学学报(自然科学版), 39(4): 77-86.

李茂田. 2005. 长江中下游干流水沙与现代河床地貌耦合作用研究. 上海: 华东师范大学博士学位论文.

李茂田, 于霞, 陈中原. 2004a. 40 年来长江九江河段河道演变及其趋势预测. 地理科学, 24(1): 76-82.

李茂田, 陈中原, 李刚. 2004b. 从长江口南汇东滩冲淤变化探讨合理选择促淤造陆边界. 长江流域资源与环境, 13(4): 365-369.

李茂田, 程和琴, 周丰年, 等. 2011. 长江河口南港采砂对河床稳定性的影响. 海洋测绘, 31(1): 50-53.

李梦龙, 孙克俐, 王建平. 2012. 潮汐河段桥墩局部冲刷深度的试验研究. 水道港口, 33(6): 486-490.

李明, 杨世伦, 李鹏, 等. 2006. 长江来沙锐减与海岸滩涂资源的危机. 地理学报, 61(3): 282-288.

李鹏, 杨世伦, 戴仕宝, 等. 2007. 近 10 年来河口三角洲的冲淤变化——兼论三峡蓄水工程的影响. 地理学报, 62(7): 707-716.

李奇, 王义刚, 谢锐才. 2009. 桥墩局部冲刷公式研究进展. 水利水电科技进展, 29(2): 85-88.

李钦荣, 李强, 汪鹤卫, 等. 2017. 皖江典型河段——大通河段的冲淤分析和研究. 济南: 第十九届华东六省一市测绘学会学术交流会暨 2017 年海峡两岸测绘技术交流与学术研讨会.

李荣, 赵鸣伟. 2010. 长江护岸工程南京河段的技术设计与施工实践. 水利水电技术, 41(1): 40-42.

李荣, 李义天, 王迎春. 1999. 非均匀沙起动规律研究. 泥沙研究, 24(1): 27-32.

李三平, 葛咏, 李德玉. 2006. 遥感信息处理不确定性的可视化表达. 国土资源遥感, 18(2): 20-26.

李身铎. 1985. 长江口潮流的垂直结构. 海洋与湖沼, 16(4): 261-273.

李身铎, 顾思美. 1993. 杭州湾潮波三维数值模拟. 海洋与湖沼, 24(1): 7-15.

李身铎, 朱巧云, 虞志英. 2013. 长江口横沙浅滩及邻近海域水动力特征分析. 华东师范大学学报(自然科学版), 38(4): 25-41.

李微, 李昌彦, 吴敦银, 等. 2015. 1956～2011 年鄱阳湖水沙特征及其变化规律分析. 长江流域资源与环境, 24(5): 832-838.

李为华, 程和琴, 李九发, 等. 2007. 长江河口南港枯季沙波对安全航行的影响研究. 海洋测绘, 27(2): 37-40.

李为华, 李九发, 程和琴, 等. 2008. 近期长江河口沙波发育规律研究. 泥沙研究, 33(6): 45-51.

李文杰, 杨胜发, 付旭辉, 等. 2015. 三峡水库运行初期的泥沙淤积特点. 水科学进展, 26(5): 677-685.

李文正. 2014. 长江口南港瑞丰沙整治工程对周边河势的影响. 水利水运工程学报, (4): 87-92.

李文正, 万远扬. 2014. 长江口深水航道回淤强度与潮汐动力相关性分析. 水利水运工程学报, (5): 29-33.

李泽文, 阎军, 栾振东, 等. 2010. 海南岛西南海底沙波形态和活动性的空间差异分析. 海洋地质前沿, 26(7): 24-32.

李樟苏, 程和森, 曹更新, 等. 1994. 利用放射性示踪沙定量观测长江口北槽航道抛泥区底沙运动. 海洋工程, 12(2): 59-67.

李振青, 陈凤玉. 1999. 南京栖霞龙潭水道河床演变与开发治理. 人民长江, 30(5): 25-27.

李正最, 蒋显湘, 蒋佑华, 等. 2005. ADCP 与转子式流速仪流量测验比测分析试验研究. 水利水文自动化, (3): 31-37.

李祚泳, 郭淳, 汪嘉杨, 等. 2010. 突变模型势函数的一般表示式及用于富营养化评价. 水科学进展, 21(1): 101-106.

廖纯艳. 2010. 长江流域水土保持 60 年回顾与展望. 人民长江, 41(4): 26-30.

廖智, 蒋志兵, 熊强. 2015. 鄱阳湖不同时期冲淤变化分析. 江西水利科技, 41(6): 419-424, 432.

林秉南, 赵雪华, 施麟宝. 1980. 河口建坝对毗邻海湾潮波影响的计算(二维特征线理论法). 水利学报, 11(3): 16-25.

林炳尧. 2000. 泥沙起动流速随机特征的初步分析. 泥沙研究, 25(1): 46-49.

林承坤. 1988. 长江口泥沙的数量与输移. 中国科学(A辑), 10(1): 104-112.

林承坤. 1992. 泥沙与河流地貌学. 南京: 南京大学出版社.

林桂兰, 方建勇, 陈锋, 2004. 厦门同安湾滩槽演变趋势的遥感分析. 国土资源遥感, 4: 63-67.

林缅, 范奉鑫, 李勇, 等. 2009. 南海北部沙波运移的观测与理论分析. 地球物理学报, 52(3): 776-784.

林缅, 李勇, 邹舒觅. 2008. 不同尺度海底沙波运移动力学模型研究. 济南: 全国水动力学学术会议暨两岸船舶与海洋工程水动力学研讨会.

林木松, 卢金友, 张岱峰, 等. 2006. 长江镇扬河段和畅洲汉道演变和治理工程. 长江科学院院报, 23(5): 10-13.

林喜荣, 苏晓生, 丁天怀, 等. 2003. Gabor滤波器在指纹图像处理中的应用. 仪器仪表学报, 24(2): 183-186.

林以安, 李炎. 1997. 长江口絮凝聚沉特征与颗粒表面理化因素作用: I悬浮颗粒絮凝沉降特征. 泥沙研究, 22(1): 42-48.

凌复华. 1984. 突变理论——历史、现状和展望. 力学进展, 14(4): 389-404.

刘炳衡, 陈治谏. 1987. 入库洪水计算的动力波模型. 水文, 7(5): 3-7.

刘炳衡, 陈治谏. 1988. 入库洪水计算的马斯京根法探讨. 人民长江, 19(1): 21-25.

刘苍字. 1996. 上海市海岛资源综合调查报告. 上海: 上海科学技术出版社.

刘苍字, 吴立成, 曹敏. 1985. 长江三角洲南部古沙堤(冈身)的沉积特征、成因及年代. 海洋学报: 中文版, 7(1): 55-66.

刘迪. 2012. 基于主成分分析的纹理图像分类算法. 大连: 大连海事大学硕士学位论文.

刘锋, 陈沈良, 彭俊, 等. 2011. 近60年黄河入海水沙多尺度变化及其对河口的影响. 地理学报, 66(3): 313-323.

刘高峰, 朱建荣, 沈焕庭, 等. 2005. 河口涨落潮槽水沙输运机制研究. 泥沙研究, 30(5): 51-57.

刘高伟. 2015. 近期长江河口典型河槽动力沉积地貌过程. 上海: 华东师范大学硕士学位论文.

刘高伟, 程和琴, 李九发. 2015. 长江河口河槽水沙特性及其输移机制研究. 泥沙研究, 40(8): 11-17.

刘桂平, 徐华, 毕军芳. 2014. 长江口江苏段江砂开采及对河道影响分析. 人民长江, 45(s2): 193-196.

刘红, 何青, 孟翊, 等. 2007. 长江口表层沉积物分布特征及动力响应. 地理学报, 62(1): 81-92.

刘怀汉, 袁达全, 裴金林, 等. 2010. 长江下游白茆沙水道航道整治对策. 水运工程, (11): 86-92.

刘欢, 吴超羽, 包芸. 2011. 珠江河口的能量传播和能量耗散. 热带海洋学报, 30(3): 16-23.

刘基余. 1993. 全球定位系统原理及其应用. 北京: 测绘出版社.

刘健, 张奇, 许崇育, 等. 2009. 近50年鄱阳湖流域径流变化特征研究. 热带地理, 29(3): 213-218.

刘杰, 陈吉余, 徐志扬. 2008. 长江口深水航道治理工程实施后南北槽分汉段河床演变. 水科学进展, 19(5): 605-612.

刘杰, 陈吉余, 乐嘉海, 等. 2004. 长江河口深水航道治理一期工程实施后北槽冲淤分析. 泥沙研究, 29(5): 15-22.

刘杰, 陈吉余, 乐嘉海, 等. 2005. 长江河口深水航道治理一期工程实施对南槽冲淤演变的影响. 泥沙研究, 30(5): 40-44.

刘杰, 程海峰, 韩露, 等. 2017. 流域减沙对长江河口典型河槽及邻近海域演变的影响. 水科学进展, 28(2): 249-256.

刘杰, 乐嘉钻. 2000. 潮汐河口物理模型试验数据采集和处理方法. 水运工程, (11): 4-6.

刘谨, 刘芳亮, 冯良平, 等. 2012. 某跨海大桥桥墩基础冲刷试验研究. 公路, 57(10): 61-66.

刘娟, 刘宏, 张岱峰. 2003. 长江镇扬河段近期河床演变趋势分析. 长江科学院院报, 20(4): 18-20.

刘蕾. 2011. 长江口南支、南港河床演变及外高桥港区淤积原因分析. 上海: 华东师范大学硕士学位论文.

刘青泉, 曹文洪. 1998. 泥沙颗粒的扬动机理分析. 水利学报, 29(5): 1-6.

刘清玉, 戴雪荣, 何小勤. 2003. 崇明东滩表层沉积物的粒度空间分布特征. 上海地质, 4(4): 5-8.

刘曙光, 郁微微, 匡翠萍, 等. 2010. 三峡工程对长江口南汇边滩近期演变影响初步预测. 同济大学学报(自然科学版), 38(5): 679-684.

刘树东, 田俊峰. 2008. 水下地形测量技术发展述评. 水运工程, (1): 11-15.

刘玮祎. 2007. 东海大桥沿线及邻近海域海床冲淤分析. 上海: 华东师范大学硕士学位论文.

刘玮祎, 唐建华, 缪世强. 2011. 长江口北港河势演变趋势及工程影响分析. 人民长江, 42(11): 39-43.

刘曦, 杨丽君, 徐俊杰, 等. 2010. 长江口北支水道萎缩淤浅分析. 上海地质, 31(3): 35-40.

刘贤达. 1995. 实验风沙物理与工程. 北京: 科学出版社.

刘小斌, 林木松, 李振青. 2011. 长江下游镇扬河段河道演变及整治研究. 长江科学院院报, 28(11): 1-9.

刘小丽, 沈芳. 2009. 河口近岸水悬浮颗粒物遥感研究进展. 上海: 第十届中国河口海岸学术研讨会.

刘效尧, 顾克明. 1992. 铜陵长江公路大桥选址选型. 武汉: 全国桥梁结构学术大会.

刘兴年, 曹叔尤, 黄尔, 等. 2000. 粗细化过程中的非均匀沙起动流速. 泥沙研究, 25(4): 10-13.

刘艳锋, 王莉. 2010. BSTEM 模型的原理、功能模块及其应用研究. 中国水土保持, (10): 24-27.

刘玉斌, 韩美, 张鹏, 等. 2018. 黄河入海水沙变化特征及其趋势预测. 泥沙研究, 43(1): 20-26.

刘振夏, 夏东兴. 2004. 中国近海潮流沉积沙体. 北京: 海洋出版社.

刘智力, 任海青. 2002. 鸭绿江感潮段潮流型态分析. 东北水利水电, 21(3): 24-27.

楼飞, 阮伟. 2012. 长江口北港航道开发条件评价及开发时序探讨. 水运工程, 4: 111-116.

卢金友, 黄悦, 宫平. 2006. 三峡工程运用后长江中下游冲淤变化. 人民长江, 37(9): 55-57.

卢金友, 姚仕明. 2010. 关于长江中下游江湖治理的思考. 中国水利, (16): 30-32, 45.

卢金友, 张细兵, 黄悦. 2011. 三峡工程对长江中下游河道演变与岸线利用影响研究. 水电能源科学, 29(5): 73-76.

陆婷婷. 2014. 长江口北支河道演变及其影响分析. 中国水运, 14(7): 204-205.

陆雪骏. 2016. 长江感潮河段桥墩冲刷研究. 上海: 华东师范大学硕士学位论文.

陆雪骏, 程和琴, 周权平, 等. 2016. 强潮流作用下桥墩不对称"双肾型"冲刷地貌特征与机理. 海洋学报, 38(9): 118-125.

路川藤. 2009. 长江口潮波传播. 南京: 南京水利科学研究院硕士学位论文.

栾锡武, 彭学超, 王英民, 等. 2010. 南海北部陆架海底沙波基本特征及属性. 地质学报, 84(2): 233-245.

罗刚. 2004. 直线长航道设计水深的确定. 港工技术, 41(4): 11-12.

罗健, 龚静怡, 张行南. 1999. 九龙江口及厦门湾悬沙分布和输移沉积的多时相遥感分析. 水利水运科学研究, 4: 368-376.

罗敏逊, 卢金友. 1998. 荆江与洞庭湖汇流区演变分析. 长江科学院院报, 15(3): 12-17.

罗全胜, 史传文. 2006. 冲积河流河床综合稳定性指标研究. 人民黄河, 28(8): 19-20, 86.

罗向欣. 2013. 长江中下游、河口及邻近海域底床沉积物粒径的时空变化. 上海: 华东师范大学博士学位论文.

罗小峰, 陈志昌. 2003. 粒子测速系统在潮汐河口河工模型试验中的应用. 水利水运工程学报, (3): 70-73.

马殿光, 董伟良, 徐俊锋. 2015. 沙波迎流面流速分布公式. 水科学进展, 26(3): 396-403.

马莉, 范影乐. 2009. 纹理图像分析. 北京: 科学出版社.

马齐国. 2014. 多波束水下地形测量系统在榕江堤防险段监测的应用. 科技与创新, (11): 146-147.

马小川. 2013. 海南岛西南海域海底沙波沙脊形成演化及其工程意义. 北京: 中国科学院大学博士学位论文.

毛北平, 吴忠明, 梅军亚, 等. 2013. 三峡工程蓄水以来长江与洞庭湖汇流关系变化. 水力发电学报, 32(5): 48-57.

毛士艺, 赵巍. 2002. 多传感器图像融合技术综述. 北京航空航天大学学报, 28(5): 512-518.

茅志昌, 沈焕庭, 徐彭令. 2000. 长江河口咸潮入侵规律及淡水资源利用. 地理学报, 55(2): 243-250.

茅志昌, 虞志英, 徐海根. 2014. 上海潮滩研究. 上海: 华东师范大学出版社.

茅志昌, 武小勇, 赵常青, 等. 2008. 长江口北港拦门沙河段上段演变分析. 泥沙研究, 33(2): 41-46.

梅军亚, 夏薇, 毛北平, 等. 2006. 长江江湖汇流段河床演变分析. 人民长江, 37(12): 68-71.

孟立朋. 2010. 青干河岩质岸坡失稳模式及稳定性研究. 北京: 中国地质科学院硕士学位论文.

莫丹锋. 2013. 上海沿海潮汐变化趋势及其影响研究. 水资源与水工程学报, 24(6): 192-193.

南京大学地理系海岸研究组, 1974. 海河水下三角洲的演变特征和天津新港泥沙来源的初步研究. 南京大学学报(自然科学版), 10(1): 80-89.

倪晋仁, 王随继. 2000. 论顺直河流. 水利学报, 31(12): 14-21.

倪培桐, 韦惺, 吴超羽, 等. 2011. 珠江河口潮能通量与耗散. 海洋工程, 29(3): 67-75.

倪勇强, 耿兆铨, 朱军政. 2003. 杭州湾水动力特性研讨. 水动力学研究与进展, 18(4): 439-445.

倪志辉, 王明会, 张绪进. 2013. 潮流作用下复合桥墩局部冲刷研究. 水利水运工程学报, (2): 45-51.

宁津生, 陈俊勇, 李德仁, 等. 2009. 测绘学概论. 武汉: 武汉大学出版社.

钮新强, 徐建益, 李玉中. 2005. 长江水沙变化对河口水下沙洲发育影响的研究. 人民长江, 36(8): 31-33, 76.

潘宝雄. 1993. 南京河段浦口地区近年来河床演变特征和建港条件分析. 水运工程, 6: 17-21.

潘定安, 胡方西, 周月琴, 等. 1988. 长江河口夏季的盐淡水混合. 长江河口动力过程和地貌演变. 上海: 上海科学技术出版社.

潘灵芝. 2012. 长江口深水航道整治工程对北槽河床冲淤的影响研究. 上海: 华东师范大学博士学位论文.

潘雪峰, 张鹰. 2007. 基于 GIS 的长江口北港冲淤演变及河道特征可视化分析. 长江科学院院报, 24(3): 6-15.

庞家珍, 司书亭. 1979. 黄河河口演变 I 近代历史变迁. 海洋与湖沼, 10(2): 136-142.

庞家珍, 司书亭. 1980. 黄河口演变 II 河口水文特征及泥沙淤积分布. 海洋湖沼, 11(4): 295-305.

庞家珍, 司书亭. 1981. 黄河口演变 III 河口演变对黄河下游的影响. 海洋与湖沼, 13(3): 218-224.

庞启秀, 庄小将, 黄哲浩, 等. 2008. 跨海大桥桥墩对周围海区水动力环境影响数值模拟. 水道港口, 29(1): 16-20.

彭可可, 文方针. 2012. 潮流作用下群桩局部冲刷试验研究. 铁道科学与工程学报, 9(2): 105-109.

彭彤. 2016. 基于船载移动激光扫描的滩涂崩岸测量系统关键技术研究. 南昌: 东华理工大学硕士学位论文.

邳志. 2003. 论适航水深在天津港强淤现象中的应用. 港工技术, 40(3): 4-5.

濮培民. 1994. 三峡工程与长江中游湖泊洼地环境. 北京: 科学出版社.

戚定满, 顾峰峰, 孔令双, 等. 2012. 长江口深水航道整治工程影响数值研究. 水运工程, 2: 90-96.

齐梅兰. 2005. 采沙河床桥墩冲刷研究. 水利学报, 36(7): 835-839.

钱宁. 1958. 冲积河流稳定性指标的商榷. 地理学报, 24(2): 128-144.

钱宁. 1985. 关于河流分类及成因问题的讨论. 地理学报, 40(1): 1-10.

钱宁, 万兆惠. 2003. 泥沙运动力学. 北京: 科学出版社.

钱宁, 谢汉祥, 周志德. 1964. 钱塘江河口沙坎的近代过程. 地理学报, 30(2): 124-142.

钱宁, 张仁, 周志德. 1987. 河床演变学. 北京: 科学出版社.

钱宁, 洪柔嘉, 麦乔威, 等. 1959. 黄河下游的糙率问题. 泥沙研究, 4(1): 3-17.

钱宁, 张仁, 李九发, 等. 1981. 黄河下游挟沙能力自动调整机理的初步探讨. 地理学报, 36(2): 143-156.

钱圣. 2015. 三峡库区长江干流河道阻力变化研究. 武汉: 长江科学院硕士学位论文.

钱伟伟, 周云轩, 田波, 等. 2014. 基于地面激光扫描系统的崇明东滩湿地监测. 郑州: 中国自然资源学会第七次全国会员代表大会 2014 年学术年会.

乔彭年. 1980. 珠江三角洲演变的历史过程. 人民珠江, 2(2): 40-50.

乔彭年. 1981. 珠江河口湾纵剖面的塑造及其演变. 热带地理, 1(3): 21-28.

乔彭年. 1983. 珠江三角洲河道形态的初步分析. 热带地理, 3(3): 33-41.

秦荣昱, 王崇浩. 1996. 理论及应用. 北京: 中国铁道出版社.

秦曾灏, 李永平. 1997. 上海海平面变化规律及其长期预报方法的初探. 海洋学报, 19(1): 1-7.

秦志伟, 张冬冬, 熊莹, 等. 2017. 2016 年长江中下游干流高水位成因及特点. 水资源研究, 6(4): 349-356.

清华大学水力学教研组. 1980. 水力学. 北京: 人民教育出版社.

裘诚, 朱建荣. 2012. 长江河口北支上口不规则周期潮流的动力机制. 海洋学报, 34(5): 20-30.

屈贵贤. 2014. 长江下游大通——江阴段近五十年河床演变特征及其原因分析. 南京: 南京师范大学博士学位论文.

屈贵贤, 王建, 高正荣, 等. 2008. 基于 GIS 的长江梅子洲头护岸工程对河势演变的影响分析. 长江流域资源与环境, 17(6): 927-931.

冉立山, 王随继, 范小黎, 等. 2009. 黄河内蒙古头道拐断面形态变化及其对水沙的响应. 地理学报, 64(5): 531-540.

饶光勇, 陈俊彪. 2014. 多波速测深系统和侧扫声呐系统在堤围险段水下地形变化监测中的应用. 广东水利水电, (6): 69-72.

任美锷. 1993. 黄河、长江、珠江三角洲近 30 年海平面上升趋势及 2030 年海平面上升量预测. 地理学报, 60(5): 385-393.

任明达, 王乃梁. 1985. 现代沉积环境概论. 北京: 科学出版社.

任晓枫, 曹如轩. 1990. 黄河河口淤积演变对河道影响的预估计算方法. 水资源与水工程学报, 1(3): 35-44.

任永政. 2009. 从卫星 TerraSAR-X 图像反演海面风场和海表流场方法研究. 青岛: 中国海洋大学博士学位论文.

戎翔. 2012. 多模态数据融合的研究. 南京: 南京邮电大学硕士学位论文.

阮志新, 王永, 杨和平. 2012. 百隆路两深路堑滑坡之测斜仪监测与分析. 中外公路, 32(1): 52-58.

芮孝芳. 1994. 长江南京河段洪水成因及趋势的水文学分析. 水利水电技术, 25(10): 2-6.

萨莫依洛夫. 1958. 河口演变过程的理论及其研究方法. 谢金赞译. 北京: 科学出版社.

桑永尧, 虞志英, 金繆. 2003. 长江河口横沙东滩自然演变及工程影响. 东海海洋, 21(3): 15-24.

沙玉清. 1996. 泥沙运动学引论(修订版). 西安: 陕西科学出版社.

单红仙, 沈泽中, 刘晓磊, 等. 2017. 海底沙波分类与演化研究进展. 中国海洋大学学报: 自然科学版, 47(10): 73-82.

上海市统计局. 2016. 2015 年上海市国民经济和社会发展统计公报. 统计科学与实践, (3): 19-28.

沈承烈, 阮文杰. 1986. 长江口河床质冲淤特性的试验研究. 泥沙研究, 11(3): 62-72.

沈芳, 都昂, 吴建平, 等. 2008. 淤泥质潮滩水边线提取的遥感研究及 DEM 构建——以长江口九段沙为例. 测绘学报, 37(1): 102-107.

沈焕庭. 2001. 长江河口物质通量. 北京: 海洋出版社.

沈焕庭, 李九发. 2011. 长江河口水沙输运. 北京: 海洋出版社.

沈焕庭, 潘定安. 1979. 长江河口潮流特性及其对河槽演变的影响. 华东师范大学学报: 自然科学版, 4(1): 131-144.

沈焕庭, 潘定安. 2001. 长江河口最大浑浊带. 北京: 海洋出版社.

沈焕庭, 郭成涛, 朱慧芳, 等. 1988. 长江河口最大浑浊带的变化规律及其成因探讨, 长江河口动力过程和地貌演变. 上海: 上海科学技术出版社.

沈焕庭, 李九发, 朱慧芳, 等. 1986. 长江河口悬沙输移特性, 泥沙研究, 11(1): 1-13.

沈焕庭, 茅志昌, 朱建荣. 2003. 长江河口盐水入侵. 北京: 海洋出版社.

沈焕庭, 朱慧芳, 茅志昌. 1986. 长江河口环流及其对悬沙输移的影响. 海洋与湖沼, 17(1): 26-36.

沈焕庭, 朱建荣, 吴华林. 2009. 长江河口陆海相互作用界面. 北京: 海洋出版社.

沈健, 沈焕庭, 潘定安, 等. 1995. 长江河口最大浑浊带水沙输运机制分析. 地理学报, 50(5): 411-420.

沈小明, 裘文斌. 2003. 适航水深测量技术介绍与探讨. 水道港口, 24(2): 94-96.

沈玉昌. 1965. 长江上游河谷地貌. 北京: 科学出版社.

沈玉昌, 龚国元. 1986. 河流地貌概论. 北京: 科学出版社.

师长兴, 范小黎, 邵文伟, 等. 2013. 黄河内蒙河段河床冲淤演变特征及原因. 地理研究, 32(5): 787-796.

施雅风, 朱季文, 谢志仁, 等. 2000. 长江三角洲及毗连地区海平面上升影响预测与防治对策. 中国科学(D 辑), 30(3): 225-232.

石盛玉. 2017. 近期长江河口潮区界变动及河床演变特征. 上海: 华东师范大学硕士学位论文.

石盛玉, 程和琴, 玄晓娜, 等. 2018. 近十年来长江河口潮区界变动研究. 中国科学: 地球科学, 48(8): 1-11.

石盛玉, 程和琴, 郑树伟, 等. 2017. 三峡截流以来长江洪季潮区界变动河段冲刷地貌. 海洋学报, 39(3): 85-95.

时连强, 夏小明. 2008. 我国淤泥质海岸侵蚀研究现状与展望. 海洋学研究, 26(4): 73-78.

时伟荣, 李九发. 1993. 长江河口南北槽输沙机制及浑浊带发育分析. 海洋通报, 12(4): 69-76.

时钟. 2000. 长江口细颗粒泥沙过程. 泥沙研究, 25(6): 72-80.

时钟, 陈伟民. 2000. 长江口北槽最大浑浊带泥沙过程. 泥沙研究, 25(1): 29-39.

史彦新, 张青, 孟宪玮. 2008. 分布式光纤传感技术在滑坡监测中的应用. 吉林大学学报(地), 38(5): 820-824.

水利部长江水利委员会. 1992. 长江三峡水利枢纽初步设计报告:枢纽工程. 武汉: 水利部长江水利委员会.

水利部长江水利委员会. 2000. 长江泥沙公报. 武汉: 长江出版社.

水利部长江水利委员会. 2006. 长江泥沙公报. 武汉: 长江出版社.

水利部长江水利委员会. 2011. 长江泥沙公报. 武汉: 长江出版社.

水利部长江水利委员会. 2012. 长江泥沙公报. 武汉: 长江出版社.

水利部长江水利委员会. 2013. 长江泥沙公报. 武汉: 长江出版社.

水利部长江水利委员会. 2014. 长江泥沙公报. 武汉: 长江出版社.

水利部长江水利委员会. 2016. 长江泥沙公报. 武汉: 长江出版社.

水利部长江水利委员会水文局. 2010. 长江流域综合规划(2009 年修订)水文专题报告. 武汉: 长江水利委员会水文局.

宋立松. 2001. 分析潮汐河口稳定性的突变模型. 水利学报, 32(9): 10-15.

宋立松. 2004. 钱塘江河口稳定性的灰色突变分析. 泥沙研究, 35(6): 46-50.

宋平, 方春明, 黎昔春, 等. 2014. 洞庭湖泥沙输移和淤积分布特性研究. 长江科学院院报, 31(6): 130-134.

宋泽坤. 2013. 近30年来长江口北支滩涂围垦对水动力和河槽冲淤演变影响分析. 上海: 华东师范大学硕士学位论文.

宋泽坤, 程和琴, 胡浩, 等. 2012. 长江口北支围垦对其水动力影响的数值模拟分析. 人民长江, 43(15): 59-63.

宋泽坤, 程和琴, 刘昌兴, 等. 2013. 长江口溢油数值模型及对水源地的影响. 长江流域资源与环境, 22(8): 1055-1063.

宋志尧, 茅丽华. 2002. 长江河口盐水入侵研究. 水资源保护, (3): 27-30.

苏帅. 2015. 基于多模态融合的高精度室内外场景识别技术研究. 北京: 北京邮电大学硕士学位论文.

宿殿鹏, 阳凡林, 石波, 等. 2015. 船载多传感器综合测量系统点云实时显示技术. 海洋测绘, 35(6): 29-32.

隋洪波. 2003. 长江口区波浪分布及其双峰谱型波浪的统计特征. 青岛: 中国海洋大学硕士学位论文.

孙晨. 2008. 不同水流冲击角对于桩群局部冲刷的影响研究. 南京: 南京水利科学研究院硕士学位论文.

孙精石. 2006. 从《内河通航标准》看某些特殊限制性航道水深的确定. 水道港口, 27(6): 300-305.

孙效功, 杨作升. 1995. 利用输沙量预测现代黄河三角洲的面积增长. 海洋与湖沼, 26(1): 76-82.

孙昭华. 2004. 水沙变异条件下河流系统调整机理及其功能维持初步研究. 武汉: 武汉大学博士学位论文.

孙志国. 2003. 芦洋跨海大桥建设对潮流影响的数模研究. 大连: 大连理工大学硕士学位论文.

汤国安, 杨勤科, 张勇, 等. 2001. 不同比例尺DEM提取地面坡度的精度研究——以在黄土丘陵沟壑区的试验为例. 水土保持通报, 21(1): 53-56.

唐存本, 张思和, 陈永明. 1983. 太平溪河段天然糙率的分析. 水利水运工程学报, (1): 6-76.

唐峰, 李发政, 渠庚, 等. 2011. 水流运动特性试验研究. 人民长江, 42(7): 43-46.

唐洪武. 1996. 问题及图像测速技术的研究. 南京: 河海大学博士学位论文.

唐建华, 徐建益, 赵升伟, 等. 2011. 基于实测资料的长江河口南支河段盐水入侵规律分析. 长江流域资源与环境, 20(6): 677-684.

唐金武, 邓金运, 由星莹, 等. 2012. 长江中下游河道崩岸预测方法. 四川大学学报(工程科学版), 44(1): 75-81.

唐金武, 由星莹, 侯卫国, 等. 2015. 长江下游马鞍山河段演变趋势分析. 泥沙研究, 40(1): 30-35.

唐日长, 贡炳生, 周正海. 1962. 荆江大堤护岸工程初步分析研究. 武汉: 湖北省水利学会第一次年会论文选编.

唐玉杰. 2008. 长江河口涨落潮槽水沙特性及输运机制对比研究. 青岛: 中国海洋大学硕士学位论文.

陶静, 赵升伟, 徐超. 2009. 上海长江大桥桥墩冲刷坑深度研究. 世界桥梁, (S1): 73-77.

田波, 周云轩, 郑宗生, 等. 2008. 面向对象的河口滩涂冲淤变化遥感分析. 长江流域资源与环境, 17(3): 419-423.

田淳, 刘少华. 2003. 声学多普勒测流原理及其应用. 郑州: 黄河水利出版社.

田伟平, 沈波. 2003. 圆柱桥墩绕流特性理论研究. 长安大学学报(自然科学版), 23(1): 54-57.

万保峰, 袁水华, 苏建平. 2009. 基于纹理分析的滑坡遥感图像识别. 地矿测绘, 25(2): 11-14.

万远扬, 孔令双, 戚定满, 等. 2010. 道近期演变及水动力特性分析. 水道港口, 31(5): 373-378.

汪亚平, 高建华. 2003. 河口海岸区悬沙输运量的声学多普勒流速剖面(ADCP)观测技术的初步研究. 科学技术与工程, 3(5): 468-470.

王博, 姚仕明, 岳红艳. 2014. 基于BSTEM的长江中游河道岸坡稳定性分析. 长江科学院院报, 31(1): 1-7.

王晨阳, 张华庆. 2014. 往复流不同入射角条件下跨海大桥桥墩局部冲刷研究. 水道港口, 35(2): 112-117.

王成哲. 2007. 流态可视化技术研究. 天津: 天津科技大学硕士学位论文.

王崇浩, 曹文洪, 张世奇. 2008. 黄河口潮流与泥沙输移过程的数值研究. 水利学报, 39(10): 1256-1263.

王初, 贺宝根. 2003. 长江河口潮滩悬浮泥沙输移规律研究进展. 上海师范大学(自然科学版), 32(2): 96-100.

王传胜, 王开章. 2002. 长江中下游岸线资源的特征及其开发利用. 地理学报, 57(6): 693-700.

王东平. 2015. 长江感潮河段高低潮水位预报模型研究. 南京: 南京师范大学硕士学位论文.

王冬梅, 程和琴, 李茂田, 等. 2012. 长江口沙波分布区桥墩局部冲刷深度计算公式的改进. 海洋工程, 30(2): 58-65.

王冬梅, 程和琴, 张先林, 等. 2011. 新世纪上海地区相对海平面变化影响因素及预测方法. 上海国土资源, 32(3): 35-40.

王国民. 2014. 铜陵长江公路大桥桥墩冲刷与防护研究. 珠海: 全国桥梁学术会议论文集.

王寒梅, 焦珣. 2015. 海平面上升影响下的上海地面沉降防治策略. 气候变化研究进展, 11(4): 256-262.

王鹤荀, 郭洪驹. 2004. 船舶安全富余水深的确定. 上海海事大学学报, 25(4): 19-21.

王惠明, 史萍. 2006. 图像纹理特征的提取方法. 中国传媒大学学报自然科学版, 13(1): 49-52.

王家云, 董光林. 1998. 安徽省长江护岸工程损坏及崩岸原因分析. 水利建设与管理, 1: 62-64.

王建, 刘平, 高正荣, 等. 2007. 长江干流江苏段 44 年来河道冲淤变化的时空特征. 地理学报, 62(11): 185-193.

王建平, 邢方亮, 穆守胜. 2014. 潮流作用下桥墩局部冲刷研究. 人民珠江, 35(3): 25-29.

王建雄. 2012. 数字近景摄影测量在库区高边坡监测中的应用. 测绘与空间地理信息, 35(12): 9-11.

王静, 高俊峰. 2008. 基于对应分析的湖泊围网养殖范围提取. 遥感学报, 12(5): 716-723.

王康墡, 苏纪兰. 1987. 长江口南港环流及悬移物质输运的计算分析. 海洋学报(中文版), 9(5): 627-637.

王坤. 2013. 海洋深水环境桥墩基础抗冲刷技术研究. 西安: 长安大学硕士学位论文.

王礼育, 罗丹. 2000. 从遥感图像看口门规划治理效果——珠江口伶仃洋和东四口门治理的遥感分析. 人民珠江, 21(2): 39-41.

王明会. 2014. 河口地区潮流作用下桥墩局部冲刷深度研究. 重庆: 重庆交通大学硕士学位论文.

王群, 黄崇佑, 林桂宾. 1987. 桥墩潮汐冲刷试验研究. 昆明: 中国铁道学会桥梁设计与运营学术讨论会论文集.

王如生. 2015. 近半个世纪长江口门区的冲淤变化分析及未来几十年冲淤趋势探讨. 上海: 华东师范大学硕士学位论文.

王尚毅, 李大鸣. 1994. 南海珠江口盆地陆架斜坡及大陆坡海底沙波动态分析. 海洋学报, 16(6): 122-132.

王绍成. 1991. 河流动力学. 北京: 人民交通出版社.

王绍祥, 朱建荣. 2015. 不同潮型和风况下青草沙水库取水口盐水入侵来源. 华东师范大学学报(自然科学版), (4): 65-76.

王士强. 1988. 沙波运动与推移质测验. 泥沙研究, 13(4): 25-31.

王维佳. 2013. 长江口横沙附近河势变化和近海海洋开发前景分析. 上海: 华东师范大学硕士学位论文.

王维佳, 蒋雪中, 薛靖波, 等. 2014. 长江口横沙附近河势变化与可利用港航资源分析. 长江流域资源与环境, 23(1): 39-45.

王伟, 宋志尧, 陆卫国, 等. 2008. 海平面上升对海岸潮差响应的理论解析. 海洋工程, 26(3): 94-97.

王伟伟. 2007. 典型海域海底底床稳定性研究. 青岛: 中国科学院研究生院(海洋研究所)博士学位论文.

王伟伟, 范奉鑫, 李成钢. 2007. 海南岛西南海底沙波活动及底床冲淤变化. 海洋地质与第四纪地质, 27(4): 23-28.

王霞, 吴加学. 2009. 基于小波变换的西、北江水沙关系特征分析. 热带海洋学报, 28(1): 21-28.

王兴奎, 庞东明, 王桂仙, 等. 1996. 图像处理技术在河工模型试验流场量测中的应用. 泥沙研究, 21(4): 21-26.

王延贵. 2003. 冲积河流岸滩崩塌机理的理论分析及试验研究. 北京: 中国水利水电科学研究院博士学位论文.

王延贵, 齐梅兰, 金亚昆. 2016. 河道岸滩稳定性综合评价方法. 水利水电科技进展, 36(5): 55-59.

王延贵, 史红玲, 刘茜. 2014. 水库拦沙对长江水沙态势变化的影响. 水科学进展, 25(4): 1-10.

王艳姣, 张鹰, 陈荣. 2006. 基于 GIS 长江口北港河段冲淤变化的可视化分析. 河海大学学报自然科学版, 34(2): 223-226.

王艳梅, 杨世植, 王震, 等. 2010. 基于 Landsat 5 TM 数据反演地表温度. 大气与环境光学学报, 5(4): 293-298.

王永. 1999. 长江安徽段崩岸原因及治理措施分析. 人民长江, 30(10): 19-20.

王永红. 2003. 长江河口涨潮槽的形成机理与动力沉积特征. 上海: 华东师范大学博士学位论文.

王永红, 沈焕庭, 李九发, 等. 2011. 长江河口涨、落潮槽内的沙波地貌和输移特征. 海洋与湖沼, 42(2): 330-336.

王媛, 李冬田. 2008. 长江中下游崩岸分布规律和窝崩的平面旋涡形成机制. 岩土力学, 29(4): 919-924.

王张峤. 2006. 三峡封坝前长江中下游河床沉积物分布及河床稳定性模拟研究. 上海: 华东师范大学硕士学位论文.

王哲. 2007. 长江中下游(武汉-河口)底床沙波型态及其动力机制. 上海: 华东师范大学硕士学位论文.

王哲, 陈中原, 施雅风, 等. 2007. 长江中下游(武汉-河口段)底床沙波型态及其动力机制. 中国科学: 地球科学, 37(9): 1223-1234.

王志勇, 张金芝. 2013. 基于 InSAR 技术的滑坡灾害监测. 大地测量与地球动力学, 33(3): 87-91.

魏合龙, 李广雪, 周永青. 1995. 侵蚀基准面变化对河流体系的影响. 海洋地质动态, (5): 4-6.

温令平. 2001. 伶仃洋悬浮泥沙遥感定量分析. 水运工程, (9): 9-13.

邬国锋, 崔丽娟, 纪伟涛. 2009. 基于遥感技术的鄱阳湖-长江水体清浊倒置现象的分析. 长江流域资源与环境, 18(8): 777-782.

吴超羽, 任杰, 包芸, 等. 2006. 珠江河口"门"的地貌动力学初探. 地理学报, 61(5): 537-548.

吴国元. 1994. 长江河口南支南岸潮滩底质重金属污染与评价. 海洋环境科学, 13(2): 45-51.

吴华林, 戚定满, 刘杰. 2006. 长江口深水航道治理工程中科研及检测技术创新综述. 水运工程, (z1): 141-147.

吴华林, 沈焕庭, 胡辉, 等. 2002. GIS 支持下的长江口拦门沙泥沙冲淤定量计算. 海洋学报, 24(2): 84-93.

吴华林, 沈焕庭, 茅志昌. 2004. 长江口南北港泥沙冲淤定量分析及河道演变. 泥沙研究, 29(3): 75-80.

吴辉, 朱建荣. 2007. 长江河口北支倒灌盐水输送机制分析. 海洋学报, 31(1): 17-25.

吴凯. 1999. 1998 年长江洪水的特点与警示. 地理科学进展, 18(1): 20-25.

吴玲莉, 张玮. 2009. 长江下游感潮河段极值水位的周期分析. 水运工程, (4): 134-139.

吴绍洪, 罗勇, 王浩, 等. 2016. 中国气候变化影响与适应: 态势和展望. 科学通报, 61(10): 1042-1054.

吴帅虎. 2017. 河口河槽演变对人类活动的响应. 上海: 华东师范大学博士学位论文.

吴帅虎, 程和琴, 李九发, 等. 2015. 近期长江河口主槽冲淤过程与沉积物分布及变化特征. 泥沙研究, 40(6): 52-58.

吴帅虎, 程和琴, 李九发, 等. 2016a. 近期长江口北港冲淤变化与微地貌特征. 泥沙研究, 41(2): 26-32.

吴帅虎, 程和琴, 李九发, 等. 2016b. 南槽冲淤变化与微地貌特征. 泥沙研究, 41(5): 47-53.

吴帅虎, 程和琴, 胥毅军, 等. 2016c. 长江河口主槽地貌形态观测与分析. 海洋工程, 34(6): 65-73.

吴宋仁, 严以新. 2004. 海岸动力学. 北京: 人民交通出版社.

吴稳. 2010. 长江口水文环境信息与水下地形三维可视化应用研究. 上海: 华东师范大学硕士学位论文.

吴雪茹. 2007. 桥墩一般冲刷计算研究. 水运工程, (5): 27-30.

吴永新. 2007. 长江南京河段整治的实践与思考. 江苏水利, (8): 11-12.

吴玉华, 苏爱军, 崔政权, 等. 1997. 江西省彭泽县马湖堤崩岸原因分析. 人民长江, 28(4): 27-30.

吴中, 陈力平, 游目林. 2002. 底部浮泥表层推移速度分布的 ADCP-GPS 估测方法. 海洋工程, 20(4): 85-88.

吴中, 胡金春. 2002. ADCP/ADP 在现场泥沙观测中的应用. 昆明: 第八届全国海事技术研讨会.

吴自银, 金翔龙, 李家彪, 等. 2006. 东海外陆架线状沙脊群. 科学通报, 51(1): 93-103.

武汉水利电力学院. 1983. 河流泥沙工程学. 武汉: 水利电力出版社.

武强, 郑铣鑫, 应玉飞, 等. 2002. 21 世纪中国沿海地区相对海平面上升及其防治策略. 中国科学(D 辑), 32(9): 760-766.

武荣. 2014. 长江芜湖河段下段河势演变分析. 江淮水利科技, (2): 13-14.

武小勇. 2005. 长江口北港河势演变分析. 上海: 华东师范大学硕士学位论文.

武小勇, 茅志昌, 虞志英, 等. 2006. 长江口北港河势演变分析. 泥沙研究, 31(2): 47-53.

夏东兴, 吴桑云, 刘振夏, 等. 2001. 海南东方岸外海底沙波活动性研究. 海洋科学进展, 19(1): 17-24.

项印玉, 朱建荣, 吴辉. 2009. 冬季陆架环流对长江河口盐水入侵的影响. 自然科学进展, 19(2): 192-202.

肖成猷, 沈焕庭. 1998. 长江河口盐水入侵影响因子分析. 华东师范大学学报(自然科学版), (3): 74-80.

肖成猷, 朱建荣, 沈焕庭. 2000. 长江口北支盐水倒灌的数值模型研究. 海洋学报, 22(5): 124-132.

肖毅, 邵学军, 周建银. 2012a. 基于尖点突变的河型稳定性判定方法. 水科学进展, 23(2): 179-185.

肖毅, 杨研, 邵学军. 2012b. 基于尖点突变模式的河型分类与转化判别. 清华大学学报(自然科学版), 52(6): 753-758.

谢华亮. 2014. 长江南槽近期动力地貌演变研究. 上海: 华东师范大学硕士学位论文.

谢华亮, 戴志军, 李为华, 等. 2014. 长江口南北槽分流口动力地貌过程研究. 应用海洋学学报, 33(2): 151-159.

谢华亮, 戴志军, 左书华, 等. 2015. 1959-2013 年长江河口南槽动力地貌演变过程. 海洋工程, 33(5): 51-59.

谢鉴衡. 2004. 江河演变与治理研究. 武汉: 武汉大学出版社.

谢谟文, 胡嫚, 王立伟. 2013. 基于三维激光扫描仪的滑坡表面变形监测方法——以金坪子滑坡为例. 中国地质灾害与防治学报, 24(4): 85-92.

谢卫明, 何青, 章可奇, 等. 2015. 三维激光扫描系统在潮滩地貌研究中的应用. 泥沙研究, 40(1): 1-6.

谢小平, 付碧宏, 王兆印, 等. 2006. 基于数字化海图与多时相卫星遥感的长江口九段沙形成演化研究. 第四纪研究, 26(3): 391-396.

徐芬. 1997. 黄浦江吴淞站年最高潮位长期预测方法探讨. 上海水利, 2: 39-42.

徐海根. 1994. 长江口北槽演变趋势若干问题. 北京: 海洋出版社.

徐海根, 徐海涛, 李九发. 1994. 长江口浮泥层 "适航水深" 初步研究. 华东师范大学学报(自然科学版), 19(2): 91-97.

徐汉兴, 樊连法, 顾明杰. 2012. 对长江潮区界与潮流界的研究. 水运工程, 6: 15-20.

徐家声, 孟毅, 张效龙, 等. 2006. 晚更新世末期以来黄河口古地理环境的演变. 第四纪研究, 26(3): 327-333.

徐茂林, 张贺, 李海铭, 等. 2015. 基于测量机器人的露天矿边坡位移监测系统. 测绘科学, 40(1): 38-41.

徐敏. 2012. 近期长江河口南、北港河道河床演变与挟沙能力研究. 上海: 华东师范大学硕士学位论文.

徐敏, 李九发, 李占海, 等. 2012. 长江河口南、北港河道挟沙能力研究. 海洋学研究, 30(2): 51-57.

徐绍铨, 程温鸣, 黄学斌, 等. 2003. GPS 用于三峡库区滑坡监测的研究. 水利学报, 34(1): 114-118.

徐绍铨, 张华海, 杨志强. 2008. GPS 测量原理及应用(第三版). 武汉: 武汉大学出版社.

徐升. 2006. 基于水深遥感的长江口北港冲淤演变分析. 南京: 南京师范大学硕士学位论文.

徐文晓. 2016. 长江河口北港北汊河势演变及动力沉积特征分析. 上海: 华东师范大学硕士学位论文.

徐锡荣, 唐洪武, 宗竞, 等. 2004. 长江南京河段护岸新技术探讨. 水利水电科技进展, 24(4): 26-28.

徐晓君, 杨世伦, 张珍. 2010. 三峡水库蓄水以来长江中下游干流河床沉积物粒度变化的初步研究. 地理科学, 30(1): 103-107.

许炯心, 孙季. 2003. 黄河下游游荡河道萎缩过程中的河床演变趋势. 泥沙研究, 28(1): 10-17.

许联峰, 陈刚, 李建中, 等. 2003. 粒子图像测速技术研究进展. 力学进展, 33(4): 533-540.

许全喜. 2013. 三峡工程蓄水运用前后长江中下游干流河道冲淤规律研究. 水力发电学报, 32(2): 146-154.

许全喜, 胡功宇, 袁晶. 2009. 近 50 年来荆江三口分流分沙变化研究. 泥沙研究, 34(5): 1-8.

许全喜, 童辉. 2012. 近 50 年来长江水沙变化规律研究. 水文, 32(5): 38-47.

许全喜, 袁晶, 伍文俊, 等. 2011. 三峡工程蓄水运用后长江中游河道演变初步研究. 泥沙研究, 36(2): 38-46.

许全喜, 张小峰, 袁晶, 等. 2002. 河道深泓线变化神经网络预报模型研究与应用. 人民长江, 33(11): 35-37.

许祥向, 喻丰华, 余顺超, 等. 2000. 遥感技术在珠江河口水沙输移规律研究中的应用. 成都: 面向二十一世纪的泥沙研究.

许向宁, 黄润秋. 2006. 金沙江下游宜宾-白鹤滩段岸坡稳定性评价与预测. 水文地质工程地质, 33(1): 31-36.

薛靖波. 2014. 长江口拦门沙系近期变化与河口深水港开发前景探讨. 上海: 华东师范大学硕士学位论文.

薛小华. 2005. 桥墩冲刷的试验研究. 武汉: 武汉大学硕士学位论文.

薛小华, 黄召彪. 2008. 长江下游张家洲水道近期河床演变分析. 水运工程, 8: 116-121.

薛玉利. 2007. 基于实值 Gabor 变换的掌纹识别. 计算机工程与应用, 43(6): 216-219.

闫虹, 戴志军, 李九发, 等. 2009. 长江口拦门沙河段潮滩表层沉积物分布特征. 地理学报, 64(5): 629-637.

严棋, 吴辉, 朱建荣. 2015. 中国主要入海河流冲淡水扩展特性联合数值模拟研究. 华东师范大学学报, 7(4): 87-96.

严肃庄, 曹沛奎. 1994. 长江口悬浮体的粒度特征. 上海国土资源, 3: 50-58.

严以新, 高进, 郑金海, 等. 2002. 长江口南港泥沙运动的水动力条件. 河海大学学报(自然科学版), 30(5): 1-6.

燕京, 徐熙荣. 2007. 长江南京河段河道整治和护岸工程实践和展望. 南京: 第三届全国水力学与水利信息学大会.

杨成浩, 廖光洪, 袁耀初, 等. 2013. ADCP 观测得到的 2008 年 4 月吕宋海峡流速剖面结构. 海洋学报, 35(3): 1-12.

杨达源. 2006. 长江地貌过程. 北京: 地质出版社.

杨芳丽, 陈飞, 付中敏, 等. 2011. 长江"南京-南通"河段演变及碍航特性分析. 人民长江, 42(21): 15-18.

杨桂樨. 1988. 进港航道设计(三). 港口工程, 4: 15-23.

杨具瑞, 方铎, 何文社, 等. 2003. 推移质输沙的非线性研究. 水科学进展, 14(1): 36-40.

杨俊辉. 2009. ADCP、OBS 在底部泥沙运动观测中的应用探讨. 港工技术, 46(z1): 90-93.

杨欧, 刘苍字. 2002. 长江口北支沉积物粒径趋势及泥沙来源研究. 水利学报, 2(2): 79-84.

杨世伦. 1994. 长江口沉积物粒度参数的统计规律及其沉积动力学解释. 泥沙研究, 19(3): 23-31.

杨世伦. 2003. 海岸环境和地貌过程导论. 北京: 海洋出版社.

杨世伦, 徐海根. 1994. 长兴横沙两岛潮滩沉积物的粒度概率及其分析. 海洋科学, 1: 60-63.

杨世伦, 张正惕, 谢文辉, 等. 1999. 长江口南港航道波群研究. 海洋工程, 17(2): 80-89.

杨婷, 陶建峰, 张长宽, 等. 2012. 长江口整治工程对分水分沙年际变化的影响分析. 人民长江, 43(5): 84-88.

杨许侯, 金成法, 马道华. 1999. 长江口南港水道潮流特征分析. 海洋通报, 18(1): 1-11.

杨旸, 汪亚平, 高建华, 等. 2006. 长江口枯季水动力悬沙特征与再悬浮研究. 南京大学学报, 6(1): 643-655.

杨云平, 李义天, 樊咏阳. 2014. 长江口前缘沙洲演变与流域泥沙要素关系. 长江流域资源与环境, 23(5): 652-658.

杨云平, 李义天, 韩剑桥, 等. 2012. 长江口潮区和潮流界面变化及对工程响应. 泥沙研究, 37(6): 47-51.

杨云平, 李义天, 孙昭华, 等. 2013. 长江口最大浑浊带悬沙浓度变化趋势及成因. 地理学报, 68(9): 1240-1250.

杨云平, 李义天, 王冬, 等. 2011. 长江口滞流点研究进展. 泥沙研究, 36(6): 1-6.

杨云平, 张明进, 李义天, 等. 2016. 长江三峡水坝下游河道悬沙恢复和床沙补给机制. 地理学报, 71(7): 1241-1254.

杨正东, 朱建荣, 王彪, 等. 2012. 长江河口潮位站潮沙特征分析. 华东师范大学学报(自然科学版), 3: 111-119.

杨忠勇. 2014. 潮汐河口河槽悬沙侧向捕集机制研究. 上海: 华东师范大学博士学位论文.

杨忠勇, 程和琴, 江红, 等. 2011. 长江河口河槽浅地层剖面探测研究. 海洋测绘, 31(2): 38-42.

杨忠勇, 程和琴, 朱建荣, 等. 2012. 洋山港海域潮动力特征及其对工程的响应. 地理学报, 67(9): 1280-1290.

姚爱峰, 刘建军. 1995. 冲积平原河流河型稳定性指标分析. 泥沙研究, 20(3): 56-63.

姚弘毅, 李九发, 戴志军, 等. 2013. 长江河口北港河道泥沙特性及河床沙再悬浮研究. 泥沙研究, 38(3): 6-13.

叶守泽. 1984. 流域汇流的非线性特性分析. 水电能源科学, 2(1): 21-27.

叶银灿, 庄振业, 来向华, 等. 2004. 东海扬子浅滩砂质底形研究. 中国海洋大学学报: 自然科学版, 34(6): 1057-1062.

叶泽纲. 2003. 湖南省大型水库特点及防洪格局. 水资源研究, 24(1): 20-23.

尹国康. 1999. 黄河下游纵剖面自调整特性. 泥沙研究, 24(2): 28-33.

应铭, 李九发, 虞志英, 等. 2007. 长江河口中央沙位移变化与南北港分流口稳定性研究. 长江流域资源与环境, 16(4): 476-481.

于东生, 田淳, 严以新. 2004. 长江口水流运动特性分析. 水运工程, (1): 49-53.

于宜法, 刘兰, 郭明克. 2007. 海平面上升导致渤、黄、东海潮波变化的数值研究 Ⅱ——海平面上升后渤、黄、东海潮波的数值模拟. 中国海洋大学学报(自然科学版), 37(1): 7-14.

于宜法, 刘兰, 郭明克, 等. 2008. 海平面上升导致潮波系统变化的机理(Ⅱ)——基于数值模拟的研究. 中国海洋大学学报(自然科学版), 38(6): 875-882.

余剑如, 史立人, 冯明汉, 等. 1991. 长江上游的地面侵蚀与河流泥沙. 水土保持通报, (1): 9-17.

余威, 吴自银, 周洁琼, 等. 2015. 台湾浅滩海底沙波精细特征、分类与分布规律. 海洋学报, 37(10): 11-25.

余文畴. 2005. 长江河道演变与治理. 北京: 中国水利水电出版社.

余文畴, 苏长城. 2007. 长江中下游"口袋型"崩窝形成过程及水流结构. 人民长江, 38(8): 156-159.

余文畴, 张志林. 2008. 关于长江口近期河床演变的若干问题. 人民长江, 39(8): 86-89.

余雯, 穆方方, 曹恒亮. 2015. 长江大通站水沙年际变化分析. 上海水务, 1: 45-47.

余云杰, 童任华. 1980. 南京长江大桥沉井施工冲刷试验报告. 泥沙研究, 50(1): 70-74.

俞康定. 2007. 崇明东滩大型沙波特征及其成因探讨. 上海: 华东师范大学博士学位论文.

郁微微, 杨洪林, 刘曙光, 等. 2007. 深水航道工程对长江口流场的影响. 水动力学研究与进展, 22(6): 709-715.

喻国良, 郑丙辉. 1999. 冲积河床的河床阻力. 水利学报, 30(4): 1-9.

喻恒. 2011. 黄河模型河势宽度与表面流速图像测量方法的研究与应用. 南京: 河海大学出版社.

袁文昊. 2014. 三峡建坝后长江中游河床冲淤的水沙动力过程. 上海: 华东师范大学博士学位论文.

袁文昊, 李茂田, 陈中原, 等. 2016. 三峡建坝后长江宜昌—汉口河段水沙与河床的应变. 华东师范大学学报(自然科学版), 2: 90-100.

恽才兴. 1983. 长江口潮滩冲淤及滩槽泥沙交换. 泥沙研究, 8(4): 43-51.

恽才兴. 2004. 长江河口近期演变基本规律. 北京: 海洋出版社.

恽才兴. 2010. 图说长江河口演变. 北京: 海洋出版社.

曾剑, 孙志林, 潘存鸿, 等. 2010. 钱塘江河口径流长周期特性及其对河床的影响. 浙江大学学报(工学版), 44(8): 1584-1588.

曾宪武, 黄静, 赵毅. 1998. 南京长江第二大桥南汊(长江主航道)桥总体设计//第三届全国桥梁学术会议论文集. 上海: 中国土木工程学会桥梁及结构工程学会年会.

翟晓鸣. 2007. 长江口水动力和悬沙分布特征初探. 上海: 华东师范大学硕士学位论文.

翟晓鸣, 何青, 刘红, 等. 2007. 长江口枯季水沙特性分析——以2003年为例. 海洋通报, 26(4): 23-33.

詹海玲. 2006. 浅谈计算桥墩局部冲刷65-2原式与修正式. 广东交通职业技术学院学报, 5(2): 68-70.

詹磊, 董耀华, 惠晓晓. 2007. 桥墩局部冲刷研究综述. 水利电力科技, (3): 1-13.

詹小涌. 1984. 天然河道沙波分类研究. 地理科学, 4(2): 177-182.

詹义正, 余明辉, 邓金运, 等. 2006. 沙波波高随水流强度变化规律的探讨. 武汉大学学报(工学版), 39(6): 10-13.

张佰战, 李付军. 2004. 桥墩局部冲刷计算研究. 中国铁道科学, 25(2): 49-52.

张长清, 曹华. 1998. 长江口北支河床演变趋势探讨. 人民长江, 29(2): 33-35.

张垂虎. 2005. 人类活动对河床下切的影响. 珠江水运, 12: 22-23.

张二凤. 2004. 长江中下游人类活动对河流泥沙来源及入海泥沙的影响研究. 上海: 华东师范大学博士学位论文.

张风艳. 2011. 长江口北支表层沉积物特征分析及其环境与物源意义. 上海: 华东师范大学硕士学位论文.

张光斗. 1999. 1998 年长江大洪水. 人民长江, 30(7): 1-3.

张华庆, 魏庆鼎. 2003. 墩前角涡实验研究. 水动力学研究与进展(A 辑), 18(2): 217-223.

张慧, 张政权, 吴志广, 等. 2004. 基于概率神经网络的河床床面形态预测模型. 长江科学院院报, 21(6): 19-22.

张景新, 刘桦. 2007. 潮流条件下床面最大局部冲刷深度计算. 北京: 第二十届全国水动力学研讨会.

张俊勇, 吴华林, 吴桂初, 等. 2011. 长江口北港航道开发技术方案初步研究. 水运工程, (8): 102-105.

张莉莉. 2001. 长江河口拦门沙冲淤演变过程研究. 上海: 华东师范大学硕士学位论文.

张龙, 汤崇军, 郑海金. 2013. 鄱阳湖流域水土保持重点治理一期工程效益后评价研究. 中国水土保持, (9): 61-64.

张强, 施雅风, 姜彤, 等. 2007. 长江中游马口-田家镇河段 40 年来河道演变. 地理学报, 62(1): 62-71.

张瑞瑾. 1996. 从冲积河流的稳定性谈起//张瑞瑾论文集. 北京: 水利电力出版社.

张瑞瑾. 1998. 河流泥沙动力学. 北京: 中国水利水电出版社.

张瑞瑾, 谢鉴衡, 王明甫, 等. 1989. 河流动力学. 北京: 水利电力出版社.

张世奇. 1997. 黄河口及三角洲冲淤演变计算原理及方法. 泥沙研究, 22(2): 24-27.

张小峰, 许全喜, 裴莹. 2001. 流域产流产沙 BP 网络预报模型的初步研究. 水科学进展, 12(1): 17-22.

张晓鹤. 2016. 近期长江河口河道冲淤演变及其自动调整机理初步研究. 上海: 华东师范大学博士学位论文.

张晓鹤, 李九发, 朱文武, 等. 2015. 近期长江河口冲淤演变过程及自动调整机理研究. 海洋学报:中文版, 34(7): 123-130.

张艳杰. 2004. 基于 GIS 的长江口北港冲淤演变规律的定量分析研究. 海洋信息, (2): 13-17.

张燕菁, 胡春宏, 王延贵. 2010. 国外典型水利枢纽下游河道冲淤演变特点. 人民长江, 41(24): 76-80.

张莹, 王耀南. 2008. 基于 Gabor 滤波器包络的人脸识别算法. 中国图像图形学报, 13(12): 2314-2320.

张营营, 胡亚朋, 张范平. 2017. 黄河上游天然径流变化特性分析. 干旱区资源与环境, 31(2): 104-109.

张原, 申佳静. 2017. 非法采砂正掏空中国江河. 生态经济, (10): 6-9.

张珍. 2011. 三峡工程对长江水位和水沙通量影响的定量估算. 上海: 华东师范大学博士学位论文.

张志林, 胡国栋, 朱培华, 等. 2010. 长江口南港近期的演变及其与重大工程之间的关系. 长江流域资源与环境, 19(12): 1433-1441.

张志林, 阮伟, 刘桂平, 等. 2009. 长江口北支近期河势演变与航道资源开发研究. 海洋工程, 27(2): 96-103.

张志忠, 阮文杰, 蒋国俊. 1995. 长江口动水絮凝沉降与拦门沙淤积的关系. 海洋与湖沼, 26(6): 633-638.

张治昊, 杨明, 杨晓阳, 等. 2011. 黄河口海岸冲淤演变的影响因素. 海洋地质前沿, 27(7): 23-27.

章卫胜, 张金善, 林瑞栋, 等. 2013. 中国近海潮汐变化对外海海平面上升的响应. 水科学进展, 24(2): 243-250.

章渭林. 1989. 杭州湾潮波特性及影响因素的讨论. 海洋通报, 8(1): 1-10.

章渭林. 1991. 杭州湾潮波性质对潮流速度与潮差的相关性影响. 水利水运科学研究, (1): 75-84.

赵宝成. 2011. 杭州湾北岸水下岸坡微地貌特征及其海床侵蚀指示意义. 上海国土资源, 32(3): 27-34.

赵常青. 2006. 长江口崇明东滩、北港下段和横沙东滩演变分析. 上海: 华东师范大学硕士学位论文.

赵德招, 刘杰, 吴华林. 2012. 近十年来台风诱发长江口航道骤淤的初步分析. 泥沙研究, 37(2): 54-60.

赵方方, 李占海, 李九发, 等. 2013. 长江口北支小潮至大潮水沙输运机制研究. 泥沙研究, 38(4): 55-62.

赵庚星, 陈乐增. 1999. GIS 支持下的黄河口近期淤、蚀动态研究. 地理科学, 19(5): 442-445.

赵庆英, 杨世伦, 王海波. 2001. 长江口南槽季节性冲淤变化及其对河流入海水沙响应关系的初步研究. 上海地质, (z1): 3-6.

赵胜凯, 王志芳. 2007. ADCP 基本原理及应用. 河北水利, (11): 25.

赵士清. 1985. 长江口潮流的一种数值模式. 海洋与湖沼, 16(1): 18-27.

赵晓东, 李肖肖, 罗小峰, 等. 2014. 长江河口圆圆沙段 12.5m 航道淤积原因分析. 泥沙研究, 39(6): 63-67.

赵薛强, 王小刚, 张永, 等. 2016. 多波束测深系统在西江九江险段汛前汛后监测分析中的应用. 人民珠江, 37(2): 74-77.

赵怡文, 陈中原. 2003. 长江中下游河床沉积物分布特征. 地理学报, 58(2): 223-230.

赵月霞, 刘保华, 李西双, 等. 2006. 胶州湾湾口海底沙波地形地貌特征及其活动性研究. 海洋与湖沼, 37(5): 464-471.

郑大为, 张敏, 雷俊卿. 2007. 南京大胜关长江大桥桥位水文设计论证分析. 北京交通大学学报: 自然科学版, 31(4): 83-88.

郑金海, 诸裕良. 2001. 长江河口盐淡水混合的数字模拟计算. 海洋通报, 4: 1-10.

郑珊, 谈广鸣, 吴保生, 等. 2015. 利津水位对河口演变响应的计算方法. 水利学报, 46(3): 67-77.

郑珊, 吴保生, 谈广鸣. 2014. 基于宏观系统的冲积河流自动调整研究评述. 泥沙研究, 39(5): 73-80.

郑树伟, 程和琴, 石盛玉, 等. 2018. 长江大通至徐六泾水下地形演变的人为驱动效应. 中国科学: 地球科学, 48(5): 112-122.

郑树伟, 程和琴, 吴帅虎, 等. 2016. 链珠状沙波的发现及意义. 中国科学: 地球科学, 46(1): 18-26.

中国科学院地理研究所. 1985. 长江中下游河道特性及其演变. 北京: 科学出版社.

中华人民共和国国务院. 2014. 国务院关于依托黄金水道推动长江经济带发展的指导意见. 北京: 人民出版社.

中华人民共和国水利部. 1993. 河流泥沙颗粒分析规程. 北京: 中国水利水电出版社.

中华人民共和国水利部. 2006. 中国河流泥沙公报. 北京: 中国水利水电出版社.

钟亮, 许光祥. 2011. 河床阻力研究综述. 重庆交通大学学报(自然科学版), 30(5): 1004-1008.

钟亮, 许光祥, 曾锋. 2013. 沙波阻力分形表征的定床试验研究. 应用基础与工程科学学报, 21(1): 116-126.

钟亮, 张建梅, 许光祥, 等. 2017. 非均匀卵砾石粗糙床面的分形特征. 泥沙研究, 42(4): 15-22.

钟修成. 1985. 长江口南北港分汊口与汊道演变及其相互影响. 地理学报, 40(1): 51-59.

周北达, 卢承志. 2009. 城陵矶建设综合枢纽工程可行性探讨. 人民长江, 40(14): 20-21.

周成虎, 骆剑承. 2003. 遥感影像地学理解与分析. 北京: 科学出版社, 28-35.

周丰年. 2004. SeaBat9001S 多波束系统及其在长江水下抛石护底工程监理中的应用//大地测量与地球动力学进展论文集. 武汉: 2004 年重力学与固体潮学术研讨会暨贺许厚泽院士 70 寿辰研讨会.

周丰年, 张志林, 杜国元. 2002. Sea Bat 9001 S 多波束系统及其应用. 海洋测绘, 22(6): 35-38.

周坚华. 2010. 遥感图像分析与空间数据挖掘. 上海: 上海科技教育出版社, 91-103.

周劲松. 2006. 初论长江中下游河道采砂与河势及航道稳定. 人民长江, 37(10): 30-32.

周献恩. 2007. 天津港有效利用适航水深效益巨大. 港口经济, 1: 62-62.

周兴华, 陈永奇, 陈义兰, 等. 2002. 长江口航道疏浚的多波束监测. 海洋测绘, 22(6): 30-34.

周兴志, 赵建功. 2004. 长江流域地质环境和工程地质概论. 中国地质大学出版社.

周宜林, 唐洪武. 2005. 冲积河流河床稳定性综合指标. 长江科学院院报, 22(1): 16-20.

周勇俊, 沙迎春. 2010. 基于突变理论的边坡稳定性分析. 中国水运月刊, 10(10): 199-201.

周玉利, 王亚玲. 1999. 桥墩局部冲刷深度的预测. 西安公路交通大学学报, 19(4): 48-50.

周云凯, 白秀玲, 宁立新. 2018. 1970-2015 年鄱阳湖水位变化特征及其突变分析. 河南大学学报(自然科学版), 48(2): 28-36.

周志德. 1981. 泥沙颗粒扬动条件. 水利学报, 12(6): 51-66.

朱炳祥. 1985. 国外桥墩局部冲刷计算研究的主要成果与进展. 国外公路, 5: 49-57.

朱炳祥. 1986. 国内桥墩局部冲刷研究的主要成果. 中南公路工程, 3: 39-45.

朱慧芳, 徐海根, 周思瑞. 1988. 福姜沙河段水文及河槽演变分析及南支建港探讨. 北京: 上海科学技术出版社.

朱建荣, 顾玉亮, 吴辉. 2013. 长江河口青草沙水库最长连续不宜取水天数. 海洋与湖沼, 44(5): 1138-1145.

朱建荣, 肖成猷, 沈焕庭. 1998. 夏季长江口冲淡水扩展的数值模拟. 海洋学报, 20(5): 13-22.

朱建荣, 朱首贤. 2003. ECOM 模式的改进及在长江河口、杭州湾及邻近海区的应用. 海洋与湖沼, 34(4): 364-374.

朱玲玲, 陈剑池, 袁晶, 等. 2014. 洞庭湖和鄱阳湖泥沙冲淤特征及三峡水库对其影响. 水科学进展, 25(3): 348-357.

朱庆云, 王文辉, 谢海文, 等. 2016. 长江南京潮水位站近百年高潮位变化特征及成因分析. 水文, 36(1): 92-96.

朱耀华, 方国洪. 1993. 一种二维和三维嵌套海洋流体力学数值模式及其在北部湾潮汐和潮流数值模拟中的应用. 海洋与湖沼, 24(2): 117-125.

朱震达. 1962. 风沙地貌实验特征. 风沙管理, 4: 89.

庄振业, 曹立华, 刘升发, 等. 2008. 陆架沙丘(波)活动量级和稳定性标志研究. 中国海洋大学学报(自然科学版), 38(6): 1001-1007.

庄振业, 林振宏, 周江, 等. 2004. 陆架沙丘(波)形成发育的环境条件. 海洋地质前沿, 20(4): 5-10.

宗全利, 夏军强, 邓春艳, 等. 2013. 基于 BSTEM 模型的二元结构河岸崩塌过程模拟. 四川大学学报(工程科学版), 45(3): 69-78.

邹双朝, 皮凌华, 甘孝清, 等. 2013. 基于水下多波束的长江堤防护岸工程监测技术研究. 长江科学院院报, 30(1): 93-98.

左书华. 2006. 长江河口典型河段水动力、泥沙特征及影响因素分析. 上海: 华东师范大学硕士学位论文.

左书华, 程和琴, 李九发, 等. 2015. 2013 年洪季长江口南港沙波运动观测与分析. 泥沙研究, 38(2): 60-66.

左书华, 李九发, 万新宁, 等. 2006. 长江河口悬沙浓度变化特征分析. 泥沙研究, 31(3): 68-75.

左书华, 李松喆, 韩志远, 等. 2015. 长江口北槽河槽地形变化及深水航道回淤特征分析. 水道港口, 36(1): 1-7.

Aberle J, Nikora V, Henning M, et al. 2010. Statistical characterization of bed roughness due to bed forms: A field study in the Elbe River at Aken, Germany. Water Resources Research, 46(3): 330-340.

Abrahams A, Li G. 2015. Effect of saltating sediment on flow resistance and bed roughness in overland flow. Earth Surface Processes and Landforms, 23(10): 953-960.

Admiraal D, Demissie M. 1996. Velocity and discharge measurements at selected locations on the Mississippi River during the great flood of 1993 using an acoustic Doppler current profiler. Water International, 21(3): 144-151.

Akib S, Jahangirzadeh A, Basser H. 2014. Local scour around complex pier groups and combined piles at semi-integral bridge. Journal of Hydrology and Hydromechanics, 62(2): 108-116.

Alam A, Cheyer T, Kennedy J. 1992. Friction factors for flow in sand bed channels. Journal of the Hydraulics Division, 95(6): 1973-1992.

Alebregtse N, de Swart H. 2014. Effect of a secondary channel on the linear tidal dynamics in a semi-enclosed channel: A simple model. Ocean Dynamics, 64(4): 573-85.

Alebregtse N, de Swart H. 2016. Effect of river discharge and geometry on tides and net water transport in an estuarine network, an idealized model applied to the Yangtze Estuary. Continental Shelf Research, 123: 29-49.

Alebregtse N, de Swart H, Schuttelaars H. 2013. Resonance characteristics of tides in branching channels. Journal of Fluid Mechanics, 728: R3-1-R3-11.

Allen J R L. 1968. Curren Ripples: Their to Patterns of Water and Sendiment Motin. Amsterdam: North Holland Publishing Company: 433.

Allen J R L. 1980. Sandwaves: a model of origin and internal structure. Sedimentary Geology, 26(4): 281-328.

Allen J R L. 1982. Sedimentary structures: their character and physical basis. Amsterdam: Elsevier Science Publishers.

Allen J R L. 1985. Principles of Physical Sedimentology. Boston: Springer.

Allison M, Demas C, Ebersole B, et al. 2012. A water and sediment budget for the lower Mississippi-Atchafalaya River in flood years 2008-2010: Implications for sediment discharge to the oceans and coastal restoration in Louisiana. Journal of Hydrology, 432-433(8): 84-97.

Allison M, Meselhe E. 2010. The use of large water and sediment diversions in the lower Mississippi River(Louisiana) for coastal restoration. Journal of Hydrology, 387: 346-360.

Alvarez L, Jones S. 2002. Factors influencing suspended sediment flux in the upper gulf of California. Estuarine Coastal and Shelf Science, 54(4): 747-759.

Amos C, Bowen A, Huntley D, et al. 1988. Ripple generation under combined influences of waves and currents on the Canadian continental shelf. Continental Shelf Research, 8(10): 1129-1153.

Amsler M, Garcia M. 1997. Sand dune geometry of large rivers during floods: Discussion. Journal of Hydrology, 123: 582-584.

Amsler M, Schreider M. 1999. Dune height prediction at floods in the Parana River, Argentina. River Sedimentation, 615-620.

An Q, Wu Y, Taylor S, et al. 2009. Influence of the Three Gerges Project on saltwater intrusion in the Yangtze River Estuary. Environmental Geology, 56: 1679-1686.

Anthony E, Marriner N, Morhange C. 2014. Human influence and the changing geomorphology of Mediterranean deltas and coasts over the last 6000 years: From progradation to destruction phase. Earth-Science Reviews, 139(5): 337-361.

Apostal R, Green D, Ackers P, et al. 1974. Design of outfalls in tidal works. Ice Proceedings, 57(4): 747-764.

ASCE Task Force. 2002. Flow and transport over dunes, Journal of Hydrology, 127: 726-728.

Ashley G. 1990. Classification of large-scale subaqueous bedforms: a new look at an old problems. Journal of Sedimentary Petrology, 60(1): 160-172.

Ashworth P, Best J, Roden J, et al. 2000. Morphological evolution and dynamics of a large, sand braid-bar, Jamuna River, Bangladesh. Sedimentology, 47: 533- 555.

Ataieashtiani B, Beheshti A. 2006. Experimental investigation of clear-water local scour at pile groups. Journal of Hydraulic Engineering, 132(10): 1100-1104.

Avoine J, Allen G, Nichols M, et al. 1981. Suspended sediment transport in seine estuary, France: Effect of man-made modifications on estuary-shelf sedimentology. Marine Geology, 40(1-2): 119-137.

Baas J. 1994. A flume study on the development and equilibrium morphology of current ripples in very fine sand. Sedimentology, 41: 185-209.

Babonneau N, Delacourt C, Cancouët R, et al. 2013. Direct sediement transfer from land to deep-sea: Insights into shallow multibeam bathymetry at La Réunion Island. Marine Geology, 346: 47-57.

Baglio S, Faraci C, Foti E, et al. 2001. Measurements of the 3-D scour process around a pile in an oscillating flow through a stereo vision approach. Measurement, 30(2): 145-160.

Bagnold R. 1963. The Sea. New York: Elsevier-Interscience.

Bagnold R. 1973. The nature of saltation and of "bed-load" transport in water. Proceedings of the Royal Society of London, 332(1591): 473-504.

Baker C. 1979. The laminar horseshoe vortex. Journal of Fluid Mechanics, 95(2): 347-367.

Barker W. 1901. On sand-waves in tidal currents: Discussion. Geographical Journal, 18(2): 200-202.

Barla G, Antolini F, Barla M, et al. 2010. Monitoring of the Beauregard landslide(Aosta Valley, Italy)using advanced and conventional techniques. Engineering Geology, 116(3-4): 218-235.

Barnard P L, Erikson L H, Elias E P L, et al. 2013. Sediment transport patterns in the San Francisco Bay Coastal System from cross-validation of bedform asymmetry and modeled residual flux. Marine Geology, 345: 72-95.

Barnard P L, Erikson L H, Rubin D M, et al. 2012. Analyzing bedforms mapped using multibeam sonar to determine regional bedload sediment transport patterns in the San Francisco Bay coastal system. Sedimentology, 273-294.

Barnard P L, Erikson L, Rubin D M, et al. 2013. Analyzing bedforms mapped using multibeam sonar to determine regional bedload sediment transport patterns in the San Francisco Bay coastal system//Sediments, Morphology and Sedimentary Processes on Continental Shelves: Advances in Technologies, Research, and Applications. New York: John Wiley and Sons, Ltd.

Barra V, Boire J. 2001. A general framework for the fusion of anatomical and functional medical Images. Neuroimage, 13(3): 410-424.

Basu A, Saxena N. 1999. A review of shallow-water mapping systems. Marine Geodesy, 22(4): 249-257.

Batalla R, Kondolf G, Gómezcm C. 2004. River impoundment and changes in flow regime. Ebro River basin, northeastern Spain. Journal of Hydrology, (290): 117-136.

Bennett S, Best J. 1995. Mean flow and turbulence structureover fixed, two-dimensional dunes: Implications for sediment transport and bedform stability. Sedimentology, 42: 491-513.

Bennett S, Best J. 1996. Mean flow and turbulence structure over fixed ripples and the ripple-dune transition. Chichester Wiley: Coherent Flow Structures in Open Channels: 281-304.

Bentley S, Blum M, Maloney J, et al. 2016. The Mississippi River source-to-sink system: Perspectives on tectonic, climatic, and anthropogenic influences, Miocene to Anthropocene. Earth-Science Review, 153: 139-174.

Bergeron N, Carbonneau P. 2015. The effect of sediment concentration on bedload roughness. Hydrological Processes, 13(16): 2583-2589.

Berne S, Castaing P, Drezen E, et al. 1993. Morphology , internal structure , and reversal of asymmetry of large subtidal dunes in the entrance to Gironde Estuary (France). Journal of Sedimentary Petrology, 63(5): 780-793.

Bertin S, Friedrich H, Heays H. 2011. Evaluating the use of stereo-photogrammetry for gravel-bed roughness analysis. Conference on Image and Vision Computing New Zealand.

Besio G, Blondeaux P, Brocchini M, et al. 2008. The morphodynamics of tidal sand waves: a model overview. Costal Engineering, 55: 657-670.

Best J. 1996. The Fluid Dynamics of Small-scale Alluvial Bedforms. Chichester: John Wiley and Sons.

Best J. 2005. The fluid dynamics of river dunes: A review and some future research directions. Journal of Geophysical Research Earth Surface, 110: F04-S02.

Best J. 2014. Measuring Bedload Sediment Flux in Large Rivers: New Data from the Mekong River and Its Applications in Assessing Geomorphic Change. AGU Fall Meeting.

Best J, Kostaschuk R. 2002. An experimental study of turbulent flow over a low-angle dune. Journal of Geophysical Research, 107(C9): 3135.

Best J, Kostaschuk R, Villard P. 2001. Quantitative visualization of flow fields associated with alluvial sand dunes: results from the laboratory and field using ultrasonic and Acoustic Doppler Anemometry. Journal of Visualization, 4(4): 373-381.

Bevis M. 2015. Sediment budgets indicate Pleistocene base level fall drives erosion in Minnesota's greater Blue Earth River basin. Twin Cities: University of Minnnesota.

Bitelli G, Dubbini M, Zanutta A. 2004. Terrestrial Laser Scanning and digital photogrammetry techniques to monitor landslide bodies. International Archives of Photogrammetry, Remote Sensing and Spatial Information Sciences, 35(B5): 246-251.

Blanckaert K, Graf W. 2001. Mean flow and turbulence in open-channel bend. Journal of Hydraulic Engineering, 127: 835-847.

Blott S, Pye K, van der W, et al. 2006. Long-term morphological change and its causes in the Mersey Estuary, NW England. Geomorphology, 81: 185-206.

Blum M, Roberts H. 2009. Drowning of the Mississippi Delta due to insufficient sediment supply and global sea-level rise. Nature Geoscience, 2(7): 488-491.

Bohannon J. 2010. The Nile Delta's sinking future. Science, 327(5972): 1444-1447.

Bridge J, Jarvis J. 2010. Flow and sedimentary processes in the meandering river South Esk, Glen Clova, Scotland. Earth Surface Processes and Landforms, 1(4): 303-336.

Brockway R, Bowers D, Hoguane A, et al. 2006. A note on salt intrusion in funnel-shaped estuarine: Application to the Incomati Estuary, Mozambique. Estuarine, Coastal and Shelf Science, 66: 1-5.

Brumley B, Cabrera R, Deines K, et al. 1990. Performance of a broadband acoustic Doppler current profiler. Proceedings of the IEEE Fourth Working Conference on Current Measurement: 283-289.

Bryce S, Larcombe P, Ridd P. 1998. The relative importance of landward-directed tidal sediment transport versus freshwater flood events in the Normanby River Estuary, Cape York Peninsula, Australia. Marine Geology, 149(1-4): 55-78.

Cabanes C, Cazenave A, Le Provost C. 2001. Sea level rise during past 40 years determined from satellite and in situ observations. Science, 294(5543): 840-842.

Capo S, Sottolichio A, Brenon I, et al. 2006. Morphology, hydrography and sediment dynamics in a mangrove estuary: The Konkoure Estuary, Guinea. Marine Geology, 230(3): 199-215.

Carling W, Gölz K. 2000. The morphodynamics of fluvial sand dunes in the River Rhine, near Mainz, Germany. II. Hydrodynamics and sediment transport. Sedimentology, 47(1): 253-278.

Carriquiry J, Sanchez A. 1999. Sedimentation in the Colorado River delta and upper gulf of California after nearly a century of discharges loss. Marine Geology, 158(1): 125-145.

Carriquiry J, Sánchez A, Camacho-Ibar V. 2001. Sedimentation in the northern Gulf of California after cessation of the Colorado River discharge. Sedimentary Geology, 144(1-2): 37-62.

Casagli N, Catani F, Ventisette C, Luzi G. 2010. Monitoring, prediction, and early warning using ground-based radar interferometry. Landslides, 7(3): 291-301.

Chander G, Groeneveld D. 2009. Intra-annual NDVI validation of the Landsat 5 TM radiometric calibration. International Journal of Remote Sensing, 30(5-6): 1621-1628.

Chang F. 1970. Ripple concentration and friction factor. Journal of the Hydraulics Division, 96: 417-430.

Chen J, Chen S. 2002. Estuarine and coastal challenges in China. Chinese Journal of Oceanology and Limnology, 20(2): 174-181.

Chen J, Zhu H, Dong Y, et al. 1985. Development of the Changjiang estuary and its submerged delta. Continental Shelf Research, 4: 47-56.

Chen S, Zhang G, Chen X, et al. 2005. Coastal erosion feature and mechanism at Feiyantan in the Yellow River Delta. Marine Geology and Quaternary Geology, 3: 9-14.

Chen W, Chen K, Kuang C, et al. 2016. Influence of sea level rise on saline water intrusion in the Yangtze River Estuary, China. Applied Ocean Research, 54: 12-25.

Chen W, Liu W, Hsu M. 2015. Modeling assessment of a saltwater intrusion and a transport time scale response to sea-level rise in a tidal estuary. Environment Fluid Mechanic, 15(3): 491-514.

Chen X, Chiew Y. 2003. Response of velocity and turbulence to sudden change of bed roughness in open-channel flow. Journal of Hydraulic Engineering, 129(1): 35-43.

Chen Z, Chen D, Xu K, et al. 2007. Acoustic Doppler current profiler surveys along the Yangtze River. Geomorphology, 85(3-4): 155-165.

Chen Z, Wang Z, Finlayson B, et al. 2010. Implications of flow control by the Three Gorges Dam on sediment and channel dynamics of the middle Yangtze(Changjiang)River, China. Geology, 38(11): 1043-1046.

Cheng H. 1998. Bed-forms and episodic of silt and very fine sand in the Changjiang Estuary. Trans of AGU.

Cheng H, Chen J. 2017. Adapting cities to sea level rise: A perspective from Chinese deltas. Advances in Climate Change Research, 28(2): 130-6.

Cheng H, Chen J, Ruan R, et al. 2018. Mapping sea level rise behavior in an estuarine delta system: A case study along the Shanghai Coast. Engineering, 4(1): 156-163.

Cheng H, Kostaschuk R, Shi Z. 2004. Tidal currents, bed sediments, and bedforms at the South Branch and the South Channel of the Changjiang(Yangtze)Estuary, China: Implications for the ripple-dune transition. Estuaries, 27: 861-866.

Cheng Y, Liu K, Yang J. 1993. A novel feature extraction method for image recognition based on similar discriminant function (SDF). Pattern Recognition, 26(1): 115-125.

Chernetsky A, Schuttelaars H, Talke S. 2010. The effect of tidal asymmetry and temporal settling lag on sediment trapping in tidal estuaries. Ocean Dynamics, 60(5): 1219-1241.

Church J, White N. 2006. A 20th century acceleration in global sea-level rise. Geophysic Research Letteer, 33(1): L01602.

Church J, White N, Konikow L, et al. 2013. Revisiting the Earth's sea-level and energy budgets from 1961 to 2008. Geophysic Research Letter, 40(15): 40-66.

Church M. 2010. Geomorphic response to river flow regulation: Case studies and time—scales. River Research and Applications, 11(1): 3-22.

Church M, Kellerhals R. 1978. On the statistics of grain size variation along a gravel river. Canadian Journal of Earth Sciences, 15(7): 1151-1160.

Church M, Zimmermann A. 2007. Form and stability of step-pool channels: Research progress. Water Resources Research, 43(3): 10-29.

Clarke J J, Yuide A L. 1990. Date Fusion for Sensory Information Processing Systerms. Boston: Kluwer.

Claude N, Rodrigues, Stéphane, Bustillo V, et al. 2014. Interactions between flow structure and morphodynamic of bars in a channel expansion/contraction, Loire River, France. Water Resources Research, 50(4): 2850-2873.

Clifford N J, Richards K S, Robert A. 2010. The influence of microforms bed roughness elements on flow and sediment transport in gravelbed rivers: Comment on a paper by Manwan A Hassan and Ian Reid. Earth Surface Processes and Landforms, 17(5): 529-534.

Coleman J, Roberts H. 1998. Mississippi river delta: An overview. Journal of Coastal Research, 14(3): 699-716.

Dai Z, Chu A, Stive M, et al. 2011. Unusual salinity conditions in the Yangtze estuary in 2006: impacts of an extreme drought or of the Three Gorges Dam. Ambio, 40(5): 496-505.

Dai Z, Chu A, Stive M, et al. 2012. Impact of the Three Gorges Dam overruled by an extreme climate hazard. Natural Hazards Review, 13(4): 310-316.

Dai Z, Du J, Zhang X, et al. 2011. Variation of riverine material loads and environmental consequences on the Changjiang(Yangtze) Estuary in recent decades(1955-2008). Environmental Science Technology, 45: 223-227.

Dai Z, Liu J. 2013. Impacts of large dams on downstream fluvial sedimentation: An example of the Three Gorges Dam(TGD) on the Changjiang(Yangtze River). Journal of Hydrology, 480(4): 10-18.

Dai Z, Liu J, Fu G, et al. 2013. A thirteen-year record of bathymetric changes in the North Passage, Changjiang(Yangtze) estuary. Geomorphology, 187: 101-107.

Dai Z, Liu J, Wei W. 2015. Morphological evolution of the South Passage in the Changjiang(Yangtze River) estuary, China. Quaternary Internationa, (380-381): 314-326.

Dai Z, Liu J, Wei W, et al. 2014. Detection of the Three Gorges Dam influence on the Changjiang(Yangtze River) submerged delta. Scientific Reports, 4: 6600.

Daniell J, Hughes M. 2007. The morphology of barchan-shaped sand banks from western Torres Strait, northern Australia. Sedimentary Geology, 202(4): 638-652.

Das H, Imran J, Pirmez C, et al. 2004. Numerical modeling of flow and bed evolution in meanderingsubmarine channels. Journal of Geophysical Research, 109: 1-17.

Davis W. 1902. The terraces of the Westfield River, Massachusetts. American Journal of Science, (80): 77-94.

de Jonege V, Schuttelaars H, van Beusekomc J, et al. 2014. The influence of channel deepening on estuarine turbidity levels and dynamics, as examplified by the Ems estuary. Estuarine, Coastal and Shelf Science, 139: 46-59.

Defendi V, Arena F, Zaggia L. 2010. Estimating sediment transport from acoustic measurement in the Venice Lagoon inlets. Continental Shelf Research, 30(8): 883-893.

Dey S, Raikar R. 2007. Characteristics of horseshoe vortex in developing scour holes at piers. Journal of Hydraulic Engineering, 133(4): 399-413.

Ding Y, Chen C, Beardsley R, et al. 2013. Observational and model studies of the circulation in the Gulf of Tonkin, South China Sea. Journal of Geophysical Research: Oceans, 118(12): 6495-6510.

Duan J, Julien P. 2010. Numerical simulation of meandering evolution. Journal of Hydrology, 391: 34-46.

Duck R, Rowan J, Jenkins P, et al. 2001. A multi-method study of bedload provenance and transport pathways in an estuarine channel. Physics and Chemistry of the Earth Part B Hydrology Oceans and Atmosphere, 26(9): 747-752.

Dyer K. 1997. Estuaries-a Physical Introduction. Chichester: John Wiley and Sons.

Ebrahimi H, Rajaee T. 2017. Simulation of groundwater level variations using wavelet combined with neural network, linear regression and support vector machine. Global and Planetary Change, 148: 181-191.

Einstein H. 1950. The bed-load function for sediment transportation in open channel flows. United States Department Agriculture Technical Bulletin, 1026: 71.

Einstein H, Barbarossa N. 1952. River channel roughness. Transactions of the American Society of Civil Engineers, 117(12): 1121-1132.

Emery W, Thomas A, Collins M. 1986. An objective method for computing advective surface velocities from sequential infrared satellite images. Journal of Geophysical Research, 91: 12865-12878.

Engel P, Lau Y. 1980. Computation of bed load using bathymetric data. Journal of the Hydraulics Division, 106(3): 369-380.

Engel P, Lau Y. 1981. Bed load discharge coefficient. Journal of the Hydraulics Division, 107(11): 1445-1454.

Ensing E, de Swart H, Schuttelaars H. 2015. Sensitivity of tidal motion in well-mixed estuaries to cross-sectional shape, deepening, and sea level rise. Ocean Dynamic, 65(7): 933-50.

Erwin S, Schmidt J, Wheaton J, et al. 2012. Closing a sediment budget for a reconfigured reach of the Provo River, Utah, United States. Water Resources Research, 48(10): 10512.

Fabio R. 2003. From point cloud to surface: the modeling and visualization problem. International Archives of Photogrammetry, Remote Sensing and Spatial Information Sciences, 34(5): 24-28.

Fanos A. 1995. The impact of human activities on the erosion and accretion of the Nile delta coast. Journal Coastal Research, 11(3): 821-833.

Faraci C, Foti E, Baglio S. 2000. Measurements of sandy bed scour processes in an oscillating flow by using structured light. Measurement, 28(3): 159-174.

Faria A, Thornton E, Stanton T, et al. 1998. Vertical profiles of longshore currents and related bed shear stress and bottom roughness. Journal of Geophysical Research Oceans, 103(C2): 3217-3232.

Fettweis M, Sas M, Monbaliu J. 1998. Seasonal, neap-spring and tidal variation of cohesive sediment concentration in the Scheldt estuary, Belgium estuarine. Coastal and Shelf Science, (47): 21-36.

Field M, Nelson C, Cacchione D, et al. 1981. Sand waves on an epicontinental shelf: Northern Bering Sea. Marine Geology, 42(1): 233-258.

Flemming B. 1988. On the classification of subaquatic flow-transverse bedforms. Sediment'88, University of Bochum, Germany.

Flick R, Knuuti K, Gill S, et al. 2013. Matching mean sea level rise projections to local elevation datums. Journal of Waterway Port Coastal and Ocean Engineering, 139(2): 142-146.

Franzetti M, Roy L, Delacourt C, et al. 2013. Giant dune morphologies and dynamics in a deep continental shelf environment: example of the banc du four(western brittany, france). Marine Geology, 346(6): 17-30.

Frascati A, Lanzoni S. 2009. Morphodynamic regime and long-term evolution of meandering rivers. Journal of Geophysical Research Atmospheres, 114(F2): 179-180.

Friedrichs C, Aubrey D. 1994. Tidal propagation in strongly convergent channels. Journal of Geophysical Research, 99(15): 3321-3336.

Frihy O, Debes E, Sayed R. 2003. Processes reshaping the Nile delta promontories of Egypt: Pre-and post-protection. Geomorphology, 53(3-4): 263-279.

Gaeuman D, Jacobson R B. 2006. Acoustic bed velocity and bed load dynamics in a large sand bed river. Journal of Geophysical Research Earth Surface, 111, F02005: doi: 10.1029/2005JF000411.

Gaeuman D, Jacobson R B. 2010. Quantifying fluid and bed dynamics for characterizing benthic physical habitat in large rivers. Journal of Applied Ichthyology, 23(4): 359-364.

Gao B, Yang D, Yang H. 2013. Impact of the Three Gorges Dam on flow regime in the middle and lower Yangtze River. Quaternary International, 304(447): 43-50.

Gaudio R, Tafarojnoruz A, Calomino F. 2012. Evaluation of flow-altering countermeasures against Bridge Pier Scour. Journal of Hydraulic Engineering, 50(1): 297-305.

Ge J, Ding P, Chen C, et al. 2013. An integrated East China Sea–Changjiang Estuary model system with aim at resolving multi-scale regional-shelf-estuarine dynamics. Ocean Dynamics, 63(8): 881-900.

Gilman L, Fuglister J, Mitchell J. 1963. On the power spectrum of "Red Noise". Journal of Atmospheric Sciences, 20(2): 182-184.

Gischig V, Loew S, Kos A, et al. 2009. Identification of active release planes using ground-based differential InSAR at the Randa rock slope instability, Switzerland. Natural Hazards and Earth System Sciences, 9(6): 2027-2038.

Godin G. 1999. The propagation of tides up rivers with special considerations on the upper saint lawrence river. Estuarine Coastal and Shelf Science, 48(3): 307-324.

Goldstein R, Zebker H. 1987. Interferometric radar measurement of ocean surface currents. Nature, 328: 707-709.

Gong W, Schuttelaars H, Zhang H. 2016. Tidal asymmetry in a funnel-shaped estuary with mixed semidiurnal tides. Ocean Dynamics, 66(5):637-658.

Gong Z, Zhang C, Wan L, et al. 2012. Tidal level response to sea-level rise in the Yangtze Estuary. China Ocean Engineering, 26(1): 109-122.

Goodwin J. 2009. The authority of the IPCC First Assessment Report and the manufacture of consensus. Paper Presented at the National Communication Association Conference;

Gornitz V. 1991. Global coastal hazards from future sea level rise. Palaeogeogr, Palaeoclimatol, Palaeoecol, 89(4): 379-398.

Graeme S, Jochen A, Maurice D, et al. 2004. Measurement and analysis of alluvial bed roughness. Journal of Hydraulic Research, 42(3): 227-237.

Graf L. 1988. Applications of Catastrophe Theory in Fluvial Geomorphology. New York, USA: John Wiley and Sons, Inc.

Gregory K, Park C. 1974. Adjustment of river channel capacity downstream from a reservoir. Water Resources Research, 10(4): 870-873.

Grinsted A, Jevrejeva S, Moore J. 2004. Application of the cross wavelet transform and wavelet coherence to geophysical time series. Nonlinear Processes in Geophysics, 11: 561-566.

Gu, C, Hu, L, Zhang, X, et al. 2011. Climate change and urbanization in the Yangtze River Delta. Habitat International, 35(4), 544-552.

Guan Y, Sun L, Lu Y L. 2010. Analysis of bed roughness during middle and small floods from Baishatan to Sanchahekou for Neijiang river. Water Resources and Hydropower of Northeast China, 10: 39-40.

Guerrero M, Rüther N, Szupiany R. 2012. Laboratory validation of acoustic Doppler current profiler(ADCP) techniques for suspended sediment investigations. Flow Measurement and Instrumentation, 23(1): 40-48.

Guo J. 1990. Theoretical Analysis and Experimental Study on Resistance of Dunes. Journal of Hydrodynamics.

Guo L, Wegen V, Jay A, et al. 2015. River-tide dynamics: exploration of nonstationary and nonlinear tidal behavior in the yangtze river estuary. Journal of Geophysical Research Oceans, 120(5): 3499-3521.

Hackney C, Best J, Leyland J, et al. 2015. Modulation of outer bank erosion by slump blocks: Disentangling the protective and destructive role of failed material on the three-dimensional flow structures. Geophysical Research Letters, 42(24): 10663-10670.

Haigh I, Wahl T, Rohling E, et al. 2014. Timescales for detecting a significant acceleration in sea level rise. Nat Commun, 5: 3635.

Hamlington B, Strassburg M, Leben R, et al. 2014. Uncovering an anthropogenic sea-level rise signal in the Pacific Ocean. Nat Clim Change, 4(9): 782-785.

Han Y F, Chen Z C. 2004. Experimental study on local scour around bridge piers in tidal current. China Ocean Engineering, 18(4): 669-676.

Harmar O, Clifford N, Thorne C, et al. 2005. Morphological changes of the Lower Mississippi River: geomorphological response to engineering intervention. River Research and Applications, 21(10): 1107-1131.

Harrison L J, Densmore D H. 2015. Bridge inspections related to bridge scour. Hydraulic Engineering. Washington DC: American Society of Civil Engineers.

Hasselmann K. 1976. Stochastic climate models Part I. Tellus, 28(6): 473.

Hay C, Morrow E, Kopp R, et al. 2015. Probabilistic reanalysis of twentieth-century sea-level rise. Nature, 517(7535): 481-484.

Hay W. 1998. Detrital sediment fluxes from continents to oceans. Chemical Geology, 145(3-4): 287-323.

He Y, Cheng H, Chen J. 2013. Morphological evolution of mouth bars of the Yangtze Estuarine Waterways in the last 100 years. Acta Geographica Sinica, 23(2): 219-230.

Heathershaw A, Thorne P. 1985. Sea-bed noises reveal role of turbulent bursting phenomenon in sediment transport by tidal currents. Nature, 316(6026): 339-342.

Herman R, Ronald H, Willem L. 2000. Temporal variations in concentration and transport of suspended sediments in a channel-flat system in the Ems-Dollard Estuary. Continental Shelf Research, 20(12-13): 1479-1493.

Hey R D, Bathurst J C, Thorne C R. 1982. Gravel-bed rivers: Fluvial processes, engineering, and management. Chichester: John Wiley and Sons.

Holdaway G, Thorne P, Flatt D, et al. 1999. Comparison between ADCP and transmissometer measurements of suspended sediment concentration. Continental Shelf Research, 19(3): 421-441.

Hossain S, Eyreand B, McConchie D. 2001. Suspended sediment transport dynamics in the Sub-tropical Micro-tidal Richmond River Estuary, Australia. Estuarine, Coastal and Shelf Science, 52(5): 529-541.

Houston J. 2013. Methodology for combining coastal design-flood levels and sea-level rise projections. J Waterw Port Coast Ocean Eng, 139(5): 341-345.

Hsieh T, Yang J. 2003. Investigation on the suitability of two-dimensional depth-averaged models for bend-flow simulation. Journal of Hydraulic Engineering-ASCE, 129: 597-612.

Hu K, Ding P. 2009. The effect of deep waterway constructions on hydrodynamics and salinities in Yangtze estuary, China. Journal of Coastal Research, SI 56: 961-965.

Hu T, Gu J, Wang X, et al. 2013. Numerical analysis of the influence of sea level rise on flood and tidal stage in the Yangtze River Estuary. Adv Mater Res, 807-809: 1608-1611.

Hu Y. 2005. Quantifying bedform migration using multi-beam sonar. Geo-Mar Lett, 25: 306-314.

Huang C, Pang J, Zha X, et al. 2011. Extraordinary floods related to the climatic event at 4200 a bp on the Qishuihe River, middle reaches of the yellow river, china. Quaternary Science Reviews, 30(3): 460-468.

Huang W, Foo S. 2002. Neural network modeling of salinity variation in Apalachicola River. Water Research, 36: 356-362.

Hudson P, Middelkoop M, Stouthamer E. 2008. Flood management along the Lower Mississippi and Rhine Rivers (The Netherlands) and the continuum of geomorphic adjustment. Geomorphology, 101: 209-236.

Hughes W, Vandeerkooil M. 2002. Ocean current estimation using Scan SAR data. IEEE International, 4(24): 2132-2134.

Hulscher S, Brink G. 2001. Comparison between predicted and observed sand waves and sand banks in the North Sea. Journal of Geophysical Research Oceans, 106(C5): 9327-9338.

Ibrahim M, Abdel-Mageed N. 2014. Effect of bed roughness on flow characteristics. International Journal of Academic Research, 6: 169-178.

Ichim I, Radoane M. 2010. Channel sediment variability along a river: A case study of the Siret River (Romania). Earth Surface Processes and Landforms, 15(3): 211-225.

Ikeda S. 1982. Lateral bed load transport on side slopes. Journal of the Hydraulics Division, 108: 1369-1373.

Inman D, Jenkins S. 1984. The Nile littoral cell and man's impact on the coastal zone of the South East Mediterranean//19th Coastal Engineering Conference. Proceedings American Society of Civil Engineers, Houston, Texas, 1600-1617.

Ishii M, Kimoto M, Kachi M. 2003. Historical ocean subsurface temperature analysis with error estimates. Mon Weather Rev, 131(1): 51-73.

Jaffe B, Smith R, Foxgrover A. 2007. Anthropogenic influence on sedimentation and intertidal mudflat change in San Pablo Bay, California: 1856-1983. Estuarine, Coastal and Shelf Science, 73: 175-187.

James R, John L, Julia A. 2012. The next landsat satellite: The landsat data continuity mission. Remote Sensing of Environment, 122: 11-21.

Jamieson E, Rennie C, Jacobson R, et al. 2011. Evaluation of ADCP apparent bed load velocity in a Large Sand-Bed River: Moving versus stationary boat conditions. Journal of Hydraulic Engineering, 137(9): 1064-1071.

Jevrejeva S, Grinsted A, Moore J. 2009. Anthropogenic forcing dominates sea level rise since 1850. Geophys Res Lett, 36(20): L20707.

Jiang C, Li J, Swart H. 2012. Effects of navigational works on morphological changes in the bar area of the Yangtze Estuary. Geomorphology, 139-140(2): 205-219.

Jiang X, Lu B, He Y. 2013. Response of the turbidity maximum zone to fluctuations in sediment discharge from river to estuary in the Changjiang Estuary(China). Estuarine, Coastal and Shelf Science, 131: 24-30.

Johannesson H, Parker G. 1989. Velocity redistribution in meandering rivers. Journal of Hydraulic Engineering-ASCE, 115: 1019-1039.

Johnson F, White C, et al. 2016. Natural hazards in Australia: Floods. Clim Change, 139(1): 21-35.

Joshi S, Xu Y. 2015. Assessment of suspended sand availability under different flow conditions of the lowermost mississippi river at tarbert landing during 1973-2013. Water, 7: 7022-7044.

Joshua N, Goldstein L, Fazen, L, et al. 2009. Risk of thromboembolism following acute intracerebral hemorrhage. Neurocritical Care, 10(1): 28-34.

Kabat P, Fresco L, Stive M, Veerman C, et al. 2009. Dutch coasts in transition. Nat Geosci, 2(7): 450-452.

Kamphuis H. 1989. Efficient input methods for communication. International Journal of Rehabilitation Research, 12(4): 450.

Karahan M, Peterson A. 1980. Visualization of separation over sand waves. Journal of the Hydraulics Division, 106(8): 1345-1352.

Karim F. 1999. Bedform geometry in san-bed flows. Journal of Hydraulic Engineering, 125: 1253-1261.

Katsman C, Sterl A, Beersma J, et al. 2011. Exploring high-end scenarios for local sea level rise to develop flood protection strategies for a low-lying delta—The Netherlands as an example. Clim Change, 109(3-4): 617-645.

Kaya A. 2010. Artificial neural network study of observed pattern of scour depth around bridge piers. Computers and Geotechnics, 37(3): 413-418.

Kesel R. 2003. Human modifications to the sediment regime of the Lower Mississippi River flood plain. Geomorphology, 56: 325-334.

Khosronejad A, Kang S, Sotiropoulos F. 2012. Experimental and computational investigation of local scour around bridge piers. Advances in Water Resources, 37: 73-85.

Kirby R, Parker W. 1983. Distribution and behavior of fine sediment in the Severn estuary and Inner Bristol Channel, VK. Canadian Journal of Fishery and Aquatic Science, 40(Suppl. 1): 83-95.

Klavon K, Fox G, Guertault L, et al. 2017. Evaluating a process‐based model for use in streambank stabilization: insights on the bank stability and toe erosion model(BSTEM). Earth Surface Processes and Landforms, 42(1): 191-213.

Kleinhans M. 2005. Phase Diagrams of Bed States in Steady, Unsteady, Oscillatory and Mixed Flows. The Netherlands: Aqua Publications.

Klijn F, Kreibich H, Moel H, et al. 2015. Adatptive flood risk management planning based on a comprehensive flood risk conceptualization. Mitig Adapt Strat Gl, 20(6): 845-864.

Knaapen M. 2005. Sandwave migration predictor based on shape information. J Geophysical Research, 110: F04S11.

Knaapen M, Hulscher S. 2002. Regeneration of sand waves after dredging. Coastal Engineering, 46(4): 277-289.

Knaapen M, Henegouw C, Hu Y Y, et al. 2005. Quantifying bedform migration using multi-beam sonar. Geo-Marine Letters, 25: 306-314.

Knaapen M A F, Hulscher S J M H, Vriend H J D, et al. 2001. A new type of sea bed waves. Geophysical Research Letters, 28(7): 1323-1326.

Knox R, Latrubesse E. 2016. A geomorphic approach to the analysis of bedload and bed morphology of the Lower Mississippi River near the old river control structure. Geomorphology, 268: 35-47.

Koken M, Constantinescu G. 2008. An investigation of the flow and scour mechanisms around isolated spur dikes in a shallow open channel: 2. Conditions corresponding to the final stages of the erosion and deposition process. Water Resources Research, 66(8): 297-301.

Koll K, Dittrich A, Nikora V, et al. 2004. Velocity distribution in the roughness layer of rough-bed flows. Journal of Hydraulic Engineering, 130(10): 1036-1042.

Komar P. 1978. Grain shape effects on settling rates: A reply. Journal of Geology, 86(2): 193-209.

Kondolf G. 1997. PROFILE: Hungry water: Effects of dams and gravel mining on river channels. Environmental Management, 21(4): 533-551.

Kostaschuk R. 2000. A field study of turbulence and sediment dynamics over subaqueous dunes with flow separation. Sedimentology, 47: 519-531.

Kostaschuk R, Best J. 2005. Response of sand dunes to variations in tidal flow: Fraser Estuary, Canada. Journal of Geophysical Research, 110: F04S04.

Kostaschuk R, Best J, Villard P, et al. 2005. Measuring flow velocity and sediment transport with an acoustic Doppler current profiler. Geomorphology, 68(1-2): 25-37.

Kostaschuk R, Church M. 1993. Macroturbulence generated by dunes: Fraser River, Canada. Sedimentary Geology, 85(s1-4): 25-37.

Kostaschuk R, Church M, Luternauer J. 1989. Bedforms, bed material, and bedload transport in a salt-wedge estuary. Revue Canadienne Des Sciences De La Terre, 26(7): 1440-1452.

Kostaschuk R, Villard P. 1996. Flow and sediment transport over large sub-aqueous dunes: Fraser River, Canada. Sedimentology, 43: 849-863.

Kostaschuk R, Villard P, Best J. 2004. Measuring velocity and shear stress over dunes with an Acoustic Doppler Profiler. Journal of Hydraulic Engineering, 130: 932-936.

Kotb T, Watanabe T, Ogino Y, et al. 2000. Soil salinization in the Nile Delta and related policy issues in Egypt. Agricultural Water Management, 43(2): 239-261.

Kuang C, Chen W, Gu J, e al. 2014. Comprehensive ananlysis on the sediment silation in the upper reach of the deep-water navigation channel in the Yangtze Estuary. Journal of Hydrodynamics, 26: 299-308.

Kuijper C, Cornelisse J, Winerwerp J. 1989. Research on erosive properties of cohesive sediments. Journal Geophysical Research, 94(C10): 14341-14350.

Kumar P, Foufoula E. 1997. Wavelet analysis for geophysical applications. Reviews of Geophysics, 35(4): 385-412.

Lai X, Shankman D, Huber C, et al. 2014. Sand mining and increasing Poyang Lake's discharge ability: A reassessment of causes for lake decline in China. Journal of Hydrology, 519: 1698-1706.

Lai X, Yin D, Finlayson B, et al. 2017. Will river erosion below the Three Gorges Dam stop in the middle Yangtze?. Journal of Hydrology, 554: 24-31.

Lamberth S, Drapeau L, Branch G. 2009. The effects of altered freshwater inflows on catch rates of non-estuarine-dependent fish in a multispecies nearshore linefishery. Estuarine Coastal and Shelf Science, 84(4): 527-538.

Land J, Jones P. 2001. Acoustic measurement of sediment flux in river and near-shore Waters//proceedings of the seventh federal interagency sedimentation conference, march 25-29, Reno, Nevada.

Lane A. 2004. Bathymetric evolution of the Mersey Estuary, UK, 106-1997: Causes and effects. Estuarine, Coastal and Shelf Science, 59: 249-263.

Lane A, Prandle D, Harrison A, et al. 1997. Measuring fluxes in tidal estuaries: Sensitivity to instrumentation and associated data analyses. Estuarine, Coastal and Shelf Science, 45: 433-451.

Lane E. 1947. Report of the subcommittee on sediment terminology. Eos Transactions American Geophysical Union, 28(6): 936-938.

Lapointe M. 1992. Burst-like sediment suspension events in a sand bed river. Earth Surface Processes and Landforms, 17(3): 253-270.

Latrubesse E, Arima E, Dunne T, et al. 2017. Damming the rivers of the Amazon basin. Nature, 546(7658): 363-369.

Leeder M. 2009. On the Interactions between turbulent flow, sediment transport and bedform mechanics in channelized flows//Modern and Ancient Fluvial Systems. New Jersey: Blackwell Publishing Ltd.

Leeder M. 2010. On the dynamics of sediment suspension by residual Reynolds stresses—confirmation of Bagnold's theory. Sedimentology, 30(4): 485-491.

Leeuw J, Shankman D, Wu G, et al. 2010. Strategic assessment of the magnitude and impacts of sand mining in Poyang Lake, China. Regional Environmental Change, 10(2): 95-102.

Leonard M, Westra S, Phatak A, et al. 2014. A compound event framework for understanding extreme impacts. Wires Clim Change, 5(1): 113-128.

Lettmann K, Wolff J, Badewien T. 2009. Modeling the impact of wind and waves on suspended particulate matter fluxes in the East Frisian Wadden Sea(southern North Sea). Ocean Dynamics, 59(2): 239-262.

Levermann A, Clark P, Marzeion B, et al. 2013. The multimillennial sea-level commitment of global warming. Proc Natl Acad Sci USA, 110(34): 13745-13750.

Leyland J, Hackney C, Darby S, et al. 2017. Extreme flood-driven fluvial bank erosion and sediment loads: Direct process measurements using integrated Mobile Laser Scanning(MLS)and hydro-acoustic techniques. Earth Surface Processes and Landforms, 42 (2): 334-346.

Li L, Zhu J, Wu H. 2012. Impacts of wind stress on saltwater intrusion in the Yangtze estuary. China Earth Sci., 55: 1178-1192.

Li L, Zhu J, Wu H, et al. 2010. A numerical study on the water diversion ratio of the Changjiang Estuary during the dry season. Chinese Journal of Oceanology and Limnololgy, 28(3): 700-712.

Li L, Zhu J, Wu H, et al. 2014. Lateral Saltwater Intrusion in the North Channel of the Changjiang Estuary. Estuaries and Coasts, 37(1): 36-55.

Li W, Cheng H, Li J, et al. 2008. Temporal and spatial changes of dunes in the Changjiang(Yangtze)estuary, China. Estuarine Coastal and Shelf Science, 77(1): 169-174.

Li X, He M X, Pichel W G, et al. 2001. Analysis of oceanic long wave refraction at the Gulf Stream boundary using RADARSAT synthetic aperture radar during Hurricane Bonnie. Sydney: IEEE International Geoscience and Remote Sensing Symposium.

Lin M, Fan, F, Yong, L, et al. 2009. Observation and theoretical analysis for the sand-waves migration in the north gulf of the south china sea. Chinese Journal of Geophysics, 52(2): 451-460.

Liu G, Jia Y, Liu H, et al. 2002. A case study to detect the leakage of underground pressureless cement sewage water pipe using GPR, electrical, and chemical data. Environmental Science and Technology, 36(5): 1077-1085.

Liu G, Zhu J, Wang Y, et al. 2011. Tripod measured residual currents and sediment flux impacts on the silting of the Deepwater Navigation Channel in the Changjiang Estuary. Estuarine, Coastal and Shelf Science, 93: 192-201.

Liu G W, Cheng H Q, Ji N, et al. 2015. Variations in tidal current and suspended sediment concentration of the upper part of North Channel of Changjiang Estuary for the last 10 years. Marine Science Bulletin, 33(4): 428-435.

Liu H. 1957. Mechanics of sediment-ripple formation. Journal of the Hydraulics Division, 83(2): 1-23.

Liu H, He Q, Wang Z, et al. 2010. Dynamics and spatial variability of near-bottom sediment exchange in the Yangtze Estuary, China. Estuarine, Coastal and Shelf Science, 86: 322-330.

Liu X, Bai Y. 2014. Turbulent structure and bursting process in multi-bend meander channel. Journal of Hydrodynamics, 26: 207-215.

Liu Z J, Guo S L, Li T Y, et al. 2014. Impact of reservoir on downstream flood prevention. Journal of Water Resources Research, 3(6): 546-555.

Lovera F, Kennedy J F. 1969. Friction factors for flat bed flows in sand channels. Journal of the Hydraulics Division, 95: 1227-1234.

Luan H L, Ding P X, Wang Z B, et al. 2016. Decadal morphological evolution of the Yangtze Estuary in response to river input changes and estuarine engineering projects. Geomorphology, 265: 12-23.

Luan H L, Ding P X, Wang Z B, et al. 2017. Process-based morphodynamic modeling of the Yangtze Estuary at a decadal timescale: Controls on estuarine evolution and future trends. Geomorphology, 290: 347-364.

Luan H L, Ding P X, Wang Z B, et al. 2018. Morphodynamic impacts of large-scale engineering projects in the Yangtze River delta. Coastal Engineering, 141: 1-11.

Luchi R, Bertoldi W, Zolezzi G, et al. 2010a. Monitoring and predicting channel change in a free-evolving, small Alpine river: Ridanna Creek (North East Italy). Earth Surface Processes and Landforms, 32 (14): 2104-2119.

Luchi R, Hooke J M, Zolezzi G, et al. 2010b. Width variations and mid-channel bar inception in meanders: River Bollin (UK). Geomorphology, 119 (1-2): 1-8.

Luo X X, Yang S L, Wang R S, et al. 2017. New evidence of Yangtze delta recession after closing of the Three Gorges Dam. Scientific Reports, 7: 41735.

Maa P Y, Sanford L, Halka J P. 1998. Sediment resuspension characteristics in Baltimore Harbor, Maryland. Marine Geology, 146 (1): 137-145.

Madej M A. 2001. Development of channel organization and roughness following sediment pulses in single-thread, gravel bed rivers. Water Resources Research, 37 (8): 2259-2272.

Mao Z C, Shen H T, Liu J T, et al. 2001. Types of saltwater intrusion of the Yangtze estuary. Science in China: Series B, 44: 150-157.

Martin O M, Turne R A, Nim I M M OM , et al. 2002. Resuspension, reactivity and recycling of trace metals in the Mersey Estuary, UK. Marine Chemistry, 77 (2-3): 171-186.

Marzo M, Puigdefábregas C. 2009. A New bedform stability diagram, with emphasis on the transition of ripples to plane bed in flows over fine sand and silt//Alluvial Sedimentation. New Jersey: Blackwell Publishing Ltd.

Mccaffrey E K. 1981. A review of the bathymetric swath survey system. International Hydrographic Review, LVIII (1): 19-27.

Mclean S R, Nelson J M, Wolfe S R. 1994. Turbulence structure over two-dimensional bedforms: Implications for sediment transport. Journal of Geophysical Research, 99: 12729-12747.

McInnes K L, White C J, Haigh I D, et al. 2016. Natural hazards in Australia: Sea level and coastal extremes. Climatic Change, 139 (1): 69-83.

Mcneil J, Taylor C, Lick W. 1996. Measurements of erosion of undisturbed bottom sediments with depth. Journal of Hydraulic Engineering, 122 (6): 316-324.

Meade R H, Moody J A. 2010. Causes for the decline of suspended-sediment discharge in the Mississippi River system, 1940-2007. Hydrolology Processes, 24: 34-49.

Meade R H, Parker R S. 1985. Sediment in rivers of the United States. US Geological Survey Water-Supply Paper, 2275: 49-60.

Meehl G A, Washington W M, Collins W D, et al. 2005. How much more global warming and sea level rise?. Science, 307 (5716): 1769-1772.

MeFeeter S K. 1996. The use of normalized difference water index (NDWI) in the delineation of open water features. International Journal of Remote Sensing, 17 (7): 1425-1432.

Mehta A J. 1989. On estuarine cohesive sediment suspension behavior. Journal of Geophysical Research, 94 (C10): 14303-14314.

Mei S X, Rong Y C, Bing W H. 2006. Spatial and temporal structure of precipitation in the Yellow River basin Based on Kriging Method. Chinese Journal of Agrometeorology, 27 (2): 65-69.

Mei X F, Dai Z J, Du J Z, et al. 2015. Linkage between Three Gorges Dam impacts and the dramatic recessions in China's largest freshwater lake, Poyang Lake. Scientific Reports, 5: 18197.

Midgley T L, Fox G A, Heeren D M. 2012. Evaluation of the bank stability and toe erosion model (BSTEM) for predicting lateral retreat on composite streambanks. Geomorphology, 145-146 (4): 107-114.

Milliman J D, Farnsworth K L. 2011. River Discharge to the Coastal Ocean: A Global Synthesis. Cambridge: Cambridge University Press.

Milliman J D, Farnsworth K L, Jones P D, et al. 2008. Climatic and anthropogenic factors affecting river discharge to the global ocean, 1951-2000. Global and Planetary Change, 62 (3-4): 187-194.

Milliman J D, Hsueh Y, Hu D X, et al. 1984. Tidal phase control of sediment discharge from the Yangtze River. Estuarine Coastal and Shelf Science, 19 (1): 119-128.

Milliman J D, Meade R H. 1983. World-wide delivery of sediment to the oceans. Journal of Geology, 191: 1-21.

Milliman J D, Shen H, Yang Z, et al. 1985. Transport and deposition of river sediment in the Changjiang estuary and adjacent continental shelf. Continental Shelf Research, 4: 37-45.

Moftakhari H R, Jay D A, Talke S A, et al. 2013. A novel approach to flow estimation in tidal rivers. Water Resources Research, 49(8): 4817-4832.

Monge-Ganuzas M, Cearreta A, Evans G. 2013. Morphodynamic consequences of dredging and dumping activities along the lower Oka estuary(Urdaibai Biosphere Reserve, southeastern Bay of Biscay, Spain). Ocean and Coastal Management, 77: 40-49.

Mörner N A. 2017. Climate change: Evidence of Holocene high-amplitude events. Rome: The 4th World Conference on Climate Change.

Nagata N, Hosoda T, Muramoto Y. 2000. Numerical analysis of river channel processes with bank erosion. Journal of Hydraulic Engineering, 126(4): 243-252.

Nakagawa H, Suzuki K. 1976. Local scour around bridge pier in tidal current. Coastal Engineering Journal, 19(1): 89-100.

Naqshband S, Ribberink J S, Hulscher S J M H. 2014a. Using both free surface effect and sediment transport mode parameters in defining the morphology of river dunes and their evolution to upper stage plane beds. Journal of Hydraulic Engineering, 140(6): 06014010.

Naqshband S, Ribberink J S, Hurther D, et al. 2014b. Bed load and suspended load contributions to migrating sand dunes in equilibrium. Journal of Geophysical Research Earth Surface, 119(5): 1043-1063.

Narayann R, Reynolds A J. 1968. Pressure fluctuations in reattaching flow. Journal of the Hydraulics Division, 94(6): 1383-1398.

Nasner H. 1976. Regeneration of tidal dunes after dredging. USA: World Dredging Conference: 799-819.

Neito B. 2000. Analysis of directional wave fields using X-band navigation radar. Coastal Engineering, 40: 375-391.

Nelson J M, Mclean S R, Wolfe S R. 1993. Mean flow and turbulence fields over two-dimensional bed forms. Water Resources Research, 29(12): 3935-3953.

Nelson J M, Smith J D. 1989. Mechanics of flow over ripples and dunes. Journal of Geophysical Research Oceans, 94(C6): 8146-8162.

Nelson P A, Mcdonald R R, Nelson J M, et al. 2015. Coevolution of bed surface patchiness and channel morphology: 2. Numerical experiments. Journal of Geophysical Research Earth Surface, 120(9): 1708-1723.

Nemeth A A, Hulscher S J M H, Damme R M J V. 2006. Simulating offshore sand waves. Coastal Engineering, 53(2): 265-275.

Nemeth A A, Hulscher S J M H, Vriend H J D. 2000. Modelling sand wave migration in shallow shelf seas. Continental Shelf Research, 22(18): 2795-2806.

Nicholls R J, Cazenave A. 2010. Sea-level rise and its impact on coastal zones. Science, 328(5985): 1517-1520.

Nichols, M M, Howard-Strobel, M M. 1991. Evolution of an urban estuarine harbor: Norfolk, Virginia. Journal of Coastal Research 7(3): 745-757.

Nittrouer J A, Allison M A, Campanella R. 2008. Bedform transport rates for the lowermost Mississippi River. Journal of Geophysical Research, 113: 1-16.

Nittrouer J A. Mohrig D, Allison M. 2011a. Punctuated sand transport in the lowermost Mississippi River. Journal of Geophysical Research, 116: 1-24.

Nittrouer J A, Mohrig D, Allison M A, et al. 2011b. The lowermost Mississippi River: A mixed bedrock-alluvial channel. Sedimentology, 58: 1914-1934.

Nittrouer J A, Shaw J B, Lamb M P, et al. 2010. Downstream change in the patterns of sediment deposition and erosion in the lower Mississippi River associated with varying water discharge. USA: AGU Fall Meeting.

Nittrouer J A, Best J, Brantley C, et al. 2012a. Mitigating land loss in coastal Louisiana by controlled diversion of Mississippi River sand. Nature Geoscience, 5(8): 534-537.

Nittrouer J A, Shaw J, Lamb M P. et al. 2012b. Spatial and temporal trends for water-flow velocity and bed-material sediment transport in the lower Mississippi River. GSA Bulletin, 124: 400-414.

Nunes V, Pawlak G. 2008. Observations of bed roughness of a coral reef. Journal of Coastal Research, 24(2B): 39-50.

Odgaard A J, Bergs M A. 1988. Flow processes in a curved alluvial channel. Water Resources Research, 24: 45-56.

Offen G R, Kline S J. 2006. A proposed model of the bursting process in turbulent boundary layers. Journal of Fluid Mechanics, 70(2): 209-228.

Ojha P K S S P. 1994. Criteria for evaluating flow classes in alluvial channels. Journal of Hydraulic Engineering, 120: 652-658.

Osman A M, Thorne C R. 1988. Riverbank stability analysis. I: Theory. Journal of Hydraulic Engineering, 114(2): 134-150.

Paarlberg A J, Marjolein D C, Hulscher S J M H, et al. 2010. Modelling the effect of time-dependent river dune evolution on bed roughness and stage. Earth Surface Processes and Landforms, 35(15): 1854-1866.

Pachauri R K. 2016. The IPCC fifth assessment report and its implications for human health and urban areas//Marolla C. Climate Health Risks in Megacities: Sustainable Management and Strategic Planning. Boca Raton: CRC Press.

Park T, Jang C J, Jungclaus J H, et al. 2011. Effects of the changjiang river discharge on sea surface warming in the Yellow and East China Seas in summer. Continental Shelf Research, 31(1): 15-22.

Parker B B. 1991. The relative importance of the various non-linear mechanisms in a wide range of tidal interactions (review)// Parker B B. Tidal Hydrodynamics. New York: John and Sons.

Parsons D R, Best J L, Orfeo O, et al. 2005. Morphology and flow fields of three‐dimensional dunes, Rio Paraná, Argentina: Results from simultaneous multibeam echo sounding and acoustic Doppler current profiling. Journal of Geophysical Research: Earth Surface, 110(F4): F04S03.

Parsons D, Schindler R, Baas J, et al. 2015. Sticky Stuff: Redefining bedform prediction for modern and ancient environments. Geology, 43(5): 399-402.

Pavelsky T M, Smith L C. 2009. Remote sensing of suspended sediment concentration, flow velocity, and lake recharge in the Peace-Athabasca Delta, Canada. Water Resource Research, 45: 11-116.

Pawlowicz R, Beardsley B, Lentz S. 2002. Classical tidal harmonic analysis including error estimates in MATLAB using T_TIDE. Computers and Geoences, 28(8): 929-937.

Pedocchi M F. 2009. Bed morphology and sediment transport under oscillatory flow. University of Illinois: PhD Dissertations.

Pieraccini M, Casagli N, Luzi G, et al. 2003. Landslide monitoring by ground-based radar interferometry: A field test in Valdarno (Italy). International Journal of Remote Sensing, 24(6): 1385-1391.

Prasad A K, Adrian R J. 1993. Stereoscopic particle image velocimetry applied to liquid flows. Experiments in Fluids, (15): 49-60.

Pritchard D, Hogg A J, Roberts W. 2002. Morphological modeling of intertidal mudflats: The role of cross-shore tidal current. Continental Shelf Research, 22: 1887-1895.

Pritchard D W. 1952. Estuarine hydrography. Advances in Geophysics, 1: 243-280.

Pritchard D W. 1967. What is an estuary: Physical viewpoint? American Association for the Advancement of Science, 1(2): 149-176.

Qiu C, Zhu J R. 2013. Influence of seasonal runoff regulation by the Three Gorges Reservoir on saltwater intrusion in the Changjiang River Estuary. Continental Shelf Research, 71: 16-26.

Qiu C, Zhu J R. 2015. Assessing the influence of Sea Level Rise on salt transport processes and estuarine circulation in the Changjiang River Estuary. Journal of Coastal Research, 31: 661-670.

Rame Gowda B M, Ghosh N, Wadhwa R S, et al. 1999. Seismic survey for detecting scour depths downstream of the Srisailam dam, Andhra Pradesh, India. Engineering Geology, 53(1): 35-46.

Ramirezl M T, Allison M A. 2013. Suspension of bed material over sand bars in the Lower Mississippi River and its implications for Mississippi delta environmental restoration. Journal of Geophysical Research: Earth Surface, 118: 1085-1104.

Ramooz R, Rennie C D. 2010. Laboratory measurement of bedload with an ADCP. Bedload-Surrogate Monitoring Technologies, US Geol. Surv Sci Invest Rep, 5091: 367-386.

Rao K N, Narasimha R, Narayanan M A B. 1971. The "bursting" phenomenon in a turbulent boundary layer. Journal of Fluid Mechanics, 48: 339-352.

Raudkivi A J. 1990. Loose Boundary Hydraulics (3rd Edition). Oxford: Pergamon Press.

Raudkivi A J. 1997. Ripples on stream bed. Journal of Hydraulic Engineering, 123 (1): 58-64.

Reichel G, Nachtnebel H P. 1994. Suspended sediment monitoring in a fluvial environment: Advantages and limitations applying an acoustic Doppler current profiler. Water Research, 28 (4): 751-761.

Reinhardt L J, Bishop P, Hoey T B, et al. 2007. Quantification of the transient response to base-level fall in a small mountain catchment: Sierra Nevada, southern Spain. Journal of Geophysical Research, 112 (F3): F03S05.

Remo J W F, Ryherd J, Ruffner C M, et al. 2018. Temporal and spatial patterns of sedimentation within the batture lands of the middle Mississippi River, USA. Geomorphology, 308: 129-141.

Rennie C D. 2002. Non-invasive measurement of fluvial bedload transport velocity using an acoustic Doppler current profiler. University of British Columbia: Doctoral Dissertation.

Rennie C D, Millar R G, Church M A. 2002. Measurement of bed load velocity using an Acoustic Doppler Current Profiler. Journal of Hydraulic Engineering, 128 (5): 473-483.

Rennie C D, Rainville F, Kashyap S. 2007. Improved estimation of ADCP apparent bed-load velocity using a real-time Kalman Filter. Journal of Hydraulic Engineering, 133 (12): 1337-1344.

Rennie C D, Villard P V. 1971. Site specificity of bed load measurement using an acoustic doppler current profiler. Journal of Geophysical Research Atmospheres, 43 (109): 958-960.

Rennie C D, Villard P V. 2004. Site specificity of bed load measurement using an acoustic Doppler current profiler. Journal of Geophysical Research: Earth Surface, 109: F03003.

Rhoads B L, Riley J D, Mayer D R. 2009. Response of bed morphology and bed material texture to hydrological conditions at an asymmetrical stream confluence. Geomorphology, 109 (3): 161-173.

Rice S. 1998. Which tributaries disrupt downstream fining along gravel-bed rivers?. Geomorphology, 22 (1): 39-56.

Rinaldi M. 2010. Recent channel adjustments in alluvial rivers of Tuscany, central Italy. Earth Surface Processes and Landforms, 28 (6): 587-608.

Romeiser R. 2007. Theoretical evaluation of several possible along-track InSAR modes of TerraSAR-X for ocean current measurements, Geoseience and Remote Sensing. IEEE Transactions, 45 (1): 21-35.

Romeiser R, Ufermann S, Kern S. 2001. Remote sensing of oceanic current features by synthetic aperture radar-achievements and perspectives. Annales of Telecommunications, 56 (11): 661-671.

Roos P C, Velema J J, Hulscher S J M H, et al. 2011. An idealized model of tidal dynamics in the North Sea: Resonance properties and response to large-scale changes. Ocean Dynamics, 61 (12): 2019-2035.

Rosen T, Xu Y J. 2014. A hydrograph-based sediment availability assessment: Implications for Mississippi River sediment diversion. Water, 6: 564-583.

Ross M A, Mehta A J. 1989. On the mechanics of lutoclines and fluid mud. Journal of Costal Research, 5: 51-61.

Roux J P L. 2001. A simple method to predict the threshold of particle transport under oscillatory waves. Sedimentary Geology, 143: 59-70.

Rowlands K, Jones L D, Whitworth M. 2003. Landslide laser scanning: a new look at an old problem. Quarterly Journal of Engineering Geology and Hydrogeology, 36 (2): 155-157.

Rye C D, Garabato A C N, Holland P R, et al. 2014. Rapid sea-level rise along the antarctic margins in response to increased glacial discharge. Nature Geoscience, 7 (10): 732-735.

Saad M B A. 2002. Nile river morphology changes due to the construction of high Aswan Dam in Egypt. The Planning Sector Ministry of Water Resoures and Irrigation.

Salvatierra M M, Aliotta S, Ginsberg S S. 2015. Morphology and dynamics of large subtidal dunes in Bahia Blanca estuary, Argentina. Geomorphology, 246: 168-177.

Sanchez A, Valdemro H I. 1998. The Ebro delta: morphdynamics and vulnerability. Journal of Coastal Research, 14 (3): 754-772.

Sanford L P, Panageotou W, Halka J P. 1991. Tidal resuspension of sediments in northern Chesapeake Bay. Marine Geology, 97 (1): 87-103.

Sanjeev J, Xu Y J. 2015. Assessment of suspended sand availability under different flow conditions of the lowermost Mississippi River at Tarbert Landing during 1973-2013. Water, 7: 7022-7044.

Saulnier I, Mucci A. 2000. Trace metal remobilization following the resuspension of estuarine sediments: Saguenay Fjord, Cananda. Applied Geochemistry, 15(2): 203-222.

Savenije H H G, Toffolon M, Hass J, et al. 2008. Analytical description of tidal dynamics in convergent estuaries. Journal of Geophysical Research, 113: 1-18.

Savenije H H G, Veling E J M. 2005. The relation between tidal damping and wave celerity in estuaries. Journal of Geophysical Research, 110: C04007.

Schulz M, Mudelsee M. 2002. REDFIT: estimating red-noise spectra directly from unevenly spaced paleoclimatic time series. Computers and Geosciences, 28(3): 421-426.

Schumm S A. 1993. River response to baselevel change: implications for sequence stratigraphy. The Journal of Geology, 101(2): 279-294.

Seminara G, Zolezzi G, Tubino M, et al. 2001. Downstream and upstream influence in river meandering. Part 2. Planimetric development. Journal of Fluid Mechanics, 438: 213-230.

Senet C M. 2001. An iterative technique to determine the near surface current velocity form time series of sea surface images. IEEE GRS, 39: 66-72.

Serge B. 1993. Morphology, internal structure, and reversal of asymmetry of large subtidal dunes in the entrance to Gironde Estuary (France). Journal of Sedimentary Research, 63(3): 401-406.

Shaeffer M, Hare W, Rahmstorf S, et al. 2012. Long-term sea-level rise implied by 1.5℃ and 2℃ warming levels. Nature Climate Change, 2(12): 867-870.

Shen H W, Fehlman H M, Mendoza C. 1990. Bed form resistance in open channel flows. Journal of Hydraulic Engineering, 116(6): 799-815.

Shen H Y, Li J Y, Yan S C. 2008. Study the migration of the tidal limit and the tidal current limit of the Yangtze River under its extreme high and lower runoff. Chinese-German Joint Symposium on Hydraulic and Ocean Engineering.

Sheng Y P. 1987. On modeling three-dimensional estuaries and marine hydrodynamics. Three-dimensional model of marine and estuarine dynamics//Nihoul J C J, Jamart B M. Elsevier Oceanography Series. Amsterdam: Elsevier Science Publishers: 35-54.

Sherwood C R, Jay D A, Harvey R B, et al. 1990. Historical changes in the Columbia River Estuary. Progress in Oceanography, 25: 299-352.

Shi S , Cheng H Q, Xuan X , et al. 2018. Fluctuations in the tidal limit of the Yangtze River estuary in the last decade. Science China Earth Sciences, 61(8): 1-12.

Shi Z, Ren L F, Zhang S Y, et al. 1997. Acoustic imaging of cohesive sediment resuspension and re-entrainment in the Changjiang Estuary, East China Sea. Geo-Marine Letters, 17(2): 162-168.

Short T M, Giddings E M P, Coles J F. 2005.Urbanization effects on stream habitat characteristics in Boston, Massachusetts; Birmingham, Alabama; and Salt Lake City, Utah. Center for Integrated Data Analytics Wisconsin Science Center, 47: 317-332.

Shreve R L. 1966. Statistical law of stream numbers. The Journal of Geology, 74(1): 17-37.

Shreve R L. 1969.Stream lengths and basin areas in topologically random channel networks. The Journal of Geology, 77(4): 397-414.

Simarro G, Guillén J, Puig P, et al. 2015. Sediment dynamics over sand ridges on a tideless mid-outer continental shelf. Marine Geology, 361: 25-40.

Simeoni U, Corbau C. 2009.A review of the Delta Po evolution (Italy) related to climatic changes and human impacts. Geomorphology, 107(1-2): 64-71.

Simmons H B, Broun F R. 1969.Salinity effect on hydraulics and shoaling in estuary. IAHR 13th Congress, Vol. III: 311-326.

Simon A, Pollen-Bankhead N, Thomas R E. 2011.Development and application of a deterministic bank stability and toe erosion model for stream restoration. Stream Restoration in Dynamic Fluvial Systems, 194: 453-474.

Simons D B, Richardson E V. 1962. Resistance to flow in alluvial channels. Journal of the Hydraulics Division, 86: 73-99.

Simons D B, Richardson E V, Nordin C F. 1965. Bedload equation for ripples and dunes//Sediment Transport in Alluvial Channels, Geological Survey Professional Paper 462-H. US Government Pring Office, Washington: H1-H9.

Slangen A B A, Church J A, Agosta C, et al. 2016.Anthropogenic forcing dominates global mean sea-level rise since 1970. Nat Clim Change, 6(7): 701-705.

Slangen A B A, Church J A, Zhang X, et al. 2014. Detection and attribution of global mean thermosteric sea level change. Geophys Res Lett, 41(16): 5951-5959.

Smajgl A, Toan T Q, Nhan D K, et al. 2015. Responding to rising sea levels in the Mekong Delta. Nat Clim Change, 5(2): 167-174.

Smart J S. 1971. Channel networks. Advances in Hydroscience, 8: 305-346.

Smith D W. 1977. Why do bridges fail? Civil Engineering-ASCE, 47(11): 58-62.

Smith J D, Mclean S R. 1977. Spatially averaged flow over a wavy surface. Journal of Geophysical Research, 82(12): 1735-1746.

Smith J D, Mclean S R. 1984.A model for flow in meandering streams. Water Resources Research, 20: 1301-1315.

Smith L M, Winkley B R. 1996.The response of the Lower Mississippi River to river engineering. Engineering Geology, 45(1): 433-455.

Smith T J, Kirby R. 1989. Generation, stabilization and dissipation of layered fine sediment suspension. Journal of Coastal Research, 5: 63-73.

Solheim J E. 2017. Climate change: The variation of the ice-edge in the Barents Sea—Related to the moon, sun and planets. Rome: The 4th World Conference on Climate Change.

Song D H, Wang X H. 2013. Suspended sediment transport in the Deepwater Navigation Channel, Yangtze River Estuary, China, in the dry season 2009: 2. Numerical simulations. Journal of Geophysical Research: Oceans, 118: 5568-5590.

Soucie G. 1973. Where beaches have being going: into the ocean. Smithsonian, 4(3): 55-61.

Soulsby R L. 1997. Dynamics of Marine Sands: A Manual for Practical Applications. London: Thomas Thelford.

Soulsby R L, Atkins R, Waters C B, et al. 1991. Field measurements of suspended sediment over sandwaves//Soulsby R L, Bettess R. Rotterdam: Sand Transport in Rivers, Estuaries and the Sea.

Southard J B, Boguchwal L A. 1990. Bed configuration in steady unidirectional water flows; Part 2, Synthesis of flume data. Journal of Sedimentary Research, 60(5): 658-679.

Spearman J R, Dearnale M P, Dennis J M. 1998. A simulation of estuary response to training wall construction using a regime approach. Coastal Engineering, 33: 71-89.

Speer P E. 1984. Tidal distortion in shallow estuaries. Ph D Thesis Woods Hole Oceanographic Institution.

Speer P E, Aubrey D G. 1985. A study of non-linear tidal propagation in shallow inlet/estuary system(Part 2): Theory. Estuarine, Coastal and Shelf Science, 21: 207-221.

Stanley D J, Warne A G. 1993. Nile delta: recent geological evolution and human impact. Science, 260(5108): 628-34.

Stevens H R, Kiem A S. 2014. Developing hazard lines in response to coastal flooding and sea level change. Urban Policy Research, 32(3): 341-360.

Stoy P C, Katual G G, Siqueira M B S, et al. 2005. Variablity in net ecosystem exchange from hourly to inter-annual time scale at adjacent pine and hardwood forests: A wavelet analysis. Tree Physiology, 25: 887-902.

Sumer B M. 1978. Particle motion near the bottom in turbulent flow in an open channel. Journal of Fluid Mechanics, 86: 109.

Sumer B M, Deigaard R. 2006. Particle motions near the bottom in turbulent flow in an open channel. Part 2. Journal of Fluid Mechanics, 109(109): 311-337.

Sumer B M, Whitehouse R J S, Tørum A. 2001. Scour around coastal structures: A summary of recent research. Coastal Engineering, 44(2): 153-190.

Sun Y F, Song Y P, Sun H F, et al. 2007. Calculation of scour process and scour depth around an offshore platform pile foundation under the actions of tidal current. Advances in Marine Science, 25(2): 178-183.

Sun Z, Huang, Q, Opp, C, et al. 2012. Impacts and implications of major changes caused by the Three Gorges Dam in the middle reaches of the Yangtze River, China. Water Resources Management, 26(12): 3367-3378.

Surian N. 2002. Downstream variation in grain size along an Alpine river: Analysis of controls and processes. Geomorphology, 43(1): 137-149.

Svensson A, Theander J. 2013. Seawater intrusion processes, investigation and management: recent advances and future challenges. Advances in Water Resources, 51(1): 3-26.

Syvitski J P M, Kettner A J, Overeem I, et al. 2009. Sinking deltas due to human activities. Natural Geoscience, 2(10): 681-686.

Syvitski J P M, Milliman, J D. 2007. Geology, geography, and humans battle for dominance over the delivery of fluvial sediment to the coastal ocean. J Geol, 115: 1-19.

Syvitski J P M, Vorosmarty C J, Kettner, A J, et al. 2005. Impact of humans on flux of terrestrial sediment to the global coastal ocean. Science, 308: 376-380.

Szupiany R N, Amsler M L, Hernandez J, et al. 2012. Flow fields, bed shear stresses, and suspended bed sediment dynamics in bifurcations of a large river. Water Resources Research, 48(11): 11515.

Tattersall G R, Elliott A J, Lynn N M. 2003. Suspended sediment concentrations in the Tamar estuary. Estuarine, Coastal and Shelf Science, 57(4): 679-688.

Teledyne RD Instruments(TRDI). 2007. Winriver II User's Guide. USA: RD Instruments.

Termini D M P. 2011. Experimental analysis of cross-sectional flow motion in a large amplitude meandering bend. Earth Surface Processes and Landforms, 36: 244-256.

Thom R. 1982. Instabilities and Catastrophes in Science and Engineering. Chichester: Wiley.

Thomas, C G, Spearman, J R, Turnbull, M J. 2002. Historical morphological change in the Mersey estuary. Continental Shelf Research, 22: 1775-1794.

Thorne C R, Osman A M. 1988. Riverbank stability analysis. II: Applications. Journal of Hydraulic Engineering, 114(2): 151-172.

Thorne P D, Hanes D M. 2002. A review of acoustic measurement of small-scale sediment processes. Continental Shelf Research, 22(4): 603-632.

Thorne P D, Williams J J, Heathershaw A D. 1989. In situ acoustic measurements of marine gravel threshold and transport. Sedimentology, 36(1): 61-74.

Thornes J B. 1981. Structural Instability and Ephemeral Channel Behavior. London: London School of Economics and Political Science.

Tolhurst T J, Black K S, Paterson D M. 2000. A comparison and measurement standardization of four in-situ devices for determing the erosion shear stress of intertidal sediments. Continental Shelf Research, 20(10): 1397-1418.

Tomas C G, Spearman J R, Turnbull M J. 2002. Historical morphological change in the Mersery Estuary. Continental Shelf Research, 22(11): 1775-1794.

Torrence C, Compo G P. 1998. A practical guide to wavelet analysis. Bulletin of the American Meteorological Society, 79(1): 61-78.

Traykovski P, Trowbridge J, Kineke G. 2015. Mechanisms of surface wave energy dissipation over a high-concentration sediment suspension. Journal of Geophysical Research Oceans, 120(3): 1638-1681.

Triantafilis J, Odeh I O A, Warr B, et al. 2004. Mapping of salinity risk in the lower Namoi valley using non-linear kriging methods. Agricultural Water Management, 69(3): 203-231.

Tyce R C. 1986. Deep seafloor mapping systems—A review. Marine Technology Society Journal, 20(4): 4-16.

Uncles R J. 2002. Estuarine physical processes research: Some recent studies and progress. Estuarine, Coastal and Shelf Science, 55: 829-856.

Unnikrishnan A S, Shetye S R, Gouveia A D. 1997. Tidal propagation in the Mandovi-Zuari estuarine network, west coast of India: Impact of freshwater influx. Estuarine Coastal and Shelf Science, 45(6): 737-744.

van den Berg J. 1987. Bedform migration and bed-load transport in some rivers and tidal environments. Sedimentology, 34(4): 681-698.

van den Berg J, van Gelder A. 1993. A new bedform stabilitydiagram, with emphasis on the transition of ripples to plane bed in flows over fine sand and silt. International As-sociation of Sedimentologists, Special Publication, 17: 11-21.

van den Berg J, van Gelder A, Kostaschuk R, et al. 2010. Flow and sediment transport over large subaqueous dunes: Fraser River, Canada. Sedimentology, 43(5): 849-863.

van der Wal D, Pye, K. 2003. The use of historical bathymetric charts in a GIS to assess morphological change in estuaries. The Geographical Journal, 169: 21-31.

van der Wal D, Pye K, Neal A. 2002. Long-term morphological change in the Ribble Estuary, northwest England. Marine Geology, 189(3-4): 249-266.

van Rijn L C. 1984a. Sediment transport, Part II: Suspended load transport. Journal of Hydraulic Engineering, 110(11): 1613-1641.

van Rijn L C. 1984b. Sediment transport, Part III: Bed forms and alluvial roughness. Journal of Hydraulic Engineering, 110(12): 1733-1754.

van Rijn L C. 1985. Sediment transport, Part I: Bed load transport. Journal of Hydraulic Engineering, 110(10): 1431-1456.

van Rijn L C. 1986. Closure of "Sediment transport, Part III: Bed forms and alluvial roughness". Journal of Hydraulic Engineering, 112(12): 1114-1116.

van Rijn L C. 1987. Closure of "Sediment transport, Part I: Bed load transport". Journal of Hydraulic Engineering, 113(10): 1189-1190.

van Rijn L C, Blickman R R, Johan G. 1995. The gastrointestinal tract: Stomach. Fems Microbiology Ecology, 16(1): 55-60.

Vanoni V A, Hwang L S. 1967. Relation between bed forms and friction in streams. Journal of the Hydraulics Division, 93: 121-144.

Vaze J, Teng J, Spencer G. 2010. Impact of DEM accuracy and resolution on topographic indices. Environmental Modelling and Software, 25(10): 1086-1098.

Venditti J G, Dietrich W E, Nelson P A, et al. 2010. Mobilization of coarse surface layers in gravel-bedded rivers by finer gravel bed load. Water Resources Research, 46(7): 759-768.

Viers J, Bernard D, Gaillardet J. 2009. Chemical composition of suspended sediments in World Rivers: New insights from a new database. Science of the Total Environment, 407(2): 853-868.

Villard P V, Kostachuk R. 1998.The relation between shear velocity and suspended sediment concentration over dunes: Fraser Estuary, Canada. Marine Geology, 148: 71-81.

Vincent C E, Hanes D M, Bowen A J. 1991. Acoustic measurements of suspended sand on the shoreface and the control of concentration by bed roughness. Marine Geology, 96(1-2): 1-18.

Vorosmarty C J, Meybeck M, Fekete B, et al. 1997. The potential impact of neo-Castorization on sediment transport by the global network of rivers. IAHS Publication, 245: 261-273.

Wahl T, Calafat F M, Luther M E. 2014. Rapid changes in the seasonal sea level cycle along the US gulf coast from the late 20th century. Geophysical Research Letter, 41(2): 491-498.

Walling D E. 2006. Human impact on land–ocean sediment transfer by the world's rivers. Geomorphology, 79(3/4): 192-216.

Wang B, Xu Y J. 2016. Long-term geomorphic response to flow regulation in a 10-km reach downstream of the Mississippi-Atchafalaya River diversion. Journal of Hydrology: Regional Studies, 8: 10-25.

Wang H, Bi N, Saito Y, et al. 2010. Recent changes in sediment delivery by the Huanghe(Yellow River)to the sea: Causes and environmental implications in its estuary. Journal of Hydrology, 391(3-4): 302-313.

Wang H, Ge Z, Yuan L, et al. 2014. Evaluation of the combined threat from sea-level rise and sedimentation reduction to the coastal wetlands in the Yangtze Estuary, China. Ecological Engineering, 71(71): 346-354.

Wang J, Bai S B, Liu P, et al. 2009. Channel sedimentation and erosion of the Jiangsu reach of the Yangtze River during the last 44 years. Earth Surface Processes and Landforms, 34(12): 1587-1593.

Wang J, Liu Y, Ye M, et al. 2012. Potential impact of sea level rise on the tidal wetlands of the Yangtze River Estuary, China. Disaster Advances, 5(4): 1076-1081.

Wang K C. 1984. Flow characteristics over alluvial bed forms. Colorado State University: Doctoral Dissertation.

Wang S, White W R. 1993. Alluvial resistance in transition regime. Journal of Hydraulic Engineering, 119(6): 725-741.

Wang X J, Ma W Y, Xue G R, et al. 2004. Multi-model similarity propagation and its application for web image retrieval. New York: ACM International Conference on Multimedia.

Wardhana K, Hadipriono F C. 2003. Analysis of recent bridge failures in the United States. Corporate Governance An International Review, 17(3): 124-135.

Warmink J J. 2014.Dune dynamics and roughness under gradually varying flood waves, comparing flume and field observations. Advances in Geosciences, 39(39): 115-121.

Warmink J J, Straatsma M W, Huthoff F, et al. 2013. Uncertainty of design water levels due to combined bed form and vegetation roughness in the Dutch River Waal. Journal of Flood Risk Management, 6(4): 302-318.

Werner A D, Bakker M, Post V E A, et al. 2013. Seawater intrusion processes, investigation and management: Recent advances and future challenges. Advances in Water Resources, 51: 3-26.

Wewetzer S, Duck R W, Anderson J M. 1999. Acoustic Doppler current profiler measurements in coastal and estuarine environments: examples from the Tay Estuary, Scotland. Geomorphology, 29(1): 21-31.

Wheaton J M, Brasington J, Darby S E, et al. 2010. Accounting for uncertainty in DEMs from repeat topographic surveys: Improved sediment budgets. Earth Surface Processes and Landforms, 35(2): 136-156.

Whipple K X, Hancock G S, Anderson R S. 2000. River incision into bedrock: Mechanics and relative efficacy of plucking, abrasion, and cavitation. Geological Society of America Bulletin, 112(3): 490-503.

Wiberg P L, Drake D E, Cacchione D A. 1994. Sediment resuspension and bed armoring during high bottom stress events on the northern California inner continental shelf: measurements and predictions. Continental Shelf Research, 14(10): 1192-1219.

Wilbers A W E. 2004. The development and hydraulic roughness of subaqueous dunes. Nederlandse Geografische Studies, 323.

Wilbers A W E, Brinke W B M T. 2010. The response of subaqueous dunes to floods in sand and gravel bed reaches of the Dutch Rhine. Sedimentology, 50(6): 1013-1034.

Wilcock P R. 1996. Estimating local bed shear stress from velocity observations. Water Resources Research, 32(11): 3361-3366.

Wilcock P R, Kenworthy S T, Crowe J C. 2001. Experimental study of the transport of mixed sand and gravel. Water Resources Research, 37(12): 3349-3358.

Wilson K C. 1989. Mobile-bed friction at high shear stress. Journal of Hydraulic Engineering, 115(6): 825-830.

Wolanski E, Asaede T, Imberger J. 1989. Mixing across a lutocline. Limnology and Oceanography, 34(5): 931-938.

Wolanski E, Brian K, Duncan G. 1995. Dynamics of the turbidity maximum in the Fly River estuary, Papua New Guinea. Estuarine, Coastal and Shelf Science, 40: 321-337.

Wolanski E, Chappell J. 1996.The response of tropical Australian estuaries to a sea level rise. Journal of Marine Systems, 7(2-4): 267-279.

Woodruff J D, Irish J L, Camargo S J. 2013. Coastal flooding by tropical cyclones and sea-level rise. Nature, 504(7478): 44-52.

Wu C S, Yang S, Huang S, et al. 2016. Delta changes in the Pearl River estuary and its response to human activities(1954-2008). Quaternary International, 392: 147-154.

Wu H, Zhu J R. 2010. Advection scheme with 3rd high-order spatial interpolation at the middle temporal level and its application to saltwater intrusion in the Changjiang Estuary. Ocean Modeling, 33: 33-51.

Wu H, Zhu J R, Chen B R, et al. 2006. Quantitative relationship of runoff and tide to saltwater spilling over from the North Branch in the Changiang estuary: a numerical study. Estuarine, Coastal and Shelf Science, 69: 125-132.

Wu H, Zhu J R, Choi B H. 2010. Links between saltwater intrusion and subtidal circulation in the Changjiang Estuary: A model-guided study. Continental Shelf Research, 30(17): 1891-1905.

Wu H, Zhu J R, Shen J. 2011.Tidal modulation on the Changjiang River plume in summer. Journal of Geophysical Research-Oceans, 5: 116-117.

Wu J, Wang Y, Cheng H. 2009. Bedforms and bed material transport pathways in the Changjiang (Yangtze) Estuary. Geomorphology, 104(3): 175-184.

Wu S H, Cheng H Q, Xu Y J, et al. 2016. Riverbed micromorphology of the Yangtze River Estuary, China. Water, 8: 1-13.

Wu Z Y, Jin X L, Cao Z Y, et al. 2010. Distribution, formation and evolution of sand ridges on the East China Sea shelf. Science China Earth Sciences, 53: 101-112.

Wu Z Y, Saito Y, Zhao D N, et al. 2016. Impact of human activities on subaqueous topographic change in Lingding Bay of the Pearl River estuary, China, during 1955–2013. Scientific Reports, 6: 37742.

Xi X, Wang L, Tang Y, et al. 2012. Response of soil microbial respiration of tidal wetlands in the Yangtze River Estuary to increasing temperature and sea level: A simulative study. Ecological Engineering, 49: 104-111.

Xia J, Deng S, Lu J, et al. 2016. Dynamic channel adjustments in the Jingjiang Reach of the Middle Yangtze River. Scientific Reports, 6: 22802.

Xia J, Zhang Y, Xiong L, et al. 2017. Opportunities and challenges of the sponge city construction related to urban water issues in China. Science China: Earth Science, 60(4): 652-658.

Xia J Q, Zong Q L, Zhang Y, et al. 2014. Prediction of recent bank retreat processes at typical sections in the Jingjiang Reach. Science China Technological Sciences, 57(8): 1490-1499.

Yalin M S. 1972. Mechanics of Sediment Transport. Oxford: Pergamon Press.

Yalin M S. 1973. Determination of kennedy's parameter j for dunes. Journal of the Hydraulics Division, 99: 1287-1290.

Yalin M S. 1985. On the determination of ripple geometry. Journal of Hydraulic Engineering, 111(8): 1148-1155.

Yan X H, Breaker L C. 1993. Surface circulation using image processing and computer vision methods applied to sequential satellite imagery. Photogrammetric Engineering and Remote Sensing, 59: 407-413.

Yang B, Cao L, Liu S M, et al. 2015. Biogeochemistry of bulk organic matter and biogenic elements in surface sediments of the Yangtze River Estuary and adjacent sea. Marine Pollution Bulletin, 96: 471-484.

Yang C T. 1998. Sediment transport: Theory and practice. International Journal of Sediment Research, 2: 87-88.

Yang S L, Gao A, Hotz H M, et al. 2005. Trends in annual discharge from the Yangtze River to the sea (1865-2004). Hydrological Sciences Journal, 50(5): 825-836.

Yang S L, Milliman J D, Li P, et al. 2011. 50000 dams later: erosion of the Yangtze River and its delta. Global and Planetary Change, 75: 14-20.

Yang S L, Milliman J D, Xu K H, et al. 2014. Downstream sedimentary and geomorphic impacts of the Three Gorges Dam on the Yangtze River. Earth-Science Reviews, 138: 469-486.

Yang S L, Xu K H, Milliman J D, et al. 2015. Decline of Yangtze River water and sediment discharge: Impact from natural and anthropogenic changes. Scientific Reports, 5: 12581.

Yang S L, Zhang J, Xu X J. 2007. Influence of the Three Gorges Dam on downstream delivery of sediment and its environmental implications, Yangtze River. Geophysical Research Letters, 34(10): L10401.

Yang Y, Chen X F, Li Y Y, et al. 2015. Modeling the effects of extreme drought of pollutant transport processes in the Yangtze River Estuary. Journal of the American Water Resources Association, 51: 625-636.

Yang Z Y, Cheng H Q, Cao Z Y, et al. 2018. Effect of riverbed morphology on lateral sediment distribution in estuaries. Journal of Coastal Research, 34(1): 202-214.

Yang Z Y, Cheng H Q, Li J F. 2015. Nonlinear advection, coriolis force, and frictional influence in the South Channel of the Yangtze Estuary, China. Science China Earth Sciences, 58(3): 429-435.

Yang Z Y, de Swart H E, Cheng H Q, et al. 2014. Modelling lateral entrapment of suspended sediment in estuaries: The role of spatial lags in settling and M4 tidal flow. Continental Shelf Research, 85: 126-142.

Yang Z, Shu F. 2010. Monitoring radial tectonic motions of continental borders around the Atlantic Ocean and regional sea level changes by space geodetic observations//Chuvieco E, Li J, Yang X. Advances in Earth Observation of Global Change. Dordrecht: Springer.

Yen B C, Khatibi R H, Williams J J R, et al. 1997. Identification problem of open-channel friction parameters. Journal of Hydraulic Engineering, 125(5): 552-553.

Yorozuya A. 2010. Method for estimating shear velocity and bed-load discharge with Acoustic Doppler Current Profiler. Annual Journal of Hydraulic Engineering, JSCE, 54: 1093-1098.

Youdeowei P O. 1997. Bank collapse and erosion at the upper reaches of the Ekole creek in the Niger delta area of Nigeria. Bulletin of the International Association of Engineering Geology, 55(1): 167-172.

Young I R, Rosenthal W, Ziemer F. 1985. A three dimension analysis of marine radar images for the determination of ocean wave directionality and surface currents. Journal of Geophysical Research, 90(C1): 1049-1059.

Zeybek M, Şanlıoglu I. 2015. Accurate determination of the Taskent(Konya, Turkey)landslide using a long-range terrestrial laser scanner. Bulletin of Engineering Geology and the Environment, 74(1): 61-76.

Zhang E F, Savenije H H G, Chen S L, et al. 2012. An analytical solution for tidal propagation in the Yangtze Estuary, China. Hydrology and Earth System Science, 16: 3327-3339.

Zhang Q, Xu C Y, Singh V P, et al. 2009. Multiscale variability of sediment load and streamflow of the lower Yangtze River basin: Possible causes and implications. Journal of Hydrology, 368: 96-104.

Zhang S, Lu X X, Higgitt D L, et al. 2008. Recent changes of water discharge and sediment load in the Zhujiang(Pearl River) Basin, China. Global and Planetary Change, 60(3-4): 365-380.

Zhang X, Li J, Zhu W, et al. 2015. The self-regulation process and its mechanism of channels' bed changes in the Changjiang (Yangtze)Estuary in China. Acta Oceanology Sinica, 34(7): 123-130.

Zhao H, Zhou J L, Zhao J. 2015. Tidal impact on the dynamic behavior of dissolved pharmaceuticals in the Yangtze Estuary, China. Science of the Total Environment, 536: 946-954.

Zheng S W, Cheng H Q, Shi S Y, et al. 2018b. Impact of anthropogenic drivers on subaqueous topographical change in the Datong to Xuliujing reach of the Yangtze River. Science China Earth Sciences, 61(7): 940-950.

Zheng S W, Cheng H Q, Wu S H, et al. 2016. Morphology and mechanism of the very large dunes in the tidal reach of the Yangtze River, China. Continental Shelf Research, 139: 54-61.

Zheng S W, Xu Y J, Cheng H Q. 2018a. Riverbed erosion of the final 565 kilometers of the Yangtze River(Changjiang)following construction of the Three Gorges Dam. Scientific Reports, https://doi.org/10.1038/s41598-018-30441-6.

Zhou C. 1993. On sandwave in Yawosha channel of the Yangtze Estuary. Proceedings of the Second International Symposium of River Sedimentation. Beijing: Water Resources and Electric Power Press.

Zhou M J, Shen Z L, Yu R C. 2008. Responses of a coastal phytoplankton community to increased nutrient input from the Changjiang(Yangtze)River. Continental Shelf Research, 28: 1483-1489.

Zhou X, Zheng J, Doong D J, et al. 2013. Sea level rise along the East Asia and Chinese coasts and its role on the morphodynamic response of the Yangtze River Estuary. Ocean Engineering, 71(10): 40-50.

Zhou Y, Jeppesen E, Li J, et al. 2016. Impacts of Three Gorges Reservoir on the sedimentation regimes in the downstream-linked two largest Chinese freshwater lakes. Scientific Reports, 6: 35396.

Zhu J R, Qiu C. 2015. Responses of river discharge and sea level rise to climate change and human activity in the Changjiang River Estuary. Journal of East China Normal University, 4: 54-64.

Zhu W W, Li J F, Sanford L P. 2015. Behavior of suspended sediment in the Changjiang estuary in response to reduction in river sediment supply. Estuaries and Coasts, 38: 2185-2197.